**Energiemangel als Antrieb der Menschheitsgeschichte**

# Dietrich Droste

# Energiemangel als Antrieb der Menschheitsgeschichte

Eine energetische Gesellschafts- und Geschichtstheorie

Martin Meidenbauer Verlagsbuchhandlung

Bibliografische Information der Deutschen
Nationalbibliothek

Die Deutsche Nationalbibliothek verzeichnet diese
Publikation in der Deutschen Nationalbibliografie;
detaillierte bibliografische Daten sind im Internet
über http://dnb.d-nb.de abrufbar.

© 2010 Martin Meidenbauer
Verlagsbuchhandlung, München

Umschlagabbildung: Michelangelo – Moses

Alle Rechte vorbehalten. Dieses Werk einschließlich
aller seiner Teile ist urheberrechtlich geschützt.
Jede Verwertung außerhalb der Grenzen des
Urhebergesetzes ohne schriftliche Zustimmung
des Verlages ist unzulässig und strafbar. Das gilt
insbesondere für Nachdruck, auch auszugsweise,
Reproduktion, Vervielfältigung, Übersetzung,
Mikroverfilmung sowie Digitalisierung oder
Einspeicherung und Verarbeitung auf
Tonträgern und in elektronischen Systemen
aller Art.

Printed in Germany

Gedruckt auf
chlorfrei gebleichtem, säurefreiem und
alterungsbeständigem Papier (ISO 9706)

*m-press* ist ein Imprint der
Martin Meidenbauer Verlagsbuchhandlung

ISBN 978-3-89975-712-5

Verlagsverzeichnis schickt gern:
Martin Meidenbauer Verlagsbuchhandlung
Erhardtstr. 8
D-80469 München

www.m-verlag.net

# Inhalt

## I. Die Theorie 1

*A) Naturwissenschaftliche Analysen humangesellschaftlicher und -geschichtlicher Erscheinungen* 5
*B) Grundlagen der energetischen Gesellschafts- und Geschichtstheorie* 9
*C) Energie als gesellschaftsbildende Austauschsubstanz* 18
*D) Zwischengesellschaftlicher Energieaustausch als Geschehen der Menschheitsgeschichte* 27
*E) Mittel und Strategien zur Optimierung menschlicher Energiebilanz* 37

## II. Verifizierung: Epochale Innovationen der Menschheitsgeschichte aus energetischer Sicht 45

**1. Urgeschichte** 45

**2. Die Entstehung der sumerischen Hochkultur** 70

**3. Die Entwicklung der griechischen Hochkultur** 109

**4. Entstehung, Entwicklung und Zerfall des Römischen Reichs** 154
*A) Entstehung Roms* 154
*B) Entwicklung des Reichs* 161
*C) Zerfall des Reichs* 180

**5. Das Werden Europas** 198
*A) Zerstörung des griechisch-römischen Energieumsatzsystems in der Völkerwanderung* 198
*B) Die innere Stärkung der Christenheit während ihres gewaltsamen Energieaustauschs mit dem Islam* 202
*C) Die Kreuzzüge als europäischer Gegenangriff auf erneute islamische Herausforderung* 217
*D) Die energietechnische Stärkung Europas im kommerziellen Energieaustausch mit Asien* 224

E) *Die Renaissance als kulturelle Notwehr gegen erneute
Bedrohung des Abendlandes durch den Islam*     241

6. **Konfessionelle und absolutistische Spaltungen Europas**     256
A) *Die Reformationsbewegung als Gegenwehr
gegen kurialen Energieentzug*     256
B) *Entstehung des Absolutismus als Notwehr
gegen mehrseitigen Energieverlust*     261
C) *Frankreich unter Ludwig XIV. als Beispiel absolutistisch
organisierter Energietechnik*     268
a) Nachahmung kirchlicher Energiegewinntechniken
durch die französische Königsherrschaft     268
b) Nachahmung von Energiegewinntechniken städtischer Handels-
und Wirtschaftszentren durch die französische Königsherrschaft     271
c) Elemente feudalistischer Fremdherrschaft
im französischen Absolutismus     274
D) *Die Bilanz seiner Spaltungen für Europa*     281

7) **Die Entstehung der britischen Industrienation**     286
A) *Die Anfänge des englischen Verfassungsstaats
als Kompensationen monarchistischen Energiemangels*     288
B) *Die Entwicklung der englischen Textilindustrie*     294
C) *Die ‚industriell' genannte Energetische Revolution*     297
D) *Britanniens Aufstieg zur führenden Weltmacht*     301

8) **Die Reaktion der europäischen Festlandstaaten
auf die britische Überlegenheit**     308
A) *Die Große Französische Revolution als Notwehrreaktion
gegen die britische Übermacht*     311
B) *Die Übertragung der britischen Hegemonie
auf das übrige Europa durch den napoleonischen Imperialismus*     320
C) *Der ökonomisch erzielte Energiegewinn Britanniens mit seinen
Auswirkungen auf die kontinentaleuropäischen Gesellschaften*     328
D) *Einblendung: Die Rückwirkung der französischen
Modernisierung auf den Verursacher Britannien*     341
E) *Die Revolutionswelle von 1848/9 als Folge von Missernten
und verstärkten Energieverlusten Kontinentaleuropas
an das britische Industriesystem*     345
F) *Evolution von Gesellschaftssystemen im Zeitalter
der ‚bürgerlichen Revolutionen'*     359

**9) Die Entstehung moderner Nationalstaaten**     366
*A) Entstehung des chinesischen Nationalismus*     366
*B) Die Entstehung der japanischen Nationalmonarchie*     367
*C) Die ‚Rekonstruktion' der USA*     368
*D) Nationalstaatliche Ansätze in Russland*     371
*E) Die Entstehung des italienischen Nationalstaats*     373
*F) Das komplizierte deutsche Beispiel*     383
    a) Gesellschaftlich-kulturelle Formen deutscher Verteidigung
    gegen fremdherrschaftlichen Energieentzug     387
    b) Sozioökonomische Formen deutscher Gegenreaktion
    gegen Fremdherrschaft     394
    c) Gegenreaktionen gegen fremdherrschaftlichen Energieentzug
    im Bereich von Handel, Verkehr und Finanzwesen     397
    d) Die Transformation der staatlichen Ordnung
    durch die deutsche Nationalbewegung     406
    e) Nationale Reaktionen auf die sicherheitspolitische
    Bedrohung Deutschlands     409
    f) Die Veränderung des preußischen Staats
    durch Bismarcks Position eines energetischen Machtzentrums     414
    g) Die Entstehung des Norddeutschen Bundes     420
    h) Die Reichsgründung     435

**10) Das ‚Zeitalter des Imperialismus'**     443
*A) Der Rhythmus imperialistischer Politik*     453
*B) Energetische Analyse imperialistischer Austauschverhältnisse*     470
*C) Der Zusammenhang zwischen Imperialismus
und dem Ersten Weltkrieg*     475
*D) Der Erste Weltkrieg als Wendepunkt
des imperialistischen Zeitalters*     484

**11) Entstehung, Funktionieren und Scheitern
des ‚Dritten Reichs'**     497
*A) Die beiden neuen Weltmächte*     497
    a) Die Versuche des Sowjetstaats, Deutschland
    in das eigene Energieaustauschsystem einzubeziehen,
    und die dabei erzielten Erfolge     503
    b) Die Versuche der USA, Deutschland in das eigene
    Energieaustauschsystem einzubeziehen,
    und die dabei erzielten Erfolge     518

B) *Die NSDAP als Reintegrationsmittel*
*des zerfallenden deutschen Gesellschaftssystems* 530
C) *Bau- und Funktionsprinzipien des Dritten Reichs* 564
a) Neutralisierung des Klassenkampfs in Deutschland 565
b) Zusammenführung der politischen Gewalten des Reichs
zur Erfassung der gesamten nationalen Energiereserven 573
c) Der ‚Trialismus' des Führerstaats
d) Die ‚Sondergewalten' als zunehmend wirksame
Machtmittel Hitlers 584
f) Das Zusammenwirken von Partei und Staat in den Bereichen
von Terrormaßnahmen und Propaganda 594
g) Hitlers Stellung und Funktion im Dritten Reich 606
D) *Abkopplung des Dritten Reichs vom verlustbringenden*
*Energieaustausch mit den Hegemonialmächten* 611
a) Bekämpfung des internen Internationalismus 611
b) Die Außenpolitik des Dritten Reichs 618
E) *Zusammenfassung* 628

**III. Schlussbetrachtung** 645

**IV. Bibliographie** 663

**V. Register** 681

# I. Die Theorie

Zwei Fragen haben die theoretische Beschäftigung mit der Menschheitsgeschichte vor allem bestimmt, nämlich die nach ihrem Ziel oder Endpunkt sowie die nach der Einwirkungsmöglichkeit des einzelnen Menschen auf ihren Fortgang. Beides sind ursprünglich religiöse Fragen, die mit der Säkularisation der europäischen Kultur ideologisch weltanschauliche Qualität annahmen, und beide laufen letztlich zusammen in der Frage: Was kann ich aus der Geschichte lernen? oder noch unmittelbarer: Wie soll ich mich in der gegebenen geschichtlichen Situation verhalten?
Auf diese Fragen antworten alle eschatologisch ausgerichteten Religionen mit der Vorstellung von einem wie immer gearteten Gericht, das ‚am Ende aller Zeiten' über die Einhaltung der von der jeweiligen Religion bestimmten Verhaltensregeln urteilen und auch die Urteilsvollstreckung in die Wege leiten wird.[1]
Die Aufklärung als erste nachreligiöse Weltanschauung des neuzeitlichen Europa hat auf jene Frage nach dem rechten Verhalten des Einzelmenschen ebenfalls mit zukunftsbezogenen Vorstellungen geantwortet, die alle auf eine im Diesseits errichtete ideale Menschheitsgesellschaft von gleichen, freien, brüderlich einander zugetanen, vernünftigen und guten ‚Erdenbürgern' hinausliefen. Dies gilt für die noch stark religiös gefärbte Endzeitvorstellung Lessings[2] ebenso wie für das Bild der kommunistischen Endzeitgesellschaft, das der atheistische Karl Marx entwarf.
Der Endzeitprozess des ‚Jüngsten Gerichts' musste damit in das Diesseits der Menschheitsgeschichte verlagert werden, die durch Erziehung, Propaganda, terroristische Zwangsmaßnahmen oder die Ausmerzung der unvernünftigen, bösen, eigensüchtigen, also der für die aufklärerische Idealgesellschaft ungeeigneten Menschen ihr Urteil sprechen und vollstrecken sollte.
In dem Hegelschen Wort „Die Weltgeschichte ist das Weltgericht" hat diese geschichtliche Grundvorstellung ihren genauen Ausdruck gefunden. Ihre unmittelbarste Realisierung fand sie in einer Gerichtsbarkeit von Parteiideologen, die mit Berufung auf ihren geschichtlichen Auftrag den ‚Abweichlern' den Prozess machten oder machen, weil diese dem ‚Fortschritt' zu jenem aufklärerischen Endziel im Wege zu stehen schienen oder scheinen. Dass diese quasi-juristische Prozessvorstellung vom Gang der Menschheitsgeschichte, vollzogen schon mit der Erdolchung Caesars, der Hinrichtung Karls I. von England und noch eindeutiger der Ludwigs XVI. von Frankreich bis in unsere Gegenwart wirksam geblieben ist, zeigt jeder

politisch-ideologisch legitimierte Schauprozess oder Terrorakt bis auf den heutigen Tag aufs neue. Wenn Geschichte in aufklärerischer Interpretation als Prozess im Sinn von moralisch legitimierter Urteilsvollstreckung über die unwerten Gesellschaftsmitglieder verstanden und vollzogen wird, ist dies ebenso konsequent wie vermessen. Denn das Urteil im juridisch verstandenen Prozess der Geschichte kann nur dem zustehen, der das ‚Ende aller Zeiten', also den Zielpunkt allen menschlichen Strebens bereits kennt und sein Urteil am Maßstab dieses Ziels ausrichten kann. Dazu ist aber nicht einmal der in der Lage, der Gesetzmäßigkeiten des ‚Geschichtsprozesses' erkannt hat, denn immer wieder sind es gerade gesellschaftlich Abgelehnte, Ausgestoßene, nach aufklärerischem Verständnis Auszumerzende gewesen, die mit ihrer in persönlicher Krisenlage entwickelten Überlebenstechnik die in eine Notlage geratene Gesellschaft zu retten vermochten. Da solche Gesellschaftskrisen, wie sich gegenwärtig erst wieder am Beispiel der Finanz- und Weltwirtschaftskrise gezeigt hat, selbst von den Experten einer theoriegesättigten Wirtschaftswissenschaft nicht sicher vorausgesagt werden können[3], kann auch kein Mensch und keine gesellschaftliche Gruppe darüber entscheiden, welcher Menschentyp und welche Verhaltensweisen für die Vermeidung oder Überwindung der nächsten noch unbekannten Gesellschaftskrise – im Wortsinn – notwendig sein wird. Ihre unter anderen Bedingungen vorgenommene ‚geschichtsprozessuale' Ausschaltung könnte sich für die Gesamtgesellschaft im Sinne eines Bumerang-Effekts mithin geradezu selbstmörderisch auswirken.

Von hier aus wird schon deutlich, dass aufklärerische Geschichtskonzepte von der Fiktion gesellschaftlicher Autarkie bestimmt sind, also von der Vorstellung, dass es menschlichen Gesellschaften gelingen könne, selbst von außen bewirkte Störungen und Einwirkungen beliebig zu kontrollieren oder abzuwehren. Solche autarkistischen Überzeugungen entstehen naheliegender Weise in solchen Gesellschaften, die gegenüber ihren Nachbarn und Konkurrenten eine Hegemonialstellung erlangt haben und deshalb ihre Außenbeziehungen tatsächlich oder vermeintlich nach ihrem Belieben regeln können. Sie werden darüber hinaus gern von solchen adaptiert, die durch Außenabschottung und Hegemonialstreben eine entsprechende Stellung für sich selbst zu erlangen hoffen wie seinerzeit das absolutistische Frankreich des 17. und 18. oder die bolschewistisch beherrschte Sowjetunion des 20. Jahrhunderts.
Lässt sich das aufklärerische Geschichtskonzept somit als Legitimation bestimmter gesamtgesellschaftlicher Verhaltensweisen und Strategien identi-

# I. Die Theorie

fizieren, stellt sich die Frage, ob in den ‚offenen' Gesellschaften des ‚Westens', vor allem außerhalb der dort vorherrschenden USA allgemeingültigere Geschichtstheorien entwickelt worden sind.
In Anbetracht der dort herrschenden uferlosen Theoriediskussion der letzten 40 Jahre ist man geneigt, diese Frage lapidar mit ‚Nein' zu beantworten.[4] Positiver wertend könnte man das westliche Geschichtsbild auch ‚pluralistisch' nennen, um damit die Vielzahl konkurrierender soziologischer Theorieansätze und historischer Schulen zu kennzeichnen.

Wenn es auch guter wissenschaftlicher Tradition entsprechen würde, diese Theorieversuche und – nur scheinbar theorielosen – historiographischen Schulen im einzelnen vorzustellen und zu kritisieren, soll doch hier darauf verzichtet werden, da der notwendige Umfang eines solchen Unternehmens ein eigenes Buch füllen würde und weil der Verfasser der Auffassung ist, dass über die Brauchbarkeit einer Theorie nicht die Theorie-Diskussion zu befinden hat, sondern ihre Aufschließungskraft für das Verständnis konkreter historischer Vorgänge.[5]
Diese Absage an kompendienartige Theoriediskussion soll gleichwohl nicht deren vollkommene Ausklammerung bedeuten. Vielmehr soll im Folgenden versucht werden, die aus Sicht des Verfassers wesentlichsten Probleme der neueren Geschichtstheorie zu skizzieren, bevor naturwissenschaftlich inspirierte Konzepte und schließlich der eigene Theorieversuch vorgestellt werden.
Der innere Widerspruch der religiösen wie der aufklärerischen Geschichtskonzepte liegt darin, dass sie dem Einzelmenschen prozessmündige Schuldfähigkeit zuschreiben, die Weltgeschichte als Resultierende aller menschlichen Einzelhandlungen aber gleichwohl auf ein zielgerichtetes Heilsgeschehen festlegen. Da Schuldfähigkeit Entscheidungsmöglichkeit, also Eigenständigkeit und Freiheit des Handelns voraussetzt, die Fixierung eines Endziels aller menschlichen Handlungen dieses aber gerade leugnet, blieb die Frage nach der Bedeutung menschlichen Handelns für den Gang der Geschichte unbeantwortet.
Dies gilt bis heute auch für die westliche Historiographie und Geschichtstheorie. Das Neben- und Gegeneinander biographischer und sozialgeschichtlicher, nationalstaatlich und weltgeschichtlich angelegter, liberalistisch oder marxistisch eingefärbter Darstellungen spiegeln ebenso die gegensätzlichen Grundauffassungen von Freiheit und Gebundenheit menschlichen Handelns in der Geschichte wie die theoretische Auseinandersetzung um Kontingenz oder Prozesshaftigkeit ihres Ablaufs.[6] Die hinter diesen letztlich unvermittelten Gegensätzen stehende Aporie einer rational befrie-

# I. Die Theorie

digenden Vereinbarung von individuellem Freiheitsanspruch und dem Bewusstsein ‚gesellschaftlicher Zwänge', der jedes politisch handelnde Individuum unterworfen ist, wurde seit dem Triumph des angelsächsischen Liberalismus im Zweiten Weltkrieg dadurch zu lösen versucht, dass man dem aufklärerischen Geschichtsbild die Endzeiterwartung amputierte, es im übrigen aber – einschließlich eines diffusen Fortschrittsglaubens – in Geltung ließ. Damit reduzierte sich das Ziel der Geschichte auf die Verwirklichung möglichst glücklicher Lebensumstände in der Gegenwart, deren Permanenz und damit Endzeithaftigkeit durch das Pareto/Parsonsche Gleichgewichtsmodell und allgemein die Systemtheorie theoretisch festgeschrieben wurde.

Seit der Vietnamkrieg, die beiden letzten Irakkriege, die dem letzten folgende Auseinandersetzung mit dem islamistischen Terrorismus und die Weltfinanz- und -wirtschaftskrise von 2008/9 selbst den US-amerikanischen Riesen ins Schwanken gebracht haben, gewinnen aber auch wieder Überlegungen an Bedeutung, die weniger die Stabilität als die Dynamik von Gesellschaftssystemen zu verstehen suchen. Innerhalb dieses Bedürfniszusammenhangs kam es zwischenzeitlich zu einer Renaissance des schon 1936 veröffentlichten Werkes von Norbert Elias „Über den Prozess der Zivilisation", das Handhaben anbot sowohl für die Überwindung jener Aporie von individueller Autonomie und zwanghafter Gebundenheit menschlichen Handelns in gesellschaftlichem und/oder geschichtlichem Zusammenhang als auch ein genaueres, von juridisch-moralischen Vorstellungen befreites Verständnis geschichtlicher Prozesse. Die „Figuration" als von Elias geprägter Integrationsbegriff von Individuum und Gesellschaft meint das „Geflecht der Angewiesenheiten von Menschen aufeinander, ihre Interdependenzen, [...] das, was sie aneinander bindet." Da Menschen nur als gesellschaftliche Wesen existieren könnten, sei Gesellschaft nichts anderes als „das von Individuen gebildete Interdependenzgeflecht selbst." [7]

Wird durch solche recht mühsamen Formulierungsversuche des schon von Aristoteles erkannten unauflösbaren Zusammenhangs von Mensch und Gesellschaft nichts weiter geleistet als die Ersetzung des Gesellschafts- oder auch Systembegriffs durch den der „Figuration", so bleibt auch der theoretische Gewinn der im übrigen kultur- und psycho-historisch höchst interessanten Arbeit da sehr gering, wo sie um eine Erklärung des so anschaulich beschriebenen gesellschaftlichen Prozesses bemüht ist. Beispielsweise wird die gewiss erklärungsbedürftige Tendenz zur Ausbildung immer größerer Gesellschaftssysteme im Fazit ziehenden Schlusskapitel der zweibändigen Untersuchung folgendermaßen erläutert:

# I. Die Theorie

„Aus den Konkurrenz- und Ausscheidungskämpfen kleinerer Herrschaftseinheiten, der Territorialherrschaften, die sich selbst in den Ausscheidungskämpfen noch kleinerer Einheiten heranbilden, gehen langsam einige wenige und schließlich eine der kämpfenden Einheiten als Sieger hervor. Der Sieger bildet das Integrationszentrum einer größeren Herrschaftseinheit; er bildet die Monopolzentrale einer Staatsorganisation, in deren Rahmen viele der ehemals frei konkurrierenden Gebiete und Menschengruppen allmählich zu einem mehr oder weniger einheitlichen, einem besser oder schlechter ausgewogenen Menschengewebe höherer Größenordnung zusammenwachsen." [8]

Dass hier nur eine (in äußerst disparates Begriffsgemisch gekleidete) theoretische Beschreibung der Entstehung eines Bundesstaats vorliegt, aber keinerlei Kausalanalyse für diesen Vorgang, offenbart das ‚Elend der Theorie' auch dieses merkwürdigerweise gerade von Geschichtstheoretikern zeitweilig als Geheimtip gehandelten Werkes von Elias.

Eine Theorie geschichtlicher Prozesse, das zeigt auch das Beispiel dieses ebenso achtbaren wie gescheiterten Versuchs, kommt nicht aus mit eklektizistischer Kombination vorgefundener Theorieteile aus falsifizierten Konzepten, sie kann auch, will sie erfolgreich sein, nicht zurück hinter Vorbild und Erkenntnisse naturwissenschaftlicher Theoriebildung, die es in Erklärung und Voraussage von Naturvorgängen unvergleichlich viel weiter gebracht hat als die der Gesellschaftswissenschaften für die Menschheitsgeschichte.

### *A) Naturwissenschaftliche Analysen humangesellschaftlicher und -geschichtlicher Erscheinungen*

Es ist insofern nicht verwunderlich, dass bereits mehrfach der Versuch unternommen wurde, humangesellschaftliche und -geschichtliche Erscheinungen von der Basis naturwissenschaftlicher Theoriebildung aus zu analysieren.

Erste für uns wichtige Schritte taten in diesem Sinne der belgische Chemiker Ernest Solvay (1838 – 1922) als Begründer der soziologischen Energetik sowie der Chemiker, Physiker und Philosoph Wilhelm Ostwald mit seiner 1909 in Leipzig erschienenen Schrift „Energetische Grundlagen der Kulturwissenschaft". Dieser im gleichen Jahr für seine – nach wie vor gültige – Beschreibung der Katalyse mit dem Nobelpreis für Chemie ausgezeichnete Wissenschaftler versuchte, ausgehend von den ‚thermodynamischen Hauptsätzen' alles beobachtbare Geschehen und mithin auch gesellschaftlich verrichtete Arbeit als Umwandlung der in den vielfältigsten Formen auftretenden Energie zu verstehen. „Die gesamte Kulturarbeit", so Ostwald, „läßt

## I. Die Theorie

sich als die Bemühung bezeichnen, einerseits die Menge der (gesellschaftlich) verfügbaren Rohenergie tunlichst zu vermehren, andererseits das Güteverhältnis [=Wirkungsgrad] ihrer Umwandlung in Nutzenergie zu verbessern."[9]
Damit hatte Ostwald bereits einen wichtigen Schlüssel für das Verständnis kultureller Bemühungen geliefert, deren Funktion die Effektivierung gesellschaftlicher Energieumwandlung sei. Die Überlegenheit des Menschen gegenüber anderen Lebewesen führt Ostwald konsequent auf die bessere Verwertung seiner eigenen und Auswertung fremder Energie zurück. Dem entsprechend ist für ihn der „Kampf ums Dasein ein Kampf um die freie Energie".[10] Durch diese terminologische Einbeziehung der Darwinschen Evolutionstheorie ergibt sich dann für Ostwald die Folgerung, dass die Anpassung von Lebewesen an veränderte Umweltbedingungen nichts anderes sei als verbesserte Energiegewinnung oder -nutzung.[11] Durch die im Lauf der Menschheitsgeschichte sukzessiv entwickelte Ausbeutung von „menschlicher", „organischer" und „anorganischer" Energie sei ein entsprechender kultureller Fortschritt erzielt worden, wie sich etwa am Beispiel der Beherrschung des Feuers durch den Menschen nachweisen lasse.[12] Eine weitere wichtige Feststellung Ostwalds betrifft die Verbesserung des „Güteverhältnisses" organischer oder gesellschaftlicher Energieumwandlung durch Arbeits- oder Funktionsteilung sowie durch Ordnung und Zusammenarbeit.[13] Entsprechendes gilt für Ostwalds Funktionsanalysen der Sprache, des Rechtswesens, von Werkzeugen, Maschinen- und Transportmitteln sowie des Geldes, das nach Ostwald „eine merkwürdige Ähnlichkeit mit der Energie [erlangt], die in seiner allgemeinen Umwandlungsfähigkeit liegt" und das infolgedessen „die gewaltigste Zusammenfassung der Gesamtenergie darstellt, über welche die Kulturmenschheit verfügt."[14] Später wird Geld dann als „Maschine" zur Umwandlung von Energie bezeichnet[15], was die zitierte Definition in Frage stellt und deutlich macht, dass Ostwalds Kulturtheorie, wenn auch noch nicht ausgereift, so doch auch in diesem Punkt wichtige Denkanstöße für ein zentrales humangesellschaftliches Phänomen gegeben hat. Ähnliches gilt für die abschließende Funktionsbeschreibung des Wissenschaftsapparats, der als „gesellschaftliches Gehirn" die Aufgabe „des systematischen Voraussagens oder ‚Propherzeiens' zu erfüllen" habe, um „die erwünschten Verhältnisse mit dem geringsten Energieaufwand [zu] erreichen."[16]
So skizzenhaft, teilweise unsystematisch und unvollständig – die wichtigen kulturellen Phänomene der Religion und Kunst etwa bleiben ausgespart – der Ostwaldsche Versuch einer naturwissenschaftlich fundierten Gesellschaftsanalyse ist, muss ihm doch das Verdienst zugesprochen werden, mit

der Energetik und der Evolutionstheorie die für das naturwissenschaftliche Weltbild des 20. Jahrhunderts wichtigsten Erkenntnisse frühzeitig auf den scheinbar dafür unzugänglichen Bereich menschlicher Kultur angewandt und dabei bereits wichtige Ergebnisse erzielt zu haben.

Gerade die – wenn auch in seiner besprochenen Schrift nicht voll durchgehaltene – Kombination jener beiden ‚Grundtheorien' der Evolution und Energetik auf menschliche Geschichte und Gesellschaft hat er seinen Nachfolgern voraus, die, von Profession zumeist Biologen, entweder einseitig evolutionistisch oder energetisch zu Werke gingen.

Ersteres gilt etwa für „Das universale Weltbild" des Zoologen Bernhard Rensch, der gleichwohl das Verdienst beanspruchen darf, den konventionellen Dualismus wissenschaftlicher Denkweisen, der den Geltungsbereich naturwissenschaftlicher Grundgesetzlichkeiten auf bestimmte Phänomene einschränken will, zugunsten einer durchgehenden Kausalgesetzlichkeit der Welt mitsamt den daraus folgenden ethischen Implikationen gründlich diskutiert und vertreten zu haben.[17]

Auch der Zoologe und Meeresbiologe Rupert Riedl hat die durchgehende Gültigkeit evolutionärer Gesetzmäßigkeiten für die Entstehung von niederen Lebewesen bis hin zu menschlichen Kulturen aufzuzeigen versucht, wobei er aber den evolutionären Ausleseprozess bloß systemtheoretisch interpretiert und dadurch zu keiner Erklärung, sondern lediglich einer kybernetischen Beschreibung des Evolutionsvorgangs gelangt.[18] Ähnlich ist der von Rolf Sieving herausgegebene Sammelband zur „Evolution" einzuordnen, in dem evolutionäre Prozesse, angefangen von der Bildung der Atome bis zu der kultureller und technologischer Systeme nebeneinandergestellt und in ihrer Ähnlichkeit aufgewiesen werden, ohne dass für diese Durchgängigkeit evolutiver Vorgänge Erklärungs- oder Erläuterungshilfen gegeben würden.[19]

Hier geht der Meeresbiologe und Verhaltensforscher Hans Hass zusammen mit dem Wirtschafts- und Sozialwissenschaftler Horst Lange-Prollius – unter ausdrücklicher Berufung auf Ostwald als den „Begründer der Energetik" – einen deutlichen Schritt weiter. Indem diese beiden Autoren den „Lebensprozeß" als „energetisches Phänomen", seine Träger und Förderer vom primitiven Lebewesen bis hin zum menschlichen „Verband" als „energieerwerbende Systeme" („Energone") definieren und durch Funktionsanalysen als wesensgleich plausibel machen, geben sie immerhin eine implizite Erklärung für die Durchgängigkeit evolutiver Gesetzmäßigkeiten in Natur und Humangesellschaften.[20]

# I. Die Theorie

Einen genaueren Zusammenhang zwischen energetischen Prozessen und der Entstehung neuer Strukturen in der unbelebten wie der belebten Natur einschließlich menschlicher Gesellschaften suchte der Physiker Hermann Haken in der von ihm begründeten Lehre der „Synergetik" herzustellen. Dabei kam er in Relativierung des 2. thermodynamischen Hauptsatzes zu der Auffassung, dass die von Boltzmann dort behauptete Zunahme von Entropie ('Wärmetod' durch Verbrauch aller energetischen Umwandlungsmöglichkeiten) nicht für ‚offene Systeme' gelte, denen ständig ein „Energiefluß, zum Teil auch ein Fluß ständig neuer Stoffe" zugeführt werde.[21] Eine solche Energie- oder Stoffzufuhr habe vielmehr, wie Haken etwa am Beispiel der Laserwelle oder auch den – menschliche Gesellschaften beherrschenden – „Moden" nachzuweisen sucht, die Entstehung neuer Strukturen und Gestalten zur Folge, von denen sich in evolutionärem Konkurrenzkampf die dem System gemäßesten durchsetzten. Dabei handelt es sich bei dem System eines Lasers um eine Welle, die einerseits zwischen die das Laserrohr begrenzenden Spiegelflächen ‚passt' und andererseits mit der Eigenschwingung möglichst vieler in der Laseröhre befindlicher „Leuchtelektronen" übereinstimmt. Durch das Zusammenwirken von Energie- oder Leuchtgaszufuhr, Eigenschwingung der Leuchtgasatome und Spiegelabstand komme es, so Hakens Analyse, zur „Selbstorganisation" des Laserstrahls, von der nun auch solche Leuchtstoffatome „versklavt" würden, die zunächst andere Schwingungen bevorzugt hätten.[22]

Die Übertragung solcher für die Einsicht in den Mechanismus von Systembildungen höchst aufschlussreicher Ansätze auf den Bereich gesellschaftlichen Lebens bleibt in Hakens Darstellung nun aber äußerst vage und inkonsequent. So wird etwa die Ausbreitung einer „öffentlichen Meinung" einigermaßen plausibel mit der „Versklavung" der Laser-Elektronen parallelisiert, das Zustandekommen eines „Meinungsumschwunges" aber undifferenziert auf „Umweltänderungen, etwa Veränderungen der wirtschaftlichen Lage, Überhandnehmen eines innenpolitischen Drucks usw." zurückgeführt.[23]

Waren es bei Hakens Analyse des Lasers also Energie- bzw. Stoff*zufuhr* oder auch die Ausmaße des Systems (Spiegelabstand), die als strukturbildende Faktoren isoliert werden konnten, so im Beispiel der „öffentlichen Meinung" ganz unspezifizierte „Veränderungen", die ja etwa in Wirtschaftskrisen auch in Energie- oder Stoff*verlusten* bestehen können.

Wie die geschichtliche Erfahrung zeigt (vgl. etwa den Niedergang Roms (II.4), die ‚bürgerlichen' Revolutionen Europas (II.8) oder die Weimarer Republik (II.11), haben gerade Krisenzeiten mit negativer Leistungsbilanz, also Energieverlusten staatlich organisierter Gesellschaften zu tiefgreifen-

I. Die Theorie

den Systemveränderungen geführt, was in Hakens „Synergetik" überhaupt nicht berücksichtigt wird.

So interessant und verdienstvoll die vorgestellten Versuche also sind, naturwissenschaftliche Erkenntnisse auf menschliche Gesellschaften anzuwenden, um deren noch weitgehend undurchschaubare Entstehungs- und Verhaltensweisen auf einfache Gesetzmäßigkeiten zurückzuführen, so unbefriedigend bleiben sie doch gerade in dem Bereich, den sie neuer Erkenntnisweise zugänglich machen wollten, vor allem wohl, weil es den Naturwissenschaftlern an der nötigen Detailkenntnis in der Menschheitsgeschichte fehlt, die doch unser einziges Beobachtungsfeld für Entstehung und Veränderungen menschlicher Gesellschaften darstellt.

Der Gewinn der genannten Arbeiten liegt aus unserer Sicht gleichwohl darin, dass sie die Anwendbarkeit sowohl von Gesetzmäßigkeiten der Evolutionslehre wie der Energetik auf gesellschaftliche Phänomene durch eine Fülle von Parallelbeispielen zumindest als möglich erscheinen lassen.

Die folgende Untersuchung, nun von der Seite der historischen Gesellschaftswissenschaften unternommen, bemüht sich, den so begonnenen Brückenschlag zwischen Human- und Naturwissenschaften vom anderen Ufer her zu unterstützen.

*B) Grundlagen der energetischen Gesellschafts- und Geschichtstheorie*

Unsere Überlegungen gehen von der Annahme aus, dass die von Elias so genannten „Bindungen" oder „Verflechtungen" zwischen den sie herstellenden Gesellschaftsmitgliedern nichts anderes sind als institutionalisierter Austausch zwischen diesen. Eine solche Auffassung ist nicht neu; ansatzweise begegnet sie bereits bei Karl Marx, ausgebaut wurde sie durch Georg Simmel, Max Weber, Marcel Mauss, Claude Lévi-Strauss, Georges Caspar Homans, Peter M. Blau und andere sowie in der modernen Sprach- und Kommunikationswissenschaft.[24] Insbesondere im Werk des hoch eingeschätzten Soziologen Niklas Luhmann gehört sie zum grundlegenden wissenschaftlichen Inventar.[25] Der alltägliche Sprachgebrauch („Meinungsaustausch", „Tauschhandel", „sich austauschen" usw.) bestätigt jene Auffassung vom Austausch als grundlegender Tatsache gesellschaftlichen Lebens ebenso wie Beobachtungen konkreter Vorgänge zwischen Gesellschaftsmitgliedern. Der Gruß etwa, den man dem Nachbarn oder Bekannten gegenüber ausspricht, fordert als Teil des Austausches guter Wünsche eine entsprechende Erwiderung, deren vorsätzliches Ausbleiben die ‚Nachbarschaft' als Gruppe sich zusammengehörig fühlender Menschen ebenso zer-

# I. Die Theorie

reißt wie im anderen Beispiel die ‚Bekanntschaft'. Dass Nachbarschaft wie Bekanntschaft als Erscheinungsformen von Gesellschaft, also als gesellschaftliche Gruppen tatsächlich nur durch Austausch begründet, durch dessen regelmäßige Wiederholung aufrechterhalten und durch dessen Institutionalisierung stabilisiert werden, mögen folgende durch Alltagserfahrung leicht überprüfbare Überlegungen vor Augen führen.
Nachbarschaft ist nicht mit räumlichem Nebeneinanderwohnen gegeben, wie der Mietskasernenbewohner ermessen kann, der die ‚Mietpartei' von nebenan, die einen anderen Treppenaufgang benutzt, kaum einmal zu Gesicht bekommt, mit ihr nie ein Wort gewechselt hat und sie infolge dieses fehlenden Austauschs auch niemals als Nachbarn bezeichnen oder behandeln würde. – Entwickelt sich im umgekehrten Fall ein regelmäßiger Austausch von Informationen (etwa bei alltäglichen Gesprächen oder guten Ratschlägen), von kleinen Dienstleistungen (etwa Betreuung von Haus oder Wohnung während der Urlaubsreise) und Geschenken (etwa in Form von überschüssigen Gartenerträgen), so kommt es oft sogar zur Institutionalisierung der Nachbarschaft in Form gegenseitiger Besuche, gemeinsamer Feste, manchmal sogar der Herausbildung von Vereinen mit eigener Satzung und eigenem Emblem.[26]
Im gemeinsamen Fest bringt sich die feiernde Gemeinschaft der Gruppenmitglieder gewissermaßen die Wirkung ihrer vorangehenden alltäglichen Austauschakte eindrucksvoll und deshalb oft überschwänglich zur Anschauung, insofern die zur Vorbereitung und Durchführung des Festes wechselseitig, also im Wege des gleichzeitigen Austausches der von allen Mitgliedern erbrachten Beiträge (Geld- oder Sachspenden, Dienstleistungen, Festbeiträge aller Art) zu einem allgemeinen Wohlleben bei gemeinsamem Essen, Trinken, Tanzen, Singen, Scherzen usw. hinführt. Die wohltätigen Folgen eines für das Fest forcierten Austauschs lassen allen Beteiligten dessen nährende, belebende und freudenspendende Wirkung mit- und nachvollziehbar werden oder kurz: genießen. Die Feiernden erfahren sich im Fest somit als von vielfältigem Austausch mit anderen belebte und bereicherte Gesellschaftswesen.

Es bedarf wohl kaum des Hinweises darauf, dass Familien-, Betriebs-, Kirchen- und Staatsfeiern dieselbe gesellschaftsstärkende Funktion erfüllen (sollen), auch wenn die gewünschte Wirkung durch allzu abstrakte Symbolisierung des Austauschs und dessen wohltätiger Folgen oft kaum noch erreicht wird.
Sie ist im gegenseitigen Beschenken der Familienmitglieder beim fröhlichen Weihnachtsfest noch sinnfällig vorhanden, weniger schon im Austei-

len des Abendmahls an die Gemeindemitglieder christlicher Kirchen, die im Rahmen der Liturgie (griech. Grundbedeutung: freiwillige Spende) den Opferstock gefüllt oder am Ende des Gottesdienstes eine Geldspende erbracht haben und dafür mit Brot (und Wein) an der lediglich erhofften Erlösung durch Jesus Christus beteiligt werden. Rückläufiger Kirchenbesuch ist die Folge dieses kaum mehr als bereicherndes Austauschgeschehen nacherlebbaren Rituals.

Entsprechendes galt in weit extremerer Weise etwa für den Staatsfeiertag ‚der deutschen Einheit', der vor der Wiedervereinigung die Zusammengehörigkeit der Deutschen in Ost und West eben deshalb nicht sinnfällig machen konnte, weil der gesellschaftliche Austausch über die hermetisch verschlossene und bewachte ‚Demarkationslinie' hinweg an diesem Tag eben nicht vollzogen und erst recht nicht gesteigert werden konnte, wie es jedes auch nur halbwegs gelungene Fest mit sich bringt. So ist es verständlich, dass die einseitig feiernde westdeutsche Bevölkerung sich an diesem Tag in Picknicktouren zerstreute, während sie durch massenweise Geschenksendungen zum Weihnachtsfest unter Beweis stellte, dass dies nicht etwa auf mangelnde Solidarität mit den Deutschen jenseits des ‚Eisernen Vorhangs' zurückgeführt werden kann.

Das Beispiel des verunglückten westdeutschen Staatsfeiertags ist aber nicht nur ein weiterer, wenn auch ex negativo angeführter Beleg für unsere Auffassung von Gesellschaft als institutionalisiertem Austausch, es zeigt vielmehr zugleich, wie die Komplexierung großer arbeitsteiliger Industriegesellschaften selbst vielen ihrer politischen Führungspersonen – hier also den Schöpfern jener Fehlkonstruktion – den Blick für diesen Grundtatbestand verstellt hat.

Der staatsverdrossene Steuersünder, der gleichzeitig staatliche Subventionen fordert, der Schwarzarbeiter, der wie selbstverständlich ein bequemes ‚soziales Netz' verlangt, sind selten zugleich böswillige Zerstörer der staatlichen und gesellschaftlichen Ordnung, sondern durch deren Undurchschaubarkeit unwissentlich zu ihren Saboteuren geworden. Derselbe Steuerhinterzieher oder Schwarzarbeiter, der nicht mehr sieht, dass seine Steuern bzw. Abgaben ihm in Form vielfältiger staatlicher Einrichtungen und Leistungen tagtäglich zurückerstattet werden, würde es kaum versäumen, sich für die vom Nachbarn empfangene Hilfeleistung in angemessener Weise zu revanchieren.

Die Unpersönlichkeit der staatlich und gesamtgesellschaftlich organisierten Austauschvermittlung ist es also, die deren Wesen verschleiert und gesellschaftliche Solidarität im weiten Rahmen von Kirche oder Staat zerbröckeln lässt, nicht aber ihr Wesen als Regelungsmechanismus für den institutionalisierten Austausch verändert.

Dies sei an einigen Beispielen verdeutlicht. Das System der gesetzlichen Rentenversicherung ist weitgehend an die Stelle der familiären, persönlichen oder kommunalen Altersversorgung getreten, auf die ältere, arbeitsunfähige Menschen vor ihrer Einführung angewiesen waren, ohne dass dadurch der zugrundeliegende Austausch von Dienstleistungen, Waren und Werten innerhalb des sogenannten Generationenvertrags beseitigt worden wäre. Die vielfältige Fürsorge und Versorgung, die Eltern ihren heranwachsenden Kindern zukommen lassen, wurde vor Einführung der gesetzlichen Rentenversicherung in aller Regel von diesen – zeitlich versetzt, wie sich versteht – ‚in gleicher Münze zurückgezahlt', sobald die Eltern ihrerseits hilfebedürftig geworden waren. Der grundsätzlich gleiche, nur phasenverschobene Austausch zwischen den Generationen findet auch heute noch über die gesetzliche Rentenversicherung statt, nur flächendeckend ausgedehnt auf die Solidargemeinschaft aller Pflichtversicherten und Steuerzahler sowie abstrahiert in den Formen von Beitragszahlungen und Rentenempfang.

Ein zweites Beispiel für die durch gesellschaftliche Komplexierung bewirkte Verschleierung von Austausch als Substanz jeden Gesellschaftssystems sei aus dem Bereich der Politik gewählt, wobei deren Austauschcharakter weniger leicht erfassbar ist als der des Versicherungswesens. Zentrale Erscheinungen liberaldemokratischer Regierungssysteme sind zweifellos Wahlen und parlamentarische Gesetzgebung. Während durch diese festgelegt wird, welche Formen und Wege des Austauschs in der betreffenden Gesellschaft erlaubt bzw. verboten und welche Sanktionen für die Übertretung der dem gesellschaftlichen Austausch gezogenen Grenzen zu gewärtigen sind, zeigen die Wahlen den Gesetzgebern an, ob die für den gesellschaftlichen Austausch vorgesehenen Wege und Formen von den betroffenen Austauschpartnern als vorteilhaft oder wenigstens praktikabel betrachtet werden. Ist dies der Fall, so wird die Gesetzgebungsmehrheit (und in der Regel die von ihr gestellte Regierung) bei der Wahl bestätigt, andernfalls abgewählt. Zusätzliche Signale über die Einschätzung ihrer Gesetzgebungs-, Regierungs- und natürlich auch Oppositionstätigkeit durch die Staatsbürger erhalten die Politiker in Regional-, Kommunal-, Teil- oder Nachwahlen, durch die Kontakte der Abgeordneten mit der Bevölkerung ihres Wahlkreises, durch demoskopische Erhebungen, das Echo, das ihre Tätigkeit in den Massenmedien findet, und in direkt an sie gerichteten Zu-

schriften, Petitionen, Eingaben und Beeinflussungsversuche aller Art durch einzelne, Gruppen oder Verbände, nicht zuletzt auch durch die Reaktionen der politischen Gegner und des Auslands. Die Entwicklung der Mitgliederzahlen der eigenen und der konkurrierenden Parteien, die parteienbezogene Spendentätigkeit, aber natürlich auch die faktischen Ergebnisse der eigenen oder bekämpften Politik und Gesetzgebung, selbst wenn diese noch nicht in die politische Argumentation aufgenommen sind, geben jedem guten, und das heißt hellhörigen Politiker Hinweise auf die Bewertung seiner Politik durch Wähler und ggf. die weitere gesellschaftliche Umwelt.
Die Aufgabe der Politiker ist es nun, aus der Fülle dieser Signale ein Handlungs- und Gesetzgebungsprogramm zu entwickeln, das der eigenen Person und Partei möglichst breite Zustimmung seitens der Wähler einzubringen verspricht, dieses publikumswirksam zu ‚verkaufen' und nach erfolgter Wahl möglichst publikumswirksam zu realisieren. Das, was sich im politischen Raum einer parlamentarischen Demokratie abspielt (bei Lichte besehen gilt dies für andere Regierungssysteme ebenso), ist also nichts anderes als ein großer Dialog, der mit Worten und Taten zwischen Wahlvolk und Politikern über das Thema geführt wird: Wie ist für die größtmögliche Zahl der Beteiligten ein bestmögliches Leben zu erreichen?
Der metaphorische Begriff des ‚Dialogs' für den zwischen Wahlvolk und Politikern ablaufenden Vorgang, der einen ersten Durchblick auf deren gegenseitiges Verhältnis erleichtern sollte, muss nun aber sogleich wieder zurückgenommen werden, weil es eben nicht nur Worte sind, die auf dem politischen Feld ausgetauscht werden, sondern auch Handlungen (wie Parteibeitritt, Zahlung von Mitgliedsbeiträgen, aktive Mitarbeit in Parteien, Demonstrationen, Einsatz in Wahlkämpfen usf. auf der einen, Umsetzung politischer oder gesetzgeberischer Entscheidungen in reale Staatstätigkeit auf der anderen Seite) oder Werten (wie Steuer-, Gebührenzahlungen gegen staatliche Leistungen und Subventionen aller Art). Deshalb müssen wir auch für den gesellschaftlichen Grundvorgang des politischen Bereichs den abstrakteren Begriff ‚Austausch' wählen, der eben der Vielfalt der politischen Austauschformen und -inhalte angemessener ist als der des Dialogs.

Ein drittes Beispiel, das den Austausch als Grundvorgang gesellschaftlichen Lebens erkennbar machen soll, sei aus dem Bereich der Religion gewählt. Grundlegender Vorgang jeder Religion ist die Verkündigung einer heilsamen Weltordnung und individueller Erlösung von allen Übeln mit dafür geforderten Verhaltensregeln und Riten wie Opfer und Gebet. Die Verkündigung, primär von Religionsstiftern, Propheten, Heiligen und Erleuchteten in Worte gefasst, sekundär von der kirchlichen Tradition und Hierarchie ausgelegt, übersetzt, den jeweiligen Bedürfnissen von innerer und äußerer Mission angepasst und dem Kirchenvolk nahegebracht, ist als ‚Wort Gottes', ‚Wille Allahs' usf. die eine Seite des religiösen Dialogs, der von der anderen mit Opfern und Gebet in deren verschiedenen Erscheinungsformen (vom Menschenopfer bis zur Kirchensteuer, vom rituellen Tanz bis zum ‚Gott-sei-Dank' der Umgangsprache) geantwortet wird. Auch karitative Dienstleistungen aller Art sind in diesen Dialog zwischen dem Göttlichen und der zugehörigen Religionsgemeinschaft einbezogen. Sie reichen auf der Seite des ersteren vom priesterlichen Segen zur psychischen Stärkung von Leidtragenden über religiöse Heilungen selbst körperlich Kranker und Speisung Bedürftiger bis hin zur Telefonseelsorge oder Bahnhofsmission unserer Tage, während die Antwort der Gläubigen außer in den schon erwähnten Opfern und Spenden, ggf. sogar Steuern, in vielerlei ehrenamtlichen Hilfsdiensten für die Kirchen und ihre Organisationen, vor allem aber in praktizierter Nächstenliebe beim Almosengeben usf. zu vernehmen ist. Auch hinsichtlich religiöser Tätigkeiten müsste also mit Rücksicht auf deren Vielfalt der Pars-pro-toto-Begriff Dialog durch den umfassenderen des Austauschs ersetzt werden.

Was das letzte Beispiel betrifft könnten zwei naheliegende Einwände erhoben werden, einer von religiöser und einer von atheistischer Seite. Der religiöse könnte sich dagegen verwahren, dass Gott, dessen tatsächliche Existenz der religiöse Mensch ja als gegeben annimmt, durch eine Deutung religiöser Aktivitäten und Wirkungen als gesellschaftlicher Austauschakte zum bloßen Gesellschaftswesen herabgesetzt würde, wohingegen die atheistische Argumentation, ausgehend von der Leugnung einer tatsächlichen Existenz Gottes, gerade deshalb den skizzierten Austausch als Fiktion abtun könnte.

Beiden Argumenten ist entgegenzuhalten, dass die oben dargelegte Deutung religiöser Aktivitäten nicht von einem religiösen oder atheistischen Weltbild, sondern von der religionsneutralen Registrierung geschichtlich und gegenwärtig unleugbar existierender religiöser Riten aus entwickelt wurde, die ebenso unleugbar mit der Bildung gesellschaftlicher Gruppen (Sekten, Religionsgemeinschaften, Kirchengemeinden usf.) verbunden sind. In dem noch stark archaisch geprägten religiösen Bereich lässt sich die Identität von institutionalisiertem Austausch und Gesellschaft sogar noch konkreter greifen als in dem des stark modernisierten versicherungsrechtlichen oder politischen. Der christliche Gemeindebegriff etwa lässt aus gemeinsamem Ritus als Antwort auf die Verkündigung Christi eine religiöse Gruppe werden (vgl. Matthäus 18,20: „denn wo zwei oder drei versammelt sind in meinem Namen, da bin ich [Christus] mitten unter ihnen."),

## I. Die Theorie

ebenso gehört der fernab von Mekka einsam auf seinem Gebetsteppich niederkniende Moslem durch seine gemurmelte oder auch nur gedachte Beteiligung am religiösen ‚Dialog' eindeutig zur Gemeinschaft des Islam. Der religiöse Austausch als Gesellschaft begründendes Faktum kann geradezu als Hauptargument für unsere Auffassung von Gesellschaft angesehen werden, weil immer dann und dort, wo andere Formen gesellschaftlichen Austauschs fehlen (wie beim Einsiedler) oder nicht mehr ausreichen (wie in Krisensituationen sonst austauschintensiver Gesellschaften) alter oder neuer religiöser Ritus besonders intensiv gepflegt bzw. wiederbelebt werden. Religiöser Austausch springt also offensichtlich immer da in die Bresche, wo andersartiger fehlt. ‚Not lehrt beten' sagt in diesem Sinne das deutsche Sprichwort, während die Erscheinung ganz junger und andererseits älterer Menschen als fleißigsten Kirchentagsbesuchern bzw. Kirchgängern sich eben dadurch erklärt, dass gerade diejenigen, die noch nicht oder nicht mehr durch vielfältige Einbindung in politische, berufliche oder familiäre Austauschvorgänge erfüllt sind, deshalb an religiösen in der Hoffnung teilnehmen, dadurch ‚Erfüllung', ‚Erlösung', ja das ‚Heil' zu finden, wie es jede Religion ihren Anhängern verheißt.

So wie Nachbarschaftsfeste, Rentenversicherung, eine gut funktionierende Demokratie oder gut angenommene Feiertage die wohltätige Wirkung institutionalisierten Austauschs zwischen menschlichen Individuen erfahrbar machen, so wird sie insbesondere von jeder Religionsgemeinschaft als ‚ewiger Lohn im Himmel' verkündet, und zwar gerade dann, wenn die diesseitigen Ressourcen nicht ausreichen, um die Belohnung für regelgerecht praktizierten Austausch bereits hier auf Erden in wünschenswerter Deutlichkeit vor Augen zu führen.

Um Gesellschaft als institutionalisierten Austausch zur Förderung des Wohlergehens der Austauschteilnehmer plausibel zu machen, könnten ganze Reihen von weiteren Beispielen ausgeführt werden, ohne dass man bei der schier unerschöpflichen Fülle gesellschaftlicher Austauschvorgänge und Gesellschaftsformen mit zehn Beispielen mehr bewiesen hätte als mit dreien.[27]

Einen wesentlich höheren Plausibilitätsgrad als durch Beispiele auch großer Zahl könnte eine gesellschaftswissenschaftliche These zweifellos durch experimentellen Nachweis erlangen, dem, abgesehen von dem hohen Kostenaufwand aber vor allem humanitäre Bedenken entgegenstehen. Zwar sind schon seit Auguste Comte sozialwissenschaftliche Experimente angestellt worden, aber nur solche, die sich im Bereich kognitiven Verhaltens durchführen ließen und die aus diesem Grunde keine eindeutigen und

## I. Die Theorie

vor allem keine grundlegenden sozialwissenschaftlichen Thesen erhärten konnten.[28]

Derartige Feststellungen ließen sich nur mit Hilfe von solchen Experimenten erhärten, die die physische und/oder psychische Widerstandskraft der Versuchspersonen ernsthaft gefährden würden, da grundlegende Erkenntnisse über Entstehung, Wandel und Untergang von Gesellschaften nur unter extremer auch physischer Belastung der Beteiligten zu erzielen wären. Dem nach allgemeinen Erkenntnissen über das Phänomen Gesellschaft Forschenden bleibt deshalb nur der Weg, die Geschichte (einschließlich der Urgeschichte) als Experimentierfeld zu betrachten, auf dem menschliche Gesellschaften verschiedenster Art in ihrer Entstehung, ihrem Funktionieren, ihrer Struktur und deren Veränderung und auch in ihrem Zerfall beobachtet werden können, und das über Zeiträume hinweg, die kein Experimentator auch nur im entferntesten zur Verfügung hat.

Der naheliegende Einwand gegen ein solches methodisches Vorgehen ist bereits in Goethes „Faust" vorgetragen worden und betrifft die Subjektivität der Geschichtsschreibung, die es für den Nachgeborenen unmöglich mache, den „Geist der Zeiten" zu erfassen oder, anders formuliert, objektive Erkenntnisse über geschichtliches Verhalten von Gesellschaften über die historiographische Tradition zu gewinnen.[29]

Diesem zweifellos wesentlichen Einwand seien folgende Gesichtspunkte entgegengestellt: Objektive Erkenntnis ist auch dem naturwissenschaftlichen Experimentator nicht zuzugestehen, der a) sein Experiment selbst arrangiert hat, b) durch seine Beobachtungen/Messungen notwendigerweise in den Versuchsablauf eingreift, c) durch die mit jedem Experiment gegebene Isolierung von Phänomenen für deren vollständige oder auch nur grundlegende Erkenntnis wichtige Faktoren und Wechselwirkungen ausblendet, d) umgekehrt niemals mit Sicherheit weiß, ob er alle unwillkommenen Einflussfaktoren auch wirklich hat ausschalten können, e) als Experimentator persönlich Beteiligter und Betroffener ist, der seinem Experiment und dessen Ergebnissen schon deshalb nicht ‚objektiv' gegenüberstehen kann und f) dessen Beobachtungsinstrumente unter Umständen ein verzerrtes Bild der Objekte und ihrer Reaktionen vermitteln.

Dem allen kann entgegengehalten werden, dass die nahezu beliebige Wiederholbarkeit von naturwissenschaftlichen Experimenten durch die verschiedensten Wissenschaftler und unter verschiedensten Umständen ein starkes Regulativ für willkürliche oder einseitige Anordnung oder Auswertung von Versuchen gewährleistet.

Dies ist in Grenzen richtig, wenngleich festzuhalten bleibt, dass der durchaus gegebene naturwissenschaftliche Fortschritt gerade darin besteht, Beob-

## I. Die Theorie

achtungsfelder zu erweitern, den Geltungsbereich tradierter ‚Naturgesetze' einzuschränken, Messverfahren zu verfeinern und eben damit die relative Subjektivität und Korrekturbedürftigkeit aller bisher erreichten, aber damit auch der künftigen experimentell gewonnenen Erkenntnisse immer aufs neue aufzudecken.

Demgegenüber hat der historisch orientierte Sozialwissenschaftler gar keinen Anlass, sich angesichts der offensichtlichen Subjektivität eines großen Teils seines Beobachtungsmaterials dem Naturwissenschaftler gegenüber von vornherein unterlegen zu fühlen. Dazu besteht vor allem deshalb kein Grund, weil der Sozialhistoriker a) die Subjektivität artefaktischen Beobachtungsmaterials kennt und mit Hilfe der Quellenkritik und Funktionsanalyse weitgehend dechiffrieren kann, b) die Vielzahl historischer Darstellungen zu wichtigen geschichtlichen Erscheinungen – ähnlich der Vielzahl naturwissenchaftlicher Experimente zum gleichen Phänomen – willkürliche Quellendeutung weitgehend beschränkt, c) die ‚Selbstauskunft' des beobachteten Objekts Gesellschaft durch Zeugnisse außenstehender zeitgenössischer Beobachter (etwa in Gesandten- und Reiseberichten, Tagebüchern, Briefen usf.) korrigiert bzw. überprüft werden kann, d) jene Selbstauskunft von Gesellschaften – jedenfalls für gut dokumentierte Epochen – so komplex ist, dass die Gegenüberstellung ihrer verschiedenen Stimmen deren gegenseitige Korrektur ermöglicht, e) diese Selbstaussage, da von Wesen unserer Art formuliert, einen weitgehend direkten Einblick in die Elemente des Systems Gesellschaft erlaubt, wie es so unmittelbar für kein von den Naturwissenschaftlern erforschtes Gebilde der Fall ist, f) das ‚Langzeitexperiment' Geschichte durch seine Reflexion in der Historiographie in wesentlichen Zügen auch von dem einzelnen Sozialhistoriker überschaut werden kann, was den Beobachtungszeitraum gegenüber jedem von Menschen angestellten Experiment gewaltig erweitert und die Gefahr kurzsichtiger Theoriebildung weitgehend ausschließt, g) das Objekt ‚Gesellschaft in der Weltgeschichte' von nachträglicher Betrachtung unbeeinflusst bleibt und nicht von sonstigen Einflussfaktoren willkürlich oder versehentlich abgetrennt worden ist, also ohne jede experimentelle Manipulation studiert werden kann, womit ausgeschlossen bleibt, dass das Objekt bereits vor seiner Beobachtung experimentell deformiert wurde.
Stärken und Schwächen der beiden gegenübergestellten wissenschaftlichen Verfahren lassen sich vereinfacht folgendermaßen kennzeichnen: Erzielt die experimentelle Methode der Naturwissenschaften durch Isolierung ihrer Objekte vom komplexen Daseinszusammenhang einen hohen Grad an Beobachtungs- und Auswertungsobjektivität in Form von Messgenauigkeit

## I. Die Theorie

und Mathematisierbarkeit, läuft sie gleichzeitig Gefahr, ihr Objekt durch experimentelle Isolierung und Manipulation zu beschneiden und zu entstellen und infolgedessen nur für ein beschränktes experimentelles Umfeld richtig zu interpretieren. – Demgegenüber hat es die historische Sozialwissenschaft mit weder isolierten, noch experimentell manipulierten, sondern ‚naturbelassenen' Objekten in Form früherer Gesellschaften zu tun, deren Beobachtung und wissenschaftliche Durchdringung allerdings überwiegend durch die Brille sekundärer Zeugnisse, meist jenseits objektivierter Messverfahren sowie belastet durch die Komplexität der Erscheinungen vonstatten geht, was die Ableitung stringenter Kausalgesetzlichkeiten zwischen genau begrenzten Erscheinungen ausschließt. – Wünschenswert wäre demnach ein Verfahren, das die Vorzüge beider Methoden miteinander kombiniert.

### C) Energie als gesellschaftsbildende Austauschsubstanz

Um auf dem Weg dorthin einen ersten Schritt zu tun, versuchen wir nun das Objekt Gesellschaft als Austauschsystem damit leichter durchschaubar zu machen, dass wir die Frage stellen, was es denn letztlich ist, das zwischen den Mitgliedern einer Gesellschaft ausgetauscht wird. – Auf den ersten Blick scheint der Austausch innerhalb menschlicher Gesellschaften mit Gesten, Worten, Zärtlichkeiten, Wohltaten, Dienstleitungen, Waren, Zahlungsmitteln, aber auch Gewaltanwendungen und kriminellen Handlungen sowie den vielfältigen Erscheinungsformen und Funktionsweisen all dieser Austauschformen so disparat, dass eine gemeinsame ‚Substanz' alles gesellschaftlich Ausgetauschten nicht erkennbar wird. Erinnern wir uns an dieser Stelle an die belebende und erfreuliche Wirkung gesellschaftlichen Austauschs für die beteiligten Gesellschaftsmitglieder, wie sie vor allem im gelungenen Fest erfahrbar wird, so liegt es nahe, die Austauschsubstanz als wohltuende Wirksamkeit, griechisch ‚energeia' zu verstehen. Auch die energetischen Gesellschaftsmodelle von Ostwald, Hass/Lange-Prollius und Haken sprechen für diese Vermutung.
Ebenso die Einsteinsche Relativitätstheorie, durch welche Energie als Äquivalent von ‚Masse', der charakteristischen Erscheinungsform von ‚Materie' identifiziert wurde, eine zunächst theoretische Erkenntnis, die durch zahlreiche Experimente in Teilchenbeschleunigern sowie das Funktionieren von Kernwaffen und -kraftwerken als zutreffend erwiesen wurde, sodass es theoretisch plausibel erscheint, etwa die zwischen Mitgliedern einer Gesellschaft ausgetauschten materiellen Waren als Energiemengen bestimmter Größe und Form zu verstehen.

# I. Die Theorie

Diese Vermutung ist im Folgenden an konkreten Austauschvorgängen zu überprüfen. Als veranschaulichendes Beispiel soll zunächst der mittelalterliche Tausch eines Beils gegen ein etwa gleichwertiges Wolltuch angenommen werden. In die Herstellung beider Tauschobjekte wurde jeweils eine Reihe von Arbeitsleistungen investiert, bei denen jeweils Menschen Energie bestimmter Menge und Art (Muskel-, Gehirnleistung) einspeisen mussten, was anteilig ebenso für die Herstellung oder den Erwerb der von ihnen jeweils benutzten Rohstoffe, Werkzeuge und Einrichtungen gilt. Es handelt sich bei dem angenommenen wie bei jedem anderen Tausch oder Kauf (der ja nichts anderes als ein Tausch von Ware gegen Geld ist, für dessen Erwerb ebenfalls Energie investiert werden musste) somit um einen Austausch vielfältiger, aber grundsätzlich in Kilowattstunden oder Joule messbarer Energiebeträge. Beim fairen oder gleichen Tausch, der auf beiden Seiten freiwillig erfolgt, gehen die Tauschpartner davon aus, dass in die beiden Tauschobjekte etwa gleichviel menschliche Arbeitsenergie eingespeist wurde. Diese im Alltagstausch immer nur grobe Abschätzung der jeweils investierten Energiemengen wird allerdings meist vernachlässigt, weil bei gängigen Tauschobjekten Marktwerte oder -preise diese Aufgabe übernehmen, vor allem aber, weil sich beide Tauschpartner in erster Linie von dem erhandelten Tauschobjekt eine Verbesserung ihrer persönlichen Energiebilanz versprechen und vor allem diese abzuschätzen suchen. Der mittelalterliche Erwerber des Beils erhofft sich von diesem in der Regel eine erleichterte Zerkleinerung von Brennholz, was ihm, der bisher dafür nur eine langstielige Axt zur Verfügung hatte, eine raschere und für die beilführende Hand weniger anstrengende kleinteilige Brennholzzubereitung für das Anfeuern des Herdes zu ermöglichen, also seinen Energieaufwand für die Erledigung dieser Arbeit zu mindern verspricht. Dies wird auch seine Frau erfreuen, die wegen immer wieder fehlenden Kleinholzes Schwierigkeiten mit dem Anfeuern hatte, was Klagen und Vorwürfe mit Verdüsterung des ehelichen Zusammenlebens zur Folge hatte. Das Beil wird auch hier, im Bereich seines psychischen Energiehaushalts, wie der Tucher hofft, Erleichterung und also eine Optimierung seiner allgemeinen Energiebilanz erbringen.

Entsprechendes gilt für den Erwerber des Wollstoffs, der sich daraus Jacke und Hose für den Winter schneidern lassen will, um in der kalten Jahreszeit nicht zu frieren, also den dann drohenden erhöhten Körperwärmeverlust zu vermindern, was eben auch eine Verbesserung seiner Energiebilanz bedeutet. Bei seiner Erwartung an den feinen Wollstoff spielt natürlich auch die Hoffnung auf ein erhöhtes Ansehen bei den Mitmenschen eine Rolle, das

## I. Die Theorie

ihm die Durchsetzung seiner Wünsche bei diesen im Zweifelsfall immer etwas erleichtern, ihm also auch in dieser Hinsicht Energieeinsparungen ermöglichen wird. Die Motive zum Eintausch bzw. Kauf auch ganz gewöhnlicher Gebrauchswaren sind also vielfältig und oft nur halbbewusst, laufen aber letztlich – selbst beim Erwerb von Geschenken für andere Menschen – immer auf die Erwartung einer persönlichen Energiebilanz-Optimierung hinaus. Beim Warentausch wird also in die Herstellung der Tauschobjekte investierte Energie hingegeben und dafür Zuversicht auf künftig eingesparte Energie erworben. Der ausgetauschte Gegenstand – oder beim Kauf das Geld – sind lediglich Träger oder Medien dieses immer mehr oder weniger spekulativen Energietauschs.

Bei einem anderen wichtigen gesellschaftlichen Austauschvorgang, dem von Dienstleitungen, wird dies noch offensichtlicher, da jedem Erwachsenen klar ist, dass Arbeit Energie kostet, ein für andere geleisteter Dienst mithin ohne weiteres als Energie-Übertragung, bei Wechselseitigkeit als Energie-Austausch verstanden werden muss. Dass auch dieser in aller Regel beiden Austauschpartnern bilanziellen Energiegewinn einbringt, mag das Beispiel zweier Handwerker veranschaulichen, die sich gegenseitig beim Bau ihrer Wohnhäuser helfen: Erledigt der Maler im Haus des Installateurs die Tapezier- und Anstricharbeiten, während dieser bei jenem in etwa gleicher Arbeitszeit die Installation einbaut, haben am Ende beide erhebliche Beträge an eigenem Energieaufwand eingespart, die sie bei Eigenleistung als Ungeübte und Unerfahrene und ohne die fachgerechte Ausrüstung hätten aufbringen müssen.

Schwieriger erscheint es demgegenüber, das häufigste gesellschaftliche Austausch-Phänomen des Wortwechsels oder allgemeiner: jeden Informationsaustausch als solchen von Energie mit beiderseitigem Gewinn zu begreifen. Immerhin wird dies möglich, wenn wir uns bewusst machen, dass jede Information durch Arbeit, also durch Einsatz von Energie erworben werden muss.

Dies soll, weil möglicherweise nicht ohne weiteres einsichtig, wiederum am konkreten Beispiel verdeutlicht werden: Der Besucher einer ihm fremden Stadt, der dort nur das als Sehenswürdigkeit bekannte Rathaus aufsuchen möchte, beschafft sich durch Befragung eines Ortskundigen Informationen über den kürzesten Weg dorthin, um nicht unnötig Zeit und Mühe in eine langwierige Sucherei zu investieren. Erhält er die für ihn nötigen Informationen über den kürzesten Weg zum Rathaus und findet er dieses auf der angegebenen Route, so haben die empfangenen Informationen zweifellos die vom Besucher des Rathauses für den Weg dorthin aufzubringende Energie vermindert, dessen energetische Bilanz gegenüber Uninformierten

verbessert. – Wie ist aber auf der anderen Seite dieses einseitig erscheinende Energiegeschenk des Ortskundigen an den Fremden motiviert? Zum einen spielt bei dessen in der Regel gegebener Auskunftsbereitschaft der geringe energetische Aufwand eine Rolle, der ihn als Ortskundigen bereitwillig antworten lässt. Des weiteren aber auch sein lokalpatriotisches Bestreben, dem Fremden die eigene Stadt nicht durch Verweigerung der Auskunft zu verleiden, zumal er vielleicht direkt oder indirekt am Fremdenverkehr Geld verdient. Weiterhin ist aber auch die Tatsache von Bedeutung, dass der Fremde ihn höflich mit der Unterwerfungsformel „Entschuldigen Sie bitte!" angesprochen und damit seinen Dialog-Status erhöht, ihm durch die Bitte um Hilfe und Rat ein angenehmes Überlegenheitsgefühl verschafft hat, was beides als psychischer Energiegewinn zu verbuchen ist.
Psychische Energie darf nun nicht etwa als ein unter Systemzwang vom Verfasser erfundener Begriff gesehen werden, sondern als eine bereits in der Freudschen Tiefenpsychologie als Triebkraft der ‚Traumarbeit', künstlerischer Gestaltung und anderer die menschliche Psyche entlastender und damit die Tatkraft des Menschen freisetzende Potenz[30], ohne die erfinderische, zielbewusste oder ausdauernde Arbeit gar nicht möglich wäre. Ihre Stärkung durch die genannte wenn auch nur kurzfristige Statuserhöhung des Auskunft gebenden Ortskundigen, der sich damit zudem ein gutes Werk der Hilfsbereitschaft zurechnen kann, was seine Selbstzufriedenheit und also psychische Stabilität zusätzlich erhöht (und ihn deshalb die folgende kleine Auseinandersetzung mit seiner herrschsüchtigen Frau erfolgreich bestehen lässt), kann kaum bestritten werden und entlarvt selbst einen kurzen Wortwechsel auf der Straße als durchaus wechselwirkenden Energieaustausch mit bilanziellem Energiegewinn für beide Gesprächspartner.

Dies gilt auch für den primär psychischen und körperlich intimen Austausch zwischen Liebenden oder Familienmitgliedern. Noch vor- oder außersprachliche zwischenmenschliche Signale wie Blicke, Mienenspiel, taktile Zärtlichkeiten, die zwischen Verliebten oder einander dauerhaft Liebenden ausgetauscht werden, haben bei beiden partnerschaftlich Beteiligten, wie die Liebesdichtung der verschiedensten Autoren ausweist, ein psychisches Hochgefühl zur Folge, das in der deutschen Liebeslyrik mit Begriffen wie „Seligkeit" ( Walther von der Vogelweide) „Elysium" (Klopstock), „Glück" oder „Freud und Wonne" (Goethe) umschrieben wurde[31], also mit Worten, die Befreiung von allen irdischen Lasten und Hemmnissen zum Ausdruck bringen, mithin das Gefühl fast göttlicher Erlöstheit von jeglicher irdischen Gegenmacht und damit energetischer Erfülltheit und Bedürfnislosigkeit.

I. Die Theorie

Deren Fehlen sucht der davon betroffene Dichter oder Künstler mit einem ästhetischen Werk zu kompensieren, das ihm einen erfüllenden Austausch mit Menschen verschaffen soll, die ihn verstehen, ihm seelisch helfen können, indem sie durch Vertiefung in sein Werk zumindest informell seine Vertrauten werden. Das künstlerische Tun oder Werk ist, so gesehen, als ästhetisch verschlüsseltes Selbstporträt zu verstehen, von dem der Künstler hofft, dass er mit dieser kunstvoll gestalteten ‚Suchanzeige' seines Kunstwerks in seinem Publikum die richtigen Austauschpartner wird finden und so sein einsames Leid wird überwinden können.[32] Andere Formen von Kunst wie Musik, Epik, Theater und Bildkunst verschaffen dem Publikum vor allem Unterhaltung, also körperlich anstrengungslose Bewegung in verschiedenen Regionen des Lebens. Auf den nüchternen Begriff gebracht ist damit auch Kunst das Bemühen um Energiegewinn durch ästhetisch-künstlerisch geprägten Austausch zwischen Künstler und Publikum (II.2,3,5).

In enger Parallele und oft auch Verflechtung mit solchem Bemühen stehen wiederum die Religionen, die dem künstlerisch nicht oder weniger begabten Notleidenden den ‚Geist' Verstorbener, Heiliger und letztlich überirdische Gottheiten als seelische Helfer anbieten und den Austausch mit diesen durch vorgegebene Riten erleichtern. Im Wechselgesang mit dem Priester, im Blick auf die künstlerische Darstellung der angebeteten Gottheit in Bildwerken und Oratorien verbinden sich regelmäßig Religion und Kunst, um dem Hilfe suchenden Gläubigen zu einem ihn mit neuer seelischer Energie erfüllenden Austauscherlebnis zu verhelfen. In Notzeiten, die für die meisten Gesellschaften vor und außerhalb der Industriellen Revolution eher die Regel als die Ausnahme waren, blieb die zumindest für das Jenseits Zuversicht spendende Religion das wichtigste psychische Hilfsmittel, das wegen des allgemeinen Bedarfs den rituellen Austausch mit der Gottheit in Gemeinschaft aller in der Nähe Wohnenden zelebrierte und diese damit gleichzeitig vergesellschaftete (II.1-4,6).[33]

Freiwilliger Energieaustausch über ganz verschiedene Medien oder Träger wie Waren, Dienstleistungen, Geld, Informationen, Zärtlichkeiten, Kunstwerke oder religiöse Riten, das sollten die Beispiele zeigen, sind letztlich immer Austausch von menschlich investierter Energie mit dem Ergebnis der Aussicht auf eine mit dem erworbenen Tauschobjekt erreichbare Energieersparnis, welche den in das weggetauschte Objekt investierten Energiebetrag übersteigt, also einen künftigen bilanziellen Energiegewinn verspricht. Diesen beiderseitigen bilanziellen Energiegewinn durch freiwilligen Austausch nennen wir ‚reziproken Tauschgewinn'.[34] Er ist, weil zumeist von künftiger Realisierung abhängig, entsprechend spekulativ, beim Austausch mit bekannten und erprobten Tauschobjekten und -partnern aber weitgehend gewiss. Gerade deshalb wird Austausch mit den vertrautesten, in nächster Umgebung lebenden oder sonst gut bekannten Menschen bevorzugt praktiziert, woraus sich die meist so bezeichneten engen Bindungen zwischen Liebenden, Familienmitgliedern, Freunden, Bekannten, Nachbarn usf. ergeben. Richtiger gesagt, bestehen solche ‚Bindungen' aus dem regelmäßigen und in Kleingruppen zudem vielgestaltigen fairen und insofern ‚gleichen' Energieaustausch und den sich aus diesem ergebenden Erwartungen auf weiteren vielfältigen Energiegewinn. Solche Erwartungen, die sich zumeist in diffusen Empfindungen wie Vertrauen, Wohlbefinden, Sicherheits-, ja Glücksgefühl an die Menschen heften, von denen man noch nicht oder kaum ge- und also enttäuscht wurde, erwachsen aus den in häufigem reziproken Tauschgewinn mit diesen gewonnenen positiven Erfahrungen. Daraus folgt, dass es der regelmäßige mit reziprokem Gewinn von Energie und also Wirkungspotenzial betriebene Energieaustausch ist, der gesellschaftliche Gruppen entstehen und, solange er praktiziert wird, fortbestehen lässt, die Häufigkeit und Vielfalt solcher Austauschakte zudem die Haltbarkeit und Verlässlichkeit der mit ihnen gegebenen ‚Gesellschaft' bestimmen.

Die gesellschaftsbildende und -erhaltende Wirkung von gewaltfreiem, möglichst gleichem und freiwilligem Energieaustausch lässt sich weiterhin aus den Geboten und Gesetzen selbst früher Gesellschaften erschließen, die dessen Verkehrung oder Umgehung durch Betrug, Diebstahl, Raub oder Mord einhellig verurteilten. In entwickelteren Gesellschaften mit Schriftkultur wurden solche Gebote durchweg kodifiziert und öffentlich auf Schautafeln verkündet, was regelmäßig als eigentlicher Staatsgründungsakt verstanden wurde. Inzwischen sind die Modalitäten des freiwilligen und gleichen Tauschs, also Freiheit und Gleichheit der Tauschpartner, in austauschintensiven Systemen sogar zu Menschenrechten mit Verfassungsrang erhoben worden und gelten dort immer noch als Gründungsvermächtnis (II.9).
Die positive Relation zwischen intensivem, also häufigem und vielfältigem Energieaustausch und daraus resultierendem Energiegewinn lässt sich oft genug auch direkt anschauen oder mit Händen greifen. Das für beide Seiten beglückende Saugen des Kleinkindes an der Mutterbrust ist in dieser Hinsicht das wohl elementarste Beispiel zwischenmenschlichen Energieaustauschs mit dem sichtbaren Energiegewinn des größer und kräftiger werdenden Kindes und der an gesellschaftlichem Status gewinnenden Mutter, außerdem der aus ihnen mit dem sie traditionell ernährenden Vater hervor-

## I. Die Theorie

gehenden Familie. – Ein in die Augen springendes historisches Beispiel ist der Gewinn an Reichtum, politischer Macht und kulturellem Ansehen von Handelszentren wie dem sumerischen Ur oder Uruk, dem mykenischen Kreta, dem antiken Griechenland mit Korinth oder Athen, dem spätmittelalterlichen Italien mit Venedig, Florenz und Genua, den Niederlanden mit Brügge und Amsterdam und schließlich dem neuzeitlichen England mit London als wichtigsten Zentren des seinerzeitigen Handels, der immer Energieaustausch meist beträchtlicher Dimensionen war und den darin engagierten Handelshäusern mit zugehöriger Kommunität entsprechend große Energiegewinne einbrachte (II.2-7). – Auch der heutige weit verbreitete Wohlstand, wo nicht Reichtum der ‚westlichen Welt' ist als Ergebnis der – massenhaften Energiegewinn generierenden – Austauschakte eines in ihnen zentrierten Welthandels, der an diesem hängenden Industrie, des ebenfalls von ihnen dominierten Kapitalverkehrs und Informationsnetzes zu verstehen. Dass seit der griechischen Antike alle diese gleichartigen, nämlich intensiv Handelsaustausch betreibenden Gesellschaften die Form der Republik annahmen, in der freiwilliger und gleicher Tausch von Waren, Dienstleistungen und Informationen demokratische Austauschprinzipien auch in anderen als rein ökonomischen Lebensbereichen opportun werden ließ, bestätigt zudem unsere Auffassung von der gesellschaftsbildenden und zugleich -formenden Funktion des Energieaustauschs.

Dessen Ubiquität und existenzielle Wichtigkeit ist auch greifbar in der des Geldes, das kommerziellen Handel gegenüber feilschendem Warentausch außerordentlich vereinfacht, beschleunigt und vermehrt hat und deshalb austauschintensive Gesellschaften ‚beherrscht'. Seine auch im Handelsverkehr selbst Energie sparende Wirkung hat offensichtlich zu seiner frühen Erfindung schon bei den Sumerern geführt, bei denen es zunächst die Form einer im Hohlmaß abgemessnen Getreidemenge hatte. Es war also (Nahrungs-)Energieträger in Reinkultur, konnte aber schon damals, wenn es um große Beträge ging, in Silber einer bestimmten Gewichtsmenge umgewechselt werden (II.2,3). Unter solchen praktischen Erwägungen nahm es später andere Erscheinungsformen an, ohne deswegen seine Qualität als Energie-Äquivalent einzubüßen.

In seiner die Speicherung, den Austausch und die Umwandlung von Energie erleichternden und fördernden Funktion hat Geld immer auch den Energiegewinn und Wohlstand sowie die wirtschaftliche und/oder militärische ‚Macht' der Gesellschaft vermehrt, in der es gültig und verbreitet war. Als Austausch förderndes Medium hat es zugleich eine starke gesellschaftsbildende Funktion, weshalb es in antiken Großreichen, allen neuzeitlichen Nationalstaaten und seit 2002 in der Europäischen Union als Mittel

## I. Die Theorie

des festeren Zusammenhalts verschiedener Gesellschaftsgruppen eingesetzt wurde und wird. Die gesellschaftsbildende Funktion der gemeinsamen Währung haben zwar auch andere den innergesellschaftlichen Energieaustausch fördernde Mittel wie gemeinsame Sprache, Umgangsformen, Rechtsnormen, Maß-, Verkehrs- und Kommunikationssysteme, in frühen Gesellschaften besonders die Religion mit ihren Riten, in denen die späteren Austauschmedien keimhaft noch weitgehend vereint waren – die genannte Mehrfachfunktionalität als Energie-Äquivalent, -Speicher und -Austauschmittel hat dem Geld allerdings zu einer besonderen gesellschaftlichen Bedeutung verholfen.

Seine letztgenannte Funktion, die Energieaustausch auch zwischen verschiedenartigen Medien wie Waren, Dienstleistungen und Informationen erleichtert und beschleunigt, ist allerdings nicht nur positiv zu bewerten. Dies vor allem deshalb, weil Geld mit seiner zahlenmäßigen Quantifizierung in Währungseinheiten eine Messgenauigkeit für den dahinter stehenden Energiebetrag vortäuscht, die insbesondere bei der Einpreisung fremdartiger oder komplex strukturierter Kaufobjekte illusorisch ist, weil die durchaus flüchtige und vielgestaltige Energie, die in die Produktion eines solchen Tauschobjekts eingegangen ist, bestenfalls grob geschätzt, aber in der Austauschpraxis nicht exat gemessen werden kann. Dadurch wird bei vielen Geldzahlungen ungleicher Tausch geradezu die Regel und bei dessen systematischer Nutzung durch Kaufleute, industrielle Produzenten und Bankiers die Ursache sozialer Ungleichheit. Dies gerade auch in austauschintensiven Republiken, die eigentlich, wie dargelegt, den gleichen Tausch favorisieren. Geld dient also vielfach auch als Mittel der Täuschung, insbesondere dann, wenn es durch Fälschung oder Inflationierung seinen nominellen Wert und damit seine Funktion als Energiespeicher zumindest teilweise verliert, seinem Besitzer also ‚auf kaltem Weg' in Geld gespeichertes Energiepotenzial zu entziehen hilft. Überhöhte Preise, zu geringe Löhne oder Geldentwertung haben mit ihrer den gleichen Tausch korrumpierenden Wirkung den Zusammenhalt von Gesellschaften deshalb immer wieder geschwächt, sogar deren revolutionäre Spaltung bewirkt, die letztlich aber – wie schon die römische *secessio plebis* – regelmäßig durch soziales und politisches Entgegenkommen der im asymmetrischen Austausch sozial Gestärkten gegenüber der sozial geschwächten *plebs* vermieden wurde, weil deren Abwanderung den starken ‚Patriziern' ihre gewinnbringenden Austauschmöglichkeiten genommen hätte (II.4).

Bevor der Energieaustausch zwischen verschiedenen Gesellschaften als eigentliches Thema der Menschheitsgeschichte näher betrachtet wird, soll die

## I. Die Theorie

seit Adam Smith vielfach festgestellte positive Relation von Freihandel und Wohlstandsgewinn[35] unter energetische Perspektive gestellt werden. Wir haben denselben Zusammenhang bereits unter den Begriffen des Energieaustauschs und des unter den Bedingungen der Freiwilligkeit und Gleichheit für beide Tauschpartner sich ergebenden zunächst spekulativen, aber in der Regel auch realisierbaren Energiegewinns gefunden und letzteren in der Tradition von Smith auch als Gewinn von Wohlstand (*wealth*) bezeichnet. Damit stellt sich die Frage nach dessen eigentlichem Inhalt. Dieser kann nach unserer Herleitung aus der – persönlichen Energieaufwand sparenden – Wirkung von Werkzeugen, Gebrauchsgegenständen, Dienstleistungen, Informationen und anderen Energieträgern nur in allgemeiner, vielfältiger Entlastung von Energieaufwand für die persönliche Lebensführung und -erhaltung gesehen werden, anders gewendet, in einem Zuwachs an Erleichterungen und Bequemlichkeiten für die damit ausgestatteten Menschen.[36] Dieses Bestreben nach möglichst dauerhaftem und angenehm leichtem, schönem Leben zeigt sich auch in dem allgemein verbreiteten Besitzstreben nach materiellen und/oder geistig-seelischen Gütern, deren Besitz dem Eigner, wie oben am Beispiel von Gebrauchsgegenständen, Informationen, Geld oder liebevollen Beziehungen gezeigt, die Aussicht auf eine – dauerhaft und leicht aufrecht zu erhaltende – ausgeglichene persönliche Energiebilanz eröffnet.

Auf dieses Ziel scheint also – wie banal es auch klingt – das Streben aller Austausch betreibenden Menschen und damit das ihrer übergroßen Mehrheit zuzulaufen. Individualpsychologisch ist diese Zielsetzung insofern plausibel, als der in frühester Kindheit erlebte ‚Paradieseszustand', der so gut wie keinen eigenen Energieaufwand für das Fortleben verlangte, als unbewusstes Sehnsuchtsziel in jedem Menschen schlummert und eben unbewusst, aber gerade deshalb unweigerlich erstrebt wird. Dies durchaus individuell – je nach persönlichem Energiepotenzial – mit durchaus unterschiedlichen Strategien, die von berechnender Faulheit bis zu hektischer Betriebsamkeit reichen, wobei der Vertreter der ersten Möglichkeit den direkten, aber wegen zumeist negativer Folgen schließlich doch unbequemen und also letztlich nicht mühelosen Weg gewählt hat, der fleißig vorsorgende, sofern er ein höheres Alter überhaupt erreicht und das von ihm gesammelte Vermögen nicht zwischendurch verliert, dagegen den zumindest im Alter bequemeren. Buddha und Christus empfahlen den ersten Weg, Luther und Calvin eher den zweiten, dem auch die modernen Industriegesellschaften folgen, indem sie nicht nur intern, sondern auch untereinander einen immer umfangreicher werdenden vielfältigen Energieaustausch betreiben.

I. Die Theorie

*D) Zwischengesellschaftlicher Energieaustausch
als Geschehen der Menschheitsgeschichte*

Zwischengesellschaftlicher Energieaustausch in gewaltloser Weise des möglichst gleichen Tauschs ergab sich zunächst aus der totemistischen Clanbildung mit ihrem internen Ehetabu, das den Austausch gebärfähiger Mädchen und von Geschenken mit anderen Clans entstehen ließ (II.1). Später war es der Mangel an lebensnotwendigen Materialien wie etwa Holz, Steinen und Metallen in mesopotamischen Schwemmlandsiedlungen, ohne deren Tausch gegen Getreide und Keramik beispielsweise die sumerische Hochkultur nicht hätte entstehen können (II.2). – Im gebirgigen, für den Anbau von Getreide wenig geeigneten Griechenland musste diese lebensnotwendige Nahrungsenergie zunehmend von den Schwarzmeeranrainern importiert und gegen Keramik, Textilien und Olivenöl eingetauscht werden. Nach besonders schlechten Ernten zwang der Nahrungsmangel außerdem zur Expatriierung junger Männer, die sich an fernen Küsten eine Kolonie aufzubauen hatten, um das Überleben der Zurückbleibenden zu ermöglichen. Da kultische und Handelsbeziehungen zur Mutterpolis erhalten blieben, diese dadurch mit ganz neuen Produkten, Techniken und Kunstfertigkeiten bekannt gemacht wurde, entwickelte sich Griechenland bei der großen Zahl seiner Kolonien im gesamten Mittelmeerraum zu einem Sammelbecken aller dort vorhandenen Produkte und Energietechniken mit dem Ergebnis seiner bis heute bewunderten Hochkultur (II.3). – Entsprechendes gilt für europäischen Handel mit asiatischen Kulturländern, über den v.a. technische Errungenschaften wie Kompass, Sprengpulver, Dreieckssegel, Papier und Baumwollverarbeitung nach Europa vermittelt wurden, ohne die dieser Kontinent nicht zum führenden Energieaustauschzentrum des Globus hätte aufsteigen können (II.5-7). Friedlicher zwischengesellschaftlicher Austausch hat sich mithin immer wieder als – aus Energiemangel hervorgehender – aber diesen mit besonders effektiven Mitteln überwindender Ausweg aus der jeweiligen Notlage erwiesen.
Das gilt natürlich auch für politische und andere Abkommen und Verträge. Solche Abmachungen haben durchweg das Ziel, Auseinandersetzungen, Streitigkeiten und letztlich Kriege zu vermeiden, was in jedem Fall beiden Seiten Energieverluste erspart, bei Handels- und Wirtschaftsabkommen zumeist zusätzliche Energiegewinne ermöglicht. Dies allerdings wiederum nur, wenn das Prinzip der Gleichheit und Freiwilligkeit gewahrt bleibt, was – um ein bekanntes Gegenbeispiel zu nennen – beim sogenannten Friedensvertrag von Versailles eben nicht der Fall war, der deshalb auch keinen Frieden stiften konnte (II.11). Bei Bündnisverträgen ist der Zusammenhang

## I. Die Theorie

von Furcht vor feindlicher Übermacht, also Erkenntnis eigenen relativen Energiemangels als gemeinsames Motiv der Bündnispartner besonders deutlich, die diesen Mangel durch gegenseitige Zusicherung von Unterstützung im Notfall zu kompensieren hoffen. Formal ist jeder Vertrag ein Informationsaustausch, in welchem die Vertragspartner einander Energie bestimmter Art und Menge für genau definierte künftige Situationen zusichern, um befürchteten eigenen Energiemangel zu vermeiden.

Der zwischengesellschaftliche Austausch hat noch eine weitere für den Gang der Menschheitsgeschichte wesentliche Neuerung hervorgebracht: Die ausgreifende Industrialisierung der heutigen ‚Welt', die sich schon bei den Sumerern, dann im antiken Griechenland mit massenhafter Produktion von Keramik, im spätmittelalterlichen Italien mit Glas-, Zucker-, Papier-, Seiden- und anderer Textilherstellung, was letztere betrifft, auch in niederländischen und besonders englischen Handelsstädten und ihrem ländlichen Umfeld entwickelte, ist als ‚Tochter' des dort konzentrierten zwischengesellschaftlichen Warenaustauschs zu begreifen. Dies gilt zunächst im grundsätzlichen Sinn des Wortes Industrialisierung, das im Kern Be- oder Verfleißigung bedeutet: Der Eintausch einer Ware, Dienstleistung oder Information zahlt sich erst dann wirklich aus, wenn deren Energie einsparende Nutzung möglichst oft wiederholt wird. Am anschaulichsten zeigt dies der Erwerb eines den Energieaufwand vermindernden Werkzeugs wie des oben bereits als Beispiel herangezogenen Beils. Nur durch dessen regelmäßigen, häufigen Gebrauch übersteigt die mit seiner Hilfe erlangte Energieeinsparung schließlich die Energiemenge, die der Tuchmacher in die Herstellung des dafür hergegebenen Wolltuchs investiert hatte und erbringt ihm erst dann den beim Tausch angestrebten bilanziellen Energiegewinn. Dies bedeutet, auf alle Produzenten von Gebrauchsgütern angewandt, eine dauernde Motivation zur Nutzung dafür erworbener Werkzeuge und Hilfsmittel, mithin zu deren fleißigem ‚industriellem' Gebrauch. Von hier aus ist Industrialisierung im Sinne fleißigen regelmäßigen Arbeitens tatsächlich als Abkömmling gesellschaftlichen Energieaustauschs zu verstehen.
Eine zusätzliche Motivation zu industrieller Warenproduktion mit neuartigen Materialien, Werkzeugen oder Geräten ergab sich in oder bei den genannten Handelszentren eines zwischengesellschaftlichen Warenaustauschs durch die hohen Gewinne, die etwa europäische Kaufleute seit dem späten Mittelalter mit begehrten Importwaren aus fernen, meist östlichen Ländern erzielten. Dies regte heimische Handwerker zur Herstellung von Nachahmerprodukten an, wobei der damit sinkende Preis insbesondere dann durch technische Rationalisierung und Massenproduktion kompensiert werden

musste, wenn die klimatisch bedingt niedrigeren Lebenshaltungs- und damit Lohnkosten der ursprünglichen Herkunftsländer erfolgreiche Konkurrenz erschwerten (II.3,5,7).

Solche Steigerung der Produktion zu niedrigen Preisen erfolgte zunächst durch vermehrte Arbeitsteilung, wie sie sich besonders in der Textilindustrie anbot und üblich wurde: Die verschiedenen Arbeitsgänge vom Waschen und Kämmen der Rohwolle über das Spinnen, Färben und Weben bis zum Scheren und Glätten des Tuchs wurden in den dafür ausgelegten Manufakturen, soweit möglich, kurzfristig angelernten und damit billigen Hilfskräften überlassen, die ihren jeweils einfachen Arbeitsgang gleichwohl schnell und gut auszuführen lernten, was schließlich ihre Ablösung durch Maschinen und damit erhebliche Einsparung menschlicher Arbeitsenergie ermöglichte (II.5,7). Ein weiterer Kostenvorteil gegenüber traditionellen Handwerksbetrieben ergab sich für arbeitsteilige Manufakturen aus der gleichzeitigen dauerhaften Nutzung aller Werkzeuge, Geräte und Anlagen, wodurch diese – anders als im Handwerksbetrieb – ihr Produktionskapital effektiver nutzten und damit eine höhere Kapitalrendite, also größeren Energiegewinn abwarfen.

Arbeitsteilung als die Energiebilanz optimierendes Produktionsprinzip, die sich eben wegen ihrer Effektivität seit den Zeiten der Frühindustrialisierung exponentiell vermehrt hat, steigert, sobald sie zwischen verschiedenen kooperierenden Unternehmen praktiziert wird, gleichzeitig deren ökonomischen Energieaustausch in Form von regelmäßigem massenhaften Waren- und Informationsaustausch. Sie vermehrt somit die Zahl und den Wert der Austauschakte, die, wie wir sahen, fleißiges und somit industrielles Arbeiten und Produzieren motiviert, im ökonomischen Bereich sogar erzwingt. Industrie und Handel bilden infolgedessen ein energetisch sich wechselseitig antreibendes Rotationssystem, das den Energiegewinn und also Wohlstand der beteiligten Gesellschaften ansteigen lässt.

Weil neuartige Industrieprodukte wegen ihres beim Erwerber oft besonders hohe Energiegewinnhoffnung weckenden, außerdem prestigesteigernden Effekts die höchsten Gewinnmargen erzielen, die mit Alterung der Produkte andererseits rasch verfallen können, verläuft jene gesellschaftliche Energie- und Wohlstandsvermehrung allerdings nicht gleichmäßig, sondern in Konjunkturzyklen, deren Anstieg von besonders effektiven Innovationen im Bereich der Energietechnik bewirkt, durch damit ins Kraut schießende Spekulation auf dauerhaft steigende Gewinne übertrieben und von dadurch verführten und schließlich mit großen Spekulationsgeschäften scheiternden Banken, Anlegern und Unternehmen in die Rezession gerissenen werden (II.5,11).

## I. Die Theorie

Das zunächst entworfene Bild des freiwilligen, gleichen Austauschs mit relativ sicheren Energiegewinnaussichten muss also wegen seines immer spekulativen Elements deutlich getrübt werden. Zum Tausch gehört nicht nur etymologisch die Täuschung, zur erfolgreichen Spekulation ebenso der desaströse Kapital- und damit letztlich Energieverlust. Die 2008 weltweit eingebrochene Finanz- und Wirtschaftskrise hat dafür gerade ein anschauliches Beispiel geliefert: Normalerweise als gut besichert geltende Hypotheken waren vor allem in den USA massenhaft an letztlich nicht zahlungsfähige Schuldner vergeben und anschließend, als Bankenanleihen gebündelt, verbrieft und mit hoher Verzinsung attraktiv gemacht, in aller Welt mit großem Erfolg verkauft worden. Astronomische und damit die ganze Weltwirtschaft erfassende Ausmaße erhielt diese durch Täuschung der Käufer von solchen ‚Schrottpapieren' erzeugte Kapitalmarktkrise, weil viele beteiligte Banken durch Gründung außerbilanzieller Zweckgesellschaften geltende Eigenkapitalvorschriften unterlaufen, außerdem ihre Kreditvergabe insbesondere an sogenannte Hedge-Fonds unverantwortlich ausgeweitet hatten, die ihrerseits mit einer Art Schneeballsystem ihr Eigenkapital bis zum Dreißigfachen des Werts zu beleihen wussten und so die Vermehrung der Buchgeldmenge und Spekulationsgeschäfte weiter auf die Spitze trieben.[37] Als die auf diese Weise erzeugte ‚Spekulationsblase' platzte, die renditegierigen Banken und sonstigen Anleger in den Abgrund gerissen und weitgehend ihrer Kreditvergabe- und Anlagemöglichkeiten beraubt worden waren, herrschte plötzlich allgemeiner Mangel an Kreditfähigkeit und -bereitschaft, was ebenso die schwer geschädigten Banken wie auch die immer auf Kredite angewiesene Realwirtschaft in akute Geldnot brachte.

Da Geld als leicht transferierbares Energie-Äquivalent alle kommerziellen Austauschakte gegenüber geldlosem Feilschen und Handeln wesentlich beschleunigt, vereinfacht und vermehrt (II.2,3), verursacht sein Fehlen das genaue Gegenteil, mithin einen Niedergang des Handels und der von diesem, wie gezeigt, motivierten, letztlich beauftragten und gesteuerten Produktionswirtschaft.

Wohlstandsfördernder Energieaustausch und -gewinn wird aber nicht nur durch spektakuläre Finanz- und Wirtschaftskrisen gestört oder gar ins Gegenteil allgemeiner Energieverluste verkehrt, sondern seitens energetisch unterlegener Gesellschaften immer wieder auch durch ‚Schutzzölle' oder ähnlich wirkende technische Importbestimmungen, mit denen die heimischen Produzenten vor preiswerterer ausländischer Konkurrenz geschützt werden sollen. Den Extremfall solcher zwischengesellschaftlichen Austauschbehinderung stellen partielle oder sogar absolute Verbote grenzüberschreitenden Handels dar, wie sie China seit 1522 unter den Ming-Kaisern, Japan bis 1856 gegenüber amerikanischen und europäischen Händlern oder das sowjetisch beherrschte COMECON gegenüber dem ‚kapitalistischen Westen' bis zu seinem Zusammenbruch 1989 praktizierten. Austauschstörungen entstehen inner- wie zwischengesellschaftlich außerdem und immer wieder durch die vielfältigen Täuschungen und Betrügereien, mit denen Käufer zum Erwerb überteuerter, manipulierter, gefälschter oder nachgemachter minderwertiger Ware verführt, dadurch enttäuscht und von weiterer Kauftätigkeit abgeschreckt werden. Außerdem natürlich durch jede gewaltsame Intervention in Form von See- oder Straßenraub, kriegerischer Zerstörung von Produktions-, Verkehrs- und Handelseinrichtungen oder Kaufkraftverluste ganzer Bevölkerungen infolge drückender Fremdherrschaft oder Kriege.

Dauerhaft verhindern vor allem gesellschaftsinterne Korrumpierung der Freiwilligkeit und Gleichheit des Austauschs dessen reziproken und damit den allgemeinen Wohlstand fördernden energetischen Gewinn. Dies geschieht in allen Gesellschaften und also auch Staaten, in denen eine ihrer Bevölkerungsgruppen die physische Wehrenergie monopolisiert hat und damit die anderen zu ungleichen Austauschakten verschiedenster Art zwingen kann, natürlich zu solchen, die ihr beim Austausch den ungleich größeren Energiegewinn sichert. Auf diese Weise kommt dauerhafte soziale Ungleichheit zustande und damit ein Ständewesen, das dem herrschenden Stand oft übermäßigen Reichtum, dem beherrschten, zahlenmäßig weit größeren Armut, also strukturellen Energiemangel einträgt. Auf längere Dauer gewinnt eine solche Gesellschaft aber auch als ganze weniger Energie als eine den gleichen und freiwilligen Tausch favorisierende, weil sich die bei jedem Austausch mit den ‚Herrschern' zurückgesetzten, um ihren gerechten Tauschgewinn betrogenen ‚Beherrschten', so gut es geht, aus solch ungleichem Austausch zurückziehen, was zu einer schärferen Abgrenzung der Stände, außerdem zu einem tendenziellen Rückgang der Tauschakte mit gesamtgesellschaftlich geringer werdendem Energiegewinn führt (II.6). Da gesellschaftlicher Energieaustausch unter Menschen eben nicht nur militärischer oder wirtschaftlicher Art ist, sondern auch informativer u.a. in den Bereichen von Technik, Kunst und Wissenschaft, gelingen in Gesellschaften mit vorherrschend gleichem und damit häufigerem Austausch entsprechend mehr Energie sparende Innovationen, die solche Gesellschaften auf Dauer auch kulturell, wissenschaftlich und (militär-)technisch effektiver und damit erfolgreicher werden lassen als ungleich tauschende, selbst wenn diese aufgrund ihrer hierarchischen Herrschaftsstruktur zu einer rigoroseren Konzentration ihrer militärischen Mittel in der Lage sind (II.3,8,11).

Das Prinzip des freiwilligen und gleichen Energieaustauschs ist in der neuzeitlichen angelsächsischen Welt, wie gesagt, zu einem jedem Menschen zustehenden Recht auf Freiheit und Gleichheit erhoben und damit grenzübergreifend kodifiziert worden, weil es sich für die seefahrenden Handelsnationen der Angelsachsen als besonders förderlich erwiesen hat. Dass alle – in Wirklichkeit nach Eigenschaften, Fähigkeiten und Verhalten so verschiedenen – Menschen als solche durchaus nicht gleich und – eingebunden in vielfache Austauschriten und -verpflichtungen – ebenso wenig frei sind, können diese Rechte nicht ernsthaft besagen wollen. Gemeint und gewollt ist damit nur der Status der Beteiligten als gesellschaftlicher Energieaustauscher. Und wenn deren Rechte nicht nur für Angelsachsen, sondern als ‚Menschenrechte' für alle Erdenbürger propagiert werden, dann deshalb, weil jede nach diesen Prinzipien Handel treibende Menschengruppe als Austauschpartner bilanziellen Energiegewinn verspricht.

Besonders hohen, wie die Kolonialmacht Großbritannien nach Beendigung der Sklaverei erfuhr, wenn der Austauschpartner billige Arbeitskraft und exotische, daheim begehrte und mit hohem Gewinn zu verkaufende Waren anzubieten hat. In solchem Fall wurde das Prinzip des freiwilligen (damit auch gewaltlosen) Waren- mit dem des ungleichen Energieaustauschs kombiniert, um besonders hohe Gewinne zu erzielen. Mit Hilfe von Maschinen und entsprechend eingesparter menschlicher Arbeitsenergie hergestellte Kleidungsstücke wurden dabei beispielsweise gegen Spezereien oder Rohstoffe eingetauscht, für deren Erzeugung und Bereitstellung die kolonialen Tauschpartner sehr viel mehr menschliche Arbeitsenergie hatten aufbringen müssen, womit sich bilanziell ein beträchtlicher, wenngleich unsichtbarer Tauschgewinn menschlicher Energie zugunsten Britanniens ergab. Sichtbar wurde der in Gestalt des allgemeinen gesellschaftlichen Wohlstands, ja Reichtums auf der britischen Insel des 19. Jahrhunderts, wo viele wohlhabende Rentiers ohne nennenswerten Energieaufwand ein bequemes und leichtes Leben genossen, während sich Plantagen- oder Manufakturarbeiter in den Kolonien und anderen ‚unterentwickelten' Handelspartnern mit Hungerlöhnen durchschlagen mussten. Auch andere verkehrsgünstig an den Weltmeeren gelegene und energietechnisch fortgeschrittene Handelszentren oder -regionen wie die USA, Japan, Westeuropa und Ostasien haben auf diese Weise ihr Wohlstandsniveau erheblich gesteigert. Damit ergab sich das Problem großer Wohlstandsunterschiede zwischen entwickelten und unterentwickelten Staaten. Nur wo es letzteren gelang oder gelingt, durch Aneignung moderner Fertigungstechniken das energetische Tausch-

I. Die Theorie

verhältnis auszugleichen, konnte oder kann dies Problem überwunden werden. Außerdem hat die Erfindung und Entwicklung leistungsfähiger terrestrischer Massentransport- und Kommunikationsmittel von der Eisenbahn und dem Automobil bis zum Flugzeug und Internet auch weniger verkehrsgünstig gelegene Staaten auf die Bahn des gewaltlosen und zunehmend gleichen Energieaustauschs mit anderen Partnern geführt. Ein Vorgang, der mit den sogenannten bürgerlichen Revolutionen kontinentaleuropäischer Nationen eingeleitet wurde (II.8,9) und gegenwärtig am sichtbarsten in der Industrialisierung und Demokratisierung osteuropäischer Staaten einschließlich des lange von den Welthandelsrouten abgeschnittenen Russland fortgesetzt wird.
Aus all dem ergibt sich, dass freiwilliger, damit gewaltfreier und möglichst gleicher Energieaustausch – trotz gelegentlicher Einbrüche durch ungleiche energetische Voraussetzungen, Täuschungsmanöver, Betrug, Überspekulation und natürlich gewaltsame Intervention – tendenziell Energiegewinne und damit wachsenden Wohlstand hervorbringt, was – durch entsprechende Anregung zu besonders aussichtsreichen Austauschakten mit anderen Gesellschaften – sich gleichzeitig im Sinne freiwilligen und tendenziell gleichen Austauschs im Innern gesellschaftsverändernd in Richtung auf Demokratisierung auswirkt.

Das Gegenteil galt in der bisherigen Menscheitsgeschichte für den gewaltsamen Energieaustausch zwischen Gesellschaften. Besonders in den Epochen, in denen die Menschen als Ackerbauer und Viehzüchter ihren Energiebedarf fast ausschließlich aus ortsfester Nutzung ihrer Umwelt bezogen, waren Kampf und Krieg um die dafür besonders geeigneten Bodenflächen und Gewässer das nahezu einzige Mittel, um die eigene Energiebilanz mit deren Eroberung oder Erweiterung zu verbessern.
Bei einem solchen Kampf – das deutsche Wort ist vom lateinischen *campus* (Feld) abgeleitet, um das man kämpfte, – ergaben sich allerdings bei gleichem Energieeinsatz mit unentschiedenem Ausgang für beide Seiten nur Energieverluste in Form von Toten und Verletzten, beschädigten Waffen usf. Im Fall des Sieges eines der gewalttätigen Energieaustauschpartner über den anderen konnte nur ersterer seine Energiebilanz verbessern, obwohl er im Kampf ebenfalls Energieverluste hinnehmen musste. Selbst wenn er sich diese in Form von Versklavung der Besiegten, Kriegstributen o.ä. erstatten oder auch überkompensieren ließ, verlor er vom möglichen Energiegewinn vieles wieder durch den Aufwand für Bewachung und Beherrschung der Unterworfenen und die Sicherung der verlängerten Herr-

I. Die Theorie

schaftsgrenzen. Die Kurzlebigkeit eroberter Großreiche wie das der Babylonier, der Perser, Alexanders, Karls, Dschingis Khans, der Almoraviden, Napoleons und Stalins sind Zeugnisse dieser fragwürdigen Energiegewinntechnik. Nur wo es gelang, die Unterworfenen von gleich zu gleich zu behandeln wie Rom es mit seinen italischen Bundesgenossen, später den *civitates* und *coloniae* in den Provinzen, schließlich allgemeinen Bürgerrechtsverleihungen hielt, außerdem allen Reichsbürgern gewinnbringenden gleichen Handel über das Mittelmeer hinweg ermöglichte, konnte sich ein erobertes Großreich längere Zeit behaupten, den schließlichen Untergang aber auch dadurch nicht vermeiden (II.4).
Ähnlich erging es dem ebenfalls relativ langlebigen britischen Empire, in welchem die anfänglich ausbeuterische Kolonialherrschaft nach und nach in kooperatives Miteinander, dann in koloniales *selfgovernment* und schließlich für wichtige Reichsteile in die faktische Gleichberechtigung der *Dominions* mit dem Mutterland überführt wurde (II,10). Das römische wie das britische Weltreich erreichten ihre relative Langlebigkeit also nur, weil sie das Prinzip militärischer Beherrschung anderer Gesellschaften mit daraus folgendem ungleichen Energieaustausch sukzessive in zunehmend gleichen Austausch mit diesen umzuwandeln verstanden.

Zwischen militärischer Gewaltherrschaft und möglichst gleichem und freiwilligem Energieaustausch steht der für das britische Beispiel bereits angesprochene zwar gewaltfreie, trotzdem energetisch ungleiche Austausch unter Gesellschaften mit energetisch verschiedenen Produktionsbedingungen, wie er sich schon im Handel der kretischen Minoer mit den Festlandsgriechen, später zwischen diesen und ihren Kolonien, dem der klimatisch benachteiligten Engländer mit den Indern des 18. oder den nach ihrer Industrialisierung nun überlegenen Briten mit den Kontinentaleuropäern des 19. Jahrhunderts abspielte. Hierbei geriet der klimatisch oder energietechnisch benachteiligte Austauschpartner einfach deshalb in eine Energie-Mangellage, weil er für die Produktion eines bestimmten Warenwerts wesentlich mehr menschliche Energie aufwenden musste als sein klimatisch oder energietechnisch begünstigter Tauschpartner oder Konkurrent (II.3,6,7). Ein dadurch bedingter gesellschaftlicher Energieverlust drückt sich meist in verbreitetem Pauperismus der Produzenten wichtiger Austauschgüter und deren Zulieferern aus, den die betroffene gesellschaftliche Gruppe durch Anspruchslosigkeit und Fleiß, technische Innovationen ihrer Produktionsmittel und politische Reform oder Revolution zu innergesellschaftlichem Energieausgleich zu überwinden sucht (II.3,6-9). Da hierbei

## I. Die Theorie

oft noch bessere technische oder gesellschaftliche Lösungen gelingen als dem zunächst überlegenen Austauschpartner, entwickelt sich insbesondere zwischen einer Mehrzahl konkurrierender Staaten, wie sie im europäischen Raum seit der frühen Neuzeit agierten, ein dauerhafter Evolutionsprozess immer effektiverer Energieumsatzsysteme.

Solche Evolutionsprozesse wurden im Lauf der Geschichte allerdings immer wieder durch gewaltsame Intervention von solchen Austauschpartnern gestört, denen gewaltlose Überwindung des eigenen Energiemangels nicht gelang und die deshalb auf die atavistische Technik gewaltsamen Energiegewinns durch Kriegführung zurückgriffen. Dadurch wurden sogar hoch entwickelte Energieumsatzsysteme wie die sumerische, die minoische, die griechische und die römische Hochkultur von energietechnisch primitiveren Gesellschaften zerstört. Der darauf folgende energietechnische (traditionell: kulturell-zivilisatorische) Absturz konnte danach jeweils nur in langwieriger Evolution konkurrierender Nachfolgegesellschaften kompensiert werden, die sich dabei an materiellen Überresten und ggf. sagenhaften oder schriftlichen Überlieferungen der früheren Hochkultur orientierten, wie es die Europäer in einer Reihe von Renaissancen mit Blick auf das griechisch-römische Vorbild versuchten und – in anderer Form – schließlich auch erreichten (II.4,5).

Das energietechnische Auf und Ab geschichtlichen Wechsels zwischen Primitiv- und Hochkultur (das sich im gegenseitigen Überholvorgang kleinerer Konkurrenz-Gesellschaften kurzfristiger wiederholt) ist letztlich ein unausweichliches Ergebnis ungleichen zwischengesellschaftlichen Energieaustauschs: Die jeweils energetisch unterlegene Gesellschaft überholt bei längerfristiger Konkurrenz oder Gegnerschaft durch Fleiß, nachgeahmte oder auch neue Energietechniken schließlich den zunächst überlegenen Kontrahenten zu dem Zeitpunkt, zu dem dessen durchschnittliche Arbeitskraft zur Erzeugung eines bestimmten Warenwerts trotz aller ihr zur Verfügung stehenden energietechnischen Instrumente oder sonstigen energetischen Vorteile einen größeren eigenen Energiebetrag einbringen muss als die beim bisher unterlegenen Konkurrenten. Dieser Wechsel energetischer Hegemonie ist deshalb unvermeidlich, weil die anfangs gegebene energetische Überlegenheit einer Gesellschaft ‚A' deren Mitgliedern unweigerlich einen Wohlstand verschafft, der sich in komfortablerer Wohnung, Kleidung, Ernährung, Kranken- und Alterspflege, aufwendigerer öffentlicher Infrastruktur insbesondere des Bildungs-, Gesundheits- und Sozialwesens, persönlichem und öffentlichem Luxus mit entsprechender Freizeitgestaltung ihrer Mitglieder nicht dauerhaft zurückschrauben lässt. Ihr durchschnittlicher Lebensstandard erfordert deshalb einen wesentlich höheren Energieaufwand pro Einwohner als der der unterlegenen Gesellschaft ‚B', deren durch Not befleißigte und disziplinierte Arbeitskräfte nach Übernahme einiger Energietechniken von ‚A' schließlich preiswerter produzieren können als die von A und deshalb dem zunächst überlegenen Konkurrenten auf Drittmärkten oder auch im direkten Austausch Produktionsanteile und damit erzielbare Energiegewinne abnehmen.

Dieser allmähliche und immer erst nachträglich allgemein sichtbare energetische Führungswechsel zwischen ungleichen Austauschpartnern, wie er sich zwischen dem antiken Griechenland und seinen orientalischen Nachbarn, italienischen Handelszentren und ihren asiatischen Austauschpartnern, englischen Textilproduzenten und ihren indischen Konkurrenten abgespielt hat (II.3,5,7) und wie er heute die Tauschverhältnisse zwischen den westlichen Industrienationen und ostasiatischen Aufsteigern wie Südkorea, Taiwan, Thailand, Singapur und insbesondere Indien und China betrifft, ist, wie gesagt, unvermeidbar und insofern eine Grundgesetzlichkeit der Menschheitsgeschichte.

Dies auch deshalb, weil der energetische Führungswechsel sich nicht nur im gewaltfreien Waren-, Dienstleistungs- und Informationsaustausch vollzieht, sondern auch im gewalttätigen militärischen. Besonders deutlich zeigte sich dies am schrittweisen Übergang des militärischen Energiepotenzials römischer Milizheere auf germanische Söldner und Vertragstruppen, die schließlich die Kaiser stellten und das Römische Reich unter sich aufteilten (II.4). Aber auch der Sieg der christlichen *Reconquistadores* über die Moslemherrscher der iberischen Halbinsel, der des zunächst großenteils unter englischer Lehnsherrschaft stehenden Frankreich über seinen britischen Hegemon im Hundertjährigen Krieg, der des bedrängten Österreich über das Großreich der Türken, der des kleinen unfruchtbaren Preußen über die Deutschland dominierende Habsburgermonarchie, der des föderativ zersplitterten Deutschland über das dominierende französische Kaiserreich oder der des unterentwickelten Vietnam über die Weltmacht USA sind Beispiele für energetischen Führungswechsel in militärischem, also gewaltsamem Energieaustausch. Immer dann, wenn sich solche Konflikte länger hinzogen, die unterlegene von der überlegenen Gegenmacht lernen konnte, mit geschickter Taktik deren Machtpotential ins Leere laufen ließ oder auch neue Waffen einsetzte, konnte das Blatt gewendet, die militärische Hegemonie beendet oder sogar umgekehrt werden. Dies vor allem auch deshalb, weil die Kämpfer auf Seiten der zivilisatorisch unterlegenen Gesellschaft durch härteres, entbehrungsreicheres Leben besser für einen solche Bedingungen mit sich bringenden langen Krieg konditioniert sind als durch Wohlstand verwöhnte ‚Muttersöhnchen'. Zudem ist ihre kämpferische Motivation durch Aussicht auf reiche Kriegsbeute beim wohlhabenden Gegner in aller Regel stärker als bei diesem, der zudem die eigenen Krieger wegen deren energetisch aufwendigerer Aufzucht, Erziehung, Ausbildung und Ausstattung weniger bedenkenlos und zahlreich in den gefährlichen Kampf schickt als der ärmere Gegner die seinen. Insofern ist bei diesem auch eine Art militärischer ‚Industrialisierung' der eigenen Kämpfer ein Faktor seiner schließlichen Überlegenheit.

Ob nun durch Ungleichheit im militärischen oder gewaltlosen Energieaustausch bedingt, muss die jeweils unterlegene Gesellschaft mit allen Kräften bemüht sein, ihren mindestens im Vergleich zum überlegenen Austauschpartner bestehenden Energiemangel auf irgend eine Weise wenigstens auszugleichen, um von diesem nicht auf Dauer ausgepowert, gespalten und vertilgt zu werden. Dieser auf der einen oder auf der anderen Seite jedes energetisch ungleichen Austauschpaares geführte Existenzkampf ist es mithin, der die Menschheitsgeschichte in Gang hält, seit es zwischengesellschaftlichen Energieaustausch gibt.

*E) Mittel und Strategien zur Optimierung menschlicher Energiebilanz*

Jedes Lebewesen, so auch der Mensch, ist auf die Bewahrung einer wenigstens ausgeglichenen Bilanz im Energie-Austausch mit seiner Umwelt angewiesen, um zu überleben. Da der Mensch schon durch die Tätigkeit seiner inneren Organe, insbesondere seines Gehirns und des Herzens, vor allem aber durch Wärmeverluste seines Körpers an dessen Umgebung selbst im Ruhezustand dauernd Energie verliert, muss er durch Tätigkeiten verschiedenster Art, die ihn auch wieder Energie kosten, diese Verluste durch Energiegewinne aus der Umwelt ausgleichen, zuerst und vor allem durch regelmäßige Nahrungsaufnahme. Dieser energetische Bilanzausgleich wird ihm wiederum erleichtert, wenn er seine Energieverluste durch vorbeugende Sparmaßnahmen möglichst gering hält.
Beides ist für ihn als biologisches ‚Mängelwesen', dessen frühe Vorfahren durch klimabedingtes Zurückweichen des Urwalds aus dessen Randzonen auf die mittelostafrikanische Steppe verschlagen wurden, für die sie überhaupt nicht konditioniert waren, äußerst schwierig gewesen, denn ihm fehlte sowohl die für Steppentiere nötige Laufgeschwindigkeit als auch ein Raubtiergebiss, mit dem er wenigstens Kadaverreste hätte zerteilen und auf einem Flussuferbaum, unbehelligt von Hyänen und großen Raubkatzen, mit seiner ‚Familie' hätte verzehren können. Diese Unangepasstheit an seine

## I. Die Theorie

neue Umwelt zwang ihn dazu, Hilfsmittel zu erproben und zu entwickeln, die ihm das Überleben wenigsten an Flussläufen ermöglichten. In den Kronen dort stehender Bäume konnte er wohnen und sich von Blattkeimen und Früchten ein wenig ernähren, aus den am Wasser von Raubkatzen geschlagenen Huftieren der Steppe Kadaverreste gegen die Konkurrenz anderer Aasfresser wie Hyänen und Geier aber nur gewinnen, wenn er diese mit abgebrochenen Baumästen auf Distanz hielt und scharfkantig zerschlagene Flusskiesel als Messer nutzte, um sich und den Seinen rasch etwas von den Kadaverresten abzuschneiden. Damit waren die aus ihrer traditionellen Biosphäre verdrängten Affen durch Überwindung ihrer energetischen Notlage mit Waffe und Werkzeug zum *homo habilis* genannten Frühmenschen geworden (II.1).

Mit der ihrer Baumbewohner-Herkunft entstammenden Stärke und Geschicklichkeit der Hände und Finger, die solchen Waffen- und Werkzeuggebrauch überhaupt erst ermöglichten, außerdem – wie noch von heutigen Affen – zu intensiver gegenseitiger Fellpflege gegen den in Baumkronen heftigen Insektenbefall eingesetzt werden konnten, waren sie von Anfang an auch zu gegenseitiger Dienstleistung wenn nicht Wohltat veranlagt. Auch die für heutige Zoobesucher unüberhörbar laute und vieltonige Affensprache war zweifellos eine aus dem Urwald mitgebrachte Gabe, die mobile Baumbewohner zu gegenseitiger Orientierung und Gefahrenwarnung einsetzten, um Schaden und Verluste von der Gruppe abzuwenden. Für deren internes Funktionieren war die – im Tierreich äußerst seltene – Ausrichtung beider Augen nach vorn auf den angesteuerten Partner von Vorteil, weil so dessen Gefühlslage auch in feinen Nuancen erkannt und konfliktvermindernd berücksichtigt werden konnte. Beides – der gezielte Waffen- und Werkzeuggebrauch und die entwickelte Kooperations- und Kommunikationsfähigkeit – waren offensichtlich die Mittel, welche die Frühmenschen ihren Nahrungs- und Lebenskonkurrenten voraushatten und mit denen sie sich sogar gegen weit besser an das Leben in der Steppe angepasste Arten durchzusetzen vermochten.[38]

Beide Überlebenstechniken sind letztlich energetische Sparmaßnahmen: Mit dem gegen Nahrungskonkurrenten eingesetzten Baumast hielt sich der Frühmensch Angreifer vom Leibe und vermied damit Nahkampfanstrengung und -verletzung, mit dem Kieselsteinmesser erleichterte er sich die Abtrennung eines Beuteanteils, das er andere – nämlich große Raubkatzen – vor seiner ‚Haustür' und also für ihn leicht erreichbar hatte zur Strecke bringen lassen. In beiden Fällen sparte er gegenüber den auf ihre natürlichen Möglichkeiten beschränkten Nahrungskonkurrenten lebenswichtige Energie. Ähnliches gilt für die angesprochenen Kooperations- und Kommunikationsmöglichkeiten der Frühmenschen: Mit gezielter gegenseitiger Fellpflege reduzierten sie durch Insekten übertragbare Krankheiten, die immer körpereigene Energie, wenn nicht sogar das Leben kosten, mit lauter und recht differenzierter Sprache sowie dem zweiäugigen Blick auf den Partner vermieden sie drohende Gefahren und internen Kampf, also unproduktiven Energieverbrauch.

Schon aus dieser urzeitlichen Konstellation, in der unsere frühen Vorfahren als krasse Außenseiter im Kampf um die Bewahrung einer ausgeglichenen Energiebilanz mit ihrer Umwelt Techniken entwickeln mussten, die ihnen Gewinn von Nahrungsenergie in Form von Beutefleisch mit geringem eigenen Energieaufwand zur Überlebensbedingung machte, was sie nach einhelligem Urteil von Archäologen und Anthropologen zu (Früh-)Menschen werden ließ, ergibt sich unsere Grundthese, dass es akuter Energiemangel war, dessen Überwindung durch verschiedene Energietechniken die Menschheitsgeschichte hat beginnen und vorankommen lassen.

Diese nach üblichem Sprachgebrauch kulturellen oder zivilisatorischen Errungenschaften der Menschheit lassen sich energetisch in zwei Gruppen gliedern, nämlich solche, die den Menschen bei ihren Verrichtungen und Arbeiten eigenen Energieaufwand vermindern helfen, und denen, die ihnen aus der Umwelt bezogene Energie zusätzlich zur Verfügung stellen.

Zur ersten Gruppe gehören selbstverständlich Entwicklung und Nutzung aller Werkzeuge und Waffen, überhaupt aller Gebrauchsgüter. Sogar Luxusgegenstände wie Schmuck, modische Kleidung und Verzierungen aller Art haben letztlich eine Energie sparende Funktion. Verschaffen erstere – wie oben schon am Beispiel des Wollstoff-Erwerbers gezeigt – dem Träger neben der Einsparung von Körperwärmeverlust auch vermehrtes Ansehen bei seinen Mitmenschen, das ihm hilft, eigene Wünsche leichter, also mit geringerem Energieaufwand durchzusetzen, verhelfen Verzierungen selbst im Inneren der eigenen vier Wände zu einem gehobenen Stimmungspegel und Selbstbewusstsein, mit dem sich alle – immer Energie kostenden – Schwierigkeiten des täglichen Lebens zumindest etwas leichter bewältigen lassen. Solch seelische Entlastung und damit Verbesserung der psychischen Energiebilanz verschaffen auch Vergnügungen aller Art, für entsprechend disponierte Menschen auch die Beschäftigung mit Kunst, Musik, Literatur oder die verschiedensten Hobbys. Der Wunsch nach seelischer Entlastung steht natürlich ebenso hinter jedem Rauschmittelkonsum, der allerdings nur die Illusion vermittelt, das ‚Paradies' eines schönen und leichten Lebens könne auch ohne fleißigen Energieaufwand erlangt werden.

## I. Die Theorie

Wie oben an einigen konkreten Beispielen ausgeführt, erreichen alle diese Energie-Einspartechniken durch Austausch ihrer jeweiligen Instrumente oder Medien eine gesellschaftsbildende, durch ihren bilanziellen Energiegewinn für beide Tauschpartner zugleich eine allgemeine Wohlstandsmehrung, da in diesem Sinn erfolgreiche Tauschgüter wegen ihres Energiespar-Effekts schnelle Verbreitung finden und als Austauschgüter gleichzeitig viele andere zur Erlangung jener Instrumente nötigen Tauschobjekte in Gebrauch und Wirkung bringen. Da die dadurch entstehenden Tauschketten Informationen, Geld und Dienstleistungen aller Art einbeziehen, erreichen sie auch den ‚sozial Schwachen', heben also die Energiebilanz der gesamten tauschenden Gesellschaft und damit deren Wohlstand, der in einem Weniger an notwendigem Energieeinsatz und einem Mehr an Freizeit, Muße und Bequemlichkeit für das einzelne Gesellschaftsmitglied sicht- und erfahrbar wird.

In Gesellschaften mit kommunikations- und verkehrsmittelbedingt geringer Austauschdichte, also vor allem festländischen Agrargesellschaften wurde und wird, wie ebenfalls schon angesprochen, zur dort besonders dringenden Wohlstandsförderung gleicher Austausch religiös sanktioniert und ritualisiert, wie es im christlichen Gebot der Nächstenliebe oder dem moslemischen der Almosengabe noch deutlich greifbar ist. Eine besonders ingeniöse Technik zum Schutz von Energievorräten für den Notfall in Form von Getreide- oder sonstigem Werteopfer in geheiligten Tempeln nutzte die Furcht möglicher Diebe vor der Rache der jeweiligen Gottheit (II.2,3). Diese wurde so zur energetischen Existenzsicherung für die sie im Austausch dafür verehrende Gesellschaft.

Eine nicht nur sparende, sondern gewinnbringende Energietechnik des Menschen ist die direkte Nutzung von Umweltenergie für menschliche Zwecke, wobei die Nutzung von Windkraft für den Segelbootvortrieb und von Fließwasserkraft beim Flözen von Baumstämmen sowie in der Agrar- und Mühlentechnik schon früh von Bedeutung waren. Versteht man den Umweltbegriff sehr weit, lässt sich auch der Einsatz von Arbeitstieren und Sklaven hier einordnen (II.2-5). Vor allem die Sklaverei ermöglichte bekanntlich den Griechen eine Luxuskultur, die bis ins 20. Jahrhundert als unübertroffen galt.

Ähnlich wirksam war die – im Zentrum der Ostwaldschen Gesellschaftstheorie stehende – Umwandlung von (Umwelt-)Energie in eine vom Menschen benötigte Energieform, wie sie zuerst in der Beherrschung des Feuers gelang (II.1). Auch die gezielte Umsetzung von Sonnenstrahlung in energiehaltige Nahrungsmittel durch die Landwirtschaftstechnik im Zuge der

I. Die Theorie

Neolithischen Revolution lässt sich als gezielte Energieumwandlung für menschliche Zwecke verstehen (II.2). Ebenso die Umwandlung von chemisch im Schießpulver gespeicherter in kinetische Zerstörungsenergie, wie sie die ‚Feuerwaffen' ermöglichen (II.5). Mit der Dampfmaschine konnte erstmals durch Verbrennung von Kohle gewonnene Wärmeenergie gezielt in produktive Kraft, also gebändigte kinetische Energie umgewandelt werden, wodurch dem Menschen körperlich schwere und gleichförmige Arbeiten erspart und per Eisenbahntechnik große Lasten zügig über Land befördert werden konnten (II.7). Für gleiche Zwecke wird die in raffiniertem Erdöl chemisch gespeicherte Energie durch Benzin- oder Dieselmotoren in kinetische Antriebsenergie im gesamten Verkehrswesen eingesetzt. Die Umwandlung kinetischer Fließwasserkraft oder der Heizkraft fossiler Energieträger wie Kohle, Erdöl und Erdgas in elektromagnetische Energie mit Hilfe der Turbinen- bzw. Generatorentechnik ermöglichte die dauernde Belieferung aller ans Stromnetz angeschlossenen Verbraucher mit elektrischem Licht, Heizung, elektromotorisch erzeugter Arbeitskraft für vielerlei Maschinen und Apparate sowie elektrotechnische Kommunikation per Telefon, Funk und Massenmedien. Für solche und auch militärische Zwecke wird ebenfalls die in großen Atomen gespeicherte und durch deren Spaltung freigesetzte Kernkraft umgewandelt. Neuerdings dienen bekanntlich ebenso Windräder und Solarkollektoren, Photovoltaik-Anlagen und solche zur Energiegewinnung aus Biomasse, Gezeitenkraft und Erdwärme dazu[39], den rasant gestiegenen Energiebedarf einer immer größeren und infolge so vieler ffektiver Energietechniken immer energiebedürftigeren Menschheit wenigstens halbwegs zu decken.

Der Mensch war als biologisches Mängelwesen von Anfang an auf Erfindung immer wieder neuer Techniken zur Deckung von auftretenden Energie-Defiziten angewiesen. Dabei diente der Energieaustausch, vermittelt über die verschiedensten Energieträger oder -medien, vorwiegend der individuell-persönlichen Besserstellung durch erhofften und bei Fleiß auch realisierten bilanziellen Energiegewinn, während die Techniken der Nutzung von Umweltenergie eher gesamtgesellschaftliche Errungenschaften waren, die schnell einer großen Zahl von Nutzern sicht- und verwertbaren Energiegewinn verschafften und deshalb in jedem Fall spektakulärer waren. Sie haben das Zusammenleben der Menschen rascher und durchgreifender verändert, wurden deshalb von den Historikern in ihren Auswirkungen manchmal mit dem Begriff der ‚Revolution' bezeichnet und haben die Menschheitsgeschichte nachhaltiger und erkennbarer in Epochen gegliedert als der

I. Die Theorie

weniger dramatische bilanzielle Energiegewinn durch neue Energiespartechniken und deren gesellschaftliche Verbreitung durch Austausch. Beide Formen energetischer Bilanzoptimierung, die wir zusammenfassend als Energieumsetzung bezeichnen, waren Antworten auf akuten Energiemangel davon betroffener Gesellschaften. Dieser Zusammenhang ist im Folgenden anhand konkreter Vorgänge aus verschiedenen Epochen und Gesellschaften der Menschheitsgeschichte zu verifizieren.

**Anmerkungen**

[1] Glasenapp, Helmuth v.: Die fünf Weltreligionen, Düsseldorf 1963, 61f.; 269f.; 344; Röhrich, Wilfried: Die Macht der Religionen. Glaubenskonflikte in der Weltpolitik, München 2004, 29
[2] vgl. etwa „Nathan der Weise", Verse 2029-2054
[3] Plickert, Philip: Ökonomik in der Vertrauenskrise, FAZ vom 5.5. 2009, 9
[4] vgl. Kluxen, Kurt: Vorlesungen zur Geschichtstheorie II, Paderborn 1981, 7f.; Kolmer, Lothar: Geschichtstheorien, Paderborn 2008, 94 - 96
[5] So auch: Meran, Josef: Theorien in der Geschichtswissenschaft, Göttingen 1985, 163-165
[6] Faber, Karl-Georg / Meier, Christian (Hg.): Historische Prozesse, München 1978
[7] Elias, Norbert: Über den Prozeß der Zivilisation. Soziogenetische und psychogenetische Untersuchungen, Bd. 1, 1978, LXVII f.
[8] Ebd. Bd. 2, 435
[9] Ostwald, Wilhelm: Energetische Grundlagen der Kulturwissenschaft, Leipzig 1909, 24
[10] A.a.O. 58
[11] A.a.O. 65f.
[12] A.a.O. 91ff.
[13] A.a.O. 112f.
[14] A.a.O. 155f.
[15] A.a.O. 165
[16] A.a.O. 169
[17] Rensch, Bernhard: Das universale Weltbild, Frankfurt/M 1977
[18] Riedl, Rupert: Die Strategie der Genesis, München 1976; ders.: Evolution und Erkenntnis, München 1982
[19] Sieving, Rolf (Hg.):Evolution, Stuttgart 1978
[20] Hass, Hans/ Lange-Prollius, Horst: Die Schöpfung geht weiter. Station Mensch im Strom des Lebens, München 1978
[21] Haken, Hermann: Erfolgsgeheimnisse der Natur. Synergetik: Die Lehre vom Zusammenwirken, Stuttgart 1981, 243
[22] A.a.o. 66ff.
[23] A.a.O. 161-165
[24] Balog, Andreas: Neue Entwicklungen in der soziologischen Theorie, Stuttgart 2001; Balla, Bálint: Knappheit als Ursprung sozialen Handelns, Hamburg 2005, 171f.

[25] Luhmann, Niklas: Die Gesellschaft der Gesellschaft, Frankfurt/M 1997, 24; 812f.
[26] So hat sich in meiner weiteren Nachbarschaft die nach dem Flurnamen der früheren Driburger Wäschebleiche benannte ‚Bleichengemeinschaft' mit eigener Fahne, wechselndem Vorsitzenden und regelmäßigen Sommer- und Neujahrsfesten etabliert. – Bis zum Eingetragenen Verein entwickelte sich die wesentlich größere Nachbarschaft der ‚Siedler' in einem Driburger Neubaugebiet, deren mehrtätiges ‚Siedlerfest' inzwischen zu einem kommunalen Großereignis gediehen ist.
[27] Popper, Karl: Logik der Forschung (1935), Frankfurt/M 1969
[28] Wössner, Joachim: Soziologie, Wien 1971, 275f.
[29] Goethe, Wolfgang: Faust I, V. 577ff
[30] Freud, Sigmund: Die Traumdeutung (1899), Frankfurt/M 1961, 466ff.; 483; ders.: Abriß der Psychoanalyse (1938), Frankfurt/M 1980, 23f.
[31] Walther: under der linden, II, 6; Klopstock: Das Rosenband, IV, 3; Goethe: Willkommen und Abschied, IV, 8 und Mailied, III, 1
[32] Droste, Dietrich: Psychologie lyrischer Dichtung ( November 2005), dort besonders These 16, in: www.neue-germanistik.de
[33] ähnlich: Habermas, Jürgen: Theorie des kommunikativen Handelns, Bd. 2 (1981), 4. Aufl. edition surkamp, Frankfurt/M 1988, 88
[34] Bálint Balla hat in seinem Buch mit dem Titel „Knappheit als Ursprung sozialen Handelns" (Anm. 24) den gleichen Grundgedanken formuliert, „Knappheit" allerdings nicht zu definieren vermocht.
[35] Smith, Adam: Inquiry into the Causes of Wealth of Nations (1776)
[36] Dass Wohlstand inzwischen – unserer Definition entsprechend – u.a. mit dem Maß durchschnittlicher Freizeit verschiedener Gesellschaften gemessen wird, zeigt eine entsprechende Erhebung der OECD, veröffentlicht in der FAZ vom 5.5. 2009, 7
[37] Fehr, Benedikt: Der Weg in das Milliarden-Desaster, in: FAZ vom 31.12. 2008, 12
[38] Diese Tatsache widerspricht übrigens der Auffassung Darwins, der noch am Schluss seines Werkes „The Descent of Man" schreibt, dass der Mensch, „wenn auch nicht durch seine eigenen Anstrengungen, an die Spitze der organischen Stufenleiter gelangt ist." (zitiert nach Braem, Guido J.: Charles Darwin. Eine Biografie, München 2009, 370), denn erstens waren es eben im wesentlichen keine organischen Veränderungen, sondern Instrumentalgebrauch, wodurch der Mensch die beherrschende Stellung in seiner Umwelt erlangte, und zweitens hat ihn die Entwicklung von Werkzeug- und Waffengebrauch aus der Notlage seiner biologischen Unangepasstheit an das Leben in der Steppe zweifellos „eigene Anstrengungen" verschiedenster Art gekostet. Nicht biologisch ist mit der Menschwerdung, wie Darwin meinte, eine neue Art entstanden, wogegen auch die enge genetische Verwandtschaft des Menschen mit dem Schimpansen spricht, sondern energietechnisch.
[39] Geitmann, Sven: Mit neuer Energie in die Zukunft. Erneuerbare Energien und Alternative Kraftstoffe, 2. Aufl. Hamburg 2004

## II. Verifizierung: Epochale Innovationen der Menschheitsgeschichte aus energetischer Sicht

### 1. Urgeschichte

Die Anfänge der Menschheitsgeschichte können in der hominiden Abzweigung vom Affen in Gestalt der *Australopithecinen* gesehen werden, die sich nach Erkenntnissen der modernen Paläontologie vor etwa fünf Millionen Jahren im Verlauf der gleichzeitigen antarktischen Eiszeit ereignete, während die spätere, vor 2,5 Millionen Jahren beginnende arktische Eiszeit mit dem Auftauchen der Gattung *Homo* und deren nachweisbarem Werkzeuggebrauch zusammenfällt.[1] In beiden Fällen hat also eine klimatische Abkühlung und in deren Folge energetischer Mehrbedarf der davon betroffenen Lebewesen zur Änderung bzw. Erweiterung der Nahrungsbeschaffung gezwungen, im Fall des *Homo* zum Gebrauch scharfkantig abgeschlagener Kieselsteine, mit denen der Frühmensch, den die eintretende Versteppung in Mittelost-Afrika aus dem zurückweichenden Urwald gedrängt hatte, sein Nahrungsspektrum mit Aasanteilen erweitern konnte, die er sich – in Konkurrenz vor allem zu Hyänen – mit Hilfe seiner ‚Kieselmesser' aus Kadaverresten herausschneiden und anschließend auf einem Baum, unerreichbar für Hyänen, verzehren konnte.

Entsprechende archäologische Beweisstücke hat man in großer Zahl in der tansanischen Olduwai-Schlucht gefunden, einem früheren Flussbett, an dessen Ufern zur Tränke strebende Huftiere relativ häufig von großen Raubkatzen geschlagen, aber nicht immer vollkommen verspeist wurden und außerdem vom Fluss freigespülte Kiesel zu finden waren, mit denen sich die für das Leben in der Steppe überhaupt nicht konditionierten Frühmenschen aus ihrer energetischen Notlage in der beschriebenen Weise heraushelfen mussten.[2]

Es war also – wie vermutlich schon beim ersten Schritt zum Menschsein in der antarktischen Eiszeit vor fünf Millionen Jahren – auch diesmal, im Verlauf der arktischen Eiszeit und ihrer ökologischen Auswirkungen auf die afrikanische Flora vor 2,5 bis 1,5 Millionen Jahren ein akuter, den *Australopithecus* extrem treffender Energiemangel, der gerade ihn, den geübten Baumkletterer mit entsprechend kräftigen und geschickten Händen, aber ohne das für die Jagd in der Steppe nötige Raubtiergebiss und ohne konkurrenzfähige Laufgeschwindigkeit aus der Existenznot des Verhungerns heraus zum Erfinder steinerner Werkzeuge und vermutlich hölzerner Waffen werden ließ, mit denen er sich energetisch gehaltreiche Beuteanteile erfolgreicher Raubkatzen aneignen bzw. Nahrungskonkurrenten abwehren konnte. Seine mangelhafte biologische Angepasstheit an die offenbar relativ rasch eingetretene Umweltveränderung ließ ihn also dort, wo es die für sein Überleben nötigen Gegebenheiten kieselreicher Flussufer, erkletterbarer Bäume, regelmäßig vorfindbarer Kadaverreste ermöglichten, die zu langsame biologische Anpassung seines Organismus durch Technik ersetzen und so zum *Homo habilis,* zum handwerklich fähigen Menschen werden.

Damit wurde der Weg betreten, den die Menschheit in prinzipiell ähnlichen energetischen Notlagen bis zum heutigen Tag immer wieder gegangen ist.

Die ‚Kieselsteinmesser' wurden vom *Habilis* nach gut begründeter Ansicht der Anthropologen nicht nur zum Zerlegen von Aas, sondern auch zum Ausgraben von fressbaren Knollen und Wurzeln, zum Öffnen von Nüssen und Kadaverknochen benutzt, letzteres, um an das begehrte Mark zu gelangen. Die so halbwegs breit gehaltene Nahrungspalette ermöglichte dem *Habilis* in entsprechenden Umweltnischen ein langfristiges Überleben seiner Gattung und dadurch eine mit der Zeit nachgeholte biologische Teilanpassung an das Leben in der Steppe.

Diese Teilanpassung vollzog sich, wie entsprechende Skelettfunde aus dem kenianischen Ostturkana zeigen, im manifest gewordenen aufrechten Gang des Frühmenschen, seinem auf 1,50 bis 1,80 m gesteigerten Längenwachstum, was beides die vordem nur geringe Laufgeschwindigkeit und die in höherem Steppengras nötige Orientierungsfähigkeit erheblich verbesserte, vor allem aber im stark vergrößerten Gehirnvolumen von durchschnittlich 775 auf 1300 Kubikzentimeter.[3] Diese letzte für die Entwicklung zum modernen Menschen als besonders wichtig eingeschätzte Veränderung lässt darauf schließen, dass der nunmehr *Homo erectus* (zur Unterscheidung von seinen ostasiatischen Nachkommen neuerdings auch *Homo ergaster*) genannte Steppenbewohner komplexere geistige Fähigkeiten entwickeln musste, um dauerhaft zu überleben. Diese gesteigerten Fähigkeiten können bei dem vor ca. 1,6 Millionen Jahren im mittleren Ostafrika lebenden Hominiden, der noch keine wesentlich besseren Werkzeuge hinterlassen hat als der *Habilis,* nur auf seine gesteigerte Kommunikations- und Kooperationsfähigkeit mit anderen Mitgliedern seiner Horde zurückgeführt werden, also vor allem auf die Entwicklung eines differenzierten Sprachvermögens. Dieses befähigte den – anderen Steppenbewohnern physisch immer noch weit unterlegenen – *Erectus* zu koordinierten Angriffen auf Beutetiere oder Nahrungskonkurrenten.

Der letztere Fall wurde mit großer Wahrscheinlichkeit am Grabungsort Olorgesailie im Südwesten Kenias nachgewiesen, wo Archäologen einen nächtlichen Überfall von *Erectinen* auf eine Horde von 63 Riesen-Pavianen der heute ausgestorbenen Gattung *Sinopithicus* glauben rekonstruiert zu haben, der sich vor etwa 500 000 Jahren ereignet hat.[4] Die auf einer Fläche von 19 mal 13 m zusammen mit den Knochen und Zähnen der getöteten Paviane ausgegrabenen steinernen Waffen und Werkzeuge waren über eine Entfernung von gut 30 km herangeschafft worden. Es muss sich also um ein Unternehmen gehandelt haben, das nur von einer Gruppe von Steinzeitjägern durchgeführt, sorgfältig vorbereitet und gut koordiniert zum Erfolg der Ausschaltung etwa gleich starker Nahrungskonkurrenten gebracht werden konnte, die nur des Nachts, während sie auf ihren Schlafbäumen ruhten, auf so begrenztem Raum so zahlreich aufzufinden und zu töten waren. Der erhebliche Aufwand, die für Tagjäger außergewöhnliche Nachtzeit und durchdachte Raffinesse des Unternehmens lassen folgende für unsere Untersuchung wichtigen Schlüsse zu: Erstens muss der Druck seitens der deswegen ausgerotteten Nahrungskonkurrenten, also der Mangel an Nahrungsenergie erheblich gewesen sein, wenn man deswegen eine so aufwendige und auch gefährliche Aktion überhaupt unternahm, und zweitens erforderte die erfolgreiche Durchführung ein erhebliches Maß an vorausschauender Planung, differenzierter Kommunikation und koordinierter Aktion, also gesellschaftlicher Kooperation.[5] Beides zusammen bekräftigt unsere schon für die Entwicklung zum *Homo habilis* aufgestellte These, dass es eben der für die betroffene Frühmenschengruppe bedrohliche Energiemangel war, der sie zum zivilisatorisch fortschrittlichen (wenn in diesem Fall auch mörderischen) Verhalten differenzierter Verständigung und arbeitsteiliger Aktion führte, um die Ursache des Energiemangels nachhaltig zu beseitigen.

Mit seiner Anpassung an das Steppenleben durch die dort erworbenen neuen körperlichen, geistigen und kommunikativen Fähigkeiten, auch durch den zum Universalgerät als Werkzeug und zur Waffe fortentwickelten Faustkeil war der *Homo erectus* in der Lage, allgemein unliebsame Konkurrenten auszuschalten, sich stark zu vermehren und nach und nach nicht nur den nördlichen afrikanischen Kontinent, sondern auch die euroasiatischen Steppengebiete zu besetzen.

Soweit die Frühmenschen in nördliche Breiten ausgewandert waren, hatten sie im mittleren *Pleistozän* vor etwa 400 000 Jahren – ähnlich wie ihre frühen Vorfahren vor fünf bzw. zweieinhalb Millionen Jahren – eine eiszeitbedingte starke Klimaabkühlung zu bestehen, die ihnen neue Jagdtechniken abverlangte, mit denen ihr im kalt gewordenen Europa gestiegener körperlicher Energiebedarf gedeckt werden konnte.

Ein archäologischer Fundort in der spanischen Sierra Guadarrama bietet anschauliche Unterrichtung für den dabei bewältigten Zivilisationssprung.

## II. Verifizierung

Archäologen fanden dort zwischen den Hügeln Torralba und Ambrona Spuren von mindestens zehn Treibjagden, die, von damaligen Menschen mit Hilfe von entzündetem Steppengras durchgeführt, reiche Beute, darunter die von bis zu 20 Tonnen schweren Elefanten der ausgestorbenen Gattung *elefans antiquus* einbrachten. Die Steinzeitjäger, die spätestens im frostig gewordenen Klima der iberischen Halbinsel gelernt hatten, das Feuer zu beherrschen, nutzten es nun, um die riesigen Elefanten und auch anderes Großwild in einen Sumpf zu treiben, wo die halb versunkenen Tiere leicht und gefahrlos zu erlegen waren.[6]

Der wesentliche zivilisatorische Fortschritt bestand hierbei darin, dass die Frühmenschen von Torralba gelernt hatten, durch geplante Instrumentalisierung körperfremder Energie, nämlich der im brennenden Steppengras chemisch gespeicherten sowie der das Feuer und mit ihm die Beutetiere in den Sumpf treibenden kinetischen Energie des Windes, den eigenen Energieaufwand für die Treibjagd entscheidend zu minimieren. Durch diese Indienstnahme außermenschlicher Energien zur Gewinnung großer Mengen von Nahrungsenergie, die aus den riesigen Elefantenkörpern gewonnen werden konnte, war die Energiebilanz der im frostigen Klima auf kalorienreiche Nahrung angewiesenen Menschen entscheidend verbessert, zumal ihnen die Beherrschung des Feuers die Konservierung des Beutefleischs durch Braten, Räuchern und Trocknen für eine gewisse Zeit ermöglichte.

Selbstverständlich mussten auch insbesondere der ersten Treibjagd von Torralba gezielte Erkundung der Örtlichkeit, der Beutetierzüge, der Abstimmung von koordinierter Steppenbrandlegung und Windrichtung sowie die Vorbereitung von Zündfackeln und Schlachtgerät vorangehen; außerdem – und dafür gibt dieser besonders intensiv erforschte Fundort wichtige Hinweise – war die Aufteilung und Verarbeitung der leicht verderblichen Beute vorauszuplanen und abzusichern, damit möglichem Streit um die besten Stücke und damit der Gefahr des Auseinanderbrechens der Horde vorgebeugt wurde. Soweit die Archäologen dies ermitteln konnten, geschah das durch gleichmäßige Aufteilung von Stücken aller in dem Sumpf erlegten Beutetierarten an die bei einem Festmahl versammelten Jäger, an deren Essplätzen sich jeweils zersplitterte und angebrannte Knochenreste zumeist aller erlegten Tierarten fanden. Dies zeigt, dass es unter den Torralba-Jägern einen geregelten Energieaustausch zwischen arbeitsteilig eingebrachter Energie der einzelnen Jäger in das Gesamtunternehmen der Treibjagd und ihrer energiewertigen Entlohnung mit gleichen Beuteanteilen gegeben haben muss. Da die Archäologen zudem mindestens zehn verschiedene Treibjagden der gleichen Art am selben Ort haben unterscheiden können, lässt sich vermuten, dass die beteiligten Jäger durch Wiederholung

ihres gemeinschaftlichen Zusammenwirkens bei der Jagd einen relativ festen Zusammenhalt gewannen, also durch Institutionalisierung ihres normierten Energieaustauschs zu einer wenigstens okkasionellen Jagdgesellschaft wurden.
Zweifel amerikanischer Anthropologen an der Fähigkeit der *Erectinen* zur Großwildjagd werden durch neuere Funde in Großbritannien (Boxgrove) und Deutschland, hier insbesondere bei Schöningen im Vorharzgebiet widerlegt, wo der Archäologe Hartmut Thieme 1995 sechs nahezu vollständig erhaltene holztechnisch und ballistisch hervorragend gearbeitete Wurfspeere ausgraben konnte, mit denen nach den archäologischen Befunden am Ufer eines Sees vor 400 000 Jahren vor allem Wildpferde erlegt wurden. Thieme fand dort sichere Belege dafür, „dass der Homo erectus [...] ein äußerst geschickter Jäger war. Zu dieser frühen Zeit verstand er es anscheinend längst, eine Großwildjagd mit speziellen Fernwaffen vorausschauend zu planen, zu organisieren, zu koordinieren und erfolgreich durchzuführen".[7]
Der Unterschied zur Jagdmethode ihrer ‚Zeitgenossen' aus der spanischen Sierra Guadarrama liegt darin, dass die Schöninger Jäger ihre Beutetiere nicht mit Steppenbrand in einen Sumpf trieben und dort erlegten, sondern am Ufer eines langgestreckten Sees bei der Tränke umzingelten und mit Wurfspeeren erlegten, zumindest schwer verletzten und bis zu ihrer Erschöpfung verfolgten. Energetisch war diese Jagdmethode längst nicht so effektiv wie die geschilderte ‚spanische', andererseits eine, die vermutlich das ganze Jahr über immer wieder praktiziert werden konnte, während das Steppengras von Torralba nur einmal im Jahr trocken und brennbar für ein Treibjagdunternehmen bereit gestanden haben wird. Da außerdem die Haltbarkeit der Fleischbeute begrenzt war, besaß der geringere, aber häufigere Jagderfolg der ‚deutschen' Großwildjäger auch seine Vorteile.

Dass die Steinzeitmenschen überhaupt wesentlich größere, stärkere und schnellere Tiere jagen und erlegen konnten, bedarf einer eigenen energetischen Erläuterung.
Durch die Verwendung scharfkantiger Faustkeile, die der *Homo erectus* im Laufe seiner eigenen biologischen Entwicklung zu immer vielseitigerer Funktion und vollendeterer Tropfenform des *Acheuléen* fortentwickelte[8], hatte er bei jedem Hieb oder Schnitt mit dem steinernen Universalgerät erfahren, dass seine Armkraft durch Konzentration auf die scharfe Schneide oder Spitze seines Werkzeugs zu zerstörerischer Wirkung gesteigert werden konnte. Da sich die Hominiden in der kämpferischen Auseinandersetzung mit anderen physisch überlegenen Tieren diese vermutlich von den

## II. Verifizierung

Anfängen ihres Steppendaseins an mit Ästen und Knüppeln vom Leibe hielten[9], lag es nahe, die mit dem Faustkeil erworbenen handwerklichen Fähigkeiten und Erfahrungen auf solche hölzernen Verteidigungsmittel zu übertragen, indem man diese anspitzte und als Stoßlanze etwa im Kampf mit Hyänen um Kadaverreste gebrauchte. Die Fortentwicklung zum Wurfspieß und Speer, deren Spitze im Feuer gehärtet und schließlich mit messerscharfen Steinsplittern versehen wurde, ergab die ersten Fernwaffen des Menschen, die es ihm ermöglichten, die Energie des im Wurf gewissermaßen zuschlagenden Armes ohne Gefährdung durch direkte Gegenwehr des angegriffenen Tieres zerstörerisch in dessen Körper eindringen zu lassen.

Im Fall des Jagderfolgs hatte der Steinzeitjäger damit die Hauptaufgaben jedes Lebewesens erfüllt, nämlich seinen eigenen Organismus vor Verletzung zu bewahren und dessen Energiebedarf (mit dem Verzehr des Beutefleischs) zu decken. Spätestens vor 400 000 Jahren, im mittleren Paläolithikum also, hatten die Hominiden Europas – wenn auch vielleicht regional getrennt und spezialisiert – gegenüber dem afrikanischen *Homo erectus* zwei neue Energietechniken entwickelt, um im subpolaren Klima des Pleistozän ihren gesteigerten Kalorienbedarf zu decken, nämlich die Instrumentalisierung der in Steppengras oder trockenem Holz gespeicherten Sonnenenergie und der kinetischen Energie des Windes für Zwecke der Treibjagd und der Fleischkonservierung sowie durch Übertragung und zerstörerische Konzentrierung menschlicher Wurfkraft, mithin deren kinetischer Energie in einer Speerspitze. Beide Energietechniken, vermutlich nach jeweiligen Gegebenheiten kombiniert, machten den europäischen *Homo erectus* zum Herrn der Steppe, an die er biophysisch, wie schon gesagt, gar nicht angepasst war.

Seine Techniken zum Erwerb nötiger Nahrungsenergie wurden zugleich durch solche zu deren Bewahrung bzw. Speicherung ergänzt, die in den kalten Wintern des pleistozänen Europa mindestens ebenso wichtig für das Überleben von Hominiden war, zumal diese nach ihrer langen Anpassung an die afrikanischen Steppen mit Sicherheit nicht mehr das dichte Fell ihrer frühen Vorfahren besaßen.[10] Sie mussten die dabei weitgehend verlorene natürliche Wärmeisolierung ihres Körpers im kalt gewordenen Europa ebenfalls energietechnisch ausgleichen und taten dies, wie verschiedene Ausgrabungsstätten für das europäische Pleistozän erwiesen haben, zum einen durch beheizte Schutzbauten[11], zum andern durch Fellumhänge, die sich über so lange Zeiträume zwar nicht erhalten haben, aber deren Präparierung aus Werkzeugspuren erschlossen werden konnte.[12]

Da der Mensch über viele Schweißdrüsen seiner Hautoberfläche verfügt, die er zugleich mit dem Fellschwund zur Kühlung bei anstrengender Step-

penjagd in Warmzeiten erworben haben dürfte, verliert er bei kräftiger Bewegung durch die Schweißverdunstung mehr (Wärme-)Energie an die Umwelt als durch kinetische Arbeitsleistung. Er war und ist deshalb gegen Wärmeverlust wesentlicher empfindlicher als jedes von Fell oder Federn geschützte Tier und hätte ohne die genannten offensiven und defensiven Energietechniken die kalten Winter des pleistozänen Europa nicht überleben können. Auch dies war nur durch den äußerst produktiven Energieerwerb der Großwildjagd möglich, der bei günstigem Umfeld, wie man berechnet hat, mit 50 000 Kilojoule pro Stunde Arbeitszeit mehr als zehnmal so hoch war wie der von Sammlern und Kleinwildjägern mit 4375 Kilojoule.[13] Die eiszeitlichen Großwildjäger hatten also im Vergleich zu Hominiden in wärmerer Umwelt die Möglichkeit, durch sehr großen Energieerwerb in kurzer Zeit auch hohe Energieverluste an ihre kalte Umwelt auszugleichen.
Gerade mit dieser Flexibilität sowohl des offensiven Energieerwerbs durch Jagd als auch der defensiven Energiebewahrung durch Fellumhänge, Schutzbauten und wärmendes Feuer, die je nach Witterungslage eingesetzt oder weggelassen werden konnten, waren die *Erectinen* Eurasiens in der Lage, den relativ häufigen Klimawandel vom Pleistozän bis zum Auftreten des modernen Menschen zu überstehen, ohne ihre geschilderten Energietechniken nennenswert zu verändern.[14]

Erst vor etwa 40 000 Jahren, im sogenannten oberen Paläolithikum, ereignete sich durch den aus Afrika über den Vorderen Orient nach Eurasien eindringenden *Homo sapiens sapiens,* auch einfach ‚moderner Mensch' genannt, eine zivilisatorische Revolution auf der Basis einer verfeinerten Steinschlagtechnik, mit der vorwiegend aus Feuersteinknollen messerscharfe, relativ gerade und lange Klingen, Bohrer und Stichel erzeugt wurden, die wiederum die verbesserte Verarbeitung von Holz, Beutetierknochen, Geweihen, Elfenbein und Tierfellen ermöglichten. Die Jagdbeute konnte mit der dadurch entstehenden neuen Waffen- und Werkzeugvielfalt – mit Aale und Nähnadel, dreispitzigem Fischspeer und Harpune, Speerschleuder und Zielstab, mit Amboss und Schlegel, sogar einem tragbaren Feuerzeug[15] – sowohl vermehrt als auch wesentlich weitgehender verwertet werden als mit der viel gröberen Technik der Neandertaler, den zunächst noch gleichzeitig in Eurasien lebenden Nachkommen der *Erectinen*.
Mit der Speerschleuder, die noch von neuzeitlichen Indianern in Nordamerika und australischen Aborigines bis in jüngste Vergangenheit verwendet wurde, lassen sich, wie Versuche ergaben, Durchschlagskraft und Zielgenauigkeit des Speerwurfs drastisch erhöhen, sodass damit z.B. ein Hirsch

## II. Verifizierung

über 30 m Entfernung schwer verletzt, über 15 m getötet werden kann. Die Entwicklung von Messern, Sticheln, Aalen und Nähnadeln ermöglichte die Fertigung von körpergerechter Fellkleidung, die auch bei winterlicher Jagd der Bewegungsfreiheit und damit dem Jagderfolg nicht im Wege stand. Das aus einem faustgroßen Klumpen von Eisenpyrit bestehende, mit Feuersteinschlägen zum Funkenspender gemachte Feuerzeug ermöglichte zu jeder Jahreszeit mehrtägige Jagdexpeditionen, bei denen man sich nachts am Feuer wärmen und vor Raubtieren schützen konnte. Die aus Knochen oder Geweihen gefertigte Harpune ermöglichte erstmals die erfolgreiche Jagd auf den kalorienreichen Lachs, der in den franko-kantabrischen Flüssen noch bis ins 19. Jahrhundert mit guten Erträgen gefischt wurde.[16] Entsprechendes leisteten dreispitziger Fischspeer und Angelschnüre mit festem Köder für sonstigen Fischfang.[17]

Die mit solchen technischen Innovationen für den *Homo sapiens sapiens* besonders im *franko-kantabrischen Kernland* gegebene günstige Ernährungslage hat, wie der schwedische Archäologe Göran Burenhult plausibel vermutet, zu einem regionalen Bevölkerungswachstum und mindestens zeitweiliger Sesshaftigkeit geführt, ohne welche die zum Teil meisterhafte Formgebung von Gebrauchs- und Kunstgegenständen sowie die in gleicher Region zentrierten Höhlenmalereien sich kaum erklären ließen.[18]

Zunächst erstaunlich, für unser energetisches Erklärungskonzept des Geschichtsverlaufs aber folgerichtig ist die Tatsache, dass es zierliche, schlanke, hochgewachsene und damit auf Körperkühlung konditionierte Menschen waren, die mit den genannten technischen Innovationen den mit gedrungener kräftiger Gestalt viel besser an das kalte Klima des Pleistozän angepassten Neandertaler in einem lange dauernden Konkurrenzkampf verdrängen und letztlich aussterben lassen konnten.[19] Es handelt sich bei dieser zivilisatorischen Revolution des Jungpaläolithikum wieder um eine energietechnische Kompensation biologisch unangepasster Hominiden, die in diesem Fall allerdings nicht nur die erhöhten Anforderungen eines kälteren Klimas, sondern außerdem die eines Konkurrenzkampfes um die nötige Nahrungsenergie mit biologisch weit besser angepassten, zudem technisch, wie wir sahen, durchaus nicht unbedarften Platzhaltern zu bewältigen hatten.

Mit der Erschließung der Fischvorkommen durch die den Neandertalern offenbar unbekannten Fanggeräte war, was den Energiegewinn aus der Umwelt betrifft, vielleicht schon ein wichtiger Überlebensvorteil gegenüber den Konkurrenten erreicht. Die Entwicklung der Speerschleuder konnte demgegenüber vermutlich nur den Körperkraftvorteil der Neandertaler ausgleichen. Mit entscheidend für den schließlichen Sieg des modernen

# 1. Urgeschichte

Menschen war gewiss die für das Überstehen frostiger Winterperioden so wichtige körpergerechte Kleidung, die dauernden Körperwärme- und damit Energieverlust wesentlich verminderte und gleichzeitig, wie gesagt, die für den Energiegewinn durch Jagdbeute nötige Bewegungsfreiheit kaum beeinträchtigte. Auch das immer bereite Feuerzeug war, wie sich von selbst versteht, gerade im Winter oft genug ein Lebensretter für seine Besitzer. Im offensiven Energiegewinn wie in defensiver Energiebewahrung war der moderne Mensch dem Neandertaler demnach überlegen und konnte den – Jahrtausende währenden – Konkurrenzkampf deshalb für sich entscheiden.

Die Dauer dieser Auseinandersetzung um den eurasischen Lebensraum, die neuerdings auf bis zu 15 000 Jahre geschätzt wird[20], lässt bereits erkennen, dass die dort eindringenden ‚modernen' Menschen die besprochenen fortschrittlichen Techniken in der für sie feindlichen Umwelt – vermutlich unter großen Verlusten, Entbehrungen und Schwierigkeiten – Stück für Stück entwickeln und perfektionieren mussten, bevor sie damit eine Überlegenheit über die ansässigen Neandertaler erlangen konnten. Dies lässt sich aus einem Bereich ihrer Innovationen besonders deutlich ablesen, nämlich dem ihrer bildnerischen Kultur.

Diese beginnt vor etwa 35 000 Jahren mit Ritzzeichnungen auf Steinen und Felswänden, die so gut wie immer weibliche Vulven darstellen. Sie sind offensichtlich Begleiterscheinung der ersten vollplastischen Darstellungen des weiblichen Körpers in den sogenannten Venusfigurinen, die schon zu gleicher Zeit, wie der Fund der ‚Venus vom Hohle Fels' aus dem Jahr 2008 belegt[21], bis vor etwa 22 000 Jahren eine vom Atlantik bis nach Sibirien reichende Verbreitung unter den Großwildjägern der eurasischen Steppen fanden. Bei diesen Kleinkunstfiguren aus verschiedenem Material (Stein, gebranntem Ton, Elfenbein, Knochen) springen die überaus üppigen Brüste und Gesäße der dargestellten Frauenkörper ins Auge, die mit stark stilisierten Köpfen und Gliedmaßen kontrastieren, deren oft spitz auslaufende Form vor allem der Beine wohl dazu diente, die Figur senkrecht in den Boden stecken und für sich betrachten zu können.

Der genannten Epoche der Venus- und gleichzeitiger Tierfigurinen folgte die der berühmten, stark auf die franko-kantrabrische Region des südwestlichen Frankreich und des nördlichen Spanien konzentrierte Höhlenmalerei, die von etwa 22 000 bis 12 000 Jahren v.h. andauerte. Hier wurden – vorwiegend in versteckt liegenden Höhlen oder Winkeln – fast ausschließlich einzelne Tiere in großformatiger Umrissdarstellung an die Wände gemalt, teilweise in sehr gekonnter realistischer Manier. Dass sich heute in manchen Höhlen wie z.B. in der von Lascaux Tierbilder geradezu drängen, ist

## II. Verifizierung

auf den genannten langen Zeitraum der Höhlenmalpraxis zurückzuführen, in dem es gegen Ende an geeigneten freien Flächen fehlte. Die Deutung dieser sich deutlich in zwei Epochen gliedernden Kunstpraxis der Jungsteinzeit, deren Träger man in Hinblick auf ihre auffällige Zentrierung in Südwestfrankreich nach einem dortigen Fundort auch *Cro-Magnon-Menschen* nennt, ist bislang sehr vage und insgesamt unbefriedigend. Während man die Vulva-Zeichnungen der ersten Epoche – vermutlich wegen ihrer so eindeutigen Direktheit – soweit ich sehe, gar nicht kommentiert hat, werden die – wohl ebenfalls von den meisten modernen Betrachtern als ziemlich vulgär empfundenen – Venusfigurinen einfach als Fruchtbarkeitssymbole, bestenfalls als Darstellungen einer Muttergottheit interpretiert.[22]

Diese sehr vagen Deutungsansätze lassen sich mit Hilfe der Freudschen Religionspsychologie wesentlich vertiefen. Der Tiefenpsychologe geht in seinen diesbezüglichen Schriften bekanntlich von der Darwinschen Annahme einer steinzeitlichen ‚Urhorde' aus, in welcher der dominierende Vater das alleinige sexuelle Zugriffsrecht auf alle Frauen seiner Horde beanspruchte und, wie im höheren Tierreich üblich, notfalls gewaltsam durchsetzte.[23] Nehmen wir für die manuell geschickten *Cro-Magnon-Menschen* bis zum Auslaufen der Venus-Darstellungen diese Hordenstruktur an, lässt sich die beschriebene Kunstpraxis plausibel als Sublimierung sexuell frustrierter junger Männer begreifen, denen der ersehnte Inzest mit Mutter und Schwestern vom tyrannischen Vater versagt wurde.

Wer als Kind oder Jugendlicher die Zeit weitgehender Tabuisierung alles Sexuellen noch erlebt hat, kennt die Zeichnungen weiblicher Vulvae in öffentlichen Toiletten oder Umkleidekabinen aus eigener Anschauung, die den Ritzzeichnungen unserer Vorfahren an den Felswänden der Dordogne durchaus entsprachen. Die psychische Entlastung solcher Darstellung der weiblichen Schamspalte, deren Berührung oder gar Penetration dem Zeichner verwehrt ist, teilt eben jenes Begehren, das man insbesondere den Vater nicht erkennen lassen darf, anderen Menschen mit, und zwar am geheimen, vom Vater nicht einsehbaren Ort und anonym, also nicht nachweis- und bestrafbar. Ein konspiratives Moment solcher Zeichnungen des Verbotenen liegt – wie auch beim späteren Kunstwerk – in dem stillen Wunsch des Bildners, andere Menschen mit gleicher innerer, öffentlich nicht vorzeigbarer Not zu finden, mit deren Hilfe er sie irgendwie zu überwinden hofft.[24]

Solche Konspiration hat offensichtlich mit der Produktion und Verbreitung der Venusfigurinen institutionalisierte Formen angenommen. Diese zumeist aufwendig und kunstvoll hergestellten kleinen Figuren wurden, wie die erwähnte ‚Venus vom Hohle Fels' verrät, die anstelle eines Kopfes eine gut erhaltene Anhänger-Öse aufweist, nicht anonym irgendwo hinterlassen wie jene Vulva-Zeichnungen, sondern waren kostbares Besitztum des Produzenten oder eines Erwerbers, der es sicher mit dem Stolz des Besitzers anderen, sich ebenfalls an weiblichen Formen erfreuenden jungen Männern vorzeigte, es bei verabredeten Zusammenkünften an geheimem Ort mit seinem angespitzten Unterteil in die Erde steckte, was zu gemeinschaftlichen, sicher auch pseudosexuellen Riten Anlass gegeben haben dürfte. Ob man darin schon einen religiösen Venus- oder Mutterkult sehen will, sei dahingestellt, wir vermuten darin, nunmehr auf Freuds Religionspsychologie zurückkommend, die Institutionalisierung des von ihm angenommenen verschwörerischen Bundes der vom Vater aus der Urhorde vertriebenen Brüder, die sich zu dessen Tötung zusammentun.

Freuds Analyse zufolge wird der gemeinsame Sieg der Brüder über den gefürchteten Vater mit dessen kannibalischer Verspeisung gefeiert und rituell regelmäßig wiederholt, indem ein den getöteten Vater symbolisierendes Totemtier in geheiligter Zeremonie geopfert und verspeist wird. Dies ist nach Freud die Geburtsstunde des Totemismus und damit die von Religion, Sitte und menschengesellschaftlicher Ordnung.[25]

Auch wenn man die Anfänge der Religion, wie gesagt, bereits im Venus-/Mutterkult des Jungmännerbundes sehen kann, spricht nach wie vor vieles dafür, die erste kulturell begründete Gesellschaftsordnung in der des Totemismus anzunehmen, in welcher die ‚Brüder', schon um die nun gemeinsam von ihnen geführte Horde vor konkurrenzbedingtem Auseinanderbrechen zu bewahren, am alten Inzestverbot des Vaters festhielten und dessen Autorität in der Schonung und Verehrung des Totemtiers ehrten, das nur im Gedenken an die Vatertötung und zur Bekräftigung der neuen Ordnung feierlich geopfert und verzehrt werden durfte.

Diese erste gesellschaftliche Revolution ist, wie wir meinen, auch an den zugleich mit den Venusfigurinen auftretenden Tierfigürchen abzulesen, in denen die Clanmitglieder ihr Identifikationssymbol anschauen und internalisieren konnten. Besonders aufschlussreich ist in diesem Zusammenhang die Figurine des ‚Löwenmenschen' aus dem ‚Hohle Fels', in welchem das vom Clan erkorene Totemtier zugleich mit dem eigentlich gemeinten toten Hordenvater dargestellt scheint. Auch die auf die Figurinen folgenden Höhlenmalereien, in denen die Clans ihr Totemtier abbildeten, um seine Tabuierung, wie steinzeitliche Fußspuren Jugendlicher vermuten lassen, den nachwachsenden Knaben in unterirdisch geheimnisumwitterter Initiations-

## II. Verifizierung

zeremonie nachdrücklich einzuprägen, dienten zweifellos der Festigung des Totemismus.[26]

Der gesellschaftliche Nutzen der totemistischen Ordnung lag vor allem in der damit eingeführten Exogamie, dem Heirats- und Sexualtabu innerhalb des Clan, der zum einen, wie gesagt, dessen inneren Frieden stabilisierte und zum anderen zu sexueller Anbindung an andere Clans zwang, wodurch erstmals größere Stammesverbände entstanden. Auch dies ergab für die *Cro-Magnon-Menschen* einen Konkurrenzvorteil gegenüber den Neandertalern, die keine totemistischen Spuren hinterlassen haben und also offenbar in ihren naturwüchsigen ‚Urhorden' den neuen Stammesverbänden bei Auseinandersetzungen schon zahlenmäßig klar unterlegen waren. Die weite Verbreitung und Dauerhaftigkeit des Totemismus noch bei neuzeitlichen Jägergesellschaften[27] lässt die gut begründete Vermutung zu, dass diese Gesellschaftsordnung dem modernen Menschen bei seiner Verbreitung über den Erdball einen wichtigen Überlebensvorteil verschaffte.

Schon Arnold Gehlen hat in seiner Analyse des Totemismus dessen durchaus handfeste Funktionen für die Stabilität von frühen Stammesgesellschaften herausgestellt. Zum einen sah er in der unilinealen, also entweder an den Vater oder die Mutter gebundenen ‚Blutsverwandtschaft' der Nachkommen, die im totemistischen Clan zusammengeschlossen war, für nicht ortsfest siedelnde Menschen die einzige Möglichkeit klarer Abgrenzung von Parallelgruppen, zwischen denen „die vitalste Frage, die exogame Eheregelung, [...] in klarer Gegenseitigkeit gelöst werden" kann.[28] Die Realisierung solcher Gegenseitigkeit verschwägerter Clans sah er im Anschluss an Marcel Mauss auch im Tausch von Waren, Riten, gebärfähigen Mädchen u.a.[29] Einen wichtigen Überlebensvorteil der Totem-Clans stellte er zudem im Tötungs- und Speiseverbot des Totemtieres und aller ihm zugehörigen Clan-Mitglieder heraus, wodurch diese vor gegenseitigem Totschlag und in der Steinzeit durchaus verbreitetem Kannibalismus geschützt wurden.[30]

Gerade in solcher Konkretisierung des totemistischen Gesellschaftssystems (die sich im letzten Gesichtspunkt übrigens mit Freuds Überlegungen zum Vatermord trifft) wird der energetische Effekt auch solcher kulturellen Errungenschaften wie des Totemismus greifbar: Wurde der für die Jungmänner-Phratrien noch notwendige gewaltsame Frauenraub nun durch friedlichen Mädchentausch zwischen befreundeten Clans abgelöst, so konnte man damit, abgesehen von der Vermeidung der mit jedem Raub verbundenen Verletzungs- und Tötungsgefahr, den für die Erlangung einer ‚Ehefrau' aufzubringenden Energieaufwand ganz erheblich reduzieren. Entsprechendes gilt für den Austausch von Gebrauchsgegenständen, etwa neuen Werkzeugtypen wie der Nähnadel oder des Fischspeers sowie deren Handhabung, die in freundschaftlicher Gegenseitigkeit mit geringem Energieeinsatz zu erlangen und zu reziprokem Tauschgewinn (wie im Theorieteil erläutert) genutzt werden konnten. Auch der Ritus der Totemtier-Abbildung auf Höhlenwänden für die Initiation der nachwachsenden Clan-Jugendlichen ist, wie die große Zahl von Bildern in etwa 100 Höhlen Südfrankreichs, Nordspaniens und -Italiens zeigt, zweifellos auf dem Weg künstlerischen Austauschs als begehrte Errungenschaft weitergegeben worden, und zwar deshalb, weil die rituelle Einweisung der Jugendlichen in die claneigenen Tabus und damit das gesellschaftliche Ordnungsgefüge sich in solchen ‚Naturtempeln' und ihrer schaurig geheimnisvollen Atmosphäre als besonders wirksam erwiesen hatte. Gut sozialisierte Jugendliche, das hat man natürlich auch damals schon gewusst, ersparen einer Gesellschaft viele Auseinandersetzungen, Ärgernisse, Gewalttätigkeiten, kurz: unnötig verausgabte Energie.

Erst recht gilt dies für das claninterne Tötungs- und Kannibalismustabu. Der heutige Bürger einer seit Generationen pazifizierten Gesellschaft wird die Bedeutung eines solchen Verbots leicht unterschätzen, weil er dessen Einhaltung für selbstverständlich hält. Die in ständiger gewaltsamer Auseinandersetzung mit großen Tieren und feindlichen Menschen ihrer Umwelt um ihr Leben kämpfenden Jäger der Jungsteinzeit besaßen zweifelsohne eine viel stärkere, oft kaum zu bremsende Aggressivität – auch und gerade gegenüber dem nächsten Verwandten, dem auch wir unsere Wut, unseren Ärger offener, manchmal sogar handgreiflicher zeigen als Fremden. Wie dünn die zivilisatorische Isolationsschicht über dem menschlichen Tötungstrieb selbst in jüngster Zeit noch war, haben die Massentötungen des 20. Jahrhunderts gezeigt, die schließlich auch Massen von tötungsbereiten Menschen zur Voraussetzung hatten, es zeigt sich aber auch in der Gegenwart mit jedem einzelnen Tötungsdelikt immer wieder aufs Neue. Die zeremoniell aufwendige Bändigung des Tötungstriebs junger, erwachsen werdender Steinzeitjäger in Angst einflößendem Höhlenritus war also gewiss notwendig, um Mord und Totschlag, den Freud sicherlich zu Recht der Brüderbande zur Last gelegt hat, aus dem Clan zu verbannen. In der entsprechenden – Energie für tödliche Auseinandersetzungen sparenden – totemistischen Strafandrohung hat der große Tiefenpsychologe zweifellos zutreffend den Beginn unseres Strafrechts erkannt.

Verfeinerung von Handwerks- und Waffentechnik, Verbesserung von Kleidung und Feuererzeugung, schließlich die Entwicklung bildnerischer Darstellungen und, wie der Fund verschiedener Flötenfragmente in schwäbischen Höhlen belegt, Anfängen einer Instrumentalmusik im Zusammen-

## II. Verifizierung

hang mit totemistischer Neuordnung des gesellschaftlichen Zusammenlebens – in der Gesamtheit dieser energetischen Gewinn- bzw. Sparmaßnahmen konnten die ‚modernen Menschen' ihre körperliche Unangepasstheit an das eiszeitliche Europa und ihre körperliche Unterlegenheit gegenüber den Neandertalern ausgleichen, schließlich, wie deren Verschwinden beweist, sogar überkompensieren. Nicht nur technisch zivilisatorischer, sondern, wie sich aus totemistischer Bild- und Tonkunst der *Cro-Magnon-Menschen* ergibt, auch deren kultureller Fortschritt ist letztlich aus erfinderischer, schöpferischer Überwindung ihrer energetischen Notlage hervorgegangen.

Der *homo sapiens* der Jungsteinzeit hat in urgeschichtlicher, also vorschriftlicher Zeit nicht nur die beschriebene handwerkliche, künstlerische und gesellschaftliche Revolutionierung seiner Energietechniken zustande gebracht, sondern mit der Entwicklung von Ackerbau und Viehzucht noch eine zweite, von dem britischen Archäologen Gordon Childe so genannte ‚neolithische Revolution'. Childe führte die tiefgreifende Umstellung des menschlichen Lebens, die sich aus dem Übergang vom Dasein des Sammlers und Jägers zu dem des Bauern ergab, auf die mit dem Ende des Pleistozän gegebene Klimaerwärmung zurück, durch die manche Erdregionen trocken fielen. In Stromtälern wie dem Nil seien dadurch die Menschen mit Wildtieren zusammengedrängt worden und hätten dort nur durch deren Domestizierung und Ackerbau überleben können.
Diese Oasen-Theorie Childes wurde in den 1960er Jahren durch den Amerikaner Robert J. Braidwood widerlegt, der durch Ausgrabung des Dorfes Jarmo an der Flanke des iranischen Zagros-Gebirges nachweisen konnte, dass die Anfänge des Ackerbaus nicht erst um 4500 v.Chr. in Ägypten, sondern spätestens um 7000 v. Chr. im sogenannten Fruchtbaren Halbmond anzusetzen sind. Nach seinen und anderen Ausgrabungsergebnissen wurden seit dieser Zeit an den Hängen des Zagros-, des Taurus- und des Libanongebirges verbreitete Wildgrassamen zunehmend in das Nahrungsspektrum der dort lebenden Menschen aufgenommen, nach und nach angebaut und domestiziert. Entsprechendes geschah mit den in gleicher Gegend gejagten und domestizierbaren Huftieren, nämlich Ziegen und Schafen, später auch dem Rind.[31]
Die dauerhafte Sesshaftigkeit verlangende Umstellung dieser Nahrungsbeschaffung erforderte den Bau fester Häuser, Vorrats- und Stallgebäude, die Herstellung von keramischen und Steingefäßen bzw. -werkzeugen für die Entspelzung und Zerkleinerung der Gras-/Getreidekörner und deren weitere Verarbeitung zu Fladen oder Brei. Für letzteres mussten natürlich auch Her-

de und Öfen geschaffen werden, für die Getreideernte sichelartige Feuersteinmesser, Dreschflegel, größere Körbe, Taschen oder Säcke für den Transport u.v.m. Reste und Spuren solcher für Landbau und Viehzucht nötigen Gerätschaften wurden in einer ganzen Reihe von Fundstätten im Bereich des Fruchtbaren Halbmonds gefunden. Im nordsyrischen Abu Hureyra konnten die Spuren der neuartigen Nahrungsbereitung sogar in Form pathologischer Skelettveränderungen dort beigesetzter Menschen ausgemacht werden, die auf schwere und dauerhafte im Sitzen oder Knien verrichtete Arbeit an Mahlsteinen u. dergl. schließen lassen.[32]

Solche für frei schweifende Jäger und Sammler gravierende Umstellungen ihres Lebens hat die auch von Braidwood nicht beantwortete Frage aufgeworfen, weshalb die Menschen im Umkreis der syrischen Wüste – und gerade hier – den arbeitsaufwendigen und sogar körperlich schädigenden Weg zur Landwirtschaft gegangen sind.

Archäologische Pollenanalysen haben ergeben, dass der Übergang zur Erntewirtschaft im nördlichen und östlichen Bereich des Fruchtbaren Halbmonds mit der Wiederbewaldung der genannten Berghänge nach Ende der Eiszeit zusammenhängen könnte, weil die dafür ausschlaggebenden Wildgräser zur Pflanzengesellschaft des Eichen-Pistazien-Mandelbaum-Waldes gehören.[33] Dem entsprechend ergaben umfangreiche Abfall-Analysen von Jägern und Sammlern im irakischen Zagros- und dem türkischen Taurusgebirge durch den amerikanischen Anthropologen Kent V. Flannery, dass der Speisezettel der dort noch nicht sesshaft gewordenen Sammler und Jäger neben dem Fleisch von Huftieren wie wilden Schafen, Ziegen, Rindern und Schweinen auch Mandeln, Pistazien, Eicheln und Wildgrassamen aufwies. Im Laufe der Zeit hatte sich bei diesem Nahrungsspektrum eine Verschiebung von größeren Huftieren zu kleinerem Getier wie Schildkröten, Landschnecken, Fischen, Krebsen und Vögeln ergeben, was Flannery auf eine Verknappung der gewohnten Nahrungsmittel zurückführte.[34]

Zu einem ähnlichen Ergebnis gelangt die Siedlungsgeschichte des schon erwähnten Abu Hureyra, das in seiner Vor-Ackerbau-Zeit von etwa 11000 bis 9500 v.Chr. erstmals – vielleicht nur phasenweise – besiedelt war. Die Analyse der Abfälle dieser Siedlungszeit ergab, dass die Einwohner zwar noch größere Huftiere wie vor allem Gazellen, daneben wenige Wildrinder, Schafe und Onager (Wildesel) jagten, sich im übrigen von einer sehr breiten 157 Arten umfassenden Pflanzenauswahl ernährten, die alle entsprechenden Zahlen anderer Funde früher oder moderner Jäger- und Sammler-Abfälle weit übertrifft.[35] Beides spricht für eine Verknappung hergebrachter Nahrungsressourcen, denn die zuvor im Fruchtbaren Halbmond häufigen Ziegen sind in den Abfällen gar nicht mehr, Schafe und Rinder nur noch gering vertreten, während

## II. Verifizierung

von den sich sehr rasch vermehrenden Gazellen ganz überwiegend Reste neugeborener oder einjähriger Tiere gefunden wurden, was auf eine bewusste Schonung der Väter-Mütter-Generation durch die um Nachschubmangel besorgten Jäger schließen lässt. Das außerordentlich breite Spektrum frugaler Nahrung zeigt ebenso deutlich, dass die ursprünglich bevorzugten Mandeln, Eicheln, Pistazien und Wildgrassamen den Bedarf bei weitem nicht mehr decken konnten. Die letztendliche Konsequenz aus dieser Entwicklung war eine Aufgabe der Siedlung um etwa 9500 v.Chr.

Etwa 500 Jahre später wurde Abu Hureyra neu besiedelt. Die Abfallanalysen für den frugalen Teil des Speisezettels der Neusiedler ergaben eine wesentliche Reduzierung der Artenzahl zugunsten der Einbeziehung der Kulturpflanzen Gerste, Roggen, Linsen, Kichererbsen und Weizen. Der Fleischbedarf wurde zunächst weiterhin durch die Jagd von Wildtieren gedeckt, und zwar in ähnlicher Weise wie in der Vorgängersiedlung. Erst um 7500 v.Chr. ging die Menge der Gazellenknochen im Abfall plötzlich zurück und wurde durch die von vorwiegend zweijährigen Schaf- und Ziegenböcken ersetzt, während man die weiblichen Tiere für die Aufzucht von Jungtieren schonte.[36] Damit war hier nach dem Anbau domestizierten Getreides auch die Tierzucht etabliert. Der Ort entwickelte sich zu einer zwölf Hektar großen ‚Bauernstadt', hatte nun also ein entwicklungsfähiges Überlebenskonzept gefunden.

Ermöglicht dieser Datenkranz schon eine Antwort auf die Frage nach den Ursachen der neolithischen Revolution? – Am Anfang der entscheidenden Veränderungen stand zweifellos die nachglaziale Klimaveränderung, die in Südwestasien mit etwas wärmerer und feuchterer Witterung eine sporadische Wiederbewaldung von Gebirgshängen bewirkte. Die sich dabei in dem schmalen Saum des Fruchtbaren Halbmonds (richtiger müsste man von einer Mondsichel sprechen) ansiedelnde Pflanzengesellschaft von großsamigen Wildgräsern und einzelnen Eichen, Mandel- und Pistazienbäumen stellte für den *homo sapiens sapiens* ein geradezu ideales Biotop dar, in dem er einerseits – vorwiegend im Frühjahr – durchziehende Huftiere jagen, andererseits – vor allem im Herbst – Eicheln, Mandeln und Pistazien sammeln konnte. Im Spätsommer standen Gras- und andere Samenkörner zur Verfügung, die bei trockener Aufbewahrung ebenso wie die nussartigen Nahrungsanteile den großen Vorteil nahezu unbegrenzter Haltbarkeit hatten. Dies musste die dort lebenden Menschen zu sesshafter Vorratswirtschaft anregen, wie sie für die erste Siedlungsperiode von Abu Hureyra, aber auch viele andere voragrarische Siedlungen nachgewiesen wurde.[37] Die Wohlstandsfalle solcher Jäger-und-Sammler-Camps lag nun darin, dass Sesshaftigkeit größere Bevölkerungszahlen erlaubt als nomadisierende Lebensweise, weil weder Kinder noch ältere Menschen der ortsfesten Gruppe besonders zur Last fallen, sondern beim Sammeln und Verarbeiten der frugalen Nahrungsanteile durchaus helfen, sich also weitgehend selbst ernähren können. Mit der größeren Bevölkerungszahl wird aber die von der Siedlung aus erreichbare Nahrungsbasis zunehmend stärker erodiert, was sich in Abu Hureyra in einer schließlich extrem verbreiterten Nahrungspalette und einem den Gazellen-Nachwuchs schonenden Jagdverhalten zeigte. Der gegebene Ausweg aus solch einer Lage wäre natürlich der Umzug in eine noch ungenutzte Gegend gewesen. Dem standen aber Kinder und Alte, die regen- und feuchtigkeitsfesten Gebäude, die man für Wohnbedarf und Vorräte errichtet hatte, ebenso die schweren steinernen Mahlwerkzeuge entgegen, die man ohne Lasttiere nicht transportieren konnte. Das Eigentum, das jede sesshafte Lebensweise erzeugt, behinderte auch damals ohne Zweifel die Mobilität halb-agrarischer Jäger und Sammler. Das Ende wird Verelendung, letztlich dann doch der Auszug in ein fruchtbareres oder agrartechnisch schon fortgeschrittenes Land gewesen sein, wie wir es aus der Frühgeschichte der Israeliten kennen. Wie diese in ihre alte Heimat kamen eines Tages auch nach Abu Hureyra Menschen zurück, nun allerdings ausgestattet mit domestiziertem Saatgut, das bei entsprechender Agrartechnik dauerhafte und, wie das Wachstum der Siedlung zeigt, sogar gesteigerte Erträge ermöglichte. Da die Abfallanalysen der neuen Siedlung von Anfang an domestiziertes Getreide aufwiesen, muss es sich um eine koloniale Gründung einer fortgeschrittenen Siedlung handeln, von der entsprechendes Saatgut mit den Kenntnissen der dafür nötigen Agrartechnik eingeführt wurden. Damit ist nicht geklärt, wer die Domestizierung der eingeführten Sorten als erster durchgeführt, wohl aber, wer ihre Verbreitung bewirkt hat: Kolonisten aus einer bereits frugale Agrarwirtschaft betreibenden Siedlung, die dort aber, wie alle Kolonisten der Weltgeschichte, keine ausreichende Versorgung mehr erfuhren oder in Aussicht hatten und deshalb einen günstig erscheinenden verlassenen Siedlungsplatz mit neuer Energieerwerbstechnik besetzten.

Die Verbreitung der frugalen Agrarwirtschaft geht damit eindeutig auf erfahrenen und weiterhin absehbaren Mangel an Nahrungsenergie davon betroffener Menschen zurück, wie wir ihn auch als Ursache vorangehender Zivilisationssprünge haben ausmachen können. Dass die langwierige und mühsame Getreidedomestizierung und Entwicklung der frühen Agrartechnik, die vor der viel späteren Domestizierung des Rindes allein von menschlicher Arbeitskraft erbracht werden musste, ohne Not, also ohne den Druck erlebten und absehbaren Nahrungsmangels geleistet worden sein soll, müsste gegen alle Lebenserfahrung erst bewiesen werden.

## II. Verifizierung

Entsprechendes gilt für die Entwicklung der Viehzucht. Sie folgt nach den Grabungsbefunden durchweg auf den Ackerbau sesshaft gewordener Siedler, in Abu Hureyra, wie gesagt, erst im Abstand von eineinhalbtausend Jahren. Nach den Grabungsbefunden ging sie einher mit einer plötzlichen Reduzierung der Gazellenknochen in den Speiseabfällen, was auf geminderte Jagderfolge schließen lässt. Diese wiederum lassen sich – wie bei der frugalen Nahrungsbasis der Erstbesiedlung – auf den Bevölkerungszuwachs der Siedlung und daraus folgende Überjagung der von dort erreichbaren Gazellenherden zurückführen. Der Fleischbedarf musste nun, da bei etabliertem Ackerbau ein Umzug in wildreichere Gegenden nicht mehr möglich schien, durch Aufzucht dafür geeigneter Tiere gedeckt werden. Zu diesen gehören die von den Hureyra-Siedlern bevorzugten Gazellen zwar nicht, weil sie sich in Gefangenschaft nicht vermehren, wohl aber Schafe und Ziegen, besonders weil diese, als Jungtiere vom Menschen aufgezogen, auf ihn ‚geprägt' werden, also ihm wie einem Leittier folgen.[38] Es gehört zu den für den Menschen glücklichen Umweltgegebenheiten des Fruchtbaren Halbmonds, dass diese auch wegen ihrer mäßigen Körpergröße und -kraft von ihm gut beherrschbaren Tiere auf den von ihm besiedelten Gebirgshängen heimisch, ihm also jederzeit erreichbar waren.

Die ersten Anfänge ihrer Züchtung bargen trotz alldem ihre Schwierigkeiten. Zum einen dürfte es der Mentalität von Jägern schwer gefallen sein, eingefangene Jungtiere bei Fleischmangel gegen den eigenen Appetit und die Gewohnheit nicht zu schlachten, sondern aufzuziehen, zum andern fehlten am Anfang domestizierte Muttertiere, die prägungsfähige Jungtiere hätten säugen können. Anthropologen gehen davon aus, dass diese Aufgabe von stillenden Frauen übernommen wurde, zumal dergleichen noch in jüngerer Vergangenheit bei Eingeborenen auf Neuguinea beobachtet wurde.[39] Eine solche dem zivilisierten Menschen kaum glaubliche Annahme wird zudem durch eine Reihe von sogenannten Fruchtbarkeitsstatuetten gestützt, kleinen Lehm- oder Tonstatuetten, die – ähnlich wie die Venusfigurinen der *Cro-Magnon-Menschen* – Frauenfiguren mit stark ausgeprägten Geschlechtsmerkmalen darstellen und in großer Zahl in vielen der frühen Siedlungen des Fruchtbaren Halbmonds ausgegraben wurden. Manche von ihnen drücken oder umfassen mit beiden Händen ihre Brüste, so als würden sie diese auspumpen[40] – zugunsten solcher aufzuziehenden Jungtiere, wie wir meinen. Dies würde auch den allgemein angenommenen religiösen Kult der ‚großen Mutter' näher verständlich machen: Wenn eine Frau, die am Anfang solch mütterlicher Tieraufzucht gestanden hatte, nicht nur als Mutter von Menschenkindern, sondern auch der Tierherden betrachtet werden konnte, von

denen man mehr und mehr lebte, so musste ihr späteres Andenken und Ansehen ähnliche Dimensionen und Formen gewinnen wie früher die des Totemtieres oder später die des Schöpfergottes.
Sollte sich diese Annahme als zutreffend erweisen, dann wäre auch der im Neolithikum des vorderen Orient verbreitete und von dort ausstrahlende Kult der ‚großen Mutter' letztlich ein Ergebnis der auf Mangel an Beutefleisch, also Nahrungsenergie antwortenden menschlichen Erfindungskraft. Die Ordnungsleistung eines solchen religiösen Kultes für die damaligen Gesellschaften ist ohne schriftliche Zeugnisse kaum zu bestimmen, wir werden aber im Zusammenhang mit dem unten zu erörternden Stierkult darauf zurückkommen.
Zuvor soll noch auf den offenliegenden energetischen Effekt der Schaf- und Ziegenhaltung aufmerksam gemacht werden. Auch wenn diese, wie gesagt, eigentlich nur den nachlassenden Ertrag der Gazellenjagd kompensieren sollte, wurden den Viehzüchtern zwei weitere energetische Nutzeffekte offenbar: Die Ziegen gaben auch für den Menschen genießbare und kalorienreiche Milch, ernährten ihn also, ohne dass das nährende Tier dafür geschlachtet werden musste, während die Schafe ihm mit ihrer zu Kleidung, Decken u.dgl. verarbeiteten Wolle Wärmeenergie-Verluste an kühle Witterung und kalte Nächte ersparten. Gegenüber der bis dahin verwendeten Kleidung aus Tierfellen hatte die aus Wolle hergestellte die zusätzlichen Vorteile geringeren Gewichts und besserer Durchlüftung, was die schwere körperliche Arbeit, die der Ackerbau mit sich brachte, auch gegenüber starker Sonnenbestrahlung nicht unwesentlich erleichterte, indem sie Hautschäden, Überhitzung und dadurch bedingte Energieverluste vermeiden half.
Beide Tierarten stabilisierten also die Energiebilanz der sie züchtenden Menschen und trugen – ebenso wie das haltbare Getreide – dazu bei, die durch Sesshaftigkeit jahreszeitlich bedingten Mangelperioden immer besser zu überbrücken.
Ihr Sekundärnutzen als Milch- und Wolllieferanten scheint auf Dauer sogar den der Fleischversorgung übertroffen zu haben, so dass die Viehzüchter darangingen, ein anderes, größeres Weidetier für die Fleischversorgung zu domestizieren, nämlich das Rind.[41] Trotz besonders früh datierter Knochenfunde bereits domestizierter Rinder in Thessalien werden die Anfänge der Rinderzucht doch eher im Vorderen Orient gesehen und auf die zweite Hälfte des 8. Jahrtausends v.Chr. datiert.[42] Im anatolischen Catal Hüyük lässt eine auffällige Größenminderung von Rinderknochen zwischen 7300 und 6800 v.Chr. auf Domestikation schließen.[43] Besonders bemerkenswert sind an diesem Grabungsort auch die eindeutig rituellen Zeugnisse eines kombinierten Mutter- und Stierkultes. In der großen, für 6000 v.Chr. auf 5000 bis

## II. Verifizierung

6000 Einwohner geschätzten Stadt fand sich eine Reihe von ‚Schreinen' mit tönernen Darstellungen einer ‚Muttergöttin', die in einem Fall einen Stierkopf gebiert, in anderen Fällen Stierköpfe neben sich oder zwischen ihren Beinen hat. Mehrfach ist eine Kombination von Stierhorn und menschlicher Brust dargestellt.[44]
Dies alles lässt darauf schließen, dass in Catal Hüyük die Rinderzucht – wie schon die geschilderte der Schafe und Ziegen – mit eingefangenen Jungtieren begann, die nun zwar nicht mit menschlicher, sondern mit der Milch von Ziegen aufgezogen wurden, deren Existenz aber auf die ‚große Mutter' zurückgeführt wurde, weil diese auch als Mutter der Ziegen der Stadt galt, somit als Urmutter der Stiere gelten konnte und in den Heiligtümern entsprechend dargestellt wurde. Die rituell-religiöse Kombination einer Muttergöttin mit dem Stierkopf als Symbol männlicher Stärke und Durchsetzungskraft kann im übrigen als Fortentwicklung totemistischer Abgrenzungsmodi im Sinne komplexer dualistischer Gesellschaftsordnungen betrachtet werden[45], wie sie für die innere Ordnung der extrem dicht bebauten Stadt mit ihrer für damalige Verhältnisse riesigen Bevölkerung unbedingt notwendig war und deshalb religiöser Sanktionierung bedurfte.
Die Domestizierung des Rindes vom Ur zum Hausrind oder Zebu, deren Ort und Beginn osteologisch nur schwer nachzuweisen ist[46], ergibt sich für Catal Hüyük immerhin indirekt aus dessen hoher handwerklicher Spezialisierung und entsprechendem Handelsverkehr. Hölzerne Gefäße in großem Formenreichtum und handwerklicher Qualität, zeremonielle Waffen aus Stein, polierte Obsidian-Spiegel von besonderer Eleganz, Wolltextilien in verschiedenen Webarten, wie sie dort nachgewiesen sind[47], waren zu dieser Zeit nur von spezialisierten und von der Nahrungsproduktion freigestellten Handwerkern herzustellen, was einen relativ weiträumigen Handel mit anderen Siedlungen und entsprechende Transportmittel in einem noch straßen- und wagenlosen Land voraussetzt. Solche geländegängigen Transportmittel können nach Lage der Dinge nur domestizierte Rinder gewesen sein, die als Lasttiere zwar erst auf einem mesopotamischen Rollsiegel aus der Zeit um 3000 v.Chr. abgebildet sind, was aber in ähnlicher Weise für ihren realiter weitaus früher anzusetzenden Einsatz als Zugtiere, bzw. als Milchvieh ebenso gilt.[48]

Wann und wo sie im einzelnen auch immer verwirklicht wurde – die Domestizierung des Rindes ergab für den Menschen schließlich einen vierfachen Energiegewinn, was auch die kultische Erhöhung dieses Tieres erklärt: Es diente als ertragreicher Fleisch(und Leder)lieferant, spendete bei entsprechender Züchtung sehr viel mehr und schmackhaftere Milch als die Ziege und entlastete den Menschen von den besonders anstrengenden Arbeiten des Lastentransports und des Ackerbaus. Gerade für arbeitsteilig wirtschaftende Siedlungen wie Catal Hüyük waren diese vielfältigen Dienste des Rindes unbedingte Voraussetzungen. Ohne seinen gewichtigen Beitrag zur ortsnahen Fleisch- und Milchversorgung von Tausenden von Menschen wäre deren Versorgung mit diesen leicht verderblichen Nahrungsmitteln in früheren Zeiten gar nicht möglich gewesen. Das gilt sogar für das haltbare Getreide, das zwar in Säcken auch über längere Strecken ohne Schaden transportiert werden konnte, aber nur, wenn die Produktivität des Getreideanbaus zumindest beim Handelspartner so gesteigert worden war, dass er nennenswerte Überschüsse erwirtschaftet hatte. Das aber war niemals mit Grabstock und Hacke in mühsamer und notgedrungen kleinflächiger Handarbeit zu erreichen, sondern nur mit Einsatz des starken Rindes als Zugtier vor dem Hakenpflug oder einer von dessen Fortentwicklungen.[49]

Die Nachteile der Sesshaftigkeit, die von den Launen der Witterung und damit unsicheren Ernteerträgen abhängig machte, außerdem die Menschen mit schwerer, fast unablässiger Arbeit belastete, vor allem weil sie ihre Vermehrung anregte, wodurch die für die Siedler nutzbare Umwelt erodiert und ihre Ernten dadurch tendenziell vermindert wurden, diese Nachteile konnten durch die erfolgreiche Indienstnahme von Tieren, insbesondere des Rindes als neuer Energietechnik zwar eine Zeitlang, aber nicht dauerhaft aufgefangen werden.

Die angesprochene Erodierung lange genutzter Siedlungsumwelt, wie sie besonders detailliert für mehrere syrische Fundorte wie dem von 'Ain Ghasal nachgewiesen wurde[50] und die seinerzeit durch die vermehrte Nutzung von Vieh sogar noch verstärkt worden ist, zwang die an den Berghängen des Fruchtbaren Halbmonds entwickelte Landwirtschaft im Zeitraum zwischen etwa 6000 und 4500 v.Chr. zu einer Verlagerung in die Flusstäler Mesopotamiens, wo fruchtbares Schwemmland und genügend Wasser ertragreiche und sogar mehrfache Jahresernten ermöglichten. Die Agrikultur der Schwemmlandsiedler nutzte die kinetische Energie der aus den Randgebirgen der Syrischen Wüste zum Persischen Golf strömenden Gewässer, die nach starken Frühjahrsniederschlägen mit nachfolgenden Überschwemmungen in der Ebene diese nicht nur bewässerte, sondern zugleich mit Schlick und unverbrauchtem Boden regelmäßig ‚düngte', womit das Problem der Nährstoff-Erodierung bebauter Flächen gelöst war. Die Schwemmlandsiedler hatten sich damit die das Fließwasser antreibende Gravitationskraft der Erde zunutze gemacht, die über das Medium Wasser für jährlich neuen

## II. Verifizierung

Nährstoffnachschub auf ihren Äckern sorgte und weitere Siedlungsverlagerungen erübrigte. Diese neue Komponente ihrer Agrartechnik machte allerdings andere Aufwendungen wie vor allem die Anlage von Bewässerungsgräben für uferfern liegende Felder und Deichbauten zum Schutz der Wohn- und Speichergebäude nötig, sodass die Verbesserung der Energiebilanz für die Bauern und ihre Familien begrenzt blieb. Nach energetischen Produktivitätsberechnungen verschiedener Produktionsweisen erbrachte bäuerliche Landwirtschaft im Zeitrahmen der neolithischen Revolution unter günstigen Bedingungen einen energetischen Ertrag von 20 000 Kilojoule pro Arbeitsstunde, gerade einem Drittel des entsprechenden Wertes für Großwildjagd, andererseits dem Vierfachen von Kleinwildjagd und sammelnder Erntewirtschaft.[51] Solche natürlich nur ungefähren Werte weisen uns darauf hin, dass der Weg des Menschen vom Sammler-und-Großwildjäger-Dasein zu dem des Bauern nicht etwa der zu immer besserer Versorgung und leichterem Leben war, sondern schlimmer Ab- und mühsamer Aufstieg aus tiefster Not des Verhungerns und Erfrierens zu arbeitsreichem, aber einigermaßen gesichertem Leben.

Der neue Lebensraum in der Schwemmlandzone der Ebenen erzwang die Fortentwicklung zweier Techniken, die uns ansatzweise schon in Catal Hüyük begegnet waren: der Keramik und der vom Handel getragenen Arbeitsteilung. Davon ist nur erstere durch charakteristische Funde vielfach belegt. Die Entwicklung der Keramik im spätneolithischen Mesopotamien wird von den Archäologen deshalb als Leitfaden der gleichzeitigen Kulturentwicklung gesehen und bezeichnet, indem sie die *Samarra-Kultur* mit ihren gebrannten Tonfiguren und stilisiert bemalten Schalen und Vorratsgefäßen auf die keramisch anspruchslose *Hassuna-Phase* folgen ließen, während die dünnwandige, fein und regelmäßig gemusterte oder mit Tier- und Blumenbildern dekorierte Keramik der *Halaf-Kultur* dieser die Einstufung als End- und Höhepunkt der prähistorischen Kultur-Entwicklung in Vorderasien einbrachte.[52]

Die Entwicklung von immer kunstvollerer Keramik stellte in zweierlei Hinsicht eine Antwort auf Mangelerscheinungen in Schwemmlandsiedlungen dar. Zum einen fehlte es dort naturgemäß an größeren, für handwerkliche Bearbeitung geeigneten Steinen, sodass man durch Brennen des reichlich vorhandenen Tons ein Ersatzmaterial schaffen musste, um feuchtigkeitsfeste Vorrats- und Speisegefäße, außerdem feuerfeste Öfen und Kochtöpfe herstellen zu können. Der energetische Vorteil dieser neuen Fertigungstechnik lag natürlich in der leichten und vielfältigen Formbarkeit des Tons im Vergleich zum harten, nur durch mühsames Behauen und Schleifen zu formenden Stein. Andererseits erforderte das Brennen der Keramik viel Holz, das in den Schwemmlandebenen knapp war. Schon für die Beschaffung dieses so wichtigen Rohstoffs war also Handel nötig, der über flößbare Flüsse erfolgen konnte. Als Tauschware kam neben Vieh und Getreide die immer kunstvollere Keramik in Betracht. Tausch wurde auch innerorts nötig, wenn Spezialisten aufwendig hergestellte Ware produzierten und, dadurch an anderer Arbeit gehindert, für ihre handwerklichen Produkte z.b. Nahrungsmittel eintauschen mussten.

In beiden Fällen war der Beginn der Arbeitsteilung vollzogen, die, wie bereits im Theorieteil erläutert, eine besonders wirksame, weil vielfältigst einsetzbare Energietechnik darstellt. Dies einfach deshalb, weil z.b. der Spezialist für Keramikteller diese durch häufige Wiederholung schneller, besser und effektiver herstellen kann als derjenige, der so etwas nur selten versucht. Das heißt aber, dass der Spezialist den Keramikteller bestimmter Qualität mit weniger Energie-Einsatz herstellt als der Ungeübte, der ihn deshalb eher beim Keramiker gegen das eigene Spezialprodukt, etwa einen Beutel Korn eintauscht, den er selbst als auf Getreideanbau spezialisierter Bauer wiederum schneller, besser und effektiver, also mit geringerem Energie-Einsatz herstellen kann als der Keramiker. Da beide meist in etwa einschätzen können, wieviel Arbeitseinsatz, mithin wieviel Energie sie die eigenständige Herstellung des gewünschten Tauschobjekts kosten würde, wodurch bei überschaubaren Verhältnissen und Freiwilligkeit des Handels in der Regel ein halbwegs fairer ‚gleicher Tausch' zustande kommt, spart jeder der Tauschpartner beim Erwerb des gewünschten Produkts in etwa die Energiemenge ein, die sein Gegenüber bei dessen Herstellung durch seine Erfahrung, Routine und geeignete Ausrüstung eingespart hat. Durch Arbeitsteilung und Tausch bzw. Handel verbessert sich mithin die Energiebilanz aller daran beteiligten Partner. Die Kombination beider – durch den Totemismus kulturell gestützten – Verfahren ist daher als eine äußerst wirksame Energietechnik zu betrachten, zumal das Prinzip des ‚reziproken Energiegewinns' durch Tausch, wie ebenfalls in Teil I erläutert, nicht nur auf Waren, sondern auch auf Dienstleistungen aller Art anwendbar ist und bis heute der gesamten Menschheit erhebliche Wohlstandsgewinne sichert.[53]

## II. Verifizierung

## Anmerkungen

[1] Burenhult, Göran: Dem Homo Sapiens entgegen, in: Menschen der Urzeit. Die Frühgeschichte der Menschheit von den Anfängen bis zur Bronzezeit, Köln 2004, 57
[2] Rowley-Conwy, Peter: Gewaltiger Jäger oder unbedeutender Aassammler? Ebd., 60f.
[3] Burenhult (Anm. 1), 62
[4] White, W./ Cambell, B.C./ Howell, C.: The First Men (1973); dt. Ausgabe: Die ersten Menschen, Time Life International 1973, 67f.
[5] Der Kritik v.a. des Anthropologen Lewis Binford an der wiedergegebenen Interpretation des Grabungsbefundes durch Glynn und Barbara Isaak lässt die anders unerklärliche Tatsache unberücksichtigt, dass kein Steppenraubtier so viele klettertüchtige Riesenpaviane auf so engem Raum hätte töten können. Die mit einem einmaligen Überfall allerdings schwer vereinbare riesige Zahl von mehr als 10 000 Steinkeilen und die Knochen großer Säuger wie die von Flusspferden am gleichen Fundort sprechen nicht gegen den nächtlichen Überfall, sondern für spätere Ritualisierung der Siegesfeier über die gefährlichen Konkurrenten an gleicher Stätte über längere Zeiträume hinweg, worin auch Anfänge vor- oder frühreligiösen Brauchtums gesehen werden können.
[6] Vgl. Anm. 4, 76ff.
[7] Thieme, Hartmut: Altpaläolithische Holzgeräte aus Schöningen, Lkr. Helmstedt. Bedeutsame Funde zur Kulturentwicklung des frühen Menschen. In: Germania 77/1999, 479f.
[8] Kuckenburg, Martin: Als der Mensch zum Schöpfer wurde. An den Wurzeln der Kultur, Stuttgart 2001, 46ff.
[9] Entsprechender instrumenteller Gebrauch von Ästen wurde sogar bei Menschenaffen in freier Wildbahn beobachtet: PloS Biologys (DOL 101371/ journal. Pbio. 0030380) v. Sept. 2005
[10] vgl. Morris, Desmond: Der nackte Affe, München 1968, 72f.
[11] Probst, Ernst: Deutschland in der Steinzeit, München 1999; Kuckenburg (Anm. 8), 99f.
[12] Kuckenburg (Anm. 8), 89ff.
[13] Sieferle, Rolf Peter: Rückblick auf die Natur. Eine Geschichte des Menschen und seiner Umwelt, München 1997, 34
[14] So auch Sieferle a.a.O.: „Technische Innovationen wären im Grunde selbstdestruktiv gewesen und wurden daher evolutionär nicht prämiert."
[15] Besonders ausführliche, gut bebilderte Darstellung bei: Prideaux, T./ Smith, P.E.L / Klein, R: Der Cro-Magnon-Mensch (1973), dt. Ausg. Time-Life International 1975, 60ff.
[16] Burenhult (Anm. 1), 85; 98; 105
[17] Prideaux (Anm. 15), 75f.
[18] Burenhult (Anm. 1), 84f.
[19] Schrenk, Friedemann: Die ersten Exilanten, in: FAZ v. 13.6.2003, 33
[20] Kuckenburg (Anm. 8), 212
[21] von Rauchhaupt, Ulf: Sexuelle Energie aus der Eiszeithöhle, FAZ vom 14.5. 2009, 31
[22] Burenhult (Anm. 1), 102 f.
[23] Freud, Sigmund: Totem und Tabu (1914), Frankfurt/M 2005, 178f.; ders.: Der Mann Moses und die monotheistische Religion (1939), Frankfurt/M 1975, 128f.
[24] Droste, Dietrich: Psychologie der Lyrik, in: www.neue-germanistik.de (2005)
[25] Freud, Sigmund: Der Mann Moses und die monotheistische Religion (Anm. 22), 129

[26] So Burenhult (Anm. 1), 115f. mit Hinweis auf steinzeitliche Fußspuren Jugendlicher in schwer zugänglichen Höhlen, die von neuzeitlichen Besuchern für die wissenschaftliche Analyse noch nicht verdorben waren.
[27] Gehlen, Arnold: Urmensch und Spätkultur (1956), Frankfurt/M 1975, 201f.
[28] A.a.O. 200
[29] A.a.O. 197
[30] A.a.O. 204f.
[31] Benecke, Norbert: Der Mensch und seine Haustiere, Köln 2001, 82f.
[32] Rowley-Conwy, Peter: Abu Hureyra: Die ersten Bauern der Welt, in: Burenhult (Anm. 1), 239
[33] Benecke (Anm. 31), 80
[34] Leonard, J.Norton/ Dyson JR./ Robert, H.: Die ersten Ackerbauer, Time-Life International 1975, 21f.
[35] Rowley-Conwy (wie Anm. 32)
[36] Ebd.
[37] Palmquist, Lennart: Der große Übergang, in: Burenhult (Anm. 1), 234f.
[38] Benecke (Anm. 31), 84f.
[39] Leonard/ Dyson JR (Anm. 34), 79f.
[40] A.a.O. 112f.; Burenhult (Anm. 1), 249
[41] Dass die frühneolithischen Bauern in dieser Hinsicht das Schwein weitgehend übergingen, führt Benecke auf „die ungünstigen nahrungsökologischen Bedingungen für eine Schweinehaltung in den Bergländern des Fruchtbaren Halbmondes" zurück. (Anm. 31), 250
[42] Ebd., 264 ff.; naheliegend ist beim thessalischen Rinderknochenfund ein Zusammenhang mit der Donauzivilisation, für die neuerdings sogar kulturelle Priorität gegenüber den Kulturen im Fruchtbaren Halbmond reklamiert wird, in: Haarmann, Harald: Geschichte der Sintflut. Auf den Spuren der frühen Zivilisationen, München 2003, 58
[43] A.a.O. 265
[44] Palmquist (Anm. 37), 241f.
[45] Lévy-Strauss, Claude: Strukturale Anthropologie, Frankfurt/M 1972, 157ff.
[46] Benecke (Anm. 31), 264
[47] Palmquist (Anm. 37), 244
[48] Benecke (Anm. 31), 268; 271
[49] Leonard/ Dyson JR (Anm. 34), 141; zur energetischen Bilanz der neolithischen Revolution vgl. auch: Jay, Peter: The Wealth of Man, London 2000, dt. Ausg.: Das Streben nach Wohlstand. Eine Wirtschaftsgeschichte des Menschen, Düsseldorf 2006, 49
[50] Rollefson, Gary O.:'Ain Ghasal: Die größte bekannte neolithische Siedlung, in: Burenhult (Anm. 1), 249
[51] Sieferle (Anm. 13), 34
[52] Palmquist (Anm. 37), 246ff.
[53] Diese energetische Erläuterung beantwortet auch die Frage des Wirtschaftswissenschaftlers Vernon Smith, Nobelpreisträgers von 2002, die in seiner folgenden Feststellung enthalten ist: „Wir wissen nicht genau, wie und auf welchen Wegen andere Menschen zu unserer Wohlfahrt beitragen – und wir zu der ihren." In: V.S.: Kein Wohlstand ohne Handel. Die Globalisierung entspringt dem Streben der Menschheit nach Verbesserung der eigenen Lage, FAZ vom 8.7.2006, 13, Sp. 2

II. Verifizierung

## 2. Die Entstehung der sumerischen Hochkultur

Die vor allem durch ihre Keramik gekennzeichneten spätneolithischen Kulturen im nördlichen und mittleren Fruchtbaren Halbmond verfügten zusammen genommen, wie wir sahen, über eine recht breite Palette an effektiven Energietechniken, die durch Tradierung, Handelsverkehr oder auch Koloniebildungen weiter vermittelt wurden.
So kam es in der Zeit von etwa 6000 – 5500 v.Chr. zur Ausbreitung der Hassuna-Kultur am Mittellauf des Tigris, in deren Spätzeit bereits Lehmziegelhäuser für Wohn- und Vorratszwecke planvoll angeordnet und errichtet wurden. Auf eine etablierte Landwirtschaft verwiesen am Ausgrabungsort Hassuna auch einfaches Ackerbaugerät, Worfelbretter und Backöfen, zudem die Knochen domestizierter Rinder, Schafe und Esel.[1] Darüber hinaus fanden sich leicht gebrannte, etwas poröse Tongefäße mit Fischgrät-Musterung und sogar Messer aus Obsidian, eine formschöne Alabaster-Schüssel mit kunstvoll gestaltetem Schöpflöffel, weibliche Figürchen aus demselben Material, die als Grabbeigaben gedient hatten, sowie Halbedelsteine für Einlegearbeiten und Muscheln zur Aufbewahrung von Schmuck. Diese damals zweifellos wertvollen Kunstgegenstände und insbesondere Materialien müssen nach dem Befund der Archäologen aus weit entfernten Vorkommen am heute türkischen Vansee (Obsidian), dem heutigen Iran (Halbedelsteine) und der Küste des Persischen Golfs (Muschelschalen) nach Hassuna gelangt sein[2], was ein weiträumiges Handelsnetz im Vorderen Orient bereits für diese frühen Zeiten bezeugt. Zu dessen Erklärung wurde auf die Wanderzyklen der dort heute noch vorkommenden Nomaden verwiesen, die möglicherweise im ‚Nebenberuf' zum Herdentrieb einige begehrte Handelsgüter vermittelten.[3]
Die im Zeitraum zwischen etwa 5600 und 5000 v. Chr. wiederum vom Mittellauf des Tigris ausgehende, westlich bis zum mittleren Euphrat und östlich bis ins Zagros-Gebirge ausstrahlende Samarra-Kultur ist architektonisch durch rechteckige Häuser gekennzeichnet, in denen zwei bis drei Reihen etwa gleich großer Räume unmittelbar aneinander gebaut, die also auffällig groß und stark gegliedert waren und in bis zu fünf Hektar großen Dörfern standen. Die fest etablierte Landwirtschaft zeichnete sich vor allem in den Fundorten Sawwan und Chogha Mami durch künstlich angelegte Bewässerungssysteme aus, im übrigen durch ein breites Feldfrüchte-Spektrum aus Emmer, Weizen, sechs- und zweizeiliger Gerste sowie – in auffällig großer Quantität – Leinsamen. Eine oft ziegelrot gebrannte Keramik mit stilisiert figürlicher Bemalung unterscheidet sich deutlich von der Hassuna-Ware, während in der Steinkunst elegant geformte Alabaster-

## 2. Die Entstehung der sumerischen Hochkultur

Schalen und weibliche Statuetten als Grabbeigaben deutliche, wohl durch gemeinsame Tradition bedingte Übereinstimmungen beider Kulturen zeigen. Dies gilt auch für Keramik-Marken und Siegelstempel als erste Vorläufer späterer Schriftkultur, die hier zunächst auf Besitzansprüche, Handwerker-Professionalität und überörtlichen Handel verweisen.[4]

Die sich zeitlich stark mit der Samarra- überschneidende Halaf-Kultur (ca. 5500 – 4300 v.Chr.) hatte ihren Ausgangspunkt im nördlichen Mesopotamien und breitete sich im Osten bis ins Zagros-Gebirge, im Westen bis zum Mittelmeer aus. Architektonisch kombinierte sie bisweilen altertümliche Rundbauten (*tholoi*) mit rechteckigem Vorbau, was insbesondere im Fall des großen *Tholos* von Arpatschijja mit einem Durchmesser von zehn Metern als Beginn von Tempelarchitektur gedeutet worden ist.[5] – Die Tierhaltung scheint im Vergleich mit den beiden vorangehenden Kulturen um das Schwein und den Hund bereichert worden zu sein, das Gerätematerial um das – allerdings seltene – Kupfer, womit sich in Mesopotamien das Zeitalter der Metalle anzukündigen beginnt. Die eigentliche Spezialität der Halaf-Kultur lag aber auf dem Gebiet der Keramik, wo es erstmalig gelang, sehr dünnwandige, vollkommen runde Teller herzustellen, die auf den Gebrauch einer Vorform der Töpferscheibe schließen lassen. Die äußerst feine, mehrfarbige Musterung der Halaf-Keramik verrät sowohl handwerkliche wie künstlerische Meisterschaft.[6] Fein gearbeitete Schalen mit aufgemaltem Rosetten-Symbol und langen Tierreihen verweisen ebenso wie schwarz bemalte Frauenfigürchen mit ausgeprägten Geschlechtsmerkmalen auf den auch hier betriebenen Kult der Großen Mutter wie andererseits Stierköpfe auf Tongefäßen und Stierfigürchen auf ein männliches Gegenbild. Der weiträumige Handel mit der hervorragenden Halaf-Keramik machte – ebenso wie in der Samarra-Kultur – Eigentumsrechte und Herkunftsgarantie sichernde Siegelstempel nötig.[7]

Die drei – entsprechend der immer noch recht bruchstückhaften Kenntnisse über sie – mehr skizzierten als beschriebenen Kulturen, die nicht etwa mit gesellschaftlichen oder politischen Gruppierungen gleichgesetzt werden dürfen, sondern lediglich als in Teilbereichen unterschiedliche Ensembles von Überlebens-, letztlich also Energietechniken zu verstehen sind, welche vermutlich durch Nomaden, Händler oder Kolonisten verbreitet wurden: diese drei Technik-Ensembles bezeichnen alle einen zivilisatorisch-kulturellen Zwischenschritt von Menschengruppen auf dem Weg von den Gebirgshängen des Fruchtbaren Halbmonds in die Schwemmlandebenen des Zweistromlandes. Und wenn wir diesen Schritt richtig einordnen und ver-

## II. Verifizierung

stehen wollen, müssen wir uns daran erinnern, weshalb die ehemaligen Sammler und Jäger ihn überhaupt getan haben. Sie taten ihn, weil die Großwildbestände an den Hängen des Zagros-, des Taurus- und des Libanon-Gebirges zurückgingen und weil die dadurch zunehmend auf den Verzehr von Wildgrassamen abgedrängten Sammler bei ihren Domestizierungsversuchen dieser Nahrung sesshaft werden mussten und sich – als Sesshafte – stärker als jede Sammler-und-Jäger-Population vermehrten, was die mühsam erschlossene neue Ernährungsgrundlage durch Erodierung der Bodenfruchtbarkeit nicht oder nur spärlich gedüngter Berghänge früher oder später überfordern musste.

Bei der Suche nach fruchtbarem Neuland war der talwärts in flussnahes Schwemmland führende Weg der – wiederum nach energetischem Kalkül – effektivste: Man konnte schwer transportable, aber unentbehrlich gewordene Gebrauchsgegenstände wie Mahlsteine, Ackerwerkzeug, Tröge und Schüsseln, außerdem Nahrungsvorräte und Saatgut am einfachsten und kräftesparendsten auf Flößen flussabwärts transportieren und sich dort ufernah niederlassen, wo sich Getreideanbau anbot. Das war gewiss an Orten der Fall, wo von der Frühjahrsflut gebildetes Schwemmland die mühsame Rodung von Bäumen und Gebüsch erübrigte, die Urbarmachung von Neuland noch nicht einmal von zäher Grasnarbe, von Wurzelwerk oder Steinen erschwert wurde. Gelang die Bewässerung der eingebrachten Saat in den heißen Sommern der Talsenke durch Grabensysteme, die, wie gesagt, für die Samarra-Kultur nachgewiesen sind, oder durch Feldbau auf feuchten Sandbänken oder flachen Flussufern, so konnten im Lauf eines Jahres – wie noch heute – mehrere Ernten eingebracht, die Neusiedler auch über Bedarf mit Nahrung versorgt werden. Hatte man zudem für die Behausungen einen gegen die Frühjahrsflut gesicherten erhöhten Wohnplatz gefunden, so konnte sich eine solche Siedlung Jahrhunderte halten, weil die Fruchtbarkeit der Felder durch die Sedimentablagerung der Frühjahrsfluten regelmäßig wieder hergestellt wurde.

Allerdings war mit so einer – ohnehin nur an günstigen Orten erreichbaren – Standortfestigkeit durchaus nicht das Paradies auf Erden erreicht. Als erstes Unglück konnte bereits die nächste Frühjahrsflut so hoch ansteigen, dass die gerade noch vor dem Winter mühsam aus Schlick- und Stroh- oder Schilflagen aufgerichteten Häuser zerstört wurden, vielleicht sogar Vieh und Menschen in den Fluten ertranken. Von solchen Katastrophen erzählen die – arabisch *tell* (al. *tall*) genannten – Siedlungshügel den Archäologen, die dort bisweilen 20 und mehr Siedlungsschichten ergruben, was ebenso viele Neubesiedlungen der zumeist wohl von Flutwasser zerstörten Behausungen aufzeigt. Weitere Schwierigkeiten ergaben sich, wenn man bei der

## 2. Die Entstehung der sumerischen Hochkultur

Umsiedlung die mit Gras und lichtem Wald bestandenen Gebirgshänge so weit hinter sich gelassen hatte, dass weder die früher gesammelten Waldfrüchte noch Bauholz zur Verfügung standen, auch Wild höchstens im Frühjahr, wenn die begrünte Steppe Huftiere zum Weiden einlud, noch gejagt werden konnte. Selbst größere für den Hausbau oder die Verarbeitung zu scharfschneidigen Geräten geeignete Steine, die früher aus Berghängen gebrochen werden konnten, fehlten im Flachland.
Für all dies musste am neuen Siedlungsort Ersatz geschaffen werden, und die mit Fleiß, Erfindungskraft und Technik hergestellten Bauten, Werkzeuge und Handelsware der drei vorgenannten Kulturen stellten eben solchen Ersatz bereit oder beschafften ihn durch Tauschhandel. Ersatz für die nun fehlenden Waldfrüchte sehen wir in der Vermehrung der Feldfruchtsorten, wie sie besonders für die Samarra-Kultur bezeugt ist, eine Kompensation für fehlendes Wildbret in der Domestizierung des Schweins, mit der die Halaf-Kultur zuerst im Zweistromland aufwartet. Den Mangel an Steinen und Holz als Baumaterial hat bereits die Hassuna-Kultur mit schichtweise aufgetragenem Schlamm-Stroh-Gemisch, später mit Lehm zu ersetzen begonnen, eine Hausbautechnik, die in der Halaf-Kultur zur Vermauerung von vorher getrockneten Lehmziegeln weiter entwickelt wurde. Die so errichteten wind- und durch Schilfabdeckung auch regendichten Häuser boten den in der Ebene nötigen Schutz vor den dort oft heftigen Sturmwinden und Niederschlägen. Nicht direkt ersetzbare, aber in den drei Kulturen begehrte und wohl auch verarbeitete Materialien wie Alabaster, Obsidian, Halbedelsteine, Muscheln oder Kupfer, außerdem bestimmte Farbstoffe für die Keramik-Bemalung mussten über den schon erwähnten Tauschhandel beschafft werden. Dieser machte eigene, anderswo begehrte Tauschware nötig, die in allen drei Kulturen – energetisch effektiv – in Form immer kunstvollerer Keramik aus der im Schwemmland reichlich vorhandenen Tonerde gefertigt wurde.

Bei dieser Ersetzung oder durch Handel vermittelten Beschaffung der im waldfernen Schwemmland fehlenden Materialien und Lebensmittel handelt es sich, wie kaum noch betont werden muss, um Innovationen, die, später am Unterlauf vor allem des Euphrat zusammengeführt, zur Grundlage der dortigen – vermutlich ersten – Hochkultur der Menschheit wurden und dies in wesentlichen Elementen auch für die heutige geblieben sind. In Hinblick auf den Leitgedanken unserer Untersuchung ist besonders hervorzuheben, dass alle diese Innovationen für die von Nahrungs- also Energiemangel aus den Bergregionen des Fruchtbaren Halbmonds in die Schwemmlandregionen des Zweistromlandes abgewanderten Menschen –

## II. Verifizierung

im eigentlichen Wortsinn – ‚notwendige' Aktivitäten und Erfindungen waren, also solche, ohne die fehlende Nahrungs-Energie oder die Mittel zu deren Beschaffung nicht hätten erlangt werden können. Es war mithin auch hier die durch Energiemangel bedingte Existenznot von Menschen, die in der notwendig gewordenen Anpassung an die neue, in mancher Hinsicht für sie günstigen, in anderer aber bedrohlichen Umwelt zu Abhilfen oder Erfindungen gezwungen wurden, die wir im Rückblick leichthin als zivilisatorischen Fortschritt deklarieren, obwohl es sich eigentlich um existenzielle Notwehrmaßnahmen handelte.

Gleiches gilt ebenso für den kulturell-religiösen Bereich des ‚Fortschritts' auf dem Weg zur sumerischen Hochkultur. Neuerungen sind hier die im Tell Sawwan schon für die Hassuna-Kultur nachgewiesenen Grabbeigaben in Gestalt kleiner weiblicher Alabaster-Figürchen, die manchmal sogar mit kleinen Halsketten geschmückt waren. Allgemein werden Grabbeigaben als Beleg für den Glauben an ein Weiterleben nach dem Tode gewertet; die nackte weibliche Figur aus dem damals gewiss wertvollen Alabaster, zumal, wenn sie mit einem Halskettchen ausgestattet war und durch schwarzweiße Einlegearbeit ausdrucksstarke Augen erhalten hatte, sollte den Toten gewiss im jenseitigen Leben mit ihrer wertvollen Schönheit und scheinbaren Lebendigkeit des offenen Blicks erfreuen, mit ihren in der Halaf-Kultur besonders betonten weiblichen Formen zugleich mütterlich beschützen und erotisch animieren.

Damit setzen diese Grabbeigaben einerseits die Tradition der Venus-Figürchen aus der Cro-Magnon-Epoche fort, zum andern den Kult der Großen Mutter von Çatal Hüyük, führen deren auf das diesseitige Leben bezogene Funktion aber nun ins Reich der Toten hinein. Sie rationalisieren damit den in zwei Königsgräbern des sumerischen Ur und noch im neuzeitlichen Indien praktizierten Begräbniskult, bei dem Frauen und ggf. Bedienstete nicht bloß in Form von Figürchen, sondern lebendigen Leibes mit ins Grab des Verstorbenen gegeben wurden, um ihm im Jenseits zur Verfügung zu stehen.[8] Der Figurenkult stellt aus dieser Perspektive eine energetisch durchkalkulierte Sparmaßnahme dar, mit der man unabsehbar langdauernde Dienstleistungen zugunsten der verstorbenen Person – offenbar immer männlichen Geschlechts – unter Schonung menschlichen Lebens und dessen Arbeitskraft mit dem Opfer eines Alabaster-Figürchens abzugelten suchte – eine Energie-Sparmaßnahme, wie sie in etwas anderer Ausprägung auch in Form der Adoranten-Figuren von den Sumerern erfunden wurde, die im sogenannten *Square*-Tempel von Eschnunna aufgestellt waren.[9] In ihrer anbetenden Haltung vertraten sie dort vor dem Abbild der Gottheit ihren Stifter, der sich auf diese Weise die eigene Anwesenheit und

Gebetsübung ersparte. Schon das Gebet als solches stellt gegenüber ursprünglichem Tier-, wenn nicht Menschenopfer – nüchtern betrachtet – eine erhebliche Einsparung menschlichen Energieaufwandes beim ‚Gottesdienst' dar und hat sich eben deswegen in moderner Religionsausübung mehrheitlich gegen alle aufwendigeren Riten durchgesetzt.

Der Grabfigürchen-Kult erlaubt auch Rückschlüsse auf den Lebensstandard der Hassuna- und Halaf-Menschen. Erstens stellten sie schon durch ihr von fernher erhandeltes Material, zum andern durch ihre künstlerische Formung und Ausstattung mit eingelegten Augen-Attrappen und Halskettchen Wertobjekte dar, die nur derjenige erhandeln konnte, der nicht all seine Habe in Lebensnotwendiges eintauschen musste. Die zumindest an einigen Grabungsorten in großer Zahl gefundenen Figürchen zeigen also für die betreffende Siedlungsschicht eine zumindest befriedigende, wenn nicht gute Lebenslage vieler Grableger.

Auch was die Befriedigung des Sexualtriebs angeht, scheint man überwiegend zufrieden gewesen zu sein, denn man hätte diese die Schönheit des weiblichen Körpers andeutenden Figürchen kaum mit ins jenseitige Leben gegeben, wenn man sich im diesseitigen nicht auch daran erfreut hätte. Diese eindeutig auf männliche Wünsche eingehende Gestaltung der figürlichen Grabbeigaben belegt überdies – trotz des inhärenten Muttergöttin-Kults – eine gesellschaftliche Dominanz des Mannes, dessen Wünsche noch nach dem Tod vor denen der Frau oder der Kinder zu erfüllen waren.

Eine weitere Facette des kultisch-religiösen Lebens in der Halaf-Kultur tritt nach Auffassung vieler Archäologen in der architektonischen Großvariante des dort vorherrschenden *Tholos* in Erscheinung, dem ein langgestreckter Rechteckraum angegliedert ist.[10] Das Ganze scheint wegen seiner Ähnlichkeit mit der kleinen Normalversion gewöhnlicher Wohnhäuser ein solches für eine verehrte Gottheit gewesen zu sein, der man dort Teile der eigenen Ernte zu ihrer Versorgung darbrachte. So wie der Langbau des gewöhnlichen Bauernhauses Nahrungsvorräte und das wertvolle Saatgut aufgenommen haben dürfte, das vor Diebstahl und Überschwemmung gesichert werden musste, so der bis zu zwanzig Meter lange Vorbau des ‚Gotteshauses' entsprechende als Opfer deklarierte Einlagerungen der zugehörigen Siedler, die sich damit eine gemeinsame Reserve für Notzeiten, also eine Art Lebensversicherung auf Gegenseitigkeit schufen, wie sie auch der moderne Großstaat mit seinen vielfältigen steuerfinanzierten Speicher-, Vorsorge- und Sicherungseinrichtungen besitzt. Solche einem Priester unterstellte Vorratshaltung dürfte die Vorform späterer sumerischer (aber auch ägyptischer, griechischer und römischer) Tempelschätze und von Priestern ge-

## II. Verifizierung

führter Wirtschaftsbetriebe gewesen sein. Die Einstellung der gemeindlichen, später staatlichen Energie-Reserven, die in solchen Vorräten gespeichert wurden, in das nominelle Eigentum der lokalen Gottheit, der man sie offiziell geopfert hatte, besaß den für Zeiten ohne technisch raffinierte Sicherheitssysteme unschätzbaren Vorteil psychisch wirksamer Tabuisierung: Wer konnte es wagen – selbst in größter Not – das unkalkulierbare Risiko einzugehen, der – oft Attribute totemistischer Tiergestalt und Gefährlichkeit zeigenden – Gottheit etwas aus ihrem Tempelschatz zu stehlen? Da wandte sich der Hungernde und Dürstende lieber bittend an die Tempelpriester und dürfte dort – wie noch heute in kirchlichen Einrichtungen aller Art – im Namen der barmherzigen Gottheit die nötigste Hilfe erhalten haben, ohne dass der Tempelschatz dadurch nennenswert geschmälert wurde. Die Fiktion einer mächtigen – für äußere Feinde und innere Schädlinge des Gemeinwesens gefährlichen – Gottheit war also eine wirksame und unbedingt nötige Sicherung lebenswichtiger Nahrungsvorräte vor den verderblichen Folgen schlechter Ernten, zerstörerischer Hochflut, von Seuchen, Schädlingen oder auch Diebstahl und Raub. Dieser funktionale Zusammenhang von Gottesfurcht und Sicherung energetischer Notreserven war natürlich – wie andere Energietechniken auch – aus schlimmen Erfahrungen früher Bauernsiedlungen hervorgegangen, die solche geheiligten Schätze nicht aufgebaut hatten. Auch hier wird erlittene Not, vor allem solche fehlender Nahrungs- und Saatgut-Reserven, schließlich zur effektivsten Problemlösung der Energie-Speicherung in Form des Tempelschatzes geführt haben. Es ist sogar denkbar, dass diese für den dauerhaften Bestand von bäuerlichen Dorfgemeinschaften unverzichtbare Einrichtung zum Zweck ihrer internen Sicherung gegen Diebstahl oder unzureichende Beschickung mit ‚Opfern' die religiöse Erfindung furchterregender, aber im Notfall auch hilfreicher lokaler Gottheiten überhaupt erst hervorgebracht hat. Es spricht jedenfalls einiges dafür, dass die in der Verehrung von Totemtier und Großer Mutter noch in einer Art Ahnenkult verharrende Religiosität erst wegen der sonst nicht dauerhaft durchsetzbaren Abgaben an den Tempel und deren Bewahrung für Notzeiten die Fiktion einer hoch über den Menschen thronenden, sie überwachenden, aber in Notlagen auch schützenden Gottheit enstehen ließ.

Als Quittung für abgelieferte Tempel-Abgaben der – spätestens in der Halaf-Kultur – einzeln wohnenden Bauernfamilien, vielleicht auch für Waren-Empfang entfernt wohnender Handelspartner dienten vermutlich die – auch schon von Samarra-Leuten gebrauchten – Siegelstempel, die in weiche Tontäfelchen eingedrückt die ‚Unterschrift' des Empfängers zunächst

## 2. Die Entstehung der sumerischen Hochkultur

durch einfache geometrische Muster, später durch figürliche Darstellungen markierten.[11]
In solchen zeichenhaften Empfangsbestätigungen der Samarra- und Halaf-Kulturen liegen nach Ansicht der Experten die Anfänge der sumerischen Keilschrift, die ebenfalls in weichen Ton gedrückt wurde, um Informationen nach dessen Trocknung dauerhaft und fälschungssicher aufzubewahren.[12]
Damit tritt bereits in einer sehr frühen Vorform dieser epochalen Erfindung deren Energie sparender Effekt hervor: Dem Priester, der die Beiträge der Siedler zum Tempelschatz entgegennahm, ebenso dem Händler, der Kommissionsware auszuliefern hatte, ersparten solche Empfangsbescheinigungen Gedächtnisarbeit, Irrtümer, Streitigkeiten, Betrugsvorwürfe, Prozesse, die es ohne fälschungssichere Quittungen im Güterverkehr immer gibt und auch in seinen Anfängen gegeben haben wird. Insbesondere wurde der Lieferant wertvoller Güter wie Saatgut, Keramik oder Textilien, der sie im Vertrauen auf spätere Vergütung einem Mittelsmann ohne Quittung übergeben hatte, leicht um den verdienten Lohn gebracht, wenn der später den Empfang bestritt. Solcher – vor der Stempel-Quittierung – sicher häufiger eingetretene Energieverlust hat ohne Zweifel jene Erfindung herbeigeführt. In der dabei vollzogenen Kenntlichmachung einer Person oder Institution (z.B. des örtlichen Tempels) durch geometrische Zeichen lässt sich der von Harald Haarmann zu Recht angenommene abstrakte Ansatz der Schriftentwicklung sehen, die im Fall der sumerischen Keilschrift jedenfalls nur zum geringeren Teil von ikonographischer Basis aus zu erklären ist.[13] Diese auf Abbildung des Gemeinten zurückgehende Schriftentwicklung hat sich allerdings ebenfalls aus dem Wertsicherungsbedürfnis des Warenverkehrs ergeben, und zwar aus dem Gebrauch sogenannter *tokens,* kleiner Zählsteine oder Tongebilde, die in ihrer charakteristischen Form ein bestimmtes Handelsobjekt (z.B. ein Schaf, ein Rind oder einen Brotlaib) vertraten. Diese *tokens* wurden zunächst als Stempel in die noch weiche Außenwand einer hohlen Tonbulle gedrückt und anschließend in deren Innenraum eingeschlossen, aus dem sie nur durch Zerstörung der in der Sonne oder am Feuer getrockneten Bulle als Beweismittel entnommen werden konnten. Mit diesem recht komplizierten Verfahren ließen sich also Stückzahlen oder Mengen bestimmter Güter wertmäßig sichern, die Quittungen mithin inhaltlich genau bestimmen.
Ihre technisch aufwendige Erstellung rief geradezu nach einer Vereinfachung, und so kam man – allerdings erst in sumerischer Zeit – darauf, das charakteristische Profil des jeweiligen *token* in ein flaches Tontäfelchen zu ritzen und die jeweilige Stückzahl durch entsprechend viele Einkerbungen

## II. Verifizierung

zu bezeichnen.[14] Dieses vereinfachte Verfahren der Wertsicherung als einem Beginn der sumerischen Schriftkultur folgte mit seiner Ersetzung der *tokens* und *bullae* durch eine kleine Ritzzeichnung mit ‚Mengenstempel' wiederum dem Prinzip geringeren Arbeits- und Zeitaufwandes für denselben Effekt, der so mit wesentlich geringerem Energieaufwand erreicht wurde.
Das geschah, wie gesagt, erst in einer späteren Phase der mesopotamischen Kultur-Evolution, nämlich im Zuge der Herausbildung der ersten größeren Städte im früheren Mündungsbereich des Euphrat. Dieser wegen seines geringen Gefälles von nur 34 Metern auf den 350 Kilometern vor seiner Mündung in den Persischen Golf sehr träge fließende Fluss hat deswegen immer viel Sedimentmasse abgesetzt, sein Bett dadurch anhebend, immer wieder verlagernd und so ausgedehnte Schwemmlandflächen schaffend.[15]
Für die in kleineren, höher gelegenen Schwemmlandnischen entstandenen Kulturen der Hassuna-, Samarra- und Halaf-Periode lagen hier also geradezu ideale Ansiedlungsbedingungen vor, zumal die damals noch küstennahe Lage ganz neue Handelsmöglichkeiten eröffnete.
Wir wissen nicht, von woher die Sumerer, die diese Chancen als erste nutzten, eigentlich dorthin gelangt sind. Haben sie, in primitiven Schilfhütten vor allem vom Fischfang lebend, dort ‚schon immer' gelebt und sind durch Händler und/oder Kolonisten aus den genannten Kulturen über die agrarischen und handwerklichen Verwertungsmöglichkeiten ihrer Heimat belehrt worden, worauf u.a. die Singularität ihrer Sprache deuten würde?[16] Oder waren sie selbst zugewanderte Kolonisten aus einem der um das mesopotamische Becken liegenden Bergländer, die jene fortgeschrittenen Kulturtechniken auf der Suche nach unbesiedeltem Neuland kennen gelernt und ins Euphrat-Delta mitgebracht haben? Dies ist nicht geklärt, für unsere zugrunde liegende Fragestellung nach dem Zustandekommen kultureller Innovationen aber auch nicht relevant.

Bei den am unteren Euphrat für die in den drei Vorgängerkulturen entwickelte Agrartechnik idealen Bedingungen konnten, wie gesagt, jährlich zwei bis drei Ernten eingebracht und selbst auf begrenzter Fläche eine größere Bevölkerung ernährt werden. Dies zeigt die dichte Besiedlung des damals noch küstennahen Flussbogens in mindestens zwölf Städten zwischen Eridu und Uruk, deren Zentrum und vermutliche ‚Muttersiedlung' das wohl früheste sumerische Dorf auf dem *Tell El-Ubaid* war.[17] Bei diesem handelte es sich, wie der englische Archäologe Sir Leonard Wooley feststellte, um einen aus der flachen Delta-Ebene herausragenden Flusssand-Hügel, auf dem die frühen Siedler mit ihren primitiven Schilfhütten

## 2. Die Entstehung der sumerischen Hochkultur

vor den Frühjahrsüberschwemmungen des Euphrat geschützt waren. Nach den Altersbestimmungen der frühesten Siedlungsreste von El-Ubaid dürfte dort schon seit 5900 v.Chr. Landwirtschaft und Viehzucht betrieben worden sein, aber auch die Produktion von hart gebrannter, mit schwarzen Mustern bemalter Keramik.[18] Deren im Vorderen Orient schließlich weite Verbreitung ließ sie für die Archäologen zum ‚Leitfossil' der Ubaid-Kultur werden, die als Basis der sumerischen Hochkultur gilt. Die Verbreitung der Ubaid-Keramik bis in den heutigen Nordirak, das heutige Syrien und zur Mittelmeerküste, außerdem bis an die Küste der arabischen Halbinsel zeigt, dass die Ubaid-Siedler, vielleicht auch Nachahmer ihrer so erfolgreichen Keramik in Nachbarorten wie Eridu, Uruk und Ur trotz zweifellos ergiebiger Ernten auf weitreichenden Handel angewiesen waren, um notwendige, im Delta-Schwemmland fehlende Materialien wie Holz, für Geräteherstellung benötigte Steinarten, Alabaster, Metalle, Farbstoffe und Bitumen zu erlangen, mit denen die eigenen Häuser, Geräte, Boote, Kleidungsstücke und Keramik hergestellt oder haltbar gemacht werden mussten, um die Dauerhaftigkeit der Ansiedlung zu gewährleisten. Denn fehlende Dauerhaftigkeit und Haltbarkeit dessen, was die Schwemmlandnatur hergab: der aus Lehm und Schilf gebauten Häuser und Tempel ebenso wie der bei Hochwasser kaum trocken zu haltenden Getreidevorräte, auch sonstiger in der Hitze des Südens schnell verdorbener Nahrungsmittel – dies war das Dauerproblem der Schwemmland-Siedler, die auf den im Sommer rasch austrocknenden Nutzflächen zunächst auch keine größeren Viehherden halten konnten, weil die – aufwendig mit kanalisierter Bewässerung feucht gehaltenen – Areale zunächst wohl nur für den Getreideanbau ausreichten.[19]

Das Problem hochwassersicherer Getreidespeicherung wurde offenbar – wie in den Vorgänger-Kulturen – durch zentrale Lagerung in Tempeln zu lösen gesucht, die auf einem möglichst hoch gelegenen Ort der jeweiligen Siedlung errichtet und ihrerseits als geräumige Stufenbauten aufgetürmt wurden, um jedes Hochwasser zu überragen. So ist die für die sumerische Hochkultur typische Tempelbauweise der *Zikkurat* zu erklären und ebenso die in umfangreichen Tontafel-Archiven nachgewiesene Tempelbürokratie, aus deren Bedürfnissen, wie gesagt, die Keilschrift entstand.[20]

Um sich selbst und zumindest das Zuchtvieh vor verderblichem Hochwasser womöglich auf eine der geräumigen Tempelterrassen zu retten, wurden, wie die auf einen sumerischen Mythos zurückgehende Arche-Noah-Geschichte erzählt, offenbar schon früh Lastschiffe entwickelt, die außerdem für Ernte-Transport und Handel eingesetzt werden konnten. So geht auch die besonders für den Seeverkehr aller späteren Zeiten so wichtige Erfindung von Transportschiffen auf die Abwehr lebensbedrohlicher Verluste

## II. Verifizierung

zurück, in diesem Fall auf die im Zweistrom-Delta häufige Erfahrung zerstörerischer, Mensch und Vieh bedrohender Frühjahrshochwasser, deren katastrophalstes nicht nur im erwähnten Mythos, sondern auch in der sogenannten Sumerischen Königsliste literarischen Niederschlag gefunden hat, die in Dynastien vor und nach „der Flut" gegliedert ist.[21]

Das Terrakotta-Modell eines Fischerboots mit Mast aus der Zeit um 4000 v.Chr., das Archäologen in der frühsumerischen Stadt Eridu fanden[22], ist Beweis für eine weitere schifffahrtstechnische Erfindung der Sumerer, nämlich des – anfangs vermutlich aus Schilfmatten, später aus Leinen hergestellten – Segels, das den Bootsleuten die mühsame Arbeit des Ruderns, Stakens oder Treidelns ersparte, indem es mit der kinetischen Energie des Windes für den Vortrieb des Bootes sorgte. Für weiträumigen Handelsverkehr auf schweren Transportschiffen, der sich mit Menschenkraft nicht bewältigen ließ, war dieser Antrieb, mit dem die Sumerer – wie schon die Steinzeitjäger von Torralba – die Windkraft in ihren Dienst stellten, eine unverzichtbare energietechnische Voraussetzung.

Der Handel mit Lastenseglern für den Massengütertransport war aber notwendig, um die bei guten Ernten und reichem Fischfang (auf welchen Opferreste im Tempel für den Süßwassergott Enki in Eridu hindeuten[23]) sich stark vermehrende Bevölkerung[24] mit den im Schwemmland fehlenden Materialien zu versorgen. Der im Persischen Golf betriebene Lastenseglerverkehr, der nach den ermittelten Handelsspuren der Ubaid-Keramik bis zur Insel Bahrain als zentralem, später auch von Schiffen der Industal-Kultur angesteuerten Handelsplatz und zur umliegenden Küste der arabischen Halbinsel reichte[25], wurde so zu einer der wichtigsten Lebensadern der sumerischen Hochkultur.

In diesem Zusammenhang ist noch einmal auf den im einleitenden Theorieteil erläuterten reziproken Energiegewinn durch Tausch von arbeitsteilig erzeugten Gütern hinzuweisen, der, massenhaft wie im Seehandel getätigt, nicht nur Individuen, sondern ganzen Gesellschaften zu verbesserter Energie-Bilanz verhilft, mithin ihren zur Lebenserhaltung nötigen Energie-Einsatz vermindert und z.B. für spielerische Freizeitaktivitäten auch kultureller Art freisetzt. Damit war Gelegenheit für weitere Spezialisierung und Arbeitsteilung gegeben, den gesellschaftlichen Kennzeichen jeder Hochkultur.

Der Energie sparende Effekt des Seehandels wurde für die Sumerer noch dadurch verstärkt, dass mit ihm ihre alten Rohstofflieferanten aus dem Norden und Osten, also der heutigen Türkei und dem iranischen Hochland ihre Monopolstellung verloren und mit den arabischen und indischen Anbietern preisreduzierend konkurrieren mussten. Dies erbrachte den in güns-

tiger Mittelposition liegenden Sumerern weitere beträchtliche Energie-Bilanzgewinne und erklärt die kumulative Entwicklung damaliger Großstädte wie Eridu und Ur in der geringen Distanz von nur 25 km sowie Uruks, das auch nur gut 50 km von Ur entfernt lag.
Die existenzielle Verbindung dieser drei damals in Küstennähe gelegenen Städte mit der Schifffahrt wird in besonders kunstvoller Weise durch ein Rollsiegel aus Uruk dokumentiert, das, um etwa 3000 v.Chr. aus Lapislazuli gefertigt, in weichem Ton ausgerollt das seitliche Profil eines Prozessionsschiffes zeigt, aus dessen hochgewölbten Bug- und Heckspitzen Blüten- bzw. Blattknospen sprießen – deutliche Symbole der ‚Fruchtbarkeit' des Schiffs für den dieses nutzenden Menschen.[26] Im Innern des Schiffs sieht man – eingerahmt von einem kniend das Außenruder führenden Steuermann und einem am Bug eine Stange zum Staken haltenden Vormann, weiter einem Stier mit Traggestell auf dem Rücken und einer schrankartigen Kiste – einen mit Mütze und Rock bekleideten Mann breitbeinig stehen und seitlich (zum mitzudenkenden Ufer) blicken. Seine im Vergleich zum Stier und den Bootsleuten riesige Gestalt weist ihn eindeutig als den Herrscher (von Uruk) aus, der dabei ist, die Stadtgöttin Inanna, deren Dingsymbol des ‚Schilfringbündels' zweifach vom Traggestell des Stieres aufragt, in Gestalt einer Priesterin von ihrem Tempel abzuholen und, wie man aus späteren schriftlichen Quellen weiß, zum Neujahrsfest in einer ‚heiligen Hochzeit' zu begatten.[27] Dieser Ritus, für den der Herrscher der Göttin ein in der schrankgroßen Kiste vorzustellendes Geschenk mitbrachte, wiederholte die sagenhafte Vermählung Dumuzis, eines frühen Herrschers von Uruk, mit Inanna, Göttin der Liebe und des Krieges, auf symbolische, gleichwohl recht realistische Weise und rief damit in Erinnerung, wodurch Uruk – neben der Schifffahrt – an Größe und Macht gewonnen hatte, nämlich durch enge Verbindung mit der Göttin des Krieges.
Damit wurden die alten religiösen Vorstellungen von der Großen – Stiere gebärenden – Mutter, die in den Ausgrabungen von Catal Hüyük zutage traten, im sumerischen Uruk zur Legitimierung des Königtums verwendet, das nach den berechtigten Annahmen der meisten Forscher aus kriegerischen Auseinandersetzungen mit rivalisierenden Stadtstaaten oder sonstigen Angreifern hervorgegangen ist.[28] Da erfolgreiche Kriegführung zentrale und schnell reagierende Befehlsgewalt erfordert, wurde die alte vermutlich bei der Tempelpriesterschaft liegende Lenkung der sumerischen Gemeinwesen durch häufigere Kriege auf einen kampferprobten ‚weltlichen' Herrscher übertragen, der sich aber noch im neubabylonischen Neujahrsritual einer demütigenden Entkleidungs- und Prüfungszeremonie seitens des Hohenpriesters zu unterziehen hatte, die mit einem Stieropfer zugunsten

## II. Verifizierung

des Stadtgottes Marduk endete.[29] In solchem Ritual spiegelt sich sehr deutlich die frühe Differenzierung staatlicher Institutionen in eine geistliche und eine weltliche Instanz, von der die erste die zweite zu kontrollieren, die zweite die erste zu schützen hatte.

Diese Arbeitsteilung auf der Ebene der Staatslenkung, die sich bis heute in nunmehr säkularisierter Form als Gewaltenteilung zwischen Exekutive und Judikative bewährt hat (auch wenn sie durch eine eigene Legislative weiter differenziert wurde), ist für die sich ihrer bedienenden Gemeinwesen von ähnlich Energie sparender Wirkung gewesen wie die gewerblich-wirtschaftliche. Man braucht sich zur Veranschaulichung dieser These nur den Hohenpriester eines Stadtgottes vorzustellen, der nach aller Erfahrung gütig, durchgeistigt und alt war und bei einem militärischen Angriff auf die noch königslose Stadt diese tatkräftig verteidigen sollte. Eine solche völlig neuartige Aufgabe verlangte eine ganz andere Führungsperson, nämlich eine, die alte Jägerqualitäten ausgewählter Kämpfer vorzuweisen, zielgerichtet zu mobilisieren, aber auch zu disziplinieren verstand, um die Feinde der Stadt erfolgreich abzuwehren und diese vor großen letztlich energetischen Verlusten zu bewahren. Solch ein Heerführer, der nach einigen Erfolgen schnell zu einem große Zerstörungsgewalt beherrschenden Machthaber wurde, musste aber auch an deren selbstsüchtigem, willkürlichem Missbrauch gehindert werden, wie es eine Episode im Gilgamesch-Epos schildert, dessen Titelheld als König von Uruk sein Volk so tyrannisch unterdrückt, dass dieses die Götter zu Hilfe rufen muss.[30] Für die Dauerhaftigkeit monarchischer Disziplinierung war die regelmäßig wiederholte Erinnerung des zum König aufgestiegenen Heerführers an eine über ihm stehende Gottheit nötig, die er in deren Tempel mit Opfergaben zu versorgen hatte, deren höchste und wertvollste – auch im Stieropfer symbolisiert – seine in der Heiligen Hochzeit an die Göttin *Inanna* hingegebene Zeugungskraft war.

So jedenfalls lässt sich jener Neujahrsritus deuten, der durch das alte Rollsiegel zuerst für den Stadtstaat Uruk bezeugt ist. Dass diese Stadt frühzeitig auch in Abwehr- und Belagerungskriege verwickelt war, bezeugt ihre rund 8 km lange Verteidigungsmauer, die noch um 2000 v.Chr. von einem babylonischen Dichter in seiner Fassung des Gilgamesch-Epos wegen ihres kupferfarbenen Glanzes und ihres gebrannten Ziegelwerks gepriesen wurde.[31] Dabei bezog der Autor sich offenbar auf gebrannte nagelförmige Keramikstifte mit breitem Kopf, die von außen in besonders gefährdete Partien der noch weichen Lehmziegelmauer getrieben worden waren, wodurch diese das Aussehen eines Mauerwerks aus gebrannten Ziegeln mit Kupferarmie-

rung erhielt. Dieser Effekt wurde noch dadurch erhöht, dass man die breiten Köpfe der Keramikstifte unterschiedlich färbte und in dekorativen Mustern anordnete, wodurch die vermutlich ersten Monumental-Mosaiken der Baugeschichte entstanden.[32]
Damit wurden mehrere die Stadt Uruk schützende, sie vor massiven energetischen Verlusten bewahrende Wirkungen miteinander verknüpft: Zum einen wurde die gegenüber Wassereinwirkung und feindlicher Beschädigung (die ein assyrisches Bildwerk sehr plastisch vorführt[33]) recht anfällige Wehrmauer aus ungebrannten Lehmziegeln, für deren Brand das im Schwemmland knappe Brennmaterial bei weitem nicht reichte, durch die dicht an dicht sitzenden Keramikstifte tatsächlich unempfindlicher, zum andern machte diese Außenbewehrung auf jeden Betrachter einen – wie das spätere Wort des babylonischen Dichters belegt – sehr prächtigen und stabilen Eindruck, der für sich schon manchen Gegner von einem Angriff abgeschreckt haben wird. Es wurden durch die Vortäuschung damals unzerstörbarer Mauern aus gebranntem Ziegelwerk somit riesige Quantitäten an Wärme-Energie für massenhaften Ziegelbrand eingespart, der gewünschte – ebenfalls Energie sparende – Abschreckungs-Effekt aber dennoch erzielt. Selbstverständlich wurden so aufwendige Monumentalbauwerke wie kilometerlange Stadtmauern und deren geschilderte zusätzliche Armierung erst nach schlimmen Verlusten durch Wasserfluten oder feindliche Angreifer errichtet, weil die dafür aufgewendete Energiemenge geringer eingeschätzt wurde als zu erwartende künftige Energieaufwendungen für den Wiederaufbau der unbefestigten und deshalb, wie man befürchten musste, bald wieder zerstörten Stadt, für Aufbringung von Tributen an einen auswärtigen Herrscher, der die schlecht oder gar nicht befestigte Stadt unterworfen hatte, für die Wiederbeschaffung geplünderten Eigentums, für Freikauf von Versklavung usf., wobei vor allem eine unabsehbare Wiederholung solcher Katastrophen einzukalkulieren war.
Es handelte sich mithin auch bei der Entwicklung von Stadtbefestigungen, die bis in die Neuzeit hinein wesentliches Merkmal jeder Stadt blieben, um die technisch bewältigte Abwehr von Energieverlusten, welche die Erfinder zuvor erlitten hatten. Zeugnis solcher wiederholten Verluste infolge unzureichender und deshalb Verbesserungen notwendig machender Befestigung Uruks sind die von Archäologen ergrabenen 18 Siedlungsschichten der Stadt[34], die auf ebenso viele Zerstörungen mit entsprechenden Energieverlusten verweisen. Mit anderen Worten waren eben die häufigen Zerstörungen der wegen ihrer günstigen Lage immer wieder zu Wohlstand gekommenen und deshalb wohl vor allem von Raubvölkern heimgesuchten und zerstörten Stadt Antrieb für ihre immer weiter verbesserten Verteidigungs-

## II. Verifizierung

anlagen, die, wie gesagt, noch im wesentlich jüngeren, zudem entfernt liegenden Babylon als bewundernswert galten. Wiederholter Energieverlust mit entsprechendem nachfolgenden Energiemangel führte – unserer Grundthese entsprechend – auch hier zur Entwicklung einer Technik, die über Jahrtausende städtisches Leben und damit Hochkultur in allen nicht topographisch gegen Raubvölker abgesicherten Regionen der Erde (wie Ägypten, Mexiko oder Peru) überhaupt erst ermöglichte.

Dies vor allem deshalb, weil sich größere und dauerhaft funktionierende Märkte nur da entwickeln, wo Händler mit ihren oft wertvollen Waren und Zahlungsmitteln vor räuberischen Überfällen sicher sein können. Das aber war in leicht zugänglichen, auch von energetisch günstigen Verkehrsmitteln wie Lastschiffen erreichbaren Städten wie den sumerischen nur gegeben, wenn diese hinter starken Mauern lagen. Der friedliche Austausch verschiedenster Handelsgüter bescherte den dortigen Konsumenten, die sich als solche – zumindest in zweiter Reihe – am professionellen Warentausch immer beteiligen, über dabei erzielten reziproken Tauschgewinn ebenfalls eine verbesserte Energiebilanz, mithin eine Steigerung ihres Lebensstandards, was florierende Städte für arme Landbevölkerung von jeher so anziehend gemacht hat.

Für Waren produzierende Städter konnte sich auswärtige Konkurrenz allerdings auch gewinnschmälernd auswirken, wenn importierte Ware billiger und nicht schlechter war als die heimisch hergestellte. Den daraus folgenden Verlusten mussten sich sumerische Produzenten – wie ihre heutigen ähnlich betroffenen Nachfahren in aller Welt – mit Energie sparender Rationalisierung ihrer Produktion entziehen, wenn sie mit ihrem bisherigen Produkt erfolgreich bleiben wollten. Zu den archäologisch erkennbaren Vorgängen solcher Art gehört die Vereinfachung und Beschleunigung sumerischer Produktion von Gebrauchskeramik mit Hilfe der Töpferscheibe. Vermutlich war der drehbare Keramiktisch als Vorform dieses Gerätes, wie erwähnt, schon in der Halaf-Kultur entwickelt worden, deren Teller sonst nicht so rund, dünnwandig und glatt hätten ausfallen können, wie die Funde es zeigen. Die eigentliche Gestalt und Funktion eines solchen vermuteten Drehtisches ist uns aber genauso wenig bekannt wie seine sumerische Fortentwicklung. Bei dieser wohl im damaligen Handelszentrum Uruk erreichten Konstruktion wird es sich, wie die Parallel-Erfindungen des Rollsiegels und des Wagenrades vermuten lassen, um eine auf senkrechter, rotierender Achse befestigte Scheibe gehandelt haben, die, wie heute noch bei dörflichen Töpfern in Indien zu beobachten, von einem Assistenten des Töpfers mit Hand- und Armkraft gedreht oder gebremst wird.

## 2. Die Entstehung der sumerischen Hochkultur

Die mit ihrem unteren Ende vermutlich in einer angebohrten Steinplatte sich drehende Achse musste weiter oben unterhalb der Töpferscheibe von einem stabilen Gestell mit Nabe genau in der Senkrechten gehalten werden, ohne dass ihre Rotation gehindert wurde. Dies ließ sich nur durch präzise gebaute Achsführung und mit Hilfe fettiger Schmiermittel in den Achslagern erreichen, womit zugleich die Technik der ersten Wagenräder entwickelt war, die wir von Abbildungen sumerischer Kampfwagen auf der ‚Standarte von Ur' aus der Zeit um 2500 v.Chr. und einem etwas jüngeren Keramik-Modell aus einem Grab in Uruk kennen und die – ihrem Ursprung entsprechend – scheibenförmig ausgebildet waren.[35] Bei dem Keramik-Modell ist die auf der ‚Standarten'-Abbildung noch erkennbare feste Verbindung von Rädern und Achsen, die dem vierrädrigen Kampfwagen nur Geradeauslauf ermöglichte, bereits von achsdurchbohrten und damit unabhängig voneinander drehenden Rädern abgelöst worden. Ein damit ausgerüsteter nunmehr wendiger zweirädriger Zugviehkarren war für den Überlandtransport schwerer Lasten ein so vielfältig einsetzbares Verkehrsmittel, dass er noch heute in allen Entwicklungsländern in Gebrauch ist. Ohne das präzise und leicht drehbar gelagerte Rad als solches wären überdies die Industrielle Revolution mit der Vielzahl ihrer die Radtechnik nutzenden Maschinen und Verkehrmittel und damit die moderne Welt nicht vorstellbar.

Auch für die Sumerer hat diese Erfindung eine erhebliche Verbesserung des Wirkungsgrades tierischer Arbeitskraft erbracht, mit der nunmehr gut dreimal so schwere Lasten befördert werden konnten wie auf dem Rücken der für Transportzwecke eingesetzten Tiere. Selbst für die damit befassten Menschen war das Be- und Entladen der Karren viel einfacher und schneller zu bewältigen als die Befestigung von Lasten auf Ochsen- oder Eselrücken, wodurch auch menschliche Arbeitskraft und also Energie ganz unmittelbar eingespart wurde. Gerade der Transport der schweren und zerbrechlichen Lehmziegel von den ausgedehnten Tongruben der Stadt, die im Fall Uruk nach einem zeitgenössischen Bericht ein Drittel des ummauerten Stadtgebiets einnahmen, zu den jeweils aktuellen Baustellen dürfte durch die Erfindung des Rades und Lastkarrens ganz erheblich erleichtert und beschleunigt worden sein, was die Entwicklung Uruks zur vermutlich im vierten vorchristlichen Jahrtausend größten Stadt der Erde überhaupt erst ermöglicht hat.[36]

Die Entwicklung vierrädriger Kampfwagen, auch wenn diesen Lenkfähigkeit und Deichsel noch fehlten, war offenbar ebenfalls von erheblicher Auswirkung auf die Größe und Macht der sumerischen Städte. Zwar konnte mit so einem von vier Eseln gezogenen Gefährt, wie es die Standarte von

## II. Verifizierung

Ur zeigt, eine gegnerische Phalanx von Fußkriegern nur punktuell durchstoßen werden, dennoch war eine solche Kampfmaschine schon wegen ihrer Neuartigkeit und Durchschlagskraft offenbar so schlachtentscheidend, dass sie auf der eindeutig repräsentativen Zwecken dienenden ‚Standarte' gleich dreifach, feindliche Krieger niederwerfend, abgebildet ist. Die Zeugnisse dieses mobilen Kampfgeräts sind zugleich Belege dafür, dass sich die sumerischen Städte militärisch nicht auf Perfektionierung ihrer Befestigungsanlagen beschränkten, sondern auch auf offene Feldschlacht in geräumigem Gelände setzten.

Uruk war durch eine solche Umstellung von defensiver auf offensive Kriegführung schließlich so erfolgreich, dass es mehrere stadtstaatliche Konkurrenten besiegte und der eigenen Herrschaft unterwarf.[37] Kein Zweifel, dass das Gemeinwesen dadurch über Tribute, Handelspräferenzen, auch Gebietserweiterung die eigene Energiebilanz auf Kosten der Unterworfenen verbesserte, auch wenn uns darüber keine konkreten Nachrichten vorliegen. Immerhin ließ sich ermitteln, dass die Fläche Uruks im 4. vorchristlichen Jahrtausend von etwa 100 auf 400 ha vergrößert wurde.[38]

Zurückblickend lässt sich von hier aus ein Zusammenhang erkennen zwischen anfänglichen Energieverlusten für Keramik-Produzenten des sumerischen Handelzentrums Uruk, die, durch preiswerte Importkonkurrenz bedingt, Absatzverluste hatten hinnehmen müssen und über die Entwicklung der Töpferscheibe zunächst diese wirtschaftliche Krise überwinden und zugleich die Technik des Wagenrades vorbereiten konnten, die ihrer Stadt auch in den Bereichen des Lastentransports und des Bau- und Kriegswesens beträchtliche gesamtstaatliche Energie-Einsparungs- und -gewinnmöglichkeiten eröffnete. Überwindung von Energieverlusten einer Teilgesellschaft durch technische Innovation, die ohne jene Krise wegen der dafür nötigen erfinderischen Aufwendungen kaum erfolgt wäre, hat mithin der zugehörigen Gesamtgesellschaft zu epochemachendem technisch-zivilisatorischen Fortschritt und einer, wie ihr Wachstum zeigt, durchgreifenden Steigerung ihres Energieumsatzes und -gewinns verholfen.

Die schuppen- bzw. federkleidartige Struktur der auf Rollsiegeln aus Uruk und der Standarte von Ur dargestellten Herrscherröcke, ebenso die passgenauen, vermutlich aus Filz gefertigten Kampfanzüge der Krieger und Kopfhauben der vor die Kampfwagen gespannten Esel lassen für die Textilindustrie sumerischer Städte auf ein besonders hohes Niveau schließen. Auch die Darstellung von Schafen als der nach dem Getreide wichtigsten Lebensgrundlage der Stadt Uruk auf der sogenannten *Warka*-Vase aus der Zeit um 3000 v.Chr.[39] und wiederum auf der Standarte von Ur lässt keinen Zweifel an der wirtschaftlichen Bedeutung der Textilindustrie für beide Or-

## 2. Die Entstehung der sumerischen Hochkultur

te. Da deren Fertigungsgeräte und Produkte – anders als die Keramik – sich nicht bis in unsere Zeit erhalten haben, können wir für diesen Bereich auch nur unsere Vermutung äußern, dass die wahrscheinlich aus dickem Filz gefertigten Kappen und mantelartigen Überhänge der Krieger, ebenso die erwähnten Kappen der Zugesel von Ur auf die Textiltechnik des Walkens hindeuten, die erfunden wurde, um die eigenen Streitkräfte vor Kriegsverletzungen zu schützen. Schuppen- oder federartige Röcke, in denen die Herrscher dargestellt sind, sollten zweifellos den Dreifachzweck von Schamverhüllung, Pracht und Luftigkeit erfüllen, wobei uns aber Rückschlüsse auf die Fertigungstechnik versagt bleiben. Immerhin lassen selbst diese wenigen Spuren die begründete Vermutung zu, dass Wachstum und Macht der sumerischen Stadtstaaten auch aus dem Vertrieb hochwertiger Textilien hervorgingen.

Dasselbe gilt zweifellos für die Getreideproduktion in der sumerischen Region. Sie war ja, wie oben dargelegt, die eigentliche Basis des sumerischen Wirtschaftens, wie es auch die registerweise Darstellung auf der erwähnten *Warka*-Vase vor Augen führt, bei der oberhalb leicht gewellten Wassers als Grundvoraussetzung des Landbaus prächtige Getreidehalme das Leben der Menschen tragen, die ihre Erzeugnisse auf den beiden oberen Bildebenen der Göttin Inanna zutragen. Die Fülle der Feldfrüchte, die den oberen Rand aller Tragekörbe dieser Darstellung überragen, zeigt das Ernteglück der Sumerer, die ihre Überschüsse zum Teil gewiss ihrer Stadtgöttin darbrachten, um sie in aufwendigen Opferzeremonien teilweise selbst zu verspeisen, was das Getreide angeht, aber auch vor Hochfluten im Riesentempel der Gottheit sicher zu lagern. Nach längeren Wohlstandsperioden werden sich dort Lagerungsengpässe ergeben haben, die ‚den Tempel' zu Verarbeitungs- und Handelsaktivitäten veranlassten, ihn vor der Etablierung des Königtums zum Wirtschafts- und Machtzentrum des Gemeinwesens werden ließen, worauf noch zurückzukommen ist.

Sowohl der frühe Beginn wie der gute Ertrag des sumerischen Ackerbaus, aber auch die frühe Nutzung tierischer Zugkraft, die außer durch die erwähnten Kampfwagen auch durch die in Ur mit der Königin Puabi beigesetzten Stierkutschen bezeugt ist[40], legen die Vermutung nahe, dass der von Stieren gezogene Pflug ebenfalls eine sumerische Erfindung ist, die den Bauern aller nachfolgenden Kulturen das Aufbrechen des Bodens als schwersten Teil des Ackerbaus ganz wesentlich erleichterte. Ob nun in Sumer, in Ägypten oder in der Donautal-Kultur[41] erstmals Tiere einen Pflug zogen – in jedem Fall entsprach diese für die Ernährung und damit die Energiebeschaffung der Menschheit epochale Innovation wiederum

87

## II. Verifizierung

dem Prinzip, die vom Menschen für seinen Lebensunterhalt aufzubringende Energie – vor allem, wenn ihm dies schwerfällt – durch Einsatz von Technik wenigstens teilweise andere Energiespender leisten zu lassen.
In Mesopotamien wurde später noch ein weiterer Arbeitsgang des Getreideanbaus mit dem von Rindern gezogenen Pflug erledigt, nämlich die Aussaat der Samenkörner durch einen dem Pflug aufgesetzten Saattrichter. Diese auf einem assyrischen Relief von 670 v.Chr. dargestellte Erfindung[42] garantierte zugleich die Einbringung der Saatkörner in die frisch aufgebrochene Furche, verhinderte so Verluste durch Vogelfraß und ersparte dem Bauern auch körperlichen Energieaufwand für das Säen und Eggen. Ein solches Kombinationsgerät zur weiteren Verbesserung der bäuerlichen Energiebilanz weist in seiner Genialität schon deutlich auf moderne Technik voraus.
Aus der entwickelten, bedeutende Überschüsse produzierenden und dynamisch wachsenden Landwirtschaft der Sumerer ging eine weitere für die Menschheitskultur grundlegende Erfindung hervor, nämlich die einer voll funktionsfähigen Schrift.[43] Wie oben schon ausgeführt, ersetzten in Tontäfelchen eingeritzte ikonographische Symbole die vorher als Quittungen für ausgelieferte landwirtschaftliche Güter benutzten Zählsteine (*tokens*), die in dem steinarmen Land mühsamer zu finden und zu formen waren als der reichlich vorhandene und in feuchtem Zustand leicht zu markierende Ton. Die Zählstein-Quittungen für Lieferanten leisteten zudem keinerlei Hilfe bei der Inventarisierung und Kontrolle großer Güter- und Warenmengen in Tempel- oder Palast-Depots, für Großhändler und Gutsbesitzer. Da alle Sumerer wegen des absoluten Mangels an Holz, Stein und Metall (-Geräten) auf Handelsgeschäfte angewiesen waren, mithin ein dauernder Warenumschlag anzunehmen ist, waren permanente Kontrollmaßnahmen bei den genannten Großunternehmen betriebswirtschaftliche Notwendigkeiten, um Verluste durch Unterschlagung und Betrug zu verhindern oder wenigstens zu verringern.
So ist es kein Zufall, dass die ältesten Tontafel-Aufzeichnungen aus dem Handelszentrum Uruk stammen und Inventarlisten beinhalten.[44] Ein durch Einritzung skizzierter Stier- oder Ziegenkopf, ein Ölbehälter oder Kornähren bezeichneten anfangs in abgegrenzten ‚Kästchen' die Güterart, während die jeweilige Zahl oder Menge – je nach Stellenhöhe – durch kreisförmige oder konische Eindrücke verschiedener Breite gekennzeichnet sind.[45]
Da für eindeutig kennzeichnende Piktogramme zeichnerische Fähigkeiten und auch ein gewisser Zeitaufwand nötig waren, die Ritzzeichnungen außerdem nach der Trocknung des Tons störende Grate aufwiesen, ging man dazu über, das gemeinte Bild mit einem schmalen, leicht keilförmigen

## 2. Die Entstehung der sumerischen Hochkultur

Stempel skizzenhaft in den weichen Ton zu drücken und mehr und mehr vereinfachend zu stilisieren. Als man dazu überging, die so entstehende Keilschrift über Waren- und Mengenbezeichnungen hinaus auch für andere Zwecke wie Verträge, religiöse Zeremonien, Gesetzestexte, astronomische Tabellen, medizinische Rezepte und Behandlungsmethoden, schließlich auch literarische Werke zu verwenden, versuchte man nach und nach, visuelle Symbolik in akustische umzuwandeln, so dass ein bestimmtes Keilschriftzeichen auch für einen Sprachlaut stehen konnte. Diese uns selbstverständliche Bedeutung von Schriftzeichen wurde in der sumerischen Schriftkultur allerdings nur teilweise eingeführt. Deshalb musste die schriftliche Kennzeichnung vieler Begriffe von Schreibern und Lesern aus umfangreichen Wort- und Zeichenlisten erlernt werden, sodass die spätere Vereinfachung der phönizischen, dann griechischen und römischen Schrift von den Sumerern bei weitem nicht erreicht wurde.[46]

Dennoch war die nach anfänglich senkrechter Anordnung der Schriftzeichen später linear, von links nach rechts und sehr kompakt geschriebene Keilschrift schließlich für die Dokumentierung aller sprachlichen Äußerungen geeignet, sodass sie – wie später die lateinische – auch für andere Sprachen, vor allem das Akkadische als *lingua franca* des Vorderen Orient Verwendung und Verbreitung fand.[47] In der palästinensischen Hafenstadt Ugarit wurde die Keilschrift dann im 15. vorchristlichen Jahrhundert durch radikale Vereinfachung im Sinne des alphabetischen Systems auf 30 Schriftzeichen reduziert. Aus der Konkurrenz verschiedener an der Levante sich kreuzender Schriftsysteme entstand schließlich im 11. vorchristlichen Jahrhundert das phönizische Alphabet mit nur noch 23 Zeichen als Vorläufer der abendländischen Schriftsysteme.[48]

Auch die Entwicklung der Schrift folgte also dem Prinzip der Reduzierung des vom Menschen zu leistenden Energieaufwandes, der in diesem Fall für das Erlernen und den Gebrauch der Schriftzeichen aufzuwenden war: Mussten sumerische Schreiber ca. 2000 solcher Zeichen erlernen und beherrschen, verminderte sich der damit verbundene Aufwand im phönizischen Alphabet fast auf ein Hundertstel. Schreiben und lesen war damit nicht mehr hoch spezialisierte Profession, sondern wie die abendländische Schulpraxis zeigt, kinderleicht geworden. Ihre Entwicklung zu immer genauerer Wiedergabe auch abstrakter Begriffe und Sachverhalte wurde in einer stark von Handel und Gewerbe geprägten Kultur wie der sumerischen (und später orientalischen) schon durch die Notwendigkeit der Sicherung von Eigentumsansprüchen erzwungen, die als allgemeine Wertforderungen, Kredite, stille Beteiligungen u. dergl. nicht mehr mit konkreten Güterbezeichnungen zu benennen waren. Erst eine voll entwickelte Schriftsprache

## II. Verifizierung

machte Eigentumssicherung auch in Raum und Zeit überspringenden Geschäftsabschlüssen möglich, die vorher nur über Pfänder aller Art bis hin zur Geiselnahme getätigt werden konnten und deshalb nur selten zustande kamen. Der schriftlich fixierte von den Geschäftspartnern unterzeichnete Vertrag, wie er auf Tontafeln aus dem mittelsumerischen Schuruppak nachgewiesen ist[49], schuf demgegenüber eine entscheidende Vereinfachung und Flexibilisierung aller möglichen Vereinbarungen über Laufzeiten, Zahlungs- und Erstattungsmodi, Sicherheiten und Gerichtsstände, wodurch eine große Zahl von gerade volumenstarken Geschäften mit ihren wechselseitigen Gewinnmöglichkeiten und des aus ihnen fließenden Energiegewinns überhaupt erst zustande kommen konnte.

Natürlich wurde nicht nur privat-, sondern auch staatsrechtlich versucht, etwa im Krieg erobertes Land schriftlich – sogar auf einer Kalksteinplatte – durch Beschreibung einer Grenzlinie dauerhaft zu sichern, wie auf der ‚Geierstele' von Girsu.[50] Allerdings entschied über die Dauerhaftigkeit von Staatseigentum auch in der sumerischen Geschichte letztlich nur staatliche Macht, nicht in Stein geschlagene Schrift, wie die häufigen Gründungen und Zusammenbrüche mesopotamischer Reiche zeigen.

Da mit dem Vorhandensein eines elaborierten Schriftsystems nicht nur Waren und Werte – wenigstens privatrechtlich – besser gesichert und häufiger gewinnbringend ausgetauscht werden können, sondern auch Informationen aller Art, die ohne schriftliche Fixierung (wie schon das Gesellschaftsspiel ‚Stille Post' anschaulich zeigt) letztlich immer verdorben werden oder sogar ganz verloren gehen, ist die Schrift eben auch der langfristig sicherste Tresor für Wissensinhalte. Da diese ihrerseits immer Ergebnis von Erkenntnissen sind, die Menschen unter Energie-Einsatz geistiger oder physischer Art erworben haben, dient Schrift eben auch als energiewertige Orientierungshilfe für Unwissende, die ihnen von anderen erlittene Verluste zu vermeiden, von anderen errungene Gewinne zu erwerben hilft. Lehrbücher aller Art dienen deshalb alle dem Zweck, die Energiebilanz ihrer Nutzer zu verbessern.

Die allgemeine Hebung des Lebensstandards in Hochkulturen mit Schriftsystem erklärt sich aus dieser Sicherung vielfältiger Informationen für die Mitglieder der Sprach- und Schriftgemeinschaft außerdem dadurch, dass der Austausch energiewertiger Informationen ebenso wechselseitigen Energiegewinn erbringt wie der von Waren und Dienstleistungen. Dies lässt sich am Beispiel des wissenschaftlichen Fortschritts veranschaulichen, der selbst in Experimental-Disziplinen nicht ohne schriftlich fixierte Ergebnisse und Erkenntnisse anderer Forscher auskommt, sondern immer bestrebt ist, in der Auseinandersetzung mit solchen Informationen übrig bleibende

## 2. Die Entstehung der sumerischen Hochkultur

Fragen durch möglichst einfache Antworten zu beheben. Die dabei gefundenen Problemlösungen dienen, wie im weiteren noch zu zeigen sein wird, letztlich immer der Optimierung menschlicher Energiebilanzen.
Aber auch jenseits der Wissenschaften ergibt die Fähigkeit des Schriftgebrauchs in Hochkulturen, wie das Gegenbeispiel des dort weitgehend hilflosen Analphabeten veranschaulicht, beträchtlichen Energiegewinn. Dies vor allem deshalb, weil wegen des gegenüber bloßem Sprechen deutlich aufwendigeren Schreibens in der Regel nur wichtigere Informationen aufgeschrieben oder gar veröffentlicht werden, mithin solche, deren Kenntnis vor größeren Energieverlusten bewahren oder größeren Energiegewinn erlangen hilft als bloß mündliche Mitteilungen. Dies gilt selbstverständlich nur für Gesellschaften, in denen eine Schriftkultur etabliert ist.
Dieses sind immer auch solche, die durch ihre Größe, vielfache Arbeitsteilung und Spezialisierung unübersichtlich, in vielem schwer verständlich geworden sind, sodass der Einzelne viele Informationen benötigt, um sich schadenfrei darin zurechtzufinden und die für ihn nötigen Energieanteile zu erwerben.

Wegen solcher Unübersichtlichkeit reichen nun auch überkommene Gebräuche, familiäre Erziehung und religiöse Riten nicht mehr aus, um den innergesellschaftlichen Frieden bei gleichzeitig hoher Austauschfrequenz des gesellschaftlichen Lebens zu erhalten, weshalb staatlich sanktionierte Gesetze notwendig werden. Im Kern begrenzt solche Regulierung die in der Gesellschaft erlaubten oder auch vorgeschriebenen Energieaustauschwege und -formen, was im – primären – Strafrecht durch konkrete Strafzumessung für bestimmte Austauschstörungen geschieht. Da diese in komplex gewordenen Gesellschaften zunehmen, werden Gesetzeswerke nötig, die wegen der Vielzahl ihrer Bestimmungen und deren angestrebter Dauerhaftigkeit Schriftform verlangen. Die Schrift gewinnt in diesem Zusammenhang zentrale Bedeutung für die Stabilität des Gemeinwesens. Die älteste bisher bekannt gewordene sumerische Gesetzsammlung stammt aus dem großen Reich ‚*Ur III*' vom Ende des dritten vorchristlichen Jahrtausends und wird heute nach dem Begründer der damals in Ur herrschenden III. Dynastie Codex *Ur-Namma* (al. *Nammu*) genannt. Weitere mesopotamische Gesetzbücher wie der Kodex *Lipit-Ischtar* von etwa 1920 v.Chr., der Kodex *Hammurapi* von etwa 1900 v.Chr. und die mittelassyrischen Gesetze aus dem 14. vorchristlichen Jahrhundert belegen die Notwendigkeit solcher schriftlich fixierten Zusammenstellungen geltenden Rechts für den Bestand großer Reiche.

## II. Verifizierung

Dass bislang kein früherer Gesetz-Kodex gefunden wurde, kann durch die Zufälligkeit der Grabungsfunde im ausgedehnten Mesopotamien bedingt sein. Wahrscheinlicher ist die Annahme, dass nur in länger bestehenden Reichen, welche zuvor selbständige Stadtstaaten mit unterschiedlichem Gewohnheitsrecht zusammenfassten, die Notwendigkeit entstand, auf einer gewissen Ebene des öffentlichen Miteinander – wir sagen deutlicher: des innerstaatlichen Energie-Austauschs – ein vereinheitlichtes Recht gesetzt wurde, um ein Auseinanderfallen der zunächst nur gewaltsam vereinigten, aber in unterschiedlichen Normen lebenden Reichsteile zu verhindern. Da unterworfene, damit immer in irgendeiner Form tributpflichtige und neuen Regelungen ausgesetzte Gesellschaften sehr häufig nach alter Freiheit und Unabhängigkeit streben, die den neuen Herrscher an der Spitze des neuen Reichs, im Fall von *Ur III* also Ur-Namma oder einen seinen vier Nachfolger seine hinzu gewonnene Macht, und das heißt, erhebliche Energiemengen kosten musste, ist ein solches reichseinheitliches Gesetzeswerk nichts anderes als eine mit Hilfe der Schrift und Rechtskunde entwickelte Technik zur Verhinderung drohender Energieverluste in Form entgehender Tribute und Dienstleistungen ganzer unterworfener Reichsteile.

Das Rechtswesen der sumerischen Stadtstaaten ist offensichtlich aus einer älteren rituell-religiösen Tradition und einer jüngeren monarchisch-staatlichen Rechtssetzung hervorgegangen. Die von der Priesterschaft der großen Tempel – ähnlich wie in der Industal- und der minoischen Kultur – immer weiter getriebenen Rituale waren und blieben im Kern Energie-Tauschangebote der den Gottheiten Speise- und andere Opfer anbietenden Gläubigen, die im Austausch dafür (und für den Energie-Aufwand des Tempelbaus, der Priesterversorgung und der Zeremonien) energetische Gegenleistungen der Götter in Form guter Ernte, gedeihenden Viehs, Schutz vor Krankheiten, Hunger und anderen Nöten, also Energieverlusten aller Art erwarteten. Ursprung solcher Opferriten als des Kerns jeder Religion[51] waren dementsprechend schlechte Ernten, Viehsterben, Krankheit, Hunger oder sonstige Unglücksfälle mit bedrohlichen Energieverlusten, gegen die man sich mit Hilfe der als mächtig eingeschätzten, über Naturkräfte waltenden Gottheiten absichern wollte. Auch das Gebet des neuzeitlichen Gläubigen ist schließlich von solcher erwarteten Gottesfürsorge getragen und äußert sich konkret etwa in der Bitte um das tägliche Brot im christlichen Gebet (Matth. 6,11).
Natürlich konnten Opfergaben und Zeremonien in modernen Zeiten so wenig wie im alten Sumer konkrete Hilfe einer Gottheit auslösen. Da aber die Priesterschaften sumerischer Tempel, wie oben erläutert, die Opfergaben

zu Nahrungsvorräten und die Tempel durch den *Zikkurat*-Bau partiell zu Speichern umfunktioniert hatten, konnten sie stellvertretend für die angebetete Gottheit bei Unglücksfällen schlimmste Not lindern und auch auf diese Weise die Opferwilligkeit der Gläubigen und damit die im Tempelschatz ruhende Macht der Gottheit dauerhaft aufrechterhalten. Das Gesamt tempelpriesterlicher Tätigkeit, das sich über die Förderung von Handwerk und Außenhandel wegen der dadurch vielfach vermehrten, reziproken Energiegewinn erzeugenden Austauschakte als vorteilhaft für die gesamte zugehörige Gesellschaft erwies, kann also ohne weiteres als kulturelle Technik bezeichnet werden, mit der erlittene Energieverluste gemindert oder sogar ausgeglichen werden konnten. Dass Unglücksfälle wie die feindliche Belagerung der eigenen Stadt, Vertreibung aus dieser, Krankheiten, Missernten und Naturkatastrophen tatsächlich im Erwartungsbereich damaliger Sumerer lagen, belegen die von Dietz Otto Edzard ausgewerteten Omen-Texte.[52] Ähnliches gilt für das von Monarchen wie Ur-Namma oder Hammurapi gesetzte Recht. Ur-Namma, nach dem, wie gesagt, der älteste bekannte Gesetz-Kodex benannt ist, erhebt sich in dessen Prolog zu der Position eines Gottes, dessen Statue regelmäßig Opfergaben darzubringen sind.[53] Dies war vermutlich weniger Größenwahn als ein wohlkalkulierter Kunstgriff, mit dem sowohl den Steuern der Untertanen wie den Tributen der unterworfenen Provinzen der ehrenrührige Geruch von Sklaverei und Unfreiheit genommen werden sollte, der den Opfergaben an einen Gott niemals anhaftet. Unter gleichem Kalkül beließ Ur-Namma die etwa 40 Provinzen seines Reichs offiziell im Eigentum der Lokalgottheiten, deren Heiligtümer, Feste und Zeremonien von den Provinzbewohnern mit hergebrachten Opfergaben zu beschicken waren. Da deren Kontrolle, offenbar auch die Einziehung der Opfergaben dem jeweiligen Provinzgouverneur unterstanden, der diese nach ökonomischen Gesichtspunkten zu verwalten hatte, entstanden daraus z.T. große Wirtschaftskombinate wie der „gigantische Viehhof" von *Puzrisch-Dagan* bei Nippur, der primär die Belieferung der Tempel dieser Stadt mit Opfertieren zu leisten hatte, dem aber offensichtlich auch Leder- und Wollmanufakturen angeschlossen waren.[54] Ein großer Teil der Tontafeln aus den Archiven von *Puzrisch-Dagan* gibt Auskunft über die Entlohnung von Personen, die Ansprüche gegenüber den Tempeln und dem Palast von Nippur hatten, also wohl der dort Beschäftigten. An diese wurden – vermutlich nach Rang und Funktion differenziert – sehr unterschiedlich hohe Rationen von Korn, Öl, Wolle oder Textilien ausgegeben, die zum Tageskurs in Silber konvertierbar waren. Unter Ur-Nammas Nachfolger Schulgi wurde eine feste Relation zwischen den häufigsten Tauschgütern Korn und Silber von 1 Kor (= 300 Liter) Korn zu 1 Schekel (= 4,7 g) Silber

## II. Verifizierung

festgelegt.[55] Diese beiden Güter gewannen damit den Charakter offizieller Zahlungsmittel, zumal es im Reich *Ur III* noch keine Münzprägung gab. Damit war durch königliche Gesetzgebung, aber natürlich auch die Erfordernisse des damaligen Wirtschaftslebens in einem großen, ursprünglich eigenständige Stadtstaaten zusammenfassenden Flächenstaat eine Vorform des Geldes entstanden, das in dieser seiner Urform zugleich sein eigentliches Wesen zeigt: Es handelt sich bei ihm um einen Energie-Speicher, der als Gersten- oder Weizenkorn jederzeit verwertbare Nahrungsenergie ist und zugleich – im Trockenzustand beliebig lange – etwa für Notzeiten – aufbewahrt werden kann. Diese Speicherfähigkeit unterscheidet das Korn von allen anderen Nahrungsmitteln des Menschen und hat es, andere Halmkörner wie Reis, Hirse und Mais eingeschlossen, zur global verbreitetsten Ernährungsbasis der Menschheit werden lassen.

Zwei weitere Eigenschaften ließ das Korn schon im Reich *Ur III* zum allgemein brauchbaren Tausch- und damit Zahlungsmittel werden, nämlich seine beliebige Portionier- und schon damals gute Transportierbarkeit. Ersteres ermöglichte seinen Tausch gegen jeden beliebigen Gegenwert, das zweite seinen Transport in Säcken auf Eselsrücken oder -karren, in feuchtigkeitssicheren Krügen auf Schiffen zu jedem beliebigen Markt oder Käufer. Nur bei der Begleichung sehr großer Werte wie Ländereien, Viehherden oder dergleichen ergaben sich für Korn als Zahlungsmittel vermutlich Schwierigkeiten wegen fehlender Transport- oder Lagerkapazitäten. In solchen Fällen konnte man seit Schulgis Festsetzung des Wechselkurses bequem auf Silber als Geldform ausweichen. Ein solcher staatlich verfügter Wechselkurs setzte natürlich staatliche Silberreserven voraus (Gold stand offenbar noch nicht in genügender Menge zur Verfügung), die in königlichen Palästen, aber wohl auch in Tempeln als eigentlicher ‚Staatschatz' lagerten.

Mit der Funktionalisierung des Korns als dem für die menschliche Grundversorgung mit Energie wichtigsten Lebensmittel zum wertmäßig abgesicherten Zahlungsmittel wurden alle denkbaren Tauschgeschäfte im Reich Schulgis auch über die Grenzen der 40 Provinzen hinweg wesentlich vereinfacht. Der unmittelbare Zusammenhang dieses ‚Korngeldes' mit der Lebenserfahrung seiner jährlichen Verbrauchsmenge, die durch die regelmäßige Wiederholung des Neujahrsfestes jedem Erwachsenen kalkulierbar gewesen sein dürfte, ermöglichte es zugleich, die Angemessenheit von Preisen für angebotene Waren zu beurteilen. Dies ist aber, wie im Theorieteil gezeigt wurde, Voraussetzung für die Realisierung eines reziproken Energiegewinns für beide Tauschpartner durch gleichen Tausch und damit für langdauernden Wohlstand einer größtmöglichen Zahl von Menschen.

Dem dienten auch die im Codex *Ur-Namma* vorgesehenen hohen Geldstrafen schon für Körperverletzung, die eben nicht mehr dem alten gewalttätigen Gerechtigkeitsprinzip des ‚Auge um Auge, Zahn um Zahn' folgten, sondern Gewaltanwendung mit langwieriger Arbeit zur Erbringung der in Korn oder Silber zu zahlenden Strafe abbüßen ließen. Die Verbannung von „Unrecht, Gewalt und Zwist" hatte auch der Prolog des Codex als dessen Ziel und Wirkung genannt[56] und damit friedlichem Handel den Weg geebnet.

Die wohlstandsfördernde Erleichterung aller Tauschgeschäfte in *Ur III* wurde noch zusätzlich gestützt durch die systematische Vereinheitlichung der Gewichts- und Hohl-, der Längen- und Flächenmaße sowie eine gelungene Synthese aus dezimalem und sexagesimalem Rechensystem.[57] Wir wissen etwa aus der Geschichte der Zusammenführung des Deutschen Reichs aus 41 Klein- und Mittelstaaten im 19. Jahrhundert und wir erleben es im gegenwärtigen Integrationsprozess der Europäischen Union, wie wichtig solche Vereinheitlichungen für alle grenzüberschreitenden Austauschvorgänge zwischen unterschiedlich normierten Teileinheiten sind. Sie bewirken mit ihrer Austauscherleichterung nicht nur den erwähnten Energie- und damit Wohlstandsgewinn, sondern gleichzeitig ein dadurch gestärktes Zusammengehörigkeitsgefühl der Gesamtbevölkerung eines neuen Reichs oder Staatenbunds und damit dessen Stabilität.

Dem allen sollten selbstverständlich auch die übrigen Teile des Ur-Namma-Codex dienen, der systematisch nach Gesichtspunkten des Straf-, Ehe- und Familienrechts, des Personenstands (einschl. Sklaverei), der Feldbewirtschaftung und sogar der Lohnsätze geordnet ist.[58] Insbesondere letzteres würde heute unter wirtschaftsliberalem Gesichtspunkt nicht als wohlstandsfördernd bewertet; dabei ist aber zu bedenken, dass wir es bei *Ur III* in wesentlichen Teilen mit einem staatswirtschaftlichen System zu tun haben, das zumindest für den Bereich staatlicher Betriebe wie des erwähnten *Puzrisch-Dagan* vor den Toren Nippurs reichseinheitliche Entlohnung anstrebte, um mit dem Gefühl gerechter Entlohnung in allen Provinzen Zentrifugalkräften entgegen zu wirken.

Für die Lohnzumessung waren Funktion und Personenstand von Bedeutung, wobei die in der Tempelwirtschaft – jedenfalls des nach *Ur III* eingegliederten Stadtstaates Lagasch – mit Webarbeiten und dem Mahlen von Getreide beschäftigte Sklavinnen im streng hierarchisch gegliederten Personal auf unterster Stufe standen.[59] Mit der aus überlieferten Kaufverträgen und dem Ur-Namma-Codex bezeugten Sklaverei auch männlicher Personen, die auf Kriegsgefangenschaft oder Verschuldung zurückgehen konnte, war – auch wenn dies unter Menschenrechtsperspektive zynisch klingen mag – ein äußerst wirksames und vielseitig einsetzbares Instrument persön-

## II. Verifizierung

licher Energie-Einsparung für die Sklaveneigner gefunden worden, die ihren Sklaven bei entsprechender Eignung jede beliebige Arbeit übertragen konnten. Wiederum zynisch formuliert, waren diese zweifellos vielseitiger einsetzbar als jeder noch so weit entwickelte Roboter und sicher in höherem Maße geeignet, das Leben ihrer Herrschaft zu erleichtern.
Voraussetzungen für die Entstehung von Sklaverei sind Sesshaftigkeit, ein etablierter Eigentumsbegriff und zunächst wohl auf Nahrungsmittel-Leihe basierender Kredit. Der Neusiedler oder von Unglücksfällen wie Hochflut oder Feuer um seinen Lebensmittelvorrat Gebrachte lieh sich das Nötigste beim Nachbarn oder beim ‚Tempel' und musste auf deren Gut so lange arbeiten, bis die Schuld abgetragen war. Gelang dies nicht, weil zugleich der eigene Hof bewirtschaftet oder überhaupt erst aufgebaut werden musste, blieb die anfängliche Vorform der Sklaverei dauerhaft oder wurden Familienmitglieder zur Ablösung der Schuld auf Dauer an den Gläubiger übergeben.
Seit dem Aufkommen kriegerischer Auseinandersetzungen zwischen verfeindeten Gemeinwesen wurden dabei auch gezielt Gefangene gemacht, wie z.B. eine Sieges-Stele aus dem Reich Akkad – Vorgänger von *Ur III* – zeigt, wo an den Händen gefesselte Krieger abgeführt werden.[60]
Ob durch Schuldknechtschaft oder kriegerische Gefangennahme begründet – in beiden Fällen war Sklaverei der Versuch, Energieverluste durch Kreditgewährung bzw. Aufwendungen für oder Schäden durch den Krieg mit Dienstleistungen der dadurch erworbenen Sklaven mindestens zu kompensieren, woraus sich, wenn diese nicht vorzeitig flohen oder starben, zumeist wohl ein beträchtlicher Energiegewinn ergab. Dies ist, soweit wir wissen, weder damals buchhalterisch erfasst und belegt worden, noch kann dies nachträglich durch die Forschung geschehen. Für unsere diesbezügliche Annahme spricht aber die Tatsache, dass Sklaverei sich nicht über Tausende von Jahren in ganz verschiedenen Staaten und Kulturen verbreitet und gehalten hätte, wenn sie unwirtschaftlich, also Besitz und Einkommen schmälernd zu einer negativen Energiebilanz geführt hätte. Sie darf also – wie die Indienstnahme von Feuer, Wind, Wasserströmung oder Lasttieren – als eine der Energietechniken betrachtet werden, mit denen menschliche Kulturen aufgebaut wurden.
In *Ur III*, dem von Ur-Namma wohl seit 2112 v.Chr. regierten, in etwa das vorangehende akkadische Reich ablösenden Staat, in dem ein letztes Mal Sumerer einen großen Teil des inzwischen auch von semitischen Akkadern und anderen Einwanderern bewohnten Zweistromlandes beherrschten, waren somit bereits alle Kulturtechniken der Alten Welt – wenigstens im Prinzip – entwickelt und zeigten ihre energetische Wirksamkeit u.a. in der

imposanten Bautätigkeit des Dynastiebegründers, dessen Namenssiegel sich in Grundmauerziegeln zahlreicher Tempel seines Reichs findet, der seine 70 ha große Residenzstadt Ur mit einer mächtigen neuen Mauer umgab und durch eine besonders große Zikkurat krönte, deren Fassaden er – ungewöhnlich für das brennstoffarme Land – mit gebrannten Ziegeln stabilisieren ließ.[61]

Alle baulichen, gesetzgeberischen und organisatorischen Mittel, die Ur-Namma und seine Nachfolger einsetzten, um ihrem Reich Halt und Dauer zu verschaffen, sind aus dem Bewusstsein von dessen dauernder Bedrohung zu verstehen. Ur-Namma selbst war unter dem König Utuchengal von Uruk als Feldherr gegen die vom Zagros-Gebirge ins Zweistromland vordringenden Gutäer aufgestiegen und hatte, zum Statthalter von Ur ernannt, – vermutlich durch Usurpation – die Herrschaft über das von seinem König errichtete Reich selbst übernommen.[62] Schon aus dieser seiner eigenen Laufbahn waren ihm die Gefährdungen aller mesopotamischen Reiche bestens bekannt. Sie bestanden, abgesehen von Naturkatastrophen wie vor allem Hochfluten, in der Bedrohung durch nomadisierende Bergvölker des Zagros- oder Taurusgebirges, aber auch der von Westen eindringender Semiten, welche mit ihrer oft überlegenen Kampfkraft in den reich gewordenen Städten des Zweistromlandes anfangs nur Beute machten, später aber wie die semitischen Akkader oder die iranischen Gutäer die Herrschaft ergriffen, um sich von den Unterworfenen möglichst dauerhaft ernähren und verwöhnen zu lassen. Diese von außen drohende Gefahr konnte sich leicht mit der inneren eines aufständischen Provinzstatthalters verquicken, der bei einer militärischen Niederlage seines Herrn, diesen stürzend, die Macht ergriff, so wie Ur-Namma es vermutlich selbst getan hatte.

Um dergleichen möglichst frühzeitig im Keim ersticken zu können, bauten Ur-Namma und sein Nachfolger Schulgi mit Hilfe der in einer Schreibschule gepflegten Keilschrift ein Nachrichtennetz auf, an dessen Spitze der „oberste Bote" stand, den wir heute wohl als Chef des Nachrichtendienstes bezeichnen würden. Über dieses gewiss von vielen ‚oberen' und ‚unteren' „Boten" betriebene Kommunikationssystem konnten die 40 Provinzstatthalter in ihren rein innenpolitischen Aufgaben des Bewässerungskanalbaus, der allgemeinen Verwaltung, der Rechtsprechung, des Steuer- bzw. Tributeinzugs und der Aufsicht über die kultischen Opfer und Riten offenbar wirksam überprüft werden.[63]

Soweit die bisher gefundenen und ausgewerteten Quellen erkennen lassen, war dieser zentralistisch gelenkte, organisatorisch, juristisch und nachrichtendienstlich durchgebildete Staat mit theokratischer Spitze, seinen bürokratisch kontrollierten Zwischeninstanzen und Wirtschaftsbetrieben eine

## II. Verifizierung

erstaunlich frühe Vorwegnahme des europäischen Absolutismus. Das gilt sogar für seine – trotz aller auf Haltbarkeit angelegten Sicherungen – relativ geringe Dauer: Der Staat Ur-Nammas konnte sich, soweit die chronologischen Berechnungen dies ermittelt haben, durch 112 Jahre behaupten, der Ludwigs XIV. von Frankreich, der als Prototyp des europäischen Absolutismus gilt, vom Beginn der Selbstregierung Ludwigs im Jahr 1661 bis zur Französischen Revolution gerechnet, 128 Jahre. Aus solchen Ähnlichkeiten lässt sich feststellen, dass provinziell gegliederte große Flächenstaaten mit bedrohten Außengrenzen vor der neuzeitlichen Industrialisierung auch im zeitlichen Abstand von gut dreieinhalb Jahrtausenden bei ähnlichen Techniken der Vermeidung von Energieverlusten damit vergleichbar dauerhaften Erfolg hatten. Dass dieser in beiden Fällen nur recht begrenzt war, ist allgemein damit zu erklären, dass zentralbürokratisch regierte Staaten zu starr sind, um auf neuartige, überraschende Herausforderungen angemessen reagieren zu können. Im Fall von *Ur III* kam hinzu, dass die sumerische Region – anders als etwa das Pharaonen-Reich – topographisch völlig ungeschützt hungrige Randvölker des mesopotamischen Beckens zu gewinnbringenden Raub-, wenn nicht Eroberungskriegen geradezu einlud und außerdem als steinlose Schwemmlandebene solchen Angriffen keine dauerhaft festen steinernen Abwehrmauern entgegenstellen konnte wie etwa das chinesische Kaiserreich den asiatischen Steppenvölkern.

Diese dauernde Gefährdung hat andererseits aushilfsweise Abwehrtechniken besonders frühzeitig entstehen lassen, zu denen, was die psychische Verkraftung von Niederlagen und Verlusten aller Art betrifft, neben religiösen Tröstungen auch die sumerische Dichtung und Kunst ihre bemerkenswerten Beiträge geliefert haben. Die Musik der Sumerer, über die wir nur indirekt durch erhaltene Reste von Instrumenten oder Wortlisten aus Schreibschulen informiert sind, stand vermutlich meist im Dienst vorgetragener Dichtung. Diese, recht umfangreich auf Tontäfelchen überliefert, war durchaus vielgestaltig und kannte neben Preisliedern zu Ehren von Gottheiten oder Herrschern auch Liebes- oder Klagelieder über die Zerstörung der eigenen Stadt durch plündernde Feinde wie philosophisch verallgemeinernde über die Vergänglichkeit aller menschlichen Dinge. Letzteres ist – durchaus typisch für die in materieller Hinsicht so vergängliche Kultur der Sumerer – auch das Schlussthema in der bekanntesten Dichtung aus sumerischer Tradition, dem Gilgamesch-Epos.

Aus älteren sumerischen Erzählungen und/oder Heldenliedern hervorgegangen, erzählt dieses akkadische Dichtwerk von wichtigen Episoden aus dem Leben des Gilgamesch, Königs von Uruk, der – wie der griechische

## 2. Die Entstehung der sumerischen Hochkultur

Herakles mit Riesenkräften ausgestattet – zu Beginn als Erbauer der mächtigen Ziegelsteinmauer um seine ausgedehnte Stadt, als erfolgreicher Heerführer, Eroberer, Brunnenbauer und Seefahrer gefeiert wird, dann aber – offenbar wegen des von ihm beanspruchten *ius primae noctis* – auf Widerstand seiner Untertanen trifft, denen es mit Hilfe der Götter gelingt, ihrem Beherrscher einen ebenso starken, aus der Steppe kommenden ‚Wildmenschen' entgegenzustellen. Der unentschiedene Kampf der beiden Heroen mündet in eine enge, sogar homoerotische Züge tragende Freundschaft, in welcher offenbar die Symbiose der Sumerer mit dem semitischen Steppenvolk der Akkader personifiziert ist. Unterstützt von seinem Freund Enkidu gelingt es Gilgamesch, den Herrscher eines Bergvolkes auf dem Libanon zu besiegen und so Zedernbäume zu erbeuten, womit die große Bedeutung von Bauholz für die Schwemmlandbewohner auch in diesem Mythos hervorgehoben wird. Der weitere Triumpf der Freunde beim Sieg über den von den Göttern geschickten ‚Himmelsstier', wodurch die Beherrschung der mesopotamischen Tierwelt symbolisiert sein dürfte, findet ein rasches Ende in der tödlichen Erkrankung Enkidus, die auf dessen Geschlechtsverkehr mit einer Tempelhure zurückgeführt wird, die den ‚Wildmenschen' andererseits erst zivilisiert hatte. Der um den toten Freund trauernde, ihn – wie Achill den Patroklos in der Ilias – tagelang beweinende und in religiösem Opferritus beisetzende Gilgamesch ist besonders von der beginnenden Verwesung seines Freundes erschüttert, dessen Beerdigung er mit Hoffnung auf ein Wiedererwachen des Freundes verzögert hatte, „bis dass der Wurm sein Gesicht befiel" (Tafel 10, III, 24). Um solcher Vergänglichkeit zu entkommen, bemüht er sich in der Folge um eigene Unsterblichkeit, die ihm aber auch die Ratschläge des Noah-Urbildes Utnapischtim nicht verschaffen können, der die Sintflut auf seiner Arche vor Zeiten als einziger überlebt hat.

Die in sumerischer wie akkadischer Zeit offenbar populärste Dichtung, die, wie angedeutet, noch die homerischen und biblischen Autoren inspiriert zu haben scheint, errichtet mit den Figuren der riesenhaft starken und tatkräftigen Helden Gilgamesch und Enkidu personifizierte Symbole für menschlich wirksame Energie, die durch Liebe kultiviert und verstärkt, durch deren Perversion aber auch zerstört werden kann. Am Ende dieses Epos steht Gilgameschs vergebliches Streben nach Unsterblichkeit und damit die Einsicht in die für Menschen selbst außergewöhnlichen Kraftpotenzials nicht dauerhaft zu bewahrende Energie. Diese für persönliches Erleben tragische Einsicht in die Vergänglichkeit menschlichen Wirkens und Lebens wurde für ein von Unglücksfällen aller Art bedrängtes Publikum durch eine Dichtung offenbar besonders fasziniert aufgenommen, die auf das Scheitern

## II. Verifizierung

selbst mächtiger Könige vorbereitete, womit der wichtige Platz dieses Epos in einer von Vergänglichkeit besonders heimgesuchten Kultur gut verständlich wird.
Neben ihrer Musik und Dichtung haben die Sumerer bemerkenswerte bildnerische Werke hervorgebracht, von denen allerdings nur relativ wenige erhalten sind. Unter den bislang gefundenen Beispielen von künstlerischem Rang überrascht der frühe, ans Ende des vierten Jahrtausends v.Chr. datierte Marmorkopf einer Frau[64], der trotz seiner verstümmelten Nase und fehlenden Augen- und Brauen-Füllungen fasziniert, weil er anatomische Richtigkeit mit strenger Stilisierung gelungen vereint. Vor allem der Mund zeigt mit seinem Ausdruck ganz leicht angedeuteter Enttäuschung ein erstaunliches Maß an handwerklich-künstlerischem Darstellungsvermögen, das den Vergleich mit griechischer Bildhauerkunst der klassischen Periode nicht zu scheuen braucht.
Der Vermutung mancher Interpreten, wegen des fehlenden Hinterkopfes handle es sich bei dem Objekt um eine Maske, ist schon wegen des schweren Materials und fehlender Atemöffnung an Mund und Nase zu widersprechen. Es wird sich vielmehr um den Gesichtsteil einer Statue der Göttin Inanna handeln, die im übrigen aus mit Kleidern behängtem Holz bestanden haben kann, weil der im damaligen Sumer ganz sicher außerordentlich teure importierte Marmor nur in kleinen Blöcken zur Verfügung gestanden haben dürfte. Man wird das hier ganz seltene Material überhaupt nur deshalb verwendet haben, um das Gesicht der Göttin in vornehmer Blässe und makellosem Teint darstellen zu können. Dem entsprechend werden die jetzt leeren Brauen-Gräben ebenso wie das Schädeldach der Statue mit natürlichem Haar, die leeren Augen – wie bei anderen sumerischen Bildwerken – mit Muschel- und Halbedelstein-Einlagen versehen gewesen sein, um der Statue ein möglichst naturgetreues lebendiges Aussehen und entsprechende Wirkung auf die anbetenden Betrachter zu verschaffen. Ihr leicht enttäuschter Gesichtsausdruck hatte nach dem Willen der Auftraggeber dann wohl die Funktion, Tempelbesucher zu reichlicheren Opfergaben zu bewegen, denn wir wissen ja, dass die sumerischen Tempel auch Wirtschaftsbetriebe waren, in denen mithin ökonomisch gedacht wurde.
Von eindrucksvoller Kunstfertigkeit zeugt auch eine stierköpfige Verzierung am Fuß einer großen Leier, die einem (nicht identifizierten) König von Ur mit ins Grab gegeben wurde.[65] In Gold getrieben trägt dieser eindrucksvolle Stierkopf zwei mächtige Hörner, deren Spitzen aus blauem Lapislazuli gen Himmel zeigen, während die seitlich abstehenden, weit geöffneten Ohren und die ebenfalls weit offenen Augen, die wie bei Menschendarstellungen der Sumerer dunkelfarbig umrandet sind und mit blauer Iris

den weißen Augapfel fast ausfüllen, äußerste Aufmerksamkeit des königlichen Totemtiers für die himmlischen Harfenklänge des so eindrucksvoll geschmückten Instruments vorführen wie einfordern. Der mächtige rituelle Bart, den der Stierkopf trägt, ebenfalls aus dunkelblauem Lapislazuli, ist in acht nebeneinander hängende Stränge gegliedert, von denen die beiden äußeren, kürzeren an stilisierte Krokodilköpfe erinnern. Wie die sechs gleich langen zwischen ihnen sind sie durch dichte Wellenlinien schraffiert und durch Querlinien in insgesamt 40 Abschnitte gegliedert. Die Bildsprache des königlichen Ritualbartes scheint demnach die 40 Provinzen des Königreichs Ur abzubilden, die zwischen Persischem Golf und Mittelmeer als damals noch von Krokodilen bewohnten Gewässern liegend und selbst von sechs Strömen durchflossen dargestellt sind.

Ob diese Deutung zutrifft, sei ausdrücklich zur Diskussion gestellt. Ganz gewiss erscheint allerdings, dass bei der Gestaltung dieses Stierkopfes mit königlichem Ritualbart nicht Willkür oder Ungeschicklichkeit am Werk waren, was schon die wiederum gekonnte Einheit von anatomischer Richtigkeit und Stilisierung des Kopfes ausschließt, sondern genau kalkulierte Aussageabsicht jedes Details.

Auch das formschöne silberne Modell eines schlanken Ruderboots, einer anderen Beigabe aus dem Königsgrab in Ur, scheint bei aller Schlichtheit seiner zweckmäßig schnittigen Form in einem Detail auch Symbolcharakter zu besitzen: Die an Bug und Heck steil aufwärts geführten, jeweils zu einer Spitze verjüngten Bootsenden, die ebenso an das Prozessionsboot auf der Rollsiegeldarstellung aus Uruk erinnern wie an die steil nach oben gewölbten Stierhörner am Harfenfuß, weisen gewiss auf die höheren Gewalten der Himmelsgötter, denen man sich bei jeder Bootsfahrt anzuvertrauen hatte. Zudem gab es bei den Sumerern ähnliche Vorstellungen vom Weg der Verstorbenen in eine Unterwelt, die nur mit einem Boot zu erreichen war, wie wir sie aus der griechischen Mythologie kennen.[66] Insofern war das Modell eines Ruderboots eine durchaus sinnträchtige Grabbeigabe.

Ein hervorragendes Werk sumerisch-akkadischer Bildhauerkunst aus der Zeit um 2250 v.Chr. stellt auf einer zwei Meter hohen, an der Basis etwa einen Meter breiten Sandsteinplatte den Sieg des akkadischen Königs Naramsin über eines der gefährlichen Bergvölker des Zagros-Gebirges dar.[67] Genaueres ist nicht bekannt, da die Stele später von den Elamitern entführt und ihrer eingemeißelten Inschrift beraubt wurde. So muss auch hier die bildliche Darstellung für sich sprechen.

## II. Verifizierung

Sie zeigt in detailreichem Halbrelief den mit ‚Hörnerkappe', Bart und übergroßer Gestalt als vergöttlichter König gekennzeichneten Naramsin auf einem steilen Gebirgspfad vor ihm niedersinkende oder die Steilwand hinabstürzende Feinde überwältigen. Seine eigenen ihm folgenden Krieger sind – zu ihm hochblickend – auf zwei unteren Pfadstrecken dargestellt, und zwar nur als Zuschauer der Kriegstaten ihres Anführers und Königs. Auch dieser wird nicht eigentlich kämpfend gezeigt: mit dem linken Arm klemmt er Bogen und Pfeile an seinen Körper, in der Hand des rechten herabhängenden Arms hält er einen kurzen Speer, dessen Spitze halb nach unten gerichtet ist, weil ein offenbar schon von ihm getroffener Gegner rückwärts zu Boden sinkt und dahinter ein zweiter, waffenloser um Schonung bittend die Hände erhebt.

Naramsin wird also als der eigentliche, ja geradezu alleinige und im Sieg noch gnädige Schlachtenheld in schroffer Bergwelt dargestellt. Die besondere Kunstfertigkeit der im Pariser Louvre ausgestellten Stele liegt in der anatomisch durchweg richtigen Gestaltung von Menschen in ganz unterschiedlichen Körperhaltungen und Bewegungen und deren sinnfälliger, bei aller Kompaktheit klar gegliederten, aussagekräftigen Komposition. Der hier eindrucksvoll dargestellte Sieg Naramsins war für das akkadische Vorgängerreich von *Ur III* – worauf Edzard besonders hinweist – nicht nur als vorbeugende Verteidigungsmaßnahme, sondern auch für die Beschaffung benötigter Rohstoffe aus dem Bergland wie Holz, Steine und Metalle von großer wirtschaftlicher Bedeutung.[68] Letzteres verbildlicht die große Sandsteinplatte schon per se. Sie war in ihrer mit Schwemmland-Materialien nicht erreichbaren Haltbarkeit auch Ausdruck der Furcht wohl aller Sumerer vor der immer wieder erfahrenen Vergänglichkeit ihrer Welt, der ihre Herrscher mit solchen Stelen und inszenierter Vergöttlichung zu entkommen suchten. Aber selbstverständlich hatte eine solche gewiss an einem belebten Platz des akkadischen Reichs aufgestellte Gedenktafel mit der Verbildlichung eines wichtigen, für den Staat auch nützlichen Sieges über gefährliche Feinde gleichzeitig eine propagandistische, die Herrschaft Naramsins stabilisierende Funktion. Auch darin lässt sich die gegebene Notwendigkeit sehen, die Herrschermacht – also die Verfügung über gewaltige Energiemengen – verteidigen zu müssen. Diese Interpretation wird durch eine die Regierungszeit des Königs beschreibende spätere Dichtung nahegelegt, der zufolge Naramsin – vermutlich durch hohe Kriegskosten bedrängt – auf Tempelschätze zurückgegriffen und dadurch die Priesterschaft gegen sich aufgebracht hatte.[69] Das als Realität genommen, musste er nun die Bildhauerkunst zu Hilfe rufen, um sein öffentliches Ansehen wieder herzustellen.

## 2. Die Entstehung der sumerischen Hochkultur

Dass ihm dafür auch hervorragende Metallhandwerker zur Verfügung standen, zeigt ein Bronzehohlguss, bei dem es sich vermutlich um ein Kopfportrait Naramsins handelt, der hier allerdings nicht mit ‚Hörnerkappe', sondern eher menschlich privat dargestellt ist: Das kunstvoll geflochtene, am Hinterkopf zusammengebundene, im Stirnbereich von einem Metallreif zusätzlich zusammengehaltene Haar und ein kunstvoll gekräuselter, im unteren Teil in Korkenzieherlocken auslaufender Vollbart stehen gewiss für Reichtum, Gepflegtheit und Disziplin des Herrschers. Sein jünglingshaft glattes, dabei durch scharfkantigen Schwung der Augenbrauen zugleich edel wirkendes Gesicht erhält dagegen vor allem durch die weich erscheinenden Lippen einen freundlich-sympathischen Zug.[70] Auch hier besticht – wie schon bei dem beschriebenen Frauenkopf aus Uruk – der fein nuancierte Gesichtsausdruck, der die souveräne Beherrschung realistischer Portraitkunst verrät. Offensichtlich sollte der Herrscher durch diese Darstellung – vielleicht wie der erwähnte Frauenkopf Teil einer sonst aus anderen Materialien gestalteten Statue – als schöner, vorbildlicher und zugleich sympathischer Mensch erscheinen, dessen Herrschaft man sich gerne anvertraut.
Sollte die von der Forschung vermutete Zuordnung dieses Portraits auf Naramsin zutreffen, würde sich daraus eine geschickte Doppelstrategie des Königs in seinem innenpolitischen Bemühen um Herrschaftssicherung ergeben: In seiner Selbstdarstellung gegenüber den Untertanen hätte er sich dann einmal als kampferprobter, vergöttlichter Schlachtensieger und andererseits als edler, zugleich freundlicher Mensch vorgestellt. Eine solche mit hervorragenden Künstlern realisierte Imagepflege spräche zugleich für hoch entwickelte sozialpsychologische Fähigkeiten des Königs wie für sein entsprechendes Kunstverständnis.
Dass Kunst hier politisch instrumentalisiert wurde, spricht weder gegen die Künstler noch gegen den Auftraggeber und kann nur den indignieren, der sie zum Zweck psychischer Eigenbemäntelung mit der Aura des zweckfrei Religiösen umgibt. Naramsin – im Fall des nicht sicher zuschreibbaren Portraitkopfes vielleicht auch ein anderer akkadischer oder sumerischer Herrscher – haben jedenfalls Kunstwerke sehr hoher Qualität zu politischem Machterhalt und also vorbeugender Abwehr von Energieverlusten entstehen lassen, womit eine weitere bis in der Gegenwart präsente Kulturtechnik als von den Sumerern zu hoher Vollkommenheit entwickelt festgestellt werden kann.
Als heute schon vier Jahrtausende überdauernde Zeugnisse sumerischer Menschen und ihrer Hochkultur haben sich neben kunstvollen Rollsiegeln, beschrifteten Tontafeln und steinernen Stelen also auch Bildwerke aus Metall erhalten. Allein deren technische Perfektion beweist einen bereits im

## II. Verifizierung

dritten vorchristlichen Jahrtausend erreichten hohen Stand der sumerischen Metalltechnik. Verlangte die Formung des goldenen Stierkopfes und des silbernen Ruderbootmodells aus dem Königsgrab in Ur eine absolute Beherrschung metallischer Treibarbeiten, so der dem Naramsin zugeschriebene Bronzekopf Entsprechendes in Legierungs- und Gusstechniken. Dies ist umso bemerkenswerter, als sämtliche Metalle, wie schon mehrfach bemerkt, über große Entfernungen nach Sumer eingeführt werden mussten, Metallbearbeitung dort also dort keineswegs heimisch war.
Die gewissermaßen ortsfremde Perfektionierung der Metallverarbeitungstechnik in Sumer lässt sich wiederum nur auf das in der von Vergänglichkeit geprägten Umwelt des Zweistromlandes allgegenwärtige Bedürfnis nach größtmöglicher Beständigkeit all dessen zurückführen, was man für das Leben benötigte. Überhaupt ist die erstaunlich vielseitige Hochkultur der Sumerer nur aus dem mit vielerlei technischen und kulturellen Hilfsmitteln zu bestehenden Überlebenskampf zu erklären, der Ackerbauern in einer äußerst fruchtbaren, aber zugleich extrem gefährlichen, von Hochfluten, Sommerdürre, feindlichen Völkern und vollkommenem Mangel an stabilen Materialien wie Holz, Steinen und Metallen bedrohten Lage zur Erfindung oder Übernahme immer weiterer Techniken zwang, mit denen der Energieverbrauch der dort wirkenden Menschen verringert, ihr Energiegewinn vergrößert oder gesichert und Energieverluste – auch vorbeugend – abgewehrt werden konnten.
Aus der Erfahrung, dass gespeicherte Energiereserven nicht wirklich dauerhaft zu sichern waren, ergab sich dabei zuletzt die praxisgeleitete Erkenntnis, dass halbwegs gesicherte Energieversorgung eher durch fest etablierte Energieaustausch-Regelungen wie Gesetze oder stabilisierte Leidensfähigkeit zu erreichen ist, die durch schriftliche Fixierung in Kodizes und Dichtungen sowie deren mythische Heiligung mit Namen und Bildnissen eines legendären Herrschers gegen Missachtung und willkürliche Veränderung abgesichert waren.

Als tiefste und dauerhafteste Grundlage aller menschlichen Existenz, ihrer Einrichtungen und Werke hat aber die Religion zu gelten, die in Götterbildnissen, Tempeln, den die Städte weit überragenden *Zikkurat*, den damit verbundenen riesigen Wirtschaftsbetrieben, den von diesen versorgten gigantischen Opferritualen und sonstigen religiösen Festlichkeiten, darunter den spektakulären Prozessionen vergöttlichter Herrscher jedermann immer wieder vor Augen geführt und ins Denken und Fühlen der Menschen versenkt wurde.

## 2. Die Entstehung der sumerischen Hochkultur

Auch in diesen Äußerungen einer das ganze Leben früher Gesellschaften durchdringenden Religion sehen wir eine – tiefenpsychologisch funktionierende – Energietechnik der Menschheit. In einem ersten Schritt lässt sich dies am Beispiel des auf der beschriebenen Sandstein-Stele als vergöttlichter Schlachtensieger dargestellten Königs Naramsin zeigen. Wie oben ausgeführt, wird dieser dort so ins Bild gesetzt, als habe er – vor seinen nachfolgenden Truppen kämpfend – das gegnerische Bergvolk ganz allein besiegt, so, wie es die Historiographie, zumindest bis in die jüngste Vergangenheit, auch mit anderen erfolgreichen Feldherren gehalten hat (etwa nach dem Muster: ‚Napoleon siegte bei Austerlitz'). Zwar wussten auch die sumerischen oder akkadischen Menschen, dass ein Einzelner nicht in der Lage ist, ein feindliches Heer zu besiegen, weshalb auf der besagten Stele Krieger im Gefolge des Königs dargestellt sind. Aber seine Führungsrolle ließ sich bildnerisch besonders eindrucksvoll dadurch vor Augen führen, dass man ihn an der Spitze seines Heeres, in doppelter Körpergröße und mit einer seine Göttlichkeit anzeigenden Hörnerkappe darstellte. Die damit behauptete übermenschliche, eben göttliche Qualität des Königs konnte den damaligen Betrachter auch deshalb überzeugen, weil er die Fülle von Planungen, Regierungsaktivitäten, auch glücklichen Umständen aller Art nicht überblicken konnte, mit denen Naramsin und seine zahlreichen Zuarbeiter die gewaltige Energieballung eines gut ausgerüsteten, versorgten Heeres hatte zustande bringen und zum Sieg über ein fernes, gefährliches Bergvolk hatte dirigieren können. So etwas konnte gerade für den damaligen wenig informierten Zeitgenossen nur mit übermenschlichen, also göttlichen Fähigkeiten vollbracht worden sein.

Die Hörnerkappe, die den Eindruck erweckte, als wüchsen dem Herrscher tatsächlich zwei nach oben geschwungene Hörner seitlich aus dem Kopf, hatte in einer Zeit, in der als Mischwesen dargestellte Götter mindestens noch geachtet waren (wie die reptilienköpfige Muttergöttin der *Ubaid*-Kultur[71] oder die ägyptischen Sphingen) zweifellos eine beträchtliche Suggestivwirkung, die vor allem auf ihre Herkunft aus totemistischer Vaterverehrung zurückging. So wie der getötete Hordenvater unter der Gestalt eines tabuisierten Tieres verehrt und um Schutz und Beistand gebeten wurde, weil er im Unbewussten noch des Erwachsenen als der übermächtige, das Leben regelnde und bestimmende Herrscher erinnert wird, als den man ihn in frühen Jahren kindlicher Hilflosigkeit erlebt hatte, so konnte der mit dem Totem-Attribut von Tierhörnern auftretende Naramsin mit derselben kindlichen Verehrung und Unterwerfung rechnen, wenn er in patriarchalischer Geste und als Mischwesen in Erscheinung trat.

## II. Verifizierung

Die von Naramsin, soweit bekannt, erstmals unternommene Inszenierung eigener Göttlichkeit, die von anderen Herrschern, sehr ähnlich übrigens von Alexander d.Gr. nachgeahmt wurde, der sich im Ammon-Heiligtum der Oase Siwa ebenfalls Hörner anlegen ließ, um bei den Ägyptern als Gott anerkannt zu werden, erwies sich lange Zeit (sonst wäre sie nicht noch von römischen Kaisern nachgeahmt worden) als ein probates Mittel, die herrscherliche Autorität und damit Macht erheblich zu steigern, besonders den gefährdeten Zusammenhalt großer Reiche zu festigen. Da es sich hierbei, wie gesagt, um eine tiefenpsychologisch funktionierende Aktualisierung kindlicher Autoritätserfahrung zum Zweck politischer Machtsteigerung handelte, die immer eine weiter reichende Bündelung und Lenkung menschlicher Energien ist, sind zumindest die so gestifteten Religionskulte als tiefenpsychologische Energietechniken zu identifizieren, die als solche zum sumerischen Erbe gehören.[72]

**Anmerkungen**

[1] Armstrong, James A./ Zettler, Richard L./ Zarins, Juris: Sumer: Cities of Eden, Time-Life US-Edition; dt. Ausgabe: Die blühenden Städte der Sumerer, Köln 2001, 64
[2] Kramer, Samuel N.: Die Wiege der Kultur, Time-Life 1969, 16
[3] Crawford, Hamet: Sumer and the Sumerians, Cambridge 1991, 10
[4] Palmquist, Lennart: Der große Übergang, in: Burenhult (Kap. 1, Anm. 1), 245f.
[5] Armstrong (Anm. 1), 59
[6] Abb. bei Palmquist (Anm. 4), 246
[7] Ebd.
[8] Armstrong (Anm. 1), 109ff.
[9] A.a.O. 151
[10] A.a.O. 59; Palmquist (Anm. 4), 246
[11] Palmquist (Anm. 4), 246
[12] Haarmann, Harald: Geschichte der Schrift, München 2002, 30f.
[13] Ders.: Geschichte der Sintflut. Auf den Spuren der frühen Zivilisationen, München 2003, 186
[14] A.a.O. 183; Edzard, Dietz Otto: Geschichte Mesopotamiens. Von den Sumerern bis zu Alexander dem Großen, München 2004, 26f.
[15] Edzard (Anm. 14), 14
[16] A.a.O. 29f.
[17] Armstrong (Anm. 1), 57
[18] A.a.O. 51f.
[19] So ist es kein Zufall, dass die größte durch schriftliche Registrierung nachgewiesene Schafherde des frühen Vorderen Orient nicht in einer der südlichen Großstädte oder einem der dortigen Großreiche, sondern im nordsyrischen Ebla nachgewiesen wurde. (Edzard (Anm. 14), 66)

[20] Eine architektonische Vorform solch zentraler Getreidespeicherung des Gemeinwesens wurde im vorsumerischen *Tell Ueli* freigelegt, wo mehrere jeweils gut 80 kleine, bienenwabenartig aneinander gemauerte Getreidespeicher enthaltende Gebäude freigelegt wurden, die kaum eine andere Deutung zulassen als die zentral verwalteter Einzeldepots (Armstrong (Anm. 1, 69). Nach Entwicklung des Schrift- und Quittungswesens konnte man sich so aufwendige Speicherbauten ersparen und Einzeldepositen gemeinsam in großen Hallen lagern. – Zikkurat-Reste und Modelle bzw. Keilschriftformen in Abb. bei wikipedia: Zikkurat, bzw. Keilschrift

[21] Edzard (Anm. 14), 39

[22] Armstrong (Anm. 1), 47

[23] Ebd.

[24] Die Bevölkerungsvermehrung ist ablesbar z.b. an der Vergrößerung der Tempelfundamentflächen in Eridu von 9 auf 288 qm auf solche in Uruk, die in den oberen Siedlungsschichten 2915 und 4394 qm betrugen. (Edzard (Anm. 14), 22)

[25] Edzard (Anm. 14), 72f.

[26] Abb. bei Edzard (Anm. 14), 25

[27] Kramer (Anm. 2), 106; Armstrong (Anm. 1), 102

[28] Armstrong (Anm. 1), 101

[29] Kramer (Anm. 2), 108

[30] A.a.O. 114

[31] Armstrong (Anm. 1), 53

[32] A.a.O. 78f.

[33] Kramer (Anm. 2), 75

[34] Armstrong (Anm. 1), 78

[35] Abb. A.a.O. 93; Kramer (Anm. 2), 48f.

[36] Armstrong (Anm. 1), 92

[37] Kramer (Anm. 2), 82

[38] Armstrong (Anm. 1), 92

[39] Abb. A.a.O. 80

[40] Armstrong (Anm. 1), 90f.

[41] Haarmann (Anm. 12), 71

[42] Abb. bei: Leonard, J.N./ Dyson, R.H.: Die ersten Ackerbauer, Time-Life 1975, 141

[43] Kramer (Anm. 2), 129 ff.; Armstrong (Anm. 1), 76f.; Haarmann (Anm. 12), 15f.

[44] Kramer, a.a.O. 129

[45] Abb. bei Armstrong (Anm. 1), 76

[46] Edzard (Anm. 14), 34f.

[47] Haarmann (Anm. 12), 31f.

[48] A.a.O. 76f.; 88f.

[49] Edzard (Anm. 14), 49

[50] A.a.O. 54f.

[51] Wir folgen bei dieser Annahme Freuds Analyse des Totemismus, u.a. in: Freud, Sigmund: Totem und Tabu (1914), Frankfurt 2005, 178f.

[52] Edzard (Anm. 14), 110

[53] A.a.O. 100

[54] A.a.O. 103

[55] Ebd.

II. Verifizierung

[56] Armstrong (Anm. 1), 142
[57] Edzard (Anm. 14), 106
[58] A.a.O. 100
[59] A.a.O. 59
[60] Armstrong (Anm. 1), 121
[61] A.a.O. 142
[62] Kramer (Anm. 2), 39
[63] Edzard (Anm. 14), 102
[64] Abb. A.a.O. 23
[65] Armstrong (Anm. 1), 110; Abb. unter Google/bild.de, Suchwort ‚Stierkopf von Ur'
[66] Kramer (Anm. 2), 105
[67] Armstrong (Anm. 1), 126; Edzard (Anm. 14), 88f.; Abb. unter Google/Bild.de, Suchwort ‚Naramsin-Stele'
[68] Ebd.
[69] Edzard (Anm. 14), 90
[70] Abb. im Internet unter Google, Suchbegriff: Mesopotamische Kunst – MSN Encarta, Multimedia 7 Objekte
[71] Armstrong (Anm. 1), 44
[72] Zur weitergehenden Erörterung der Religionsfrage vgl. die folgenden Kapitel.

## 3. Die Entwicklung der griechischen Hochkultur

Die Griechen haben zwei Anläufe unternommen, um eine eigene Hochkultur zu entwickeln und zwar beide Male aus einer Anfangsposition tiefer Unterlegenheit gegenüber weit fortgeschrittenen Kulturen in ihrer ostmittelmeerischen Umgebung. Die überlegene Gegenmacht zu Zeiten des ersten Anlaufs war das minoische Kreta, das – seinerseits durch die sumerische Religion und Palastkultur geprägt – mit seinen Schiffen zumindest gegen Ende des dritten und in der ersten Hälfte des zweiten vorchristlichen Jahrtausends die Ägäis und die griechischen Küsten beherrschte.[1] Dies hieß vor allem, dass die kretischen Minoer mit den in ihren Palast-Manufakturen hergestellten bronzenen Waffen und Werkzeugen die Festlandsgriechen versorgten, die solche ‚Wunderwerke' einer fortgeschrittenen Metalltechnik gegen Rohstoffe wie Porphyr, Kupfer, Liparit und Silber, außerdem vermutlich gegen Leder- und Textilerzeugnisse eintauschten[2], und zwar zu Konditionen, die den Kretern als Monopolisten äußerst begehrter Waren im Handel mit den lange Zeit noch seeuntüchtigen Griechen große Gewinne eintrugen.[3] Im energetischen Klartext heißt dies: Die zivilisatorisch-technisch auf weit niedrigerem Niveau produzierenden Griechen konnten die für eine effektivere Daseinsbewältigung begehrten Metallwaren nur mit Produkten eintauschen, deren Her- und Bereitstellung sie wesentlich mehr Energieaufwand gekostet hatte, als die Kreter für ihre in durchorganisierten Manufakturen mit Einsatz von Sklaven hergestellten Waren hatten aufbringen müssen.

Um diesen ungleichen Tausch, also das energetische Missverhältnis, dem alle zivilisatorisch unterlegenen Gesellschaften beim Waren- oder auch Dienstleistungsaustausch mit fortgeschrittenen Partnern unterliegen, auszugleichen, entwickelten die Griechen seetüchtige Schiffe, die schließlich schneller waren als die – aus religiöser Tradition in Form von Kulthörnern gebauten – Frachtschiffe der Kreter, die damit auf See gestellt und gekapert werden konnten.[4] Damit war im Fall der gelungenen Aufbringung eines mit wertvoller Fracht beladenen Schiffs die Energie-Gewinn-Quote zugunsten der griechischen Seite auf den Kopf gestellt, weshalb die Griechen an dieser und anderer Art von Piraterie Jahrhunderte festhielten, wie es unter anderem die homerischen Epen mehrfach bezeugen.[5]

Da Seeräuberei aber nicht dauerhaft und regelmäßig Einkünfte verschafft, vor allem aber ein zu stark geschädigter Schiffsverkehr, wie es im 13. vorchristlichen Jahrhundert offensichtlich geschah, schließlich eingestellt wird, beschränkten sich die Griechen nicht auf diese Art, ihre Energie-Bilanz im Austausch mit den Kretern zu verbessern. Sie überfielen viel-

## II. Verifizierung

mehr deren Insel, zerstörten einige der dortigen Paläste und Städte und übernahmen um 1450 v.Chr. Knossos als deren dominantes Zentrum als neue Herren. So gewannen sie Einblick in die minoische Palastkultur, die dort ebenso wie u.a. in Phaistos und Malia nach sumerischem Vorbild betrieben wurde, und übernahmen sowohl religiöse Rituale als auch die schriftlich kontrollierte Wirtschaftsführung großer Manufakturen mit ihrer fortgeschrittenen Technik, indem sie beides, wenn auch in kleinerem Maßstab und auf geringerem Kulturniveau, nach Griechenland verpflanzten.[6]
So entstanden im Westen der Peloponnes mit Pylos, im Nordosten mit Tyrins, Midea und Mykene, nach welchem diese Phase der frühgriechischen Geschichte benannt wird, Palastkulturen, die ähnlich strukturiert waren wie die kretisch-minoischen. Dies geht, abgesehen von archäologisch erkundeten Gebäude-, Gräber- und Artefaktenresten, eindeutig aus aufgefundenen Tontafel-Beschriftungen hervor, die – ebenso wie kretisch-minoische – im Wesentlichen Warenbestandslisten, aber auch Namen von Gottheiten konserviert haben, und zwar in einer frühgriechischen Sprache (Linear-B).[7]
Die Größe und Anlage dieser Paläste, mit denen – wie in Kreta – auch Kulträume und umfangreiche Manufakturen verbunden waren – in Pylos z.B. Werkstätten für etwa 400 Kupferschmiede und 600 Sklavinnen der Woll- und Leinenverarbeitung – belegen ebenso wie reiche Grabbeigaben für verstorbene Palastherren vor allem in Mykene, wo Heinrich Schliemann als erster neuzeitlicher Archäologe den Schatz des homerischen Königs Agamemnon glaubte gefunden zu haben, den wirtschaftlichen, technischen und kunsthandwerklichen Erfolg der mykenischen Kultur, in der auch ausgesprochene Luxusgüter wie bemalte Keramik, Parfüm, Möbel mit Einlegearbeit, Juwelen und Elfenbeinschnitzereien für den Export in nahezu alle Mittelmeerländer hergestellt wurden.[8]
Im Gegensatz zur dominierenden Mutter- und Fruchtbarkeitsgöttin der Minoer, die oft in abgelegenen Höhlen oder auf Bergspitzen verehrt wurde, scheinen die mykenischen Frühgriechen eine große Zahl von Gottheiten verehrt zu haben, von denen die Namen einiger wie Zeus, Hera, Poseidon, Hermes, Athena und Artemis, vielleicht auch die von Apollon, Ares und Dionysos auf mykenischen Tontäfelchen entziffert werden konnten. Einige dieser Gottheiten wie Zeus, Hera, Poseidon und Ares werden auf indogermanischen Ursprung zurückgeführt, sodass sich in der mykenischen Religion offenbar verschiedene religiöse Traditionen gemischt haben. Die im Palasthof zelebrierten religiösen Zeremonien standen ebenso wie die Priester(innen) unter der Leitung des Palastherrn, der im übrigen den Gottheiten als Vertreter seines Staates, nicht als Priester- oder Gottkönig gegenübertrat.[9]

## 3. Die Entwicklung der griechischen Hochkultur

Diese Distanzierung der Mykener vom orientalischen Gottkönigtum und Muttergöttin-Kult lässt sich vielleicht aus der Tatsache erklären, dass der neue Reichtum und zivilisatorische Aufschwung der mykenischen Königreiche vor allem auf Aktionen kooperierender Männer wie Kaperfahrten, die Unterwerfung der Kreter und auf meerweite Handelsunternehmungen zurückgingen, nicht mehr vorwiegend auf die Fruchtbarkeit von Frauen, Vieh und Feldern. Dem entsprechend rückten die für die Schifffahrt besonders wichtigen Wettergottheiten, nämlich der durch Blitz, Donnerkeil und Gewittersturm besonders gefährliche Zeus mit seiner Frau Hera und der Meeresgott Poseidon an die Spitze der rituellen Verehrung. Deren Kernstück bestand im blutigen Tieropfer, in dem sich, wie die offensichtlich sehr alte Zeremonie des ‚Stiermordens' (*buphonia*) noch in klassischer Zeit erkennen lässt, Schuld- und Heiligungsgefühle gegenüber dem alten Totemtier mischten[10], was die vor Antritt ihrer Raub-, Kriegs- und Fernhandelsunternehmen den besten Teil des Opferfleisches selbst verspeisenden Teilnehmer – ihr Energie-Potenzial mehrend – umso fester zusammenschloss.

Der Palastherr (*wanax*) zog bei Kriegen als Oberbefehlshaber mit in die Schlacht, die er ähnlich wie orientalische und insbesondere hethitische Herrscher von einem mit Pferden bespannten Streitwagen aus lenkte. Seine Krieger waren – je nach militärischem Rang – mit Leder- oder Bronzehelmen, -schilden und -rüstungen ausgestattet, außerdem mit Stoß- und Wurflanzen, Pfeil und Bogen, Schwertern und Dolchen.[11] Diese auf dem höchsten technischen Stand der damaligen Zeit befindliche Ausrüstung zusammen mit den später als Zyklopenmauern bezeichneten gewaltigen Steinfestungen mehrerer Palastburgen geben ein eindeutiges Zeugnis von dem Gefährdungspotenzial, das den Palästen und ihren Bewohnern zumindest gegen Ende der mykenischen Epoche, also im 13. vorchristlichen Jahrhundert drohte. Beides spricht unter den verschiedenen Erklärungsversuchen des Zusammenbruchs, in dem das mykenische Palastsystem um 1200 endete, für jenen, der die Ursache in einer andauernden Gefährdung durch militärische Konkurrenten sieht, gegen deren Angriffe man sich zunehmend verstärken musste. Dies können – nachdem die These von der großen dorischen Einwanderung dieser Zeit fallen gelassen wurde – nur in ägyptischen Papyri erwähnte anonyme ‚Seevölker' oder andere Palastherrscher gewesen sein, die, fortgesetzter Raubpraxis folgend, erfolgreicheren Konkurrenten gewaltsam das fortzunehmen versuchten, was ihnen selbst bei Piraterie oder Handelsgeschäften entgangen war. Aufs Ganze gesehen geriet das prekäre Gleichgewicht von Frieden benötigendem Fernhandel und diesen

## II. Verifizierung

zerstörender Piraterie, das die mykenische Palastkultur eine Zeitlang so gewinnträchtig hatte werden lassen, durch zunehmende Gewalttätigkeit aus dem Lot und ließ das von den minoischen Kretern aufgebaute und von den Mykenern übernommene ostmediterrane Handelssystem zusammenbrechen.[12]

Für die mykenischen Palastherrschaften als Zentrum dieses Handelssystems erwies sich dessen Zusammenbruch – ebenso wie für das seit 1350 das nördliche Syrien und damit den Handel zwischen Mesopotamien und dem Mittelmeer beherrschende Hethiterreich – als besonders katastrophal. Die mykenischen Palastwirtschaften fielen, nachdem ihre überseeischen Erwerbsmöglichkeit mit dem Mittelmeerhandel verschwunden waren, auf bloße Agrarwirtschaft mit bedarfsnahem Handwerk zurück, in eine Phase, die von Historikern wie Archäologen des alten Griechenland als die ‚Dunklen Jahrhunderte' (*Dark Ages*) bezeichnet wird, weil in diesem etwa von 1200 bis 800 v. Chr. dauernden Zeitraum nicht nur die Linear-B-Schrift und damit alle konkreten Nachrichten verloren gingen, sondern auch die gegenständlichen Hinterlassenschaften der damals in Griechenland lebenden Menschen als insgesamt äußerst dürftig zu bezeichnen sind.[13]

Wenn die mit dem Zusammenbruch des Überseehandels ebenfalls kollabierenden Palastwirtschaften zugleich in eine soziale, politische und kulturelle Krise größten Ausmaßes gerieten, in deren Folge dort brotlos gewordene Handwerker und Sklaven abwanderten, worauf Siedlungsrückgänge hindeuten[14], so sind dies – ebenso wie später nachrückende oder sich verschiebende Dialektgruppen in der Peloponnes und im ägäischen Raum – Folgeerscheinungen, nicht etwa Ursachen der mykenischen Katastrophe. Dafür spricht der im Theorieteil erörterte Zusammenhang von Energie-Gewinn und Warenaustausch: Dieser hatte in der Zeit seines Wachstums und Funktionierens zunächst die kretischen, später die mykenischen Paläste entstehen und mit Reichtum und allen Segnungen einer blühenden Hochkultur aufblühen lassen, während sein Niedergang folgerichtig genau das Gegenteil bewirkte.

Außerdem wird sich zeigen, wie am Ende der Dunklen Jahrhunderte ein in Gang kommender Warenaustausch zwischen der Levante und Italien, vermittelt durch die Griechen, die sich während des dunklen Zeitalters auf den Inseln der Ägäis und der kleinasiatischen Küste als idiomprägende Zuwanderer ausgebreitet hatten[15], den zweiten griechischen Anlauf zu einer immer wieder bewunderten Hochkultur gestartet hat. Dieser Warenaustausch wurde offensichtlich von den semitischen Phöniziern in Gang gesetzt, die nach dem erwähnten Zusammenbruch des Hethiterreichs die Herrschaft

## 3. Die Entwicklung der griechischen Hochkultur

über die syrische Levante an sich gebracht und den Warenumschlag zwischen Mesopotamien und den Mittelmeeranrainern schon seit dem 11. vorchristlichen Jahrhundert nach und nach mit Kolonien und Faktoreien in Sardinien, Spanien und Nordafrika wieder eröffnet hatten. Dabei waren sie, um die Bronzebestandteile Kupfer und Zinn zu erhandeln, weite Wege bis hin zum spanischen Tartessos jenseits von Gibraltar gefahren, wo das seltene Zinn aus Süd-Wales angeliefert wurde.

Der hohe Wert von Bronzeerzeugnissen, der durch so ausgedehnte Transportwege schon ihrer Grundstoffe und die anschließende kunstvolle Verarbeitung durch phönizische Metallhandwerker bedingt war, darf deshalb den Homer-Leser nicht überraschen, der bei einer Kampfpreisschätzung in der Ilias erfährt, dass ein großer Bronzedreifuß dreimal so hoch bewertet wird wie „ein blühendes Weib", also eine schöne Sklavin (Il. 23, 700-705). Wegen dieser hohen Kosten für alle aus Bronze hergestellten Gebrauchsgegenstände, Waffen, Rüstungen und Luxuswaren gewann die Förderung und Verarbeitung von Eisenerz gerade in den Dunklen Jahrhunderten bei den Griechen zunehmendes Interesse, zumal entsprechende Vorkommen sowohl in Zentralgriechenland, in der südlichen Peloponnes und auf verschiedenen ägäischen Inseln vorhanden waren.[16] Da die Verhüttung von Eisenerz und die Verarbeitung des Metalls schon wegen der benötigten höheren Schmelztemperatur und den komplizierten Härtungsverfahren im Vergleich zur Bronze erhebliche Schwierigkeiten bereiteten, waren die griechischen Metallhandwerker in diesem Sektor allerdings auf phönizische Entwicklungshilfe angewiesen. Dafür sprechen zum einen die sehr allmähliche Zunahme an Eisenteilen in submykenischen Grabbeigaben[17], zum andern die archäologisch nachweisbaren Brückenköpfe griechisch-phönizischer Kooperation auf Zypern und in der griechisch-phönizischen Faktorei Al-Mina an der nordsyrischen Küste.

Von diesem Handelsstützpunkt, der griechischerseits offenbar von Auswanderern der Insel Euböa besiedelt wurde, deren geometrisch bemalte Keramik dort und in Nachbarstädten gefunden wurde, verschiffte man Eisen, Metallgegenstände, Textilien und kunsthandwerkliche Produkte nach Griechenland, von wo im Gegenzug die genannte Keramik und vermutlich Eisenerz, Silber, Sklaven und weitere, nicht bekannte Handelswaren in den Orient gingen.[18] Der offensichtliche Erfolg der Al-Mina-Kaufleute bewog die beiden euböischen Siedlungen Chalkis und Eretria, die sich 35 Jahre zuvor noch wegen knapp werdender Kulturflächen bekriegt hatten, zu gemeinsamer Gründung der ersten griechischen Kolonie Pithekussai (Iskia) im Golf von Neapel, wo zunächst möglicherweise wiederum mit Sklaven gehandelt, später nachweislich Eisenerz von der Insel Elba verhüttet wurde.

## II. Verifizierung

In den sich von dort mit der griechischen Heimat und der Levante ergebenden Handelskreislauf wurden in Griechenland neben der nun immer dekorativer gestalteten Keramik zweifellos auch Textilarbeiten der Frauen eingebracht, deren Spuren archäologisch zwar nicht erhalten sind, aber in den homerischen Epen immer wieder als Zubehör fürstlicher Pracht und Zeugnis handwerklicher Kunstfertigkeit griechischer Frauen geschildert werden (Od. 1, 130/1; 2, 94-102; 7, 108-111 et passim).

Der eigentliche Antrieb dieses neu aufblühenden Wirtschaftskreislaufs zwischen Italien und der Levante mit Griechenland als geographischem Zentrum lag aber zweifellos beim Handel mit Erzen, Rohmetall und Metallgeräten der Gastfreundschaftskultur, vor allem aber der Kriegstechnik. Dies belegen neben den Grabbeigaben von ‚Aristokraten' der Dunklen Jahrhunderte die zahlreichen entsprechenden Schilderungen in den homerischen Epen, wo die Beschreibung des kunstvoll gefertigten Schildes des Achilles nicht weniger als 228 Verse füllt (Il.19, 379-607). Auch Schwerter mit ihren aus Edelmetall gefertigten Griffen, Scheiden und Gehenken sowie glänzende Helme mit wehendem Busch aus Rosshaar werden bei der Schilderung der Kämpfe vor Troja immer wieder hervorgehoben, als Beute heftig umkämpft, als Lösegeld angeboten oder als Herrschaftszeichen angelegt (Il. 11, 246-251; 10, 378-380; 11, 17-46). Daneben spielen – als Preise in athletischen Wettkämpfen oder als Gastgeschenke in Adelshäusern – immer wieder bronzene Dreifüße, auf drei Beinen stehende Kessel für die Warmwasserbereitung, wie bereits erwähnt, eine besonders hochgeschätzte Rolle.

Neben dem Ruhm und Ansehen, das der Besitz und das großzügige Verschenken solcher auf Raubzügen, im Krieg oder athletischem Kräftemessen erlangten Wertobjekte innerhalb des damaligen Adelsmilieus einbringt, bedeutet das – möglichst gehäufte – Eigentum an solchen weitgehend unvergänglichen Pretiosen wirtschaftliche Absicherung noch der Nachkommen, wie der Dichter seinen klugen Helden Odysseus als Ergebnis seiner entsprechende Güter sammelnden „Weisheit" verkünden lässt (Od. 19, 283-294).

In solcher die eigene Findigkeit und Kampfkraft beweisenden Sammlung teilweise im *Megaron,* dem zentralen Hauptraum des Hauses, ausgestellter Kostbarkeiten ist der energetische Kern der archaischen Adelskultur materialisiert. Um einen solchen verrottungsfreien und dauerhaft verwendbaren Energiespeicher zu erlangen, waren unternehmungslustige und kampfstarke junge Adlige – vielleicht in immer noch andauernder mykenischer Tradition – auf die Idee gekommen, solche für sie sonst kaum erreichbaren Wertgegenstände, die ein reicherer Nachbar möglicherweise von einem phönizi-

## 3. Die Entwicklung der griechischen Hochkultur

schen oder nun auch schon griechischen Händler erworben hatte, auf möglichst einfache, kostensparende Weise zu beschaffen. Man brauchte dafür nur ein seetüchtiges Boot auszuleihen oder notfalls zu bauen, mit gleichgesinnten jungen Männern zu besetzen, eine fremde Siedlung mit Adelssitz zu überfallen, auszurauben und die Beute nach Hause zu bringen. Der Erfolg solcher Unternehmungen war im Normalfall garantiert, denn selbst wenn man bei einem solchen – für die Betroffenen unvorhersehbaren – Überfall keine Wertgegenstände fand, konnte man sich an das Vieh und an junge „blühende Weiber" halten, die als Beischläferinnen und Arbeitskräfte immer zu gebrauchen waren, aber auch als Tauschobjekte im aufkommenden Handel dienen konnten.

Der kritische Punkt eines solchen Raubzugs war im Normalfall gewiss mit der Beuteteilung erreicht, wie aus dem Bericht des Odysseus über den von ihm geleiteten Überfall auf die Kikonen hervorgeht, nach welchem er besonders darauf geachtet habe, dass „keiner leer von der Beute mir ausging" (Od. 9, 41/2). Da eine gerechte Teilung bei verschiedenartigen Beutestücken immer schwierig ist, wurden diese in solchem Fall ausgelost, wie wir wieder von Odysseus in einer zwar von ihm erdachten, aber damals offenbar glaubwürdigen Geschichte über nicht weniger als neun derartige Raubüberfälle erfahren, bei dem ihm als dem Anführer der Gruppe allerdings der erste Zugriff auf „das schönste Kleinod" zustand. (Od. 14, 230-234).

So war die Position des Anführers solcher gefolgschaftsähnlichen *hetaireiai* zweifellos nach dessen Tod umkämpft, und um darüber die Gemeinschaft nicht zerfallen zu lassen, war die Totenfeier zu Ehren des Anführers mit athletischen Wettkämpfen zur Ermittlung des Nachfolgers kombiniert worden, wie sie besonders ausführlich anlässlich der Beisetzung des vor Troja gefallenen Patroklos geschildert werden (Il. 23, 257-897). Dass mit solchen athletischen Wettkämpfen, die schließlich zu ritueller Routine und also bloßem Sportereignis wurden, ursprünglich Nachfolgerivalitäten unblutig und damit energiesparend geregelt wurden, geht u.a. aus der Ehebedingung der Penelope hervor, die sie den um sie werbenden Freiern stellt: Ein Kunstschuss durch die Stielöffnungen von zwölf hintereinander in einen Balken geschlagenen Äxten mit einem äußerst schwer zu spannenden Bogen des vermeintlich verstorbenen Odysseus, also ein athletischer Wettbewerb, soll dessen Nachfolge bei ihr und als König von Ithaka entscheiden (Od. 22, 572-580).

Das schon von Jakob Burckhardt und danach immer wieder herausgestellte agonale, also wettbewerbliche Prinzip des kulturellen Lebens in der griechischen Antike entstand offensichtlich in diesem geregelten Wettstreit um

## II. Verifizierung

den ersten Platz in den gewiss zahlreichen Gefolgschaften, die untereinander wiederum zumindest in einem Ruhmeswettbewerb um die wertvollsten und schönsten Beutestücke gestanden zu haben scheinen, von denen die wertvollsten dann als Geschenke letztlich göttlicher Herkunft deklariert wurden wie der Szepter Agamemnons oder der Schild des Achilles (Il. 2, 101-108; 19, 368). Ein solch multilateraler Wettbewerb zwischen einer Vielzahl von *basileis,* wie sich die Anführer von Gefolgschaften und Siedlergruppen nannten, die auf Hunderten von Inseln und in Dutzenden von Siedlungskammern des Festlandes einerseits wie kleine Könige regierten, andererseits über den Schiffsverkehr immer wieder von Standesgenossen besucht, herausgefordert und auch angegriffen wurden – ein solcher Dauer-Agon um die prächtigsten ‚Schätze' und die schönsten Frauen, um die es auch in beiden homerischen Epen letztlich geht, konnte sich eben nur in der Topographie des griechischen Raumes entwickeln und behaupten, niemals in einem kontinentalen Großreich und dessen festgefügter Hierarchie.

Dass die Raubfahrten der verschiedenen *hetaireiai* in der griechischen Welt nicht zu einem Krieg aller gegen alle führte, wie es offenbar gegen Ende der mykenischen Zeit geschehen war, wurde durch zwei – vermutlich in den Dunklen Jahrhunderten entwickelte – Errungenschaften der griechischen Adelskultur vermieden: die des religiös sanktionierten „heiligen Gastrechts" (Od. 13, 202) und die der überregionalen Kultfestspiele.
Die für den auf fremdem Territorium damals rechtlosen Mann lebenswichtige Einrichtung der Gastfreundschaft war, wie es die Odyssee am Beispiel des schiffbrüchigen Odysseus schildert (Od. 7, 133-165), aus der offensichtlich häufiger auftretenden Notlage seefahrender Adliger entstanden, die auch aus anderen als räuberischen Motiven Seefahrten unternahmen. So ist im homerischen Epos zweimal von Fahrten Adliger mit kommerziellem Hintergrund die Rede (Il. 8, 467-475; Od. 1, 185), während Odysseus' Sohn Telemachos auf einem Schiff zu dem entfernten Pylos reist, um Nachrichten über seinen verschollenen Vater einzuholen (Od. 3, 71-77). Bei all solchen Seefahrten konnte man in Not und in Sklaverei geraten, und deshalb hatte sich zumindest zwischen Adelsfamilien ein Ethos außerordentlich weit gehender Hilfsbereitschaft für den als würdig befundenen oder als Mitglied einer Familie mit früherem Gastfreundschaftskontakt erkannten Fremden entwickelt. Solche Hilfsbereitschaft umfasste nicht nur Reinigungsbad, Beköstigung und Unterbringung auch für längere Zeit, sondern Kleidung und wertvolle Abschiedsgeschenke, außerdem die Bereitstellung von Wagen oder Schiff mit entsprechenden Hilfskräften für die Weiterreise etwa eines Schiffbrüchigen (Od. 15, 67-84). All das war aller-

## 3. Die Entwicklung der griechischen Hochkultur

dings auch nötig, um einem hilflos an fremden Strand Verschlagenen in damaligen Verhältnissen überhaupt die Heimkehr in Ehren zu ermöglichen, denn der ohne Beute oder Gewinn Zurückkehrende war, wie es das Beispiel des als Bettler heimkommenden Odysseus zeigt, nicht von vorn herein anerkannt und willkommen. Die kulturelle Institution der Gastfreundschaft war also eine sich auf die folgenden Generationen vererbende Sicherung gegen Unglück in der Fremde und auch Friedensmittel, das während der Schlacht vor Troja die zunächst verbissen gegeneinander kämpfenden Helden Diomedes und Glaukos zu privatem Friedensschluss und freundschaftlichem Waffentausch führt, als sie sich der Gastfreundschaft ihrer Väter bewusst werden (Il. 6, 215-236). Die Forschung hat schon vielfach darauf hingewiesen, dass solche Gastfreundschaftsbindungen noch die Außenpolitik der sich bildenden *poleis* und insbesondere der sogenannten Tyrannen bestimmt hat[19], also dauerhaft der Zersplitterung der griechischen Welt entgegenwirkten.

Ähnliches gilt für die zweite Errungenschaft adliger Gesellschaftskultur, den athletischen Wettkampf zur rituellen weitgehend gewaltfreien Hierarchiebildung junger ‚Helden' in überregionalen Festspielen an panhellenischen Heiligtümern. Als traditionsreichstes dieser Feste galten seit jeher die Olympischen Spiele, die ursprünglich Wettkämpfe im Rahmen einer Leichenfeier für den lokalen Heros Pelops waren und später zu dessen Gedenken und zur Friedensfestigung umwohnender Gefolgschaftsverbände regelmäßig wiederholt wurden.[20] Dem dorischen Heros Herakles wurde überdies die dortige Einrichtung der Laufbahn, die Anpflanzung schattenspendender Ölbäume und der Sieg im ersten dort veranstalteten *Pankration* (Mehrkampf) zugeschrieben, womit vielleicht die Überführung der Spiele aus bloß lokaler in allgemein griechische Tradition legendär verbildlicht wurde. Seitdem waren sie Zeus als dem höchsten Gott aller Griechen geweiht, dem auf seinem im olympischen Hain stehenden Altar vor Beginn der Spiele Opfer dargebracht wurden. Auch diese Hochstufung der Olympischen Spiele lag zeitlich wohl noch vor dem meist genannten Jahresdatum 776 v.Chr., von dem an Namen der Wettkampfsieger bekannt sind.

Die Frieden stiftende Funktion der Olympischen Spiele wird zunächst in der Bestimmung deutlich, die während der – Wochen dauernden – Anreise der Athleten aus allen Teilen der griechischen Welt, zu der schon bald weit entfernt liegende Kolonien gehörten, jede Kriegshandlung untersagte. In gleichem Sinn wirkte – wenigstens langfristig – das friedliche, zugleich festliche Zusammentreffen von Athleten und Zuschauern verschiedenster, auch verfeindeter Gemeinwesen, die sich dort als Glieder derselben Nation verstehen lernten, was durch eine dortige Inschrift von etwa 600 v.Chr. be-

## II. Verifizierung

legt wird, in welcher das Wort ‚Hellenen' als nationaler Sammelbegriff erstmals dokumentiert ist, und zwar im Kompositum *hellanodikai* (griechische [Wettkampf-] Richter).[21] Ein Gefühl nationaler Zusammengehörigkeit der in Olympia versammelten Griechen, aber auch der Bewunderer weithin gefeierter Sieger, von denen der des Kurzstreckenlaufs Namengeber des folgenden Vierjahreszeitraums in der griechischen Zeitrechnung wurde, musste sich auch daraus ergeben, dass Nichthellenen die Teilnahme an den Spielen versagt blieb, die Olympischen Spiele die griechische Welt mithin eindeutig von den ‚Barbaren' abgrenzte.

Im Zuge der bis ins westliche Mittelmeer und ins Schwarze Meer ausgreifenden Koloniegründungen griechischer Städte wuchs offensichtlich das Bedürfnis nach weiteren panhellenischen Festspielen der olympischen Art, und so entstanden im letzten Viertel der großen Kolonisationsperiode dicht nacheinander die Pythischen Spiele von Delphi im Jahr 582 v.Chr., im Folgejahr die Isthmischen Spiele bei Korinth und zehn Jahre später die von Nemea. Gemeinsam mit den Olympischen Spielen wurden diese jüngeren Festlichkeiten in einem kalendarischen Zyklus so angeordnet, dass kein Jahr ohne panhellenische Wettkämpfe blieb, was allein schon ihre Funktion als dringend erwünschter Zusammenhalt der geographisch immer weiter zerstreuten griechischen Nation belegt. Sie kompensierten offensichtlich die durch wachsende Zahl und Entfernung der kolonialen *poleis* drohende Entfremdung, ja Feindlichkeit zwischen diesen durch Sublimierung im athletischen, später auch musischen Wettkampf.

Um in letzterem zu bestehen, gingen griechische Literaten und Künstler in der Tradition marodierender *hetaireiai* auf Beutefang in den großen Kulturen des Vorderen Orient, in denen sie sich Anregungen für ihre eigenen Werke ‚entliehen'. – Schon das erste große Kunst- und Kulturwerk der Griechen, das homerische Epos, ist ohne Vorleistungen der orientalischen Kulturen nicht denkbar. Dies betrifft zuerst und grundlegend die sumerisch-semitische Entwicklung der Schrift, die in II.2 bereits dargestellt wurde. Ohne dieses von den Griechen für ihre Sprache durch Einfügung von Vokalzeichen noch weiter entwickelte Alphabet von 24 Buchstaben hätten Ilias und Odyssee nicht in ganz Griechenland verbreitet und tradiert, vermutlich auch nicht in vorliegender Form geschaffen werden können. Dafür spricht schon die Gliederung beiden Epen in jeweils 24 Gesänge, was offensichtlich die Zahl der griechischen Schriftzeichen symbolisiert. Selbst die Idee zur Verschriftlichung der vorher durch berufsmäßige Sänger tradierten Epen scheint aus dem Vorderen Orient zu stammen.[22] Das Gleiche gilt für erzähltechnische Mittel wie Vorausdeutung, Rückgriffe und epische Wiederholungen, die sich im neubabylonischen Gilgamesch-Epos

## 3. Die Entwicklung der griechischen Hochkultur

ebenso finden wie in den homerischen Epen. Inhaltlich gesehen gibt es zudem Parallelen zwischen der am Familienmodell orientierten Ordnung der homerischen Götterwelt und der der sumerisch-babylonischen Schöpfungsmythen. Auch die Verschränkung von Handlungen der Gottheiten mit denen der Menschen sowie die gemeinsame göttlich-menschliche Doppelnatur der Heldenfiguren Gilgamesch und Achilles weisen auf literarische Abhängigkeit der jüngeren von der älteren Dichtung.[23] Aus der Doppelnatur der beiden heroischen Protagonisten ergeben sich weitere auffällige Übereinstimmungen: Beide besitzen übermenschliche physische Kraft, hängen andererseits in geradezu existentieller Innigkeit an einem Freund – Gilgamesch an Enkidu, Achilles an Patroklos –, dessen Tod jeder von ihnen tagelang beweint und dessen rituelle Verbrennung beide aus Liebe noch zur Leiche des Freundes hinausschieben, „bis dass" – im Fall Enkidus – „der Wurm sein Gesicht befiel" (Gil. Tf. 10, III, 24, Übers. A. Schott), was Achilles ebenso für Patroklos' Leiche befürchtet: „Sorg ich dass .../ Fliegen, hineingeschmiegt in die erzgeschlagenen Wunden / Drinnen Gewürm erzeugen und ganz entstellen den Leichnam." (Il. 19, 23-26, Übers. J.H. Voss). In beiden Fällen ergibt sich der Eindruck homoerotischer Bindung an den Freund, dem Gilgamesch „Nun, da er dem Freund gleich einer Braut das Gesicht verhüllt hat", diesen wenigstens als Bildnis aus Kupfer, Gold und Edelsteinen erhalten wissen will (Gil. Tf. 8, II, 17; 25-29), während Achilles bei der Urnenbeisetzung des Patroklos Anweisung gibt, nach dem eigenen in Kürze erwarteten Tod mit dem Freund unter einem gemeinsamen Grabhügel beerdigt zu werden (Il. 23, 345-348).

Aus all dem spricht nicht nur eine offenbar genaue Kenntnis der Gilgamesch-Dichtung auf Seiten ‚Homers', sondern auch, dass die aufgezeigte homoerotische Liebesbeziehung als wichtiger Zug griechischer Adelskultur offenbar sumerisch-babylonische Wurzeln hat und – möglicherweise – auf dem Weg literarischer Adaption des Gilgamesch-Epos durch die homerische Ilias mit deren prägendem Einfluss das Gefühlsleben griechischer Jünglinge und Männer in dieser Hinsicht überhaupt erst geformt hat. Den Bedürfnissen und der Funktionsfähigkeit der *hetaireiai* seefahrender Gefolgschaften, militärischer Einheiten, von dorischen Syssitien und ionischen Symposien, überhaupt der weitgehenden Trennung der Geschlechter im öffentlichen und gesellschaftliche Leben der griechischen Welt kam diese Kultur liebender Bewunderung von Mitgliedern des eigenen Geschlechts zweifellos zugute. Dies zeigt schon der Verlauf des in der Ilias geschilderten Krieges vor Troja: Nur der Tod seines geliebten Freundes lässt den – durch Agamemnon verärgerten und deshalb tatenlos grollenden –

## II. Verifizierung

Achilles voller Rachedurst in den Kampf zurückkehren und durch Tötung des Trojaner-Prinzen Hektor die Wendung zum griechischen Sieg einleiten. Diese männliche Homoerotik hat aber nicht nur griechische Kampfkraft gestärkt, sie hat auch die schon im homerischen Epos anklingende Bewunderung für den schönen männlichen Körper (Il. 22, 321; 24, 19; 34, 347/8; Od. 8, 176/7) auf die bildende Kunst übertragen, wo dieser, dem olympischen Brauch entsprechend, in voller Nacktheit von Vasenmalern, Bildhauern und Bronzegießern gefeiert wurde.

Auch dabei gaben Anleihen bei den führenden Kulturen des Orient entscheidende Anstöße. Der von Euböa aus in Gang gesetzte Handel zwischen Italien, Griechenland und der Levante hatte Korinth in eine wirtschaftliche Schlüsselstellung gebracht, weil es durch Überbrückung des Isthmos mit Lasttieren und später sogar einer Schiffstransportschneise die Umfahrung der Peloponnes erübrigen und so zum großen Warenumschlagplatz aufsteigen konnte. Die sich daraus ergebende Chance hatte das örtliche Keramikgewerbe ergriffen und, angeregt von orientalischen Vasenmalern, den bis dahin in Griechenland herrschenden strengen geometrischen Bemalungsstil durch einen ansprechenderen dekorativ figürlichen mit floralen und teils phantastischen Tiermotiven ersetzt, mit dem vor allem keramische Parfümfläschchen verziert wurden, die zum gesamtgriechischen Verkaufsschlager wurden. Außerdem entwickelte man in Korinth für die Verzierung größerer Gefäße die sogenannte schwarzfigurige Vasenmalerei, in der nun zunehmend auch der Mensch in alltäglichen oder mythologischen Situationen dargestellt wurde[24], und zwar mit wachsender Naturtreue. Auf einer bemalten Tontafel aus einem Heiligtum nahe dem korinthischen Töpferviertel sind Arbeiter in einer Tongrube dargestellt, denen vom Grubenrand aus von einer Frau eine große Schüssel (vielleicht mit Erfrischungen) zugereicht wird. Das Neuartige dieses Bildes: die drei Arbeiter in jeweils verschiedener, anatomisch weitgehend gut getroffener Körperform und -haltung sind vollkommen nackt, bei zweien sind die männlichen Geschlechtsorgane deutlich markiert, bei einem sogar in übergroßer Form.[25] Diese frühe, wohl aus dem 7. vorchristlichen Jahrhundert stammende Tontafelmalerei scheint der Ausgangspunkt für die Darstellung des nackten athletischen männlichen Körpers auch auf größeren Tongefäßen zu sein, die im 6. Jahrhundert vor allem von attischen Vasenmalern übernommen und vervollkommnet wurde. Die künstlerisch bald anspruchsvollere Darstellung des Menschen auf Keramik aus Athen ließ diese Stadt um 550 v.Chr. die korinthische Marktführerschaft im Keramiksektor übernehmen. Durch Verwendung einer in Etrurien bevorzugten und von dort bezogenen schwarzen Tonerde, die rotfigurig bemalt wurde, gelangte die attische Keramikindustrie außer-

## 3. Die Entwicklung der griechischen Hochkultur

dem zu einer ganz neuartigen Erscheinungsform ihrer Produkte, mit der sie ihre führende Stellung noch ausbaute.[26]
Wieder waren es mithin Anleihen bei auswärtigen Konkurrenten, die den attischen Keramikern zu ihrem Erfolg verhalfen, womit der athletische Agon auf das innergriechische Wirtschaftsleben übergesprungen war. Man kann dies als das natürliche Spiel der Marktkräfte sehen, die sich bei einer Mehrzahl von Anbietern und offenen Grenzen immer entwickeln. Man könnte es aber auch als Fortsetzung der griechischen Raubkultur bezeichnen, deren moderne Form heute als Produktpiraterie verurteilt wird.
Es handelt sich dabei also um ein Jahrtausende altes Phänomen, in dem sich ein weiteres Mal der menschliche Drang nach möglichst einfacher Optimierung der eigenen Energiebilanz abbildet: Beobachtet man bei einem Konkurrenten gute Verkaufserfolge, imitiert man dessen Produkt, spart damit Investitionen in eigene Fehlversuche und raubt dem Erfinder Kunden und Gewinne, die eigentlich ihm zugestanden hätten. Da diese räuberische Verbesserung der eigenen Energiebilanz in dichten Märkten zu chaotischen Verhältnissen und Aushöhlung des Eigentumsrechts führt, hat man in Europa seit dem späten Mittelalter schrittweise ein Patentrecht entwickelt, das aber bekanntlich nicht von allen Staaten der Erde anerkannt wird und deshalb auch heutzutage nur partiellen Schutz bietet.
Vor allem im Bereich von Kunst und Kunsthandwerk ist dergleichen Schutzregelung besonders schwer durchzusetzen, da Priorität von Ideen oder Definition von Kunst-Stilen oft schwer zu ermitteln bzw. zu formulieren sind, außerdem – und das ist die Kehrseite allen Patentschutzes – der kulturellen Entwicklung ihre Dynamik rauben würde. Nur in dem sich entwickelnden maritim beflügelten griechischen Marktgeschehen, in dem nicht nur verschiedene *poleis* mit ihrem Gewerbe, sondern auch Keramiker derselben Stadt untereinander konkurrierten, wie Vaseninschriften bezeugen[27], konnte sich in so kurzer Zeit, wie es gerade die Entwicklung der griechischen Keramik der Archaik zeigt, bildende Kunst von einfachen Anfängen zu großartiger Vollendung entwickeln.

Dies gilt insbesondere auch für die griechische Großplastik als einem weiteren Markenzeichen hellenischer Hochkultur. Die Anfänge liegen hier wiederum in der Nachahmung eines auswärtigen Vorbilds, nämlich der ägyptischen Grabstatue. Solche zur Sicherung des Andenkens und der Verehrung des Verstorbenen in Ägypten aus Granit gehauene Großplastiken fanden offensichtlich die Bewunderung griechischer Kaufleute und Söldner, die im Nilstromland ansässig und wohlhabend geworden waren und sich oder Verstorbenen aus ihrer Familie durch ähnliche Statuen in der

## II. Verifizierung

griechischen Heimat ein dauerndes Andenken sichern wollten. Sie erteilten vermutlich griechischen Bildhauern den Auftrag, sich für die in der griechischen Heimat aufzustellenden Statuen möglichst genau an ägyptische Vorbilder zu halten, lediglich deren Lendenschurz zugunsten olympischer Nacktheit der griechischen Replik wegzulassen.[28] Selbst das viel diskutierte ‚archaische Lächeln' der griechischen hoch aufgerichtet voranschreitenden Jünglingsfiguren (*kouroi*) geht auf ägyptisches Vorbild zurück und soll offensichtlich lebensvolle Zuversicht des Verstorbenen in sein unvergängliches Andenken bekunden.[29]

Der rituelle Versuch, die erstrebte Unsterblichkeit für geliebte Personen wenigstens in Form beständiger Denkmäler zu erlangen, findet sich, wie gesagt, schon im Gilgamesch-Epos, außerdem bekanntlich im vielgestaltigen und teilweise monumentalen ägyptischen Totenkult, regte von ionischen Auswanderern mit Repliken beauftragte griechische Bildhauer dann aber bald dazu an, weitere Grabstatuen und Weihbilder aus der vorgegebenen ägyptischen Körperhaltung zu befreien, indem vor allem die senkrecht herabhängenden, außen an die Oberschenkel gehefteten Arme aus dieser Stramm-Steh-Haltung gelöst und auch das rituell geflochtene Langhaar durch eine ‚athletische' Kurzhaarfrisur ersetzt wurde.[30] So gelang es gegen Ende des 6. vorchristlichen Jahrhunderts attischen Bildhauern unter Verwendung des gut zu bearbeitenden parischen Marmors, das Bild eines in voller Natürlichkeit seines bewegten athletischen Körpers auf den Betrachter zugehenden jungen Mannes zu schaffen, der in dieser Gestaltung für alle Späteren lebendig bleibt.[31] In seiner Nacktheit ist er als athletischer Kämpfer dargestellt, damit als Vertreter der aristokratischen Kultur agonaler Männlichkeit.

Die entsprechenden weiblichen Statuen *(koren)* bleiben in deutlichem Gegensatz zu den *kouroi* bekleidet, rituell frisiert und in Stehhaltung. Nur die Arme lösen sich im 5. Jahrhundert aus ihrer hängenden Reglosigkeit, allerdings wohl nur (meist sind die vom Körper abstehenden Arme verloren), um als Lichthalter zu dienen.[32] Damit sind die gesellschaftlichen Rollen von Mann und Frau – mobiler Kämpfer vs. die Tradition wahrende Hüterin des Hauses – für die archaische Zeit deutlich ins Bild gesetzt.

Die großplastische Darstellung von Menschen wurde offenbar auf dem Weg über das Halbrelief von Giebelfassaden der ersten steinernen Großtempel vervollkommnet, bei der ausholende, weite Bewegungen der menschlichen Glieder durch deren Halt an der rückwärtigen Giebelwand technisch leichter zu gestalten waren als bei freistehenden Statuen. Erst als dieses Problem bei letzteren durch spätere Einsetzung der vorgefertigten Gliedmaßen gelöst war, außerdem die alten hölzernen Kultbilder in den

## 3. Die Entwicklung der griechischen Hochkultur

nun steinernen Tempeln ersetzt werden mussten, wurden auch die griechischen Gottheiten großplastisch dargestellt, und zwar in homerischer, von der Vasenmalerei aufgenommener Tradition genau wie verstorbene Menschen: in jugendlich idealisierter Gestalt. Soweit es sich um weibliche Gottheiten handelte, wurden diese in durchaus natürlicher Bewegtheit, allerdings in faltenreichen Gewändern vor Augen geführt, bis es in klassischer Zeit der berühmte Bildhauer Praxiteles wagen konnte, wenigstens die Liebesgöttin Aphrodite auch nackt darzustellen[33], was in der Folge vielfache Nachahmung fand. Seitdem sind die antiken Griechen die bisher einzigen in der Menschheitsgeschichte, die – abgesehen von den sie kopierenden Römern – ihre Gottheiten anatomisch richtig in vollkommen unbekleideter Menschengestalt vor Augen geführt haben. Sie führten damit die Gottesvorstellung am eindeutigsten auf ihre menschlichen Ursprünge zurück.

Wie die Grab- oder Weihstatuen verstorbener junger Erwachsener waren die in Tempeln als Zentralfiguren oder als zugestellte Weihgaben seitlich platzierten Gottheitenbilder Ansprechpartner der Verehrung, zugleich aber wertvolles Geschenk an die Gottheit, deren Wohlwollen und Hilfe in Notlagen der Spender zu erlangen hoffte. Als dessen weiteres Motiv kam der Wunsch hinzu, die eigene Großzügigkeit und damit letztlich den eigenen Reichtum und damit die eigene Macht vor Augen zu stellen, was mit der den Spender kenntlich machenden Inschrift am Sockel der Statue gesichert war. In dem letztgenannten, gewiss nicht schwächsten Motiv für wertvolle Weihgaben tritt wieder der schon bei reichen Gastgeschenken beobachtete agonale Zug archaischer Ruhmespflege zutage, in dem auch der Wunsch nach Unsterblichkeit im Nachruhm bei künftigen Menschen enthalten ist. Energetisch gesehen wurde mit den in Statuen präsentierten Gottheiten ein dreifacher Spareffekt erzielt: Für die Tempelbesucher erübrigte das sichtbare Bildnis die psychische Arbeit einer phantasiemäßigen Reaktivierung der speziellen Gottes- oder Göttinnenvorstellung in meditativer Versenkung, dem Spender ersparte die Statue dauernd wiederholte kleinere Opfer mit entsprechenden Zeremonien, außerdem sonstige öffentliche Beweise für seine Religiosität, seinen Reichtum und seine Großzügigkeit.

Das aristokratische Prestigedenken ging auch in den sich bildenden Polisgemeinschaften nicht unter, sondern wurde durch die in führende Beamtenstellen einrückenden Adligen mit politischen Entscheidungen etwa über die Gestaltung öffentlicher Bauten maßgebend. Zu diesen gehörten an erster Stelle die Tempel für die in der jeweiligen Polis am meisten verehrten Gottheiten. Der repräsentative Bau steinerner Tempel wurde, wie neuerdings nachgewiesen, ebenso wie die steinerne Großplastik der Griechen

## II. Verifizierung

von ägyptischen Vorbildern angeregt und geprägt. Auf der Insel Samos entstand um 570 v.Chr. plötzlich, ohne hinführende Entwicklung ein monumentaler Hera-Tempel, der den aus Lehmziegeln aufgeführten Vorgängerbau dem Bauvolumen nach um etwa das Hundertfache übertraf, die Form eines ägyptischen Umgangstempels erhielt und nach der ägyptischen Königselle vermessen war. Nur in einzelnen Bauelementen wie der Säulen- und Gesimsform hielt sich der griechische Architekt an die ionische Tradition. Durch diesen Riesenbau mit seinem Grundriss von 52,5 x 105 m sowie 124 Säulen von 18 m Höhe fühlte sich – dem agonalen Prestigedenken entsprechend – alsbald das reiche Ephesos herausgefordert und errichtete etwa 30 Jahre später einen noch größeren und prächtiger ausgestatteten Artemis-Tempel ähnlicher Bauweise[34] und machte damit bei weiteren *poleis* Schule. Die Stärke des ägyptischen Einflusses auf die in Kleinasien lebenden ionischen Griechen erweist sich auch an der Vielzahl von Statuetten ägyptischer Gottheiten als Weihgaben in ionischen Tempeln, besonders im *Heraion* von Samos. Darüber hinaus scheinen Ägyptiaka auch im übrigen griechischen Raum schon seit dem 7. vorchristlichen Jahrhundert in Mode gekommen zu sein, denn zahlreiche von der Archäologie zutage geförderte Imitationen ägyptischer Skarabäen, Fayance-Figürchen und -Gefäße aus griechischen Werkstätten[35] lassen nur den Schluss zu, dass der Import von Originalen den Bedarf nicht decken konnte.

Dieser kulturelle Einfluss wurde, wie angedeutet, nicht nur durch griechische Fernhändler vermittelt, die im Nildelta die Faktorei Naukratis eingerichtet hatten, sondern wohl stärker noch durch griechische Legionäre, die in Heer und Marine des Pharao Psammetich I. (664 – 610 v.Chr.) als offensichtlich besonders kampftüchtig erprobt, einen auch zahlenmäßig erheblichen Anteil ausmachten. Insbesondere die pharaonische ‚Kampfschiffflotte auf dem Mittelmeer' bestand überwiegend aus griechischen Trieren[36], womit die erfolgreiche Seeräuberei der Griechen quasi internationale Anerkennung gefunden hatte. Durch militärischen und gesellschaftlichen Aufstieg in Ägypten ergab sich für einen Teil der Söldner von selbst eine Brückenfunktion zwischen ägyptischer und griechischer Kultur, wenn sie etwa griechische Bildhauer nach Ägypten kommen ließen und damit beauftragten, in ihrer ionischen Heimat Grab- oder Weihfiguren nach ägyptischem Vorbild zu schaffen und aufzustellen. Wenn das in Ionien Sensation machte und Nachahmung fand und auch griechische Architekten ins ägyptische Wunderland lockte, um dortige Tempel zu studieren und nachzubauen, dann gehört auch das – kritisch formuliert – zur griechischen Raubkultur, die sich im Vorderen Orient all das aneignete, was sie zur Hebung des eigenen Ansehens und auch kommerziellen Erfolgs brauchbar fand.

## 3. Die Entwicklung der griechischen Hochkultur

Vor allem der Bau monumentaler Steintempel als der wichtigsten Prestigeobjekte der sich formierenden *poleis* gewann für deren Festigung eine nicht nur religiös, sondern auch außen- wie innenpolitisch außerordentliche Bedeutung. Zeigten diese stets an erhöhter, schon von weitem gut sichtbarer Stelle platzierten Prachtbauten – ähnlich wie die Mauern Uruks (II.2) – dem anreisenden Händler den Reichtum, dem sich nähernden Feind aber die Macht der Polis mit entsprechender für die Stadt vorteilhafter Außenwirkung, so erzeugte der in gemeinsamer Arbeits- und Spendenleistung zu erstellende und zu unterhaltende Bau ohne Zweifel ein starkes Zusammengehörigkeitsgefühl aller Bürger, sogar der oft gegeneinander konkurrierenden Adelsfamilien, Handwerker und Kaufleute der Stadt, war also – verstärkt natürlich durch den gemeinsamen dort zelebrierten Kult – wesentliches Integrationsmedium des Gemeinwesens.

Soweit der bis zu Kriegen mit anderen *poleis* führende Streit einheimischer Adelsgeschlechter um die Führung der Stadt durch den gemeinsamen Tempelbau gemäßigt werden konnte, erbrachte dieser allen Bewohnern – auf Dauer gesehen – eine nicht zu beziffernde, aber zweifellos erhebliche Vermeidung destruktiver Energieverluste. Hinzu kam die – heute kaum noch wahrgenommene – Funktion der Tempel als gesellschaftliche Energiespeicher für den Notfall, den wir für die sumerischen *Zikurat* bereits in Kap. 2 aufgewiesen haben. In griechischen Tempeln wurde aufgrund anderer geographisch-klimatischer Verhältnisse Energie nicht mehr in Form von Getreide, sondern zunächst in Gestalt wertvoller Weih- und Opfergaben gespeichert, deren Metallwert im Lauf der Zeit allein schon beträchtliche Dimensionen gewann. Außerdem flossen seit der Etablierung staatlicher Straf- und Abgabenordnungen z.B. in Athen Anteile jeder Kriegsbeute, die vom Areopag verhängten Geldstrafen sowie die Einkünfte aus verpachtetem Grundbesitz der Stadtgöttin Athena in deren Schatz, der in ihrem Tempel auf der Akropolis verwahrt und von zehn jährlich dafür gewählten Beamten verwaltet wurde.[37] Auch ein Zehntel von Vermögenskonfiskationen Verbannter oder zum Tode Verurteilter ging an den Tempelschatz, nach Gründung des attisch-delischen Seebundes ebenso ein Sechzigstel der Matrikelbeiträge von dessen Mitgliedern. Da der Tempelschatz sowohl an Privatpersonen wie an die Polis Geld verlieh, auch städtische Überschüsse deponierte, nahm er den Charakter einer regelrechten Bank an, was auch für andere Tempelschätze galt.[38] Wegen seiner mit den großen Kriegsbeuten Athens im 5. Jahrhundert und den genannten Anteilen an den Bundesmatrikeln erheblich gewachsenen Finanzkraft wurde der Tempelschatz der Athena de facto zur athenischen Zentralbank. Ihre Funktion als Schatzhaus für den Notfall zeigte sich beispielsweise gegen Ende des Peloponnesi-

## II. Verifizierung

schen Krieges, als die vor der Niederlage stehenden Athener, nachdem alle anderen Mittel verausgabt waren, im Sommer 406 v.Chr. die goldenen Weihgaben aus dem Parthenon-Tempel einschmelzen und daraus Münzen prägen ließen, um die Kosten für eine neue Flotte decken zu können.[39] Energie in ihrer bis heute unter Menschen immer noch speicherfähigsten Form, nämlich purem Gold, wurde hier mobilisiert, um einen existentiell gefährdeten Staat zu retten.

Da es sich hierbei nicht um irgendwelche Goldbarren in einer Staatsbank, sondern um eingeschmolzene Weihgeschenke aus dem Eigentum einer in Athen hoch verehrten Göttin handelte, ergibt sich die Frage, wie weit die verantwortlichen Athener – und dies war immerhin eine Mehrheit der nach Tausenden zählenden Bürgerversammlung – die Existenz der Athena als menschenähnliche Göttin ernst nahmen. Wurden sie und ihr Tempelschatz, der mit dem Tabu heiliger Unantastbarkeit lange Zeit sehr kostensparend gesichert und nunmehr als Konkursmasse verscherbelt wurde, nicht durch eine solche Maßnahme aufs Gröbste missachtet? Wir berühren mit diesen Fragen die nach dem Wesen der griechischen Religion im allgemeinen, die im Folgenden eingehender erörtert werden soll.

Die in II.1 aufgewiesenen Ursprünge der Religion, die wir im Opferkultus für das von den Söhnen ermordete Hordenoberhaupt der Steinzeitjäger sehen, dessen ‚Geist' man zu bestimmten Zeiten einen Teil der gemeinsamen Jagdbeute bei deren festlichem Verzehr durch Verbrennen – wenigstens geruchsweise – zukommen lässt, um eigene Schuld zu sühnen und den Hingegangenen zu versöhnen – diese Anfänge sind auch in der Mythologie der Griechen überliefert, soweit sie uns in Hesiods *Theogonie* vorliegt. Dieser am Ende des achten vorchristlichen Jahrhunderts entstandene Versuch, die Vielzahl der aus verschiedenen Kulturen in Griechenland zusammengeströmten Gottheiten halbwegs übersichtlich zu ordnen, lässt in seiner Schöpfungsgeschichte den Gott Kronos (die Zeit), Sohn der Erdgöttin Geia, den verhassten Vater mit einer Sichel entmannen, weil der seine Kinder nicht ans Licht und also zum Leben kommen lassen will. In einer ähnlichen Konstellation gelangt in der folgenden Göttergeneration Zeus dadurch zur Herrschaft über alle anderen Götter, dass er durch eine List der Mutter dem seine übrigen Kinder verschlingenden Kronos entgeht, in Kreta ungestört aufwächst und schließlich seinen Vater „mit starker Hand vom Thron stürzen" kann (Hes. Th. 154-187; 485-493). Der Sexualneid als Kern des Vater-Sohn-Konflikts ist in dieser Mythologie ebenso deutlich präsent wie die Furcht der Väter vor der nachwachsenden Generation. Eine der noch in klassischer Zeit begangenen kultischen Zeremonien aus unverkennbar ural-

## 3. Die Entwicklung der griechischen Hochkultur

ter Tradition war die des bereits erwähnten 'Stiermordens' (*Buphoneia*), die in Athen beim ‚Fest des Stadtgottes Zeus' (*Dipolieia*) begangen wurde. Obwohl das Stieropfer bei zahllosen anderen Festen geradezu Normalfall war, wurde es nur in diesem Kult als Mord bezeichnet und behandelt. Die an der Tötung des Stiers Beteiligten beschuldigten sich in einem zeremoniellen Prozess gegenseitig der Mordtat, bis die Schuld zunächst auf das Beil, am Ende auf das Messer geschoben wurde, mit dem das Tier getötet und zerteilt worden war. Dieses Messer wurde zur Strafe im Meer versenkt. Der Mythos des ‚Stiersohnes' Dionysos, nach dessen Opferung ebenfalls nicht das Beil, sondern das Tötungsmesser bestraft wird, schlägt die Brücke zur Deutung jenes merkwürdigen athenischen Rituals[40]: Darin steckt als Kern das Schuldgefühl der Söhne gegenüber dem getöteten Vater, der wie im Dionysosmythos als Stier erscheint und dessen Tötung – psychologisch bekannter ‚Verdrängung' entsprechend – auf das Tötungsinstrument verschoben wird. Besonders interessant an diesem Zeremoniell des ‚Stiermordens' erscheint die Tatsache, dass dabei ein Teil der bei jedem Tieropfer vor sich gehenden Verdrängungsmechanismen in einer Art Schauspiel öffentlich vor Augen geführt wurde. Gerade der Schuldkomplex, der die ‚mordenden' Männer auch des sonstigen Tieropfers zusammenhielt und im anschließenden Festmahl, zu dem auch der Gott als ‚Geist' des Getöteten geladen war, auf dessen Ordnungsregeln verpflichtete, war die ursprüngliche und eigentliche Wirkungsmacht aller Opferriten. Vielleicht war es der tiefere Sinn dieses rituellen ‚Stiermordens', jenes im Laufe vieler Generationen natürlich immer mehr verflüchtigte Schuldbewusstsein gerade wegen seiner die Gemeinschaft zusammenhaltenden Wirkung nicht ganz verloren gehen zu lassen.

Dass auch in historischen Zeiten religiöse Überzeugungen und Kulte unter den Griechen immer wieder aufs Neue an Familienoberhäuptern einzelner Adelsgeschlechter festmachten, ohne dass diese – nach Durchsetzung des Inzestverbots – von ihren Söhnen noch hatten getötet werden müssen, zeigen die Heroen-Kulte, die in Attika sogar noch aufgrund der Kleisthenischen Phylenreform von 508/07 v.Chr. begründet wurden, um den neu gebildeten Phylen und Demen als Wahl-, Rekrutierungs- und Verwaltungsbezirken einen durch lokale Riten gefestigten Zusammenhalt zu geben. Ursprünglich Totenkult für den besonders ruhmreichen Vorfahren eines Adelsgeschlechts, konnte der darin verehrte Heros aus dem familiären Rahmen gelöst und etwa in einer neu gebildeten Phyle zum religiösen Mittelpunkt[41], letztlich also zu einer Art Lokalgott werden.

## II. Verifizierung

Dieser in historischer Zeit zu beobachtende Vorgang der Genese von Gottheiten, die durch die Bildung von grenzüberschreitenden *Amphiktyonien* (Kultverbänden) auch überörtliche Bedeutung erlangen konnten wie z.B. in Delphi, lässt sich zweifellos auf vorhistorische Vorgänge zurückprojizieren, womit die große Zahl griechischer Götter, Halbgötter, Nymphen und eben Heroen in ihrer vielfach abgestuften Bedeutung und Wirkungsweite eine einfache Erklärung findet.

Ausgangspunkt jedes Gottheitenkults ist demnach die Verehrung eines besonders geachteten Verstorbenen, der – nach ‚Einwanderung' mittelmeerischer oder mesopotamischer Muttergottheiten in die griechische Religion – eben auch weiblichen Geschlechts sein konnte. Dabei blieb das alte totemistische Tieropfer Kern des Ritus, das in ebenfalls alter Tradition Sache von Männern war, wie die homerischen Schilderungen belegen. Die ausführlichste findet sich im dritten Gesang der Odyssee, wo Nestor als Gastgeber den nach seinem Vater forschenden Telemachos und dessen Begleiter vor seinem Palast in Pylos zum gemeinsamen Opfermahl zu Ehren der Göttin Athene lädt, die er zuvor in Gestalt eines empor fliegenden Adlers glaubt gesehen zu haben. In diesem Fall wird – mit Rücksicht auf die jungfräuliche Athene – eine ebensolche Kuh vom Feld geholt, der ein Goldschmied zunächst die Hörner vergolden muss. Dies lässt sich als Hinweis darauf deuten, dass der am Anfang des örtlichen Kultus von Pylos stehende Heros ein König war, dessen Krone mit den vergoldeten Hörnern symbolisiert wird. Der Opferritus beginnt damit, dass Nestor als Herr des Verfahrens sich die Hände wäscht, eine alte Geste der Reinigung von Schuld, die ebenfalls als Rest totemistischen Mordbewusstseins gedeutet werden kann, worauf die erste Form des Opfers mit etwas verstreuter Gerste, der ältesten griechischen Getreidefrucht, erfolgt. Nach einem um Gnade und eigenen Ruhm flehenden Gebet an die Göttin schneidet Nestor dem Rind das Stirnhaar ab und wirft es in die Flamme auf dem Altar, womit das Tier der Athene geweiht wird. Nachdem die übrigen Teilnehmer ebenfalls „gefleht" und „heilige Gerste gestreut" haben, schlägt einer der Nestor-Söhne das Rind mit einem Beil nieder, worauf „alle" offenbar dem Ganzen zuschauenden Frauen und Mädchen „jammernd beteten", was auch sonst als dramatischer Höhepunkt des gesamten Opferritus bezeugt ist[42] und – deutlich genug – auf die eigentlich gemeinte Tötung, wenn nicht Ermordung des ehemaligen Clan-Oberhaupts hinweist, die nun am Tier symbolisch wiederholt wird. Das Rind wird dann von den Männern arbeitsteilig geschlachtet und zerlegt, was ursprünglich die gemeinsame Mordtat der Brüder am Vater abgebildet haben dürfte, worauf die weitgehend fleischlosen Beine,

### 3. Die Entwicklung der griechischen Hochkultur

mit Fett umwickelt und „blutigen Stücken der Glieder" bedeckt, von Nestor „auf dem Scheitholz" (des Altars) verbrannt und dabei mit Wein besprengt werden, womit zugleich die dritte Form der Opferung, das Trankopfer, vollzogen ist. Anschließend kostet man von den Eingeweiden, zerschneidet das Fleisch in kleinere Stücke, brät es an Spießen und verzehrt es gemeinsam mit (hier nicht erwähntem) Brot und Wein (Od. 3, 430-472). Wenn eine Gottheit versöhnt werden muss, kann das anschließende Festmahl besonders mit Preisgesängen zu ihrer Ehre bereichert werden (Il. 1, 472-474).

Gerade dieses Opferritual als Kernstück religiöser Feierlichkeiten im alten Griechenland, an das sich Prozessionen, Wettkämpfe, Theateraufführungen u.dergl. angliedern konnten, lässt mit seinen in uralte Tradition zurückweisenden Elementen erkennen, dass Religion der Griechen letztlich menschliche Vorfahren meint, wenn sie Gottheiten anruft. Das Opfer, später durch Weihgaben, Tempel und Spenden zu deren Unterhalt ergänzt, sollte nach wie vor eigentlich eine als übermächtig empfundene Ahnenfigur wegen – auch unwissentlicher – Vergehen der Nachkommen gegen die von jener gesetzte Ordnung versöhnen und die mit dem Opfer beschenkte Gottheit dazu bringen, den bzw. die Spender wohlwollend zu behandeln und bei der Erreichung bestimmter Vorhaben und Ziele zu unterstützen. Der Betende (Bittende) und Opfernde bewegt sich also in der Vorstellung eigener kindlicher Gehorsamspflicht und Schwäche gegenüber göttlicher Ordnungsbefugnis und Macht. Diese Vorstellung erwächst wohl immer aus der Erfahrung von Misslingen, Unglück, Gefahr und Not, also dem Gefühl eigener Schwäche gegenüber den vom Einzelnen nicht zu bewältigenden Gegebenheiten.

Dieses Gefühl der Ohnmacht – wir sagen: des Mangels an Energie, die zur Behebung des gegebenen Unglücks, Misslingens usf. nötig wäre –, von dem auch der mächtigste Mensch nie ganz verschont bleibt, wirft den Erwachsenen psychisch in die Lage des kleinen Kindes zurück, das sich, in seiner Wiege oder seinem Bettchen liegend, bei Hunger oder anderen Beschwernissen nur durch sein schreiendes Rufen nach der Mutter oder auch anderen ‚Großen' Abhilfe verschaffen kann. Diese vom Unbewussten des Erwachsenen erfahrene Regression löst dort einen ebensolchen Hilfeschrei aus, der aber, wie wir das von Freuds Erforschung der Traum-Genese gelernt haben, vom Bewusstsein als peinlich, weil eben kindisch zurückgewiesen und im Vorbewusstsein zu einer auch für Erwachsene tragbaren Form des Hilfeschreis zum Gebet umgeformt wird. Ergebnis dieser Umformung – Freud nennt den entsprechenden Vorgang bei der Traumbildung ‚Arbeit' – ist die bei Homer noch „flehend" genannte, aber im Übrigen ri-

## II. Verifizierung

tuell gemäßigte Bitte an durchaus menschlich vorgestellte Gottheiten, denen jene Arbeit des Vorbewusstseins (wie verfremdeten Traumbildern) erkennbare Ähnlichkeit mit den Eltern entzogen hat, weil die ‚Zensur' des Bewusstseins den Hilferuf an diese als für Erwachsene beschämend zurückweist. Ihre Verfremdung wird dem Einzelnen durch kulturelle Hilfen, bei den Griechen vor allem durch Homers Schilderung der Gottheiten erleichtert, ja geradezu beigebracht: Diese denken, handeln und sprechen wie Menschen, erscheinen manchmal sogar in der Gestalt eines ganz bestimmten, mit Namen benannten Menschen, können sich aber auch aus diesem in einen Vogel verwandeln und wegfliegen, so wie es Nestor kurz vor der beschriebenen Opferszene erlebt hat. Vor allem – das wird immer wieder betont, es gerinnt sogar zu ihrer üblichen Bezeichnung als Unsterbliche – bleiben sie im Unterschied zu den Menschen stets jung, altern zumindest nicht, leben an bestimmten Orten in der freien Natur und können von dort, etwa dem Olymp, vogelartig rasch dem sie anflehenden Menschen zu Hilfe eilen. Außerdem sind sie unendlich viel stärker und mächtiger als die gewöhnlichen Menschen.

Alle diese Unterschiede zwischen den griechischen Gottheiten und Menschen lassen sich als Verfremdungselemente des Elternbildes recht einfach aus der Erlebnisperspektive des Kleinkindes erklären. Natürlich konnten diesem die viel größeren, auf sein Schreien unerklärlich rasch über seinem Bettchen auftauchenden, es mit Riesenkräften hochhebenden, ihm aus seinen Nöten helfenden Gestalten, die sich – je nach Helferpräsenz – aus der Mutter durchaus in eine Amme, Sklavin oder ältere Geschwister, auch den Vater verwandeln konnten, gar nicht anders erscheinen als dem Erwachsenen die Gottheiten: Das Kleinkind hatte ja für all diese Erscheinungen gar keine Erklärung. Und da es, mit seiner Liege ins Freie gestellt, den einen oder anderen Vogel fliegen sah, stellte es sich das plötzliche Erscheinen der Helfer über seinem Bett genauso vor – vogelartig herbeigeflogen oder fortfliegend – so wie Nestor es der vorher als Mensch zu ihm sprechenden Athena andichtet. Das für die Griechen wesentlichste Unterscheidungsmerkmal zwischen Menschen und Gottheiten, nämlich deren Unsterblichkeit, lässt sich sogar zweifach erklären: Zum einen sind die dem Kleinkind helfenden Gestalten in der Zeit seiner Hilflosigkeit tatsächlich nicht sichtbar gealtert, mussten ihm also als unsterblich erscheinen, zum anderen – und dies ist sowieso die psychische Voraussetzung für den gesamten Verfremdungsvorgang – werden, wie Freud gezeigt hat, die frühkindlichen, besonders tief in unserem Unbewussten vergrabenen ‚Erinnerungen' spätestens mit der Pubertät aus dem Bewusstsein getilgt, schon um inzestuöse

### 3. Die Entwicklung der griechischen Hochkultur

Mutterliebe zu vermeiden. Sie bleiben also dort gewissermaßen unter strengem Verschluss und also unverändert erhalten, was für das Elternbild ‚Unsterblichkeit' bedeutet.

Wie ist mit diesen Überlegungen nun der Opferritus zu vereinbaren? Seine ursprüngliche Herkunft ist oben erläutert und durch Hesiods *Theogonie* bestätigt, seine Fortdauer ein Kennzeichen aller religiösen Riten auch lange Zeit über deren Ursprungsverständnis hinaus. Im Fall des griechischen Getreide-, Fleisch- und Weinopfers sind, wie wir sahen, Reste des alten Sühne- und Versöhnungsdenkens gegenüber den zu Gottheiten gewordenen Ahnen erhalten geblieben. Außerdem hat aber ein unverkennbarer Rationalisierungsvorgang im Sinne größtmöglicher Energieeffizienz stattgefunden: Zum einen wird die Aufteilung des – Nahrungsenergie in konzentrierter Form darstellenden – Opfertiers zwischen der Gottheit und den opfernden Männern – wie Hesiod meint, aufgrund einer Täuschung des Zeus durch den schlauen Prometheus (Hs. Th. 535-557) – äußerst unfair zugunsten der letzteren vorgenommen, die sich die Innereien und das essbare Fleisch einverleiben, während die Gottheit mit ungenießbaren Beinknochen und Fett abgespeist wird. Zum andern werden solche Opferzeremonien zugunsten der Opfernden immer so terminiert, wie es deren Bedürfnis nach Stärkung ihrer Physis und ihres sozialen Zusammenhalts erfordert, nämlich am Beginn von Kriegs- oder Raubzügen, der Weiterreise eines Gastfreunds oder von athletischen Wettkämpfen. Nüchtern betrachtet sind die Opferriten also äußerst effektiv durchkalkulierte Veranstaltungen zur physischen und psychischen Stärkung von Männergruppen vor größeren Herausforderungen, die dadurch mit Kampfkraft und gemeinsamer Entschlossenheit, also der höchstmöglichen Steigerung ihres Energiepotenzials erfüllt werden, mit der eine solche Gruppe versorgt werden kann. Der Opferritus verbessert mithin die Erfolgsaussichten der Opfernden bei dem geplanten Erwerb von Energie in Form von Beute oder – im Verteidigungsfall – zu deren Bewahrung. Er ist also als eine besonders vielschichtige, das gesamte physische und psychische Vermögen des Menschen einbeziehende Energietechnik zu verstehen.

Dies bedeutet keineswegs eine Abwertung der griechischen oder auch irgend einer anderen Religion, es eröffnet vielmehr Einblick in die ungeheure Vielfalt von Techniken, mit denen der Mensch, der ohne sie gar nicht lebensfähig wäre, sein Überleben gerade in existenzbedrohlichen Lagen zu sichern wusste. Das kulturelle Phänomen der Religion wäre nicht so global verbreitet, so dauerhaft wirksam und so anpassungsfähig an die verschiedensten Lebensverhältnisse auf unserer Erde, wenn es nicht eine der grundlegendsten und wichtigsten dieser Techniken wäre.

## II. Verifizierung

Die wesentlichste Wirkung aller Religion sehen wir in der Gemeinschaftsbildung. Diese haben wir gerade beim Opferritus betrachtet, der in dem topographisch so zersplitterten Griechenland, in welchem wegen der Fluchtmöglichkeit übers Meer, die den meisten Einwohnern offen stand, das effektivste Mittel darstellte, größere Bevölkerungsgruppen zusammen zu führen und zu halten. Dies geschah ursprünglich, wie oben (II.1) gezeigt, in totemistisch begründeter Stammesbildung, danach in Form der schon erwähnten Amphiktionie, in der sich die Umwohner eines im Grenzbereich ihrer Wohn- und Wirtschaftsgebiete liegenden Heiligtums zu dessen Schutz und Unterhalt zusammenfanden. Der dort gemeinsam entwickelte und gepflegte Ritus war in vorschriftlichen Zeiten ohnehin die sicherste Form grenzüberschreitender Vereinbarung, denn jede mündliche Abmachung konnte vergessen oder geleugnet werden, ein gemeinsam praktizierter Ritus kaum. Wenn in der Forschung betont wird, dass es zwischen den Amphiktionen trotz der religiösen Bindung zu kriegerischen Auseinandersetzungen gekommen sei, so bedeutet das keine Widerlegung der Wirksamkeit solcher Bünde, die zunächst eben nur religiös, nicht politisch gedacht waren und keine allgemeinen Friedensbestimmungen enthielten. Dennoch wirkten sie – vor allem bei gemeinsamer Bedrohung von außen – schließlich auch in den politischen Bereich hinein und dürften so zur Bildung größerer Gemeinwesen geführt haben. Für diesen dokumentarisch nicht nachweisbaren Vorgang spricht vor allem die Zusammenführung verschiedener Heiligtümer etwa auf der athenischen Akropolis, wo neben der Göttin Athena die männlichen Götter Erechtheus, Poseidon und Zeus Herkaios verehrt wurden.[43] Auch die unauflösbare Einheit von politisch verantwortlicher männlicher Bürgerschaft und Kultgemeinschaft in den griechischen *poleis* weist angesichts der erst nach und nach entstehenden Staatlichkeit dieser Gebilde auf ihren religiösen Ursprung.

Im Gegensatz zu dieser die Polis als religiös gefestigten Männerbund begründenden Opfer-Religion entwickelten sich von Frauen dominierte Kulte wie die Dionysien und die Orphik, die – losgelöst von städtischen Tempeln und dem Opferkult sowie der Beschränkung der Ritengemeinschaft auf männliche Polisbürger – in Wäldern und auf Bergen abseits der Stadt offensichtlich den Zwängen und Einschränkungen der Männerherrschaft wenigstens zeitweise zu entkommen suchten. Für eine solche Motivation sprechen jedenfalls die an den späteren Karneval erinnernden Verkleidungen und exstatischen Orgien der beteiligten Frauen, die in den „*Bakchen*" des Euripides sich mit entfesselter Gewalttätigkeit männlichen Verboten ihres Kultes widersetzen (Bak. 731-735). Einzelheiten ihrer Riten sind nicht bekannt, weil sie fernab aller Siedlungen und teilweise nachts als Mysterien begangen wurden, an denen nur durch Einweihung Legitimierte teilnehmen durften. Dionysos als Stifter der nach ihm benannten Kulte, ursprünglich ein aus Thrakien ‚eingewanderter' Fruchtbarkeitsgott, der in Griechenland dann – vermutlich durch die orgiastischen Dionysien – zum Gott des Weines wurde, trug bei den ihn verehrenden Frauen den Beinamen *lyaios,* der ‚Löser'. Die in Weingenuss und auch wohl lesbischer Erotik die Fesseln eingeschränkten Frauendaseins in der männlich beherrschten Polis abwerfenden *Bakchen* oder *Mänaden* erfuhren in den dionysischen Orgien offenbar die gewünschte Erlösung von Zwängen und Erniedrigungen, was zu einer gewissen Reinigung ihrer Seele, der vielberufenen *katharsis* beitrug[44], die das anschließende Alltagsleben wieder erträglicher machte. Wie in dem Drama des Euripides so setzte sich in der historischen Wirklichkeit der weibliche Entlastungsdrang in einer ganzen Reihe von orgiastischen Kulten durch, die, schließlich auch männlichen Bedrängten wie Sklaven geöffnet, mit ritueller Reinigung, Beruhigung und Rückführung der zunächst sinnlich enthemmten Mysten am Ende wieder in die Ordnung der Polis zurückführten. Besonders sinnfällig geschah dies bei den attischen *Thesmophorien,* die mit einem Auszug der Frauen aus Athen zum südlich an der Küste gelegenen Halimus begann, wo nächtliche ‚Mysterien' den vorher zu neuntägiger Keuschheit verpflichteten Teilnehmerinnen Gelegenheit zu orgiastischer Entladung in lesbischer Liebe boten. Am folgenden Tag wurde diese Ekstase „mit sühnenden Bädern in der heiligen Meeresflut" und anschließenden Spielen und Tänzen beruhigt, worauf sie am dritten Tag in großer Prozession die Gesetze (*Thesmoi,* daher der Name des Festes) – vermutlich in Form symbolischer Nachbildung der Solonischen Gesetzestafeln – nach Athen trugen[45], womit sie sich unmissverständlich wieder der von Männern festgelegten und beherrschten Ordnung der Polis unterordneten.

Eine noch weiter gehende Integration des ekstatischen Bakchentreibens in die Gemeinschaft der Stadt erfolgte in klassischer Zeit durch Überleitung der aus den Bergen nach Athen zurückkehrenden Prozession im Rahmen der Großen Dionysien, als der Dichter Aischylos dem Vorsänger des ihm antwortenden Chores einen sprechenden Dialogpartner an die Seite stellte, um mit ihm mythische Geschehnisse vorzuführen. Die so aus dem ‚Bocksgesang' zu Ehren des Dionysos, dessen heiliges Tier der Ziegenbock war, zur dramatischen Tragödie werdende Kultform fasste mit den um die ‚Szene' versammelten Zuschauern offenbar aller Stände und beider Geschlechter prinzipiell die gesamte Bevölkerung der Polis zusammen, die dort im immer höher werdenden Halbrund der Sitzbänke gemeinsam Tragödien,

## II. Verifizierung

Satyrspiele und Komödien erlebte, um auf diese Weise eine Reinigung der Leidenschaften, eben die von Aristoteles dem Drama zugeschriebene Katharsis zu erlangen.[46] Keine Frage, dass dergleichen massenhafte Seelenhygiene zur Harmonisierung des gesellschaftlichen Lebens beitrug und Energie fressenden Konflikten auf allen Ebenen der Polisgemeinschaft entgegenwirkte. Auch diese – dem männlichen Opferkult ursprünglich entgegengesetzte – Form religiösen Lebens erwies sich so am Ende als gemeinschaftsbildend, ja sogar staatstragend.

Außerdem kreierte sie mit dem Theater und insbesondere der Tragödie eine Kunstgattung, die – wohl erstmalig in der menschlichen Kulturgeschichte – den Menschen nicht nur in seiner äußeren Gestalt, sondern nun auch in seinem Denken und Fühlen vorführte und die Zuschauer so Verständnis finden ließ für den Mitmenschen, vor allem auch für dessen Leiden, das nicht einfach seinem Fehlverhalten, sondern oftmals besten Absichten und rechtem Tun entspringt und insofern nicht als schuldhaft, sondern als tragisch zu beurteilen ist. Diese Einsicht in die Ohnmacht des Menschen gegenüber einem als unausweichlich verstandenen Schicksal ist vielleicht am sinnfälligsten in der Ödipus-Tragödie des Sophokles gestaltet, die gerade deshalb auch Sigmund Freud als Folie für seine Erkundung psychischer Gebundenheiten des menschlichen Seelenlebens diente.

Aber auch die attische Komödie als Gegenentwurf zur Tragödie, nicht nur, weil sie das Publikum zum Lachen statt zum mitleidenden Weinen bringen wollte, sondern auch, weil sie Misslingen aller Art auf menschliche Dummheit statt auf schicksalhafte Fügung zurückführte, war in ihrer von Aristophanes herausgebildeten geistreichen Komik damals eine Weltneuheit und bleibt einer der Glanzpunkte griechischer Kultur.

Ebenso wie das Theater ist die so genannte ‚frühe Lyrik' der Griechen aus religiös-rituellem Brauchtum hervorgegangen, wie das homerische Epos mehrfach bezeugt.[47] Wichtige Anregungen für diese tanzend gesungenen Lob-, Jubel-, Spott- oder Klagelieder, die je nach Gattung einzeln oder im Chor, immer aber zu einem Begleitinstrument, der harfenähnlichen Lyra oder dem oboenartigen Aulos vorgetragen wurden, scheinen – wie Züge des homerische Epos – aus dem Vorderen Orient zu stammen. Dafür sprechen angesichts der vielgestaltigen sumerisch-akkadischen Hymnen- und Elegien-Tradition[48], die bis ins Neubabylonische fortgeführt und von dort zweifellos auch nach Kleinasien weitergegeben wurde, die dortigen Herkunftsorte der frühen griechischen Lyriker. Alkman, der zeitlich erste uns bekannte von ihnen, kam Mitte des 7. vorchristlichen Jahrhunderts aus Lydien nach dem damals kulturell noch aufgeschlossenen Sparta, wo er vor-

## 3. Die Entwicklung der griechischen Hochkultur

wiegend Lieder für Mädchenchöre schuf, die dem Kult der jungfräulichen Jagdgöttin Artemis dienten.[49] Etwa gleichzeitig trat in Ephesus Kallinos als erster Grieche mit Elegien im Versmaß des Distichon hervor, mit denen er zum Kampf gegen die seine Heimatstadt bedrohenden Kimmerier aufrief.[50] Archilaos als erster uns bekannter Dichter des für aggressive Spottverse verwandten Iambos (ca. 680 – 630 v.Chr.) stammte zwar von der westlicher gelegenen Ägäis-Insel Paros, hat Anregungen für seine Dichtung aber – wie Alkman – vermutlich in Lydien erhalten, wo er als Söldner engagiert gewesen sein dürfte. Auch spätere Lyriker, die wie Archilaos der protzigen Selbstdarstellung vieler Adliger kritisch entgegentraten, so Phokylides von Milet, Hipponax von Ephesos und Xenophanes aus Kolophon wuchsen in unmittelbarer Nähe des Lyderreiches auf, mit dem die Griechenstädte bis zum Einbruch der Perser (542ff. v.Chr.) in regem Austausch lebten. Die Vertreibung aus ihren Heimatstädten durch die Perser, im Fall des Archilaos, Sohn eines Adligen und einer Sklavin, den die Versagung der geliebten Braut durch deren Vater wohl in den Söldnerdienst getrieben hatte, war offensichtlich der entscheidende Anstoß für diese sensiblen Sprachkünstler, sich von der traditionellen Hochschätzung der Adelskultur loszusagen, die sie vor mächtigeren Gegnern nicht hatte schützen können. So bekennt sich Archilaos in pragmatischer, aber eben gänzlich unheroischer Offenheit dazu, seinen guten Schild, um das Leben zu retten, dem Gegner überlassen zu haben: Ein ebenso guter sei schließlich wieder zu beschaffen. Auch hält er nichts von adligen Befehlshabern in prächtiger Aufmachung, mehr von handfest tüchtigen Anführern geringen Standes. Phokylides fragt in einem seiner Lieder, was eine hohe Geburt denn denen nütze, denen es beim Reden und bei Beratungen an der rechten Begabung fehle. Er ziehe für sich einen Platz in der Mitte der Polis vor. Xenophanes stellt nüchtern fest, dass olympische Sieger die Stadtkasse (die für einen heimischen Olympioniken aufwendige Feierlichkeiten und Geschenke zu finanzieren hatte) nicht ‚fetter' machten. Die extremste Gegenposition zum standesbewussten Adel bezog Hipponax, der sich literarisch in die Rolle des verkommenen Gossenpoeten begab, der über seine Armut noch zu lachen weiß.[51]

In allen solchen öffentlich vorgetragenen Äußerungen, die nicht überliefert worden wären, hätten sie in der griechischen Welt kein großes Echo gefunden, artikuliert sich eine fundamentale Abkehr von homerischer Adelsethik, bei Xenophanes, der auch philosophische Schriften verfasste, zudem vom vermenschlichten Gottheitenbild der Epen, dem er ein gänzlich anderes entgegenstellt. Bereits mit 25 Jahren aus seiner Heimatstadt vertrieben und danach gezwungen, sich seinen Lebensunterhalt als Rhapsode, Sänger homerischer Dichtung, in der weit gespannten griechischen Welt zu ver-

II. Verifizierung

dienen, begibt er sich – wie vor ihm wahrscheinlich schon Thales von Milet – u.a. auch zu den in Ägypten ansässig gewordenen Griechen[52], wo er in der vom Militärlager griechischer Söldner gut erreichbaren Hafenstadt Mendes Tempel und Kult des Schöpfergottes Amun-Re kennen gelernt haben dürfte, dessen Leib nach der Vorstellung seiner Verehrer der Kosmos ist.[53] Einen ebensolchen monotheistischen Pantheismus vertritt Xenophanes, der nur insofern über die Amun-Re-Vorstellung hinausgeht, als er den Kosmos und damit den einen Gott – vielleicht in der Tradition des Sonnengott-Verehrers Echnaton – als idealgestaltig, nämlich kugelförmig sieht.[54] Er reiht sich damit ein in die Gruppe der ionischen Vorsokratiker, die, beginnend mit Thales von Milet, den Ursprung und die Natur des Kosmos zu erkennen suchten und dabei, offensichtlich ebenfalls von ägyptischen Vorgaben des Amun-Re-Kults angeregt, die dort genannten vier Grundelemente Wasser, Erde, Luft und Feuer[55] in ihren Philosophien sozusagen reihum erprobten. Dabei lösten der Xenophanes-Schüler Parmenides und dessen Kontrahent Herakleitos ihre Seinsvorstellungen immer weiter aus religiösen Schöpfungsmythen und wurden so zu säkularen Wissenschaftlern. Während ersterer in seiner Ontologie zum ‚Vater der Logik' wurde[56], begründete sein philosophischer Gegner ein Weltbild, das in Ansätzen dem der vorliegenden Arbeit entspricht: Nach übereinstimmendem Zeugnis verschiedener Gewährsleute (Originaltexte der Vorsokratiker sind nicht überliefert) sah Herakleitos (Heraklit) im Feuer den Urgrund der Dinge, die durch dessen Verdichtung oder Verdünnung entstehen bzw. vergehen. Außerdem ist von ihm der etwas geheimnisvolle Satz überliefert: „Alles ist Austausch des Feuers und das Feuer Austausch von allem, gerade wie für Gold Waren und für Waren Gold eingetauscht werden."[57] Ersetzt man ‚Feuer' als deren sichtbarste Erscheinung durch ‚Energie', so umschreibt dieser Satz erstaunlicherweise den Kern des gegenwärtigen naturwissenschaftlichen Weltbildes, von dem auch diese Arbeit ausgeht.

Die von ionischen Lyrikern und Philosophen aus Kleinasien getragene Fundamentalopposition gegen traditionelle Adelskultur und -religiosität, die sich ihrerseits, wie angedeutet, wiederum auf kulturelle Anleihen aus den orientalischen Hochkulturen stützten, ist historisch auf zwei gegen Ende des 6. vorchristlichen Jahrhunderts einander wechselseitig verstärkende Bewegungen zurückzuführen, nämlich die vom Handel getragene Vervielfachung des griechischen Waren-, Personen- und damit Informationsaustauschs sowie das Vorrücken des Perserreichs gegen das Zentrum dieses Energieumsatzsystems. Beides hing insofern miteinander zusammen, als der im 6. Jahrhundert infolge ausgreifender Kolonisation im gesamten Mit-

## 3. Die Entwicklung der griechischen Hochkultur

tel- und Schwarzmeerraum gewaltig expandierte Waren-, Dienstleistungs- und Informationsaustausch in seinem ägäischen Zentrum zu verbreitetem Wohlstand, ja vielerorts Reichtum geführt hatte, der ein militärisch ausgreifendes, beutehungriges System wie das Perserreich anlocken musste. Dessen Angriff auf die blühenden ionischen Städte musste ebenso zwangsläufig bei dadurch vertriebenen jungen Griechen mit entsprechender musischer Begabung und kritischem Verstand zu Kritik am Adel führen, der durch seine Parteienkämpfe und seinen luxuriösen Lebensstil die Verteidigungskraft der überfallenen Städte an der kleinasiatischen Küste sichtbar geschwächt hatte. Zudem war mit dem wachsenden Handelsverkehr ein wohlhabender Mittelstand nichtadliger Fernhändler, Handwerker, Künstler und Bankiers entstanden, die – zum Waffendienst und zur Eigenrüstung verpflichtet und in der Lage – als zu Fuß kämpfende Hopliten schon zahlenmäßig wesentlich mehr zur politischen Machtstellung ihrer Stadt beitrugen als die wenigen Adligen mit ihren Pferden und Kampfwagen.[58]

Dieses Anwachsen eines kaufmännisch-gewerblichen Mittelstandes in den vielen Hafenstädten Griechenlands ist zu einem wesentlichen Teil auf die in ihren Anfängen schon beschriebene ‚Große Kolonisation' in der Zeit von etwa 730 bis 580 v.Chr. zurückzuführen, in der Hunderte neuer griechischer Poleis an den Küsten des gesamten Mittel- und Schwarzmeerraums gegründet wurden. Dies war unter den Griechen keine ganz neue Erscheinung, da bereits in den Dunklen Jahrhunderten, wie oben bereits erwähnt, griechische Festlandsbewohner nach dem Zusammenbruch der mykenischen Palastkultur auf ägäische Inseln und die kleinasiatische Küste ausgewandert waren und dort Städte gegründet hatten wie Milet, Phokaia, Samos oder Chios, die später selbst Mutterstädte vieler Kolonien wurden. Die Gründe für die Aussendung von Kolonisten lagen – wie beim euböischen Beispiel Eretria, – im Verlust von Ackerland an Konkurrenten oder, wie das am besten dokumentierte Beispiel der von der Insel Thera ausgehenden Gründung der nordafrikanischen Kolonie Kyrene zeigt und die große Zahl von Koloniegründungen in dem genannten Zeitraum von 150 Jahren erschließen lässt, in klimatisch bedingten Ernterückgängen, also in existenzbedrohendem Nahrungsenergiemangel, der die Polisgemeinschaft zwang, die Zahl der hungrigen Mäuler zu vermindern.

Dies geschah in Thera durch Auslosung der Kolonisten unter den erwachsenen Söhnen der freien Bürger, von denen jeder zweite gehen musste. Mit der Leitung des Unternehmens wurde ein Adliger namens Battos beauftragt, der mit zwei Fünfzigruderern, also etwa 100 Kolonisten in See stach,

## II. Verifizierung

um das vom Delphischen Orakel vorgegebene Kolonisationsziel Kyrene zu besiedeln. Der inschriftlich erhaltene Eid der Bürgerversammlung sah Todesstrafe und Eigentumskonfiszierung für Teilnahmeverweigerung sowie früheste Rückkehrmöglichkeit nach fünf Jahren vor. Als die Expedition nach dem Scheitern eines ersten Siedlungsversuchs bereits binnen Jahresfrist nach Thera zurückkehren wollte, wurden die Schiffsbesatzungen durch Beschuss an der Landung gehindert und kehrten nach Afrika zurück, wo schließlich nach einigen Schwierigkeiten Siedlungsland gefunden und unter den Kolonisten verlost wurde.[59]

Ein solches Kolonisationsunternehmen entsprach, abgesehen vom Zwangscharakter der Teilnahme, durchaus seeräuberischen Gefolgschaftsunternehmungen junger Männer, wie sie für die griechische Frühzeit typisch waren, nur dass die Beute in diesem Fall nicht bronzene Dreifüße und „blühende Weiber" waren, sondern Siedlungsland, das im übrigen aber, genau wie sonstige Beute unter den gleichberechtigten Teilnehmern verlost wurde. Auch in dieser Hinsicht gehörte die Kolonisation also in alte griechische Tradition und bekräftigte – unterhalb des als *basileus*, also ‚König' bezeichneten Battos – die demokratische Gleichheit der übrigen Kolonisten. Der wirtschaftliche Erfolg vieler Kolonien, der sich zumeist wohl auf die Seltenheit und Attraktivität ihrer Exportwaren im fernen Mutterland gründete, war auch Kyrene beschieden, das mit der – inzwischen ausgestorbenen – Silphion-Pflanze, die als Gewürz, Abführmittel und Antiseptikum heiß begehrt war, so gute Geschäfte machte, dass dieser Exportartikel später zum Münzemblem Kyrenes wurde.[60] Von der Belieferung des griechischen Mutterlandes mit Roheisen durch die erste griechische Kolonie Pithekussai und der mit Zinn aus dem südspanischen Handelsstützpunkt Tartessos war bereits die Rede. Samische Kaufleute erzielten beim Handel mit speziellen Waren aus diesem *emporion* nach einem Bericht des Herodot einen so großen Gewinn, dass sie den zehnten Teil davon für Weihgaben im Wert von sechs Talenten (etwa drei Zentner Silber) dem heimischen Hera-Heiligtum spenden konnten (Hrdt. 4, 152).

Große Gewinne wurden bei zunehmender Bevölkerungsdichte des griechischen Mutterlandes, einer natürlichen Folge wachsenden Wohlstands, schließlich auch mit kolonialen Massengütern wie Wolle, Flachs, Holz, Getreide, Trockenfisch und weiterhin natürlich Metallen erzielt. Außerdem schließlich auch mit der Ware Mensch, also im Sklavenhandel. Es gibt darüber keine zuverlässigen konkreteren Angaben, zumal die Entwicklung vom Sklavenraub, der bei Homer die übliche Form der Aneignung menschlicher Arbeitskraft ist, über den Verkauf von zahlungsunfähigen Schuldnern, vor allem Bauern, der in Athen erst durch Solons Gesetzgebung ver-

## 3. Die Entwicklung der griechischen Hochkultur

boten wurde, dann auch den von Kriegsgefangenen bis hin zur Etablierung von festen Sklavenmärkten in Chios und schließlich Delos sicher ein sehr unübersichtlicher und langwieriger Vorgang war. Bei den aus dem fünften und vierten vorchristlichen Jahrhundert bekannten Sklavenzahlen aus Athen kann aber kein Zweifel bestehen, dass dieser Markt bei den nicht geringen Preisen insbesondere für hübsche Sklavinnen und qualifizierte männliche Sklaven ein wertmäßig großes Volumen erreichte. In der größten griechischen Polis besaß zu dieser Zeit ein mittelständischer Haushalt 2 bis 3 Sklaven, einer der Oberschicht 15 und mehr. Die Philosophen Platon und Aristoteles standen mit 6 bzw.13 Sklaven dazwischen. Unternehmer wie der reiche Nikias, der etwa 1000 Sklaven besaß, ließen diese als rentierliches Kapital für sich arbeiten, indem sie sie an Pächter von Silbergruben im attischen Laureion-Gebirge verliehen, die dem Staat gehörten. In die Tausende gehen auch andere Zahlenangaben zur Sklaverei allein in Athen. So brachte dessen Sieg über die Perser am Eurimedon im Jahre 468 v.Chr. der Polis mehr als 20 000 Sklaven ein, während im Dekeleischen Krieg gegen die Spartaner (413 – 404 v.Chr.), die den athenischen Sklaven für den Fall des Überlaufens die Freiheit versprachen, eine gleich große Anzahl verloren ging.[61] Die Gesamtzahl von Sklaven wird für diese Zeit mit mindestens 100 000 der Größe der übrigen athenischen Einwohnerschaft gleich geschätzt.[62] Diese hohen Zahlen, die in anderen ‚industrialisierten' Hafenstädten Griechenlands ähnliche Größen erreicht haben dürften, erklären sich aus den vielfältigen Einsatzmöglichkeiten für Sklaven. Sowohl in der Landwirtschaft, den schon genannten Bergwerken wie in allen gewerblichen Tätigkeitsfeldern wurden sie beschäftigt, oft neben freien Lohnarbeitern und zum gleichen Lohn, den sie aber natürlich an ihren Eigentümer abliefern mussten. Manche Besitzer ließen ihre Sklaven sogar als selbständige Unternehmer tätig werden[63], die sich sogar mit dem Gewinn ihres Geschäftes freikaufen konnten, wobei der Freilasser natürlich einen erheblichen Aufschlag auf den Kaufpreis verlangte. Eine solche Sklavenhaltung hatte den großen Vorteil, dass der betreffende Sklave weder überwacht noch ernährt und untergebracht werden musste und trotzdem Gewinn eintrug. Auch der Staat setzte Sklaven z.B. als Ordnungshüter und Gerichtsdiener ein, der normale Privathaushalt für alle dort anfallenden Arbeiten, auch für die Betreuung und Unterrichtung der Kinder. Der manchmal sogar unrentable Einsatz von Sklaven ist damit zu erklären, dass abhängige Lohnarbeit für den freien Mann als Makel galt, den er nach Möglichkeit durch Erwerb eines Sklaven zu vermeiden suchte.[64]
Solchem Wunsch, niemandem gehorchen zu müssen, selbständig zu sein, lag natürlich das Adelsideal zugrunde, das sich bei einem wohlhabender

## II. Verifizierung

und selbstbewusster werdenden Mittelstand breit machte, der dem traditionell bewunderten Adel nacheiferte. Die Anschaffung von Sklaven war zudem und in erster Linie aber ein probates Mittel, sich von unangenehmer und anstrengender Arbeit zu entlasten und auf diese Weise, wie wir das für verschiedene zivilisatorische und kulturelle Erfindungen bereits aufgezeigt haben, dem Eigner ganz persönlichen Energieeinsatz zu ersparen. Ja, der Sklave war, wie Aristoteles als Philosoph und Besitzer von, wie wir hörten, immerhin 13 solcher dienstbaren Geister es am besten wissen musste, „ein beseeltes Werkzeug" (Eth. Nicom. 1161 b), das in dieser seiner menschlichen Vielseitigkeit von keinem noch so ausgetüftelten Roboter je eingeholt werden kann. Von daher ist es auch kein ‚Wunder', wie ein Fachsymposion zur griechischen Kulturgeschichte es noch 1999 nannte[65], dass griechische Literatur, Kunst und Wissenschaft als die am besten einschätzbaren Erscheinungen jeder Kultur im antiken Griechenland ein offenbar unüberholbares Niveau erreichten, weil ein erheblicher Teil der besser gestellten Griechen, von den Lasten existenzerhaltender Beschäftigung weitestgehend durch Sklaven befreit, sich schon in den besten Lebensjahren mit voller Kraft und Hingabe neben der Politik den schönen Dingen des Lebens widmen, zudem mit dem auch durch Sklaven gemachten Gewinn die Erzeugnisse begabter Handwerker, Künstler, Sänger, Choregen, Literaten und Architekten finanzieren konnte.

Es sei noch darauf hingewiesen, dass auch die Sklaverei – wie so viele Elemente der griechischen Kultur – keine indigene Erfindung darstellt, sondern, wie in II.2 gezeigt, in Mesopotamien längst etabliert war, bevor sie vermutlich über das minoische Kreta an die mykenische Palastkultur vermittelt und dann – in geringem Umfang – über die Dunklen Jahrhunderte hinweg bei wohlhabenden Adligen beibehalten wurde. Mit dem wirtschaftlichen Aufschwung Griechenlands im 6. und 5. vorchristlichen Jahrhundert nahm sie aber, wie die genannten Zahlen zeigen, in geradezu exponentieller Weise zu, was allein schon ihre außerordentliche Bedeutung für die Griechen, ihr wirtschaftliches und kulturelles Leben beweist.

Wie gerade angedeutet, verschaffte die Sklaverei vielen Griechen auch den für politische Aktivität oder zumindest Teilhabe nötigen Spielraum, ohne den die Demokratie als gesellschaftspolitische Errungenschaft des antiken Griechenland kaum hätte entwickelt werden können. Diese wegen ihrer dort so frühzeitigen Verwirklichung immer wieder bewunderte Staatsform war indes keimhaft schon im adligen Gefolgschaftswesen angelegt. Darüber geben wiederum die homerischen Epen Auskunft, in denen männliche Aktionsgemeinschaften vor Augen geführt werden, die zwar unter der –

## 3. Die Entwicklung der griechischen Hochkultur

meist militärischen – Führung ihres Initiators stehen, über die Art des Vorgehens oder weitere Aktivitäten aber gemeinsam beraten und entscheiden und insofern demokratisch funktionieren. Das gilt bereits für die im ersten Gesang der Ilias geschilderte Versammlung der vor Troja kämpfenden Achaier (wie die Griechen hier noch genannt werden), in der es um die Frage geht, wie das zu dieser Zeit dem Heer fehlende Kriegsglück wiedererlangt werden kann. Achilles, der beste Kämpfer der Griechen, führt deren Verluste in einer von ihm einberufenen Heeresversammlung auf das Fehlverhalten des Heerführers Agamemnon zurück, der dem Apollon-Priester Chryses dessen auf einem vorangehenden Raubzug erbeutete Tochter auch gegen Lösegeld nicht hat herausgeben wollen. Nach längerer Beratung, an welcher auch andere Redner beteiligt sind, findet sich Agamemnon schließlich bereit, jenen – offenbar Apollon erzürnenden – Fehler zu korrigieren, verlangt aber als Ausgleich für die ihm dabei entgehende Priestertochter die bei jenem Raubzug dem Achilles zugefallene Briseis als Kompensation. Daraufhin kündigt Achilles dem Agamemnon seine weitere Gefolgschaft auf, was der seinem Kontrahenten ausdrücklich zugesteht (Il. 1, 53-180). Tatsächlich wird in der Folge dem Apollon-Priester seine Tochter zurück gebracht, was dann auch die militärische Pechsträhne der Griechen beendet, während Achill den Kämpfen fernbleibt, und später nur eingreift, um seinen gefallenen Freund Patroklos zu rächen.

Gegen Wunsch und Willen des Anführers, der sich nach eigenen Worten in die Priestertochter verliebt hatte, wird hier von einer beratenden Versammlung eine dem Wohl der Gesamtheit dienende, damit politische Maßnahme herbeigeführt, während dem vom Anführer zweifellos ungerecht behandelten Gefolgsmann die Aufkündigung der Treue gewährt, er also in die Freiheit entlassen wird. Eine solche durch gemeinsame Beratung gesteuerte Handlungsweise der durch freiwilligen Beitritt und jederzeit möglichen Austritt gekennzeichneten Aktionsgemeinschaft ist prinzipiell demokratisch, auch wenn bei einer späteren Beratung desselben Gremiums ausgerechnet der sonst als besonders klug gelobte Odysseus einem Redner aus dem einfachen Kriegervolk mit Namen Thersites, der sich ebenfalls Kritik am Heerführer Agamemnon erlaubt, gewaltsam das Rederecht nimmt. Dass dies aber keine grundsätzliche Aberkennung nichtadligen Rederechts bedeutet, geht aus Odysseus' eigener Schelte des Thersites hervor, in der er diesem vorwirft „immer allein mit den Fürsten" zu hadern, also in Ratsversammlungen durchaus schon häufiger das Wort ergriffen zu haben (Il. 2, 265-269; 247). Dieses grundsätzliche Rederecht des ‚Volkes', von dessen Wahrnehmung Nichtadlige aber offenbar durch Einschüchterungsversuche wie die des Odysseus in der Regel abgehalten wurden, wird in der von

## II. Verifizierung

Odysseus' Sohn Telemachos einberufenen Ratsversammlung in Ithaka, mit der er Hilfe gegen die sein Erbe verprassenden Freier zu erlangen hofft, vom angesehenen Adligen Mentor geradezu als Pflicht herausgestellt, wenn der „das übrige Volk" tadelt, „weil es so gänzlich / stumm dasitzt und auch nicht mit einem strafenden Worte / diese Freier, die wenigen, zähmt, da euer so viel sind!" (Od. 2, 240-243)
Es waren also schon zu Homers Zeiten lediglich der Nimbus des Adels und Furcht vor möglichen Repressalien, die den Nichtadligen als prinzipiell gleichberechtigten Mitgliedern der Aktionsgemeinschaft männlicher Kämpfer bzw. Bürger in Ratsversammlungen für gewöhnlich den Mund schlossen, nicht aber institutionelle Schranken. Insofern waren die Minderung dieses Nimbus durch militärische Niederlagen adliger Heerführer und die Augenöffnung durch kritische Lyriker und Philosophen wesentliche Momente, um jene Redescheu Nichtadliger in der für die Politik der Gemeinwesen entscheidenden ‚Volksversammlung' (*ekklesia*) zu überwinden und die *poleis* damit zu demokratisieren. Ganz besonders aber verschafften zunehmender Wohlstand und oft Reichtum Nichtadliger, die wegen ihrer Mittel vom athenischen Staatsmann Solon im frühen 6. Jahrhundert zur Selbstausrüstung mit teuren Waffen und natürlich zum Kriegsdienst herangezogen wurden, in dem sie zahlenmäßig die Adligen bald übertrafen, diesem ‚neuen' Stand das nötige Selbstbewusstsein für gleichberechtigtes Mitreden und Mitwirken in den politischen Versammlungen.

Anlass für diesen ersten Schritt in Richtung breiterer politischer Mitwirkung der männlichen Bürger Attikas war die offensichtliche militärische Schwäche des athenischen Gemeinwesens, dem es bis dahin noch nicht einmal gelungen war, die unmittelbar vor der eigenen Küste liegende Insel Salamis im Kampf mit der viel kleineren Polis Megara dauerhaft unter eigene Herrschaft zu bringen. Solon hatte in seiner Zeit als Archon (594 v.Chr.) den Athenern in diesem Kampf immerhin einen zwischenzeitlichen Erfolg errungen und wurde wohl deshalb, als die Insel bald darauf wieder verloren ging, zur offensichtlich notwendigen Stärkung der athenischen Polis als „Mittler" zwischen den verfeindeten Adelsgruppen berufen, deren Uneinigkeit man wohl als Ursache der militärischen Schwäche erkannte.[66] Solon, der mit der außerordentlichen Vollmacht eines alleinigen Gesetzgebers ausgestattet worden war, sah deren eigentlichen Grund offensichtlich in der zu geringen Zahl attischer Kampftruppen. Diese waren im Verhältnis zur Einwohnerzahl deswegen unverhältnismäßig klein, weil die jeweils die wichtigen Ämter besetzende Adelsgruppe mit ihren Gefolgsleuten im Krieg von den politischen Konkurrenten offenbar gezielt im Stich

## 3. Die Entwicklung der griechischen Hochkultur

gelassen wurde, um nach militärischen Niederlagen bei der nächsten Wahl leichter ausgebootet werden zu können. Ein zweiter Grund lag in der tendenziellen Verarmung vieler attischer Kleinbauern, die für ihre Ernten wegen der zunehmenden Getreideimporte aus dem Schwarzmeergebiet immer weniger erlösen und mangels Flächenreserven auch nicht wie adlige Großgrundbesitzer nach und nach auf lohnenden Wein- oder Olivenanbau umstellen konnten. Viele von ihnen hatten nach schlechten Ernten bei reichen Nachbarn Saatgetreide oder sogar Lebensmittel ausleihen und als Sicherheit erst ihr Land und bei erneuter Notlage schließlich sich selbst verpfänden müssen. Auf diese Weise waren sie zu Sklaven adliger Kreditgeber geworden und als solche oftmals verkauft worden. Der Polis entgingen sie so als im Krieg aktivierbare Milizkrieger.

Hier griff Solon mit seinem Gesetz über die Beseitigung der auf Grundstücken liegenden Schulden und dem staatlichen Rückkauf versklavter Bauern sowie dem Verbot künftiger Personenverpfändung entscheidend ein. Außerdem wurde durch sein neues Wehrgesetz die Gruppe der bisher offenbar nicht oder nicht ausreichend erfassten Händler und Handwerker, der *Demiurgen,* entsprechend ihrem oft erheblich gestiegenen jährlichen Einkommen und nicht mehr ihrem meist schmalen Bodenbesitz zu leistungsgerechter Selbstausrüstung für den Krieg herangezogen. Zu diesem Zweck wurden die freien Bürger in vier Einkommensklassen eingeteilt, von denen die höchste sich vermutlich mit Kampfwagen und Rüstung, die zweite als gerüstete Reiter, die dritte als Fußkämpfer mit Schild, Helm, Speeren und Schwert als *Hopliten,* die unterste wohl nur mit Pfeil und Bogen oder Steinschleuder auf eigene Kosten ausrüsten mussten. Da es zu dieser Zeit in Athen noch keine Geldwährung gab, wurde die Einkommenshöhe der Bürger ganz traditionell nach jährlich erzielter Getreidemenge, gemessen in einem gleichzeitig von Solon normierten Hohlmaß bestimmt. Wer im Jahr mehr als 500 Einheiten dieses Hohlmaßes an Getreide erntete, gehörte damit zur obersten Klasse. Andere Einkommensarten wie die der Demiurgen mussten nach ebenfalls normierten Gewichtseinheiten gewogen, entsprechend umgerechnet oder geschätzt werden.

Die für die letztgenannte Gruppe in der Regel erheblich gestiegene Rüstungsbelastung wurde ihren der 1. Einkommensklasse zugeordneten Mitgliedern, auch wenn sie nicht dem Adel, also den alten Großgrundbesitzerfamilien angehörten, mit dem Zugang zu den höchsten Ämtern, nämlich zum Archontat und zum Schatzmeisteramt vergütet. Die Mitglieder der beiden folgenden Klassen konnten in untere Ämter gewählt werden. Es handelte sich durchweg um nicht bezahlte Ehrenämter, was deren ausschließliche Besetzung mit einkommensstarken Bürgern durchaus rechtfer-

## II. Verifizierung

tigte. Alle Ämter wurden jährlich durch das Votum der (männlichen) Bürgerversammlung vergeben, zu der – in oben schon für das homerische Epos festgestellter Tradition – auch die Bürger der untersten Einkommensklasse, die *Theten* gehörten.
Zur Sicherung dieser vor allem den Adel durch die entschädigungslose Tilgung seiner an Bauern vergebenen Kredite stark belastenden neuen Ordnung führte Solon außerdem die sogenannte Popularklage ein, also das Recht nicht selbst Betroffener, wahrgenommenes Unrecht gegenüber Waisen, Erbtöchtern und sozial Schwachen vor Gericht zu bringen. Dies geradezu staatsanwaltliche Recht jedes Bürgers, gegen Unrecht einzuschreiten, wurde durch die Einführung einer Berufungsinstanz gegen Urteile der obersten Richter – der dem Kreis der Archonten zugehörigen *Thesmotheten* – unterstützt, die etwa adlige Standesgenossen begünstigt hatten.[67]
Da durch die genannte Schuldenstreichung und das Verbot der Boden- und Eigenverpfändung armer Bauern deren Kreditchancen so gut wie beseitigt waren, ohne dass sich ansonsten ihre wirtschaftliche Lage verbessert hätte, suchte Solon durch ein weiteres Gesetz wenigstens deren Söhne aus der für Kleinbauern ziemlich aussichtslosen Lage zu befreien, indem er sie von der Verpflichtung befreite, die Altersversorgung ihrer Eltern zu übernehmen, wenn diese ihnen keine handwerkliche Ausbildung ermöglicht hatten. Damit war für den Bauernstand die auch wirtschaftspolitisch sinnvolle Neuorientierung auf das aussichtsreiche Berufsfeld der Handwerker eingeleitet.
Der Hauptzweck des solonischen Gesetzeswerks, der durch immer weitere den Hauptzweck ermöglichende oder absichernde Bestimmungen zu einer Art Verfassung des athenischen Staats wurde, liegt, wie aus Obigem deutlich geworden sein dürfte, in der Stärkung eines durch innere Missstände militärisch geschwächten Gemeinwesens. Die solonische Gesetzgebung ist damit ein weiteres Beispiel für das hier vertretene Geschichtsverständnis, dem zufolge wichtige Neuerungen in allen Bereichen des menschlichen Lebens auf Beseitigung eines erfahrenen Energiemangels zurückgehen. Auch wenn aus moderner sozialstaatlicher Perspektive manche Forscher in Solon vor allem den wohlmeinenden Sozialreformer sehen wollen, der er in der Logik seiner militärpolitischen Reform unter anderem auch wurde, ist die militärische Stärkung der attischen Polis doch sein eigentliches Ziel gewesen.
Dass dabei wichtige Schritte auf dem Weg zur späteren Demokratie des athenischen Staats zurückgelegt wurden wie die Garantie persönlicher Freiheit auch der ärmsten Bürger, der Beseitigung des Adelprivilegs für die höchsten Staatsämter und der durch die Popularklage vollzogenen Einbeziehung aller Bürger in die staatliche Rechtspflege, waren dabei, wie ge-

## 3. Die Entwicklung der griechischen Hochkultur

zeigt, der militärischen Stärkung des Staates und der wirtschaftlichen Veränderungen der Zeit geschuldete Konsequenzen, keine sozialpolitische Zielplanung.
Da Solon, offenbar auf die selbsttätige Wirkung seiner Gesetze vertrauend, wie wir von Herodot erfahren, Athen für zehn Jahre verließ (Hrdt. 1, 29), brachen dort bald wieder interne Machtkämpfe zwischen verschiedenen Adelsfaktionen aus, wodurch zeitweise sogar die regelrechte Wahl hoher Beamter blockiert wurde.[68] Außerdem drohte ein Auseinanderbrechen des attischen Gemeinwesens, als sich der Alkmeonide Megakles zum Führer der Küstenbewohner Attikas aufschwang, der ebenfalls adlige Lykurgos zu dem der Leute aus der Ebene, während ein im Krieg gegen Megara erfolgreich gewesener Feldherr und deshalb populärer Nichtadliger namens Peisistratos sich zum Führer der Bergbewohner machte. Nachdem dieser zweimal von den Konkurrenten aus Attika vertrieben worden war, aber an der Spitze angeheuerter Söldner jedes Mal wieder zurückkehren, den Megakles und dessen Anhang vertreiben, mit den übrigen Adelsfaktionen aber einen friedlichen Ausgleich herbeiführen konnte, gelang es ihm schließlich, die Stadt unter Wahrung der bestehenden Ämter und Gesetze, wie Herodot urteilt, „trefflich und ordentlich" zu regieren (Hrdt. 1, 59-64).
Dieses Urteil bezieht sich wohl vor allem auf die von Peisistratos und seinen Söhnen geschaffenen Einrichtungen wie einer öffentlichen Wasserversorgung für die Stadtbewohner, einen neuen Athena-Tempel auf der Akropolis, den Baubeginn eines riesigen, allerdings erst sehr viel später vollendeten Zeus-Tempels, die Stiftung der Panathenäen und der städtischen Großen und Kleinen Dionysien mit entsprechenden athletischen und musischen Wettbewerben, Prozessionen und Opfer-Gelagen, wodurch wohl soviel an Gemeingeist innerhalb der Bürgerschaft erzeugt wurde, dass die Gefahr einer separatistischen Spaltung der Polis vorerst überwunden werden konnte.
Auch den sozialökonomischen Spannungen der attischen Gesellschaft wussten die Peisistratiden während ihrer – anfangs, wie gesagt, zweimal unterbrochenen – Regierungszeit von 561 – 510 v.Chr. zu begegnen, indem sie bedürftigen Bauern Land und Kredite anboten, mit Reiserichtern den oft weiten Weg zum städtischen Gerichtshof ersparten, den lohnenden Anbau von Olivenbäumen ebenso förderten wie den Export attischer Keramik, der unter ihrer Regierung, wie oben bemerkt, die korinthische Konkurrenz überflügeln konnte. Den Handel kurbelten sie ganz allgemein durch die Einführung der athenischen Silbermünzen an, einer lydischen Erfindung, die wahrscheinlich durch griechische Söldner in der Heimat bekannt ge-

## II. Verifizierung

worden war und die mit den Stempelbildern des Athena-Kopfes und der Eule rasch zur verbreitetsten Währung der Ägäis wurde.[69] Dieser wiederum aus dem Orient übernommene Kulturimport bedeutete für die Athener einen doppelten Vorteil, weil er erstens gegenüber traditionellem Warentausch durch Zwischenschaltung von Münzen jedes Handelsgeschäft zeit- und ortsunabhängig ermöglichte, den Handel damit durchgreifend beschleunigte, was dem Prinzip des reziproken Energiegewinns entsprechend die Gewinne vor allem der athenischen Händler in die Höhe schnellen lassen musste. Der zweite den attischen Staat betreffende Vorteil lag in dessen Besitz der Silbergruben im Laurion-Gebirge, deren Wert mit der rapide zunehmenden Nachfrage nach Münzsilber steigen und also die staatlichen Einnahmen aus der Minenverpachtung unzweifelhaft hat hochgehen lassen.

Die von den Peisistratiden offensichtlich geleistete politische, kulturelle und wirtschaftliche Sanierung des attischen Gemeinwesens ist wiederum als Reaktion auf dessen in der akuten Gefahr des Auseinanderfallens sichtbar gewordene Schwäche zu begreifen, die Solon irrtümlich glaubte allein mit – an sich richtigen – Gesetzen überwinden zu können, denen dann aber erst Peisistratos in seiner später von den Griechen *tyrannis* genannten ‚Entwicklungsdiktatur' wohltuende Geltung verschaffte. Der Reichtum, den er dem Staatshaushalt durch Emission von Silbermünzen und eine erstmals erhobene Bodensteuer verschaffte, verführte allerdings seine Söhne Hipparch und Hippias zu einer aufwendigen Hofhaltung, mit der sie offensichtlich den Makel ihrer nichtadligen Herkunft zu kaschieren suchten. Dies zeigt sich besonders deutlich in der Berufung von namhaften Lyrikern wie Anakreon von Teos und Simonides von Keos, die mit Liebes-, Weinund Preisliedern – ähnlich wie der berühmte Pindar von Theben am Hof anderer ‚Tyrannen' – die alte Adelskultur noch einmal hoch leben ließen. Vermutlich war es diese vom alten Adel als anmaßend, ja provozierend empfundene Hofhaltung der Peisistratos-Söhne, was die ‚Tyrannen' zu Fall brachte, zudem der neue Reichtum des attischen Staats, der den Kampf der Adelsfaktionen um dessen Führung wieder aufleben ließ. Jedenfalls verstanden es die von Peisistratos vertriebenen Alkmeoniden durch Bestechung des delphischen Orakels den Spartanerkönig Kleomenes zum Feldzug gegen Athen und zu dessen ‚Befreiung' vom letzten Peisistratiden Hippias zu veranlassen. In dem folgenden Machtkampf zwischen den Aristokraten Isagoras und Kleisthenes wurden vor allem die Bauern politisiert, weil ersterer den aus der Sklaverei zurückgekauften und in die Bürgerschaft wieder aufgenommenen unter ihnen das gerade erworbene Bürgerrecht wieder aberkennen wollte, wogegen Kleisthenes Front machte, um deren Unterstützung zu gewinnen.[70] Als ihm das vielleicht bereits zu diesem Zeitpunkt mit Plänen für eine neue Phylenordnung gelang, wie Herodot meint (Hrdt. 5, 69), rief Isagoras seinen schon einmal mit einer Intervention in Athen erfolgreichen Gastfreund Kleomenes aus Sparta zu Hilfe, der sein Eingreifen mit einer alten Blutschuld der Familie des Kleisthenes rechtfertigte und diese samt ihrem Anhang von 700 Familien aus der Stadt vertrieb. Als er außerdem den athenischen Rat (vermutlich den der 400, der angeblich auf Solon zurückging) aufzulösen und die Regierungsämter an 300 Anhänger des Isagoras zu vergeben suchte, erhoben sich große Teile der attischen Bürger gegen diesen von einem auswärtigen Machthaber unternommenen Staatsstreichversuch, schlossen Kleomenes mit seinen Truppen auf der Akropolis ein, zwangen ihn und Isagoras zum Abzug aus Attika und riefen Kleisthenes mit den vertriebenen 700 Familien nach Athen zurück (Hrdt. 5, 70-73).

Die beiden Eingriffe des spartanischen Königs in die inneren Angelegenheiten der attischen Polis, die Athen zum abhängigen Satelliten der peloponnesischen Vormacht zu degradieren drohten, hatten offensichtlich den Lokalpatriotismus der meisten athenischen Bürger so sehr herausgefordert, dass diese – durch Solons Gesetze und Peisistratos' Politik selbstbewusster geworden – auch ohne adligen Führer zur militärpolitischen Aktion zusammenfanden und die Souveränität der Stadt aus eigener Kraft verteidigten. Dies war die eigentliche Geburtsstunde der attischen Demokratie. Die vom danach erst zurückgekehrten Kleisthenes durchgeführte Reform, welche er nach Herodots Meinung von seinem gleichnamigen Großvater, dem ‚Tyrannen' von Sikyon, übernommen hatte (Hrdt. 5, 67), gab diesem demokratischen Emanzipationsakt lediglich den organisatorischen Halt, der für seinen Bestand allerdings notwendig war.

Aus den Folgen eigensüchtiger Adelskämpfe und Exilierungspolitik, die er am eigenen Leibe hatte erfahren müssen und die, was ihre Gefährdung für Zusammenhalt und Souveränität der Polis Athen betraf, keinem Augenzeugen hatte verborgen bleiben können, zog Kleisthenes mit der nach ihm benannten Phylenreform von 508/07 v.Chr. die notwendigen Konsequenzen, indem er die adligen Gefolgschaftsverbände durch eine politgeographische Netzwerkstruktur, nach der Attika vollkommen neu gegliedert wurde, systematisch zerschlug: An die Stelle der vier alten, aus gemeinsamer Abstammung entstandenen Phylen (Stämme) traten zehn neue, ebenfalls Phylen genannte politische Einheiten, die jeweils aus drei Trittyen, geographisch auf Stadt, Binnenland und Küste verteilten, in der Regel also voneinander getrennten Bezirken nach dem Gesichtspunkt etwa gleichgroßer

Phylen-Bürgerzahlen zusammengesetzt waren. Letzteres deshalb, weil die Phylen Aushebungsbezirke für das Heer (später auch die Kriegsflotte) waren, von denen jeder ein Regiment von anfangs wohl etwa 1000 Mann zu stellen hatte. Ebenso einen *Strategen* (Befehlshaber), der aber aus den Kandidaten jeder Phyle jährlich neu von der gesamtstaatlichen Bürgerversammlung zu wählen war.[71]

Diese vollkommen künstliche Ordnung unterband den Fortbestand adliger Gefolgschaftsverbände, die natürlich immer in geographischer Nachbarschaft gesiedelt hatten, ebenso wie den Versuch regionaler Parteibildung, an dem sich Kleisthenes vor seiner Zeit als Reformer selbst noch beteiligt hatte. Da jede Phyle aus drei geographisch getrennten, wirtschaftlich wie kult- und herkunftsmäßig verschiedenen Bevölkerungsgruppen zusammengesetzt wurde, war die letztgenannte Gefahr für die Einheit des Staats durch die neue Ordnung vollkommen ausgeschlossen worden. Die jährliche Neuwahl des militärischen Anführers durch die zu neun Zehnteln aus andern Phylen kommenden Wähler der gesamt-attischen Bürgerversammlung machte außerdem dauerhaften Führungsansprüchen eines Gefolgsherrn alter Prägung *(basileus)* ein endgültiges Ende, zumal eben auch die ihm für ein Jahr unterstellten Krieger aus verschiedenen Landesteilen kamen, ihm also zumindest mehrheitlich ganz fremd waren. Den hergebrachten Herrschaftsansprüchen adliger Herren wurden auch dadurch ganz enge Grenzen gesetzt, dass die politische Macht sehr breit unter den Bürgern verteilt wurde: Die Jahresbeamten wurden, ebenso wie die Richter, von der Bürgerversammlung aus den von jeder Phyle benannten Kandidaten in die verschiedenen Kollegien gewählt, in denen keiner in wichtigen Angelegenheiten allein entscheiden konnte. Dem entsprechend entsandte jede Phyle 50 Ratsmitglieder in den Rat der 500, der zweifellos Bürgerversammlungen vorzubereiten und zwischen diesen kurzfristig nötige Entscheidungen für den Gesamtstaat zu treffen hatte.

So war die neue Verfassung des athenischen Staats eindeutig darauf ausgerichtet, das als so verderblich erfahrene adlige Gefolgschaftswesen zu zerschlagen, die Wehrkraft Athens auf flächendeckende, für den staatlichen Zusammenhalt ungefährliche Weise zu stärken und die politische Macht ebenso flächendeckend und damit demokratisch zu verteilen. Sie stellte als Ganzes – wie schon Solons Gesetze und die Herrschaft der Peisistratiden – eine politische Reaktion auf einen akuten Staatsnotstand dar, in dem Athen zuletzt unter die Herrschaft der Spartaner zu geraten drohte. Die politische, letztlich militärische Schwäche, die zu diesem Notstand geführt hatte, ist allgemein als Mangel an staatlich verfügbarer Energie zur Wahrung eigener

## 3. Die Entwicklung der griechischen Hochkultur

Souveränität zu definieren. Dessen Beseitigung durch Neuordnung des Staats und damit der ‚Erfindung' einer neuen, zukunftsträchtigen Staatsform[72] entspricht wiederum dem in dieser Arbeit immer wieder aufgezeigten Erklärungsmodell für zivilisatorische und kulturelle Neuerungen aller Art. Der wehrpolitischer Erfolg der Kleisthenischen Reform, die vor allem die ‚Wehrenergie' Athens stärken sollte, hatte Herodot zufolge genau diesen Effekt: „Als die Lakedaimonier [Spartaner] sehen mussten, dass Athen an Macht zunahm und ihnen nicht mehr gehorchen wollte, da sagten sie sich, dass das athenische Volk im Zustande der Freiheit ihnen wohl gewachsen, in der Knechtschaft jedoch schwach und zum Gehorchen bereit wäre" (Hrdt. 5, 91). Die stupenden militärischen Erfolge der Athener bei der Abwehr des riesigen Perserreichs in den berühmten Schlachten bei Marathon und Salamis (490 bzw. 480 v.Chr.) bestätigen jene Einschätzung als absolut zutreffend, die attische Demokratie mithin als erfolgreiches Mittel der Gewinnung von Energie aller ihrer Bürger für die Abwehr von mächtigen Feinden.

Zur Sicherung der neuen Ordnung wurde – wahrscheinlich noch von Kleisthenes selbst – die während der Adelsrivalitäten übliche Praxis der Exilierungen, also von Vertreibungen gegnerischer Adelsclans aus der Polis zur Herbeiführung des inneren Friedens nunmehr in Form des *Ostrakismos* (Scherbengericht) in die Hände der Volksversammlung gelegt, die bei einem Quorum von mindestens 6000 anwesenden Bürgern mit Mehrheitsbeschluss einen für den inneren Frieden gefährlich erscheinenden Bürger für zehn Jahre verbannen konnte, ohne dass dies für ihn Ehr- oder Vermögensverlust bedeutete. Die gewaltsame adlige Exilierungspolitik vergangener Tage wurde damit in ein gewaltfreies demokratisches Friedensmittel umgewandelt[73], mit dem die Masse der Bürger als breit gefächerter Geheimdienst sich anbahnende Erneuerung von Adelsfaktionen schon im Keim ersticken konnte. Deren ehemalige Macht war auch in dieser Hinsicht auf die Gesamtheit der Bürger übertragen und damit neutralisiert worden.

Es gab in der Folge eine weitere, vor allem durch die kriegerischen Auseinandersetzungen mit dem Perserreich bedingte Entwicklung der attischen Demokratie, in der die ärmeren Bürger als Ruderer auf den 200 Kriegsschiffen, die schon bei Salamis eingesetzt wurden, immer größere militärische Bedeutung und in deren Folge politische Rechte durch ‚klassenlose' Ämterverlosung und Beteiligung in Volksgerichten gewannen, außerdem durch Diätenzahlung für ihre politische Tätigkeit konditioniert wurden.[74]

Aus der aufgezeigten Entstehungsgeschichte der athenischen Demokratie ergibt sich in energetischer Sicht für diese Staatsform folgende Definition:

## II. Verifizierung

Demokratisch ist ein Staat, dessen Energiepotential durch Beiträge seiner Bürger zu militärischen, kulturellen, ökonomischen, Sicherungs- und Ordnungsleistungen aufgebracht und durch breit gestreute, personell häufig wechselnde Verfügungsgewalt dafür gewählter Bürger gesellschaftsdienlich verwendet wird. Demokratie ist somit als organisatorische Energietechnik eines Gemeinwesens zu verstehen, in dem prinzipiell alle Vollmitglieder Energie in geregelter Form bereitzustellen haben, die sie nach gemeinsamer Entscheidung für gemeinsame Vorhaben einsetzen, um auf diese Weise die Energiebilanz des Gemeinwesens zu optimieren.

Die frühe Singularität der griechischen Demokratie legt außer der energetischen Definition dieser Staatsform eine Bestimmung ihrer Entstehungsbedingungen nahe. Diese sehen wir in einem breit gestreuten Waren-, Dienstleistungs- und Informationsaustausch zwischen prinzipiell allen Staatsbürgern und mit einer gut erreichbaren vielfältigen gesellschaftlichen Umwelt.

Es sind dies dieselben Bedingungen, aus denen, wie wir zu zeigen versucht haben, auch die im engeren Sinn kulturellen griechischen Errungenschaften hervorgegangen sind. Die vielerlei Anleihen, welche die Griechen aus der minoischen, sumerisch-neubabylonischen, hethitischen, phönizischen, ägyptischen und lydischen Kultur ‚geraubt' und zum Vorteil ihrer eigenen ökonomischen, kulturellen und politischen Entwicklung verwendet haben, indem sie sich vom kümmerlichen zivilisatorischen Standard der Dunklen Jahrhunderte und aus bedrängenden Hungersnöten der Kolonialepoche zu einer das riesige Perserreich in Schach haltenden und unter Alexander dem Großen den gesamten Orient beherrschenden und kulturell prägenden Macht entwickelten. Diese Sammlung und produktive Verarbeitung vieler und grundverschiedener Kulturelemente konnte bei den damaligen Verkehrsmitteln nur von einem Seefahrervolk geleistet werden, das – unterstützt von kostenloser Windenergie – eine ganze Reihe von Hochkulturen relativ leicht per Schiff erreichen und über Handels- oder Söldnerkontakte in der Tradition früher *hetaireiai* in gewinnbringendem Austausch ‚auszurauben' sowie in agonal beflügeltem innergriechischem Wettbewerb mit schöpferischer Höchstleistung zu synthetisieren verstand. Und dies gewiss nicht nur, was die oben benannten spektakulären, von der historischen Wissenschaft erst nach und nach zutage geförderten Beispiele kultureller Errungenschaften betrifft, sondern auch durch vieles, was – wie jene Silphion-Pflanze aus Kyrene – über Hunderte von Kolonien als uns unbekannte, aber nicht unwichtige Bereicherungen ins griechische Alltagsleben eingeflossen sein dürfte. Es war, kurz gesagt, die auch für die Demokratie notwendige Gegebenheit eines multilateralen Energieaustauschs mit einer kul-

3. Die Entwicklung der griechischen Hochkultur

turell fortgeschrittenen, ihrerseits unterschiedlichen Umwelt verschiedenartiger Kulturen, die das griechische ‚Wunder' ermöglichte. Ursprünglich motiviert worden war es aber, um auf unsere Grundthese zurückzukommen, in der neue Nahrungsreviere suchenden Kolonialbewegung der Griechen, also ihrem Mangel an ausreichender heimischer Nahrungsenergie in der Zeit von etwa 730 bis 580.

## Anmerkungen

[1] Faure, Paul: Kreta. Das Leben im Reich des Minos, Stuttgart 1976, 303
[2] A.a.O. 299; 301
[3] A.a.O. 277
[4] A.a.O. 287
[5] Fellmeth, Ulrich: Pecunia non olet. Die Wirtschaft der antiken Welt, Darmstadt 2008, 22
[6] Pomeroy, Sarah B./ Burstein, Stanley M./ Donlan, Walter/ Roberts, Jennifer Tolbert: Ancient Greece. A Political, Social, and Cultural History, NewYork/Oxford 1999, 20f.
[7] Freeman, Charles: The Greek Achievement. The Foundation of the Western World, London/New York 1999, 30f.
[8] Pomeroy (Anm. 6), 31f.
[9] A.a.O. 32-34
[10] Kerényi, Karl: Antike Religion, München/Wien 1978, 65
[11] Pomeroy (Anm. 6), 35f.
[12] ähnlich: Pomeroy, ebd. 39f.
[13] A.a.O. 41
[14] Eder, Birgitta: Argolis, Lakonien, Messenien. Vom Ende der mykenischen Palastzeit bis zur Einwanderung der Dorier, Wien 1998, 200f.
[15] Welwei, Karl-Wilhelm: Die griechische Frühzeit, München 2002, 32f.
[16] Snodgrass, A.M.: The Dark Age of Greece, Edinburgh 2000, 231
[17] A.a.O. 214 -231
[18] Murray, Oswyn: Das frühe Griechenland, München 1982, 92f.
[19] Tausend, Klaus: Amphiktyonie und Symmachie. Formen zwischenstaatlicher Beziehungen im archaischen Griechenland, Stuttgart 1992, 189f.
[20] Wegner, Max: Olympia, in: Die Welt der Hellenen, hrsg. v. Armin Müller, Münster 1995, 249
[21] Freeman (Anm. 7), 24
[22] Patzek, Barbara: Griechischer Logos und das intellektuelle Handwerk des Vorderen Orients, in: Griechische Archaik. Interne Entwicklungen – Externe Impulse, hrsg. von Robert Rollinger und Christoph Ulf, Berlin 2004, 437; Burkert, Walter: Zwölf Sprachen, vier Schriften und keine Identität, in: FAZ vom 17.1.2008, 23 erörtert kritisch Raoul Schrotts Thesen zu Homers angeblich vorderasiatischer Identität.
[23] Patzek (Anm. 22), 437- 440
[24] Pomeroy (Anm. 6), 109

## II. Verifizierung

[25] Abb. bei Cartledge, Paul (Hg.): Kulturgeschichte Griechenlands in der Antike, Stuttgart 2000, 212/3
[26] A.a.O. 270-273
[27] Pomeroy (Anm. 6), 110
[28] Haider, Peter W.: Kontakte zwischen Griechen und Ägyptern, in: Griechische Archaik (Anm. 22), 457-460
[29] vgl. Abb. bei Pomeroy (Anm. 6), 112; im Internet unter Google, Suchbegriff ‚kouros – greek sculptures'
[30] A.a.O. 112f.
[31] A.a.O. 113
[32] Abb. bei Cartledge (Anm. 25), 256; im Internet unter Google, Suchbegriff ‚greek kore'
[33] Abb. im Internet unter Google, Suchbedgriff: Praxiteles: Aphrodite
[34] Haider (Anm. 28), 461-463
[35] A.a.O. 454-456
[36] A.a.O. 448
[37] Samons II, Loren J.: Empire of the Owl. Athenian Imperial Finance, Stuttgart 2000, 30, 38f.
[38] Bleicken, Jochen: Die athenische Demokratie, 4. Aufl., Paderborn 1995, 292f.
[39] Meier, Christian: Athen. Ein Neubeginn der Weltgeschichte, München 1993, 665
[40] Kerényi (Anm. 10), 65f.; Dionysos als Stier u.a. in Euripides' Bakchen, 920-922
[41] Bleicken (Anm. 38), 169
[42] Beuckmann, Ulrich: Der Götterkult, in: Die Welt der Hellenen (Anm. 20), 59
[43] Bleicken (Anm. 38), 171
[44] Hiltbrunner, Otto: Kleines Lexikon der Antike, Tübingen/Basel 1995, 160f.
[45] Licht, Hans: Sittengeschichte Griechenlands, Stuttgart 1965, 90
[46] Aristoteles: Poetik 6, 1449 b
[47] Il. 1, 472-472; 16, 181-183; 18, 492-494; Od. 8, 261-267
[48] Edzard, Dietz Otto: Geschichte Mesopotamiens, München 2004, 132; Kramer, Samuel Noah: Die Wiege der Kultur, Time-Life 1969, 126f.
[49] Blume, Horst-Dieter: Archaische Literatur, in: Die Welt der Hellenen (Anm. 19), 99
[50] A.a.O. 97
[51] Pomeroy (mit Textbeispielen) (Anm. 6), 117f.
[52] Capelle, Wilhelm: Die Vorsokratiker, Stuttgart 1968, 113
[53] Haider (Anm. 28), 467
[54] Capelle (Anm. 52), 123
[55] Haider (Anm. 28), 467
[56] Capelle (Anm. 52), 161
[57] A.a.O. 142f.
[58] Fellmeth (Anm. 5), 42
[59] Murray (Anm. 18), 149-154
[60] A.a.O. 155f.
[61] Freeman (Anm. 7), 121-123
[62] Murray (Anm. 18), 298
[63] Pomeroy (Anm. 6), 240f.
[64] Cartledge (Anm. 25), 216

## 3. Die Entwicklung der griechischen Hochkultur

[65] Papenfuß, Dietrich/ Strocka, Volker Michael (Hg.): Gab es das griechische Wunder? Griechenland zwischen dem Ende des 6. und der Mitte des 5. Jahrhunderts v.Chr., Mainz 2001
[66] Weber, Carl W.: Athen. Aufstieg und Größe des antiken Stadtstaates, Düsseldorf/Wien 1979, 60
[67] Bleicken (Anm. 38)
[68] Forsdyke, Sarah: Exile, Ostracism, and Democracy. The Politics of Expulsion in Ancient Greece, Princeton 2005, 100f.
[69] Pomeroy (Anm. 6), 171f.; Freeman (Anm. 6), 95
[70] Pomeroy (Anm. 6), 175
[71] Bleicken (Anm. 38), 43-45
[72] Mit dieser Bemerkung soll nicht in den Streit der Gelehrten darüber eingegriffen werden, ob tatsächlich in Athen erdweit die erste Demokratie entstanden ist. Ihre Genese in dieser Polis ist lediglich die uns am besten bekannte. Vgl. Robinson, Eric W.: The First Democracies: Early Popular Government outside Athens, Stuttgart 1997, 127
[73] Forsdyke (Anm. 68), 149
[74] Bleicken (Anm. 38), 52-54

II. Verifizierung

## 4. Entstehung, Entwicklung und Zerfall des Römischen Reichs

*A) Entstehung Roms*

Die ersten Anfänge des römischen Gemeinwesens müssen aus legendären Erzählungen späterer Autoren wie Fabius Pictor, Livius, Ennius oder Plutarch sowie aus sprachgeschichtlichen, politischen, religiösen und archäologischen Spuren der Frühzeit erschlossen werden. Nicht einmal die Gründungszeit der Stadt ist mit Sicherheit festzumachen. Während frühere Geschichtslehrer- und Schülergenerationen die Frage danach in triumphierender Sicherheit mit dem Merkvers „7 – 5 – 3 / Rom kroch aus dem Ei" beantworteten, nimmt die neuere Geschichtsforschung eine wesentlich frühere Erstbesiedlung der römischen Hügel, aber einen um mindestens hundert Jahre später verlaufenden Gründungsprozess der Stadtwerdung an, hütet sich im übrigen aber vor genaueren Zahlenangaben.[1] Auch die Gründungslegende um die ausgesetzten, von einer Wölfin genährten und von Hirten aufgezogenen Zwillingsbrüder Romulus und Remus, nach der ersterer mit einem Pflug die Grenzfurche um den damit zu seiner Stadt erhobenen Palatin-Hügel zog und seinen Bruder erschlug, als der, diesen Besitzanspruch, die Furche überspringend, missachtete, wird schon lange nicht mehr für historisch bare Münze genommen, sondern höchstens auf mögliche Realitätssplitter hin abgeklopft. Immerhin ergab die archäologische Erforschung der frühen Stadtentwicklung Roms, dass diese tatsächlich auf dem Palatin begonnen hat.[2] Historisch erwiesen ist außerdem die als *pomerium* von den Römern noch in republikanischer Zeit als heilig respektierte Stadtgrenze, die von bewaffneten Truppen nur aus Anlass eines von Senat oder Bürgerversammlung genehmigten Triumphzugs überschritten werden durfte.[3] Auch die Fortsetzung der Gründungslegende mit dem Raub der Sabinerinnen, durch den die von Romulus auf dem Palatin angesiedelten jungen Männer ihrer Stadt Frauen, Nachwuchs und damit Dauerhaftigkeit verschaffen wollten, gilt im Kern als glaubwürdig, weil sprach-, institutionen- und religionsgeschichtlich belegbar.[4]

Unbestritten gehören die Römer ursprünglich – wie die Griechen – zu den im zweiten vorchristlichen Jahrtausend schubweise aus westasiatischen Steppen teils in die Balkan-, teils die Apenninhalbinsel eingedrungenen Indogermanen, die sich dort wie hier zunächst als Hirtenkrieger in den gebirgigen Gegenden verbreiteten, um nach und nach auch landwirtschaftlich nutzbare Flächen zu erobern und zu besiedeln. Damit wechselten sie – energetisch effektiv – von dem ungesicherten und entbehrungsreichen

## 4. Entstehung, Entwicklung und Zerfall des Römischen Reichs

Halbnomadendasein zu vergleichsweise sicherer bäuerlicher Wirtschafts- und Lebensweise, ein Vorgang, der sich in geschichtlicher Zeit bei Kämpfen zwischen den Bergvölkern der Sabeller, Volsker, Äquer auf der einen, den latinischen Küstenbewohnern auf der anderen Seite fortsetzte. Wer aber bebaubares Land erobert hatte, neigte nach guten Ernten zur Vermehrung seiner Kinder, die er nach schlechten kaum zu ernähren wusste. Aus solchen Notlagen entstand – ähnlich wie bei den Griechen der Kolonialepoche – unter den indogermanischen Italikern offenbar der Ritus des *ver sacrum* (heiliger Frühling), der totemistisch geheiligten Ausstoßung einer Jungmänner-Generation, die unter der vorgestellten Führung eines Totemtieres und vermutlich mit Waffen ausgerüstet, sehen musste, wie sie sich anderwärts ansiedelte.[5]

Es spricht vieles dafür, die Gründer Roms in einer solchen einem Wolf als Totemtier unterstellten Gruppe aus dem latinischen Vorort Alba Longa verstoßener junger Männer zu sehen, und das aus folgenden Gründen: Die Römer gehörten nach Sprache und Riten zu den Latinern, siedelten aber am äußersten nördlichen Rand Latiums, und zwar in einer zunächst landwirtschaftlich kaum nutzbaren sumpfigen Gegend, aus der sich lediglich sieben bewohnbare Hügel erhoben. Der von den Römern, wie gesagt, zuerst besiedelte Palatin bot unter diesen den besten Beobachtungspunkt für die unterhalb gelegene Furt über den Tiber und den am Fuß des Hügels liegenden Umschlag- und Handelsplatz. Dieser dürfte schon frühzeitig existiert haben, da der Tiber von hier an bis zu seiner Mündung schiffbar war und an der genannten Furt letztmalig vor dem Meer ohne Fähre überquert werden konnte, weshalb ihn die Küstenstraße eben hier kreuzte. Auch das in historischer Zeit an dieser Stelle betriebene *forum boarium* (Rindermarkt) spricht für die angenommene Markttradition.
Für heimat- und besitzlose junge Männer, die, um ihr Leben zu erhalten, anfangs auf Raub angewiesen waren, konnte es gar keinen günstigeren Siedlungsplatz geben als den Palatin, von dem herab sie günstige Gelegenheit ausspähen konnten, um dort angebotene oder für den Umschlag lagernde Ware zu rauben und sich damit im Gebüsch oder Waldrücken des Hügels zu verbergen. Dass sie sich so ihrem Totemtier gemäß mit wölfischer Raubtierart am Leben erhielten, verbildlicht die Legende von der die gleichaltrigen Knaben Romulus und Remus an ihren Zitzen nährenden Wölfin nur allzu sinnreich.
Die Erinnerung an diese Frühzeit bewahrten auch die Luperkalien, das älteste römische Fest, bei dem die *luperci* (die Wölfischen), nur mit dem Fell eines geopferten Bocks bekleidet und also bettelarm und raubtierhaft, um

## II. Verifizierung

den Palatinhügel liefen und sprangen, an dessen Fuß das *lupercal* lag, die Höhle, in der die Wölfin der Sage nach die in einem Korb ausgesetzten – wir interpretieren: im *ver sacrum* ausgestoßenen – Knaben gesäugt haben soll.[6] Auch der sagenhafte Raub der Sabinerinnen wird durch seine rituelle Wiederholung im römischen *rapi simulator virgo*, einer vor römischen Hochzeiten üblichen Simulation des Frauenraubs als historisch ernstzunehmendes Ereignis beglaubigt.[7] Dies gilt erst recht für die Fortsetzung der Raubgeschichte. Diese erzählt von einem Rachefeldzug des Sabinerheeres, der nur durch die Vermittlung der geraubten Frauen zu einer friedlichen Übereinkunft gebracht werden konnte. Dem entspricht in der Überlieferung das römisch-sabinische Doppelkönigtum von Romulus und Titus Tatius, das sich auf Palatin und Quirinal verteilte und in vielfacher Doppelung sakraler und staatlicher Einrichtungen des römischen Gemeinwesens wie der Kollegialität von Priesterschaften und Magistraten, vor allem der der beiden gleichberechtigten Konsuln an der Spitze der Republik ihre unübersehbaren Spuren hinterließ.[8]

Entsprechendes gilt für die Angliederung einer dritten Siedlergruppe wohl überwiegend etruskischer Herkunft, die aufgrund ihrer fortgeschrittenen kulturell-zivilisatorischen Errungenschaften in Wasserbau und Heerwesen für längere Zeit auch die Führung übernahm, die drei Gruppen des Gemeinwesens mit den etruskischen Namen der *Luceres, Tities* und *Samnes* bezeichnete und zu gleichen Teilen mit der Stellung von Milizen für den Kriegsfall verpflichtete. Jeder der drei römischen *tribus* (Drittel) hatte dem gemäß in früher historischer Zeit (um 500 v.Chr.) 1000 Fußkrieger und 100 Reiter zu stellen, die gemeinsam eine in Hundertschaften gegliederte Legion bildeten. Diese war gleichzeitig politisches Entscheidungsgremium zunächst wohl vor allem über Krieg und Frieden. Auch im eigentlichen politischen Beratungs- und Entscheidungsgremium, dem Senat, saßen bis in die Spätzeit der Republik 300 anfangs zweifellos ebenso wie das Heer zu gleichen Teilen aus den drei *tribus* entsandte Mitglieder.

Alle diese Eigenheiten des römischen Verfassungslebens sind offensichtlich aus existenziellen Krisen des sich entwickelnden Gemeinwesens hervorgegangen, in denen – unserer Grundthese entsprechend – spezifischer Energiemangel wie der an Nachwuchs, an Ackerland in den sumpfigen Talgründen zwischen den sieben Hügeln oder an brauchbarem Regelwerk für gewinnbringenden Austausch auf wirtschaftlichem und militärischem Gebiet jeweils erst durch die bezeichneten Aktionen, Vereinbarungen oder Übernahmen aus etruskisch-griechischer Tradition überwunden werden konnten.

## 4. Entstehung, Entwicklung und Zerfall des Römischen Reichs

So geht auch der nach dem Zehnersystem mathematisch konstruierte Aufbau der wichtigsten römischen Staatsorgane zweifellos auf – durch Etrusker vermittelte – griechische Vorbilder zurück. Insbesondere dürfte die athenische Gesetzgebung Solons (II.3) für die römische Heeresaushebung nach wirtschaftlicher Leistungsfähigkeit der Milizkrieger Pate gestanden haben, deren Einführung von der römischen Tradition dem etruskischen König Servius Tullius zugeschrieben wird. Dieser wie auch sein Nachfolger, der von der römischen Geschichtsschreibung als *superbus* (hoch-, übermütig) verschriene jüngere Tarquinius, der mit repräsentativen Bauten und territorialer Erweiterung des römischen Herrschaftsbereichs offensichtlich viel für den römischen Staat geleistet hat, folgten mit ihrer tatkräftigen Entwicklungspolitik eindeutig dem Vorbild griechischer ‚Tyrannen' vom Typ des Peisistratos, die trotz ihrer offenkundigen Verdienste um die Entwicklung und Stärkung ihrer Gemeinwesen von den dabei in die zweite Reihe gedrängten alten Adelsfamilien diffamiert, bekämpft und schließlich gestürzt wurden.[9]

Der von den griechischen Kolonien Italiens ausgehende Modernisierungsanreiz hatte die Etrusker, deren Metallförderung – wie in II.3 gezeigt – griechische Händler und frühe Kolonisten bereits im 8. vorchristlichen Jahrhundert an die italienische Westküste gelockt hatte, deutlich vor den damals noch binnenländisch orientierten Römern erreicht, was ihnen, wie gesagt, die für ihre zeitweilige Herrschaft in Rom maßgebliche Überlegenheit verschaffte. Nachdem sie die für die Römer verwertbaren Errungenschaften griechischer Zivilisation wie die Entwässerungstechnik (für die römischen Sümpfe), stadtgemäße Steinbauweise, leistungsgerechte Aushebung des Milizenheeres sowie dessen Ausrüstung und Führung nach dem Muster griechischer Hopliten-Phalanx, außerdem Schrift und Metallwährung vermittelt hatten, wurden sie, wie man feststellen muss, in Gestalt des jüngeren Tarquinius nicht nur auf üble Weise beseitigt, sondern Jahrhunderte lang verketzert, insofern die römische Geschichtsschreibung den auf ihre Herrschaft folgenden weiteren Aufstieg Roms nicht etwa auf ihre vorangehende Aufbauleistung, sondern allein auf die Beendigung ihrer ‚Königsherrschaft' zurückführte. Dabei zeigte sich schon kurz nach deren Beseitigung in der Schlacht am Regillus-See (496 v.Chr.) gegen die vom jüngeren Tarquinius unterworfenen und nach seiner Ermordung gegen Roms Oberherrschaft aufbegehrenden Latinerstädte, dass die von den Etrusker-Königen eingeführte Hopliten-Phalanx dem zahlenmäßig überlegenen Reiterheer der Gegner überlegen war, sich also als segensreiches Erbe der Etruskerherrschaft erwiesen hatte.[10]

## II. Verifizierung

Was aber die Ermordung des Tarquinius superbus betrifft, die nach der Überlieferung gar nicht mit einer persönlichen Missetat des Herrschers, sondern mit einem angeblichen Sexualdelikt eines seiner Söhne an einer verheirateten Frau (!) begründet wurde, so zeigt sich in diesem Vorgang – wie im Parallelfall der Peisistratiden – dass die Furcht der alten römischen Adelsfamilien vor politischem Machtverlust das eigentliche Motiv war, zumal sich mit der Herrschaft des jüngeren Tarquinius, dessen Vater vor Servius Tullius regiert hatte, die Gefahr einer Dynastiebildung andeutete. Das aber hätte der Tradition des aus einem Bund Gleichaltriger und damit Gleichberechtigter hervorgegangenen Gemeinwesens widersprochen, der die Herrschaft eines Einzelnen nur für einen eng begrenzten Zeitraum und nur für einen dem Senat genehmen Kandidaten zugestehen mochte, nicht aber einem, der, mit Tüchtigkeit populär geworden, vom Heer bestimmt und dauerhaft an der Macht gehalten wurde.

Es ging also bei dem ‚Tyrannenmord' letztlich um die Machtfrage, ob die im Senat versammelten *patres,* die Häupter der großgrundbesitzenden Adelsfamilien, oder – nach athenischem Vorbild – die im Heer versammelte Masse der Bürger den Staat führen sollte. Diese Konfliktlinie zeigt auch die *secessio plebis,* jener Auszug des nichtadligen und vermutlich auch nicht unter adligem Patronat stehenden Teils des Bürgerheers, welches – wie man vermuten darf, mit Frauen, Kindern und nötigster Habe – zu einem einige Kilometer tiberaufwärts gelegenen ‚heiligen Berg' zog, wo man offenbar allen Ernstes daran ging, eine neue Stadt zu gründen. Darauf deuten vor allem die Bildung einer eigenen plebejischen Bürgerversammlung, des *consilium plebis,* und die Wahl zweier in Analogie zu den beiden römischen Konsuln gewählten *tribuni plebis,* der Volkstribunen.[11]

Eine solche Aktion wird nicht zum Spaß unternommen und muss auch mehr als bloß demonstrativen Charakter gehabt haben. Sonst hätten die Plebejer die neu gebildeten Institutionen nach ihrer Rückkehr nicht als verfassungsmäßige Einrichtungen der römischen Republik durchsetzen können, die in eindeutiger Opposition zur Senatsherrschaft standen. Der schwerwiegende Konflikt zwischen Plebejern und Senatsadel war offensichtlich eine Reaktion der ersteren auf den Sturz der populären Etruskerherrschaft, die mit Stadtausbau, Trockenlegung der Sümpfe und Gebietserweiterung vielerlei Erwerbsmöglichkeiten und auch Neuland bereitgestellt hatten, während nach ihrem Sturz mit dem Angriff der Latiner sowie von Sabellern und Volskern, die sich alle wohl Beute oder Landgewinn von einem durch den Königsmord geschwächten Rom versprachen, vor allem die kleinen Leute durch dauernde Feldzüge zu leiden hatten, in denen sie weder ihre Felder bestellen noch als Handwerker oder Händler ihren Geschäften nachgehen konnten. Da sie als Milizkrieger außerdem zu immer kostspieliger Selbstausrüstung mit hochwertigen Waffen verpflichtet waren, mussten sich viele von ihnen verschulden, was bei dem harten römischen Schuldrecht und üblem Zinswucher der Kreditgeber oft zu Schuldknechtschaft oder gar Versklavung führte. Der sich daraus ergebende sozialpolitische Konflikt, der in Athen durch die solonische Gesetzgebung und später die Demokratisierung des Staatswesens überwunden worden war, machte auch in Rom eine Lösung notwendig, die man in den genannten plebejischen Selbstschutzeinrichtungen suchte.

Die wegen ihrer oppositionellen Stellung gegenüber dem Senatsadel besonders gefährdeten Volkstribunen – der politische Mord an dem jüngeren Tarquinius war den Plebejern offenbar eine dauerhafte Warnung – wurden zu ihrem Schutz mit religiösem Tabu belegt und galten seitdem als *sacrosanct* (unantastbar). Mit dieser Heiligung ihrer Person konnten sie die Festnahme von zu Unrecht durch aristokratische Richter verurteilte Plebejer mit ihrer *intercessio* (körperlichem Dazwischentreten) verhindern.[12] Ihr Veto gegen plebejerfeindliche Beschlüsse des Senats oder der Heeresversammlung konnte außerdem eine volksfeindliche Politik blockieren. Die Volkstribunen waren mithin in der römischen Republik lange Zeit ein wichtiger Schutzschild für die Bürger, die nicht im schützenden Verwandtschafts- oder Klientelverhältnis zum Senatsadel standen, also vor allem die später zugezogenen Handwerker, Händler, Dienstleister und selbständigen Landwirte.

Mit den neuen Verfassungseinrichtungen der plebejischen Volksversammlung und dem Volkstribunat waren zwei für den sozialen Zusammenhalt des römischen Staatswesens wichtige Neuerungen durchgesetzt worden, die – unserer Grundthese entsprechend – auf den mit der *secessio plebis* sich abzeichnenden drohenden Energiemangel in Form von abwandernden Plebejern – also der Mehrzahl von Kriegern – antworteten, einer Gefahr für den Staat, die durch jene Einrichtungen gerade noch abgewendet werden konnte.

Die plebejischen Bauern blieben in der römischen Republik allerdings eine soziale Problemgruppe, weil die Masse der kleineren Bauern nach Urbarmachung oder Eroberung von Neuland durch den Staat vom großgrundbesitzenden Adel mit geringeren und schlechteren Ackerlosen bedacht, als Selbstversorger auf einem Hektar Ackerfläche nach neueren Berechnungen den Weizenbedarf eines Erwachsenen nur zu etwa 75% decken, auf dem durchschnittlichen Bauernlos von 5 ha also kaum vier Erwachsene mit dem Grundnahrungsmittel Brei oder Brot ernähren konnten.[13] Die damals übli-

## II. Verifizierung

che Zweifelderwirtschaft mit entsprechend zweijährigem Fruchtwechsel erlaubte natürlich neben dem Getreide- auch Gemüseanbau sowie etwas Viehzucht auf der jeweiligen Brachfläche, aber keinesfalls die Anlage von profitablen Wein- oder Olivenpflanzungen, mit denen die Großgrundbesitzer reich wurden. Nach schlechten Ernten oder häufiger Kriegsverpflichtung, die in der römischen Republik die Regel war, erst recht nach erlittener Kriegsverletzung oder gar dem Tod des Bauern oder eines seiner mit 17 Jahren wehrpflichtigen Söhne geriet so ein Selbstversorgerbetrieb schnell in eine verderbliche Schuldenfalle. Lieh sich der – nach römischem Recht allein geschäftsfähige – *pater familias,* das immer männliche Familienoberhaupt, bei einem wohlhabenden Nachbarn etwa fehlendes Saatgut und konnte er dies in der vereinbarten Frist nicht erstatten, vielleicht, weil oft unverschämt hohe ‚Zinsen' für so eine Leihgabe gefordert wurden, so durfte nach dem Zwölftafelgesetz der Schuldner festgenommen und in Schulknechtschaft gezwungen werden, in der er – nach der weitere ‚Zinsen' aufschlagenden Rechnung des Gläubigers – auf dessen Hof die Schuld abarbeiten musste. Darunter litt natürlich wiederum die eigene Wirtschaft, auch wenn der Bauer schon einen erwachsenen Sohn hatte, den er als Ersatzmann in die Schuldknechtschaft schicken konnte, was offenbar häufiger geschah. Das Zwölftafelrecht entzog nämlich dem in seiner Familie allmächtigen Vater erst nach dreimaliger Verschickung eines seiner Söhne in Schuldknechtschaft das weitere Verfügungsrecht über diesen.[14] Dabei handelte ein so über den Sohn verfügender Vater nicht etwa herzlos oder eigensüchtig, sondern von harter Notwendigkeit gezwungen, weil nur er, wie gesagt, geschäfts- und damit bei neuer Notlage kreditfähig war, welche Rechtsqualität er als Schuldknecht verloren hätte. Seine Hofwirtschaft und damit seine Familie konnten dauerhaft nur fortbestehen, wenn er freier Mann blieb, der wiederum im Kriegsfall mit Leib und Leben dem Staat zu dienen hatte. So wurden die kleineren Bauern, aber mit Sicherheit auch ähnlich gestellte Gewerbetreibende aus der Stadt, die als Schuldner bei privaten Geldverleihern demselben Schuldrecht unterlagen wie die Bauern, zwischen der Skylla der Schuldknechtschaft oder sogar Sklaverei und der Charybdis des häufigen Kriegsdienstes mit seinen Rüstungslasten und physischen Gefahren und Beeinträchtigungen vom wohlhabenden Patriziat energetisch ausgebeutet. Und zwar handelte es sich hier um energetische Ausbeutung im ursprünglichen Sinn des Wortes, denn Schuldknechte, Sklaven oder Milizkrieger wurden in dem skizzierten circulus vitiosus gezwungen, ihre Arbeits- und Kampfkraft, also persönlich aufzubringende Energie bis zur Selbstausbeutung den davon profitierenden Kreditgebern und Staatslenkern zu opfern.

## 4. Entstehung, Entwicklung und Zerfall des Römischen Reichs

Die Volkstribunen konnten zwar in Extremfällen solcher Ausbeutung intervenieren, zu zweit oder später zu zehnt aber eben nur fallweise. Eine Milderung des harten Schuldrechts auf politischer Ebene gelang zunächst nur in kleinen Schritten wie mit der Begrenzung von Schuldzinsen im Zwölftafelgesetz von 450, entscheidend aber erst mit der *lex Poetelia* von 326 v.Chr. Im Übrigen mussten Beuteanteile und Landverlosungen nach erfolgreichen Feldzügen für soziale Entlastung Verschuldeter sorgen, die auch gerade durch entsprechende Hoffnungen zu vollem militärischen Einsatz motiviert wurden.

Die überaus lange Reihe militärischer Erfolge der römischen Republik ist zum Teil wohl aus diesem sozialen Zwang zum Sieg, weiter der Gewöhnung römischer Legionäre an hartes, entbehrungsreiches Leben und die unter strengem Patriarchat von Kindheit an eingeübte Disziplin römischer Krieger zu erklären. Hinzu kamen aber die bereits genannten durch die etruskischen ‚Tyrannen' aus griechischer Tradition vermittelten Errungenschaften damals moderner Heeresaushebung, Rüstung und Führung sowie als weiteres Moment die aus eigener Tradition, aber auch griechischen Vorbildern erklärbare Koloniebildung.

### *B) Entwicklung des Reichs*

Mit solcher Gründung befestigter *coloniae* an strategisch wichtigen Punkten in den verschiedenen eroberten oder vorerst befriedeten Regionen Italiens, in denen vorwiegend Römer, aber auch inzwischen wieder unterworfene und verbündete Latiner angesiedelt wurden, erreichte man kräfte- also energiesparend gleichzeitig mehrere Ziele: Zum einen verschaffte man damit verschuldeten Bauern, die mit dem Verkauf ihres heimischen Hofes an immer landhungrige Großagrarier die Schulden loswurden, ebenso wie armen Bauernsöhnen ohne Erbaussichten neues Siedlungsland, zum anderen nutzte man deren Wehrkraft für den Fall eines antirömischen Aufstands in der betreffenden Region, und zum Dritten verbreitete man – ähnlich den Griechen – mit solchen Außenposten die eigene Sprache, Kultur und Lebensweise im ganzen Land, was auf Dauer eine zusätzliche, nicht nur militärische Sicherung römischer Herrschaft in Italien mit sich brachte.

Geht man davon aus, dass diese systematisch angewandte, energetisch so außerordentlich effektive Ausdehnung römischer Herrschaft nicht so sehr auf altrömische Tradition der eigenen Stadtgründung oder die versuchte der Plebejer in deren *secessio plebis* zurückzuführen ist, sondern eher auf die Nachahmung griechischer Koloniegründungen, die ja nahe genug an den italienischen Küsten zu beobachten waren, so würde es sich bei den rö-

## II. Verifizierung

misch-latinischen Kolonien um eine bloße Übertragung des seegestützten griechischen Kolonialsystems aufs italienische Binnenland handeln, mit der die Römer vor allem im fünften und frühen vierten vorchristlichen Jahrhundert ihre schwerwiegendsten Probleme auf geradezu geniale Weise lösten: das der Entschuldung der in ihrem System immer wieder in Schwierigkeiten geratenden Bauern, von deren Seite sonst eine erneute *secessio* gedroht hätte, sowie das der Sicherung ihres Herrschaftsbereichs gegen die immer wieder angreifenden Bergvölker der Sabeller, Äquer, Volsker und schließlich der Samniten.

Für den römischen Staat besonders energiesparend war diese koloniale Problemlösung auch deshalb, weil außer dem Gründungsakt, der Vermessung und Verteilung des Neusiedlerlandes durch eine ehrenamtlich tätige Dreimännerkommission des Senats[15] sowie vielleicht noch Transporthilfen und Geleitschutz für die Siedler keine Leistungen erbracht werden mussten, da die Kolonien in die Selbständigkeit entlassen wurden, die lediglich in militärisch-außenpolitischer Hinsicht durch die einseitige Bindung an die Mutterstadt begrenzt war.

Wenn griechische Kolonien an den Küsten des Schwarzen und des Mittelmeeres den Waren-, Dienstleistungs- und Informationsaustausch der Mutterstädte außerordentlich vermehrten und diversifizierten, wodurch die spektakuläre Wirtschafts- und Kulturentwicklung des griechischen Kosmos ermöglicht wurde (II.3), dann war es in genauer Parallele dazu der militärpolitische Austausch zwischen Rom und seinen Binnenland-Kolonien, deren Einwohner als römische Bürger jederzeit unter die römischen Feldzeichen gerufen werden, umgekehrt bei eigener Gefährdung militärische Hilfe aus Rom beanspruchen konnten, der die erstaunliche Ausweitung der römischen Herrschaft über die Apenninhalbinsel im Wesentlichen erklärt: In beiden Fällen wurden durch Institutionalisierung spezifischen Energieaustauschs in der Form von Waren oder Wehr-Dienstleistungen vor allem im jeweiligen Zentrum des Austauschsystems (Athen bzw. Rom) erhebliche Energiegewinne realisiert, weil sich dort die Austauschakte kumulierten.

Für Roms Wehrkraft realisierte sich diese Verbesserung seiner Energiebilanz durch Kolonien in gefährdeten Gebieten zum einen durch deren schon erwähnten Abschreckungseffekt auf potentielle Gegner, so dass römische Truppen seltener einberufen und zum entfernten Einsatzort an der Peripherie des beanspruchten Herrschaftsbereichs geführt werden mussten, und wenn das doch notwendig wurde, nur in geringerer Zahl, weil die wehrpflichtigen Bürger der im Aufstandsgebiet liegenden Kolonien natürlich zuerst eingesetzt wurden und die Zahl der aus Rom entsandten Einheiten in jedem Fall verminderten. In den ersten drei Jahrhunderten der Republik, in

## 4. Entstehung, Entwicklung und Zerfall des Römischen Reichs

denen das Milizsystem noch weitestgehend fortbestand, bedeutete das unter anderem weniger Ernteausfälle durch Abzug wehrpflichtiger Bauern(-Söhne) aus der Landwirtschaft und also geringere Nahrungsenergie-Ausfälle für das römische Zentrum, das außerdem an Transport- und Ernährungsaufwand für eine nach auswärts entsandte große Armee weitere Nahrungsenergie sparte. Im Prinzip galt letzteres natürlich auch für den zunehmenden Einsatz von Söldnern, der, soweit durch Kolonisten etwa im Bundesgenossenkrieg (91 – 88 v.Chr.) erübrigt, dem Staat, der diese nicht bezahlen musste, einen noch größeren Spareffekt erbrachte.

Als eine Art Ableger des römischen Kolonien-Systems darf das der Bundesgenossen betrachtet werden, bei denen es sich um unterworfene oder assoziierte italische Städte oder Ethnien handelte, die, wie die Kolonien innenpolitisch autonom, Rom gegenüber zur Heeresfolge und Bündnistreue verpflichtet waren. Im Unterschied zu den Kolonien waren ihre freien Einwohner aber vom römischen Bürgerrecht ganz oder teilweise ausgeschlossen, welche Benachteiligung schließlich zu dem erwähnten Krieg führte, an dessen Ende dieser Unterschied für die meisten von ihnen beseitigt wurde. In den bilateralen Verträgen Roms mit diesen *sociis* gab es nach schlechten Erfahrungen Roms mit dem Latinerbund deshalb abgestufte Unterschiede vor allem in der Bürgerrechtserteilung, weil man eine gegen Rom gerichtete Solidarisierung gleichgestellter Beherrschter vermeiden wollte, was bis hin zu dem erwähnten Krieg auch gelang.

In der Behandlung Abhängiger und Unterworfener verfuhr Rom mit der Gewährung von Selbstverwaltung in allen internen Angelegenheiten also wieder nach dem Prinzip möglichst geringen eigenen Energieaufwandes, indem man eigene Verwaltungs- und Besatzungskräfte sparte, andererseits volle außenpolitische und militärische Unterstützung verlangte, allerdings auch gewährte. Letzteres ließ so ein Bündnis für die Unterworfenen zunächst sehr attraktiv erscheinen, da sie mit Rom einen mächtigen Beschützer gewonnen hatten, es wurde aber mit der Ausdehnung römischer Herrschaft über ganz Italien und dessen damit einhergehende Befriedung zur wertlosen Floskel, während Rom auf seinen außeritalischen Feldzügen die militärische Hilfe der Bundesgenossen weiterhin in Anspruch nahm.[16] Die gegenseitige militärische Leistungsverpflichtung wurde damit also vollkommen einseitig zugunsten Roms verändert. Dessen anfänglicher Energieeinsatz bei der militärischen Unterwerfung von Bundesgenossen trug mithin jahrhundertelang energetische Zinsen und ist eine weitere Erklärung für die lange Kette römischer militärischer Erfolge.

Dies gilt auch für einen weiteren Ableger römischer Koloniegründungen, der in einer Besonderheit der römischen Kriegführung seinen auffälligen

## II. Verifizierung

Niederschlag fand, nämlich der täglichen Errichtung von befestigten Heerlagern in Feindesland. Ungeachtet der Tagesstrapazen hatte jedes römische Heer nach den Vorgaben eines Vorauskommandos, das einen geeigneten Platz ausgewählt, vermessen und mit bunten Flaggen entsprechend markiert hatte, einen Außenschutz mit Graben und palisadenbewehrtem Wall sowie vier Toren, außerdem provisorische Unterkünfte nach einem Plan zu bauen, der dem einer kleinen Festungsstadt entsprach. Und tatsächlich wurden aus solchen Heerlagern mehrfach städtische Kolonien wie z.b. die Colonia Agrippina (Köln), Eboracum (York) oder Augusta Praetoria (Aosta).[17] Mit dieser in der Antike einmalig konsequenten Sicherung ihrer Heere gegen feindliche Überfälle überstanden die Römer auch schwere Niederlagen in einzelnen Schlachten wie gegen König Pyrrhos von Epirus oder den Karthager Hannibal, indem sich Reste ihres geschlagenen Heeres in das Marschlager der letzten Nacht flüchten und so vor völliger Vernichtung bewahren konnten. Außerdem konnte man so überlegenen Gegnern, Lager bauend, auf den Fersen bleiben und sie letzten Endes immer zermürben und besiegen. Auf diese Weise erwies sich der energetisch zunächst unwirtschaftlich erscheinende tägliche Lagerbau aufs Ganze der römischen Kriegführung gesehen doch als äußerst effektiv, weil letzten Endes erfolgreich. Selbstverständlich ist auch diese militärische Energietechnik der Römer auf frühe Verluste ihres Heeres im Kampf mit italischen Bergvölkern zurückzuführen, also auf katastrophale Erfahrungen militärischen Energiemangels.

Die außerordentlich lange Kette römischer Kriegserfolge ist natürlich auch auf das zurückzuführen, was man zusammenfassend ‚Moral der Truppe' nennt. Dazu gehörte die zweifellos im uralten indogermanischen Patriarchat der römischen Familie anerzogene Gehorsamsdisziplin jeder nachwachsenden Kriegergeneration, aber ebenso die rituell gepflegte Überzeugung, im Schutz eines Gottes für die richtige Sache zu kämpfen. Dem gemäß fand zu Beginn des römischen Jahres in dem nach dem Kriegsgott Mars benannten Monat (März) und auf seinem vor der Stadt liegenden Areal, dem Marsfeld, die obligatorische Heeresversammlung statt, wo man auf einem Altar dem Gott opferte, um seiner Unterstützung für die Feldzüge des Jahres sicher sein zu können, und wo nach dieser psychologischen Stärkung des Heeres mit der – bei sich selbst ausrüstenden Milizkriegern immer nötigen – Waffenmusterung und anschließendem Manöver auch seine physische Stärke sichergestellt wurde. Die psychische Motivation und also Energie der Krieger wurde im Fall eines außenpolitischen Konfliktes noch dadurch vermehrt, dass ein auf solche Fälle spezialisiertes Priesterkol-

## 4. Entstehung, Entwicklung und Zerfall des Römischen Reichs

legium, die *fetiales,* durch eines seiner Mitglieder dem Konfliktgegner in einem genau festgelegten Ritus die römischen Wiedergutmachungsforderungen für dessen Rechtsbruch überbrachte und bei deren Nichterfüllung zunächst die Kriegsandrohung und nach einem entsprechenden Senats- und außerdem Heeresbeschluss die Kriegserklärung überbrachte, die mit einem über die Grenze ins feindliche Gebiet geschleuderten blutigen Speer unmissverständlich bekräftigt wurde.[18] Durch dieses ritualisierte Verfahren suchten die Römer sicherzustellen, dass sie einen *bellum iustum* (gerechten Krieg) führten, in dem ihnen die Unterstützung des Mars und aller anderen Gottheiten sicher sein konnte und in dem sie sich auf der Seite des Rechts wussten, was alles die Kampfmoral ihres Heeres naturgemäß stärkte. Zugleich sollte durch diesen bis in die Kaiserzeit beibehaltenen Ritus – zumindest formal – jeder ungerechtfertigte Angriffs- und Eroberungskrieg von römischer Seite ausgeschlossen werden, was natürlich nicht immer gewährleistet war, weil gegnerisches Fehlverhalten auch provoziert oder konstruiert werden kann. Dennoch zeigt das Jahrhunderte überdauernde Festhalten an diesem Verfahren, dass römische Außenpolitik prinzipiell auf Sicherung des *status quo* und damit faktisch gegebenen Rechts ausgerichtet war, nicht auf revolutionäre oder missionarische Veränderung der Welt. Darin fand wiederum der römische Patriarchalismus seinen Niederschlag, der an dem festhielt, was bei den Vätern schon gegolten hatte und sich, wie man nach jedem gewonnenen Feldzug aufs Neue sah, immer wieder als richtig erwies.

Die auf die männliche Dreieinigkeit von Mars, Jupiter und Quirinus projizierte Autorität der Väter hielt auch ein anderes für römische Religiosität kennzeichnendes Ritual lange Zeit in Gebrauch: die Auspizien. Zu diesen gehörten Vogelflug- und Eingeweideschau geopferter Tiere, später auch Beobachtung und Deutung von Blitzen durch das Priesterkollegium der Auguren, die daraus Einverständnis oder Ablehnung der Götter in Hinblick auf wichtige staatliche Vorhaben wie vor allem Feldzüge zu erkunden hatten. Auch die angeblich uralten Sibyllinischen Orakelbücher wurden zu gleichen Zwecken in Notzeiten befragt. Immer ging es darum, den väterlichen Willen der Götter zu erkennen und zu befolgen, um deren Wohlwollen und Hilfe in schwierigen Situationen und Zeiten nicht zu verlieren. Etwas anders als die Griechen, die mit opulenten Fleischopfern ihre Gottheiten mehr oder weniger zu ‚bestechen' suchten, begaben sich die Römer mit den Auspizien und deren Befolgung in die Rolle von Kindern, die durch vorausschauenden Gehorsam das Gewünschte von den Göttern zu erlangen hofften.

## II. Verifizierung

Diesen religiösen Vorbereitungen römischer Feldzüge entsprach der nach siegreichem Ende gefeierte Triumph. Dabei weihte der triumphierende Feldherr den drei genannten Göttern, später wohl nur dem unter griechischem Einfluss an die Spitze der Götterhierarchie gerückten Jupiter Optimus Maximus erbeutete Waffen der Feinde, indem diese in öffentlicher vom Volk bestaunter Prozession am jeweiligen Altar oder Tempel niedergelegt wurden. Darunter war – antiker Opferpraxis entsprechend – eine Beuteteilung mit dem Gott zu verstehen, der, wie man es sah, durch seine an oberster Stelle mitwirkende Kraft noch vor allen Menschen den Sieg errungen hatte und deshalb mit Waffen als den wertvollsten Beutestücken belohnt wurde. Vermutlich seit der Tarquinier-Herrschaft wurde der triumphierende Feldherr unter etruskisch-hellenistischem Einfluss mit roter Toga, rot geschminktem Gesicht, gekrönt mit einem Lorbeerkranz und mit einem Zepter in der Hand auf einem Streitwagen fahrend zur lebenden Verkörperung Jupiters, der die gesamte Beute einschließlich der Gefangenen zu seinem Tempel auf dem Kapitol führte, womit der Gott vor allem zuschauenden und ihm zujubelnden Volk noch eindrucksvoller als eigentlicher Sieger in Erscheinung trat.[19]

Der römische Krieg war durch die ihm vorangehenden Zeremonien und Riten sowie den ihn beendenden Triumph als ein letztlich religiöses, zumindest von dem Kriegsgott begleitetes und zu gutem Ende geführtes Geschehen ausgewiesen, das dem römischen Heer neben dem Bewusstsein, einen gerechten Krieg zu führen, auch das Gefühl heiliger Gottesnähe vermitteln musste. Beide sich gegenseitig zweifellos verstärkenden Momente sind mit einiger Sicherheit die Basis römischer Kampf- und überhaupt Kriegsmoral gewesen. Sie gaben den römischen Heeren die Siegeszuversicht und – natürlich auch auf vorangehenden Siegen ruhende – Sicherheit, die gerade in kritischen Kampfeslagen vor Panik, Verwirrung und Fehlentscheidungen bewahrt. Solche aus innerer Siegeszuversicht geborene Fähigkeit, die verbliebene Kampfkraft im richtigen Moment an der richtigen Stelle, dort aber mit aller Entschiedenheit einzusetzen, kann, um zu unseren Grundgedanken zurückzukehren, zwar nicht die zur Verfügung stehende physische Energie eines Heeres vermehren, wohl aber dessen Fähigkeit, sie auf wirkungsvollste Weise dort zu konzentrieren, wo sie größtmögliche Wirkung erzielt. Dieses – allen gewaltsamen Auseinandersetzungen gemeinsame – Prinzip, möglichst viel kinetische Energie zugunsten ihrer Durchschlags- und Zerstörungskraft zu konzentrieren und dorthin zu lenken, wo sie den Gegner entscheidend trifft (vgl. II.1 u. 11), wurde durch jene psychosozialen Vor- und Nachbereitungen des römischen Krieges zwei-

## 4. Entstehung, Entwicklung und Zerfall des Römischen Reichs

fellos optimiert, sodass auch sie als Teil militärischer Energietechnik der Römer und ihrer großen Erfolge zu begreifen sind.

Um den von sozialen Spannungen, wie oben gezeigt, durchaus nicht freien römischen Staat auch im Innern zu stärken, wurde das in der Hand von Adelsgerichten liegende und gegenüber Plebejern gewiss nicht immer unparteiisch gesprochene Recht – nach Adaption des griechischen Alphabets – wahrscheinlich in den Jahren 450/449 v.Chr. von einem dafür bestimmten Zehnmännergremium zusammengestellt und auf zwölf Holz- oder Bronzetafeln veröffentlicht. Formal folgte man damit – wie in so vielem – griechischen Vorbildern. Von griechischen Kodizes unterschied sich der römische allerdings von Anfang an durch übersichtlichere Systematik. So waren auf den ersten beiden Tafeln des auf dem Forum für jedermann nachlesbaren Gesetzeswerks die Regelungen des Prozessrechts festgelegt, auf den folgenden Schuld-, Familien-, Erb- und Handelsrecht, also der Komplex des Zivilrechts, während auf den vier letzten Tafeln das öffentliche Recht fixiert war.[20] In der Voranstellung des Prozessrechts zeigt sich deutlich der römische Hang zu ritueller Richtigkeit und Verfahrensordnung, der zweifellos aus jener patriarchalischen Gehorsamshaltung gegenüber den Göttern, den Vätern und den von diesen festgelegten Gebräuchen resultierte.

Auf der Basis dieser Verfahrensordnung konnten dann viele spätere Gesetze angelagert werden, die von der Heeresversammlung, der plebejischen Volksversammlung, von Prätoren und kurulischen Ädilen, schließlich den Kaisern erlassen wurden und die grundsätzlich alle für das gesamte Imperium Romanum galten, was die Entstehung eines gelehrten Juristenstandes mit sich brachte, der seinerseits noch durch abstrahierende Rechtsgrundsätze gesetzgeberisch tätig wurde.[21] Weil aber die Einzelgesetze der politischen Gesetzgebungsgremien aus der Lebenspraxis der Stadt Rom und ihrer Bürger hervorgegangen waren, konnte dieses kasuistische Recht ohne Schwierigkeiten auf alle Städte des wachsenden Reichs angewandt werden, zumal sich diese zunehmend der großen Zentrale anzugleichen suchten. So wurde das römische Recht zu einem wichtigen Zusammenhalt des Imperiums, auch weil die Provinzstatthalter als oberste Gerichtsherren dieser von Rom meist weit entfernt liegenden Gebiete dort nach römischem Recht Prozesse abhielten und Urteile fällten. Insofern staatlich festgesetztes Recht – im Unterschied zu religiösen und moralischen Geboten – gesellschaftliche Austauschvorgänge vor allem in ihren konfliktbedrohten Bereichen regelt, hat das immer weiter ausgebaute römische Recht die weitgehende innere Befriedung des Reichs überhaupt erst ermöglicht. Dieser Befriedungs-

## II. Verifizierung

effekt jedes Rechtswesens – darauf soll hier noch einmal aufmerksam gemacht werden – erspart jedem damit regulierten Gesellschaftssystem gewaltsame Auseinandersetzungen aller Art und damit destruktive Energieverluste. Jedes funktionierende Rechtssystem ist mithin als besonders wirksame Energiespar-Technik anzusehen, im Fall des Römischen Reichs als eines seiner spezifischen Stabilisatoren.

Die zunehmende Befriedung des Mittelmeerraums durch die Expansion der römischen Herrschaft und damit des römischen Rechts kam besonders dem römischen Handelsverkehr zugute, der allerdings schon vor dem Erwerb von Provinzen und selbst der Unterwerfung der etruskischen Konkurrenzstadt Veji einen beträchtlichen Umfang erreicht haben muss. Denn gegen das Bild vom idyllischen Bauernstaat der Väter, das klassische Autoren wie Cicero oder Vergil entwarfen, sprechen schon die von Polybios überlieferten Verträge zwischen Rom und Karthago, von denen der erste vor die Zwölftafelgesetzgebung zu datieren ist.[22] Diese Verträge lassen sichere Rückschlüsse auf römische Seeschiffahrt im ganzen westlichen Mittelmeer zu, in welchem sich die Vertragspartner gegenseitig Sperrzonen für eigene Handels- und Piraterie-Aktivitäten zugestehen. Die Verträge, von denen der zweite auf 348 v.Chr. datiert wird und der Polybios zufolge 279 v.Chr. noch einmal bestätigt wurde, bezeugen außerdem ein andauerndes handelspolitisches Gleichgewicht zwischen den Vertragspartnern, was angesichts der karthagischen Handelsmacht entsprechende römische Kapazitäten voraussetzt. Da Rom vermutlich schon vor der Unterwerfung Vejis im frühen vierten vorchristlichen Jahrhundert die Salzgewinnung an der Tibermündung beherrschte[23] und damit über eine wegen ihrer Würz-, vor allem aber ihrer Konservierungsqualität besonders begehrte und nicht billige Ware verfügte, besaßen seine Händler damit ein Pfund, mit dem sie wuchern konnten. Sie dürften außerdem Holz, Vieh, Felle und Fischerzeugnisse wie das berühmte *garum* (Fischsoße zum Würzen) exportiert haben, um Keramik und Metallerzeugnisse dagegen einzutauschen.[24] Auch der Handel mit seeräuberisch entführten Menschen dürfte ihre Kassen gefüllt haben.[25] Nur mit den Gewinnen aus einem weit ausgreifenden mittelmeerischen Handel konnten römische Bürger die archäologisch nachgewiesenen Tempelbauten aus der Zeit der Etruskerherrschaft finanzieren, die am *forum boarium* und auf dem Capitol errichtet wurden. Entsprechendes gilt für die Regia, vermutlich Sitz der etruskischen Könige, außerdem ein palastartiges Gebäude an der *via sacra* sowie die aufwendige Trockenlegung und teilweise Pflasterung des späteren Forum.[26] Die Errichtung solcher steinerner Gebäude und Infrastruktureinrichtungen setzte überdies entsprechende Hand-

## 4. Entstehung, Entwicklung und Zerfall des Römischen Reichs

werkskulturen voraus, die über *collegia,* offenbar zunftartige Zusammenschlüsse einzelner Gewerbe, frühzeitig bezeugt sind.[27] Nur in einem solchen Gewebe von Landwirtschaft, Handel, Handwerk und sonstigem, insbesondere Transportgewerbe, in welchem alle am gegenseitigen Austausch von Waren und Dienstleistungen zentral Beteiligten ihre Energiebilanz weit überdurchschnittlich verbessern konnten, wie wir das für den militärischen Reiterstand des römischen Heeres voraussetzen müssen, kommen überhaupt städtische Strukturen zustande. Ohne diese Voraussetzung hätten Rom und seine Bürger auch keine modern ausgerüstete Hopliten-Phalanx ins Feld stellen und damit schon unter etruskischer Führung andere latinische Städte wie vor allem das vorher führende Alba Longa unterwerfen können.[28]

Auf eine frühe städtische Entwicklung lassen auch die zeitige Kodifikation des Rechts auf den zwölf Tafeln sowie die schon in republikanischer Zeit hoch ausdifferenzierte Wirtschaft Roms schließen[29], ohne welche die Stadt kaum zur maßgebenden Metropole des Reichs mit seinen gut 2000 Städten hätte werden und das Imperium Romanum zu einem urbanen Staatsgebilde hätte prägen können. Die vielen Rom nacheifernden Tochterstädte dienten als wichtige Binde- und Stabilisierungsmittel des Reichs, insofern sie als Handelszentren die jeweils umliegende Region – sie gleichzeitig verwaltend – mit den am Austausch hängenden Energiegewinnmöglichkeiten an sich und damit an das römische Hauptzentrum banden. Dies natürlich auch durch die Attraktivität urbaner Einrichtungen wie Thermen, Theater, Kampfspiele im Circus, außerdem Schulen, Bibliotheken und besonders prächtige religiöse Feierlichkeiten, also durch Teilhabe an römischer Stadtkultur.[30] Es ist keine Frage, dass durch solche Akkulturierung unterworfener Völkerschaften vor allem in den Provinzen deren militärische Unterdrückung zunehmend entbehrlicher wurde, was das Reich von Besatzungskosten entlastete, ihm also energetische Vorteile verschaffte. Dies umso mehr, als die zivilistorisch-technischen Errungenschaften der römisch-hellenistischen Kultur wie u.a. das zunächst militärischen Zwecken dienende Straßennetz in vorher unterentwickelten Ländern wie Spanien, Gallien, Britannien und den unterworfenen Gebieten Germaniens erhebliche Produktivitätsfortschritte und damit erhöhte Besteuerungs- und sonstige Ausbeutungsmöglichkeiten für die Römer mit sich brachten.[31] Da von zivilisatorisch-kulturellen Erleichterungen und Annehmlichkeiten sowie dem damit bewirkten wirtschaftlichen Aufschwung aber auch die Provinzbevölkerungen profitierten, wurde letzterer ein zusätzliches Friedensferment für das Reichsgebiet.

## II. Verifizierung

Was die Adaption griechisch-hellenistischer Kultur durch das römische Reich als Ganzes betrifft, so ist diese ein so dominierendes, ja grundlegendes Moment für dessen Entwicklung aus kleinsten Anfängen zu einem Jahrhunderte überdauernden Großreich, dass sie in ihrer Vielfalt und Wirkung auf diesen Vorgang hier noch einmal zusammenfassend und manches ergänzend skizziert werden muss. Griechische Keramik ist archäologisch schon für das frühe Rom nachgewiesen.[32] Die von den Etruskern für Rom nutzbar gemachte Wasserbautechnik zur Trockenlegung der römischen Talsenken, später aber auch zur Trinkwasserversorgung und Kanalisation der Stadt sowie deren Steinbauarchitektur gehen mindestens teilweise auf griechisches Erbe zurück.[33] Gleiches gilt für die wohl ebenfalls von den Etruskern vermittelte Anlage urbaner Einrichtungen wie Forum, Regia, Tempel, Stadion/Circus und Stadtbefestigung. Auch die dem Servius Tullius zugeschriebene Heeres- und Staatsverfassung, ebenso die früh in Rom eingeführte Hopliten-Phalanx hatten wir bereits als griechische ,Leihgaben' vorgestellt. Die für die Expansion römischer Herrschaft so wichtige Einrichtung von Heereslagern und Gründung von Kolonien dürfte zumindest durch das Beispiel griechischer Kolonien in Italien und Sizilien zusätzlich angeregt und verfeinert worden sein. Die für die Erleichterung und Beschleunigung des römischen Handels so wichtige römische Münzprägung begann mit Hilfe griechischer Spezialisten aus Neapel, dessen Münzfuß von 7,3 g auch für die erste römische Silberwährung maßgeblich wurde.[34] Eindeutig auf griechisches Erbe gehen auch die lateinische Schrift und die durch sie ermöglichte Kodifizierung des römischen Rechts zurück, ebenso die römisch-lateinische Literatur, die sich formal und meist auch inhaltlich an griechischen Vorbildern orientierte. So stammen die Stoffe der 240 v.Chr. wohl ersten beiden in Rom nach griechischem Vorbild aufgeführten Dramen des aus der griechischen Kolonie Tarent stammenden Livius Andronikus aus dem griechischen Mythos. Derselbe Autor übersetzte die homerische Odyssee ins Lateinische und führte damit die gehobene Sprache des griechischen Epos in die römische Literatur ein. Die römischen Dichter Naevius und Ennius suchten danach in ihren epischen Darstellungen römischer Geschichte auch den Römern ein entsprechendes Nationalepos zu bescheren. Griechischen Vorbildern folgten auch die römischen Komödiendichter Plautus und Terentius, die in ihren Stücken zwar römische Sozialproblematik wie das Verhältnis zwischen Vater und Sohn oder Herrn und Sklaven aufgreifen, das Ganze aber auf östlichem, meist athenischem Schauplatz spielen lassen.[35] Die Liebeslyrik des Catull verleugnet ebenfalls nicht ihr Vorbild, wenn der Dichter sie einer Frau namens Lesbia widmet und in ihrer zarten Innigkeit deutlich genug dem griechischen Vorbild der

## 4. Entstehung, Entwicklung und Zerfall des Römischen Reichs

Sappho von Lesbos folgt. Ganz ausdrücklich stellte sich in klassischer Zeit der Senator Cicero in die Tradition der griechischen Rhetorik, die er selbst in Athen und an der Rednerschule von Rhodos studierte, bevor er sie in der politischen Praxis Roms erprobte und in lateinischen Schriften zur Rhetorik seinen Landsleuten näherbrachte. Ähnliches unternahm er mit den philosophischen Schriften Platons zu Politik und Gesetzgebung. – Seine Kritik an der römischen Geschichtsschreibung führte den Historiker Sallust offensichtlich dazu, für sein eigenes römisches Geschichtswerk *Ab urbe condita* das griechische Vorbild des Thukydides zum Muster zu nehmen.[36]

Der Drang der Römer nach geistiger und künstlerischer Orientierung am Griechentum zeigt sich am handgreiflichsten in der Überführung griechischer Buchbestände wie der Bibliothek der makedonischen Könige sowie zahlreicher Statuen und Bildwerke im Zuge der makedonischen Kriege des 3. und des 2. vorchristlichen Jahrhunderts aus der griechischen Welt nach Rom und Mittelitalien, wo die Statuen meist öffentlich ausgestellt wurden und römische Künstler zu Kopien und Nachahmung anregten.[37] Letzteres galt auch sehr weitgehend für die Architektur der römischen Tempel und für deren göttliche ‚Bewohner', die erst unter griechischem Einfluss menschliche Gestalt und Wesensmerkmale annahmen.

Angesichts so vieler Übernahmen aus der griechischen Kultur, die ergänzt wurden durch die wohl vor allem von den Karthagern erlernte Seeschifffahrt und die bei den Etruskern entwickelte Gewölbebau- und Dränagetechniken sowie die Augural- und Triumphriten dieses Volkes, also von Techniken, die – wie zumeist schon in II.3 erläutert – sämtlich der Optimierung der persönlichen und/oder gesellschaftlichen Energiebilanz dienten, ergibt sich als Erklärung für den erstaunlichen Aufstieg Roms das Folgende: Die Römer als anfangs vermutlich ausgestoßene, existentiell äußerst gefährdete Randgruppe im Grenzbereich zwischen Latinern, Etruskern und Sabinern waren zur Erhaltung ihres Lebens dazu gezwungen,

1) durch Güter- und Frauenraub sowie Landnahme und -bestellung die eigene Ernährung und Fortpflanzung sicherzustellen,
2) durch Inkorporation von Zugewanderten oder Unterworfenen die eigene zahlenmäßige Unterlegenheit gegenüber ihren Nachbarvölkern oder -städten auszugleichen sowie
3) die effektivsten Überlebenstechniken von Inkorporierten oder Nachbarn zu übernehmen, um sich ihnen gegenüber behaupten zu können.

Der äußerst harte Überlebenskampf der Frühzeit erklärt die tiefe Einprägung dieser drei Überlebensstrategien in das kollektive Unbewusste der Römer, damit ihr konservatives Festhalten an diesen Strategien über Jahr-

## II. Verifizierung

hunderte hinweg, das natürlich auch durch die damit erzielten Erfolge bestärkt wurde. Bei ihrer früh erzwungenen Suche nach der jeweils effektivsten Energietechnik griffen sie pragmatisch immer wieder nach der im Mittelmeerraum entwickeltesten, für die meisten Fälle wirksamsten, nämlich der griechisch-hellenistischen und wurden so in diesem Großraum die erfolgreichste, weil energetisch effektivste Gesellschaft.

Die erste der genannten Überlebensstrategien pflanzte sich fort in späterer Beute-, Landnahme- und Versklavungsroutine gegenüber unterworfenen Gegnern sowie der erörterten Heereslager- und Koloniegründungs-Tradition zur Sicherung eroberten Territoriums, die zweite in den immer weitere Kreise der beherrschten Bevölkerung einschließenden Bürgerrechtsverleihungen in zunächst abgestufter Weise an Bürger von Kolonien in Italien, später in den Provinzen, an Bundesgenossen, dann zunehmend an freigelassene Sklaven, fremdländische Veteranen und schließlich die gesamte freie Reichsbevölkerung (212). Den dritten Strategienkomplex der Adaption fremder Kulturtechniken haben wir in ihrer von Handwerkerfertigkeiten bis zu Religion, Philosophie, Kunst und Literatur reichenden Kette gerade skizziert.

Bei ihrem pragmatischen, auf absehbaren Nutzen, letztlich Energiegewinn oder -einsparung ausgerichteten Vorgehen auf allen drei genannten Ebenen kam den Römern ihr geographisch günstig gelegener Ausgangspunkt im Zentrum des Mittelmeerraums zugute, von dem aus alle für sie mehr und mehr lebenswichtigen Provinzen über See in Wochenfrist zu erreichen und also zu beherrschen waren. Auch wenn die römischen Heere nach Möglichkeit über die dafür angelegten Straßen des Reichs gegen Feinde oder Aufständische geführt wurden, war der schnellere und kostengünstigere Seeverkehr zwischen Rom und den Provinzen für Verwaltungskräfte, Heeresversorgung und im Notfall eben Truppenverlegung ein für den langdauernden Zusammenhalt des Imperiums zweifellos entscheidender Faktor. Dies auch deshalb, weil das Mittelmeer als ein seit Oktavians Sieg über Marcus Antonius und Kleopatra (31 v.Chr.) für lange Zeit befriedeter Verkehrsraum dem Handelsaustausch zwischen den Provinzen des Reichs mit ihren anfangs sehr unterschiedlichen Waren- und Dienstleistungsangeboten beste Möglichkeiten mit entsprechendem Energiegewinn für alle Seiten ermöglichte. Dies war Voraussetzung für die Schaffung einer Wohlstandszone, an deren Destabilisierung die Beteiligten kein Interesse haben konnten. Die zentrale Lage Roms in dem sich so entwickelnden Handelsnetz kam der Hauptstadt – wie seinerzeit Athen im Zentrum seines Seereichs – auch ökonomisch zugute, weil sich hier – schon wegen der rasch expandierenden Einwohnerzahl mit ihrem Versorgungsbedarf – viele Handelslinien kreuzten. Auch hierin kann man eine Angleichung der römischen an die griechische Kultur sehen.

## 4. Entstehung, Entwicklung und Zerfall des Römischen Reichs

In einem wichtigen Bereich folgten die Römer den Griechen allerdings nicht, und zwar, was deren politisches System betrifft. Sowohl demokratisierende Tendenzen als auch die von den etruskischen Herrschern seinerzeit versuchte Tyrannis wurden vom Senat, dem oligarchischen Machtzentrum des römischen Staates, von Anfang bis Ende der Republik mit allen Mitteln bekämpft, und selbst in der Kaiserzeit ging seine politische Macht erst nach und nach auf die Monarchen über. Da diese Versammlung politisch erfahrener Patrizier und zu ihnen aufgestiegener Plebejer durchweg wohlhabende Großgrundbesitzer waren, richteten sie die außenpolitischen Aktivitäten des Staates und das hieß vor allem die Wehrkraft des Heeres auf Vergrößerung und Sicherung des eigenen Territoriums aus. War neuer *ager publicus,* also bebaubares Land als Staatseigentum erobert, wurde dieses als Beute an das ständisch gestaffelte Heer in der Weise verteilt, dass der erste Stand der großgrundbesitzenden *equites* (Reiter) im Schnitt doppelt so große Landlose erhielt wie bäuerliche Fußkämpfer.[38] Da die mit der Landzuteilung beauftragten Senatoren das neue Staatsland außerdem meist so zuzuteilen wussten, dass beträchtliche Flächen unverteilt blieben und so von Großagrariern okkupiert werden konnten, während die ärmeren Bauern (-Söhne) mit kaum ausreichenden Landlosen abgespeist wurden, konnte der Senatsadel seinen Besitz mit jedem erfolgreichen Feldzug unverhältnismäßig stark erweitern, oft noch zusätzlich durch preiswerten Ankauf verschuldeter Höfe von Kleinbauern, die damit der Schuldknechtschaft entkamen. Eine weitere Eigenbereicherung sicherte sich der Senatsadel in Gestalt der immer zahlreicher gemachten Kriegsgefangenen, die als besonders wertvoller Teil der Beute soweit möglich gleich auf dem Kriegsschauplatz verkauft, im Übrigen aber wohl vollzählig den Großagrariern für deren Latifundien überlassen wurden, weil die – wohl auch aus diesem Grund – im Durchschnitt mit 20-Morgen-Höfen abgefundenen Bauern bei der damals geringen Bodenproduktivität zusätzliche Esser gar nicht ernähren konnten. Dieses System der Eigenbereicherung seiner Mitglieder auf Kosten der Plebejer, die, wie gezeigt, dafür mit Kriegsdienst, Leib und Leben oder Schuldknechtschaft energetisch ausgepowert wurden, wusste der Senat über Jahrhunderte aufrecht zu erhalten, indem seine Mitglieder einerseits mit dem aus alten Gefolgschaftszeiten fortgeführten Patronat einen systematisch erweiterten Kreis von Klienten durch Unterstützung vor Gericht, mit Geschenken oder Einladungen zu gelegentlichen Festessen für politische Unterstützung vor allem bei Wahlen an sich banden und so den Aufbau einer großen geschlossenen plebejischen Opposition lange Zeit verhinderten. Als eine solche im letzten Drittel des zweiten vorchristlichen Jahrhunderts schließlich doch zustande kam, reagierte der Senat mit Mord und

## II. Verifizierung

Totschlag, um die von den Brüdern Tiberius und Gaius Gracchus versuchte Demokratisierung des Staates zu verhindern. Genauso verfuhr er schließlich gegenüber Caesar, als der eine monarchische Stellung im Staat anzustreben schien, sodass dessen Adoptivsohn Oktavian, als der aus den Bürgerkriegskämpfen des letzten vorchristlichen Jahrhunderts als Sieger hervorging, seine faktisch monarchische Machtposition offiziell von sich wies und dem Senat seine außerordentlichen Vollmachten zurückgab, um nicht wie Caesar einem Mordanschlag zum Opfer zu fallen.[39] Ähnlich vorsichtig verhielten sich die auf Oktavian/Augustus folgenden römischen Kaiser gegenüber dem Machtanspruch des Senats, der seinen Einfluss als politisches Leitungsgremium des Reichs auch unter ihnen nur langsam und quasi unmerklich verlor.[40]

Die über mehr als 500 Jahre aufrecht erhaltene Machtstellung des römischen Senats erklärt sich natürlich auch aus seiner in einer langen Reihe von Erfolgen erworbenen Autorität, seiner pragmatischen Aufnahme von *homines novi*, also von erfolgreichen plebejischen Aufsteigern in die eigenen Reihen und daraus, dass er den Massen durch Teilhabe an der in den vielen Kriegen gewonnenen Beute wenigstens zeitweise wirtschaftliche Erleichterung sowie immer wieder neue Motivation für weitere politische und militärische Kooperation verschaffen konnte. Auch dauerhaften Entlastungen der Armen wie den schon genannten der Begrenzung von Schuldzinsen, der Milderung des Schuldrechts und schließlich der von den Gracchen durchgesetzten und institutionalisierten Getreideausgabe an bedürftige Proletarier trugen als Ventile für sozialen Druck von ‚unten' dazu bei, Volksaufstände und eine demokratische Revolution zu verhindern.

Auch für die Finanzierung der genannten ‚Volksspeisung' mussten aber nicht etwa die Senatsfamilien als die Verursacher der in Italien und Rom um sich greifenden Armut ehemaliger Bauern aufkommen, sondern militärisch unter deren maßgeblicher Beteiligung unterworfene Provinzen, in denen senatorische Jahresbeamte die militärische und richterliche Herrschaftsgewalt erhielten, eine Machtstellung, die viele von ihnen zu persönlicher Bereicherung so schamlos ausnutzten, dass sich sogar der Senat veranlasst sah, einen speziellen Gerichtshof für Prozesse geschädigter Provinzialen gegen gewesene Provinzstatthalter einzurichten.[41] Aber damit wurde im wesentlichen nur eine scheinbare Rechtsstaatlichkeit vorgeführt, denn jedenfalls alle bekannten, in den ersten 26 Jahren seines Bestehens bei diesem Gericht anhängigen Verfahren endeten mit Freisprüchen für die Angeklagten.[42]

Nicht nur bei der Rechtsprechung, sondern auch der Rechtssetzung, also dem Gesetzgebungsverfahren wusste der Senat seine eigenen Interessen

## 4. Entstehung, Entwicklung und Zerfall des Römischen Reichs

unter der scheinbaren Geste großzügiger Fairness zugleich zu verbergen und durchzusetzen. So wurde der – nach der *secessio plebis* – den Plebejern zugestandenen eigenen ‚Volksversammlung', dem *concilium plebis,* im Jahre 287 v.Chr. die allgemeine, das ganze römische Volk bindende Gesetzgebungskompetenz zuerkannt, die zwar in gesetzgeberischer Konkurrenz zur Heeresversammlung der *comitia centuriata* stand, aber wegen ihres einfacheren Abstimmungsverfahrens zunehmend bei der Gesetzgebung bevorzugt wurde. Dies bedeutete aber nun keineswegs wirkliche Gesetzgebungshoheit für die Plebejer, denn deren Versammlung durfte nicht etwa eigene Gesetzesvorlagen erarbeiten und dann auch beschließen, sondern nur solche von Magistraten zunächst mit dem Senat abgestimmte entweder bestätigen oder ablehnen. Da auf diese Weise ausschließlich der Senatsmehrheit genehme Gesetze beschlossen werden konnten, war die scheinbare Gesetzgebungshoheit der Plebejer letztlich eine Farce. Auch wenn sie ein Gesetz ablehnten, schadete ihnen das eher als dass es ihnen nützte, weil rechtsfrei bleibender Raum in einem Gemeinwesen den Reichen und Mächtigen in aller Regel größere Vorteile verschafft als den Schwachen. Als Tiberius Gracchus 133 v.Chr. das traditionelle Gesetzgebungsverfahren deswegen durchbrach, indem er als Volkstribun ein Gesetz zur Begrenzung des von Optimaten widerrechtlich okkupierten *ager publicus* vom *concilium plebis* beschließen ließ, ohne es vorher dem Senat zur Billigung vorzulegen, weil er diese von den dadurch wirtschaftlich empfindlich bedrohten Senatoren niemals erhalten hätte, traf er damit auf deren massiven Widerstand, der ihn und etwa 300 seiner Anhänger nach weiterer Eskalation des Streits das Leben kostete. Ähnlich erging es seinem jüngeren Bruder Gaius, der zehn Jahre später zum Ärger des Senats die erwähnte Getreideversorgung für Bedürftige gesetzlich institutionalisierte, außerdem Bauern in römischen Provinzen ansiedeln und italischen Bundesgenossen das römische Bürgerrecht verschaffen wollte, was er und mehr als 3000 seiner Anhänger mit dem Leben bezahlen mussten.[43]

Die Beispiele zeigen, wie der römische Senat mit allen Mitteln, vom gefolgschaftlich-fürsorglichen Patronat, juristischer Scheingerechtigkeit bis hin zu brutaler Lynchjustiz kein Mittel scheute, um die Wirtschafts- und Machtinteressen der in ihm repräsentierten Agraristokratie zu schützen und zu fördern. Damit gelang es ihm zugleich, das Römische Reich im Kern, den er selbst darstellte, als Agrarstaat zu bewahren, der seine Seeherrschaft über das Mittelmeer nur als willkommenes Hilfsmittel benutzte. Die durch altes Herkommen und schließlich sogar gesetzlich festgelegte Beschränkung seiner Mitglieder auf den agrarwirtschaftlichen Sektor ver-

## II. Verifizierung

lieh dem Staatsganzen die Stabilität, die es um ein Vielfaches länger bestehen ließ als das griechische Gegenstück des attischen Seereichs, das nach rund 70 Jahren bereits sein Ende fand, während das Römische Reich – nur den Westteil von der Beherrschung Italiens an gerechnet – gut zehnmal so lange Bestand hatte.

Die unterschiedliche Stabilität dieser beiden – kulturell in so vielem gleichartigen – Systeme ist aus energetischer Sicht folgendermaßen zu erklären: Die Entwicklung eines beträchtlichen Energie-Potenzials, mit dem sogar das mächtige Perserreich mehrfach geschlagen und von der ionischen Küste Kleinasiens sowie aus der Ägäis verdrängt werden konnte, ging in Athen auf die Fokussierung von vielfältigen Tausch-, also – wie im Theorieteil erläutert – Energie-Gewinnakten zurück, die allerdings, weil zumeist seegestützt, jederzeit von außen unterbrochen werden konnten, was im Peloponnesischen Krieg dann auch in entscheidender Weise geschah.

Die römische Staatsmacht, die in der langen Zeit ihres Auf- und Ausbaus auf der Wehrkraft und also -Energie heimischer Landbesitzer beruhte, konnte nur durch Verlust ihres Acker- und Weidelandes an feindliche Eroberer oder den seiner männlichen kampffähigen Besitzer reduziert werden, was mit den beschriebenen Sicherungsmethoden der Heereslager-, Kolonisierungs- und Inkorporationsstrategien wirksam verhindert wurde. Da nach territorialer Beherrschung aller Mittelmeerküsten auch die Seeräuberplage zunächst durch Pompeius und endgültig unter Augustus vom Land her beseitigt werden konnte, fiel den Römern die Herrschaft über das Mittelmeer wie eine reife Frucht noch zusätzlich in den Schoß und erklärt mit ihren kommerziellen und kulturellen Energie-Gewinnmöglichkeiten den langdauernden Wohlstand, ja verbreiteten Reichtum und Luxus der Reichsbevölkerung.

Dieser wurde, abgesehen vom vielfältigen Einsatz zahlreicher Sklaven, die – wiederum nach griechischem Vorbild – im privaten Haushalt, in allen Bereichen des Wirtschafts- und selbst des Geisteslebens (hier etwa als Vorleser, Übersetzer, Lehrer, Sekretäre)[44] ihren Herren als Energie einsparende Helfer das Leben auf Schritt und Tritt erleichterten und dadurch technischen Fortschritt weitgehend überflüssig machten – doch in einigen Bereichen auch durch materielle Innovationen gehoben und stabilisiert. Hierunter sind vor allem die Verbesserungen im römischen Verkehrswege- und Wasserbau zu nennen. Der römische Straßenbau, wegerechtlich bereits im Zwölf-Tafel-Recht berücksichtigt, wurde nach frühem Beginn in der Stadt bereits 312 v.Chr. im erstaunlichen Projekt der Via Appia weitergeführt, die Rom mit Capua verband und damit rasche Truppenbewegungen und entsprechende Logistik im latinisch-campanischen Raum, dem damaligen

4. Entstehung, Entwicklung und Zerfall des Römischen Reichs

römischen Herrschaftsgebiet, ermöglichte. Anfangs wohl noch nicht gepflastert, war diese Heerstraße im Übrigen mit vier Unterbauschichten unterschiedlichen Erd- und Steinmaterials metertief unterhalb einer Kies-, Sand- und später Pflasterdecke so dauerhaft gegründet[45], dass sie noch in den 1980er Jahren Touristenbussen standhielt, die südlich von Rom die dort gelegenen Katakomben ansteuerten. Schon diese älteste von kaum zählbaren weiteren Landstraßen des römischen Verkehrsnetzes bezeugt zugleich die entschiedene Bindung der Römer ans Festland (denn nach Campanien waren Truppen auch mit Küstenschiffen zu transportieren) wie auch ihr Bedürfnis nach Sicherheit (denn widrige Winde hätten den Transport behindern und verzögern können). Um dergleichen Unsicherheiten auszuschließen, nahmen sie – wie im Parallelfall des Heereslagerbaus – lieber große Mühen und Kosten auf sich, um ihre Herrschaft bestmöglich zu sichern. Diese ihre Strategie zahlte sich nicht nur in der Dauerhaftigkeit ihres Reichs aus, die in der Stabilität ihrer Straßen offensichtlich einkalkuliert war, sondern auch in deren ökonomischem Effekt für einen erleichterten und dadurch beschleunigten Handels- und Personenverkehr, der von wegweisenden Meilensteinen, Straßenkarten und Reisehandbüchern bis zu Rasthäusern, Pferdewechselstellen und Kontrollposten wirksam unterstützt wurde[46] und so die Austauschhäufigkeit auf allen Ebenen des menschlichen Verkehrs mit dem uns inzwischen bekannten reziproken Energiegewinn entsprechend steigerte, also allgemeinen Wohlstand verbreitete.

Der römische Straßenbau gewann gegenüber früheren Beispielen etwa des Perser- oder Hethiterreiches neben seiner Solidität noch eine zusätzliche Qualität durch den mit ihm kombinierten steinernen und entsprechend durablen Brückenbau. Dieser wurde durch die wohl von den Etruskern übernommene Gewölbebautechnik, mit der man selbst breite Flüsse und Täler mit aneinander gereihten Bögen von bis zu 30 Metern Spannweite übersprang, in einer auch ästhetisch besonders eleganten Form perfektioniert.[47] Die Gründung der Brückenpfeiler im Wasser oder Sumpf gelang mit einem betonartigen Gemisch aus vulkanischer Schlacke des Vesuv, Kalk und Bruchsteinen, das ein Mörtel-Guss-Verfahren (*opus caementicum*) auch in Unterwasser-Schalung ermöglichte.[48]

Mit dieser so modernisierten Bautechnik ließen sich auch die in ansehnlichen Teilen bis heute erhaltenen Aquaedukte leichter erbauen, mit denen Trinkwasser oft über viele Kilometer auf brückenbauartiger Konstruktion von hochgelegenen Quellflüssen bis ins Zentrum großer Städte geführt wurde. Diese Großleitungen ermöglichten eine geländeunabhängige Wasserführung mit gleichmäßigem Gefälle und also Nutzung der Schwerkraft zum Transport großer Wassermengen zum verbrauchernahen Ziel eines städtischen Wasserspeichers, zugleich

## II. Verifizierung

Durchquerungsmöglichkeit unter jedem Bogen hindurch und Einsparung von Baumaterial durch eben diese Bogenöffnungen. Außerdem verhinderten sie durch ihre Höhe Verschmutzung oder Vergiftung des Wassers durch Kadaver oder Fäkalien. Ihr eigentlicher Zweck, die Erleichterung oder – bei gebührenpflichtigem Privatanschluss – Ersparung des mühsamen täglichen Frischwassertransports von entfernten Flussufern oder Brunnen ins eigene Heim, in jedem Fall der Wegfall des ebenfalls mühsamen Hochziehens oder -kurbelns von Schöpfeimern aus tiefem Brunnenschacht oder Flussbett lief wiederum darauf hinaus, menschlichen Energieaufwand durch Technik zu vermindern. Bei dem gewaltigen Energieaufwand, der auf der anderen Seite der Bilanz für die Errichtung eines solch riesenhaften Wasserbauwerks aufgebracht werden musste, um jene Entlastungseffekte zu erzielen, konnten Aquädukte – ebenso wie aufwendig gebaute Straßen – nur dann als sinnvolle Investition erscheinen (und vom römischen Senat gebilligt werden), wenn eine sehr langdauernde Nutzung sicher schien. Auch von hier aus erklärt sich die überaus sorgfältige Sicherung römischer Territorialherrschaft als Teil energetischer Bilanzkalkulation.

Die Kombination von Gewölbe- und Zementgusstechnik wurde schließlich auch beim Bau der römischen Großstadtkanalisation und vor allem weiträumiger Kuppelbauten in Thermen und Tempeln wie dem römischen Pantheon und später der Hagia Sophia in Konstantinopel eingesetzt, deren bis heute erhaltene Stabilität für sich spricht.

Zur Bewältigung eines – neben dem Wassertransport – weiteren Teils mühsamer täglicher Hausarbeit, dem Mahlen des Getreidekorns als des alleinigen Grundnahrungsmittels im Mittelmeerraum erfanden römische Techniker die mit Tierkraft betriebene nach dem Hauptfundort so benannte „Pompejanische Mühle", bei welcher die obere von zwei aufeinander gestülpten Mahlsteinhauben von einem im engen Kreis um das Gerät getriebenen Esel oder Pferd mit einer Zugvorrichtung gegen die untere gedreht und das zwischen beiden niederrieselnde Korn zermahlen wurde.[49] So war für diesen grundlegenden Teil menschlicher Nahrungsmittelbereitung, an der, wie wir bereits in II.2 sahen, seit der Frühzeit der Getreideverwertung Menschen gelitten haben, durch Ersetzung menschlichen durch tierischen Energieeinsatz vieltausendfache Erleichterung geschaffen, wenngleich das dauernde Antreiben der bedauernswerten Mühlentiere noch immer auch menschliche Arbeitskraft erforderte. Hier half offenbar wiederum griechische Technik aus dem Osten weiter, wo um 100 v.Chr. im kleinasiatischen Königreich Pontos bereits eine Wassermühle existiert haben soll. Diese Nutzung der Wasserfließkraft verbreitete sich im römischen Reich wohl wegen der erheblich höheren Investitionskosten und weil im Mittelmeerraum für Müh-

## 4. Entstehung, Entwicklung und Zerfall des Römischen Reichs

lenantrieb geeignetes Bachfließwasser ganzjährig kaum zur Verfügung steht, allerdings nur sehr langsam.[50] Demgegenüber fand das technisch genutzte Rotationsprinzip in Form von Schraubenpressen im Bereich der Weinkelterung und der Olivenölgewinnung häufiger ertragsteigernde Anwendung, weil es gegenüber früheren Verfahren wirksamer und platzsparender war. Dieselbe Mechanik wurde auch zur Verdichtung von Wollstoffen in Walkereien verwendet, die damit wind- und regendichte Stoffe herstellten, energetisch wichtiges Mittel, um den menschlichen Körper bei Kälte und Nässe vor gefährlichem Verlust an Wärmeenergie zu bewahren.[51]
Die „archimedische Schraube" und ebenso das Schöpfrad fanden bei der Wasserförderung in spanischen bzw. walisischen Bergwerken Verwendung, die den großen Bedarf des römischen Reichs an Metallen zu decken hatten. Der Einbruch von Grundwasser in fast alle Bergwerke war immer ein kaum mit Menschenkraft zu bewältigendes Problem und verlangte deshalb nach technischen Lösungen besonderer Art, so in der Neuzeit den ersten industriellen Einsatz der Dampfmaschine. Insofern überrascht es nicht, wenn das vermutlich im syrischen Hama entwickelte und dort noch heute in Nachbauten vorhandene Wasserschöpfrad am entgegengesetzten Ende des römischen Reichs im spanischen Bergbau Verwendung fand und auch hier mangelnder menschlicher Körper- durch Wasserkraft und also Umwelt-Energie zu Hilfe kam.

Eine für die Wissenschaft und auch wohl die religiöse Kultur des aufkommenden Christentums wichtige technische Neuerung soll hier nicht unerwähnt bleiben, nämlich die Erfindung des *codex,* also des Buches, das seit dem ersten Jahrhundert die umständlich zu handhabenden und aufzubewahrenden Papyros-Rollen ablöste, die auch ein Nachschlagen bestimmter Textstellen und also lexikalischen Gebrauch nahezu ausschlossen.[52] Die beidseitige Beschriftung der nun meist aus Pergament bestehenden Buchblätter ermöglichte doppelt soviel Text wie eine gleichflächige Papyrosrolle, der lederne Einband sorgte für unkomplizierten, wirksamen Schutz und die kompakte Form für raumsparende und übersichtliche Aufbewahrung und Bereitstellung. Kein Zweifel, dass dies alles dem Buchwissenschaftler wie auch dem nach einem bestimmten Jesus-Wort suchenden Christen mit Hilfe der nun möglich gewordenen seitenindizierten Inhaltsverzeichnisse viel Sucharbeit und also geistige Energie ersparte.
Der vielfach von den Römern praktizierten Übernahme griechischer Kulturtechniken kam die Möglichkeit, in einem kodifizierten Lehrbuch auf einfache Weise nachzuschlagen und sich auf diese Weise gute Ratschläge für

II. Verifizierung

eine erfolgreiche Lebensführung zu verschaffen, natürlich sehr entgegen. So dürften auch die in der Nachfolge von Hesiods „Tagen und Werken" stehenden römischen Lehrbücher und -gedichte wie die des älteren Cato „Über den Ackerbau", Vergils „Über den Landbau" und Columellas „Über die Landwirtschaft", die in ihrer frühen Häufung ein weiteres Indiz für die römische Wertschätzung bäuerlichen Wirtschaftens darstellen, schon bald nach der Erfindung des Codex in Buchform verbreitet worden sein. Dasselbe gilt sicher für Ciceros Schriften „Über den Redner", „Über den Staat", „Über das Gesetz" und „Über die Natur der Götter", die – an Platons Philosophie anknüpfend – nicht nur Nachhilfe in praktischer Politik erteilen, sondern gleichzeitig zu philosophischer Bildung verhelfen wollten. Die Lehrwerke späterer Autoren über so verschiedene Themen wie die Liebe (Ovid), Astronomie und Astrologie (Manilius), Medizin (Sammonilus) oder Grammatik (Mauros), um nur einige zu nennen, wurden selbstverständlich von Anfang an in Buchform veröffentlicht.

Insoweit solche Lehrwerke im handfest nützlichen Bereich angesiedelt waren wie vor allem die über Landbau und Politik, steht ihr energetischer Effekt außer Frage: Sie verschafften dem Benutzer mit ihren Informationen den leichteren Weg zum gewünschten Erfolg, also die Möglichkeit, dabei den eigenen Energieaufwand zu vermindern. Bei Werken eher philosophischen Inhalts wie denen Ciceros mag dieser Zusammenhang nicht so deutlich sein, aber wenn man bedenkt, dass Philosophie als Wahrheits- und Weisheitssuche immer darum bemüht war, nicht einzelnen Menschen gute Tips, sondern allen Menschen die richtige Art zu denken, zu urteilen und zu leben nahezubringen, dann ergibt sich derselbe, wenn auch ins Allgemeine gehobene Zweck der konkreteren Lehrbücher auch hier. Es bedarf wohl kaum des Hinweises, dass gerade die für Lern- und Nachschlagezwecke, wie gezeigt, so wichtige Erfindung des Buchs gerade unter den Römern erfolgte, die von den Griechen so vieles zu lernen suchten, indem sie den weitgehenden Mangel an eigener schöpferischer Energie mit Hilfe von Lehrbüchern zu kompensieren suchten.

*C) Zerfall des Reichs*

Wenn das Römische Reich trotz all solcher Hilfsmittel, seiner oben dargelegten gesamtgesellschaftlichen Sicherungs- und Optimierungstechniken, auch seiner verkehrstechnisch so günstigen Umlagerung des Mittelmeers und seiner unter Augustus gelungenen Konsolidierung bereits fünfzig Jahre später in eine schwere Krise geriet, so ist die Frage nach deren Ursachen unumgänglich.

## 4. Entstehung, Entwicklung und Zerfall des Römischen Reichs

Die Macht und Stabilität des römischen Staats, das hat die energetische Betrachtung dieses Gemeinwesens eindeutig ergeben, lag in seiner Fähigkeit, auf gesicherten Territorialbesitz fundierte militärische Kampfkraft jederzeit zu mobilisieren und mit Ausweitung des Herrschaftsbereichs kooperativ zu vermehren. Die Personalunion von Erzeugern chemisch – vor allem in Getreide – gespeicherter Nahrungsenergie und ihrer Umwandler zu kinetischer Wehrenergie in Gestalt römischer und bald auch italischer Bauern/Milizkriegern begann sich, genau besehen, wegen dieser jahreszeitlich alternierenden Doppelbelastung und Ausnutzung durch die oligarchische Senatsaristokratie bereits in der frühen Republik zu lockern, was in der *secessio plebis* und den darauf reagierenden Gesetzen und Einrichtungen zugunsten der Plebejer seinen legendären Ausdruck fand. Diese soziale Spaltung des Gemeinwesens wurde in der Folge zwar immer wieder durch patriarchalisches, institutionelles und politisches Entgegenkommen der senatorischen Patrizier, vor allem aber durch Beute- und Landverteilung nach erfolgreichen Feldzügen überdeckt und so der Fortbestand des Systems lange Zeit aufrecht erhalten. Als die Römer in den drei Punischen Kriegen mit Sizilien, Sardinien, großen Teilen Spaniens und dem vordem karthagischen Nordafrika aber provinziales Untertanenland gewonnen hatten, das seine an Rom abzuführenden Tribute z.T. in Form von Getreidelieferungen an die römischen Herren zu erbringen hatte, was die italischen Getreidepreise sinken ließ, als außerdem römisch-italische Truppen in den auswärtigen Provinzen nicht monate-, sondern jahrelang eingesetzt und also ihrem bäuerlichen Hauptberuf entfremdet wurden, zudem römische Optimaten, als Provinzstatthalter oder Steuerpächter reich geworden, vermehrt Bauernhöfe in Italien aufkauften, um Latifundien für Wein- und Olivenanbau einzurichten, da begann die Zahl der wehrpflichtigen römisch-italischen Bauern und damit die Wehrkraft Roms bedenklich zu sinken.[53] Dem entgegenzuwirken war für die – selbst aus reicher und angesehener Familie stammenden – Gracchen auch das Hauptmotiv ihrer auf Versorgung Besitzloser mit Ackerland aus Staatsbesitz ausgerichteten Politik, die aber von der auf eigensüchtigem Vorteil und zumeist unrechtmäßigem Anspruch auf *ager publicus* beharrenden Senatsmehrheit, wie wir sahen, gewalttätig verhindert wurde. Als die Krise des Milizheeres in der katastrophalen Niederlage gegen die von Norden ins Reich eingefallenen Kimbern und Teutonen in der Schlacht bei Arausio (Orange) im Jahre 105 v.Chr. offenbar geworden war, blieb dem erfahrenen Feldherrn Marius als Rettungsmittel nur die mit römischen Proletariern (Bürgern, die besitzlos dem Staat nur mit ihren Kindern, *proles*, dienten) vollzogene teilweise Professionalisierung des Heeres, indem diese mit gutem Sold und langfristiger Beschäftigungsgarantie angeworbenen

## II. Verifizierung

Männer, systematisch ausgebildet und auf Kosten des Staates ausgerüstet, zu Berufssoldaten wurden.[54] Damit war die alte Einheit von Bauer und Milizkrieger, zunächst für einen Teil des römischen Heeres, aber eben beispielgebend und prinzipiell zerbrochen.

Aus dem sich angesichts dieser Entwicklung verschärfenden Gegensatz zwischen der gracchisch denkenden und agierenden Senatsgruppierung der ‚Popularen' und ihrem Gegenstück, den konservativen ‚Optimaten', entstand der sogenannte Bürgerkrieg des letzten vorchristlichen Jahrhunderts, in dem Protagonisten beider Gruppen eigene Klienten und – nach Marius' Vorbild – Proletarier anwarben und mit den daraus formierten Privatarmeen gegeneinander kämpften, bis am Ende nur noch der von Caesar einst adoptierte Oktavian als alleiniger Machthaber übrig blieb.

Die Armeen, über die dieser verfügte, im Wesentlichen aus denen Caesars hervorgegangen, waren im Lauf des Bürgerkriegs immer mehr angewachsen und am Ende mit denen des letzten Oktavian-Konkurrenten Marcus Antonius vereint worden, was nach Ende der Kämpfe eine erhebliche Demobilisierung erforderlich machte.[55] Diese war auf friedlichem Wege nur mit einer großzügigen Abfindung der entlassenen Legionäre zu bewerkstelligen, wozu der Princeps nach Erbeutung des ägyptischen Staatsschatzes glücklicherweise in der Lage war. So erhielt jeder Betroffene 3000 *denarii* von ihm ausbezahlt, was der Summe von 13 bis 14 Jahresgehältern entsprach. Die Zahl der Legionen konnte auf diese Weise reibungslos von 60 auf 28 reduziert werden.[56] Die Abfindung für die Entlassenen fiel auch deshalb so üppig aus, weil Augustus seine Soldaten in patriarchalischer Tradition lebenslang als seine Klienten und damit als persönliche Machtbasis betrachtete, die auch nach Ende ihrer offiziellen Dienstzeit noch jahrelang reaktiviert werden konnte. Unmittelbar verfügbare Macht verlieh ihm natürlich das aktive Heer, das Augustus aus seinem kaiserlichen Vermögen besoldete und damit während der von ihm festgesetzten Dienstzeit von insgesamt 20 Jahren für Legionäre und 25 Jahren für Hilfstruppen (*auxiliarii* ohne römisches Bürgerrecht) langfristig an sich band. Dies auch dadurch, dass er grundsätzlich für Beförderungen und Belohnungen (*donativa*) zuständig blieb, obwohl die Legionen sämtlich außerhalb Italiens von verschiedenen Legaten befehligt wurden, die Augustus häufiger auswechselte, um sie in den Augen der Soldaten nicht an seine Stelle rücken zu lassen.[57] Damit diese Taktik auch nicht durch Intervention des Senats ausgehebelt werden konnte, der bis dahin für die Entsendung der Provinzstatthalter mit Befehlsgewalt über die dort stationierten Truppen zuständig war, vereinbarte der Princeps mit diesem Gremium eine Aufteilung der Provinzen in ‚senatorische' und ‚kaiserliche', wobei letztere die von Unruhen oder An-

griffen äußerer Gegner gefährdeteren und also die mit den weitaus stärkeren Truppenkontingenten waren.
Alle diese Regelungen zeigen, dass der junge Caesar, wie die neuere Forschung ihn entsprechend seiner eigenen Umbenennung als Adoptivsohn des älteren Caesar nennt, die militärische Macht des römischen Staats dauerhaft in seiner Hand behalten wollte und damit auch die machtpolitische Nachfolge des älteren Caesar antrat, der als *dictator* auf Lebenszeit genau diese Position besetzt hatte. Augustus verhielt sich allerdings gegenüber den traditionellen Machtansprüchen des Senats sehr viel rücksichtvoller und damit politisch klüger als sein Adoptivvater, indem er dieser Versammlung am 13.1.27 v.Chr. seine im Bürgerkrieg usurpierten politischen Kompetenzen demonstrativ zurückgab. Natürlich nur, um die für ihn wichtigen anschließend wieder vom Senat zugesprochen zu bekommen.
Er ging bei diesem Manöver keinerlei Risiko ein, denn seine auf dem von ihm besoldeten Heer und seinem riesigen Vermögen beruhende Macht hatte er dabei keinen Augenblick aus der Hand gegeben.

Wenn hier der Begriff der politischen Macht auch mit dem Vermögen des Augustus gleichgesetzt wird, mag dies manchem Leser unsachgemäß erscheinen. Deshalb soll eine kurze energetische Erläuterung dieser Gleichung eingeschaltet werden: Dass die Verfügung über ein kampfbereites Heer politische Macht bedeutet, dürfte unstrittig sein; dass diese militärische Macht sich in der damaligen historischen Situation des römischen Staats mit seinem Proletariat von 200 000 – 250 000 an der Hungergrenze lebenden erwachsenen männlichen Getreideempfängern allein in der Hauptstadt[58] jederzeit in weitere Söldnerarmeen und damit weitere politische Macht hätte umwandeln lassen, das hatten die Bürgerkriegsfeldherren Sulla, Marius, Pompeius, Caesar, Marcus Antonius und schließlich Octavian jeder auf seine Weise bewiesen. Und insofern hatte der Letztgenannte in der Seeschlacht bei Actium mit Marcus Antonius nicht nur seinen einzig verbliebenen machtpolitischen Nebenbuhler besiegt und aus dem Weg geräumt, sondern zudem das Glück gehabt, mit dessen Geliebter und wohl auch Ehefrau, der ägyptischen Königin Kleopatra, die ihrem Mann die ägyptische Flotte überlassen hatte, auch noch deren Land und Vermögen zu gewinnen, was beides sich, wie gezeigt, in weitere politische Macht umwandeln ließ.
Eine weitere Bestätigung unserer Gleichung von Vermögen und Macht liefert übrigens die Sprachgeschichte. In allen indogermanischen Sprachen gehen die beiden Begriffe auf dieselbe Wurzel *magh-* = ‚können', ‚vermö-

## II. Verifizierung

gen' zurück[59], wobei das letztere Verb im Deutschen die Grundbedeutung des gleichlautenden Substantivs ‚Vermögen' genau bezeichnet.
Wenn man Macht und Vermögen trotzdem nicht ohne weiteres gleichsetzen will, dann hat das insofern eine Berechtigung, als z.B. ein Geldvermögen, und sei es noch so groß, nicht unter allen Umständen und auch niemals sehr schnell in politische Macht umgesetzt werden kann. Denn beispielsweise müsste, um beim Beispiel des Söldnerheeres zu bleiben, dieses erst angeworben, ausgerüstet und ausgebildet werden, bevor es sich als Machtmittel gebrauchen ließe, seinem Herrn also politische Macht in die Hand geben würde. Energetisch gesehen ist Macht somit Verfügung über sehr rasch mobilisierbare Energie, während sich ein Vermögen als Energie-Speicher verstehen lässt, der für praktische Zwecke der Machtausübung erst bestimmter Umwandlungen und Zeitspannen bedarf.

Da Octavian nach der Schlacht bei Actium (31 v.Chr.) nun beides besaß, ein großes Heer und ein riesiges Vermögen, mit dem er dieses nach Bedarf versorgen, besolden und natürlich auch vergrößern konnte, befand er sich in einer machtpolitisch äußerst komfortablen, letztlich unangreifbaren Position. Dies erkannte natürlich auch der politisch erfahrene Senat, der deswegen auch gar keinen Versuch unternahm, Octavian die gewünschten Machtkompetenzen nach dessen scheinbarem Verzicht vorzuenthalten, obwohl er Jahrhunderte lang und bis zur gemeinsamen Ermordung Caesars inmitten der Curie eine strikt antimonarchische Verfassungspolitik betrieben und durchgesetzt hatte. Um diese Tradition wenigstens dem Schein nach fortzusetzen, wurde Augustus eben nicht als *rex* (König), sondern als *princeps* (der erste unter den Senatoren) bezeichnet und mit dem unverdächtigen altrömischen Ehrentitel *augustus* (etwa: der Erhabene) benannt. Außerdem wurden die ihm zugesprochenen Machtbefugnisse in scheinrepublikanische Ämterbezeichnungen verpackt, sodass die Fiktion eines Fortbestands der republikanischen Ordnung erhalten blieb, welche in Wirklichkeit einer monarchischen gewichen war. Diese grundlegende, ja wesensmäßige Veränderung des römischen Staats, darauf soll mit Hinweis auf unsere Grundthese an dieser Stelle noch besonders hingewiesen werden, ging auf die in der Niederlage von Arausio offenbar gewordene Auszehrung des republikanischen Milizheeres, also den Mangel an Wehrenergie der römischen Republik zurück, einen für den Fortbestand des Staats bedrohlichen Mangel, dem im Gefolge des Marius offenbar nur mit der Professionalisierung des diktatorisch geführten Heeres begegnet werden konnte.
Um den jahrelangen Bürgerkrieg als verlustreichen Vollzug jener Staatsumwandlung gütlich zu beenden, tat Augustus alles, um die Fiktion einer

fortbestehenden republikanischen Ordnung aufrechtzuerhalten und sich dem Senat gegenüber als ein anderer Caesar unverdächtig zu machen. So beließ er von seinen im Bürgerkrieg aufgebauten Leibgarden von zuletzt neun Kohorten zu je 500 Mann lediglich drei als persönliche Schutztruppe, die sogenannte Prätorianer-Garde, in der Nähe Roms und gestand dem Senat zur Wahrung des hauptstädtischen Machtgleichgewichts ebenfalls drei *cohortes urbanae* zu, die dem senatorischen Stadtpräfekten unterstanden.[60] Alle übrigen Truppen befanden sich, wie gesagt, weit von Rom entfernt in den Provinzen und wirkten somit nicht als mögliches politisches Erpressungsmittel, an dessen Spitze der Princeps – so wie einst der ältere Caesar – auf die Stadt marschieren und den Senat hätte überwältigen können.

In subversivem Gegensatz zu seinem machtpolitischen Wohlverhalten gegenüber dem Senat – viel Geld spendete er auch in republikanischer Tradition für die bauliche Verschönerung Roms und die verbesserte Organisation der Proletarierversorgung mit Getreide[61] – veränderte Augustus das römische Heerwesen in folgenschwerer Weise. Die Festlegung der erwähnten langen Dienstzeiten von 20 bzw. 25 Jahren ließ aus dem republikanischen Miliz- endgültig ein monarchisches Berufsheer werden, dessen Attraktivität allerdings unter dem beibehaltenen, nunmehr also langjährigen Heiratsverbot für Soldaten, der für römisch-italische Legionäre quasi dauerhaften Exilierung in ferne Provinzen, auch dem Überwiegen von Defensivaufgaben ohne Beuteaussichten im Kernland des Reichs schwer zu leiden hatte. Dem entsprechend sank der Anteil römisch-italischer Rekruten in den Legionen von 65% zu Regierungszeiten des Augustus auf 48% unter Claudius und Nero (41 – 68) und nur noch 21 % unter Trajan (98 – 117).[62] Zu Zeiten Hadrians (117 – 138) gab es in den Legionen schließlich keine Italiener mehr.[63] Die fehlenden Rekruten aus dem Kernland des Römischen Reichs wurden notgedrungen durch solche aus den Provinzen ersetzt und waren oft uneheliche Söhne von Soldaten oder Veteranen[64], die während ihrer langen ehelosen Dienstzeit nur uneheliche Kinder zeugen konnten und an die Söhne unter ihnen den eigenen Beruf naheliegender Weise weitergaben.

Da die zahlenmäßig zunehmenden Auxiliartruppen oftmals sogar von außerhalb der Reichsgrenzen angeworben und bisweilen als Stammeseinheiten unter eigenen Führern von der kaiserlichen Regierung als *foederati* unter Vertrag genommen wurden[65], verlagerte sich die politische Macht des Reichs in ihrem schnell mobilisierbaren militärischen Teil immer eindeutiger aus dem Zentrum an die Peripherie.[66] Insofern war es kein Zufall oder bloß persönliches Versagen des einen oder anderen Kaisers, sondern Auswirkung dieser geopolitischen Energie-Verschiebung, wenn immer häufiger auch neue Kaiser nicht in Rom und vom Senat, sondern als beliebte

## II. Verifizierung

Feldherren von ihren Truppen an den Grenzen des Imperiums bestimmt und dieses von dort aus regiert wurde. Solange diese Entwicklung noch in ihren Anfängen steckte, griffen die romnahen Prätorianer-Garden häufig in die Regelung der Kaisernachfolge ein, insbesondere als in der julisch-claudischen Dynastie wegen notorischen Mangels an Kaisersöhnen eine verwandtschaftliche Erbfolgeregelung immer wieder Probleme aufwarf. So bei Caligula, dem ein Prätorianer-Präfekt zur Herrschaft verhalf, der aber im Jahre 41 auch wieder von Prätorianern beseitigt wurde. Erst recht bei seinem Nachfolger Claudius, der geradezu gegen seinen Willen von Prätorianern zum Kaiser gemacht wurde, natürlich um von dem weltfremden Gelehrten mit entsprechenden Donativa belohnt zu werden. Auch nachdem Claudius durch Anstiftung seiner Frau Agrippina vergiftet worden war, die ihrem Sohn damit die Nachfolge sichern wollte, beteiligte sich wieder ein Prätorianer-Präfekt an der Nachfolgeregelung für Nero, dem letzten Vertreter dieser fragwürdigen Dynastiebildung.

Neros am Ende immer abenteuerlicher werdende Regierung wurde durch einen Aufstand der sich erstmalig in den innerrömischen Machtkampf einschaltenden Provinzstatthalter beendet, der zugunsten des spanischen Kommandanten Galba ausging. Dieser wurde im chaotischen Vier-Kaiser-Jahr 69 zwar kurzfristig von dem Prätorianer-Präfekten Otho abgelöst, aber dieser konnte sich gegen Vitellius, den Provinzstatthalter von Obergermanien, nicht behaupten, welcher seinerseits wieder von Vespasian verdrängt wurde, der, von Nero als Befehlshaber zur Niederschlagung des jüdischen Aufstandes berufen und dafür mit besonders vielen Truppen ausgestattet, im Machtkampf der Militärs die meisten Legionen hinter sich bringen konnte.[67] Damit hatten die Provinzarmeen im imperialen Machtkampf die Prätorianer als Kaisermacher ausgestochen. Das Römische Reich wurde auch in der Folge von demjenigen Provinztruppen-Kommandeur regiert, der die stärkste Truppen-Koalition hinter sich brachte, während der römische Senat in die Rolle einer hilflosen Legitimations-Einrichtung für den jeweils ihm aufgezwungenen neuen Kaiser geriet. Das Imperium als romzentriertes oligarchisch geordnetes Machtgefüge war damit im Kern demoliert, es hatte sein energetisches Machtzentrum verloren. Die gewaltlose Zuteilung von genau begrenzten Machtbefugnissen an dafür geeignete Personen(-gruppen) war durch gewaltsames oder Gewalt androhendes Vorgehen von Militäreinheiten in den vor- bzw. außerstaatlichen Zustand rein physischen Kräftemessens geraten. Es galt das Recht des Stärkeren aus der Tierwelt, womit die in Jahrhunderten entwickelten Errungenschaften vor allem der römischen Staatsrechts-Kultur verloren waren. Dies bedeutete per

## 4. Entstehung, Entwicklung und Zerfall des Römischen Reichs

se schon einen gewaltigen Energie-Verlust, wenn man bedenkt, wie viel Kraft in politische Auseinandersetzungen, Beratungen und Überlegungen investiert werden mussten, um eine funktionierende Staatsordnung für einen komplexes Staatswesen wie das römische Weltreich zustande zu bringen. Dieser politische Vermögens-Verlust wurde noch dadurch vergrößert, dass die immer wieder um die Führung ringenden Heeresgruppen des Reichs sich gegenseitig bekriegten und so dessen militärische Gesamtmacht entsprechend den beiderseitigen Verlusten beschleunigt verminderten wie in den beiden großen Schlachten des Jahres 69, die merkwürdigerweise am selben Ort Bedriacum ausgetragen wurden und damit die widersinnige Absurdität des rotierenden Machtkreisels unverhüllt zum Vorschein brachten. Die Verlustrechnung des Imperiums durch solche Machtkämpfe wurde noch dadurch erhöht, dass die im Innern um die Macht ringenden Truppen dabei die Sicherung der Grenzen vernachlässigten, was den dort begehrlich auf den Reichtum des Imperium Romanum blickenden Batavern am Rhein sowie den Dakern, Roxolanen und Sarmaten an der unteren Donau Gelegenheit verschaffte, in dieses einzudringen, dort Beute zu machen, die Einwohner zu töten oder zu verschleppen und römische Befestigungsanlagen zu zerstören.

Der verderblichste Schaden der innerrömischen Machtverlagerung zu den Grenzheeren wurde aber durch deren als Kaisermacher ins Kraut schießendes Machtbewusstsein verursacht, das sie bei jedem Thronwechsel Solderhöhungen und sonstige Vergünstigungen von dem durch sie auf den Schild gehobenen neuen Prätendenten fordern ließ. Diese die staatlichen Finanzen mehr und mehr belastende Selbstbereicherung der Soldaten wuchs sich zur bedrohlichen Staatskrise aus, als um die Mitte des dritten Jahrhunderts innerhalb von 50 Jahren 26 neue Kaiser gekürt wurden, die selbstverständlich alle für ihre Erhebung und Unterstützung durch die Soldaten zu zahlen hatten – natürlich mit öffentlichen Mitteln. Michael Rostovtzeff hat diesen Zustand mit dem Satz umschrieben: „Das Reich ward zum Spielball der Soldaten." (Übersetzg. H. Schaeder)[68] Mit heutiger Metaphorik sollte man das Wort ‚Spielball' verdeutlichend durch ‚Selbstbedienungsladen' ersetzen.

Die bei so häufigem Thronwechsel von den erwählten Soldatenkaisern entsprechend häufig zugesagten Solderhöhungen und geldwerten Vergünstigungen waren nur durch Prägung und Ausgabe neuer Münzen aus minderwertigem Metall wenigstens formell einzuhalten, also durch eine inflationäre Geldvermehrung. Diese Inflation wurde noch durch eine rückläufige Wirtschaftstätigkeit verstärkt, die auf das Eindringen von Germanen in die westlichen und die Balkan-Provinzen sowie der persischen Sassaniden in die Ost-Provinzen und eine von dort sich im Reich ausbreitende ‚Pest'

## II. Verifizierung

während der Regierungszeit des Marcus Aurelius (161 – 180) zurückging. Die dadurch ebenfalls verminderten Steuereinnahmen aus den betroffenen Provinzen zwangen die Kaiser zu immer neuen und höheren Steuern, aber auch Requisitionen für Heeresbedürfnisse, die von Grundbesitzern bzw. städtischen Körperschaften eingezogen wurden.[69] Die zur entscheidenden Macht im Reich gewordenen Heere waren auf diese Weise dabei, den in Jahrhunderten aufgebauten Wohlstand des Imperiums zu zerstören, seinen Wohlstand erzeugenden Austausch von Gütern und Dienstleistungen zu ersticken.

Der beschriebenen machtpolitischen Abkopplung der Hauptstadt Rom von ihren Provinzen entsprach eine zunehmende wirtschaftliche, die paradoxerweise durch die vorangehende Zeit ungehinderten Seehandelsverkehrs im ganzen Reich vorbereitet worden war. Dies deshalb, weil Produkte Italiens wie guter Wein, gutes Olivenöl, geschmackvoll gestaltete Keramik, Metall- und Glaswaren, Schmuck und Textilien zunehmend in den lange damit belieferten Provinzen nachgeahmt und schließlich dort preiswerter erzeugt und angeboten wurden, was eine zunehmende provinzielle Autarkie und damit Abkopplung vom Zentrum zur Folge hatte.[70] So bildeten sich aus militärischen wie wirtschaftlichen Gründen innerprovinzielle Energie-Kreisläufe, die in Extremfällen bis zur – vorerst zeitweisen – Loslösung autark gewordener Einheiten vom Reich führten wie im Fall der Sonderreiche Gallien (260 – 274) und Palmyra (262 – 272)[71], womit die spätere Aufteilung des Imperiums gewissermaßen versuchsweise schon im dritten Jahrhundert begonnen wurde.

Diese sich hier andeutende Auflösung des Reichs konnten selbst die wenigen Kaiser nicht dauerhaft abwenden, denen wenigstens zeitweise eine Stabilisierung der Außengrenzen und ihrer eigenen Machtstellung gelang wie Septimius Severus oder Diokletian. Wenn ersterer immerhin erkannt zu haben scheint, dass die weitgehende Entblößung des Reichszentrums von militärischer Macht der Stabilität des Ganzen schaden musste, und er deshalb eine neu gebildete Legion in Italien stationierte, außerdem die alte politisch korrumpierte Prätorianergarde durch eine neue aus kampferprobten Frontkriegern ersetzte und auf doppelte Mannschaftsstärke vergrößerte, hatte er doch bis zum Ende seiner relativ langen Regierungszeit (193 – 211) kein Mittel gefunden, die kaiserliche Autorität aus der Abhängigkeit von Geld fordernden Soldaten zu befreien, wie sein testamentarischer Ratschlag an die beiden verfeindeten Söhne und Amtsnachfolger verrät: ‚Vertragt euch, macht die Soldaten reich und verachtet alle anderen.'

## 4. Entstehung, Entwicklung und Zerfall des Römischen Reichs

(Cassius Dio 76,15) Unter dem gleichen durch die Krise des dritten Jahrhunderts noch verstärkten Zwang stand auch hundert Jahre später die Politik Diokletians (284 – 305), der zur immer schwieriger gewordenen Abwehr der mittlerweile mit großen Stammesverbänden die Grenzen des Reichs belagernden Germanen das Heer stark vergrößern musste, was zur Bewältigung des dementsprechend gestiegenen Finanzbedarfs auch eine erhebliche Vergrößerung der die Steuern eintreibenden Bürokratie nach sich zog, worunter die Städte als Verwaltungsstützpunkte und Kulturträger des Reichs schwer zu leiden hatten. Deren einst reiche, die Kommunalpolitik lenkende Oberschicht, die Dekurionen, wurden schon seit Septimius Severus gezwungen, ihre vorher freiwilligen Leistungen für ihre Stadt wie Bau und Erhaltung öffentlicher Gebäude und Einrichtungen vom Straßenbau bis zu Aquädukten und Thermen, außerdem die Getreideversorgung der Einwohner als Pflichtaufgabe zu erfüllen. Damit nicht genug, hatten sie nunmehr dem Fiskus gegenüber mit ihrem Vermögen für die pünktliche Zahlung der ständig erhöhten Steuern der Stadtbürger zu haften. Vor solchen ‚Ehrenpflichten' gab es für die eine bestimmte Vermögensgrenze überschreitenden Dekurionen kein Entrinnen, sie wurden ihnen und ihren Erben zwangsmäßig auferlegt, außerdem die ‚Flucht' in eine andere Stadt oder Gegend des Reichs verboten. Der zunehmende Abgabendruck setzte sich selbstverständlich auch nach unten fort, wo die Handwerker und Händler in Kollegien zusammengefasst und über diese von den Dekurionen zu immer höheren Steuerleistungen herangezogen wurden.[72]

Diese Auspressung der Städter führte zu einer allmählichen Rückwanderung aufs Land, wo reichere Bürger Landgüter kauften oder erweiterten und an verarmte parzellenweise vergaben, um durch Etablierung von Naturalpachtverhältnissen den staatlichen Steuerforderungen zu entkommen. Damit fiel das System in seine Anfänge zurück, in denen mächtige Patrone ihre Klienten einerseits vor Verelendung bewahrt, andererseits über Abgaben und Leistungspflichten dienstbar gemacht hatten. Der Zerfall des Reichs in „weitgehend selbständige Grundherrschaften der Spätantike" (Dahlheim)[73] bahnte sich damit ebenso an wie der Verfall der Städte und der urbanen Kultur.

Auch auf der reichspolitischen Ebene blieb einem Systematiker wie Diokletian nichts anderes übrig, als zur Stabilisierung seiner Position und zur Finanzierung von stark vergrößertem Heer und erweiterter Staatsbürokratie dem Zerfall des Imperiums vorzuarbeiten: Er teilte dieses nicht nur in die doppelte Anzahl damit etwa halb so großer, steuerlich besser zu erfassender Provinzen, sondern auch in vier Regierungsbezirke der sogenannten Tetrarchie, wobei er selbst und sein Freund Maximianus der Ost- bzw. Westhälfte

## II. Verifizierung

des Reichs vorstanden, jedem von ihnen aber noch ein ‚Caesar' als Nachfolger mit eigenem Regierungsbereich zugeordnet wurde, womit die immer drückender werdende Doppelbelastung von Grenzverteidigung und Geldbeschaffung leichter bewältigt, außerdem Nachfolgekämpfe um die Kaiserwürde vermieden werden sollten. Das letztere dieser beiden Ziele wurde allerdings verfehlt, wie Diokletian nach seiner Abdankung noch zu Lebzeiten erfahren musste, als der durch die Nachfolgeregelung nicht berücksichtigte Konstantin daranging, die Tetrarchie zugunsten seiner Alleinherrschaft zu beseitigen.[74] Auch Diokletians Selbst-Vergöttlichung und seine Verschanzung in der festungsmäßig ausgebauten Residenz im illyrischen Spoleto sind als defensive Maßnahmen eines Mannes zu verstehen, der seine Zuflucht in frühzeitlichen Herrschaftsmitteln suchte, weil eine wirkliche Stabilisierung des Reichs nicht mehr möglich schien.

Einen grundlegend anderen Versuch dazu unternahm Konstantin, indem er eine immer deutlicher werdende christenfreundliche Politik betrieb, nachdem er sich als erfolgreicher Feldherr gegen die diokletianische Rangordnung und die Konkurrenten um den ersten Platz im Reich durchgesetzt hatte. Insbesondere seit er nach dem Sieg über Licinius, den Mitkaiser des Ostens, dessen christenfeindliche Gesetze annulliert und bei dem von ihm einberufenen und geleiteten Konzil von Nicaea (325) den innerkirchlichen Streit über die wahre Natur Christi im antiarianischen Sinn entschieden, zudem noch zwei christliche Kirchen in Rom hatte erbauen lassen[75], galt er als Schutzherr der vormals von manchem seiner Amtsvorgänger so grausam verfolgten Christen und ist seine diesbezügliche Politik als Versuch zu verstehen, mit einer sich in Heer und Bevölkerung gegen alle Widerstände ausbreitenden Religion eine neue Klammer gegen die Spaltungstendenzen des Imperiums zu erproben. – In gleichem Sinne versuchte unter seinen Nachfolgern insbesondere Theodosius I. mit seinem Orthodoxie-Dekret von 380 das immer wieder in theologische Streitigkeiten zerfallende Christentum zu vereinheitlichen, um es als Bindemittel des Reichs tauglicher zu machen und ihm als solchem durch seine antiheidnische Gesetzgebung von 391/2 den Status einer Staatsreligion zu verschaffen.

Aber dies alles waren Versuche mit dem falschen Instrument. Das Christentum war schließlich nicht als Religion eines Kriegsgottes entstanden, die zu allgemeinem Wehrwillen gegen die nach Teilhabe am – inzwischen überschätzten – römischen Wohlstand greifenden ‚Barbarenvölker' dienen konnte, sondern als sozialpsychologische Reaktion auf sich verbreitendes Elend und Unglück im angeschlagenen Reich mit seinem unter wachsendem Steuerdruck krankenden Wirtschaftsleben und seiner in allgemeiner

Untertanenschaft der Reichsbevölkerung immer ungerechtfertigter werdenden Deklassierung von Klienten, Frauen und Sklaven. Dem setzte das Christentum die leidende Identifikationsfigur des Gekreuzigten, eine auf Gleichberechtigung ruhende Kultur sozialer Nächstenliebe und die Verkündigung einer besseren Welt im Jenseits entgegen, womit das notleidende irdische Reich der Römer nicht zu retten war, wie dessen Zerfall nach seiner Christianisierung klar erweisen sollte.

Wenn die verschiedensten Versuche der Reichsstabilisierung also erfolglos blieben, dann deshalb, weil die im Bürgerkrieg des ersten vorchristlichen Jahrhunderts begonnene und von der Militärpolitik des Augustus vollzogene Loslösung der militärischen Staatsgewalt von Hauptstadt und Kernland des Reichs nicht durchgreifend rückgängig gemacht werden konnte, nachdem sie im Wesentlichen an die Provinzheere und zunehmend sogar an Söldner aus Grenzvölkern und Klientelfürsten delegiert worden war. Eine Rückholung der Wehrenergie des Imperiums nach Rom und Italien war, als die Folgen dieser Fehlentwicklung sichtbar wurden, auch deshalb nicht mehr möglich, weil die dortige Bevölkerung nach langer Entwöhnung vom Kriegsdienst und Verwöhnung durch weitgehende Steuerfreiheit und preiswerte Lebensmittel- und Gebrauchsgüterimporte aus den Provinzen, was Rom angeht, außerdem durch kostenlose Versorgung Armer mit Getreide, später auch mit Olivenöl, Fleisch- und Brotrationen[76] weder bereit noch in der Lage war, den im römischen Heer selbst in Friedenszeiten durch Bauarbeiten an Grenzschutzanlagen und häufige Manöver immer harten und entbehrungsreichen Dienst aufzunehmen.

Ebenso undenkbar war die Entlassung der seit dem Beginn des dritten Jahrhunderts immer zahlreicher im römischen Heer vertretenen Germanen, die sich als besonders preiswert, kampftüchtig, loyal und – wegen ihrer meist dürftigen Lateinkenntnisse – auch als politisch kaum verführbar erwiesen hatten. Selbst ihr Einsatz bei der Verteidigung der Reichsgrenzen gegen andere Germanen erwies sich als unproblematisch, weil die zunächst vielen kleinen Germanenstämme eher miteinander verfeindet als verbündet waren.[77] Dies änderte sich im Lauf der Zeit allerdings, als beispielsweise nach der unter den Severern vorgenommenen Verbesserung der Grenzsicherungsanlagen an Rhein und Donau zu deren Überwindung die größeren Stammesformationen der Franken und Alamannen gebildet wurden.[78] Als schließlich solche größeren Einheiten zur Verteidigung der Grenzen gegen die Hunnen innerhalb des Reichs als *foederati* angesiedelt wurden, wozu sich Theodosius nach der katastrophalen Niederlage seines Vorgängers Valens in der

## II. Verifizierung

Schlacht von Adrianopel (378) gegenüber den tervingischen Goten gezwungen sah, die dann als halbautonome Einheit unter eigener Führung lebten und kämpften, war die Auflösung des weströmischen Reichs in eine Mehrzahl von germanischen Teilreichen eingeleitet.[79] Symptomatisch für diesen Vorgang war die Berufung eines im römischen Heer aufgestiegenen Vandalen namens Stilicho zum Oberbefehlshaber im Westreich, der 408 wegen angeblichen Hochverrats endete, weil er dem Westgotenkönig Alarich ein Stillhaltegeld gezahlt hatte, um nach Gallien vordringende Germanen aufhalten zu können. Die Folge war der Übertritt eines Großteils germanischer Hilfstruppen zu Alarich, der mit dieser Verstärkung leicht nach Italien eindringen und Rom plündern konnte (410).[80] Zwar bedeutete dies noch nicht das Ende des weströmischen Reichs, weil die Westgoten, wohl zunächst mehr auf Beute als auf Ansiedlung bedacht, wie andere Germanenvölker nach Gallien und später nach Spanien weiterzogen, wo sie sich dann erst niederließen. Gallien war nach dem Zusammenbruch der Rheinverteidigung auch für andere Völker das Haupteinfallstor ins Reich geworden, so dass der in Stilichos Nachfolge zum Heermeister berufene Aetius die dort ebenfalls eingedrungenen Hunnen nur mit Hilfe verbündeter Westgoten, Alanen und Franken in der Schlacht auf den Katalaunischen Feldern (451) aufhalten und zum Rückzug bewegen konnte. Diese Verbündeten hatten sich schon dadurch ein Anrecht erkämpft, im Reich bleiben zu dürfen. Sie kämpften in der Folge untereinander und mit anderen aus, wer welches Gebiet in eigener Herrschaft übernahm. Dies war auch staatsrechtlich nicht mehr zu beanstanden, nachdem germanische Hilfstruppen in Italien, denen nach ausgebliebenen Soldzahlungen auch die geforderte Landzuteilung verweigert worden war, den Heermeister der Armee erschlagen und dessen Sohn, den letzten weströmischen Kaiser Romulus Augustulus abgesetzt hatten, womit das weströmische Reich sein Ende gefunden hatte.[81]
Energetisch betrachtet war damit die zunehmende Veräußerung der staatlichen Wehrenergie vom römisch-italischen Zentrum und dessen männlicher Bevölkerung an die Provinzialen und schließlich die germanischen Hilfstruppen und *foederati* zu ihrem absehbaren Endergebnis gelangt.

Daraus lassen sich einige allgemeinere Schlussfolgerungen ableiten.
Zum einen zeigt das römische Beispiel, dass die Stabilität eines Staates verloren geht, wenn seine im Militärapparat gebündelte (überwiegend kinetische) Energie von den Staatsbürgern aus der Hand gegeben und also an ‚Fremde' delegiert wird.
Ein stabiles Staatswesen zeichnet sich im Gegenteil dadurch aus, dass seine Bürger die von ihnen im Wirtschaftsleben erzeugte Energie, auch soweit

## 4. Entstehung, Entwicklung und Zerfall des Römischen Reichs

dem Staat zugeführt, selber ‚handhaben', also darüber verfügen, wie es in der älteren Republik der Fall war und wie es eine gesunde Demokratie ebenfalls gewährleistet. Das römische Beispiel zeigt aber auch, dass Wohlstand und Bequemlichkeit ein damit gesegnetes Staatsvolk dazu verführen, unangenehme und gefährliche Tätigkeiten wie etwa den Kriegsdienst an andere zu delegieren, um die eigene Energiebilanz zu verbessern, jedenfalls nicht verschlechtern zu lassen. Die Verführung zu einer solchen Haltung ist natürlich vor allem in Zeiten häufiger Kriegshandlungen groß, in denen der Wehrdienst besonders gefährlich ist. Und in Kriege war der römische Staat geradezu notorisch verwickelt. Dies leitet zu der Frage über, warum das so war.

Wir haben oben dargelegt, wie die Römer aus einer anfänglichen Notlage heraus eine energetisch äußerst effektive Mehr-Ebenen-Strategie entwickelten, die ihren Aufstieg aus kleinsten Anfängen zur Beherrschung des gesamten Mittelmeerraums ermöglichte. Die Synergie-Effekte, die sich aus der Adaption vor allem der hellenistischen Kultur und der Einbeziehung der unterworfenen Provinzen in das auf Rom zentrierte wirtschaftliche Austauschsystem des Mittelmeerhandels ergaben, erzeugten für das gesamte Reich einen solchen Wohlstandsgewinn, dass es für alle außerhalb lebenden Grenzvölker zum unwiderstehlichen ‚Beutemagneten' wurde, auf dessen Kosten sie ihre eigene Energiebilanz zu verbessern hofften. Da ihnen Rom, wie dargelegt, zu anfangs beiderseitigem Vorteil legale Erwerbsmöglichkeiten durch Kriegsdienst bot, der ihre militärische Kompetenz und Ausrüstung in bedenklicher Weise mit ihrer überlegenen Physis kombinierte, ergab sich in zunehmendem Maß die Versuchung, durch gewaltsame Beutezüge in kurzer Zeit dasselbe oder sogar mehr zu gewinnen als durch 25-jährigen Kriegsdienst in römischen Auxiliar-Einheiten.

Es waren neben dem großen Wohlstandsgefälle und der militärischen Zusammenarbeit zwischen dem römischen Reich und seinen Grenzvölkern dann auch – mit der Größe des Imperiums und seinem sich weithin verbreitenden Ruf – deren zunehmende Zahl, die zu der nicht abreißenden Kette von militärischen Grenzkonflikten und Kriegen führte. Da der römische Staat zur Abwehr immer neuer Gegner wie schließlich der von weither anrückenden Goten, Hunnen und Parther immer mehr germanische Hilfstruppen anheuern und sogar als *foederati* in halber Autonomie agieren lassen, gleichzeitig aber bezahlen musste, finanzierte er letztlich die potentielle Gegenseite, was ihn energetisch auspowerte, die germanische Gegenmacht gleichermaßen stärkte.

## II. Verifizierung

Diese dialektische Kräfteverschiebung vom dominanten Römischen Reich auf sich entwickelnde Gegner, die schließlich zu Siegern wurden, lässt sich als anschauliches Beispiel für das im Theorieteil skizzierte Prinzip unvermeidbaren energetischen Führungswechsels zwischen ungleichen Austauschpartnern lesen: Beim zumeist kinetischen Energie-Austausch militärischer Konflikte gibt es am Ende einer Schlacht oder eines Krieges zumeist einen Sieger und einen Verlierer. Während ersterer seinen militärischen Sieg so gut wie immer für eine Verbesserung seiner Energie-Bilanz durch Gewinn etwa von nutzbarem Land, mobilen Gütern aller Art, von Menschen, Rechten oder Zahlungsmitteln wird nutzen können, gilt für den Verlierer logischerweise das Gegenteil. Dies allerdings nicht auf Dauer.
Die Römer haben – auch in der Zeit ihres Aufstiegs – manche wichtige Schlacht verloren und die für sie verlustreichen Folgen tragen müssen. Aber sie haben daraus gelernt und anschießend umso häufiger gesiegt. Als Paradebeispiel sei auf ihre Erfindung der Enterbrücke im Verlauf des ersten punischen Krieges verwiesen, mit der sie die im Seekrieg viel geschickter manövrierenden Karthagerschiffe an den eigenen festhakten und so den Seeleute- zum Hoplitenkampf umfunktionierten, in welchem sie überlegen waren und womit sie den Krieg gewinnen konnten. Auf der anderen Seite haben die römischen Grenznachbarn viele Niederlagen gegen das Reich hinnehmen müssen, am Ende aber, wie dargelegt, durch römische Waffen, Disziplin und Taktik gestärkt, das römische Reich besetzt und besiegt und mit dem Gewinn kultivierten Landes und seiner entwickelten Infrastruktur zweifellos ihre Energie-Bilanz verbessert.

So gewinnen – wie beim friedlichen Handelsgeschehen – auch bei gewaltsamem militärischem Energieaustausch letztlich beide Seiten Energie, allerdings zeitlich stark versetzt, wobei der spätere Energiegewinn des anfänglichen Verlierers nicht immer ein militärisch errungener, sondern oft auch ein wirtschaftlicher oder kultureller sein kann. Neuzeitliche Beispiele für diesen Vorgang wären der Aufstieg Preußens nach der Niederlage gegen das napoleonische Frankreich, der Russlands nach der Niederlage im Ersten Weltkrieg, das deutsche und das japanische Wirtschaftwunder im Anschluss an den von ihnen verlorenen Zweiten Weltkrieg sowie der gegenwärtige Aufstieg Chinas nach dessen Überwältigung durch die imperialistischen Mächte zu Beginn und noch einmal durch Japan in den 30er Jahren des 20. Jahrhunderts. Alle diese überraschenden Erholungsprozesse militärisch schwer geschlagener Nationen lassen sich als Reaktion auf Notlagen verstehen, die erfinderisch und zäh machen und eben dadurch – oft nach längerer Zeit – auch erfolgreich.

## 4. Entstehung, Entwicklung und Zerfall des Römischen Reichs

In diesem Sinne können sogar die verschiedenen griechisch-römischen Renaissancen in der Kulturgeschichte Europas als später kultureller Sieg des von ihnen geschlagenen Römischen Reichs über die germanischen Sieger gesehen, der dialektische Vorgang des energetischen Führungswechseln mithin um eine weitere Wende verlängert gedacht werden.

### Anmerkungen

[1] Schneider, Helmuth: Rom von den Anfängen bis zum Ende der Republik (6. Jh. bis 30 v.Chr.), in: Geschichte der Antike, hrsg. von Hans-Joachim Gehrke und Helmuth Schneider, Stuttgart 2000, 227f.
[2] Hiltbrunner, Otto: Kleines Lexikon der Antike, 6. Aufl., Tübingen 1995, 504
[3] Bleicken, Jochen: Die Verfassung der Römischen Republik, 8. Aufl., Paderborn 1995, 118
[4] Alföldi, Andreas: Die Struktur des voretruskischen Römerstaates, Heidelberg 1974, 178f.; Cornell, T.J.: The Beginnings of Rome. Italy and Rome from the Bronze Age to the Punic Wars (c.1000-264 BC), London 1995, 80
[5] Rostovtzeff, Michael: Social and economic History of the Roman Empire, Oxford 1957, 11; Heurgon, J.: Trois etudes sur le *ver sacrum* (Coll. Latom. 26) 1957
[6] Hiltbrunner (Anm. 2), 194f.; nach einem Bericht der FAZ vom 22. November 2007 glaubt der Archäologe Andrea Carantini das *lupercal* mit Hilfe von Laser- und Endoskopietechnik am Fuß des Palatin 16 m unter der Erdoberfläche wiederentdeckt zu haben.
[7] Alföldi (Anm.4), a.a.O.
[8] A.a.O. 162-173
[9] Cornell (Anm. 4), 148-150
[10] Ogilvie, Robert M.: Early Rome and the Etruscans, dt. Ausg. Das frühe Rom und die Etrusker, München 1983, 104
[11] Cornell (Anm. 4), 256
[12] Bleicken (Anm. 3), 108f.
[13] Fellmeth, Ulrich: Brot und Politik. Ernährung, Tafelluxus und Hunger im antiken Rom, Stuttgart 2001, 45
[14] Schneider (Anm. 1), 239
[15] Cornell (Anm. 4), 302
[16] Campbell, Brian: Power without Limit: ‚The Romans always win', in: Army and Power in the Ancient World, ed. by Chaniotis, Angelos and Ducrey, Pierre, Stuttgart 2002, 168
[17] Peddie, John: The Roman War Machine, Phoenix Mill 1994, 59-65; Bleicken (Anm. 3), 158f.; Gates, Charles: Ancient Cities, New York 2004, 323
[18] Kostial, Michaela: Kriegerisches Rom? Zur Frage von Unvermeidbarkeit und Normalität militärischer Konflikte in der römischen Republik. Stuttgart 1995, 45f.
[19] Ogilvie (Anm. 10), 40f.
[20] Schneider (Anm. 1), 239f.

## II. Verifizierung

[21] Pleticha/ Schönberger: Die Römer. Ein enzyklopädisches Sachbuch zur frühen Geschichte Europas, Gütersloh 1980, 367

[22] Welwei, Karl-Wilhelm: Piraterie und Sklavenhandel in der frühen römischen Republik, in: Fünfzig Jahre Forschungen zur antiken Sklaverei an der Mainzer Akademie 1950 – 2000, Stuttgart 2001, 78

[23] Purcell, Nicholas: Rome and the management of water: environment, culture and power, in: Human landscapes in Classical Antiquity, ed. by Graham Shipley and John Salmon, London/New York 1996, 190f.

[24] ten Brink, Candida: Die Begründung der Marktwirtschaft in der Römischen Republik, Bern 1995, 48

[25] Welwei (Anm. 22), 74f.

[26] Schneider (Anm. 1), 238

[27] ten Brink (Anm. 24), 48

[28] Cornell (Anm. 4), 204-206

[29] Neesen, Ludwig: Demiurgoi und Artifices. Studien zur Stellung freier Handwerker in antiken Städten, Frankfurt/M 1989, 239

[30] Kolb, Frank: Die Stadt im Imperium Romanum, in: Wege zur Stadt. Formen urbanen Lebens in der alten Welt, hrsg. von Harry Falk, Bremen 2005, 198f.

[31] A.a.O. 202f.

[32] Schneider (Anm. 1), 234

[33] Cornell (Anm. 4), 172

[34] Schneider (Anm. 1), 246

[35] A.a.O. 287

[36] A.a.O. 289

[37] Ebd.

[38] Patterson, John: Military organisation and social change in the later Roman Republic, in: War and Society in the Roman World, ed. by John Rich and Graham Shipley, London/New York, 1993, 100f.

[39] Herz, Peter: Die römische Kaiserzeit (30 v.Chr. – 284 n.Chr.), in: Geschichte der Antike (Anm. 1), 302

[40] Wells, Colin: The Roman Empire, dt. Ausgabe: Das römische Reich, München 1985, 144

[41] Fellmeth, Ulrich: Pecunia non olet. Die Wirtschaft der antiken Welt, Darmstadt 2008, 104-106

[42] Schneider (Anm. 1), 279

[43] A.a.O. 291f.

[44] Pleticha/Schönberger (Anm. 21), 403f.

[45] A.a.O. 433-436

[46] A.a.O. 436

[47] Schneider, Helmuth: Die Gaben des Prometheus. Technik im antiken Mittelmeerraum zwischen 750 v.Chr. und 500 n.Chr., in: Propyläen Technikgeschichte. Landbau und Handwerk, Berlin 1997, 276

[48] A.a.O. 264

[49] A.a.O. 222f.

[50] A.a.O. 308

[51] A.a.O. 219; 243

[52] A.a.O. 312f.
[53] Yalichev, Serge: Mercenaries of the Ancient World, London 1997, 237; Fellmeth (Anm. 13), 65f.
[54] Yalichev, 240f.
[55] Keppie, Lawrence: The Making of the Roman Army. From Republic to Empire, London 1987, 132-144
[56] Yalichev (Anm. 51), 253
[57] Keppie (Anm. 53), 148f.
[58] Fellmeth (Anm. 13), 186
[59] Duden Etymologie, Mannheim 1963, 447
[60] Keppie (Anm. 55), 153f.
[61] Fellmeth (Anm. 13), 176f.
[62] Keppie (Anm. 55), 180
[63] Campbell (Anm. 16), 168
[64] Keppie (Anm. 55), 181
[65] A.a.O. 182f.
[66] Münkler, Herfried: Imperien. Die Logik der Weltherrschaft – vom Alten Rom bis zu den Vereinigten Staaten, Berlin 2005, 117
[67] Dahlheim, Werner: Die Antike. Griechenland und Rom von den Anfängen bis zur Expansion des Islam, 4. Aufl. Paderborn 1995, 493f.
[68] Rostovtzeff, Michael: The History of the Ancient World, dt. Ausg.: Geschichte der alten Welt, Bd. II, Rom, Bremen 1970, 393 ; Fellmeth, Ulrich: Pecunia non olet. Die Wirtschaft der antiken Welt, Darmstadt 2008, 167
[69] Rostovtzeff, a.a.O., 400f.
[70] A.a.O. 381-385, Fellmeth (Anm. 68), 135
[71] Rostovtzeff, a.a.O., 394
[72] Dahlheim (Anm. 67), 558f.
[73] A.a.O. 558
[74] Krause, Jens-Uwe: Die Spätantike (284 – 565), in: Geschichte der Antike (Anm. 1), 379f.
[75] Dahlheim (Anm. 67), 629f.
[76] Fellmeth (Anm. 13), 188
[77] Yalichev (Anm. 53), 258
[78] Erdrich, Michael: Römische Germanienpolitik in der mittleren Kaiserzeit, in: Die Römer zwischen Alpen und Nordmeer, hrsg. v. L.Wamser, Düsseldorf 2000, 230
[79] Krause (Anm. 74), 384f.
[80] A.a.O. 387
[81] A.a.O. 389

II. Verifizierung

## 5. Das Werden Europas

*A) Zerstörung des griechisch-römischen Energieumsatzsystems in der Völkerwanderung*

Europa als soziokulturelle Nachfolgeerscheinung des weströmischen Reichs beginnt mit dessen Zusammenbruch unter der Invasion zunächst germanischer, dann auch asiatischer und arabischer Steppenvölker. Dieser in seinem akuten Stadium des 5. und 6. Jahrhunderts als Völkerwanderung bezeichnete Vorgang, der „letztendlich immer in Richtung des römischen Reichsgebietes verlief" (Jankrift)[1], wurde merkwürdigerweise von den meisten Historikern hinsichtlich seiner Ursachen überhaupt nicht oder ganz unzureichend mit sturmflutbedingten Landverlusten oder Übervölkerungsproblemen in den Herkunftsländern begründet. Dass diese beiden Erklärungsversuche für die Migration verschiedenster Völkerschaften aus ganz unterschiedlichen, oft weit vom Römischen Reich entfernten Gegenden offensichtlich unzureichend ist, blieb unerörtert. Auch Karl Bosl ging in seinem die Invasionsvorgänge durchaus einbeziehenden Werk „Europa im Mittelalter" auf diese Frage nicht näher ein, nennt allerdings einmal quasi nebenbei den „höheren Lebensstandard" als Motiv, das „die Menschen der geburtsstarken Völker vor den Grenzen anzog."[2] Das seltsame Attribut „geburtsstark", das hier den zuwandernden Völkern beigegeben ist, nimmt noch einmal das verfehlte Argument vom Geburtenüberschuss als Wanderungsmotiv auf, das Ursache und Wirkung solcher demographischen Veränderung vertauscht, insofern Bevölkerungswachstum immer die Folge verbesserter, nicht aber schlechter Lebensumstände ist, welche die Zuwanderer, wie Bosls wiederum richtiger Hinweis besagt, gerade durch Immigration ins Römerreich mit seinem „höheren Lebensstandard" zu verbessern hofften.

Als Zeitgenossen von Migrationserscheinungen wie dem Ansturm afrikanischer ‚boat-people', die auf überladenen altersschwachen Schiffen ihr Leben aufs Spiel setzen, um über italienische oder spanische Inseln nach Europa zu gelangen, an dessen weitaus höherem Lebensstandard sie teilhaben wollen, ist uns dies ihr Motiv ebenso unzweifelhaft wie bei dem Parallelfall mexikanischer Zuwanderer in die reichen USA, die sich mittlerweile gegen den massenhaften Zustrom Bedürftiger über ihre Südgrenze mit einer mächtigen Zaunanlage zu schützen suchen – ähnlich wie seinerzeit die Römer an mehreren Abschnitten der Nord- und der Ostgrenze ihres Reichs mit ihren *limes*-Anlagen. Auch frühere Historiker vor allem des 19. Jahrhunderts hätten, soweit Europäer, das Grundmotiv solcher Wanderungserscheinungen sogar im eigenen oder Nachbarland studieren können, als Hunderttausende von Iren, Engländern, Deutschen, Franzosen, Italienern oder Polen nach Nordamerika auswanderten, weil sich ihnen dort bessere Erwerbs- und Lebensmöglichkeiten boten als im europäischen Heimatland. Das gilt selbst für religiös motivierte Auswanderergruppen wie die ‚pilgrim-fathers', die Mennoniten, Methodisten oder Hugenotten: Auch diese suchten in Amerika nicht den Märtyrertod, sondern ein von religiöser Diskriminierung und Verfolgung freies, in jedem Fall besseres Leben in der neuen Heimat, als es die alte ihnen gewährte.

Dass diese eigentlich banale Erkenntnis auf die das Römische Reich heimsuchende Völkerwanderung nicht angewandt wurde, ist wohl mit der einseitigen Parteinahme aller humanistisch gebildeten Althistoriker und Mediävisten für die Kultur der Antike und gegen die ‚Barbaren' zu erklären, die sie zerstörten und deren Motivation man demgemäß – zumindest unterschwellig – in bloßer Zerstörungswut vermutete.

Verdrängt wurde dabei, dass ein großer Teil germanischer ‚Zuwanderung' durch Anwerbung junger Männer für den römischen Kriegsdienst, den Nachzug germanischer Frauen und Mädchen in die Nähe der grenznahen Garnisonstädte und – trotz Heiratsverbot für Legionäre während ihrer 20- bzw. 25jährigen Dienstzeit – vielerlei voreheliche, für die Veteranen auch legale Familiengründungen mit entsprechendem Nachwuchs und also germanische Bevölkerungsvermehrung auf römischem Reichsgebiet zustande kam und dass schließlich ganze germanische Stämme als *foederati* zur Hilfe bei der Grenzverteidigung ins Reich gelassen und mit Siedlungsland versehen wurden (II.4). Gerade diese für die römische Sache eingesetzten und kämpfenden Germanen waren also alles andere als Zerstörer des Reichs, ja manche von ihnen wie Stilicho, Riccimer, Odoaker oder Theoderich stiegen zu höchsten Befehlsstellen im römischen Militärwesen auf, das schließlich den Erhalt des Imperiums zu sichern suchte.

Aber gerade das Beispiel solcher und vieler weniger erfolgreichen, aber für die in Wäldern sich mühsam nährenden Germanen immer noch wunderbaren Karrieren mit entsprechendem Wohlstands-, ja Reichtumsgewinn ehemaliger Stammesgenossen steigerte den Zuwanderungssog ins Römische Reich – ebenso wie die Rede vom Tellerwäscher, der es in Amerika zum Millionär gebracht hatte, die Zahl europäischer Auswanderer des 19. und 20. Jahrhunderts in dieses gelobte Land ansteigen ließ. Im Vergleich zu diesen, die oft mit den letzten Mitteln, die sie besaßen, die Überfahrt über den Atlantik finanzieren und alle Brücken in die alte Heimat hinter sich abbrechen mussten, hatten es germanische Migranten durchaus leichter, ihren

## II. Verifizierung

Wohnsitz – auch probeweise – ins Römerreich zu verlagern, weil dieses wegen seiner überlangen Grenzen auch durch die verschiedenen Limes-Anlagen niemals hermetisch abgeriegelt werden konnte. Gerade wegen seiner geographischen Nähe und seiner lebensweltlichen Attraktivität, die mit festen Landstraßen, prächtigen Städten, deren Foren, Tempeln, Thermen, Wasserleitungen und Brunnenanlagen aus geglättetem Stein, den schön gekleideten und frisierten Menschen und dem reichen Warenangebot der Märkte jedem Waldbewohner der damaligen Zeit wie eine Wunderwelt an lebenserleichterndem Luxus erscheinen musste, ist der Drang, in diese Welt einzudringen, nicht um sie zu zerstören, sondern um an ihr teilzuhaben, als zentrales Motiv der Völkerwanderung nicht zu bezweifeln.

Wenn diese trotzdem als militärisch zerstörerischer Vorgang kämpfender und marodierender Eindringlinge in Erscheinung trat, dann eben wegen der römischen Gegenwehr gegen massenhafte Zuwanderung und der Tatsache, dass die Germanen aufgrund ihrer langdauernden militärischen Inanspruchnahme durch die Römer deren Kampfesweise und Waffen genau kannten und sich selbst angeeignet hatten, wie schon das frühe Beispiel des Cherusker-Sieges über die Varus-Armee zeigt, sodass die Einwanderer schließlich in der Lage waren, den gewünschten Zugang militärisch durchzusetzen – ganz anders als heutige Afrikaner oder Mexikaner. Zu Schlachten und sonstigen Gewaltaktionen zwischen – dem Namen und Auftrag, nicht dem Personal nach – ‚römischen' und den auf Zuwanderung bedachten germanischen Truppen kam es also wegen relativer Waffen- und örtlichen Stärkeparität sowie dem fundamentalen Interessengegensatz zwischen denen, die am immer noch großen zivilisatorischen Vorsprung des Römerreichs teilhatten, und jenen, die danach verlangten, aber ausgeschlossen waren.

Dass diese, nachdem sie sich schließlich durchgesetzt und Teile des Imperium Romanum unter ihre Herrschaft gebracht hatten, durchaus darum bemüht waren, dessen Kultur und zivilisatorische Ordnung aufrechtzuerhalten oder, soweit zerstört, wieder aufzurichten, zeigt sich u.a. in dem Bemühen weitblickender Einwanderer-Könige wie des Ostgoten Theoderich in Italien, des Franken Chlodwig in Gallien und des Westgoten Eurich in Spanien, die römische Verwaltungspraxis und Rechtsordnung für die eingesessenen Romanen beizubehalten und fortzuführen, natürlich in dem Bestreben, mit der alten Ordnung auch den alten Wohlstand zu bewahren oder wieder herzustellen. Bei Chlodwig ging diese Anpassung an die hergebrachte landesübliche Kultur so weit, dass er mit dem römisch-katholischen Christentum auch persönlich die Religion der Unterworfenen annahm, wodurch er die seit dem Zusammenbruch der Reichsverwaltung in den Städten dominierenden Bischöfe für sich gewann, anders als die schon im Osten

## 5. Das Werden Europas

zum arianischen Christentum bekehrten Goten- und Burgunderkönige, die auch deshalb im katholischen Westen weniger erfolgreich waren als der Franke. Im gegenseitigen Verdrängungskampf der germanischen Eroberer hatte Chlodwig, im Gegensatz zu seinen ‚konfessionell' andersgläubigen burgundischen, alemannischen und westgotischen Konkurrenten eben auch die romanisch-katholische Bevölkerung auf seiner Seite.

Wie seine königlichen Konkurrenten war Chlodwig von der Idee eines wieder hergestellten römischen Reichs unter eigener Führung fasziniert[3], einer Vision, der die erfolgreicheren seiner Nachfolger und insbesondere Karl der Große, die deutschen Ottonen, Salier und Staufer ebenso folgten wie im kulturellen Bereich die Träger der verschiedenen europäischen Renaissancen. Auch diese das Werden und Entstehen Europas bestimmende Idee belegt in ihrer Wirkungsmächtigkeit den durchaus konstruktiven, keineswegs zerstörerischen Impetus der germanischen Eroberer und ihrer Erben.

Wie der epochale Vorgang der Völkerwanderung ist auch dieser Wunsch nach Wiederherstellung der dabei weitgehend zerstörten römischen Zivilisation aus dem im menschlichen Verhalten und deshalb auch der Menschheitsgeschichte immer wieder aufweisbaren Bestreben zu erklären, den eigenen Lebensunterhalt bei sich dafür eröffnenden Möglichkeiten oder wenigstens Aussichten mit geringeren Mühen und Anstrengungen zu bewältigen als bisher. Energetisch formuliert lässt sich dieses Phänomen als Bestreben bezeichnen, den zur Erhaltung und Fortführung des eigenen Lebens nötigen Energieaufwand, wo immer es möglich oder aussichtsreich ist, zu verringern.

Im Fall der germanischen und weiterer Zuwanderer in das Gebiet des Römischen Reichs bedeutete das konkretisiert etwa die Aussicht, auf gut kultivierten Äckern, Olivenhainen und Weinbergen, unterstützt von Sklaven und Unterworfenen, auf leichte Weise den Bedarf an eigener Ernährung zu decken, Überschüsse auf gut ausgebauten Landstraßen zur nächsten Stadt schaffen und gegen Luxuswaren aller Art eintauschen zu können, überhaupt als Herren des Landes sich in jeder Hinsicht von den Unterworfenen bedienen und verwöhnen zu lassen. Die – wenn man so will – tragische Verfehlung solcher Wunschvorstellungen bei den Eroberern des weströmischen Reichsgebiets lag nun darin, dass die an eine große Zahl ‚unterentwickelter' Völker grenzende Wohlstandszone des riesigen Römischen Reichs während der langen Dauer ihres Bestehens von, knapp gerechnet, 500 Jahren einen so vielfachen und weitreichenden Immigrationssog erzeugt hatte, dass die an den Außengrenzen sich stauenden und dabei durch Zusammenschlüsse vergrößernden und verstärkenden Völkerschaften wie Allamannen, Burgunder, Franken, Goten, Wandalen, Angeln, Sachsen,

II. Verifizierung

dann auch Hunnen, Awaren, Araber und Türken alle dasselbe Ziel der Teilnahme am römischen Wohlstand, ja Wohlleben verfolgten, woraus sich wegen ihrer vielfachen Konkurrenz um die besten Teile des römischen Erbes sowie der zeitlichen Staffelung des Nachrückens immer weiterer Aspiranten wie der Araber im 7., der Normannen seit dem 8., der Ungarn im 10. und der Türken im 11. Jh. eine lange Reihe von Kriegen ergab, welche die Grundlagen des erstrebten Wohlstandes wie sicheren Handel, ungestörte Warenproduktion und allgemeine Rechtssicherheit weitgehend zerstörten. Vor allem die Städte als die Stützen des römischen Wirtschafts- und Verwaltungsnetzes wurden durch Kriege und Plünderungen schwer in Mitleidenschaft gezogen und verloren so ihre staatstragende Funktion.[4] Die Eroberer zerstörten auf diese Weise weitgehend das, was sie ins Gebiet des Römischen Reichs gelockt hatte.

*B) Die innere Stärkung der Christenheit*
*während ihres gewaltsamen Energieaustauschs mit dem Islam*

Es war schon davon die Rede, dass die weiter blickenden unter den germanischen Eroberer-Königen die Infrastruktur, Verwaltung und Rechtsordnung des Römischen Reichs, soweit möglich, zu bewahren oder wiederherzustellen suchten, wobei Chlodwig als der erfolgreichste unter ihnen wegen der Schriftkundigkeit des christlichen Klerus und weil die Bischöfe dem Niedergang der Städte im Sinne christlicher *caritas* mit Versorgungseinrichtungen für die notleidende Bevölkerung und notdürftiger Verwaltung entgegenwirkten und so vielfach zu Stadtoberhäuptern geworden waren, mit diesen ein kluges Bündnis eingegangen war.[5] Eine wirkliche Restauration des weströmischen Reichs unter der Führung der Frankenkönige scheiterte in der Folge aber zum einen daran, dass die neuen Herrscher die Kultur- und Verwaltungstechniken nicht besaßen, die im römischen Reich über Jahrhunderte entwickelt und perfektioniert worden waren und die von den schriftlosen Germanen nicht einfach fortgeführt werden konnten. Das zweite Hindernis war der seit dem 7. Jahrhundert mit dem Vordringen der Araber an Ost-, Süd- und Westküsten des Mittelmeers dort einbrechende Seeverkehr und -handel, der als das eigentliche Rückgrat des mediterranen Wirtschaftslebens und Wohlstandes von seeräubernden Sarazenen behindert und geschädigt wurde, sodass auch den Hafenstädten in der Provence und in Italien die Handelsgewinne genommen wurden, deren steuerliche Abschöpfung seitens der Frankenkönige für die Finanzierung einer große Gebiete schützenden Armee und einer flächendeckenden Verwaltung nach römischem Muster nötig gewesen wären.[6]

## 5. Das Werden Europas

Da solche finanziellen Einnahmen im 8. Jahrhundert völlig aussichtslos wurden, musste schon Karl Martell, der Großvater Karls des Großen, der unter der formellen Oberherrschaft der Merowinger-Könige als deren ‚Hausmeier' die eigentliche Regierung wahrnahm, zur Abwehr der inzwischen über die Pyrenäen bis nach Südgallien vorgestoßenen Araberheere auf die letzten ihm erreichbaren Energiereserven des Landes zurückgreifen, nämlich den durch Stiftungen zu großem Umfang angewachsenen Kirchenbesitz an ‚Land und Leuten'. Diesen lieh er von den wegen der muslimische Bedrohung natürlich zu jeder Verteidigungsmaßnahme bereiten Bischöfen und Äbten, um sie kriegstüchtigen Gefolgsleuten zu leihweiser Nutzung weiterzugeben. Diese hatten als Nutzungsentgelt eine bestimmte Anzahl von Panzerreitern für den Abwehrkampf gegen die Araber zu stellen, den Karl Martell in der Schlacht bei Poitiers im Jahre 732 dann auch erfolgreich bestand.[7]

Er hatte mit dem skizzierten An- und Verleihsystem von Kirchenbesitz zur Verstärkung des fränkischen Heeres das sogenannte Lehnswesen geschaffen, das in den folgenden Jahrhunderten zum grundlegenden Herrschaftsmittel in den europäischen Agrarländern wurde.[8] Dies einfach deshalb, weil deren Beherrscher nach dem Zusammenbruch des Mittelmeer- und sonstigen Handels lange Zeit fast nur über die agrarischen Produktionsfaktoren von ‚Land und Leuten' verfügen konnten. Die Umsetzung der auf den Lehnsgütern erzeugten Produkte, also von Nahrungsmitteln, Nutztieren, Roheisen, Leder, Wolle, Leinen etc. in militärische Wehrkraft eines kampffähigen Gefolges von Panzerreitern blieb dabei ebenso Sache des jeweiligen Lehnsmannes (in Gallien ‚Vasall' genannt) wie deren militärische Führung. Weil dies den Vasallen selbst zum Machtfaktor werden ließ, der sich bei genügender militärischer Stärke politisch selbständig machen konnte, war eine enge persönliche Vertrauensbeziehung zwischen Lehnsherrn und Vasall wichtige Voraussetzung für die Haltbarkeit dieses Systems, das man deshalb mit gegenseitigem Treueschwur in öffentlicher Zeremonie zu stabilisieren suchte. Aber gerade die Bewahrung dieser ‚Treue', also vor allem die zuverlässige Bereitstellung gut gerüsteter Krieger von Seiten des Vasallen und die jederzeitige Gewährung von ‚Schutz und Schirm' von Seiten des Herrn war der neuralgische Punkt des Lehnsverhältnisses, zumal die Stellung gut gerüsteter Einheiten zu allen Zeiten aufwendig war und nach Möglichkeit minimiert, umgangen oder sogar verweigert wurde, was dann naturgemäß zu Konflikten führte. Diese wiederum konnten seitens des Lehnsherrn nicht – wie im monetär finanzierten Beamtenstaat – durch Stornierung der Gehälter erzwungen werden, weil der Vasall sein Lehnsgut wortwörtlich ‚in Besitz' hatte, also darauf wohnte und wirtschaftete, was

## II. Verifizierung

alles in der Regel höchstens gewaltsam rückgängig zu machen war. Deshalb zogen sich Lehnskonflikte lange hin, wurden oft nie ganz beigelegt und ließen den ‚Lehnsstaat' immer labil bleiben. Er war und blieb deshalb ein Notbehelf illiquider Monarchen, denen bei der Eroberung des Römerreichs große Gebiete zugefallen waren, denen aber die Geldmittel sowie das alphabetisierte und geschulte Personal für eine flächendeckende und durchgreifende Verwaltung, Gerichtsbarkeit und Polizei fehlte. Auch diese Funktionen wurden deshalb mehr und mehr als Lehen vergeben, mit denen der damit belehnte Vasall im Einzelfall Gebühren, manchmal vielleicht sogar in Geldform ‚erwirtschaften' konnte. Die ‚Staatsmacht' wurde auf diese Weise aber weitgehend zersplittert und geradezu privatisiert, sodass der Begriff ‚Lehnsstaat' für Herrschaftsgebilde dieser Art selbst bei erheblicher Größenordnung meist gemieden wird.

Karl der Große unternahm wegen der genannten Schwächen des Lehnssystems den Versuch, sein Reich mit einem Netz von Grafschaften zu überziehen, in denen beamtete Grafen Gerichts-, Polizei- und Heerbanngewalt besaßen, dabei von den sogenannten Königsboten kontrolliert und über die neu von der ‚Hofkapelle' des Königs herausgegebenen Kapitularien (Gesetze, Verordnungen) unterrichtet wurden. Aber dieses Regierungssystem erwies sich schon bei Karls Sohn Ludwig dem Frommen als hinfällig, weil auch die Grafen im karolingischen Agrarstaat nicht anders als mit Lehen ‚bezahlt' werden konnten, die wiederum zu Erblichkeit und damit zur Entfremdung von der Königsmacht tendierten.

Bei einem durchgehenden Mangel an Geld als jederzeit zuteil- und entziehbarem Energie-Äquivalent lässt sich eben kein dauerhaft funktionierender Beamtenstaat schaffen, wie es Karl vorgeschwebt hatte, der sein Reich auch während der eigenen Regierungszeit wohl mehr durch seine unermüdliche Reisetätigkeit als durch das Grafensystem zusammengehalten hat. Das von seinem Großvater entwickelte Lehnssystem erwies sich trotz seiner Schwächen in den agrarischen Territorialstaaten bis zu deren durchgreifender Kommerzialisierung und Monetarisierung als das einzig praktikable Herrschaftsmittel.

Seine Entstehung aus der Notlage des fränkischen Königreichs, dem es an nötiger Kampfkraft, mithin ‚Wehrenergie' für den Einsatz gegen die nach Gallien einbrechenden Araber fehlte, bestätigt ein weiteres Mal unsere These, der zufolge wichtige geschichtliche Neuerungen wie seinerzeit das Lehnswesen aus der Überwindung energetischer Notlagen zu erklären sind. Sie lassen sich dem gemäß als erfolgreiche Techniken zur Behebung einer solchen Notlage verstehen.

## 5. Das Werden Europas

Die Einführung der lehnsrechtlichen Herrschaftstechnik wurde im Frankenreich, wie gesagt, zu Beginn nur mit Kirchenbesitz vorgenommen, auch weil der – als Eigentum Gottes betrachtet – unveräußerlich und deshalb für Zwecke der Ausleihe besonders geeignet war. Die Könige als oberste Landesherren wandten das Prinzip in der Folge aber auch auf ‚weltliche' Besitzungen und sogar Königsrechte an und verliehen Kirchengut statt an weltliche Gefolgsleute zunehmend an Bischöfe oder Äbte, die damit ihre Vasallen wurden und ihnen ihrerseits nun ‚Treue' schwören und ‚Mannschaft', also Panzerreiter zuführen mussten. Dies brachte den für die Könige großen Vorteil mit sich, dass die ehelosen Bischöfe oder Äbte keine Erbansprüche für das erlangte Lehen erheben konnten, wie das bei weltlichen Vasallen die Regel war. Das beim Tode eines geistlichen Vasallen heimgefallene Lehen konnte deshalb ‚frei', also ohne sonstige Verpflichtungen an eine dem König besonders loyale und geeignete Person verliehen werden, was aus den genannten Gründen für die Funktionsfähigkeit des Lehnssystems entscheidend war.

Der durch verheerende Einfälle ungarischer Reiterarmeen besonders belastete deutsche König Otto I. (936 – 973) baute deshalb die Indienstnahme des hohen Klerus für sein Reich gemeinsam mit seinem Bruder Brun, Erzbischof in Köln, zu dem später von Historikern so genannten ‚ottonischen Reichskirchensystem' aus. Dabei setzten die Brüder auf frühzeitige Ausbildung und politische Erziehung junger Geistlicher im Sinne des Königshauses, die nach Schulung in der königlichen Regierungszentrale, der sogenannten Hofkapelle, an die Spitze frei werdender Bistümer oder Abteien berufen und mit den anhängenden Lehen ausgestattet wurden. Dabei setzte man erfolgreich auf die Formbarkeit junger Menschen und auf deren Loyalität gegenüber ihren Lehrern und Förderern, nachdem man sogar mit verwandten Vasallen schlechte Erfahrungen hatte machen müssen. Die den Königen, wie gesagt, durch Erblichkeit der Lehen oft entfremdete Grafenmacht wurde dadurch in die königliche Verfügbarkeit zurückgeholt, dass man die zuvor den Grafen vorbehaltene hohe Gerichtsbarkeit (zunächst mit Ausnahme von Blutstrafen) den Bischöfen übertrug und zudem räumlich auf freie Bauernschaften ausdehnte. Mit solcher Einschränkung der Grafenrechte, die unter Otto III. (983 – 1002) auch insgesamt an Bischöfe verliehen wurden, suchten die Ottonen zugleich die Macht der großen Adelsgeschlechter zu mindern, die immer wieder gegen die Herrschaft der Könige opponierten.[9]

Mit dieser Heimholung des Grafenamtes in die königliche Verfügbarkeit wurde noch einmal der Versuch unternommen, das karolingische Konzept eines zentral gesteuerten Beamtenstaats nach römischem Vorbild aufzuneh-

## II. Verifizierung

men, wozu sich die in der Folge Karls des Großen zu römischen Kaisern gekrönten deutschen Könige schon kraft ihres Amtes verpflichtet fühlten, was aber im einen wie im anderen Fall am Fehlen einer entsprechenden wirtschaftlichen und zivilisatorischen Infrastruktur scheiterte. So blieben das Lehnswesen und die von den Frankenkönigen eingeleitete Zusammenarbeit mit der römisch-katholischen Kirche die wirksamsten Herrschaftsmittel.
Zwar gab es in dieser das gesamte europäische Mittelalter kennzeichnenden Zusammenarbeit auch Phasen der Spannung, sogar harter Konflikte zwischen Königen und Kaisern auf der einen, dem Papsttum auf der anderen Seite, so vor allem wegen der im späten 11. Jahrhundert von den Päpsten nicht mehr hingenommenen Investitur der Bischöfe durch die Könige. Aber auch in dieser für beide Seiten wichtigen Machtfrage fand man mit dem Westminster-Übereinkommen von 1107 und dem Wormser Konkordat von 1122 in der vom französischen Bischof Ivo von Chartres vorgeschlagenen Unterscheidung von weltlichen und geistlichen Kompetenzen der Bischöfe, der *temporalia* und *spiritualia* sowie deren getrennter Verleihung durch Könige und Päpste schließlich eine Kompromisslösung, die ein weiteres Zusammenwirken ermöglichte.[10]
Dieses zeigte sich u.a. in der Kreuzzugsbewegung, zu der Papst Urban II. 1095 nach einem Hilferuf aus Konstantinopel die römisch-katholische Christenheit aufgerufen hatte und an der sich Tausende von Menschen aller Stände, darunter Frauen und Kinder sowie französische, englische und deutsche Fürsten und Könige beteiligten, um auf einer Vielzahl meist militärisch begleiteter Wallfahrten ins ‚Heilige Land' die dortigen Erinnerungsstätten an Leben und Wirken Jesu Christi aus den Händen der arabischen und neuerdings auch türkischen Besatzer zu befreien und zugleich – nach dem Versprechen der Päpste – das eigene Seelenheil zu gewinnen.[11]
Trotz der großen Entfernung, des ungewohnten Klimas und bisweilen aufbrechender nationaler Rivalitäten zwischen den Kreuzfahrern gelang dem Ritterheer des sogenannten 1. Kreuzzugs die Einnahme gut befestigter levantinischer Städte wie Antiochia, Edessa und Jerusalem (1099), zu deren späterer Sicherung gegen muslimische Angreifer mehrere sogenannte Kreuzfahrerstaaten mit z.T. bis heute erhaltenen Festungen errichtet wurden. Dieser an sich erstaunliche militärische Anfangserfolg wäre ohne das europäische Lehnswesen mit seiner Generierung größerer gut gerüsteter Panzerreiterheere, die den Moslemgegnern offensichtlich überlegen waren, nicht denkbar gewesen.
Mit ihnen konnten sich die europäischen Christen auch bei der Rückeroberung der iberischen Halbinsel, der sogenannten *reconquista*, gegen die im

## 5. Das Werden Europas

7./8. Jahrhundert noch so überlegenen Araber durchsetzen, ebenso wie bei der Unterwerfung und Missionierung der Slawen, Pruzzen und Finnen an den deutschen bzw. schwedischen Ostgrenzen. In all diesen von der Papstkirche als Kreuzzüge deklarierten Missions- und Eroberungskriegen sehen wir eine abendländische Gegenoffensive gegen den fortdauernden Andrang östlicher Steppenvölker auf die Hinterlassenschaften des Römischen Reichs, in der sich das werdende Europa zu formieren begann.

Wie erklärt sich nun die neue Stärke und Überlegenheit dieses Völkerbündels am westlichen Ende des asiatischen Großkontinents gegenüber seinen östlichen Nachbarn? Unsere Antwort heißt: aus einer Vielzahl von Energietechniken, die zumeist aus antikem, auch germanischem Erbe, christlicher Tradition, manchmal aus arabischer, persischer oder chinesischer Praxis stammten und so kombiniert wurden, dass damit menschlicher Energieaufwand für die Existenzerhaltung eingespart sowie neue Energiequellen erschlossen werden konnten, wie wir das in den vorangehenden Kapiteln für kulturell-zivilisatorischen Fortschritt auch schon beobachtet haben.
Angetrieben vom Ausrüstungsbedarf der Panzerreiterarmeen, die ihrerseits eine neuartige Synthese von gepanzerten römischen Fußtruppen und arabischen Kriegerkavalkaden waren, wurde die antike Eisen- und Rüstungsindustrie vor allem wohl in Wirtschaftshöfen großer Klöster weitergeführt, wo zugleich der immer gegebene Bedarf an eisernem Werkzeug und Ackergerät gedeckt wurde.[12] Die vom Lehnswesen als Antwort auf angreifende Raubvölker erzwungene Arbeitsteilung zwischen Panzerreitern, diese ausrüstenden Handwerkern und beide versorgenden Bauern und Händlern erzeugte schon ein relativ komplexes Netz von Austauschakten, von denen zumindest die große Mehrzahl, wie in Teil I dargelegt, Energieeinsparungen für die beteiligten Tauschpartner erbrachte, die – nach allseitiger Spezialisierung – die empfangene Dienstleistung oder Ware nur mit größerem Energieaufwand selbst hätten erbringen oder herstellen können als sie die dafür erbrachte Leistung oder Warenproduktion gekostet hatte. Im Endeffekt erbrachten die von Spezialisten erzeugten Waren und Produkte außerdem erhöhte Energiegewinne für die Gesamtheit der Tauschpartner, denn der mit besseren Waffen, Rüstungen und Pferden ausgestattete Panzerreiter konnte angreifende Raubvölker erfolgreicher fernhalten und sogar unterwerfen als ohne diese Hilfsmittel, was den Bauern und Händlern Verluste aller Art ersparte. Von spezialisierten Handwerkern verbessertes Ackergerät wie die eiserne Pflugschar anstelle des hölzernen Hakenpfluges erleichterten und optimierten die Feldbestellung, was zu höheren Ernteerträgen führte, die wiederum den Wohlstand auch der Bauern steigerten, was in

## II. Verifizierung

einer Verdopplung der europäischen Bevölkerung vom 10. zum frühen 14. Jahrhundert. seinen zählbaren Ausdruck fand.[13]

Im einzelnen ist der rüstungstechnische Vorsprung der Europäer seit den Zeiten der Karolinger[14] aus den durchaus günstigeren Produktionsbedingungen für Eisenwaren nördlich der Pyrenäen und Alpen zu erklären: Die riesigen Waldungen dieser Gebiete lieferten allerorts die benötigten Mengen an Holzkohle, mit denen damals Eisenerz verhüttet sowie das Roheisen veredelt und verarbeitet werden mussten, während die Eiszeitgletscher in den feuchten Tieflandebenen dieser Region das sogenannte Raseneisenerz hinterlassen hatten, das jeder Bauer abstechen und in selbst gebauten Lehmöfen mit Holzkohle ausschmelzen konnte. Dies hatte die Forderung vieler Grundherren zur Folge, von ihren Hörigen im Zuge der Abgabenpflicht Roheisen zu verlangen, was eine weit verbreitete bäuerliche Eisenerzeugung bewirkte. Dies belegen archäologische Feldforschungen in verschiedenen Regionen Europas wie Südskandinavien, Schleswig-Holstein und der Normandie.[15] Im westfälischen Warendorf ließ sich überdies für das 7./8. Jahrhundert in jeder untersuchten Gehöftgruppe von jeweils um die elf Anwesen eine Schmiedewerkstatt nachweisen[16], obwohl die Gegend niemals als besonders eisenreich galt. Darin zeigt sich eine frühe, über die bloße Roheisenproduktion hinausgehende Eisenverarbeitung auch außerhalb großer Wirtschaftshöfe von Königspfalzen oder Klöstern.

Für die im Bereich solcher Gletscherhinterlassenschaft wirtschaftenden Bauern des europäischen Mittelalters ergab sich so die Möglichkeit, selbst erzeugtes Roheisen, soweit sie es nicht an den Grundherren abzuliefern hatten, von ihrem ‚Dorfschmied' nach eigenem Bedarf zu Werkzeugen und Geräten verarbeiten zu lassen, die ihnen bei Feldbestellung, Holzbeschaffung und -verarbeitung gute Dienste leisten, also Arbeitsenergie einsparen halfen. Dabei ergab sich für sie noch besonders dadurch ein kumulativer Energiegewinn, dass die für die Eisenerzeugung und -verarbeitung benötigten großen Holzkohle- und noch viel größeren Frischholzmengen zur Rodung ganzer Waldstriche führte, die man mit Hilfe der beim Schmied bestellten Rodungswerkzeuge und Feldgeräte in fruchtbares Ackerland verwandeln und damit reichere Ernten, also ein Mehr an Nahrungsenergie gewinnen konnte.

Mit dieser Nutzflächenausweitung ließ sich auch die aus der Antike überkommene Zweifelderwirtschaft leichter in die effektivere Dreifelderwirtschaft überführen, indem man die Brache auf ein Drittel der Nutzfläche reduzierte, auf dem zweiten Drittel Roggen oder Weizen als Winter-, auf dem Rest Hafer oder Gerste als Sommergetreide anbaute. Dieses System ver-

## 5. Das Werden Europas

größerte die jährliche Getreideanbaufläche, führte zum jährlich zweimaligen Umbrechen des für die Wintersaat bestimmten Ackers mit dem Ergebnis Unkrautwuchs vermindernder Ertragssteigerung und erbrachte so insgesamt bis zu 50 % reichere Ernten.[17] Weitere energetische Vorteile der Dreifelderwirtschaft lagen in der über das Jahr hin gleichmäßigeren Verteilung der Feldarbeit für Bauern und Zugtiere und eine Minderung des Missernte-Risikos durch Unwetter, Trockenheit oder Schädlinge.

Die Fortentwicklung des antiken Hakenpflugs, mit dem die Ackerfläche kreuzweise aufgerissen werden musste, um sie genügend aufzulockern, durch den effektiveren Räderpflug mit Streichbrett[18] erübrigte das Querpflügen, weil die stählerne Pflugschar tief in den Boden einschnitt und das Streichbrett die Erdscholle umlegte, sodass Bodenlockerung und Unkrautbekämpfung in einem Durchgang erreicht wurden. Wieder war damit Arbeitsenergie von Mensch und Tier eingespart, ihre Energiebilanz erheblich verbessert.

Dieser in den genannten Techniken sich kumulierende Energiegewinn auf der Ursprungsbasis gesteigerter Eisen- und Rüstungsindustrie ist somit als entscheidende energetische Ursache für den europäischen Landesausbau und die damit verbundene Bevölkerungsvermehrung, damit der ‚Stärkung' Europas in seiner Auseinandersetzung mit den östlichen Angreifern zu verstehen.

Die Steigerung der Getreideernten erhöhte andererseits mit wachsender Bevölkerungs- also zunächst Kinderzahl den Arbeitsanfall u.a. beim Mahlen der Körner, einer als Handarbeit, wie in II.2 bereits erörtert, äußerst mühsamen, Tag für Tag anfallenden Tätigkeit. Zu deren Bewältigung griff man auf die vor allem wohl in Klöstern wie dem des italienischen hohen Staatsbeamten und Gelehrten Cassiodor aus der antiken Zivilisation übermittelten Wassermühlentechnik zurück.[19] Natürlich waren die Investition in diese erste von menschlicher und tierischer Arbeitsleistung weitgehend gelöste terrestrische Kraftmaschine sowie die Arbeit des Müllers mit irgend einer Gegenleistung zu entgelten, aber insgesamt ersparte die von Fließwasser getriebene Getreidemühle den mit erhöhter Kinderzahl ohnehin stark belasteten Frauen, denen das Kornmahlen im Zuge der Essenszubereitung traditionsgemäß zufiel, sehr viel Arbeitsenergie. Anders lässt sich die rasche Verbreitung der Wassermühle im regenreichen Teil Europas nördlich seiner Hochgebirge, wo selbst Bäche und kleinere Flüsse fast immer genügend Wasser führen, um eine an ihren Ufern errichtete Mühle anzutreiben, kaum erklären. So verzeichnet das englische *Domesday-Book* von 1086, der einzige einigermaßen flächendeckende europäische Kataster der Zeit,

bereits rund 6000 Mühlen, wobei die nördlichsten Grafschaften des Landes noch nicht einmal erfasst sind.[20]
In trockenen oder flachen Gegenden Europas, wo es an regelmäßigem für die Mühlentechnik nutzbarem Fließwasser fehlte, verschaffte seit Ende des 12. Jahrhunderts die – möglicherweise aus persischem Prototyp entwickelte – Windmühle die maschinelle Antriebsenergie.[21] Nach und nach wurde die so aus Wasser- und Windkraft gewonnene Arbeitsenergie in spezialisierten Mühlenwerken auch zum Sägen von Holzbrettern und Balken, dem Schmieden in Hammerwerken, zum Walken von Wolltuch, zum Flachsbrechen für die Leinenfasergewinnung, zum Mahlen von Lohe für die Gerberei, in der aus China stammenden Papierherstellung auf Textilfaserbasis und sogar zur Draht- bzw. Zwirn- oder Seidenfadenproduktion eingesetzt.[22] Schon diese vielseitige Anwendung des Mühlenprinzips zeigt, dass die Europäer bereits während ihres Hochmittelalters gelernt hatten, kinetische Umweltenergie nicht nur – wie die antiken Zivilisationen – fast ausschließlich für die Segelschifffahrt zu nutzen, sondern auch zur leichteren Bewältigung schwerer Arbeiten an Land, für die man früher vorwiegend Sklaven eingesetzt hatte. Damit war, obwohl es im gesamten europäischen Mittelalter auch noch Sklaven und Hörige gab, doch energietechnisch der Weg zu deren Emanzipation und damit die Entwicklung zum zentralen europäischen Menschenrechtswert, der persönlichen Freiheit, eröffnet.

Einen weiteren wichtigen energetischen Helfer gewannen die mittelalterlichen Europäer in Gestalt des Pferdes. Hierbei war, wie bereits gezeigt, die militärische Notlage gegenüber berittenen Angreifern aus dem Osten der Auslöser der massenhaften Zucht und Nutzung dieses Steppentieres durch die Germanen: Den hunnischen, avarischen, arabischen, später ungarischen und türkischen Reiterarmeen konnten die Europäer nur mit gut bewaffneten Panzerreitern erfolgreich begegnen, wie es Karl Martell beispielgebend gezeigt hatte. Der schwer gerüstete Ritter benötigte allerdings größere und stärkere Pferde als die leicht bewaffneten Steppenkrieger des Ostens, und so wurden entsprechende Tiere aus heimischem Bestand ausgewählt und gezüchtet, die sich in Friedenszeiten auch nutzbringend als Zugtiere verwenden ließen. Im Vergleich zu den dafür im Landwirtschaftsbetrieb fast ausschließlich eingesetzten Ochsen oder auch Kühen waren Pferde wesentlich schneller und – nachdem man für sie mit dem gepolsterten ‚Kummet' und Sielengeschirr eine körpergerechte Zugvorrichtung aus chinesischer Tradition übernommen hatte – ähnlich zugstark. Auch wenn sie in der Landwirtschaft zunächst wohl nur für leichtere Arbeiten wie das Eggen, das Holzrücken und Transportzwecke eingesetzt wurden, verdrängten sie seit dem Spätmittelalter doch zunehmend die langsamen Rinder als wichtigste Helfer der Bauern[23], weil sie diesen mit ihrer tempobedingt höheren Leistung wesentlich mehr Arbeitszeit und -energie einsparen. Für den Über-Land-Transport von Reisenden und Waren wurde das Pferd mit aufkommendem Verkehr zwischen den verschiedenen Teilen weitverzweigter Grundherrschaften und insbesondere großer Klöster vermutlich schon in karolingischer Zeit eingesetzt, erst recht seit dem Aufkommen des Städtewesens im Hochmittelalter.[24] Das Pferd war seitdem das dominierende terrestrische Verkehrsmittel Europas, wo seine durchschnittliche Vortriebsenergie als ‚Pferdestärke' (PS) bekanntlich noch heute das meistgebrauchte Maß für die Kraftentfaltung von Motoren des Verkehrswesens ist. Vor allem in Kombination mit dem aus römischer Tradition übernommenen vierrädrigen Last- oder Kutschwagen, der von den mittelalterlichen Wagenbauern Europas durch Erfindung der Drehschemel-Konstruktion für die Vorderachse eine entscheidend verbesserte Wendigkeit und Laufruhe erhielt, gewann das Pferd diese seine gut tausendjährige Vorherrschaft auf Europas Straßen. Weitere technische Verbesserungen besonders der Kutschen für den Personenverkehr bis hin zum leichten und gut gefederten Landauer Kaiser Josephs I. und ein seit dem Spätmittelalter verdichtetes Straßennetz schufen die Voraussetzung für den im späten 19. Jahrhundert erreichten Antrieb solcher Wagen durch kleine, damals noch leistungsschwache Benzinmotoren, die eine in den Städten meist aufwendige Pferdehaltung ersparten. Diese ersten ohne Pferd fahrenden und deshalb als ‚selbstbewegt' (gr. *automobil*) bezeichneten Wagen besaßen, wie jedes Auto-Museum zeigt, die Form leichter Pferdekutschen und verweisen damit unmissverständlich auf ihre vom Pferd in die Gegenwart ‚gezogene' Herkunft. Ohne die europäische ‚Pferdewagenkultur', so lässt sich rückblickend sagen, die wiederum auf die energetische Einsicht zurückgeht, die Überfälle östlicher Reitervölker nur mit Hilfe eigener Pferde abwehren zu können, wäre das Auto kaum in Europa, vielleicht überhaupt noch nicht erfunden und entwickelt worden. In jedem Fall war das Pferd und ist das Auto in allen von europäischer Kultur geprägten Ländern der Erde wichtigster Energiespender für den Straßenverkehr und haben diese beiden Energiespender Fortbewegung und Lastentransport für die sie nutzenden Menschen aus mühevoller Arbeit in lässige Beschäftigung, oft sogar erholsame Freude verwandelt, weil vom Fahrer kaum noch körpereigene Energie dafür aufgewendet werden muss.

Neben der Indienstnahme des Pferdes waren also die aus der Antike übernommenen technischen Errungenschaften des Pferdewagens und der Was-

II. Verifizierung

sermühlen weitere wichtige Elemente der sich seit dem Hochmittelalter immer günstiger entwickelnden europäischen Energiebilanz. Und gerade weil diese Erfindungen der Römer vor allem von Klöstern an das europäische Abendland vermittelt wurden, haben wir diese als wichtigste Vermittler auch sonstigen antiken Erbes genauer zu betrachten.
Klöster waren als Spätform einer schon in griechischer und jüdischer Kultur vorhandenen asketischen Lebensweise entstanden, die in der Bibel durch die Berichte über Johannes den Täufer und Jesu Christi 40tägiges Fasten in der Wüste (Matth.1,1; 4,1/2; Luk. 5,16) für das Christentum geradezu vorbildhafte Bedeutung gewann und dem entsprechend in der ägyptischen, palästinensischen und syrischen Wüste von christlichen Eremiten in zum Teil extremer Weise praktiziert wurde. So soll der syrische Säulenheilige Simeon mehrere Jahrzehnte auf einer 9 m hohen Säule gelebt haben, deren steinerner Rest den Mittelpunkt der Klosterruine bildet, die noch heute christliche und islamische Besucher anzieht. Dies war in der Zeit des frühen Eremitentums nicht anders, wo die Bewunderung für die heiligen Männer auch die Zahl ihrer jungen Nachahmer anwachsen ließ, die aber oftmals den außerordentlichen Anforderungen einer Wüsten-Einsiedelei nicht gewachsen waren. So bildeten sich als Vorbereitungs- und Einübungsstationen Eremiten-Kolonien unter der Leitung eines erfahrenen Mönchs, der den gemeinsamen Gottesdienst und auch die Vermarktung von handwerklichen Eigenprodukten der ‚Brüder' leitete, mit denen der Lebensunterhalt erworben wurde. In Fortbildung solcher Eremiten-Kolonien entstand durch Initiative des Pachomius (gest. 346) in Ägypten auch das erste christliche Kloster mit fester Regel und Hierarchie.[25]
Im Westen des Römischen Reichs gab es unter den Christen ebenfalls eine zunehmende Bewunderung für das östliche Asketentum als vollendeter Form des Christentums, das sich hier aber – mangels Wüste – vorwiegend in der Form einer Wander-Askese in der Nachfolge der Apostel verbreitete. Dessen Missbrauch durch schlaue Bettler, die mit Asketen-Gehabe milde Gaben erschlichen, veranlasste Bischöfe und reiche Christen schließlich zur ‚Domestizierung' der wahrhaften ‚Wander-Apostel' in Klöstern, um das damals noch mit anderen Religionen konkurrierende Christentum nicht als Bettlerkult in Misskredit geraten zu lassen.[26]
Im Osten wie im Westen war das sich verbreitende Asketentum der Eremiten, Wanderer oder Mönche aber wie das Christentum überhaupt vor allem eine eigenartige Reaktion auf die für alle Menschen im Römischen Reich spürbare gesellschaftliche und wirtschaftliche Krise, die sich für fast jeden in höherer Steuer- und Abgabenlast, geringeren Einkünften und damit also einer Verschlechterung der ganz persönlichen Energie-Bilanz fühlbar

machte (vgl. II.4). Diesem zunehmenden Energiemangel mit bewusstem Verzicht auf Annehmlichkeiten aller Art, sogar auf eigene Wohnung, damit auf Schutz vor Hitze und Kälte, Regen und Wind, auf Frau und Familie zu begegnen, den Energiemangel also nicht aktiv durch Erwerbsarbeit und neue Techniken, sondern defensiv durch radikale Minderung des eigenen Energie-Bedarfs in anspruchsloser Lebensführung mit gewohnheitsmäßigem Fasten zu bewältigen, entsprach zweifellos der christlichen Jenseitsverheißung einer besseren außerirdischen Welt, auf die mit Gebet und Meditation sich in der Abgeschiedenheit von Einsiedelei oder Klosterzelle vorzubereiten der Lebensweise und Predigt Jesu geradlinig folgte. Von hier aus lassen sich das Christentum und die genannten Formen christlicher Askese als eine in ihrer gesellschaftlichen Verbreitung und Wirkungsmächtigkeit ganz neuartige, eben defensive Energietechnik verstehen, mit welcher der für die Zeitgenossen ungeheure, anders nicht zu bewältigende Zusammenbruch des Römischen Reichs und seiner Zivilisation zumindest kulturell aufgefangen werden konnte.

Ganz bewusst versuchte dies im Sinne einer Versöhnung von Christentum und antikem Geiseterbe der bereits erwähnte in Theoderichs italienischem Ostgotenreich hochrangige Staatsbeamte Cassiodor, der anstelle der eigentlich von ihm geplanten Theologen-Akademie in Rom nach dem Zusammenbruch der Ostgotenherrschaft über Italien (550) auf seinen kalabrischen Gütern das Kloster Vivarium gründete, wo der Ausbau der vom Stifter eingebrachten Bibliothek durch das den Mönchen auferlegte Abschreiben christlicher und heidnischer Schriften dann im Zentrum stand.[27] Cassiodor war durch die politischen Wirren der Zeit von romzentrierter offensiver Verbreitung christlicher Theologie auf die defensive Position ländlicher Bewahrung allen noch greifbaren Wissens zurückgedrängt worden, eine Position, die für die Klöster des Abendlandes programmatisch wurde. Der Gelehrte und Lehrer stellte dabei zwischen dem Studium antiker ‚heidnischer' Schriften und dem christlicher Schriftauslegung einen funktionalen Zusammenhang her, indem er den theologischen Studien seiner Mönche den Bildungsgang durch die *artes liberales* der ‚Sieben freien Künste' vorausgehen ließ. Dieser die lateinische Sprache in den Fächern Grammatik, Rhetorik und Dialektik sowie mathematische Kenntnisse und Fertigkeiten in den Fächern Arithmetik, Geometrie, Astronomie und Musik vermittelnde Kanon aus antiker Schultradition wurde durch Cassiodors „Einführung in die weltlichen Wissenschaften" zur Grundlage mittelalterlichen Kloster-, Schul- und späteren Universitätsunterrichts.[28]

## II. Verifizierung

Auch hier waren wiederum Mangel und Unvermögen Ausgangspunkt und Antrieb für ein Abhilfe schaffendes Bildungsprogramm: Mangelhafte Lateinkenntnisse vieler Kleriker gefährdeten die exakte Durchführung der Liturgie, fehlende mathematisch-astronomische Fähigkeiten die sichere Berechnung beweglicher Feiertage des Kirchenjahres, vor allem des Osterfestes sowie der Tagesstunden, mit denen die Gebete und der Tagesablauf der Gläubigen über die Kirchenglocken zu regeln und der jeweiligen Öffentlichkeit bekannt zu machen waren. Auch die lateinischen Choräle der Messliturgie mussten als Abbild göttlicher Vollkommenheit exakt eingeübt und vorgetragen werden. Da es an all dem immer wieder fehlte, sah sich noch Karl der Große in seiner *admonitio generalis,* die 789 als Herrscherkapitular verbreitet wurde, zu einer Bildungsoffensive im Sinne der Sieben freien Künste veranlasst, um das Kirchenwesen und über dieses die öffentliche Ordnung nicht verkommen zu lassen.[29] Der König nahm für dieses Bildungsprogramm die Klöster in die Pflicht, ordnete für sie in der *admonitio* die Einrichtung von Schulen an und forderte in einer zusätzlichen *epistula de litteris colendis* die Mönche in Fulda noch besonders auf, sich wissenschaftlich zu betätigen. Um dem Ganzen Nachdruck zu verleihen, bemühte sich Karl, für alle Klöster seines Reichs, die schon vor seinem Regierungsantritt der Regel des Hl.Benedikt unterstellt waren, eine einheitliche Observanz durchzusetzen[30], was bei dem hohen Anteil an Eigenklöstern des Adels allerdings nicht leicht war.

Dies vor allem deshalb, weil alle Klosterstifter, egal ob Könige, Bischöfe oder adlige Laien, die profitable Nützlichkeit solcher Stiftungen bald erkannt hatten, zumal sie sowohl die vermögensrechtliche wie die geistliche Herrschaftsgewalt über ihr Kloster behielten.[31] Über die Vogtei, die meist in der Stifterfamilie vererbt wurde, verfügten sie außerdem über die – zumindest – niedere Gerichtsbarkeit sowie den Heerbann im Bereich des Klosters und seiner zugehörigen Höfe und Siedlungen. Sie konnten also wirtschaftliche Erträge, Gerichtsgebühren und Wehrkraft des gestifteten Klosters für eigene Zwecke verwenden, außerdem verfügen, dass dort für das eigene Wohl und Seelenheil gebetet und die Messe zelebriert sowie ein Familienbegräbnis eingerichtet wurde, welches als ‚dynastische Grablege' an heiligem Ort Ansehen und Herrschaftsmacht der Stifterfamilie erheblich zu stärken vermochte.[32] Als Alterssitz, wie schon von Cassiodor, als Zufluchtsort in Zeiten militärischer Turbulenzen, für Missionszwecke, als Schreibstube, zur Ausbildung Geistlicher, als Eisen- und Kunstwerkstatt, natürlich als landwirtschaftlicher Großbetrieb oder zur Unterbringung nachgeborener Söhne oder unverheirateter Töchter wurden Klöster außerdem gebraucht[33] oder, wenn man vom asketischen Impetus der frühen

Mönche und Klostergründer ausgeht – missbraucht. Und da die der Klostergemeinschaft vom Stifter aufgetragenen Arbeiten als Gottesdienst deklariert und – wenigstens in den Frühphasen der Kloster- und Ordensgründungen – unter streng geregelter Askese und damit ökonomisch äußerst effektiv ausgeführt wurden, erwiesen sie sich als besonders nützliche und vielfältig brauchbare Herrschaftsinstrumente bzw. ‚Kapitalanlagen', was ihre vielfache, geradezu flächendeckende Verbreitung ebenso erklärt wie den Widerstand adliger Stifter gegen königliches ‚Hineinregieren'.

Durch die Indienstnahme der Klöster für die verschiedensten Zwecke wurden sie – wiederum gegen die Ursprungsmotive ihrer Schöpfer – zu ebenso vielfältigen Kulturträgern und -vermittlern, auch weil die ihnen von Benedikt zur täglichen Pflicht gemachte Arbeit mit deren Ergebnissen wie der Bibliothek und sonstigen geistigen und handwerklichen Schöpfungen beim jeweiligen Kloster verblieben und nicht von den ehe- und besitzlosen Mönchen und Nonnen vererbt und damit zerstreut werden konnten. Die asketische Regelhaftig- und Eingeschlechtigkeit des Klosterlebens sorgte also für langfristige Bewahrung dort eingeführten und gepflegten Wissens und Könnens und machte die Klöster zum wichtigsten Vermittler der antiken Kultur an das werdende Europa.[34]

Dies schon deshalb, weil vor Erfindung des Buchdrucks Schriftliches meist nur in sehr geringer ‚Auflage' vorhanden, zudem nach Zusammenbruch des Römischen Reichs und seiner öffentlichen Einrichtungen wie der meisten Bibliotheken unter Privatleuten verstreut war und nur durch sorgfältige, für andere gut lesbare Abschriften vervielfältigt und so gegen Raub, Brand, Mäusefraß oder achtlose Beseitigung wenigstens teilweise erhalten werden konnte. Für solche Vervielfältigung zunächst christlich sanktionierter, dann aber auch antiker ‚heidnischer' Schriften waren Klöster mit ihren zu disziplinierter aufopferungsvoller Arbeit erzogenen Koinobiten, wie Cassiodor früh erkannte, der geeignetste Ort. Hier entstand deshalb eine in den Schreibstuben der größeren Klöster hoch gezüchtete Buchkultur, in der insbesondere heilige Texte wie die Bibel mit kunstvoller, vor allem in Kapitel-Initialen eingefügter Miniatur-Malerei verziert oder mit wertvollen Farben mehr gemalt als geschrieben wurden. Wichtig für die künftige gesamteuropäische Verständigung unter Gelehrten war dabei, dass alle Texte in Latein als der heiligen Liturgiesprache gehalten waren, die damit auch als Sprache der Gelehrsamkeit eine nahezu absolute Monopolstellung erhielt und bis weit in die Neuzeit hinein bewahrte.[35] Mit dem Lateinischen als *lingua franca* des werdenden Europa war für dieses auf der Ebene der Wissenschaften damit ein wichtiger Verständigungszusammenhang gegeben.

## II. Verifizierung

Schon um dieses wertvolle Kommunikationsmittel, das als im Alltag nicht gebrauchte ‚tote Sprache' immer wieder zu verkümmern drohte, auf dem für theologische und juristische Anforderungen benötigten hohen Niveau zu halten, blieb auch die Ausbildung der Kleriker, später der Juristen und Mediziner an das Studium der Sieben freien Künste gebunden, bei denen das *trivium* der sprachlichen Fächer Grammatik, Dialektik und Rhetorik die unverzichtbare Grundlage bildete. Die antiken Schriftsteller, insbesondere Cicero galten mit ihren Schriften als stilistische Vorbilder, die schon deshalb in den Schreibstuben der Klöster immer wieder abgeschrieben und so überliefert wurden. Natürlich dienten sie auch als Muster dialektischer oder logischer Gedankenführung und deren sprachlich wirkungsvoller, eben rhetorisch gelungener Darbietung und waren somit ‚Lehrbücher' für wissenschaftliche Auseinandersetzung, die dem entsprechend auch ein Grundelement mittelalterlicher Theologie wurde.

Ein frühes Beispiel ist der aus dem nordfranzösischen Kloster Corbie stammende Radpertus-Schüler Ratramnus (gest. bald nach 868), der nicht nur die Eucharistielehre seines Lehrers zu widerlegen suchte, sondern auch in seinen Schriften zur Prädestinations- und Seelenlehre nach Art eines Kontroverstheologen bestehende Lehrmeinungen aufs Korn nahm.[36] Diese Art kritischer Wissenserweiterung, die in der Scholastik und in dominikanischer Disputationstechnik mittelalterliche Fortsetzungen fand, hat die europäischen Wissenschaften in ihrer aus Kontroversen gespeisten Dynamik bis heute geprägt und darf insofern als früher Aufbruch europäischen Geisteslebens gewertet werden, der sich letztlich antikem Erbe verdankt.

Gleiches gilt für das *quadrivium* der Sieben Künste, dessen gemeinsamer Nenner der kunstvolle Umgang mit Zahlen war, was in arithmetischer, geometrischer, astronomischer und musikalischer Disziplin schulmäßig geübt wurde und im Rahmen theologischer Studien zur Veranschaulichung göttlicher Vollkommenheit in den verschiedenen Sphären der Schöpfung diente.[37] Diese Zahlenkunst hat die europäische Wissenschaft vor allem in ihren auf die Naturerkenntnis gerichteten Disziplinen von Anfang an mathematisch geprägt und in Kombination mit technischer Verwertung ihrer Erkenntnisse die europäischen Industriegesellschaften der Neuzeit überhaupt erst ermöglicht.

Dies alles mag verdeutlichen, dass die zu Packeseln des Kulturtransfers vom Römischen Reich zum neuzeitlichen Europa gemachten Klöster dies nicht nur im landwirtschaftlichen, handwerklichen und maschinell-technischen Bereich waren, sondern eben auch in kommunikationstechnisch-sprachlicher und wissenschaftlich-methodischer Hinsicht. Ihre In-

5. Das Werden Europas

dienstnahme durch Königtum, Kirche und Adel für überwiegend ‚weltliche' Zwecke, auch der mit asketischer Selbstdisziplin erwirtschaftete Wohlstand der meisten Klöster ließen ihre Insassen tendenziell von der genauen Beachtung der Regel des Benedikt zunehmend abweichen und eine – dem natürlichen menschlichen Drang nach Erleichterung von schwerer Arbeit folgende – bequemere, oft sogar ‚sündige' Lebensweise einreißen. Dieses bei allen Klostergemeinschaften und Orden geradezu gesetzmäßig auftretende Phänomen[38] hatte zwangsläufig immer dieselben Folgen, nämlich nachlassende Effektivität für die Stifter, sinkendes Ansehen der Mönche und Nonnen sowie der in Klöstern ausgebildeten Kleriker, die den bequemen, sogar sittenlosen Lebensstil, den sie dort kennen gelernt hatten, in ihr Pastorat mitbrachten und so den Klerus damit infizierten.
Der durch solche Entwicklung unausbleibliche Ansehens- und Autoritätsverlust von Kirche und Klöstern – besonders für sie ein Verlust an Wirkungskraft und also Energie – führte regelmäßig zu Kirchen- und Kloster-Reformen. Im frühen 10. Jahrhundert ging eine solche vom burgundischen Kloster Cluny aus, das – 910 durch seinen Stifter, dem Herzog Wilhelm von Aquitanien, von jeder ‚weltlichen' Verpflichtung befreit und rechtlich dem Papst unterstellt – sich wieder ganz auf die Einhaltung der benediktinischen Regel und das Gebet als eigentlichem Anliegen christlicher Mönche beschränken konnte.[39] Es wurde vorbildhaft für viele andere Klosterstiftungen der Zeit, mit denen es eine ordensähnliche Kongregation bildete, die von Cluny aus gelenkt und kontrolliert wurde – mit seiner Freiheit von weltlicher Herrschaft aber vor allem wichtig für das Papsttum in Gestalt des vormaligen Cluniazenser-Mönchs Gregor VII., der Gleiches für die ‚Weltkirche' des Klerus forderte. Der daraus folgende Investiturstreit zwischen Gregor und dem deutschen König und Kaiser Heinrich IV., aber auch den anderen Königen des christlichen Abendlandes, führte, wie oben bereits dargelegt, zu einer heftigen Rivalität zwischen geistlichem und weltlichem Führungsanspruch in der römisch-katholischen Christenheit, einer Rivalität, die, wie gesagt, vorerst durch eine Art Arbeitsteilung im Sinne des Ivo von Chartres beigelegt wurde.

*C) Die Kreuzzüge als europäischer Gegenangriff*
*auf erneute islamische Herausforderung*

Der dadurch gegenüber früheren Zeiten erreichte Unabhängigkeitsgewinn des Papsttums, das mit dem Kirchenbann ein meist recht wirksames Machtmittel gegen weltliche Herrscher einsetzte, die sich weiterhin kirchliche Kompetenzen wie die Bischofsinvestitur anmaßten, ließ machtbewusste

II. Verifizierung

Päpste wie Gregor VII., Urban II. und insbesondere Innozenz III. ihren abendländischen Führungsanspruch mit Planung, Aufruf und schließlich sogar Verpflichtung zur Wallfahrt nach Jerusalem bekräftigen, mit der die sogenannte Kreuzzugsbewegung in Gang gebracht und gehalten wurde.
Auslöser dieser 1095 von Urban II. erstmals öffentlich geforderten ‚bewaffneten Wallfahrt' ins Heilige Land war der schon erwähnte Hilferuf aus Konstantinopel, der auf das Vordingen türkischer Seldschuken in das oströmische Reich und bis nach Palästina zurückging, was den oströmischen Kaiser trotz des kirchlichen und politischen Bruchs mit dem katholischen Westen diesen im Namen christlicher Solidarität um Waffenhilfe bitten ließ. Urban II. gab diese Bitte 1095 anlässlich einer Synode im französischen Clermont in Form eines öffentlichen Aufrufs an die römisch-katholische Christenheit weiter, wobei er den Einbruch der Türken über die Grenzen des oströmischen Reichs und die Zerstörung christlicher Kirchen allgemein bekannt machte und den auf eigene Kosten gerüsteten Teilnehmern sowie den Opfern des von ihm geforderten Hilfszuges Vergebung aller ihrer Sünden zusagte. Indem er den Bischof Adhemar von Le Puy „zum Anführer dieses Pilgerzuges und des ganzen Vorhabens ernannt" und sich selbst damit zu einer Art Oberbefehlshaber gemacht hatte, war der Herrschaftsanspruch des Papsttums über die westliche Christenheit deutlich erhoben.[40]
Da der Aufruf von Clermont ein großes Echo fand und die Pilgerfahrt nach Jerusalem in Christi Nachfolge sowohl von unbewaffneten Landbewohnern in der Hoffnung auf Erlösung von ihren irdischen Leiden als auch von gut organisierten Ritterheeren in offensiver Absicht gegen die Ungläubigen schon im Folgejahr 1096 begonnen und bis 1099 mit Rückeroberungen zugunsten Ostroms sowie der Gründung eigener Herrschaftsgebiete im syrischen Edessa und in Antiochia sowie der Einnahme Jerusalems erfolgreich abgeschlossen werden konnte, war jener päpstliche Führungsanspruch realisiert, das Abendland als handlungsfähige *militia christi* und damit auch als politische Einheit etabliert. Diese wurde auch durch Pogrome gegen jüdische Gemeinden im Rheinland oder das Blutbad in Jerusalem bei der Erstürmung der Stadt durch die Kreuzritter, so schlimm diese Untaten nach heutigen Maßstäben waren, nicht in Frage gestellt, markierten sie damals doch vor allem die scharfe Abgrenzung der Christenheit gegen die Angehörigen anderer Religionen. Die Stärke dieses Zusammengehörigkeits-, Abgrenzungs- und Sendungsbewusstseins des sich hier erstmals unübersehbar formierenden Europa trat vor allem darin hervor, dass in den beiden großen Kreuzzugsunternehmen des 12. Jahrhunderts erstmals Könige und sogar der römische Kaiser Barbarossa dem päpstlichen Aufruf zum Kreuzzug

## 5. Das Werden Europas

Folge leisteten, womit sie sich zumindest indirekt dem päpstlichen Primat unterstellten. Sie handelten dabei zweifellos unter allgemeinem Erwartungsdruck, denn die Rückeroberung des ersten Kreuzfahrerstaats Edessa durch muslimische Angreifer im Jahr 1144 wurde als bedrohlicher Rückschlag für die Sache des christlichen Abendlandes erfahren, erst recht der Aufstieg des Kurden Saladin, dessen von Ägypten ausgehende Reichsbildung die verbliebenen Kreuzfahrerstaaten bis auf schmale Küstenstreifen um Antiochia, Tripolis und Tyros zusammenschmelzen, vor allem im Jahr 1187 Jerusalem wieder unter muslimische Herrschaft fallen ließ.[41]

Die erheblichen logistischen und militärischen Aufwendungen zur Revision dieser Rückschläge, die im ersten Fall vom französischen König Ludwig VII. und dem deutschen König Konrad III., im zweiten Fall vom genannten deutschen König und Kaiser Friedrich I. (Barbarossa), dem englischen König Richard I. (Löwenherz) und dem französischen König Philipp II. August erbracht wurden, führten zwar – ebenso wie die weiteren ‚königlichen', aber weniger aufwendigen Kreuzzüge – nicht zu den gewünschten militärischen Erfolgen, zeigten aber doch einen über etwa 200 Jahre anhaltenden gemeinsamen Willen der europäischen Mächte, das Heilige Land mit dem Zentrum Jerusalem als Ausgangsort des gemeinsamen christlichen Glaubens vor dem Zugriff Andersgläubiger zu bewahren.

Der europäische Charakter der Kreuzzugsbewegung tritt auch in der Vielfalt und großen Zahl ihrer kleineren Züge und Aktivitäten zutage, die durch die traditionelle Zählung von „sieben Kreuzzügen" stark verzeichnet wird. Eine neue Zusammenstellung zählt stattdessen 73 Kreuzzüge, wobei allerdings die von den Päpsten als solche deklarierten Kriege einbezogen sind, die sich nicht auf das Heilige Land richteten, aber der Sicherung oder Ausweitung des christlichen Abendlandes dienten wie die *reconquista* auf der iberischen Halbinsel, die Missionskriege gegen Wenden, Pruzzen, Balten und Finnen im Ostseeraum sowie die ‚Albigenserkreuzzüge' gegen die häretischen Katharer im Süden Frankreichs.[42]

Die Kreuzzugsbewegung wurde auch dadurch zu einem europäischen Geburtsvorgang, dass die Kreuzfahrerstaaten in Syrien und Palästina über fast zwei Jahrhunderte hinweg von immer wieder neuen opferbereiten ‚Rittern' gegen muslimische Angreifer verteidigt, zumindest kriegsbereit gehalten werden mussten, wenn man die heiligen Stätten des Christentums wenigstens halbwegs in der Hand behalten wollte. Dies was nur durch immerwährenden Zuzug von Nachrückern für heimkehrende Orientfahrer zu bewerkstelligen, denn die Zahl der europäischen Kreuzfahrer, die sich in einem klimatisch, kulturell und wirtschaftlich vollkommen anderen Lebensumfeld auf Dauer niederließen, war naturgemäß sehr begrenzt. Selbst die soge-

## II. Verifizierung

nannten Ritterorden der Templer, Johanniter und Deutschen, auf die wir noch genauer zu sprechen kommen, betreiben einen regelmäßigen Personalaustausch zwischen ihren europäischen und levantinischen Niederlassungen.[43] Die aus frommen Stiftungen hervorgegangenen europäischen Güter der Ritterorden übernahmen dabei die materielle Versorgung der Hospize, Kirchen und sonstigen Ordenseinrichtungen im Heiligen Land, auf dessen trockenem Terrain nicht genügend Nahrungsmittel für die neuen Bewohner, ihre Hilfskräfte und die nicht abreißenden Pilgerscharen erzeugt werden konnten. So entwickelte sich ein regelmäßiger Schifffahrtsverkehr vor allem zwischen italienischen Seestädten wie Genua, Pisa, Venedig und der Levante, der den Pilgern und Kreuzfahrern den mühsamen und gefährlichen Landweg durch den Balkan und Kleinasien ersparte, die Kreuzfahrerstaaten mit allem Notwendigen versorgte und den italienischen Kaufleuten und Schiffseignern für die Rückfahrt das zusätzliche Geschäft mit den in Europa so begehrten Orientwaren geradezu aufdrängte.[44] Auf diese Weise entstand eine vielfältige, andauernde und kein europäisches Land auslassende personelle und schließlich wirtschaftliche Verbindung der abendländischen Christenheit aus ihrer gemeinsamen Anstrengung, den Zugang zu ihren religiösen Anfängen offen zu halten.

Auch die besonders gegenüber der griechisch-orthodoxen Christenheit immer problematische Abgrenzung, die der junge und dynamische Papst Innozenz III. eigentlich überwinden wollte, wurde durch den von ihm initiierten sogenannten vierten Kreuzzug vollzogen, der von der Seemacht Venedig – ganz im Sinne des Papstes – gegen die Konkurrenz in Konstantinopel gelenkt wurde und mit der Plünderung der Stadt, der Erhebung eines der Kreuzfahrer zum „lateinischen Kaiser" sowie der kirchlichen Zwangsromanisierung des ‚Byzantinischen Reiches' endete. Schon nach einem halben Jahrhundert verkehrte sich dieser Scheinerfolg der ‚Lateiner' über die ‚Griechen' aber ins Gegenteil, insofern die Kreuzfahrerherrschaft zusammenbrach, das ‚Byzantinische Reich' wiedererrichtet wurde und auch die orthodoxe Kirche sich besonders scharf von Rom abgrenzte.[45] Venedig wusste den Anfangserfolg des Kreuzfahrerheeres, das auf venezianischen Galeeren zu verbilligtem Entgelt nach Konstantinopel verschifft worden war, allerdings langfristig für die eigenen wirtschaftlichen Interessen zu nutzen, indem es strategisch und handelspolitisch wichtige Inseln und Hafenstädte Griechenlands sowie Kreta und Teile Konstantinopels erwarb, was einerseits seine Schifffahrtslinien ins Schwarze Meer und zur Levante gegen Seeräuber sichern half und außerdem Wein-, Oliven- und Zuckerrohr-Anbau in großem Stil und eigener Regie ermöglichte. Vor allem die Erzeugung von Zucker, der bis dahin über die Levante aus Indien bezogen

## 5. Das Werden Europas

werden musste und entsprechend teuer war, wussten die Venezianer durch Anbau in ihren neuen Kolonien und den Einsatz einer mit Wasserkraft betriebenen Zerkleinerungsmaschine für das Zuckerrohr, die sogenannte Zuckermühle, wesentlich zu verbilligen, was die Lagunenstadt, die ohnehin schon führende Handelsmacht im östlichen Mittelmeer, um 1300 auch noch zur führenden europäischen Zuckerproduktionsstätte werden ließ.[46] Die Handelsrepublik hatte mit dem Erwerb ihres ostmittelmeerischen Kolonialreichs aber zugleich Griechenland als die alte Wurzelstätte europäischer Kultur wirtschaftlich und politisch für das werdende Europa zurückgewonnen und damit dessen Grenzen an wichtiger Stelle markiert.

Energetisch gesehen ist die Europa erstmals formierende Kreuzzugsbewegung als dessen Reaktion auf eine Bedrohung der Christenheit durch die ins oströmische Reich und später in die Kreuzfahrerstaaten vordringenden Moslemheere zu verstehen, also als Abwehrversuch voraussehbaren Energiemangels für den Fall der eigenen Unterwerfung unter muslimische Herrschaft. Die Anfangsthese unserer Untersuchung über die energetischen Ursachen geschichtlicher Innovationen (wie in diesem Fall der Kreuzzüge), die wir in akutem Energiemangel einer gesellschaftlichen Gruppe sehen, ist also um die Fälle der akuten Bedrohung durch voraussehbaren oder befürchteten Energiemangel zu ergänzen. Diese Ergänzung erklärt sich aus den kommunikativen und informationsspeichernden Fähigkeiten der Menschen, solche Bedrohungen zu erkennen und entsprechende Gegenmaßnahmen zu organisieren, die bei erreichter Nachhaltigkeit eben eine geschichtliche Innovation darstellen – wie die Kreuzzugsbewegung und das aus ihr hervorgehende Europa.

Die Kreuzzugsbewegung löste weitere Entwicklungen aus, die für Formierung und globalen Aufstieg Europas entscheidende, wenn auch unterschiedlich weitreichende Bedeutung hatten. Dies waren zum einen die soziokulturelle Herausbildung des Rittertums und zum anderen eine starke Belebung des monetär gestützten europäischen Handelsverkehrs, der eine Welle von Stadtgründungen und den globalen Schiffsverkehr europäischer Kaufleute mit anschließenden Koloniebildungen ‚in aller Welt' nach sich zog.
Die ethische Erhöhung des Panzerreiters als eines gut gerüsteten berittenen Kämpfers, den der Vasall seinem Lehnsherrn für militärische Dienste zuzuführen hatte, zu einem – unabhängig von seinem Besitz – hoch angesehenen ‚Ritter', der sich als tapferer Kämpfer für die Sache Christi und als karitativer Beschützer der ‚Witwen und Waisen' auch zum Adel der Grafen,

II. Verifizierung

Herzöge und sogar Könige zählen durfte, begann mit der Bildung der in den sich formierenden Kreuzfahrerstaaten entstehenden geistlichen Ritterorden. Auch diese durchaus ungewöhnlichen gesellschaftlichen Gebilde, die eine Synthese von Mönchsorden und militärischer Gefolgschaft darstellten, waren aus Notlagen, also Situationen spezifischen Energiemangels in den schwierigen Anfängen der Kreuzfahrerstaaten hervorgegangen. Der Templer-Orden als erster von ihnen hatte sich in den Jahren vor 1120 aus dem Zusammenschluss einer kleinen Zahl von Rittern um den aus der Champagne stammenden Hugo von Payns gebildet, um die – offenbar von muslimischen Wegelagerern bedrohten – Pilgerwege zwischen der Küste und Jerusalem zu sichern. Ihren Namen erhielt diese so uneigennützig und vorbildlich tätige Gruppe, nachdem Balduin II., König von Jerusalem, ihr den Tempel Salomons in dem genannten Jahr als Quartier überlassen hatte. Wegen ihrer durchaus karitativen Tätigkeit – offenbar versorgten sie schon bald in Not geratene und erkrankte Pilger – wurden die ‚Templer' von kirchlicher Seite als Mönchsgemeinschaft gesehen und erhielten auf der Synode von Troyes 1129 eine entsprechende Regel (lat. *ordo*), die sie zum ‚Orden' werden ließ.[47] Da diese ‚Ordnung' unter dem Einfluss des Zisterzienser-Abtes Bernhard von Clairveaux an die Benediktiner-Regel angelehnt worden war[48] und also die zentralen Forderungen von Armut, Gehorsam und Keuschheit enthielt, wurde diesen durchaus kampftüchtigen und also wohl überwiegend jungen, kräftigen Männern eine asketische Lebensweise auferlegt, der, wie oben erläutert, unter Christen höchste Anerkennung zukam.

In der Begeisterung für die offensive Verteidigung des Christentums an seinem heiligsten Ort gegen muslimische Bedrohung bildeten sich rasch weitere Ritterorden, von denen die Hospitaliter oder Johanniter und der Deutsche Orden die größten und wichtigsten wurden. Während ersterer offenbar aus dem Pflegepersonal des von italienischen Kaufleuten schon vor der Eroberung der Stadt in Jerusalem gegründeten Johanniterspitals hervorging, bildete sich der Deutsche Orden aus der Pflegebruderschaft eines Feldlazaretts bei der Belagerung der Küstenstadt Akkon.[49] Wie bei den Templern waren es also aus der Not des schwierigen Fußfassens in einer fremden und feindlichen Umwelt geborene Zusammenschlüsse karitativ tätiger Christen, die den Mangel an zuverlässigen, allzeit bereiten Helfern und Pflegern bedürftiger und kranker Mitchristen in der unwirtlichen Fremde selbstlos und dauerhaft nach Kräften behoben. Dauerhaft deshalb, weil die Ordensritter, den Mönchsorden entsprechend, ein Gelübde zur lebenslangen Einhaltung der Regel abzulegen hatten und gerade dadurch den dringenden Bedarf an festem und erfahrenem Personal deckten, der an die-

## 5. Das Werden Europas

sen gefährdeten Außenposten der Christenheit mit starker Kreuzfahrerfluktuation unbedingt nötig war. Und da es – vor allem in den Anfängen – in diesen Außenposten auch an geordnetem Finanzwesen und also Geld für regelmäßige Gehalts- oder Soldzahlungen an Pflegekräfte und Kampftruppen fehlte, war die Selbstverpflichtung der Ordensritter zu Armut und Ehelosigkeit geradezu die Grundvoraussetzung für den Aufbau und immerhin fast zweihundertjährigen Bestand zumindest einiger der Kreuzfahrerstaaten. Weil diese immer wieder militärischen Angriffen der Moslems ausgesetzt waren, für deren Abwehr Hilfskontingente aus dem fernen Europa nicht schnell genug herbeigeschafft werden konnten, war eben auch die aus diesem Bedarf heraus entwickelte Militarisierung der ursprünglichen Pflegegemeinschaften aus der Notwendigkeit der Selbstverteidigung dieser christlichen Exarchate entstanden. In den Zeiten zwischen den großen Ritterkreuzzügen waren sie in den Kreuzfahrerstaaten das einzige ‚stehende Heer', das keiner längeren Mobilmachung bedurfte.[50] Insgesamt lässt sich also feststellen, dass die – natürlich auch oder sogar vorwiegend durch die Hoffnung auf Gewinn eines sicheren ‚Himmelslohnes' motivierten – Ordensritter durch ihre entsagungsvolle und kostenarme Tätigkeit für die Christenheit die im Heiligen Land fehlende karitative und militärische Energie bereitstellten, ohne welche die Kreuzzugsbewegung mit ihrer Europa konstituierenden Identifikationskraft keinen längeren Bestand gehabt hätte.

Wie sehr diese gemeinsame Kraftanstrengung die europäische Christenheit zu einer emotionalen Gesinnungsgemeinschaft zusammenschloss, zeigen besonders die massenhaften Beifallsbekundungen und Ehrungen, mit denen ‚ritterliche' Jerusalemfahrer noch des 15. Jahrhunderts bei ihrer Rückkehr in ganz verschiedenen Ländern und Städten Europas gefeiert und geehrt wurden.[51] Wer den Ritterschlag am heiligen Grabe empfangen hatte und sich dementsprechend benannte und in seinem Wappen kenntlich machte, galt als besonders ehrenwerter Adliger, und zwar in ganz Europa. Er hatte mit seiner aufwendigen Pilgerfahrt und wenigstens zeitweiligen Unterstützung der Ordensritter bewiesen, dass er für die Sache der Christenheit hohe Kosten, persönliche Entbehrungen und Gefahren für Leib und Leben auf sich genommen hatte. „Viel spricht dafür, dass adlige Mentalität in ihrer ritterlichen Ausformung sich während des gesamten Mittelalters [...] und auch darüber hinaus weit in die Neuzeit hinein erhalten hat." kann Hans-Henning Kortüm daher urteilen.[52] Die Verbindung von Wehrhaftigkeit mit persönlichem Einsatz und persönlicher Anspruchslosigkeit, die sich noch in politischen Figuren wie dem Prinzen Eugen von Savoyen, Kaiser Maximi-

II. Verifizierung

lian oder Friedrich II. von Preußen realisiert hat, bestätigt diese Auffassung. Ebenso die karitative Komponente europäischer Ritterlichkeit, von der die Ritterorden ihren Ausgang nahmen und die noch in der Gegenwart ihren Niederschlag in einer europaweiten Sozialpolitik zugunsten Bedürftiger findet, die auf dem Globus einzigartig ist.[53]

*D) Die energietechnische Stärkung Europas im kommerziellen Energieaustausch mit Asien*

Die Kreuzzugsbewegung hatte außerdem mit ihren Pilgerscharen, dem Versorgungsbedarf der Kreuzfahrerstaaten und dem durch beides verstärkten Orienthandel die norditalienischen Seehandelsstädte zu dessen europäischem Austauschzentrum werden lassen. Als Vermittler zwischen den Messen der Champagne, wo den italienischen Händlern das dort erzeugte Leinen, flandrische Tuche aus englischer Wolle sowie Silberbarren aus Freiberg (Grafschaft Meißen) angeboten wurden, was alles sie gegen Orientwaren wie Gewürze, Farbstoffe, Seiden-, Samt- und Baumwollstoffe, Gold- und Perlenschmuck tauschten[54], um ersteres in ihrer Heimat und der Levante wiederum gegen letzteres einzuhandeln, erwarben sie nach dem schon mehrfach erwähnten, in Teil I erklärten Prinzip durch dauernden Ringtausch erhebliche Mengen an Energie in Form von Münzgeld, das zunehmend auch in außerköniglichen Münzstätten wie dem messenahen Provins der Champagne geprägt und in den 1170er Jahren bis nach Italien hinein als *Provinser Denar* zu einer Art Leitwährung wurde.[55] Der stets durch Raub gefährdete und daher aufwendige Transport von Münzgeld zwischen entfernten Handelsniederlassungen und der Geschäftszentrale zunehmend arbeitsteilig funktionierender Handelsunternehmen wurde bei größeren Beträgen durch Finanzinstrumente wie Wechsel, Girokonten und Banken als Clearingstellen vereinfacht und gesichert, die gleichzeitig Währungstausch und Geldhandel in Form von Beteiligungen und Krediten in großem Stil und beschleunigtem Tempo ermöglichten und damit findigen Bankiers riesige Gewinne einbrachten. Norditalien, wo sich mit solchen Finanzmassen ‚Industrierreviere' in der Toskana, der Po-Ebene und um Mailand rasch aufbauen ließen, die ihre stark arbeitsteilig produzierten Textilien oder Waffen massenhaft exportierten, wurde so zum energetischen Herzen Europas, durch dessen Hauptschlagader von Venedig und Genua aus zunächst Frankreich, die südlichen Niederlande und auch England mit Waren aller Art durchpulst wurden, bevor das deutsche Reich, die iberischen und die Ostsee-Länder Anschluss fanden. Der damit angeregte länderweite Warenkreislauf stellte mit seinem grenzüberschreitenden friedlichen Tauschhandel zum energiesparenden Nutzen aller Beteiligten ein weiteres Band zwischen den Europäern her, von denen die zuerst und am intensivsten eingebundenen Länder – dem energetischen Austauschprinzip entsprechend – in der Folge die wohlhabendsten, mächtigsten und kulturell führenden wurden.

Seine europaweite Ausdehnung erhielt dieser im 11. und 12. Jahrhundert noch weitestgehend über Land und Flüsse abgewickelte Handelsverkehr durch seine zunehmende Verzweigung in ein dichter werdendes Netz von Verbindungsstraßen zwischen Städten, die, soweit nicht als Bischofssitze aus römischer Zeit erhalten, in großer Zahl von adligen Grundherren vor allem zu Erwerbszwecken gegründet wurden. Die Gründungs-Bekanntmachung der Stadt Freiburg im Breisgau durch den Herzog Konrad von Zähringen aus dem Jahr 1120 lässt die Motive eines damaligen Stadtherrn deutlich erkennen. Er gibt darin bekannt, dass er mit 24 Kaufleuten einen „Markt" – nicht etwa eine „Stadt" – begründet habe, zu dessen „Frieden und Schutz" er sich ebenso verpflichtet wie seine Vertragspartner zur Pachtzinszahlung für die ihnen überlassenen Grundstücke sowie militärische Gefolgschaft im Bereich „einer Tagesreise".[56] Es geht dem Stadtgründer also um regelmäßige Geldeinnahmen durch Pachtzinsen (die jeden Martinstag abzuliefern sind), Marktgebühren und Einnahmen seines Marktrichters, um militärische Verstärkung am Ort, vor allem aber um einen nahen Markt, der ihm Zolleinnahmen verspricht, von denen nur die Kaufleute der Stadt befreit sind, und nicht zuletzt um ein ortsnahes Warenangebot, das bei schon anfangs zwei Dutzend Kaufleuten Vielfältigkeit garantiert. Es ist also vordringlich der Wunsch, dem nach weitgehender Befriedung Mitteleuropas doch wohl recht eintönigen Leben eines Landadligen mit orientalischen, zumindest fremdländischen Waren wie schmackhaften Gewürzen, ansehnlichen Stoffen, mit Perlenschmuck für die Gemahlin und einem Damaszener-Schwert für die eigene Rüstung ein wenig Glanz und Ansehen zu verschaffen, wie es vielleicht ein Verwandter oder Nachbar auf diese Weise schon erworben hat. Auch die Teilnahme an einem Kreuzzug ins Heilige Land oder Erzählungen davon werden solche Wünsche geweckt und verbreitet haben.

Zu erfüllen waren sie in der Regel nur mit Geld, und an diesem fehlte es selbst dem großgrundbesitzenden Lehnsherrn, dem seine Hörigen und Bauern Naturalabgaben und Dienste, seine Vasallen militärische Unterstützung, aber keine Geldzahlungen schuldeten. Aus seinem somit akuten Mangel an dieser speziellen, wegen allseitiger Verwendbarkeit zum Eintausch aller Waren und Leistungen so begehrten und brauchbaren Form von symbolischem Energie-Äquivalent entstand also die neuartige Erscheinung von

## II. Verifizierung

vertraglich herbeigeführten Stadtgründungen in ländlichem Umfeld und damit eine weitere Besonderheit Europas – sein dichtes Netz von Städten.[57] Diese stellten nun in mancherlei Hinsicht einen Gegensatz zu ihrer ländlichen Umgebung dar. Sie wurden vom Grundherrn – anders als im Lehnswesen – nicht mit einzelnen Vasallen, sondern mit einer Gruppe von gleichberechtigten Eidgenossen begründet, die den für sie zuständigen Priester und Vogt (etwa: Verwaltungschef) „sich selbst wählen" dürfen und denen das Recht „aller Kaufleute wie dies besonders in Köln üblich ist", zugestanden wird, um bei Bestimmungen des Freiburger Gründungsbriefs zu bleiben. Hier wird also eine Kommunität von Kaufleuten unter ein andernorts bereits erprobtes und bewährtes Sonderrecht gestellt, genau wie dies mit neu begründeten Klöstern insbesondere der Cluniazenser geschah, wenn diese unter kanonisches Recht fielen und damit Immunität gegenüber der Gerichtshoheit des weltlichen Stifters erlangten. Auch solche Klöster erwiesen sich, wie oben gezeigt, in der Regel für ihre Stifter als äußerst nützlich und dürften insofern für Stadtgründer formaljuristisches Vorbild gewesen sein. Diese ließen zudem mit der – allerdings auf die nähere Umgebung der Stadt begrenzten – militärischen Gefolgschaftspflicht für die Kaufleute ein Stück Lehnrecht in die Stadtgründung einfließen, womit sie den Schutz des immer durch Räuberbanden, Raubritter oder Fehdegegner gefährdeten Marktfriedens, für dessen Gewährleistung sie sich eigentlich selbst verpflichtet hatten, zum Teil den Stadtbürgern aufbürdeten. Dasselbe galt für den – in der Freiburger Urkunde noch gar nicht erwähnten – Mauerbau, dessen Planung und Lenkung zunächst immer in der Hand des Grund- und Stadtherrn lag, zu dessen aufwendiger Ausführung die Bürger aber erheblich beizutragen hatten. Eine solche Mauer machte den durch sie erst entscheidend gesicherten Markt zur burgähnlichen Stadt, die Einwohner – deren Anblick entsprechend – zu ‚Bürgern'.

Rechtlich waren dies zunächst – um noch einmal auf das Freiburger Beispiel zurückzugreifen – nur die 24 Kaufleute als Vertragspartner des Stadtherrn, die mit ihrer Beteiligung an der Stadtgründung natürlich wie dieser eigene Interessen verfolgten. Deren Priorität lässt die Reihenfolge der Vertragsbedingungen auf der Freiburger Gründungsurkunde deutlich erkennen: Als erstes wird jedem der Kaufleute pachtweise ein Baugrundstück festgelegter gleicher Größe zugesichert, als zweites jedem Marktbesucher der bereits zitierte „Frieden und Schutz". Die Priorität dieser Vertragsbedingungen zeigt klar, was den Kaufleuten, die Herzog Konrad aus der Freiburger „Umgebung zusammenrief", am meisten fehlte: ein eigener fester Wohnsitz an einem geschützten Markt. Eine weitere von den Kaufleuten eingebrachte Bestimmung der Urkunde verrät etwas über ihre Eigentumsverhältnisse: „Bürger dieser Stadt ist, wer ein freies Eigentum von mindestens einer Mark besitzt." Damit war ein halbes Pfund Silber gemeint, damals ein beträchtliches Vermögen, dessen Besitz die Furcht vor Beraubung und den Wunsch nach einem sicheren Ruhesitz mit Familiengründung nach Jahren des Herumziehens bei Wind und Wetter und über unsichere Landstraßen verständlich macht. Es war also der Mangel an Sicherheit und wohl auch an jugendlicher Stärke und Unternehmungslust, mithin an physischer und psychischer Energie, was in die Jahre gekommene Kaufleute ihrerseits zu solcher Stadtgründung drängte. Beide an dieser beteiligten Vertragspartner, der Grundherr wie die Kaufleute, suchten durch sie ihren jeweiligen Energiemangel zu beheben, der Grundherr den an Geld, die Kaufleute den an militärischem Schutz vor Beraubung. Insofern ließe sich die Innovation mittelalterlicher Stadtgründung auch als eine spezielle Form von Energietausch betrachten, einer Sonderform des (Tausch-)Handels, durch den beiderseitiger spezifischer Energiemangel behoben wurde.

Der von den Kaufleuten einer solchen Stadt in Gang gebrachte Handel zog immer auch ländliche Hilfskräfte und Handwerker der Umgebung an, die schon für den Häuser-, Brunnen- und Mauerbau unerlässlich waren, und sich zumeist dort ansiedelten. Auch für sie muss die Möglichkeit des Geldverdienstes äußerst verlockend gewesen sein: Konnten sie mit barer Münze doch erstmals alles kaufen, wofür deren Wert reichte. Das Geld verschaffte ihnen somit ein erhebliches Mehr an Auswahl- und Entscheidungsmöglichkeiten beim Energietausch jeder Art, mithin an persönlicher Freiheit. In abgestufter Weise galt das auch für stadtnahe Bauern, die Nahrungsmittel an die Bürger für Geld verkauften, mit dem sie – befreit von Verwandten-, Nachbarschafts- oder Herrenbindung – das für sie Nötigste oder Begehrteste erwerben konnten, soweit das Geld reichte. Diese kleine bäuerliche Freiheit wurde allerdings bald von den Grundherren beschnitten, die dazu übergingen, ihnen zustehende Naturalabgaben und Dienstleitungen der Bauern in Pachtzinsen umzuwandeln, um ihren mit steigendem Warenangebot wachsenden Geldbedarf besser befriedigen zu können.[58] Sie lösten damit allerdings vielfach die persönliche Bindung des Hörigkeitsverhältnisses auf, was insbesondere nachgeborene Bauernsöhne und -töchter zur ‚Flucht' in die Städte veranlasste, wo sie als Hilfskräfte immer willkommen waren. Erlöst von lebenslanger Bindung an einen Herrn und dessen ‚Scholle' fühlten sie sich offenbar auch in dienender städtischer Stellung ‚frei', wie es das damalige Sprichwort „Stadtluft macht frei" zum Ausdruck brachte.

## II. Verifizierung

Auch die städtischen Eliten der Stadtgründer und reichen Bürger sprachen von Freiheit, meist allerdings im Plural, weil sie damit spezielle Rechte meinten, die sie dem Stadtherrn abgerungen oder -gekauft hatten. Dazu gehörten vor allem das Markt-, das Zoll- und Münz- sowie das Befestigungsrecht und die Gerichtsbarkeit. Waren diese in die Gesetzgebungshoheit des städtischen Rates als der politischen Vertretung der Bürgerschaft gelangt, hatte die Stadt die entscheidenden Herrschaftsrechte des Grundherrn an sich gebracht, war ihr eigener Herr geworden und wurde im Deutschen Reich als „freie Reichsstadt" bezeichnet. Freiheit bedeutete in diesem staatsrechtlichen Bereich letztlich nichts anderes als in jenem personenrechtlichen des ‚frei' gewordenen Hörigen, nämlich die Abwesenheit persönlicher Herrschaftsrechte eines Grundherrn. Dafür war in der Stadt für den geflüchteten Hörigen die Möglichkeit getreten, sich einen unter verschiedenen möglichen Herren auszuwählen, den er nach schlechten Erfahrungen auch wechseln konnte – genauso wie die Bürger bei der Ratswahl dessen Mitglieder und den oder die Bürgermeister. Freiheit im gesellschaftlichen und politischen Bereich war (und ist weiterhin) wie im monetarisierten Waren- und Dienstleistungsverkehr nichts anderes als realisierte Wahlmöglichkeit zwischen verschiedenen Alternativen des Energietauschs, wobei dem Geld als brauchbarstem Austauschmittel die entscheidende Ursprungsfunktion zuzusprechen ist.

Grundwerte des gegenwärtigen Europa, wie sie in den Aufnahmebedingungen für Neumitglieder der Europäischen Union, den „Kopenhagener Kriterien", festgelegt sind, nämlich in erster Linie Garantie für demokratische und rechtsstaatliche Ordnung, Wahrung der Menschenrechte und eine funktionsfähige Marktwirtschaft[59], umschreiben alle die verfassungsmäßigen Bedingungen für das zentrale Menschenrechtsziel persönlicher Freiheit, das in den mittelalterlichen Städten Europas – in verschiedenem Grade, wie sich versteht – bereits angesteuert oder sogar verwirklicht wurde. Ein Mann wie Lucas Cranach der Ältere, 1472 im fränkischen Städtchen Cronach als Sohn eines Malers geboren, nach Lehr- und Wanderjahren im kaiserlichen Wien mit expressiven Kreuzigungsbildern zu erster Bekanntheit gelangt, porträtiert die Habsburger Kaiser ebenso wie Martin Luther, schließt schon in Wien Bekanntschaft mit Humanisten, deren Weltbild er sich zu eigen macht, gründet, nachdem ihn der kursächsische Herzog Friedrich der Weise als Hofmaler engagiert hat, um seine Unabhängigkeit zu wahren, außerhalb des Hofs eine eigene Werkstatt, die er mit schließlich zehn Gesellen und etlichen Hilfskräften zu einer Kunst-Manufaktur ausbaut, in der vor allem Bilder wie Kopien des Luther-Porträts arbeitsteilig und in großer Auflage hergestellt werden. Mit den Gewinnen, welche die Werkstatt einbringt, wird Cranach der größte Immobilienbesitzer in Wittenberg, der dort auch das Apotheken-Privileg erwirbt, eine große Weinschenke betreibt, über die er zum Hoflieferanten für Wein, Bier und Medikamente wird, er freundet sich mit Luther an, dessen Schriften und Flugblätter er bebildert und in einer eigenen Druckerei vervielfältigt, und ist als Ratsherr und mehrfacher Bürgermeister Wittenbergs außerdem noch politisch aktiv.[60] Wer wollte angesichts so vielfältig entwickelter Fähigkeiten und Aktivitäten einem Mann, der hier nur als Beispiel für Hunderte anderer Künstler, Humanisten und Unternehmer im spätmittelalterlichen Europa steht, einen geringeren Freiheitsgrad zuerkennen als einem heutigen Europäer? Natürlich war die große Masse auch der damaligen Stadtbewohner in weit engere Verhältnisse eingebunden, aber das Prinzip menschlicher Freiheit im Sinne vielfältiger schöpferischer Entfaltung und Tätigkeit des Individuums war nicht nur Utopie, sondern in Personen wie Cranach lebendige Wirklichkeit geworden.

Dies zeigt sich besonders sinnfällig auch in der vielfach bezeugten Mobilität nicht nur in die Städte fliehender Höriger, sondern von dort zu zahlreichen Wallfahrten aufbrechender Pilgerströme[61], wandernder Handwerksgesellen und von Studenten, welche die Universitäten aufsuchten, die zunächst in Bologna und Paris, dann (bis heute) in immer mehr europäischen Städten entstanden[62] – als weiteres Kennzeichen europäischer Kultur. Auch diese Geburtsstätten einer dynamisch sich entwickelnden Wissenschaftsvielfalt waren aus Notlagen von Studenten und ihren Lehrern entstanden, die sich in den mobilisierten Stadtgesellschaften aus bestehenden kirchlichen oder städtischen Schulen gelöst hatten und als zumeist Ortsfremde den Rechtsschutz übergeordneter Autoritäten wie Königen, Kaisern oder Päpsten suchten, um nicht örtlichen Willkür- oder Gewaltakten hilflos ausgeliefert zu sein.

So entstand die erste europäische Universität in Bologna, nachdem dort Studenten in Schuldhaft genommen worden waren, deren studentische Landsleute die Stadt verlassen hatten, ohne alle ihre Rechnungen zu begleichen. Solche Rechtswillkür führte zum korporativen Zusammenschluss der dortigen Scholaren der Rechtswissenschaft, die den Romzug Friedrich Barbarossas 1154/55 nutzten, um beim König anlässlich seiner Durchreise in Bologna ein Privileg zu erbitten, das sie und ihre Lehrer von solcher Schuldhaftung freistellte. Die königliche Gewährung dieses Privilegs stellte ihre Gesamtheit, die *universitas magistrorum et scolarium* unter königlichen Rechtsschutz. Da der König in einer zunehmend auf römisches Recht zurückgreifenden Geschäfts- und Verwaltungspraxis an der Ausbildung kompetenter Juristen auch ein eigenes politisches Interesse haben musste,

## II. Verifizierung

untersagte sein Privileg auch jede Behinderung der Studenten auf ihrem meist weiten und nicht ungefährlichen Weg etwa zwischen ihrer deutschen Heimat und der italienischen Universität.[63] Mit diesem neuen Rechtsinstitut der *universitas* war aus einer Situation fehlender Abwehrkräfte, also Energie einzelner Studenten oder auch Lehrer gegenüber einer fremden Kommune oder Straßenräubern eine diesen Energiemangel überwindende grundlegende Innovation des europäischen Bildungssystems entstanden, die wiederum unsere Grundthese bestätigt.

Aus ähnlichen Motiven (und vermutlich nach dem Bologneser Vorbild) erbaten Lehrer und Studenten der Theologie in Paris entsprechende Privilegien des Papstes Coelestins III. und des Königs Philipps II. August, die ihnen 1174 bzw. 1200 gewährt wurden. Besonders an der Pariser Universität wurde in Anwendung der Dialektik als einer der Sieben freien Künste aus dem Klosterschulkanon Cassiodors von Lehrern wie Albertus Magnus und Thomas von Aquin im Laufe des 13. Jahrhunderts die Denkschule der Scholastik entwickelt, mit der man versuchte, das überlieferte Wissen der Antike, insbesondere die Erkenntnisse aus den Werken des Aristoteles, aber auch arabischer Philosophen mit den Lehren des Christentums zu vereinbaren.[64] Damit wurde eine Methode entwickelt, aus der Not widersprüchlich erscheinender Thesen hoch angesehener Autoritäten einen kritischen Erkenntnisprozess aufzubauen, dessen Dynamik die europäische Wissenschaft seitdem geprägt hat.

Selbst die Scholastik mit ihren scharfsinnigen, dialektisch aufgebauten Gedankengebäuden der „Summen" ist als Überwindungsmethode eines spezifischen Energiemangels verunsicherter Theologen zu begreifen, die ihre christliche Glaubwürdigkeit und damit berufliche Wirksamkeit (= Energie) durch – erst im 13. Jahrhundert erfolgte – Entdeckung und Übersetzung der Aristoteles-Werke zur Metaphysik, Ethik und Politik akut gefährdet sahen, weil diese in mancherlei Widerspruch zu christlichen Lehrsätzen standen. Thomas von Aquin suchte sich aus diesem Dilemma mit der Lehre von der „doppelten Wahrheit" zu retten, der zufolge neben der göttlichen, christlich-dogmatischen Wahrheit eine zweite, menschlicher Vernunft entsprechende existiere, die ebenfalls rechtmäßig gelehrt werden dürfe, selbst wenn sie der erstgenannten widerspreche. Der damalige Bischof von Paris Étienne Tempier verurteilte allerdings diese Lehre von der doppelten Wahrheit, was nachfolgende Theologen zu neuen, schließlich mystischen Versuchen antrieb, zwei widersprüchliche Traditionen zu vereinbaren.[65] Gerade die Unlösbarkeit dieses Problems trieb die europäischen Wissenschaften zu jener dauerhaften Wahrheitssuche, die immer wieder neue Erkenntnisse zutage gefördert hat.

## 5. Das Werden Europas

Die Universitäten, die zunächst in Italien, Frankreich und England entstanden, ließen die vorher von Ort zu Ort ziehenden freien Magister weitgehend ortsfest werden, womit sich für Kollegen und Studenten in anderen Universitäten der Bedarf an schriftlicher Information über die Lehren der gerühmten, aber fernen Gelehrten erhöhte. Daraus und aus dem gestiegenen Informationsbedürfnis einer mobiler gewordenen Gesellschaft über die diesseitige Welt, in der man sich zu bewegen wünschte, ergab sich eine gesteigerte Nachfrage nach sachkundigen Schriften und Büchern, die möglichst aktuell und außerdem bezahlbar sein sollten. Zu diesem Zweck hatte man Ende des 12. Jahrhunderts in Bologna mit dem System der *pecia* ein beschleunigtes Kopierverfahren entwickelt, indem der Besitzer eines begehrten Buchs dieses in Zweiblätter-Komponenten zerteilte, die er einzeln an verschiedene Kopisten verlieh, wodurch nun gleichzeitig eine Mehrzahl von Kopien desselben Buches hergestellt werden konnte.[66] Damit ließ sich eine Beschleunigung, aber kaum eine Verbilligung der Buchproduktion erreichen, vermutlich der Grund, weshalb dieses System nicht über den italienischen und französischen Raum hinaus verbreitet wurde.
Eine erhebliche Materialverbilligung erbrachte dagegen der allmähliche Übergang von dem aus Tierhäuten hergestellten Pergament als Schriftträger zu dem aus Lumpen und Textilfasern gewonnenen Papier, dessen Produktion, wie erwähnt, durch den Einsatz von wassergetriebenen Papiermühlen wesentlich verbilligt werden konnte. Die immer noch teure, weil zeitaufwendige Kopierarbeit konnte aber entscheidend erst durch Johann Gutenbergs Entwicklung seriell hergestellter metallener Einzellettern zu beliebig häufiger Zusammenstellung verschiedener Seitendruckvorlagen überwunden werden. Die wiederverwendbaren Metalllettern erlaubten den Einsatz der ebenfalls von Gutenberg entwickelten Druckpresse, die ein gleichmäßiges Schriftbild garantierte, und – anders als vorher verwendete Holzdruckstöcke – zugleich relativ hohe Auflagen.[67]
Den energetischen Effekt dieser Erfindungen offenbarte bereits Gutenbergs 42zeilige Bibel, in den Jahren 1452 bis 1455 auf 1282 Seiten in etwa 190 Exemplaren gedruckt, die nach vorsichtigen Schätzungen trotz ihrer hervorragenden technischen wie ästhetischen Qualität nur halb so teuer war wie eine vergleichbare Handschrift, obwohl bei ihrer Produktion naturgemäß noch viel Pionierarbeit zu leisten war. Die außerordentlich rasche Verbreitung der Gutenberg-Technik – ein halbes Jahrhundert nach ihrer ersten Anwendung waren in Europa bereits ca. 40 000 verschiedene Bücher in einer Gesamtauflage von 10 Millionen Exemplaren gedruckt worden[68] – spricht die gleiche Sprache: Ein riesiger Informations- und natürlich auch Unterhaltungsbedarf konnte durch diese Erfindung zu erträglichen Kosten

II. Verifizierung

gedeckt werden und erzeugte eine geradezu ungeheure Informationsverbreitung in der europäischen Bevölkerung. Der diese erzeugende Lese- und Informationsbedarf ist als gefühlter Energiemangel zu verstehen, da jede für den Empfänger brauchbare Information – unserer Erläuterung im Theorieteil entsprechend – seine Energiebilanz verbessern hilft, während ihr Fehlen ihn gegenüber besser informierten Konkurrenten früher oder später Energieverluste erleiden lässt, wie die soziale Lage gering qualifizierter Arbeitskräfte auch in unserer Zeit eindeutig beweist. Es war mithin auch im Fall der von Gutenberg entwickelten Drucktechnik ein akuter gesellschaftlicher Mangel an Energie in der Form von verbreiteten Informationsdefiziten der verschiedensten Art, der mit der Buchdruck-Technik eine neue Kommunikationskultur entstehen ließ.

Die neue Informations-Schwemme, die sich mit der Explosion der Buchproduktion in der zweiten Hälfte des 15. Jahrhunderts in Europa ausbreitete, war auch eine der Voraussetzungen für die globale Expansion europäischen Handels und europäischer Kolonialherrschaft, wie sich am Beispiel des berühmtesten aller Entdecker, des Genuesen Kolumbus, erweist. Der hatte seine feste Überzeugung von der Kugelgestalt der Erde und der relativ geringen Distanz zwischen den Kanarischen Inseln und Ostasien aus verschiedenen Büchern gewonnen wie der „Imago Mundi" des Petrus Alliacus, der „Historia Rerum Ubique Gestarum" des Aeneas Sylvius Piccolomini, der Reisebeschreibungen Marco Polos und Contis, außerdem aus Weissagungen des Propheten Jesaja im Alten Testament und des apokryphen Vierten Buches Esra über den Anteil von trockener und wässriger Erdoberfläche.[69] Auch wenn Kolumbus mit seinen zumindest auf diesen Büchern fußenden Berechnungen zu falschen, nämlich viel zu geringen Entfernungsschätzungen kam und – ebenso wie sein brieflicher Ratgeber Toscanelli – von dem die geplante West-Route nach ‚Indien' blockierenden Amerika gar nichts wusste, hätte er ohne jene Druckschriften sein Entdeckungsprojekt gewiss nicht so hartnäckig an verschiedenen westeuropäischen Höfen und unter Einsatz eigenen hohen Wagniskapitals betrieben, wie es schließlich geschah.[70]

Allerdings mussten neben einer Sicherheit vortäuschenden Informationsvielfalt durch Druckschriften noch andere Voraussetzungen erfüllt werden, um erdweite Schiffsexpeditionen quer über Ozeane zu ermöglichen. Eine davon war schiffsbautechnischer Art. Im Mittelmeer hatte man seit der Antike und bis ins späte Mittelalter hinein für die Seeschifffahrt Galeeren eingesetzt, also große Ruderboote, die nur bei Rückenwind auch von einem

## 5. Das Werden Europas

Rechteck-Segel angetrieben werden konnten, wegen eingeschränkter Seetüchtigkeit und der Versorgung ihrer zahlreichen Rudermannschaft v.a. mit Trinkwasser aber immer in Küstennähe operieren mussten. Nachdem im Zuge der Reconquista die Küsten der iberischen Halbinsel weitgehend von sarazenischen Seeräubern befreit worden waren und die Genuesen seit dem Ende des 13. Jahrhunderts den Handel mit den Niederlanden infolgedessen von der mühseligen transalpinen Landroute auf die See zu verlegen begannen, wo ihre Galeeren im aufsteigenden Handelszentrum Brügge neben den seetüchtigen Hansekoggen der Nordeuropäer ankerten, entwickelte sich bald eine schiffsbautechnische Synthese zwischen beiden Bootstypen. Dabei erwiesen sich besonders die beide Sphären befahrenden Portugiesen und Spanier als innovativ, indem sie den glatten Außenrumpf der Galeere mit dem praktischen Heckruder sowie dem hochbordigen Bug- und Achterschiff der Kogge (vielleicht auch arabischer Vorbilder) zum neuen Typ der Karavelle kombinierten, deren Takelage rechteckige Rah- und ‚lateinische' Dreieckssegel aus arabischer Tradition kombinierte, mit denen hart am Wind gesegelt und mithin gegen den Wind gekreuzt werden konnte.[71] Damit war der Einsatz menschlicher Ruderkraft vollständig durch Windenergie ersetzt, was die Transportkosten auch dadurch dramatisch reduzierte, dass die Ladekapazität der Schiffe nicht mehr durch bis zu 180 Ruderer und deren Verpflegungsvorräte eingeschränkt war.

Der Nachteil dieser Personalreduzierung, die – fast überflüssig zu sagen – wiederum eine durch Technik erreichte erhebliche Energieeinsparung für die sie nutzenden Menschen erbrachte, lag in der damit verminderten Verteidigungskraft gegen Seeräuberattacken, was besonders die Venezianer noch bis ins 16. Jahrhundert hinein an den Galeeren festhalten ließ. Dieses Manko konnte allerdings zunehmend durch die Bestückung großer Schiffe mit Kanonen ausgeglichen werden, eine der weiteren Voraussetzungen für den globalen Aufstieg Europas.

Die Ursprünge dieser Feuerwaffen liegen – wie bei der Papierherstellung – in China, wo das Schießpulverrezept bereits für das 11. Jahrhundert nachgewiesen ist. Zunächst wurde es dort für Feuerwerkszwecke, ein Jahrhundert später aber schon von maurischen Heeren in Nordafrika bei Belagerungen als Munition explosiver Brandsätze genutzt, die man mit Wurfmaschinen in die gegnerische Festung beförderte. In Europa kamen dann im 14. Jahrhundert unbekannte Waffentechniker auf die weitere Möglichkeit, die Explosionskraft des Schießpulvers, dessen Herstellung aus Holzkohle, Kalisalpeter und Schwefel man vermutlich über muslimische Vermittlung kennen gelernt hatte, zum Antrieb von Feuerpfeilen und dann Steinkugeln aus eisernen „Feuertöpfen" heraus zu nutzen, die in einem florentinischen

## II. Verifizierung

Dokument von 1326 bereits *canones de metallo* genannt werden.[72] Damit war erstmals in der Menschheitsgeschichte die technisch gesteuerte Umwandlung chemisch gespeicherter in kinetische Energie gelungen, womit den Beherrschern dieser Technik, zunächst eben Europäern, ungeheure Zerstörungskräfte in die Hand gegeben waren. In der fortgeschrittenen Metalltechnik Europas wurden die anfangs sehr groben und ungenau zielenden „Büchsen", wie man sie in Deutschland nannte, in Eisenschmiede- und Bronzegussverfahren ständig verbessert und bis zu Handfeuerwaffen, den Musketen, verfeinert, so dass sie seit dem 16. Jahrhundert die Kriegführung beherrschten. Schon Kolumbus und die anderen maritimen Entdecker rüsteten ihre Schiffe mit Kanonen aus, um die zahlenmäßig vielfache Unterlegenheit ihrer Mannschaften gegenüber den ‚Eingeborenen' der *terra incognita* mit diesen Macht verleihenden Energiespendern mehr als auszugleichen. Die bekannten Eroberungszüge der spanischen *conquistadores* Cortés und Pizarro gegen die indianischen Hochkulturen in Mittel- und Südamerika mit geradezu lächerlich wenigen Söldnern, aber einigen Kanonen, Musketen und – die Indios ebenfalls erschreckenden – Pferden wären ohne diese vor allem auch psychisch wirkenden Machtmittel undenkbar gewesen.[73]

Mangel an menschlicher Energie im Kampf mit Wind und Wellen hatte die Portugiesen und Spanier zur Konstruktion hochseetüchtiger Schiffe getrieben, Mangel an menschlicher Kampfkraft bei der Entdeckung und Eroberung überseeischer Kolonialreiche zum Einsatz der neuen Feuerwaffen. Die Kombination beider europäischen Errungenschaften hatte die menschheitshistorisch neuartige Erscheinung globaler kolonialpolitischer Herrschaftsausweitung eines eher kleinen Erdteils ermöglicht und bestätigt ein weiteres Mal die These von der Innovationskraft akuten, oft ganz spezifischen Energiemangels.

Diesem Erkenntniszusammenhang entspricht auch die sonst schwer verständliche Tatsache, dass gerade die wirtschaftlich, technisch und machtpolitisch bis dahin keineswegs hervorgetretenen iberischen Völker, die sich erst 1492 gänzlich aus muslimischer Herrschaft gelöst hatten, diesen gewaltigen Griff über die Ozeane hinweg vor allen anderen Europäern taten: Ihnen fehlten die von den Venezianern und Genuesen besetzten mittelmeerischen Zugänge zum lukrativen Orienthandel, die Kenntnisse über den asiatischen Kontinent, die u.a. über Reiseberichte des Flamen Wilhelm von Rubruck und des Venezianers Marco Polo nach Italien gelangt waren, es fehlten ihnen das für weitreichende Expeditionen nötige Kapital und zunächst wohl auch die nautischen Fähigkeiten der weitgereisten italienischen Seeleute. Anders ließe sich nicht erklären, dass die 1341 von Lissabon aus

## 5. Das Werden Europas

gestartete Expedition zur Erforschung der Kanarischen Inseln unter Beteiligung italienischer Offiziere und Mannschaften des genuesischen Admirals in portugiesischen Diensten Pessagno durchgeführt wurde[74], die Italiener Alvise da Ca'da Mosto und Antoniotto Usodimare in portugiesischen Diensten die Kapverdischen Inseln entdeckten[75] und der portugiesische König Alfonso V. sich 1459 von dem venezianischen gelehrten Mönch Fra Mauro eine Weltkarte anfertigen sowie den Florentiner Gelehrten Paolo dal PozzoToscanelli um genauere Informationen über eine mögliche Westroute nach Asien bitten ließ.[76] Deren Erkundung vertrauten die spanischen Könige Ferdinand von Aragon und Isabella von Kastilien bekanntlich dem Genuesen Kolumbus an, der sich – wie gesagt – ebenfalls bei Toscanelli erkundigte und, von diesem zur Westfahrt ausdrücklich ermuntert, dabei den unbekannten Kontinent Amerika entdeckte.

Portugiesen und Spanier bedienten sich also bei der Erkundung des Atlantik immer wieder italienischer ‚Entwicklungshilfe', die auch die Finanzierung solcher Expeditionen umfasste. So hatte beispielsweise Kolumbus ein Viertel der für seine erste Entdeckungsreise veranschlagten zwei Millionen Maravedis selbst beizusteuern.[77] Der Mangel an eigenen geographischen und maritimen Kenntnissen und Erfahrungen, an Kapital und vor allem an gewinnbringenden Handelsverbindungen mit den Ländern Asiens, durch welche die Italiener so reich geworden waren, veranlasste die Iberer, mit deren Hilfe neue Seewege, vor allem den lukrativen nach dem Gewürzland Indien zu erkunden, um den im Vergleich besonders fühlbaren Mangel, letztlich ein Mangel an Energie in Informations-, Geld- und Warenform, mit schließlich mehr und mehr selbständigen Unternehmungen und den ersten überseeischen Kolonialreichen zu überwinden.

Die iberischen Staaten waren dabei, abgesehen von ihrer günstigen geographischen Lage, auch deshalb erfolgreich, weil sie die Erkundung und Besitznahme atlantischer Inseln und Stützpunkte zunächst an der afrikanischen Küste als Fortsetzung der Reconquista und letztlich der Kreuzzüge betrieben, zumal man bei Unterschätzung der Größe des afrikanischen Kontinents mit dessen südlicher Umrundung glaubte das Heilige Land von Süden her erreichen und wiedererobern zu können. Aus diesem Grunde und gewiss auch, weil die Renaissance-Päpste mit den italienischen Stadtrepubliken immer wieder in politische Spannungen geraten waren, wurde das portugiesische Königreich mehrfach durch päpstliche Bullen für Entdeckungs- und Handelsfahrten sowie Eroberungen in Westafrika und den vorgelagerten Inselgruppen privilegiert, was besonders den Infanten Heinrich den Seefahrer zu einer ganzen Reihe von entsprechenden Unternehmungen veranlasste.[78] Dieser vergab im Namen der Krone und als Hochmeister des Christusordens Land auf den in Besitz genommenen Atlantikinseln an Adlige, die dort die Stellung von königlichen Vasallen innehatten, statt der Heeresfolge allerdings mit der Zeit steigende Anteile steuerlicher Einnahmen an die portugiesischen Könige abführen mussten.[79] Die portugiesische Krone ersparte sich mit dieser Art von Herrschaftserweiterung eigene Aufwendungen für Kolonisation, Verwaltung, Gerichtsbarkeit und Polizei in den neu erworbenen Inseln oder Festlandskolonien, sicherte sich aber regelmäßige steigende Geldeinkünfte – für die europäischen Adligen aller Rangstufen im ausgehenden Mittelalter angesichts ihres notorischen Geldmangels ein vordringliches Ziel.

Für wenig solvente Königreiche war dies überhaupt die einzige Möglichkeit, größeren Kolonialbesitz in Übersee zu erwerben. So auch für Karl V., spanischer König und deutscher Kaiser, der Hernán Cortés für dessen Eroberung von Mexico mit der Verleihung der ausgedehnten kolonialen Markgrafschaft Oaxaca entlohnte. In anderen Fällen gab es auch Gruppenbelehnungen etwa an reiche Kaufleute, denen für ihre Erschließungs- und Beherrschungsaufwendungen eine Kolonie als Kronlehen übergeben wurde, so wie es in den meisten nordamerikanischen Kolonien der Engländer und Franzosen noch im 17. und 18. Jahrhundert geschah.[80] Der natürlich auch von den sensationellen Goldgewinnen der spanischen Krone aus ihren amerikanischen Vizekönigreichen angetriebene Kolonialerwerb fast aller europäischen Herrscher, deren Land Zugang zu den Meeresküsten hatte, lässt sich somit als politische Technik zur Überwindung ihres generellen Geldmangels verstehen, der sie oftmals in demütigender Weise zu Schuldnern reicher Kaufherren hatte werden lassen.[81] Da Geld, wie bereits in II.2 gezeigt, nichts anderes ist, als ein besonders leicht zu tauschendes Energie-Äquivalent, ist auch der europäische Kolonialismus in seiner ersten globalen Expansion als Sanierungsmaßnahme eines speziellen, nämlich monetären Energiemangels europäischer Lehnsherren zu begreifen.

Bevor die Kolonien in Afrika, Amerika, Indien und Ostasien nennenswerte Erträge für die europäischen Herrscher abwarfen, versuchten diese außer durch Zölle, Steuern, Gebühren und Pachtzinsen mit Hilfe ihres Münzrechts an Geld zu kommen, das sie für die neuen und deshalb teuren Feuerwaffen ebenso benötigten wie für die kostspieligen Orientwaren zur Verschönerung des Lebens und die Etablierung einer standesgemäßen Hofhaltung. Da Edelmetallvorkommen zur direkten Speisung fürstlicher Münzstätten in Europa gerade in den vom Orienthandel besonders stark erfassten Ländern Italien, Deutschland, Frankreich, den Niederlanden und England eher spärlich waren, griffen die Münzherren oftmals zum Mittel der Münz-

## 5. Das Werden Europas

verschlechterung durch Verringerung des Feingehalts oder Gewichts neu geprägter Münzen.[82] Auch das dafür nötige Edelmetall musste allerdings wie die wertvollen Orientimporte möglichst mit eigenen Produkten ‚bezahlt' werden. Deshalb begann nicht zufällig in den vom Orienthandel durchströmten Ländern und Regionen, in denen starker Handelsverkehr mit fehlenden eigenen Edelmetallvorkommen zusammentraf wie besonders in Italien und den südlichen Niederlanden, eine von reich gewordenen Kaufleuten organisierte Exportwarenproduktion.

Venedig, auf einer schlammigen Insel liegend, war geradezu modellhaft von dieser Konstellation betroffen und begann deshalb früh mit dem Aufbau einer Glasmanufaktur, die den Sand der Lagune, das Brennholz der dalmatinischen Küste, später noch das alkalische Soda aus Syrien verwertete, um ganz Europa und die Mittelmeerländer mit Glaserzeugnissen zu beliefern.[83] Bei dem eingespielten Soda-Bezug aus Syrien lag es für die Venezianer nahe, die aus arabischer Zivilisation stammende Herstellung parfümierter Seifen spanischer Exporteure in die eigene Produktion zu übernehmen, was andere italienische Städte wie Ragusa, Ancona, Neapel und Genua allerdings bald nachmachten.[84] Besonders erfolgreich waren venezianische Geschäftsleute, wie im Zusammenhang mit der Kreuzzugsbewegung bereits gesagt, mit der Eigenproduktion von zunächst aus Nordindien bezogenem Zucker, den sie auf eigenen Plantagen, anfangs im Königreich Jerusalem, dann auf Zypern erzeugten, wo seit etwa 1250 das Zuckerrohr mit einer wassergetriebenen Mühle zerkleinert und dadurch um vieles verbilligt werden konnte. Wie erwähnt wurde Venedig so um 1300 zum führenden europäischen Zuckerzentrum.[85]

Mit der Veredelung und dann auch Produktion von Wollstoffen gelang Geschäftsleuten in Flandern und dem südlichen Brabant eine ähnliche Marktbeherrschung. Sie verfeinerten die aus England bezogenen Naturwollgewebe mit den aus dem Orienthandel der Italiener auf den Messen der Champagne erstandenen Farb- und Appretierungsstoffen und produzierten so in ganz Europa und selbst dem Orient gesuchte Volltuche höchster Qualität. Später gingen sie auch zur Verarbeitung von englischer Rohwolle über, ebenso zur Produktion von Massenware.[86] Zu einer Zeit und auf einem Kontinent, wo im Winterhalbjahr warme, halbwegs feuchtigkeitsfeste und ansehnliche Kleidung ein noch wichtigeres Grundbedürfnis war als heutzutage, verschaffte Körperwärme bewahrende Kleidung einen für jedermann so fühlbaren Energiegewinn, der durch Ansehenswahrung gegenüber den Mitmenschen noch ergänzt werden konnte, dass man für gute Kleidung und ebensolche Stoffe viel Geld auszugeben bereit war. Dies verhalf den niederländischen Produzenten zu großem Wohlstand, da sie es verstanden,

## II. Verifizierung

durch arbeitsteilige Organisation die Produktionskosten soweit zu senken, dass die niederländischen Tuche selbst in den Mittelmeerländern noch guten Absatz fanden. Dem stellten italienische Geschäftsleute der Toskana im 13. Jahrhundert ein um Florenz gruppiertes Manufakturzentrum für Wollstoffe entgegen, das mittelmeerische, im Vergleich zur englischen billigere, aber auch weniger feine Schafwolle verarbeitete und damit zunächst sehr erfolgreich war. Nachdem im 14. Jahrhundert der Schiffsverkehr zwischen Brügge und dem Mittelmeer die Transportkosten entscheidend gesenkt hatte, konnten die flämischen Stoffe hier wiederum Boden gutmachen, was die Florentiner Tuchproduzenten mit dem Import und der Verarbeitung der feinen englischen Rohwolle und der Kopie niederländischer Produktionsverfahren konterten.[87]

In diesem zähen Ringen um Anteile an dem – wie gesagt – ein energetisches Grundbedürfnis des Menschen bedienenden Wolltuchmarkt entwickelten sich typische Merkmale nicht nur des europäischen Wirtschaftslebens: Das eine ist die (das agonale Prinzip der griechischen Wettkampfkultur aufnehmende) leistungssteigernde Konkurrenz zwischen europäischen Gegenspielern, das zweite die systematisch durchgeführte, den handwerklichen Zunftzwang unterlaufende Arbeitsteilung, die langjährig ausgebildete Gesellen durch kurzfristig angelernte Industriearbeiter ersetzt, was die Erzeugung relativ billiger, für breite Käuferschichten erschwinglicher Massenware und damit eine allgemeine Erhöhung des Lebensstandards ermöglicht. Energetisch ist dies damit zu erklären, dass die zu Spezialisten ganz einfacher Verrichtungen gemachten Arbeiter, noch unterstützt durch zweckmäßige Einrichtungen wie etwa wasserkraftgetriebene Walkmühlen, Wasch- und Farb-Rührwerke das Endprodukt mit deutlich weniger persönlichem Energieeinsatz herstellen konnten als Gesellen in gewöhnlichen Handwerksbetrieben, die verschiedene Arbeitsgänge nacheinander, oft nur gelegentlich und ohne energiesparende Kraftmaschinen verrichten mussten. Hinzu kamen für den Großbetrieb dauernde und damit effektivere Nutzung aller investierten Betriebsmittel und deren lokale Konzentration, was – abgesehen von verlegerisch vergebenen Arbeitsgängen wie dem Spinnen und Weben in der Tuchproduktion – Transportwege und -kosten einsparte.

Die Organisations- und Kalkulationshoheit der kapitalgebenden Unternehmer dieser ersten Industriebetriebe erlaubten bei gutgehendem Geschäft erhebliche Gewinnentnahmen und also – wie bei den Fernhändlern und Bankiers – Bildung großer Vermögen, was naturgemäß zu Nachahmer-Effekten in verwandten, aber auch in ganz anderen Branchen führte. So entwickelten sich in Flandern, in Westfalen und der Lombardei, dann auch

## 5. Das Werden Europas

in Schwaben bodenständige Zentren der Leinenproduktion, die vor allem seit etwa 1300, als mechanische Flachsbrechen und Webstühle entwickelt worden waren, ihre glatten, hygienischen Stoffe bis nach Persien und Zentralasien exportierten. Selbst die Verarbeitung der zunächst in Syrien, dann auch Sizilien und Kalabrien angebauten Baumwolle gelang lombardischen Webereien offenbar besser als denen im Vorderen Orient, sodass die hautfreundlichen Gewebe aus Norditalien sogar nach Syrien exportiert werden konnten, wo die Verarbeitung des eigenen Rohstoffs offenbar schlechter oder teurer war. Eine kreative Kombination von Leinen- und Baumwollgewebe im sogenannten Barchent gelang dann offenbar zuerst in Schwaben, wo jedenfalls in den Gegenden um Ulm und um Augsburg Barchent-Zentren entstanden, bevor im 15. Jahrhundert die Große Ravensburger Handelsgesellschaft das Leinen- und Barchentgeschäft West- und Nordeuropas an sich brachte.[88] Selbst die in China entwickelte Seidenproduktion wurde von Italienern nach Europa geholt und seit dem späten 13. Jahrhundert in Lucca, dann auch in Bologna, Venedig und Florenz betrieben. Schon 1272 soll ein Seidenspinner in Bologna eine wassergetriebene Zwirnmaschine zum Verspinnen der Seidenfäden erfunden haben, mit der vier Arbeitskräfte Hunderte zuvor benötigte Seidenspinner ersetzen konnten.[89] Solche Beispiele aus der Textilproduktion zeigen sehr deutlich, wie es den Europäern immer wieder gelang, teure Importwaren aus fernen Ländern außer durch Arbeitsteilung auch durch Einsatz von menschliche Arbeitskraft und also Energie sparenden Maschinen selbst herzustellen, und zwar zu konkurrenzfähigen Preisen.

Dasselbe zeigen Beispiele aus der Papier- und Rüstungsbranche. Das, wie erwähnt, in China erfundene Papier aus Textilfasern wurde durch arabisch-muslimische Vermittlung seit dem 11. Jahrhundert in Europa bekannt und bei wachsendem Schriftgebrauch in Wirtschaft und Verwaltung zunehmend aus dem damals noch muslimischen Spanien importiert. Wieder waren es Italiener, diesmal in der kleinen Stadt Fabriano bei Ancona, die das Produktionsverfahren im frühen 13. Jahrhundert nachahmten, aber durch Einsatz von wassergetriebenen ‚Papiermühlen', in denen Lumpen und Textilfasern zerstampft wurden, sowie von Metallrahmen, mit denen das geschöpfte Papier gleich auf gewünschte Normgröße gebracht werden konnte, wesentlich optimierten, zudem das Produkt verbesserten. Wie in der Baumwollverarbeitung konnte so der Handel ‚umgedreht' und das bald auch in Südfrankreich und Deutschland hergestellte Papier in die islamischen Länder exportiert werden.[90]

Ähnliches geschah im Bereich der Herstellung von Messern und Schwertern. Hier galten zunächst Damaskus und Toledo als unübertroffene Produktions-

## II. Verifizierung

stätten von zugleich harten und unzerbrechlichen Stahlklingen, einer Qualitätskombination, die damals nur mit feinster Sandwichstruktur und entsprechend aufwendiger Schmiedearbeit erreicht werden konnte. Unter Einsatz von wassergetriebenen Schwarzhämmern, Schleif- und Poliermaschinen gelang dies seit dem 12. Jahrhundert aber auch im Bergischen Land um die Zentren Solingen und Siegen und das Oberzentrum Köln, wo außerdem Kettenhemden und Harnische einfacher und mittlerer Qualität produziert wurden. Rüstungen einfacher und hoher Qualität wurden in Mailand und Brescia hergestellt, von wo aus auch Königshäuser anderer Länder mit erheblichen Waffenmengen beliefert wurden. Seit Ende des 14. Jahrhunderts schoben sich dann süddeutsche Waffenschmieden in Nürnberg, Augsburg, Landshut und Innsbruck nach vorne, deren Belieferung mit Holzkohle und Eisen aus naher Umgebung billiger war als für die italienischen und erst recht die muslimischen Konkurrenten, was den Deutschen entsprechende Kosten- und Absatzvorteile einbrachte.[91] Sogar den im 13. Jahrhundert beginnenden Teppich-Import aus Kleinasien suchten europäische Produzenten in den südlichen Niederlanden zu konterkarieren[92], was allerdings nicht gelang, weil die zeitraubende und hohe Konzentration erfordernde Arbeit des Teppichknüpfens damals weder durch eine Maschine noch durch Arbeitsteilung vereinfacht oder vermindert werden konnte.

Immerhin zeigt auch dieses Beispiel, wie sehr sich die Europäer gezwungen sahen, den Import von teuren Orientwaren durch eigene Produktion zu vermindern oder sogar umzukehren, schon um die begehrten und in Europa nicht zu erzeugenden Spezereien des Mittleren und Fernen Ostens, also Gewürze, Farbstoffe, Medikamente, Parfüme, außerdem Perlen, Gold, Edelsteine usf. weiterhin in gewünschter Menge erhandeln zu können. Dies war deswegen ein Problem, weil diese zur Verschönerung des Lebens im wohlhabend gewordenen Europa sehr gesuchten und deshalb teuren Waren dem Abendland eine passive Handelsbilanz mit dem Orient eingebracht hatten, die durch Silberlieferungen ausgeglichen werden musste, was wiederum die Geldknappheit besonders in der dadurch noch verschärften europäischen Krise des 14. Jahrhunderts vertiefte. Erst der forcierte Abbau der Silber- und geringen Goldvorkommen im böhmischen Erzgebirge, den Ostalpen und auf Korsika konnten hier eine allmähliche Entlastung verschaffen[93], mithin eine Erweiterung europäischer Industrialisierung um den Montansektor. Wir haben die Frühform dieses sich vielfältig ausbreitenden organisierten ‚Gewerbefleißes', wie man im 19. Jahrhundert noch deutlich formulierte, als spezifisch europäische Technik zur Behebung eines allgemeinen Mangels an Energie in Geldform zu verstehen, anders gesagt, als wirtschaftliche Notwehr zur Behebung dieses Mangels.

5. Das Werden Europas

*E) Die Renaissance als kulturelle Notwehr
gegen erneute Bedrohung des Abendlandes durch den Islam*

Die Erodierung des Feudalismus, die sich mit der Monetarisierung und Industrialisierung des Wirtschaftslebens vollzog, durch die fürchterlichen Pestepidemien seit 1348/9 mit gravierendem Bevölkerungsrückgang und dem Wüstfallen Tausender Ortschaften noch beschleunigt wurde und in Auseinandersetzungen zwischen Städten und Fürsten, aber auch zwischen sich formierenden Korporationen innerhalb der Städte politisiert wurde – diese ‚Krise' des späten Mittelalters[94] suchten die Europäer allerdings nicht nur mit produktionstechnischen und wirtschaftsorganisatorischen Mitteln sowie globaler Expansion zu bewältigen, sondern auch mit einer kulturellen Reaktion, nämlich der sogenannten Renaissance. Diese artikulierte sich – nach gleich gerichteten Vorläufern zur Zeit Karls des Großen und im 12. Jahrhundert – am entschiedensten im Italien des 14. und des 15. Jahrhunderts und dort wiederum in dem von besonders häufigen Umbrüchen betroffenen Florenz.[95] Hier waren durch die Dynamik des Wirtschaftslebens, wie erwähnt, nicht nur eine bedeutende Tuch- und später auch Seidenindustrie entstanden, sondern ebenso große Bankhäuser, deren Zusammenbruch Ende der 1330er Jahre den wirtschaftlichen Aufstieg der Stadt schon zehn Jahre vor der Pestkatastrophe einknicken ließ. Dauernde innerstädtische Auseinandersetzungen um die Machtverteilung in der republikanischen Kommune, die von der ideologischen Parteienkonfrontation der Ghibellinen und Guelfen noch verstärkt wurden, hatten schon den zu ersteren zählenden Dichter und Publizisten Dante Alighieri 1302 in die Verbannung getrieben und in seiner *Monarchia* publizistisch für die Wiederherstellung des Römischen Reichs unter dem deutschen König Heinrich VII. werben lassen. Auf dessen Romzug reiste er dem Herrscher 1310 erwartungsvoll entgegen, wurde allerdings durch den frühen Tod des kurz zuvor noch zum Kaiser gekrönten Hoffnungsträgers in seinen politischen Erwartungen enttäuscht. – Petrarca, der zweite der großen italienischen Renaissancedichter, war infolge desselben politischen Umsturzes, der Dante zum heimatlosen Sänger hatte werden lassen, bereits in der Verbannung geboren worden, weil seine Eltern Florenz hatten verlassen müssen, bevor ihr Sohn 1304 in der Fremde zur Welt kam. In der Nähe der damaligen Papstresidenz Avignon aufgewachsen, blieb auch er sein Leben lang heimatlos und versuchte ebenso wie Dante einen deutschen Kaiser, diesmal Karl IV., zur Wiederaufrichtung des Römischen Reichs im Stil des Augustus zu bewegen, nachdem ein entsprechender Versuch des selbsternannten Volkstribunen Cola di Rienzo gerade gescheitert war.[96] Beide Autoren, von verschie-

densten italienischen Machthabern mäzenatisch versorgt, litten gleichwohl unter der politischen Zersplitterung des Landes, das sie als ihre historische und kulturelle Heimat auch politisch wieder vereinigt sehen wollten.
Auch weil ihnen dies auf direktem Wege misslang, blieb ihr Haupttätigkeitsfeld die Dichtung, mit der sie in jungen Jahren bereits Ruhm erlangt hatten. Beide waren sie durch sehnsüchtige Liebe zu für sie unerreichbaren Frauen Dichter geworden, indem sie diese in einer durch gründliche Schulung am klassischen Latein veredelten italienischen ‚Volkssprache' lyrisch besangen. In dem von Dante auch sprachtheoretisch behandelten *dolce stil nuovo*, dem ‚süßen neuen Stil' vermittelten sie vor allem über ihre schnell populär werdenden Liebesgedichte jeder nachwachsenden Generation lesekundiger Italiener eine gemeinsame Literatursprache und Liebeskultur, die das Seelenleben vor allem junger Männer in einem ersten Schritt von dem im späten Mittelalter grassierenden Marienkult und Jenseitsstreben auf die – vorerst verehrungsvolle – Liebe zu irdischen Frauen lenkte. In Dantes ‚Göttlicher Komödie', diesem äußerst kunstvoll gebauten Versepos, das die Seelenwanderung des Autors durch ‚Hölle', ‚Läuterungsberg' und ‚Paradies' schildert, sind beide Orientierungen noch eng verbunden, insofern sich der Autor auf dem Weg zur dreieinigen Gottheit lange Zeit von seiner geliebten Beatrice, am Ende aber von der Jungfrau Maria geleiten lässt.[97] – Giovanni Boccaccio, durchaus ein Verehrer Dantes, hat dessen dichterischem Hauptwerk gleichwohl mit seinem *Decamerone* einen entschiedenen Kontrapunkt entgegengesetzt, indem er dessen in 100 Gesängen kunstvoll zelebriertem Gang zum Himmel 100 sehr irdische Novellen in Prosa folgen ließ, die sich zehn junge Leute, die vor der in Florenz wütenden Pest auf ein Landgut geflohen sind, gegenseitig erzählen. Darin ist die ganz diesseitige Liebeslust und -erfüllung junger Paare, die dabei bürgerliche und auch geistliche Schranken mit List und Witz zu umgehen wissen, das eigentliche Hauptthema. Indem er der von ihm zuerst so titulierten Göttlichen Komödie Dantes eine irdische folgen ließ, die trotz ihrer satirischen Seitenhiebe auf Klerus, Mönche und Nonnen wegen ihrer außerordentlichen Popularität erst drei Jahrhunderte nach ihrer Veröffentlichung auf den Index gesetzt wurde, lenkte Boccaccio den Liebestrieb der Menschen vom himmlischen ganz auf das diesseitige Leben und läutete damit die italienische Renaissance unüberhörbar ein.
Die drei genannten Autoren schufen mit ihrer dichterischen Überleitung vom jenseitsorientierten Mittelalter zur diesseitigen Neuzeit – als gelehrte Humanisten dabei unterstützt von antiken Vorbildern wie Vergil, Horaz und Ovid – eine Art italienischer Nationalliteratur, die das Zusammengehörigkeitsgefühl und -bewusstsein der bis ins 19. Jahrhundert politisch zer-

strittenen und fremdbeherrschten, dann aber geeinten Italiener aufrechterhielt und sich somit als eine äußerst dauerhafte Wirkungskraft erwies, mithin als eine weitere Erscheinung von Energie. Dichtung vermag – wie wir es in II.3 bei dem das zersplitterte Griechenland zusammenhaltenden Homer beobachten konnten – über lange Zeiträume hinweg Völker zu einen, weil sie die Sprache als ihr wichtigstes Kommunikations-, Austausch- und damit Bindemittel kreativ erneuert, verfeinert und also leistungsfähiger macht – letztlich für jeden Akt sprachlicher Verständigung. Und weil dies gerade in Zeiten gesellschaftlicher Neuerungen und Umwälzungen, in denen viele Dinge und Sachverhalte neu zu benennen und auszudrücken sind, eine für jede Gesellschaft überlebenswichtige Leistung darstellt, ist der Ruhm der sprachgebenden und kulturell wegweisenden Dichter keine publizistische Machenschaft realitätsfremder Schöngeister, sondern dauerhaft Missverständnisse, Fehlinformationen und Irrwege vermindernde, damit Energie sparende Verständigungs- und Orientierungshilfe für ganze Völker. Sie war im industrialisierten und mobilisierten, dadurch auch zerrissenen Florenz und Italien notwendig gewordene Energietechnik zur langfristigen Stärkung einer der damals entstehenden europäischen Nationen.

Gilt dies auch für die neue Bildkunst und Architektur der italienischen Renaissance? Die Ursachenerkundung dieser auffälligen kulturhistorischen Erscheinung, die auf ganz Europa ausstrahlte und ihm so ein bildnerisches Gesicht gab, hat eine größere Zahl von Erklärungstheorien hervorgebracht, die sich grob in die beiden Gruppen der Prosperitäts- und Rezessionstheorien einordnen lassen.[98] Geht die erste von dem für die große Zahl von Gebäuden, Skulpturen und vor allem Gemälden der Renaissance-Kunst nötigen Reichtum der Mäzene und Auftraggeber aus, so die zweite, vom ungefähren, mit der Krise des 14./15. Jahrhunderts begründeten Gegenteil.[99] Zweifellos sind beide Thesen berechtigt. Ohne den ungeheuren Reichtum der Medici, deren kunst- und altertumsbegeisterte Familienmitglieder wie vor allem Cosimo Unsummen für Handschriften antiker Autoren, Kunstwerke, die Unterstützung der Platonischen Akademie und die Finanzierung einer eigenen Kunstschule ausgeben konnten, aber auch italienischer Fürsten wie der Mailänder Sforza, der Gonzaga von Mantua oder der Este von Ferrara sowie der römischen Kardinäle und Päpste, deren aus ganz Europa nach Rom fließende Einkünfte aus Annaten, Servitien, Pallien- und Ablassgeldern auch diese zu zahlungskräftigen Mäzenen werden ließen – ohne all diese und viele andere reich gewordene Großkaufleute, Bankiers, Industrielle und Fürsten des europäischen Wirtschafts- und Kirchenzentrums wäre die einmalige Kumulation von Erzeugnissen der bildenden Kunst und

II. Verifizierung

Architektur, vor allem die im vielseitigen Wettbewerb der vielen Talente relativ rasch erfolgende Herausbildung unübertroffener Künstler nicht möglich gewesen. Aber dass allein großer Reichtum immer große Kunst erzeugt hätte, lässt sich schon mit dem Gegenbeispiel der römischen Kaiser widerlegen, die auch in Zeiten unglaublichen Reichtums auf griechische Kopien zurückgreifen mussten, wenn sie sich mit großer Kunst umgeben wollten. Es muss zum – krisenhaft verminderten, wenn auch noch beträchtlichen – Reichtum Italiens also etwas weiteres hinzugekommen sein, um jene erstaunliche kulturelle Blüte hervorzubringen. Und dies war zweifellos die krisenhafte Entwicklung besonders in Florenz, wo der erwähnte Bankenkrach, die Pestepidemien mit ihrer die Einwohnerzahl langfristig halbierenden Wucht[100], die zahlreichen Machtkämpfe und Verfassungsänderungen der Stadtrepublik mit dem Extremfall der Vertreibung der Medici und der Theokratie des Savonarola (1494 – 98), außerdem militärische Auseinandersetzungen vor allem mit Pisa und Prato, mehrfache Ein- und Ausbootung der Medici durch spanische bzw. französische Interventionen ein Gefühl allgemeiner Unsicherheit und Gefährdung erzeugt haben müssen, ohne die der Wunsch der gerade Herrschenden und Reichen, aber auch von Klostergemeinschaften, Zünften und Bruderschaften nach Verewigung im Bild, Anerkennung auf Erden wie auch im Himmel durch Stiftung von Heiligenbildern, Altären oder sogar Kirchen keinesfalls so stark und häufig geweckt worden wäre, wie es damals geschah. Zu bedenken ist in diesem Zusammenhang außerdem, dass der Fall Konstantinopels (1453) und das weitere Vordringen der Türken auf dem Balkan und zeitweilig sogar bis nach Friaul (1473/77) und Apulien (1480) in ganz Italien ein allgemeines Krisenbewusstsein erzeugen mussten, zumal die im großen Schisma gesunkene Autorität des Papsttums nicht mehr in der Lage war, einen allgemeinen Kreuzzug des christlichen Abendlandes gegen diese Bedrohung zustande zu bringen.[101]

In einer solchen von Unsicherheit geprägten Erfahrungs- und Stimmungslage, in welcher der eigene Erfolg, ja das Leben selbst reicher und mächtiger Zeitgenossen wie der Medici, Savonarolas oder der von ihrem Waffenglück abhängigen Condottieri, die im militärischen Dienst der italienischen Stadtstaaten ihr Glück suchten, von einem auf den anderen Tag verloren gehen konnte, wo also die Machtlosigkeit selbst der Mächtigen gegenüber dem Schicksal und insbesondere dem Tod jedermann bewusst war, blieben Religion und Kunst die einzigen Mittel, sich wenigstens psychisch ein wenig Sicherheit zu verschaffen. Es war mithin wiederum ein vor Augen stehender Mangel an überlebenssichernder Energie gerade der Mächtigen und Reichen, den sie beim Blick auf Gescheiterte und Entmachtete empfinden mussten, welcher sie dazu brachte, erhebliche Gelder für Kunstwerke auszugeben, mit denen sie ihr Andenken wie ihr Seelenheil zu erhalten hofften.

Für die mit solchen Werken beauftragten italienischen Künstler lag es nahe, bei der Darstellung Gottes, der Heiligen Familie und der vielen Heiligen und Märtyrer, die der Volksglaube im Laufe der Zeit generiert hatte, im Stil der griechisch-römischen Antike, aus der zumindest noch Skulpturen überdauert hatten, anatomisch naturgetreue, aber zugleich idealisierte Figuren zu malen oder zu formen. Damit gelang es, den Wunsch nach wenigstens kultureller Wiederaufrichtung des Römischen Reiches, den beispielsweise Petrarca mit seinem die Heldentaten des älteren Scipio im Stil Vergils darstellenden Epos *Africa* literarisch schon unternommen hatte, in der bildenden Kunst mit den Anforderungen des Christentums zu verbinden. Die Spannung, die sich bei dieser Doppeltradierung heidnischer und christlicher Kultur immer ergab, ist auf den Bildern früher und/oder sehr frommer Renaissancemaler in dem Heiligenschein sichtbar, der die ansonsten naturnah gemalten Häupter göttlicher oder heiliger Figuren umgibt. Bei Malern der sogenannten Hochrenaissance wie Leonardo und Michelangelo ist dieses Zeichen der Heiligkeit dagegen zugunsten des klassischen Realitätsprinzips weggelassen oder – wie bei Raffael – nur äußerst zart, auf dem Bild der *Sixtinischen Madonna* kaum noch sichtbar angedeutet. Die Stifter solcher Heiligenbilder haben sich sehr oft mit ins Bild malen lassen, entweder kleinfigurig in anbetender Haltung oder auf indirekte Weise wie bei dem genannten Raffael-Gemälde, auf dem der zu Maria mit dem Jesusknaben aufblickende Hl.Sixtus die Züge des Papstes Julius II. trägt, sein brauner Chormantel und die Spitze der in der vorderen linken Bildecke sichtbaren Tiara außerdem mit der Eichel als dem Wappensymbol der Papstfamilie della Rovere seine Identität bezeugen.[102] Damit wurde dem Stifter des Bildes und seiner Familie – ähnlich wie durch sumerische Anbetungsfiguren (II.2) oder griechische und römische Weihgaben (II.3/4) – der Aufwand dauernden oder häufigen Gebets an die dargestellte heilige Figur erspart, eine, wie in den genannten Kapiteln schon gesagt, durchaus schlitzohrige Technik der Energieeinsparung, die zugleich noch den Nebeneffekt verfolgte, anderen Betrachtern des Bildes zugleich die finanzielle Potenz und opferwillige Frömmigkeit des Stifters vor Augen zu führen, also dessen Ansehen und damit gesellschaftliche Macht zu steigern. Gewiss um dieses religiös fragwürdige Spiel zu verschleiern, ließ ein besonders potenter Geldgeber wie Julius II. seine Person und Familienzugehörigkeit auf dem

## II. Verifizierung

Madonnenbild von einem besonders fähigen Maler wie Raffael geschickt auf die genannte Art kaschieren.[103]

Marienbilder hatten in der Zeit der italienischen Renaissance nach den Erhebungen Peter Burkes einen besonders hohen, über 50% betragenden Anteil an religiösen Gemälden, die ihrerseits mit fast 90% die überragende Mehrheit aller damals in Italien entstandenen Bilder ausmachten. Darin spiegelt sich der schon erwähnte sehr verbreitete Marienkult, der die bildnerische Hinwendung zu Christus um mehr als Doppelte übertraf, von der weitgehenden ‚Ignorierung' Gottvaters ganz zu schweigen.[104] Es ist angesichts solcher Zahlenverhältnisse nicht zu verkennen, dass sich die vorreformatorische Christenheit – nicht nur Italiens – außerhalb kirchlicher Dogmatik zu einer Religion mit dominierender Muttergottheit entwickelte, ikonographisch ablesbar an der Tatsache, dass ‚Maria mit dem Kind' das häufigste Motiv der Madonnenbilder war. Dieser von Luther und den anderen Reformatoren wohl ebenso gesehene und deshalb bekämpfte Tatbestand bedarf zweifellos einer Erklärung.

Wir finden sie in der umfangreichen Abhandlung Sigmund Freuds „Eine Kindheitserinnerung des Leonardo da Vinci", in der dessen berühmtes Portrait der *Mona Lisa* sowie das seltene Marienmotiv des Bildes *Heilige Anna selbdritt* von entscheidender Bedeutung sind.[105] Freuds tiefenpsychologische Analyse kann nämlich plausibel machen, dass Leonardo in dem erstgenannten Porträt, an dem er mehr als vier Jahre arbeitete und es, obwohl für den neutralen Betrachter keinerlei malerische Unvollkommenheiten erkennbar sind, dennoch als unvollendet bezeichnete und dem Auftraggeber nicht auslieferte, in Wirklichkeit weniger dessen Gattin als vielmehr – vermutlich angeregt durch deren Ähnlichkeit mit der eigenen ledigen Mutter, der er als Kind zugunsten einer vom Vater geehelichten Stiefmutter entzogen worden war – seine geliebte und verlorene leibliche Mutter wiederentdeckt und porträtiert hatte. Natürlich nur über sein unbewusstes Erinnerungsvermögen, das zumeist nach der Kleinkindphase vom Bewusstsein weitestgehend verdrängt wird, um die inzestuöse Liebessehnsucht des Heranwachsenden von der Mutter abzulösen. Dass Reste der Kleinkindererinnerungen an die Mutter auch den Vorgang des sonst unerklärlichen Sich-Verliebens ‚auf den ersten Blick' in eine bestimmte Person bestimmen, zeigt sich auch in Leonardos Festhalten an jenem Porträt der Gioconda, das er, aus unbewusster Furcht, seine geliebte Mutter dann noch einmal wie schon als Kind zu verlieren, nicht an den Auftraggeber hergeben wollte, außerdem darin, dass er deren geheimnisvolles Lächeln und Aussehen auch seinen später gemalten weiblichen Figuren beibrachte, zuerst den beiden Frauen auf dem Gemälde *Heilige Anna selbdritt.* Auf diesem Gemälde ist Maria mit ihrer biblischen Mutter Anna und dem Jesusknaben in merkwürdig unnatürlicher Anordnung und Körperhaltung dargestellt: Maria sitzt auf dem Schoß ihrer Mutter und beugt sich schräg nach vorn, um den nach einem Schäfchen greifenden, dabei zu den Frauen zurückblickenden Jesus von dem Tier wegzuziehen. Auffällig ist weiterhin – wie auch von Freud festgestellt – dass beide Frauen, obwohl der Bildbenennung nach Mutter und Tochter, in jugendlicher Schönheit dargestellt sind und in ihrer Haartracht und Gesichtsform, vor allem dem feinen Lächeln der *Mona Lisa* ähneln. Freud kommt dem entsprechend zu der überzeugenden Deutung, Leonardo habe auf diese Weise die eigene Kindheitserinnerung an die beiden ihn nacheinander betreuenden jungen Frauen, die leibliche und die Stiefmutter abgebildet.[106]

Wir kehren von hier aus noch einmal zu Raffaels *Sixtinischer Madonna* zurück, in deren Darstellung vor allem der nach innen gekehrte traurige Blick der jungen Maria auffällt, der sich in dem zwar nach vorne schauenden, aber ebenfalls traurigen Blick des Jesusknaben wiederholt. Die Interpreten des Bildes, soweit sie überhaupt darauf eingingen, deuten diese Blicke als Vorausschau von Mutter und Kind auf den Kreuzestod Christi, was sicherlich nicht falsch ist. Wir sehen darin außerdem die traurige Erinnerung des achtjährigen Raffael an den frühen Tod seiner Mutter gespiegelt, zumal der Jesusknabe des Bildes durchaus nicht den Körperbau eines Kleinkindes und eher die entwickelte wilde Haartracht eines acht- als die eines ein- oder zweijährigen Kindes zeigt, das von seiner Mutter noch auf den Armen getragen werden muss.

Die große Kunst bedeutender Maler, die ihre Werke noch für den heutigen Betrachter faszinierend und auch geheimnisvoll macht, liegt eben in solcher Synthese ikonographischer Vorgaben der Auftraggeber und der Tradition mit der Wiedergabe ganz persönlicher, aber zugleich allgemein prägender menschlicher Erfahrungen wie innige Verbundenheit mit der Mutter oder Trauer um ihren Tod. Beides umreißt den seelischen Urgrund menschlicher Wünsche und Befürchtungen, womit sich auch die Ausbreitung des Marienkults und die Häufigkeit der Marienbildnisse gerade in einer Zeit der Gefährdungen durch Pestepidemien und politische Umbrüche, des wirtschaftlichen Niedergangs und der Bedrohung durch die Türkengefahr erklärt, in der sich viele Menschen nach dem Schutz und der Sicherheit sehnten, die sie als Kleinkinder im Arm ihrer Mutter erlebt hatten und die sie von der ‚Muttergöttin' Maria auch als Erwachsene für sich erhofften.

## II. Verifizierung

Selbstverständlich gab es auch anders strukturierte Künstler, Kunstwerke und Bedürfnisse. Wir wählen als Gegenbeispiel den dritten der großen Hochrenaissance-Künstler, Michelangelo, der bekanntlich ebenso als Maler wie als Bildhauer und Dichter Hervorragendes geschaffen hat. Für ihn, der schon als Säugling der Frau eines Steinmetzen als seiner Amme übergeben und also von der Mutter getrennt wurde, war, wie seinem gesamten Werk anzusehen ist, nicht mütterliche Weichheit und Zärtlichkeit das tiefliegendste Verlangen, sondern männliche Stärke und Athletik. Ihm selbst war dieser Zusammenhang bewusst, daher sein Scherz, er habe seine Liebe zur Bildhauerei mit der Milch seiner Amme aufgesogen.[107] In Wirklichkeit meinte Michelangelo natürlich den – im Vergleich zum Bildungs- oder Malermilieu, in dem Leonardo bzw. Raffael aufwuchsen – rauere und zupackendere Ton und Umgangsstil, der zweifellos in einer Familie des groben Handwerks herrschte und ihn in seiner frühesten Kindheit offensichtlich geprägt hat. Diese Prägung war offenbar so nachhaltig, dass er sich gegen den Willen seines aus alter, aber inzwischen unvermögender Familie stammenden Vaters, der ihn zum Juristen bestimmt hatte, mit seinem Wunsch, Bildhauer zu werden, durchsetzen konnte. Im übrigen von einem traditionsbewussten Onkel in altrömisch patriarchalischer Weise erzogen und von seinem Vater erst mit 33 Jahren in die Mündigkeit entlassen, fühlte er sich zeitlebens seiner nach dem frühen Tod der Mutter rein männlichen Familie streng verpflichtet und sprang auch finanziell in Notlagen vor allem für einen missratenen jüngeren Bruder mehrfach ein.[108] Aus dieser von Härte und Männlichkeit dominierten Sozialisation ist zweifellos seine Neigung zur Darstellung des athletischen männlichen Körpers zu erklären, von der selbst noch seine Frauengestalten bestimmt sind. Ob diese Neigung homosexueller Art war, wie oft angenommen, ist möglich, aber nicht erwiesen; eine Reihe von Liebesgedichten des älteren Michelangelo, die sich eindeutig an eine Frau richten, sprechen eher dagegen.[109] Kennzeichnend für sein Leben und Schaffen ist jedenfalls die kämpferische Meisterung oft übermenschlich harter Herausforderungen, so die gelungene Formung der Kolossalstatue des *David* aus einem riesigen, von einem gescheiterten Vorgänger verhauenen, also eigentlich verdorbenen Marmorblock. Diese Darstellung des schlanken, aufrechten Steinschleuderers, der seinem übermächtigen Gegner furchtlos entgegentritt, ist zugleich und vor allem eine Selbstdarstellung des Künstlers, der mit diesem Werk Ähnliches vollbracht hat wie der schließlich im Kampf gegen Goliath siegreiche David.
Noch tiefer geht die Selbstdarstellung Michelangelos in der Figur des Moses, die auf einen Auftrag des Papstes Julius II. für dessen Grabdenkmal in der Peterskirche zurückgeht. Dieser wie sein Lieblingskünstler sehr wil-

## 5. Das Werden Europas

lensstarke, aber auch jähzornige Papst, der, durchaus kunstsachverständig, Michelangelo sogar in dessen Atelier besuchte und bei der Arbeit beobachtete, hatte ein mehrfiguriges Grabmonument bestellt, dessen Fertigstellung wegen seiner Übergröße, auch zwischenzeitlicher Zahlungsrückstände, die Michelangelo Rom eine Zeitlang den Rücken kehren ließen, vor allem aber wegen eines neuen riesigen Auftrags des Papstes zur Deckenausmalung der Sixtinischen Kapelle, an dem Michelangelo vier harte Jahre lang auf dem Rücken liegend wiederum künstlerische Herkulesarbeit leistete, immer wieder unterbrochen und schließlich mehrfach konzeptionell reduziert werden musste. Nach dem Tod des Papstes wiederum verkleinert, konzentrierte sich Michelangelos Aufgabe bei diesem, erneut durch andere Aufträge unterbrochenen Werk schließlich auf drei sitzende Figuren, dabei vor allem auf die des Moses.

Auch dieses Kunstwerk hat das besondere Interesse Freuds gefunden, dessen entsprechende Abhandlung der Frage nachgeht, welchen psychologischen Moment der Künstler bei dem mit Gottes Gesetzestafeln vom Sinai herabgestiegenen und, auf einem Steinblock sitzend, sein um das Goldene Kalb tanzendes Volk beobachtenden Moses habe darstellen wollen. Aufgrund einer genauen Analyse der Glieder- und besonders der Fingerhaltungen kommt Freud zu dem auch von anderer Seite bestätigten Ergebnis, dass Michelangelos Moses nicht, wie zuvor meist angenommen, in dem Moment gezeigt wird, wo er, erzürnt über sein vom rechten Gott abgefallenes Volk, dem sein zorniger Blick gilt, aufspringen will, sondern vielmehr den Moment danach, in welchem seine rechte, eben noch den langen Bart raufende Hand sich von diesem zu lösen beginnt und auf die Gesetzes-Tafeln herabgesunken ist.[110]

Merkwürdigerweise begnügt sich Freud mit diesem Ergebnis, ohne es tiefenpsychologisch in Hinblick auf den Künstler weiter auszuwerten. Gerade die von Freud und anderen festgestellte Abweichung Michelangelos von der biblischen Erzählung, in welcher der erzürnte Moses die Gesetzestafeln zu Boden wirft und zerstört (2. Mos. 32, 19), gibt Anlass zu weiteren Überlegungen. Der Bildhauer wollte also einen Moses zeigen, der seinen berechtigten Zorn über das abtrünnige Volk, das er gerade aus der ägyptischen Sklaverei geführt hat, innerlich niederringt, so wie der biblische Moses den ebenfalls zornigen Gottvater durch seine Worte dazu gebracht hat, das Volk Israel wegen seiner Verfehlung nicht gleich zu vertilgen.

Es gibt in Michelangelos Biographie eine genaue Parallele zu der Situation des Moses. In einem Brief von Anfang März 1521 wirft Michelangelo seinem Vater vor, er habe ungerechtfertigter Weise herumerzählt, von ihm fortgejagt worden zu sein, obwohl er ihm noch vor wenigen Tagen fest ver-

II. Verifizierung

sprochen habe, ihn, solange er lebe, mit allen Kräften zu unterstützen und dieses Versprechen nun aufs neue bekräftige. Nach einem Hinweis darauf, dass er in den vergangenen 30 Jahren alles in seiner Macht Stehende getan habe, ihm und seinen Brüdern zu helfen und nun durch ihr Gerede um seinen guten Ruf fürchten müsse, vollführt er einen merkwürdigen Schwenk zu der theoretischen Erwägung: „Ich will einmal annehmen, ich hätte Euch stets nur Schande und Schaden gebracht, und will Euch dann, als hätte ich so gehandelt, um Vergebung bitten. Verzeiht mir wie einem Sohn, der stets schlecht gelebt und Euch alle Übel zugefügt hat, die man auf dieser Welt nur begehen kann. Und so bitte ich Euch nochmals um Verzeihung als ein Unseliger, der ich bin."[111]

Dieses Dokument zeigt den 46jährigen Michelangelo als einen äußerst emotionalen Menschen, der, sicherlich nicht schuldlos an den Reden seines Vaters, diesen unter dem Vorwand einer theoretischen Annahme schlimmster eigener Verfehlungen unterwürfig um Vergebung bittet und übrigens noch im selben Brief die Entlassung seines „Hausgesellen Pietro" ankündigt, dessen tadelnswertes Betragen ihm nicht hinterbracht zu haben er nun wiederum den Seinen vorwirft. – Zweifellos ein schwieriger Mensch, der die größten Kämpfe seines berserkerhaften Lebens und Schaffens mit sich selbst auszufechten hatte. In der Figur des Moses stellte er einen Menschen dar, der sich von den Seinen verraten fühlt, den Zorn darüber aber in sich niederringt – offenbar Michelangelos eigenes Wunschbild und Streben, in dem er sich mit dem ähnlich veranlagten Julius II. auf dessen Grabmahl wohl auch bildhaft verbinden wollte.

Eine besonders auffällige Eigenheit der Mosesstatue des Michelangelo, die merkwürdigerweise weder von Freud noch von anderen Interpreten gedeutet wird, sind die beiden hörnerähnlich schräg aus der übrigen Haarmähne des Moses herausragenden Haarbündel, die dem Realitätsprinzip der übrigen Figur deutlich widersprechen. Ich sehe darin zwei ‚Teufelshörner' angedeutet, die, bereits aus senkrechter Stellung zur Seite fallend, die gerade sich in Moses vollziehende Überwindung des teuflischen Zerstörungszornes anzeigen und damit die genannte Deutung des Bildwerks bestätigen.

Große Kunstwerke, das zeigt auch die Analyse von Michelangelos Moses-Figur, stellen unter Einsatz ausgefeilter handwerklicher Meisterschaft zugleich mit dem aufgetragenen Sujet einen in Lebenslauf und Persönlichkeitsstruktur des Künstlers begründeten Erlösungswunsch dar – in den besprochenen Madonnenbildern Leonardos und Raffaels den nach Wiedererlangung bzw. Erhaltung mütterlicher Liebe und Bewahrung, in Michelangelos Moses den nach Frieden mit sich und den Menschen. Beides sind tief im Unbewussten jedes Menschen vorhandene Wünsche, die gerade in Zeiten existentieller Bedrohung, wie sie im niedergehenden Italien gewiss verbreitet waren, aktualisiert werden. Wenn sie im sprechenden Kunstwerk sichtbar, nachfühlbar vor Augen treten, ist auch dem Betrachter ein wenig Erleichterung verschafft, indem er erfährt, dass er mit seiner Daseinsfurcht nicht ganz alleine steht. Im Zeitalter der Renaissance wurde diese Erleichterung erheblich verstärkt, indem solcher Erlösungswunsch am Bild heiliger und sogar göttlicher Figuren vorgeführt und also autorisiert wurde. Kunst und Religion gingen dabei eine sich gegenseitig stärkende Allianz ein, die, wie ihr langlebiger Erfolg bis in unsere Tage hinein zeigt, als erhebliche psychische Macht und also Energie zu sehen ist, die gerade sensiblen, psychisch besonders gefährdeten Europäern, die für den wissenschaftlichen und kulturellen Fortschritt des Kontinents zunehmend wichtig geworden sind, eine wichtige Lebenshilfe bietet, dessen Gesamtpotential also entscheidend stärkt.

Die Besonderheit der Renaissancekunst liegt nun darin, dass in ihr zwei Kulturtraditionen ziemlich gleichgewichtig miteinander verschmolzen sind, die heidnisch-antike und die hebräisch-christliche. Während erstere, abgesehen von mythischen Gestalten oder Sageninhalten griechisch-römischer Herkunft, in Renaissance-Kunstwerken vor allem durch anatomisch richtige, wenn auch meist idealisierte Darstellung oft ganz oder teilweise nackter Menschen aus griechisch-römischer Tradition präsent blieb, war die hebräisch-christliche durch ihre Gottes- und Heiligengestalten, biblische Szenen, Heiligenlegenden, den oben schon besprochenen Heiligenschein sowie ‚neugotische' Stilisierungen besonders von Gewändern und Gebäuden, manchmal – wie bei Fra Angelico und Botticelli – auch von menschlichen Gestalten weiter gegenwärtig. In dieser Allianz zweier Kulturtraditionen verbanden sich zugleich zwei Erlösungsvisionen, die der Wiedererstehung des – inzwischen stark idealisierten – Römischen mit der des vom Christentum verheißenen Himmelreichs. Diese künstlerische Synthese in der europäischen Bevölkerung umgehender, eigentlich einander ausschließender Erlösungsvisionen musste allgemeines Wohlgefallen erwecken, eben weil jene Unvereinbarkeit in den besten Kunstwerken überwunden scheint. Europa als ein von ungleichen Eltern stammendes und deshalb nie mit sich einiges Kind erhielt in der Renaissancekunst somit ein wohltuendes Selbstporträt, das sein Wesen zugleich mit seinen tiefsten Wünschen zum Ausdruck bringt, ihm zugleich das nötige Selbstbewusstsein vermittelte, mit dem es sich gegenüber dem andrängenden Osmanischen Reich zu behaupten wusste.

II. Verifizierung

## Anmerkungen

[1] Jankrift, Kay Peter: Das Mittelalter. Ein Jahrtausend in 12 Kapiteln, Ostfildern 2004, 46
[2] Bosl, Karl: Europa im Mittelalter. Weltgeschichte eines Jahrtausends, Bayreuth 1975, 30
[3] A.a.O. 66
[4] A.a.O. 61f.
[5] Jankrift (Anm. 1), 79f.
[6] Bosl (Anm. 2), 84
[7] A.a.O. 91
[8] Seibt, Ferdinand: Die Begründung Europas. Ein Zwischenbericht über die letzten tausend Jahre, Frankfurt/Main 2002, 237
[9] Müller-Mertens, Eckhard: Der Ausbau des feudalen Herrschaftssystems und die Entstehung des römisch-deutschen Kaiserreiches, in: Deutsche Geschichte, Bd. 1, Köln 1982, 396f.
[10] Zschoch, Hellmut: Die Christenheit im Hoch- und Spätmittelalter, Göttingern 2004, 66-68
[11] Lock, Peter: The Routledge Companion of the Crusades, New York 2006, 137-213
[12] Hägermann, Dieter: Technik im frühen Mittelalter zwischen 500 und 1000, in: Propyläen Technikgeschichte, Bd.1 Berlin 1997, 432f.
[13] Le Goff, Jacques: Kultur des europäischen Mittelalters, dt.Ausg. München 1970, 120
[14] Hägermann (Anm. 12), 435f.
[15] A.a.O. 419; Eberl, Immo: Die Zisterzienser. Geschichte eines europäischen Ordens, Ostfildern (2002) 2007, 242
[16] Hägermann (Anm. 12), 426
[17] A.a.O. 394
[18] A.a.O. 382-384
[19] v. Müller, A./ Ludwig, K.-H.: Die Technik des Mittelalters, in: Troitsch, U./ Weber, H. (Hg.): Die Technik von den Anfängen bis zur Gegenwart, Braunschweig 1987, 134
[20] Hägermann (Anm. 12), 353f.
[21] v. Müller/ Ludwig (Anm. 19), 135f.
[22] Ebd.
[23] A.a.O. 126f.; Beneke, Norbert: Der Mensch und seine Haustiere. Die Geschichte eine jahrtausendealten Beziehung, Köln 2001, 305f.
[24] Ludwig, Karl-Heinz: Technik im hohen Mittelalter zwischen 1000 und 1350/1400, in: Propyläen Technikgeschichte, Bd. 2 Berlin 1997, 147f.
[25] Frank, Karl Suso: Geschichte des christlichen Mönchtums, 5. verb. u. erg. Aufl., Darmstadt 1993, 21-23
[26] A.a.O. 36
[27] Dinzelbacher, Peter: Mönchtum und Kultur, in: ders. u. Hogg, J. L. (Hg.): Kulturgeschichte der christlichen Orden in Einzeldarstellungen, Stuttgart 1997, 3f.
[28] Bosl (Anm. 2), 82; Neiske, Franz: Europa im frühen Mittelalter 500 – 1050. Eine Kultur- und Mentalitätsgeschichte, Darmstadt 2007, 73f.
[29] Kintzinger, Martin: Wissen wird Macht. Bildung im Mittelalter, Ostfildern 2003, 86-88
[30] Dinzelbacher (Anm. 27), 70

[31] Hill, Thomas: Könige, Fürsten und Klöster, Frankfurt/M 1992, 35
[32] A.a.O. 40-43
[33] Frank (Anm. 25), 25f., 44, 56f., 60
[34] Dinzelbacher (Anm. 27), 87
[35] Le Goff, Jacques: L'Europe est-elle née au Moyen Age? Paris 2003, dt. Ausg.: Die Geburt Europas im Mittelalter, München 2004, 182
[36] Faust, Ulrich: Benediktiner, in: Dinzelbacher/Hogg (Anm. 27), 88f.
[37] Kinzinger (Anm. 29), 81
[38] Frank (Anm. 25), 26
[39] A.a.O. 61
[40] Zschoch (Anm. 10), 71-73
[41] A.a.O. 82-86
[42] Lock (Anm. 11), 137-224
[43] Brandes, Jörg-Dieter: Korsaren Christi. Johanniter und Malteser, Stuttgart 2000, 20; Houben, Hubert: Die Wirtschaftsführung der Niederlassungen des Deutschen Ordens in Süditalien und auf Sizilien, in: Die Ritterorden in der europäischen Wirtschaft des Mittelalters, Torun 2003, 91f.
[44] Favreau-Lilie, Marie-Luise: Durchreisende und Zuwanderer. Zur Rolle der Italiener in den Kreuzfahrerstaaten, in: Hans Eberhard Mayer (Hg.): Die Kreuzfahrerstaaten als multikulturelle Gesellschaft, München 1997
[45] Zschoch (Anm. 10), 87-89
[46] Spufford, Peter: Power and Profit. The Merchant in medieval Europe, London 2002, dt. Ausg.: Handel, Macht und Reichtum. Kaufleute im Mittelalter, Darmstadt 2004, 329
[47] Jankrift (Anm. 1), 191f.
[48] Eberl (Anm. 15), 98
[49] A.a.O. 193-195
[50] Brandes (Anm. 43), 19f.
[51] Kühnel, Harry: Integrative Aspekte der Pilgerfahrten, in: Seibt, F./ Eberhard, W. (Hg.): Europa 1500. Integrationsprozesse im Widerstreit: Staaten, Regionen, Personenverbände, Christenheit, Stuttgart 1987, 504-506
[52] Kortüm, Hans-Henning: Menschen und Mentalitäten. Einführung in die Vorstellungswelten des Mittelalters, Berlin 1996, 60
[53] Leonard, Mark: Why Europe will run the 21th Century (2005), dt. Ausg.: Warum Europa die Zukunft gehört, München 2006, 107
[54] Spufford (Anm. 46), 108
[55] Ebd.
[56] Keutgen, F. (Hg.): Urkunden zur städtischen Verfassungsgeschichte, Berlin 1901, 117
[57] Le Goff (Anm. 35), 151
[58] Spufford (Anm. 46), 119
[59] Leonard (Anm. 53), 62f.
[60] Fehr, Benedikt: Lucas Cranach – der Unternehmer, FAZ vom 29.12.2007, 13
[61] Seibt (Anm. 8), 108-112
[62] Kintzinger (Anm. 29), 160f.
[63] A.a.O. 154f.
[64] Le Goff (Anm. 35), 177-181
[65] A.a.O. 167f.

## II. Verifizierung

[66] A.a.O. 174
[67] Schmidtchen, Volker: Technik im Übergang vom Mittelalter zur Neuzeit zwischen 1350 und 1600, in: W. König (Hg.): Propyläen Technikgeschichte Band 2, Berlin 1997, 571-582
[68] v. Müller/ Ludwig (Anm. 19), 178f.
[69] Meyn, M./ Mimler, M./ Partenheimer-Bein, A./ Schmitt, E. (Hg.), in: Schmitt, Eberhard (Hg.): Dokumente zur Geschichte der europäischen Expansion, Bd. 2: Die großen Entdeckungen, München 1984, 91f.
[70] A.a.O. 93f.
[71] Ludwig, Karl-Heinz: Technik im hohen Mittelalter zwischen 1000 und 1350/1400, in: König (Anm. 24), 149-152
[72] Schmidtchen (Anm. 67), 312
[73] Reinhard, Wolfgang: Geschichte der europäischen Expansion, Bd. 2, Die Neue Welt, Stuttgart 1985, 51-55
[74] Verlinden C./ Schmitt, E. (Hg.): Die mittelalterlichen Ursprünge der europäischen Expansion, in: Schmitt, Eberhard (Anm. 69), Bd. 1, 47f.
[75] Meyn (Anm. 70), 599
[76] A.a.O. 65-68; 90
[77] A.a.O. 93
[78] Verlinden (Anm. 74), 218-231
[79] A.a.O. 247f.
[80] A.a.O. 241f.
[81] So war etwa der deutsche Kaiser Karl V. bei den Augsburger Fuggern mit 543 000, bei den Welsern gleichzeitig mit 143 000 Gulden, bei drei weiteren italienischen Handelshäusern mit jeweils 55 000 Gulden in tiefe Verschuldung geraten, um seine Wahl durch die ebenfalls in Geldnöten steckenden und deshalb äußerst bestechlichen Kurfürsten mit insgesamt 852 000 Gulden finanzieren zu können. Zahlen nach: Braunberger, Gerald: Die vergebliche Suche nach dem sagenhaften Reich des Goldes, FAZ vom 19.10.2008, 21
[82] Favier, Jean: De l'or et des épices (1987), dt. Ausgabe: Gold und Gewürze. Der Aufstieg des Kaufmanns im Mittelalter, Hamburg, 1992, 154f.; Vones, Ludwig: Finanzsystem und Herrschaftskrise: Die Kronen Kastilien und Aragón in der zweiten Hälfte des 15. Jahrhunderts., in: Seibt, F./ Eberhard, W. (Hg.): Europa 1500. Integrationsprozesse im Widerstreit: Staaten, Regionen, Personenverbände, Christenheit, Stuttgart 1987, 63f.
[83] Spufford (Anm. 46), 202f.
[84] A.a.O. 204f.
[85] A.a.O. 329
[86] A.a.O. 174f.
[87] A.a.O. 175-183
[88] A.a.O. 188f
[89] A.a.O. 187
[90] A.a.O. 192
[91] A.a.O. 193f.
[92] A.a.O. 208
[93] A.a.O. 12; 266

[94] Seibt, Ferdinand: Europa 1500 – Integration im Widerstreit, in: ders. u. Eberhard,W. (Hg.): Europa 1500, Stuttgart 1987, 13f.
[95] Burckhard, Jakob: Die Kultur der Renaissance in Italien, Berlin 1941, 36; 40
[96] Petrarca: Dichtungen, Briefe, Schriften, hg. v. Eppelsheimer, H.W., Frankfurt/M 1956, 99f.
[97] Dante Alighieri: Divina Comedia, Paradiso XXXIII, 1-13
[98] Burke, Peter: Culture and Society in Renaissance Italy, London 1974, dt. Ausg.: Die Renaissance in Italien. Sozialgeschichte einer Kultur zwischen Tradition und Erfindung, Berlin 1984, 23f.
[99] Lopez, Robert S.: Hard Times and Investment in Culture, in: Annales E.S.C., 1952
[100] Martines, Lauro: Power and Imagination. City-States in Renaissance Italy, Baltimore (1979) 1990, 168
[101] Le Goff (Anm. 35), 252f.
[102] Stützer, Herbert Alexander: Malerei der italienischen Renaissance, Köln 2004, 128
[103] Abb. im Internet unter Google/bild.de, Suchbegriff: Rafael: Sixtinische Madonna
[104] Burke (Anm. 98), 152f.
[105] Freud, Sigmund: Eine Kindheitserinnerung des Leonardo da Vinci (1910), in: ders.: Studienausgabe Bd. X, Bildende Kunst und Literatur, Frfankfurt/M 1969, 87-160
[106] A.a.O. 136f.; Abb.en der beiden Gemälde im Internet unter Google/ Bild.de, Suchbegriffe: Leonardo: Mona Lisa bzw. Anna selbdritt
[107] Burke (Anm. 98), 43
[108] Michelangelo: Briefe, Gedichte, Gespräche, ausgewählt, eingeleitet und übersetzt v. Heinrich Koch, Frankfurt/M, 1957, 19; 40; 46f.
[109] Burke (Anm. 98), 81; Michelangelo (Anm. 108), 146-150
[110] Freud, Sigmund: Der Moses des Michelangelo (1914), in: ders. (Anm. 105), 195-222; Abb. auf dem Buchdeckel
[111] Michelangelo (Anm. 108), 74

II. Verifizierung

### 6. Konfessionelle und absolutistische Spaltungen Europas

Erhielt Europa in den besten Werken der italienischen Renaissancekunst das gelungene Abbild seiner eigenen Erlösungs- und Vollendungsvision, mit der Schrift „De Europa" des Humanisten Aeneas Silvio Piccolomini 1458 zudem sein erstes literarisches Selbstporträt, so war beides aus der Defensive einer durch vielschichtige Krisen und die Bedrohung der über Konstantinopel nach Westen vordringenden Türkenheere bedrängten Völkergruppierung entstanden, die durchaus keine geschlossene Einheit bildete, wie der vergeblich um einen gemeinsamen Kreuzzug bemühte – als Papst ‚Pius II.' genannte – „Europa"-Autor in mehreren Briefen beklagt hat.[1] Vielmehr war das gerade erst zu geistig-kultureller Identität gelangte Europa von kirchlich-konfessionellen sowie territorialherrschaftlich-absolutistischen Spaltungstendenzen durchzogen, von denen erstere sich nach den Vorspielen der Waldenser-Kreuzzüge und Hussitenkriege in der von Luther in Gang gesetzten Reformation am raschesten und dramatischsten vertieften.

*A) Die Reformationsbewegung als Gegenwehr*
*gegen kurialen Energieentzug*

Die Reformationsbewegung erfuhr durch Bilderstürmer, Wiedertäufer und Bauernkrieger ihre heftigsten und mit der Lutherbegeisterung und Kirchenspaltung ihre weitestgehenden Ausprägungen und Wirkungen gerade im ‚Heiligen Römischen Reich deutscher Nation', weil seit der Entwicklung der Geldwirtschaft auch im mittleren und nördlichen Europa, das damals kirchenrechtlich zum Reich gerechnet wurde, die hier lebende Bevölkerung einer besonders drückenden Belastung durch die kuriale Fiskalpolitik ausgesetzt war. Der Kirchenzehnt, die Stolgebühren für kirchliche Dienste wie Taufe, Trauung, Begräbnis und urkundliche Handlungen, auch Geld und Dienstleistungen für Kirchenbau, -instandhaltung und -ausstattung hätten, für sich genommen und seit alters eingeführt, noch keinen revolutionären Unmut erzeugt. Aber ihre Aufstockung durch den sogenannten Papstzehnt, außerdem durch Servitien- und Annaten- schließlich noch Exspektanziengelder, die für die Vergabe oder auch bloße Zusicherung höherer Kirchenämter von den Begünstigten an die päpstliche Kurie zu zahlen, aber letztlich vom Kirchenvolk aufzubringen waren, stiegen mit dem Kunst- und Prunkbedürfnis der Renaissancepäpste ins geradezu Unverschämte, zumal deren Lebenswandel und – davon infiziert – auch der des unteren Klerus, bei dem die Missachtung des Zölibats und bescheidener Lebensweise schon

## 6. Konfessionelle und absolutistische Spaltungen Europas

geradezu üblich wurde, selbst in einfachen Gemütern Kritik, ja Empörung erzeugen musste. Die Mängel der zunehmend verkommenden Kirche, in der simonistischer Ämterkauf und Pfründenkumulierung immer gängiger wurden, die Amtsinhaber sich häufig von armen Vikaren vertreten ließen, um selbst ein angenehmes, wenn nicht sogar liederliches Leben zu führen, hatte schon die großen Reformkonzilien von Konstanz (1414 – 1418) und Basel (1431 – 1449) beschäftigt, ohne dass dabei eine durchgreifende allgemeine Beseitigung der offenbaren Missstände erreicht worden wäre. Insbesondere für die Deutschen wirkte sich das nachteilig aus, da deren Könige und Kaiser wegen ihrer besonderen Abhängigkeit und Verpflichtung dem Papsttum gegenüber nach dem Investiturstreit keinen weiteren Konflikt mit diesem riskierten, während die englische und besonders die französische Krone die Schwäche des Papsttums zur Zeit des Großen Schismas (1378 – 1415) für den Schutz ihrer Königreiche vor allzu weitgehenden Geldforderungen der Kurie hatten nutzen können.[2] So hatte der englische König Richard II. in dem Statut *de praemunire* von 1393 dem römischen Papst Bonifaz IX. mit Gehorsamsaufkündigung von Krone und Nation gedroht, wenn ihm nicht die Prärogative bei der Besetzung von Kirchenämtern zugestanden würde. Dem schismatischen Papst blieb nur die Einwilligung, um England nicht an den Konkurrenten in Avignon zu verlieren.[3] Ähnlich ging es dem dort residierenden päpstlichen Amtskollegen in Avignon, der, ganz in die Hand des französischen Königs gegeben, dessen Proklamation der Gallikanischen Freiheiten von 1407/8 hinnehmen musste, die ungehinderte Eingriffe der Kurie in die Besetzung kirchlicher Ämter untersagte. Auf einer während des Konzils von Basel nach Bourges einberufenen Klerikerversammlung ließ Karl VII. die Vorrechte der französischen Krone in dieser Frage durch die sogenannte Pragmatische Sanktion bestätigen und somit die kirchlichen Unabhängigkeitsrechte des Gallikanismus festklopfen, die 1516 im Konkordat mit Leo X. schließlich auch von päpstlicher Seite bestätigt wurden.[4] Da sich auch die italienischen Stadtstaaten durch Einzelkonkordate gegen den päpstlichen Fiskalismus zu schützen gewusst hatten und die iberischen Königreiche wegen ihrer erst 1492 beendeten ‚Kreuzzüge' gegen die muslimische Besatzungsmacht der Mauren besondere päpstliche Schonung erfuhren[5], musste vor allem die ‚deutsche Nation' für den vom Renaissancepapsttum in die Höhe getriebenen Finanzbedarf der Kurie aufkommen.

Natürlich gab es dafür keine öffentliche Rechnungslegung, aber zeitgenössische Berechnungen kamen auf jährlich mindestens 300 000 Gulden, die vom deutschen Klerus allein für Annaten- und Palliengelder nach Rom flossen.[6] Dass jene Hochrechnung nicht überhöht war, bestätigt auch das

## II. Verifizierung

Angebot des ersten nüchternen und vorbildlichen Renaissancepapstes Hadrian VI. an die Stände des Nürnberger Reichstags von 1522, auf die Annaten- und Palliengelder aus Deutschland im Austausch gegen einen Kreuzzug der Deutschen gegen das türkische Reich verzichten zu wollen.[7] Die Annaten, bei jedem Amtswechsel in Höhe der jährlichen Einkünfte des Amtsinhabers fällig und schon von Ranke als die „wahrscheinlich drückendste Steuer, die in dem Reiche vorkam" bezeichnet[8], wurden in der Regel direkt auf den jeweiligen Kirchensprengel umgelegt und dessen Bewohnern als Sondersteuer abverlangt, ohne dass diese dafür eine entsprechende Gegenleistung erhielten. Gleiches galt für den neu eingeführten Papstzehnt, für Palliengelder und Strafgebühren auf kirchenrechtlich verbotene, aber gegen Geldzahlung an die Kurie dann doch gestattete Kirchenämter-Kumulierung. Dem jungen Markgrafen Albrecht von Brandenburg, der als Erzbischof von Brandenburg und Administrator von Halberstadt auch noch das Mainzer Erzstift besetzen wollte, wurde dies 1514 seitens der Kurie gegen eine Gebühr von 10 000 Dukaten gestattet und zur Finanzierung der außerdem anfallenden Annaten für Mainz die Hälfte der in beiden Kirchensprengeln eingenommenen Ablassgelder überlassen.[9]

Dieser Handel schuf bekanntlich mit dem dann im magdeburgischen Jüterbog unweit von Wittenberg von Tetzel marktschreierisch betriebenen Verkauf von Ablass-Briefen den Anlass für Luthers Reformation. Der Ablasshandel, der zu dieser Zeit in regelrechten Kampagnen betrieben wurde, unter Julius II. offiziell für den Neubau des Petersdoms, de facto aber auch zur Finanzierung der Kriegszüge dieses machthungrigen Papstes zur Erweiterung des Kirchenstaates und für seine (wie in II.5 gezeigt) aufwendigen Kunstprojekte bestimmt, war wegen der verkaufsfördernden Verwischung des Unterschieds zwischen – von den Käufern der ‚Briefe' erhofften – Sündenvergebung und dem – von der Kirche tatsächlich nur verfügbaren – Erlass kirchlicher Sündenstrafen theologisch äußerst fragwürdig.[10] Dass über die mit Dutzenden von Beichte abnehmenden und zum Kauf der Ablass-Briefe ratenden Priestern, vor allem wirkungsvoll Sündenangst schürenden und Erlösung versprechenden Ablasspredigern vom Schlage Tetzels durchgeführten Kampagnen gewaltige Summen mobilisiert und nach Rom transferiert wurden, beweisen schon die Ausmaße des 60 000 Menschen fassenden, zudem von den größten – und damit teuersten – Künstlern und Architekten der Renaissance gestalteten Petersdoms.

Der nur umrisshaft bezifferbare, aber in jedem Fall gewaltige Geldbetrag, den die Papstkirche im 15. und beginnenden 16. Jahrhundert besonders aus Deutschland nach Rom transferiert hat, und der, wie Luthers Aufbegehren

gegen den Ablasshandel zeigt, auch unmittelbarer Anlass für die Reformation war, bestätigt aufs Neue unsere These, dass wichtige geschichtliche Neuerungen wie in diesem Fall die vor allem das ‚deutsche Reich' betreffende, dann auch Europa zeitweise spaltende Reformationsbewegung als Gegenreaktion auf einen erheblichen Energieverlust in Geldform zu verstehen ist, den die darauf antwortende ‚deutsche Nation' erlitten hatte.
Diese These wird auch durch die Breitenwirkung der lutherschen Glaubenslehre gestützt, welche die kostspielige Erbringung ‚guter Werke' zur Minderung der Sündenlast in Form von Stiftungen aller Art – von der Seelenmesse bis zum Kloster, vom Seitenaltar in Kirchen bis zu ganzen Kapellen, von der Kerze vor dem Heiligenbild bis zu diesem selbst, von der Wallfahrt zur nächsten Marienkapelle bis zu der am Ende Europas im spanischen Santiago de Compostela – durch einfachen Glauben des einzelnen Christen an Gott und sein biblisches Wort zu ersetzen und damit finanziell erheblich zu entlasten wusste.[11] Durch seine Aufsehen erregende Konfrontation mit dem Papsttum, dessen Bannandrohungsbulle er am 10. Dezember 1520 publikumswirksam vor dem Elstertor der Stadt Wittenberg zerriss und zusammen mit kanonischen Rechtsbüchern im Beisein zahlreicher Studenten verbrannte, demonstrierte Luther zudem unmissverständlich seine vollkommene Missachtung dieser Institution, womit sich deren oben skizzierte finanzielle Bedienung für ihn und seine Anhänger von selbst erledigte. Über die öffentliche Reaktion der Deutschen auf diesen beispiellosen Lossagungsakt von ‚Rom' berichtete der in päpstlichen Diensten stehende durchaus lutherfeindliche Humanist und Diplomat Aleander am 8. Februar 1521 an die Kurie: „Ganz Deutschland ist in hellem Aufruhr. Für neun Zehntel ist das Feldgeschrei ‚Luther', für die übrigen, falls ihnen Luther gleichgültig ist, wenigstens ‚Tod der römischen Kurie'..."[12] Die begeisterte Zustimmung der Deutschen zu dem einen mutigen Kämpfer gegen die offenbar allgemein verhasste römische Kurie konnte kaum authentischer überliefert werden und bezeugt die allgemeine Erleichterung über die damit eröffnete Aussicht auf Entlastung von den drückenden Kosten ‚guter Werke' und kurialer Geldforderungen.
Luthers Rechtfertigungskonzept *sola fide,* allein durch den Glauben, mit dem er die Heilung des damals offensichtlich weit verbreiteten Sündenbewusstseins der Menschen von der Kirche auf den einzelnen Christen und dessen persönliches Verhältnis zu Gott übertrug, versprach somit zunächst und vor allem eine gewaltige finanzielle Entlastung insbesondere der gebeutelten ‚deutschen Nation', die jenen Luther-Enthusiasmus der ersten Stunde verständlich macht. Dass andererseits die innere Auseinandersetzung des Einzelnen, der sich bald zwischen seinen sündigen Wünschen und

## II. Verifizierung

der Furcht vor drohenden Fegefeuerstrafen ziemlich allein fand, eine neue Belastung psychischer Art war, die der Lutheraner zu tragen hatte, konnte erst nach einiger Erfahrung mit der neuen Lehre erprobt und erkannt werden und ließ dementsprechend einen großen Teil der deutschen Christen dann doch im Schoß der alten Kirche verharren, die es dem Einzelnen seelisch sehr viel leichter machte. Und wenn sich die Reformation vor allem in größeren, von kaufmännischem Denken geprägten Städten sowie bei einigen – persönlich von Luthers Lehre überzeugten, aber auch von der Aussicht auf Gewinn säkularisierter Kirchengüter motivierten – Landesfürsten durchsetzte, dann spricht auch dies für unsere Deutung der Reformation als religiöses Mittel finanzieller Entlastung ihrer Anhänger. Bekanntlich führte dies bei ihnen infolge ökonomischer Nutzung frei werdender Geldmittel zu wirtschaftlichem Erfolg, was Max Weber zu seiner These vom Kapitalismus, überhaupt moderner, rationaler Lebensführung als Folgeerscheinungen der ‚asketischen' Reformation gelangen ließ.[13]

Da die Reformatoren beim Aufbau ihrer neuen, von der römischen Hierarchie gelösten Kirche insbesondere wegen anfänglichen Wildwuchses verschiedener Gottesdienstordnungen, Riten und sogar Lehrmeinungen bald erfahren mussten, dass auch sie ohne obrigkeitliche Kirchenaufsicht nicht auskamen, berief Luther die protestantischen Landesfürsten bekanntlich zu ‚Notbischöfen', die sich nicht lange bitten ließen, um auf diese Weise ihre landesherrliche Macht zu stärken. Zunächst geschah dies in Kursachsen, wo Luther unter notgedrungener Aufgabe des reinen Gemeindeprinzips seinen Landesherrn, den Herzog Friedrich den Weisen am 31.10.1525 ersuchte, sich um die Pfarreien, das Kirchengut und -personal zu kümmern, was dann zur baldigen Ausbildung eines landesherrlichen Kirchenregiments führte. Im Einzelnen wurde von Luthers Vertauten Melanchthon und Bugenhagen eine Instruktion für Visitations-Kommissionen erarbeitet, die zum einen die Befähigung der Pfarrer und den allgemeinen Zustand der Gemeinden festzustellen, zum anderen den kirchlichen Besitz zu registrieren hatten. Später wurden dann zur Normierung des Gottesdienstes das Wittenberger Gesangbuch und Luthers ‚Kleiner Katechismus' verbindlich gemacht und die Verwendung des säkularisierten Kirchenguts geregelt.[14]

Da die lutherische Kirche aus den oben genannten Gründen sehr viel kostengünstiger funktionierte als die römisch-katholische, wurden die Erträge der eingezogenen Kirchengüter keineswegs durch die Besoldung des Kirchenpersonals, den Unterhalt von Bildungseinrichtungen und für Armenpflege verbraucht, so dass Überschüsse in die Kassen aller evangelischen Landesherren flossen, die sich dem ‚kursächsischen Modell' anschlossen und die damit Schulden abbauen, ihren Hofstaat ausstatten oder ihr Land arrondieren konnten. In Hessen wurde immerhin ein Drittel des Klosterbesitzes für die landgräfliche Hofhaltung verwendet, in Württemberg, wo die noch sparsamere reformierte Gemeindeverfassung galt, konnte der Landesherr den Kirchenbesitz fast vollständig für eigene Zwecke nutzen. Mit der Einsetzung staatlich bestellter Superintendenten und der Einrichtung von koordinierenden Konsistorien für die dauernde Überwachung und Regulierung des evangelischen Gemeindelebens unter der Oberhoheit des fürstlichen ‚Notbischofs' wurde die neue Kirchenorganisation außerdem zu einem wichtigen Instrument landesherrlicher Machtsteigerung, zumal mit der Beseitigung geistlicher Enklaven auch im Bereich der Rechtsprechung eine Vereinfachung der Verwaltung und vermehrte Geschlossenheit des säkularisierten Territorialstaats erreicht werden konnten.[15] Damit hatte sich zumindest ein Teil der deutschen Territorien (und auch Reichsstädte) mit Hilfe der Reformation nicht nur vom dauernden monetären Energie-Entzug seitens der römischen Kurie befreit, sondern auch die eigene Machtstellung erheblich gestärkt und damit ähnlichen, wenn auch weniger radikalen Tendenzen im außerdeutschen Europa angenähert, wo die Emanzipation von Rom, wie gesagt, zumeist mit Gesetzen und Konkordaten bereits erfolgt war, in England zudem auf eine den deutschen Protestanten folgende radikale Weise noch ausgebaut werden sollte. Die allgemein bei dieser Emanzipation von kirchlicher Hegemonie verfolgte Methode der Adaption kirchlicher Methoden der Abgaben- und Steuererhebung wurde ein wesentliches Moment der Ausbildung absolutistischer Staatlichkeit.

*B) Entstehung des Absolutismus als Notwehr*
*gegen mehrseitigen Energieverlust*

Ein anderes war die Unterwerfung der mit dem Fernhandel entstandenen weltlichen Handels-, Industrie- und Finanzzentren unter die Herrschaftsgewalt der obersten Feudalherren. Es muss an dieser Stelle noch einmal daran erinnert werden, dass Lehns- oder eben Feudalherrschaft in einer nahezu rein agrarwirtschaftlichen Gesellschaft entstanden waren, in der ein an den Vasallen vergebenes Lehen dem Lehnsherrn ‚Rat und Hilfe', insbesondere militärische Leistungen, aber keinerlei Abgaben oder gar Geldzahlungen einbrachte. Auch die etwa gleichzeitig entstandene Grundherrschaft über von ihm mit Land versorgte Bauern, die dem Herrn Ernteanteile und bestimmte Arbeitsleistungen schuldeten, brachte schon deswegen kein Geld ein, weil die Bauern selbst in aller Regel keines hatten. Geldverkehr war in der Entstehungszeit von Lehnswesen und Grundherrschaft fast gänzlich verschwunden, der Energietransfer innerhalb dieses als Feudalismus

## II. Verifizierung

bezeichneten Gesamtherrschaftssystems deshalb ein naturbelassener, auf Naturalabgaben und Dienstleistungen beschränkter. Dieses Herrschaftssystem, das, durch die Karolinger in Europa verbreitet und legitimiert, bis in die Neuzeit hinein Geltung behielt, wurde durch den seit dem Hochmittelalter aufkommenden Handel und Geldverkehr, der sich zumeist in befestigten Städten konzentrierte, zunehmend geschwächt. Da Geld als symbolisches Energieäquivalent in Form von Münzen, Wechseln oder Kreditbriefen wegen seiner allgemeinen Umtauschbarkeit jedes Handelgeschäft erleichtert, gewann es mit dem Aufschwung des Handels seit dem 12. Jahrhundert eine entsprechend wachsende Bedeutung für die Beschleunigung aller Wirtschaftstätigkeiten und wurde, wie in II.5 gezeigt, zuerst in oberitalienischen Kommunen zum Gegenstand eines eigenen gewinnträchtigen Wirtschaftszweigs. Große, international agierende Handelshäuser wie die Florentiner Medici, die venezianischen Cornaro, später auch die deutschen Welser und Fugger wurden deshalb im Bankgeschäft tätig und konnten damit riesige Beträge an monetären Energieäquivalenten umsetzen und – entsprechend dem reziproken Tauschprinzip – gewinnen, wodurch sie über weitaus größere Energiemengen verfügten als zeitgenössische Fürsten, Könige und Kaiser. Diese, die zunächst nur über die alten Königsrechte der *Regalien* wie Zoll-, Münz-, Berg- oder Marktrechte regelmäßige Geldeinnahmen realisieren konnten, waren oft genug gezwungen, jene Rechte an die neuen Geldfürsten der Handels- und Bankhäuser zu verpfänden, wenn sie etwa für einen Krieg teure Söldnertruppen finanzieren mussten, weil die Lehnsheere im Lauf der Jahrhunderte durch Entfremdung von Lehen und Lehnspflichten erheblich verkleinert, waffentechnisch zudem oft veraltet waren. Die ehedem so mächtigen Lehnsfürsten waren dadurch finanziell, aber auch militärpolitisch in die Abhängigkeit von reichen Bürgern geraten, sie hatten damit einen demütigenden Machtverlust hinnehmen müssen. Ganz besonders traf dies, um ein konkretes Beispiel zu nennen, auf die deutschen Könige und Kaiser des Spätmittelalters zu: Deren regelmäßige jährliche Reichseinkünfte, die zu Beginn des 14. Jahrhunderts noch bei mehr als 100 000 Gulden gelegen hatten, betrugen unter König Ruprecht (1400 – 1410) noch ca. 17 500 und unter Kaiser Sigmund (1410 – 1437) noch 13 000 Gulden, während Kaiser Friedrich III. (1440 – 1493) von den Reichseinnahmen offenbar nicht viel mehr als die Besoldung seiner wichtigsten Amtsträger bestreiten konnte. Für sonstige Kosten musste er auf die Erträge seiner Hausgüter, erhöhte Gebühren für Kanzleidienste und Gerichtsbarkeit des Reichs sowie auf Ehrengeschenke von ihm besuchter Reichsstädte zurückgreifen. Auf letztere war allerdings kein Verlass, sodass es zu peinlichen Situationen wie der im Jahre 1474 kommen konnte, in der Friedrichs Gefolge beim Auszug aus dem reichen Augsburg von aufgebrachten Herbergswirten und Handwerkern wegen unbezahlter Rechnungen mit Unrat beworfen wurde.[16]

Aber auch die Monarchen anderer europäischer Länder konnten im kommerzialisierten Spätmittelalter nicht mehr mit den Mitteln des urtümlichen naturalwirtschaftlich funktionierenden Feudalsystems wirksam regieren. Sie alle benötigten in dem zunehmend monetarisierten Wirtschaftsleben Europas Geldmittel der von ihnen regierten und zumindest halbwegs geschützten Bevölkerung, und zwar gerade der am ehesten darüber verfügenden, aber eben außerhalb der ‚Lehnspyramide' stehenden Kaufleute, Bankiers und Frühindustriellen. An deren Geldmittel zu gelangen war nur mit Hilfe von ‚Parlamenten' möglich, in die neben den alten Eliten des Lehnssystems, den mit Königslehen und -rechten ausgestatteten geistlichen und weltlichen Vasallen auch Vertreter der Städte oder – wie im politisch fortschrittlichen England – ganzer Bezirke (*shires*) zur Mitberatung und -gestaltung der Landespolitik eingeladen und – im Gegenzug – zu deren Mitfinanzierung verpflichtet wurden.

Insofern war es kein Zufall, dass Parlamente – allerdings unter so unterschiedlich klingenden Namen wie *cortes, état généraux, Generalstaaten, Reichstagen, Snem* oder *Se`ym* – gerade in den europäischen Staaten des 13. und 14. Jahrhundert entstanden[17], also in der Zeit der sich in Europa durchgreifend ausbreitenden Geldwirtschaft. Wir haben es bei diesem von Land zu Land durchaus unterschiedlich organisierten, arbeitenden und wirksamen Parlamentarismus mit den Anfängen eines verfassungsmäßigen Übergangs vom agrarisch fundierten ‚Feudalstaat' zum kommerziell mobilisierten Korporationsstaat zu tun, in welchem die drei Stände des Klerus, Adels und des – noch nicht genau benannten – ‚Dritten Standes' korporativ unter der Führung des Monarchen zur Erhaltung des nun auch territorial sich arrondierenden Gemeinwesens zusammenwirkten. Die Initiative zur Bildung und Einladung von Parlamenten ging dabei immer vom Monarchen aus[18], der sie ja nur einberief, um in einer monetarisierten gesellschaftlichen Umwelt zahlungs- und damit regierungsfähig zu bleiben. Bei der verfassungsmäßigen Neuerung des – wie wir wissen – so zukunftsträchtigen Parlamentarismus handelt es sich mithin wieder einmal um die ‚Notgeburt' einer aus spezifischem Energiemangel entwickelten Hilfskonstruktion zur Behebung dieses Mangels. Energetisch ging es um die subsidiäre Einbeziehung von Energie-Transfer in Geldform von Seiten nichtadliger Laien an die monarchische Spitze in die im Lehnwesen übliche Ener-

## II. Verifizierung

gieübertragung in Form direkter persönlicher Hilfeleistung, die, wenn es um Kriegsdienste ging, gerne verzögert, vermindert, wenn nicht ganz vermieden wurde. Im Parlament bewilligte Steuergelder führten dagegen, auch wenn unwillig gezahlt, nicht nur zu einem jederzeit verfügbaren Machtzuwachs für den Monarchen, sondern auch zu einem flächendeckenden Zusammengehörigkeitsgefühl der gemeinsam die öffentlichen Lasten tragenden Landesbevölkerung und damit zu Anfängen von Nationalgefühl, das sich ebenfalls nicht zufällig gerade in dieser Zeit entwickelte und in den großen Konzilien von Basel und Konstanz erstmals als Organisations- und Abstimmungsprinzip diente.

Solch beginnendes Nationalgefühl musste im Rahmen der durchaus noch in Geltung befindlichen Lehnspyramide vor allem deren monarchischer Spitze zugute kommen, also die Königsmacht zusätzlich stärken, wenn es dieser gelang, durch Leistung oder Glück vor allem im Krieg einen gefährlichen Landesfeind abzuwehren oder einen im Lande stehenden zu vertreiben. Einen solchen gelungenen Befreiungskrieg von drückender Fremdherrschaft hatte das französische Königreich in seinem Hundertjährigen Krieg (1339 – 1453) gegen England zu durchstehen, dessen König den größeren Teil Frankreichs als Lehnsherr beherrschte und nach dem Aussterben des fränkischen Königsgeschlechts der Kapetinger auch nach der französischen Krone griff. In den langwierigen, überwiegend militärischen Auseinandersetzungen, die sich deshalb zwischen der englischen Krone einerseits, französischen Kronprätendenten, aber auch Bürgern und Bauern – repräsentiert vor allem durch die legendäre Jungfrau von Orleans – andererseits abspielten, konnte sich die französische Seite schließlich nur durch den Einsatz von ständigen Infanterie- und Kavallerieeinheiten der sogenannten Ordonnanzkompanien behaupten, deren Finanzierung durch eine direkte Einkommensteuer auf bäuerliche und stadtbürgerliche Einkommen ermöglicht wurde. Mit dieser seit 1439 ständigen, angesichts ihrer Notwendigkeit sogar ohne ständische Bewilligung erhobenen und gezahlten Steuer und dem damit finanzierten ‚stehenden Heer' der Ordonnanzkompanien waren dem französischen Königtum zwei wichtige Machtinstrumente zugewachsen, die als grundlegende Bausteine absolutistischer Herrschaft zu festen Einrichtungen des französischen Staates wurden.[19]

Einen noch langwierigeren Befreiungskrieg hatte bekanntlich das christliche Spanien gegen die im 8. Jahrhundert über die iberische Halbinsel ausgebreitete Herrschaft der islamischen Mauren in der Reconquista zu bewältigen, die erst 1492 mit dem Sieg der miteinander verheirateten Könige

Ferdinand von Aragon und Isabella von Kastilien über das wohlhabende und gut befestigte Königreich Granada zu einem erfolgreichen Abschluss gebracht werden konnte. Das für diesen triumphalen Abschluss des Jahrhunderte dauernden spanischen ‚Kreuzzugs' gegen den Islam vom Papst mit dem Titel der ‚Katholischen Könige' geehrte Paar hatte den immerhin elf Jahre dauernden und mit großem militärischem Aufwand auch an moderner Artillerie geführten Krieg gegen Granada noch weitgehend aus Mitteln der Lehnsherrschaft bestreiten können, weil die erst während der Reconquista durch Vergabe von wieder erobertem Land entstandenen Lehnsbindungen noch frisch und nicht, wie im übrigen Europa, durch Entfremdung geschwächt und vermindert waren. So befanden sich die ertragreichen Markt-, Münz-, Salz- und Bergregalien ebenso wie alle wichtigen Städte und Messeorte Kastiliens noch fest in der Hand der Krone, und es galt die unbedingte Gefolgschaftspflicht aller Grundherren gegenüber dem König[20], sodass sich für diesen teure Söldner erübrigten. Die Katholischen Könige sahen sich deshalb auch nicht von mächtigen Vasallen gefährdet, sondern – selbst nach dem Sieg über Granada – nach wie vor nur durch den Islam bedroht, der in Gestalt der im Mittelmeer nach Westen vorstoßenden Türken, der wirtschaftlich und religiös mit Granada in engem Kontakt stehenden maurischen Reiche in Nordafrika, den von dort aus die spanischen Küsten behelligenden islamischen Piraten und schließlich mit der starken islamischen Minderheit im eigenen Land als schwer berechenbares Gefahrenspektrum präsent blieb. Gerade wegen des letztgenannten Unsicherheitsfaktors gingen die Katholischen Könige daran, gegen einigen Widerstand der römischen Kurie eine staatlich kontrollierte Inquisitionsbehörde zur Überprüfung formell zwar getaufter Mauren, sogenannter Moriskos, und auch getaufter Juden aufzubauen, deren christliche Zuverlässigkeit zweifelhaft erschien. Die Oberhoheit der Krone über die spanischen Ritterorden, die königlichen Patronatsrechte über die in Granada, den kanarischen Inseln und den von Kolumbus für die Könige in Besitz genommenen überseeischen Gebieten neu aufgebaute kirchliche Organisation sowie die staatlich angeordnete Überprüfung auch der alten spanischen Ordenseinrichtungen und des Weltklerus ließ nach der Vertreibung aller ungetauften Mauren und Juden aus Spanien dort ein purifiziertes Staatskirchentum entstehen, das – im Vergleich zu Frankreich – eine andere Facette absolutistischer Herrschaftspraxis entwickelte.[21]

Im französischen wie im spanischen Fall waren es also langwierige Energieverluste an Fremdherrscher – im einen Fall an die englische Krone, im anderen an islamische Mauren – die es dem jeweiligen Befreier von dieser Last, in Frankreich Karl VII., in Spanien den Katholischen Königen, er-

## II. Verifizierung

möglichten, alle für die Befreiung nötigen Machtmittel, also Energiebeträge, die das Land dafür aufbringen konnte, in ihrer Hand zu bündeln und – um Fremdherrschaft dauerhaft auszuschließen – auch weiterhin festzuhalten. Der jeweiligen Gefahr entsprechend wurde dabei in Frankreich mit stehendem Heer und dessen Finanzierung in Form einer von Bürgern und Bauern erhobenen Kopfsteuer (*taille*), in Spanien mit Inquisition, Vertreibung Andersgläubiger und königlicher Kirchenherrschaft das jeweils angemessene Gegenmittel gegen neue Fremdherrschaft institutionalisiert und auf diese Weise die Basis des Absolutismus geschaffen. Auch diese Herrschaftsform entpuppt sich damit als eine Methode zur Überwindung und künftigen Vermeidung von Energieverlusten davon betroffener Gesellschaften. Sie wurde im Lauf der Zeit – ergänzt und vervollständigt um weitere Elemente – von allen europäischen Monarchien praktiziert, am vollständigsten und wirksamsten aber in den beiden genannten Vorreitern Frankreich und Spanien, weil diese am dauerhaftesten fremdherrschaftlichem Energieentzug ausgesetzt gewesen waren.

Die im Vergleich zu Spanien und Frankreich weniger vollständige Ausbildung absolutistischer Herrschaft in England, Schweden und dem Heiligen Römischen Reich deutscher Nation erklärt sich demnach aus der Tatsache, dass diese Monarchien nicht vollständig, für einen längeren Zeitraum oder direkt einer Fremdherrschaft unterworfen waren, von der sie sich, um Energieverluste zu beenden, hätten freikämpfen müssen. So hatten die Habsburger zwar längere Befreiungskriege gegen die türkischen Besatzer Ungarns durchzustehen, das aber nur ein Nebenland ihres weitgespannten Reichs darstellte, während die türkischen Vorstöße ins österreichische Kernland jeweils rasch und mit auswärtiger Hilfe zurückgeschlagen werden konnten (1529 und 1683). Der Absolutismus deutscher Landesfürsten entwickelte sich in ausgeprägterer Form erst nach dem Dreißigjährigen Krieg. Er ist als Reaktion besonders betroffener Fürstentümer auf schwerwiegende Energieverluste durch Requirierungen, Plünderungen und Zerstörungen seitens fremder Truppen sowie anschließender Fremdherrschaft in Randgebieten (Elsass, den Bistümern Metz, Toul, Verdun, Bremen und Verden mit den nördlichen Flussmündungen des Reichs) infolge der Bedingungen des Westfälischen Friedens zu verstehen.

Dass England schon wegen seiner Insellage nach der Herrschaftsübernahme durch die Normannen seit 1066 von auswärtiger Fremdherrschaft verschont blieb, erklärt umgekehrt die weitgehende Abstinenz seiner Könige von absolutistischer Herrschaftspraxis. Deren immerhin vorhandene Ansätze unter Edward IV. und seinen erfolgreicheren Nachfolgern sind ebenfalls aus einem dreißigjährigen Krieg hervorgegangen, den sogenannten Rosenkriegen (1455

– 1485), bei denen es sich zwar um keinen Befreiungskrieg von fremder Herrschaft handelte, in dessen Verlauf aber immerhin Anfänge einer solchen in Form häufiger schottischer Einfälle zurückgeschlagen werden mussten.[22]
– Ähnliches gilt für Schweden, das nicht durchgehend und mit allen seinen Bevölkerungsteilen gegen die Union mit Dänemark und Norwegen Front machte, aber doch zeitweise und mit wichtigen gesellschaftlichen Gruppierungen. So wurde der Aufstand unter Engelbrecht Engelbrechtson von 1434 überwiegend von Bauern getragen, während der Widerstand des schwedischen Königs Gustav I. Wasa gegen die erneuerte Unionspolitik Christians II. von Dänemark wohl von der Mehrheit des Adels, des Bürgertums und der Bauern, aber nur von wenigen Angehörigen des höheren Klerus unterstützt wurde. Dem entsprechend fand der Absolutismus des schwedischen Königs seinen Schwerpunkt in der Besteuerung kirchlicher Einnahmen und der Konfiszierung ‚überflüssigen' Kirchenbesitzes.[23]

Gerade die halben Gegenbeispiele des Habsburgerreichs, mancher deutschen Fürstentümer, Englands und Schwedens bestätigen somit unsere Annahme, dass ausgereifte absolutistische Systeme nur aus langwierigen Befreiungskriegen gegen flächendeckende Fremdherrschaft mit entsprechend tiefgreifenden kollektiven Energieverlusten erwuchsen, während in dieser Entwicklungsepoche moderner Staatlichkeit andersartige militärische Auseinandersetzungen schwerwiegender oder langwieriger Art wohl absolutistische Tendenzen, Ansätze oder Teilsysteme, nicht aber repräsentative und absolutistisch durchgebildete Großmächte entstehen ließen.

Die bisherige Betrachtung ergab, dass der im allmählichen Übergang vom Spätmittelalter zur Neuzeit sich ausbildende Absolutismus aus einer Mehrzahl von Abwehrmaßnahmen kommerzialisierter Feudalsysteme gegen Energieentzug durch eine systemfremde Papstkurie, dem Lehnswesen ebenfalls nicht zugehörige Händler, Bankiers und fremde Feudalherrscher entstanden ist. Dies heißt natürlich nicht, dass absolutistische Politik gegen das Christentum, gegen Handel und Wandel und Feudalherrschaft als solche gerichtet war, vielmehr wurden diese gesellschaftlichen Erscheinungen lediglich ‚nationalisiert', also einer Binnenpflege durch den absolutistischen Staat unterworfen. Dies war notwendig, um ihn gegen die energietechnisch überlegenen Fremdsysteme zu immunisieren, also den von diesen drohenden weiteren Energieentzug zu beenden oder wenigstens zu vermindern und sich dadurch in der veränderten gesellschaftlichen Umwelt behaupten zu können. Diese Methode der Immunisierung durch Nachahmung erfolgreicher Energieerwerbstechnik anderer soll im Folgenden am Beispiel des dabei besonders erfolgreichen französischen Königtums dargestellt werden.

II. Verifizierung

*C) Frankreich unter Ludwig XIV. als Beispiel
absolutistisch organisierter Energietechnik*

a) Nachahmung kirchlicher Energiegewinntechniken
durch die französische Königsherrschaft

Die Kirche hatte sich im Laufe des Mittelalters mit Erfolg auf die Normierung von schwer überschaubaren Gesellschaften spezialisiert und dabei ein hierarchisch geordnetes, verschiedenste Gesellschaften zur abendländischen Christenheit zusammenfassendes Kommunikationssystem geschaffen. Dieses war von seiner organisatorischen Spitze, der päpstliche Kurie, während ihres ‚Exils' in Avignon (1309 – 1378) insbesondere unter Papst Johannes XXII. wegen fehlender Einkünfte aus dem Kirchenstaat finanztechnisch so perfektioniert worden, dass dies „für alle Staaten Europas zum bewunderten Vorbild wurde" (Hellmut Diwald). Mit dem beschriebenen System der Annaten, Reservationen und Exspektanzen gelang es der Kurie, ohne materiellen Herrschaftsbereich, also quasi aus dem Nichts, außer dem Riesenbau des neuen Papstpalastes einen dort tätigen umfangreichen Verwaltungsapparat zu finanzieren, der in Europa nicht seinesgleichen hatte.
Der Versuch, dieses erfolgreiche System nachzuahmen, lag für die ins finanzielle Hintertreffen geratenen Feudalherrscher Europas in zweierlei Hinsicht nahe. Einmal konnte man damit die desolaten fürstlichen Finanzen sanieren, und zum anderen versprach die Normierungskraft eines kirchenähnlichen Regierungssystems den Zusammenschluss verschiedener Teilgesellschaften, also von halbautonomen oder bislang fremden Landesteilen oder Stadtrepubliken unter königlichem Oberhaupt. Insofern ist es kein Zufall, dass sich die Könige der Zeit immer wieder hohe Prälaten als erste Berater, Kanzler, ja Regenten bestellten, mit denen man im genannten Sinn auf die größten Erfolge hoffen konnte.
In Frankreich haben dementsprechend zwei Kardinäle, Richelieu und Mazarin, den staatlichen Absolutismus ausgebaut, der unter Ludwig XIV. dann weitgehend vollendet wurde. Auch unter Ludwigs Herrschaft hatten Kleriker wie die Bischöfe Bossuet und Fénelon speziell im Bereich der Normierung der staatlichen Ideologie, nämlich als Prinzenerzieher, Hofprediger und staatstheoretische Schriftsteller wichtige Funktionen. Besonders Bossuet war es, der die königliche Alleinherrschaft mit dem Gedanken rechtfertigte, der König sei als Gottes Stellvertreter auf Erden zu betrachten, ein Legitimationsargument, das traditionellerweise das Papsttum für sich verwandt hatte. Und wenn Bossuet in seiner „Politique" (1709) erklärt, sofern der König geurteilt habe, gebe es kein anderes Urteil[24], so wurde

## 6. Konfessionelle und absolutistische Spaltungen Europas

dadurch einfach die päpstliche Entscheidungshoheit in kirchenrechtlichen Verfahren auf eine weltliche Instanz übertragen. Die königliche Autorität sei väterlich, mein Bossuet weiter, eine Formel, die im deutschen ‚Landesvater' oder russischen ‚Väterchen Zar' Entsprechungen fand, welche die unmittelbare begriffliche Beziehung zum Papst (lat. *papa*) herstellte. Aus dieser Klerikalisierung, wenn nicht Vergöttlichung des Monarchen, die von Ludwig zielbewusst im Sonnenemblem und Hofzeremoniell gefördert wurde, ergab sich für den König die Basis absoluter Gehorsamsforderung, aber auch großzügiger Gnadenerweise gegenüber seinen Untertanen. Beides ließ sich für ein System der Steuerakkumulation unter königlicher Verfügbarkeit nutzbar machen. Dabei entsprach die direkte Besteuerung mit der *taille,* der im absolutistischen Staat zunächst fast ausschließlich der arbeitende Dritte Stand der Bauern und Bürger unterworfen wurde[25], dem Kirchenzehnt des Mittelalters (der zur Finanzierung der französischen ‚Nationalkirche' außerdem beibehalten wurde), während die *don gratuits,* also die sogenannten freiwilligen Geschenke, die Geistlichkeit und Provinzialversammlungen dem König bei dessen Ungnade zu gewähren hatten, päpstlichen Stiftungs- und Spendenforderungen gleichgesetzt werden können.

Um die aus der französischen Kirche dem König entsprechend dem Konkordat von Bologna von 1516 zufließenden Gelder zu vermehren, beanspruchte Ludwig XIV. seit 1673 nicht nur die ihm aufgrund dieses Konkordats zustehenden Einnahmen aus Pfründen vakanter Bistümer, sondern auch das Patronatsrecht zur Besetzung niederer Benefizien[26], wodurch er auch für diese die Nutznießung während der Vakanz erreichte. Die monarchische Regierung versuchte also nicht nur den in Form von Annaten und Spolien direkt an die römische Kurie fließenden Geld- oder Wertsachenstrom auf die eigenen Mühlen zu lenken, sondern auch Einnahmen französischer Bistümer. Dies traf indirekt allerdings wiederum die Kurie, der nach wie vor das Investiturrecht für die französischen Bistümer zustand, das ihr über Annaten und Palliengebühren Geldzahlungen aus französischen Bistümern sicherte, deren Höhe aber von deren Zahlungsfähigkeit abhing. Wurde diese durch Maßnahmen wie die Reduzierung des geistlichen Regalienrechts seitens des Monarchen geschmälert, musste es zum Streit mit dem Papst kommen.

Im Laufe dieses sogenannten Regalienstreits suchte Ludwig XIV. seine Position gegenüber der Kurie durchzusetzen, indem er 1682 eine Versammlung des höheren französischen Klerus die von Bossuet verfassten vier ‚Gallikanischen Artikel' beschließen ließ, die den Suprematsanspruch des Papstes über die französische Kirche beseitigen sollten. Dass die Artikel keine dauernde faktische Bedeutung erlangten, lag vor allem an der um

## II. Verifizierung

sich greifenden presbyterianischen Bewegung des Jansenismus, die das Gebäude der episkopalischen Kirchenverfassung und damit jede Möglichkeit fiskalischer Geldabschöpfung im kirchlichen Bereich gefährdete. Zur Abwehr dieser systemsprengenden Volksbewegung schien dem König deshalb eine Verständigung mit dem Papst vonnöten, die er 1693 durch inoffizielle Rücknahme der Gallikanischen Artikel einleitete.[27]
Sein vitales Interesse an der Erhaltung des traditionellen episkopalischen Kirchensystems in Frankreich hatte Ludwig bereits 1685 mit dem Edikt von Fontainebleau bekundet, mit dem er die den Hugenotten im Edikt von Nantes (1598) gewährten Rechte und Sicherheiten wieder aufhob. Dabei gewannen die Maßnahmen zur Durchsetzung des Edikts von Fontainebleau mit ‚Dragonaden', Ausweisung und Enteignung Nichtbekehrter, Überwachung Konvertierter und öffentlicher Leichenschändung von Konvertiten, die auf dem Sterbebett die letzte Ölung verweigert hatten[28], durchaus den Charakter königlicher Ketzerverfolgungen nach spanischem Muster.
Auch die Ausdehnung königlicher Herrschaft über die Provinzen des Landes mit Hilfe der Intendanten, die – ähnlich wie Erzbischöfe und Bischöfe innerhalb der katholischen Kirche – die Aufgabe hatten, Erlasse und Wünsche der Zentrale an die Basis zu vermitteln und deren Befolgung zu überwachen, stellt eine Übernahme kirchlicher Praxis in die absolutistische Staatsregierung dar. Dass dies keine bloß theoretische Konstruktion ist, zeigt die inhaltliche und argumentative Identität der Briefwechsel, die Colbert anlässlich der königlichen Forderung nach *don graduits* einerseits mit Intendanten, andererseits mit dem Erzbischof von Toulouse als dem Verbindungsmann zum französischen Klerus führte.[29] In beiden Fällen geht es darum, die jeweilige Vertreterversammlung (der Provinz bzw. des Klerus) zur bedingungslosen Erfüllung königlicher Geldforderungen zu bewegen, wobei sich gerade die Zwischenschaltung von Mittelsmännern (Colbert, Intendant bzw. Erzbischof) als äußerst wirkungsvoll erwies, weil so die jeweilige Bewilligungskörperschaft außer Lage versetzt wurde, mit dem König wegen dessen Forderungen auch nur verhandeln zu können. Wiederum liegt hier eine genaue Entsprechung zum römisch-katholische Herrschaftssystem vor, insofern für das Kirchenvolk der fern in Rom residierende Papst niemals Diskussions- oder gar Verhandlungspartner werden konnte, weil räumliche und hierarchische Distanz dies verhinderten.

Damit wird eine weitere strukturelle Eigentümlichkeit absolutistischer Herrschaft als Adaption päpstlicher Praxis begreifbar, nämlich die Statuierung des Monarchen in der Residenz, die Distanzierung selbst des Hofadels mit Hilfe des streng geregelten Zeremoniells und der Beschränkung seiner

## 6. Konfessionelle und absolutistische Spaltungen Europas

Kommunikation mit dem König auf unterwürfiges Bitten.[30] Deren nur vom königlichen Willen bestimmte Beantwortung durch ‚Gnadenerweise' stärkte wiederum Ludwigs Stellung als väterlicher Statthalter Gottes. Zum Hofzeremoniell von Versailles gehörte als wichtiger Bestandteil der Gottesdienst, der in der im Schloss befindlichen Kirche tagtäglich unter Teilnahme des Königs zelebriert wurde, womit sich eine weitere Entsprechung zu päpstlichen Gepflogenheiten ergab. Seine Stellung als „Allerchristlichster König", wie sich Ludwig XIV. – offensichtlich in bewusster Übertrumpfung der spanischen Katholischen Könige selbst titulierte, – suchte er zudem durch heiligmäßige Demonstrationen wie strenge Einhaltung der Fastentage, an Armen vorgenommene Fußwaschungen sowie Berührung im Schlosshof versammelter Skrofulose-Kranker zum Zweck ihrer Heilung zu legitimieren.[31]

Suchen wir aus den dargestellten Einzeldaten die Grundstruktur der ‚Kirchenpolitik' Ludwigs XIV. zu bestimmen, so ergibt sich Folgendes: Im Unterschied zu reformatorischen Abwehrversuchen kurienzentrierter Energieabschöpfung, wie sie in Frankreich seitens der Hugenotten und Jansenisten versucht wurden, suchte Ludwig das überkommene Kirchensystem zu erhalten, aber seiner Herrschaft zu unterwerfen, um es energetisch an das französische Königreich anbinden zu können. Man könnte diese Strategie auch als zumindest teilweise finanzpolitische Abnabelung der katholischen Kirche Frankreichs von der römischen Kurie bezeichnen, die das Ziel verfolgte, zuvor nach Rom fließende Energie in Form klerikalen Geldtransfers dem französischen Staat zuzuleiten.

b) Nachahmung von Energiegewinntechniken städtischer Handels- und Wirtschaftszentren durch die französische Königsherrschaft

Dass der absolutistische Staat wirtschaftliche Energiegewinntechniken von städtischen Handelzentren übernahm, ist bei der Analyse dieser Staatsform von jeher ausführlich dokumentiert und herausgestellt worden, indem man den sogenannten Merkantilismus als einen wesentlichen Teil absolutistischer Politik einordnete. Schon der Begriff knüpft an die Geschäftspraktiken des Kaufmanns (lat. *mercator*) an, ebenso wie die von maßgeblichen Initiatoren aufgestellten Grundsätze der so bezeichneten Wirtschaftspolitik und die daraus abgeleiteten Maßnahmen. Auch hinsichtlich des Personals bediente man sich entgegen feudalistischer Tradition zunehmend solcher Männer zur Nachahmung von Händlergesellschaften, die das Metier des Kaufmanns von Grund auf gelernt hatten. Colbert, der maßgebliche Schöp-

## II. Verifizierung

fer des französischen Merkantilismus, Ludwigs erster und wichtigster Minister, der schließlich mit Ausnahme der Ressorts für Kriegswesen, Äußeres und Polizei alle wichtigen Kompetenzen und Ämter in seiner Hand vereinte[32], war Sohn eines Tuchhändlers und als solcher besonders geeignet, die neue, auf Belebung des Handels gerichtete Wirtschaftspolitik Frankreichs zu gestalten. Seine diesbezüglichen Grundgedanken hat er besonders deutlich in der Vorlage für das erste vom König geleitete *Conseil de Commerce* vom 3.8.1664 niedergelegt.[33] Darin bezeichnet Colbert – wenigstens für seine Zeit zutreffend – Handelspolitik „großer und mächtiger Staaten" als ein Novum und als nur durch „die Not" veranlasste Maßnahme, was genau unseren eingangs angestellten Überlegungen entspricht, nach denen der Absolutismus – hier eben in seinem wirtschaftspolitischen Aspekt – nur als eine die finanzielle „Not" des Staates abwendende Nachahmung erfolgreicherer Gesellschaftstypen zu verstehen ist.[34] Anschließend beschreibt Colbert in der genannten Denkschrift ausführlich die Praktiken und die Entwicklung des spanischen, portugiesischen, holländischen und englischen Überseehandels, um dann die für den französischen Außenhandel noch verbleibenden Möglichkeiten zu bedenken. Nach einer Erörterung der Vor- und Nachteile, die sich für einen großen Agrarstaat wie Frankreich aus dem Handel ergeben würden, kommt er schließlich unter dem Gesichtspunkt, „dass es einzig und allein der Reichtum an Geld ist, der die Unterschiede an Größe und Macht zwischen den Staaten begründet", zu dem Schluss, nur durch eine Aktivierung der Außenhandelsbilanz, eine Anregung des Binnenhandels sowie die Vermehrung der französischen Handelsschiffe zur Nationalisierung des überseeischen Zwischenhandels seien die „Macht, Größe und Wohlhabenheit des Staates" zu erreichen.[35]

Diesen Grundsätzen entsprechen die während Colberts Amtszeit tatsächlich um ein Vielfaches vergrößerte französische Handelsflotte[36] und die Gründung von kolonialen Handelsstützpunkten nach dem Vorbild der Portugiesen, Holländer und Engländer sowie die vor allem spanischem Beispiel folgende Gründung der nordamerikanischen Kolonie Louisiana. Noch intensiver als dem Außenhandel konnte sich Colbert der Förderung des Binnenhandels widmen, die mit der europäischen Eroberungspolitik seines Königs nicht in so direktem Spannungsverhältnis stand wie seine überseeischen Projekte. Innerhalb Frankreichs also setzte er den aufwendigen Bau des *Canal du Midi* durch, machte den Intendanten Flussbegradigungen, Straßenverbesserungen und die Beseitigung von Binnenzöllen zur – allerdings nicht immer bewältigten – Aufgabe. Als Ziel setzte er sich dabei einen „freien Verkehr zwischen sämtlichen Untertanen des Königs", also die Etablierung eines großen, gesamtfranzösischen Marktes, womit wiederum

## 6. Konfessionelle und absolutistische Spaltungen Europas

ein wesentliches Kennzeichen von städtischen Händlergesellschaften und ihren Städtebünden nachgeahmt werden sollte. Auch die von Colbert emsig betriebene Ansiedlung von Gewerbebetrieben in der Form der Manufaktur entsprach durchaus der produktionstechnischen Entwicklung in größeren Städten und deren Territorium als den gewinnbringendsten und daher reichsten Gemeinwesen der damaligen Zeit. Unmittelbar standen Colbert dabei offensichtlich die holländische Spitzenklöppelei, die flandrische, englische, vielleicht auch florentinische Tuchfabrikation sowie die venezianische Glasbläserei vor Augen, denn Vertreter dieser Branchen wurden zu günstigsten Bedingungen in Frankreich angesiedelt[37], um über den Export von Luxuswaren und die Verringerung von deren Einfuhr eine aktive französische Handelsbilanz zu erreichen.

Dass die in staatlich geförderten Manufakturen gefertigten Waren auf richtige Maße und gute Qualität hin untersucht wurden, entsprach ebenfalls langer Tradition städtischer Händlergesellschaften, die immer darauf angewiesen waren, durch Lieferung guter Ware ihren Absatzmarkt zu stabilisieren, wenn nicht zu erweitern. Nahmen in den Stadtgesellschaften des Mittelalters Marktrichter und Zunftmeister diese Qualitätskontrollen vor, so im Frankreich Ludwigs XIV. die von Colbert mit Hilfe der Intendanten einer strikten staatlichen Aufsicht unterworfenen Zwangszünfte in Stadt und Land.[38] Alten Markt- und Stadttraditionen entsprach auch die Normierung und damit Sicherung des französischen Handels durch ein vom König erlassenes Handelsgesetzbuch, das nach dem Text der Präambel „unter den Kaufleuten Treu und Glauben sichern und einer Behinderung ihrer Tätigkeit durch lange, ihr Vermögen aufzehrende Prozesse vorbeugen" sollte.[39]

Weitere Entsprechungen gerade zur Stadt als der erfolgreichen Spätform früher Händlergesellschaften sehen wir in dem Schutzzollsystem, mit dem Frankreich ähnlich dem mittelalterlichen Mauerzoll städtischer Kommunen umgeben wurde und das genau wie dort den einheimischen Anbietern ökonomische Vorteile vor ihren auswärtigen Konkurrenten sichern sollte. Diesem wirtschaftlichen Schutz entsprach der militärische, den in der mittelalterlichen Stadt die Mauer mit ihren Türmen und Vorwerken, aber auch die zu steter Kampfbereitschaft verpflichtete Bürgerschaft gewährleisteten. Der französische Territorialstaat kam diesem Vorbild mit einem Gürtel von Festungen, der militärisch und politisch immerhin streckenweise erreichten Ausdehnung bis an die natürlichen Schutzgrenzen des Rheins und des Schweizer Juragebirges sowie seinem stehenden Heer immerhin nahe.

Die Nachahmung erfolgreicher Händlergesellschaften war überdies offen ausgesprochener und auch befolgter Grundsatz der Politik Colberts. Dies soll abschließend eine seiner Feststellungen aus der schon zitierten Denk-

273

schrift belegen: „Je mehr wir die Handelsgewinne, die die Holländer den Untertanen des [französischen] Königs abnehmen, und den Konsum der von ihnen eingeführten Waren verringern können, desto mehr vergrößern wir die Menge des hereinströmenden Bargeldes und vermehren wir die Macht, Größe und Wohlhabenheit des Staates." [40]

### c) Elemente feudalistischer Fremdherrschaft im französischen Absolutismus

Wir haben weiter oben bereits dargelegt, dass erste Elemente des französischen Absolutismus wie stehendes Heer und dessen Finanzierung durch die *taille* im langwierigen Befreiungskampf des Landes gegen die ausgedehnte Fremdherrschaft der englischen Krone entstanden sind. Aus französischer Perspektive musste daher auch feudalistische Fremdherrschaft als eine nachahmenswerte Energietechnik gelten, mit der, angewandt gegenüber Konkurrenten, Frankreichs Größe und Macht erweitert und befestigt werden konnte. Fremdherrschaft kann von agrarisch fundierten Feudalstaaten, nicht anders als durch militärische Eroberung und Besetzung errichtet werden. Ihre Legitimierung erfolgt entweder religiös, durch historisch begründete oder Erbschafts- bzw. Mitgiftansprüche. Inmitten christlicher Konkurrenzstaaten kamen für Ludwig XIV. nur die drei letztgenannten Legitimationsgründe in Betracht, von denen er denn auch bei seiner aggressiven Außenpolitik ausgiebigen Gebrauch machte.

Die jeweilige Militäraktion wurde – mit den Ausnahmen des Krieges gegen Holland und der Einnahme Straßburgs – durch die Verkündung eines juristisch begründeten Besitzanspruchs auf das begehrte Objekt vorbereitet. Im Fall des sogenannten Devolutionskriegs gegen die Spanischen Niederlande wurde dieser mit vorenthaltenen Mitgiftanteilen der spanischen Gattin Ludwigs sowie dem in Teilen der Niederlande im privaten Bereich geltenden Erbrecht (der ältesten Tochter aus erster Ehe vor dem der Söhne aus zweiter Ehe) juristisch fragwürdig verknüpft. Den Pfälzischen Krieg rechtfertigte die französische Politik mit dem angeblichen Erbanspruch der pfälzischen Prinzessin Liselotte, einer Schwägerin des Königs. Beim Spanischen Erbfolgekrieg berief sich Ludwig auf das durch seine Gemahlin auf den gemeinsamen Enkel Philipp vermittelte Erbrecht. Zur Rechtfertigung der sogenannten Reunionen wurden französische Gerichtshöfe damit beauftragt, die ehemalige Lehnsabhängigkeit inzwischen zum deutschen Reich gehörender Gebiete im Elsass von inzwischen unter französischer Vogtei stehenden Besitzungen nachzuweisen und durch einen lehnsrechtlichen Urteilsspruch wieder herzustellen. Nach ergangenem Urteil wurde den betroffenen Fürsten und Herren

der Lehnseid gegenüber dem französischen König abgefordert, dessen Verweigerung zur anschließenden gewaltsamen Konfiskation der beanspruchten Gebiete durch französische Truppen führte.[41]
Bei solchem Vorgehen – darauf kommt es uns in diesem Zusammenhang vor allem an – tat Ludwig nichts anderes, als die über Jahrhunderte angewandten Praktiken der englischen Krone in Frankreich nun gegenüber Dritten anzuwenden. Das Ergebnis war ein persönlicher, lehns-, erb- oder eherechtlich begründeter Herrschaftsanspruch über die Bewohner der erworbenen Gebiete, also eine Erweiterung des überkommenen fränkischen ‚Personenverbandsstaats'.
Dessen Prinzip wurde innerhalb des Hoflebens von Versailles außerdem in der täglichen Herrschaftspraxis aufs neue belebt. So wurden in der Tradition des mittelalterlichen kapetingischen Königshofs bestimmte, ausschließlich an das Hofleben gebundene Ämter geschaffen, mit denen der König solche Adligen auszeichnete, die in seiner besonderen Gunst standen, die aber im Unterschied zu den mittelalterlichen Hofamtsträgern nicht mit Lehen, sondern mit – jederzeit entziehbaren – Geldzahlungen (Pensionen oder Gnadengeschenken) entlohnt wurden.
Der Komment, den Ludwig XIV. beispielgebend bei Hof vorlebte und forderte, entsprang ebenfalls feudaler, genauer: höfisch-ritterlicher Tradition. Dies zeigte sich im Tragen des funktionslos gewordenen Schwertes[42], im stilisierten und kultivierten Minnedienst in der Form des Mätressenwesens und der gestischen Unterwerfung des Königs noch unter die letzte Hofdame[43] sowie bei aufwendigen Ritterspielen, bei denen der im Harnisch auftretende König mit dem Hofadel als seinem Gefolge wohlberechnet vor einer breiteren Öffentlichkeit in Erscheinung trat. Aber nicht nur auf symbolische Weise suchte Ludwig ritterliches Verhalten zu beweisen, vielmehr gab er sich auch im Kriege, wo es ohne größere Gefahr für sein Leben möglich war, als kampftüchtiger Feldherr und Krieger.[44]
Lassen sich die bisher genannten mittelalterlich-feudalistischen Elemente des französischen Absolutismus auch einfach als Traditionalismus deuten, in dem nicht unbedingt Relikte der Nachahmung englischer Fremdherrschaft über große Teile Frankreichs gesehen werden müssen, so können die folgenden Praktiken der ludovizischen Herrschaft nur als fremdherrschaftlich bezeichnet werden.
Über das Verhältnis zu seinen Untertanen hat sich Ludwig XIV. in seinen für den Thronfolger bestimmten *Memoires* in dem Sinne ausgesprochen, dass der in Frankreich vordem übliche freie und ungehinderte Zugang der Untertanen zu ihrem Fürsten von ihm, Ludwig, nach Maßgabe der Vernunft eingeschränkt worden sei und dass „unsere hohe Stellung uns in ge-

## II. Verifizierung

wisser Weise von unseren Völkern entfernt".[45] Neben dieser bewussten Distanzierung vom eigenen Staatsvolk, welche die Tendenz zur Errichtung einer Fremdherrschaft über dieses noch sehr unbestimmt kennzeichnet, betont Ludwig an anderer Stelle derselben Schrift die Notwendigkeit, als sein eigener Premierminister die Übersicht und Kontrolle über die gesamte Staatsregierung auszuüben, und zwar unter Ausschaltung von Leuten „höheren Ansehens", um „die oberste Leitung ganz allein in meiner Hand zusammenzufassen."[46] Ludwigs folgende Beschreibung seiner stichprobenartigen Überprüfungs- und Kontrollpraxis gegenüber den Ministern, ferner seine Bemühungen, „über alles unterrichtet" zu sein und die eigenen „Angelegenheiten so geheim [zu halten], wie das kein anderer vor mir getan hat", lassen als Regierungsgrundsätze schon sehr deutlich den Stempel misstrauischer Fremdherrschaft über das eigene Volk erkennen, insbesondere wenn man die Bindung gegenseitiger ‚Treue' zwischen Herrn und Vasallen im überkommenen Lehnswesens dagegenhält. Die Herrschaft Ludwigs XIV. über seine Untertanen erstreckte sich aber nicht nur auf die Staatsverwaltung, sondern darüber hinaus auf den – seit der Fronde, die der König als Kind noch miterlebt hatte, – als besonders gefährlich eingeschätzten Hochadel, der zu seiner ‚Domestizierung'[47] nach Versailles geladen, mit einer nicht abreißenden Kette von Festen, Konzerten, Theateraufführungen und dergl. unterhalten, durch den dafür zu treibenden modischen und sonstigen Selbstdarstellungsaufwand, auch durch permanente Glücksspielangebote oft ruiniert und in die finanzielle Abhängigkeit von königlichen Gnadengeschenken getrieben, zudem noch einer misstrauischen politischen Kontrolle unterworfen wurde. Ein kritischer Zeitgenosse, der Herzog von Saint-Simon, stellt diesen Sachverhalt in seinen *Memoires* besonders detailliert dar.[48] Danach zog sich schon derjenige Hochadlige die Ungnade des Königs zu, der sich selten bei Hofe sehen ließ. Aber auch die dort weilenden Gäste wurden über ihre Korrespondenz, die vom königlichen Postmeister kontrolliert wurde, einer dauernden kritischen Überwachung unterzogen. „Ein Scherz, [...] eine einzelne aus dem Zusammenhang gelöste Briefstelle genügte, und man war unrettbar verloren, ohne dass es zur mindesten Nachforschung gekommen wäre." schreibt Saint-Simon und meint mit den Folgen selbstverständlich die berüchtigten *lettres de cachets*. Diese unabhängig von jedem ordentlichen Gerichtsverfahren ausgestellten Haftbefehle des Königs betrafen nicht etwa nur subversive Kritiker und Konspirateure, wie sie Saint-Simons Bericht meint, sondern auch Vertreter der Provinzialstände, die sich völlig legal und offen etwa gegen die Höhe königlicher Geldforderungen gewandt hatten.[49]

## 6. Konfessionelle und absolutistische Spaltungen Europas

Der Tatbestand, der sich damit gegenüber ganzen Provinzen des Königreichs und seinen ständischen Vertretungskörperschaften ergab, ist eindeutig als Erpressung zu bezeichnen, also als ein Mittel, das ins übliche Arsenal von Fremdherrschern gehört. Dass eine solche Einordnung der damals auch in anderen absolutistisch regierten Staaten durchaus üblichen Herrschaftspraxis[50] nicht auf einseitiger Interpretation beruht, belegt die direkt an den König gerichtete Kritik eines ihm nahestehenden geistlichen Würdenträgers, des Erzbischofs von Cambrai und Erziehers der königlichen Enkel, Francois Fénelon, der in einem Brief aus dem Jahre 1695 schreibt: „Sire! [...] Man hat Ihre Macht auf dem Ruin aller Stände Ihres Königreichs aufbauen wollen, gerade als ob Sie dadurch groß werden könnten, dass Sie Ihre Untertanen erniedrigten [...] Alles sehen Sie nur in der Beziehung auf Sie, als wären Sie der Gott dieser Erde und als ob alles übrige nur dazu geschaffen wäre, Ihnen aufgeopfert zu werden. Und doch ist es gerade umgekehrt: nur zum Wohle Ihres Volkes hat Gott Sie auf die Erde gestellt."[51]
Solche Verkehrung einer Herrschaft für das Volk in dessen Unterwerfung führte – wie im Fall anderer Fremdherrschaft – letztlich zum Aufstand der Unterdrückten. In Ansätzen geschah dies, was meist übersehen wird, schon während der Regierungszeit Ludwigs XIV.[52] Sogar in Paris kam es zu einem Aufstand, von dem Liselotte von der Pfalz in einem Brief vom 22.8.1709 berichtet, dass 10 000 Aufständische mit der Forderung nach Brot und Geld u.a. die Kutsche zweier hoher Würdenträger mit Steinen beworfen hätten.[53] Die Große Französische Revolution von 1789, die mit der Hinrichtung des bezeichnenderweise wegen Landesverrats angeklagten Königs Ludwig XVI. den französischen Absolutismus endgültig beseitigte, war nur der Schlusspunkt dieses erneuten Freiheitskampfes der französischen Nation gegen fremdherrschaftlichen Despotismus.

Ist dieser Regierungsstil, der sich mit dem Aufbau der Ordonnance-Kompagnien des Hundertjährigen Krieges und ihrer Finanzierung durch eine seit 1439 regelmäßig erhobene Kriegssteuer sowie verschiedenen weiteren Anläufen in mehr als 200 Jahren zu einer zentralistischen Königsherrschaft bis zu seiner Blüte unter Ludwig XIV. entwickelt hat, als nachahmende Reaktion auf französische Energieverluste an die englische Krone und die päpstliche Kurie zu verstehen, so die Kolonial-, Wirtschafts- und Finanzpolitik Colberts als entsprechende Antwort auf den im Handel mit erfolgreichen Händlergesellschaften erlittenen Geldabfluss. Die Dreifach-Strategie gegen den monetären Energiemangel, die unter Ludwig XIV. voll entwickelt wurde, erzielte mit der anfänglichen Sanierung des Staatshaushalts, einer erfolgreichen Gewerbepolitik im Luxuswarensektor, einer zeit-

II. Verifizierung

weilig aktiven Handelsbilanz[54], dem kirchlichen Gallikanismus und den beachtlichen Arrondierungserfolgen der ludovizischen Eroberungspolitik so spektakuläre Erfolge, dass der französische Absolutismus unter den europäischen Monarchen als schlechthin nachahmenswert erschien, französische Sprache und Kultur europaweite Verbreitung fanden.

Auch diese Kultur des absolutistisch regierten Frankreich ist als Ergebnis kalkulierten Regierungshandelns zu verstehen. Vermutlich war Ludwig und seinen wichtigsten Beratern bewusst, dass die gegen unterschiedliche Konkurrenten gerichteten Strategien ihrer Politik – Gallikanismus, Merkantilismus und Eroberungskriege – durchaus gegensätzlicher Natur waren und für ihren Zusammenhalt eine solche Unvereinbarkeiten überwölbende und verschleiernde Kultur unbedingt nötig war. Deren grundlegende Ideologie lieferte, wie bereits gesagt, der Bischof und Prinzenerzieher Bossuet in seiner *Politique* mit einem gallikanisch interpretierten Katholizismus, der den König an der Spitze nicht nur des Staates, sondern eben auch der französischen Kirche sah und mit absoluten Herrschaftsrechten ausstattete, die auch rücksichtsloses Vorgehen gegen jede Glaubensabweichung rechtfertigten. Ähnlich rigoros wurde der Bereich der Künste und Wissenschaften mit Hilfe der sogenannten Akademien reglementiert und organisiert. So machte Colbert die ursprünglich freie *Académie de Peinture et de Sculpture* 1664 zu einer „staatlichen Anstalt mit einer bürokratischen Verwaltung und einem streng autoritären Vorstand" (A. Hauser), dessen Vorsitz Colbert selbst übernahm.[55] Da diese – künstlerisch vom Architekten Le Brun geführte – Akademie im Bereich der Bildenden Künste sämtliche Staatsaufträge, Ämter, Preise und Pensionen vergab und außerdem das Monopol des Kunstunterrichts besaß, konnte sie bei dem in den ersten Jahrzehnten der ludovizischen Selbstherrschaft gewaltigen staatlichen Auftragsvolumen und der ebenfalls in staatliche Regie übernommenen *Manufacture de Gobelins*, die alle Dekorations- und Kunstgegenstände für die königlichen Schlösser herstellte, einen nachhaltigen Einfluss auf den Stil der Bildenden Kunst nicht nur in Frankreich erzielen, einen Stil, der klassische und Barockelemente mischte und bezeichnenderweise ‚Akademismus' genannt wurde.[56]
Die für den Akademismus kennzeichnende Mischung von Klassizismus, der die Adaption des römischen Rechts und römisch-kaiserlicher Herrschaftspraxis durch den französischen Absolutismus gewissermaßen symbolisch sichtbar werden ließ, und von emblematisch-barocken Stilelementen, die für die ritterlich-höfische Tradition des Königreichs standen, kann somit als ein künstlerisches Abbild der das Herrschaftssystem des Absolutismus bestimmenden Prinzipien betrachtet werden. Anders gesagt, als eine

verschlüsselte, unterschwellig wirkendende Propagierung ihrer Zusammenführung durch den Monarchen. So sah es Ludwig XIV. offenbar selbst, wenn er in einer Ansprache vor den Mitgliedern der Akademie einmal sagte: „Ich vertraue Ihnen das Kostbarste auf Erden – meinen Ruhm."[57] Der König hatte wohl ein feines Gespür für die systemstabilisierende tiefenpsychologische Wirkung der ‚akademischen' Verschmelzung unterschiedlicher Kunststile in seinem Reich.

Der Zusammenführung aller französischen Untertanen zu einer gelenkten Kommunikationsgemeinschaft diente auch die bereits von Richelieu gegründete *Academie Royale des Sciences*, die wie die Kunstakademie unter Colberts Führung gestellt wurde. Ihre nach dem Vorbild der Florentiner und Londoner wissenschaftlichen Akademien regelmäßig veröffentlichten Berichte wurden von ihm einer staatlichen Zensur unterworfen, später sogar ihr Erscheinungsorgan, das *Journal des Savants* verstaatlicht. Neben der Förderung physikalisch-technischer Erfindungen, die damals insbesondere in den protestantischen Ländern Holland und England Aufsehen erregten und zu denen über die Akademien auch die absolutistisch regierten Staaten Zugang finden wollten, weil man ihre energetische Bedeutung durchaus schon erkannte, engagierte sich die französische Akademie der Wissenschaften besonders für die Pflege der französischen Sprache. Die Verbreitung einer einheitlichen Sprachnorm in dem damals noch von vielerlei Dialekt- und – nach den Eroberungen angrenzender Provinzen – auch von verschiedenen Fremdsprachengruppen bewohnten Königreich schien für dessen Zusammenhalt und Funktionieren von großer Wichtigkeit.
Dies vor allem auch im Zusammenhang mit der über ganz Frankreich ausgebreiteten staatlichen Bürokratie, die vom Staatsrat zentral gelenkt, königliche Edikte und Verordnungen bis ins letzte Dorf zu übermitteln hatte und dabei auf problemlose Verständigungsmöglichkeit angewiesen war. Die in diesem Zusammenhang viel genannten Intendanten ersetzten als Mittelinstanz die adligen Provinzgouverneure und entzogen – wenn auch gegen erheblichen Widerstand und nicht überall gleichermaßen erfolgreich – den Provinzialständen und den das geltende Recht registrierenden ‚Parlamenten' eine Funktion nach der anderen. Sie waren in ihren Provinzen schließlich Aufsichts- und Lenkungsorgane für alle vom Staat regulierten Vorgänge, nämlich für das Gerichts- und Polizeiwesen (wobei ländliche Immunitäten des Adels allerdings bestehen blieben), für militärische Aushebung und das Nachschubwesen, für Presse, Post, Schule, Steuern, gewerbliche Produktion, das Gesundheitswesen und sogar die geistliche Strafgewalt gegenüber Ketzern.[58]

## II. Verifizierung

Eine so in nahezu allen Bereichen des Lebens zumindest teilweise durchgesetzte Vereinheitlichung der Normen hatte die gewünschte Vermehrung aller gesellschaftlichen Austauschakte in den Bereichen des Waren- und Dienstleistungsverkehrs sowie der Kommunikation von Informationen aller Art zur Folge, was zu entsprechenden Energiegewinnen führte: Der bei Colberts Amtsantritt defizitäre Staatshaushalt wurde saniert, die passive Außenhandelsbilanz aktiviert, dabei das aufwendige Versailles-Projekt realisiert und mit dem vergrößerten Heer das Staatsgebiet um wirtschaftlich ertragreiche, z.T. auch ‚natürliche Grenzen' verschaffende Provinzen erweitert wie die Franche Comté, Lothringen mit dem Elsass und das südliche Flandern. Diese militärische Expansion, die sowohl im Pfälzischen wie im Spanischen Erbfolgekrieg die ‚natürlichen' Grenzen Frankreichs sogar zu überschreiten suchte, traf bei den europäischen Konkurrenzmächten allerdings auf wachsenden, die militärischen und finanziellen Kräfte Frankreichs schließlich übersteigenden Widerstand. Die innenpolitischen Folgen waren Niedergang des unter wachsenden Steuerlasten, Rekrutierungen und Gefallenenverlusten leidenden Wirtschaftslebens, ein am Ende von Ludwigs Regierungszeit hoch defizitärer Staatshaushalt und eine deutlich gesunkene Einwohnerzahl.[59]

Der Hochabsolutismus Ludwigs XIV. war am Ende auch außen- und machtpolitisch unübersehbar an seine Grenzen gestoßen, wie an den für Frankreich enttäuschenden Ergebnissen des Pfälzischen wie des Spanischen Erbfolgekriegs abzulesen ist. Dies zum einen, weil seine europäischen Konkurrenten von ihm gelernt hatten und manche seiner Energietechniken zur Machtakkumulation gegen ihn anzuwenden begannen, zum anderen, weil er auf Dauer der außenpolitischen Konkurrenz frühliberaler Verfassungsstaaten wie insbesondere Englands nicht gewachsen war. Dessen wirtschaftlich-technisches System, das nicht mit einer Unzahl von Beamten, Soldaten, Technikern und Künstlern, mit Edikten, Verordnungen und neuen Gesetzbüchern auf den Weg des Fortschritts gebracht werden musste, weil es sich dort – ohne jenen staatlichen Aufwand – bereits befand, arbeitete deshalb energetisch wesentlich effektiver und bewahrte – trotz geringerer Staatseinnahmen, Bevölkerung und Bodenfläche – seine politische Überlegenheit solange, wie sein Hauptrivale Frankreich den aufwendigen Reglementierungsapparat und seine feudalen Luxusbildungen, also die absolutistische Regierungsform beibehielt.[60]

Die Unterlegenheit des absolutistischen gegenüber dem liberalen System zeigte sich für alle Zeitgenossen des späteren 18. Jahrhunderts unmissverständlich im Ausgang des überseeischen Ringens zwischen Frankreich und

## 6. Konfessionelle und absolutistische Spaltungen Europas

England um die nordamerikanischen und die indischen Kolonien während des Siebenjährigen Kriegs: Der englische Erfolg, die zunehmende Verschuldung des französischen Staats, die offene Bewunderung der französischen ‚Philosophen' Montesquieu, Voltaire und Rousseau für England und seine staatlichen Einrichtungen wiesen das nach Fläche, Bevölkerungszahl und monarchischem Glanz so überlegen scheinende Frankreich trotz seiner absolutistischen Einholversuche als immer noch zweitrangig aus. Gleichwohl ist im Sinne unserer Grundthese daran festzuhalten, dass der für die Entwicklung neuzeitlicher Staatlichkeit durchaus wichtige Absolutismus ebenso wie die eng mit ihm verbundene Konfessionalisierung Europas als Reaktionen auf vorangehende ‚nationale' Energieverluste davon betroffener Gesellschaften zu verstehen sind.

### D) Die Bilanz seiner Spaltungen für Europa

In Hinblick auf Europa als Ganzes ist die Bilanz von Reformation und Absolutismus als durchaus zwiespältig zu bewerten. Beide Entwicklungen haben das christliche Abendland zunächst vor allem gespalten – die reformatorische Bewegung in konfessionell gegensätzliche Gemeinden, Städte und Regionen, welche, im Zuge des sich etablierenden Absolutismus staatlich, zumindest politisch organisiert, sich schließlich sogar militärisch bekämpften: Im Reich als dem Ursprungsland der Reformation zunächst im Schmalkaldischen und später im Dreißigjährigen Krieg, innerhalb Frankreichs in acht Hugenottenkriegen, im Unabhängigkeitskrieg der Niederlande gegen die spanische Herrschaft und vor den Westküsten Europas im Seekrieg zwischen Spanien und England. Schon diese Kriege waren immer auch machtpolitisch bedingt oder schlugen – wie der Dreißigjährige – in bloßen Machtkampf um. Es ging, energetisch betrachtet, schon bei den ‚Religionskriegen' im Grunde um die Verbesserung der je eigenen Energiebilanz. Dies war, wie gesagt, auch bei den schon genannten Kriegen Ludwigs XIV. das strategische Ziel, ebenso bei den beiden Nordischen und den drei Schlesischen Erbfolgekriegen, die sämtlich im absolutistischen Drang nach Vergrößerung des eigenen Machtbereichs um wirtschaftlich ertragreiche Provinzen oder Länder ihren Ursprung hatten.

Die vielfache politische Spaltung Europas als Ergebnis dieser zahlreichen Kriege wurde allerdings von der durch die Reformation herausgeforderten katholischen Gegenreformation und die auf dem Boden des französischen Absolutismus gewachsene neohöfische Kultur sowie die geistige Bewegung der Aufklärung kulturell einigermaßen aufgefangen. Brachte die auf

## II. Verifizierung

dem Konzil von Trient beschlossene und allmählich in der katholischen Kirche auch verwirklichte Reform[61] eine gewisse Annäherung an die reformatorische Kirchenpraxis und damit eine Verringerung konfessioneller Gegensätze mit sich, so der von den schon genannten französischen Philosophen entwickelte und unter Europas Intellektuellen rasch verbreitete säkulare Rationalismus eine weitere Möglichkeit, religiöse und politische Gräben auf ‚vernünftige' Weise zu überbrücken, zumindest grenzüberschreitend miteinander zu kommunizieren.

Damit zeichnet sich immer deutlicher der Vorgang europäischer Entwicklung ab: Gesellschaften staatlicher oder halbstaatlicher Art, die durch einen dauernden Austausch von Waren, Dienstleistungen, Informationen, aber auch Gewaltanwendungen, also verschiedener Formen von Energie miteinander verbunden sind, gewinnen oder verlieren (im Fall energietechnischer Unterlegenheit) dabei bilanzmäßig Energie, was die jeweiligen Verlierer zur Nachahmung der Gewinner treibt. Verliert eine Gesellschaft wie zunächst die des französischen Königreichs Energie an verschiedenartige Konkurrenten wie in diesem Fall an die englische Krone, die Papstkirche und erfolgreiche Handelsrepubliken, so erfolgt, sofern sich der Verlierer überhaupt zu retten vermag, eine – auch sukzessive – Nachahmung der verschiedenen Konkurrenten durch interne Ausbildung entsprechender Normen, Institutionen oder Infrastrukturen, wodurch sein Energiepotenzial in jedem Fall gesteigert wird. Die dabei zwangsläufig entstehenden gesellschaftlichen Spannungen erfordern eine kulturelle Überwölbung in einer neuen Ideologie, Kunst, Gesetzgebung und Geselligkeit, wie sie der Staat Ludwigs XIV. besonders prägnant hervorgebracht hat. Auf gesamteuropäischer Ebene haben wir ähnliche kulturelle Sanierungsvorgänge bereits im frühen Mittelalter mit der Ausbildung der katholischen Kirche, der späteren Kreuzzugsbewegung, dann der Renaissance und zuletzt noch der Aufklärung beobachten können, die, jede auf ihre Weise, ein Auseinanderfallen des immer wieder davon bedrohten Europa verhindert haben, gleichzeitig seinen zivilisatorisch-kulturellen ‚Fortschritt' bewirkend. Auch dieser lässt sich somit als Folge von Reaktionen auf wiederkehrenden Mangel an religiöser und/oder politischer Einheit und damit zwischenzeitlich immer wieder fehlendem Energiepotenzial des Abendlandes begreifen.

## Anmerkungen

[1] Le Goff, Jaques: L'Europe est-elle née au Moyen Age? Paris 2003, dt. Ausg. München 2004, 252f.
[2] Moraw, Peter: Das Reich im mittelalterlichen Europa, in: Heilig. Römisch. Deutsch. Das Reich im mittelalterlichen Europa, Dresden 2006, 446
[3] Kluxen, Kurt: Geschichte Englands, Stuttgart 1976, 157
[4] Favier, Jean: Le temps des principautés de l'anmil a 1515, Paris 1984, dt. Ausg.: Frankreich im Zeitalter der Lehnsherrschaft 1000-1515, Stuttgart 1989, 403
[5] So wurden Heinrich IV. von Kastilien schon in seiner Zeit als Thronfolger durch päpstliche Konzession die Einkünfte der Ritterorden von Santiago und Alcantara überlassen, deren Großmeistersitze vakant waren.- In die gleiche Richtung weist eine Bestimmung des von zwei spanischen Erzbischöfen ausgearbeiteten Schiedsspruches von Segovia vom 15. Januar 1475, der Isabella als Königin von Kastilien das offenbar dort übliche Recht zubilligt, dem Papst die königlichen Vorschläge für die Besetzung von Bischofssitzen und Großmeisterwürden zu präsentieren. Bernecker, Walther L. und Pietschmann, Horst: Geschichte Spaniens, 2. überarbeitete und erweiterte Aufl., Stuttgart 1997, 27; 31
[6] Ranke, Leopold v.: Deutsche Geschichte im Zeitalter der Reformation, Hamburg 1957, 112
[7] Iserloh, Erwin: Geschichte und Theologie der Reformation im Grundriß, 4. Aufl. Paderborn 1998
[8] Ranke (Anm. 6). ebd.
[9] Iserloh (Anm. 7), 23
[10] Rabe, Horst: Reich und Glaubensspaltung. Deutschland 1500 – 1600, München 1989, 102
[11] Luther, Martin: Sermon von den guten Werken (1520), u.a. in: Fischer Bücherei, Hamburg 1955, 39ff.
[12] Iserloh (Anm. 7), 40
[13] Weber, Max: Protestantismus und kapitalistischer Geist, in: ders.: Soziologie. Weltgeschichtliche Analysen. Politik (1905), Stuttgart 1956, 370f.
[14] Vogler, Günter: Reformation, Fürstenmacht und Volksbewegung vom Ende des Bauernkrieges bis zum Augsburger Religionsfrieden, in: Deutsche Geschichte in zwölf Bänden, Bd. 3, Köln 1983, 196f.
[15] A.a.O. 197f.
[16] Krieger, Karl-Friedrich: König, Reich und Reichsreform im Spätmittelalter, München 1992, 34f.
[17] Kluxen, Kurt: Geschichte und Problematik des Parlamentarismus, Frankfurt/M, 1983, 17f.
[18] A.a.O. 18
[19] Favier (Anm. 4), 404
[20] Bernecker/ Pietschmann (Anm. 5), 42
[21] A.a.O. 63
[22] Kluxen (Anm. 3), 134-136
[23] Ritter, Gerhard: Die Neugestaltung Deutschlands und Europas im 16. Jahrhundert, Berlin 1950, 199
[24] Albers, D. (Hg.): Der europäische Absolutismus, Stuttgart 1966, 19

## II. Verifizierung

[25] Mager, Wolfgang: Frankreich vom Ancien Régime zur Moderne, Stuttgart 1980, 19
[26] A.a.O. 133
[27] Ebd.
[28] Lautemann, M./ Schlenke, M. (Hgg.): Geschichte in Quellen, Bd. III, München 1966, 456f.
[29] A.a.O. 458f.
[30] In diesem Zusammenhang ist auch die Ausschließung des Hochadels aus den königlichen Beratergremien zu sehen, die seinerzeit zur Fronde geführt hatte und trotzdem 1661 bei der Übernahme der Regierungsgeschäfte durch Ludwig XIV. beibehalten wurde. Vgl. K. Malettke: Ludwig XIV. von Frankreich, Göttingen 1994, 149; 82f.
[31] A.a.O. 55
[32] A.a.O. 86
[33] Lautemann/ Schlenke (Anm. 28), 446
[34] Gegenüber der gemäßigten Renaissance-Monarchie früherer französischer Könige ist Ludwigs XIV. Herrschaft auch als „Notstandsregiment" bezeichnet worden. Vgl. Mager (Anm. 25), 128; Malettke (Anm. 30), 64; ähnlich auch Vogler, Günter: Absolutistische Herrschaft und ständische Gesellschaft, Stuttgart 1996, 23
[35] Lautemann/ Schlenke (Anm. 28), 448
[36] Ashley, M.: The Age of Absolutism 1648-1775, London 1974, dt. Ausg.: Das Zeitalter des Absolutismus, Berlin 1978, 57; Mager (Anm. 25), 114
[37] Lebrun, P.: XVII. siecle, Paris 1969, 232
[38] Correspondence des Contrôleurs Généraux des Finances avec les Intendants des Provinces, I, Paris 1874, 304; Mager (Anm. 25), 69f.
[39] Lautemann/ Schlenke (Anm. 28), 449
[40] A.a.O. 448
[41] Hubatsch, Walther: Das Zeitalter des Absolutismus. 1600 – 1789, Braunschweig 1962, 100f.
[42] Vgl. etwa H. Rigauds Porträt Ludwigs XIV. aus dem Jahre 1701
[43] Weigand, W. (Hg.): Der Hof Ludwigs XIV. nach den Denkwürdigkeiten des Herzogs von Saint-Simon, Berlin 1925, 498f.
[44] Lautemann/ Schlenke (Anm. 28), 431; Erinnert sei an dieser Stelle auch an den oft tollkühnen Einsatz anderer absolutistischer Fürsten wie Karls XII. und Gustav Adolfs von Schweden, Peters des Großen oder Friedrichs des Großen, der nur aus dem Anspruch, ritterlicher Gefolgsherr zu sein, erklärbar ist.
[45] A.a.O. 428
[46] A.a.O. 426
[47] Duchhardt, Heinz: Das Zeitalter des Absolutismus, München 1989, 40
[48] Deutsch bei Guggenbühl, G./ Huber, C. (Hgg.): Quellen zur allgemeinen Geschichte, Bd. III, Zürich 1965, 269
[49] Depping, G.B. (Hg.): Collection des Dokuments inédits sur Histoire de France Ser. I, Nr. 28, Paris 1850, 394-401; 525-529; 540f.
[50] Vgl. etwa das Vorgehen des Großen Kurfürsten gegen die ostpreußischen Stände oder die Stadt Königsberg, die Art und Weise, wie Karl I. mit dem englischen Parlament umsprang, Peters des Großen Vorgehen gegen die Bojaren u.Ä.
[51] Guggenbühl/ Huber (Anm. 48), 250f.
[52] Malettke (Anm. 30), 103f.

[53] Die Briefe der Liselotte von der Pfalz, München 1960, 143f.
[54] Kunisch, Johannes: Absolutismus, Göttingen 1986, 100
[55] Hauser, Albert: Sozialgeschichte der Kunst und Literatur, München (1953) 1972, 479
[56] A.a.O. 481-483
[57] A.a.O. 479
[58] Hubatsch (Anm. 41), 83; Mager (Anm. 25), 154-156
[59] Mager (Anm. 25), 115; 31; Blanning, T.C.W.: The Culture of Power and the Power of Culture. Old Regime Europe 1660 – 1789, Oxford 2002, dt. Ausg.: ders.: Das Alte Europa, Darmstadt 2006, 105
[60] Weis, Eberhardt: Der Durchbruch des Bürgertums 1776 – 1847, Frankfurt/M 1978, 83f.
[61] Ernesti, Jörg: Drei Bischöfe – ein Reformwille. Ein neuer Blick auf Ferdinand von Fürstenberg (1626-83) und sein Verhältnis zu Christoph Bernhard von Galen und Niels Stensen, in: Westfalen, Hefte für Geschichte, Kunst und Volkskunde, Bd. 83, Münster 2008, 50ff. zeigt dies beispielhaft für das romferne Westfalen.

II. Verifizierung

## 7. Die Entstehung der britischen Industrienation

Wie der französische Absolutismus so ist auch der englische und schließlich britische Verfassungsstaat als Kombination fest gewordener Reaktionsweisen auf spezifische Notlagen zu verstehen, die wir als energetische Mangelsituationen begreifen und die zum Teil aus den insularen Bedingungen dieses Staates, zum anderen aus den energetischen Verlusten herrührten, die andere Europäer den Inselbewohnern im Laufe der Geschichte zugefügt haben. Dies gilt schon für die beiden auffälligen, einander scheinbar ausschließenden Merkmale des hochmittelalterlichen angelsächsischen Königreichs zur Zeit Alfred des Großen (871 – 899), nämlich die starke im Innern unumschränkte Stellung des Königs bei gleichzeitig gut entwickelter lokaler Selbstverwaltung in Burg- und sonstigen Siedlungsbezirken sowie den Grafschaften, also den *boroughs, hundreds, shires*.

Beides ist auf die häufigen für die Angelsachsen verlustreichen Überfälle dänischer und norwegischer Wikinger zurückzuführen, die mit ihren seetüchtigen Booten und offenbar überlegener Kampfkraft nicht nur englische Küstenorte heimsuchten, sondern auf Flüssen auch ins Landesinnere eindrangen und im relativ wohlhabenden England, in dem der Handel mit Schafwolle schon Geldverkehr hatte entstehen lassen, das Raubgeschäft schließlich dadurch rationalisierten, dass sie von angelsächsischen Königen Friedenstribute in Geldform erpressten. Unter König Alfred war es demgegenüber offenbar gelungen, durch systematisch betriebenen Burgenbau die Bevölkerung besonders gefährdeter Gebiete vor Wikinger-Attacken zu schützen, wobei Bau, Unterhalt und Verteidigung der *boroughs* in lokaler Eigenverantwortung lagen, den Anfängen des angelsächsischen *selfgovernment*.[1] Nach Erlangung so verbesserter Wehrhaftigkeit konnte König Alfred es sich offenbar leisten, das als Tributforderung der Dänen eingezogene *Danegeld* nicht an diese auszuzahlen, sondern als Kriegssteuer einzubehalten, was seine Machtstellung, die zunächst auf der allgemeinen Gefolgschaftspflicht aller Freien beruhte, erheblich verstärken musste. Beides lässt sich also auf erlittene Energieverluste an die Wikinger zurückführen – sowohl die wehrhafte Selbstverwaltung in Burgen, dann auch in Hundertschaften und Grafschaften, aber ebenso das finanziell und damit machtpolitisch starke Königtum Alfreds, das auch seine Nachfolger sich nicht nehmen ließen.

Dies gilt insbesondere für den normannischen Eroberkönig Wilhelm, der sich 1066 mit seiner Ritterarmee unter mehreren Prätendenten die Thronfolge erkämpfte, bald darauf angelsächsische Magnaten, die seine Herrschaft nicht hinnehmen wollten, vertrieb und durch normannische Vasallen ersetzte, wodurch die fortbestehende angelsächsische Gefolgschaftspflicht aller Freien dem König gegenüber noch durch dessen Lehnsherrschaft überwölbt und gestärkt wurde. Dieses außerdem auch dadurch, dass Wilhelm bei der Aufteilung des den vertriebenen Angelsachsen entrissenen Landes besonders das königliche Dominium bedachte, so dass er in allen Grafschaften größter Landbesitzer war und nicht – wie festländische Könige – übermächtige Vasallen zu fürchten hatte.[2] Diese zusätzliche Absicherung seiner Herrschaft – die Gefolgschaftpflicht aller angelsächsischen Freien und das Recht auf regelmäßigen Einzug des Danegelds blieben ihm als in Westminster regelrecht gekröntem König ohnehin – waren für Wilhelm und seine Nachfolger allerdings auch nötig, weil sie außer dem englischen Königreich die Normandie zu schützen und zu regieren hatten und England deshalb zeitweise verlassen mussten. Umso wichtiger war die Koordinierung angelsächsischer und normannischer Rechtsgrundsätze und -verfahren für die dauerhafte innere Befriedung des Landes.

Hierzu führten die Normannen das – wohl aus fränkischer Tradition der Landnahme stammende – Geschworenenwesen ein, durch das königliche Reise- und Friedensrichter sich bei einheimischen Vertrauensleuten unter Eid über die gegebenen Tatsachen und Rechtsverhältnisse unterrichten und die im königlichen *writ* formulierte Urteilsfrage beantworten ließen.[3] So wurde dem vom König autorisierten Gerichtsverfahren jede fremdherrscherliche Willkür genommen, das im Mittelalter so wichtige ‚gute alte Recht' gewahrt und der innere Friede aufrecht erhalten. Die Einführung des Geschworenenurteils als des für das angelsächsische Gerichtsverfahren, ja die Demokratisierung des neuzeitlichen Rechtsstaats so grundlegende Errungenschaft ist somit wieder aus einer Lage politischer Unsicherheit und relativer Schwäche eines Königs zu verstehen, der zwei durch den Ärmelkanal getrennte, sehr unterschiedliche Reiche zu regieren hatte, von denen eines gerade erst gewaltsam unterworfen und zudem durch Dänen, Norweger, Schotten und Waliser nach wie vor bedroht war. Ein solcher König konnte den gerade unterworfenen Angelsachsen kein neues Recht aufzwingen, zumal er sich mit seinen Gefolgsleuten den Unterworfenen gegenüber in krasser zahlenmäßiger Unterlegenheit befand.[4] Dieser sein offensichtlicher struktureller Energiemangel inmitten einer Welt potentieller Feinde zwang ihn zu einem Gerichtsverfahren, in welchem er nur durch sein *writ* und die von ihm ernannten Richter Herr des Verfahrens und damit formell oberster Gerichtsherr war, während die materielle Rechtsprechung den Unterworfenen überlassen blieb.

## II. Verifizierung

### A) Die Anfänge des englischen Verfassungsstaats als Kompensationen monarchistischen Energiemangels

Die schwierige Spagatstellung englischer Könige in ihrer Herrschaft über Länder zu beiden Seiten des Ärmelkanals verschärfte sich noch durch die Bildung des ‚Angevinischen Reichs', das dem jeweiligen Herrscher neben England den größeren Teil Frankreichs überantwortete, wo er, bedingt v.a. durch die Zufälle dynastischer Erbgänge, schließlich weit umfangreichere Gebiete beherrschte als sein dortiger Lehnsherr, der französische König. Vor der gewiss schwierigen Aufgabe, die sich damit jedem angewinischen Herrscher stellte, versagte insbesondere König Johann ‚Ohneland', der nach unglücklichem Agieren gegenüber seinen französischen Vasallen große Teile des angewinischen Erbes an den französischen König Philipp II. verlor und nach einem Konflikt mit Papst Innozenz III. auch sein englisches Königreich nicht mehr als Souverän, sondern nur noch als päpstlicher Lehnsmann regieren durfte. Nach der Niederlage seiner festländischen Verbündeten in der Schlacht bei Bouvines (1214) gegen Philipp II. hatte Johann allen machtpolitischen Rückhalt auf dem Kontinent verloren und musste sich 1215 bei der Rückkehr nach England seinen dortigen Vasallen gegenüber zur berühmten m*agna carta libertatum* bereit finden. Diese untersagte dem englischen König in 63 ‚Kapiteln' präzise benannte Willkürakte gegenüber seinen Vasallen, aber auch anderen wichtigen Bevölkerungsgruppen wie den Kaufleuten, der Londoner Bürgerschaft und allen Freien des Landes, die er sich in der Vergangenheit offenbar hatte zuschulden kommen lassen. Zur Absicherung künftigen königlichen Wohlverhaltens im Sinne der Magna Charta sah diese zudem einen Exekutivausschuss von 25 Baronen vor, dem staatsrechtlich sanktioniertes Widerstandsrecht zur Wahrung der getroffenen Vereinbarungen zugestanden wurde.

Diese den königlichen Despotismus in recht umfangreicher und entschiedener Weise einschränkende Urkunde gewann dadurch Verfassungsrang, dass sie von einem regierenden König unterzeichnet und gesiegelt und später auch von Johanns Nachfolger Heinrich III. in allerdings gekürzter Form bestätigt, außerdem von der Kirche sanktioniert wurde.[5] Sie war von Johann in einer Lage extremer politischer Machtlosigkeit, also eines entsprechenden Energiemangels zugestanden worden, wie sein umgehender Versuch belegt, die Urkunde als durch Nötigung und Gewalt erpresst vom Papst annullieren zu lassen.[6] Erpresst werden kann schließlich nur ein König, dem die politischen Machtmittel fehlen, eine solche Erpressung abzuwehren. Und tatsächlich war Johanns Lage, nachdem sich auch die mächtige Stadt London gegen ihn gestellt und die opponierenden Barone in ihre

Mauern aufgenommen hatte, politisch weitestgehend isoliert und also machtlos. Sein baldiger Tod im Jahr 1216 und die Minderjährigkeit seines Nachfolgers Heinrich III., dessen Regentschaftsrat die Magna Charta mit Zustimmung des päpstlichen Legaten als Krönungserklärung des jungen Königs verkünden und damit erstmalig bestätigen ließ, haben zweifellos zu ihrer Verfassungsqualität beigetragen. Gleichwohl bestätigen auch diese Zufälligkeiten dynastischer Instabilität und monarchischer Schwäche ein weiteres Mal unsere These, dass spezifischer Energiemangel, in diesem Fall des englischen Königtums in den Jahren 1215/16 Ursache wichtiger geschichtlicher Neuerungen, ja Fortschritte wie in diesem Fall der Begründung des englischen Verfassungsstaats hervorgerufen haben.

Gleiches gilt für die Entstehung und den Fortbestand des englischen Parlaments, das die Könige vor Festlegung seiner Periodizität immer nur dann einberiefen, wenn ihre eigene Macht, meist die ihnen verfügbaren Geldmittel, nicht ausreichten, um notwendige Maßnahmen und Unternehmungen wie insbesondere Kriege zu finanzieren.[7] So war es unter Edward I. die vor seinem Regierungsantritt ins Kraut geschossene, z.T. illegal privatisierte Gerichtsbarkeit auf lokaler Ebene, die nach und nach in den drei Westminster-Statuten durch gemeinsame Beratung und Beschlussfassung von König und Parlament reguliert und normiert wurde, was nur unter Beteiligung aller mit der Rechtsprechung befassten Instanzen, die zu den entsprechenden Parlamenten geladen waren, zu einer einvernehmlichen Lösung geführt werden konnte, niemals durch einseitige Verfügung der Krone.[8] Ebenso verlangten die zahlreichen Kriege Edwards I., insbesondere die Feldzüge gegen Wales und Schottland, die Erhebung allgemeiner Steuern, deren *necessitas*, also Notwendigkeit vom Parlament im Namen des Gemeinwohls bestätigt werden musste, sollten sie nicht als willkürliche Konfiskation seitens des königlichen *exchequer* erscheinen, der Widerstand hätte entgegengesetzt werden dürfen.[9]

Die bei diesen Anfängen einer parlamentarischen Steuergesetzgebung üblich werdende juristische Formel vom *casus necessitatis*, der allgemein bestätigten Notwendigkeit, bringt den Zusammenhang zwischen der – immer Energiemangel bezeichnenden – ‚Not' und der diese ‚wendenden', also überwindenden Geldspende der Steuerzahler präzise auf den Punkt: Das deren Notwendigkeit feststellende Parlament war damit die jenen Energiemangel der öffentlichen Hand behebende, das Königreich vor Chaos, Feinden und Untergang bewahrende Einrichtung geworden. Diese ursprüngliche Funktion des Parlaments als Nothelfer in Ausnahmefällen ließ diese Versammlung der energetisch potenten Untertanen in Edwards I. Regierungszeit (1272 – 1307) durch insgesamt 50 Einberufungen trotz jeweils

## II. Verifizierung

unterschiedlicher personeller Zusammensetzung zu einer festen Einrichtung werden, die schließlich von einem zum Absolutismus neigenden König wie Karl I. nur noch um den Preis der eigenen Absetzung und Hinrichtung missachtet werden konnte. Sie hat sich in dem frühzeitig kommerzialisierten Inselstaat England/Britannien, der dauerndem Wandel seiner Handelsbeziehungen, seines Wirtschaftslebens, seiner insularen und außenpolitischen Herausforderungen ausgesetzt war, als dadurch nahezu dauerhaft ‚notwendige', immer neue Notlagen bewältigende Institution bewährt und darf in der heutigen immer umfassender kommerzialisierten Welt deshalb auch in keinem modernen Staat fehlen.

Wenn England den mittelalterlichen Monarchien des Kontinents in der Ausbildung des Parlamentarismus vorausging, dann im wesentlichen aus zwei Gründen. Zum einen waren die englischen Könige seit Wilhelm dem Eroberer wegen ihres Festlandsbesitzes auf der anderen Seite des Kanals genötigt, dort ein gewisses Kontingent Bewaffneter zu unterhalten, um zunächst das Herzogtum der Normandie, später das Angewinische Reich regierbar und verteidigungsbereit zu halten. Schon aus technischen Gründen bot es sich an, dieses Kontingent nicht aus englischen Vasallen zu bilden, für die beim Ein- und Abrücken jeweils eine aufwendige Schiffspassage über den Kanal nötig geworden wäre, vielmehr deren Ritterdienst in eine *scutagium* (Schildgeld) genannte Geldzahlung umzuwandeln, mit der jenseits des Kanals Söldner bezahlt werden konnten. Diese Praxis wurde vor allem von König Heinrich II. vorangetrieben, der, bedingt durch kriegerische Verwicklungen in seinen Festlandbesitzungen, das Schildgeld während seiner Regierung sieben Mal erhob und damit eine ständige Söldnertruppe von 3000 bis 6000 flämischen, brabantischen und walisischen Fußtruppen und Bogenschützen auf dem Kontinent unterhielt, die für den Zusammenhalt des Angewinischen Reichs unentbehrlich war. Allerdings wurden, weil das Schildgeld dafür auf Dauer nicht reichte, auch von nicht lehnspflichtigen Untertanen ‚Kriegssteuern' verlangt, u.a. von englischen Städten und Juden.[10] Der Kampf gegen festländische Gegner wurde auf diese Weise energisch zu einer Sache des gesamten Königreichs, das im Parlament seine angemessene Vertretung fand.

Diese Umwandlung militärischer Dienstleistung der Untertanen in Steuerzahlung war allerdings auch nur in einem Land möglich, das einen erheblich längeren Entwicklungsgang von der reinen Agrar- zur Handels- und Gewerbewirtschaft mit entsprechender Monetarisierung des Wirtschaftslebens durchlaufen hatte als die kontinentalen Flächenstaaten. So sind bereits im Domesday Book (von 1086) 112 Städte verzeichnet, unter denen London damals bereits über 10 000 Einwohner zählte.[11] Die Ursache dieser frü-

## 7. Die Entstehung der britischen Industrienation

hen Häufung von Märkten ist in dem bis in vorgeschichtliche Zeit zurückreichenden Wollhandel Englands zu sehen, der sich bereits im frühen Mittelalter auf Flandern und Italien als Hauptabnehmerregionen konzentrierte.[12] Die Adaptierung der flandrischen Tuchmacherei seit dem 13. Jahrhundert ließ England darüber hinaus mehr und mehr auch zum textilen Fertigwarenproduzenten für die um diese Zeit in ganz Europa erheblich ansteigenden Stadtbevölkerungen werden. Die sich damit in dem Inselstaat auch im Umfeld der Städte ausbreitende ländliche Gewerbetätigkeit führte zu einer frühen Erodierung des traditionellen Feudalismus und zur Monetarisierung grundherrschaftlicher Dienstleistungen und Abgaben. Diese Entwicklung kam, wie gesagt, den Bedürfnissen der englischen Könige und mancher Kronvasallen, die ihren Festlandbesitz dauerhaft nur mit Söldnern regieren und verteidigen konnten, direkt entgegen, verführte die Krone aber naturgemäß auch zu immer wieder erhöhten Zöllen, Schild- und Hilfsgeldforderungen, was entsprechende Gegenreaktionen der betroffenen Bevölkerungsgruppen zur Folge hatte, in einem der Extremfälle, wie gezeigt, die Magna Charta, die als erste allgemeinere rechtliche Einigung von *Government* und *Property*, also von staatlich verfügbarem und privatem Energiepotenzial des Königreichs verstanden werden kann. Diese nach jeweiliger Lage immer wieder neu herbeizuführende Einigung war seit Edward I. die zentrale Aufgabe des *king in parliament,* also der königlichen Regierung und der Vertreter der Steuern zahlenden Bevölkerung, die mit dem sich ausbreitenden Geldwesen zunehmend zu einer ‚Nation', nämlich einer energetischen Funktionsgemeinschaft zusammenwuchs. Diese Entwicklung war insbesondere durch die Erweiterung des Steuerwesens bei der Erhebung des sogenannten Saladin-Zehnten zur Unterstützung des Dritten Kreuzzugs vorangetrieben worden, bei der sich die Steuerhöhe nicht mehr nur nach dem Bodenbesitz, sondern nach der Größe des persönlichen, auch beweglichen Eigentums, dem *personal property* bemaß (1166 und 1184), wodurch steuerrechtliche Unterschiede zwischen adligen Grundbesitzern und ‚bürgerlichen' Gewerbetreibenden eingeebnet wurden. Da nach dem Streit um die Besteuerung des englischen Klerus zwischen Bonifaz VIII. und König Edward I. der Klerus seit 1330 auf eine Vertretung im Parlament verzichtete[13], bildete dieses zunehmend eine nationale Funktionseinheit, die sich deutlich von kontinentalen Ständevertretungen unterschied. Diese seit Edward I. unter den meisten englischen König(inn)en durchaus häufige, seit 1641 in festgelegter Periodizität zur Institution gewordene Zusammenarbeit von König(in) und Parlament war in ihrer damaligen Besonderheit ein Symptom energetischer Unterlegenheit des nach Bodenfläche und Bevölkerungszahl den festländischen Monarchien, insbesondere dem

## II. Verifizierung

Intimfeind Frankreich deutlich unterlegenen englischen Königreichs. Diese Unterlegenheit wurde im Verlust des Angevinischen Reichs am Ende des Hundertjährigen Krieges geradezu aktenkundig und verlangte in den weiteren Auseinandersetzungen mit den europäischen Mächten äußerste Rationalität im Einsatz des englischen Energiepotenzials.

Das schon in angelsächsischen Zeiten unter dem überlegenen Druck der Wikinger-Angriffe begründete Self-Government, das, wie gesagt, unter Wilhelm dem Eroberer mit dem Geschworenenwesen erweitert und später zu umfassender Selbstverwaltung ausgebaut wurde, entlastete die englische Krone ganz erheblich, die dadurch ihre Mittel zu einem im Vergleich mit Frankreich weit größeren Anteil in der Außenpolitik einsetzen konnte und nur deshalb in der Lage war, den Krieg gegen das weit größere und bevölkerungsreichere Land überhaupt so lange zu führen.

Die schließlich zu institutioneller Regelmäßigkeit entwickelte Zusammenarbeit von Krone und Parlament ersparte dem Königreich zudem kräftezehrende Auseinandersetzungen, wie sie etwa Barbarossa mit den oberitalienischen Städten oder die französische Krone im Fronde-Aufstand zu verkraften hatten. Die geregelte und gewaltlose Konfliktregelung in Fragen der innerstaatlichen Machtverteilung folgte also ebenfalls dem Kalkül gesamtstaatlicher Energieeinsparung, zu dem das in Zeiten noch vorherrschender Agrarwirtschaft eindeutig schwächere England gezwungen war, um sich gegen größere Länder wenigstens halbwegs zu behaupten.

Unter diesem Gesichtspunkt gesamtstaatlicher Energieeinsparung sind auch die verschiedenen Versuche und Maßnahmen englischer Könige, aber ebenso gesellschaftlicher Gruppierungen zu verstehen, den organisierten Geldabfluss an die päpstliche Kurie zu vermindern und schließlich ganz zu beenden: Die zwischen Edward I. und Papst Bonifaz VIII. umstrittene Besteuerung des niederen Klerus durch den englischen König war ein erster Versuch, jenen Geldfluss wenigstens teilweise im Land zu belassen. König Richard II. hatte in gleicher Absicht gegenüber dem schismatischen Papst Bonifaz IX. die einträgliche Prärogative bei der Besetzung hoher Kirchenämter in England durchgesetzt (vgl. II.6), während John Wyclif mit seiner frühen Fundamentalkritik an der Papstkirche die ihm darin folgende Gruppierung der Lollarden und darüber hinaus die reformatorische Bewegung ins Leben rief. Die vollkommene Beendigung englischer Zahlungen an Rom unter Heinrich VIII. war zwar nicht religiös motiviert, diente aber in mehrfacher Hinsicht der Macht des Königs und damit des Königreichs, weil Heinrich so die dynastische Erbfolge sichern, die persönliche Herrschaft über die englische Kirche (mit entsprechenden Geldeinnahmen) ge-

## 7. Die Entstehung der britischen Industrienation

winnen und außerdem noch die weiträumigen englischen Klosterbesitzungen zugunsten der Krone verkaufen konnte.[14]
Diese kirchenrechtliche Trennung von der Papstkirche ließ auch die – wohl vom Lollardentum tradierten Gedanken Wyklifs – in weiteren Kreisen der englischen Gesellschaft Fuß fassen und sich ausbreiten, womit die Puritaner – nach dem kurzen Zwischenspiel der sie verfolgenden katholischen Königin Maria – eine Lebensform zu kultivieren begannen, die auf eine Verchristlichung des Alltagslebens im Sinne arbeitsamer, tendenziell asketischer und moralisch einwandfreier Lebensführung ausgerichtet war.[15]
Eine solche, das Christentum lebende, nicht zelebrierende Religiosität ersparte ihren Anhängern den erheblichen Aufwand des spätmittelalterlichen zudem weitgehend korrumpierten römisch-katholischen Kirchenwesens und war (wie in II.6 ausgeführt) im Endeffekt wirksames Sparprogramm einer ihren großen europäischen Konkurrenten unterlegenen Gesellschaft, die freie Mittel zur Verbesserung ihres Lebensstandards nicht für Opfer, Stiftungen und Wallfahrten ausgab, sondern für wirtschaftlich erfolgversprechende Investitionen. Vermehrten die Puritaner als Anhänger dieser Lebensform damit ihren Wohlstand, sahen sie sich nach calvinistischer Prädestinationslehre von Gott auserwählt, was den Puritanismus zu einer attraktiven Weltanschauung besonders für Aufsteiger der Mittelschichten werden ließ, die höher hinaus wollten und – anders als Arme – überhaupt Mittel für ökonomisch ertragreiche Investitionen aufbringen konnten.[16]

Solch individualistischem Erneuerungs- und Erwerbsdrang der Puritaner suchten sich die katholischen Stuartkönige entgegenzustellen, die durch ihre Person das schottische mit dem englischen Königreich verbanden und mit dieser ihre Macht steigernden Personalunion die englische Unterlegenheit gegenüber den großen europäischen Festlandsmächten glaubten überwinden zu können. Dies stellte sich allerdings als Fehlrechnung heraus: Weder gelang es Jakob I., im Dreißigjährigen Krieg zwischen den verfeindeten Koalitionen zu vermitteln, noch seinem Nachfolger Karl I., ohne das Parlament zu regieren und sich so absolutistischer Regierungsweise zu nähern. Das vollkommene Scheitern der Stuart-Könige mit der Hinrichtung Karls I. (1649) und der ‚Auswechslung' Jakobs II. gegen den niederländischen Calvinisten Wilhelm von Oranien in der sogenannten Glorreichen Revolution (1688/9) zeigt vielmehr die Ohnmacht noch so hochgestellter und machtbewusster Personen und auch von staatsrechtlichen Traditionen gegenüber gesamtgesellschaftlichen Notwendigkeiten. Die Not militärischer und im 17. Jahrhundert auch noch wirtschaftlicher Unterlegenheit Englands/Britanniens gegenüber Frankreich und Spanien ließ sich eben

## II. Verifizierung

nicht durch Nachahmung des Absolutismus überwinden, sondern für den territorial begrenzten Inselstaat nur durch die technisch/energetische Optimierung englischer Wirtschaftszweige wie vor allem der Landwirtschaft, der Textilproduktion und des Überseehandels – dies alles aber nicht unter staatlich merkantilistischer Regie, sondern betrieben von privaten, innovativ und effektiv, ggf. in vereinbarter Kooperation mit dem Staat agierenden Unternehmern.

Was zunächst die Landwirtschaft betrifft, so fand hier seit der Mitte des 16. Jahrhunderts – angeregt vermutlich durch die große Besitzumverteilung beim Verkauf säkularisierter Klosterbesitzungen seitens der Krone – eine große Umstellung von genossenschaftlicher zu einzelbäuerlicher Besitzverteilung und Bewirtschaftung des Ackerbodens statt, meist bezeichnet mit den Begriffen des *engrossing* und *enclosing*. Durch Zusammenlegung kleinerer Höfe oder Einbeziehung von Gemeindeland in privat bewirtschaftete und gegen Fremdnutzung meist eingehegte Betriebseinheiten wurden ebenso Produktivitätsfortschritte erzielt wie durch verbesserten Fruchtwechsel und vermehrte Viehhaltung.[17] Auch durch Erweiterung der Kulturflächen im Zuge von Eindeichungen, dem Trockenlegen von Mooren und durch Waldrodung wurde das Gesamtprodukt der englischen Landwirtschaft im Zeitraum zwischen etwa 1500 und 1700 erheblich gesteigert, und zwar nach Schätzungen der Historiker um das Zweieinhalbfache, womit sich zugleich die etwa ebenso große Bevölkerungsvermehrung erklärt. Im Vergleich zu Frankreich, Spanien, Italien, den Niederlanden und Deutschland, also den eigentlichen politischen bzw. wirtschaftlichen Konkurrenten Englands, vermehrte sich dessen Bevölkerung zwischen 1550 und 1820 gut viermal stärker.[18] Dieser bemerkenswerte Unterschied lässt sich am besten als Selbstbefreiung einer bis dahin energetisch unterlegenen Nation aus dieser Position verstehen, denn diese die europäischen Gegenmächte derart übertreffende Bevölkerungsvermehrung bedeutete selbstverständlich eine grundlegende Verstärkung der englischen Nation, die auch als energetische Voraussetzung für den nun beginnenden wirtschaftlichen und politischen Aufstieg des Landes zur europäischen Spitzenposition zu begreifen ist.

*B) Die Entwicklung der englischen Textilindustrie*

Dieser Aufstieg musste allerdings hart erarbeitet werden und führte immer wieder durch schwierige Wegstrecken, durch deren Überwindung er – unserer Grundthese entsprechend – aber auch immer wieder beschleunigt wurde.

## 7. Die Entstehung der britischen Industrienation

Bei der landwirtschaftlichen Umstrukturierung wurden kleinere Pächter und Freibauern in großer Zahl von ihren Höfen verdrängt und konnten fortan, soweit sie nicht in Städte abwanderten, nur als Landarbeiter oder Hüttner überleben, welch letztere die Pacht für eine Hütte mit Garten, von dem sie sich ernährten, meist nur mit zusätzlicher Heimarbeit im Dienst eines verlegerisch im Textilsektor operierenden Unternehmers verdienen mussten. Die vom Verleger bereit gestellte Schafwolle v.a. aus den *Highlands* wurde so von einer großen Zahl sozial abgesunkener, nun zu fleißiger Heimarbeit gezwungener und somit industrialisierter Spinner, Weber, Färber, Walker usf. sowie deren Frauen verarbeitet, womit eine heimische Tuchproduktion entstand, die England vom bloßen Schafwolllieferanten für Flandern oder Italien zum textilen Fertigwarenexporteur für Europa aufsteigen ließ.[19]

Der zumeist über London und anschließend das europäische Verteilungszentrum Antwerpen laufende Export englischer Wolltücher wurde Ende des 16. Jahrhunderts allerdings durch das militärische Eingreifen Spaniens in den aufständischen Niederlanden und anschließend durch eine Abwendung vieler europäischer Verbraucher von den schweren englischen zu leichteren und gefälligeren Stoffen flämischer Tuchmacher beeinträchtigt. Mit Hilfe letzterer, soweit diese vor der spanischen Inquisition nach England geflohen waren, gelang allerdings eine Umstellung auf die *new draperies,* was zugleich den Vorteil mit sich brachte, dass diese leichteren (und weniger haltbaren) Tuche und Mischgewebe größeren Absatz vor allem auch in den südeuropäischen Ländern fanden.[20] Bei der Suche nach weiteren Absatzmärkten, aber auch angeregt von den handels- und kolonialpolitischen Erfolgen der Spanier und Portugiesen versuchten englische ‚Seehelden' wie Hawkins und Drake in die durch den Vertrag von Tordesillas (1492) päpstlicherseits den Spaniern vorbehaltene Karibik vorzudringen und kaperten dabei, von Königin Elisabeth augenzwinkernd unterstützt, Schiffe spanischer ‚Silberflotten', welche die reichen Edelmetallerträge der Neuen Welt regelmäßig nach Spanien überführten. Solche Silberbeute nutzten die Engländer dann, um in Konkurrenz zu Portugiesen und Holländern Handelsbeziehungen zum fernen Osten aufzubauen, wo Silber als Zahlungsmittel besonders begehrt und auch nötig war, weil die Europäer den Ostasiaten kaum andere Tauschware anzubieten hatten. Königin Elisabeth unterstützte auch diese Aktivitäten, indem sie der *East India Company* das englische Monopol für den Indienhandel verlieh. An dieser als Handels- und später auch Kolonialgesellschaft tätigen Aktiengesellschaft beteiligte sich die Krone zudem finanziell, ein weiteres Zeugnis für die vielfach enge Kooperation von *crown and property* zum beiderseitigen Nutzen.

## II. Verifizierung

Ein ähnlich pragmatisches, für die Krone kostengünstiges Zusammenwirken ergab sich bei der Gründung englischer Siedlungskolonien in Nordamerika. Überfahrt und Besiedlung war Sache religiöser Splittergruppen wie der *Pilgrim Fathers* oder von Privatinvestoren wie Lord Baltimore oder William Penn, die zwar im Namen der englischen Krone und unter deren Schutzbrief tätig wurden, aber de facto zunächst ganz auf sich gestellt waren.

Alle diese überseeischen Aktivitäten gingen zunächst auf private, meist puritanisch motivierte Initiative zurück. Erst als der Puritanismus unter Cromwells Militärdiktatur Sache des Staates wurde, übernahm dieser zunehmend militärische Aufgaben in Übersee und baute schon während des Bürgerkriegs eine staatliche Kriegsflotte auf, die im 18. Jahrhundert bereits den vereinigten Flotten Spaniens und Frankreichs gleichkam.[21] Erst mit einer starken Kriegsflotte konnten die Engländer offensiv in die Karibik eindringen und Inseln wie Barbados, Antigua und Jamaika erobern, womit ein Eckpunkt des späteren einträglichen Dreieckshandels der Engländer gesetzt war. Auch die Verdrängung Hollands als wichtigstem europäischen Zwischenhändler wurde 1651 noch unter Cromwell mit der ersten Navigationsakte begonnen und später mit den sich daraus ergebenden drei Seekriegen gegen den Handelskonkurrenten erfolgreich durchgesetzt. Hinfort ergänzten sich private und staatliche Aktivitäten der Engländer in Übersee ähnlich effektiv und förderlich wie in der Innenpolitik.

Geradezu modellhaft zeigte sich dies am Beispiel des englischen Vorgehens in Indien. Zunächst hatten die Geldgeber der 1600 gegründeten *East India Company* (EIC) eigentlich die ‚Gewürzinseln' Indonesiens im Visier gehabt, mit denen die Holländer einen lukrativen Gewürzhandel aufgebaut hatten. Dann erwies sich für die auf Textilien spezialisierten englischen Kaufleute aber der Handel mit indischen Baumwollstoffen als offenbar ertragreicher. In Bengalen, wo die EIC Fuß gefasst hatte, stieg die Zahl der dort beschäftigten Textilarbeiter in der ersten Hälfte des 18. Jahrhunderts nach neuen Schätzungen um das Fünffache, was den steigenden Textilexporten europäischer Handelsgesellschaften aus diesem Gebiet entspricht[22] und den rasch steigenden Absatz dieser körperfreundlichen Textilien auf den europäischen Märkten belegt. Nach Mitwirkung der EIC an einem erfolgreichen Staatsstreich mehrerer bengalischer *rajas* und führender Geschäftsleute gegen den regierenden *nawab* im Jahre 1757 gelangte die Gesellschaft zur führenden Position in Bengalen, war mit der ordnungsgemäßen Verwaltung des Landes aber offenbar überfordert, sodass sich das englische Parlament seit den 1760er Jahren veranlasst sah, untersuchend und dann gesetzgeberisch einzugreifen, woraus sich ab 1789 eine duale Kolonialregierung mit öffentlicher Kontrolle der EIC durch das Parlament ergab, die letztlich zur Integration des indischen Territorialbesitzes in das Britische Empire führte.[23]

Mit dessen beherrschender Stellung in immer weiteren Regionen Indiens entstanden dort fünf größere Textilzentren, deren qualitativ z.T. hochwertige Produkte über die Hafenstädte Dhaka und Hugli (Bengalen), Masulipadnam und Chennai/Madras im Südosten sowie Surat im Westen des Subkontinents zu so günstigen Preisen exportiert wurden, dass die englische Textilindustrie sich dagegen zunächst nur mit protektionistischen Ein- und – für Indien –Ausfuhrgesetzen zur Wehr setzen konnte.[24] So wurde schließlich 1812 auf die Einfuhr von indischem Kattun nach England ein Importzoll von 71,6 % (!) des Warenwerts erhoben[25], während umgekehrt britische Baumwollprodukte zollfrei nach Indien importiert werden durften, was den Exportwert britischer Baumwollprodukte nach Indien von 717 Pfund St. im Jahr 1795 um das 150fache auf 108 824 Pfund St. im Jahr 1813 hochschnellen ließ.[26] Ein solcher Exporterfolg noch dazu in das Mutterland der Baumwollverarbeitung war natürlich nicht allein mit Handelsgesetzen zu erreichen, sondern war im Wesentlichen wiederum ein Erfolg privaten englischen Unternehmens- und Erfindergeistes, der es zur Entwicklung äußerst leistungsfähiger Textilmaschinen gebracht hatte und damit zur sogenannten Industriellen Revolution, die das Leben der Menschheit seitdem so grundlegend verändert hat.

*C) Die ‚industriell' genannte Energetische Revolution*

Auch dieser Quantensprung der Wirtschafts- und Sozialgeschichte ging auf Situationen spezifischen Energiemangels zurück, deren Überwindung mit Hilfe von neuer Technik das Leben der Menschen entscheidend verändern sollte und es bekanntlich weiterhin tut. Die Krise, in welche die englische Textilindustrie durch die billigen Kattunlieferungen aus Indien zunächst gestürzt wurde und die so schwerwiegend war, dass bereits 1700 sogar ein Einfuhrverbot dagegen erlassen wurde[27], das aber die Verdrängung englischer Wollstoffe auf Drittmärkten nicht verhindern konnte, zwang die britischen Textilunternehmer zu eigener Baumwollstoffproduktion. Die dafür nötige Rohbaumwolle bezog man zunächst aus Indien, dann in zunehmendem Maße aus den für den Anbau geeigneten südlichen der amerikanischen Siedlungskolonien. Die Umstellung von der Schaf- auf die Baumwollverarbeitung stellte die englischen Heimwerker in direkte Konkurrenz zu ihren indischen ‚Kollegen', die zu wesentlich niedrigeren Preisen produzieren konnten, weil in ihrem subtropischen Land mit zwei bis drei Ernten pro Jahr, fehlender Winterkälte und dadurch viel geringerem Kleidungs-, Schutzraum-, Heiz- und auch Nahrungsbedarf die Lebenshaltungskosten entsprechend geringer waren (und sind) als im kühlen England. Diese klimatisch bedingte, energetisch für sie ‚unfaire' Wettbewerbssituation stürzte die englischen Kattun-Heimwerker in bitterste Armut, die mit Hunger, Krankheiten und Hilflosigkeit die elementarste Form menschlichen Energiemangels darstellt.[28] Diesen suchten die betroffenen Textilwerker, die ja von den Verlegern nicht nach Arbeitsstunden, sondern fertiggestellter Warenmenge entlohnt wurden, durch arbeitsparende Verbesserung ihrer Gerätschaften zu mildern, um den energetischen Nachteil, dem sie unterlagen, abzumildern. Aus diesem Zusammenhang sind die sich aus vielen derartigen Versuchen schließlich als erfolgreich herausschälenden Erfindungen der *spinning jenny* des Webers James Hargreaves (1767), des vom Barbier und Perückenmacher Richard Arkwright konstruierten *water frame* (1769) und der *mule machine* (1785) des Webers Samuel Crompton zu verstehen, die den manuellen Spinnvorgang der feinfaserigen Baumwolle um ein Vielfaches beschleunigten und verfeinerten. Nachdem Arkwright 1780 auch noch eine Maschine zur Bewältigung des vorbereitenden Krempel-Vorgangs konstruiert und der Geistliche Edmund Cartwright 1785 den ersten mechanischen Webstuhl entwickelt hatten, benötigte man für alle diese schwergängigen Geräte, die zunächst oftmals durch Wassermühlen angetrieben wurden, nur noch die von James Watt zu fabrikmäßigem Einsatz fortentwickelte orts- und wetterunabhängige Dampfmaschine[29], um die energetische Benachteiligung englischer Baumwolltextilwerker gegenüber ihrer subtropischen Konkurrenz mehr als auszugleichen. Der eindeutigste Beleg für diesen ‚Sieg' der technisch innovierten britischen über die traditionelle indische Baumwollindustrie zeigt sich in dem schon genannten steil ansteigenden Exportwert englischer Baumwollwaren nach Indien im Zeitraum von 1795 bis 1813.

Hierfür war aber eben jener aus einem anderen Gewerbesektor stammende, aus einem anderen spezifischen Energiemangel hervorgegangene Energiespender der Dampfmaschine notwendig gewesen, dessen Entwicklung aus wiederum spezifisch englischen Gegebenheiten hervorging. Hier gab es wegen des verbreiteten Schiffbaus, einer wachsenden, zunächst mit Holzkohle betriebenen Eisenindustrie und dem zunehmenden Holzbedarf der rasch wachsenden Bevölkerung für Hausbau, Geräte/Fahrzeuge aller Art und Heizung eine zunehmende Holzknappheit mit steigenden Holzpreisen, die ärmere Menschen schon seit langem zur Verfeuerung der in manchen Gebieten Englands im Tagebau abbaubaren Steinkohle geführt hatte. In deren Gefolge kam 1709 der *ironmaster* Abraham Darby dazu, die für die Eisenproduktion bis dahin eingesetzte Holz- durch Kokskohle zu ersetzen.[30] Nachdem schon seit Ende des 17. Jahrhunderts in England moderne Hochöfen mit wasserkraftgetriebenen Blasebälgen in Gebrauch waren, mit denen die Produktionskapazität der Eisenschmelzen um ein Vielfaches gesteigert werden konnte, ermöglichte Darbys verbilligte Hochofenbefeuerung auch eine Verbilligung und dadurch bedingte weitere Steigerung der englischen Eisenproduktion, was wiederum den Bedarf an Kohle und Eisenerz ansteigen ließ. Der daraufhin in Mittelengland und Süd-Wales zur Bereitstellung der benötigten Rohstoffmengen in tiefere Erdschichten vordringende Bergbau hatte mit zunehmender Tiefe der Schächte immer größere Probleme mit eindringendem Grundwasser und der Förderung des in der Tiefe abgebauten Materials. Das Drainage-Problem wurde schon 1709 von Thomas Newcomen durch Entwicklung einer dampfgetriebenen Pumpe zumindest angegangen, die Materialförderung vom gleichen Erfinder mit Hilfe von Winden um die Jahrhundertmitte verbessert. Die den Maschinen Newcomens immer noch fehlende ausreichende Kraftentfaltung erreichte erst die von James Watt 1775 fortentwickelte Dampfmaschine, für die der Erfinder in den 1780er Jahren auch noch ein Getriebe zur Übertragung der reziproken Zylinder- in Kreisbewegung konstruierte, sodass Maschinen aller Art damit angetrieben werden konnten.[31]

Mit seinen Erfindungen bewältigte Watt den in Bergwerksschächten und an schwergängigen Textilmaschinen oder Blasebälgen aufgetretenen Mangel an kinetischer Energie, die dort nicht durch Wasser- oder Windmühlen, erst recht nicht durch Tier- oder Menschenkraft in genügendem Ausmaß erzeugt werden konnte. Insofern ist auch diese epochale Erfindung ein klarer Beleg für unsere These, dass die durch Technik bewältigte Überwindung spezifischen Energiemangels die wichtigen geschichtlichen Fortschritte erbracht hat.

Das besonders geniale Moment der Erfindungen Newcomens und Watts war dabei die Tatsache, dass ihre Dampfmaschinen in Kohlebergwerken, für die sie zunächst entwickelt worden waren, mit der Kohle das Brennmaterial förderten, mit dem sie selbst betrieben wurden. Man hatte also mit ihrem Einsatz so etwas wie ein *perpetuum mobile* geschaffen. Ihre globale Bedeutung erhielten sie aber selbstverständlich erst dadurch, dass mit ihnen eine weltgeschichtlich völlig neue Energietechnik entwickelt worden war, die es ermöglichte, chemisch (in Holz oder Kohle) gebundene solare Strahlungsenergie in (vom Menschen gelenkte und genutzte) Bewegungsenergie umzuwandeln und den Nutzern mit zwischengeschalteten Maschinen eige-

## II. Verifizierung

nen Energieaufwand für besonders schwere oder eintönige Arbeiten zu ersparen. Der Kern der sogenannten Industriellen Revolution, welche die bisherige Geschichtsschreibung – in letzter Zeit allerdings nicht mehr ganz so entschieden – in der Erfindung der Dampfmaschine lokalisierte, war – und das gibt neuerlicher Vermeidung jenes Topos recht – eben eine **energetische** Revolution. Dies auch deshalb, weil man nun erstmalig in großem Maßstab daran ging, die in Millionen von Jahren entstandenen und unterirdisch lagernden riesigen Sonnenenergiespeicher der Kohleflöze für menschliche Zwecke zu nutzen.

Die Briten hatten das Glück, mit großen Kohle- und Eisenerzrevieren in Süd-Wales, Mittel-England und Süd-Schottland nicht nur diese neue Energietechnik in extenso nutzen, sondern zudem mit der in England traditionellen, nun um den Baumwollsektor erweiterten Textil- und der durch diese in Gang gebrachten Maschinenbauindustrie kombinieren zu können, in welcher die erwähnten und auch weitere Maschinen und Geräte bald fabrikmäßig produziert wurden. Beide Wirtschaftssektoren förderten sich dabei gegenseitig und brachten zugleich noch eine von englischen Historikern gern als weitere Revolution eingeordnete Entwicklung des Verkehrswesens mit Kanalbauten, privat finanzierten Mautstraßen und schließlich dem Eisenbahnwesen hervor, weil die zunehmenden Massen- und Schwerguttransporte zwischen Berg- und Hüttenwerken, Fabriken und Häfen sowie den nun ‚explodierenden' Großstädten neue und leistungsfähigere Verkehrswege und -mittel erforderten. Die britische Kohle-Förderung verdoppelte sich in diesem wechselseitigen Anregungsprozess verschiedener Sektoren zwischen 1750 und 1800, die Eisenerzeugung stieg zwischen 1788 und 1830 auf das Sechsfache, die Erzeugung von Baumwollstoffen – bedingt durch die Einschaltung dieses Sektors in den weltweiten Überseehandel – zwischen 1760 und 1820 sogar um das Sechzigfache. Ermöglicht wurde dies durch die neue Maschinentechnik, mit der z.B. 750 Arbeiter einer *cotton mill* ebenso viel Garn produzieren konnten wie 200 000 Heimspinner(innen) und eine von zwei Arbeitern betriebene spezielle Webmaschine 10 000 Handweber ersetzte.[32]

Selbst wenn man den Großteil dieser astronomischen Produktivitätssteigerungen mit dem Investitionsaufwand für Maschinen und Fabrikanlagen verrechnet, bleibt die Tatsache, dass durch die neue Maschinentechnik die rechnerische Zahl britischer Arbeitskräfte im Textilsektor je nach Einsatzort verhundert- oder sogar vertausendfacht wurde. Auch wenn es sich dabei nicht um die explosionsartige Vermehrung wirklicher Menschen, sondern um die entsprechend vieler Arbeitskrafteinheiten handelte, um die das britische Energiepotenzial vermehrt wurde, ergab sich wirtschaftlich doch der Effekt, als habe sich tatsächlich die britische Arbeitsbevölkerung in kurzer Zeit um ein Vielfaches vergrößert. Im ökonomischen Sprachgebrauch wird dieser Vorgang als Produktivitätssteigerung einer Volkswirtschaft bezeichnet, der bei den genannten Dimensionen Britannien zu einer gewaltigen Wirtschaftsmacht werden ließ, welche bei der Umwandelbarkeit von Energie über Aufrüstung und Kriegführung rasch in politischen Machtgewinn verwandelt werden konnte.

*D) Britanniens Aufstieg zur führenden Weltmacht*

Die Briten sind genau diesen Weg gegangen, indem sie mit dem weltweiten Export ihrer körperfreundlichen und hygienischen Baumwollstoffe gewaltige Handelsströme in Gang setzten, welche im Fall des legendären atlantischen ‚Dreieckshandels' zwischen England, Westafrika und der Karibik kumulative Gewinne einbrachten, indem etwa billigste Baumwollware in Westafrika gegen wertvolle Sklaven getauscht wurde, die man auf karibischen Zuckerinseln oder den bald auf Baumwollanbau spezialisierten nordamerikanischen Siedlungskolonien in Zucker, Rum oder eben Rohbaumwolle eintauschte, mit denen man nach England zurückkehrte. Da jede der drei Tauschaktionen den Händlern, Schiffseignern und dahinter stehenden Kapitalgesellschaften in aller Regel hohe Gewinne einbrachte, die wegen der großen Entfernungen und also mangelnder Markttransparenz zwischen den Eckpunkten dieses Ringtausches von den ortsfesten Handelspartnern kaum ‚gedrückt' werden konnten, bildete dieser Handel „den Nerv des ersten englischen Weltreichs im 18. Jahrhundert, denn er ging einher mit dem Ausbau einer starken Kriegsflotte und der Gründung von Kolonien und lieferte die Basis für den herausragenden Reichtum des Landes, den es so effektiv in politische Weltgeltung umzumünzen verstand." (P. Wende)[33]

Die besonderen energetischen Effekte dieses Dreieckshandels bestanden darin, dass der im 18. Jahrhundert technisch fortgeschrittenste und produktivste britische Wirtschaftssektor, nämlich die maschinisierte Baumwollverarbeitung ihren Absatz damit steigern, ihren Rohstofflieferanten in Amerika billigste Arbeitskräfte liefern und sich dadurch preiswerte Rohbaumwolle sichern konnte, also in mehrfacher Hinsicht gegenüber ihrer indischen Konkurrenz energiewertige Vorteile erlangte. Sofern auch Zucker oder aus diesem gewonnener Rum in den Handelskreislauf eingeführt wurden, handelte es sich bei ersterem um das energiehaltigste Nahrungs-

## II. Verifizierung

mittel überhaupt, mit dessen Versorgung die britischen Textilarbeiter zu erhöhter Leistungsfähigkeit gebracht werden konnten, was bei frühindustriellen Arbeitszeiten von im Sommer 16 Stunden durchaus nötig war. Der Rum als für die Importeure in der Karibik günstig erlangtes Rauschmittel war sowohl an psychisch deprimierte Industriearbeiter in Britannien wie an Sklavenhändler in Afrika mit hohem Gewinn zu verkaufen und diente gleichzeitig dem ganzen System an neuralgischen Punkten als ‚Schmiermittel'.

Abgesehen von diesen energetischen ‚Feinheiten' des Dreieckshandels ist an dieser Stelle noch einmal auf die energetische Bedeutung jeder Textilerzeugung und -verbreitung hinzuweisen, die unserer abendländischen Selbstverständlichkeit von Kleidung leicht entgehen kann. Seitdem der Mensch im Lauf seiner Evolution das Fell seiner Vorfahren weitgehend verloren hat und dementsprechend schon als ‚nackter Affe' bezeichnet wurde[34], war er nach seinem Vordringen in kühlere Weltgegenden immer zum Tragen von Kleidung gezwungen, um nicht zuviel lebensnotwendige Wärmeenergie an die Umwelt zu verlieren. Insofern war auch die Entwicklung von Kleidung eine menschheitsgeschichtliche Neuerung zur Bewältigung eines erlittenen oder drohenden Energiemangels mit ggf. tödlichem Ausgang. Kleidung war und ist also in kühleren und erst recht kalten Weltgegenden neben regelmäßiger Nahrungsaufnahme das notwendigste Mittel zur Erhaltung einer stabilen Energiebilanz, für uns als Warmblüter also des Lebens. In Zeiten, in denen weiträumiger Handel mit Nahrungsmitteln vor allem wegen deren Verderblichkeit nicht möglich war, ist Kleidung als für uns Menschen ebenso wichtiges ‚Lebensmittel' die einzige Massenware gewesen, deren Transport und Absatz immer möglich und relativ sicher war und mit der England als deren effektivster Produzent und weltweiter Exporteur deshalb die reichste Wirtschaftsnation werden musste, nachdem der europäische Überseehandel mit Gewürzen und anderen Exotika wegen zunehmender Konkurrenz der alten mit den nachrückenden Seehandelsnationen der Holländer, Franzosen und Engländer nicht mehr die großen Gewinne der Anfangszeit einbrachte. Und wenn die Briten mit dem Export bunt gefärbter Baumwolltextilien sogar in warmen Ländern wie Indien und Afrika erfolgreich waren, wo Kleidung nicht unbedingt vor Wärmeverlust schützen muss, dann ist dies auf den mit allem Körperschmuck verbundenen Prestigegewinn zurückzuführen, den der ‚modern' und ansehnlich gekleidete Mensch in seiner gesellschaftlichen Umgebung immer erlangt und der ihm dort immer auch die energiewertigen Vorteile einer Vorzugsbehandlung gegenüber schlechter oder gar nicht bekleideten Menschen verschafft. Wie stark dieser Mechanismus auch heute noch gerade in afrikanischen Entwicklungsländern greift, ist an der perfekten europäischen Herrenmode der politischen Elite solcher Staaten bei jedem ihrer Fernsehauftritte zu beobachten. Das auf textiler Weltherrschaft beruhende britische Empire hat dort wie auch in vielen asiatischen und amerikanischen Ländern seine bis in die Gegenwart reichenden allgemein sichtbaren Spuren hinterlassen.

Der große wirtschaftliche und dann auch politische Erfolg der englischen und schließlich britischen Nation darf aber nicht kurzschlüssig allein auf die skizzierte energetische Revolution der mit der Dampfmaschine gelungenen Umwandlung von Wärme- in kinetische Energie und der so vervielfachten Arbeitskraft der Inselbewohner zurückgeführt werden. Denn diese Erfindungen und ihre wirtschaftliche Nutzung konnten nur in einem Gesellschaftssystem Platz greifen und sich durchsetzen, in dem durch Jahrhunderte andauerndes Zusammenwirken von Staat und Gesellschaft in Selbstverwaltung, Geschworenengerichten und Milizsystem, weiter durch die Koordinierung der gesamtstaatlichen Politik im Parlament, das die wirtschaftlich wichtigen Gruppen mit ihren Interessen vertrat, aber auch zu notwendigen Finanzierungsbeiträgen verpflichtete und in dem kommerzielles Denken deshalb auch die Politik bestimmte. Dieses System reagierte deshalb auch politisch – nach Abwehr absolutistischer Bestrebungen insbesondere der Stuart-Könige – nach dem Grundsatz möglichster Sparsamkeit und energetischer Effektivität beim Einsatz staatlicher und privater Mittel, woraus sich unter anderem die Abwendung von Rom und die Ausbildung des Puritanismus ergaben. Letzterer ließ einen Menschentypus entstehen, dessen Selbständigkeit auf der Gewissheit göttlicher Auserwähltheit beruhte und gerade deshalb zum mutigen Wagnis bereit war. Diese geistig-psychische Konditionierung des britischen Unternehmertums durch den Puritanismus und insbesondere dessen Extremform im Nonkonformismus wird fassbar in Ergebnissen der historischen Soziologie, denen zufolge im 18. Jahrhundert Nonkonformisten mit einem Bevölkerungsanteil von nur 10 % etwa 50 % der wichtigsten industriellen Unternehmer Englands stellten.[35] Auch geistes- und wissenschaftsgeschichtlich ist dieser Zusammenhang evident, denkt man an die großen Wegweiser des europäischen Geisteslebens John Locke (1632 – 1704) und Isaac Newton (1642 – 1727), die Empirismus und verstehende Vernunft als Basis aller Erkenntnis erprobten und durchsetzten, außerdem durch ihren Einfluss im englischen Parlament mit der Festlegung des Feingehalts der Pfund-Sterling-Münze die 200jährige Stabilität der britischen Währung bewirkten, was den englischen Staat auch in Kriegszeiten immer kreditfähig erhielt.[36] Die experimentelle

## II. Verifizierung

Zuwendung zur diesseitigen Welt anstelle von Jenseitskult, Spekulation und Tradition verband so englische Wissenschaftler und Unternehmer, bald auch Handwerker und Techniker in ihrem dynamischen Drang nach Verbesserung ihrer Weltkenntnis und Lebensumstände.

Vom Geist scharfsinniger Weltzugewandtheit ist auch das Werk William Shakespeares bestimmt, außerdem von tief sitzender Verunsicherung angesichts einer sich grundlegend verändernden Welt, die, mit Hamlet zu reden, „aus den Fugen" geraten war und, was England betraf, von außen durch das mächtige Spanien, im Innern durch den Thronanspruch der katholischen Maria Stuart in seinem puritanischen Selbstverständnis bedroht wurde. In dieser Lage sah sich der große Dichter offenbar zu der schweren Aufgabe berufen – wie sein tragischer Bühnenheld Hamlet – wenigstens die englische Welt wieder „einzurichten", indem er seinem Publikum in zehn seiner Dramen vor Augen führte, wie sich das englische Königtum gegen Selbstsucht, Sittenlosigkeit, Intrigen und Verbrechen in der tugendhaften, jungfräulichen Königin Elisabeth schließlich zu moralischer und politischer Unantastbarkeit hatte aufrichten können. Durch den Mund des sterbenden, um Englands Souveränität bangenden Johann von Gaunt im Königsdrama „Richard II." vermachte Shakespeare seinem Volk zugleich ein glänzendes Bild seines von der Natur, der Kriegstüchtigkeit und der königlichen Majestät verteidigten Landes, ein sprechendes Bild, das der Nation in Zeiten der Bedrohung immer wieder Selbstgewissheit und Mut vermittelte und so zum meist gebrauchten Zitat der englischen Dichtung wurde[37]:

> Der Königsthron hier, dies gekrönte Eiland,
> Dies Land der Majestät, der Stolz des Mars,
> Dies zweite Eden, halbe Paradies,
> Dies Bollwerk, das Natur für sich erbaut,
> Der Ansteckung und Hand des Kriegs zu trotzen,
> Dies Volk des Segens, diese kleine Welt,
> Dies Kleinod, in die Silbersee gefasst,
> Die ihr den Dienst von einer Mauer leistet,
> Von einem Graben, der das Haus verteidigt
> Vor weniger beglückter Länder Neid;
> Der segensvolle Fleck, dies Reich, dies England...[38]

Die Dichtungen Shakespeares verschafften dem in erdweitem Handel und ebenfalls globaler Kolonisation zerstreuten und gefährdeten Volk der Engländer offenbar ein ähnliches Identitäts- und Selbstbewusstsein wie Homer mit seinen Epen den ebenfalls in Seehandel und Kolonien weiträumig agierenden Griechen der Antike.

## 7. Die Entstehung der britischen Industrienation

Solche Dichtungen sind dem entsprechend als künstlerische Energietechnik zu begreifen, die einer von innerer wie äußerer Bedrohung ihres Zusammenhalts gefährdeten Nation durch faszinierende Darstellung ihres Wesens und ihrer Geschichte gerade dieses Zusammengehörigkeitsgefühl wiederherzustellen vermochten. Dies einerseits über ein vom Dichter geprägtes Menschen- und Weltverständnis, aber auch dadurch, dass die immer wieder zumindest in Teilen gehörten oder gelesenen Dichtungen die jeweilige Volkssprache sowohl bereicherten wie vereinheitlichten, womit die interne Verständigung verbessert, Missverständnisse mit ihren oft verlustreichen Folgen vermindert und also die energetische Effizienz des jeweiligen nationalen Austauschs auf allen Ebenen des Lebens optimiert wurden. Selbstverständlich war das nationale Selbstbewusstsein der Engländer nicht allein das Werk Shakespeares, es basierte vielmehr auf den vielerlei Auseinandersetzungen mit anderen Völkern, insbesondere mit dem Intimfeind Frankreich, weil für die Kriege, die dabei zumeist geführt werden mussten, ein zunehmend größerer Teil der Bevölkerung Energie beizutragen hatte, und zwar entweder in Geldform über schon erwähnte Hilfs- und Schildgelder, später Steuern oder Kredite, die seit 1694 von der *Bank of England* mit 8 % gut verzinst wurden, wie gesagt, wertbeständig blieben und deshalb jederzeit reichlich zur Verfügung gestellt wurden, oder durch persönlichen Kriegsdienst, zu dem im 18. Jahrhundert ein immer größer werdender Anteil der männlichen Bevölkerung herangezogen wurde. Was die Staatsgläubiger betrifft, so stieg deren Zahl bis zur Mitte des genannten Jahrhunderts auf ca. 60 000, bis zu dessen Ende auf eine halbe Million, während der Anteil der zum Kriegsdienst eingezogenen Männer im militärpflichtigen Alter von 1 zu 16 im Österreichischen Erbfolgekrieg auf 1 zu 10 im Siebenjährigen Krieg, 1 zu 8 im Amerikanischen Unabhängigkeitskrieg und 1 zu 6 bis 5 in den Kriegen gegen Napoleon anstieg.[39]

Gerade mit der durch die erfolgreiche Industrialisierung und die Währungsstabilität der englischen Nation immer liquiden Kreditvergabe an den Staat war dieser dem französischen Hauptkonkurrenten überlegen, der in seinem auf den Monarchen konzentrierten und entsprechend teuren Staatskredit begrenzt war und zeitweise zahlungsunfähig wurde. Neben jener monetären Energiemobilisierung im englischen System ermöglichte die dortige energetische Revolution der maschinellen Warenproduktion den Engländern in Kriegszeiten – anders als den Franzosen – zudem eine wesentliche Steigerung auch der direkten personellen Mobilisierung der männlichen Bevölkerung, wodurch selbst in Festlandkriegen die Kampfkraft Britanniens, wie die genannten Zahlen zeigen, erheblich gesteigert werden konnte, ohne dass die

II. Verifizierung

eigene Wirtschaftsleistung dadurch nennenswert zurückging. Beim militärischen Einsatz der finanziell nicht leistungsfähigen Unterschichten wurden somit Energiebeiträge für den Schutz des Gemeinwesens auch von dieser Bevölkerungsgruppe erbracht, die so bewusster Teil der Nation wurde, an deren somit vom ganzen Volk gesteigerten Energiepotenzial der alte Gegner Frankreich scheitern musste.

Dies zeigte sich bereits im Spanischen Erbfolgekrieg, in welchem es dem französischen ‚Sonnenkönig' nicht gelang, das spanische Erbe mit dem Königreich Frankreich zusammenzuführen, während die Engländer im Frieden von Utrecht (1713) ihr Konzept eines kontinentaleuropäischen Mächtegleichgewichts durchsetzten, das sie von der Beteiligung an europäischen Kriegen tendenziell entlastete und ihren Handelsinteressen entgegenkam. Noch greifbarer war ihr Erfolg im Siebenjährigen Krieg (1756 – 1763), in dem sie die französischen Handelskonkurrenten sowohl aus Kanada wie aus Indien weitgehend verdrängen und so ihr erdumspannendes Kolonialreich entscheidend erweitern konnten. Dass neun Millionen Briten sich damit gegen 25 Millionen Franzosen durchsetzten, wird von der neueren Forschung allgemein auf das effizientere britische Steuererhebungs- und Kreditsystem zurückgeführt, das den Insulanern die Finanzierung der teuren Seekriege, außerdem Subsidienzahlungen an Verbündete erlaubte, dem britischen Staat also Energie in Geldform zuführte, die letztlich aber in einer hochmodernen Industrie und einem weltweiten Handel generiert worden war, also in Kraftquellen, über die der alte Konkurrent Frankreich nicht verfügte.[40]

**Anmerkungen**

[1] Schröder, Hans-Christoph: Englische Geschichte, 5. aktualisierte Aufl. München 2006, 10
[2] Krieger, Karl-Friedrich: Geschichte Englands von den Anfängen bis zum 15. Jahrhundert, München 1990, 91
[3] Kluxen, Kurt: Englische Verfassungsgeschichte. Mittelalter. Darmstadt 1987, 20
[4] Robbins, Keith: Great Britain. Identities, Institutions and the Idea of Britishness, London 1998, 14 schätzt das Zahlenverhältnis auf etwa 15000 zu zwei Millionen.
[5] Kluxen (Anm. 3), 54
[6] Krieger (Anm. 2), 150
[7] Schröder (Anm. 1), 16f.; Robbins (Anm. 4), 47
[8] Kluxen (Anm. 3), 75
[9] A.a.O. 79f.
[10] A.a.O. 42f.

[11] Darby, H.C.: A new historical geography of England, Cambridge University Press 1973, 67f.
[12] Trevelyan, G.M.: History of England, 2 Bde. (1926), dt. Ausg.: Geschichte Englands, München 1947, 313f.
[13] Kluxen (Anm. 3), 43; 85
[14] Wende, Peter: Gross-Britannien 1500 – 2000, München 2001, 64f.
[15] Haan, Heiner/ Niedhart, Gottfried: Geschichte Englands vom 16. bis zum 18. Jahrhundert, München 1993, 132f.
[16] A.a.O. 134
[17] A.a.O. 82f.; Wende (Anm. 14), 4f.
[18] Wende (Anm. 14), 1
[19] A.a.O. 6f.
[20] Haan/ Niedhart (Anm. 15.), 88f.
[21] Wende (Anm. 14), 96f.
[22] Mann, Michael: Geschichte Indiens vom 18. bis zum 21. Jahrhundert, Paderborn 2005, 51
[23] A.a.O. 53/58
[24] A.a.O. 286f.
[25] Bergeron, F./ Furet, R./ Koselleck, R.: Das Zeitalter der europäischen Revolution 1780 – 1848, Frankfurt/M 1969, 13
[26] Dutt, F.: Economic History of India, London 1956, 47
[27] Hobsbawm, Eric J.: Industry and Empire. An Economic History of Britain since 1750. Dt. Ausg. Industrie und Empire I. Frankfurt/M, 8. Aufl. 1979, 56
[28] Buchheim, Christoph: Industrielle Revolutionen. Langfristige Wirtschaftsentwicklung in Großbritannien, Europa und Übersee, München 1994, 56
[29] Paulinyi, Akos: Die industrielle Revolution, in: Troitzsch, U./ Weber, W. (Hg.): Die Technik von den Anfängen bis zur Gegenwart, Stuttgart 1987, 234f.
[30] Heyck, Thomas William: A History of the Peoples of the British Isles, London 2002, 182
[31] A.a.O. 183
[32] A.a.O. 181
[33] Wende (Anm. 14), 11
[34] Morris, Desmond: The Naked Ape, London 1967
[35] Heyck, (Anm. 30), 190
[36] Jay, Peter: The Wealth of Man, London 2000, dt. Ausg.: Das Streben nach Wohlstand. Die Wirtschaftsgeschichte des Menschen, Düsseldorf 2006, 231f.
[37] Blanning, T.C.W.: The Culture of Power and the Power of Culture. Old Regime Europe 1660 – 1789, Oxford 2002; dt. Ausg.: Das Alte Europa 1660 – 1789, Darmstadt 2006, 265
[38] Richard II., 2. Akt, 1. Szene, nach der Übersetzung von Schlegel/ Tieck
[39] Blanning (Anm. 37), 284f.
[40] Wende (Anm. 14), 88

II. Verifizierung

## 8. Die Reaktion der europäischen Festlandstaaten auf die britische Überlegenheit

Dass die französische Aufklärung, die von dort auf das übrige Kontinentaleuropa sowie auf Nordamerika ausstrahlte, ihre Absolutismuskritik am englischen Vorbild entwickelte, wurde im Hinblick auf die staatstheoretischen Schriften Voltaires, Montesquieus und Rousseaus bereits gesagt (II.6). Die für die Ausbildung des modernen Verfassungsstaats besonders wichtige Lehre von der Gewaltenteilung, die Montesquieu in seinem *L'esprit des lois* von 1748 im Anschluss an Lockes Staatstheorie und die empirische Analyse des britischen Konstitutionalismus entwickelte, überzeichnete die Realität der innerenglischen Machtverteilung zwar[1], wirkte aber so überzeugend, dass nach seiner Lehre die Verfassung der USA konzipiert wurde, die sich, wie wir wissen, über mehr als 200 Jahre hinweg bis in die Gegenwart als äußerst stabil und erfolgreich bewährt hat. Innerhalb seiner Gewaltenlehre machte Montesquieu die ‚Freiheit' des einzelnen Staatsbürgers zum Ziel und Angelpunkt des Verfassungsstaats und des gesellschaftlichen Lebens überhaupt. Damit gab er eine Losung aus, die noch heute die ‚westlichen' Industriestaaten eint und die schon zu seiner Zeit auf die verschiedensten Dimensionen des gesellschaftlichen Lebens angewandt wurde, um die begehrte Modernisierung des absolutistischen Systems kontinentaler Staaten zu bewirken.

Die Losung ‚Freiheit', auf die ideologische Bindung des Einzelnen angewandt, hieß religiöse Toleranz gewähren, so wie es in der britischen Toleranzakte von 1689 gegenüber den *Dissenters* geschehen war. Gerade in diesem Punkt zeigten sich aufgeklärte Monarchen wie Friedrich II., Joseph II., die Zarin Katharina II. und Ludwig XVI. durchaus großzügig: Für die habsburgischen Kronländer wurde die religiöse Toleranz 1781, für Preußen und Frankreich 1788 sogar gesetzlich verankert, in den meisten durch die territorialen Veränderungen seit 1803 neu begründeten deutschen Staaten seitdem praktiziert.[2] Solche offiziell legitimierte Toleranz entsprang teilweise der persönlichen Einstellung der Monarchen, war in jedem Fall aber Ergebnis aufklärerischer Meinungsbildungs- und Öffentlichkeitsarbeit der ‚Philosophen', wie man die Englandfreunde in Frankreich nannte. Deren Einfluss ging bereits zwölf Jahre vor dem Ausbruch der Großen Revolution selbst im französischen Kabinett so weit, dass Ludwig XVI. bei dem Versuch, in der Militärschule den Geistlichen mehr Einfluss auf die sittliche Bildung der Offiziersanwärter zu verschaffen, mit seinem ersten Minister Vergennes allein blieb: „Alle anderen [Minister] waren von ihren Frauen

## 8. Die Reaktion der europäischen Festlandstaaten auf die britische Überlegenheit

oder Mätressen, die von ihren philosophischen Freunden belehrt worden waren, gehörig zurechtgewiesen worden und wollten nichts von einer derart geistlich beeinflussten Militärschule hören." kommentierte Bernard Fay diesen Vorgang.[3] Mit ihrer Forderung nach religiöser Toleranz erstrebten die Aufklärer aber durchaus mehr als religiöse Entscheidungsfreiheit des Einzelnen, nämlich eine Kulturrevolution im Sinne einer Nachahmung des erfolgreichen Großbritannien: „Die Philosophen [...] haben eine übermäßige Vorliebe für England und überfluten Frankreich mit englischen Sitten und englischer Kleidung: Überröcke nach englischer Art, Rennen nach englischer Art, Gärten nach englischer Art. Die Kinder werden englisch gekleidet, man liest englische Romane und hebt Shakespeare in den Himmel. Vor allem kann man die Gesetze und die Verfassung Englands nicht genug loben, so wie sie Montesquieu gesehen hat." beschreibt Fay die vorrevolutionäre Szenerie in Frankreich.[4]

Außer durch die damals rasch ansteigende Flut aufklärerischen Schrifttums wurde die so gekennzeichnete französische Kulturrevolution in Lese- und Diskussionszirkeln, Salons adliger Damen, politischen Klubs und Freimaurerlogen verbreitet, die ihrerseits die kommende soziale Revolution auch insofern antizipierten, als ihr geistiges und geselliges Leben die Standesgrenzen bewusst ignorierte und so im Kleinen die Bildung einer im Namen von Freiheit, Gleichheit und Brüderlichkeit geeinten Nation vollzogen.[5] Dass sich solcher revolutionären Geselligkeit selbst der französische Monarch nicht entziehen konnte, zeigt die dreimalige Berufung des unstandesgemäßen Nichtadligen, Nichtkatholiken und Ausländers Necker zum Finanz- und schließlich sogar leitenden Minister, dessen zweite Entlassung einer der wesentlichen Auslöser für den Sturm auf die Bastille wurde. Wenn solch regierungsamtlicher Aktionismus späteren Betrachtern paradox erscheinen mag und kurzschlüssig allein auf Unfähigkeit oder Unentschlossenheit Ludwigs XVI. zurückgeführt wurde, entsprang dessen Handlungsweise doch vor allem den strukturellen Schwierigkeiten eines von seinem leistungsfähigeren Hauptrivalen Britannien überholten Staates, der sich von seinem vormals so erfolgreichen Regierungssystem nur schwer zu trennen vermochte.

Der Absolutismus war, wie in II.6 näher ausgeführt, ein Abwehrsystem agrarisch fundierter Feudalstaaten zur Rettung des tradierten Feudalismus gegen Energieentzug durch überlegene Konkurrenten und wirkte sich dementsprechend vor allem zugunsten von Königtum, Adel, hohem Klerus und privilegiertem Bürgertum aus, bei denen sich auf Kosten von Bauern, Kleinbürgern, niederem Klerus, aber schließlich auch des Fiskus immer

## II. Verifizierung

größere Reichtümer sammelten. Das Auseinanderklaffen dieser ungleichen Energieversorgung verschiedener Bevölkerungsgruppen und Institutionen verschärfte sich in Frankreich besonders mit der seit 1775 beginnenden wirtschaftlichen Stagnation und der anschließenden Rezession seit 1778. Diese auf schlechte Ernten, das Einströmen billiger britischer Waren und die dadurch bedingte längerfristige passive Handelsbilanz zurückzuführende französische Wirtschaftskrise hatte ihrerseits verbreitete Arbeitslosigkeit, steigende Lebensmittelpreise und verringerte Staatseinnahmen zur Folge[6], was die französische Regierung, die sich gleichzeitig aus guten Gründen für den Krieg gegen England zugunsten der aufständischen nordamerikanischen Kolonien entschieden hatte, zu einer neuen innenpolitischen Koalition mit dem steuerzahlenden Bürgertum und gegen die weitgehend steuerfreien adligen und klerikalen Feudalherren zwang. Die Berufung eines weder ideologisch noch traditionell gebundenen Finanzsachverständigen zum Finanzminister war also notwendig, weil nur ein solcher Mann unabhängig genug war, Adelsprivilegien anzutasten, wie Necker es mit der Verordnung zur Zahlung eines Grundzinses für den Besitz von Krondomänen am 20.1.1781 tat. Die Vermehrung der Staatseinnahmen durch Heranziehung wenigstens der adligen Pächter von Kronland war insofern unausweichlich, als der Staat für die Kriegführung gegen den immer mächtiger werdenden britischen Konkurrenten hohe zusätzliche Ausgaben finanzieren musste, ohne diese mit höherer Besteuerung des gewerblichen Bürgertums decken zu können, das durch die überlegene englische Exportwirtschaft ebenfalls in eine Krise geraten war. So musste sich der durchaus traditionell eingestellte König mehrfach eines unkonventionell urteilenden und handelnden Finanzministers bedienen, der keine Bedenken hatte, die verzweifelte Finanzlage des Fiskus durch eine von der Sache her nur zu gerechtfertigte finanzielle Heranziehung von Adel und Klerus wenigstens etwas zu verbessern. Aber selbst solche sachlich angemessene Belastung der beiden ersten, vom absoluten Königtum gehegten und gepflegten Stände wurden durch deren Vertretungskörperschaften, vor allem das *Parlement* von Paris immer wieder blockiert, sodass die staatliche Finanzkrise nicht behoben werden konnte.

Diese war insofern systembedingt, als Frankreich – im Gegensatz zu seinem Hauptgegner und -konkurrenten Britannien – keine Zentralbank besaß, deren Einlagen dort von einem nationalen Parlament garantiert und damit sicher waren. Die privaten Gläubiger der *Bank of England* konnten deshalb keine besonders hohen Zinsen verlangen wie die der französischen Krone, deren Fiskus mit einem Kapitaldienst belastet war, der 1786 mehr als die Hälfte des staatlichen Gesamthaushalts ausmachte. Die Verschuldung des

französischen Staats hatte sich zu dieser Zeit auf die astronomische Höhe von mehr als einer Billion Livres angehäuft, und das bei Staatseinkünften von ganzen 475 Millionen Livres in dem genannten Jahr.[7]
Der französische Staat war also weit über jedes Normalmaß verschuldet, wozu das unwirtschaftliche Steuerpachtsystem, die Kosten für das üppige Hofleben, das stehende Heer und vor allem die Kriege beigetragen hatten, zum Schluss noch die erwähnte Wirtschaftskrise und eben die steuerliche Vorzugsbehandlung des Adels und des hohen Klerus, die sich in ständischem Egoismus gegen jede Mehrbelastung zu schützen wussten und sich so der Verantwortung für das Ganze entzogen.

*A) Die Große Französische Revolution als Notwehrreaktion gegen die britische Übermacht*

In unserer Terminologie und Betrachtungsweise litt der französische Staat gegen Ende des 18. Jahrhunderts an einem extremen Energiemangel in Geldform, der schließlich nur durch die Große Revolution von 1789ff., also durch grundlegende Änderungen seiner Staats- und Gesellschaftsordnung überwunden werden konnte – so, wie es unsere Grundthese besagt. Diese Umwandlung des französischen Staats- und Gesellschaftssystems erfolgte dabei so dramatisch – eben revolutionär –, weil sie durch den in Frankreich zunächst durchaus erfolgreichen und deshalb viel zu lange favorisierten Absolutismus immer wieder aufgeschoben bzw. von den Privilegierten verweigert worden war, über die sie deshalb wie ein zu lange aufgestauter Fluss entsprechend katastrophal hinwegfluten sollte. Die dramatischen Episoden dieses Vorgangs sind oft genug farbig und detailliert geschildert worden – auch deshalb, weil ein kulturell noch stark auf Versailles und die französische Art zu leben und zu sprechen ausgerichtetes Festlandeuropa den Zusammenbruch dieses lange bewunderten „Theaterstaates"[8] nicht genau und anschaulich genug überliefert bekommen konnte und entsprechende Berichte und Schilderungen gut bezahlte.

Wir können uns hier auf die wesentlichen Ereignisse des Geschehens beschränken, das sich, wie es schon in der französischen Aufklärung, ihren zentralen Schriften, ihrer modellhaften Geselligkeit und ihrem England-Enthusiasmus zum Ausdruck kam, auf eine Angleichung des französischen an das englische Modell der konstitutionellen Monarchie zubewegte. Dies allerdings in heftigen Ausschlägen zwischen jenem zunächst schon mit der Verfassungsgebung der Nationalversammlung umrissenen konstitutionellen Ziel, dem darüber hinausschießenden Republikanismus, der napoleoni-

## II. Verifizierung

schen Militärdiktatur und der dann dauerhafteren konstitutionellen Monarchie, um nur den Zeitraum bis 1848 zu berücksichtigen. Als erstes der diesen Umwandlungsprozess markierenden Ereignisse ist die Durchbrechung des regional, ständisch und höfisch parzellierten politischen Kommunikationssystems im *Ancien Regime* durch die Wahl der ‚Generalstände' zu nennen, die, seit 1614 nicht mehr einberufen, erstmals wieder eine Art französischer Nationalvertretung darstellten, in welcher über die den Deputierten von ihren Wählern mitgegebenen Beschwerdebriefe eine wenigstens halbwegs repräsentative Meinungs- und Interessenerhebung der französischen Gesamtgesellschaft erfolgte.[9] Die Ratlosigkeit der königlichen Regierung angesichts der dabei zusammengetragenen umfangreichen Mängelliste ließ die Abgeordneten des ‚Dritten Standes', welche die übergroße Mehrheit der Bevölkerung vertraten, den entscheidenden Schritt zur Emanzipation von der Königsherrschaft tun, indem sie sich – in Anspielung auf das britische *House of Commons* – ihrerseits *Deputes des Communes* nannten und die Deputierten der ersten beiden Stände zum Beitritt einluden, also zur Bildung einer wirklichen Nationalversammlung, die sich zur Behebung jener von ihren Wählern beklagten Mängel die Aufgabe stellte, dem Land eine neue Verfassung zu geben. Gegen immer wieder versuchten Widerstand des dadurch desavouierten Königs und von Abgeordneten der ersten beiden Stände kam diese erste französische Nationalversammlung nach einigem Hin und Her im Juni 1789 dann doch – sogar mit offizieller Billigung des Königs – zustande, nachdem sie sich schon zuvor als verfassunggebende Versammlung deklariert und damit den Absolutismus de facto unterlaufen hatte.[10]

Die zweite Phase der Revolution wurde durch eine Truppenkonzentration um Paris und Versailles, den Tagungsort der Nationalversammlung, sowie die zweite Entlassung Neckers ausgelöst, was beides auf ein doppeltes Spiel des Königs hindeutete, der vorhaben mochte, die Nationalversammlung und das überwiegend oppositionelle Paris seiner Herrschaft mit Waffengewalt zu unterwerfen. Den regimekritischen Massen der Mittel- und Unterschichten, die spätestens durch das zweistufige Wahlverfahren zu den Generalständen mit allgemeinem Wahlrecht für alle über 25jährigen Steuerzahler die Möglichkeit erhalten hatten, den gewählten Deputierten politische Beschwerden und Wünsche mit auf den Weg zu geben und die dadurch landesweit politisiert worden waren, kam in ihrer Bedrohung durch die vermutete Gegenrevolution des Königs ihre – dem Waffenmonopol des Adels und des königlichen Heeres geschuldete – relative Wehrlosigkeit zum Bewusstsein. Der Dritte Stand insgesamt, dessen Vertreter mit der Umfunktionierung der ‚Generalstände' zur verfassunggebenden Nationalversammlung die politische Initiative zur Modernisierung und Stärkung des französischen Staatswesens ergriffen hatten, litt in dieser Lage also unter einem besonders akuten Mangel an ‚Wehr-Energie' in Form von (Feuer-) Waffen, was die städtischen Unterschichten anging, aber auch an Nahrungsenergie in Form von Brotgetreide. Um diesem doppelten Energiemangel abzuhelfen, begannen die von leidenschaftlich agierenden Revolutionsführern wie Camille Desmoulins dazu aufgerufenen Pariser Volksmassen auf der Suche nach Waffen und Getreide Zollhäuser und Klöster zu plündern und schließlich die königliche Stadtfestung der Bastille zu belagern, in der man größere Waffenlager vermutete. Mit der blutigen Erstürmung dieses Despotismus-Symbols am 14. Juli 1789 und der Bildung einer revolutionären Pariser Stadtregierung aus Wahlmännern des Dritten Standes, die sich mit dem Aufbau einer Bürgermiliz Ordnungs- und Verteidigungskräfte verschaffte, war die Königsherrschaft in der Hauptstadt, bald aber auch in anderen Städten des Landes beseitigt, soweit deren Einwohner dem Vorgehen der Pariser Revolutionäre folgten.[11]

Dies taten auf ihre Weise auch Bauern in verschiedenen Provinzen des Landes, die nach mehreren schlechten Ernten schon seit Dezember 1788 begonnen hatten, Steuerzahlungen und Abgaben an ihre Grundherren aus purer Not, also elementarem Energiemangel zu verweigern. Ihre Furcht vor Vergeltungsmaßnahmen des Adels und vor Bettlerbanden, die Nahrung suchend und plündernd durchs Land zogen und von den Bauern für Agenten ihrer verärgerten Grundherren gehalten wurden, führte zur Zusammenrottung notdürftig mit Sensen und Piken bewaffneter Bauernheere, die Adelsschlösser angriffen, vor allem um die dort vermuteten Urkundenarchive zu zerstören, womit sie sich von den verhassten Feudallasten zu befreien glaubten. Die Nachrichten von dabei geschehenen Gewalttätigkeiten und Schlossbränden veranlassten einige der um ihr Eigentum und ihre Familien fürchtenden adligen Abgeordneten der Nationalversammlung zum öffentlichen Verzicht auf ihre Privilegien und die feudalen Abgaben ihrer Bauern, was in der berühmten Nachtsitzung vom 4. auf den 5. August 1789 dann zur offiziellen Erklärung der Nationalversammlung über die Beseitigung der Feudalordnung in Frankreich führte.

Dieser Vorgriff auf die noch in Arbeit befindliche übrige Verfassung wurde kurz darauf, um den allgemeinen Aufruhr im Lande weiter zu beruhigen, durch die Erklärung der Menschen- und Bürgerrechte ergänzt, wobei die Souveränität der Nation, Freiheitsrechte des Einzelnen, Rechtsgleichheit der Staatsbürger, deren Recht auf freies Eigentum sowie eine Repräsentativverfassung in Aussicht gestellt wurden.[12] Diese die Grundsätze der Verfassung festlegende Rechteerklärung war nun nicht etwa, wie noch in einer

## II. Verifizierung

der jüngsten Darstellungen zu lesen, von der französischen Nationalversammlung „entwickelt" worden[13], sondern ging auf Grundrechtskataloge der sich damit von englischer Herrschaft freimachenden nordamerikanischen Kolonien zurück, insbesondere auf die von George Mason für Virginia entworfene *Declaration of Rights* vom Juni 1776, die ihrerseits natürlich in dem gleichnamigen englischen Staatsgrundgesetz der Glorreichen Revolution von 1688 ihren Ursprung hatte, mit der die königliche Herrschaftsgewalt Wilhelms von Oranien konstitutionell begrenzt wurde (vgl. II.7). Eine solche ‚Anleihe' war naheliegend, da die französische Nationalversammlung politisch in einer ähnlichen Situation war wie die von englischer Königsherrschaft sich emanzipierenden amerikanischen Kolonien, denn ihre Verfassungsgebung bedeutete ebenfalls die Neugründung eines Staates für eine sich eben zur Nation formierende und – was die große Mehrheit des Dritten Standes angeht – von als despotisch empfundener Königsherrschaft sich befreiende Gesellschaft. Und da französische Soldaten den Kolonisten bei ihrem Unabhängigkeitskrieg beigestanden und ihnen zum Erfolg verholfen hatten, war es auch aus diesem Grunde naheliegend, die französische ‚Staatsgründung' auf ähnliche Weise zu beginnen.
Hinzu kamen persönliche Verbindungen aus der Kriegszeit wie die des französischen Kriegshelden Lafayette, der seitdem freundschaftlich mit Thomas Jefferson, dem Verfasser der amerikanischen Unabhängigkeitserklärung, verbunden war und mit diesem einen eigenen Vorentwurf zur französischen Menschenrechtserklärung abstimmte, bevor er damit in der Nationalversammlung persönlich die Initiative für eine solche Erklärung ergriff.[14]

Aus all dem geht sehr eindeutig hervor, dass die französische Bürger- und Menschenrechtserklärung und damit die Grundlegung des modernen europäischen Verfassungsstaats auf anglo-amerikanische Vorbilder zurückzuführen ist – ebenso wie sich die Kulturrevolution der französischen Aufklärer am britischen Staats- und Gesellschaftsmodell orientiert hatte. Dies zeigt sich auch an den Inhalten jener Erklärung: Die Souveränität der Nation, die dort deklariert wurde, hatten die Engländer in der Glorreichen Revolution erlangt, indem sie eine Königsdynastie gegen eine andere auswechselten und deren Macht, wie erwähnt, verfassungsrechtlich begrenzten. Die Freiheitsrechte des Individuums, die man nun für die Franzosen verkündete, waren in der *Declaration of Rights* und in der Habeas-Corpus-Akte von 1679 im einzelnen für die britischen Staatsbürger gesetzlich längst abgesichert worden. Eine lupenreine Rechtsgleichheit gab es für die Engländer des 18. Jahrhunderts zwar schon deswegen nicht, weil der Zu-

## 8. Die Reaktion der europäischen Festlandstaaten auf die britische Überlegenheit

gang zum Oberhaus an den Adelstitel und der zu allen Staatsämtern an die Ablehnung der katholischen Abendmahlslehre gebunden war. Andererseits hatte die Abwehr des Stuart-Absolutismus die Entstehung eines ausgeprägten Ständewesens mit weitgehenden Privilegien für die ersten beiden Stände etwa im Steuerwesen vermeiden können, außerdem den Zugang zum Adelsstand durch Erwerb eines entsprechenden Landgutes offengehalten. Der Status des Einzelnen wurde so im Bereich des privaten Lebens durch Eigentum bestimmt, nicht durch festgeschriebenes öffentliches Recht.[15] In diesem Sinne gab es für die große Masse der Briten Rechtsgleichheit und selbstverständlich das Recht auf freies Eigentum. Die Repräsentativverfassung, die nun auch in Frankreich eingeführt werden sollte, war in England durch die starke Stellung, die das Parlament insbesondere mit der Glorreichen Revolution errungen hatte, geradezu das Aushängeschild des britischen Verfassungslebens geworden, sodass sich an dessen Vorbildhaftigkeit für die Menschen- und Bürgerrechtserklärung der französischen Nationalversammlung keinerlei Zweifel ergibt.

Das unter akutem Energiemangel in Form fehlender Nahrung für die ärmeren Bevölkerungsschichten und fehlender Finanzmittel beim Fiskus leidende Frankreich, das damit in eine akute Existenzkrise geraten war, suchte diese zunächst also wenigstens deklamatorisch mit der verfassungsmäßigen Angleichung an das wohlhabende und erfolgreiche Britannien zu überwinden. Das war der für die Aufklärer und die politischen Theoretiker naheliegende und prinzipiell richtige Weg aus der Krise. Aber er sättigte nicht die hungernden Menschen, die auf den Pariser Märkten das trotz guter Ernte des Jahres 1789 noch immer teure Brot nicht bezahlen konnten, was am 5. September zu dem berühmten Zug der Marktfrauen führte, die, gefolgt von den neu gebildeten Milizen der Pariser Nationalgarden, die Nationalversammlung in Versailles und dann den König in seiner dortigen Residenz aufsuchten, um von diesen Staatslenkern eine bessere Brotversorgung für die Pariser Bevölkerung zu verlangen. Da dieses Anliegen natürlich nicht mit einem Federstrich zu erfüllen war, zwang man den König, dem von vielen Menschen noch immer magische Kräfte zur Sicherung des täglichen Brotes zugetraut wurden, von Versailles nach Paris umzuziehen, womit seine absolutistische ‚Fremdherrschaft' beendet und der Monarch auch physisch der Nation ein- wo nicht untergeordnet wurde.

Auch die Nationalversammlung verlegte wenig später ihre Tätigkeit nach Paris und schuf in einem umfangreichen Gesetzgebungs- und Verordnungsverfahren nicht nur die den vorausgeschickten ‚Erklärungen' vom August 1789 entsprechende Staatsverfassung, sondern auch eine durchgrei-

II. Verifizierung

fende neue Ordnung aller öffentlichen Einrichtungen von der Verwaltung bis zur Armee und zur Kirche. Was letztere betrifft, so wurden deren Güter noch im Dezember 1789 zum Eigentum der Nation erklärt und öffentlich versteigert. Sie dienten also – wie schon zu Zeiten Karl Martells oder im antiken Athen – als letzte Energiereserve eines im übrigen nahezu bankrotten Staatswesens, das mit ihr das neue Papiergeld der Assignaten zu decken suchte. Der Klerus der nunmehr mittellosen französischen Kirche wurde fortan vom Staat besoldet, sofern die Geistlichen die neue Zivilkonstitution eidlich anerkannt hatten, der zufolge sie sich u.a. einer Wahl (durch die Gemeinde oder untergeordnete Geistliche) zu stellen hatten. Da viele Priester diesen Eid verweigerten und trotzdem von ihren Gemeinden unterstützt wurden, führte die Verstaatlichung der Kirche zwar einerseits zur Behebung des staatlichen Energiedefizits, andererseits aber zu einer kulturellen Spaltung der Nation, was deren Energiepotenzial wiederum mindern musste.

Durchweg positiv für die nationale Energiebilanz wirkte sich dagegen die Errichtung kommunaler Selbstverwaltung in den bisherigen Pfarrbezirken aus, die – ebenso wie die Verstaatlichung der Kirche – wiederum englischem Vorbild folgte und – wie dort – die staatlichen Verwaltungskosten erheblich verringerte. Den so gebildeten Kommunen waren Kantone, Arrondissements und Departements in gestufter Zuständigkeit übergeordnet, was eine einheitliche staatliche Verwaltungsstruktur ergab. Auch das Gerichtswesen wurde im Sinne der Rechtsgleichheit für alle Bürger vereinheitlicht, den Protestanten und Juden die gleichberechtigte Staatsbürgerschaft verliehen, außerdem das Ständewesen abgeschafft. Förderung des Französischen als Amts- und Schulsprache sowie die Vereinheitlichung von Maßen und Gewichten im Sinne des Dezimalsystems dienten weiterhin der faktischen Zusammenführung aller Frankreich-Bewohner zu einer Nation, deren interner Energieaustausch und -gewinn durch solche Vereinheitlichungen, wie sich bald zeigen sollte, erheblich zunahm.

Der Nationalversammlung kam bei ihrem umfangreichen Normierungswerk, bei dem auch die Abschaffung des Feudalismus, die Modalitäten des Wahlrechts und die Stellung des Königs als besonders schwierige Materien im Einzelnen zu regeln waren und für dessen Fertigstellung sie etwa zwei Jahre intensiver Arbeit benötigte, immerhin zugute, dass mit den reichen Ernten der Jahre 1789/90/91 und der Liquidierung des Kirchenguts die energetische Doppelkrise des Landes gerade während dieser Arbeit halbwegs überwunden und so überhaupt eine geordnete Reform an Haupt und Gliedern möglich war. Innerhalb unserer energetischen Geschichtsbetrach-

## 8. Die Reaktion der europäischen Festlandstaaten auf die britische Überlegenheit

tung stellt diese grundlegende Umwandlung des absolutistischen in einen konstitutionellen französischen Staat, die, wie alle Fakten zeigen, durch einen akuten, in diesem Fall doppelgestaltigen Energiemangel hervorgerufen, ja erzwungen worden war, geradezu ein Paradebeispiel dar für den kausalen Zusammenhang von Energiemangel und historischer Innovation.

Dies gilt nicht weniger für die ‚zweite Revolution' innerhalb des in Frankreich besonders vielgestaltigen und langwierigen Umwandlungsvorgangs vom traditionellen Agrar- zum modernen Industriestaat. Die neuerliche Revision der im Herbst 1791 verkündeten und in Kraft gesetzten konstitutionell-monarchischen Verfassung zugunsten der Republik von 1793 ging im Kern auf die doppelte Bedrohung des neuen Verfassungsstaats durch innere wie äußere Gegner zurück, für deren Besiegung oder Abschreckung dem französischen Gesamtsystem keine anderen Energiereserven mehr zur Verfügung standen als die mobilisierter Volksmassen.
Die inneren Gegner waren zum einen die eidverweigernden Priester mit ihrem Anhang, zum anderen die Gegner des in der Verfassung vorgesehenen Zensuswahlrechts, das dem Prinzip der Rechtsgleichheit in der Tat widersprach, und zum dritten war es der König mit einem großen Teil des Adels, soweit dieser noch nicht vor der Revolution ins Ausland geflohen war. Diese letztgenannte Gruppierung setzte auf einen Krieg anderer europäischer Festlandsmonarchen gegen das revolutionäre Frankreich – eine realistische Erwartung, insofern das Übergreifen der Revolution auf andere Länder den dortigen Monarchen natürlich als Schreckensbild vor Augen stand. Dem entsprechend drohten der Kaiser und dann auch der preußische König für den Fall mit einer militärischen Intervention, dass Ludwig XVI. als ihr Standesgenosse nach dessen gescheitertem Fluchtversuch im Juni 1791 von den Revolutionären bestraft würde. Dies rief wiederum bei der zunehmend von den Jakobinern dominierten Legislative eine aggressive Kreuzzugsstimmung für die Freiheit und gegen den auswärtigen ‚Despotismus' hervor, die schließlich in die – auch vom König in der Hoffnung auf den Sieg seiner ausländischen Freunde mitgetragene – Kriegserklärung an Österreich und Preußen mündete. Als schon wenige Tage nach Kriegsbeginn im April 1792 die königliche französische Armee in ersten Gefechten auf dem belgischen Kriegsschauplatz von den Österreichern geschlagen worden war und in der Folge reihenweise zum Feind überlief[16], wurde offenbar, dass der strukturelle Energiemangel Frankreichs durch die sogenannte ‚erste Revolution' noch nicht überwunden war, weil es dem neuen innerlich gespaltenen Staat an einer intakten Armee, also an ausreichender Wehrenergie fehlte. Diese konnte nur durch landesweite propagandistische

## II. Verifizierung

Mobilisierung freiwilliger ‚Patrioten' beschafft werden, die, in die noch vorhandenen Linientruppen eingereiht, tatsächlich die Front vorerst stabilisierten. Beides, dieser militärische Teilerfolg patriotischer Kämpfer, aber zugleich die fortdauernde Bedrohung durch die österreichischen und preußischen Armeen, erzeugten innenpolitisch die Formierung von Revolutionskomitees und Aktionsgruppierungen, die nach Paris marschierten und mit dortigen Milizen in das Königsschloss der Tuilerien eindrangen, den König in ihre Gewalt brachten und die Legislative zur Ausschreibung von Neuwahlen nach allgemeinem gleichen Wahlrecht zwangen. Die erste Amtshandlung des dementsprechend neugewählten ‚Konvents' war die Ausrufung der Republik am 21. September 1792, womit eine weitere Umwandlung des französischen Staates begonnen hatte.

Die damit eingeleitete Radikalisierung der Revolution, deren Lenkung mehr und mehr in die Hände agitatorisch begabter Volksredner wie Danton und Robespierre geriet, verstärkte und erweiterte zugleich die Doppelfront ihrer innen- wie außenpolitische Gegner. Nach der Verurteilung und Hinrichtung des Königs und militärischen Erfolgen der zunehmend zum patriotischen Volksheer sich wandelnden französischen Armee glaubte der Konvent im Rückgriff auf immer größere Massen von Freiwilligen die ‚Freiheit' auch anderen Völkern bringen zu können, erklärte England und den Niederlanden den Krieg und veranlasste die Aushebung von weiteren 300 000 ‚Freiwilligen'. Dagegen und auch gegen zusätzliche Steuerlasten, die der neue Staat seinen Bürgern abverlangte, entwickelte sich, ausgehend von der durch den Zusammenbruch ihrer Textilindustrie auch gewerbewirtschaftlich belasteten Vendée, eine von eidverweigernden Priestern initiierte Aufstandsbewegung, die sich schließlich unter Führung von Adligen zu einer aufständischen Armee formierte, weitere Landesteile erfasste und gegen ‚die Revolution' einen Bürgerkrieg eröffnete, der insgesamt mehr als 200 000 Opfer forderte.[17] Außenpolitisch sah sich der Konvent gleichzeitig einer großen Koalition aller Nachbarländer gegenüber, was die schließlich im sogenannten Wohlfahrtsausschuss konzentrierte Regierung zu immer radikaleren Maßnahmen einer allgemeinen Mobilmachung nicht nur der Männer für die Kriegführung gegen innere und äußere Feinde, sondern auch der Frauen, Greise und Kinder zur Versorgung und Ermutigung der Truppen greifen ließ. Diese vom Konvent im August 1793 verordnete *levée en masse,* die er sozial durch Einrichtung von öffentlichen Getreidespeichern und Backstuben sowie Höchstpreisverordnungen, auf dem Lande durch Aufteilung der Allmenden an die Bauern und Streichung aller noch bestehenden dinglichen Abgaben an die ehemaligen Grundherren abzufedern suchte, konnte letztlich aber nur mit einer seit Oktober 1793 organi-

## 8. Die Reaktion der europäischen Festlandstaaten auf die britische Überlegenheit

sierten und sogar legalisierten Terrorherrschaft durchgesetzt werden. Diese mit der quasi maschinellen Tötungsmaschinerie der Guillotine gegen alle der Konspiration mit dem *Ancien Régime* Verdächtigen operierende Schreckensherrschaft war die politische Reaktion auf militärische Rückschläge in Belgien, an der Rheinfront, in Savoyen, den Verlust von Toulon an die Engländer und den Aufstand einer Mehrzahl von Departements gegen die revolutionäre Hauptstadt. In dieser durch die Ermordung eines der führenden Revolutionäre aufs Äußerste zugespitzten Existenzkrise der Republik stieg der mit dem Beinamen ‚der Unbestechliche' versehene Robespierre, der in persönlicher Anspruchslosigkeit und moralischer Konsequenz die von den Massen geforderte selbstlose Hingabe an die Sache eines besseren Frankreich unter allen Revolutionsführern am überzeugendsten verkörperte, zum Vorsitzenden des Wohlfahrtsausschusses und damit zum zentralen Machthaber des revolutionären Frankreich auf. Unter seiner terroristischen, zugleich aber auch moralisch und patriotisch begründeten Herrschaft gelang sowohl die Niederringung der Aufständischen im Inland wie die militärische Wende an den Außenfronten und damit die Rettung des republikanischen Frankreich.

Wieder war es akuter, die Existenz des französischen Staatswesens bedrohender Energiemangel gewesen, der diese für einen kontinentalen Flächenstaat in Europa neuartige Staatsform der diktatorisch regierten Republik hervorgebracht hatte. Dieser gelang es, große Teile der französischen Bevölkerung mit Terror und symbolisch wirkungsvoll inszenierter Propaganda in öffentlichen Staatsakten, Volksfesten, Umzügen und Ansprachen zum bedingungslosen Einsatz aller persönlichen Energiereserven im Kampf für ein besseres und glücklicheres Frankreich zu motivieren. Um es mit den Worten des Kulturhistorikers Blanning zu sagen: „Sie [die Revolutionäre] beuteten die Ressourcen der Nation aus und maximierten sie dermaßen, dass sie dadurch West-, Mittel- und Südeuropa eroberten."[18] Ersetzen wir den modischen Pauschalbegriff ‚Ressourcen' durch den präzisieren des Energiepotenzials, das in einer zielbewusst auf die Kriegführung ausgerichteten Millionenbevölkerung mobilisiert und auf die Revolutionsheere konzentriert wurde, so finden wir in einem solchen Satz die bündige Erklärung für die oft erstaunliche Durchsetzungskraft moderner Diktaturen von Oliver Cromwell über Robespierre, Hitler und Stalin bis zu Mao Se Dong.

Robespierre hatte die seine mit der Ersetzung des Christentums durch den Kult des Höchsten Wesens und der Fortsetzung des Terrors auch noch nach Überwindung der akuten Staatskrise zu weit getrieben und musste dafür mit dem Leben büßen. Sein Erbe in Form einer erfolgreichen Revolutionsarmee übernahm nach der Übergangsphase des Direktoriums dessen erfolg-

II. Verifizierung

reicher Armeegeneral Napoleon Bonaparte, dessen rascher Aufstieg zur politischen Führung allein schon Beleg für die Energiekonzentration des damaligen Frankreich in seinen Streitkräften ist.

*B) Die Übertragung der britischen Hegemonie auf das übrige Europa durch den napoleonischen Imperialismus*

Die Erfolge der napoleonischen Armeen über die zumeist in den ungeliebten Kriegsdienst gepressten Berufsheere der absolutistischen Monarchen erklären sich aus ihrer oft größeren zahlenmäßigen Stärke, ihrer für die nationale Sache begeisterten und dadurch besseren Kampfmoral und der damit gegebenen Möglichkeit dynamisch und beweglich durchgeführter Operationen, die den wegen Desertionsgefahr ihrer Soldaten meist blockweise und berechenbar in die Schlacht geführten Armeen der Gegner auch deshalb überlegen waren. Da die Freiwilligen der Revolutionsheere anfangs nicht bezahlt wurden und sich auf ihren Feldzügen großenteils selbst durch Plünderung mit dem Nötigsten versorgten[19], war auch der finanzielle Aufwand für die revolutionären Volksheere weitaus geringer als der für die ‚stehenden Heere' der Monarchen und selbst vom ausgepowerten Frankreich zu schultern.

Napoleon ergriff nach seinem Staatsstreich von 1799 klugerweise aber auch die nötigen Maßnahmen, um die Wirtschafts- und Gesellschaftsstruktur Frankreichs zu stabilisieren und leistungsfähiger zu gestalten. Durch deklamatorische Beendigung der Revolution, die Freistellung des privaten und wirtschaftlichen Lebens von staatlicher Intervention durch den *Code Napoleon*, der die Gleichheit aller Staatsbürger vor dem Gesetz, ihre persönliche und Religionsfreiheit, die Freiheit des Eigentums und Gewerbes sowie den freien Grundstücksverkehr als Erbe der Revolution gesetzlich festschrieb und außerdem ein erneuertes Zivilrecht enthielt[20], modernisierte er den französischen Staat wiederum im Sinn des englischen Vorbildes. Der Entwicklung des französischen Wirtschaftslebens kamen außerdem die dauernden und immer umfangreicheren Rüstungsaufträge für die immer besser versorgte und ausgerüstete Armee zugute, außerdem die Abschottung der englischen Wirtschaftskonkurrenz, die ihre Perfektionierung in der 1806 verkündeten Kontinentalsperre erfuhr. Der französischen Wirtschaft kamen auch die relativ niedrigen Steuern zugute, die zunächst durch den Verkauf der vom emigrierten Adel konfiszierten ‚Nationalgüter', 1897 dann durch eine die Staatsschuld auf Papiergeld- und Rentenbesitzer abwälzende Währungsreform und Rentenannullierung sowie schließlich die

## 8. Die Reaktion der europäischen Festlandstaaten auf die britische Überlegenheit

wirtschaftliche und finanzielle Ausbeutung der ‚Tochterrepubliken' und unterworfenen bzw. verbündeten europäischen Staaten sogar während der vielen Kriege Napoleons auf niedrigem Niveau gehalten werden konnten.[21] Mit der Privatisierung der Staatsschulden und der Ausbeutung abhängiger Staaten war Napoleon genau dem englischen Weg der Kriegsfinanzierung gefolgt. Dies galt im Prinzip auch für die Erbringung des eigentlichen Kriegsdienstes. Wir haben in II.7 gezeigt, wie der englische Staat nicht nur für die Landesverteidigung, sondern zu einem erheblichen Teil auch für die auswärtige Kriegführung seine Staatsbürger heranzog, was im neuzeitlichen Frankreich, wie gesagt, vom republikanischen Konvent – allerdings generalisierend – nachgeahmt und von Napoleon weitergeführt wurde. Da er das neuartige Volksheer nicht nur militärtechnisch gut ausrüstete, sondern vor allem auch psychologisch hervorragend zu führen und zu behandeln wusste[22], war ihm und seiner Armee im damaligen Festlandeuropa lange Zeit kein Gegner gewachsen. Mit einer großen Zahl glänzender militärischer Siege erwarb er sich bei seinem Heer und den Franzosen einen solchen Nimbus, dass es gar nicht des von ihm angenommenen Kaisertitels bedurft hätte, um sein Herrschaftssystem konstitutionellen Charakter annehmen und damit zum kontinentalen Gegenbild Britanniens werden zu lassen.

Als solches gab es den Modernisierungsdruck des Inselstaats, unter dem es selbst entstanden war, in Form militärischer Beherrschung und wirtschaftlich-finanzieller Ausbeutung an das übrige Europa weiter. Kennzeichnend für diesen Vorgang ist die Tatsache, dass die von Napoleon nur kurzfristig oder oberflächlich beherrschten Staaten wie Spanien, Österreich oder Russland dadurch nur einem mäßigen Wandel unterworfen wurden, während die von ihm am nachhaltigsten besiegten oder beherrschten Staaten und Regionen wie Italien, das deutsche Reich und darin besonders die südwestlichen Rheinbundstaaten sowie Preußen die erlittenen Energieverluste in einem besonders entschiedenen Modernisierungsschub zu kompensieren suchten. Dieser Vorgang spielte sich aus deutscher Sicht am spektakulärsten in Preußen ab, das durch dessen militärische Niederlage in der Doppelschlacht bei Jena und Auerstedt und den nachfolgenden Frieden von Tilsit (1807) an den Rand seiner Existenzfähigkeit gebracht worden war. Die Friedensbedingungen Napoleons sahen die Abtretung der westlichen, gewerblich und kommerziell führenden Staatshälfte, Kontributionen in unerfüllbarer Höhe und die Reduzierung des preußischen Heeres auf die gerade noch für einen Staat dritter Ordnung angemessene Zahl von 42 000 Mann vor. Wirtschaftlich, fiskalisch und militärisch hatte Preußen damit einen Energieverlust erlitten, der es von seinem unter Friedrich dem Großen er-

## II. Verifizierung

reichten europäischen Großmachtstatus zu völliger Machtlosigkeit degradierte. Gegen diese Herabsetzung wurde vor allem der vorher schon reformerisch tätige Freiherr vom und zum Stein tätig, der unter dem Eindruck des spanischen Aufstandes gegen Napoleons Herrschaft auch für Preußen und Österreich auf Widerstand setzte und diesen mit seiner Reformpolitik vorzubereiten suchte.[23]

Die absolutistische Regierungsweise baute er auf der obersten Ebene der preußischen Staatsverwaltung dadurch ab, dass er den aktiv regierenden Monarchen durch einen ‚Ersten Minister' ersetzte, der in Zusammenarbeit mit ihm unterstellten Ressortministern für Äußeres, Inneres, Krieg, Finanzen und Justiz die Staatsgeschäfte im königlichen Auftrag lenkte. Dadurch wurde der Monarch in die Stellung eines erblichen und ständigen Staatspräsidenten abgedrängt (was auch den anfänglichen Widerstand Friedrich Wilhelms III. gegen Steins Reformpläne erklärt), andererseits aber von der Verantwortung für exekutive Fehlgriffe entlastet, die nun das jeweilige Ministerium zu tragen hatte. Außerdem wurde die Regierung durch nun offiziell mögliche Austauschbarkeit der Minister flexibler, vor allem unter dem Druck öffentlicher Verantwortlichkeit effektiver. Schon die Regierung Stein bewies das mit der Gewichtigkeit der von ihr in eineinhalb Jahren bis zu ihrer – vom misstrauisch gewordenen Napoleon verlangten – Entlassung durchgesetzten Reformen.

Der genannten, dem englischen Vorbild folgenden Reform der obersten Staatsorgane entsprach in dieser Hinsicht auch die ‚Städteordnung' vom November 1808, welche die vom Absolutismus beseitigte Selbstverwaltung der größeren Städte wieder herstellte. Sie sollte die bürgerliche Mitverantwortung für den Staat stärken, an der es nach der Niederlage von Jena und Auerstedt fast völlig gefehlt hatte, wie die meist widerstandslose Übergabe selbst gut befestigter preußischer Städte an die französische Armee hatte offenbar werden lassen. Die städtische Selbstverwaltung war außerdem als Basis einer regionalen und schließlich gesamtstaatlichen Repräsentativversammlung gedacht, die Stein in seiner kurzen Amtszeit als leitender Minister allerdings nicht mehr durchsetzen konnte. Selbstverständlich sollte diese Einbeziehung der Staatsbürger in die Lenkung und Verwaltung des Staats diesen „letzten Endes [...] stärken" (T. Nipperdey)[24], also sein Energiepotenzial vergrößern.

Dies galt auch für die Abschaffung des Feudalismus mit dem Oktoberedikt von 1807, das die Guts- und Grundherrschaft über die erbuntertänigen preußischen Bauern aufhob. Diese ‚Bauernbefreiung' brachte zum einen die weitaus größte Bevölkerungsgruppe Preußens in ein rechtsunmittelba-

## 8. Die Reaktion der europäischen Festlandstaaten auf die britische Überlegenheit

res Verhältnis zum Staat und damit in dessen direkte Verfügbarkeit, was insbesondere im Zusammenhang mit der Einführung der allgemeinen Wehrpflicht dem energetischen Wehrpotenzial des Staates direkt zugute kam. Außerdem auch der Effektivität der preußischen Landwirtschaft als ganzer, weil die aus der Untertänigkeit entlassenen Bauern nunmehr für ihren Unterhalt und ihre soziale und Alterssicherung selbst zu sorgen hatten und sie dies auf einer um ein Drittel bis zur Hälfte der vorher von ihnen bewirtschafteten Bodenfläche leisten mussten, weil der Rest zur Entschädigung für entgangene Dienste an ihre ehemaligen Herren fiel. Die Folge dieses Zwanges zur Effektivierung bäuerlichen Wirtschaftens zeigte sich in der Steigerung der Erträge bis 1848 um etwa 40%.[25] Mit der gleichzeitigen Freiheit des Bodenverkehrs und der Berufswahl für die bäuerliche Bevölkerung wurde für den größten Teil der preußischen Bevölkerung „der Übergang zur modernen Marktgesellschaft eingeleitet" (Nipperdey), ohne den der nachfolgende Aufstieg Preußens nicht möglich gewesen wäre, weil damit die allgemeine Austauschfähigkeit von Energie in all ihren Formen zwischen allen Bewohnern des preußischen Staats hergestellt und entsprechend viele Energiegewinnmöglichkeiten eröffnet wurden.

Der Freiherr von Hardenberg, der sogar zweimal auf Veranlassung des misstrauisch die reformerische Stärkung Preußens beobachtenden Napoleon entlassen werden musste, konnte mit seiner im Vergleich zu Stein vorsichtigeren, ganz am französischen Vorbild ausgerichteten Reformpolitik dennoch immer wieder in hohe Ämter zurückkehren und die Modernisierung des preußischen Staats fortsetzen. Mit der Einführung der Gewerbefreiheit und der Säkularisation des Kirchenguts (1810), der Judenemanzipation (1812), Aufhebung der Binnenzölle (1818) und seinem allerdings gegen den Adel nicht durchsetzbaren Plan einer diesen belastenden Steuerreform wies er sich eindeutig als aufgeklärter Liberaler aus, der die bleibenden Neuerungen der französischen Revolution auf den preußischen Staat zu übertragen suchte. Dass er damit die gesetzlichen Voraussetzungen für eine explosionsartige Leistungssteigerung des preußischen Wirtschaftslebens schuf, insbesondere weil Preußen seit dem Wiener Kongress (1815) mit dem späteren Ruhrgebiet, Oberschlesien und dem nördlichen Sachsen über reiche Vorräte des im 19. Jahrhundert wichtigsten Energieträgers Kohle verfügte, bedarf nach den Ausführungen zur Energetischen Revolution in England (II.7) keiner weiteren Erläuterung.

Die personellen Voraussetzungen für die Modernisierung Preußens schufen die Bildungsreformer Wilhelm von Humboldt und Karl Freiherr vom Altenstein, die mit der allgemeinen Durchsetzung der offiziell schon seit 1797

## II. Verifizierung

in Preußen geltenden Schulpflicht, der Schaffung eines nach Pestalozzi auf Selbsttätigkeit der Schüler ausgerichteten Volksschulwesens, des humanistischen Gymnasiums und der modernen, Forschung und Lehre verbindenden Universität Berlin (1810) nicht nur die Kommunikationsfähigkeiten jedes einzelnen Staatsbürgers erheblich erweiterten, sondern durch ihr pädagogisches Globalziel der ‚allgemeinen Menschenbildung' den für jede austauschintensive Gesellschaft benötigten Typus des vielseitig aufgeschlossenen, einsetzbaren und mobilen ‚Bildungsbürgers' heranzogen, dem auf der modernisierten Universität die neuesten Forschungsergebnisse übermittelt und so auf schnellstmöglichem Weg für die Gesamtgesellschaft nutzbar gemacht werden konnten.

Auf die Steigerung militärischer Wehrhaftigkeit des preußischen Staats, die sich bei Jena und Auerstedt als mangelhaft erwiesen hatte und durch die Heeresstärkenbegrenzung des Tilsiter Friedens noch weiter geschwächt worden war, zielte die von Scharnhorst und Gneisenau seit 1809 betriebene Heeresreform, deren wichtigste Elemente, nämlich allgemeine Wehrpflicht, Aufstiegsmöglichkeit ohne ständische Beschränkung nach dem Leistungsprinzip und Hebung des soldatischen Selbstbewusstseins durch Abschaffung entehrender Prügelstrafen, dem allgemeinen Modernisierungsprinzip auch der anderen staatlichen Bereiche entsprachen.

Bei all diesen Reformen ging es schließlich darum, die staatliche Leistungsfähigkeit dadurch zu steigern, dass die zum Staatsvolk gehörenden männlichen Individuen aus grundherrlicher, ständischer oder korporativer Energieaustauschbeschränkung befreit und in unmittelbaren Energieaustausch mit dem Staat gestellt wurden, weil dieser nur so die Möglichkeit erhielt, seinen akuten Energiemangel durch Austauschgewinne mit seinen Bürgern über deren Einsatz in kommunaler Selbstverwaltung, Steuerzahlung und Kriegsdienst zu überwinden. Freilich blieben vor allem in den Bereichen der staatspolitischen und judikativen Mitwirkung der Staatsbürger starke Beschränkungen jenes Zusammenwirkens bestehen, was sich am sichtbarsten in dem vom preußischen Monarchen bis 1848 nicht eingelösten Verfassungsversprechen der deutschen Bundesakte von 1815 manifestiert. Diese Unvollständigkeit des preußischen Reformwerks erklärt sich zum einen aus dem hinhaltenden Widerstand von König und Adel, die ihre auf unverändertem Verfügungsrecht über das Produktionsmittel Grund und Boden basierende Machtstellung durch die Mobilisierung dieses und anderer Energieumwandler wie der von Menschen, Wirtschaftsbetrieben, Bildungseinrichtungen und Informationen ihre Herrschaftsstellung erschüttert sahen. Und da Preußen in der Koalition der Sieger über Napoleon die schwerwiegendsten Energieverluste aus dem Tilsiter Frieden bereits 1815 durch die Wiener Schlussakte in etwa ausgleichen konnte, verminderte sich zum anderen der auf deren Tilgung ausgerichtete Reformdruck.

Weniger gegen Napoleons Herrschaft gewendet als vielmehr, um dessen erhebliche Kontributionsforderungen zu erfüllen, die eben auch Energieverluste in Form von Tributen, Besatzungskosten und Rekrutierung von ‚Landeskindern' bedeuteten, führten die Rheinbundfürsten in abgestufter Weise Reformen durch, die prinzipiell der Idee verpflichtet waren, ihre erneuerten Staaten auf der Basis einer Gesellschaft gleicher und freier Bürger und Eigentümer aufzubauen.[26] Dieses Prinzip stieß sich in den süddeutschen Rheinbundstaaten allerdings mit der dort gleichzeitig zu lösenden Aufgabe, diese durch den Reichsdeputationshauptschluss und die napoleonischen Gebietsregelungen aus vielerlei Kleinstaaten, Reichsstädten und säkularisierten Kirchenbesitzungen zusammengesetzten neuen Mittelstaaten politisch zusammenzuführen, was schließlich durch den Aufbau von straff hierarchisch organisierten Verwaltungen im Sinne des aufgeklärten Absolutismus geschah. Dabei wurden aber, ähnlich wie in Preußen, die einzelnen Staatsbürger in rechtsunmittelbare Beziehung zum Staat gesetzt und dessen energetisches Machtpotenzial dadurch erheblich gesteigert.[27] Der nun nach dem Leistungsprinzip ausgewählte und aufgebaute Beamtenapparat erhielt durch die Verstaatlichung der Post, des Wohlfahrts- und Gesundheitswesens sowie der Errichtung staatlicher Monopolbetriebe und das nun staatlich geführte Schulwesen einen erweiterten Wirkungskreis, der gleichwohl mit der Vereinheitlichung des Landesrechts und der Einführung der allgemeinen Rechtsgleichheit doch einfacher und also energiesparender arbeiten konnte als in der feudalistischen Vergangenheit.

In den süddeutschen Rheinbundstaaten kam es dem entsprechend zur Abschaffung der Leibeigenschaft und fast aller Adelsprivilegien, zur Einführung der allgemeinen Wehrpflicht, zu Judenemanzipation und religiöser Toleranz, im gewerblichen Sektor immerhin zur Einschränkung des Zunftwesens. Wie in Frankreich wurde die wirtschaftliche Austauschintensität außerdem durch innere Zollfreiheit, Vereinheitlichung von Münzen, Maßen und Gewichten sowie Verbesserung der Verkehrswege gefördert, während der gleiche Effekt im kulturellen Bereich durch den Ausbau des Schul-, Hochschul- und Akademienwesens erzielt wurde. Insgesamt lässt sich für diese Staaten eine recht weitgehende Angleichung an das napoleonische Frankreich feststellen.

## II. Verifizierung

Ähnliches gilt selbstverständlich für die sogenannten französischen ‚Tochterrepubliken' in den Niederlanden, der Schweiz und Italien, die seit der Monarchisierung der napoleonischen Herrschaft entweder zu Departements des französischen Kaiserreichs oder zu nominell selbständigen Monarchien unter Mitgliedern von Napoleons Klientel umgewandelt wurden und damit ebenfalls die Form konstitutioneller Monarchien annahmen. In diesen Staaten bzw. Departements wie auch in den von Napoleons Brüdern Jerome und Joseph regierten Königreichen Westfalen und Spanien sowie dem auf Kosten Preußens geschaffenen Herzogtum Warschau und dem Herzogtum Berg wurde überdies der *Code Napoleon* eingeführt, womit sich auch eine zivilrechtliche Angleichung an das französische ‚Mutterland' vollzog.
Wesentlich geringer als in den Frankreich benachbarten Regionen Europas brachte sich der von Frankreich übermittelte Modernisierungsdruck englischen Ursprungs im Osten des Kontinents zur Geltung. Selbst in dem von Napoleons Gnaden entstandenen, aber frankreichfernen Herzogtum Warschau blieb die Angleichung an das französische Vorbild trotz der Übernahme des französischen Verfassungs- und Zivilrechts in Ansätzen stecken. So wurden dort zwar die Leibeigenschaft und der bäuerliche Schollenzwang aufgehoben, grundherrschaftliche Abgaben, Fronen und Zehnten aber beibehalten. Neben dem Adel bewahrte dort auch die katholische Kirche ihre beherrschende Stellung, indem weder ihre Güter säkularisiert, noch Religionsfreiheit oder wenigstens Judenemanzipation eingeführt wurden.[28]

Noch beschränkter blieb die napoleonische Einwirkung auf das Kaiserreich Österreich, das zwar gegen Napoleon eine Reihe militärischer Niederlagen und erhebliche Gebietsverluste, außerdem die Einbuße der Herrschaft über das deutsche Reich hatte hinnehmen müssen, aber seine Autonomie bewahrt und nach der Vermählung Napoleons mit der Kaisertochter Marie Louise sogar eine Art genealogischer Mentorenstellung gegenüber dem Korsen errungen hatte. Dem entsprechend konnten die österreichischen Reformen im wesentlichen auf die Verstärkung der Wehrkraft durch Einführung einer auf provinzieller Grundlage organisierten ‚Landwehr' (1808) beschränkt bleiben, die eine Heranziehung der Zivilbevölkerung zur Landesverteidigung ermöglichte.[29]
Am geringsten blieb die modernisierende Einwirkung der napoleonischen Hegemonie auf das russische Kaiserreich, den auf dem Kontinent erfolgreichsten Widersacher des Diktators. Zwar ließ Zar Alexander I. durch den liberal denkenden Bürgerlichen Michail Speranskij in den Jahren 1807 –

## 8. Die Reaktion der europäischen Festlandstaaten auf die britische Überlegenheit

1812 Reformen im Bereich der Staatsverwaltung und des Bildungswesens in Angriff nehmen, die genau westlichen Vorbildern entsprachen wie die Einführung eines Staatsrates mit Ressortministern, staatlich examiniertem Beamtentum, außerdem der Gründung von Universitäten sowie dem Ausbau eines höheren und Volksschulwesens, was alles aber an der Alleinherrschaft des Zaren, dem Fehlen jeglicher Volksvertretung, den Privilegien des Adels und der Leibeigenschaft der Bauern nichts zu ändern vermochte.[30]

Wenn wir von den skandinavischen Staaten absehen, die als ‚Seemächte' von ihrem direkten Konkurrenten England schon im 18. Jahrhundert zu einer Liberalisierung ihrer Herrschaftsmechanismen veranlasst worden waren, zeigt der Überblick über die unter Napoleons Hegemonie durchgeführten Staats- und Gesellschaftsreformen Kontinentaleuropas, dass die durch Steigerung des innergesellschaftlichen Energieaustauschs und damit erzeugten Energiegewinns bewirkte Überlegenheit des modernisierten Frankreich über die absolutistischen Monarchien Festlandeuropas diese im Maß ihrer Unterwerfung und Schädigung durch Energieverluste zur Angleichung an das effektivere französische bzw. englische System nötigte. Unsere Basisthese, dass geschichtliche Innovationen (zu denen Verfassung- und Gesellschaftsveränderungen zweifellos zu rechnen sind), durch erlittenen oder unmittelbar drohenden Energieverlust davon betroffener Gesellschaften erzeugt werden, wird mit diesem Überblick durch die weitere Erkenntnis angereichert, dass solche Energieverluste in der Regel auf Einwirkung energietechnisch überlegener Gesellschaften/Staaten auf unterlegene zurückzuführen sind, die ihrerseits ihre damit entstandene Existenzbedrohung durch Nachahmung des/der erfolgreicheren Systems/e abzuwenden suchen. Auch die Grundannahme, dass es sich bei politischer Machtausübung aller Art um Anwendung von Energietechniken handelt, Macht also gesellschaftlich gesammelte und der Führung zur Nutzung überlassene, primär menschliche Energie ist, lässt sich aus den Vorgängen der Französischen Revolution und ihren Folgewirkungen anschaulich ableiten. Dies gilt besonders für die *levée en masse* und die darauf antwortende Einführung allgemeiner Wehrpflicht in den von den französischen Volksheeren zunächst überwältigten Ländern: Nur die Sammlung der Kampfkraft von Hunderttausenden von Bürgern eines Staates, dem andere Formen der Energie zur Selbstbehauptung fehlten, konnte den gegebenen Energiemangel ausgleichen, war also die erfolgreiche gesellschaftliche Technik, etwa kinetische Energie in marschierenden Soldatenbeinen oder psychische Energie hart kämpfender Infanteristen massenhaft zu mobilisieren, um den bedrohlichen

II. Verifizierung

Feind des Landes zu überwältigen. Dies war natürlich nur möglich, wenn diese Soldaten mit chemisch in Nahrungsmitteln gebundener Energie versorgt wurden, was wiederum landwirtschaftlich geleistete Arbeitsenergie voraussetzte usf.

### C) Der ökonomisch erzielte Energiegewinn Britanniens mit seinen Auswirkungen auf die kontinentaleuropäischen Gesellschaften

Dass Energieverluste und deren Kompensierung im zwischenstaatlichen Konkurrenzkampf nicht nur militärisch, sondern auch wirtschaftlich zugefügt und ausgeglichen werden können, zeigt sich ebenfalls gerade in diesem ‚Zeitalter der europäischen Revolution' besonders anschaulich, die, wie dargestellt, von der wirtschaftlichen Überlegenheit Englands gegenüber seinen europäischen Konkurrenten in Gang gesetzt wurde. Indem England etwa maschinell gefertigte Stoffe in andere Länder zu Preisen exportierte, die unter den dortigen Produktionskosten lagen, erzeugte es bei den Textilproduzenten der Empfängerländer Arbeitslosigkeit und also Energiemangel in Form von Armut, was diese, soweit möglich, zu gegensteuernden Reaktionen veranlasste. Diese bestanden in der Regel zunächst in der Verbilligung und Vermehrung der eignen Arbeit, um den Kostenvorteil der billigen Importware auszugleichen, also in Industrialisierung (=Befleißigung) im eigentlichen Sinn des Wortes. Da dieser Wettbewerb mit den technisch fortgeschrittenen Textilproduzenten Englands durchweg erfolglos blieb, fielen die unterlegenen Textilwerker dem im frühen 19. Jahrhundert deshalb in Kontinentaleuropa verbreiteten Pauperismus anheim, mussten sich andere Tätigkeiten suchen oder von Wohlfahrtseinrichtungen unterhalten werden. Die dafür aufzubringenden öffentlichen Mittel machten einen zusätzlichen Teil des Energieverlustes aus, der dem Empfängerland billiger Importware aus England zugefügt wurde. Ein weiterer bestand in dem Energieabfluss in Form von Geld- oder Tauschwarengewinn, den die englischen Produzenten und Händler beim Export ihrer Textilien trotz deren günstiger Preise erzielten und der dem Empfängerland dabei entzogen wurde.

Dieser Vorgang erklärt sich in seiner Einseitigkeit zugunsten Britanniens aus dessen energietechnischer Überlegenheit, die es z.B. seinen maschinell unterstützten Textilwerkern ermöglichte, Exportgüter eines bestimmten Marktwerts mit wesentlich geringerem von ihnen geleisteten Energieaufwand herzustellen, als es den ausländischen Produzenten der Tauschware das bei ihnen niedrigere technische Niveau erlaubte. Diese mussten mithin für denselben Tauschwert weit mehr menschlich geleisteten Energieauf-

## 8. Die Reaktion der europäischen Festlandstaaten auf die britische Überlegenheit

wand investieren als ihre britischen ‚Tauschpartner', deren Gesellschaft der energetische Differenzbetrag bei diesem ‚ungleichen Tausch' der beiderseitigen Produkte übertragen wurde. Sowohl dieser ökonomische wie jener über Wohlfahrtseinrichtungen geleistete Energieaufwand des technisch unterlegenen Systems waren bilanzmäßig Formen von quasi unsichtbaren Energieverlusten, die, weil auf viele Personen, Unternehmen und Institutionen verteilt, erst nach längerer Zeit auffällig wurden und den betroffenen Staat meist erst reagieren ließen, wenn im Kriegsfall die nötigen Steuergelder und Kredite fehlten, um sich gegen den energetisch bereicherten britischen Gegner behaupten zu können. Dieser konnte die im Export heimischer Produkte erzielten Gewinne seiner Staatsbürger nämlich über Steuern, Abgaben, Zölle und Kredite teilweise an sich ziehen, seine ‚Wehrenergie' so durch Aufrüstung vermehren und damit zur europäischen Groß- und sogar Weltmacht werden.

Es gehört eben zur – physikalisch längst bekannten – Eigenheit von Energie und – mit Einschränkungen – auch der ihres menschengesellschaftlichen Äquivalents, des Geldes, dass sie, in welcher Form auch immer, erhalten bleibt und für ganz verschiedene Zwecke verwendet werden kann. In dieser Wandel- und Vielverwendbarkeit von Energie, die sich in Form von Geld zudem zeitweise speichern und verzinsen lässt, liegt auch dessen Vorteil gegenüber dem ‚Grund und Boden', der in Agrargesellschaften diese letztgenannten Funktionen erfüllte, aber wegen seiner Immobilität zivilisatorischen Fortschritt stark behinderte. So konnten Bodenflächen zwar auch getauscht oder gewinnbringend verpachtet werden, beides aber nur relativ selten und in größeren Einheiten, sodass etwa der Erwerb von Gebrauchswaren aller Art höchstens durch Tausch gegen Erträge aus bewirtschafteter Bodenfläche, aber nicht dieser selbst in Betracht kam. Die relativ seltenen Tauschakte in Agrargesellschaften ermöglichten auch nur seltenen Energiegewinn – ganz im Gegensatz zur arbeitsteiligen Industriegesellschaft, in der Kauf und Tausch gerade wegen der auf bestimmte Produkte ihrer Wirtschaftssubjekte beschränkten Arbeitsorganisation für jedermann nötig und entsprechend häufig sind und ihren – prinzipiell auf gleichem energietechnischen Niveau stehenden und dadurch zu ‚gleichem Tausch' befähigten – Gesellschaftsmitgliedern, dem Prinzip des reziproken Energiegewinns entsprechend, vielerlei und häufigen Energiegewinn und damit Wohlstand verschaffen, dem zugehörigen Staat vermehrte Finanzmittel und also die Möglichkeit, erlittene Energieverluste auszugleichen.

In der Vermehrung interner Austauschmöglichkeiten nach den Vorbildern Britanniens und des revolutionierten Frankreich lag für die agrarwirtschaft-

## II. Verifizierung

lich geprägten kontinentaleuropäischen Monarchien des späten 18. und des frühen 19. Jahrhunderts mithin die einzige Möglichkeit, ihre durch Energieverluste an diese Führungsmächte verursachte mehr oder minder akute Existenzkrise zu überwinden. Dass es sich bei diesen Anpassungsvorgängen energietechnisch unterlegener an überlegene Gesellschaftssysteme tatsächlich um Notwehr und nicht um idealistischen Humanismus zum Wohle der Untertanen handelte, ergibt sich schon aus der gesamteuropäischen ‚Restauration' unmittelbar nach dem Sturz Napoleons, in welcher die europäischen Monarchen alle revolutionären Neuerungen zu beenden, wo nicht rückgängig zu machen suchten, soweit sie ihnen nicht handfeste Vorteile verschafft hatten wie vor allem den südwestdeutschen Rheinbundstaaten mit deren beträchtlichen Gebietsgewinnen. Und wenn in diesen neuen Mittelstaaten noch vor der gesamteuropäischen Krise von 1848/9 von ihren Fürsten fortschrittliche Verfassungen genehmigt wurden, dann nur, um die neu angeschlossenen Bevölkerungsteile mit dem Köder hoheitlich garantierter ‚Freiheiten und Rechte' zur gewünschten Loyalität zu bewegen. Diese in 15 der insgesamt 41 (Stadt)Staaten des in Wien gegründeten Deutschen Bundes nach und nach erlassenen Verfassungen waren für die künftige Bildung des deutschen Nationalstaats dennoch nicht bedeutungslos, insofern dieser jedenfalls nicht weit hinter die gesellschaftlichen Austauschmöglichkeiten zurückfallen konnte, die seine süddeutschen Teilstaaten und das reformierte Preußen bereits aufwiesen. Diese wurden so zu vorbereitenden Schrittmachern einer nationalen Einigung – ähnlich wie die bereits im 18. Jahrhundert ‚revolutionierte' Kultur.

In dieser hatten aufklärerische Schriftsteller antike literarische Rätselformen wie Schlüsselroman, Fabel und Parabel zu neuem Leben erweckt, um die Zensurbehörden absoluter Monarchen mit ihrer Kritik an deren Herrschaft unterlaufen zu können, hatten die Dichter des ‚Sturm und Drang' im Anschluss an Shakespeare vorgegebene literarische Formen zu durchbrechen gesucht, um dem aus korporativen Bindungen heraustretenden Individuum seine originale Selbstdarstellung zu ermöglichen, waren insbesondere die deutsche ‚klassische' Dichtung und die Kultur des französischen ‚Empire' zur Nachahmung antiker Formen zurückgekehrt, um individuelle Freiheitsforderung und monarchische Staatsräson zu harmonischem Einklang zu bringen.

Letzteres soll am Beispiel von Goethes ‚Iphigenie', der zweifellos ‚klassischsten' deutschen Dichtung dieser Epoche, kurz erläutert werden. Das Drama, bei dem es sich um eine höfische Auftragsarbeit handelte, übernimmt nicht nur den Stoff, sondern auch die literarische Form wenigstens annäherungsweise vom antiken Vorbild einer Euripides-Tragödie. Dies be-

## 8. Die Reaktion der europäischen Festlandstaaten auf die britische Überlegenheit

deutete an sich schon Parteinahme für eine emanzipatorisch-demokratische Kunstform, wenn man bedenkt, dass die klassische Tragödie im demokratischen Athen entwickelt worden war und die attische Bürgerschaft im Theaterrund stände- und geschlechterübergreifend zu kultischer Gemeinschaft zusammenführte (vgl. II.3). Insbesondere der die Dialoge kommentierende Chor der attischen Tragödie trug als Verkörperung der Volksversammlung, die zum Meinungsstreit der führenden Politiker Stellung zu nehmen hatte, deutlich demokratischen Charakter. Er fehlt bezeichnenderweise im Werk des Geheimen Legationsrats Goethe, der der Weimarer Hofgesellschaft die Stimme des Volkes wohl nicht als höchste Urteilsinstanz zumuten mochte. Inhaltlich entfernte er sich von seinem literarischen Vorbild vor allem darin, dass er Iphigenie – anders als Euripides – nicht als hilfloses Objekt väterlicher oder göttlicher Fremdbestimmung, sondern als Menschen darstellt, der die furchtbare Schicksalskette des Atridengeschlechts durchbricht, indem er beharrlich der Stimme seines Inneren folgt. Dies tut Goethes Iphigenie unter anderem dadurch, dass sie dem Barbarenkönig Thoas, in dessen Gewalt sie sich zusammen mit ihrem Bruder Orest und dessen Freund Pylades befindet, auf Nachfrage offen den gemeinsamen Fluchtplan gesteht, um ihre „reine Seele" dem sie liebenden König gegenüber nicht zu beschmutzen und um seinen Edelmut herauszufordern. Ihre Haltung der entwaffnenden Offenheit bewährt sich: Thoas entlässt die drei Griechen, ohne dass – wie bei Euripides – eine Göttin interveniert hätte, in ihre Heimat. Goethes Iphigenie – dies ist in unserem Zusammenhang nun das Entscheidende – wird also dadurch zur Lenkerin des Geschicks auch anderer Menschen, dass sie die bis dahin bestehenden Kommunikationsgrenzen zwischen verschiedenen Kulturvölkern (Griechen – Barbaren) und Ständen (Monarch – Untertan) durchbricht, indem sie dem Barbaren-König offen die Wahrheit sagt und dadurch zwischenmenschliche, aber auch interkulturelle Konflikte löst. Außerdem kann sie mit ihren Landsleuten in die Heimat zurückkehren und sich damit wieder in den nationalen Zusammenhang einreihen, den sie solange vermisst hatte, „das Land der Griechen mit der Seele suchend" (Iph. 1, 12).

Die Werkanalyse kann trotz ihrer Kürze vielleicht erklärlich machen, wie ein scheinbar so weltfremdes Drama wie Goethes ‚Iphigenie' hinfort als Verständigungschiffre und Normierungshilfe einer Gesellschaft dienen konnte, die interpersonale Demokratie mit Vermeidung revolutionären Umsturzes der Monarchie zu vereinbaren hatte. Anders und allgemeiner gesagt: Die Dichtungen Goethes (und seines Freundes Schiller) konnten bis weit ins 20. Jahrhundert hinein innerhalb des zumindest deutschsprachigen europäischen Bildungsbürgertums eine so nachhaltige Wirkung erzielen,

## II. Verifizierung

weil sie den offenen zwischenmenschlichen Austausch zum obersten Wert menschlicher Existenz stilisierten und damit einen sowohl suggestiven wie vernünftigen Wegweiser für die Effektivierung kontinentaleuropäischer Gesellschaften aufrichteten, wobei sie auch – Schiller deutlicher als Goethe – das Ziel nationalen Zusammenschlusses wenigstens symbolisch aufleuchten ließen, gleichzeitig aber durch Historisierung, Verinnerlichung und Abstraktheit ihres humanistischen Idealbildes die für die monarchische Regierung gefährliche emanzipatorische Zielsetzung gehörig verschleierten.[31] Die ästhetische Vermittlung an sich unvereinbarer Gegensätze, welche die Klassiker damit leisteten, ist insofern hoch zu veranschlagen, als die Synthese von Monarchie und Demokratie im Konstitutionalismus für die nachrevolutionären Festlandstaaten Europas die günstigsten Entwicklungschancen bot.

Natürlich gab es in Deutschland wie in Italien als den politisch zerrissensten unter den von Napoleons Hegemonie besonders herausgeforderten Nationen auch radikalere, direkt auf einen nationalen Zusammenschluss hindrängende Stimmen, die ein für das 19. Jahrhundert wichtiges Leitmotiv artikulierten, aber in der Konkurrenz zum effektiveren Konstitutionalismus zunächst nicht unmittelbar wirksam werden konnten. Für Deutschland seien in diesem Zusammenhang nur die Namen Fichte, Görres, Schleiermacher und Arndt, für Italien die Bewegungen der *Carbonari* und der *Mafia* genannt. In beiden Ländern trat der politischen und philosophischen, also direkten Propagierung eines frühen Nationalismus die verschlüsselte Werbung der romantischen Kunst zur Seite. Deren Grundmotive des Wanderns, der Verbundenheit zwischen Mensch und Natur, aber auch der Menschen untereinander, die in Gesang und Traum antizipiert wurden, ebenso die sehnsüchtige Rückwendung zur mittelalterlichen Vergangenheit mit ihrer vermeintlichen Einheit von Staat und Gesellschaft signalisierten zum einen das Bedürfnis bedrängter Gesellschaften nach Mobilität (Wanderungen), vielfältigen Austauschmöglichkeiten mit jedermann und den noch nicht erschlossenen Naturkräften (Suche nach der ‚blauen Blume', ‚Klingsors Märchen'), anderseits den Wunsch nach nationalem Zusammenschluss in einem geeinten Staat (Mittelalter-Vision). Da dieser Wunsch in dem auch nach der napoleonischen Flurbereinigung, wie gesagt, noch immer in 41 Staaten zersplitterten und zugleich von der britischen Hegemonie herausgeforderten Deutschland besonders drängend war, erhielt hier die romantische Kunst ihre intensivste und vielfältigste Ausprägung in Literatur (Novalis, Brentano, Eichendorff, Mörike, E.T.A. Hoffmann, Heine), Philosophie (Schlegel, Schleiermacher, Fichte, Schelling), Musik (Schubert,

## 8. Die Reaktion der europäischen Festlandstaaten auf die britische Überlegenheit

Schumann, Weber, Lortzing, Bruckner, Brahms) und Malerei (Friedrich, Richter, Schwind), um nur die bekanntesten Vertreter zu nennen. Was Deutschland betrifft, ist eine weitere kulturelle Erscheinung des ausgehenden 18. und beginnenden 19. Jahrhunderts besonders bemerkenswert, die für den zwischenmenschlichen Austausch im mehr praktisch handfesten Bereich des Lebens einer zusammenwachsenden Nation von bahnbrechender Bedeutung war, nämlich das damals sich ausbreitende Vereinswesen. Thomas Nipperdey hat gezeigt, dass die sich rasch vermehrenden Vereine dem Bürgertum die Überwindung der Standesgrenze zum Adel ermöglichten und den organisatorischen Rahmen für die Etablierung der neuen gesellschaftlichen Oberschicht aus Adel und Bildungsbürgertum abgaben.[32] In ihrer Organisationsfreiheit und obrigkeitsfernen Selbstlenkung stellten sie gleichzeitig Miniaturmodelle und Übungsfelder für eine demokratisch organisierte Gesamtgesellschaft dar. Vor allem dienten sie aber – auch nach zeitgenössischem Urteil – dem „Austausch von Welt- und Lebenserfahrung und -kenntnissen aus verschiedenen Lebenskreisen, um sich gegenseitig zu belehren"[33], wodurch man glaubte, dem Gemeinwohl nützen und so die staatliche Leistungsfähigkeit verstärken zu können. Dem entsprechend gab es eine vielfache Kooperation zwischen Vereinen und Staat, wobei letzterer allerdings auf eine strikte Begrenzung der Vereinstätigkeit auf vermeintlich unpolitische Betätigungsfelder achtete[34], um die Bildung revolutionärer Gruppierungen im Schafspelz scheinbar harmloser Vereine auszuschließen.

Bemerkenswert an den genannten kulturellen Erscheinungen der Übergangszeit von agrarisch zu merkantil und industriell geprägten Gesellschaften Kontinentaleuropas ist vor allem die Tatsache, dass verbesserter, möglichst ungehinderter Austausch nicht nur von Waren und handfesten Dienstleistungen, sondern – wie im Vereinsleben *expressis verbis* zum Ausdruck gebracht – auch der von Informationen aller Art als Stärkung gesellschaftlicher und staatlicher Leistungsfähigkeit bewertet und erfahren wurde. Wir sehen darin einen weiteren Beleg für unsere schon mehrfach angesprochene These vom reziproken Energiegewinn durch Austausch, der eben auch für den von Informationen gilt. Dies kann auch gar nicht anders sein, weil jede für Menschen brauchbare Information vom ‚Sender' mit Energieaufwand gewonnen wurde und dem ‚Empfänger' zu Energiegewinn oder -einsparung verhilft, ein gegenseitiger Informationsaustausch mithin beiden Dialogpartnern bilanziellen Energiegewinn verschafft. In einer durch kulturelle Anreize und Einrichtungen sowie die genannten Vereine zu vermehrter Dialogbereitschaft und -tätigkeit gebrachten Gesellschaft kumulieren sich solche Energiegewinne einzelner, wie bereits von damaligen Zeitgenossen zum Ausdruck gebracht, zweifellos zur Stärkung des Gemeinwesens und des Staates, also zu deren erhöhtem Energiepotenzial. So ernüchternd und respektlos dies klingen mag, haben wir unter diesem Aspekt auch die zartesten Gedichte und Lieder der Romantik als ein Wirkungselement unter vielen anderen zu verstehen, mit denen sich in diesem Fall besonders die deutsche Nation durch Verfeinerung und Förderung ihrer zwischenmenschlichen Kommunikationsfähigkeiten gegen die auf ähnlichen Wegen schon zur bedrohlichen Übermacht gelangten Nationen der Engländer und Franzosen zu wehren begann.

Die Betrachtung der nachnapoleonischen europäischen Geschichte lehrt außerdem, dass solche als Effektivierung des gesellschaftlichen Energieumsatzsystems zu verstehenden Modernisierungsprozesse im Sinne steigender und schließlich dammbrechender Flutwellen vor sich gehen, was im kulturellen Vorlauf etwa der Großen französischen Revolution zutage trat, indem die revolutionäre Bewegung zunächst in informelle Kommunikationszirkel und -organe wie Klubs, ‚Salons', ‚Gesellschaften' und Publikationen aller Art eindrang, dann in das als Dreikammer-Auffangbecken gedachte Gremium der ‚Generalstände' geleitet wurde, dessen Zwischenwände aber mit Bildung der Nationalversammlung brachen, die ihrerseits wiederum nicht imstande war, den revolutionären Druck auf Dauer einzudämmen, sodass schließlich ganz Frankreich vom revolutionären Strudel überschwemmt wurde.
In gesamteuropäischer Perspektive ergaben sich solche Dammbrüche des auf dem Wiener Kongress gegen die Überschwemmung des übrigen Kontinents errichteten Deichsystems in den Revolutionswellen der Jahre 1820/1, 1830 und 1848/9. Sie gingen nach dem Ende der revolutionären Expansion Frankreichs, das der Kongress auf seine alten Grenzen zurückgestutzt hatte, nun wieder direkt von Britannien als dem Urheber der europäischen Revolutionierung aus.

Die erste dieser revolutionären Wellen traf Spanien, dessen süd- und mittelamerikanische Kolonien (mit den Ausnahmen Kubas und Costa Ricas) als Folge der Besetzung des Mutterlandes durch napoleonische Truppen abgefallen waren. Der Versuch des spanischen Königs Ferdinand VII., die für die merkantilistisch organisierte Wirtschaft des Landes äußerst verlustreiche Unabhängigkeit des amerikanischen Kolonialreichs nach Napoleons Sturz rückgängig zu machen, war schon aus finanziellen Gründen zum Scheitern verurteilt, weil der traditionell von Spanien kontrollierte und abgeschöpfte Amerika-Handel inzwischen in englisch-nordamerikanische

## 8. Die Reaktion der europäischen Festlandstaaten auf die britische Überlegenheit

Regie übernommen worden war und so die spanische Krone eine ihrer wichtigsten Einnahmequellen verloren hatte. Der Anteil Spaniens am Welthandel war dadurch von 10,4 % in den Jahrzehnten zwischen 1750 und 1780 auf nur noch 2,3 % in 1820/30 gefallen, während der Englands im gleichen Zeitraum von 14,1 % auf 22,6 % und der der USA von 1 % auf 6 % gestiegen waren.[35] Dass insbesondere England von dieser für Spanien katastrophalen Entwicklung profitierte, belegt die Steigerung seines Südamerikahandels während der napoleonischen Ära um das Vierzehnfache.[36] Auch der Verkauf Floridas an die USA (1819) konnte das mit der Kriegführung gegen die südamerikanischen Aufständischen immer größer werdende Defizit der spanischen Staatskasse nicht decken, zumal Ferdinand VII. mit der Reetablierung der Orden, der Jesuiten und der Inquisition die damals üblich gewordene Sanierung der Staatsfinanzen durch Verkauf säkularisierten Kirchengutes verbaut hatte. Darunter litten wiederum Truppenstärke und Ausrüstung der Streitkräfte, die bei ihren Versuchen, die Abfallbewegung der amerikanischen Kolonien zu stoppen oder gar rückgängig zu machen, auch deshalb erfolglos blieben. Der Verlust der kolonialen Absatzmärkte stürzte zudem große Teile der spanischen Wirtschaft in eine tiefe Krise, was die allgemeine Unzufriedenheit mit der restaurativen Politik Ferdinands landesweit verstärkte, zumal dieser die erste spanische Verfassung von 1812, das Werk liberaler Freiheitskämpfer gegen die napoleonische Fremdherrschaft, bei seiner Rückkehr aus französischer Gefangenschaft 1814 zugunsten absolutistischer Regierungspraxis suspendiert hatte. Die Kritik am König fand ihre Zuspitzung in der Militärrevolte von Cádiz, wo unzufriedene Truppen, die dort für ihre Verschiffung in den amerikanischen Kolonialkrieg zusammengezogen worden waren, sich 1920 dem geplanten Einsatz verweigerten. Als neben dem liberalen Cádiz weitere Städte dem Aufstand folgten und dieser auch auf ländliche Gebiete übergriff, setzte Ferdinand VII. die Verfassung von 1812 wieder in Kraft und berief das darin vorgesehene Parlament der ‚Cortes' ein. Die neue Verfassungsordnung konnte sich allerdings kaum bewähren, da der reaktionäre König die Heilige Allianz um Hilfe zur Wiederherstellung des spanischen Absolutismus aufforderte, was 1823 mit militärischer Intervention des diesem fürstlichen Restaurationsbündnis zugehörenden französischen Königs Ludwig XVIII. auch gelang.[37]

Dem Verlaufsmuster der spanischen entsprach fast zeitgleich die portugiesische Revolution, innerhalb deren sich die ebenfalls aufständische Offiziersjunta nur deshalb etwas längerfristig durchsetzen konnte, weil England die Liberalen durch Flottenhilfe unterstützte, um die guten Handelsbezie-

## II. Verifizierung

hungen mit Portugal und die für den eigenen Amerikahandel so vorteilhafte Unabhängigkeit der südamerikanischen Staaten aufrecht zu erhalten.[38]
Auch die italienischen Revolutionsversuche der Jahre 1820/21 verliefen nach ähnlichem Muster wie der spanische, von dem der im Königreich Sizilien auch direkt angeregt und – ähnlich wie der portugiesische – durch die englische Außenpolitik begünstigt wurde.[39] Ein Offiziersaufstand in Neapel brachte König Ferdinand I. dazu, eine Verfassung nach spanischem Vorbild zu bewilligen, die aber bereits 1821 nach Intervention österreichischer Truppen zugunsten der von der Heiligen Allianz angestrebten europäischen Restauration wieder suspendiert wurde. Ähnlich verlief der 1821 in Piemont unternommene Revolutionsversuch der *Carbonari,* einer in ganz Italien operierenden Geheimorganisation progressiver Besitz- und Bildungsbürger, die die von der napoleonischen Herrschaft in Italien begonnenen Reformen zum Verfassungsstaat weiterentwickeln wollten. Auch hier wurde der anfängliche Erfolg einer Verfassungsbewilligung durch den Thronanwärter Karl-Albert noch im gleichen Jahr durch österreichische Interventionstruppen rückgängig gemacht.[40]
In seiner Unterstützung für den griechischen Freiheitskampf der Jahre 1821 – 1829 gegen das Osmanische Reich konnte sich das konstitutionelle Konzept der Engländer dagegen erfolgreicher durchsetzen, auch weil dieser Kampf gegen den muslimischen Hegemon von den christlichen Monarchen der Heiligen Allianz religionspolitisch nicht gut behindert werden konnte. So verhalfen außer Britannien auch Frankreich und Russland den gegen die türkische Fremdherrschaft revoltierenden Griechen zur Gründung eines eigenen konstitutionellen Staates, wobei allerdings das Zarenreich vor allem eine Befreiung der Meerengen von türkischer Herrschaft mit freiem Zugang zum Mittelmeer anstrebte, den die Westmächte wegen entgegengesetzter Handelsinteressen gerade verhindern wollten.[41]

Die erste nachnapoleonische Revolutionswelle, von der die drei südlichen europäischen Halbinseln fast gleichzeitig erfasst wurden, stellt somit eine Nachwirkung sowohl des napoleonischen Systems als auch der darauf folgenden britischen Antwort dar, insofern Napoleon mit dem nationalen Gedanken auch das Verfassungsprinzip in Europa verbreitet und den Anlass für den Abfall der mittel- und südamerikanischen Kolonien herbeigeführt, England aber durch die Kontinentalsperre gezwungen hatte, Atlantik- und Mittelmeerländer kompensatorisch für verlorengegangene nord- und mitteleuropäische Absatzmärkte zu kommerzialisieren, was politische Liberalisierung sowohl förderte wie forderte, um die bei der Begegnung mit den fortgeschrittenen Systemen erlittenen Energieverluste auszugleichen. Die

## 8. Die Reaktion der europäischen Festlandstaaten auf die britische Überlegenheit

dieser Notwendigkeit entsprechenden politisch-verfassungsmäßigen Anpassungsversuche der südeuropäischen Länder blieben allerdings – vom Sonderfall Griechenland abgesehen – zunächst in Ansätzen stecken oder konnten sogar rigoros gestoppt werden, weil neben einem breiteren ökonomisch und politisch aktiven Bürgertum auch sonst die für einen gesteigerten Austausch notwendige Infrastruktur fehlte und die geographisch benachbarten Restaurationsmächte jede revolutionäre Bewegung auf der iberischen wie der Apenninhalbinsel schon wegen ihrer Nähe und militärischen Übermacht schnell ersticken konnten.

Wenn also staatliche Modernisierung in der Mehrzahl mittelmeerischer europäischer Länder durch die Heilige Allianz behindert und schließlich blockiert werden konnte, so bezeugen doch gerade deren militärische Interventionen den als mächtig eingeschätzten gesellschaftlichen Modernisierungsdruck, den sie nur mit Gewalt glaubten aufhalten zu können. Außerdem waren ihre Interventionen durchaus auch handelspolitisch motiviert und insofern in sich widersprüchlich. Die restaurative französische Monarchie wurde nämlich bei ihrem Eingreifen gegen die spanischen Liberalen von dem Wunsch geleitet, sich nicht von einem austauschintensiven südlichen Nachbarn wirtschaftlich überholen zu lassen, während die konservativen Mächte Österreich und Russland bei ihren Interventionen gegen die italienischen und für die griechischen Revolutionäre das letztlich gleiche Ziel der Erhaltung bzw. Gewinnung eines den eigenen Warenaustausch fördernden Mittelmeerzugangs verfolgten, was im Erfolgsfall jedes dieser Systeme dem politisch bekämpften Modernisierungsprozess ausliefern musste. Der ‚Drang nach den Meeren', der die Außenpolitik beider Mächte während des ganzen 19. Jahrhunderts bestimmte und sie zu Beginn des 20. in den Ersten Weltkrieg führte, war eigentlich der unwiderstehliche Wunsch nach machtsteigernder Kommerzialisierung des eigenen Systems, der aber die unbeabsichtigte Folge einer Auflösung des agrarischen Feudalismus bis hin zur monarchischen Staatsspitze haben musste. Der Doppelangriff austauschintensiver Systeme hatte mit Industrie-Importen Britanniens und den Volksheeren Napoleons auch die europäischen Staaten erfasst, die ihm nur vorläufig durch das Wiener Bündnis, durch militärische und exekutive Machtmittel sowie geographische Entfernung und fehlende verkehrsmäßige Erschließung entgingen.

Natürlich gab es auch innergesellschaftliche Widerstände gegen die ‚bürgerliche Revolution' in allen europäischen Staaten, insbesondere von Seiten des grundbesitzenden Adels, der den Verlust seiner staatsrechtlichen Privilegien, soweit er schon eingetreten war, durch allerlei politische und

## II. Verifizierung

ökonomische Kunstgriffe zu kompensieren suchte. Das entscheidende Mittel blieb dabei die Verknüpfung politischer Mitwirkungsrechte, also der aktiven Staatsbürgerschaft, an den Besitz von Grund und Boden, wobei dessen Umfang und Besitzdauer als zusätzliche staatsbürgerliche Qualifikationen herhalten mussten, um das Bürgertum, soweit es durch Freigabe des Bodenverkehrs in die Klasse der Grundbesitzer vorgedrungen war, dennoch von den Hebeln politischer Macht fernzuhalten.[42]
Dieses in entsprechenden Zensuswahlrechten installierte politische Privileg wurde nun vom Adel insbesondere zur Gestaltung der Zollpolitik genutzt, mit deren Hilfe unliebsame ausländische Konkurrenz vor allem im Agrarsektor ferngehalten wurde. Auf diese Weise sicherten sich adlige Großagrarier auch bei Missernten gute landwirtschaftliche Renditen, insofern Nahrungsmittelverknappung bei hohen Importzöllen immer zu Preissteigerungen führt. Das Gesagte gilt weniger für Preußen, wo der Adel ein entsprechend komplizierteres Netz sozialer und ökonomischer Sicherungen knüpfte[43], ganz eindeutig aber für England, die Vereinigten Niederlande und Frankreich, also selbst die in den ersten Jahrzehnten des 19. Jahrhunderts bereits am stärksten kommerzialisierten und industrialisierten Staaten. In Frankreich und den Niederlanden, deren Industrialisierung regional sehr unterschiedlich entwickelt war, musste eine solche merkantilistische Zollpolitik zu besonders schweren politischen Erschütterungen führen.

Was zunächst Frankreich betrifft, so hatte die Abwehr ausländischer Getreideimporte durch Zollerhöhungen in den 1820er Jahren soziale und wirtschaftliche Folgen, die schließlich zur Julirevolution von 1830 führten. Die entsprechende Kausalkette reichte von den erhöhten Getreidezöllen zu hohen Getreide-, insbesondere Weizenpreisen, die ihrerseits vor allem in den Städten Unruhen und die Notwendigkeit lokaler Umlagen für die Armenfürsorge nach sich zogen. Die dadurch in Anspruch genommenen wohlhabenderen Bürger wurden aber auch insofern von der Ernährungskrise mitbetroffen, als sie, soweit Händler und sonstige Gewerbetreibende, wegen der vom Lebensmittelmarkt aufgesogenen Massenkaufkraft kaum noch Absatz für ihre Gebrauchswaren fanden, was im Zusammenhang mit dem durch die merkantilistische Zollpolitik gestörten Außenhandelsbeziehungen zu einer allgemeinen Absatzkrise für französische Fertigwaren führte.[44]
Forderungen der Handelskammern, von Präfekten besonders betroffener Departements und Abgeordneten der Deputiertenkammer blieben von der reaktionären Regierung unter Karl X. unberücksichtigt, die zusätzlich durch den liberalen Wahlerfolg vom Juli 1830 unter Druck gesetzt wurde. Der König ließ daraufhin die noch gar nicht zusammengetretene Abgeord-

## 8. Die Reaktion der europäischen Festlandstaaten auf die britische Überlegenheit

netenkammer auflösen, die Pressefreiheit einschränken und das Wahlgesetz zugunsten der – meist konservativ wählenden – Grundbesitzer ändern, was in mehreren Städten, vor allem in Paris zu Protestdemonstrationen, Barrikadenkämpfen und Blutvergießen führte. Den hauptstädtischen Aufruhr nutzte die liberale Opposition zur öffentlichen, von der vor dem Pariser Rathaus versammelten Volksmenge per Akklamation gebilligten Erhebung des als liberal bekannten Herzogs Louis-Philippe von Orleans zum neuen König.[45] Dieser war schon durch den Wahlakt in die unmittelbare Abhängigkeit der liberalen Kammermehrheit geraten, die es verstand, die königliche Regierung nach ihren Wünschen und Interessen zu lenken. Die oft wiederholten Schlagworte von den ‚goldenen Tagen des Bürgertums' unter dem ‚Bürgerkönig' Louis-Philipp geben dieser Tatsache präzisen Ausdruck. Der Blick auf die französischen Wirtschaftsstatistiken des 19. Jahrhunderts bestätigt, dass die Julirevolution das Bürgertum von wirtschaftlichen Fesseln befreit und die Voraussetzungen für eine durchgreifende Industrialisierung Frankreichs geschaffen hat. So wurde der französische Straßenbau während der Zeit der ‚Julimonarchie' gegenüber der vorangehenden Restaurationsepoche mehr als verdreifacht, der Kanalbau in etwa verzehnfacht.[46] Der Index der industriellen Produktion stieg nach langer Stagnation während der 1820er Jahre im Zeitraum von 1831 bis 1846 um etwa 33 %, die bis 1830 alternierende Handelsbilanz Frankreichs wurde bereits 1831 aktiviert und blieb bis einschließlich 1837 aktiv.[47] Die Förderung von Eisenerz stieg von 0 in den 1820ern auf 830 000 t im Durchschnitt der 1830er Jahre, die Produktion von Roheisen zugleich von 113 000 auf 266 000 t.[48] Dass sich die bürgerliche Kapitalbildung während der Julimonarchie ebenfalls explosionsartig entwickelte, zeigen etwa die Zahlen der in Betrieb genommenen Dampfmaschinen, die von 625 im Jahre 1830 auf 5200 im Jahr 1848 emporschnellten[49], oder der in den 1840er Jahren rasch expandierende Eisenbahnbau (1847 waren 1830 Streckenkilometer fertiggestellt und 2872 im Bau), dessen Superstruktur nach dem Eisenbahngesetz von 1842 privat zu finanzieren war.[50]

Diese Zahlen, die sich beliebig vermehren ließen, zeigen eindeutig, dass die Julirevolution dem französischen Bürgertum nicht nur zum politischen, sondern auch zum wirtschaftlichen Durchbruch verholfen hatte, anders gesagt: dass die Beseitigung absolutistischer, einseitig agrarische Interessen berücksichtigenden Beschränkungen des Wirtschaftslebens die französische Gesellschaft zu breiter Modernisierung im industriellen und verkehrstechnischen Bereich, kurz, zu rascher Anpassung an das wirtschaftlich und industrietechnisch führende Britannien befähigt hatte. Diese Anpassung bedeutete, wie die Zahlen zeigen, erhebliche Energieumsatz- und -gewinn-

## II. Verifizierung

steigerungen, die auch nötig waren, um die zuvor vom genannten akuten Energiemangel betroffenen Bevölkerungsgruppen, also besonders arbeitslose und einkommensschwache städtische Massen, denen es an bezahlbarer Nahrungsenergie fehlte, aber auch das in der seit 1827 herrschenden Wirtschaftskrise finanziell geschädigte Bürgertum wieder mit der – besonders für die erstgenannte Gruppe – lebensnotwendigen Energie zu versorgen. Deren Mangel hatte auch in dieser Situation – unserer Grundthese entsprechend – mit einem erneuten revolutionären Aufbruch Frankreichs, diesmal in das Industriezeitalter, einen wichtigen historischen Neuanfang ausgelöst.

Die Julirevolution war das Fanal für andere europäische Bevölkerungsgruppen oder -teile, die sich durch eine einseitig agrarfeudalistischen Interessen folgende Politik ihrer Obrigkeit in eine ähnlich prekäre Lage versetzt sahen wie die französischen Revolutionäre. Das galt zunächst für die benachbarten Belgier, die auf dem Wiener Kongress gegen ihren Willen einem holländischen Königshaus unterstellt und als bereits kräftig industrialisierte Gesellschaft den agrarwirtschaftlichen Interessen der Holländer unterworfen worden waren. Ihr durch den Erfolg der Julirevolution ermutigter Aufstand war ebenso erfolgreich wie Volkserhebungen in einigen städtisch-kommerziell geprägten Kantonen der Schweiz und den deutschen Mittelstaaten Braunschweig, Hessen-Kassel und Sachsen. In allen Fällen bestand der Erfolg darin, dass sich das Bürgertum von politisch herrschenden Agrarinteressen freimachte, indem es liberale Konstitutionen durchsetzte, wobei im belgischen Fall zugleich nationale, im Schweizer Fall kantonale Souveränität erreicht wurden. Ökonomisch zeigte der in Belgien, Frankreich und Deutschland in Gang kommende Eisenbahnbau[51], in Deutschland zudem die Gründung des Zollvereins (1834), dass dem kontinentaleuropäischen Bürgertum seit der Julirevolution bei seinem Bestreben nach möglichst ungehindertem Warenverkehr seitens der verschreckten Monarchen keine ernsthaften Hindernisse mehr in den Weg gelegt wurden. Dass der Erfolg dieser zweiten nachnapoleonischen Revolutionswelle sozialökonomisch bedingt war, zeigen auch die Gegenbeispiele Italien und Polen, die, überwiegend unter politischer Fremdherrschaft stehend und deshalb seit der napoleonischen Ära durchaus von nationalem Befreiungswillen erfüllt, mit ihren – ebenfalls von der französischen Julirevolution angeregten – Revolutionsversuchen erfolglos blieben, weil es hier an massenhafter Unterstützung des revolutionären Bürgertums durch hungernde städtische Unterschichten fehlte, also an einem größere Teile der Gesellschaft betreffenden Energiemangel.

8. Die Reaktion der europäischen Festlandstaaten auf die britische Überlegenheit

*D) Einblendung: Die Rückwirkung der französischen Modernisierung auf den Verursacher Britannien*

Von besonderem Interesse für unsere Untersuchung ist die Rückwirkung der Julirevolution auf das Land, das wir als Verursacher der kontinentaleuropäischen bürgerlichen Revolutionen ausgemacht haben, also auf Britannien. Dort war durch den Thronwechsel des Jahres 1830 eine Parlamentsneuwahl notwendig geworden, die unter dem Eindruck einer 1829 eingebrochenen Wirtschaftkrise, Arbeiteraufständen und Anfängen einer Gewerkschaftsbewegung sowie der Julirevolution in Frankreich von den Whigs unter die Forderung einer Wahlrechtsreform gestellt wurde, die den Städten und damit dem Bürgertum eine stärkere Machtstellung im Unterhaus verschaffen sollte.[52] Diese Forderung war auch insofern berechtigt, als die geltende Wahlkreiseinteilung sowie die zwischen Stadt und Land, aber auch verschiedenen Städten und Landesteilen differierenden Wahlrechte zu einem erheblichen Teil bis auf das späte Mittelalter zurückgingen und den inzwischen vor allem durch die Industrialisierung und Verstädterung Britanniens eingetretenen demographischen Veränderungen in keiner Weise mehr gerecht wurden. Insgesamt sicherte das überkommene Wahlrecht dem landbesitzenden Adel und der Krone einen überragenden, keineswegs mehr zeitgemäßen Einfluss auf die Zusammensetzung des Unterhauses.[53] Die innenpolitische Machtkonstellation ähnelte also insofern der Frankreichs am Vorabend der Julirevolution, als mit der von den Whigs geforderten Reformbill die politische Hegemonie des adligen und monarchischen Grundbesitzes zugunsten des industriewirtschaftlich aufgestiegenen Bürgertums gebrochen werden sollte. Der Widerstand des Adels und des hohen Klerus gegen die Reform, der sich vor allem im Oberhaus formierte, wo die vom Unterhaus verabschiedete Reformbill zweimal scheiterte, konnte nur durch die drohende Revolution – es kam in London zu Demonstrationen mit bis zu einer Million Menschen – und einem vom Bürgertum organisierten Verkauf von Staatsanleihen, der Staatsbankrott und Kreditkrise in greifbare Nähe rückte, im Juni 1832 schließlich gebrochen werden.
Die Reformbill beseitigte vor allem einen Großteil der an sogenannte *rotten boroughs* gebundenen Unterhausmandate, die nun auf inzwischen neu entstandene oder erheblich angewachsene Industriestädte übertragen wurden. Und wenn auch – zur Enttäuschung der Arbeiter – das Wahlrecht an einen Zensus gebunden blieb, so entsprach es immerhin den Interessen des wohlhabenderen Bürgertums, insofern die Eigentumsqualifikation nicht mehr ausschließlich durch Landbesitz erfüllt werden musste, sondern auch durch Kapital und Geldeinkünfte erreicht werden konnte.

## II. Verifizierung

Von besonderer Bedeutung für die innenpolitische Machtverteilung zugunsten des Bürgertums war aber nicht in erster Linie der Inhalt der Wahlrechtsreform, die den Landlords noch immer ein Übergewicht im Unterhaus beließ, sondern mehr die Tatsache, dass im Kampf um ihre Durchsetzung die Mobilisierung der städtischen Massen und des bürgerlichen Kapitals gelungen und den alten Mächten dadurch ihre faktische Unterlegenheit im innenpolitischen Kräftemessen eindrucksvoll demonstriert worden war. Dem entsprechend beschränkte sich das Oberhaus hinfort in der Gesetzgebung auf ein suspensives Veto und überließ dem Unterhaus, im Zweifelfall aber der öffentlichen Meinung die politische Führung des Landes.[54] Mit diesen beiden Instrumenten wusste das industrielle und kommerzielle Bürgertum in der Folge seine Interessen auch gegen den Widerstand der Landlords durchzusetzen, wie schon bald sein erfolgreicher Kampf gegen die merkantilistischen Zollgesetze beweisen sollte.

Im Kern ging es dabei – wie im Frankreich der Julirevolution – um die Ermäßigung bzw. Beseitigung der Einfuhrzölle auf Getreide, mit denen Landlords und Gentry Absatz und hohe Preise für ihre Hauptprodukte sicherten. Die von Manchester ausgehende *Anti-Corn-Law League*, die wiederum Arbeiterschaft und Bürgertum in einer natürlichen Interessengemeinschaft zusammenführte, brach mit Hilfe einer mobilisierten Öffentlichkeit den Widerstand der konservativen Regierung Peel und erreichte den Durchbruch zu einer Ära des Freihandels, die dem britischen Bürgertum die volle Entfaltung seiner ökonomischen Dynamik ermöglichte.[55]

Wahlrechtsreform und Freihandelsgesetzgebung zeigen, wie die revolutionäre Bewegung, die von den britischen Inseln ausgegangen war, auf diese zurückzuwirken begann, eine Tatsache, die bei der fortdauernden ökonomischen Führungsrolle Großbritanniens im betrachteten Zeitraum unsere These zu widerlegen scheint, der zufolge nur solche Gesellschaften von Revolutionen bzw. Reformschüben heimgesucht werden, denen von überlegenen Systemen Energie entzogen wurde. Die vergleichende Wirtschaftsstatistik der 1830er/40er Jahre zeigt nun aber, dass Britannien, was Industrialisierungsgrad, Produktionszahlen, Kapitalbildung, Infrastruktur usw. angeht, bis zum Jahrhundertende zwar die eindeutig führende Wirtschaftsmacht in Europa blieb, dass aber andererseits seit 1829 spürbare Anzeichen für eine wachsende wirtschaftliche Gegenwehr des Auslands mit entsprechenden Auswirkungen auf die britische Wirtschaft und die soziale Situation der britischen Arbeiterschaft politische und wirtschaftliche Reaktionen auch dort notwendig werden ließen. So stieg das britische Außenhandelsdefizit von 18 Mio Pfund im Jahre 1830 auf 40 Mio Pfund in 1840.[56] Zugleich fiel

## 8. Die Reaktion der europäischen Festlandstaaten auf die britische Überlegenheit

der britische Welthandelsanteil von 21,6 % im Durchschnitt der Jahre 1820 – 1830 auf 20,8 % im folgenden und 20,1 % im darauf folgenden Jahrzehnt.[57] Diese ersten Zeichen einer wachsenden ausländischen Wirtschaftskonkurrenz schlugen innerhalb der britischen Gesellschaft in Form verminderter Realeinkommen vor allem auf Arbeiterschaft und unteres Bürgertum durch, die sich zur Gegenwehr in politischen ‚Unionen' mit dem Ziel der besprochenen Wahlrechtsreform zusammenschlossen. Die Wirtschaftskrise seit 1836, die mit Preissteigerungen und Arbeitslosigkeit wiederum besonders die Arbeiter heimsuchte, löste die ‚Chartisten'-Bewegung aus, die z.T. unter Gewaltanwendung ein allgemeines und gleiches Wahlrecht durchzusetzen suchte. Eine von dieser Bewegung drohende Revolution wurde unter anderem dadurch verhindert, dass das Bürgertum in der *Anti-Corn Law League* das brennendste Anliegen der Arbeiterschaft nach Verringerung der Lebensmittelkosten aufnahm und einer befriedigenden Lösung zuführte.[58]

Der von uns mehrfach festgestellte kausale Zusammenhang zwischen akutem Energiemangel einer Gesellschaft oder wichtiger Gruppierungen in ihr und revolutionären Bewegungen, die auf eine vermehrte Teilhabe am gesamtgesellschaftlichen Energieumsatz und -gewinn abzielen, ist also auch für das Vereinigte Königreich der 1830er und 1840er Jahre zu verifizieren. Diese Betrachtung eröffnet zum einen die Einsicht in die wesensmäßige Gleichartigkeit von Reform und Revolution, die durch gleiche Ursachen veranlasst, von gleichen Zielen geleitet und lediglich durch den Grad der gesellschaftlichen Existenzbedrohung voneinander unterschieden sind. Zum anderen zeigt der Rückschlag revolutionärer Ereignisse in Frankreich auf den britischen Verursacher, dass Energieaustausch- und damit Leistungssteigerungen als Ergebnis der Revolution einer Gesellschaft zwangsläufig ‚negative' Rückwirkungen in Form von Energieverlusten für die Gesellschaften zeitigen, die mit der revolutionierten in umfangreicherem Energieaustausch stehen.

Der Zusammenhang von Revolutionierung und ‚Stärkung' eines Systems wie etwa Frankreichs während der Julimonarchie soll durch folgende energetische Betrachtung durchsichtiger gemacht werden: Gehen wir von der im einleitenden Theorieteil erläuterten Grundannahme aus, dass Gesellschaften Energieaustauschsysteme sind, darauf spezialisiert, ihre menschlichen Mitglieder die aus der jeweiligen Umwelt gewonnene Energie nach bestimmten Regeln austauschen und nutzen zu lassen, um deren Existenz zu erhalten, gehen wir weiter davon aus, dass Energieaustausch jeder Form

## II. Verifizierung

in der Regel für beide Tauschpartner Energiegewinn erbringt, so muss ein System, in welchem pro Mitglied und Zeiteinheit mehr Austauschakte erfolgen als in einem zweiten, das erste effektiver arbeiten und seinen Menschen einen größeren Wohlstand erbringen. Da Energieumwandlung und -austausch durch Nutzpflanzen und -tiere, Werk- und Fahrzeuge, Maschinen und Geräte, öffentliche Einrichtungen wie Märkte, Straßen , Kanäle, Geld und andere Wertsymbole, aber auch durch Kommunikationseinrichtungen aller Art von Botendiensten über öffentliche Post bis hin zu Telefon und Internet, im politischen Bereich durch Parlamente vielfachen Austausch ermöglichen und fördern, gewinnt auch jede mit solchen zivilisatorischen Einrichtungen ausgestattete Gesellschaft in dem Maße ihrer Teilhabe Energie, damit Wohlstand und oft sogar Reichtum. Dies heißt umgekehrt aber auch, dass eine damit ausgestattete Gesellschaft, deren Menschen oder Energieumsatzeinrichtungen durch Arbeitslosigkeit, Streiks, hohen Kranken- und Rentnerstand, mangelnde Auslastung der genannten Produktions- und Umsatzeinrichtungen etwa wegen geringer gewordenen Absatzmöglichkeiten bei anderen Gesellschaften Energiegewinnmöglichkeiten verliert, zumindest partiell selbst in Situationen existenzgefährdenden Energiemangels gerät.

Dem ist selbstverständlich am besten durch frühzeitige Diagnose und Gegenmaßnahmen zu begegnen, durch welche vom gesellschaftlichen Austausch isolierte Energieumwandler wieder in Tauschakte einbezogen und dadurch energiegewinnfähig gemacht werden. Gerade das war aber in Gesellschaften mit stark eingeschränktem Wahlrecht nicht zu erreichen, in denen namhafte Bevölkerungsteile gar nicht zu politischer Meinungsäußerung zugelassen waren und sich erst bei Eintreten ausgesprochener Notsituationen durch Demonstrationen und Aufstände öffentliches Gehör verschaffen mussten, in der Regel also viel zu spät für rechtzeitige Gegenmaßnahmen der politischen Führung.

Nichts anderes als eine solche Effektivierung der Gesellschaft durch Verbesserung des politischen Austauschsystems bewirkte die Julirevolution, die durch Einführung des Parlamentarismus bei fortbestehendem, wenn auch gemildertem Zensuswahlrecht gerade den Bevölkerungsgruppen Einfluss auf die Entscheidungen der politischen Führung verschaffte, die durch die von ihnen betriebene Kommerzialisierung und Industrialisierung zu gesamtgesellschaftlich besonders wichtigen Mitgliedern geworden waren, nämlich den bürgerlichen Unternehmern. Die günstigen ökonomischen Effekte dieser Verbesserung des politischen Systems in Frankreich haben wir bereits mit Zahlen belegt. Gemeinsam stellten sie eine gesellschaftliche Effektivierung und Stärkung dar, die das führende britische System auf dem Weg des Fortschritts zu überholen drohte. Dieser Gefahr begegnete Britannien, indem es – mit der zeitlichen Verzögerung jeder gesellschaftlichen Reaktion – das eigene politische und merkantile System in einigen Punkten dem französischen anglich.

Dass gerades dieses – in Umkehrung der vorangegangenen 150 Jahre – in einigen Systemelementen zum Vorbild Englands wurde, ist aus der Tatsache zu erklären, dass Frankreich auch wegen seiner größeren Bodenfläche und Bevölkerung noch immer als der Hauptrivale Englands galt, dessen innere Stärkung vom Inselreich nicht tatenlos hingenommen werden konnte. Diese Tatsache zeigt, dass die Rivalitäten solcher miteinander konkurrierenden Staaten, die einen relativ hohen inneren Mobilisierungsgrad erreicht haben, unter Verzicht auf kriegerische Gewaltanwendung, nämlich über inneren Strukturwandel bei außenpolitischem Pazifismus ausgetragen werden können – wie es die gegenwärtige ‚Westliche Welt' nun schon seit längerem beweist. Die britische Antwort auf die französische Modernisierung fiel aufgrund des höheren Industrialisierungsgrades, der besseren Verkehrswege und -lage sowie der preisgünstigen kolonialen Zulieferungen so wirkungsvoll aus, dass sich der französische Rivale, kaum dass die britische Freihandelsgesetzgebung Wirkung zeigen konnte, aufs neue in eine wirtschaftlich-soziale Krise gestürzt sah und dementsprechend mit einer erneuten revolutionären Effektivierung zur Wehr setzen musste.

*E) Die Revolutionswelle von 1848/9 als Folge von Missernten und verstärkten Energieverlusten Kontinentaleuropas an das britische Industriesystem*

Die nach den ‚goldenen' 1830er Jahren sich wieder einstellende Unterlegenheit Frankreichs gegenüber seinem britischen Konkurrenten zeigt sich in dem seit 1840 permanenten Handelsbilanzdefizit des Landes mit einem Maximum von 236 Mio Francs im Jahre 1847, das – im Gegensatz zum britischen, ebenfalls hohen, aber durch Dienstleistungsüberschüsse englischer Banken und Versicherungen kompensierten Defizit auf eine erheblich verminderte Warenausfuhr zurückging und – wieder im Gegensatz zu Britannien – mit einem gravierenden Rückgang der industriellen Produktion verbunden war. So verminderte sich in den Jahren 1846 – 48 der auf dem Jahresergebnis von 1913 basierende Index der französischen Industrieproduktion um 13 %, während er in Britannien gleichzeitig um 8 % anstieg.[59]

## II. Verifizierung

Dieser Rückgang der französischen Industrieproduktion ist zum einen auf die Missernten der Jahre 1845/46 und daraus folgende Abschöpfung der Massenkaufkraft durch hohe Getreidepreise zurückzuführen[60], zum anderen aber auf die durch die britische Freihandelsgesetzgebung ausgelöste englische Exportoffensive der Endvierziger Jahre, die den französischen Unternehmen offensichtlich Marktanteile entriss. Diese das industrielle, handwerkliche und kommerzielle Bürgertum Frankreichs treffende Krise hatte – wie schon vor der Julirevolution – besonders katastrophale Folgen für die von gewerblicher Beschäftigung abhängigen unterbäuerlichen sowie klein- und unterbürgerlichen Schichten, die bei weit verbreiteter Arbeitslosigkeit den gestiegenen Lebensmittelpreisen besonders hilflos ausgeliefert waren. Auch soweit sie beschäftigt blieben, wurde ihre Arbeitskraft mit dem in den 1840er Jahren rasch expandierenden Einsatz von Dampf- und Textilmaschinen tendenziell entwertet, was einen vielfach geschilderten und dokumentierten Pauperismus breiter gesellschaftlicher Schichten zur Folge hatte.[61]

Letzteres gilt ebenso wie die erwähnten Missernten zwar auch für Britannien – in Irland kamen infolge der von Schädlingen weitgehend vernichteten Kartoffelernte der Jahre 1845 – 47 etwa 1,5 Millionen (!) Menschen um, eine weitere Million rettete sich durch Auswanderung nach England oder in die USA[62] –, doch konnte durch die rechtzeitige Ermäßigung der britischen Getreidezölle in Verbindung mit der guten industriellen Beschäftigungslage eine krisenhafte Zuspitzung der sozialen Lage in England selbst vermieden werden. Die relative Vollbeschäftigung in diesem Land – dies ist in unserem Zusammenhang wichtig – war aber ein Ergebnis der technisch-industriellen Überlegenheit der Briten gegenüber den kontinentaleuropäischen Gesellschaften, die, um sich dagegen zu wehren, einen Großteil der bis zur Jahrhundertmitte auf dem Kontinent installierten Dampfmaschinen aus England beziehen und von englischen Technikern in Betrieb nehmen und warten lassen mussten.[63] Die strukturelle Krise des kontinentalen Handwerks- und Verlagssystems wurde also durch die fortgeschrittene britische Energietechnik bewirkt, wie wir das ebenso für die vorangehenden kontinentalen Revolutionen aufzeigen konnten. Wiederum waren neben Frankreich auch andere bereits teilweise industrialisierte Länder wie Deutschland, Italien, die Schweiz und Österreich mit seinen Nebenländern betroffen, aber nicht so hart herausgefordert wie Frankreich, das sich dem entsprechend zur Vermeidung weiterer Energieverluste mit der tiefgreifendsten Revolution zur Wehr setzen musste.

Die sogenannte Februarrevolution begann mit einer wachsenden, im französischen Parlament einsetzenden, dann bald auf die Öffentlichkeit über-

## 8. Die Reaktion der europäischen Festlandstaaten auf die britische Überlegenheit

greifenden Kritik an der Regierung, der Korruption und Klassenegoismus zugunsten des Großbürgertums vorgeworfen wurden, und konkretisierte sich in der Agitation für eine Wahlrechtsreform. Mit deren Hilfe hoffte das mittlere und Kleinbürgertum, in deren Gefolge aber auch das Proletariat, den etwa 240 000 Reichen, denen der hohe Wahlzensus die politische Führung des Landes vorbehalten hatte, dieses Privileg zu entreißen und dadurch die eigene soziökonomische Lage zu verbessern. Die innenpolitische Situation glich also weitgehend der britischen zu Beginn der 1830er Jahre, im Prinzip aber auch der vom Vorabend der Großen oder der Julirevolution: Bevölkerungsgruppen, deren Existenz durch mangelhafte Versorgung mit Nahrungs- oder Geldmitteln, also von Energiemangel betroffen war, kritisierten jedes Mal Personen oder Maßnahmen der Regierung, dann das politische System, das sie im Sinne eigener Partizipation umzugestalten suchten. Da ihnen das überkommene System aber legale Mitwirkungsrechte vorenthielt, waren sie gezwungen, ihre politischen Anliegen außerhalb der bestehenden staatlichen Institutionen so zu artikulieren, dass ihre lebenswichtigen Forderungen schließlich berücksichtigt wurden.

Die vorherrschende Form außerparlamentarischer Opposition im Frankreich der zweiten Jahreshälfte 1847 und des Jahresbeginns 1848 waren öffentliche Bankette, auf denen die unnachgiebige Regierung heftig attackiert und eine immer radikalere Änderung des Wahlmodus bis hin zum allgemeinen Wahlrecht gefordert wurde.[64] Als ein in Paris angekündigtes Bankett mit besonders großer Teilnehmerzahl im Februar 1848 von der Regierung verboten wurde, schlug die bis dahin bürgerliche Agitation des Wortes rasch in eine proletarische Demonstration der Gewalt um. Die blutigen Auseinandersetzungen zwischen den Pariser Volksmassen sowie der zu ihnen überlaufenden Nationalgarde und regulären Truppen am 23. und 24. Februar führten zur Abberufung der Regierung Guisot und zur Abdankung des ‚Bürgerkönigs' Louis Philippe.[65]

Nun waren die Wege frei für die inzwischen eingespielten Mechanismen der staatlichen Umgestaltung: Bildung einer provisorischen Regierung, Wahlen zur Nationalversammlung – erstmalig nach ‚allgemeinem', allerdings nur männlichem Wahlrecht, wodurch die Zahl der Wähler auf mehr als neun Millionen anstieg, Ausarbeitung einer neuen Verfassung, die eine „eigenartige Mischung von präsidentieller und parlamentarischer Republik" vorsah (Th. Schieder)[66] und damit dem Vorbild der USA-Verfassung nicht nur theoretisch – wie 1791 mit der Erklärung der Menschenrechte – sondern auch institutionell folgte. Dass sich die damit geschaffene Verfassungswirklichkeit der neuen französischen Republik dennoch deutlich von der amerikanischen abhob, lag an der zentralistischen Struktur des franzö-

## II. Verifizierung

sischen Staates, dessen stehendes Heer und ausgebauter Beamtenapparat dem französischen Präsidenten weitaus größere Machtmittel in die Hand gaben, als sie seinem amerikanischen Amtskollegen zur Verfügung standen. So war auf dem Wege der Nachahmung eines demokratischen Vorbildes in einem Staat, dessen zentralistische Struktur nicht durch ein Paragraphenwerk beseitigt werden konnte, unter der Hand so etwas wie ein demokratischer Absolutismus entstanden, der monarchische Ambitionen des Präsidenten unweigerlich herausfordern musste. Immerhin waren mit der neuen Verfassungsordnung zwei die industrielle Leistungsfähigkeit und soziale Ausgewogenheit der französischen Gesellschaft immer wieder durchkreuzende Abgrenzungen durchbrochen, nämlich einmal die Kopplung der höchsten Autorität im Staat an den Hochadel, dessen Bindung an den Boden als wichtigster Erwerbsquelle alle Maßnahmen zur Begünstigung mobilen Unternehmertums behindert hatte, zum andern die korporationsähnliche, ‚neuständische' Privilegierung der reichen ‚Aktivbürger' zur Zeit der Julimonarchie unter Vernachlässigung der Volksmassen.

Napoleon III., entsprechend dieser Verfassung zum französischen Präsidenten gewählt, weil sein Name eine neue Versöhnung zwischen den zerstrittenen Interessengruppen der französischen Gesellschaft und eine Rückkehr der geeinten Nation zu europäischer Hegemonie versprach, erfüllte immerhin einen Teil der in ihn gesetzten Erwartungen, indem er den Ausbau der gegenüber Britannien und Deutschland zurückgebliebenen Eisenbahn- und Telegraphennetze förderte[67], mit den Pariser Weltausstellungen der Jahre 1855 und 1867, die jeweils auf Londoner Ausstellungen folgten, ebenso wie durch den die europäische Freihandels-Ära begründenden Cobden-Vertrag von 1860 die technische und ökonomische Herausforderung Britanniens in offener Konkurrenz annahm und damit die endgültige ökonomische und soziale Überwindung des Ancien Régime bewirkte, die ihm die Revolution aufgetragen hatte.[68] Die vom Pariser Präfekten Haussmann durchgeführte Modernisierung der französischen Hauptstadt, deren verbreiterte und begradigte Straßen neben der Verkehrsförderung auch der wirksamen Niederschlagung von Volksaufständen dienen sollten, zu denen es dann unter der Herrschaft des Präsidenten und späteren Kaisers aber gar nicht kam, kann als symptomatisch für die innenpolitische Wirkungsweise der Herrschaft Napoleons III. angesehen werden: Die durchgreifende Verbesserung des Verkehrswesens, die den Arbeitern in Stadt und Land zu Brot verhalf, aber gleichzeitig Handel und Industrie mit Aufträgen und einer modernisierten Infrastruktur versorgte, verhinderte die Wiederholung existenzbedrohender Hungerkrisen und Klassenkampfsituationen, aus de-

## 8. Die Reaktion der europäischen Festlandstaaten auf die britische Überlegenheit

nen zuvor die Französischen Revolutionen entstanden waren, weitaus wirksamer, als es militärstrategische Vorsorge bewirken konnte. Die Modernisierung der französischen Gesellschaft im Sinne einer Mobilisierung von Informationen, Kapital, Waren und Menschen[69] war also letztlich das Ergebnis der Februarrevolution, das sich somit von dem der vorangehenden bürgerlichen Revolutionen nicht grundsätzlich, sondern nur in seiner Tiefen- und Breitenwirkung unterschied. Der massenhafte Pauperismus der vorrevolutionären Krise erforderte die Einbeziehung der Massen in das kulturelle, politische und wirtschaftliche Energieumsatzsystem der französischen Gesamtgesellschaft, die das System in einer Umwelt immer leistungsfähigerer Konkurrenzgesellschaften lebensfähig erhielt.

Wenn das Bedürfnis nach dichtem und gesamtgesellschaftlichem Energieaustausch auf möglichst vielen Austauschebenen in politisch zersplitterten oder fremdbeherrschten Ländern wie Polen, Italien, der Schweiz, den österreichischen Nebenländern oder Deutschland zunächst als Wunsch nach nationaler Einigung bzw. Souveränität hervortrat, so bedeutete dies keinen wesensmäßigen, sondern nur einen Unterschied differierender Ausgangspositionen der revolutionären Bewegungen dieser Gesellschaften im Vergleich zur französischen.

Diese Behauptung bedarf einiger Erläuterungen. Zunächst ist der in den 1848er Revolutionen außerhalb Frankreichs zum wichtigsten politischen Schlagwort gewordene Begriff der Nation auf seine damalige Bedeutung und Funktion hin zu durchleuchten.

Gerade an der Entwicklung des französischen Nationalismus, dessen Wurzeln bis in den 100jährigen Krieg zurückzuverfolgen sind und der während der Revolutionskriege von 1792ff. durchgreifende und fassbare Bedeutung erhielt, lässt sich zeigen, dass jede Form des Nationalismus das Bestreben nach engerer Kooperation aller Mitglieder einer von außen bedrohten Gesellschaft zum Zweck besserer Verteidigungsfähigkeit zum Inhalt hat. Diese Definition enthält auch eine Erklärungsmöglichkeit dafür, dass der Nationalismus des 19. Jahrhunderts besonders auf gemeinsame Sprache und Kultur als Bestimmungsmerkmalen der Nation abhob. Wie wir oben mehrfach haben zeigen können, wurden alle bürgerlichen Revolutionen durch außerinstitutionelle Gesellungsformen und Informationssysteme vorbereitet und in Gang gesetzt. Damit musste sich die Vorstellung verbreiten, dass gemeinsame Sprache und Kultur als Voraussetzungen gesellschaftlicher Modernisierung die eigentliche Basis für die Existenzsicherung größerer Bevölkerungen darstellen. Von hier aus ist es unmittelbar einsichtig, dass die Hunger- und Wirtschaftskrise der Jahre 1846 – 1848, von der besonders

## II. Verifizierung

die teilmodernisierten, aber nach wie vor im Sinne agrarischer Interessen regierten Gesellschaften Europas betroffen waren, die Errichtung von sprach- und kulturhomogenen Nationalstaaten zum Zielpunkt ihrer durch Energiemangel mobilisierten Bevölkerungsgruppen werden ließ.[70]
Wenn das politische Führungspersonal solcher nationalen Bewegung zugleich auch als liberal bezeichnet wurde, dann hatte dieser in den spanischen Verfassungsauseinandersetzungen entstandene Begriff im Gegensatz zur vorwiegend außenpolitischen Kategorie der Nation[71] eine mehr innenpolitische Dimension, kennzeichnete aber in Übereinstimmung mit dem Nationbegriff den Wunsch nach vielseitiger, von feudalistischen Beschränkungen ungehinderter Kommunikation und Kooperation innerhalb der sprachlich und kulturell kommunikationsfähigen Gesellschaft. Von sozialistischen Vorstellungen, die bekanntlich während der 1848er Revolutionen auch vertreten und in Frankreich von dem Mitglied der provisorischen Regierung Louis Blanc in Form der ‚Nationalwerkstätten' sogar kurzfristig realisiert wurden, hob sich das politische Konzept der Liberalen durch das Festhalten am staatlich garantierten Privateigentum ab, mit dem eine neue, wenn auch weiter gesteckte Begrenzung innergesellschaftlichen Energieaustauschs zugunsten der Eigentümer aller Art aufgerichtet wurde. Diese Eigentumsgarantie war für die in der Krise notwendige Mobilisierung der Austauschvorgänge deshalb von grundlegender Bedeutung, weil sie die kreditäre Hergabe von Kapital in Geldform, also gespeichertem, leicht umwandelbarem Energie-Äquivalent ermutigte, welches somit nicht aus Angst vor Verlust zurückgehalten, sondern freiwillig und wegen der zinsbringenden Gewinnaussicht sogar offensiv dem gesamtgesellschaftlichen Energieaustausch- und Umwandlungsprozess konjunktursteigernd anvertraut wurde.
Übereinstimmung gab es zwischen den für die europäische Geschichte des 19. Jahrhunderts zentralen politischen Begriffen und den entsprechenden Lagern also in Hinblick auf den gemeinsamen Wunsch nach Vervielfältigung stärkender und gewinnbringender Austauschbeziehungen, Unterschiede in deren Begrenzung, die der Nationalismus kulturell, politisch und territorial, der Liberalismus aber nur ökonomisch bestimmt wissen wollte. Die solche Austauschförderung und damit gesellschaftlichen Energiegewinn betreffende Zielgleichheit von Nationalismus und Liberalismus führte beide Gruppierungen, aber auch machtbewusste ‚Realpolitiker' aus dem konservativen Lager zur zeitweiligen Aktionsgemeinschaft in der 48er Revolution zusammen, wobei in den jenseits nationalstaatlicher Geschlossenheit lebenden Völkern der Ruf des Nationalismus leichter realisierbar er-

## 8. Die Reaktion der europäischen Festlandstaaten auf die britische Überlegenheit

schien als der flächendeckende Neubau einer funktionierenden Industriekultur. Dies gilt insbesondere für die seit dem erfolglosen Revolutionsversuch von 1831 unter verschärfter russischer Herrschaft stehenden Polen, deren Aufstände in Galizien und Posen wiederum scheiterten (1846), während die gegen die bourbonische Fremdherrschaft kämpfenden Sizilianer ihrem König Ferdinand II. immerhin eine Verfassung nach dem Vorbild der französischen ‚Charte' abringen konnten (1847). Dieser Erfolg gab dem italienischen Nationalbewusstsein ebenso starken Auftrieb wie die vom 1846 neu gewählten Papst Pius IX. eingeleiteten liberalen Reformen im Kirchenstaat, denen fast alle anderen italienischen Fürsten mit konstitutionellen Zugeständnissen folgten. Der Hebel des Nationalismus, der in der von Cesare Balbo und Camillo Cavour 1847 gegründeten Zeitschrift „Il Risorgimento" ein öffentliches Sprachrohr gewonnen hatte, erwies sich in Italien als wirksames Werkzeug gegenüber dem absolutistischen Herrschaftsanspruch gerade der nichtitalienischen Dynastien, hinter deren Reformzugeständnissen Piemont-Sardinien als einzige ‚nationale' Monarchie Italiens wiederum nicht gut zurückbleiben konnte. Für diesen Staat bot sich die Übernahme des national-liberalen Einigungsprogramms zur Eigenstabilisierung und Machterweiterung geradezu an. Das sich aus dieser Konstellation ergebende und durch den Grafen Cavour vermittelte Bündnis zwischen dynastischem Konservatismus, Nationalismus und Liberalismus sollte sich als brauchbares Modell auch für die deutsche Einigung unter Preußens Führung erweisen.[72]

Nicht gegen dynastisch-absolutistische, sondern gegen die päpstlich-kirchliche Fremdherrschaft richtete sich der sogenannte ‚Sonderbundkrieg' der reformierten, radikal-liberalen Schweizer Kantone mit ihren katholisch-konservativen Nachbarbezirken, wobei das Ziel der ersteren ebenfalls in einer nationalstaatlichen Zusammenfassung der weitgehend eigenständigen Kantone unter einer stärkeren Bundesgewalt lag. Gerade deshalb wurde ihr 1847 errungener Sieg auch als Erfolg der gesamteuropäischen nationalliberalen Bewegung gefeiert und zum Anstoß für die oberitalienische Erhebung gegen die österreichische Fremdherrschaft.

Die aus der Krise der Endvierziger Jahre erwachsende Notwendigkeit zur Aufschließung und Mobilisierung agrarisch abgeschotteter Staatsgebiete oder Bevölkerungsteile ergab sich auch in Preußen, wo der König die bis dahin getrennten Provinziallandtage im Februar 1847 zum ‚Vereinigten Landtag' zusammenfügte, um von diesem nach wie vor ständisch gegliederten, aber doch in etwa den Gesamtstaat repräsentierenden Gremium eine

## II. Verifizierung

Staatsanleihe für den Bau einer Ostpreußen mit der Mark Brandenburg verbindenden Eisenbahnlinie garantieren zu lassen. Dieser Wunsch nach ‚Demokratisierung' des Staatskredits wurde von der Mehrheit abgelehnt, weil das Hardenbergsche Staatsschulden-Gesetz von 1820 die Erhöhung der staatlichen Verschuldung an die Bildung einer „reichsständischen Versammlung" gekoppelt hatte, als die der Vereinigte Landtag beim besten Willen nicht angesehen werden konnte. In diesem war nämlich durch die 1847 neu gebildete ‚Herrenkurie' des hohen Adels und die aus den Provinziallandtagen beibehaltene Aufgliederung in die drei Kurien der Rittergutsbesitzer, Bürger und Bauern das Übergewicht agrarischer Interessen gegenüber den Bedürfnissen des Bürgertums so fest institutionalisiert, dass dieses als Hauptkapitalbesitzer die Bürgschaft für eine gravierende Neuverschuldung des Staates ablehnte.

Dieser Konflikt zwischen monarchischem Staat und Bürgertum entzündete sich nicht zufällig an der Frage eines nur teilweise staatlich finanzierten Eisenbahnprojekts. Die im Zuge der preußischen Reformen durchgeführte Bauernbefreiung und Gewerbepolitik hatten nämlich im ‚Vormärz' eine wachsende Zahl von Arbeitskräften freigesetzt, die als besitzlose Landarbeiter oft nur saisonal bzw. konjunkturabhängig auf Gutshöfen, als Handwerksgesellen oder Fabrikarbeiter beschäftigt waren und – bei zunehmender Landflucht – in Zeiten der Arbeitslosigkeit die städtischen Armenverwaltungen übermäßig belasteten, deren Finanzierung wiederum im Rahmen der Steinschen Selbstverwaltung vom Stadtbürgertum aufzubringen war. Die Soziallasten, die den Gutsherren im Zuge der Bauernbefreiung weitestgehend abgenommen worden waren, wurden also letztlich den Stadtbürgern aufgebürdet. Als sich diese Situation unter dem Druck der britischen Konkurrenz in den 1840er Jahren zuspitzte und die Stadtverordnetenversammlungen in Petitionen an die Regierung zunehmend um gesamtstaatliche Abhilfe baten, wurden solche Eingaben als ungesetzlich zurückgewiesen, was dann zum Anwachsen einer bürgerlichen Verfassungsbewegung führte.[73]

Die Abwälzung staatlicher Aufgaben auf das Bürgertum setzte sich in der Hungerkrise der Jahre 1845/47 nun besonders auf dem Gebiet des Eisenbahnbaus fort. Hier hatte der Staat zunächst den bürgerlichen Unternehmern die Initiative überlassen, griff später aber mit Festsetzung von Preisen und Gewinnspannen sowie eigenen Beteiligungen zunehmend ein und übertrug den privaten Eisenbahngesellschaften zudem staatliche Funktionen wie Enteignungsbefugnis beim Geländeerwerb (1838) und polizeirechtliche Strafrechtsbefugnisse gegenüber den von ihnen beschäftigten Arbeitern.[74] Letzteres vor allem deshalb, weil die geringen Gendarmerie-

## 8. Die Reaktion der europäischen Festlandstaaten auf die britische Überlegenheit

kräfte des Staates nicht ausreichten, um die beim Bahnbau tätigen Arbeitermassen in den Krisenjahren von Aufständen abzuschrecken. Obwohl das kapitalkräftige Bürgertum durch sein Engagement beim Bahnbau mit Masseneinstellungen ein Umsichgreifen der Arbeitslosigkeit während der Krise hatte vermeiden helfen, wurde ihm nun also noch die schwierige Aufgabe der Disziplinierung mobiler ‚entwurzelter' Arbeitermassen zugeschoben. Da der preußische Staat den bürgerlichen Unternehmern auf diese Weise staatliche Aufgaben und Zuständigkeiten auferlegte und sich außerdem durch einen im wesentlichen von ihnen zu gewährleistenden Kredit in ein wichtiges Eisenbahnprojekt einzukaufen suchte, sie aber andererseits bei politischer Mitwirkung auf gesamtstaatlicher Ebene benachteiligte, stellten sich die Großbürger mit ihren Verfassungsforderungen zunächst auf die Seite der Revolution.[75]

Damit war die adelsfreundliche Strategie eines Staates zusammengebrochen, der – in absolutistischer Tradition – mit einer gewerbefördernden Wirtschaftspolitik die ökonomischen Aktivitäten seiner Bürger zwar förderte, ja sogar deren Ausdehnung auf den agrarischen Bereich zuließ, aber nur, um die auf die Niederlage gegen Napoleon zurückgehenden und seitdem noch gewachsenen Staatsschuldenlasten durch neuständische und provinzielle Abschottungen vom Adel fernzuhalten. Die unter internationaler Konkurrenz notwendig gewordene Mobilisierung von Informationen, Waren, Werten und natürlich Menschen, also die Steigerung verschiedenartigen Energieaustauschs hatte zwar Regelungen und Institutionen erzwungen, die jene quasifeudalistischen Beschränkungen punktuell durchstießen – genannt seien das Eisenbahngesetz von 1838, das Aktiengesellschaftsrecht von 1843, das Handelsamt von 1844, die Gewerbeordnung (1845) sowie die Neugestaltung der Preußischen Bank (1846) –, die aber ohne gesamtstaatliche Verfassung mit wirklichem Repräsentativorgan schwerfälliges Stückwerk blieben, weil sie den immer rascher zunehmenden gesamtstaatlichen Herausforderungen nicht schnell genug gerecht werden konnten.[76]

Das mangelhafte ‚Krisenmanagement' des preußischen Staats, der sich unfähig zeigte, die schon vor 1848 entstandenen sozialen Kosten und die Infrastruktur seines Wirtschaftslebens, also vor allem die Armen- und Sozialfürsorge und den Eisenbahnbau zu finanzieren, forderte, wie wir dies nun schon mehrfach als Vorzeichen kommender Revolutionen haben beobachten können, die Bildung der verschiedensten Vereine und Gesellschaften heraus, die dort einsprangen, wo der Staat versagte. In der Hunger- und Wirtschaftskrise der Jahre 1845/47 taten sich innerhalb Preußens insbeson-

## II. Verifizierung

dere sogenannte Hilfsvereine oder ‚Ressourcen' hervor, „die, teils gefördert, teils geduldet, bewacht oder verboten, insgesamt die neue Gesellschaft bildeten" (Koselleck)[77], indem sie bewusst für alle Gesellschaftsschichten geöffnet wurden und – wie etwa in Breslau – verbotenen politischen Versammlungen ein quasilegales Obdach boten. Die Politisierung bereits bestehender Vereine im Sinne ihrer Umbildung zu Interessenvertretungen bestimmter Berufsgruppen sowie die Entstehung politischer Parteien in den endvierziger Jahren signalisierten darüber hinaus kämpferisches Engagement zum Selbstschutz entschlossener Einzelgruppen.[78] Damit waren unter dem Druck spezifischen Energiemangels unter der Hand repräsentative Informationsaustauscheinrichtungen entstanden, die in ihrer Vielfalt ein gesamtstaatliches Parlament antizipierten und vorerst ersetzten.

Das zeigte sich besonders deutlich im Gefolge der Februarrevolution, die in solchen Gesellschaften und Vereinen nicht nur Preußens natürlich lebhaft erörtert wurde und in den meisten deutschen Staaten zu den sogenannten ‚Märzforderungen' nach Pressefreiheit, Schwurgerichten, Verfassung für den jeweiligen Einzelstaat und Bildung einer gesamtdeutschen Nationalversammlung ermutigte.[79] Wie wir das bei Ludwig XVI. zu Beginn der Großen Französischen Revolution im Jahre 1789 bereits beobachten konnten, versuchte nunmehr auch Friedrich Wilhelm IV. von Preußen die revolutionäre Bewegung durch halbe Zugeständnisse elastisch aufzufangen, was aber scheiterte. Dafür sind gewiss nicht Zufälle wie sich lösende Gardistenschüsse vor dem Berliner Schloss ursächlich, vor dem sich das Volk zu einer Ansprache des Königs versammelt hatte und nun glaubte verraten worden zu sein, sondern das allgemeine Bewusstsein der Krise zwischen Staat und Gesellschaft, das sich in gegenseitigem Misstrauen und entsprechend nervösen Reaktionen offenbarte. Die anschließenden Berliner Barrikadenkämpfe mit dem Erfolg der Aufständischen, die Verneigung des Königs vor deren Gefallenen, sein Umritt mit der schwarz-rot-goldenen Schärpe als Bekenntnis zu nationalstaatlicher Gesinnung, sein „Aufruf an mein Volk und an die deutsche Nation" sowie die Einberufung einer verfassunggebenden preußischen Nationalversammlung signalisierten zunächst eine gelungene Revolution und die totale Niederlage des monarchischen Staats. Wenn diese schließlich doch eher begrenzt blieb, dann lag das an der Verschränkung einzelstaatlicher und gesamtnationaler Zielsetzung der deutschen Revolutionäre. Deren oberstes Ziel musste in einer Welt vermehrter Konkurrenz zwischen zusammenwachsenden oder bereits formierten Nationen die Errichtung eines gesamtdeutschen Nationalstaats sein, der durch eine von der gesamten Nation gewählte und in der Frankfurter Paulskirche zusammentretende Nationalversammlung aus der Taufe gehoben

## 8. Die Reaktion der europäischen Festlandstaaten auf die britische Überlegenheit

werden sollte. Die Verwirklichung dieses Vorhabens scheiterte aber an den die Grenzen der deutschen Kulturnation überlappenden Staatswesen mit überwiegend agrarischer Wirtschafts- und Sozialstruktur. Dies gilt insbesondere für das Habsburgerreich, in dem das deutschstämmige Bürgertum für liberale und soziale Zugeständnisse der kaiserlichen Regierung auf die Barrikaden ging, während zugleich die nichtdeutschen Völker der Monarchie den Kampf um ihre nationale Eigenständigkeit begannen. Nachdem deren damit separatistische Bewegungen zunächst in Prag, dann in Mailand mit österreichischer Waffengewalt niedergeschlagen worden waren, hatte der alte Staat soviel Selbstbewusstsein wiedergewonnen, dass er – wenngleich mit ausgetauschtem Regierungspersonal – auch die Revolution in Wien glaubte gewaltsam niederwerfen zu können.[80] Immerhin war auch hier – bereits vor der militärischen Exekution der Revolution – ein konstituierender Reichstag einberufen und damit die Verfassungs- und Nationalitätenfrage zum offiziellen Thema Nr. 1 der Innenpolitik erklärt worden, bevor die Regierung – fast gleichzeitig mit der in Preußen – durch Verlagerung der verfassunggebenden Versammlung aus der Hauptstadt in die Provinz ihre wiedergewonnene Stärke demonstrierte. Auch dieser Doppelsieg der ‚Reaktion', der ohne die besseren Ernten der Jahre 1847/48 und damit dem Ausscheren der Bauern und vieler vom Hunger befreiten Stadtbürger aus den revolutionären Gruppierungen nicht denkbar gewesen wäre, zeigt – ex negativo – den Zusammenhang von akutem Energiemangel und der Durchschlagskraft der dagegen entfachten Revolutionen.

Aus gleichem Grund konnte sich auch im Norden des Deutschen Bundesgebiets noch einmal die alte Staatsgewalt gegen nationale Abgrenzungs- und Solidarisierungsbewegungen durchsetzen. Der Versuch des dänischen Königs, das von ihm in Personalunion regierte Herzogtum Schleswig seinem Reich verfassungsmäßig einzuverleiben, traf zwar auf empörten Widerstand der deutschnationalen Bewegung und zunächst auch des Deutschen Bundes, der Preußen mit der Kriegführung gegen Dänemark beauftragte. Die diplomatischen Interventionen Russlands, Englands, Schwedens und schließlich auch Frankreichs beim preußischen König, der daraufhin gegen den Willen der deutschen Nationalversammlung 1849 mit Dänemark den Waffenstillstand von Malmö schloss, dokumentierte jedoch die inzwischen eingetretene Machtlosigkeit der Paulskirchenversammlung und damit der Revolution auf deutscher wie auf europäischer Bühne. Ohne Furcht vor revolutionärer Rückwirkung konnten nun der österreichische Kanzler Fürst von Schwarzenberg den Plänen der Nationalversammlung zur Einbeziehung der deutschbesiedelten Teile des Habsburgerreichs in einen deutschen

## II. Verifizierung

Nationalstaat, die natürlich die Auflösung der Habsburgermonarchie bedeutet hätte, eine Absage erteilen, der preußische König die ihm von der ‚Paulskirche' angetragene Kaiserkrone zurückweisen.

Zu fragen bleibt in diesem Zusammenhang nach dem allgemein im damaligen Europa verbreiteten Drang zur Bildung von Nationalstaaten selbst dort, wo ihre Realisierung offenkundig auf große Schwierigkeiten treffen musste wie in Deutschland und Italien. Wir sehen diesen Drang von der Erfahrung sich industrialisierender Gesellschaften gespeist, die, der überlegenen britischen Konkurrenz ausgesetzt, ihren eigenen energetischen Wirkungsgrad steigern mussten, um nicht immer wieder – wie in mehreren Revolutionswellen zuvor – in existenzbedrohende Energiemangellagen zu geraten. Wachsende Industrialisierung verlangt aber zunehmende Arbeitsteilung, die wiederum ein erhöhtes Maß an informativer Abstimmung zwischen Auftraggeber und Produzenten erfordert, mit der Fehlinformationen und teure Missverständnisse weitgehend ausgeschlossen werden können. Dies erfordert wiederum eine gute Beherrschung der gängigen Umgangssprache, die in der damaligen Zeit – abgesehen von einer hauchdünnen Schicht ‚Gebildeter' – nur bei Angehörigen der jeweiligen Kulturnation gegeben war. Hieraus ergab sich die mit der Industrialisierung wachsende Bedeutung der Volkssprachen und -kulturen, welch letztere, wie wir es am Beispiel von Goethes ‚Iphigenie' gezeigt haben, ebenfalls komplexe, z.T. auch metasprachliche Verständigungssysteme sind, für die Effektivität gesamtgesellschaftlicher Energieumsatzsysteme, also deren internationale Konkurrenzfähigkeit. Auf politischer Ebene erforderte dies die Zusammenführung der jeweiligen Kulturnation in einem Nationalstaat.

Von hier aus erklären sich aber auch die weitgehende Beschränkung der 48er Revolution auf die Hauptstädte, in denen bereits stark arbeitsteilig produziert und entsprechend intensiv kommuniziert wurde[81], ihre Niederwerfung von der ‚Provinz' aus, wie es das habsburgische Beispiel zeigt, ebenso die erwähnte Verlagerung der verfassunggebenden Versammlungen von Berlin und Wien in die Provinz mit dem Ziel ihrer konservativen Mäßigung bzw. Kaltstellung und schließlich die weitgehende Beschränkung der Paulskirchenversammlung auf das Bildungsbürgertum, also eine auf sprachlich-kulturelle Kommunikation spezialisierte Bevölkerungsgruppe: Nur an Orten und in Teilgesellschaften, in denen die existenzsichernde Funktion eines umfassenden Verständigungsmediums und entsprechender politischer Institutionen praktisch erfahren worden war, formierten sich Mehrheiten zur Bildung eines Nationalstaats, während die große Masse der

## 8. Die Reaktion der europäischen Festlandstaaten auf die britische Überlegenheit

Landbevölkerung, soweit sie in Not geraten war, lediglich persönliche Hilfeleistung oder Bereicherung erstrebte und deshalb als verlässliches ‚Fußvolk' für die nationale Revolution ausfiel.[82]

Auch das zwischen Preußen und dem Habsburgerreich unterschiedliche Ergebnis der 48er Revolution erklärt sich so: Trat die jeweils schließlich ‚oktroyierte' Verfassung in der weitgehend agrarischen Donaumonarchie nie wirklich in Kraft, ließ sie sich im zunehmend industrialisierten Preußen regierungsseitig wohl noch revidieren, aber nicht mehr suspendieren. Vielmehr stellte sie hier mit dem Abgeordnetenhaus eine Plattform für das liberale Bürgertum bereit, von der aus dieses die preußische Politik schließlich auf eine nationalstaatliche Bahn zu drängen vermochte. Die 48er Revolution stellt sich von hier aus in ihren Zielsetzungen – wie andere Revolutionen übrigens auch – als ein spätere gesellschaftliche Modelle auslesendes, theoretisch oder auch realistisch antizipierendes Geschehen dar: In Frankreich wurde die demokratische Republik nach 1848 bis zum ‚Putsch' Napoleons III., mit dem er sich 1852 zum Kaiser machte, für einige Jahre verwirklicht, in Deutschland der Nationalstaat wenigstens verfassungsmäßig konzipiert, in Italien publizistisch propagiert, im Habsburgerreich durch Aufstände immerhin thematisiert. Wenn die 48er Revolution in ihrer nationalstaatlichen Zielsetzung niemals zum eigentlichen Ziel gelangte, dann deshalb, weil ihre Ursachen, zum einen die Hungerkrise aufgrund der Missernten von 1845/46, mit den besseren Ernten der Jahre 1847/48 überwunden, zum andern die Dauerkrise von britischer Konkurrenz bedrängter Kontinentalstaaten Europas durch deren Binnenliberalisierung und eine von eigenem Eisenbahnbau angetriebene Industrialisierung zunehmend aufgefangen werden konnten.[83]

Die politische Binnenliberalisierung zeigte sich am sichtbarsten in den von Expertenkommissionen erarbeiteten und/oder monarchisch oktroyierten Verfassungen für das Königreich Sizilien (29.1.1848), die Toskana (8.2.1848), das Königreich Piemont-Sardinien (4.3.1848), die Französische Republik (4.11.1848), das Königreich Preußen (5.12.1848) und die Habsburgermonarchie (4.3.1849). Durch diese Verfassungen wurden vor allem regierungsunabhängige Parlamente geschaffen, deren Bedeutung als vorbeugendes politisches Kommunikationsmittel gegen revolutionäre Krisensituationen in den Problemstaaten von 1848 erkannt worden war, wenn wir von der Habsburgermonarchie absehen, die die im März 1849 oktroyierte Verfassung nur als taktisches Mittel zur Beruhigung revolutionärer Aktivitäten einsetzte und damit die Staatskrise weiter vor sich herschob. Mit der Ausbreitung des Konstitutionalismus ging überall eine Sicherung der bürgerlichen Freiheitsrechte und – abgesehen von Italien – eine weitgehende

## II. Verifizierung

Liquidierung der ländlichen Feudalordnung einher[84], womit die Voraussetzungen für eine weitergehende Industrialisierung geschaffen waren.
Die im Vorfeld und Verlauf der 48er Revolution rasch ansteigende Zahl von Flugschriften, politischen Versammlungen, Kongressen, Demonstrationen und Erhebungen zeigen noch deutlicher als jene staatlichen Reformzugeständnisse das innere Bewegungsgesetz der Revolutionen, dem wir in diesem Kapitel immer wieder begegnet sind: Dem durch Hungersnot und/oder Wirtschaftskrise existenziell bedrohlichen Energiemangel größerer Bevölkerungsgruppen begegnet die betroffene Gesellschaft mit einer vielfältigen Mobilisierung und Konzentrierung menschlicher geistiger und physischer Kräfte, mit denen die Zerschlagung bisheriger Energieaustauschbegrenzungen und damit des Staates angedroht oder sogar vollzogen wird, was in einer zweiten Phase der Revolution zu einer Neuregelung des gesellschaftlichen Energieaustauschs führt, wobei als Ergebnis gegenüber dem vorrevolutionären Zustand eine größere Zahl von Austauschwegen und -institutionen wie Presse- und Vereinsfreiheit, Parteien, Parlamente, Schwurgerichte, Bürgerwehren, kommunale Selbstverwaltung, Ablösung bäuerlicher Dienste, Freizügigkeit usf. legalisiert und damit geöffnet werden. Das mit dem neu installierten Parlamentarismus immer wieder auch flexibel gehaltene Ergebnis war stets eine Mehrzahl an gesellschaftlichen Energieaustauschakten pro Zeiteinheit und Gesellschaftsmitglied, damit also – dem reziproken Tauscheffekt entsprechend – von höherem Energiegewinn aller am Austauschgeschehen der Gesellschaft beteiligten Mitglieder, letztlich also deren Wohlstandsmehrung.

Als energetische Definition für den historischen Begriff der Revolution zeichnet sich demnach Folgendes ab: Einen für wichtige Gruppen einer Staatsbevölkerung existenziell bedrohlichen Energiemangel (der natürliche, kriegsbedingte oder ökonomische Ursachen haben kann) suchen die betroffenen Gruppen unter Konzentration der ihnen als Menschenmasse zur Verfügung stehenden Energie durch – unter Umständen gewaltsame – Beseitigung bisher in ihrem Staat geltender, ihren Energieerwerb aber behindernden Austauschbeschränkungen zu beenden. Dabei ist der mögliche Verlust des Lebens, das gewalttätige Revolutionäre aufs Spiel setzen, angesichts ihres sonst absehbaren Hungertodes durchaus vernünftig kalkuliert. Letzteres gilt, wie die Stärkung revolutionierter Staaten immer wieder gezeigt hat, auch für die revolutionäre Gesellschaft als ganze, die in gewalttätiger Revolution zwar Verluste an Menschen und Sachen erleidet, aber letztlich eine Sanierung und Modernisierung erfährt, indem sie sich ihrer gewandelten Umwelt in Form leistungsfähigerer Konkurrenzgesellschaften anpasst, um von diesen nicht energetisch ausgepowert zu werden. Um dies für die europäische Revolutionsperiode noch einmal zusammenfassend zu formulieren: Der Notwendigkeit, dem britischen Konkurrenten zunächst leistungsfähige Privatunternehmen entgegenzustellen, entsprachen die besonders herausgeforderten Gesellschaften Frankreichs, Belgiens und Preußens mit Regelungen, die das bürgerliche Unternehmertum besonders begünstigten, der darauf folgenden Offensive des britischen Freihandels, mit dem das soziale Problem des Pauperismus von der Insel auf den Kontinent abgewälzt wurde, begegneten sie mit Maßnahmen und Einrichtungen, durch die auch bei ihnen der Pauperismus bewältigt[85], zugleich aber eine dauerhafte staatliche Ordnung und Stabilität erreicht werden konnte.

*F) Evolution von Gesellschaftssystemen*
*im Zeitalter der ‚bürgerlichen Revolutionen'*

Die energetische Analyse der ‚bürgerlichen Revolutionen', die diese als Schritte eines Anpassungsprozesses der beteiligten kontinentaleuropäischen an das leistungsstärkere britische Energieumsatzsystem identifizierte, erlaubt es nun, die europäische Staatengeschichte im Anschluss an die Darwinsche Theorie der Entstehung der Arten als einen durch zwischengesellschaftliche (internationale) Konkurrenz bewirkte Evolution zu immer leistungsfähigeren Energieumsatzsystemen zu verstehen, also einer Entwicklung, innerhalb deren energetisch besonders effektive Gesellschaften wie zunächst die britische die Existenzbedingungen der anderen durch den mit ihnen betriebenen Waren-, Dienstleistungs- und Informations- also Energieaustausch in so starkem Maße veränderten, dass diese nur bestehen konnten, wenn sie sich nach Maßgabe ihrer Möglichkeiten an das oder die überlegenen Systeme anpassten, d.h. die ihnen beim ‚ungleichen' Energieaustausch zugefügten Energieverluste zu beenden vermochten. Die zu solchen meist revolutionären Anpassungsprozessen unfähigen Gesellschaftssysteme wie das Habsburger oder – als Nachbar Europas – das Osmanische Reich gingen demgegenüber zugrunde. Auch das Russische Reich wäre, wie die Auflösungserscheinungen nach seinem Ausscheiden aus dem Ersten Weltkrieg erkennen lassen, von diesem Schicksal nicht verschont geblieben, wenn nicht die radikale bolschewistische Revolution die nötige Anpassung besonders forciert und rücksichtslos nachgeholt hätte. Erst durch sie wurde bekanntlich der Weg für die rasante Industrialisierung Russlands unter der Stalin-Diktatur und damit für die Fortdauer des russischen Staats geebnet.

## II. Verifizierung

Die Entsprechung zwischen biologischen und gesellschaftlichen Evolutionsprozessen gehen, wie sich aus unserer vorstehenden Revolutionsanalyse ergibt, aber noch weiter. So ließ das französische Beispiel erkennen, dass dieses Gesellschaftssystem auch nach einer Mehrzahl tiefgreifender Revolutionen immer wieder zu einer Spielart des monarchischen Zentralismus zurückkehrte, die bis ins heutige Präsidialsystem durchschlägt und mit der ein bleibender Hang zu staatlichem Hegemoniestreben korrespondiert. Diese aus der Blütezeit des französischen Staatswesens unter Ludwig XIV. ‚vererbten' Strukturmerkmale konnten mithin durch die Umwälzungen der verschiedenen Revolutionen nur modifiziert, nicht aber getilgt werden. Die Erhaltung von Grundstrukturen einer – sich verändernden Umweltbedingungen anpassenden – Gesellschaft finden nun eine genaue Parallele in der Evolution z.B. von Wirbeltieren, für die die vergleichende Anatomie die Persistenz etwa des Skelettaufbaus längst zweifelsfrei nachgewiesen hat.[86] Der Nachweis bleibender Grundstrukturen muss sogar als notwendige Voraussetzung einer Theorie der Evolution von Gesellschaftssystemen betrachtet werden, da von einer Anpassung an veränderte Umweltbedingungen nur dann gesprochen werden kann, wenn sie nicht Neuschöpfung, sondern Veränderung eines Bleibenden (des Skelettaufbaus oder der fortdauernden Gesellschaftsstruktur) bezeichnet.

Eine physiologische Grundstruktur wie das Wirbeltierskelett findet nun ihre genauere gesellschaftliche Entsprechung offenbar in der – teilweise von der Natur vorgegebenen, teilweise vom Menschen hergestellten – topographischen Gestalt des jeweiligen Staatsgebiets. Um beim französischen Beispiel zu bleiben, ließe sich sagen, dass die durch Atlantik, Pyrenäen, Mittelmeer und Alpen sowie zeitweise den Rhein vorgegebenen natürlichen Grenzen die in diesem Land lebenden Menschen immer wieder zu einem geschlossenen Gesellschaftskörper zusammenwachsen ließen, woraus sich etwa das gesellschaftliche Verhaltensmuster eines staatlichen Protektionismus und betonten Nationalismus erklären ließe, während das zur Zeit des Hochabsolutismus auf Paris zentrierte Verkehrs- und Herrschaftssystem auch demokratisch legitimierte spätere Regierungen immer wieder auf den Weg zu einem zentralistischen und damit tendenziell monarchischen Bürokratismus zurückkehren ließ.

Für das Gegenbeispiel Deutschland, das die Natur im Osten gar nicht, im Westen nicht eindeutig, im Norden nur teilweise mit natürlichen Grenzen versehen hat, und das im Innern durch vielfach sich kreuzende Flüsse und Gebirge stark regionalisiert ist, ergab sich aus dieser Bodengestalt immer wieder auch eine gesellschaftliche Zergliederung, die über die Schwierigkeiten der Reichsgründung und Königsherrschaft im Mittelalter, über die

## 8. Die Reaktion der europäischen Festlandstaaten auf die britische Überlegenheit

vielbeklagte ‚Kleinstaaterei' der frühen Neuzeit und den schwächelnden Deutschen Bund des 19. Jahrhunderts bis zum gegenwärtigen Föderalismus die bleibende Grundstruktur gesellschaftlicher Organisation der Deutschen geblieben ist. Die konfessionellen Spaltungen im Gefolge der Reformation und die ideologische Zweiteilung des Landes im Gefolge des Zweiten Weltkriegs sind weitere geschichtliche Wegmarken dieser Tatsache. Die Anpassung der regional gegliederten deutschen Gesellschaft an sich verändernde europäische Machtverhältnisse erfolgte dem entsprechend immer auf dem Grundmuster regionaler Pluralität: In Zeiten von außen drohender oder erfolgter existenzbedrohender Energieverluste schlossen die Deutschen sich zusammen wie unter Heinrich I. (gegen die verlustreichen Ungarneinfälle), unter Bismarck (gegen dänische und französische Gebietssowie habsburgische und russische Hegemonialansprüche) oder unter Hitler (gegen die verlustreichen Bestimmungen des Versailler Diktats und die Folgen der von den USA ausgehenden Weltwirtschaftskrise). In Zeiten eher gewaltloser Beziehungen zu den großen Staaten Europas wie im späten Mittelalter, der beginnenden Neuzeit, der ‚Vormärz'-Periode des 19. Jahrhunderts oder seit dem Zweiten Weltkrieg trat die regionale Gliederung der deutschen Gesellschaft dagegen stärker hervor und entfaltete zugleich den unter solchen Umständen gegebenen Wettbewerbsvorteil gegliederter gegenüber geschlossenen Gesellschaften: Wird im Zuge liberalisierten Energieaustauschs nicht nur eine Außengrenze gegenüber auswärtigen Partnern geöffnet, sondern geschieht dasselbe auch zwischen den Teilen eines föderalen Systems, so ergibt sich für dieses eine wesentlich höhere Energieaustausch- und also -gewinnsteigerung als für monolithische Gesellschaftskörper. Die erstaunlichen Erfolge deutschen Handels, deutscher Technik und Kultur in den genannten Friedenszeiten, auf der anderen Seite die deutschen Demütigungen in Zeiten gewaltsamer Auseinandersetzungen zwischen den europäischen Mächten im Dreißigjährigen Krieg, während der Napoleonischen Ära, im Ersten und Zweiten Weltkrieg zeigen sehr deutlich, dass bestimmte Gesellschaften durch die ihnen innewohnende Struktur und geographische Lage in ihrer Anpassungsfähigkeit an sich ändernde Austauschbedingungen beschränkt sind, genau wie dies für bestimmte Tier- und Pflanzengattungen gilt.

Entsprechendes lässt sich für Frankreich zeigen, das immer dann eine Hegemonialstellung erringen konnte, wenn es militante Außenabgrenzung und Sicherung betreiben konnte wie im Hundertjährigen Krieg, zur Zeit des Hochabsolutismus, unter Napoleon und – zumindest gegenüber Deutschland – im Gefolge der beiden Weltkriege. Wenn solche gesamtgesellschaftlichen Grundstrukturen wie Geschlossenheit oder Regionalismus an die

II. Verifizierung

Topographie des jeweiligen Staatsgebiets gebunden sind, dann einfach deshalb, weil Flüsse und Gebirge, Meeresküsten und Pässe von Anfang an die Austauschwege, -formen und -möglichkeiten der sie bewohnenden und nutzenden Gesellschaft entscheidend mitgeprägt haben und noch heute mitbestimmen. Nur ein insulares Seefahrervolk wie das englische konnte die weiträumige merkantile Mobilität entwickeln, die das Industriezeitalter entstehen ließ, nur in einem territorial geschlossenen, dabei küstenoffenen Land wie Frankreich konnten seine Bewohner den merkantilen Absolutismus hervorbringen, der die Grundsätze moderner Staatlichkeit schuf. Beide Gesellschaften blieben als Austauschsysteme weitgehend an die topographisch vorgegebenen Austauschwege und -formen gebunden, beide variierten sie jedoch in gegenseitiger Konkurrenz und Anpassung an die jeweils überlegene Gegenmacht. Die Entwicklung, die sie dabei durchliefen, befreite sie dennoch nicht von der Grundstruktur ihres Austauschverhaltens, sodass keine der beiden Gesellschaften in der Lage war, die schließlich noch erfolgreichere Synthese aus merkantiler Mobilität und straff organisiertem Staatsapparat hervorzubringen, wie sie im vormärzlichen Preußen, dann im Bismarckreich, schließlich in der Bundesrepublik Deutschland verwirklicht wurde. Zu dieser Synthese waren die Deutschen wiederum deshalb befähigt, weil die von der Natur vorgegebenen ‚halboffenen' Grenzen ihres Landes sowie die gleichzeitige Konkurrenz gegenüber den beiden westeuropäischen Großmächten die Voraussetzungen, aber auch die Notwendigkeit einer Anpassung an beide Konkurrenten erforderte. Die Entwicklung des deutschen Gesellschaftssystems als des in der zweiten Hälfte des 19. Jahrhunderts erfolgreichsten im Evolutionsprozess der europäischen Geschichte soll dem entsprechend das Hauptthema des folgenden Kapitels sein.

**Anmerkungen**

[1] Kluxen, Kurt: Geschichte Englands, Stuttgart 1976, 377
[2] Weis, Eberhard: Der Durchbruch des Bürgertums, Frankfurt 1976, 18f.
[3] Fay, Bernard: Louis XVI ou la fin d'un monde, Paris 1955, dt. Ausg.: Ludwig XVI. oder das Ende einer Welt, München 1956, 206
[4] A.a.O. 188
[5] Schleich, Thomas: Philosophische Gesellschaften (sociétés de pensée), aufklärerische Kirchenkritik und die Ursprünge der Französischen Revolution, in: Maier, H./Schmitt, E (Hg.): Wie eine Revolution entsteht. Die Französische Revolution als Kommunikationsereignis, 2. Aufl. Paderborn 1990, 57-61; Blanning, T.C.W.: The Culture of Power and the Power of Culture. Old Regime Europe 1660 – 1789, Oxford 2002, dt. Ausg.: Das alte Europa 1660 – 1789. Kultur der Macht und Macht der Kultur, Darmstadt 2006, 406

8. Die Reaktion der europäischen Festlandstaaten auf die britische Überlegenheit

[6] Blanning (Anm. 5), 93f.
[7] A.a.O. 386
[8] Schmale, Wolfgang: Geschichte Frankreichs, Stuttgart 2000, 134
[9] Weis (Anm. 2), 112
[10] Thamer, Hans-Ulrich: Die Französische Revolution, München 2006, 31
[11] A.a.O. 34-36
[12] A.a.O. 38f.
[13] A.a.O. 39
[14] Kuhn, Axel: Freiheit, Gleichheit, Brüderlichkeit. Debatten um die Französische Revolution in Deutschland, Hannover 1989, 35
[15] Heyck, Thomas William: A History of the Peoples of the British Isles, From 1688 – 1914, London 2002, 50
[16] Thamer (Anm. 10), 56f.
[17] A.a.O. 68f.
[18] Blanning (Anm. 5), 409
[19] Luh, Jürgen: Kriegskunst in Europa 1650 – 1800, Köln 2004, 30, Anm.67
[20] Fehrenbach, Ernst: Vom Ancien Régime zum Wiener Kongreß, München 1981, 34f.
[21] Weis (Anm. 2), 161f., 172; Willms, Johannes: Napoleon, München 2005, 71
[22] Mayer, Karl J.: Napoleons Soldaten. Alltag in der Grande Armée, Darmstadt 2008, 32-34
[23] Nipperdey, Thomas: Deutsche Geschichte 1800 – 1866, München 1983, 21
[24] A.a.O. 38
[25] Weis (Anm. 2), 285
[26] Nipperdey (Anm. 23), 70
[27] A.a.O. 77
[28] Weis (Anm. 2), 316
[29] Nipperdey (Anm. 23), 81
[30] Weis (Anm. 2), 317f.
[31] Vgl. dazu: Marcuse, Herbert: Kultur und Gesellschaft, Frankfurt/M 1965, der die Verinnerlichung sozialer Konflikte durch die klassizistische Dichtung zutreffend analysiert, allerdings historisch unverständig bloß abqualifiziert.
[32] Nipperdey, Thomas: Verein als soziale Struktur in Deutschland im späten 18. und frühen 19. Jahrhundert. Eine Fallstudie zur Modernisierung, in: ders. (Hg.): Gesellschaft, Kultur, Theorie, Göttingen 1976, 184f.
[33] A.a.O. 185
[34] A.a.O. 198f.
[35] Weis (Anm. 2), 441
[36] Kluxen (Anm. 1), 524
[37] Bernecker, Walther L: Geschichte Spaniens. Teil 2: Vom Unabhängigkeitskrieg bis heute, Köln 1997, 213-216
[38] Konetzke, R.: Geschichte des spanischen und portugiesischen Volkes, Leipzig 1939, 382f.
[39] Kluxen (Anm. 1), 523
[40] Lill, Rudolf: Geschichte Italiens vom 16. Jahrhundert bis zu den Anfängen des Faschismus, Darmstadt 1980, 101f.

## II. Verifizierung

[41] Weis (Anm. 2), 369f.
[42] Koselleck, Reinhard: Preußen zwischen Reform und Revolution (1967), Stuttgart 1975, 463f.
[43] Ebd.
[44] Levy-Leboyer, M.: La croissance economique de la France au XIXe siecle, in: Annales E.S.C., Bd. 23 (1968), 796
[45] Schmale (Anm. 8), 198f.
[46] Price, R.: The Economic Modernisation of France, London 1975, 8 u. 16
[47] Weis (Anm. 2), 439f.
[48] A.a.O. 443
[49] Price (Anm. 46), 118
[50] A.a.O. 21
[51] Weis (Anm. 2), 442
[52] Williams, Glynn/ Ramsden, John: Ruling Britannia. A political history of Britain 1688 – 1988, London/New York 2002, 192-201
[53] Kluxen (Anm. 1), 549ff.
[54] A.a.O. 555f.
[55] Wiliams/ Ramsden (Anm. 52), 232ff.
[56] Dass Britannien als führende Wirtschaftsmacht der Zeit überhaupt ein Handelsbilanzdefizit aufwies, ist auf die Möglichkeit des Leistungsbilanzausgleichs durch auswärtige Dienstleistungen britischer Reeder, Techniker, Versicherungsgesellschaften und Banken zurückzuführen.
[57] Weis (Anm. 2) 440
[58] Williams/ Ramsden (Anm. 52), 228f.
[59] Weis (Anm. 2), 439f.
[60] Price (Anm. 46), 73; Schmale (Anm. 6), 200
[61] A.a.O. 100f; Schieder, Theodor: Staatensystem als Vormacht der Welt 1888 – 1918, Frankfurt/M 1977, 25f.
[62] Heyck (Anm. 15), 290
[63] Treue, Wilhelm: Wirtschaftsgeschichte der Neuzeit, Stuttgart 1962, 423
[64] Schieder (Anm. 61), 29f.
[65] Schmale (Anm. 8), 201
[66] Schieder (Anm. 61), 32
[67] A.a.O. 67
[68] Price (Anm. 60), 225
[69] A.a.O. 216, 225
[70] Sofern auch gemeinsame Herkunft und Geschichte im Nationalbegriff mitgedacht wurden, ist dies als Relikt der absolutistischen Identifikation von Staat und Dynastie zu verstehen.
[71] Roshwald, Aviel: The Endurance of Nationalism, Cambride 2006, 224.f.
[72] Lill (Anm. 40), 124f.
[73] Koselleck (Anm. 42), 583f, 628
[74] A.a.O. 616, 635f.
[75] A.a.O. 637
[76] A.a.O. 582

8. Die Reaktion der europäischen Festlandstaaten auf die britische Überlegenheit

[77] A.a.O. 586
[78] Nipperdey (Anm. 32), 201f.
[79] Boldt, W.: Die Anfänge des deutschen Parteiwesens, Paderborn 1971, 90f.; Müller, Frank Lorenz: Die Revolution von 1848/49, Darmstadt (2002), 2. überarbeitete Aufl. 2006, 86-91
[80] Nipperdey (Anm. 23), 641f.
[81] Siemann, Wolfram: 1848/49 in Deutschland und Europa. Ereignis – Bewältigung – Erinnerung, Paderborn 2006, 115f.
[82] Koselleck (Anm. 42), 499f.; Gramley, Hedda: Propheten des deutschen Nationalismus. Theologen, Historiker und Nationalökonomen (1848 – 1880), Frankfurt/M 2001, 43f.
[83] Wehler, Hans-Ulrich: Deutsche Gesellschaftsgeschichte Bd. 2, Von der Reformära bis zur industriellen und politischen ‚Deutschen Doppelrevolution' 1815 – 1845/49, München 1989, 613-617
[84] Schieder (Anm. 61), 53
[85] Wischermann, Clemens/ Nieberding, Anne: Die institutionelle Revolution, Stuttgart 2004, 115f.
[86] Siewing, Rolf: Evolution, Stuttgart/NewYork 1979, 106f.

II. Verifizierung

## 9. Die Entstehung moderner Nationalstaaten

Die im vorigen Kapitel gewonnenen Einsichten in die Entstehung konstitutioneller Monarchien im Gefolge von ‚bürgerlichen' Revolutionen legen es nahe, die anschließende Herausbildung von Nationalstaaten in der zweiten Hälfte des 19. Jahrhunderts als einfache Fortsetzung des zuvor begonnenen und in der 48er Revolution beschleunigten Prozesses zu betrachten. Wir wollen, um diese naheliegende These am historischen Material zu überprüfen, zunächst eine Reihe besonders zukunftsträchtiger nationaler Bewegungen Revue passieren lassen, wobei wir, um das Phänomen nicht auf Europa zu beschränken, auch außereuropäische Beispiele einbeziehen.

*A) Entstehung des chinesischen Nationalismus*

Was das Aufflammen einer nationalchinesischen Volksbewegung im 19. Jahrhundert angeht, so gibt es unter den Historikern wenige Zweifel, dass der sogenannte Taiping-Aufstand von 1851 – 1866 seine Ursache in der skrupellosen britischen Handelspraxis und -politik hatte, die ihre extremste Ausprägung in den beiden Opiumkriegen von 1839 – 1842 und 1856 – 1858 fand.[1] Der erste dieser Kriege, der aus Anlass einer nur zu berechtigten Konfiszierung von 20 000 illegal nach China geschmuggelten Opium-Säckchen entstand, endete mit dem für das ‚Reich der Mitte' demütigenden Frieden von Nanking (Nanjing), der Großbritannien die Kronkolonie Hongkong, den britischen Kaufleuten fünf ‚Vertragshäfen' als Handelsstützpunkte sowie der britischen Staatskasse 21 Millionen Silberdollar Kriegsentschädigung einbrachte.

Der von religiösen und sozialrevolutionären Motiven gespeiste Taiping-Aufstand richtete sich sowohl gegen die China so offensichtlich schädigenden ‚weißenTeufel' und deren von der Taiping-Führung verbotenen Handelswaren Tabak, Opium und Alkohol als auch gegen das Mandschu-Regime, das sich durch Unterzeichnung des Nanking-Friedensvertrags geradezu als Landesverräter kompromittiert hatte. Entsprechend dieser Frontstellung der Rebellen, die zeitweilig mehr als die Hälfte des chinesischen Reichs kontrollierten, suchte das bedrängte kaiserliche Regime das Bündnis mit den durch ihre Feuerwaffen so überlegenen Fremden – neben den Briten leisteten auch Franzosen und Amerikaner Hilfe –, um den Aufstand schließlich niederzuschlagen.

In dieser Kollaboration zwischen mandschurischen Machthabern und zivilisatorisch überlegenen Handelspartnern gegen die ausgebeuteten Massen der Han-Chinesen wird einerseits das Grundmuster späterer imperialistischer Strategie erkennbar, andererseits die Ursache für die Entstehung nationaler Bewegungen. Diese folgen wie die Taiping-Rebellen unter ihrem Führer Hong Xiuquan einerseits dem Konzept teilweiser kultureller Angleichung an die überlegenen Kontrahenten (hier durch Stiftung einer neuen, aus taoistischen, buddhistischen und christlichen Elementen bestehenden Religion), andererseits dem der Blockierung des offensichtlich verderblichen Energieaustauschs mit den ‚Fremden' durch Gründung eines Großen Reichs des himmlischen Friedens (*Taiping Tianguo*), in welchem Rauschmittelkonsum, Prostitution und Tanz zugunsten einer spartanischen Militarisierung der Gesellschaft strikt unterbunden wurden[2], was zusammengenommen den innergesellschaftlichen Energieaustausch des ausgebeuteten Systems schützen und vermehren und dieses gegen die überlegenen Fremden stärken sollte.

Wenn dieser erste Anlauf zur Bildung eines chinesischen Nationalstaats auch erfolglos blieb, so zeigt er doch besonders deutlich den inneren Zusammenhang zwischen militärisch-ökonomischer Ausbeutung, wir sagen analytischer: einer Kombination von militärisch gestütztem ökonomischen Energieentzug einerseits und Nationalismus als darauf antwortender Gegenreaktion andererseits.

*B) Die Entstehung der japanischen Nationalmonarchie*

Den gleichen Zusammenhang zeigt die Entwicklung Japans vom ‚mittelalterlichen Lehnsstaat' zur nationalen Monarchie der ‚Meiji-Ära'.[3] Den Anstoß zu dieser Entwicklung gab – wie beim chinesischen Beispiel – die mit Erpressung und Gewaltanwendung erzwungene Öffnung japanischer Häfen für den westlichen Handel: 1853/54 erreichte der amerikanische Commodore Perry mit Seekriegsdrohungen gegen die japanische Schifffahrt die Öffnung mehrerer japanischer Häfen, die dann vor allem von den Briten genutzt wurde. Die nationalistische Gegenreaktion junger Samurai-Intellektueller bestand in einer Reihe von Terroranschlägen gegen die Ausländer und die mit diesen paktierenden japanischen Politiker, denen unter anderen auch ein Brite zum Opfer fiel. Die 1854 darauf erfolgende Strafmaßnahme Großbritanniens bestand in der Beschießung der Hafenstadt Kagoschima, der 1862 ähnliche Maßnahmen der verbündeten Westmächte folgten.

Erst im weiteren Verlauf der Auseinandersetzung Japans mit dem ‚Westen' zeigen sich deutliche Unterschiede zur chinesischen Reaktion. Da – ähnlich wie im alten deutschen Kaiserreich – der japanische Kaiser die politische

II. Verifizierung

Macht an die Lehnsfürsten verloren hatte, denen von der jungen Samurai-Opposition die Verantwortung für die in der Begegnung mit den Westmächten offenbar werdende Schwäche des Staatswesens angelastet wurde, lief das Konzept der nationalen Opposition auf eine 1868 durch Militärputsch erreichte Erneuerung kaiserlicher Macht und der folgenden Erweckung einer neuen Staatsreligion hinaus, die wiederum an die Kaiserverehrung des alten Shintoismus anknüpfte.

Die Parallele einer solchen ‚Revolution von oben' mit dem preußisch-deutschen Weg zu einem leistungsfähigen Nationalstaat in Form des zweiten Kaiserreichs ist vielfach bemerkt worden und findet ihre konkreten Anknüpfungspunkte in der Übernahme preußischer Steuer- und Militärdienstgesetze durch den japanischen Staat im Jahre 1873, die unter Beseitigung des überkommenen Ständewesens alle männlichen erwachsenen Individuen zu Staatsbürgern machten, welche in der Massenhaftigkeit ihrer Steuerzahlung und des von ihnen zu leistenden Militärdienstes dem Staat einen gewaltigen Zuwachs an zentral verfügbarer Energie einbrachten. Freie Wahl des Wohnorts und Berufs (seit 1870), individuelles Eigentums- und Veräußerungsrecht (seit 1873) wurden ebenfalls aus dem Bestand des europäischen liberalen Verfassungsstaats übernommen, um den innergesellschaftlichen Energieaustausch zu mobilisieren und so die japanische Volkswirtschaft zu stärken. Gleiches gilt für die teils von den USA, teils den Deutschen oder Westeuropäern übernommenen Infrastrukturmaßnahmen auf den Gebieten des Bildungs-, Verkehrs- und Nachrichtenwesens, also der innergesellschaftlichen Austauschsysteme.

Diese an traditionellen Institutionen (Kaisertum) und geistigen Traditionen (Shintoismus) festmachende systematische Modernisierung des japanischen Staatswesens, die ihrer Intention, ihrem Pathos und ihrer Praxis nach auf Zusammenfassung und -arbeit aller Kräfte Japans gerichtet war[4], ist, – wie die Parallelen zum preußisch-deutschen Beispiel zeigen werden – eindeutig als Nationalstaatsbildung zur Überwindung des in der demütigenden Begegnung mit den Westmächten erfahrenen staatlichen Energiemangels einzuordnen.

*C) Die ‚Rekonstruktion' der USA*

Auch der amerikanische Bürgerkrieg (1861 – 1865) lässt sich als nationalstaatlicher Einigungs- und Emanzipationsvorgang begreifen, denn es handelte sich bei ihm Eric Hobsbawm zufolge letztlich um „die Herauslösung des Südens aus dem Britischen Weltreich im weiteren Sinne (er war ja die

## 9. Die Entstehung moderner Nationalstaaten

Ergänzung zur britischen Baumwollindustrie) und seine Eingliederung in die neue bedeutende Industriewirtschaft der Vereinigten Staaten".[5]
Im Einzelnen ging es um unterschiedliche wirtschaftliche Interessen und politische Auffassungen vor allem zwischen der nordöstlichen Region der bereits stark industrialisierten Bundesstaaten, die für hohe Schutzzölle gegenüber den britischen Fertigwarenimporten und gegen die Sklaverei in den neu zu gründenden Frontier-Staaten des Westens eintraten, während die Südstaaten der sogenannten ‚Konföderation' in diesen Fragen eine genau entgegengesetzte Auffassung vertraten, weil sie von hohen Schutzzöllen britische Vergeltungsmaßnahmen gegen ihre Baumwollexporte und damit Wettbewerbsnachteile gegenüber anderen Baumwollexportländern, in der Sklavenfrage aber ein Umsichgreifen der weltweiten Anti-Sklaverei-Bewegung auch in den USA befürchteten, was beides für die mit Sklaven betriebenen Baumwollplantagen des Südens als existenzbedrohlich eingeschätzt wurde.
Als Abraham Lincoln, der in seinem Wahlprogramm eindeutig die Partei des Nordens genommen hatte, in der Präsidentenwahl des Jahres 1860 siegte, was vor ihm noch keinem Präsidentschaftsbewerber gegen die Wahlmännerstimmen des Südens gelungen war, erklärten die ‚Konföderierten' den Austritt aus der Union und beschossen die auf dem Territorium ihres Mitgliedsstaates South Carolina gelegene Unions-Festung Fort Sumter.[6]
Dies nahmen die Nordstaaten unter Lincolns Führung zum Anlass einer gewaltsamen Wiederangliederung der Südstaaten an die Union, was in einem äußerst verlustreichen Bürgerkrieg schließlich auch gelang. Sklaven- und Zollfrage, dann aber auch weitere Angelegenheiten von wirtschaftlicher Bedeutung wie staatliche Zuschüsse für die projektierten Transkontinentalbahnen, deren Bau zuvor am Einspruch der Südstaaten gescheitert war, oder ein Bankengesetz, das den Bedürfnissen rascher Industrialisierung Rechnung trug, wurden nun im Sinne des Nordens gelöst, der allerdings zu ihrer Durchsetzung jahrelang Truppen in den besiegten Südstaaten stationieren musste.

Ist der amerikanische Bürgerkrieg nun tatsächlich als Nationalstaatsbildung anzusehen, die durch auswärtigen – hier wieder vor allem britischen – Energieentzug erklärt werden kann? Der Blick auf die Zollfrage als einen der beiden Hauptstreitpunkte zwischen Nord und Süd lässt eine eindeutige Bejahung dieser Frage zu, denn der Ruf des industriellen Nordens nach höheren Zöllen zur Abwehr der britischen Konkurrenz auf dem Fertigwarenmarkt bezeugt unmittelbar den Wettbewerbsdruck, dem sich viele amerikanische Industriebetriebe damals ausgesetzt sahen. Auch der amerikanische

## II. Verifizierung

Bankenzusammenbruch des Jahres 1857, der die erste Weltwirtschaftskrise auslöste, war für die amerikanische Geschäftswelt ein alarmierendes, ihre gefährliche Abhängigkeit vom britischen Kapital signalisierendes Ereignis gewesen, dessen Wiederholung man mit dem erwähnten Bankengesetz, einer Einheitswährung und der Gründung von ‚Nationalbanken' entgegenzuwirken suchte.[7]

Es fragt sich weiter, ob die Sklavenfrage als der zweite große Streitpunkt, der im Bürgerkrieg zur Entscheidung stand, ebenfalls als eine Angelegenheit von nationalstaatsbildender Bedeutung anzusehen ist. Dies Problem wurde – scheinbar präzisiert – auf die Fragestellung verengt, ob die Sklaverei im 19. Jahrhundert wirtschaftlich überhaupt noch effektiv gewesen sei.[8] Trotz eindeutiger Verneinung dieser Frage durch so gut wie alle Zeitgenossen mit Ausnahme der betroffenen Sklavenbesitzer haben Wirtschaftshistoriker bei Analyse der Geschäftsbücher von Sklavenplantagen den Nachweis ihrer Wirtschaftlichkeit erbracht. Dieses Ergebnis, das man auch ohne die gewiss mühevolle Detailarbeit scharfsinniger Wirtschaftlichkeitsanalysen voraussagen konnte, weil sonst die Eigentümer von Sklavenplantagen in großer Zahl hätten bankrott gehen müssen und keinen verlustreichen Krieg gegen die Abschaffung der Sklaverei geführt hätten, besagt natürlich nichts darüber, ob die Sklaverei im Rahmen der gesamten Volkswirtschaft ökonomisch effektiv war oder nicht. Diese Frage kann nun nicht mit der Analyse von Geschäftsbüchern beantwortet werden, wohl aber mit dem Hinweis auf die ökonomische Wirkung der Bauernbefreiung, die wir am preußischen Beispiel erläutert haben und die ökonomisch, sozial und staatspolitisch eine genaue Parallele zur amerikanischen Sklavenbefreiung darstellt. Die wesentlichen Gründe für die volkswirtschaftlich, aber auch gesamtgesellschaftlich höhere Effektivität von freien gegenüber unfreien Arbeitskräften liegen in der höheren Motivation und der größeren Mobilität der ersteren, die verdeckte Arbeitslosigkeit verhindern und Arbeitskräftemangel rascher beseitigen, also einen permanenteren und wirkungsvolleren Einsatz der einzelnen Arbeitskraft ermöglichen. Sie liegen außerdem in dem Zwang zu persönlicher Alters- und Sozialvorsorge, die in frühkapitalistischen Verhältnissen die Unternehmen erheblich entlastete, in der Tatsache, dass freigesetzte Arbeitskräfte, die in der Regel Familie und Haushalt gründen, für den massenhaften Industriegüterabsatz wichtige Konsumenten darstellen, sowie in der Möglichkeit des Staates, durch Steuer- und Militärdienstforderungen die freien Arbeitskräfte zusätzlich in Anspruch zu nehmen.
Sowohl volkswirtschaftlich wie gesamtstaatlich bedeutet also jede Freisetzung von Arbeitskräften aus unveränderbaren patriarchalischen Beschäfti-

gungsverhältnissen eine gewaltige Energiegewinn- und mithin Machtsteigerung, die sich an der Entwicklung volkswirtschaftlicher Daten bzw. militärischem Potenzial der USA eindeutig ablesen lässt.[9] Aus der bequemen Perspektive des zeitlichen Abstands von mehr als eineinhalb Jahrhunderten kann auch ohne Detailargumentation gesagt werden, dass die USA ohne den im Sinne der Nordstaaten erfolgreich abgeschlossenen Bürgerkrieg weder in den Jahrzehnten danach zur führenden Wirtschaftsmacht der Erde, noch im 20. Jahrhundert zur politischen Supermacht aufgestiegen wären. Sie wurden durch diesen Krieg nämlich zu einer Nation im Sinne gleichartiger kapitalistischer Wirtschaftsweise in Nord und Süd, durchgehender leistungsstarker Energieaustauschwege in Form von Nationalbanken, einheitlicher Währung, transkontinentalen und weithin verzweigten Eisenbahnstrecken, Telegraphen- und Elektrizitätsnetzen[10] sowie der Einführung grundsätzlicher Rechtsgleichheit als Voraussetzung – im Süden allerdings verzögerter – sozialer und geographischer Mobilität und Austauschkompetenz für alle US-Bürger einschließlich der ehemaligen Sklaven.[11] Schutzzollgesetze und Sklavenbefreiung als die wichtigsten Auslöser des amerikanischen Bürgerkriegs sind somit anderen Formen nationaler Gegenreaktionen gegen die v.a. britische Wirtschaftskonkurrenz gleichzusetzen, wie auch das im Folgenden zu erläuternde russische Beispiel zeigen wird.

*D) Nationalstaatliche Ansätze in Russland*

Im Krimkrieg (1854 – 1856) war der russische Versuch, über das Osmanische Reich zum Mittelmeer vorzustoßen und ungehinderten Zugang zum Welthandel und damit zur Modernisierung der eigenen Zivilisation zu erreichen, von Engländern und Franzosen (denen sich Piemont-Sardinien anschloss) mit einer die Rückständigkeit und Schwäche des Riesenreichs offenbarenden militärischen Niederlage ‚vor der eigenen Tür' vereitelt worden. Der russische Staat versuchte die damit noch notwendiger gewordene Stärkung auf zwei Wegen zu erreichen. Zum einen durch territoriale Expansion im mittleren und im fernen Osten, wo auf ehemals chinesischem Gebiet 1860 die Hafenstadt Wladiwostok gegründet wurde, über die ein alternativer, wenn auch ferner Zugang zu den Weltmeeren eröffnet werden konnte, zum anderen durch innere Reformen, die wiederum eindeutig nationalen Charakter trugen. Sie wurden – ähnlich wie in Preußen-Deutschland und Japan – sowohl von einer fortschrittlich denkenden jungen ‚Intelligenzia' gefordert und mitbewirkt als auch durch bürokratisch-administrative Maßnahmen der Regierung in die Wege geleitet.

## II. Verifizierung

So war bereits in dem auf den Krimkrieg folgenden Jahr 1857 auf Befehl des Zaren ein Geheimkomitee für die Bauernangelegenheiten konstituiert worden, dessen Vorarbeit 1861 schließlich zum „Statut über die aus der Leibeigenschaft entlassenen Bauern" führte.[12] Ähnlich wie in den USA nach dem Bürgerkrieg die Sklaven wurden die russischen Leibeigenen dadurch persönlich frei, ähnlich wie in der Theokratie der chinesischen Taiping-Rebellen wurde das von ihnen beackerte Land in periodisch neu aufgeteiltes Gemeineigentum, den ‚Mir' überführt. Damit blieb der ökonomische Effekt des Reformwerks eng begrenzt, zumal eine nennenswerte russischen Industrie effektivere Beschäftigungsmöglichkeiten für die befreiten Bauern erst seit den 1890er Jahren bereitzustellen begann. Für den Staat standen die Bauern nunmehr aber als Mir-Gemeinde zur Besteuerung und als einzelne Wehrpflichtige für Kriegszwecke zur Verfügung, womit man künftige militärische Niederlagen zu vermeiden hoffte.

Auch die anderen Reformen, die unter Alexander II. in Angriff genommen wurden wie Änderungen im Justiz- und Volksbildungswesen, Einführung der Selbstverwaltung auf Kreis- und Gouvernementsebene (*Semstwo*-Organisation von 1864) und die Städteordnung von 1870 hatten Entsprechungen in anderen ‚von oben' modernisierten Staaten, also insbesondere in Preußen und Japan und wurden dementsprechend von zeitgenössischen Befürwortern zutreffend als Mittel zur Herstellung nationaler Geschlossenheit bewertet. So schrieb der russische Publizist Michail Katkow 1867: „Russland braucht einen einheitlichen Staat und eine starke russische Nationalität. Schaffen wir uns eine solche auf der Basis einer allen Bewohnern gemeinsamen Sprache, eines gemeinsamen Glaubens und des slawischen ‚Mir'. Alles, was uns [dabei] entgegenstehen wird, stürzen wir um!"[13]

Abgesehen von der intuitiv richtig verstandenen Verbindung von „Nationalität", die in kultureller und (agrar-)wirtschaftlicher Homogenität gesehen, und dadurch bewirkter Stärke, der im letzten Satz des Zitats eine deutlich aggressive Note zugewiesen wird, kommt in Katkows nationalistischem Kurzprogramm auch die in den 1860er Jahren einsetzende Russifizierungspolitik gegenüber Polen (seit dem Aufstand von 1863), Ukrainern und Baltendeutschen (seit Mitte der 1870er Jahre) zur Sprache, die – über entsprechende Parallelen im ungarischen Nationalitätengesetz von 1868, dem nordamerikanischen Anglokonformismus, der skizzierten chinesischen und japanischen Beispiele, der Bismarckschen Polenpolitik oder dem in allen europäischen Staaten des 19. Jahrhunderts anwachsenden Antisemitismus – als kennzeichnendes Merkmal einer nahezu weltweiten nationalen Bewegung zu verstehen ist.

9. Die Entstehung moderner Nationalstaaten

Das Misstrauen gegenüber den Fremden, wie es in solchem kulturell-rassistischen Protektionismus zum Ausdruck kommt, ist nur zu verständlich, wenn man den Nationalismus als Gegenreaktion gegen einen in der Begegnung mit überlegenen Gesellschaften erfahrenen existenziell bedrohlichen Energiemangel begreift, wie ihn Russland hinsichtlich seiner Außenbeziehungen besonders offensichtlich im und seit dem Krimkrieg erfahren musste.

*E) Die Entstehung des italienischen Nationalstaats*

Für einen solchen Kausalzusammenhang spricht neben den vorausgehenden Beispielen nationaler Bewegungen außerhalb oder am Rande Europas auch der Vorgang der italienischen Einigung, der neben der Entstehung des ‚kleindeutschen' Kaiserreichs zweifellos auffälligsten nationalen Bewegung im Europa des 19. Jahrhunderts.
Das italienische Volk, in einem durch die Alpen und die Meeresküsten geographisch recht eindeutig begrenzten Siedlungsraum lebend, wurde kulturell zudem durch gemeinsame Sprache, Religion und glanzvolle geschichtliche Erinnerungen an das Imperium Romanum zusammengehalten, obwohl seit dem Zusammenbruch des römisch-italienischen Großreichs im fünften nachchristlichen Jahrhundert eine Vielzahl von Fremdherrschern ins Land eingefallen waren, die dieses vielfacher staatlicher Aufteilung unterworfen hatten.
Auch Napoleon, obwohl zunächst (in seinem Feldzug von 1796) als Befreier Italiens von solcher Fremdherrschaft auftretend, bescherte den Italienern nicht die staatliche Einigung, sondern etablierte eine Mehrzahl von Teilstaaten, die sich machtpolitisch für ihn bequem handhaben ließen. Der Wiener Kongress restaurierte dann das vornapoleonische System multilateraler Fremdherrschaft über Italien, indem er die Lombardei und Venetien direkter österreichischer Herrschaft unterstellte, außerdem die mittelitalienischen Herzogtümer sowie das Königreich beider Sizilien an habsburgische bzw. bourbonische Nebenlinien vergab.[14] Auch der wiederum päpstlicher Herrschaft überantwortete und durch österreichisches Besatzungsrecht in Ferrara und Comacchio gegen Revolutionsversuche abgesicherte Kirchenstaat wurde von den demokratischen und liberalen Anhängern der italienischen Nationalstaatsidee als Fremdkörper betrachtet und bekämpft. Da das Papsttum als religiöser Normengeber und – auf dem Weg über kirchliche Rechtsprechung, das entsprechende Ehemonopol, Kollektenbeträge und Gebühren für kirchliche Dienste – durch Abschöpfung erheblicher Energiemengen auch außerhalb des Kirchenstaats Herrschaft über das italienische Volk ausübte, die dessen Wohlergehen bestenfalls partiell dien-

## II. Verifizierung

te, erscheint seine Einschätzung als einer weiteren im Lande etablierten Fremdherrschaft nicht unberechtigt, zumal die Päpste und leitenden Kurienkardinäle nicht unbedingt Italiener sein mussten. Lediglich der Nordwesten Italiens und die Insel Sardinien wurden als Königreich Piemont-Sardinien von einer einheimischen Dynastie regiert und daher zum Kristallisationskern nationaler Einigung. Allerdings wurde auch dieser italienische Teilstaat – wie alle anderen – nach Etablierung der Wiener Ordnung wieder absolutistisch regiert und erhielt so – wie im Kapitel über den Absolutismus ausgeführt – den Charakter interner Fremdherrschaft.
Zu den verschiedenen Formen fremdstaatlicher, kirchlicher, dynastischer oder innerstaatlicher Fremdherrschaft über die Bevölkerung Italiens, die stets den Zweck und die Wirkung institutionalisierten Energietransfers zugunsten der Herrschenden verfolgten, kam nach Beseitigung der napoleonischen Kontinentalsperre die britische Handelsoffensive hinzu, die – wie im vorangehenden Kapitel gezeigt – die europäischen Festlandstaaten mit Billigimporten in zyklisch wiederkehrende Wirtschaftskrisen trieb. Diese bedeuteten für viele Festlandeuropäer und also auch Italiener Arbeitslosigkeit, Hungersnot, Insolvenz oder zumindest Einkommensverluste[15], mithin die unmittelbarste und für die Betroffenen gefährlichste Form von Energieentzug seitens der – für sie vielfach als Urheber nicht erkennbaren – britischen Wirtschaftsmacht.
Die durch den wirtschaftlichen Krisenzyklus ausgelösten kontinentalen Revolutionswellen der Jahre 1820/21, 1830/31 und 1848/49 erfassten das durch seine langen Küsten, zahlreichen Häfen und traditionellen Handelsstrukturen für den industriellen Warenimport leicht zugängliche Land mit voller Regelmäßigkeit und Stärke und hinterließen – zumeist am französischen Vorbild ausgerichtete – Bewegungen und Veränderungen, die auf Beseitigung der energetisch verlustreichen Fremdherrschaft und des britischen Energieentzugs durch Beseitigung der vielfachen inneritalienischen Austauschbeschränkungen auf politischer, wirtschaftlicher und kultureller Ebene ausgerichtet waren, also auf die Zusammenführung der italienischen Einzelstaaten zu einem Nationalstaat.[16]
Die Revolutionsversuche von 1820/21 im Königreich beider Sizilien und in dem von Piemont, die, wie erwähnt, mit Hilfe österreichischer Intervention zum Scheitern gebracht wurden, hatten die fremdherrschaftliche Qualität der in Italien etablierten Dynastien, deren Fortbestand so offensichtlich im österreichischen Interesse lag, für jeden Italiener aufgedeckt. Die wichtigsten Folgen der gegen die italienischen Revolutionsführer ergriffenen Repressionsmaßnahmen waren deren Emigration, dort vollzogene Solidarisie-

rung mit Liberalen anderer Länder, im Innern aber die Gründung literarischer Zirkel, von denen der um die seit 1821 in Florenz erscheinende Zeitschrift *Antologia* besonders wichtig wurde. Deren in romantischem Geist unternommene Zusammenführung ganz unterschiedlicher Wissenschaften und Autoren vermochte Rudolf Lill zufolge „manche Provinzialismen zu überwinden, dem italienischen Geistesleben größere Gemeinsamkeit zu schaffen und den Austausch mit Europa einzuleiten."[17] Ähnlich wie in Deutschland haben so romantische Wissenschaftskonzeption (unter starker Hinwendung zu den historischen Disziplinen) und romantische Dichtung auf einem politischer Verfolgung nicht erreichbaren Gebiet wissenschaftlich-literarischen Energieaustauschs die Bildung einer geeinten italienischen Nation in die Wege geleitet.

Der von der Untergrundorganisation der *Carboneria* geleitete Revolutionsversuch des Jahres 1831, der diesmal den Kirchenstaat und die Herzogtümer Modena und Parma erfasste, wurde wiederum mit österreichischer Hilfe, nach seinem Wiederaufflackern zusätzlich von dem damit ebenfalls Hegemonialansprüche anmeldenden Frankreich niedergeworfen. Die Reaktion der Revolutionäre bestand in einem durch Emigration, bündische Zusammenschlüsse, Zeitschriften und wissenschaftliche Kongresse wirkungsvoll organisierten Informationsaustausch, der klar umrissene politische Konzepte mit entsprechenden Gruppierungen hervorbrachte.

Guiseppe Mazzini gründete im französischen Exil 1831 den Geheimbund *Giovine Italia* (Junges Italien), mit dem er den demokratisch-revolutionären Weg zur Gründung eines geeinten, unabhängigen, souveränen, im Innern Gleichheit und Freiheit wahrenden italienischen Nationalstaats freikämpfen wollte und zu diesem Zweck eine Reihe allerdings erfolgloser Revolutionsversuche initiierte. – Auch die gemäßigte Gruppe der besitz- und bildungsbürgerlichen Liberalen, der *Moderati,* nunmehr um eine Mehrzahl liberaler Zeitschriften geschart, entwickelte zunehmend konkrete Konzepte für die Schaffung eines Nationalstaats, indem sie praxisnah und pragmatisch zu diesem Ziel führende Schritte forderte wie vor allem einen gemeinsamen italienischen Markt oder solche selbst tat wie mit Maßnahmen zur Hebung der Volksbildung und des wissenschaftlichen Austausches, dem seit 1838 gesamtitalienische Kongresse dienten.[18] Durch solche Aktivitäten wurden die *Moderati* zur wichtigsten innenpolitischen Bewegung für die italienische Einigung.

Konkurrierende Konzepte wie das des ‚Neoguelfen' Vincenzo Gioberti, der das Papsttum für die Einigung Italiens berufen hielt, oder Cesare Balbos Plan zur Gewinnung nationaler Selbständigkeit durch gemeinsamen Aufstand der italienischen Fürsten gegen Österreich waren zwar realitätsfern, schlugen aber Brücken zwischen der bürgerlichen nationalen Bewegung und den liberaleren italienischen Monarchen. Vor allem für den piemontesischen König Karl Albert musste der Balbosche Entwurf verführerisch werden, da dieser – ähnlich wie die österreichfeindlichen Schriften des Liberalen Massimo D'Azeglio – dem Königreich Piemont die nationale Führungsrolle zuwies.[19]

Solche Öffnung italienischer Höfe für bestimmte nationale und liberale Gedanken zeigte in der dritten großen in Italien besonders früh einsetzenden Revolutionswelle der Jahre 1847/49 bereits erhebliche und letztlich fortdauernde Wirkung.

Zunächst schien sich der Wunschtraum der Neoguelfen von einer nationalen Führerschaft des Papsttums zu erfüllen, als der 1846 gewählte Pius IX., wie im vorigen Kapitel bereits erwähnt, im Kirchenstaat liberale Verwaltungsreformen durchführen ließ, erstmals bürgerliche Minister berief und gegen eine sich andeutende österreichische Intervention im nationalen Sinn protestierte. Um in dieser Situation den eigenen nationalen Führungsanspruch nicht zu verlieren, bot Karl Albert von Piemont dem Papst militärische Unterstützung gegen die drohende österreichische Intervention an, folgte ebenso wie der Großherzog der Toskana dem Papst in der Einführung liberaler Reformen und betrieb – entsprechend den Forderungen der *Moderati* – die Bildung einer Zollunion zwischen dem Kirchenstaat, der Toskana und Piemont-Sardinien.

Diese gemäßigten liberalen Ansätze der italienischen Revolution wurden seit 1847 von einer Welle gewaltsamer Aufstände, Massendemonstrationen, Plebisziten und der Errichtung allerdings kurzlebiger Republiken in Rom und Venedig überrollt, die dem demokratischen Konzept Mazzinis und seiner Anhänger wie etwa Garibaldis entsprach. Diese – wie in anderen europäischen Ländern – durch Ernteausfälle und Wirtschaftskrise ausgelöste Massenbewegung brachte die Monarchen Italiens zu rascher Nachgiebigkeit in der Verfassungsfrage, so dass bereits im März 1848 alle italienischen Teilstaaten mit Ausnahme des österreichischen Königreichs Lombardo-Veneto eine Verfassung besaßen.

Als die dortigen demokratischen Aufstandsbewegungen, welche die österreichischen Garnisontruppen unter Radetzki zu halbem Rückzug nötigten, Karl Albert von Piemont um militärische Unterstützung angingen, erklärte dieser Österreich den Krieg und übernahm damit eindeutig die Rolle des Befreiers von nationaler Unterdrückung durch fremde Mächte. Militärische Teilerfolge im Krieg gegen die Österreicher gemeinsam mit den aufständischen Lombardo-Venetern und begrenzten Truppenkontingenten anderer italienischer Staaten errungen, wurden allerdings zunichte gemacht, nach-

## 9. Die Entstehung moderner Nationalstaaten

dem die Revolution im Habsburgerreich nach Thron- und Regierungswechsel aufgefangen war und ihre systematische militärische Niederwerfung begonnen hatte. Die entsprechende Gegenoffensive unter Radetzki seit Juni 1848, außerdem die Interventionen Frankreichs, Spaniens und Österreichs im Kirchenstaat und im Königreich beider Sizilien zugunsten der Monarchen warfen die revolutionären Bewegungen bis zum April 1849 nieder: „der Sieg der in Italien stärker denn je mit dem Odium der Fremdherrschaft belasteten konservativen Kräfte [war] vollständig." (Lill)[20]
Immerhin war aber die Bevölkerung Italiens durch die vielfältigen revolutionären Aktionen und die gemeinsame Erfahrung der durch fremde Mächte erlittenen Niederlage im Kampf um verbesserte Lebensbedingungen in großen Teilen zu einer politischen Willens- und potenziellen Aktionsgemeinschaft zusammengewachsen, kurz: zu einer Nation geworden. Zudem hatten die revolutionären Vorgänge zwei wichtige Institutionen als Grundlagen für die künftige Bildung des italienischen Nationalstaats hervorgebracht: die erwähnte mittelitalienische Zollunion und die piemontesische Verfassung, die als einziges der während der Revolution entstandenen ‚Statuten' überdauerte, später zur Verfassung Italiens wurde und bis 1946 in Geltung blieb.[21]

Für unsere Frage nach einer Bestimmung des Nationalismus, der im 19. Jahrhundert zur fast gleichzeitigen und vielfach gleichförmigen Herausbildung von Nationalstaaten führte, ergibt die Betrachtung der revolutionären Bewegung in Italien zunächst eine Bestätigung der bereits geäußerten Annahme, dass Nationalismus als Gegenreaktion einer kulturell homogenen und geographisch zusammen wohnenden Bevölkerung gegen klimatisch, wirtschaftlich oder militärisch bewirkten Energieentzug zu verstehen ist. Darüber hinaus lassen sich nun verschiedene Elemente dieser Gegenreaktion unterscheiden. Das zuerst aktivierte Element nationaler Reaktionen besteht offensichtlich in der Herbeiführung und Institutionalisierung eines die kulturelle Homogenität der Beteiligten nutzende Vermehrung des informativen Energieaustauschs durch Bildung von (Geheim-)Bünden, Herausgabe von Zeitschriften, Büchern, Gründung von Ausbildungsstätten, Abhaltung von Kongressen usf., der inhaltlich bestimmt ist von der Erörterung solcher Einrichtungen, Ordnungen und Erfindungen überlegener Gesellschaftssysteme, die für die eigene Stärkung besonders nachahmenswert erscheinen, hier der französischen Verfassung, des deutschen Zollvereins und des englischen Eisenbahnwesens. Als darauf aufbauendes Moment bei der Herausbildung einer Nation ergab unsere Betrachtung die Institutionali-

II. Verifizierung

sierung eines vermehrten Informations- und Güteraustauschs über bestehende, die Nation teilende staatliche Grenzen hinweg, hier durch die oben genannten Zeitschriften und Kongresse, die Zollunion von 1847 und einen seit der Revolution verstärkten, nach und nach inneritalienische Staatsgrenzen überspringenden Eisenbahnbau.[22] Das danach zum Zuge kommende spektakulärste Moment des Nationalismus besteht in politischer Agitation und revolutionären Demonstrationen, Aufständen und Militäraktionen solidarisierter Massen sowie dem Versuch der Herstellung einheimisch-eigenständiger Regierungsgewalt und Verfassungsordnung.

Diese drei in sich durchaus komplexen Momente der Nationbildung lassen sich energetisch auf folgende Vorgänge zurückführen: Erstens die Vermehrung des informativen und gütergetragenen Energieaustauschs zwischen den kulturell und geographisch dafür am besten disponierten Menschen der eigenen Nation, zweitens die Beendigung des verlustreichen Energieaustauschs mit ‚außernationalen' Gesellschaftssystemen u.a. durch gewaltsame Beseitigung fremdstaatlicher Herrschaftseinrichtungen auf eigenem Boden, insgesamt also auf die Etablierung eines für die eigene Gesellschaft möglichst leistungsfähigen und damit gewinnträchtigen Energieaustauschsystems.

Die für die staatliche Absicherung der Nation entscheidende Beseitigung fremdstaatlicher Herrschaft über Italien war, wie wir sahen, in der dortigen 1847/48/49er Revolution vorerst misslungen. Die Fremdherrschaft über Italien wurde sogar durch den über das Lombardo-Veneto verhängten Ausnahmezustand und Reparationsforderungen Österreichs, die dem besiegten Piemont auferlegt wurden, sowie durch österreichische Schutztruppen in den mittelitalienischen Herzogtümern, der Toskana und dem Kirchenstaat verschärft und ausgeweitet. Die Herrschaft des Papstes über den Kirchenstaat wurde zusätzlich von einer französischen Garnison gesichert und von der gesamteuropäischen Wendung des Katholizismus gegen die liberale Bewegung offensiv verteidigt.[23]

Demgegenüber blieben der nationalen Opposition nur Piemont-Sardinien als Operationsbasis und indirekte, kulturell verschlüsselte Strategien zur Propagierung der italienischen Nationalstaatsidee. Guiseppe Verdi mit seinen nationale Begeisterung weckenden Opern der 1850er Jahre hat im kulturellen Leben Italiens die in dieser Hinsicht wichtigste Rolle gespielt. Die Buchstaben seines Namens, damals als politische Geheimchiffre für die Erhebung des piemontesischen Königs Victor Emanuel zum König von Italien genutzt (**V**ittorio **E**manuele **R**é **d**' **I**talia), wurden an Häuser und

Mauern gekritzelt und blieben bei der Popularität des Komponisten politisch gleichwohl sanktionsfrei.
Auch die Kirchengesetzgebung der neuen piemontesischen Regierung, die mit der Abschaffung kirchlicher Privilegien wie des katholischen Ehemonopols und kirchlicher Rechtsprechung grenzüberschreitende Herrschaftsmittel des Papsttums beseitigte, war für die ausschlaggebenden Hegemonialmächte in Italien, also für Österreich und Frankreich nicht angreifbar, zumal letzteres auf dem Weg zur Trennung von Kirche und Staat bereits in der Großen Revolution vorausgegangen war.
Entsprechendes gilt für die Politik wirtschaftlicher Modernisierung Piemonts unter der Leitung des seit 1850 als Landwirtschafts- und Handels-, seit 1851 zudem als Finanzminister dort tätigen Grafen Camillo Cavour.[24] Mit der Einführung des Freihandels, der Förderung des Eisenbahnbaus und der Gründung von Banken ergriff Cavour durchweg austauschfördernde Maßnahmen, die Piemont zum ökonomischen Energieumsatzzentrum Italiens machen sollten. Solche an den führenden westeuropäischen Industriestaaten England und Frankreich, aber auch dem aufholenden Deutschland ausgerichteten Reformen schufen die Voraussetzung für den außenpolitischen Anschluss Piemont-Sardiniens an die beiden Westmächte im Krimkrieg.
Dieser das ‚Metternichsche System' einer Allianz der Monarchen gegen ‚die Revolution' zerstörende Krieg zwischen den ihren Mittelmeerhandel verteidigenden Westmächten und dem über das Osmanische Reich zum Mittelmeer drängenden Russland brachte Österreich in eine schwierige Lage, die von einem seiner erbittertsten Gegner, dem inzwischen zum Ministerpräsidenten Piemonts aufgestiegenen Cavour, geschickt und konsequent ausgenutzt wurde. Die Habsburgermonarchie, ideologisch auf der Seite des Zarenreichs stehend, war doch durch dessen militärisches Vordringen in die Donaufürstentümer Moldau und Walachei in ihren Balkaninteressen unangenehm berührt und geriet so zwischen die Fronten des Ost-West-Gegensatzes. In dieser Lage schloss sich Piemont-Sardinien dem Bündnis der Westmächte an, beteiligte sich mit einem Truppenkontingent am Krimkrieg und gehörte nach dessen Beendigung zum siegreichen westlichen Lager, von dem es nunmehr für seine gegen Österreich gerichtete Italienpolitik Unterstützung erwarten durfte.
Diese erhielt es schließlich auch von Napoleon III., der die durch das Misstrauen der übrigen europäischen Mächte gegen eine Erneuerung napoleonischer Hegemonialpolitik bedingte Isolation Frankreichs im Krimkrieg nur kurzzeitig hatte neutralisieren können und mit dem gegen Österreich unterstützten Piemont einen folgsamen Satelliten zu gewinnen hoffte. Gleichzei-

## II. Verifizierung

tig sollte die Unterstützung der nationalen Bewegung Italiens seine gegen die europäische Ordnung von 1815 gerichtete ‚revisionistische Politik' voranbringen.[25]

Der unmittelbar zwischen Napoleon und Cavour beim Geheimtreffen von Plombières ausgehandelte Bündnisvertrag vom Dezember 1858 sicherte Piemont-Sardinien die militärische Unterstützung in einem Krieg gegen Österreich zu, das aus Italien verdrängt werden sollte. Weiterhin wurde vorgesehen, das Lombardo-Veneto, die mittelitalienischen Herzogtümer und den nördlichen Kirchenstaat mit Piemont zu vereinigen, ebenso die Toskana mit dem übrigen Kirchenstaat zu einem mittelitalienischen Königreich zusammenzuschließen, während das Königreich beider Sizilien bestehen bleiben sollte. Der auf die Herrschaft über Rom beschränkte Papst sollte mit dem Vorsitz in dem diese Teilstaaten zusammenfassenden italienischen Staatenbund abgefunden werden, während Frankreich für seine Hilfe das Herzogtum Savoyen und Nizza zugesagt wurden.[26]

Der bereits im Mai 1859, fünf Monate nach diesem Geheimvertrag nach österreichischer Herausforderung von Cavour angenommene Krieg brachte aber trotz der Schlachtensiege der verbündeten Piemontesen und Franzosen bei Magenta und Solferino nicht die geplanten Ergebnisse, vor allem, weil die deutsche Nationalbewegung – durch Napoleons III. nun offen zutage getretenen Imperialismus herausgefordert – einen deutschen Krieg gegen Frankreich forderte und auch am preußischen Hof eine Intervention zugunsten Österreichs erwogen wurde. Dies allerdings unter der Vorbedingung des preußischen Oberbefehls über das Bundesheer am Rhein.[27] Diese von Preußen ausgehende Bedrohung Frankreichs und auch Österreichs, was dessen deutsche Hegemonialstellung anbetraf, drängte die beiden Kaiserreiche zum Kompromiss des Vorfriedens von Villafranca, der Venetien beim Habsburgerreich beließ und die Abtretung lediglich der Lombardei an Piemont-Sardinien vorsah. Diesem schlossen sich, legitimiert durch Plebiszite, auch die mittelitalienischen Herzogtümer, die Toskana und die bis dahin zum Kirchenstaat gehörige Emilia-Romagna an. Napoleon III. akzeptierte diese in Plombières nicht vorgesehene mittelitalienische Vergrößerung Piemont-Sardiniens, nachdem Cavour ihm die Abtretung Savoyens und Nizzas trotz des vorzeitig abgebrochenen Kriegs gegen Österreich zugesichert hatte.

Die über diese Abtretung empörte demokratische Linke suchte nun noch einmal die Führung der nationalen Bewegung an sich zu bringen und organisierte den ‚Zug der Tausend' zur Unterstützung sizilianischer Aufständischer, der unter Garibaldis Führung zu raschen Erfolgen gegen die süditalienische Bourbonenherrschaft gelangte. Gegen die Gefahr einer demokratischen Revolutionierung ganz Unteritaliens und des Kirchenstaats entsandte Cavour mit Billigung Napoleons III. und der englischen Regierung ein piemontesisches Heer, das über den Kirchenstaat in das Königreich Neapel einfiel und Garibaldi zur Aufgabe seiner diktatorischen Stellung zugunsten Victor Emanuels nötigte. Der wiederum durch Plebiszite – die allerdings wie schon in Mittelitalien auf die bürgerliche Oberschicht beschränkt blieben – vollzogene Anschluss des unteritalienischen Königreichs, Umbriens und der Marken an das Königreich Piemont-Sardinien ließ dieses nunmehr endgültig in nationalstaatliche Dimensionen hineinwachsen, was am 14. März 1861 in der durch Parlamentsbeschluss erfolgenden Erhebung Victor Emanuels zum König von Italien seine institutionelle Bekräftigung fand.[28]

War der italienischen Nationalbewegung die weitgehende Verdrängung der österreichischen Fremdherrschaft aus Italien, die vorerst in Venetien und dem Festungsviertel erhalten blieb, nur mit Hilfe der expansiven Machtpolitik Frankreichs unter Napoleon III. erreichbar gewesen, so die vollständige Beseitigung fremdstaatlicher Hegemonie durch Ausnutzung der deutschen Nationalstaatsbildung, die 1866 Österreich und 1870 Frankreich zur Aufgabe ihrer italienischen Herrschaftspositionen nötigen sollte und so den Anschluss Venetiens und des restlichen Kirchenstaats (mit der geringen Ausnahme des Vatikans) an das Königreich Italien ermöglichte. Dieses wurde nach Übernahme der piemontesischen Verfassung von 1848 eine parlamentarische Monarchie, der Cavours Nachfolger Ricasoli und LaMarmora durch zentralistische Verwaltungsorganisation sowie Vereinheitlichung des Rechtswesens und der Währung den Stempel eines – französischem Vorbild folgenden – einheitlich normierten Nationalstaats aufzudrücken versuchten.

Dies blieb allerdings – selbst unter langfristiger Perspektive – wirklich nur ein Versuch, da der neue Staat, im Wesentlichen vom liberalen Bürgertum des Nordens konzipiert und per Zensuswahlrecht gelenkt, regionale, soziale und wirtschaftliche Gegensätze nicht nur nicht auszugleichen vermochte, sondern zusätzlich aufriss. Das sozioökonomische Gefälle zwischen zunehmend industrialisiertem Norden und agrarischem Süden trat als Gegensatz nämlich erst voll in Erscheinung, nachdem die Unternehmer aus dem Norden begannen, die neuen Provinzen auszubeuten.[29] Zudem wurde die ideologische Spannung zwischen den Grundgedanken des Liberalismus und des römischen Katholizismus erst durch die militärische Liquidierung des Kirchenstaats als einer wichtigen Etappe der italienischen National-

II. Verifizierung

staatsbildung zu langdauernder weltanschaulich–politischer Spaltung der Nation verschärft.[30]
Diese Spaltung der italienischen Nation fand ihren prägnantesten Ausdruck in den gegen Steuererhöhungen und Wehrpflicht gerichteten ‚Briganten'-Aufständen des Südens, die durch militärische Aktionen des neuen Staats niedergeworfen wurden, oder in der päpstlichen Enzyklika „*Quanta Cura*" von 1864, die mit einem Verzeichnis moderner „Irrtümer" (*syllabus errorum*) einen Frontalangriff gegen den Liberalismus startete, dem die liberale Regierungspartei Italiens mit der Zivilehe und Konfiszierung von Kirchengütern in Süditalien sowie der erwähnten Liquidierung des Kirchenstaats antwortete, um so die Modernisierung Italiens zu finanzieren. Der durch diesen Konflikt ausgelöste, auf das übrige Europa ausstrahlende Kulturkampf hat bekanntlich durch das Unfehlbarkeitsdogma von 1870 eine weitere Zuspitzung erfahren, die dann auch das Bismarckreich belasten sollte.

Der zusätzliche Erkenntnisgewinn, den die genauere Betrachtung des italienischen Beispiels erbracht hat, besteht in einer differenzierteren Einsicht in die Mechanismen der Anpassung unterlegener Gesellschaftssysteme an fortgeschrittenere auf der Ebene der Nationalstaatsbildung. Diese erfolgte bei unserem italienischen Beispiel in schrittweiser Aufeinanderfolge informativer und ökonomischer Adaption neuer gesellschaftlicher Energieaustauschtechniken, die zur Bildung der Nation auf informell-gesellschaftlicher, aber noch nicht staatlicher Ebene führte. Der nächste Schritt bestand in der verfassungsrechtlichen Kodifizierung der neuen Austauschprinzipien in den – zumeist fremdstaatlich – beherrschten Teilsystemen der Nation, also in deren zunächst partikularer Verstaatlichung. Diese erfolgte gegen den Willen der Fremdherrscher in einer Situation akuten Energiemangels der Hunger- und Wirtschaftskrise von 1847/48/49 unter dem Druck dadurch leicht zu mobilisierender Massen und entsprechender Verfassunggebungen bei den Hegemonialmächten selbst. Diese staatsrechtliche Fixierung modernisierter Austauschregelungen konnte allerdings nach erneuter Stabilisierung der Hegemonialmächte nur in Piemont-Sardinien aufrecht erhalten werden, das als Grenznachbar und Wirtschaftspartner des weiter modernisierten Frankreich der von Österreich betriebenen Reaktion entzogen blieb.
Die Bildung des italienischen Nationalstaats, dessen Vollendung schließlich nur durch die preußisch-deutschen Siege über Österreich und Frankreich ermöglicht wurde, zeigt uns in ihrem mühsamen Zustandekommen wie in ihrer Abhängigkeit von außenpolitischen Konstellationen, dass schwächere Kulturnationen das Endziel nationalstaatlicher Souveränität

durchaus nicht immer aus eigener Kraft erreichen können, selbst wenn ‚die Nation' dies dringend erstrebt. Nicht Idee und Wille bestimmen letztlich den Gang der Geschichte, sondern die inner- wie außernationalen Möglichkeiten, die durch wirtschaftliche und/oder militärische Unterlegenheit erlittenen Energieverluste zu beenden.

*F) Das komplizierte deutsche Beispiel*

Die weitgehende Parallelität und gegenseitige Förderung der italienischen und deutschen Nationalstaatsbildung sind vielfach bemerkt worden und dürften auch durch Vorangehendes ansatzweise deutlich geworden sein. Eine ähnliche staatliche Zersplitterung, die Mittelstellung zwischen ‚Ost' und ‚West', das industrielle Nord-Süd-Gefälle, der seit 1830 identische Revolutionsrhythmus lassen sich als Bedingungsfaktoren dieser Parallelität ausmachen. Daneben gab es freilich deutliche Unterschiede: Dem geschlossenen Siedlungsgebiet der italienischen Nation standen auf deutscher Seite Grenzgebiete gegenüber, deren Mischbesiedlung eine klare nationalstaatliche Grenzziehung ausschloss. Als besonders schwierig stellte sich diese, wie bereits bemerkt, im Südosten dar, wo die Habsburger als jahrhundertelange Beherrscher nichtdeutscher Nationalitäten wie besonders der Tschechen, Ungarn, Südslaven und neuerdings noch von Polen und Italienern sowie als Repräsentanten des Deutschen Reichs und seit 1815 des Deutschen Bundes eine nationalstaatliche Grenzziehung mit dem größten Teil ihrer Herrschafts- und Besitzrechte hätten bezahlen müssen. Aber auch die Herrschaft der brandenburgischen Hohenzollern über Ost- und Westpreußen sowie die Provinz Posen griff weit in außerdeutsches Siedlungsgebiet hinein und ließ nationale Bewegungen zum Machtproblem der Dynastie werden. Nationale Grenzprobleme gab es auch im Norden, wo das von Deutschen und Dänen besiedelte Schleswig ebenso vom dänischen Königshaus regiert wurde wie die eindeutig deutschen Herzogtümer Holstein und Lauenburg. Überwiegend von Deutschstämmigen bewohnt waren das 1815 gegründete Königreich der Vereinigten Niederlande, das Elsass sowie ein Großteil der Schweiz. Die Geschichte der deutschen Einigung sollte zeigen, das alle diese nationalen Grenzprobleme – vom Sonderfall der 1815 neutralisierten Schweiz einmal abgesehen – die Gründung und Sicherung eines deutschen Nationalstaats erheblich belastet haben.

Einen schwerwiegenden Unterschied zu den italienischen Voraussetzungen der Nationalstaatsbildung stellte auch die religiöse Spaltung Deutschlands in den überwiegend protestantischen Norden und den weitgehend katholischen Süden und Westen dar, weiterhin auch die Tatsache der nur phasen-

## II. Verifizierung

weise und/oder marginal erkennbaren politischen Fremdherrschaft auswärtiger Mächte über die Deutschen. Aus dieser Tatsache nur teil- oder zeitweilig offener, über ihren Status als Signatarmächte oder auch Mitglieder des Deutschen Bundes aber festgeschriebener Fremdherrschaft über Deutschland erklären sich entsprechend unserer bisherigen Analyse nationaler Bewegungen sowohl die weitgehende Beschränkung der deutschen Nationalbewegung auf eine geistige und kommerzielle Oberschicht wie ihre unverkennbare Schwäche, aber auch der Umstand, dass Bismarck sein Einigungswerk nicht anders als durch bewusste Verschärfung von Konflikten mit den ‚kleindeutschen' Grenznachbarn Dänemark, Österreich und Frankreich zustandebringen konnte, also durch eine künstlich erzeugte Furcht vor zunehmender Fremdherrschaft mit ihrer nationale Solidaritätsgefühle weckenden Wirkung.

Auch dies war aber nur möglich auf dem Hintergrund zweier zeitgeschichtlicher Erfahrungen zumindest der älteren Deutschen, nämlich der Überwältigung Deutschlands durch den ersten Napoleon und der auf dem Wiener Kongress errichteten Ordnung, dem ‚System Metternich'. Hatte ersterer eine ganz Deutschland erhebliche Energieverluste zufügende Fremdherrschaft in ihren verschiedenen Formen wirtschaftlicher, militärischer und machtpolitischer Ausbeutung zugunsten französischer Hegemonie auferlegt und dadurch zumindest in Preußen, in Franken und unter Gebildeten die nationale Reaktion der ‚Befreiungskriege' provoziert[31], so letzteres die für die junge Nation bittere Erfahrung, sie habe mit ihren nationalen Bestrebungen hinter dem restaurativen Interesse vor allem der Habsburgermonarchie zurückzustehen. Als neue Form der Deutschland schwächenden Fremdherrschaft wurde das Metternichsche System außer von der Deutschen Burschenschaft, den Schriftstellern des Jungen Deutschland und den übrigen Liberalen und Demokraten mehr und mehr auch seitens des wirtschaftlich erstarkenden Preußen empfunden, dem – an deutscher Bevölkerungszahl und Siedlungsfläche gemessen – seit 1815 eigentlich eher der Vorsitz im Deutschen Bund zugestanden hätte als der durch die Beschlüsse des Wiener Kongresses aus Deutschland weitgehend herausgewachsenen Habsburgermonarchie. Der ‚Dualismus', der mit dieser preußisch-österreichischen Größenkonkurrenz gegeben war, wurde anfangs allerdings überdeckt von der gemeinsamen Furcht der Monarchen vor dem möglichen Ausbruch der – französischem Vorbild folgenden – Revolution.[32]

Obwohl die Wiener Ordnung mithin vor allem als gegenrevolutionäres Deichsystem konzipiert war, schlossen die drei Monarchen des europäischen Ostens, wie schon erwähnt, außerdem die Heilige Allianz, welche die europäische Friedensordnung zusätzlich mit der Berufung auf die gemeinsame christliche Religion absichern sollte. Auch wenn dieses vom Zaren angeregte und schließlich von nahezu allen christlichen Monarchen Europas unterzeichnete Manifest wenig handgreiflichen Nutzen zu gewährleisten schien, dokumentiert es doch das Fortwirken grenzüberschreitender und damit antinationaler Kirchenherrschaft, deren substantielle Bedeutung im bereits erwähnten europäischen Kulturkampf der 1860er und 70er Jahre hervortreten sollte.

Auch im ökonomischen Bereich wurde die auf französische Wirtschaftsinteressen ausgerichtete Zwangspolitik der Kontinentalsperre nach 1814 lediglich durch eine subtilere, weniger durchschaubare Fremdherrschaft abgelöst, die von der britischen Industriemacht ausging. In deren Abhängigkeit war besonders der preußische Staat geraten, der die Folgekosten aus dem Tilsiter Frieden und die Kriegskosten für den Endkampf gegen Napoleon, wie gesagt, nur mit hohen Krediten finanzieren konnte, die sich 1820 auf 60 Millionen Mark beliefen[33] und wegen überhöhter Zinsen der deutschen Banken mit einer englischen 30-Millionen-Anleihe abgestützt werden mussten, die nur gegen zollpolitische Zugeständnisse Preußens gewährt wurde. So kam es zum außerordentlich liberalen preußischen Zollgesetz von 1818, das die preußischen Gewerbe den britischen Dumping-Einfuhren weitgehend schutzlos aussetzte.[34]

Dieser Konkurrenzdruck vor allem in den Sektoren der Textil-, Metall- und Maschinenproduktion führte zusammen mit der seit 1810 geltenden Gewerbefreiheit die entsprechenden Produktionsbetriebe Preußens in einen harten Existenzkampf, die im Verlagswesen beschäftigten Heimarbeiter, arbeitslos gewordenen Handwerksgesellen und -meister in äußerste Armut. Infolge der billig produzierenden, weil zunehmend maschinisierten und mit preisgünstigen Rohstoffen aus den Kolonien versorgten britischen Industrie wurden in Preußen, aber auch anderen deutschen Staaten Niedriglöhne, gewerbliche Kinder- und Frauenarbeit, überlange Arbeitszeiten, verheerende Arbeitsbedingungen und Wohnverhältnisse mit ihren Folgen zu vielfach bezeugten Massenerscheinungen.[35] Dieser bis in die 1850er Jahre andauernde Pauperismus betraf seit etwa 1820 bei einem für die übrigen Berufsgruppen zumeist gestiegenen Realeinkommen einseitig und diskriminierend die im Gewerbe tätigen Arbeitskräfte.[36] Das diesen fehlende ‚Brot', das heißt, die ihnen fehlende Nahrungsenergie wurde der deutschen Bevölkerung somit eindeutig durch die britischen Billigimporte entzogen, für deren zahlungsbilanzmäßige Kompensation ostdeutsches Getreide nach England exportiert werden musste, das deshalb heimischen Hunger nicht mehr stillen konnte. Daneben stellte der Kapitaldienst für die erwähnte 30-Millionen-Anleihe des preußischen Staats bei Londoner Banken einen besonders

## II. Verifizierung

belastenden Energieentzug für das preußische Gewerbe dar, das über Kopf-, Einkommen-, Verbrauchs- und Grundsteuern deutlich mehr zum Staatshaushalt beitragen musste als die ländliche Bevölkerung.[37] Immerhin wurde auch diese in ihren klein- und unterbäuerlichen Schichten durch ‚Bauernbefreiung' und Kapitalisierung der landwirtschaftlichen Produktion hart genug getroffen. Hatte erstere in Auswirkung des Hardenbergschen Regulierungsedikts von 1811 zum sogenannten ‚Bauernlegen' geführt, das viele der vorher befreiten Bauern ins ländliche oder städtische Proletariat absinken ließ, so brachte die nach zunehmend kapitalistischen Gesichtspunkten betriebene Gutsherrschaft den sozial kaum abgesicherten Landarbeiter hervor, der oft nur saisonal beschäftigt wurde und irgendwann den Weg zu den städtischen Armenkassen oder ins Ausland suchte. Besonders die Auswanderung nach Osteuropa – von 1816 bis 1826 etwa 250 000 meist bäuerlicher Emigranten – muss als Indiz für die wirtschaftlichen Schwierigkeiten auch dieser Bevölkerungsgruppe gewertet werden.[38] Die Reduzierung von Existenz- und das heißt zureichenden Energieaustauschmöglichkeiten in der Landwirtschaft war durch die nordwesteuropäische Modernisierung der Agrartechnik, bis 1830 zudem durch hohe britische Getreideimportzölle bedingt, was in Deutschland tiefgreifende, vor allem Arbeitskräfte sparende Rationalisierungsmaßnahmen erforderlich machte. Die Proletarisierung und Verdrängung von Hunderttausenden bäuerlicher Existenzen im Deutschland des frühen 19. Jahrhunderts ist somit als Ergebnis massenhaften Energieentzugs seitens (agrar-)technisch fortgeschrittener Gesellschaften wie insbesondere der britischen und niederländischen zu verstehen.

Betrachten wir nun noch einmal zusammenfassend Formen und Reichweite von Fremdherrschaft über die deutsche Gesamtgesellschaft, so wird gleichzeitig deren Zerrissenheit als Ergebnis auswärtiger politischer und wirtschaftlicher Interessen verständlich. Die bereits im Zeitalter des europäischen Absolutismus unter fremde Herrschaft geratenen deutschen Randgebiete Elsass und Schleswig-Holstein waren davon am vollständigsten und sichtbarsten betroffen. Das Königreich Hannover und das Erzherzogtum Österreich wurden zwar von deutschstämmigen Dynastien regiert, deren Politik aber von ihren weitaus größeren nichtdeutschen Kronländern bestimmt wurde, was die deutschen Stammlande in freilich unterschiedlichem Grad unter fremde Interessen stellte. Dies galt von jeher – wenngleich seit der unter Napoleons Einfluss durchgeführten Säkularisierung der deutschen Kirchengüter nunmehr stark abgeschwächt – für die über Süd- und Westdeutschland sich erstreckende Herrschaft der Papst-Kirche, die im Personenstands- und Schulwesen, aber auch, was kommunale Leistungs und Abgabepflichten (Observanzen) angeht, noch wichtige Privilegien mit Leistungs- und Zahlungsverpflichtungen deutscher Länder und Kommunen bewahrt hatte. Die am schwersten durchschaubare, dabei schwerwiegendste Fremdherrschaft über Deutschland und seine Bevölkerung ging, wie gesagt, von den wirtschaftlich-technisch überlegenen nordwesteuropäischen Staaten aus, erfasste dem entsprechend vor allem Nord- und Westdeutschland und besaß im Gegensatz zu den traditionellen Formen absolutistischer, allgemeinpolitischer und kirchlicher Fremdherrschaft zunehmende Bedeutung. Das Ergebnis solch vielfach sich kreuzender mehrseitiger und verschiedenartiger Fremdherrschaft über Deutschland war dessen in der Wiener Ordnung festgeschriebene staatliche, allgemeinpolitische, religiöse und wirtschaftliche Zersplitterung und also Behinderung gesellschaftlicher Bemühungen, den fremdherrschaftlichen Energieentzug durch Steigerung des innerdeutschen Energieaustauschs auf allen gesellschaftlichen Ebenen zu beenden.

a) Gesellschaftlich-kulturelle Formen deutscher Verteidigung
gegen fremdherrschaftlichen Energieentzug

Wie unendlich schwer ein solcher gesamtgesellschaftlicher Sanierungsversuch in dem auf Restauration, also Wiederherstellung vorrevolutionärer Herrschaftsstrukturen programmierten Deutschen Bund durchzusetzen war, zeigen die aufs Ganze gesehen vereinzelten, oft nur poetisch verschlüsselt sprechenden Stimmen und winzigen Gruppen, in denen die Anfänge einer deutschen Nationalbewegung fassbar werden. Wir haben im vorangehenden Kapitel schon auf ihre Vorformen in zunehmendem Vereinswesen sowie neuhumanistischer und romantischer Dichtung hingewiesen, die unter dem Druck napoleonischer Militärherrschaft über Deutschland in Fichtes Reden an die deutsche Nation (1807/08), Turnvater Jahns „Deutschem Volkstum" oder Ernst Moritz Arndts Flugschriften und politischen Liedern politisch erstmals sehr deutliche Worte gefunden hatte. Außerdem trat sie in der Gründung – militärisch allerdings unbedeutender – Freiwilligenverbände wie dem Lützowschen Freicorps hervor, die den nationalen Befreiungskrieg gegen die napoleonische Fremdherrschaft auf deutscher Seite zu verstärken suchten, schließlich in der Gründung der studentischen ‚Deutschen Burschenschaft' (1815) und deren nationalpolitischer Demonstration des Wartburgfests am 18.10.1817.

## II. Verifizierung

Dass romantische und romantisierende Kunst, zu der auch Schillers späte Freiheitsdramen zu rechnen sind, Vereinswesen und nationalpolitische Propaganda in unmittelbarem Zusammenhang mit den Freiwilligenaktionen der ‚Befreiungskriege' und der deutschen Nationalbewegung standen, zeigt schon der Lebenslauf vieler ihrer Vorkämpfer. So war Joseph von Eichendorff, führender Vertreter der deutschen Spätromantik, ebenso Mitglied in dem erwähnten Lützowschen Freiwilligenverband wie ‚Turnvater' Jahn, der außerdem 1811 auf der Berliner Hasenheide den ersten deutschen Turnverein zur militärischen Ertüchtigung der männlichen Jugend für den nationalen Freiheitskampf gegründet hatte und der 1848 als Abgeordneter in die erste deutsche Nationalversammlung gewählt wurde. Letzteres gilt auch für Arndt, der als enger Mitarbeiter des Freiherrn vom Stein an der preußischen Erhebung gegen Napoleons Herrschaft mitgearbeitet hatte, bevor er die Freiheitskämpfer mit zündenden nationalen Flugschriften und Liedern begeisterte. Dem Lützowschen Freicorps, dem sich besonders viele Studenten angeschlossen hatten, sowie der Jahnschen Turnbewegung entstammten wiederum die Gründer der Jenaer Burschenschaft, die die nicht nur an der dortigen Universität bestehenden ‚Landsmannschaften', Abbilder der staatlichen Zersplitterung Deutschlands, als unzeitgemäß zu ersetzen suchte. Die Uniformfarben der Lützower Jäger (Schwarz-Rot-Gold) wurden zum Emblem der neuen Studentenverbindung, die schnelle Nachahmung an anderen Universitäten fand, was 1818 zur Gründung der ‚Allgemeinen Deutschen Burschenschaft' führte. Ihr Ziel der „Einheit des deutschen Volkes" wurde fortan und bis in die Gegenwart mit den Farben dieses studentischen Nationalvereins verknüpft, aus dessen Reihen nicht weniger als 150 Mitglieder der Frankfurter Nationalversammlung von 1848 hervorgingen.
Bei aller personellen Kontinuität der deutschen Nationalbewegung, die sich in solchen Zusammenhängen spiegelt, mussten die Burschenschaften als deren vorerst wichtigster organisatorischer Zusammenhalt ihre öffentliche Agitation bereits 1819 aufgrund der ‚Karlsbader Beschlüsse' einstellen, da ihre Zielsetzung des nationalen Zusammenschlusses aller Deutschen der fürstlichen Restaurationspolitik des Deutschen Bundes entgegenstand.[39]
Das Wartburgfest, von der Jenaer Burschenschaft als Doppeljubiläum konzipiert, sollte zugleich Luthers Reformation und die Völkerschlacht bei Leipzig als nationale Befreiungstaten gegen päpstlichen Ultramontanismus bzw. napoleonische Unterdrückung feiern. Eine Demonstration am Ende des Festes wandte sich mit der Verbrennung von Zopf, Schnürleib und Korporalstock, Symbolen des absolutistischen Heerwesens und Machtapparates, sowie des Code Napoléon und von Schriften reaktionärer Publizisten sowohl gegen französische Hegemonie als gegen das restaurative Wiener

## 9. Die Entstehung moderner Nationalstaaten

System. Dementsprechend war Metternich als dessen Konstrukteur wegen des Wartburgfestes „tief beunruhigt"[40] und reagierte in Absprache mit der preußischen Regierung äußerst hart, als der von Schillerschen Heldenfiguren inspirierte, durch seine Teilnahme am Freiheitskrieg motivierte und die Vorgänge beim Wartburgfest fanatisierte Theologiestudent Sand den Burschenschaftskritiker Kotzebue erdolchte.[41] Die unter Hinzuziehung weiterer Regierungen verabschiedeten und vom Bundestag einstimmig gebilligten Karlsbader Beschlüsse drängten die deutsche Nationalbewegung teils in den Untergrund, teils ins Ausland, zumeist aber auf den Weg praxisorientierter Tätigkeit zur Bewältigung der industriellen Konkurrenz Nordwesteuropas.

Bevor wir diese vorwiegend pragmatischen Bemühungen um die Stärkung des deutschen Gesellschaftssystems nachzeichnen, soll die beschriebene Entstehung der deutschen Nationalbewegung im Sinne unseres theoretischen Ansatzes analysiert werden. – Ganz offensichtlich ist zunächst, dass ein unmittelbarer Zusammenhang besteht zwischen der napoleonischen Fremdherrschaft über große Teile der deutschen Bevölkerung und der gegen die dabei erlittenen Energieverluste ankämpfenden Nationalbewegung. Nicht nur das zeitliche Zusammentreffen beider Erscheinungen lässt dies unzweifelhaft erscheinen, sondern mehr noch der aufgewiesene personelle Zusammenhang zwischen Freiheitskämpfern, Burschenschaft und späterer Nationalversammlung. In die gleiche Richtung weisen schließlich die Parallelen bei der Entstehung anderer Nationen, die – wie oben gezeigt – ebenfalls unter dem Druck verlustreicher Fremdherrschaft entstanden. Wie jene Nationen entwickelte sich auch die deutsche im Nest einer geistigen Bewegung, die bereits im Neuhumanismus der deutschen Klassiker vorsichtig zutage trat, in der Romantik als der ästhetischen Verschlüsselung eines historisierenden und volkstümlichen Einheitsstrebens ihre Stimme erhob, lange Zeit aber eine bloß literarisch akademische Angelegenheit blieb. Die besonders kurze Zeit, in der die junge deutsche Nationalbewegung offen hervortrat – etwa 1813 bis 1819 – erklärt sich auch aus der Tatsache, dass die Führung im Kampf gegen die napoleonische Fremdherrschaft bei aller nationalen Begeisterung und Hilfestellung zahlenmäßig kleiner Gruppen vorwiegend Intellektueller doch letztlich bei den monarchischen Regierungen verblieben war, die dem entsprechend auch die Gestaltung der nachnapoleonischen Ära als ihre Sache betrachten konnten.
Von hier aus erklärt sich weiter, dass Burschenschaften, Turnbewegung und andere patriotische Vereine ihre erste Blüte nicht während, sondern nach den Freiheitskriegen erlebten: Ihr Angriff war nicht nur gegen das na-

## II. Verifizierung

poleonische System und seine Hinterlassenschaft gerichtet, was etwa in der Verbrennung des Code Napoléon auf dem Wartburgfest und dessen Terminierung auf den Jahrestag der Leipziger Völkerschlacht zum Ausdruck gebracht wurde, sondern eben auch gegen römische Kirchenherrschaft, gegen Absolutismus und Restauration. Diese Stoßrichtungen wurden durch die Wahl des Festortes (die Wartburg als Zufluchtsort Luthers vor päpstlich-kaiserlichem Ultramontanismus), des Jahresdatums der Feier (300jähriges Jubiläum des Reformationsbeginns mit Luthers Thesen gegen den Ablasshandel) sowie der den Absolutismus symbolisierenden Brandopfer eindeutig bezeichnet.

Es handelte sich bei der jungen Nationalbewegung eben um eine Fundamentalopposition, die mit der militärischen Besiegung des französischen Gegners nicht zufrieden gestellt war, sondern die „Volksfreiheit" nach wie vor von traditioneller Kirchen- und Fürstenherrschaft bedroht sah.[42] Insofern eine solche bloß tagespolitische Perspektiven überspringende Fundamentalkritik ein besonderes Maß an Kenntnissen, analytischem Scharfblick und Unabhängigkeit voraussetzte, wird auch erklärlich, weshalb die deutsche Nationalbewegung – ganz ähnlich wie die italienische – lange Zeit auf die akademische Ebene beschränkt blieb: Die Ursachen deutscher – bzw. italienischer – Unfreiheit waren wegen der Mehrzahl und Verschiedenartigkeit der jeweiligen Fremdherrschaft so schwer zu durchschauen, dass die Motivierung breiter Volksmassen für den nationalen Freiheitskampf außerhalb akuter Kriegsgefahr oder Ernährungskrise misslingen musste.[43]

Auch wenn der direkte Weg vom akademischen Burschenbund zum Nationalstaat aus solchen Gründen mangelnder politischer Aufklärung breiterer Bevölkerungskreise, außerdem durch monarchische Intervention im Gefolge der Karlsbader Beschlüsse verbaut wurde, so vermittelten die insgeheim weiter betriebenen Burschenschaften und nach und nach wieder zugelassenen Turnerbünde den auf pragmatische Verbesserung der Lebensverhältnisse ausgerichteten Vereinen des deutschen Bürgertums doch durch ihre fortwirkende personelle Verflechtung eine patriotische Grundrichtung, was die Nationalstaatsbildung sozusagen unterirdisch entscheidend vorbereitete. Auch das seit 1819 für alle deutschen Vereine geltende Verbot jeder politischen Tätigkeit konnte nur bewirken, dass es bei diesen zu einer Art Sublimierungsreaktion kam: In den 1820er Jahren verbreiteten sich besonders Kunst-, Konzert-, Gesangs- und gelehrte Vereine[44], in denen – neuhumanistisch oder romantisch verschlüsselt – der deutsche ‚Volksgeist' gepflegt und so die Kulturnation gestärkt, wenn nicht wiedererschaffen wurde. Dies geschah auch gerade in den Erfahrungswissenschaften. So dienten etwa die seit 1822 stattfindenden Versammlungen deutscher Naturforscher und Ärzte zumindest unterschwellig dem von Fritz Schnabel offensiv formulierten Zweck, „den deutschen Geist zu sammeln, die nationalen Wünsche und die politische Einheit zu fördern".[45] Ähnlich hatte die von Barthold Georg Niebuhr methodisch neu begründete Geschichtswissenschaft neben ihrer philologisch-kritischen zugleich eine politische Dimension, insofern Niebuhr die Entwicklung des römischen Staats als Modell für die des preußischen interpretierte und so zum ersten theoretischen Vertreter einer ‚deutschen Mission' Preußens wurde.[46] Eine ähnliche Leitfunktion verlieh Friedrich Carl von Savigny dem römischen Recht für die Entwicklung des deutschen Rechtswesens, das er im übrigen aus dem deutschen Volksgeist abzuleiten suchte.[47] Indem Savigny mit seiner historisch-genetischen Betrachtungsweise des Rechts Juristen wie Thibaut, Schmid und Gönner entgegentrat, die einen gesamtdeutschen von fremdem Recht völlig befreiten Gesetzeskodex befürworteten, wurde er – ähnlich wie Niebuhr – für den preußischen Staat in dessen Restaurationsperiode eher akzeptabel als jene extrem nationalistischen Rechtsgelehrten und dadurch als Justizminister von 1842 bis 1848 auch einflussreich. – Kulturpflegende und wissenschaftliche Vereinigungen wie die neue ‚Historische Schule' praktizierten oder veranschaulichten somit organische Entwicklung als Prinzip der deutschen Nationalstaatsbildung, die wegen ihrer beschriebenen Hypotheken im Hau-Ruck-Verfahren einer Revolution nicht zu verwirklichen war.

Gemeinsames geistiges Zentrum der im Zeitalter der Restauration in diesem Sinne fortschrittlichen Kultur- und Wissenschaftspflege war, wie bereits mehrfach angedeutet, die Romantik, die schon zur Zeit der napoleonischen Fremdherrschaft zur Kaschierung des nationalen Freiheitswillens gedient hatte, bevor sie in der Restaurationszeit zu einer stärker verschlüsselten Blüte kam und dem entsprechend von der Literaturwissenschaft in eine Früh- und eine Spätphase aufgegliedert wird.

Die um die Jahrhundertwende zu datierende Frühromantik hatte ihren gemeinsamen Nenner darin gefunden, möglichst viele kulturelle Austauschbeschränkungen zu beseitigen. Dies galt für die programmatische Überwindung von literarischen Gattungsgrenzen in der ‚Universalpoesie' des romantischen Romans, welcher der neuen Geistesbewegung ihren Namen gab, es galt für die versuchte Verfahrenseinheit dichterischer und wissenschaftlicher Erkenntnis vor allem durch Novalis, der auf diese Weise auch die von Kant so gründlich gezogene Grenze zur Metaphysik meinte überwinden zu können.[48] Aber auch das im Kreis der Jenaer, später der Heidelberger Romantiker vollzogene geistig-ästhetisch-erotische Gruppenleben brach auf extreme Weise mit den Normen – und das heißt Austauschbeschränkungen – traditioneller Sitte und Moral. Diese auf völlige Freiset-

II. Verifizierung

zung des Individuums aus künstlerischen, philosophischen und moralischen Traditionen angelegte Bewegung wurde mit dem Beginn der napoleonischen Hegemonialpolitik gegenüber Deutschland deutlich nationalisiert. Das zeigte sich zum einen in dem auf die Vergangenheit der deutschen Sprache, Dichtung und Geschichte gerichteten Interesse und der damit verbundenen Erforschung und Erweckung des deutschen ‚Volksgeistes'.
Dies war auch der erklärte Zweck der Sammlung „alter deutscher Lieder", die Clemens Brentano und Achim von Arnim zwischen 1806 und 1808 in dem dreibändigen Sammelwerk „Des Knaben Wunderhorn" herausgaben und das die politische Lyrik der Freiheitskriege nachhaltig beeinflusste.[49] Regeneration der Volkspoesie, wie sie auch in den berühmten Märchen- und Sagensammlungen der Gebrüder Grimm 1812 – 1818 versucht wurde, die später noch das Riesenprojekt eines deutschen Wörterbuchs mit literarischen Nachweisen jedes wichtigeren deutschen Wortes begannen, bezweckte und bewirkte bei der raschen Verbreitung dieser und anderer Sammlungen die Wiederherstellung und Stärkung einer deutschen Kulturnation angesichts des politischen Untergangs des ‚Heiligen römischen Reiches deutscher Nation'. Die intensivierte kulturelle Kommunikation – energetisch gesprochen: die Verdichtung des informativen Energieaustauschs – wie sie in der Überwindung kultureller Austauschbeschränkungen, in partnerschaftlicher Kooperation bei der Zusammenstellung der erwähnten Sammlungen, in der durch diese bewirkten Zusammenführung von Volks- und Kunstpoesie mit dem Ziel einer durchgehenden Verständigung aller Deutschen betrieben und zunehmend zustande gebracht wurde, ist mithin als erste deutliche Reaktion eines Gesellschaftssystems zu verstehen, das zur Erhaltung seiner Existenz den dafür notwendigen Energieaustausch, der auf wirtschaftlichem und politischem Gebiet durch das napoleonische Herrschaftssystem fremdbestimmt und ausgebeutet wurde, gegensteuernd wenigstens im kulturellen Bereich durch vermehrten Austausch energetisch belebte.
Dieser Zusammenhang trat erneut in der sogenannten Rheinkrise des Jahres 1840 zutage, als die französische Regierung nach dem Scheitern ihrer gegen das Osmanische Reich gerichteten Nahostpolitik nach einem kompensatorischen Erfolg durch die Erlangung der ‚natürlichen' Rheingrenze suchte und mit entsprechender Aufrüstung und Pressekampagne auf deutscher Seite schwerste Befürchtungen eines bevorstehenden Angriffs auf linksrheinische deutsche Gebiete auslöste.[50] Anstelle des schwerfälligen Deutschen Bundes, der unter Metternichs Führung jeden Krieg zwischen Monarchen der Heiligen Allianz zu vermeiden suchte, entlud sich in Deutschland das sozialpsychologische Phänomen der ‚Rheinlied-Bewegung', die von einem

## 9. Die Entstehung moderner Nationalstaaten

Lied des sonst unbekannten Hilfsgerichtsschreibers Nikolas Becker, also einem wahren Volksdichter ausgelöst wurde, der sich mit seinem „Der deutsche Rhein" überschriebenen Gedicht aggressiv gegen die französischen Absichten stellte. In Strophen wie

> Sie sollen ihn nicht haben,
> Den freien deutschen Rhein,
> Ob sie wie gier'ge Raben
> Sich heiser danach schrei'n.

oder:

> Sie sollen ihn nicht haben,
> Den freien deutschen Rhein,
> Bis seine Flut begraben
> Des letzten Mann's Gebein!

vermochte der Autor die gesamte deutsche Öffentlichkeit zu elektrisieren, indem das Gedicht in sämtlichen deutschen Zeitungen nachgedruckt, durch Hunderte von Musikern, darunter Robert Schumann, Konradin Kreutzer und Heinrich Marschner vertont und von so gut wie allen Gesangsvereinen intoniert wurde. Außerdem regte es „eine Flut weiterer nationaler Dichtungen und Gesänge" an, darunter Max Schneckenburgers ‚Wacht am Rhein' und Hoffmann von Fallerslebens ‚Deutschlandlied'.[51]

Es kann keinen Zweifel geben, dass die französische Kriegsgefahr, die Erinnerungen an die für viele Deutsche energetisch so verlustreiche Herrschaft Napoleons wecken musste, diese massenhafte Solidarisierung mit Gedanken und Worten eines einfachen Mannes bewirkte, der zum – notfalls bis zum Tod aufopferungsvollen – Widerstand gegen neue Verluste Deutschlands in Form linksrheinischer deutscher Provinzen und des Rheins als des damals wichtigsten deutschen Verkehrswegs aufrief und damit die Deutschen erstmals zu einer sich unmissverständlich bekennenden politischen Nation werden ließ. In diesem Fall war es also drohender – von gleicher Seite aber auch schon erfahrener – Energieverlust, der mit der Transferierung des bloß kulturellen in den politischen Nationalismus der Deutschen eine wichtige geschichtliche Neuerung hervorbrachte, wie es unsere Grundthese besagt. Die massenhafte Verbreitung, Vertonung und Intonierung des Rheinliedes in ganz Deutschland veranschaulicht zugleich nationale Gesellschaftsbildung als – im Wortsinn – Übereinstimmung der das Lied singenden, vertonenden und publizierenden Deutschen in dialogischem Echo mit dem, der das richtige Wort zur rechten Zeit gefunden hat-

## II. Verifizierung

te. Es handelt sich hier also um informativen Energieaustausch zwischen dem die ‚Losung' ausgebenden Autor und den ihm durch Wiederholung zustimmenden Massen, die dadurch zu einer entschlossenen Verteidigungsgemeinschaft gegen das drohende Frankreich wurden und deren Aufopferungsbereitschaft bis zum „letzten Mann" die Bereitschaft zur Hergabe aller persönlichen Kampf-Energie für das gemeinsame Vaterland bekundete.

### b) Sozioökonomische Formen deutscher Gegenreaktion gegen Fremdherrschaft

Stellte also die romantische Bewegung eine kulturelle, schließlich auch ins Politische ausgreifende Reaktion auf einst erfahrene und nun wieder drohende militärisch durchgesetzte energetisch verlustreiche Fremdherrschaft dar, entwickelten die Deutschen gegenüber der nach Beseitigung der napoleonischen Kontinentalsperre wieder voll zum Zuge kommenden britischen Handelsoffensive auch andere Formen gesellschaftlicher Gegenwehr. Fast immer waren diese auf Verbesserung der physischen Energiebilanz der Bevölkerung angelegt und deshalb vorwiegend im ökonomischen Bereich angesiedelt. Dass es sich dabei tatsächlich um Gegenreaktionen vor allem gegen die Überlegenheit der britischen Wirtschaftsmacht handelte, zeigt sich an der nahezu durchgehenden Orientierung am britischen Vorbild.

Der erste Schritt ins deutsche Maschinenzeitalter war noch von Friedrich dem Großen eingeleitet worden, der zur Wiederaufnahme des Blei- und Silberbergbaus im schlesischen Tarnowitz eine Dampfmaschine aus England kommen ließ, mit der die abgesoffenen Bergwerksschächte leergepumpt und wasserfrei gehalten wurden. Diesem erfolgreichen Einsatz der neuen Technik im Jahr 1788 folgte bald der Nachbau von Dampfmaschinen auf preußischem Boden, wo in Gleiwitz unter der technischen Leitung des Schotten John Baildon bis 1825 mehr als 50 Dampfmaschinen gebaut wurden.[52] Diese staatlich gelenkte Aneignung britischer Industrietechnik regte bald private Nachahmung an: Der Zimmermeister Franz Dinnendahl tat sich bei der Montage einer der Gleiwitzer Dampfmaschinen auf der Zeche Vollmond bei Langendreer im Jahre 1801 so verdienstvoll hervor, dass er den Auftrag für den eigenen Nachbau einer Dampfmaschine erhielt. Unter unendlichen Mühen – die notwendigen Schmiede- und Blechbearbeitungstechniken musste er sich nach eigenem Zeugnis erst aneignen, eine Zylinderbohrmaschine selbst entwickeln und bauen – gelang ihm die zufriedenstellende Abwicklung des Auftrags und anschließend der Aufbau der im Ruhrgebiet zunächst führenden Dampfmaschinenproduktion.[53]

9. Die Entstehung moderner Nationalstaaten

Einen ähnlich harten Weg gingen Friedrich und Alfred Krupp, um dem Geheimnis des englischen Gussstahls auf die Spur zu kommen.[54] Während ersterer das ansehnliche auf ihn gekommene Familienvermögen in einer Vielzahl misslungener Versuche zur Herstellung eines größeren Gussstahlblocks ruinierte, gelang seinem ältesten Sohn Alfred, der 14jährig die Betriebsleitung von seinem früh verstorbenen Vater übernahm, nur dadurch der ersehnte Erfolg, dass er, nach eigenem Zeugnis „Prokurist, Korrespondent, Kassierer, Schmied, Schmelzer, Koksklopfer, Nachtwächter und sonst noch viel dergleichen" in einer Person, eine geradezu unglaubliche Arbeitsleistung vollbrachte, um die richtigen Ansätze seines Vaters in großbetriebliche Produktion zu überführen.[55]
Einen anderen Weg zur Aneignung englischer Technik gingen Industriepioniere wie Friedrich Harkort oder Eberhard Hoesch. Letzterer reiste nach England, um unter Lebensgefahr – Industriespionage wurde dort mit der Todesstrafe bedroht – das englische Puddelverfahren zur verbesserten Rohstahlgewinnung zu erkunden und für das eigene Unternehmen zu nutzen, das nur so der britischen Konkurrenz standzuhalten vermochte.[56] Hoesch warb zu diesem Zweck auch englische Facharbeiter an, die ihm für die Modernisierung des eigenen Hüttenbetriebs unerlässlich schienen. Auf eben diese Weise suchte auch Friedrich Harkort seine ‚Mechanische Werkstatt' in Wetter an der Ruhr aufzubauen, obwohl „der Übermuth und die Völlerei der Ausländer" innerbetriebliche Probleme mit sich brachten.[57]
Harkort, einer der vielseitigsten Anreger der Industrialisierung des Ruhrgebiets, besaß neben seinem technischen Innovationsgeist zugleich den theoretischen Durchblick auf die strategisch-politische Dimension des Maschinenwesens. Als Lehrling in einem Barmer Textilgeschäft hatte er früh die britische Überlegenheit gerade in diesem Wirtschaftssektor kennen gelernt, als Kriegsteilnehmer von 1815 war ihm der Kampf um die deutsche Unabhängigkeit zum politischen Hauptziel geworden, und so schien ihm nach dem Krieg die Gründung einer „Maschinenfabrik nach englischem Muster" das rechte Mittel, „um die Engländer aus Deutschland und von dem Kontinent zu vertreiben".[58]
In ähnlichen Bahnen dachte der seit der Reformzeit für die Gewerbeförderung in Preußen zuständige Staatsrat Peter Beuth, der es mit großem Geschick verstand, die vielfältigen privaten Initiativen zur Entwicklung einer leistungsfähigen preußischen Industrie mit den geringen staatlichen Mitteln, die das verschuldete Preußen dafür aufbringen konnte, zu gegenseitiger Anregung und Förderung zu veranlassen. Seine dafür eingesetzten organisatorischen Mittel waren das ‚Gewerbeinstitut', die ‚Technische Deputation für das Gewerbe' und der ‚Verein zur Förderung des Gewerbefleißes

## II. Verifizierung

in Preußen'. Wurde ersteres der Ausgangspunkt des technischen Instruktions- und Schulwesens im preußischen Staat, so handelte es sich bei der Technischen Deputation um ein Sachverständigengremium aus Beamten und Bürgern, das eine möglichst effektive Verwendung der geringen staatlichen Mittel für die Förderung von Gewerbe und Industrie gewährleisten sollte. Wichtig wurde die ‚Deputation' auch für die Entwicklung des preußischen (und schließlich deutschen) Patentschutzes, indem sie auf Neuheit vorprüfte. Ein staatlicher Patentschutz, wie er in England bereits seit 1623 bestand, war für die Beuthsche Konzeption der Gewerbeförderung auch deshalb notwendig, weil deren dritte Säule, der ‚Gewerbeverein' gerade die Weitergabe von Fabrikgeheimnissen unterhalb der Patentwürdigkeit anregen und durch entsprechende Publikationen, Förderpreise usf. institutionalisieren sollte. Gegenseitige Anregung der preußischen Gewerbetreibenden zur Steigerung der Warenausfuhr sah Beuth, wie er es bei der Gründung des Gewerbevereins im Jahre 1821 ausdrückte, als „Bürgerpflicht", insofern eine konkurrenzfähige inländische Wirtschaft „viele Tausende unserer Mitbürger erhält". Insofern entspreche gewerbliche Absatzsteigerung auf Auslandsmärkten nicht nur dem Gebot der „Liebe für uns selbst", sondern auch der „für unsere näheren und ferneren Mitbürger, für das Vaterland".[59]

Die Beuthsche Industriepolitik – das wird in einer so patriotischen Wendung deutlich – stellte sich klar in die Tradition der nationalen Befreiungsbewegung, sah das technisch-ökonomisch so überlegene Britannien also als Hauptgegner an, von dessen Herrschaft man sich durch technische Verbesserungen befreien müsse. Dass er dies vor allem durch Nachahmung des zu bekämpfenden Konkurrenten zu erreichen hoffte, dem man seinen technischen Vorsprung möglichst rasch nehmen müsse, zeigt seine durchaus illegale Beschaffungsmethode für neuartige englische Maschinen, die einem Exportverbot unterlagen. Beuth verstand es immer wieder, die begehrten Modelle in England aufzukaufen, in Einzelteile zerlegen und – entsprechend getarnt – über verschiedene Häfen nach Deutschland transportieren zu lassen. Damit sie in Preußen die gewünschte innovative Breitenwirkung erzielten, wurden die wichtigsten Maschinen zunächst in Harkorts ‚Mechanischer Werkstätte' zusammengebaut und ausgestellt, die damit die Funktion des ‚Gewerbeinstituts' für das Ruhrgebiet und das Rheinland übernahm. Nach Erprobung, manchmal auch Nachbau kamen sie zur Berliner Zentrale, wo sie je nach Bedarf nachgebaut, an interessierte Fabrikanten verliehen, weiterverkauft oder auch verschenkt wurden, wenn diese sich nur verpflichteten, sie jederzeit anderen preußischen Industriellen zur Besichtigung freizugeben.[60]

## 9. Die Entstehung moderner Nationalstaaten

Die „Aufmunterung zur Industrie", die Beuth auf diese Weise betrieb, lief eindeutig auf eine systematische, staatlich finanzierte und organisierte Industriespionage beim britischen Kontrahenten hinaus. Wertungsfrei ließe sich auch sagen: auf eine möglichst rasche Angleichung des preußischen Energieumsatzsystems an das britische, und zwar nicht nur im Bereich der gewerblichen Produktion, sondern – wie der der englischen ‚Society of Arts' nachgebildete Gewerbeverein zeigt – auch für den der innovativen Zusammenarbeit von Staat und privaten Unternehmern. Gerade deren im Gewerbeverein angeregte gegenseitige Information über technische und organisatorische Neuerungen und Verbesserungen, die schon bald ökonomische Erfolge zeitigte, ist ein handfester Beleg für den Energiegewinn, den beide Partner eines freiwilligen Tauschs, hier des Austauschs von Informationen im Sinne des reziproken Energiegewinns realisieren, wenn sie empfangene Informationen produktionsfördernd umsetzen.

### c) Gegenreaktionen gegen fremdherrschaftlichen Energieentzug im Bereich von Handel, Verkehr und Finanzwesen

Im genannten Bereich versuchte sich besonders der Tübinger Staatsrechtsprofessor Friedrich List um die deutsche Sache verdient zu machen, indem er federführend die Ziele des ‚Deutschen Handels- und Gewerbs-Vereins' propagierte, welcher, 1819 in Frankfurt am Main von Kaufleuten und Fabrikanten gegründet, einen vor den britischen Billigimporten geschützten, im Innern aber zollfreien nationalen Markt forderte.[61] Allerdings vermochte Lists Rundreise bei deutschen Fürsten keine zollpolitischen Initiativen beim Bundestag in Gang zu setzen, und weil er schließlich als Abgeordneter im württembergischen Landtag für seine Ideen kämpfte, wurde er aus seinem akademischen Amt entlassen und zur Emigration gezwungen.
Wenn es trotzdem auf zollpolitischem Gebiet zu einer quasi-nationalen Einigung kam, dann nicht durch weitere Aktivitäten der gesellschaftlichen Basis, sondern durch Zusammenschluss von deutschen Bundesstaaten im Deutschen Zollverein. Dieses Ergebnis war insofern überraschend, als mit dessen Vereinsstatus eine liberale, ja – vom restaurativen Obrigkeitsstaat her gesehen – bürgerlich revolutionäre Organisationsform von konservativ-antirevolutionären Staatswesen übernommen wurde. Man kann darin mit Hegel die ‚List der Vernunft' am Werk sehen, zumal, wenn man bedenkt, dass es die absolutistische, vom konservativen Junkertum geprägte preußische Monarchie war, deren Staatsräson an vorderster Stelle zum Zollverein drängte. Eine nüchterne Betrachtung der Bedingungsfaktoren, unter denen

## II. Verifizierung

diese merkwürdige Vereinsbildung zustande kam, löst allerdings ihre organisationsgeschichtliche Widersprüchlichkeit auf.
Der preußische Staat war durch die napoleonische Ära, die Wiener Ordnung und die industrielle Überlegenheit der Briten in eine finanz- und wirtschaftspolitische Zwickmühle geraten, in der folgende z.T. schon erwähnte Umstände besonders schwerwiegend einwirkten: Eine aus Kriegs- und Kriegsfolgekosten resultierende hohe Staatsverschuldung musste abgebaut, dabei aber sowohl das ökonomische Interesse der traditionell staatstragenden Junkerschicht als auch das des neu in den Staat zu integrierenden rheinischen Unternehmertums berücksichtigt werden. Bei der akuten Bedrohung vor allem der inländischen Textilindustrie durch britische Billigimporte[62], musste wenigstens der deutsche Inlandsmarkt von Zollschranken befreit und so für die preußischen Produzenten vergrößert werden, wenn man ihnen schon keinen befriedigenden Schutzzoll zugestand, der den Export- und Konsuminteressen der Junker und Vollbauern widersprochen hätte, außerdem auch den Kreditbedingungen des erwähnten britischen 30-Millionen Kredits für den preußischen Fiskus. Das Ergebnis dieser Konstellation war das Zollgesetz von 1818, das für das verarbeitende Gewerbe außer wegen der sehr niedrigen Importzölle auf Fabrikwaren auch deshalb unbefriedigend bleiben musste, weil Preußen seit 1815 aus zwei getrennten Staatsgebietsteilen bestand, zwischen denen eine zollfreie Verbindung fehlte.
In einem vielzügigen taktischen Vorgehen, in welchem der preußische Finanzminister Friedrich von Motz den Wunsch der mittel- und süddeutschen Staaten nach niedrigen Durchgangszöllen und guten Verkehrsverbindungen zur Nordsee nutzte, gelang es ihm, eine nach und nach wachsende Zahl deutscher Staaten zum Anschluss an das preußische Zollsystem von 1818 zu bewegen, um jene Verbindung herzustellen und so die Entwicklungsbedingungen für das preußische Gewerbe zu verbessern. 1834 war auf diese Weise der größere Teil der mittel- und süddeutschen Staaten im nunmehr ‚Deutscher Zollverein' genannten Wirtschaftsraum zusammengeschlossen. Lange über diesen Zeitpunkt hinaus hielten sich allerdings die nichtpreußischen Küstenländer des Deutschen Bundes abseits, weil der preußische Staat ihnen gegenüber kein zollpolitisches Druckmittel in der Hand hatte.
Die Habsburgermonarchie als damals noch mittelmeerischer Küstenstaat und lange in Opposition gegen die preußischen Zollvereinsaktivitäten, suchte schließlich doch den Anschluss, den aber die preußische Regierung zu verhindern wusste, da sie den Zollverein seit v. Motz auch als machtpolitisches Instrument im Kampf um die Führung in Deutschland begriff. Tatsächlich erlangte Preußen durch den Zollvereinsvertrag des Jahres 1833 eine wirtschaftspolitische Leitfunktion, insofern es im Namen des Zollver-

## 9. Die Entstehung moderner Nationalstaaten

eins Zoll-, Schifffahrts- und auch Handelsverträge mit ausländischen Staaten aushandeln durfte.[63] Da, wie gesagt, das preußische Zollgesetz von 1818 außerdem die Grundlage des Zollvereins bildete, war Preußen nunmehr der Normgeber für den Warenaustausch im Bereich des Vereins, eine Position, die bei dem dramatisch wachsenden Umfang des Warenverkehrs im Zuge der Industrialisierung die allgemeinpolitische Führungsrolle dieses Staates in Deutschland vorprogrammierte. Diese Entwicklung wurde allgemein allerdings erst mit der Einführung und allgemeinen Ausbreitung maschinisierter Massentransportmittel wie der Eisenbahn und der Dampfschifffahrt erkennbar, durch die gerade der kontinentale Warenhandel eine unvorhersehbare Steigerung erfuhr.

Wie wichtig die Eisenbahn als das im 19. Jahrhundert effektivste terrestrische Massenverkehrsmittel darüber hinaus für die Entwicklung des deutschen Nationalstaats werden würde, hat Friedrich List in seiner 1841 erschienenen Schrift über „Das deutsche Eisenbahnsystem" bereits klar erkannt. Er bezeichnet die Eisenbahn dort als „Nationalverteidigungsinstrument", das „Zusammenziehung, Verteilung und Direktion der Nationalstreitkräfte" erleichtere, als „Kulturbeförderungsmittel", das „die Distribution aller Literaturprodukte und aller Erzeugnisse der Künste und Wissenschaften" erleichtere und beschleunige, als „Assekuranzanstalt gegen Teuerung und Hungersnot" und schließlich als „Stärkungsmittel des Nationalgeistes, denn es vernichtet die Übel der Kleinstädterei und des provinziellen Eigendünkels und Vorurteils". Dass gerade Deutschland zu seiner Stärkung ein „Eisenbahnsystem" benötige und aus ihm den größten Nutzen ziehen könne, begründet List folgendermaßen:

> „Durch ihre geographische Lage von allen Seiten fremden Angriffen bloßgestellt und von der Natur nur kärglich mit Kommunikationsmitteln ausgestattet, bedarf keine [Nation] so sehr künstlicher Mittel, um ihre Verteidigungsmittel zu konzentrieren und sie mit Schnelligkeit von einem Grenzpunkt nach dem andern zu werfen".

Und weiter:

> „Ohne Zentralpunkt für Wissenschaft, Kunst, Literatur und Bildung ist erleichterter und schneller Kommunikationsmittel die Kultur nirgends so bedürftig wie in Deutschland, werden die letzteren in dieser Beziehung nirgends so großen Nutzen stiften [...] Durch dieses Verbindungsmittel gelangt Deutschland in den Besitz jener unermeßlicher Vorteile, welche andern Nationen aus ihren großen Nationalhauptstädten erwachsen, ohne die damit verbundenen großen Übelstände; dadurch wird Deutschland der Vorteile des Zentralisationssystems teilhaftig, ohne der Segnungen des Föderativsystems verlustig zu werden."[64]

## II. Verifizierung

Diese in jeder Hinsicht prophetischen Aussagen Lists gewinnen im Rahmen unserer Untersuchung besondere Bedeutung dadurch, dass sie ein Beleg für eine gesellschaftliche Entwicklungstheorie sind, die – im Gegensatz etwa zur marxistischen – durch die nachfolgenden historischen Vorgänge vollkommen verifiziert worden ist. Besonders anschaulich wird dieser Zusammenhang in Lists militärstrategischer Überlegung, der zufolge die deutschen Nation „von allen Seiten fremden Angriffen bloßgestellt", durch die Eisenbahn die Möglichkeit erhalte, „ihre Verteidigungskräfte zu konzentrieren und sie mit Schnelligkeit von einem Grenzpunkt nach dem andern zu werfen". Diese von Moltke sowohl im preußisch-österreichischen wie im deutsch-französischen Krieg erfolgreich in die Realität umgesetzte Strategie hatte bekanntlich eben den von List vorausgesagten Effekt der Verwirklichung des deutschen Nationalstaats mit einer die europäischen Konkurrenten bald überflügelnden militärischen, ökonomischen und kulturellen Leistungsfähigkeit.

Was das „Eisenbahnsystem" betrifft, ist – neben dem militärstrategischen und versorgungstechnischen – zunächst an den von List weniger deutlich herausgestellten ökonomischen Effekt eines leistungsfähigen nationalen Eisenbahnnetzes zu denken. Roger Price hat die relative Abgeschlossenheit ökonomisch autarker Lebensbezirke mit Recht als das ökonomische Hauptkennzeichen des ‚Ancien Régime' bezeichnet, das durch die „railway revolution" erst eigentlich verschwunden sei.[65] Konkretisiert bedeutet dies, dass das zunftmäßig organisierte Handwerk und die überwiegend auf Selbstversorgung eingestellte Landwirtschaft zumeist in räumlich eng abgegrenzten Austauschzirkeln tätig waren, in denen sie insbesondere vor Konkurrenten weitgehend abgeschirmt und deshalb auch nicht zu spektakulären Innovationen gezwungen waren. Diese Situation bestand vor allem in den Regionen, die weder durch Wasserstraßen, Hauptverkehrswege und Küstenhäfen verkehrsmäßig erschlossen waren. Dass sie sich für solche Gegenden nach deren Anschluss an ein weiträumiges Eisenbahnnetz dramatisch ändern musste, liegt auf der Hand: Nunmehr trat der ländliche oder kleinstädtische Handwerker in direkte Konkurrenz zum Manufakturbetrieb oder gar zur Fabrik der bislang fernen Großstadt, ja des Auslands, ebenso wie der an der Versorgung der nahen Stadt verdienende Bauer in die zu rationell bewirtschafteten Gutshöfen auch anderer Landesteile. Soziale Folgen waren der um sich greifende Pauperismus, von dem zunächst entlassene Handwerksgesellen[66], unterbezahlte Heimarbeiter und unterbeschäftigte Tagelöhner[67] betroffen waren, in zweiter Linie aber auch kleinere Handwerksmeister, Kleinbauern und Fabrikarbeiter.[68] Ökonomisch wurde diese ‚Freisetzung' von Arbeitskräften aus ineffektiven Unternehmensformen durch ihre Neueingliederung in effektivere Arbeitsprozesse im Rahmen der Montanindustrie, des Eisenbahnbaus und einer zunehmend kapitalistisch betriebenen Landwirtschaft genutzt, woraus sich die für die Gesamtgesellschaft notwendige Leistungssteigerung ergab. Diese lässt sich für die den Eisenbahnbau vorantreibenden kontinentaleuropäischen Länder sowie die USA in einer mit dem Streckennetz exponentiell wachsenden Roheisenproduktion und Steinkohlenförderung, an der dramatischen Entwicklung des Außenhandels[69], den rasch steigenden Indexzahlen der industriellen Produktion, der volkswirtschaftlichen Gesamtrechnung[70] sowie der sich bessernde Ernährungslage[71] und steigenden Lebenserwartung der Bevölkerung[72] zweifelsfrei ablesen.

Der enge Zusammenhang zwischen dem Ausbau eines Eisenbahnnetzes und der allgemeinen ökonomischen Leistungssteigerung kam nun besonders solchen Staaten zugute, die über genügend Kohle- und Erzvorkommen verfügten, deren schon vor dem Eisenbahnzeitalter entwickelte verkehrsmäßige, politische, gesellschaftliche und kulturelle Austauschsysteme einen raschen Ausbau des Streckennetzes ermöglichten und in denen durch den Eisenbahnbau pro Kilometer Streckenlänge besonders zahlreiche Energieumsetzer an den gesamtgesellschaftlichen Energieaustausch angeschlossen werden konnten. Innerhalb Europas ergab sich für Deutschland die günstigste Kombination dieser Bedingungsfaktoren, wobei die reichen Kohlevorkommen an der Ruhr, der Saar und in Oberschlesien sowie das von List so genannte deutsche „Föderativsystem" mit seinen zahlreichen mittleren und kleineren Städten, aber auch die zentrale Lage Deutschlands in Europa als wichtige Vorteile gegenüber anderen Ländern anzusehen sind.

Die entscheidende Neuerung der Industriellen Revolution gegenüber früheren Industrialisierungsvorgängen war, wie im vorigen Kapitel gezeigt, die produktive Verwendbarkeit der Dampfmaschine, die es erlaubte, körperfremde Energiespeicher riesigen Ausmaßes – die Kohlevorkommen – in mechanisch nutzbare kinetische Energie umzuwandeln. Damit war die vollkommen neue Möglichkeit gegeben, witterungs- und standortunabhängige mechanische Energieumwandler in den Dienst menschlicher Gesellschaften zu stellen und so deren Energieumsatzkapazität gewaltig zu erhöhen. Die in einem Staat förder- und nutzbaren Kohlemengen wurden so zum wesentlichsten Faktor seiner Leistungsfähigkeit, mithin seines Energiepotenzials. Dies bedeutete z.B. für das Königreich Preußen, zu dem die wichtigsten deutschen Steinkohlereviere gehörten, die Erringung der Vorherrschaft über Deutschland in der Auseinandersetzung mit dem territorial und bevöl-

## II. Verifizierung

kerungsmäßig weit größeren, aber kohleärmeren und verkehrsungünstiger gelegenen Habsburgerreich.[73]
Da die vor allem mit Steinkohle produzierte und angetriebene Eisenbahn im föderalistischen Deutschland sehr viele relativ nah beieinander liegende Städte als komplexe, von ihrer geschichtlich gewachsenen Grundstruktur her auf Handel eingestellten Energieumsatzsysteme effektiv miteinander verbinden und ihrer ursprünglichen Marktfunktion zurückgewinnen konnte, brachte sie hier einen das Vorbild England oder den Konkurrenten Frankreich weit hinter sich lassenden energetischen Nutzeffekt hervor, weil sie hier die Anzahl Energiegewinn einbringender reziproker Tauschakte wesentlich rascher vermehrte. Dieser unterschiedliche Nutzeffekt lässt sich am besten an den vergleichbaren Steigerungsraten des jeweiligen Eisenbahnstreckenausbaus ablesen, der in den ersten Jahrzehnten fast ausschließlich privat finanziert und also allein nach ökonomischen Renditegesichtspunkten betrieben wurde.[74] In Großbritannien einschließlich Irlands verlängerte sich die Strecke des Eisenbahnnetzes in dem Jahrzehnt zwischen 1830 und 1840 von 157 auf 2411 km, also um 1536 %. Der mit der britischen Streckenlänge des Jahres 1830 in etwa gleiche Basiswert von 140 Streckenkilometern wurde in Deutschland im Jahre 1838 erreicht. Er steigerte sich in den neun Jahren bis 1847 auf eine Länge von 4306 km, also um 3076 %. Die entsprechende französische Steigerungsrate in den Jahren von 1836 (159 km) bis 1847 (1511 km) betrug lediglich 950 %.[75] Der deutsche Ausbau des Eisenbahnstreckennetzes vollzog sich während vergleichbarer Entwicklungsstadien also doppelt so schnell wie der britische und gut dreimal so rasch wie der französische – ein klares Indiz für den besonders hohen Energiegewinn, den Deutschland aus diesem neuen Austauschmittel bezog.
Da der Eisenbahnbau auch zum entscheidenden Antrieb für die Roheisenproduktion wurde[76], die wiederum das Basismaterial für den gesamten Maschinenbau bereitstellte, ist es ohne weiteres erklärlich, dass Deutschland seine anfangs in der Eisengewinnung überlegenen Konkurrenten Britannien, Frankreich und Belgien noch vor der Jahrhundertwende überholte[77] und damit zur führenden Schwerindustriemacht Europas wurde.

Auf dem Weg dorthin mussten nun aber auch neue gesellschaftliche Organisationsformen geschaffen werden, um einerseits die gewaltigen Investitionsvorhaben im Bereich von Eisenbahnbau, Bergwerken, Hütten, Maschinen- und anderen Fabriken, andererseits die Erhaltung mittlerer und kleinerer Betriebe unter der wachsenden Konkurrenz des Auslands bewerkstelligen zu können. Kennzeichnend für diesen Zusammenhang ist die Entste-

## 9. Die Entstehung moderner Nationalstaaten

hung der ersten deutschen Aktien- und Investitionsbanken.[78] Die schwere Krise, von der das preußische Wirtschaftsleben 1847 erfasst wurde, hatte u.a. das private Bankhaus Schaafhausen in die Zahlungsunfähigkeit getrieben, wodurch sein bedeutendes Klientel von etwa 170 Fabriken mit rund 40 000 Arbeitern gefährdet erschien. Dies vor allem deshalb, weil wegen des allgemeinen Investitionsbedarfs zur Modernisierung der Fabriken und sonstigen Gewerbebetriebe und der restriktiven staatlichen Banken- und Kreditaufsicht allgemeiner Kapitalmangel herrschte.[79] Der seit März 1848 amtierende preußische Finanzminister David Hansemann verhinderte den Zusammenbruch der Schaafhausenschen Privatbank deshalb durch ihre Umwandlung in eine Aktiengesellschaft mit staatlich garantierter Dividende und unter staatlicher Aufsicht. Diese hatte sicherzustellen, dass die Hauptaufgabe des ‚Schaafhausenschen Bankvereins' erfüllt wurde, nämlich die „Kreditvermittlung für die notleidenden Manufakturbetriebe am Rhein".[80] Auf diese Weise hatte das Revolutionsjahr 1848 mit seinem kreditären Energiemangel die erste Aktienbank in Preußen hervorgebracht und unsere Grundthese auch für den ökonomischen Einzelfall bestätigt.

Von staatlicher Lenkung unabhängige Aktienbanken wurden allerdings in Deutschland noch jahrelang nicht zugelassen, so dass der inzwischen aus dem Staatsdienst wieder ausgeschiedene Hansemann 1851 in Berlin eine nicht zulassungspflichtige, auf Mitglieder beschränkte ‚Disconto-Gesellschaft' gründete, um kleineren Gewerbetreibenden Kreditmöglichkeiten zu eröffnen. Durch spätere Statutenänderung wurde die Disconto-Gesellschaft darüber hinaus zu einer der wichtigsten deutschen Geschäftsbanken auch im Industriebereich, die schließlich sogar in der Lage war, die Konsortialführung bei der Finanzierung des deutsch-französischen Kriegs von 1870/71 zu übernehmen[81] und so dem Beispiel der Bank von England zu folgen.

Ebenfalls in Umgehung der restriktiven, die Privatbanken bevorzugenden preußischen Konzessionspraxis gründeten der Kölner Geschäftsmann Gustav Mevissen und der Privatbankier Abraham Oppenheim 1853 eine vom Großherzog von Hessen-Darmstadt genehmigte ‚Bank für Handel und Industrie' in Darmstadt, die den wachsenden Kapitalbedarf der deutschen Industrie decken und so das Kreditgeschäft französischer, belgischer und britischer Kapitalgeber an sich bringen wollte. Der anfänglichen Überlegenheit der nordwesteuropäischen Kreditbanken konnte die ‚Darmstädter Bank' dadurch beggenen, dass sie jegliche, sonst im damaligen Bankgeschäft übliche Spezialisierung überwand und so „die charakteristische Form der deutschen Universalbank" entwickelte.[82] Die damit erreichte Verfügung über Aktienkapital, Industriebeteiligungen, Wertpapiere und Depo-

## II. Verifizierung

siten verschaffte dieser Bank neben ausgebreiteten Informationen über Wirtschaft und Finanzen in ganz Deutschland eine beträchtliche finanzielle Manövriermasse und wichtige Leitfunktion für Geldströme, wie ihr Aufstieg zu einer der deutschen Großbanken ausweist.
Kreditnot und Auslandskonkurrenz hatten so auch im Bereich des monetären Energieaustauschs in Deutschland dazu geführt, dass hier bestehende Beschränkungen und Privilegien umgangen oder durchbrochen, gesellschaftliche Energiereserven in Form von Geldvermögen gesammelt und der Effektivierung der deutschen Wirtschaft dienstbar gemacht wurden. Die damit verbundene Entwicklung des deutschen Bankwesens lässt sich somit ebenfalls als Maßnahme einer Steigerung des innergesellschaftlichen Energieaustauschs zur Abwehr weiterer Energieverluste an das Ausland begreifen, wie sie in der durch wirtschaftliche Überlegenheit vor allem Britanniens bedingten Wirtschaftskrise von 1847/8 sowie dem an ausländische Kreditgeber zu leistenden Kapitaldienst leidvoll in Erscheinung getreten waren.
Auf gleiche Weise ist die Entstehung der mit jeder Wirtschaftskrise sich vermehrenden Produktions-, Einkaufs-, Vertriebs- und Kreditgenossenschaften im Deutschland der zweiten Jahrhunderthälfte zu erklären, die für Arbeiter, Bauern, und kleinere Gewerbetreibende in ihrer Wirksamkeit kaum zu überschätzende Hilfsmittel zu sozialer Sicherung und wirtschaftlicher Entwicklung in der Sphäre der ‚kleinen Leute' darstellten.[83]
Auch die Entwicklung des deutschen Versicherungswesens ist als Gegenreaktion gegen auswärtigen Energieentzug zu identifizieren. „Sie ist das wichtigste Kapitel in jener merkwürdig doppelseitigen Auseinandersetzung mit England, [...] die zum Ziel hatte, den Engländern das Geheimnis ihres Erfolges abzusehen und sie gewissermaßen mit ihren eigenen Waffen zu schlagen, um Deutschland zu lösen aus der wirtschaftlichen Bevormundung." (Schnabel)[84] Zwar gab es in Deutschland seit dem aufgeklärten Absolutismus Brandkassen gegen Gebäudeschäden und bereits seit dem Mittelalter ein verbreitetes Leibrentenwesen für die Alterssicherung. Die moderneren englischen Versicherungsgesellschaften auf Aktienbasis hatten sich aber als leistungsfähiger und vor allem flexibler erwiesen, insofern sie – die Möglichkeiten der Wahrscheinlichkeitsrechnung nutzend – Versicherungsschutz gegen die verschiedenartigsten Risiken anboten – bis hin zu dem der Ehescheidung.[85] So waren etwa Kaufleute, die ihre Warenlager gegen Feuer versichern wollten, auf die Londoner Phönix-Versicherungs-AG angewiesen, deren Monopol in diesem Bereich hohe Prämiensätze erlaubte. Der Gothaer Kaufmann Ernst Wilhelm Arnoldi, der erkannte, wie „die Angst vor Feuerunglück in Deutschland von den Engländern besteuert

404

## 9. Die Entstehung moderner Nationalstaaten

wird", unternahm daher bereits 1819 den erfolgreichen Versuch, „vorerst wenigsten den Handels- und Fabrikantenstand dieser Zinsbarkeit zu entziehen", indem er zusammen mit anderen Kaufleuten eine Feuerversicherung auf Gegenseitigkeit gründete. Das gegenüber den englischen Vorbildern Neue dieser Versicherungsgesellschaft lag darin, dass sie nicht auf Erzielung von Gewinn, sondern allein auf gegenseitige Absicherung der Mitglieder ausgerichtet war, die bei Verlusten bis zum achtfachen Betrag ihrer Prämie – also beschränkt – hafteten, andererseits Überschüsse anteilmäßig zurück erhielten.[86] So konnten die Versicherungskosten extrem niedrig gehalten werden, zumal Mitgliederwerbung und Verwaltungsarbeit von den beteiligten Kaufleuten selbst geleistet wurden. Den Erfolg der ‚Feuerversicherungsbank für den deutschen Handelsstand', die – gemäß ihrem Selbstverständnis als „Nationalanstalt"(Schnabel) – in ganz Deutschland Mitglieder gewann und bereits in den drei ersten Jahren ihres Bestehens die beträchtliche Summe von 45 Millionen Talern zusammenbrachte[87], zeigt, welcher Kostenvorteil gegenüber englischen Versicherungsprämien damit für deutsche Versicherungsnehmer erreicht wurde. Der ‚Mechanismus', mit dem deutsche Kaufleute (und letztlich auch deren Kunden) allein im Versicherungswesen vor weiterem Energieentzug – „Zinsbarkeit", wie Arnoldi es nannte – bewahrt werden konnten, wird an diesem Beispiel besonders durchsichtig: Geregelter gegenseitiger Energieaustausch – hier in der Form von Versicherungsprämien und -leistungen – zwischen den in einer Gesellschaft zusammengetretenen Mitgliedern der deutschen Nation beseitigte entsprechende Gewinne der Londoner Phönix-AG, also den Abzug deutscher Energiereserven in Geldform nach England und beendete so einen Teil der vorher bestehenden ökonomischen Fremdherrschaft.
Dies umso mehr, als die erfolgreiche ‚Gothaer' zur Nachahmung anregte. So folgte 1822/23 in Elberfeld, 1825 in Aachen, 1828 in Stuttgart und 1839 in Köln die Gründung weiterer Feuerversicherungsanstalten. Etwa gleichzeitig entstanden deutsche Transportversicherungen, etwas später Lebens-, Renten- und landwirtschaftliche ‚Assekuranzen' vor allem gegen Hagelschlag und Viehseuchen.[88]
Nicht alle diese Versicherungen beruhten auf dem Prinzip der Gegenseitigkeit, vielmehr fand auch die englische Form der Versicherungs-Aktiengesellschaft Nachahmung, die zusammen mit den auf langfristige Wertsicherung angewiesenen Lebensversicherungen neben den Banken zur zweiten Säule des deutschen Kreditwesens wurden – eine für die rasche Industrialisierung der deutschen Wirtschaft besonders wichtige Entwicklung.

II. Verifizierung

Inwieweit die im ökonomischen Bereich tätigen national motivierten Gesellschaften, Vereine und Genossenschaften, deren vielfältige Förderung und Organisation des geregelten Austausches von Informationen, Waren und Werten, also verschiedenen Formen von Energie, den Durchbruch der maschinellen Industrialisierung in Deutschland erst ermöglichten, dürfte damit deutlich geworden sein. Offen bleibt hingegen die Frage, wie die nationale Bewegung über den kulturellen und wirtschaftlichen Bereich hinaus auch den staatlichen in ihrem Sinne verändern konnte.

### d) Die Transformation der staatlichen Ordnung durch die deutsche Nationalbewegung

Die Entwicklung dorthin verlief nämlich nicht geradlinig und entsprechend leicht erkennbar, sondern im Vor-und-zurück eines schwierigen und schmerzhaften Geburtsvorganges. Die 1848er Revolution als eine der besonders heftigen Wehen haben wir bereits im vorigen Kapitel als eine weite Teile Kontinentaleuropas und auch Deutschlands erfassende Gegenreaktion gegen die britische Freihandelsoffensive der 1840er Jahre identifiziert, die durch Missernten der vorangehenden Jahre akut verschärft worden war. Im Zusammenhang dieses Kapitels muss besonders betont werden, dass die deutsche ‚Märzrevolution' die seit 1819 gewissermaßen getrennten nationalen Bewegungen des kulturellen und des technisch-ökonomischen Bereichs zusammenführte, was ihnen die Möglichkeit verschaffte, das gewünschte Konzept eines deutschen Nationalstaats nun auch auf der politischen Ebene voranzutreiben.

Dies geschah besonders auch in Preußen. Hierzu haben wir bereits in II.8 dargelegt, wie der dortige Eisenbahnbau dazu führte, dass bürgerlichen Unternehmern unter der Hand hoheitliche Funktionen bei Enteignungsverfahren zur Geländebeschaffung und zur Disziplinierung der Streckenarbeiter zugeschoben und sie außerdem im Rahmen der städtischen Armenfürsorge und der staatlichen Anleihepolitik zur Finanzierung der die ostpreußische Kornkammer mit Berlin verbindenden ‚Ostbahn' in einem Maße in Anspruch genommen wurden, das ihre offizielle Beteiligung an staatlichen Normierungsaufgaben immer unausweichlicher werden ließ. Diese wurde endgültig mit der ‚oktroyierten Verfassung' vom Dezember 1848 zugestanden, die dem wohlhabenden Bürgertum über das nachträglich dekretierte Dreiklassenwahlrecht schon bald die Mehrheit im Abgeordnetenhaus verschaffte, womit einerseits eine die ökonomischen Interessen dieser Klasse sichernde, andererseits ihre gesamtstaatliche Verantwortung festschreibende Regelung erreicht war.

## 9. Die Entstehung moderner Nationalstaaten

Anders formuliert heißt dies, dass die durch den Ausbau der Eisenbahn herbeigeführte gesellschaftliche, wirtschaftliche und rechtliche Situation, also ein zur Verhinderung erneuten Nahrungsmangels mit entsprechender Revolutionsgefahr im preußischen Regierungszentrum dienendes Industrialisierungsprojekt – ironischerweise – zu einem revolutionären Umbau der Staatsverfassung geführt hatte, der das wohlhabende Bürgertum – gegen die feudalistischen Interessen des Adels – an der Regelung politischer Probleme in Preußen beteiligte. Die nationale Bewegung war auf diese Weise zumindest mit ihrem gemäßigten ökonomischen Flügel in Form der liberalen Fraktionen des preußischen Abgeordnetenhauses integraler Machtfaktor des preußischen Staates geworden, welchem wiederum nach dem Votum der Paulskirchenversammlung die Verwirklichung des deutschen Nationalstaats zukommen sollte. Bei den Widerständen der monarchischen Spitzen der deutschen Teilstaaten und vor allem der Habsburger gegen eine solche revolutionäre, die einzelstaatlichen Souveränitäten mindernde oder gar aufhebende Entwicklung mussten allerdings neue Energieverluste oder zumindest deren drohende Gefahr für ganz Deutschland auftreten, wenn die Verwirklichung des deutschen Nationalstaats vorankommen sollte.

Die erste dieser Bedrohungen war die in II.8 bereits genannte, von den USA ausgehende Weltwirtschaftskrise der Jahre 1857/58. Die österreichische Regierung versuchte die Folgen dieser Wirtschaftskrise durch einen Anschluss ihres Landes an den deutschen Zollverein aufzufangen, was gleichzeitig ihre Position in der Auseinandersetzung mit Preußen um die Führung in Deutschland verbessern sollte. Die deshalb im Mai 1858 in Gang gebrachte zollpolitische Initiative stieß aber in Österreich selbst auf die Opposition dortiger Großindustrieller, die von der deutschen Konkurrenz und den niedrigen Tarifen des Zollvereins Absatzeinbußen befürchteten.[89] Dies vor allem deshalb, weil innerhalb des Zollvereins gleichzeitig eine handelspolitische Bewegung zugunsten von weiteren Zollsenkungen in Gang kam, die sich September 1858 im ‚Kongreß der Volkswirthe' organisierte. Die ‚Volkswirthe' fanden außer bei den preußischen Liberalen weitere Unterstützung bei der sächsischen Textilindustrie, der west- und mitteldeutschen Maschinenfabrikation sowie den Küsten- und Handelsstädten. Im Jahr 1859 wurde die Handelspolitik zudem vom neu gegründeten ‚Nationalverein' aufgegriffen und zur politischen Aufgabe Preußens erklärt.[90] Der nach dem italienischen Vorbild der ‚Società nazionale' gegründete Nationalverein ließ nach dem ersten großen Erfolg der dortigen Einigungspolitik durch den piemontesischen Ministerpräsiden Cavour gleichzeitig die ‚Mission' Preußens für die Schaffung eines deutschen Nationalstaats pro-

## II. Verifizierung

klamieren. Da der österreichische Kaiser aufgrund von Wirtschaftsenqueten Ende 1859 verfügte, dass der für sein Land geltende Zolltarif bis zum Jahre 1965 „in Kraft zu bleiben habe"[91], Bismarck aber schon 1864 den äußerst liberalen preußisch-französischen Handelsvertrag im Zollverein durchgesetzt hatte[92], war der österreichische Beitritt zum Zollverein weiterhin verbaut und die ‚deutsche Mission' Preußens zumindest wirtschaftspolitisch auf die ‚kleindeutsche' Lösung festgelegt.[93]
Bismarck gelang diese zoll- und damit wirtschaftspolitische Ausgrenzung des österreichischen Rivalen letztlich dadurch, dass er die Übernahme des preußisch-französischen Handelsvertrags durch den Zollverein zu dessen Existenzfrage erklärte, womit er selbst schutzzöllnerische Industrielle und die für einen österreichischen Anschluss votierenden süddeutschen Staaten zum Nachgeben zwang. Denn der Zollverein wurde nach Ausweis der Jahresberichte deutscher Handelskammern und kaufmännischer Korporationen u.a. als „segensreichste Schöpfung des 19. Jahrhunderts" gefeiert, deren Auflösung als nationales Unglück betrachtet worden wäre.[94] Ein solches Urteil galt über den Kreis ökonomisch unmittelbar Interessierter hinaus für die Masse der deutschen Liberalen, vor allem also des Bildungsbürgertums, das in einer parlamentarischen Fortentwicklung des Zollvereins die vorerst einzige Möglichkeit sah, die deutsche Einigung voranzubringen. Hinsichtlich der allgemeinpolitischen Funktion des Zollvereins ergab sich damit weitgehende Deckungsgleichheit zwischen den Vorstellungen des deutschen Liberalismus und denen Bismarcks, der in seiner Baden-Badener Denkschrift von 1861 ebenfalls „eine Vertretung der vereinsstaatlichen Bevölkerung" empfohlen hatte.[95] Er anerkannte damit schon vor seiner Berufung zum preußischen Ministerpräsidenten die nationalliberale Bewegung als verfassungspolitisch zu berücksichtigenden Faktor und möglichen Treibsatz für die kleindeutsche Staatsbildung. Diese Volksbewegung war nun weniger durch den österreichischen Vorstoß auf den Zollverein angeregt worden, sondern mehr durch die Bedrohung, die von der imperialistischen Politik Napoleons III. für Deutschland auszugehen schien.

Der französisch-piemontesische Sieg über Österreich in Oberitalien schien nämlich Frankreich zu erneuter kontinentaleuropäischer Hegemonie zu führen, was nach den noch lebendigen Erfahrungen vom Beginn des Jahrhunderts, die durch die Rheinkrise von 1840 aktualisiert worden waren, besonders für das deutsche Volk die Gefahr erneuter Unterwerfung und Ausbeutung durch den französischen Hegemon mit sich zu bringen drohte. Solche Befürchtungen waren keineswegs abwegig, denn die Parallelen der Innen- und Außenpolitik Napoleons III. mit der seines großen Onkels und Namensvetters mussten auf die nichtfranzösischen Zeitgenossen geradezu beängstigend wirken: Beide Napoleoniden hatten eine Revolution beendet, indem sie einen Teil der dabei durchgesetzten Neuerungen wie Volksheer, Rechtsgleichheit, allgemeines Wahlrecht und Wirtschaftsliberalismus mit dem traditionellen französischen Verwaltungszentralismus und persönlichem Herrschaftsanspruch verbanden, dessen fehlende Legitimität in beiden Fällen mit dem unechten Glanz einer Kaiserkrone überdeckt wurde. Beide gewannen in Italien zu Dank verpflichtete Bundesgenossen durch militärische Befreiung von habsburgischer Herrschaft in einer Situation außenpolitischer Isolierung Frankreichs. Dass dem Schlag gegen Österreich, welches dabei die Lombardei einbüßte, der gegen Deutschland folgen könnte, damit das alte französische Ziel der Rheingrenze doch noch Wirklichkeit würde, was dem auf plebiszitäre Zustimmung im eigenen Land angewiesenen Kaiser eine andauernde Autorität verschafft hätte, war also auf deutscher Seite gewiss keine weltfremde Konstruktion.

Die in Deutschland sowohl als Bedrohung wie auch als Anlass zu nationaler Solidarisierung empfundene außenpolitische Situation ließ hier im Jahre 1859 eine Woge nationaler Aktivitäten hochgehen, die sich in einer Fülle von Sänger-, Turner- und Schützenfesten, wissenschaftlichen Kongressen, den Feiern zum Schillerjubiläum, einer anschwellenden politischen Publizistik und Gründung politischer Organisationen wie des Nationalvereins so unübersehbar artikulierte, dass sogar der österreichische Präsidialgesandte in Frankfurt Veranlassung sah, die schwarz-rot-goldene ‚Nationalflagge' aufziehen zu lassen, was zu Metternichs Zeiten noch als politisches Sakrileg gegolten hätte.[96]

e) Nationale Reaktionen
auf die sicherheitspolitische Bedrohung Deutschlands

Diese unmittelbare nationale Reaktion der deutschen Öffentlichkeit auf die Ereignisse in Italien, die im Rückblick auf die napoleonische Ära für alle politisch denkenden Deutschen ein sicherheitspolitisches Alarmzeichen erster Ordnung sein mussten, bestätigt als Ganzes noch einmal unsere These, dass Nationalismus die – nicht nur im 19. Jahrhundert – typische Verhaltensweise von außen bedrohter Großgesellschaften ist. Es zeigt sich weiter, dass die Art der nationalen Reaktion mit der Art der Bedrohung korrespondiert: In diesem Fall war die von Frankreich ausgehende Gefahr für Deutschland nur vorgestellt, also sozialpsychologischer Natur, was auf deutscher Seite dem entsprechend gedankliche und gefühlmäßige Aktivitäten auslöste, die sämtlich um das Anliegen kreisten, die deutsche Sicher-

## II. Verifizierung

heit vor auswärtigem Angriff zu verbessern und – was zu Recht als gleichbedeutend angesehen wurde – die staatliche Einheit Deutschlands voranzutreiben, um das nationale Energie-Potenzial zu steigern.
Dies war die gemeinsame Basis der öffentlichen Diskussion über den besten Weg zu einem solchen Ziel. Dass diese Diskussion in den verschiedensten Gremien geführt wurde, im Frankfurter Bundestag ebenso wie in einzelstaatlichen deutschen Landtagen, in der Presse, der geschichtswissenschaftlichen Publizistik und in Vereinen, die – wie der National- oder der Reformverein – z.T. aus dieser Diskussion erst hervorgingen, ist schon bemerkenswert genug. Zeigt dies doch, dass die verschiedenartigen Bedrohungen, denen Deutschland besonders im frühen und mittleren 19. Jahrhundert ausgesetzt war, eine reaktionsfähige und reaktionsstarke Öffentlichkeit entwickelt hatten, die im geistig-kulturellen Bereich auf dem Wege informativen Energieaustauschs und damit vielfachen reziproken Energiegewinns im Sinne solidarischen ‚Wehrwillens' gegen auswärtige Bedrohung ein vielgliedriges, aber zusammengehöriges System bildete, eben eine Kulturnation.
Dass diese aber nur im formalen Sinn der gemeinsamen Diskussion und des gemeinsamen Themas eine Einheit bildete, zeigte sich u.a. in den kontroversen Bundesreformvorschlägen, die seit 1859 im Bundestag in dichter Folge vorgelegt wurden, ohne dass sich dieser auf einen hätte einigen können, oder auch darin, dass der Deutsche Nationalverein die Gegengründung des Reformvereins hervorrief, womit neben der kleindeutschen Argumentation auch die ‚großdeutsche' vereinsmäßig institutionalisiert war.
Damit ist der Kernpunkt der Uneinigkeit der nach Einheit strebenden Nation bezeichnet, nämlich der preußisch-österreichische Dualismus. War das im italienischen Krieg geschlagene Österreich verständlicherweise darum bemüht, nach der italienischen nicht auch noch seine deutsche Hegemonialstellung zu verlieren, und blockierte es deshalb die preußischen auf Gleichberechtigung im Bund und Vormachtstellung im Norden zielenden Reformvorschläge, so sperrte sich umgekehrt Preußen gegen jede Vermehrung der Bundeskompetenzen, wie sie neben Österreich auch die Mittelstaaten befürworteten, weil das indirekt die Stellung der österreichischen Präsidialmacht gestärkt hätte, von deren ‚Leitseil' sich Preußen gerade zu lösen versuchte.[97]
Die erwünschte Sicherheit gegenüber der napoleonischen Hegemonialpolitik war also angesichts des innerdeutschen Dualismus von einer in dieser Hinsicht wirksamen Bundesreform nicht zu erwarten. Insofern entsprach es dem gegebenen auch geopolitischen Sachzwang, dass Preußen als der seit 1815 mit der ‚Wacht am Rhein' gegen einen erneuten französischen Expan-

## 9. Die Entstehung moderner Nationalstaaten

sionismus ‚beauftragte' und durch seine Rheinprovinz dazu auch gezwungene Einzelstaat von sich aus eine Stärkung seiner militärischen Kräfte betrieb, um die eigene und damit die gesamtdeutsche Sicherheitslage zu verbessern.

Die Notwendigkeit einer preußischen Heeresvermehrung, die sich, um Zahlen zu nennen, etwa daraus ergab, dass die Differenz zwischen der französischen und der preußischen Heeresstärke von 40 000 im Jahr 1820 auf 200 000 in 1860 angewachsen war, wurde deshalb von den Liberalen im preußischen Abgeordnetenhaus nicht bestritten.[98]

Wenn die Heeresreform in Preußen dennoch zum Anlass eines immer verbissener geführten, schließlich die Staatsordnung erschütternden Streits zwischen ‚Krone' und ‚Parlament' wurde, so aus innenpolitisch-ideologischen Gründen. Der Reformplan des Kronprinzenfreundes Albrecht von Roon enthielt nämlich neben der Vermehrung der jährlich einzuberufenden Rekrutenzahl Wehrpflichtiger von 40 000 auf 63 000 auch eine Zuordnung der drei jüngsten ‚Landwehr'-Jahrgänge zur ‚Linie' des Berufsheers sowie die Beibehaltung der seit 1856 – nach zwischenzeitlicher Verkürzung – wieder eingeführten dreijährigen Dienstzeit für die Wehrpflichtigen. Diese beiden letztgenannten Teile des Reformplans trafen auf den Widerstand der liberalen Mehrheit des Abgeordnetenhauses, weil sie darauf abzielten, das von Scharnhorst 1813/14 bewusst der königlichen Berufsarmee an die Seite gestellte Bürgerheer der ‚Landwehr' zu schwächen und – sie sollte auf Etappen- und Heimatdienst beschränkt werden – auch herabzusetzen, andererseits die königliche Berufsarmee der ‚Linie' und deren gesinnungsmäßig monarchistischen Einfluss auf die jungen Wehrpflichtigen zu verstärken.[99]

Im Kern ging es also um die innenpolitische Machtverteilung zwischen König und Bürgertum. Diese war nun zwar seit der Reformzeit vom Anfang des Jahrhunderts das im Gezeitenwechsel von Reform und Restauration, Revolution und Reaktion bleibende Dauerthema der Innenpolitik nicht nur des preußischen Staats gewesen und insofern nichts umstürzend Neues; seine besondere Zuspitzung hatte dieser Positionskampf aber seit der 1848er Revolution durch drei Tatsachen erfahren, die aus der Sicht der Krone und der Konservativen ein äußerstes Maß an Unnachsichtigkeit bei der Durchsetzung der Roonschen Heeresreform notwendig erscheinen ließ. Die erste dieser Tatsachen sah man in – sehr vereinzelt vorgefallenen – Meutereien von Landwehrverbänden gegen ihren Einsatz bei der Niederschlagung der Revolution von 1848, was dem ‚Bürgerheer' als ganzem bei den Berufsoffizieren den Ruch der Unzuverlässigkeit, ja den einer potenziellen Revolutionsarmee eingetragen hatte, die man nun nicht ohne ent-

II. Verifizierung

sprechende Sicherungsmaßnahmen durch vermehrte Rekrutierung von Wehrpflichtigen noch vergrößern wollte. Die zweite aus der Sicht der Krone und der Konservativen bedenkliche Tatsache war das durch die Verfassung von 1848 begründete Budgetrecht des Abgeordnetenhauses, das die königliche Kommando- und Organisationsgewalt über das Militär empfindlich einschränkte, gerade wenn es um eine Mehrkosten verursachende Heeresreform ging. Da ein solcher Fall mit der Roonschen Reform erstmalig auftrat, wurde der Krone und ihrer Klientel diese verfassungsmäßige Einschränkung der Verfügungsgewalt über ihr wichtigstes Machtmittel – man darf wohl sagen – erstmals mit Schrecken bewusst.

Und dies vor allem – der dritte Faktor konservativer Beunruhigung –, weil das liberale Bürgertum, bedingt durch wirtschaftlichen Aufstieg und die skizzierte Woge nationalen Engagements seit 1859 spektakuläre Wahlerfolge erzielte, im preußischen Abgeordnetenhaus wie in anderen Landtagen die Konservativen überflügelt hatte und somit seine Bedingungen für die Zustimmung zu Gesetzen und eben auch Haushaltsplänen diktieren konnte. Die wesentlichste und selbst in Kompromissformeln bleibende Bedingung der preußischen Liberalen für ihre Zustimmung zur Roonschen Heeresreform war die Reduzierung der Dienstpflichtzeit auf zwei Jahre. Dadurch sollte zum einen die Wehrungerechtigkeit – von jährlich etwa 180 000 Wehrpflichtigen sollten nach Roons Plan nur 63 000 wirklich eingezogen, die übrigen freigelost werden – wenigstens gemildert, außerdem der konservative Einfluss der ausbildenden Berufsoffiziere auf die jungen Rekruten, also auch die Söhne liberaler Abgeordneter und ihrer Wähler, verringert werden. Zudem betrachteten die Liberalen den Militärdienst von Privatpersonen zu Recht als „die höchste Steuer, welche überhaupt in einem Gesamtposten entrichtet wird" (Gneist), also als eine geldwerte Leistung von Bürgern an den Staat, die schon wegen ihres Steuercharakters parlamentarischer Budgetkontrolle unterworfen sei.[100]

Diese zweifellos sachgerechte Argumentation eines der führenden Liberalen im preußischen Abgeordnetenhaus soll wegen ihrer grundsätzlichen Bedeutung Anlass für eine energetische Zwischenbemerkung sein.

Die Gleichung, die Gneist zwischen Steuerzahlung und Kriegsdienst Wehrpflichtiger aufmacht, bestätigt zum einen unsere Grundauffassung, dass Steuern nichts anderes sind als Äquivalent für Dienstleistungen, im Kriegsfall militärische Kampfleistungen von Bürgern für ihren Staat, die diesem damit ihre im Kampf aufzubringende geistig-moralisch-körperliche Energie zur Verfügung stellen. Wird diese Leistung mit Steuergeldern bei

## 9. Die Entstehung moderner Nationalstaaten

Berufssoldaten ‚eingekauft', bleibt es trotzdem von Bürgern für ihren Staat und sein Fortbestehen aufgebrachte Energie, welche der Staatsführung in Geldform zur Verfügung gestellt wird, damit sie die zum Staat gehörenden Menschen mit bezahlter Wehrkraft beispielsweise vor dem Überfall eines Konkurrenzstaates bestmöglich schützen lassen kann. Der Staatsführung ist damit die Verfügung über die im Militärapparat versammelte und organisierte Kampf- und damit Zerstörungs-Energie größerer Verbände überlassen, d.h. ein erhebliches Energiepotenzial, dessen Einsatz- und Lenkungsbefugnis gewöhnlich als ‚Macht' bezeichnet wird. Wegen ihres Umfangs, ihrer Gefährlichkeit und ihrer für die Existenz des Staats und seiner Einwohner außerordentlichen Wichtigkeit war und ist die Verfügung über dieses Machtmittel vor allem in Kriegszeiten immer ein Politikum erster Ordnung.

War es in Zeiten der mittelalterlichen und auch der absolutistischen Monarchie gar keine Frage, dass dem König dieses in Kriegszeiten wichtigste Machtinstrument des Staates unterstand, so war im nachrevolutionären Verfassungsstaat des 19. Jahrhunderts diese Zuständigkeit nicht mehr ohne weiteres selbstverständlich, weil gerade die Französische Revolution mit ihren Volksheeren deutlich gemacht hatte, wer die staatliche Heeresmacht eigentlich aufbringt, nämlich die in der ‚*Levée en masse'* persönliche Leistung und damit Energie dem Staat zur Verfügung stellenden Bürger, die deshalb auch selbst oder durch von ihnen gewählte Volksvertreter über Organisation, Umfang und Einsatz des Militärwesens bestimmen wollten.
Der preußische Staat befand sich nach der Reformära und der Verfassunggebung von 1848 in einem Zwischenstadium zwischen Absolutismus und Parlamentarismus, in welchem jene Machtkompetenz nicht eindeutig geklärt war, insofern dem König die Leitung der Exekutive und damit des Militärapparats unbestritten zustand, dem – in Herren- und Abgeordnetenhaus geteilten – Parlament dagegen die Bewilligung der dafür benötigten personellen und finanziellen Mittel. Der Fall, dass sich beide Seiten darüber nicht einigen konnten, also gegenseitig blockierten, war in der Verfassung nicht vorgesehen, konnte also in diesem für den Staat existenziell wichtigen Politikbereich zu einer – gerade angesichts der zahlenmäßigen Unterlegenheit des preußischen Heeres gegenüber dem französischen – gefährlichen Untätigkeit führen, was Bismarck mit der schon länger von ihm und anderen so bezeichneten ‚Lückentheorie' thematisiert hatte.[101] Diese ‚Lücke' der preußischen Verfassung, die eine praktikable Vermittlung zwischen Krone und liberal dominiertem Abgeordnetenhaus im Fall von deren unüberbrückbarer Uneinigkeit nicht vorsah, wurde in der Folge vom pragmati-

schen ‚Realpolitiker' Bismarck selbst gefüllt, der – zwischen beiden Seiten agierend und ihr jeweiliges Potenzial nutzend – eine Position des politischen Energieaustauschzentrums aufbaute, die jene Verfassungslücke erfolgreich schloss.

### f) Die Veränderung des preußischen Staats durch Bismarcks Position eines energetischen Machtzentrums

Mit der Berufung Bismarcks zum preußischen Ministerpräsidenten als ultima ratio zur Bewältigung der Staatskrise, welche König Wilhelm I. schon zum Entschluss eigener Abdankung getrieben hatte, wurde diese neue Position personell so ausgestattet, wie es ihre Aufgabenstellung erforderte: Bismarck war ein Politiker, dessen außerordentlich empfindliches Prestigegefühl ein feines Gespür für Machtverhältnisse entwickelt hatte[102] und der bei dem erfolgreichen Versuch, Königsherrschaft und Nationalstaatsbildung miteinander zu vereinbaren, weder die Grundsätze fürstlicher Legitimität noch der Satzung des Deutschen Bundes oder – im Rahmen des preußischen Heereskonflikts – die Bestimmungen der preußischen Verfassung als für ihn zwingend berücksichtigte. Auch von moralischen Gesichtspunkten oder mitmenschlichen Rücksichten ließ er seine Politik nicht bestimmen, wie er selbst mehrfach bekundet hat[103], sondern allein von dem Gesichtspunkt des Macht- also Energiegewinns für den von ihm vertretenen, bei seinem Amtsantritt unter akutem monarchischem und – im Vergleich zum gefürchteten französischen Gegner – militärischem Energiemangel leidenden Staat. Die normenbrechende Rücksichtslosigkeit der Politik Bismarcks, der sich berufen fühlte, diesen Energiemangel mit allen auch unerlaubten Mitteln zu beheben, belegt als neuartiges politisches Phänomen ein weiteres Mal unsere Grundthese von der Innovationskraft akuten Energiemangels und hat dem entsprechend nicht erst seinen Biographen Lothar Gall dazu veranlasst, Bismarck als „weißen Revolutionär" zu bezeichnen.[104]

Bismarck übernahm mit solch utilitaristischer Handlungsweise, dies sei zu seiner ‚Entschuldigung' gesagt, die Methoden der zeitgenössischen Erfahrungswissenschaften ebenso wie die der kapitalistischen Unternehmer, die ebenfalls traditionsbestimmte Vorstellungen, persönliche Rücksichten und überlieferte Regeln außer Acht ließen, sich in ihrem Tun und Denken vielmehr von aktuellen Informationen und deren zukünftiger Verwertbarkeit bestimmen ließen. ‚Realpolitik', ‚Positivismus', ‚Empirismus' und ‚Realismus' bezeichnen als gesellschaftliche Reaktionsweisen also nicht etwa eine erstmalige Beachtung der Realität also solcher, – das Neue in jener nach der Jahrhundertmitte um sich greifenden Denk- und Verhaltensweise lag vielmehr in der revolutionären Mobilisierung und Erweiterung des gesamtgesellschaftlichen Energieaustauschs, der – vor allem mit Hilfe der neuen Kommunikationsmittel wie Eisenbahnen, Telegraphen, Universalbanken, Aktien- und anderen Gesellschaften, Vereinen, Kongressen und stark verbilligten Druckerzeugnissen aller Art – die Informations- und Aktionsmöglichkeiten des Wissenschaftlers, Künstlers, Publizisten und Politikers in ähnlich dramatischer Weise veränderten wie die des Kaufmanns oder Industriellen. Die situationsgerechte, möglichst vielseitige Informationen berücksichtigende Reaktion war und ist das gemeinsame Handlungsmuster der erfolgreichen Lenker industrialisierter Gesellschaften, deren besonderes Kennzeichen in der zunehmenden Komplexität des vielschichtigen und vielgestaltigen Energieaustauschs mit seinen entsprechend gesteigerten Energiegewinnmöglichkeiten liegt.

Eine solche den vervielfältigten Austauschvorgängen der Zeit angepasste Strategie war auf der politischen Ebene am wirkungsvollsten aus einer Position der ‚freien Hand' oder des ‚ehrlichen Maklers' zu realisieren, wie Bismarck sie selbst bezeichnete, einer Position, die Bismarck für seine Person, aber auch für Preußen, den Norddeutschen Bund und schließlich das Deutsche Reich immer aufs Neue herzustellen verstand. Dass ihm das gelang, ist sowohl aus seiner Veranlagung, den Erfahrungen seiner Jugend und seiner gesellschaftlichen Stellung, aber auch der nachrevolutionären Situation in Preußen und Deutschland sowie der gesamteuropäischen Konstellation nach der Jahrhundertmitte zu erklären: So wie Bismarck aus der Verbindung eines konservativ biederen Landjunkers mit einer geistig aufgeschlossenen, liberal gesonnenen Bürgerstochter hervorgegangen war und dementsprechend grobknochigen Konservatismus widerspruchsvoll mit geistiger Vorurteilslosigkeit, starrsinnige Herrschsucht mit liebenswürdiger Konzilianz in sich verband, so hatte er durch sein Studium an der von liberalem englischen Geist bestimmten Universität Göttingen, andererseits durch seinen Berliner Umgang mit Mitgliedern der Hohenzollernfamilie die beiden Welten liberaler Fortschrittlichkeit und monarchischen Konservatismus' bewusst erfahren und sich mit beiden – nicht etwa anpasserisch, sondern eher provozierend seine je andere Wesensart vorzeigend – zu arrangieren gelernt.[105] Damit war er von seinem Wesen, seinen Umgangsformen und seinen vorpolitischen Erfahrungen her besonders geeignet für die Rolle des Arrangeurs zwischen dem preußischen König und dem preußischen Abgeordnetenhaus, zwischen fürstlicher Legitimität und liberalem Nationalismus, ja zwischen den konservativen Mächten des Ostens und den liberalen Nordwesteuropas. Das relati-

## II. Verifizierung

ve Gleichgewicht zwischen diesen Mächten und Instanzen der alten feudalen und der neuen industrialisierten Energieaustauschsysteme für sich und seine Sache nutzend, verstand es Bismarck, einen unverhältnismäßig großen Einfluss nicht nur auf die deutsche, sondern auch die europäische Politik zu gewinnen, indem er letztlich beide Seiten zusammenführte, nachdem er sie zuvor immer wieder gegeneinander ausgespielt hatte, ohne dabei als eigene Partei angreifbar zu werden.

Dies gilt bereits für seine Stellung als preußischer Ministerpräsident, die er im Zusammenspiel mit seinem Freund, dem Kriegsminister von Roon, erst in dem Augenblick entschlossen anstrebte, in dem der König, durch den dauerhaften Widerstand des Abgeordnetenhauses gegen die auch von ihm für notwendig erachtete Heeresreform mürbe gemacht und zur Abdankung bereit, in Bismarcks Berufung das letzte Mittel monarchischer Machterhaltung erblickte, sich aber deshalb, wie Bismarck klar erkannte und später auch offen aussprach, in unweigerliche Abhängigkeit von diesem gebracht hatte.[106] Und indem Bismarck gegen die liberale Mehrheit des Abgeordnetenhauses und unter Bruch des Budgetrechts dieses Hauses die Heeresreform durchsetzte, stabilisierte er eine Lage, in welcher der König gezwungen war, ihm „durch dick und dünn zu folgen", wie er selbst formulierte.[107] Durch die Presse-Verordnung vom Juni 1863, die der Polizei die Möglichkeit in die Hand gab, die oppositionelle Presse mundtot zu machen, und die, nach Auflösung des Landtags erlassen, einen wiederum zumindest macchiavellistischen Umgang mit der Verfassung bedeutete, isolierte Bismarck seinen König noch weiter vom liberalen Bürgertum, außerdem auch von liberal denkenden Adligen wie vor allem dem Kronprinzenpaar und manövrierte ihn so in noch engere Abhängigkeit von sich selbst.[108] Diese wurde weiter durch Bismarcks antikonservative Deutschlandpolitik vervollständigt, in der er den österreichischen Bundesreformvorschlag des Jahres 1863 durch die demokratische Vorbedingung einer aus direkten Wahlen hervorgehenden ‚Nationalvertretung' torpedierte und die Teilnahme seines Königs am Frankfurter Fürstentag durch persönliche Intervention verhinderte, womit die Solidarität der beiden wichtigsten deutschen Monarchen durchbrochen und Wilhelm I. von seinen fürstlichen Standesgenossen in Deutschland wie auch dem konservativ denkenden preußischen Adel isoliert wurde.

Damit hatte Bismarck das verfassungsmäßige Verhältnis zwischen König und Ministerpräsident, das diesem eindeutig die zweite, dienende Position im Staat zuwies, de facto auf den Kopf gestellt. Bismarck führte von nun an, und sein König folgte, immer wieder von seinem Minister überspielt, überredet oder durch dessen Rücktrittsdrohungen erpresst: Gegen den Willen seines Königs steuerte er im deutsch-dänischen Krieg auf die Annexion

## 9. Die Entstehung moderner Nationalstaaten

der Elbherzogtümer zu, wodurch das fürstliche Legitimitätsprinzip durchbrochen wurde; gegen das Widerstreben seines Königs schloss er das befristete Militärbündnis mit Italien zur Vorbereitung des Krieges gegen Österreich, das einen Bruch der deutschen Bundesverfassung darstellte; nur mit dem Köder eines Reformprojekts, das dem begeisterten Soldaten Wilhelm den Oberbefehl über alle norddeutschen Truppen zu verschaffen versprach, vermochte der diesen zum Krieg gegen Österreich zu bewegen[109]; gegen härtesten Widerstand seines Königs setzte Bismarck bekanntlich die Österreich schonenden Friedensbedingungen von Nikolsburg durch; hinter dem Rücken und gegen den ausdrücklichen Willen des Königs betrieb er die Kandidatur des Erbprinzen Leopold von Hohenzollern-Sigmaringen für den spanischen Thron, die einen Konflikt mit Frankreich herbeiführen musste; zum Entsetzen Wilhelms usurpierte er mit Hilfe der ‚Emser Depesche' das königliche Recht der Kriegserklärung, hier gegen Frankreich; wiederum gegen die Wünsche des Königs nötigte er diesen auf die preußische Tradition festgelegten Monarchen zur Annahme der deutschen Kaiserkrone unter dem von ihrem Träger bis zuletzt abgelehnten Titel ‚Deutscher Kaiser'.[110] Bei allen diesen das Prinzip fürstlicher Legitimität oder auch Solidarität durchbrechenden Vorgängen erwies sich Bismarck als „wahrer Herrscher Deutschlands" (E. Eyck).

Die politische Machtstellung, die sich Bismarck auf diese Weise erwarb, wird in ihrer verfassungsrechtlichen Unabhängigkeit erst ganz deutlich, wenn man bedenkt, dass er schon als preußischer Ministerpräsident durch seine zur kleindeutschen Einigung führende Außenpolitik, obwohl sie im preußischen Abgeordnetenhaus oder später im Norddeutschen Reichstag noch nicht einmal zur Debatte gestellt worden war, die große Mehrheit der zur Nationalliberalen Partei zusammengeschlossenen Liberalen für sich und seine Politik gewann, weil durch diese – wenn auch mit illiberalen Mitteln – die Errichtung des deutschen Nationalstaats als Hauptziel der deutschen liberalen Bewegung in greifbare Nähe gerückt worden war. So gelang es Bismarck, von der Mehrheit des preußischen Abgeordnetenhauses nachträgliche ‚Indemnität' (Entschuldigung) für seinen mehrjährigen Verfassungsbruch zu erlangen, ja die Nationalliberalen als Verbündete für seine Frankreichpolitik, bei der Gründung des Deutschen Reiches und im Kulturkampf zu gewinnen.[111]

Besonders aufschlussreich für Bismarcks Strategie, den Freiraum zwischen Krone und Abgeordnetenhaus für die Durchsetzung seiner Politik zu nutzen, ist das Beispiel seiner Frankreichpolitik bis zum Ausbruch des deutsch-französischen Krieges. Diese verfolgte die beiden, allerdings eng

## II. Verifizierung

miteinander verflochtenen Ziele, Frankreich aus dem Kampf zwischen Preußen und Österreich um die Vorherrschaft in Deutschland herauszuhalten und es zu bewegen, den preußischen Machtzuwachs ohne Kompensationen auf Kosten Deutschlands zu tolerieren. Dies gelang Bismarck, indem er dem französischen Kaiser immer wieder über diplomatische Kanäle mitteilen ließ, dass er einer Ausdehnung Frankreichs auf die wenigstens teilweise französischsprachigen Gebiete links des Rheins, also auf Belgien und Luxemburg, nicht ablehnend gegenüberstehe.[112] Im September 1865, also im Vorfeld des preußisch-österreichischen Krieges, in dem eine französische Intervention besonders akut erschien, ging er sogar soweit, im Falle eines preußischen Sieges über Österreich und die süddeutschen Staaten seine Zustimmung zu französischen Erwerbungen deutschsprachiger Gebiete links des Rheins in Aussicht zu stellen.[113] Alle diese Angebote, mit denen Napoleon III. die Erreichung des alten französischen Ziels der Rheingrenze als Lohn für französisches Stillhalten vorgegaukelt wurde, machte Bismarck wohlbedacht nur im eigenen Namen, der allerdings bei seiner zunehmenden Autorität und unbestrittenen Führungsposition aus französischer Sicht als entscheidend angesehen werden musste. Als der französische Kaiser dem entsprechend nach Abschluss des Prager Friedens seinen, wie er meinte, wohlverdienten Lohn einfordern wollte, indem er Bismarck durch seinen Botschafter Benedetti einen geheimen Bündnisvertrag vorschlagen ließ, der Frankreich seine Grenzen von 1814 und den Erwerb Luxemburgs zusichern sollte, zog sich Bismarck plötzlich hinter seinen Monarchen zurück, indem er Benedetti erklärte, dass diese Forderungen Frankreichs „auf seinen König den allerungünstigsten Eindruck machen würden"[114], womit er diesen diplomatischen Vorstoß abwies.

Eine entsprechende Taktik betrieb Bismarck in der sogenannten Luxemburgkrise des Jahres 1867. Da Napoleon III. auf andere Weise nicht zu dem erhofften außenpolitischen Erfolg in Bezug auf die Rheingrenze gelangen konnte, hatte er mit dem König von Holland, der gleichzeitig Großherzog von Luxemburg war, erfolgversprechende Verhandlungen über den Ankauf des Großherzogtums eingeleitet, deren Abschluss der König aber von der Zustimmung Bismarcks abhängig machte. Diese Zustimmung schien ihm wichtig, da aus der Zeit des Deutschen Bundes, dessen Mitglied Luxemburg gewesen war, dort noch eine Bundesgarnison aus preußischen Truppen stand. Bei der seit dem Prager Frieden und der Gründung des Norddeutschen Bundes gewaltig gewachsenen Machtposition Preußens scheute der König von Holland deshalb militärische Verwicklungen, wenn er Luxemburg gegen den Willen Bismarcks an Frankreich verkaufen würde. Bismarck, der entgegen seinen mehrfachen geheimen Bekundungen an die

## 9. Die Entstehung moderner Nationalstaaten

Adresse Frankreichs durchaus nicht an dem Zustandekommen des Geschäfts interessiert war, dies aber, um gegenüber Napoleon III. glaubwürdig zu bleiben, nicht erkennen lassen durfte, vereinbarte insgeheim mit Rudolf von Bennigsen, dem Fraktionsvorsitzenden der Nationalliberalen Partei, eine Interpellation für den Norddeutschen Reichstag, in der nationaler Widerstand gegen jeden Versuch angekündigt wurde, wenn „Luxemburg, ein deutsches Land, aus dessen Fürstengeschlechtern Kaiser für Deutschland hervorgegangen sind, [...] durch einen solchen Handel Deutschland verloren gehen" sollte.[115] Bismarck konnte nun mit Hinweis auf die nationale Empörung, die sich in Bennigsens Rede spiegelte und auch tatsächlich die deutsche Öffentlichkeit ergriff, seine Zustimmung zum Verkauf Luxemburg verweigern und so das Geschäft vereiteln. Dabei wurde von Bismarck diesmal nicht der König, sondern der Norddeutsche Reichstag als legitimierte Vertretung der deutschen Nation dazu benutzt, um ohne Verlust der eigenen Glaubwürdigkeit die französische Forderung abzuweisen, die er selbst durch seine weiderholten Signale ermuntert hatte. Seine Taktik bei der Ausmanövrierung Napoleons III. aus der deutschen Politik bestand also darin, persönlich Gewinne in Aussicht zu stellen, deren Realisierung verfassungsmäßig in die Kompetenz von Krone und Parlament, die offiziellen Gewalten des konstitutionellen Staates, gehörten, die er in Wirklichkeit aber – gerade in außenpolitischen Angelegenheiten – stets nach seinem Willen lenkte. Er übte insofern also, wie es der Graf von der Goltz und andere treffend bemerkt hatten, eine weder parlamentarische noch monarchische Regierung, sondern eine gegenüber dem jeweiligen Gegner durch Monarch oder Parlament verdeckte Diktatur aus, die sich wegen der dabei benutzten konstitutionellen Gewalten genauer als konstitutionell verdeckte Diktatur bezeichnen ließe. Diese seine Position einer gegenüber äußeren Ansprüchen verdeckten Entscheidungszentrale wurde im Rahmen der Verfassung des Norddeutschen Bundes und später des Deutschen Reichs im Amt des Bundes- bzw. Reichskanzlers institutionalisiert und sicherte Bismarck als dem Amtsinhaber auch auf nationaler und europäischer Ebene die Wirkungsmöglichkeiten, die ihn schon auf den Stühlen des preußischen Ministerpräsidenten und Außenministers zum eigentlichen Machthaber und damit zum energetischen Machtzentrum des Staates hatte werden lassen.[116] Dieser Erfolg, so muss hier noch einmal betont werden, ist nicht, wie eine personalistische Geschichtsschreibung sah, einfach dem ‚Genie' Bismarcks gutzuschreiben, sondern dessen besonderer Eignung für die Nutzung des während seiner Regierungszeit bestehenden relativen Gleichgewichts zwischen agrarischem und nichtagrarischem Energiepotenzial in Deutschland[117], also einer in etwa gleichen Leistungsfähigkeit agrarischer

II. Verifizierung

und industrieller Energieumsatzsysteme, die auf der Ebene der Staatsverfassung eine relative Gleichgewichtigkeit zwischen den beide Systeme repräsentierenden Institutionen ‚Krone' und ‚Parlament' zur Folge hatte. Der ausgewogen duale Charakter des kleindeutschen Gesamtsystems in der Zeit von etwa 1860 bis 1895 war also die eigentliche Voraussetzung für den Aufstieg und die Wirkungsmöglichkeiten Bismarcks. Dass der dieses Gleichgewicht aufgrund seiner Herkunft, seiner Anlagen und seines Werdegangs besonders effektiv zu nutzen verstand, ließ ihn ebenso wie Perikles, die Scipionen, die beiden Pitts oder Cavour zum erfolgreichen Politiker werden, der abtreten musste, als jenes Gleichgewicht zugunsten der mobilen Energieumsetzer verloren ging.

Der vorher erzielte Erfolg Bismarcks und des kleindeutschen Nationalstaats hing außerdem eng zusammen mit der geopolitischen Lage Deutschlands innerhalb Europas und dem Vorgang der europäischen Industrialisierung im 18. und 19. Jahrhundert. Deren von England ausgehende konzentrische Ausbreitung brachte es mit sich, dass nach der vierten kontinentaleuropäischen Gegenreaktion zur Abwehr englischen Energieentzugs im Zusammenhang der 1848er Revolution Deutschland neben seiner geographischen auch eine politisch-verfassungsmäßige Mittelstellung zwischen den parlamentarisch-plebiszitären Industrienationen des europäischen Nordwestens und den absolutistisch regierten Agrarstaaten des Südostens einnahm und zwischen diesen prinzipiell gegnerischen Systemen eine ähnlich große Manövrierfreiheit besaß wie Bismarck zwischen Krone und Parlament. Die Position der entscheidenden Schaltstelle zwischen gegensätzlichen Energieumsatzsystemen, die Bismarck sich zuerst in der Leitung Preußens, dann des Norddeutschen Bundes und schließlich des Deutschen Reichs erringen konnte, war deshalb auch die entscheidende Voraussetzung für die relativ ungestörte Entwicklung des kleindeutschen Nationalstaats zur zentralen europäischen Großmacht. Die personellen und geopolitischen Voraussetzungen für deren Entstehung bedurften allerdings noch des entscheidenden Anstoßes durch handfeste, nicht nur – wie 1859 – potentielle Bedrohungen des deutschen Gesamtsystems von Seiten europäischer Nachbarn, um Realität zu werden.

g) Die Entstehung des Norddeutschen Bundes

Die erste dieser Bedrohungen ging von Deutschlands nördlichem Nachbarn, dem Königreich Dänemark aus. Dieses hatte, wie schon erwähnt, bereits in der 1848er Revolution versucht, die neue landeseigene Verfassung auf das vom dänischen König in Personalunion regierte Herzogtum Schles-

## 9. Die Entstehung moderner Nationalstaaten

wig auszudehnen, was einer Annexion dieses überwiegend von Deutschen bewohnten und aufgrund eines alten Vertrages ‚ewig' zu Holstein gehörigen Landes gleichgekommen wäre. Die damals gegen diese Annexionsabsicht von Preußen ausgeführte militärische Intervention des Deutschen Bundes war von den um ‚Dänemarks Unabhängigkeit' – sprich: um die Freiheit der ‚nordischen Meerengen' des großen und kleinen Belt sowie des Öresund – besorgten Flügelmächten England und Russland mit diplomatischem Druck rückgängig gemacht, das Schleswig-Holstein-Problem unter den betroffenen Staaten im Sinne des ‚status quo ante' in den ‚Londoner Protokollen' von 1852 geregelt worden. Damit fand sich allerdings die sogenannte Eiderdänische Partei nicht ab, sondern setzte 1855 im dänischen Reichstag eine Gesamtstaatsverfassung durch, die dem dänischen Parlament weitgehende Gesetzgebungs- und Finanzzuständigkeiten nicht nur in Schleswig, sondern auch in den ebenfalls vom dänischen König in Personalunion regierten, im Gegensatz zu Schleswig aber zum Deutschen Bund gehörigen Herzogtümern Holstein und Lauenburg einräumte. Diese Verletzung der Bundesakte von 1815 erzeugte eine vielzügige diplomatische Auseinandersetzung zwischen der dänischen Regierung einerseits, dem Deutschen Bund, Österreich und Preußen als dessen Hegemonialmächten auf der anderen Seite.[118] Diese Auseinandersetzung erfuhr nach langem Hin und Her im Jahre 1863 ihre entscheidende Zuspitzung, als der dänische König Friedrich VII., von der Eiderdänischen Partei heftig gedrängt, in seinem ‚Märzpatent' die Einverleibung Schleswigs in den dänischen Staat verkündete, was ihm auf deutscher Seite den Beschluss einer Bundesexekution wegen Bruchs des Bundesrechts eintrug. Die an sich schon verwickelte Rechtslage wurde durch den Tod des kinderlosen dänischen Monarchen im November 1863 und die kontrovers beurteilten Erbfolgerechte verschiedener deutscher Fürstenhäuser weiter kompliziert.[119] Für unsere Betrachtung ist hierbei nur die Tatsache von Belang, dass einer der Prätendenten, der Prinz Friedrich von Sonderburg-Augustenburg die zunehmende Unterstützung der national gestimmten deutschen und auch schleswig-holsteinischen Öffentlichkeit erlangte, während sein Hauptkonkurrent, Prinz Christian von Sonderburg-Glücksburg, durch das zweite Londoner Protokoll, also die tangierten europäischen Großmächte für die Erbfolge vorgesehen war. Diesem ‚Protokollprinzen', der inzwischen die Thronfolge in Dänemark angetreten hatte, gehörte auch die Unterstützung Bismarcks, der durch die formale Einhaltung der Bestimmungen der Londoner Protokolle einer erneuten Intervention der außerdeutschen Großmächte gegen die von ihm längst geplante Einbeziehung der ‚Elbherzogtümer' in den preußischen Machtbereich zu vermeiden hoffte.

## II. Verifizierung

Es kennzeichnet die Kompliziertheit nationaler deutscher Politik – Ergebnis anhaltenden Hineinregierens auswärtiger Mächte in deutsche Angelegenheiten – dass Bismarck als führender deutscher Staatsmann in der Schleswig-Holstein-Frage letztlich dasselbe Ziel verfolgte wie die deutsche Nationalbewegung, nämlich die endgültige Sicherung der nordelbischen Herzogtümer vor dänischen Herrschaftsansprüchen und Angliederungswünschen, mithin die Abwendung unmittelbar drohender Verluste erheblicher deutscher Energiepotenziale in Form dreier Herzogtümer, gleichwohl wegen außenpolitischer Rücksichtnahmen in direkten Gegensatz zur deutschen Nation treten musste, um das gemeinsame Ziel erreichen zu können. Zu diesem Zweck führte er gemeinsam mit Österreich, das sich als Präsidialmacht des Deutschen Bundes notgedrungen engagieren musste und als Mitunterzeichner an die Londoner Protokolle gebunden war, einen „altmodischen Kabinetts- und Koalitionskrieg", mit dem aber „eines der großen nationalpolitischen Ziele von 1848 durchgesetzt" wurde (T. Nipperdey).[120]

Auch dies war – bedingt durch die vertrackte staats- und erbrechtliche Lage – schwierig genug. Österreich und Preußen hatten nämlich vom Bundestag nur den Auftrag zur militärischen ‚Exekution' gegen den dänischen König als Bundesmitglied, also zur militärischen Besetzung seiner zum Bunde gehörigen Herzogtümer Holstein und Lauenburg, gingen aber, um die Bestimmungen der Londoner Protokolle wieder herzustellen, mit der ‚Pfandbesetzung' Schleswigs und schließlich, nach dem Scheitern einer Londoner ‚Mächtekonferenz', die vergeblich eine allseits akzeptierte Teilung Schleswigs nach dem Prinzip einer nationalen Siedlungsgrenze versucht hatte, mit dem Krieg gegen Dänemark über jenes Mandat weit hinaus und erreichten dadurch im Frieden von Wien die dänische Abtretung der Elbherzogtümer, die sie im Oktober 1864 als ‚Kondominium', also als gemeinsames Herrschaftsgebiet übernahmen.[121]

Dass dieses Kondominium nur eine vorläufige Lösung sein konnte und weitere Verwicklungen nach sich ziehen würde, war vorauszusehen und wird uns noch weiter beschäftigen. Vorher ist aber die Frage zu klären, ob der deutsch-dänische Krieg von 1864, wie in der nationalen Geschichtsschreibung meist geschehen, als erster der ‚drei Einigungskriege' und also als einleitender Schritt zur Bildung des kleindeutschen Nationalstaats zutreffend gekennzeichnet ist.

Vom Endergebnis aus betrachtet scheint die Frage müßig. Die Zwischenergebnisse von 1864 (‚Kondominium') und 1866 (Annexion der Elbherzogtümer durch Preußen) ebenso wie das antinationale Vorgehen der beiden deutschen Großmächte lassen hingegen ganz andere Deutungen zu, etwa die bereits zitierte vom „altmodischen Kabinetts- und Koalitionskrieg". Zweifellos war dieser Krieg beides: nationaler Aufstand gegen den ebenfalls von nationalen Kräften des dänischen Nachbarstaats vorgetragenen Herrschaftsanspruch über Teile Deutschlands und der deutschen Bevölkerung, aber auch machtpolitischer Poker der österreichischen wie vor allem der preußischen Regierung, welch letzterer aus diesem Grunde sogar die für ihre militärischen Aktionen benötigte Kreditaufnahme von der so liberal wie national eingestellten Mehrheit des preußischen Abgeordnetenhauses versagt wurde.[122] Zu einem Teil national war der Krieg schon deshalb, weil eine seit 1848/49 nicht mehr so erregte deutsche Öffentlichkeit, in der sich, um nur ein Beispiel zu nennen, mehr als 250 ‚Schleswig-Holstein-Vereine' bildeten, militärisches Handeln forderte und vor allem auch gegen eine französische Intervention abschirmte. Denn die einzige europäische Großmacht, die damals mit Aussicht auf Erfolg eine militärische Intervention zugunsten Dänemarks hätte durchführen können, war das dem Nationalstaatsprinzip huldigende Frankreich Napoleons III., das aber nicht gut gegen eine sich von fremdstaatlicher Herrschaft emanzipierende und dies laut bekundende deutsche Nation vorgehen konnte. – National war der Krieg auch insofern, als er zu jeder Zeit auf die Beseitigung jener Fremdherrschaft gerichtet war und dieses Ziel ja auch erreichte. Und für das weitere Ziel der deutschen Nationalbewegung, nämlich die Überwindung des innerdeutschen Partikularismus, war das österreichisch-preußische Kondominium über die befreiten Herzogtümer sogar vielversprechender als deren Unterstellung unter die Herrschaft des ‚Augustenburgers', wie sie von der nationalen Bewegung hartnäckig gefordert wurde, denn die Etablierung eines neuen Fürstenhauses konnte die deutsche Einigung nur erschweren. Weiter blickende Liberale, zunächst die in größeren zeitlichen Dimensionen denkenden Historiker Mommsen, Droysen, Treitschke und Sybel erkannten dies bald und leiteten dementsprechend bereits 1864 eine Annäherung des nationalliberalen Lagers an die Bismarcksche Politik ein.[123] Antinational war der Krieg auf der anderen Seite insofern, als er von der Rechtsposition der Londoner Protokolle aus geführt wurde, Österreich und Preußen damit also fremdstaatliche Mitverfügungsrechte über Teile Deutschlands und des deutschen Volks anerkannten und die gemeinsame ‚Kriegsbeute' eben nicht, wie es etwa der ‚Deutsche Abgeordnetentag' als Sprachrohr der deutschen Nation Ende 1863 gefordert hatte, an den Augustenburger als deren Treuhänder übergeben hatten. – Dass diese antinationale Form des Krieges unabdingbare Voraussetzung für das Stillhalten der Protokollmächte Britannien und Russland sowie die österreichische Betei-

II. Verifizierung

ligung war, wurde schon gesagt. Die Tatsache, dass die Bismarcksche Politik auf diese Mächte Rücksicht nehmen musste, selbst wo es um vorwiegend innerdeutsche Angelegenheiten ging, zeigt eben die Fortdauer fremdherrschaftlicher Macht über das amorphe politische System des Deutschen Bundes und dessen Mangel an konkurrenzfähiger militärischer und politischer Energie. Wenn zu dessen Überwindung die beiden im Innern miteinander konkurrierenden deutschen Großmächte und überdies die zu ihnen in Opposition stehende deutsche Nationalbewegung in einer sich letztlich erfolgreich ergänzenden Gegenwehr zusammenwirkten, so erweist sich dieser ihr an verschiedenen Fronten und mit verschiedenen Mitteln geführter Krieg als Befreiungs- oder Emanzipationskampf gegenüber mehrseitiger und verschiedenartiger Fremdherrschaft europäischer Mächte über das selbst in diesem Krieg mit gemeinsamem Ziel noch uneinige und nur dadurch relativ schwache Deutschland.

Gerade weil aber die ‚Kooperation' in der Abwehr dänischer Herrschafts- und Gebietsansprüche über Teile Deutschlands so spannungsreich und gänzlich unkoordiniert war, musste für den abzusehenden Fall einer Auseinandersetzung mit einem stärkeren Gegner als Dänemark ein deutscher Misserfolg befürchtet werden. Dem war, wie Bismarck klar erkannte, nur vorzubeugen, indem die durch die modernen Industrienationen des europäischen Nordwestens am ehesten bedrohten nördlichen und westlichen Regionen Deutschlands ihrerseits zu einem wenigstens vorläufigen Nationalstaat zusammengeschlossen wurden, der sich wirtschaftlich und militärisch gegenüber jenen modernisierten Staaten im Konfliktfall würde behaupten können. Hierfür waren vor allem einhellige politische Führung und wirtschaftliche Zusammenarbeit möglichst vieler deutscher Teilstaaten unabdingbare Voraussetzungen. Global gesagt ging es also darum, den im Vergleich zu den europäischen Flügelmächten insbesondere des Nordwestens handgreiflichen deutschen Energiemangel im politisch-militärischen wie auch im wirtschaftlichen Bereich zu überwinden, was innerhalb des vom preußisch-österreichischen Dualismus beherrschten Deutschen Bund undenkbar war. Dieser Dualismus war also zur Überwindung jenes strukturellen deutschen Energiemangels zu überwinden, was Bismarck im wirtschaftlichen Bereich, wie dargestellt, durch Forcierung des Freihandelsvertrages mit Frankreich bereits in die Wege geleitet hatte.
In dem Provisorium des österreichisch-preußischen Kondominiums über Schleswig, Holstein und Lauenburg fand er nun einen weiteren Angriffspunkt für eine Auseinandersetzung mit Österreich nunmehr um die allgemeinpolitische Hegemonie in Norddeutschland als erster Stufe einer klein-

deutschen Nationalstaatsbildung. Nach dem Sturz des leitenden habsburgischen Ministers Rechberg sah Bismarck zudem kaum noch eine Chance für eine konservative Lösung des deutschen Dualismus im Sinne einer vertraglich vereinbarten preußisch-österreichischen Herrschaftsteilung. Er favorisierte deshalb den Weg der Konfrontation und suchte dabei nun das Bündnis mit der nationalen Bewegung.[124]
Gewiss legte Bismarck sich auch hierbei nicht fest, ließ sich vielmehr zwischenzeitlich im ‚Gasteiner Abkommen' auf eine gütliche Teilung der Verwaltungshoheit in den Elbherzogtümern ein, der zufolge Schleswig und Lauenburg preußischer, Holstein österreichischer Verwaltung unterstanden. Alsbald aber torpedierte er diese scheinbar auf Konfliktvermeidung angelegte Regelung. Es ist hier nicht nötig, die Politik der Nadelstiche, die Preußen gegenüber seinem Kondominium-Partner praktizierte, im Einzelnen nachzuzeichnen. Entscheidend war die beim Kontrahenten erzielte Wirkung: Österreich beantragte eine Entscheidung des Bundestages über das weitere Schicksal der Elbherzogtümer, was die preußische Regierung als Bruch des Gasteiner Abkommens interpretierte, dessen Fortfall Preußen nun wieder zur kondominialen Wahrnehmung seines Herrschaftsrechts in Holstein berechtige. Der auf dieser Argumentationsbasis durchgeführte Einmarsch preußischer Truppen nach Holstein war der Anlass für einen Bundesbeschluss zur Mobilmachung des Bundesheeres gegen Preußen.
Trotz aller juristischen Spiegelfechterei, die Bismarck durch den preußischen Gesandten am Bundestag, den oben bereits vorgestellten Rechtsgekehrten Savigny zur Rechtfertigung seiner Schleswig-Holstein-Politik hatte veranstalten lassen, stand Preußen nach einem Mehrheitsbeschluss des Bundestags zu Recht als Friedensstörer da.[125] Um diese vorauszusehende Situation öffentlicher Verurteilung zu entschärfen, hatte Bismarck gleichzeitig mit der gegen Österreich gerichteten Konfrontationspolitik einen Bundesreformvorschlag eingebracht, der die ‚Nationalisierung' des Bundes durch die Einrichtung eines vom Volk gewählten Bundesparlaments vorsah. Eine spätere Präzisierung dieses Reformkonzepts, das den einzelstaatlichen Regierungen unmittelbar vor Ausbruch des Krieges zugestellt wurde, sah überdies die Ausgrenzung Österreichs aus dem neuen deutschen Bundesstaat vor, wodurch die preußische Konfrontationspolitik gegenüber der Habsburgermonarchie gewissermaßen nationalpolitisch gerechtfertigt wurde.
Bei einem Teil der deutschen Regierungen, insbesondere aber der nationalliberalen Bewegung blieb dieser zweite, detailliertere Reformentwurf nicht ohne positives Echo. Vor allem aber stellte Bismarck damit für die von ihm erstrebte Auflösung des Deutschen Bundes ein Auffangbecken für dessen

## II. Verifizierung

im Fall eines preußischen Sieges anfallende Konkursmasse bereit, das den preußischen Interessen und Wünschen entsprach und ein Auseinanderfallen der Nation verhindern sollte. Die preußische Siegeszuversicht im Waffengang gegen den österreichischen Rivalen gründete sich u.a. auf die diplomatische Vorbereitung des Krieges, die zum einen, wie oben dargestellt, einer französischen Intervention vorgebaut hatte, und vor allem ein auf drei Monate befristetes Kriegsbündnis mit Italien einschloss, das dieses für den Fall eines preußischen Krieges zum Angriff auf Österreich verpflichtete, wofür ihm als Siegespreis Venetien zufallen sollte. Durch dieses Bündnis wurde der preußische Hauptgegner in einen Zweifrontenkrieg verwickelt, der von vornherein eine erhebliche Schwächung der gegen Preußen mobilisierbaren österreichischen Militärmacht bedeutete. Diese und andere politische und diplomatische Vorbereitungen des deutschen Krieges sind ein deutliches Indiz dafür, dass Bismarck Preußen durchaus nicht in der Position des sicheren Siegers sah, sondern als mittlere Macht, welche die Hilfe Italiens und die Neutralität Frankreichs sowie der europäischen Flügelmächte benötigte, um gegen die viel größere und bevölkerungsreichere Habsburgermonarchie eine Siegeschance zu haben. Er sah, um es energetisch zu formulieren, Preußen und erst recht den aufzulösenden Deutschen Bund als staatliche Gebilde, denen es an politischem und militärischem Energiepotenzial fehlte, um sich auf der wirtschaftlich und politisch revolutionierten europäischen Bühne dauerhaft behaupten zu können. Er betrachtete die Neugestaltung Deutschlands im Sinne der ‚kleindeutschen' Lösung also als eine machtpolitische Notwendigkeit.

Der schnelle Erfolg der preußischen Armee in der kriegsentscheidenden Schlacht von Königgrätz stellte dem entsprechend für Bismarck selbst wie die meisten Zeitgenossen, insbesondere für den auf einen langen Krieg hoffenden Napoleon III. eine große Überraschung dar. Zu sehr wurde die militärische Stärke noch in direkter Abhängigkeit von der Größe, Bevölkerungs- und Truppenzahl eines Staates gesehen, zu wenig sein Industrialisierungsgrad mit Rückwirkung auf Transportmittel, Informationstechnik, waffentechnische Ausrüstung und Führungsinstrumentarium des Heeres in Rechnung gestellt. Die strategische Nutzung des gut ausgebauten preußischen Eisenbahnnetzes durch den Generalstabschef Helmuth von Moltke im Sinne Friedrich Lists, die Verwendung des Telegraphen zur räumlich und zeitlich koordinierten Lenkung dreier ‚getrennt marschierender' und nach gelungener Umfassung des Gegners ‚vereint schlagender' Armeen, die, mit dem modernen schnellschießenden Zündnadelgewehr ausgerüstet,

## 9. Die Entstehung moderner Nationalstaaten

ihr Zerstörungspotential viel rascher ins Ziel zu bringen vermochten als der österreichische Gegner, waren unmittelbare Konsequenzen des preußischen Industrialisierungsvorsprungs, die sich schlacht- und kriegsentscheidend auswirkten.

Auch die im Vergleich zur Habsburgermonarchie modernere Führungsstruktur des preußischen Militärwesens war mitentscheidend für den Erfolg. Befand sich nämlich Moltkes Gegenspieler Benedek in direkter Abhängigkeit von der absolutistischen Befehlszentrale in Wien, so hatte der preußische Generalstabschef noch kurz vor Kriegsbeginn mit dem Recht des unmittelbaren Vortrags beim König die Möglichkeit der direkten beratenden ‚Lenkung' des obersten Befehlshabers an Kabinett und Hof vorbei gewonnen und übernahm damit – in Parallele zu Bismarck – die Position des „eigentlichen Feldherrn".[126] Das konstitutionelle Prinzip war damit auf den militärischen Bereich ausgedehnt, dem militärischen Fachmann als der Schaltstelle zwischen monarchischer Führungsautorität und industrialisierter Kampfkraft der Nation weitgehend freie Hand gelassen.

Dies war auch für die Substanz der Strategie von grundlegender Bedeutung. Wurde nämlich die konservativ-legitimistische Strategie von feudalistischem Turnier- und Satisfaktionsdenken geprägt, das auf bloßes Kräftemessen zur Aktualisierung der intermonarchischen Hierarchie abzielte, so die moderne Moltkesche, an Clausewitz anschließende Konzeption auf die möglichst vollständige Vernichtung der feindlichen Streitkräfte zur nachhaltigen Minderung des gegnerischen militärischen Energiepotenzials. Eine solche den geschlagenen Monarchen auch innenpolitisch entwaffnende Strategie konnte im 19. Jahrhundert immer zur Revolution führen, war in jedem Fall gegen die Solidarität der Monarchen gerichtet. Sie hatte – gemessen am Metternichschen System – ähnlich wie die Bismarcksche Politik einen normbrechend-revolutionären Charakter.

Diese ihre Qualität bewies letztere aufs Neue bei der Auswertung des preußischen Sieges. Unter Missachtung aller Prinzipien fürstlicher Legitimität setzte Bismarck gegen die Bedenken Wilhelms I. und Zar Alexanders II. die Annexion einer Mehrzahl norddeutscher Staaten durch, die sich im Krieg gegen Preußen gestellt hatten und deren Dynastien nun zur Strafe vom Thron gestoßen wurden. Unter dem Gesichtspunkt von Recht und Gerechtigkeit noch fragwürdiger wurde dies Verfahren, insofern das Königreich Sachsen, obwohl im Krieg österreichischer Parteigänger, von dieser Bestrafung ebenso ausgenommen wurde wie die süddeutschen Staaten.

Bismarck fügte sich dabei den Forderungen sowohl Russlands wie Frankreichs, deren diplomatische Interventionen weitere Belege fortdauernder Fremdherrschaft über das Deutschland der 1860er Jahre darstellen. Beson-

## II. Verifizierung

ders massiv war die französische Einmischung in die innerdeutsche Auseinandersetzung. Napoleon III. schaltete sich unmittelbar nach der Schlacht von Königgrätz als Waffenstillstandsvermittler zwischen Österreich und Preußen ein und stellte diesem gegenüber in zweiseitigen Verhandlungen weitgehende Bedingungen für seine Tolerierung preußischen Machtzuwachses. In der so ausgehandelten ‚Friedensbasis' machte Frankreich seine Zustimmung zur Bildung eines unter Preußens Führung stehenden Staatenbundes von dessen Begrenzung auf Norddeutschland bis zur ‚Mainlinie' abhängig. Darüber hinaus musste Bismarck alle wesentlichen Bestimmungen des preußisch-österreichischen Friedensvertrags vorweg mit der französischen Regierung aushandeln, um eine französische Intervention zu vermeiden.[127]

Nach Abschluss des preußisch-österreichischen Vorfriedens von Nikolsburg erhob Napoleon III. außerdem durch den französischen Botschafter in Preußen, Benedetti, beträchtliche Kompensationsforderungen. Frankreich verlangte dabei von Preußen die Abtretung des Saargebiets sowie die Leistung von Entschädigungen an Bayern, das die Rheinpfalz und an Hessen-Darmstadt, welches das linksrheinische Hessen einschließlich der Festung Mainz an Frankreich abtreten sollten. Weiterhin forderte Napoleon die Lösung Luxemburgs und Limburgs aus dem Deutschen Bund sowie die Aufgabe des preußischen Garnisonrechts in der bisherigen Bundesfestung Luxemburg. – Nach einer vor allem jede Abtretung deutschen Gebiets ablehnenden Antwort Bismarcks erhöhten sich die französischen Forderungen sogar noch, indem sie nun die preußische Einwilligung in eine französische Annexion Luxemburgs und Belgiens einschlossen.

Wir haben oben bereits dargestellt, wie Bismarck in dieser schwierigen Situation, in der – noch war der Prager Frieden mit Österreich nicht abgeschlossen – ein österreichisch-französischer Krieg gegen Preußen durchaus einkalkuliert werden musste, seine Position des inoffiziellen politischen Entscheidungszentrums zwischen Krone und Parlament dazu nutzte, die ablehnende Haltung seines Monarchen als Hindernis einer Übereinkunft aufzubauen. Außerdem gab er der französischen Seite zu verstehen, dass Frankreich durch ein Festhalten an seinen Kompensationsforderungen Preußen zu einer Forcierung der nationalen Einigungspolitik treiben werde. Mit dieser Androhung monarchischen und nationalen Widerstandes versuchte er Napoleons III. Drängen vorerst abzufangen.[128]

Noch entschiedener und offener drohte Bismarck mit der Entfesselung des deutschen Nationalismus, als sich Russland für eine Konferenz der europäischen Großmächte einsetzte, ohne deren Zustimmung die Deutsche Bundesakte als Teil der von ihnen garantierten Wiener Schlussakte nicht aufgehoben werden dürfe. Auch wenn der russische Konferenzplan scheiterte, weil Frankreich, wie gesagt, in der Erwartung großer Erfolge bereits auf eigene Faust aktiv geworden war, zeigte sich doch der preußische König von der legitimistischen Argumentation Alexanders II. gegen die preußischen Annexionen tief beeindruckt und konnte nur durch die geschlossene Haltung seines Kabinetts auf der Linie der Bismarckschen Strategie gehalten werden. Immerhin sah sich auch der preußische Ministerpräsident durch die russische Intervention genötigt, in den Friedensverträgen mit Württemberg und Hessen-Darmstadt wegen der Verwandtschaftsbeziehungen der dort regierenden Dynastien mit dem Zarenhaus deutliche Zugeständnisse zu machen. Insbesondere verzichtete Preußen auf die zunächst beabsichtigte Annexion des nördlich der Mainlinie gelegenen Teils von Hessen-Darmstadt.[129]

Die wesentlich beträchtlicheren Zugeständnisse, die Bismarck dem französischen Kaiser gegenüber einräumen musste, zeigen das Ausmaß der durch Napoleon III. wieder hergestellten französischen Fremdherrschaft über die Deutschen: Ohne diese hätte die kleindeutsche Reichseinigung bereits 1866 und zwar unter Einschluss Luxemburgs und Limburgs vollzogen werden können. Diese Gebiete entgingen schließlich wegen jener Verzögerung der deutschen Reichseinigung, stellen aus deutscher Sicht mithin einen nennenswerten Verlust dar, den französischer Einfluss damals der deutschen Nation zugefügt hat.

Und dies, obwohl Bismarck, wie gesagt, den französischen Kompensationsansprüchen sowohl monarchischen wie nationalen Widerstand entgegenzusetzen drohte, dem russischen dagegen allein – allerdings sehr viel offener – die nationale Revolution, womit er geschickt auf die besonderen Schwächen des jeweiligen Adressaten zielte. Beruhte nämlich das bonapartistische System auf einer Kombination monarchischer und nationaler Legitimitäten, die der französische Kaiser, ohne unglaubwürdig zu werden, nicht gut beim deutschen Nachbarn missachten konnte, so musste beim absolutistischen Zaren die Drohung mit einer nationalen Revolution der Deutschen wegen der damit verbundenen Ansteckungsgefahr für die verschiedenen Nationalitäten des russischen Reichs die nachhaltigste Wirkung erzielen.

Diese Zusammenhänge lassen erkennen, dass Bismarck bei seiner Reichseinigungspolitik gar nicht anders konnte, als im Bündnis mit der nationalen Bewegung zu agieren. Denn hätte er nicht den Bundesreformvorschlag vom Juni 1866 zum konsequent verfolgten Ziel des Krieges gegen Österreich erhoben, wodurch er sich auf gesamtdeutscher Ebene vermittelnd

II. Verifizierung

zwischen Monarchie und Nation stellte, wären seine nach außen gerichteten nationalen Drohungen ohne jede Glaubwürdigkeit und Wirkung geblieben. Die Mittelstellung Deutschlands zwischen den Nationalstaaten des Nordwestens – auch Englands Haltung war natürlich immer von Belang – und den Monarchien des Südostens erzwang auf diese Weise eine aus nationalen und monarchischen Elementen gemischte Staatsform, wie sie auf deutschem Boden in der Verfassung des Norddeutschen Bundes erstmals verwirklicht wurde.

Die Rahmenbedingungen für die Errichtung des Norddeutschen Bundes waren durch die mit Frankreich abgestimmte ‚Friedensbasis', den Nikolsburger Vorfrieden und schließlich den Prager Frieden von 1866 geschaffen worden. In letzterem hatte Österreich dem preußischen Sieger außer einer Kriegskostenentschädigung seine Rechte in den Elbherzogtümern abgetreten, der Auflösung des Deutschen Bundes zugestimmt und Preußen Handlungsfreiheit nördlich der Mainlinie zugestanden. Damit war die Möglichkeit einer kleindeutschen Nationalstaatsbildung, wie sie Bismarcks Bundesreformvorschlag von 1863 als staatsrechtliches Ziel vorgegeben hatte, wenigstens für die deutschen Staaten nördlich der Mainlinie gegen österreichischen, französischen und russischen Widerstand freigekämpft worden. Die den innerdeutschen Energieaustausch vielfach behindernden, das nationale Energiepotenzial dadurch politisch mindernden Institutionen des Deutschen Bundes und der von ihm stabilisierten Kleinstaaterei, deren Erhaltung gerade deshalb den benachbarten Konkurrenzmächten Deutschlands so wichtig war, mussten aus Bismarcks, aber auch aus nationalliberaler Sicht gerade deshalb wenigstens in diesem von auswärtiger Fremdherrschaft befreiten Raum beseitigt werden. Dies war der einzige Weg, den deutschen Mangel an politischer und militärischer Durchsetzungskraft, also an entsprechender Energie zu beheben. Es geschah, bedingt durch den von den Flügelmächten erzwungenen teilweisen Fortbestand des innerdeutschen Partikularismus, in einem mehrstufigen, teilweise verdeckten Prozess, der den energetischen Zusammenhang zwischen anhaltender äußerer Bedrohung und interner austauschfördernder Integrationspolitik aufs Neue veranschaulicht.

Der erste Schritt der Zusammenfassung deutscher Militärmacht unter der Führung des preußischen Königs erfolgte bereits zu Beginn des deutschen Krieges in Form eines preußischen Bündnisangebots an die 19 deutschen Staaten nördlich der Mainlinie, denen Preußen nicht wie den österreichischen Parteigängern Hannover, Sachsen, Kurhessen, Nassau und Frankfurt den Krieg erklärt oder deren Neutralität es anerkannt hatte, wie im Falle

## 9. Die Entstehung moderner Nationalstaaten

Luxemburgs und Limburgs. Das preußische Bündnisangebot enthielt die Garantie der Unabhängigkeit und territorialen Integrität und forderte dafür Mobilisierung der Truppen und deren Unterstellung unter preußischen Oberbefehl sowie Annahme des preußischen Bundesreformplans. Abgesehen von zwei thüringisch-sächsischen Kleinstaaten nahmen alle Adressaten das Bündnisangebot an und folgten dabei „nationaldeutschvaterländischen Motiven, nüchterner Berechnung der Vorteilslage und Unterwerfung unter den preußischen Druck" (E. R. Huber).[130]

In Schleswig, Holstein, Lauenburg sowie den norddeutschen Staaten, die sich im deutschen Krieg auf die österreichische Seite gestellt hatten, übernahm Preußen im Zuge der Besetzung die von preußischen Militärgouverneuren wahrgenommene Befehlsgewalt über die jeweiligen Landestruppen. Dieser zunächst provisorische militärpolitische Anschluss wurde durch Annexion bzw. durch den Anschluss der übrigen norddeutschen Staaten an den Norddeutschen Bund stabilisiert.[131]

Als dritte Gruppe wurden die vier süddeutschen Staaten Württemberg, Baden, Bayern und Hessen-Darmstadt durch Abschluss von sogenannten Schutz- und Trutzbündnissen für den Fall eines von außen kommenden Angriffs auf das Staatsgebiet eines der Vertragspartner zu gegenseitigem Beistand unter dem Oberbefehl des preußischen Königs verpflichtet. Dadurch dass diese Verträge weder befristet noch kündbar waren, installierten sie für den Ernstfall die militärische Führungsgewalt Preußens auch über Süddeutschland. Dass die – vor allem im Fall Bayerns – auf ihre Unabhängigkeit vom preußischen Kriegsgegner des Jahres 1866 so bedachten süddeutschen Staaten überhaupt auf diese mit der ‚Friedensbasis' und dem Nikolsburger Vorfrieden kaum zu vereinbarenden Schutz- und Trutzbündnisse eingingen, ist auf die gemeinsame Furcht vor französischer Bedrohung zurückzuführen. Bismarck hatte, um diese Bedrohung zu konkretisieren, die süddeutschen Verhandlungspartner über die ihm unterbreiteten – vor allem sie betreffenden – französischen Gebietsforderungen unterrichtet, wodurch er ihnen eine gemeinsame Defensivallianz mit dem militärisch so erfolgreichen Preußen plausibel machen konnte.[132] Die Furcht vor dem Verlust wichtiger Energiepotenziale in Form von ‚Land und Leuten' sowie von industriell nutzbaren Energiereserven wie der ebenfalls auf der französischen Wunschliste stehenden Saarkohle hatte so wiederum zu einer Institutionalisierung vermehrten innerdeutschen Energieaustauschs für den Kriegsfall in der Form gegenseitigen militärischen Beistands und letztlich der unmittelbaren Vorbereitung der deutschen Reichseinigung geführt.

Die militärpolitische Integration ‚Kleindeutschlands' ist natürlich nicht in allen ihren drei Phasen als freiwilliger Zusammenschluss von Subsystemen

II. Verifizierung

zu interpretieren, die sich von außerdeutschen Mächten bedroht sahen. Insbesondere die Annexion norddeutscher Staaten erfolgte gegen den Willen nicht nur der dadurch entthronten Herrscher, sondern oft auch weiter Bevölkerungskreise. Berücksichtigt man aber die gesamteuropäische Situation der 1860er Jahre, die gekennzeichnet war von einer rasanten industrietechnischen Entwicklung vor allem der nordwesteuropäischen Nationen, die auf ökonomische, verfassungs- und machtpolitische Weise die deutschen Klein- und Mittelstaaten für eigenen Energiegewinn nutzbar zu machen suchten, so muss die militär-, wirtschafts- und schließlich verfassungspolitische Integration Nord- und Westdeutschlands als objektiv notwendige Gegenwehr gegen sich verstärkenden vielfältigen Energieentzug zu Lasten der großen Mehrheit der deutschen Bevölkerung verstanden werden, auch wenn dabei Partikularinteressen, also Wünsche einzelner Gruppen und Subsysteme, die auf anderen Wegen nach einer für sie günstigen Energiebilanz suchten, übergangen wurden.

Entsprechendes gilt für den ökonomischen Zusammenschluss der kleindeutschen Staaten im Rahmen des Zollvereins, der gleichzeitig mit der militärpolitischen Integration wieder hergestellt wurde. Eine förmliche Neubelebung des Zollvereins war nötig geworden, weil durch den deutschen Krieg die zwischen den Gegnern bestehenden Verträge – also auch der Zollvereinsvertrag – ungültig geworden waren. Bei den Friedensverhandlungen mit den süddeutschen Staaten war der Wiedereintritt in den Zollverein eine der preußischen Bedingungen, während dem Königreich Sachsen, das, wie erwähnt, trotz seiner Gegnerschaft zu Preußen seine Selbständigkeit behielt, der Beitritt zum Norddeutschen Bund und die Wiederaufnahme früherer beiderseitiger Verträge zwangsmäßig auferlegt wurden, also auch die Zollvereinsmitgliedschaft.[133] Für die von Preußen annektierten Gebiete galt dies selbstverständlich ebenso wie für die preußischen Verbündeten, soweit sie überhaupt schon Vereinsmitglieder gewesen waren.

Bismarck beschränkte sich in seiner Zollvereinspolitik aber nicht einfach auf Wiederherstellung des Vorkriegszustandes, vielmehr nutzte er den Verein als ein die Schutz- und Trutzbündnisse ergänzendes Bindeglied zwischen Süd- und Norddeutschland. Dies wurde durch eine tiefgreifende Reform des Zollvereins angestrebt, deren Kernpunkt die Etablierung eines ‚Zollparlaments' war, das als Vertretung der Wirtschaftsnation aus vom Volk gewählten Abgeordneten aller Mitgliedsstaaten bestand. Es war gemeinsam mit dem ‚Zollbundesrat' als der Vertretung der Regierungen für die Gesetzgebung in Zoll- und Handelssachen zuständig, die fortan nach

## 9. Die Entstehung moderner Nationalstaaten

dem Mehrheitsprinzip ohne Vetorecht der Einzelstaaten entschieden wurde. Damit verloren diese ihre wirtschaftspolitische Souveränität und wurden in ihrer Gesamtheit zum ökonomischen Nationalstaat. Der monarchische Charakter des neuen Gebildes wurde durch das dem preußischen König vorbehaltene ‚Zollpräsidium' gewahrt, dem die zoll- und handelspolitische Exekutive, Kontrolle und auch das alleinige Vetorecht im Zollbundesrat vorbehalten blieben. Die Struktur des reformierten Zollvereins entsprach damit genau der des Norddeutschen Bundes und späteren Deutschen Reiches, das er „verfassungstypologisch vorwegnahm und vorbereitete" (Huber)[134]. Dabei ging es aber nicht nur um eine verfassungspolitische Vorwegnahme der Reichsgründung, vielmehr wurde im Zusammentreten der 85 süddeutschen direkt vom Volk gewählten Zollparlamentarier mit den Abgeordneten des Reichstags des Norddeutschen Bundes zum ‚Zollparlament' die kleindeutsche Nationalstaatsbildung auf handels- und zollpolitischer Ebene bereits vollzogen. Die Normierung des wirtschaftlichen Energieaustauschs hing somit nicht mehr vom Veto einzelner deutscher Monarchen ab, sondern war Angelegenheit der im Zusammenwirken von Fürsten- und Abgeordnetenmehrheit sich artikulierenden kleindeutschen Nation.

Wenn wir uns vergegenwärtigen, dass der Wirtschafts- und Nationalstaat des reformierten Zollvereins ebenso wie die Schutz- und Trutzbündnisse weder mit dem Geist der preußisch-französischen ‚Friedensbasis' noch dem des Prager Friedens zu vereinbaren waren, die beide die politische Unabhängigkeit Süddeutschlands vorgesehen hatten, wird die gewissermaßen unter der Hand gegen französische, österreichische und auch russische Fremdherrschaft gerichtete Bismarcksche Süddeutschlandpolitik als Handlungsgefüge nationaler Abgrenzung und Befreiung erkennbar. Anders gesagt: Die Bevölkerung und Monarchen Süddeutschlands mit denen Norddeutschlands zu einer reaktionsfähigen Wirtschaftsgemeinschaft zusammenschließende Zollvereinsreform und ebenso die das neue System gegen den militärischen Angriff der dadurch herausgeforderten Nachbarstaaten sichernden Schutz- und Trutzbündnisse waren überhaupt erst durch die Interventionen der Nachbarmächte notwendig geworden. Sie sind somit, wie es der Name der Schutz- und Trutzbündnisse direkt besagte, der neue Zollvereinsvertrag mit seinen Österreich endgültig ausschließenden Bestimmungen unmissverständlich zum Ausdruck brachte, als Verteidigungsbündnisse der kleindeutschen Nation gegen wirtschaftliche und militärische Bedrohung von außen zu verstehen, die sich damit gegen weiteren ökonomischen und militärisch drohenden Energieentzug zur Wehr setzte.

## II. Verifizierung

Und dies nicht nur vertrags- und verfassungsrechtlich, sondern auch, was die mit der Reform sofort einsetzende überaus intensive Gesetzgebung des Zollparlaments im Zusammenspiel mit der Regierungsbürokratie des Norddeutschen Bundes und deren wirtschaftlich überaus erfolgreiche Nutzung betraf. Hier wurde durch das Gesetz über den ‚Unterstützungswohnsitz' Bedürftiger die individuelle Freizügigkeit der Arbeiter und damit deren Mobilität, mithin Energiegewinne eintragender Austausch von Arbeitskräften auf dem nationalen Arbeitsmarkt vermehrt, außerdem durch das „Allgemeine Deutsche Handelsgesetzbuch" und die Gründung des Obersten Handelgerichtshofs in Leipzig der innerdeutsche Handel ebenso reguliert und gefördert wie durch die neue Maß- und Gewichts- sowie die „Allgemeine Deutsche Wechselordnung", welche die immer noch bestehenden Währungsunterschiede vor allem zwischen dem norddeutschen Taler- und dem süddeutschen Guldengebiet zu überbrücken half. Das Wirtschaftsleben in dem auch dadurch immer stärker zu einem Nationalstaat zusammenwachsenden Kleindeutschland wurde weiter durch eine neue Gewerbeordnung, das Genossenschaftsgesetz und die Aufhebung der Konzessionspflicht für Aktiengesellschaften gefördert. Außerdem durch die freihändlerische Außenhandelspolitik, in der sich Regierung und Zollparlament angesichts des vor allem vom deutschen Eisenbahnbau angetriebenen kräftigen Wirtschaftswachstums einig waren.

> „Es war eine glanzvolle Reformzeit, in der bis heute tragende Fundamente der bürgerlichen Wirtschaftsgesellschaft und der modernen Staatsbürgergesellschaft gelegt wurden. Insofern wurde die politisch-militärische Staatsbildung durch eine bürgerliche Reichsgründung in Gestalt dieser liberalen Gesetzgebung ergänzt und erweitert." (H.-U. Wehler)[135]

Unter energetischem Aspekt ist dieses Urteil des bekannten Sozialhistorikers durch die Anmerkung zu vertiefen, dass ökonomische und militärische Subsysteme einer Nation einander nicht nur – quasi additiv – „ergänzen" und „erweitern", sondern, wie am Beispiel des Sieges von Königgrätz für das Militär gezeigt, vor allem verstärken – eine Folge vermehrter innergesellschaftlicher Austausch- und Umwandlungsvorgänge von Energie, die eben wegen ihrer physikalischen Umwandlungsfähigkeit zwischen verschiedenen Gesellschaftsbereichen – sogar Energie sparend – ausgetauscht und in gewünschter Form wirksam gemacht werden kann, etwa in exponentiell erhöhter militärischer Schlagkraft.

## h) Die Reichsgründung

Die militärisch-politische Staatsbildung in kleindeutscher Dimension bedurfte allerdings noch einer verfassungsrechtlichen Sanktionierung. Dabei stellte die historische Erinnerung an die Größe und ‚Herrlichkeit' des alten deutschen Reiches mit den zentralen Institutionen des Kaisers, seines Kanzlers und des Reichstages zugleich Ansporn und Legitimierung der neuen Staatsgründung dar, befrachtete diese aber auch mit einem letztlich imperialistischen, weil auf die hegemoniale Stellung des mittelalterlichen Kaiserreiches verpflichtenden Programm.

Dessen erster Punkt war die verfassungsmäßige Anbindung der süddeutschen Staaten an den Norddeutschen Bund, was erst den notdürftigen Anspruch begründen konnte, das Ganze als Nachfolgestaat des ‚Heiligen Römischen Reiches deutscher Nation' zu betrachten und entsprechend zu benennen. Es ist oben mehrfach herausgestellt worden, dass Frankreich das entscheidende Hindernis einer solchen ‚Wiedervereinigung' darstellte, die, angesichts des französischen auf die Rheingrenze blickenden Imperialismus kaum anders als militärisch durchzusetzen war.

Die bereits bei ihrem Abschluss gegen einen französischen Angriff gerichteten Schutz- und Trutzbündnisse Preußens mit den süddeutschen Staaten belegen eindeutig, dass auch Bismarck die Dinge nicht anders sah. Es ist in der historischen Forschung nach wie vor umstritten, ob er dem entsprechend den deutsch-französischen Krieg planvoll herbeigeführt hat oder nicht. Seine Politik der Täuschungen gegenüber Napoleon III. lässt in jedem Fall erkennen, dass ihm daran gelegen war, die französische Politik zu Kurzschlussreaktionen und damit zu einem scheinbar unprovozierten Krieg gegen Preußen/Norddeutschland zu reizen, was über den dann gegebenen *casus foederis* zugleich die Aktionseinheit zwischen Nord- und Süddeutschland herstellen und im Fall des erwarteten Sieges den französischen Widerstand gegen die kleindeutsche Einigung aus dem Wege räumen würde, ohne dass die übrigen europäischen Großmächte einen Anlass zum Eingreifen erhielten.

Die multilateralen Rücksichten, die Bismarck dabei auf die Haltung der direkt, halbwegs und nicht unmittelbar betroffenen Großmächte wie auf die Süddeutschen Staaten nehmen musste, um den Anschluss letzterer an den Norddeutschen Bund als Hauptziel seiner Politik nach 1867 zu erreichen, machte diese für die diplomatiegeschichtliche Forschung so schwer durchschaubar. Eine mehr an der Tatsachenabfolge als an den – immer von mehrfachen Absichten geleiteten und deshalb unterschiedlich deutbaren – Einzeldokumenten orientierte Analyse kann nur zu dem Ergebnis kommen,

## II. Verifizierung

dass Bismarck durch sein Katz-und-Maus-Spiel im Rahmen der skizzierten Luxemburg-Krise ebenso wie die – vermutlich von ihm selbst in Gang gebrachte – spanische Thronkandidatur des Prinzen Leopold von Hohenzollern-Sigmaringen Frankreich herauszufordern und das von französischen Gegenstößen geweckte deutsche Nationalgefühl der Einigung Kleindeutschlands dienstbar zu machen suchte.

Die Kandidatur des Hohenzollern-Prinzen für den spanischen Thron war deshalb so prekär, weil sie eine gegen das aufstrebende Preußen-Deutschland gerichtete mögliche Allianz der südwesteuropäischen katholischen Staaten Österreich, Italien, Spanien und Frankreich durchbrochen, Frankreich vor allem in eine Zwei-Fronten-Stellung zwischen zwei Hohenzollern-Staaten manövriert und damit seine neue Hegemonialstellung auf dem Kontinent ins Wanken gebracht hätte. Genau darauf musste eine nur gegen französische Interessen durchsetzbare Deutschlandpolitik aber zielen. Bismarck betrieb deshalb die Kandidatur des Sigmaringers und zwar gegen den Willen des Prinzen wie den Wilhelms I., die er beide nur mit Mühe dazu drängen konnte, die Kandidatur nicht endgültig abzusagen. Um darüber Klarheit zu gewinnen, auch wohl um Preußen eine diplomatische Niederlage beizubringen, schickte Napoleon III. seinen Botschafter Benedetti nach Bad Ems, wo Wilhelm I. zur Kur weilte, um von diesem auf offener Promenade den endgültigen und dauerhaften Verzicht der Hohenzollern auf den spanischen Thron sowie eine Entschuldigung des Inhalts zu fordern, dass der König mit seiner Genehmigung jener Kandidatur die Ehre und die Interessen Frankreichs nicht habe verletzen wollen.[136] Die wohl eher konziliante Zurückweisung dieser überzogenen Forderungen durch Wilhelm I. ließ dieser mit Schilderung des Vorgangs Bismarck telegraphisch nach Berlin mitteilen. Die dort von Bismarck für Zwecke der Veröffentlichung vorgenommene Überarbeitung jener ‚Emser Depesche' ließ ihrerseits durch Verkürzung die Begegnung Wilhelms I. mit Benedetti auf der Emser Promenade mit einer die französische Großmachtstellung negierenden Abfuhr des Botschafters enden, die auf französischer Seite nur als offene Herausforderung verstanden werden konnte und von Napoleon III. in einer Zeit gängiger Satisfaktionspraxis unter ‚ehrenhaften' Persönlichkeiten nur mit der Kriegserklärung an Preußen beantwortet werden konnte.

Bismarck hatte auf diese Weise – am politischen Willen seines Königs vorbei – dessen verfassungsmäßiges Recht, über Krieg und Frieden zu entscheiden, usurpiert, aber sein Ziel erreicht, durch die französische Kriegserklärung die Schutz- und Trutzbündnisse mit den süddeutschen Staaten zu aktivieren und damit die gewünschte kleindeutsche Wehrgemeinschaft her-

## 9. Die Entstehung moderner Nationalstaaten

zustellen. Die Richtigkeit seiner Rechnung zeigte sich u.a. darin, dass die süddeutschen Regierungen den Bündnisfall sogar schon vor der offiziellen Bekanntgabe der französischen Kriegserklärung am 19.7.1870 als gegeben ansahen, die süddeutschen Monarchen ihre Armeen mobilisierten und selbst die antipreußischen Mehrheiten im bayrischen und im württembergischen Landtag die für die Kriegführung nötigen Kredite bewilligten.[137]
Die für die nationale Einigung entscheidenden Impulse gingen dann von der erfolgreichen gemeinsamen Kriegsführung aus, die deutschlandweite, auch die süddeutschen Monarchen erfassende Begeisterung auslöste. Bismarck verzichtete deshalb, was die staatsrechtliche Anbindung Süddeutschlands an den Norddeutschen Bund anlangte, auf eigene Initiativen, um insbesondere bayrische Empfindlichkeiten zu schonen, was sich auch deswegen als überflüssig erwies, weil Baden – schon vor dem Krieg anschlusswillig – seinerseits Konferenzen der süddeutschen Staaten mit dem Ziel der Nationalstaatsbildung anregte. Dabei ergaben sich recht unterschiedliche Vorstellungen über die verfassungsmäßige Gestaltung des Bundesverhältnisses, was wiederum Bismarck die Möglichkeit gab, in Einzelverhandlungen die eigenen Zielvorstellungen im wesentlichen durchzusetzen. Diese sahen die Beibehaltung der Verfassung des Norddeutschen Bundes vor, der durch Beitritt der süddeutschen Staaten zum ‚Deutschen Reich' erweitert werden sollte, wobei Bismarck bereit war, den gegenüber preußischer Hegemonie besonders empfindlichen und zugleich größten süddeutschen Staaten Bayern und Württemberg bestimmte Reservatrechte einzuräumen. Auf dieser Verhandlungslinie kam Bismarck bereits im November 1870 zum Erfolg, indem ihm der Abschluss entsprechender Verfassungsverträge mit den vier süddeutschen Regierungen gelang. Über den Grafen Holnstein und mit Hilfe von Zahlungen aus dem ‚Welfenfond', der bei der Annexion des Königreichs Hannover angefallen war, gelang es außerdem, den finanziell durch Bau seiner ‚Märchenschlösser' finanziell klammen bayrischen König zur Unterzeichnung des ‚Kaiserbriefes' zu bewegen, worin dem preußischen König als dem Inhaber der Präsidialrechte im erweiterten Bund der Titel eines ‚deutschen Kaisers' angetragen wurde.[138]
Nach der Ratifikation der Novemberverträge durch den Norddeutschen Reichstag und die Kammern der süddeutschen Staaten sowie der Annahme der Kaiserkrone durch Wilhelm I., der dabei dem einhelligen Votum sowohl aller deutscher Fürsten und Freien Städte sowie dem des Reichstags entsprach, trat die Reichsverfassung am 1. Januar 1871 in Kraft, auch wenn die Kaiserproklamation erst am 18. und die bayrische Verfassungsratifikation am 21. Januar erfolgten.[139] Damit war der kleindeutsche Nationalstaat mitten im Krieg, gewissermaßen sogar auf dem französischen Kriegs-

II. Verifizierung

schauplatz geschaffen worden, insofern die Aushandlung der Novemberverträge, die Annahme der Kaiserkrone durch Wilhelm I. und dessen offizielle Amtsübernahme im Rahmen der Kaiserproklamation in Versailles, dem damaligen Standort des deutschen Hauptquartiers stattfanden.

Die deutsche Nationalstaatsbildung war somit – unserer Grundthese entsprechend – ein Ergebnis der militärischen, aber eben auch kulturell, technisch, ökonomisch und politisch vorbereiteten und gestützten Überwindung dänischer, britischer, russischer, habsburgischer, vor allem aber französischer Teilherrschaft über Deutschland, die einen bis dahin gegebenen militärisch-politischen Energiemangel der deutschen Nation zur Selbstbestimmung und -gestaltung ihrer gesellschaftlichen Energieaustauschregelungen mit dem Sieg über die französische Armee und die Gründung des Deutschen Reichs wenigstens auf kleindeutscher Basis beseitigt hatte.

**Anmerkungen**

[1] Fieldhouse, David K.: Die Kolonialreiche seit dem 18. Jahrhundert, Frankfurt/M (1965) 1977, 164f.; Hobsbawm, Eric J.: The Age of Capital, London 1975, dt. Ausg.: Die Blütezeit des Kapitals, Frankfurt/M 1980, 160f.
[2] Klein, Thoralf: Geschichte Chinas von 1800 bis zur Gegenwart, Paderborn 2007, 38
[3] Hall, John Whitney: Das Japanische Kaiserreich, Frankfurt/M (1968) 1976, 245ff.; Hobsbawm (Anm. 1), 184ff.
[4] Hall (Anm. 3), 264
[5] Hobsbawm (Anm. 1), 101; Etges, Andreas: Wirtschaftsnationalismus. USA und Deutschland im Vergleich (1815 – 1914), Frankfurt/M 1999, 31f.; ähnlich, wenngleich mehr mentalitätsgeschichtlich akzentuiert: Heideking, Jürgen/ Mauch, Christof: Geschichte der USA (1996), 6. überarbeitete u. erw. Aufl. Tübingen/Basel 2008, 148f.
[6] Temperley, Howard: Regionalismus, Sklaverei, Bürgerkrieg und die Wiedereingliederung des Südens, in: Adams, W.P. (Hg.): Die Vereinigten Staaten von Amerika, Frankfurt/M 1977, 105
[7] Rosenberg, Hans: Die zoll- und handelspolitischen Auswirkungen der Weltwirtschaftskrise von 1857 – 1859, in: ders: Machteliten und Wirtschaftskonjunkturen. Studien zur neueren Sozial- und Wirtschaftsgeschichte, Göttingen 1978, 154
[8] Killick, John R.: Die industrielle Revolution in den Vereinigten Staaten, in: Adams, W.P. (Hg.): Die Vereinigten Staaten von Amerika, Frankfurt/M 1977, 142; Hobsbawm (Anm. 5), 228
[9] Avery, Donald H./ Steinisch, Irmgard: Industrialisierung, Urbanisierung und Politischer Wandel der Gesellschaft, in: Adams, W.P./ Czempiel, E.-O./ Ostendorf, B./ Shell, K.L./ Spahn, B.P./ Zöller, M.: Die Vereinigten Staaten von Amerika, Bd. 1, Bonn 1992, 122
[10] Heideking/Mauch (Anm. 5), 159f.
[11] A.a.O. 147

9. Die Entstehung moderner Nationalstaaten

[12] Schieder, Theodor: Staatensystem als Vormacht der Welt 1848 – 1918, (1975) Frankfurt/M 1982, 177
[13] A.a.O. 129
[14] Lill, Rudolf: Geschichte Italiens vom 16. Jahrhundert bis zu den Anfängen des Faschismus, Darmstadt 1980, 94f.
[15] A.a.O. 141f.
[16] A.a.O. 104
[17] A.a.O. 106
[18] A.a.O. 117f.
[19] A.a.O. 123
[20] A.a.O. 140
[21] A.a.O. 130
[22] Verley, Patrick: Der liberale Kapitalismus auf seinem Höhepunkt, in: Palmade, G. (Hg.): Das bürgerliche Zeitalter, Frankfurt/M 1977, 101f.
[23] Lill (Anm. 14), 157f.
[24] Stadler, Peter: Cavour. Italiens liberaler Staatsgründer, München 2001, 83ff.
[25] Ziebura, Gerhard: Frankreich von der Großen Revolution bis zum Sturz Napoleons III. 1789 – 1870, in: Bussmann, W. (Hg.): Europa von der Französischen Revolution zu den nationalstaatlichen Bewegungen des 19. Jahrhunderts, Stuttgart 1981, 309
[26] Stadler (Anm. 24), 124f.
[27] Bussmann (Anm. 25), 539
[28] Lill (Anm. 14), 180
[29] A.a.O. 181
[30] A.a.O. 194
[31] Planert,Ute: Der Mythos vom Befreiungskrieg. Frankreichs Kriege und der deutsche Süden: Alltag –Wahrnehmung – Deutung 1792 – 1841, Paderborn 2007, 649
[32] Nipperdey, Thomas: Deutsche Geschichte 1800 bis 1866, München 1983, 356f.
[33] Henning, Friedrich-Wilhelm: Die Industrialisierung in Deutschland 1800 bis 1914, Paderborn (1973) 1978,102
[34] Kellenbenz, Hans: Deutsche Wirtschaftsgeschichte, Bd. II, München 1981, 60
[35] Henning (Anm. 33), 106f.; Kuczynski, Jürgen: Geschichte des Alltags des deutschen Volkes, Studien 3, 1810-1870, Köln 1981, 72ff., 273ff., 375ff.; Angelow, Jürgen: Der Deutsche Bund, Darmstadt 2003, 77; Müller, Frank Lorenz: Die Revolution von 1848/49, Darmstadt (2002), 2. überarb. Aufl. 2006, 26f.
[36] Henning (Anm. 33), 27f.
[37] A.a.O. 102f.
[38] A.a.O. 107
[39] Angelow (Anm. 35), 34f.
[40] Bussmann (Anm. 25), 460
[41] Gerth, Hans H.: Bürgerliche Intelligenz um 1800, (1935) Göttingen 1976, 47f.
[42] A.a.O.114
[43] Vgl. etwa die Tatsachen, dass Georg Büchners revolutionäres Flugblatt der „Hessische Landbote" von 1834 in der angesprochenen Landbevölkerung ebenso wenig Echo fand wie der Frankfurter „Wachensturm" ein Jahr zuvor bei der städtischen.

## II. Verifizierung

[44] Nipperdey, Thomas: Verein als soziale Struktur in Deutschland im späten 18. und frühen 19. Jahrhundert. Eine Fallstudie zur Modernisierung, in: ders. (Hg.): Gesellschaft, Kultur, Theorie, Göttingen 1976, 174f.
[45] Schnabel, Fritz: Deutsche Geschichte im neunzehnten Jahrhundert (1929/37), Bd. 5: Die Erfahrungswissenschaften, Freiburg 1965, 236f.
[46] A.a.O. 55f., 62f.
[47] A.a.O. 74f.
[48] Ribbat, Ernst: Die Romantik. Wirkungen der Revolution und neue Formen literarischer Autonomie, in: Zmegac, V. (Hg.): Geschichte der deutschen Literatur vom 18. Jahrhundert bis zur Gegenwart, Bd. I/2 1700 – 1848, Königstein 1979, 110f.
[49] A.a.O. 126f.
[50] Angelow (Anm. 35), 68f.
[51] Schulze, Hagen: Der Weg zum Nationalstaat. Die deutsche Nationalbewegung vom 18. Jahrhundert bis zur Reichsgründung, München 1986, 81f.
[52] Rübberdt, Rudolf: Geschichte der Industrialisierung, München 1972, 77f.
[53] Treue, W. u.a. (Hg.): Quellen zur Geschichte der Industriellen Revolution, Göttingen 1966, 52f.
[54] Manchester, William: The Arms of Krupp, dt. Ausg.: Krupp, Chronik einer Familie, München 1978, 34ff.
[55] A.a.O. 47
[56] Rübberdt (Anm. 52), 87
[57] Köllmann, W. (Hg.): Die Industrielle Revolution. Quellen zur Sozialgeschichte Großbritanniens und Deutschlands im 19. Jahrhundert, Stuttgart 1968, 22
[58] Schnabel (Anm. 45), Bd. 3, Erfahrungswissenschaften und Technik, 279
[59] Köllmann (Anm. 57), 20
[60] Brandt, Peter u.a.: Preußen. Zur Sozialgeschichte eines Staates. Eine Darstellung in Quellen, Hamburg 1981, 226
[61] Etges, Andreas (Anm. 5), 49f.
[62] A.a.O. 47
[63] Kellenbenz (Anm. 34), 61
[64] List, Friedrich: Das deutsche Eisenbahnsystem III (1841), in: ders.: Schriften, Reden, Briefe, Bd. III, Berlin 1929, 1f.
[65] Price, Roger: The Economic Modernisation of France, London 1975, 224
[66] Wehler, Hans-Ulrich: Deutsche Gesellschaftsgeschichte, Bd. 2 München (1987), 2. Aufl. 1989, 59f.
[67] Koselleck, Reinhart: Preußen zwischen Reform und Revolution, Stuttgart (1967) 1975, 505f.
[68] Abel, Wilhelm: Massenarmut und Hungerkrisen im vorindustriellen Europa, Hamburg 1974, 308; Tennstedt, Fritz: Sozialgeschichte und Sozialpolitik in Deutschland, Göttingen 1981, 38
[69] Henning (Anm. 33), 153, 172f.; Schieder (Anm. 12), 436f.
[70] Schieder ebd. 433; 432
[71] Teuteberg, Hans Jürgen: Zur Frage des Wandels der deutschen Volksernährung durch die Industrialisierung, in: Braun, R. u.a. (Hg.): Gesellschaft in der Industriellen Revolution, Köln 1973, 328
[72] Köllmann (Anm. 57), 7

9. Die Entstehung moderner Nationalstaaten

[73] Henning (Anm. 33), 158
[74] A.a.O. 240; Hobsbawm (Anm. 1), 114; Wehler (Anm. 66), 614-617
[75] Weis, Eberhard: Der Durchbruch des Bürgertums 1776-1847, Frankfurt/M 1978, 442
[76] Wehler (Anm. 66), 623-625
[77] Henning (Anm. 33), 149; 153
[78] Böhme, Hans: Preußische Bankpolitik 1848 – 1853, in: ders. (Hg.): Probleme der Reichsgründungszeit 1848 – 1879 (1966), Köln 1972, 117-120
[79] A.a.O. 120f.
[80] A.a.O. 128
[81] Treue, Wilhelm: Gesellschaft, Wirtschaft, Technik Deutschlands im 19. Jahrhundert, in: Gebhardt, B., Handbuch de deutschen Geschichte, Bd. 17, München 1976, 240
[82] Böhme (Anm. 78), 147
[83] Verley, Patrik: Der liberale Kapitalismus auf seinem Höhepunkt, in: Palmade, G. (Hg.): Das bürgerliche Zeitalter, Frankfurt 1974, 83f.
[84] Schnabel (Anm. 45), Bd. 6, 223
[85] A.a.O. 222
[86] A.a.O. 224
[87] Kellenbenz (Anm. 34), 151
[88] A.a.O. 151f.
[89] Rosenberg, Hans: Die zoll- und handelspolitischen Auswirkungen der Weltwirtschaftskrise von 1857 – 1859, in: ders.: Machteliten und Wirtschaftskonjunkturen. Studien zur neueren deutschen Sozial- und Wirtschaftsgeschichte, Göttingen 1978, 156f.; Wehler, Hans-Ulrich: Deutsche Gesellschaftsgeschichte. Bd. 3. Von der ‚Deutschen Doppelrevolution' bis zum Beginn des Ersten Weltkrieges 1849 – 1914, München 1995, 226f.
[90] Böhme (Anm. 78), 197f.
[91] Rosenberg (Anm. 89), 157
[92] Kellenbenz (Anm. 34), 63
[93] Wehler (Anm. 89), 286-289
[94] Zeise, Rolf: Die Rolle des Zollvereins in den politischen Konzeptionen der deutschen Bourgeoisie von 1859 bis 1866, in: Bleiber u.a. (Hg.): Bourgeoisie und bürgerliche Umwälzung in Deutschland 1789 – 1871, Berlin (Ost) 1977, 439
[95] A.a.O. 450
[96] Zechlin, Egmont: Die deutsche Einheitsbewegung (1967), Frankfurt/M 1977, 57f.; Wehler (Anm. 89), 228-234
[97] Nipperdey (Anm. 32), 705-709
[98] A.a.O. 749
[99] Huber, E.R.: Deutsche Verfassungsgeschichte seit 1789, Bd. III: Bismarck und das Reich, Stuttgart (1963) 1969, 280-287; Wehler (Anm. 89), 255f.
[100] Huber, a.a.O., 280
[101] Wehler (Anm. 89), 274
[102] Taylor, A.J.P.: Bismarck. The Man and the Statesman, London 1955, dt. Ausg.: Bismarck, Mensch und Staatsmann, München 1962, 35f.
[103] Eyck, Erich: Bismarck und das Deutsche Reich (1941/44) München 1975, 32f.
[104] Gall, Lothar: Bismarck. Der weiße Revolutionär, Frankfurt/M 1980
[105] Eyck (Anm. 103), 11-15

II. Verifizierung

[106] A.a.O. 49-53
[107] A.a.O. 54
[108] A.a.O. 58-60
[109] A.a.O. 105; 113
[110] A.a.O. 165; 174f.; Wehler (Anm. 89), 362f.
[111] Gall (Anm. 104), 391f.
[112] Eyck (Anm. 103), 83; 88; 102f.; 116; 122; 129
[113] A.a.O. 102f.
[114] A.a.O. 129
[115] Schweitzer, C.C.: Die deutsche Nation. Aussagen von Bismarck bis Honecker, Köln 1976, 36
[116] Gall (Anm. 104), 625
[117] Henning (Anm. 33), 132
[118] Huber (Anm. 99), 451ff.
[119] A.a.O. 459ff.
[120] Nipperdey (Anm. 32), 773
[121] Huber (Anm. 99), 466ff.
[122] A.a.O. 472
[123] Nipperdey (Anm. 32), 774
[124] Gall (Anm. 104), 324
[125] Huber (Anm. 99), 548f.
[126] Nipperdey (Anm. 32), 786
[127] Huber (Anm. 99), 569f.
[128] A.a.O. 572f.
[129] A.a.O. 574f.
[130] A.a.O. 563
[131] A.a.O. 580ff.
[132] Gall (Anm. 104), 375
[133] Huber (Anm. 99), 629f.
[134] A.a.O. 635
[135] Wehler (Anm. 89), 310f.
[136] A.a.O. 317f.
[137] Huber (Anm. 99), 723
[138] A.a.O. 740f.
[139] A.a.O. 749ff.

## 10. Das ‚Zeitalter des Imperialismus'

Imperialistische Politik erfuhr seit den frühen 1880er Jahren eine so augenscheinliche Verbreitung und Steigerung, dass der Historiker Heinrich Friedjung diese mit dem Ersten Weltkrieg endende Epoche bereits 1919 als „Zeitalter des Imperialismus" darstellen und benennen konnte. Trotz dieser außerordentlich zeitnahen und umfangreichen, schließlich dreibändigen Darstellung und einer bis in die Gegenwart reichenden „ungewöhnlich umfangreichen und vielseitigen Forschung" zu diesem Thema (G. Schöllgen)[1] ist der Imperialismus des genannten Zeitraums als historisches Phänomen noch immer nicht zufriedenstellend erklärt und definiert worden.
Dies gilt in gewisser Weise natürlich auch für andere historische Erscheinungen, weil jede Zeit eine neue Sichtweise auf vergangenes Geschehen entwickelt und dem entsprechend bei dessen Analyse zu neuen Ergebnissen gelangt. Im Fall des Imperialismus um die Jahrhundertwende vom 19. zum 20. Jahrhundert schieden sich aber von Anfang an die Geister, weil bei seiner Deutung und Bewertung zwei ideologisch kontroverse Lager einander gegenüberstanden, das marxistisch-bolschewistische, das ihn als Ausgeburt und Endphase des Kapitalismus kritisierte, und das konservativ-nationalistische, das ihn mit kulturmissionarischen, ökonomischen und sozialen Argumenten zu rechtfertigen, mindestens zu erklären suchte. Dieser ideologisch motivierte Streit dürfte sich nach dem Zusammenbruch der Sowjetunion und dem Ende des Kalten Krieges entschärft haben, und so könnte die vorn entwickelte Theorie von Gesellschaften als komplexen Energieumsatzsystemen vermittelnd wirken, zumal sie diese in dauerndem Bemühen um eine gesicherte Energieversorgung ihrer Mitglieder insbesondere seit der Entwicklung leistungsfähiger Industrie- und Verkehrstechnik außerdem in dauernder Konkurrenz mit anderen Gesellschaften sieht, die zu jenem existenziell notwendigen Zweck ihre internen und/oder externen Austauschgewohnheiten und -partner immer wieder veränderten Möglichkeiten anpassen müssen, wie das besonders im Zeitalter des Imperialismus der Fall war.

Wir halten uns bei unserem Erklärungsversuch wenn auch nicht streng, so doch schwerpunktmäßig an die genannte traditionelle zeitliche Begrenzung des ‚Zeitalters des Imperialismus', weil – ungeachtet imperialistischer Herrschaftsausweitung vor und nach diesem Zeitraum – die global und multinational betriebene, faktisch gehäufte, publizistisch geforderte und politisch durchgesetzte Beherrschung transnationaler Gesellschaften nur in dem genannten Zeitraum stattfand. Dass die Praxis des von der Forschung

## II. Verifizierung

schon seit längerem so bezeichneten ‚informellen Imperialismus', also einer verdeckten Form wirtschaftlicher Ausbeutung und politischer Gängelung energietechnisch unterlegener durch überlegene Gesellschaften schon zuvor nicht nur gang und gäbe, sondern für das zwischengesellschaftliche Verhältnis, aber auch die Entwicklung davon betroffener Gesellschaften fundamental bedeutsam war, haben wir in den vorangehenden Kapiteln II.8 und II.9 beispielhaft gezeigt. Dass auch der ‚formelle Imperialismus' seit den Reichsbildungen der Sumerer, Babylonier, Assyrer, Perser und Römer bis hin zu denen der Chinesen und Mongolen, der Spanier, Portugiesen und Niederländer, der Russen, ja der Franken unter Karl dem Großen, mittelalterlicher deutscher Kaiser, schließlich der Franzosen unter den beiden Napoleoniden praktiziert wurde, ist darüber hinaus eine historische Binsenweisheit. Expansive Reichsbildung erweist sich somit als Dauerthema menschlicher Geschichte, das den nach Ausschließlichkeit riechenden Terminus ‚Zeitalter des Imperialismus' fragwürdig erscheinen lässt. Zu rechtfertigen ist er, wie gesagt, nur durch die chronologisch recht begrenzte Häufung konkurrierender, mithin gleichzeitiger Versuche der Ausdehnung nationalstaatlicher Herrschaft auf energietechnisch unterlegene Gesellschaften, die von einem gleichlaufenden Trend gegenseitigen ökonomischen Protektionismus der zumindest teilweise industrialisierten Nationalstaaten bzw. der aus ihnen hervorgehenden ‚Imperien' begleitet wurde.[2]
Der neue, die vorangehende Freihandelsphase ablösende Protektionismus, der auf ökonomischem Feld in einem seit den endsiebziger Jahren des 19. Jahrhunderts um sich greifenden Schutzzollsystem besonders sichtbar hervortrat, ist in unserer auf die Erfassung gesamtgesellschaftlicher Vorgänge ausgerichteten Terminologie als Phase zwischengesellschaftlicher – auf Außenschutz gegen Energieverluste zielender – defensiver Austauschbeschränkungen zu bezeichnen, welche die weitgehend ‚offenen Grenzen' der vorangehende Epoche mit bloß marginal-kultureller Außenbegrenzung ablöste.
Konkretisiert bedeutet dies, dass die anfangs ganz geringfügigen Austauschprozesse, die durch Missionare, Forschungsreisende, einzelne Kaufleute, Handelsgesellschaften und Banken in der Zeit freihändlerischer Expansion zwischen den fortgeschrittenen Industrienationen einerseits, den ihnen energietechnisch weit unterlegenen ‚Naturvölkern' andererseits in Gang gebracht worden waren, nunmehr zunehmend durch völkerrechtlich anerkannte Verträge oder durch staats- und handelsrechtliche Eingliederung der neuen Kolonien in die aus dem Status von Nationalstaaten damit herauswachsenden ‚Imperien' formalisiert wurden. Damit ergab sich, wie vielfach schon von Zeitgenossen bemerkt, insofern eine Fortsetzung natio-

## 10. Das ‚Zeitalter des Imperialismus'

nalstaatlicher Austauschvermehrung, als in den formeller fremdstaatlicher Oberhoheit unterworfenen Kolonien, Protektoraten, Schutzgebieten oder Dominions stets eine – mehr oder weniger ausgeprägte – kulturmissionarische Assimilierungspolitik betrieben wurde, die nach außen zur Legitimation der Kolonialherrschaft diente, vor allem aber die Austauschfähigkeit der angegliederten Gesellschaften mit dem imperialistischen ‚Mutterland' verbessern, dessen Energiegewinnmöglichkeiten damit vergrößern sollte.

Der nachhaltige Erfolg dieser kulturellen Missionierung in den länger beherrschten Kolonien zeigt sich vor allem darin, dass die Sprachen langzeitiger Kolonialherren wie der Spanier, Portugiesen, Franzosen und Engländer noch heute die Kommunikation zwischen den heterogenen Sprachgruppen afrikanischer, indischer und amerikanische Staaten und damit deren gegenwärtige Existenz überhaupt erst ermöglicht haben. Die Angleichung verschiedener gesellschaftlicher Gruppen an die herrschende, energietechnisch führende Gesellschaftsformation, wie wir sie als Grundmotiv bei der Herausbildung von Nation und Nationalstaat am italienischen und deutschen Beispiel genauer haben beobachten können, wurde im Rahmen imperialistischer Politik also gewissermaßen geradlinig – wenn auch über Ozeane und Kulturabgründe hinweg und entsprechend verdünnt – fortgeführt.[3]

Hieraus ergibt sich schon rein theoretisch die naheliegende Vermutung, dass der Imperialismus dieses Zeitraums ebenso wie der vorauslaufende Nationalismus als eine systemstabilisierende, weil auf Energiegewinn zielende Reaktion gegen die Gefährdung durch zumindest partiell überlegene Konkurrenz verstanden werden kann. Diese Vermutung findet zunächst in der Tatsache eine Bestätigung, dass die größten Erwerbungen auf dem Feld imperialistischer Politik im genannten Zeitraum nicht von solchen Staaten angestrebt und realisiert wurden, die im vorangehenden Zeitabschnitt des Nationalismus besonders erfolgreich waren wie die USA, Deutschland, Italien und Japan, sondern von den ‚alten' Industrienationen Britannien und Frankreich[4], die sich durch die industriell-nationalen *newcomers* bedrängt sahen und – ohne die Möglichkeit der ‚Nationalisierung' angrenzender Bevölkerungen – den schon früher erkundeten Weg über die Meere wählten, um die wünschenswerte Stärkung ihres Austauschsystems durch dessen koloniale Vergrößerung zu erreichen.

Die Alarmzeichen, durch welche diese frühesten Nationalstaaten Europas zu imperialistischer Reaktion gegen nachdrängende Konkurrenz motiviert wurden, lagen für Frankreich vor allem in der militärischen Niederlage gegen den sich gleichzeitig etablierenden deutschen Nationalstaat, für Großbritannien vorwiegend in der *Great Depression*, der von 1873 – 1896 an-

## II. Verifizierung

dauernden wirtschaftlichen Schwächeperiode, die ihre Ursachen außer in zunehmendem Zollprotektionismus fast aller europäischen Länder einschließlich der USA, für die britische Industrie zudem in der stärker werdenden Konkurrenz durch den rasanten industriellen Aufstieg der USA und des Deutschen Reichs hatte.[5]

Die französische Niederlage von 1870/71, die außer dem endgültigen Abschied von bonapartistischen Träumen einer kontinentaleuropäischen Hegemonialstellung Frankreichs den Verlust Elsass-Lothringens und damit u.a. industriell wichtiger Eisenerzgruben hatte, mithin einen erheblichen rüstungspolitischen und ökonomischen, durch fünf Milliarden Francs Kriegsentschädigung noch vergrößerten Energieverlust darstellte, verlangte geradezu nach außereuropäischer Kompensation in Form eines stattlichen französischen Kolonialreichs.

Bismarck, der das französische Prestigebedürfnis nur zu gut kannte, um ihm nicht Rechnung zu tragen, hat im Zusammenspiel der sogenannten ‚Kleinen Kolonial-Entente' mit dem französischen Ministerpräsidenten Ferry ein solches imperialistisches Kompensationsstreben auf der Berliner Kongokonferenz von 1884/5 aktiv unterstützt, um den die eigene Außenpolitik belastenden französischen Revanchismus zu mindern.[6] Für ihn war also – wie für andere Staatsmänner seiner Zeit – Imperialismus ein naheliegendes Heilmittel gegen die Folgen nationaler Energieverluste. Wenngleich Bismarcks Rechnung hinsichtlich des französischen Revanchismus nicht aufging, so baute Frankreich in den vier Jahrzehnten nach seiner bittersten nationalen Demütigung doch das nach dem britischen größte transmaritime Imperium auf, das zudem durch eine in den zugehörigen Kolonien konsequent betriebene Assimilierungspolitik de facto eine Wiedervergrößerung des amputierten französischen Nationalstaates bedeutete. Niemand hat dies klarer ausgesprochen als der französische Historiker und damalige Außenminister Gabriel Hanotaux, der 1901 in einem öffentlichen Vortrag am Institut de France die Zielsetzung des französischen Imperialismus durch die Wendung kennzeichnete, es gehe darum, „in unserem Umkreis und in weiter Ferne so viele *neue Frankreichs* zu schaffen wie möglich." (Hervorhebung im Original)[7]

Zweifellos war die Niederlage, die der neue deutsche Nationalstaat dem französischen Rivalen zugefügt hatte, nicht das einzige und wegen seines Tabucharakters zudem dokumentarisch kaum nachweisbare Motiv für den französischen Imperialismus. Vielmehr lieferte die erwähnte *Great Depression* in allen imperialistischen Staaten der damaligen Zeit die öffentlichen Hauptargumente für eine aktive staatliche Kolonialpolitik. In der schlag-

## 10. Das ‚Zeitalter des Imperialismus'

kräftigen Sprache des Politikers argumentierte etwa der zweimalige französische Ministerpräsident Jules Ferry 1882 dem entsprechend:

> Die Konkurrenz zwischen den europäischen Nationen wird immer heftiger im Streit um diese weit entfernten Absatzmärkte, diese Niederlassungen an den Toren zur Barbarei, welche ein sicherer Instinkt dem alten Europa als Brückenköpfe der Zivilisation und als Wege in die Zukunft anweist. Die Bedürfnisse einer ständig anwachsenden Produktion, die zur Vergrößerung gezwungen ist, will sie nicht zum Tode verurteilt sein; die Suche nach unerschlossenen Märkten; der Vorteil, den die alten und reichen Länder durch Verlagerung von Arbeitern und Kapitalien in die neuen Länder erhalten; [...] all dies drängt die zivilisierten Nationen dazu, ihre alten Rivalitäten auf das ausgedehntere und fruchtbarere Feld weit entfernter Unternehmungen zu verlagern.[8]

Ferry, der damit, wie die Ergebnisse der französischen Kolonialpolitik ausweisen, lange erfolgreich gegen das rüstungs- und revanchepolitische Lager in Frankreich argumentierte, bediente sich damit eines in den 1880er Jahren internationalen Argumentationsmusters, das von der allgemeinen Erfahrung einer Wirtschaftskrise ausging, für deren Überwindung sich die Politiker wegen der drohenden sozialen Folgen verantwortlich fühlten, aber keine internen Lösungsmöglichkeiten sahen.

Dies gilt insbesondere für Großbritannien, dessen Anteile am Außenhandel sowohl im europäischen wie im globalen Raum seit etwa 1880 zurückgingen, während die der USA und des Deutschen Reichs gleichzeitig anstiegen.[9] England hatte bereits in der Zeit des merkantilistischen Protektionismus der absolutistisch regierten Staaten Kontinentaleuropas und dann noch einmal während der napoleonischen Kontinentalsperre den Ausweg transmaritimer Austauschkompensation beschritten und besaß durch die große Zahl von dabei errichteten Handelsstützpunkten, die es im Lauf von drei Jahrhunderten erworben hatte, nicht nur die besten Voraussetzungen für, sondern auch den guten Glauben an die Möglichkeit, mit Hilfe einer Wiederbelebung und Vergrößerung des alten Kolonialbesitzes ein „*Greater Britain*" schaffen zu können, wie es der englische Historiker J.R. Seeley 1883 forderte. Damit brachte er schon indirekt zum Ausdruck, dass es in dem raueren Klima des für Britannien härter werdenden Konkurrenzkampfes gegen die neuen Industrienationen darauf ankommen müsse, den eigenen wegen seiner Insellage streng begrenzten Nationalstaat wenigstens durch staatsrechtliche Angliederung alter kolonialer Austauschpartner jenseits der Meere zu vergrößern. Dieser Gedanke wurde von Seeleys Landsmann Sir Haford Mackinder im Jahre 1899 dann sehr offen ausgesprochen:

## II. Verifizierung

„It is a struggle of nationality against nationality, it is a real struggle for Empire in the world."[10] Als ausgezeichneter Kenner der Materie hat Wolfgang J. Mommsen angesichts solcher Zitate und gesellschaftlicher Massenerscheinungen wie des ‚Jingoismus' von einem „imperialistischen Nationalismus" gesprochen, der „alle Klassen der englischen Gesellschaft gleichermaßen" erfasst habe und „der 1885 bei Bekanntwerden der vernichtenden Niederlage General Gordons bei Karthoum [im Sudan, gegen Truppen des die britische Herrschaft über Ägypten und den Suez-Kanal bedrohenden ‚Mahdi'] in einer ersten gewaltigen Eruption zutage trat."[11]

In zweierlei Hinsicht sind die für die imperialistische Phase der damaligen europäischen Geschichte typischen Politikerzitate und Tatsachenzusammenhänge aufschlussreich: Es gab 1. in Frankreich wie in Britannien als den damaligen imperialistischen Vorreitern eine mehrsträngige (ökonomische, kulturelle, machtpolitische) Argumentationsstrategie für die Durchsetzung imperialistischer Politik, die 2. ausgelöst wurde durch militärische Niederlagen und/oder wirtschaftliche Krisen, welche schon von den Zeitgenossen als Folgen eines komplexen internationalen Konkurrenzkampfs eingestuft wurden.
Von dieser Erkenntnis aus lässt sich auch die lang andauernde, nur von kurzfristigen Erholungsphasen unterbrochene Weltwirtschaftsstagnation von 1873 bis 1896 erklären, was weder den marxistischen, noch den liberal-marktwirtschaftlichen Theoretikern zufriedenstellend gelungen ist. Beide Theorieansätze versagen, weil sie die ‚Große Depression' allein aus ökonomischen Tatsachen heraus zu erklären suchen wie den schon von den Zeitgenossen namhaft gemachten Erscheinungen der Überproduktion, sinkenden Preisen und Profitraten. Der klassischen Volkswirtschaftstheorie zufolge hätten nämlich die beiden letztgenannten Signale zu einer raschen Produktionsdrosselung mit dem Ziel einer möglichst baldigen Anhebung von Preisen und Kapitalrenditen führen müssen, also zu einer ‚marktkonformen Reaktion' der Wirtschaftssubjekte.
Dass diese lange Zeit ausblieb, hatte aber den ökonomischen Sektor des zwischengesellschaftlichen Austauschs übersteigende Gründe. – Wir haben in den Kapiteln II.8 und II.9 dargelegt, dass die Herausbildung von Nationen und Nationalstaaten gesamtgesellschaftliche Reaktionen in Form von komplexen Austauschsteigerungen waren, die erhöhten Austausch mit gesteigertem Energiegewinn auch der Teilsysteme gesellschaftlichen Lebens wie der Streitkräfte, der Produktions-, Verkehrs- und Kommunikationsapparate, der Kultur und sogar der Landwirtschaft einschlossen, deren Energiepotenziale sich in gegenseitigem Austausch wiederum steigerten. (Der

## 10. Das ‚Zeitalter des Imperialismus'

strategische Einsatz von Eisenbahn und Telegraph bei den vom preußischen Generalstabschef Moltke gelenkten Feldzügen gegen Österreich und Frankreich war dafür nur ein besonders anschauliches Beispiel.) Die vor allem am britischen Vorbild entwickelten technischen und ökonomischen Teilsysteme der nachziehenden Gesellschaften waren am Ende ihrer ersten industriellen Entwicklungsphase den durch ihre neue Leistungsfähigkeit veränderten Marktverhältnissen deshalb nicht mehr angepasst, weil das britische System, zutreffend ‚*workshop of the world*' genannt, für die Versorgung von technisch unterlegenen, aber relativ kaufkräftigen ‚Schwellenländern' entwickelt worden war, die nach ihrer industriellen Emanzipation nun nicht mehr als relativ leere Fertigwarenmärkte zur Verfügung standen und ihrerseits auch nicht mehr die Absatzmöglichkeiten in anderen europäischen Ländern vorfanden, die den Erfolg des von ihnen nachgeahmten Vorbildes voraussetzten. Die Große Depression war unter diesem Blickwinkel das unausweichliche Ergebnis eines durch die neuen Verkehrs- und Nachrichtentechniken ermöglichten zu raschen und vielseitigen Angleichungsvorgangs anderer Gesellschaftssysteme an das erfolgreiche britische Vorbild mit dem Ergebnis eines allgemeinen Energieaustausch-Staus, der durch den bereits erwähnten Zollprotektionismus noch verstärkt wurde.

Die revolutionäre Umwandlung zuvor noch weitgehend absolutistisch regierter Monarchien zu austauschintensiven Nationalstaaten mit ihren Parlamenten, Parteien, ihrem Presse-, Vereins- und Versammlungswesen, vor allem ihren in Großstädten zusammengepferchten Arbeitermassen, die man nicht ohne Revolutionsgefahr aus ihrer Berufstätigkeit entlassen konnte, um die Überproduktion zu stoppen und dadurch Preise und Profitraten anzuheben, ließ solche rein ökonomisch gebotenen Maßnahmen zunehmend prekär erscheinen. Als Ausweg blieb den Produzenten, Kaufleuten und Bankiers nur der Appell an die für nationale Belange zuständigen Instanzen, also die Regierungen und führende Politiker, um von ihnen staatliche Unterstützung für einen gewinnbringenden Waren- und Kapitalverkehr mit dem Ausland zu erlangen.

Dabei forderten die Produzenten merkantilistischen Protektionismus gegen Warenimporte ausländischer Konkurrenten, die Kaufleute dagegen – und das war das kennzeichnend Neue – den Schutz des Staates für exportwirtschaftliche Aktivitäten bei energietechnisch unterentwickelten Gesellschaften jenseits der Meere. Schienen diese doch die geradezu idealen Austauschpartner für Industrienationen abzugeben, die ihrerseits an den Austausch mit unterlegenen Systemen gewöhnt waren wie die nordwesteuropäischen Nationalstaaten mit Großbritannien an der Spitze, in zweiter Linie

449

## II. Verifizierung

aber auch für solche, die sich nach deren Muster entwickelt hatten wie die USA, Deutschland, Italien und Japan. Der Weg zu neuen, von der Konkurrenz noch nicht entdeckten Absatzmärkten war der einladendste für Industrienationen, denen die gegenseitige Konkurrenz wirtschaftliche Not bereitete und die mit den neuen leistungsfähigen Massentransportmitteln Eisenbahn und Dampfschiff relativ rasch auch große Warenmengen über weite Entfernungen transportieren und auf diese Weise neue Austauschpartner für den erwünschten Warenumsatz erreichen konnten. Wie bereits angedeutet, waren die ‚alten' Nationalstaaten durch die für sie neue Konkurrenz industrieller Aufsteiger besonders negativ betroffen, was dazu führte, dass sie sich besonders früh und besonders intensiv um die Sicherung neuer Austauschwege und -partner bemühten.

Dies tritt bei dem von der *Great Depression* nach langem dynamischem Wirtschaftswachstum besonders betroffene Britannien in dessen zugreifender Ägypten-Politik mit dem Kauf der Suezkanal-Aktien vom verschuldeten Khediven und anschließendem Protektorat über das eigentlich zum Osmanischen Reich gehörige Nilland (1882) besonders deutlich zutage: Der durch den Kanalbau des Franzosen Ferdinand de Lesseps wesentlich verkürzte Seeweg nach Indien, der wichtigsten Stütze des britischen Überseehandels, sollte nicht auch noch dem in Nordafrika mit der Beherrschung der algerischen Küste und dem 1881 errichteten Protektorat über Tunesien schon besitzergreifend tätig gewordenen Frankreich zufallen, das damit gegenüber dem alten britischen Konkurrenten eine Schlüsselstellung erlangt hätte. Der zollfreie Seeweg für den Warenaustausch mit Indien, China, Australien und Neuseeland musste schließlich zu einem guten Anteil „die Verluste ausgleichen, die die ‚alte' Industrie- und Handelsnation aufgrund der Industrialisierung und des Schutzes der Binnenmärkte in den USA, in Russland, im Deutschen Reich und generell in Europa erlitt." (G. Schmidt)[12] Allerdings musste die ungehinderte Nutzung des Suezkanals gegen die vom Sudan ausgehende religiös-nationale Aufstandsbewegung unter dem Mahdi in einem jahrelangen Krieg durchgesetzt und verteidigt werden, nachdem britische Truppen unter dem eigentlich schon zum Rückzug befohlenen General Gordon 1885 die erwähnte Niederlage bei Khartum erlitten hatten, welche das nationale Selbstbewusstsein der führenden Weltmacht so tief erschütterte, dass nunmehr an einen zunächst geplanten militärischen Rückzug aus Ägypten und dem Sudan schon aus Prestigegründen nicht mehr zu denken war. Ägypten und insbesondere der Suezkanal standen deswegen seit 1882 unter militärischer und dann auch finanzieller Kontrolle Großbritanniens, der Sudan wurde am Ende des Jahrhunderts in einem

mehrjährigen Feldzug unter Lord Kitchener gegen die Truppen der Mahdisten britischer Herrschaft unterworfen (1896 – 1899). Dabei wurde auch ein französischer Expansionsversuch an den Oberlauf des Nil bei Faschoda zurückgewiesen, was 1898 beinahe zu einem militärischen Konflikt zwischen den alten Rivalen geführt hätte.[13]
Im Endergebnis war mit dieser Eingliederung des Sudan in das Empire die alte Scharte der Niederlage von Khartum ausgewetzt, das britische Prestige wiederhergestellt, aber ein wirtschaftlich wie strategisch unwichtiges Riesengebiet zur außenpolitischen und finanziellen Belastung Großbritanniens geworden.

Die Erweiterung des Empire um Ägypten und den Sudan war ein typisches Beispiel für das Zustandekommen und die Expansion europäischer Kolonialreiche in dieser Epoche: Nachdem eine eigentlich nur handels- und verkehrspolitische Initiative des französischen Botschafters in Kairo, des erwähnten Ferdinand de Lesseps als Initiator des Suezkanalbaus zunächst zur rivalitätsbedingten Einmischung Großbritanniens und dessen zunächst finanziellem und dann militärischem Eingreifen zur Sicherung des Kanalverkehrs geführt hatte, was dann aber den Widerstand der negativ davon betroffenen ‚Peripherie' in Form von Aufständen und schließlich sogar der militärisch gut geführten Mahdisten-Bewegung bewirkte, fühlte sich die imperialistische ‚Zentrale' Großbritanniens wiederum zum Einsatz staatlich finanzierter Militärmacht herausgefordert, die, wie gesagt, zur Prestige-Wahrung vor der nationalen, aber auch der internationalen Öffentlichkeit den eigenen Sieg durch Okkupation des umstrittenen Kolonialgebiets beglaubigen musste.

Solche Beglaubigung eigener Erfolge durch Kolonialerwerb erwiesen sich in den demokratisch oder zumindest parlamentarisch (mit)regierten Staaten und deren politisch immer nur oberflächlich informierter Öffentlichkeit für die jeweilige Regierung deshalb als notwendig, weil die neuerdings industriell und merkantil bewirkten Machtverschiebungen zwischen den europäischen Großmächten – soweit nicht mehr militärisch wie in den italienischen und deutschen ‚Einigungskriegen' jedermann vor Augen geführt – gerade wegen der relativen Unsichtbarkeit ökonomischer Energiegewinne oder -verluste auf gesamtstaatlicher Ebene durch den Erwerb großer Kolonien, den die Zeitungen natürlich mit illustrierenden Fotos von ‚Eingeborenen' anschaulich machten, emotional verheißungsvoll vorgeführt werden konnten, um sich auch wahltaktisch für die offensichtlich so erfolgreichen Politiker auszuzahlen. Gerade für die ‚alten' Nationalstaaten und deren Re-

II. Verifizierung

gierungen erwies sich solche emotionale Stärkung eines durch erfolgreiche Kolonialpolitik erneuerten Nationalismus der Massen zudem als sozialpsychologisch wichtiges Heilmittel gegen – im Fall Frankreichs – die erlittene nationale Demütigung durch die Niederlage von 1870/71 oder – im Fall Großbritanniens – die als *Great Depression* empfundene wirtschaftliche Stagnation, die hier wie dort eine leistungsmindernde *fin-de-siècle*-Stimmung hatte aufkommen lassen.[14] Aber auch den jungen Nationalstaaten, die sich gegenüber den im Aufbau eines Kolonialreichs weit vorausgeeilten Briten und Franzosen nicht anders als unterlegen vorkommen mussten, half eigener Kolonialerwerb, das Machtbewusstsein und also Vertrauen auf ausreichendes Energiepotenzial der eigenen Nation im Konkurrenzkampf der Großmächte aufzubauen.
Die Bedeutung solcher Stimmungslagen der miteinander konkurrierenden Nationen für deren Leistungs- und Innovationsfähigkeit zeigt sich etwa daran, dass die neuen Industrien der Elektro- und Kommunikationstechnik, der Chemie und des Automobilbaus in den zuversichtlich aufstrebenden Nationen der USA und Deutschlands entwickelt und erfolgreich ausgebaut wurden, während Britannien weitgehend an der Produktion von hergebrachten *staple-goods* festhielt, für die es in seinem Kolonialreich, vor allem in Indien noch immer Abnehmer fand, während Frankreichs industrielle Entwicklung auch von dortigen Erfindungen wie der Photographie und des Fahrrads nicht nennenswert beschleunigt werden konnte. Im Ergebnis lief die damit sich einstellende tendenzielle Rückständigkeit der britischen und französischen Industrien auf deren Überholung durch die innovativeren und dynamischeren neuen Industrienationen hinaus.[15]

In diesen Zusammenhang gehört die Theorie des Sozialimperialismus, der zufolge die sichtbaren Trophäen staatlicher Kolonialpolitik die zunehmend schwerer lastende ‚soziale Frage' nach angemessener Entlohnung, Unterbringung und Versorgung der in den Industrienationen weiter wachsenden Arbeiterschicht mit Gefühlen des nationalen Stolzes auf erfolgeichen Ländererwerb der eigenen Nation hätten verdrängen und so die traditionelle Gesellschaftsordnung stabilisieren sollen.[16] Wenn auch im Einzelnen schwer nachweisbar, sind solche sozialpsychologischen Wirkungszusammenhänge durchaus plausibel. Dafür sprechen z.B. Phänomene wie das Einsetzen großer Streikbewegungen gerade zu Zeiten und in solchen Industrieländern, in denen gerade *keine* Kolonialerwerbungen vorzuweisen waren.[17]
Dass die Akzeptanz jeder Regierung von ihren Erfolgen abhängt, die in parlamentarischen Systemen den Wählern glaubhaft vorzuführen sind, ist

10. Das ‚Zeitalter des Imperialismus'

ein kaum bestreitbares Faktum und ließ sich im Zeitalter des Imperialismus gegenüber technologisch weit unterlegenen Völkern mit relativ leichtem Kolonialerwerb kostengünstig bewirken. Solche Vergrößerung und scheinbare Bereicherung des eigenen Nationalstaats zu einem die ganze Nation mit Stolz erfüllenden ‚Weltreich' bot sich deshalb gerade in solchen Ländern an, die fühlbare Energieverluste aus militärischen oder ökonomischen Niederlagen hatten hinnehmen müssen und deren darunter stimmungsmäßig leidende Bevölkerung sichtbare nationale Erfolge besonders nötig hatte. Allerdings lassen sich solche sozialimperialistischen Motive und Überlegungen, so plausibel sie an sich auch sind, aktenmäßig kaum belegen, weil sie den auf diese Weise öffentlich oder schriftlich argumentierenden Kolonialpolitiker ins moralische und damit auch politische Abseits versetzt hätten. Ihr Realitätsgehalt muss also an weiteren Fakten überprüft werden.

*A) Der Rhythmus imperialistischer Politik*

Betrachten wir imperialistische Politik als Überlebensstrategie der sich von aufsteigender Konkurrenz bedroht fühlenden bzw. noch nicht zu konkurrenzfähigem Energiepotenzial gelangten Nationalstaaten, so wird, wie oben erläutert, nicht nur der Zeitpunkt, zu dem einzelne Mächte in imperialistische Aktivitäten eintraten, sondern auch der Rhythmus des internationalen Imperialismus verständlich. Wir meinen damit den Wechsel zwischen Phasen, in denen sich imperialistische Aktivitäten verschiedener Staaten zu gegenseitiger Konkurrenz und offenem Wettlauf im Bemühen um erstrebte Herrschaftsbereiche häuften (wie in der ersten Hälfte der 1880er Jahre, im Jahrzehnt um die Jahrhundertwende und schließlich im Ersten Weltkrieg), und den dazwischen liegenden Zeiträumen, in denen die neu erworbenen Gebiete völkerrechtlich an das nationale Energieumsatzsystem angeschlossen, assimiliert, auch wohl erweitert wurden, Neuansätze imperialistischer Politik aber kaum in Erscheinung traten.

Die erste der heißen Imperialismus-Phasen in den Jahren 1881 – 1885 bestand im wesentlichen aus einer Reihe von neu ansetzenden kolonialistischen Aktivitäten europäischer Industriestaaten auf dem afrikanischen Kontinent und im südostasiatischen Raum. Die Reihe dieser Aktivitäten begann 1881 mit der schon erwähnten Etablierung des französischen Protektorats über Tunesien und der ebenfalls behandelten militärischen Intervention Großbritanniens in Ägypten und dem Sudan seit 1882. 1884 erfolgten erste Ansätze einer deutschen Kolonialpolitik in Südwest-Afrika, Kamerun und Togo, außerdem Versuche einer Renaissance des alten iberischen Weltreiches in Rio de Oro und Portugiesisch-Guinea sowie eines britischen

453

II. Verifizierung

Ansatzes in Somaliland. Im nächsten Jahr folgten die von der Berliner Mächtekonferenz (1884/5) beschlossene Gründung des dem belgischen König unterstellten Kongostaats, die dadurch beschleunigte Protektoratsbildung von Deutsch-Ostafrika sowie die darauf antwortenden Protektoratsbildungen in Britisch-Betschuanaland, Britisch-Ostafrika und Französisch-Madagaskar. Auch der italienische Imperialismus tat in diesen Jahren mit dem Erwerb der Stützpunkte Assab (1882) und Massaua (1885) am Roten Meer seine ersten Schritte. Die führenden europäischen Industrienationen wurden in diesen Jahren außerdem im südostasiatischen Raum aktiv, wo die Briten sich 1881 in Nord-Borneo festsetzten, die Franzosen 1883 ein Protektorat über Annam (Vietnam) errichteten, dem 1884 deutsche und britische Protektoratsbildungen in und um Neu-Guinea folgten.

Selbst wenn der britische und der französische Imperialismus auch vor und nach dem genannten Jahrfünft imperialistisch aktiv geworden sind, ist doch die zeitliche und räumliche Ballung des europäischen Imperialismus, wie sie aus obiger Zusammenstellung hervorgeht, außergewöhnlich und fordert geradezu eine Erklärung heraus.

Deren Kern ist im zweiten Einbruch der Großen Depression zu finden, die bei allen an den genannten imperialistischen Aktivitäten beteiligten Staaten in einer oft dramatischen Verschlechterung der Handelsbilanz ablesbar ist, also auf verminderte Ausfuhrerfolge zurückging. Das größte Handelsbilanzdefizit seit 1850 mussten Belgien, Frankreich und Großbritannien jeweils 1880 hinnehmen, während es für Spanien 1883, für Deutschland 1884 eintrat.[18] Gegenüber dem ersten Einbruch der damaligen Weltwirtschaftskrise Mitte der 1870er Jahre (Stichjahr 1875) hatten sich Vergrößerungen des Handelsbilanzdefizits zwischen 24 % (Großbritannien) und 126 % (Belgien) ergeben, wenn nicht gar wie für Deutschland und Frankreich ein Umschlag zuvor aktiver in passive Handelsbilanzen zu beklagen war.

Diese im wesentlichen durch die gleichzeitige US-amerikanische Exportoffensive bedingte Niederlage der west- und mitteleuropäische Volkswirtschaften regte nicht nur durch ihr Ausmaß dazu an, neue Absatzmärkte und billige Rohstoffquellen in Übersee zu gewinnen, sondern verwies auch deshalb auf diesen Ausweg, weil der in den späteren 1870er Jahren gegen den ersten Einbruch der Krise unternommene Handelsprotektionismus, wie man nun schmerzlich erfuhr, als Mittel einer dauerhaften Verbesserung der Handelbilanzen versagt hatte.

Die Kumulierung von kolonialen Protektoratsbildungen in dem auf 1880 als schwarzem Jahr der west- und mitteleuropäischen Handelsbilanzen folgenden Jahrfünft ist überdies darauf zurückzuführen, dass durch die Mehr-

## 10. Das ‚Zeitalter des Imperialismus'

zahl kolonialwirtschaftlicher und -politischer Aktivitäten eine Vielzahl von Reibungsflächen zwischen den imperialistischen Konkurrenten entstand, was oft sogar gegen den Willen der leitenden Staatsmänner zu überstürzter Inbesitznahme von Kolonialgebieten führte, die man von Staats wegen nur deshalb zum eigenen ‚Protektorat' erklärte, um sie nicht an den oder die ebenfalls interessierten Konkurrenten fallen zu lassen. Dies gilt beispielsweise für alle deutschen Protektoratsbildungen, die entgegen den Befürchtungen Bismarcks vor unnötigen Konflikten mit den der deutschen Reichsgründung ohnehin misstrauisch gegenüberstehenden europäischen Flankenmächten nur aufgrund drängender Wünsche von Interessengruppen und letztlich auch aus Prestigegründen am Ende doch staatlich sanktioniert wurden.[19] Es gilt aber auch für die Protektoratsbildung Frankreichs in Tunesien, die italienischem Zugreifen zuvorkam, für die skizzierte britische in Ägypten, die, wie gesagt, den französischen Konkurrenten verdrängte, und auch für das belgisch-französisch-britische Gerangel um das Kongobecken, das zu der erwähnten Berliner Mächtekonferenz unter Bismarcks Leitung führte, der als ‚ehrlicher Makler' für dieses Gebiet eine Regelung der ‚offenen Tür' für alle Beteiligten vermitteln konnte.[20]

Der genaue chronologische Zusammenhang von Handelsbilanzdefiziten und imperialistischer Aktivität der betroffenen Staaten bedarf nun aber jenseits plausibler wirtschafts- und prestigebedingter Erklärungen einer energetischen Durchleuchtung, zumal von Kritikern der ökonomischen Imperialismustheorie zu Recht auf die geringe Aufnahmefähigkeit der meisten kolonialen Waren- und Kapitalmärkte hingewiesen worden ist, die in der Folge dem entsprechend nur relativ geringe Export-Anteile der europäischen Mutterländer aufnehmen konnten.[21]
Wir gehen bei der Erläuterung jenes Zusammenhangs wieder von der Annahme aus, dass Gesellschaften Energieumsatzsysteme sind, die den Austausch der von ihren Subsystemen in Produkte eingebrachten Energie mit dem Ziel eines zumindest bilanziellen Energiegewinns möglichst energiesparend regeln, um ihre weitere Existenz zu sichern. Die Versorgung eines Teils der Gesellschaftsmitglieder – damals vor allem der Industriearbeiter – ist aber gefährdet, wenn ein Teil ihrer Energieumwandlungsprodukte (Waren, Dienstleistungen, Informationen) keinen ausreichenden Absatz mehr findet, mithin nicht gewinnbringend ausgetauscht werden kann. Ihnen drohte in einer Zeit ohne Kündigungsschutz und Arbeitslosenversicherung die abrupte Ausgliederung aus dem gesellschaftlichen Energieaustausch und damit persönliche Existenzgefährdung, die sie in einer Zeit massenhafter Konzentration in Großstädten und Industriezentren durch Demonstrati-

## II. Verifizierung

onen, Streiks, Aufstände, letztlich durch Revolution inzwischen wirksam zu vermeiden und zum allgemeinen Problem zu machen gelernt hatten. Wegen der damit bei Wirtschaftskrisen drohenden allgemeinen Gefahr reagieren betroffene Industrienationen mit leistungsfähigen Kommunikations- und Verkehrsmitteln sowie flexiblen Organisationsformen sehr empfindlich. So entwickelten in den 1880er Jahren Massenpresse, berufsständische Organisationen, Parteien, Parlamente und schließlich neu gebildete Kolonialvereine einen erheblichen Meinungsdruck, der die wegen außenpolitischer Konfliktscheu oder aus unabsehbaren Kostengründen oft zaudernden Regierungen zu kolonialpolitischen Aktivitäten drängte, auch wenn deren wirtschaftlicher Nutzen zweifelhaft schien.[22] Wenn der deutsche Publizist Emil Deckert mit einem Zeitungsartikel, der im wesentlichen kulturpolitisch argumentierte, den Anstoß für die Kolonialisierung Neu-Guineas gab, der Historiker Carl Peters aus einem persönlichen Sendungsbewusstsein heraus dasselbe in Ostafrika persönlich durchsetzte[23], zudem private Handelsfirmen den Weg nach Übersee angetreten und dort Niederlassungen gegründet hatten, für die sie erst bei eintretenden Schwierigkeiten mit der ‚Peripherie' ihren Heimatstaat erfolgreich um politische Intervention baten[24], sind dies Beispiele dafür, dass Kolonialpolitik – wiederum nach britischem Vorbild – inzwischen zu einer Sache der Nation geworden war, der die jeweilige Regierung oft notgedrungen beispringen musste, um ihren Schutzverpflichtungen gegenüber eigenen Staatsbürgern und den Forderungen einer erregten Öffentlichkeit nachzukommen.

Die imperialistische Motivation der damaligen Zeit ist auch deshalb schwer auf einen Nenner zu bringen, weil sie sich – vom Standpunkt der damals Argumentierenden und Handelnden aus – auf die Zukunft bezog, die in einer Welt dynamischer Entwicklung immer neuer Industrienationen gerade im Bereich von Politik und Wirtschaft von niemandem vorausgesehen werden konnte. So wurden von wirtschaftlich Engagierten, ebenso aber von sensiblen, manchmal sogar psychopathischen Kassandranaturen koloniale Erwerbungen gefordert und von Regierungen, die sich keiner Versäumnis schuldig machen wollten, auch gefördert, zumal Großbritannien, noch immer bewundertes Vorbild aller Industrienationen, wie es schien, vor allem mit seiner ausgreifenden Kolonialpolitik der zurückliegenden Jahrhunderte zum reichsten Land der Erde geworden war.
Angesichts so vielfältiger Beweggründe und Argumentationsmöglichkeiten für imperialistische Politik erscheint die Herauspräparierung einzelner Motive zu speziellen Imperialismus-Theorien ein letztlich fragwürdiges Unterfangen, zumal es, je nach Ausgangslage und Betroffenheit der verschiede-

## 10. Das ‚Zeitalter des Imperialismus'

nen imperialistisch agierenden Staaten dabei verschiedene Bedürfnisse, z.b. das nach Siedlungskolonien für den mancherorts bedrängenden Bevölkerungsüberschuss gab, der anderwärts gar keine Rolle spielte. Der übermäßige Differenzierungsprozess der Imperialismusforschung, der, wie gesagt, im wesentlichen wohl durch deren ideologische Herausforderung von Seiten der marxistischen Kapitalismuskritik entstanden ist, lässt sich am einfachsten durch das energetische Geschichtsmodell auf die wesentliche Ursache imperialistischer Bestrebungen zurückführen, nämlich den durch die Große Depression und insbesondere den alarmierenden Exporteinbruch der west- und mitteleuropäischen Industriestaaten zu Beginn der 1880er Jahre schon erlittenen und – insbesondere durch die wachsende Wirtschaftskonkurrenz der USA – auch künftighin drohenden Mangel an nationalen Energieumsatzmöglichkeiten als Folge nachlassender Austauschchancen auf den auswärtigen und letztlich auch den heimischen Märkten. Dieser seit Beginn der Krise als Arbeitslosigkeit, Geschäftsrückgang, Fall von Aktienkursen und Steuereinnahmen, aber wachsenden Gewerkschaften und sozialistischen Parteien[25] auf sehr verschiedene Weise und in ganz unterschiedlichen Bevölkerungskreisen fühlbar gewordene Verlust an nationalem Energieumsatz und -gewinn ließ sich, wie oben schon bemerkt, nach den damals vorliegenden Informationen und ersten Erfahrungen am einfachsten und das heißt, mit dem geringsten gesellschaftlichen Energieaufwand durch Kolonialerwerb im nicht zu fernen Afrika bewältigen, wo man es mit zivilisatorisch und insbesondere waffentechnisch völlig unterentwickelten Völkern zu tun hatte, die mit ein paar Gewehren oder schlimmstenfalls einem ‚Kanonenboot' in Angst und Schrecken versetzt und so zum Nachgeben in jeder Frage gebracht werden konnten. Man folgte also – mit Blick auf das britische Vorbild – dem ökonomisch durchaus vernünftigen und erfolgversprechenden Prinzip effektiven Energieeinsatzes zur Bewältigung gegenwärtigen und künftigen Energieverlustes durch weitere Absatzprobleme, die man mit eigenen Kolonien glaubte niemals befürchten zu müssen, weil man deren Außenzölle zum eigenen Vorteil selbst festlegen konnte. Was bei dieser durchaus richtigen Wirtschaftlichkeitsberechnung imperialistischer Politik überschätzt wurde, war die Aufnahmefähigkeit ‚primitiver' Eingeborenenstämme für europäische Industriegüter und insbesondere deren Zahlungs- bzw. Tauschfähigkeit für solche Lieferungen, die erst den gewünschten ungleichen Tausch zugunsten der Europäer mit entsprechend hohem Energiegewinn erbracht hätten. Solche Austauschfähigkeit der Kolonien konnte nur längerfristig und mit erheblichen Investitionen in Plantagenwirtschaft, moderne Verkehrsmittel und -wege, Häfen usf. erreicht werden, in erhoffter Dimension

## II. Verifizierung

aber nicht innerhalb der formellem Imperialismus noch zur Verfügung stehenden Frist bis zum Ersten Weltkrieg, den man Anfang der 1880er Jahre freilich nicht vorhersehen konnte.

Die Unmöglichkeit rascher volkswirtschaftlicher Gewinnerzielung aus den eilig zusammengerafften Kolonien wurde aber bald klar und bewirkte zusammen mit der Tatsache, dass leicht erreichbare Kolonialgebiete nicht mehr zu haben waren, seit 1885 ein Abflauen imperialistischer Aktivitäten. Erst im letzten Jahrfünft des Jahrhunderts häuften sich solche wieder, waren nun aber nicht mehr auf Kolonialerwerb gerichtet, sondern auf Handelsaustausch mit dem schon damals bevölkerungsreichen und vorindustriell hochentwickelten China, bei dem sich kostspieliger Aufbau einer zivilisatorischen Infrastruktur erübrigte.

Den Anstoß zu diesem neuen imperialistischen Wettlauf nahezu aller Industrienationen nach dem Gewinn versprechenden ‚Reich der Mitte' gab Japan, das nach seiner gewaltsamen Öffnung für westlichen Handel unter dem dauernden Druck eines verlustbringenden Energieaustauschs mit technisch überlegenen Industrienationen stand. Dieser hatte, wie oben skizziert (II, 9), zunächst zu einer raschen, offen an westlichen Vorbildern orientierten Nationalstaatsbildung als einer ersten systemerhaltenden Reaktion geführt. Da Japan durch die diskriminierenden Handelsverträge mit den Westmächten sogar seine Zollhoheit verloren und den ausländischen Handelsniederlassungen den Status der Exterritorialität zugestanden hatte, blieb es auch in der Phase seiner ersten Industrialisierung schutzlos einem nationale Energieverluste kostenden ungleichen Handelsaustausch mit dem Westen ausgesetzt.[26] Dies erklärt den sehr bald, nämlich unmittelbar nach der Nationalstaatsbildung einsetzenden japanischen Imperialismus, der das ungünstige Austauschverhältnis mit dem Westen durch gewinnbringende Wirtschaftsbeziehungen mit China kompensieren sollte.

Zu diesem Zweck wurde 1871 ein Handelsvertrag mit China abgeschlossen, im folgenden Jahr die Herrschaft über die – beide Länder wie eine Brücke verbindenden – Riu-kiu-Inseln beansprucht, die 1874/5 auch realisiert werden konnte. Gleichzeitig gelang es durch ein diplomatisches Manöver, Chinas Anspruch auf Formosa (Taiwan) als vor den Toren Chinas liegender Endpfeiler jener Insel-Brücke auszuhöhlen. Nachdem 1876 ein unter japanischer Waffendrohung gegenüber Korea erzwungener Handelsvertrag abgeschlossen war, der eine Klausel über die Unabhängigkeit Koreas von chinesischer Oberhoheit enthielt, hatte Japan die Einfallstore für eine wirtschaftliche Ausbeutung Chinas geöffnet. Weit aufgestoßen wurden diese 1894/95 durch den Krieg gegen China, der Japan im Frieden von

## 10. Das ‚Zeitalter des Imperialismus'

Shimonoseki den Besitz Formosas, der zwischen diesem und dem chinesischen Festland liegenden Pescadores-Inseln und der Halbinsel Liaotung, dem Eingangstor zur rohstoffreichen Mandschurei einbrachte. Neben einer erheblichen Kriegsentschädigung musste China außerdem die Öffnung von vier Städten für japanische Konsularvertretungen, Handels- und Industrieaktivitäten zugestehen. Der japanischen Schifffahrt mussten außerdem der obere Jang-tse-kiang, der Wuusung und der Kanal von Shanghai bis Hangchow geöffnet werden. In einem außerdem in dem Friedensvertrag vereinbarten Handelsabkommen von 1896 hatte China schließlich den Japanern Meistbegünstigung ohne Gegenseitigkeit einzuräumen.[27]

Das Vertragswerk spricht in seinen dem japanischen Wirtschaftsimperialismus alle – ungleichen – Austauschmöglichkeiten mit China öffnenden Bestimmungen für sich. Es war in dieser seiner Eindeutigkeit für die anderen am chinesischen Markt interessierten Mächte so alarmierend, dass einige – Frankreich, Deutschland und Russland – direkt intervenierten, um wenigstens die Abtretung der Halbinsel Liaotung an Japan und die Loslösung Koreas von China zu verhindern, andere in der Folge einen offensiveren auf China gerichteten Imperialismus begannen, um nicht am Ende vor verschlossenen Türen zu stehen. Der Sieg des in rascher Modernisierung aufstrebenden Japan über das zurückgebliebene China wurde so zum Anlass für den auf das alte Reich der Mitte gerichteten Wettlauf so gut wie aller imperialistischen Mächte der Zeit.

Was Russland betrifft, so hatte sich dieses allerdings schon vor dem japanischen Sieg auf den imperialistischen Weg nach Osten gemacht. Zum einen entsprach dies alter Tradition des Zarenreiches, das die technisch-zivilisatorische Überlegenheit des Westens seit Jahrhunderten mit Expansion in Asien zu kompensieren suchte. Zum anderen war Russland der Weg zum Mittelmeer, der ihm den devisenbringenden Export seiner ukrainischen Getreide- und Rohstoffüberschüsse und damit eine raschere Industrialisierung ermöglicht hätte, im Krimkrieg und erneut auf dem Berliner Kongress von 1878 verlegt worden, wodurch es auf kontinentale Exportmöglichkeiten verwiesen wurde.

Diesen Weg ging man seit den frühen 1870er Jahren mit dem Ausbau des russischen Eisenbahnnetzes, das über drei Strecken mit dem deutschen verbunden wurde. Der dadurch von 1870 bis 1878 verdoppelte russische Getreideexport nach Deutschland wurde allerdings durch das deutsche Schutzzollgesetz von 1879 nahezu halbiert, nach einer erneuten Anhebung der deutschen Kornzölle im Jahr 1885 noch einmal um 20 % beschnitten. Auch die zweiseitigen, den russischen Getreideexport diskriminierenden

## II. Verifizierung

Handelsverträge, die das Deutsche Reich in den Jahren 1891 – 1893 mit Österreich-Ungarn, Italien, Belgien, der Schweiz und Rumänien abschloss, wirkten sich zusammen mit dem allgemein zunehmenden Protektionismus für den russischen Getreideexport äußerst negativ aus.[28] Solche für ein devisenbedürftiges Entwicklungsland frustrierenden Außenhandelserfahrungen mit Europa lenkten die russische Politik auf mittel- und fernöstliche Absatzmärkte, wobei letztere über eine transsibirische Eisenbahnlinie erschlossen werden sollten. Schon die 1891 erfolgende Inangriffnahme dieses gigantischen Projekts durch ein kapitalarmes Land lässt erkennen, dass das durch die mehrfache Blockierung seiner Meerengenpolitik und Exportwirtschaft seitens der europäischen Rivalen in der Wahrung seiner im Kampf gegen Napoleon errungenen Großmachtstellung behinderte Russische Reich gewissermaßen verzweifelt den ostasiatischen Ausweg suchte. Der seit den 1890er Jahren über Europa laufende rasch aufblühende Chinahandel ließ aus russischer Sicht eine direkte Verkehrsverbindung zu dem bevölkerungsreichen, oft unter Hungersnöten leidenden China als aussichtsreich erscheinen, zumal die anlaufende russische Industrie in Europa nicht wettbewerbsfähig und deshalb ebenfalls auf asiatische Exportmärkte angewiesen war.[29]

Das Unglück für die russische Ostasienpolitik bestand nun allerdings darin, dass – abgesehen von den dort längst etablierten Briten und Franzosen – die anderen *newcomers* unter den Industriemächten der Erde, also Japan, Deutschland und die USA ebenfalls den Weg nach China angetreten hatten, den sie zudem als Seemächte viel rascher und kostengünstiger bewältigen konnten als das auf einen ausgedehnten Trassenbau angewiesene Russland, dessen Magistrale die Mandschurei erst seit 1901 erschloss. Die diese durchquerende Streckenabzweigung der Transsibirischen Eisenbahn war das Ergebnis einer durch die chinesische Niederlage gegen Japan ermöglichten Verkürzung der ursprünglich in nördlicher Umgehung des chinesischen Staatsgebietes geplanten Streckenführung mit der Zielstation Wladiwostok.[30] Für den damaligen russischen Verkehrs- und Finanzminister Witte war dabei die Befürchtung maßgebend, die Mandschurei könnte durch Vergabe einer Eisenbahnkonzession an eine der anderen interessierten Industriemächte russischem Gewinnstreben verloren gehen.

Als Ansatzpunkte für die Erlangung einer chinesischen Konzession für den mandschurischen Eisenbahnbau diente Witte zum ersten die erwähnte von Russland mitgetragene Intervention gegen die im Frieden von Shimonoseki vorgesehenen Abtretungen der Halbinsel Liaotung und Koreas an Japan, zum zweiten eine von der russischen Regierung garantierte Anleihe, die China die Zahlung der ersten Kriegsentschädigungsrate an Japan ermög-

10. Das ‚Zeitalter des Imperialismus'

lichte.³¹ Die entscheidenden Mittel zur Erlangung der gewünschten Eisenbahnprivilegien waren aber die Gründung einer ‚Russisch-Chinesischen Bank', durch die wiederum die ‚Ostchinesische Eisenbahngesellschaft' ins Leben gerufen wurde, deren – getarnter – Alleinaktionär die russische Regierung war. Weitreichende, letztlich durch Bestechung des chinesischen Chefunterhändlers erreichte Privilegien wie russische Spurweite beim Gleisbau, um ein Drittel ermäßigte Export- und Importzölle für Bahnfrachten, Autonomie in der Tariffestsetzung und Befreiung der Bahn von chinesischen Steuern und Abgaben, außerdem die faktische Exterritorialität des gesamten Bahngeländes ließen die ‚Ostchinesische Bahn', für die auch eine südliche Abzweigung nach dem späteren Port Arthur am eisfreien Gelben Meer zugestanden wurde, zu einer russischen Staatsbahn in einer chinesischen Provinz werden.³² Witte hatte so im Jahr 1896 auf typisch wirtschaftsimperialistische Art und Weise Nordchina für den russischen Handel erschlossen und zugleich entsprechende japanische Interessen durchkreuzt.

In gleicher Absicht hatten, wie bereits erwähnt, Deutschland und Frankreich gegen die Liaotung und Korea betreffenden Bestimmungen des Friedens von Shimonoseki interveniert. Wie Russland ließen sie es dabei nicht bewenden, sondern suchten ihre mit der Intervention zugunsten Chinas bewiesene Beschützerrolle für die Erlangung eigener Einfallstore nach und Konzessionen für den Warenaustausch mit China auszunutzen. – Frankreich erreichte dies mit einer noch 1895 abgeschlossenen Konvention, in der die chinesische Regierung einer Grenzberichtigung zugunsten Französisch-Indochinas zustimmte, mehrere Städte seiner Südprovinzen Kwangsi und Yünan dem französischen Handel öffnete und den Franzosen erlaubte, ihren in Annam begonnenen Eisenbahnbau streckenweise durch chinesisches Gebiet zu führen.³³ – Ebenfalls noch 1895 erlangte das Deutsche Reich zwei Handelskonzessionen in Hankau und Tientsin, darüber hinaus die Verpachtung der Bucht von Kiautschou zur Errichtung einer exterritorialen Schiffsstation für die Versorgung der eigenen Handelsflotte v.a. mit dem Betriebsmittel Kohle. – Damit war ein Präzedenzfall geschaffen, aufgrund dessen kurz darauf Russland mit Port Arthur und Dairen, Frankreich mit Kuang-chou-wan und Großbritannien mit Chiulung und Wei-hai-wei die Anpachtung eigener Küstenstützpunkte durchsetzten.
Frankreich hatte bei der Anpachtung des auf der Insel Hainan gelegenen Kuang-chou-wan noch die chinesische Zusicherung erwirkt, dass die gegenüber liegende Festlandküste ebenso wie die seinem indochinesischen Kolonialreich benachbarten chinesischen Gebiete keiner dritten Macht

## II. Verifizierung

überlassen werden dürften, eine Abmachung, die Japan veranlasste, dasselbe für die Formosa gegenüberliegende Provinz Fukien einzufordern. Hinter solchen Konzessionen wollten die übrigen imperialistischen Mächte, die in China bereits Fuß gefasst hatten, also Großbritannien, Deutschland und Russland nicht zurückstehen, was sie nach Verweigerung entsprechender chinesischer Garantien dazu veranlasste, untereinander das Jang-tse-kiang-Tal als britisches, die Halbinsel Shantung als deutsches und die Mandschurei mit Korea als russisches Interessengebiet anzuerkennen. Wegen der letztgenannten, Korea betreffenden Bestimmung versagte allerdings die japanische Regierung diesem Abkommen ihre Anerkennung, da Korea bereits 1896 in einem russisch-japanischen Vertrag zur gemeinsamen Domäne beider Mächte erklärt worden war.[34] Auch die USA widersprachen der nunmehr offen betriebenen Aufteilung Chinas in nationale Interessen-Reservate und forderten für das ganze Reich der Mitte das ‚Prinzip der offenen Tür'.[35]
Dies entsprach in zweierlei Hinsicht der amerikanischen Interessenlage. Zum einen waren die USA um die Jahrhundertwende längst die leistungsfähigste Industriemacht der Erde, die bei freiem Wettbewerb jeden Handelskonkurrenten aus dem Feld schlagen konnte, zum anderen hatte der regierungsamtlich betriebene Imperialismus dieses Staats den Weg nach Ostasien erst 1898 mit dem Krieg gegen Spanien beschritten und sah sich nach den genannten Abkommen der imperialistischen Konkurrenten in China vor weitgehend verschlossenen Türen.

Aus welchen Gründen waren nun aber die USA, die ja als besonders dynamisch aufsteigende und bereits führende Industriemacht der Erde nach unserem bisherigen Erklärungsansatz dazu am wenigsten Anlass gehabt hätten, überhaupt auf imperialistische Aktivitäten verfallen? – Wir treffen bei der Beantwortung dieser Frage auf eine Kombination heimischer Wirtschaftskrise mit beunruhigenden sozialen Folgen und einem sich verhärtenden Widerstand der übrigen ‚Welt' gegenüber der amerikanischen Wirtschaftshegemonie.
Die seit 1893 in den Vereinigten Staaten sich ausbreitende Wirtschaftskrise, in deren Verlauf die Arbeitslosenquote 1894 auf 17 % hochschnellte, war Ergebnis eines seit Mitte der 1880er Jahre stagnierenden Außenhandels[36], der durch weltweit sich ausbreitenden Handelsprotektionismus seit der ersten heißen Phase des Hochimperialismus bedingt war. Eine Welle gewerkschaftlich organisierter, aber auch wilder Streiks, das dramatische Anwachsen der 1886 gegründeten *American Federation of Labour* sowie die um sich greifende Popularität der sozialpolitisch engagierten *Progressi-*

## 10. Das ‚Zeitalter des Imperialismus'

ves[37] gaben in ihrer Ballung als gesellschaftliche Krisenerscheinungen ebenfalls Anlass, auf staatspolitischer Ebene einen Ausweg aus der sozialökonomischen Doppelkrise zu suchen.[38]
Die programmatische Richtung eines solchen Auswegs hatte der amerikanische Marinetheoretiker Alfred Thayer Mahan mit seinem 1890 erschienenen Buch „The Influence of Sea Power upon History" gewiesen, in welchem er eine Verstärkung der amerikanischen Kriegsflotte als Instrument eines regierungsamtlichen USA-Imperialismus forderte. Einige *Progressives* unter den Republikanern um den späteren Präsidenten Theodore Roosevelt entwickelten aus Mahans Gedanken ein außenpolitisches Konzept, das Roosevelt bereits als Unterstaatssekretär im Marineamt 1897/8 tatkräftig zu verwirklichen begann, als er die Einbeziehung der Philippinen in den Krieg gegen Spanien betrieb, durch deren Eroberung der US-Handel in Ostasien einen wichtigen Stützpunkt erhielt.[39]
Die Philippinen wurden der Endpfeiler einer Stützpunkt-Brücke für amerikanische Schiffe, die von dem an der Nordostküste gelegenen Industriezentrum der USA über die Karibik nach Südamerika bzw. über den Pazifik nach Ostasien reichte. Die übrigen Pfeiler dieser Brücke waren überwiegend ebenfalls im Krieg gegen Spanien gewonnen worden, der aus einer Intervention der USA in das von einer Eingeborenen-Rebellion erschütterten, noch zum alten spanischen Kolonialreich gehörenden Kuba entstanden war. Als das amerikanische Kriegsschiff ‚Maine', das zum Schutz von US-Bürgern und deren Eigentum im Hafen von Havanna festgemacht hatte, aus ungeklärten Gründen explodierte und dabei 260 Amerikaner ums Leben kamen, wurde dies von der öffentlichen Meinung in den USA der interventionsfeindlichen spanischen Regierung angelastet, was schließlich zum Krieg führte. Nach zwei erfolgreichen Seeschlachten, welche die von Mahan inspirierte US-Flottenrüstung eindrucksvoll rechtfertigten (und die anderer imperialistischer Mächte anregten), erwarben die USA 1898 im Friedensvertrag von Paris außer den Philippinen die weiter östlich gelegene Pazifikinsel Guam und die Karibikinsel Puerto Rico, während Kuba formal in die Selbständigkeit entlassen, de facto aber zu einem US-Protektorat umfunktioniert wurde. Auch die Hawaii-Inseln, ähnlich wie Kuba schon zuvor durch die amerikanische Zuckerindustrie wirtschaftlich von den USA vereinnahmt, wurden 1898 nach dem Muster des bereits 1867 von Russland gekauften Alaska als ‚Territorium' annektiert.[40]
Das letzte Hindernis auf dem Seeweg von der amerikanischen Nordostküste in den Pazifik stellte nunmehr die Landbrücke von Panama dar, wo seit 1881 eine französische Gesellschaft in kolumbianischem Auftrag einen isthmischen Kanalbau betrieb. Nachdem dieses Unternehmen gescheitert

## II. Verifizierung

war, griff der US-Außenminister Hay die Kanalfrage wieder auf, indem er in Verhandlungen mit dem Britischen Botschafter Pauncefot – Englands Verwicklung in den Burenkrieg nutzend – alte britische Kanalbaurechte ausräumte, von der kolumbianischen Regierung die Zustimmung zur Gründung einer neuen Kanalbaugesellschaft erlangte, deren gesamte Rechte am Kanal die USA 1904 für ganze 40 Millionen Dollars erwarben. Den entsprechenden Kaufvertrag von 1903 hatte Kolumbien abgelehnt, was Roosevelt und Hay mit einer geschickt inszenierten Scheinrevolution im Kanalgebiet beantworteten, die von US-Kriegsschiffen gegen kolumbianisches Eingreifen geschützt wurde. Das Ergebnis dieser Aktion war die Gründung der von Kolumbien losgelösten Republik Panama, die, unter US-Protektorat stehend, ihrer Schutzmacht die Kanalzone zu günstigsten Bedingungen verpachtete.[41] Zwar konnte der Panama-Kanal erst 1914 fertiggestellt und 1918 wirklich in Betrieb genommen werden, dennoch ist er – zumal mit Pauncefot Befestigungsrecht und Polizeihoheit der USA in der Kanalzone vereinbart worden waren – eindeutig als Ergebnis imperialistischer Politik einzuordnen, die besonders genaue Parallelen zur russischen Bahnbau-Strategie in der Mandschurei aufweist.

Das Einschwenken der USA in die Wege und Methoden imperialistischer Politik wird auch an ihrer Beteiligung an der Niederschlagung des chinesischen ‚Boxeraufstandes' von 1899/1900 sichtbar. Bei diesem handelte es sich um eine der zahlreichen ‚nationalen' Gegenreaktionen der ‚Peripherie' gegen das imperialistische Eindringen der Industrienationen in zurückgebliebene Gesellschaften. Der chinesische Geheimbund der ‚Faust(-kämpfer) für Recht und Einigkeit' wandte sich ebenso gegen das von westlichen Missionaren in China verbreitete Christentum wie gegen den die ländliche Gewerbewirtschaft zerstörenden Import von amerikanischen Baumwollstoffen und anderen Industrieerzeugnissen, aber auch gegen die ähnliche Wirkungen zeitigende Industrialisierung Nordchinas. Die Unterstützung der ‚Boxer' durch eine Fraktion am Kaiserhof sowie Teile der chinesischen Bürokratie ermöglichte ihnen schließlich das Eindringen nach Peking und die Belagerung des Gesandtschaftsviertels, wo außer einem japanischen Gesandtschaftssekretär der deutsche Geschäftsträger v. Ketteler einem Attentat zum Opfer fiel. Dies sowie eine Kriegserklärung der nunmehr ganz auf die Seite der ‚Boxer' gerückten chinesischen Regierung an die Westmächte führte bei diesen zur Bildung eines gemeinsamen militärischen ‚Expeditionscorps', an dem sich alle imperialistischen Mächte der Zeit beteiligten, um einen ungestörten Wirtschaftsaustausch mit China wieder herzustellen.[42] Nach dem Sieg des Expeditionscorps musste China im sogenannten ‚Boxerprotokoll' von 1901 den vereinigten Mächten außer einer Reihe

## 10. Das ‚Zeitalter des Imperialismus'

von Sühneleistungen die militärische Sicherung des Gesandtschaftsviertels wie der Landverbindung zwischen dem Meer und Peking überlassen, also einem weiteren Souveränitätsverlust zustimmen. Auch wenn das gemeinsame Vorgehen aller imperialistischen Mächte für einen freien Zugang nach China Tendenzen einer gemeinsamen Open-Door-Politik aufkommen ließ, wie etwa das deutsch-britische Yangtse-Abkommen von 1900 nahelegt, zeigte sich doch sehr bald, dass imperialistische Politik ihrem Wesen nach gerade nicht auf Gemeinsamkeit, sondern auf protektionistische Reservatbildung der Einzelmächte ausgerichtet blieb. So ließ die russische Regierung, obgleich sie dem Yangtse-Abkommen mit seiner Open-Door-Programmatik beitrat, noch während des Boxerkrieges große Teile der Mandschurei besetzen, um diese Provinz vor allem gegen japanischen Zugriff abzusichern. – Auch das 1902 zwischen Großbritannien und Japan abgeschlossene Bündnis sollte zwar in erster Linie einer weiteren russisch-französischen Okkupationspolitik in China vorbeugen und dort wie in Korea „gleiche Gelegenheiten für den Handel und die Industrie aller Nationen" sicherstellen, lief aber dennoch auf die gegenseitige Abgrenzung und Wahrung je eigener Interessengebiete hinaus.[43] Insbesondere das japanische Interesse an Korea war ausgesprochener Vertragsgegenstand. Damit wurde nicht nur das erwähnte russisch-japanische Abkommen von 1896 in Frage gestellt, sondern – durch die im Vertrag verankerte Beistandsgarantie für den Fall einer gegnerischen (französisch-russischen) Koalition – Japan zu einem Vorgehen gegen die russische Besetzung der Mandschurei ermutigt.

Die durch das englisch-japanische Bündnis hergestellte Konstellation führte folgerichtig zum japanisch-russischen Krieg von 1904/5, der Japan als dem Sieger die unbestrittene Vormachtstellung in Korea einbrachte, das 1910 sogar annektiert wurde, während die Mandschurei – gegen die von Roosevelt als dem Friedensvermittler eingebrachte Bestimmung einer Rückgabe an China – de facto und durch nachfolgende japanisch-russische Vereinbarungen in eine nördliche russische und eine südliche japanische Einflusszone zerfiel. Das im Frieden von Portsmouth 1905 wiederum paraphierte Prinzip der offenen Tür war so ein weiteres Mal an der Realität imperialistischer Politik gescheitert, woran auch die USA als ‚zu spät gekommene' Großmacht nichts ändern konnten.[44]

Betrachten wir die zweite heiße Phase imperialistischer Politik um die Jahrhundertwende noch einmal im Überblick sowie im Vergleich zu ihrer Vorläuferin in der ersten Hälfte der 1880er Jahre, lässt sich Folgendes feststellen: Wurde das erste imperialistische Wettrennen zwischen den älteren

## II. Verifizierung

europäischen Industrienationen mit den Hauptzielen Afrika und Südostasien ausgetragen, um dem verschärften gegenseitigen Protektionismus und dem Exportdruck vor allem der USA mit dem Erwerb eigener kolonialer Austauschpartner auszuweichen, wobei Großbritannien und Frankreich die größten Erfolge verbuchten, so waren im zweiten Rennen die jungen imperialistischen Mächte Japan und Russland die Auslöser eines nun alle größeren Industriemächte erfassenden Wettbewerbs um den chinesischen Markt. Gemessen an den geostrategischen Erfolgen des staatlich sanktionierten Imperialismus waren dabei die ‚Neulinge' Japan und Russland im Zielgebiet selbst am erfolgreichsten, die USA als die jüngste imperialistische Macht, was die Zuwegung dorthin anbetraf.

Die Motive dieser jungen Industrienationen bei ihrem imperialistischen Ausgreifen nach China sind im Fall Japans auf das bereits genannte Kompensationsbedürfnis für die beim ungleichen Handelsaustausch mit den Westmächten erlittenen nationalen Energieverluste zurückzuführen. Was Russland und die USA betrifft, so gerieten beide Volkswirtschaften, wie oben erläutert, durch die protektionistische Reaktion der älteren Industriemächte, aber auch vieler Staaten der ‚Dritten Welt' ihrerseits in wirtschaftliche und soziale Schwierigkeiten, die sie nach dem Muster ihrer imperialistischen Vorreiter durch territoriale Expansion in oder auf dem Weg nach China zu überwinden suchten. Ließ sich die erste Welle imperialistischer Politik als Reaktion etablierter europäischer Industriestaaten auf die nachdrängende Konkurrenz jüngerer Nationen zurückführen, so wurde die zweite durch den in Schutzzoll- und Kolonialpolitik sich äußernden Protektionismus der Europäer, außerdem durch enttäuschende Handelsgewinne mit unterentwickelten Kolonien hervorgerufen. Dass sich die Europäer in das Rennen um die chinesischen Märkte einschalteten, obwohl für sie Mitte der 1890er Jahre die Große Depression zu Ende ging, widerspricht nicht dem, was wir über den Zusammenhang von nationalen Energieeinbußen und Imperialismus gesagt haben. Die Chinapolitik der europäischen Staaten beschränkte sich nämlich darauf, bestehende Handelsbeziehungen mit dem Reich der Mitte gegenüber aggressiver japanischer und russischer Kolonialpolitik offen zu halten, nicht aber war sie wie die dieser Staaten auf Protektoratsbildung aus oder wie die der USA auf Aneignung einer lückenlosen Kette von Insel- und Kanalstützpunkten zwischen eigenem Industriezentrum und dem Fernen Osten. Mithin setzten die Europäer in China die protektionistische Politik gegenüber neuer industriestaatlicher Konkurrenz im wesentlichen nur fort, die sie untereinander und gegenüber den USA schon in den 1880ern begonnen hatten.

## 10. Das ‚Zeitalter des Imperialismus'

Wenn das Deutsche Reich 1899 gleichwohl aus der Konkursmasse des Spanischen Kolonialreichs die pazifischen Karolinen-, Palao- und Marianen-Inselgruppen erwarb, so muss hierbei berücksichtigt werden, dass es bereits 1885 die Schutzherrschaft über die beiden erstgenannten Inselgruppen errichtet hatte und dass es mit dem tödlichen Attentat auf seinen Gesandten v.Ketteler beim Boxeraufstand eine besonders heftige Provokation seitens der ‚Peripherie' hatte hinnehmen müssen, was zu einer – auch in der deutschen Flottengesetzgebung der folgenden Jahre dokumentierten – Verstärkung der eigenen Position in Ostasien begründeten Anlass gab. – Neben der Konkurrenz der sich vermehrenden Industriestaaten untereinander – das zeigen dieser Zusammenhang wie der gesamte ‚Boxerkrieg' deutlich – war es immer wieder auch ‚nationaler' Widerstand der Peripherie, der imperialistische Aktivitäten gewaltsam werden ließ. Die Dimension staatlich erklärter und geführter Kriege nahmen solche Konflikte dann sowohl im japanischen Krieg gegen China wie im südafrikanischen Burenkrieg an.
Zu kriegerischen Auseinandersetzungen kam es in dieser zweiten Welle des Hochimperialismus erstmals aber auch zwischen den imperialistischen Konkurrenten selbst. Sowohl der amerikanisch-spanische wie der japanisch-russische Krieg sind hier einzuordnen; und weil diese Kriege wie auch schon der japanisch-chinesische Waffengang durch Seeschlachten entschieden wurden, erhob sich – den Thesen Mahans entsprechend – die nationale Flottenrüstung zum unverzichtbaren Mittel eigener ‚Weltgeltung' und wurde nicht nur in den USA, Deutschland und Großbritannien, sondern auch in Japan, Russland, Frankreich und Italien nach Kräften vorangetrieben. Damit war – wenn für die Europäer auch noch in weiter Ferne und auf ungewohntem ‚Terrain' – ein erster Schritt in Richtung Weltkrieg getan.
Dergleichen schien sich auch im näheren Afrika anzubahnen, wo die dort führenden Kolonialmächte Großbritannien und Frankreich in Konflikt gerieten, als sie ihre jeweiligen Protektorate und Kolonien unter verkehrs- und militärstrategischen Gesichtspunkten zu verbinden oder zu arrondieren suchten.
Großbritannien folgte dabei Cecil Rhodes' Konzept einer anzustrebenden ‚Kap-Kairo-Linie', womit ein ununterbrochener britischer Kolonialbesitz zwischen der Kapkolonie und Ägypten gemeint war, der verkehrsmäßig von einer durchgehenden Eisenbahnlinie erschlossen werden sollte.[45] Darüber hinaus war die Beherrschung ganz Ostafrikas auch ein seestrategisches Ziel, mit dessen Erreichung der Indische Ozean zum *mare britannicum* geworden wäre. Diesem Konzept gemäß, das auch in der britischen Öffentlichkeit breite Unterstützung fand, fassten private Gesellschaften wie die *British East-* oder die *British South Africa Company* in den für jenes

## II. Verifizierung

Konzept wichtigen Regionen Fuß, um kolonialen Konkurrenten der Briten zuvorzukommen. Bei Konflikten mit diesen oder den Eingeborenen kam der britische Staat auch militärisch zu Hilfe und annektierte das beanspruchte Gebiet. Auf diese oder ähnliche Weise wurden die Protektorate Betschuanaland (1885), Uganda (1893), Britisch-Ostafrika und Rhodesien (1895) annektiert. Im Norden stießen die Briten 1898 von Ägypten aus, wie oben schon skizziert, sofort militärisch in den Sudan vor und gliederten diesen ihrem ägyptischen Protektorat an. Ein entsprechender Vorstoß von Süden erfolgte im Burenkrieg (1899 – 1902), durch den die aus dem Kapland ins Landesinnere verdrängten niederländischen Buren unterworfen, ihre bis dahin selbständigen Republiken mit der Kapkolonie zur Südafrikanischen Union zusammengeschlossen wurden.[46]

Mit den britischen Plänen und Herrschaftsausweitungen im Osten Afrikas kreuzte sich, wie bereits erwähnt, vor allem der von Nordwest-Afrika in Richtung Osten auf Dschibuti am Südausgang des Roten Meeres vorstoßende französische Imperialismus. Das Zusammentreffen einer auf dieses Ziel angesetzten französischen Militärexpedition unter Hauptmann Marchand mit englischen Streitkräften unter General Kitchener bei Faschoda am oberen Nil (1898), das leicht zu einem Krieg zwischen beiden Mächten hätte führen können, war dramatischer Höhepunkt des strategischen Interessenkonflikts der beiden größten afrikanischen Kolonialherren.[47]

Auch der Versuch Italiens, seine beiden Küstenbesitzungen Eritrea am Roten Meer und Somaliland 1896 durch die Eroberung Abessiniens zu einem größeren Kolonialreich zusammenzuschließen, hätte den britischen Wunsch nach durchgehender Beherrschung Ostafrikas durchkreuzt. Die italienische Niederlage gegen das abessinische Heer bei Adua ließ aber diese imperialistische Aktion scheitern und zeigte die militärische Schwäche Italiens auf, das damit für Großbritannien kein ernstzunehmender imperialistischer Rivale wurde.

Auch Deutsch-Ostafrika lag der Kap-Kairo- bzw. mare-britannicum-Konzeption der Briten rein geographisch im Wege. Da die Briten aber in einem 1890 mit dem Deutschen Reich abgeschlossenen Vertrag die vor der Küste des deutschen Protektorats gelegene Insel Sansibar gegen das an Deutschland fallende Helgoland eintauschen konnten, war das völlig unterentwickelte deutsche Schutzgebiet für ihre meeresstrategische Herrschaftskonzeption keine Bedrohung mehr, und da das transkontinentale Eisenbahnprojekt der Briten ohnehin nicht verwirklicht wurde, Deutsch-Ostafrika für sie kein drängendes Problem.

## 10. Das ‚Zeitalter des Imperialismus'

Sucht man nach Erklärungen für den zwar nicht neu ansetzenden, aber um die Jahrhundertwende doch sehr expansiven Imperialismus einiger europäischer Staaten in Afrika, die zu dieser Zeit durch keine aktuelle Wirtschaftskrise heimgesucht wurden, so muss dreierlei dazu gesagt werden. Erstens können Industrienationen, soweit nicht einer Diktatur unterworfen, als hochkomplexe Großgesellschaften nicht von heute auf morgen gesamtpolitisch umgepolt werden. Die Mitte der 1890er Jahre erst gerade überwundene Große Depression wirkte also in den am stärksten von ihr betroffenen Nationen auch hinsichtlich der zu ihrer Überwindung begonnenen Aktivitäten noch nach. Zweitens befanden sich gerade Großbritannien und Frankreich, wie oben bereits ausgeführt, gemessen an ihrer industriellen Leistungsfähigkeit in einem säkularen Rückzugsgefecht gegen die nach vorn stoßenden Industrienationen Deutschland und USA. Hinzu kam als drittes Motiv für eine möglichst rasche Absicherung überseeischer Kolonialreiche die ostasiatische Erfahrung dieser Jahre, die auch auf dem Felde des ausgreifenden Imperialismus mit Japan, Russland und den USA neue und überraschend erfolgreiche Konkurrenz hatte in Erscheinung treten lassen. Dabei mussten vor allem die in Seekriegen erfolgreichen Japaner und Amerikaner als mögliche Rivalen auch in Afrika einkalkuliert werden.
Wenn also die beiden alten westeuropäischen Industrienationen und das um Großmachtstatus bemühte schwächere Italien am Ende des 19. Jahrhunderts ihre Austauschchancen nicht nur im fernen Osten, sondern auch in Afrika abzusichern suchten, dann letztlich nur aus einer in der langen Wirtschaftskrise von 1873 – 1896 geweckten, durch das relative Zurückfallen ihrer wirtschaftlichen und technisch-wissenschaftlichen Leistungsfähigkeit gegenüber aufsteigenden Konkurrenten wach gehaltenen und vom Auftauchen neuer imperialistischer Rivalen aktualisierten Verunsicherung. Imperialismus ist also auch in dieser seiner späten Ausprägung als Reaktion von Gesellschaften zu verstehen, deren Energiegewinnchancen erkennbar verschlechtert, mindestens gefährdet erschienen und die deshalb dazu tendierten, bestehende, aber ungesicherte Austauschwege und -reviere durch staatliche Machtmittel abzusichern.

Sowohl eine in Wirtschafts- und Sozialkrisen erfahrene als auch voraussehbare Verschlechterung der gesellschaftlichen Energiebilanz im multilateralen Konkurrenzkampf führte also Industrienationen auf den Weg eines zunehmend mit staatlichen Machtmitteln betriebenen ‚formellen' Imperialismus. Dass dies von Zeit zu Zeit in besonders geballten Phasen imperialistischer Politik geschah, ließ sich in beiden beobachteten Fällen auf den besonders dynamischen Vorstoß neuer Industrienationen auf das Feld in-

II. Verifizierung

ternationaler Konkurrenz um günstige Energieaustauschverhältnisse zurückführen. Wenn dabei zugleich industriewirtschaftliche Absatzbedürfnisse eine besonders wichtige Rolle spielten, dann deshalb, weil die industrielle Leistungsfähigkeit der etablierten Nationalstaaten für deren ‚Stellung in der Welt', also deren internationales Prestige und mithin politisches Machtpotenzial ein immer wichtigerer Faktor geworden war. Man kann sogar sagen, dass der traditionelle, auf Landgewinn ausgerichtete, daher immer kriegerische Machtkampf des agrarischen Zeitalters in der Phase des Imperialismus zumindest überwiegend von dem des konkurrierenden Waren- und Kapitalexports abgelöst wurde. Hierbei erlittene Misserfolge in Form von Handels- und Zahlungsbilanzdefiziten oder Wirtschaftskrisen waren (und sind) gleichbedeutend mit verlorenen Schlachten oder sogar Kriegen der ‚heroischen' Epoche. Solche ökonomisch bedingten Niederlagen und also Energieverluste rasch, effizient und gewaltfrei wettzumachen, darauf zielte die Politik des kolonialen Imperialismus. Wenn dieser schließlich doch in gewaltsame Auseinandersetzungen mit der ‚Peripherie' oder zwischen imperialistischen Konkurrenten mündete, so waren dies nicht beabsichtigte ‚Nebenwirkungen'. Natürlich ging es dabei auch um machtpolitische Absicherung oder Eröffnung von Austauschwegen und -reservaten. Doch war dergleichen kein Selbstzweck, sondern diente, wie etwa das russisch-chinesische Abkommen über die mandschurische Eisenbahn, das japanische Friedensdiktat von Shimonoseki oder der amerikanische ‚Brückenbau' über den Pazifik besonders deutlich erkennen lassen, der langfristigen Etablierung von gewaltfreien ökonomischen Austauschmöglichkeiten mit unterlegenen Partnern, die unter Ausnutzung ungleicher Tauschverhältnisse besonders ergiebigen Energiegewinn versprachen.

*B) Energetische Analyse imperialistischer Austauschverhältnisse*

Weil das genannte Austauschverhältnis von Kritikern der ökonomischen Imperialismustheorie immer wieder als für den stärkeren Teil wertlos bezeichnet worden ist, soll an dieser Stelle eine energetische Analyse eingeschaltet werden, um eine solche Auffassung zu überprüfen. – Wie im Theorieteil erläutert, kommt Austausch immer dann zustande, wenn jeder der beiden Austauschpartner dem anderen ein Energie sparendes oder einbringendesTauschobjekt anzubieten hat, das dieser gar nicht oder nur zu einem höheren Preis, letztlich mit einem größeren Energieaufwand zu beschaffen vermag, als vom Anbieter gefordert. Jeder der beiden Tauschpartner erlangt also einen Vorteil, energetisch gesprochen erzielt jeder von beiden eine Energieeinsparung – und damit bilanziell einen Energiegewinn – sowohl

## 10. Das ‚Zeitalter des Imperialismus'

beim Waren/Dienstleistungs/Informationstausch wie bei dem von Ware/ Dienstleistung/Information gegen das Energie-Äquivalent Geld. Wiederum grundsätzlich gesprochen galt und gilt dies selbstverständlich auch für den Austausch zwischen entwickelten Industrienationen und unterentwickelten Protektoraten oder Kolonien. Eine Verschiebung des beiderseitigen Vorteils zugunsten des überlegenen Partners im Sinne ungleichen Tauschs tritt allerdings dann ein, wenn der unterlegene zu Tauschakten gezwungen wird, die ihm keinen oder nur minimalen Energiegewinn einbringen. Kraftraubende Plantagenarbeit etwa, für die ein Eingeborener nicht vielmehr erhielt, als zur Erhaltung seiner physischen Existenz notwendig, war nur mit Zwang in dem entsprechenden Austauschverhältnis zu fixieren, brachte aber dem überlegenen Partner, etwa einer Plantagengesellschaft überproportionale Gewinne ein. Diese wurden noch dadurch gesteigert, dass die Energiemenge, die in (sub)tropischen Breiten für die Erhaltung eines Menschenlebens notwendig ist – dies wurde oben (II.7) bereits am indischen Beispiel gezeigt – den entsprechenden Wert in gemäßigten Breiten, in denen damals alle Industrienationen lagen, weit unterschreitet. Da die Industrieländer bei der Erzeugung ihrer Tauschwaren – fast durchweg Industrieprodukte – außerdem aufgrund ihrer fortgeschrittenen Energietechnik zu einem hohen Anteil Umwelt-Energie in den Produktionsprozess einspeisen konnten (und können), war (und ist) in dem von ihnen angebotenen Tauschobjekt sehr viel weniger von Menschen eingebrachte Energie enthalten als in dem tropischen Tauschobjekt, was das Energietauschverhältnis für den technisch überlegenen Partner noch günstiger gestaltet. Aus diesen Gründen konnten energietechnisch fortgeschrittene Industrienationen Völker mit weniger entwickelter Energietechnik, um es traditionell zu formulieren, für sich arbeiten lassen, sie, wenn man so will, energetisch versklaven, selbst wenn diese formal nur militärisch ‚beschützt' wurden. Da Arbeit produktiver Energieeinsatz ist, bedeutet dies eine entsprechende Energieeinsparung für die Mitglieder des überlegenen Austauschpartners, bilanziert ausgedrückt dessen Energiegewinn.

Ein solcher konnte noch dadurch vermehrt werden, dass die ‚Kolonialwaren', gegebenenfalls nach industrieller Verarbeitung oder Veredelung an Drittländer weiterverkauft, deren Produkte umgekehrt in den eigenen Kolonialgebieten abgesetzt wurden. Durch den Ausbau einer solchen Austausch-Vermittlerposition, – das haben Handelszentren wie Venedig, Brügge und dann London im Lauf der europäischen Geschichte immer wieder vorgeführt – steigert jedes Energieaustauschsystem seine Kapazität, den Umfang und die Zahl seiner Austauschakte und damit seinen Energiegewinn noch einmal dadurch exponentiell, dass es nicht nur Waren, sondern

## II. Verifizierung

Energie in Form von Geld als deren symbolischem Äquivalent in Mengen austauscht, die in Waren- oder Dienstleitungsform gar nicht zu bewältigen wären. Diese, wie gesagt, grundsätzliche Überlegung muss allerdings durch einige Bedingungen eingeschränkt werden, wenn man der Realität imperialistischen Energieaustauschs gerecht werden will. Erstens konnte das überlegene System nur dann nennenswerte Gewinne aus den skizzierten Austauschverhältnissen ziehen, wenn der unterlegene Tauschpartner entsprechende Mengen an solchen Tauschobjekten anzubieten in der Lage war, die in der imperialen Industriegesellschaft oder bei deren Kunden nachgefragt wurden. Bei primitiven Selbstversorgergesellschaften ohne nennenswerte Arbeitsteilung und Überschussproduktion, ganz zu schweigen von leistungsfähigen Transportsystemen, war dies bereits eine fehlende Voraussetzung. Ein solcher Mangel hat, worauf die Kritiker der ökonomischen Imperialismustheorie stets verweisen, den Kolonialhandel jüngerer Imperien in sehr bescheidene Dimensionen verwiesen. So erreichte etwa der deutsche Kolonialhandel in den letzten Jahren vor dem Ersten Weltkrieg nur 0,5 % des deutschen Gesamtaußenhandels.[48] Der entsprechende Prozentsatz für den französischen Kolonialhandel lag bei 10 %[49], der für den britischen allerdings zwischen 25 % (Import) und 30 % (Export), wobei allerdings auf die *neuen* britischen Kolonien nur ein Anteil von 3,4 % entfiel.[50] All dies zeigt zugleich, dass der Umfang des Kolonialhandels von der Größe, vor allem aber vom Entwicklungsgrad des jeweiligen Kolonialreichs abhing. Kurzfristige Gewinnerwartungen waren hier in der Tat illusorisch, wenn das Fundament einer Hochkultur wie in Indien oder China bzw. Infrastruktur-Investitionen seitens der jeweiligen Kolonialmacht fehlten.

Eine zweite Bedingung für überproportionale Gewinne aus dem Kolonialhandel war die mindestens tendenzielle Ausschließung imperialistischer Konkurrenten vom Austausch mit den eigenen Kolonien. Denn ohne den entsprechenden Protektionismus waren der Handel oder die Banken des Mutterlandes der Konkurrenz von Ausländern in der eigenen Kolonie ähnlich ausgesetzt wie auf Drittmärkten. Immerhin lag hier (bei Gefahr von Vergeltungsmaßnahmen) eine Möglichkeit protektionistischer Monopolbildung, von der vor allem wirtschaftlich schwächere Nationen wie die französische seit 1892 Gebrauch machten.[51]

Erst wenn das Kolonialreich zu einem leistungsfähigen Lieferanten von Produkten entwickelt war, die das Mutterland gewinnbringend weiterverwerten konnte – Musterbeispiel bleibt die indische Rohbaumwolle für die britischen *cotton-mills* – und konkurrierende Nachfrager ferngehalten werden konnten, ließ sich der energetische Wirkungsgrad des Imperiums nennenswert verbessern. Entsprechendes gilt für den Kapitalexport, den vor allem marxistische Theoretiker für das entscheidende Agens des Imperialismus meinten benennen zu können. Die ‚bürgerliche' Geschichtsschreibung hat dieser Auffassung Zahlen entgegengehalten, die tendenziell denen des Kolonialhandels entsprechen. So waren bis kurz vor dem Ersten Weltkrieg nur knapp 5 % der deutschen Auslandsanleihen in die Kolonien des Reichs geflossen, während der französische Kapitalexport zu 8,8 %, der britische allerdings zu 47 % im je eigenen Kolonialreich angelegt waren. Für Großbritannien sind hier wie beim Kolonialhandel die Dominions einbezogen. In die nach 1880 erworbenen britischen Kolonien gingen dagegen in den Jahren 1905 – 1914 auch nur etwa 5 % der britischen Kapitalexporte.[52]

Trotz dieser für marxistische Theoretiker wohl ernüchternden Zahlen bleibt natürlich richtig, was Hobson und seine marxistischen Epigonen in Bezug auf sinkende Kapitalrenditen in den Industrieländern ausgeführt haben, die ein Interesse an höherverzinslichen Anlagen in staatlich abgesicherten Kolonien erweckten. Nur eines übersahen diese Theoretiker: dass nämlich der Zinssatz zu einem ganz erheblichen Teil von der Sicherheit der Kapitalanlage abhängt. Eine mutterstaatliche Garantie für koloniale Auslandsanleihen hätte deren Renditen rasch denen im imperialistischen Mutterland angeglichen. Wenn für Anleihen in Protektoraten und unterentwickelten Kolonien oft astronomische Zinsen und Gebühren gezahlt wurden, dann deshalb, weil es sich um Risikoanlagen handelte, bei denen ein Verlust zumindest von Teilen des Anlagekapitals einkalkuliert war. Der rapide Fall der Suezkanal-Aktien, der Zusammenbruch der französischen Panama-Kanalbau-Gesellschaft, der zeitweilige Konkurs des Osmanischen Reichs oder revolutionäre Entwicklungen in Schuldnerstaaten wie Tunesien, Marokko, China oder Venezuela waren Beispiele, die der damaligen Finanzwelt lebhaft vor Augen standen und den besonnenen Kapitalisten gegenüber kolonialen Engagements eher zurückhaltend agieren ließ.

Richtig ist an der Hobsonschen Grundüberlegung, dass heimisches Kapital in der kolonialen Welt beides suchte, nämlich hohe Rendite *und* Sicherheit, welch letztere es sich von stabiler militärischer Absicherung der je eigenen Kolonien mit dem Blick auf das britische Empire glaubte versprechen zu können. Überhaupt verführte das reiche Britannien die Öffentlichkeit der seit langem ihm nacheifernden Industriestaaten, die, nach dem bloßen Augenschein urteilend, den Glanz des auf seinem in Jahrhunderten gesammelten Kapital thronenden Finanzzentrums der Erde einseitig dessen riesigem Kolonialreich zuschrieb und die je eigene Regierung deshalb zu nacheiferndem Imperialismus drängte, der, wie man verkannte, nur langfristig energetische Wohlstandsfrüchte tragen konnte. Der theoretische Ansatz des Sozialimperialismus, dem zufolge Imperialismus vor allem zur Elitenstabilisierung gegenüber dem sozialistisch organisierten Industrieproletariat gedient habe, das man mit Teilhabe am nationalen Prestige und Stolz auf neue Kolonien habe politisch ruhig stellen wollen, muss in starkem Maß sozialpsychologische Argumente in Anspruch nehmen, um seine Deutung glaubwürdig zu machen. Dies ist nicht leicht angesichts der Tatsache, dass zu beruhigende soziale Unruhen in den europäischen Industriestaaten gerade während der ‚heißen' Phasen des Hochimperialismus fehlen.[53] So ging es ‚sozialimperialistisch' motivierten Politikern, die es nachweislich in allen imperialistischen Staaten gab[54], mehr um Zukunftsvorsorge angesichts einer in sozialistischen Wahlerfolgen sich abzeichnenden ‚Partizipationskrise'(W. Schieder), also gegen ein unter dem Druck der interimperialen Konkurrenz sich abzeichnendes Eindringen von Führern des Arbeiterproletariats in die ‚Nation' der kulturell, gesellschaftlich und/oder wirtschaftlich Privilegierten. Die in allen imperialistischen Nationalstaaten zu beobachtende, allerdings unterschiedlich breite Entwicklung einer nationalistischen Kolonialbewegung, die in einer Vielzahl von Komitees, Vereinen und ‚Gesellschaften' für eine Forcierung imperialistischer Politik eintrat, kann in der Tat als eine solche Abwehrreaktion der ‚etablierten Nation' – die Sozialhistoriker benutzen meist den generalisierenden Begriff der ‚Eliten' – gegen unwillkommene innergesellschaftliche Konkurrenz von Aufsteigern verstanden werden. Hier wäre es im Sinne der energetischen Betrachtungsweise also der befürchtete Mangel an sonstigen Verteidigungsmöglichkeiten gegenüber sozialistischen Aufsteigern gewesen, der etablierte Eliten mit spektakulärem Imperialismus ihre energetisch ertragreichen Positionen verteidigen ließ.

Die im Laufe unserer Untersuchung bereits mehrfach aufgewiesene Alternative zur Bewältigung eines verschärften zwischengesellschaftlichen Kampfes um Energiegewinnmöglichkeiten, nämlich Einbeziehung interner oder externer gesellschaftlicher Gruppen zur Vergrößerung des gesamtgesellschaftlichen Energieumsatzes und -gewinns, wurde also von der ‚etablierten Nation' der Industrieländer erkannt und im eigenen Interesse zugunsten externer Expansion zu entscheiden versucht. Die Anerkennung eines solchen geschichtlichen Zusammenhangs darf aber nicht zu der rückblickenden Fehleinschätzung verleiten, die – durchaus konservative – Elitenstabilisierung sei die prima causa des Imperialismus überhaupt gewesen. Als solche muss vielmehr erlittener oder drohender nationaler Energiemangel in Form militärischer, ökonomischer oder politischer Niederlagen mit entsprechenden innergesellschaftlichen Verwerfungen identifiziert werden, welchen in der vielseitigen interimperialen Konkurrenz jede der beteiligten Nationen in Form von Wirtschafts- und Sozialkrisen, militärischer Demütigung oder kolonialer Misserfolge hatte erfahren müssen und der durch imperialistische Erfolge möglichst rasch und spektakulär zu tilgen versucht wurde, um unter anderem innergesellschaftlichen Turbulenzen vorzubeugen.

An dieser Kausalität ändert auch die nachträglich aufzumachende negative Erfolgsbilanz des meist formellen Hochimperialismus nichts, die diesen als glatte Fehlspekulation erwies[55], weil der diese Form des Imperialismus beendende Erste Weltkrieg eine größere Zeiträume benötigende Entwicklung primitiver Kolonialvölker und ihrer Infrastruktur zu halbwegs leistungsfähigen Austauschpartnern vorzeitig beendete, außerdem China durch die bereits 1911 einsetzenden revolutionären Wirren, den bald folgenden Bürgerkrieg und die kommunistische Revolution als lukrativer Handelpartner insbesondere der Europäer und der USA für lange Zeit ausfiel.

*C) Der Zusammenhang zwischen Imperialismus und dem Ersten Weltkrieg*

Bedingt durch die mit der globalen Anwendung des Telegraphen immer rascher funktionierenden Kommunikationssysteme führten die erörterten imperialistischen Wettläufe zunehmend in die Situation des ‚toten Rennens', bei dem letztlich keiner der Konkurrenten als eindeutiger Sieger auszumachen war. Dies gilt für die Regelung der Kongofrage auf der Berliner Mächtekonferenz ebenso wie für das Samoa-Abkommen von 1899, in dem ein amerikanisch-britisch-deutsches Kondominat über die umstrittene Inselgruppe vereinbart wurde; es gilt für die besprochenen Abkommen zur Abgrenzung von Interessengebieten und Stützpunkten in China, und es sollte für die Konferenz von Algeciras Gültigkeit erlangen, auf der Deutschland 1906 eine französische Protektoratsherrschaft über Marokko zugunsten des Prinzips der offenen Tür vorerst verhindern konnte.

Die durch solche internationalen Abkommen und Konferenzbeschlüsse dokumentierte gegenseitige Blockierung imperialistischer Aktivitäten ließ die beteiligten Mächte eine neue Strategie geheimer bilateraler Abmachungen entwickeln, die eine zweiseitige Einigung über strittige Interessengebiete mit der Ausschließung wechselnder Dritter verband.

Die wichtigsten dieser Übereinkünfte waren der britisch-französische Sudanvertrag vom März 1899, der den Faschoda-Konflikt überwand und durch zunächst noch grobe Abgrenzung der nordafrikanischen Interessen-

## II. Verifizierung

sphären beider Mächte die *Entente cordiale* vorbereitete, weiterhin das französisch-italienische Mittelmeerabkommen vom Dezember 1900, das den Italienern Tripolis (Libyen) gegen die Duldung französischer Vorherrschaft in Marokko überließ, schließlich das bereits behandelte englisch-japanische Bündnis vom Januar 1902, das – bei offiziellem Festhalten am Prinzip der offenen Tür für China wie Korea – doch ersteres den Briten und letzteres den Japanern als ‚Haupt-Interessengebiet' zugestand.

Ein besonders wichtiges Folgeabkommen dieser Reihe war, wie gesagt, die *Entente cordiale* vom April 1904, die den Briten Protektoratsrechte in Ägypten, den Franzosen solche in Marokko zugestand (wobei ein Teil Marokkos als spanisches Interessengebiet vorgesehen wurde), darüber hinaus zwischen den Vertragspartnern strittige Ansprüche in Neufundland, Siam, Madagaskar und auf den Neuen Hebriden abgrenzte. – Eine weitere Regelung kolonialer Streitfragen auf dem Wege bilateraler Übereinkunft stellte der britisch-russische Vertrag vom August 1907 dar, der die beiderseitigen Reibungsflächen in Mittelasien beseitigte, indem Tibet der chinesischen Oberhoheit, Afghanistan Großbritannien als Protektorat überlassen wurden, während Persien in eine russische, eine britische und eine gemeinsame Interessensphäre aufgeteilt wurde. – Im Juli desselben Jahres hatten sich Russland und Japan, wie bereits erwähnt, in einer Revision des unter amerikanischer Vermittlung abgeschlossenen Friedens von Portsmouth über die Beibehaltung ihres beiderseitigen Besitzstandes in der Mandschurei verständigt. Im Juli 1910 wurde diese Verständigung durch ein Abkommen ergänzt, das die Mandschurei unter Ausschluss Dritter zum gemeinsamen Interessengebiet beider Mächte erklärte.[56]

Die offiziellen, also nicht geheimen Abkommen dieser Art enthielten zur Besänftigung Dritter die Bestätigung des Prinzips der offenen Tür für die vertraglich betroffenen Gebiete sowie der Souveränität der einheimischen Herrscher. Geheime Zusatzartikel oder Anschlusskonventionen erweiterten – abgesehen allein vom britisch-russischen Vertrag – demgegenüber alle genannten Abkommen zu Defensivbündnissen oder wenigstens Neutralitätsverträgen für den Fall der Intervention Dritter. Schon diese Tatsache zeigt, wie die Vertragspartner – entweder ältere Kolonialmächte wie Großbritannien und Frankreich oder schwächere neue Industrienationen wie Japan, Russland und Italien – die Konkurrenz stärkerer fürchteten.
Dass dies in den Augen der Vertragspartner meist Deutschland oder die USA waren, ergibt sich schon aus der Tatsache von deren Ausschließung aus den wichtigen genannten Kombinationen. Der Grund dafür lag vor al-

## 10. Das ‚Zeitalter des Imperialismus'

lem in der wirtschaftlichen Dynamik, die diese beiden Mächte allen Konkurrenten unheimlich werden ließ. Hatten die USA – wie schon gesagt – das bis dahin in der Industrieproduktion führende Großbritannien bereits in den 1880er Jahren überholt, so gelang dies dem Deutschen Reich – jedenfalls in den Leitsektoren der Roheisen- und Stahlerzeugung – im ersten Jahrzehnt des neuen Jahrhunderts.[57] Dass gerade dies die europäischen Mächte – insbesondere das aus seiner langjährigen Führungsstellung verdrängte Großbritannien – äußerst unangenehm berühren musste[58] und dementsprechende Vorsichtsmaßnahmen im Sinne einer globalen Barriere-Politik auslöste, erhärtet wiederum unsere These vom Imperialismus als einer Defensivstrategie durch Konkurrenz in ihrem Wohlstand, also Energiepotenzial bedrohter Nationalstaaten. Musste das 1870/71 so demütigend von Deutschland geschlagene Frankreich angesichts der für militärische Rüstung entscheidenden starken deutschen Eisen- und Stahlindustrie um seine Revancheträume bangen, so Großbritannien als führende Seemacht angesichts der forcierten deutschen Flottenrüstung um die Bewahrung seines *Two-Powers-Standard*, also der Überlegenheit seiner Kriegsflotte gegenüber denen der beiden nächstgroßen Seemächte.[59] Solche Befürchtungen führten über die genannte koloniale Ausschließungspolitik hinaus zu konkreteren, einen europäischen Krieg immer eindeutiger ins Auge fassenden Absprachen und Verträgen gegenüber dem Deutschen Reich und seinen Dreibundpartnern.

Die erste dieser Militärkonventionen wurde bereits 1892 zwischen russischen und französischen Militärs für den Fall eines Krieges gegen das Deutsche Reich und seine Verbündeten entworfen und 1893/94 durch Notenwechsel zwischen beiden Regierungen politisch gültig. Russischerseits war diese Wendung gegen die ‚Mittelmächte' durch die deutsche Nichterneuerung des Rückversicherungsvertrags im Jahre 1890, die Erneuerung des Dreibundes zwischen diesen im Jahr darauf sowie die oben schon dargestellte handelspolitische Diskriminierung des Zarenreichs zu Beginn der 1890er Jahre bedingt. All diese Fakten ließen das Deutsche Reich in russischer Sicht zum Haupthindernis für eine erfolgreiche Balkan- und Meerengenpolitik und damit industrieller Entfaltung Russlands werden, was Anlass genug für die Suche nach einem neuen Bündnispartner war. Das Abkommen mit Frankreich, das gegenseitige militärische Hilfeleistung bei einem Angriff Deutschlands auf einen der beiden Vertragspartner festlegte, wurde 1899 erneuert und 1912 durch eine Marinekonvention ergänzt, die eine Kooperation der beiderseitigen Kriegsflotten bereits für Friedenszeiten vorsah.[60] Diese antideutsche Kombination wurde im Süden durch die stufenweise Herauslösung Italiens aus dem Dreibund der Mittelmächte zusätzlich verstärkt. Der erste Schritt zu dieser Entwicklung kam durch die erwähnte französisch-italienische Interessenabgrenzung in Nordafrika von 1900 und den zwei Jahre später folgenden Neutralitätsvertrag zustande, in dem sich Frankreich die italienische Neutralität für den Fall eines Defensivkriegs sicherte. Das zweite Moment ergab sich aus der italienischen Verärgerung über die Annexion Bosniens und der Herzegowina durch die Habsburgermonarchie im Jahr 1908, die dem Dreibundpartner das 1887 zugestandene Mitspracherecht in Balkanfragen vorenthalten, außerdem Italiens auf die dalmatinische Küste gerichteten Expansionswünsche blockiert hatte. Folge war das russisch-italienische Abkommen von Racconigi vom Oktober 1909 zur Verhinderung weiterer habsburgischer Expansionsvorhaben auf dem Balkan.

Der Londoner Vertrag vom April 1915, durch den die Ententemächte Italien mit der Aussicht auf den Gewinn Südtirols, Triests, Istriens und verschiedener Stützpunkte an der dalmatinischen wie der türkischen Küste endgültig auf ihre Seite zogen, vollendete die südliche Einkreisung der Mittelmächte.[61]

Deren westliche Bedrohung bildete die *Entente cordiale*, die ‚wie gesagt, als imperialistischer Abgrenzungsvertrag entstanden, erst durch die beiden deutscherseits provozierten Marokko-Krisen von 1905/6 und 1911 zu einem anfangs zwar nicht paraphierten, aber durch Zusammenarbeit der beiderseitigen Generalstäbe praktizierten britisch-französischen Militärbündnis mit antideutscher Stoßrichtung wurde.[62] Im Juli 1911 in die Form einer Konvention zwischen den Kriegsministerien beider Seiten gebracht, enthielt es bereits genaue Angaben über Zusammensetzung und Einsatzplan eines britischen Expeditionsorps für den Fall eines deutschen Angriffs auf Frankreich.[63] Dieses inoffizielle Kriegsbündnis wurde im November 1912 noch durch eine zwischen dem britischen Außenminister Grey und dem französischen Botschafter Cambon brieflich getroffene Vereinbarung über gegenseitige Verständigung im Falle eines Angriffs auf einen der Vertragspartner bekräftigt, so dass zwischen beiden Mächten schließlich eine Bindung gewachsen war, „die England 1914 keine Wahl mehr ließ." (Kluxen)[64]

Der Überblick genügt wohl, um zu zeigen, dass der zu verstärktem imperialistischem Konkurrenzkampf führende Wettlauf um gesicherte Anteile an und Zugänge zu den afrikanischen und chinesischen Märkten die schwächeren Industrienationen zu einer Bündnisstrategie gemeinsamer Reservatbildung und -verteidigung führte, die – obwohl eindeutig defensiv gemeint – in ihrer ausschließenden Wirkung und ausgreifenden Anwendung zunehmend den Charakter einer Konspiration gegen die seit der Jahrhundert-

## 10. Das ‚Zeitalter des Imperialismus'

wende stärksten Industriemächte USA und Deutschland annahm. Da – von Japan abgesehen – alle diese ‚Konspirateure' europäische Nachbarn des Deutschen Reichs waren, ergab sich wie von selbst und seitens der meisten Beteiligten gewiss ohne aggressive Absichten die viel erörterte ‚Einkreisung' Deutschlands und seines habsburgischen Verbündeten durch die skizzierten Bündnisse, die in ihrer Gesamtheit für das inzwischen weltwirtschaftlich engagierte Reich einen Würgegriff darstellten, der die Mittelmächte bei sich bietender Gelegenheit zu einem gemeinsamen Befreiungsversuch herausfordern musste.[65] Durch seine geopolitische Mittellage zwischen einer Mehrzahl schwächerer Industrienationen wurde so insbesondere Deutschland zum schuldlos schuldigen Auslöser des Ersten Weltkriegs, obwohl als industrielle Potenz bereits weit von den USA überholt, die – wie die weitere Entwicklung klar zeigen sollte – für den Großmachtstatus der europäischen Flügelmächte viel gefährlicher war als das in seinen Entwicklungsmöglichkeiten immer von den Nachbarn eingrenzbare Deutsche Reich.

Wenn also das Bündnissystem der Entente nur den zweitgefährlichsten Konkurrenten unter den damaligen Industriemächten der Erde fesselte, so ist dies gleichwohl plausibel. Nicht nur, weil Deutschland so leicht zu umzingeln war, sondern auch, weil es wirtschaftlich wie militärisch die – im Vergleich zu den USA – viel nähere und damit scheinbar größere Gefahr für die europäischen Nachbarn darstellte.

Der Zusammenhang zwischen dem eskalierenden Imperialismus bedrängter Industriestaaten und dem Ersten Weltkrieg ist also, um es noch einmal verkürzt zu formulieren, in dem Offensivcharakter gewinnenden, wiewohl defensiv gemeinten Imperialismus der gegen Deutschland vereinten europäischen Industrienationen auszumachen. Die scheinbare Paradoxie dieser Formulierung löst sich auf, wenn wir den durch sie gekennzeichneten Umschlag von defensivem Imperialismus zu aggressivem Nationalismus einer energetischen Analyse unterziehen.

Der zukunftsichernde Aufbau von Energiegewinn garantierenden Austauschpartnern in Übersee, als welcher der formelle Imperialismus des späten 19. Jahrhunderts geplant war, wurde durch die Austauschkrisen, in die selbst so dynamische Aufsteiger wie die USA durch Zollprotektionismus der Konkurrenz gerieten, zu einem schließlich von allen Industrienationen ergriffenen Mittel der Eigenstabilisierung. Der aus der multilateralen Anwendung dieser protektionistischen Strategie hervorgehende Verdrängungswettbewerb sah die durch Austauschkrisen und damit verbundenen Energieverluste getroffenen alten und die noch unterentwickelten jungen

## II. Verifizierung

Industrienationen besonders aktiv und erfolgreich, was unter anderem durch ihre konspirative Bündnispolitik gegenüber den alle anderen überholenden Aufsteigern USA und Deutschland ermöglicht wurde. Zukunftsichernde Austauschreservate für erhoffte existenzsichernde Energiegewinne, vor allem der sichere Zugang zu den bereits erworbenen überseeischen Austauschpartnern wurden dadurch vor allem dem eingekreisten Deutschen Reich mehr und mehr entzogen, was die Krisenanfälligkeit der deutschen Nation für den Fall einer erneuten Austauschstockung drastisch erhöhte. Gerade für die moderne marktwirtschaftlich organisierte Industrienation ist die Möglichkeit zu flexibler Veränderung ihrer externen Austauschbeziehungen eine unabweisbare Überlebensnotwendigkeit, weil, um es noch einmal zu betonen, die für das Leben jedes einzelnen Menschen notwendige Energie letztlich nur durch Austauschakte gewonnen wird, für Industrienationen als ganze zu erheblichen Anteilen durch deren Austausch mit der ökonomischen Umwelt anderer Gesellschaften. Die zunehmende Einengung entsprechender Möglichkeiten, die mit der Metapher des Würgegriffs nicht unangemessen veranschaulicht wird, musste auf deutscher Seite verzweifelte Reaktionen auslösen, wie sie in den beiden Marokkokrisen und besonders mit dem immer wieder von Historikern kritisierten Flottenbauprogramm zum Schutz des deutschen Außenhandels gegenüber der alle Weltmeere beherrschenden britischen Kriegsflotte versucht wurden.[66]
Theoretisch blieb freilich auch dem eingekreisten Deutschen Reich der Vorkriegszeit die im Zuge der Nationalstaatsbildung bereits praktizierte Möglichkeit, zurückfallende Konkurrenzfähigkeit durch Beseitigung interner Austauschschranken zu verhindern. Eine solche, die – gerade erst aus Adel und Bürgertum gebildete – ‚Staatsnation' revolutionierende Strategie, die für das seinen neuen Status überall vorzeigende Bürgertum nichts weniger bedeutet hätte als die Überwindung des Klassengegensatzes zur Arbeiterschaft und/oder die Einbeziehung der Frauen in die politische und öffentlich rechtliche Sphäre der Gesamtgesellschaft, war aber ohne substantielle Energieverluste, wie der Krieg sie dann für Deutschland bringen sollte, nicht durchzusetzen. Und zwar nicht nur wegen der elitären Abgrenzungsbedürfnisse des gerade erst in die Führung von Staat und Gesellschaft aufgestiegenen Bürgertums, sondern auch, weil die langsam und insgeheim sich vollziehende Einkreisung Deutschlands nur eine zukünftige, mögliche und nicht genau bestimmbare Gefahr darstellte, während der deutsche Wirtschaftsaufschwung der Vorkriegszeit die etablierte Ordnung voll zu bestätigen schien. Da außerdem die sich abzeichnende Gefahr mit der Aufrüstung aller Konkurrenten so eindeutig kriegerischen Charakter annahm, schien eine entsprechende Außen- und Rüstungspolitik ohnehin das ange-

## 10. Das ‚Zeitalter des Imperialismus'

messene Mittel zu ihrer Eindämmung. Dass dies selbst von der damaligen politischen Linken so gesehen wurde, belegt die (abgesehen von der einen Gegenstimme Karl Liebknechts) einhellige Zustimmung der SPD-Reichstagsfraktion zu den Kriegskrediten des Jahres 1914. Auch das Ausbleiben jeder tiefergehenden Verfassungsreform oder -bewegung seit der Bismarckzeit zeigt, dass die theoretische Möglichkeit einer internen Beseitigung gesellschaftlicher Schranken zur Vermehrung des internen Austauschs und entsprechenden Energiegewinns zu einer vorsorglichen Erhöhung der internationalen Konkurrenzfähigkeit des Deutschen Reichs ohne Verwirklichungschance war.

So blieb der deutschen Führung nur eine Politik realisierbar, die auf Sicherung des grenzüberschreitenden Energieaustauschs angelegt war, was angesichts von dessen zunehmender Bedrohung durch die Einkreisung Deutschlands, für die im Norden die britische Seemacht stand, nur Aufrüstungs- und Flottenpolitik heißen konnte, da konspirativ versperrte Austauschkanäle nicht anders als militärisch geöffnet werden können.

Das Verhängnis solcher Aufrüstungspolitik lag aber darin, dass sie auf der anderen Seite nicht nur entsprechende Gegenrüstungen forcierte, sondern auch die militärpolitische Zusammenarbeit der Ententemächte förderte. Aus dem Halbdunkel, in dem die bereits besprochenen Militärkonventionen zwischen Russland und Frankreich, Frankreich und Großbritannien lagen, hoben sich zwei weitere Elemente militärischer Zusammenarbeit der Gegner besonders drohend hervor. Das eine waren der deutschen Regierung bekannt gewordene britisch-russische Verhandlungen über ein zweiseitiges, für Deutschlands Zugang zu den Weltmeeren besonders gefährliches Marineabkommen, das die Reichsleitung in der Julikrise des Jahres 1914 gerade dadurch zu verhindern suchte, dass sie der Habsburgermonarchie Rückendeckung gegen Serbien und Russland verschaffte, dessen erwartetes militärisches Einschreiten, wie man hoffte, Großbritannien von der befürchteten Marinekonvention mit einer dann kriegführenden Macht werde Abstand nehmen lassen.[67]

Das zweite für die deutsche Seite nicht minder besorgniserregende Moment gegnerischer Zusammenarbeit war der mit französischem Kapital betriebene strategische Eisenbahnbau in Westrussland und Polen, der im Kriegsfall zu einer erheblichen Beschleunigung der russischen Mobilmachung gegen Deutschland führen musste. Dies war für die Reichsleitung deshalb alarmierend, weil sie einen – nach den sich häufenden Balkankrisen zu befürchtenden – Zweifrontenkrieg mit dem für diesen Fall ausgearbeiteten ‚Schlieffenplan' meinte bestehen zu können, für dessen Gelingen aber eine schleppende russische Mobilmachung unabdingbare Voraussetzung war.[68]

## II. Verifizierung

So sah die Reichsleitung in dem Attentat von Sarajewo auf den österreichischen Thronfolger geradezu eine glückliche Fügung, die es ermöglichte, den Habsburgischen Verbündeten per ‚Blankovollmacht' zu einem scharfen Vorgehen gegen Serbien als den für das Attentat verantwortlichen Staat zu ermutigen, damit Russlands Eingreifen auf der Seite seines slawischen Schutzbefohlenen herauszufordern und so den abzusehenden Kriegsbeginn zwischen beiden Lagern auf einen für Deutschland rüstungspolitisch noch relativ günstigen Zeitpunkt zu terminieren. In diesem Sinn handelt es sich, was den deutschen Anteil am Kriegsausbruch anbelangt, entsprechend dem rückblickenden Urteil des damals verantwortlichen Reichskanzlers Bethmann Hollweg um einen Präventivkrieg, eine Bewertung, die zwar den entscheidenden Anteil am Ausbruch des Kriegs für die deutsche Seite übernimmt, die damit verfolgte Strategie aber eindeutig als defensiv einordnet.[69]

Dabei soll keineswegs verkannt werden, dass auch die drei anderen unmittelbar am Kriegsausbruch beteiligten Staaten, also die Habsburgermonarchie, Serbien und Russland aus einer gefährlicher werdenden Defensivposition heraus zur Offensive schritten. – Was zunächst das Zarenreich angeht, so musste sich dieses angesichts seiner wiederholt blockierten Balkanpolitik, die als eigentliches Ziel stets die gesicherte Öffnung der türkischen Meerengen angestrebt hatte, und nach der Niederlage, die ihm Japan bei seinem nach Fernost gerichteten Ausbruchversuch zu den Weltmeeren 1905 zugefügt hatte, in seinen Möglichkeiten einer ungehinderten Teilnahme am Welthandel und einer davon abhängenden industriellen und nationalen Stärkung ähnlich umstellt sehen wie das Deutsche Reich. Es hatte zudem innerhalb seiner nach 1905 reaktivierten Balkanpolitik einen erheblichen Gesichtsverlust erlitten, als es 1908 die Annexion Bosniens und der Herzegowina und damit die formelle Unterwerfung slawischer ‚Brudervölker' unter österreichische Herrschaft kompensationslos hatte hinnehmen müssen. Nachdem auch die im ersten Balkankrieg 1912 geweckte Hoffnung auf die Befreiung der Meerengen von türkischer Herrschaft durch die Ergebnisse des zweiten Balkankriegs 1913 wieder zerstört worden war, sah das von streikenden Arbeitermassen und revolutionären Umtrieben geschüttelte Zarenreich in entschlossener Rückendeckung für das vom österreichischen Ultimatum in seiner Souveränität bedrohte Serbien eine letzte Rettungsmöglichkeit für seinen panslawistischen Großmachtanspruch.
In einer ebenfalls durch Beschränkung seiner ökonomischen Austauschmöglichkeiten gekennzeichneten Lage befand sich das serbische Königreich, das, auf österreichisches Betreiben im Londoner Präliminarfrieden

## 10. Das ‚Zeitalter des Imperialismus'

von 1913 um den erhofften Gewinn Albaniens gebracht, als einziger Balkanstaat ohne einen für die wirtschaftliche Entwicklung so wichtigen Zugang zum Meer blieb und die einzige Chance, einen solchen doch noch zu erlangen, in einer revolutionären Befreiung Bosniens und der Herzegowina von habsburgischer Beherrschung sowie einer dann möglichen Angliederung an den eigenen Staat erblickte. Solchen Plänen diente das Attentat von Sarajewo, der ‚Startschuss' für den Ersten Weltkrieg.

Auch die Habsburgermonarchie muss zu den verhängnisvoll eingekreisten Mächten der damaligen Situation gerechnet werden. Schon anlässlich der Verlängerung des Dreibundes im Jahre 1887 hatte sie sich, wie bereits erwähnt, Italien gegenüber verpflichten müssen, bei einer Veränderung des eigenen Besitzstandes auf dem Balkan dem italienischen Bündnispartner eben dort kompensatorischen Gebietserwerb zuzugestehen, wodurch aber eine Sicherung des eigenen Meereszugangs an der dalmatinischen Küste, auf die zugleich Italien Ansprüche erhob, blockiert erschien. Da gleichzeitig Russland als panslawistische Vormacht die Autonomie-Bestrebungen der Balkanslawen unterstützen und jeder Gebietserweiterung der Habsburgermonarchie auf dem Balkan entgegentreten musste, ergriff die Wiener Regierung 1908 mit der Annexion der seit dem Berliner Kongress von 1878 ohnehin schon von ihr verwalteten Herzogtümer Bosnien und Herzegowina die zusehends eingeengte Möglichkeit, ihren einzigen Zugang zu den Weltmeeren dauerhaft abzusichern. Die empörte Reaktion der Russen und Italiener, die daraufhin das Abkommen von Raccognigi zur Aufrechterhaltung des status quo auf dem Balkan abschlossen, bedeutete das Ende aller weiteren Expansionsmöglichkeiten der Habsburgermonarchie. Diese sah sich darüber hinaus durch die in den beiden Balkankriegen an Boden gewinnenden Autonomiebestrebungen der Balkanvölker und die von serbischen Untergrundkämpfern nach Bosnien vorgetragenen Revolutionsversuche in ihrem Bestand und Zugang zum Meer gefährdet, was letztlich das den Krieg gegen Serbien und Russland bewusst einkalkulierende Ultimatum erklärt, das Wien als Antwort auf das Attentat von Sarajewo an die serbische Adresse richtete.

Insofern die beiden unmittelbaren Kontrahenten mit der Rückendeckung Deutschlands bzw. Russlands handelten und nach der Kriegserklärung der Wiener Regierung an die Serbiens als erste militärisch aktiv wurden, zeigt sich auch in der viel beklagten Ausbruchsmechanik des Ersten Weltkriegs der Zusammenhang von ‚Einkreisung' und Aggressivität, genauer: von Einschränkung der grenzüberschreitenden Energieaustauschmöglichkeiten und zunehmenden Zwängen dadurch in ihren Entwicklungschancen bedrohter

## II. Verifizierung

Staaten, solche Beschränkungen gewaltsam zu durchbrechen. Die Tatsache, dass im Balkankonflikt von 1914 gleich vier ‚eingekreiste' Staaten aufeinander trafen, bietet so die einfache Erklärung dafür, dass der Kriegsausbruch Zeitgenossen wie Historikern als unabwendbares ‚Naturereignis' (Th. Schieder) erschien. Der gewaltsame Ausbruchsversuch umstellter Beutetiere, belagerter Stadtgarnisonen, eingekesselter Heere ist ein im Instinktverhalten höherer Lebewesen offenbar so tief verankertes Verhaltensmuster, dass uns seine Befolgung nicht anders als ‚natürlich' erscheinen muss.

Die Gegebenheit solcher Zusammenhänge kann zudem vom energetischen Blickpunkt aus verständlich gemacht werden. Die Sicherung von Energieaustauschwegen und -revieren gegenüber industriellen Konkurrenten oder ‚peripherem' Widerstand, als die wir formellen Imperialismus definieren konnten, bedeutete für eben jene Konkurrenten zunehmende Beschränkung eigener Austauschmöglichkeiten. Diese protektionistischen Schranken einer Mehrzahl von Konkurrenten wandten sich naturgemäß vorwiegend gegen die leistungsfähigsten und damit für die je eigene Energiebilanz ‚gefährlichsten' Energieumsetzer der Zeit, das Deutsche Reich und die USA. Bekamen letztere den um sich greifenden Protektionismus in ihrer Wirtschafts- und Sozialkrise der frühen 1890er Jahre zu spüren – was sie ihrerseits zu imperialistischen Gegenzügen in der Karibik und im Pazifik veranlasste – so das Deutsche Reich auf Grund seiner Mittellage zwischen einer Mehrzahl imperialistischer Konkurrenten in Form der besprochenen ‚Einkreisung' seitens der Entente. Die Durchbrechung dieses die deutschen und schließlich auch die österreichisch-ungarischen Austauschchancen bedrohenden Bündnisringes war die – im Wortsinn – notwendige Reaktion von Energieumsatzsystemen, deren Existenz zunehmend von grenzüberschreitendem Energieaustausch abhing.

Der von den Mittelmächten ausgehende Weltkrieg war somit eine unausweichliche Folge des rhythmisch sich kumulierenden Imperialismus einer Mehrzahl miteinander konkurrierender europäischer Industrienationen. Ob dieser Krieg selbst als eine Phase des imperialistischen Zeitalters anzusehen ist, soll die folgende Betrachtung zeigen.

### D) Der Erste Weltkrieg als Wendepunkt des imperialistischen Zeitalters

Das innere Verhältnis des Ersten Weltkriegs zum Zeitalter des Imperialismus kann am bündigsten vor der Folie der Kriegszielpolitik der beteiligten Mächte ermittelt werden, da die militärischen Aktionen als solche, die ja zunächst das ausmachen, was wir ‚Krieg' nennen, wegen ihrer baldigen Er-

## 10. Das ‚Zeitalter des Imperialismus'

starrung im Stellungskrieg nur wenig Aufschluss über die dahinter stehende Politik geben können. Die Kriegsziele der wichtigsten kriegführenden Mächte, für das Deutsche Reich durch Fritz Fischer und seine Kritiker weitgehend erforscht, für die übrigen kriegführenden Mächte immerhin umrisshaft bekannt und, was die Siegerstaaten betrifft, am Zustandekommen und Ergebnis der Pariser Vorortverträge deutlich ablesbar, stellen sich, jeweils auf den knappsten Nenner gebracht, wie folgt dar.

Die für die deutsche Kriegszieldiskussion maßgeblichen Gruppen, Verbände und Regierungsvertreter waren sich in der Absicht einig, am Ende eines siegreichen Krieges die zumindest wirtschaftliche Hegemonie Deutschlands über ‚Mitteleuropa' zu errichten. In dem ‚Septemberprogramm' des Reichskanzlers Bethmann Hollweg von 1914 war als wichtigstes Instrument einer solchen Hegemonie eine – zusammen mit dem Reich – Österreich-Ungarn, Polen, Dänemark, die Benelux-Staaten und Frankreich umfassende Zollunion vorgesehen, der nach Möglichkeit Norwegen, Schweden und Italien als assoziierte Länder angeschlossen werden sollten. Erwogen wurde außerdem die Errichtung eines mittelafrikanischen Kolonialreichs.[70] Mit diesem vom damaligen Reichskanzler, der aber bekanntlich verfassungsmäßig dem Kaiser unterstand und ohne Reichstagsmehrheit ohnehin machtlos war, nur im Stillen ausgearbeiteten Kriegszielprogramm ‚konkurrierten' andere, aggressivere wie das der ‚Annexionisten' aus Wirtschaftskreisen, Alldeutschen, Radikalnationalisten und Konservativen, die – in verschiedenen Variationen – Angliederung von Nachbarregionen oder Staaten wie Luxemburg, Belgien, dem Erzbecken von Longwy-Briey, der französischen Kanalküste, von Baltikum und Teilen Russisch-Polens forderten. Auf der anderen Seite trat die „ganz große Mehrheit der Sozialdemokraten", der inzwischen stärksten Reichstagsfraktion, und die der linksliberalen Fortschrittspartei für einen reinen Verteidigungskrieg ohne jede Annexion ein.[71] Nach dem Scheitern des Westfeldzugs verschob sich die deutsche Kriegszielplanung nach Osteuropa, wo außer den genannten Ländern noch eine nicht näher bestimmte Hegemonie über Finnland, die Ukraine, Weißrussland, Rumänien und Georgien angestrebt wurde. Das Globalziel all dieser niemals regierungsamtlich festgelegten Einzelpläne und ihrer nach Interesseneinfluss und Kriegsverlauf wechselnden Varianten bestand darin, Deutschland wirtschaftlich so zu stärken und militärisch so abzusichern, dass es sich gegenüber Großbritannien, den USA und Russland als ebenbürtige Weltmacht würde behaupten können.[72]

## II. Verifizierung

Die wesentlichen Kriegsziele der Habsburgermonarchie lagen in der Erhaltung ihres Besitzstandes sowie der Beherrschung der östlichen Adriaküste durch Angliederung Serbiens, Montenegros und Albaniens in Form eines teilautonomen südslawischen Sattelitenstaats.[73]

Die deutschen und habsburgischen Kriegsziele standen in schärfstem Kontrast zu den russischen. Über eine Auflösung der Habsburgermonarchie und des Osmanischen Reichs in nationale Einzelstaaten sowie eine erhebliche Verkleinerung des Deutschen Reichs hoffte die zaristische Regierung eine gesicherte Hegemonie über den Balkan und die Meerengen zu erlangen sowie die deutsche Herrschaft aus den vormals polnischen Gebieten durch die eigene über ein dadurch vergrößertes Polen zu ersetzen.[74]

Die Wünsche der italienischen Regierung kreuzten sich vor allem mit denen der Habsburgermonarchie, wie schon bei der Erörterung des Londoner Geheimvertrags von 1915 deutlich geworden sein dürfte. Im Gegensatz zu den sonst recht allgemein bleibenden Abmachungen der Bündnispartner über die gemeinsamen Kriegsziele war in diesem Vertrag, der ja Italien aus dem Dreibund herauslocken sollte, das italienische Kriegszielprogramm in aller Deutlichkeit spezifiziert worden. Hauptziele Italiens waren danach die Vervollständigung des italienischen Nationalstaats durch Gewinn der ‚Irredenta'-Gebiete Südtirol, Triest und Istrien sowie die Herrschaft über die Adria, die durch eine Angliederung der österreichischen Provinz Dalmatien sowie einen strategischen Stützpunkt an der albanischen Küste gesichert werden sollte. Ziel der italienischen Regierung war darüber hinaus, im Falle einer Auflösung des Osmanischen Reichs oder der deutschen Kolonien in Afrika angemessen beteiligt zu werden und so den Status Italiens zumindest als Mittelmeer-Großmacht zu wahren.

Die französischen Kriegsziele umfassten in ihrer territorialen Dimension den Erwerb Elsass-Lothringens und des Saargebiets, auch nördlich davon die Zurückdrängung Deutschlands hinter den Rhein, was durch Errichtung eines französisch-belgischen Protektorats aus den übrigen deutschen linksrheinischen Gebieten erreicht werden sollte. Weiterhin wünschte die französische Regierung eine Westverschiebung Polens auf Kosten Deutschlands in russischem Sinn sowie eigene Beteiligung an der Konkursmasse des Osmanischen Reichs und der deutschen Kolonien. Zur Sicherstellung des strategischen Gesamtziels aller dieser Forderungen, nämlich der Beseitigung der kontinentalen Hegemonialstellung des Deutschen Reichs und dadurch ermöglichter Wiederaufrichtung französischer Hegemonie sollten überdies harte Abrüstungs- und Reparationsforderungen sowie diskriminie-

rende Handelsbedingungen für Deutschland dessen dauerhafte Schwächung gewährleisten.[75]
Die britische Kriegszielpolitik lief auf eine Liquidierung des deutschen Kolonialreichs und der deutschen Handels- und Hochseeflotte sowie der Wiederherstellung eines kontinentaleuropäischen Gleichgewichts zwischen arrondierten Nationalstaaten hinaus. Letzteres bedeutete – in Übereinstimmung mit den russischen, allerdings anders motivierten Wünschen – eine Auflösung der Habsburgermonarchie und des Osmanischen Reichs zugunsten neu zu bildender slawischer bzw. arabischer Staaten, aber auch einen Anschluss Deutsch-Österreichs an das Deutsche Reich, das aus Gleichgewichtsgründen als Kontinentalmacht erhalten bleiben sollte.[76] Als Globalziel ist hinter diesen Absichten die Wiederherstellung der bündnisfreien Position einer die Konkurrenten gegeneinander austarierenden und sie dadurch beherrschenden Seemacht zu erkennen, die sich für Großbritannien lange Zeit so vorteilhaft ausgewirkt hatte.[77] Hinsichtlich der Neuordnung im Vorderen Orient und des afrikanischen Kolonialreichs verfolgte die britische Seite die seit den 1890er Jahren begonnene Arrondierungspolitik, was im Anschluss an das ägyptische Protektorat die Hegemonie über die Arabische Halbinsel und auf dem schwarzen Kontinent den Erwerb Deutsch-Ostafrikas bedeutete, wodurch die Kap-Kairo-Linie doch noch realisierbar erschien.[78] Gemeinsam mit den anderen Ententemächten behielt Großbritannien außerdem das wirtschaftpolitische Ziel im Auge, in der Nachkriegszeit grenzüberschreitende Wirtschaftsaktivitäten der deutschen Mittelmächte niederzuhalten und sich vor allem der lästigen deutschen Konkurrenz zu entledigen. Dies sollte – im französischen Sinn – mit diskriminierenden Handelsverträgen erreicht werden, also durch eine Verschiebung der Einkreisungspolitik auf den Wirtschaftssektor.[79]

Das Kriegszielprogramm der USA schließlich wurde – im Gegensatz zu den überwiegend geheim gehaltenen Plänen der übrigen kriegführenden Mächte – in der Proklamation des Wilsonschen 14-Punkte-Programms für eine künftige Weltfriedensordnung im Januar 1918 veröffentlicht. Auch inhaltlich unterschied es sich – abgesehen von Lenins schon im November 1917 veröffentlichtem ‚Dekret über den Frieden'– grundsätzlich von allen anderen Kriegszielprogrammen, indem es ausdrücklich auf Sonderwünsche der USA verzichtete und sich im letzten Punkt XIV ausdrücklich gegen „die Imperialisten" stellte. Auch wenn dieser Begriff hier einseitig gegen die Mittelmächte gerichtet erscheint, zeigen doch die Forderungen nach öffentlicher Diplomatie und Vertragspraxis, Freiheit der Seeschifffahrt und des Handels, nach Abrüstung und der Regelung von Kolonialfragen und

II. Verifizierung

Grenzregelungen unter Berücksichtigung des Prinzips nationaler Selbstbestimmung, schließlich auch der Vorschlag zur Gründung eines Völkerbundes zur Aufrechterhaltung der „politischen Unabhängigkeit und territorialen Integrität [...] für die großen und kleinen Staaten"[80], dass Wilsons Programm tatsächlich eine grundlegende Absage an jede Form und Praxis des formellen Imperialismus darstellte. Freilich nicht des informellen, denn die Forderung nach „Festsetzung gleichmäßiger Handelsbedingungen zwischen allen Nationen" in Punkt III stellte zusammen mit den anderen liberalen Grundsätzen der 14 Punkte geradezu ein Freibillet für wirtschaftliche Unterwerfung unterentwickelter durch entwickelte Nationen dar, die sich danach keine Schutzzölle gegenüber Billigimporten überlegener Industriestaaten erlauben durften. Hinter solchen fair und gerecht klingenden Freihandelsforderungen der 14 Punkte und der amerikanischen Durchsetzung freien Meereszuganges für Serbien, Polen und Russland in den Friedensverhandlungen tritt das nun doch auf Eigenvorteil gerichtete USA-Kriegsziel hervor, nämlich Öffnung möglichst vieler Länder des Globus als Absatzmärkte für die allen überlegene US-amerikanische Exportwirtschaft.

Befragt man die skizzierten Kriegszielprogramme auf ihre Affinität zum Vorkriegsimperialismus, so ergeben sich folgende Zuordnungen: Soweit die britischen, französischen und italienischen Erwartungen auf Kolonialerwerb aus deutschem oder osmanischen Besitz gerichtet waren, stellten sie eine gradlinige Fortsetzung des überseeischen formellen Vorkriegsimperialismus dar. Dasselbe gilt für die deutschen auf Mittelafrika gerichteten Pläne, die allerdings in der deutschen Kriegszieldiskussion „eine nur untergeordnete Rolle" spielten.[81] Auch die auf Sicherung und Beherrschung eines Zugangs zum Mittelmeer gerichtete Kriegszielpolitik Russlands (Balkan, Meerengen) und der Habsburgermonarchie (Adriaküste mit Hinterland) bewegte sich auf den Bahnen des Vorkriegsimperialismus.
Eine deutliche Abweichung von diesem stellte demgegenüber das deutsche Ziel einer mitteleuropäischen Zollunion dar, das sowohl Elemente eines informellen Freihandelsimperialismus im Innern Europas wie solche protektionistischer Festlandsherrschaft in Abwehr britischer, amerikanischer und russischer Konkurrenz enthielt. Ein ähnliches Konzept verfolgten die gegen Deutschland gerichteten Abmachungen der Alliierten Wirtschaftskonferenz von 1916, die eine gegen die deutsche Nachkriegswirtschaft gerichtete Kooperation der Ententemächte vorsahen.[82]
Neu gegenüber dem Vorkriegsimperialismus waren ebenfalls Ansätze eines formellen Kontinentalimperialismus, wie sie in den französischen Forderungen nach dem Elsass, dem Saargebiet und einem französisch-belgischen

## 10. Das ‚Zeitalter des Imperialismus'

Protektorat über die linksrheinischen Gebiete Deutschlands, auf der anderen Seite in deutschen Annexionsplänen für Belgien, das Erzbecken von Longwy-Briey, Kurland, Litauen sowie den genannten ausgreifenden Protektoratswünschen in Osteuropa zum Ausdruck kamen. Diesen entsprachen wiederum die erwähnten russischen Expansionspläne auf Kosten deutscher Ostgebiete. Ein solcher mehrseitiger, auch in der Balkanpolitik der beiden großen osteuropäischen Monarchien zutage tretender Festlandsimperialismus, der teils wirtschaftlich, teils militärstrategisch motiviert war, entsprach der schon in der Vorkriegszeit vollzogenen Rückwendung des imperialistischen Konkurrenzkampfes nach Europa, stellte aber doch einen neuen Spross imperialistischer Politik dar, der dann im Zweiten Weltkrieg zu voller Entfaltung kommen sollte.

Die eindeutigste Gegenposition zum Vorkriegsimperialismus bezogen, wie schon gesagt, abgesehen von der revolutionären Sowjet-Regierung unter Lenin[83] die USA mit Wilsons freihändlerischem 14-Punkte-Programm. Diese Opposition zum formellen Imperialismus auch ihrer europäischen Verbündeten trat deutlich in den Querelen während der Pariser Friedensverhandlungen zutage. So scheiterten der französische Wunsch nach Zurückdrängung Deutschlands hinter den Rhein oder der Griff Italiens nach der östlichen Adriaküste vor allem an Interventionen Wilsons. Ebenso verhinderte dieser die Fortsetzung des Kolonialimperialismus, indem er für die deutschen Kolonien und die vom osmanischen Reich abgetrennten Nahost-Gebiete eine vom Völkerbund überwachte Mandatslösung durchsetzte, welche die Schutzmächte verpflichtete, die ihnen anvertrauten Bevölkerungen in ihren Wohngebieten möglichst bald zu politischer Selbständigkeit zu führen.[84] Auch die um das Deutsche Reich, in Osteuropa und auf dem Balkan durchgeführten neuen Grenzziehungen entsprachen – von einigen parteiischen Verzerrungen zuungunsten Deutschlands abgesehen – doch im Großen und Ganzen dem Prinzip der auf Selbstbestimmung beruhenden Nationalstaatenbildung der neuen Friedensordnung. Formellem Kontinentalimperialismus wurden dagegen keine Zugeständnisse gemacht. Vielmehr beruhte die Friedensordnung von Paris gerade da, wo sie von der nationalen Leitlinie abwich – wie bei der Zuordnung des deutsch besiedelten Südtirol an Italien, des industriell wertvollen Südost-Oberschlesien an Polen, ungarisch besiedelter Gebiete an die Tschechoslowakei und Rumänien – auf dem Gedanken der Stärkung schwächerer Staaten, die durch einen einzukalkulierenden Nachkriegsrevisionismus am meisten gefährdet erschienen. Diese Rolle eines noch immer durch Deutschland gefährdeten Staats nahm auch Frankreich für sich in Anspruch und konnte damit den von der österreichischen Nationalversammlung schon beschlossenen Anschluss an das Deut-

## II. Verifizierung

sche Reich mit dem Argument verhindern, dadurch würde der deutsche Nachbar zu stark. Zum Prinzip nationaler Selbstbestimmung, das plebiszitär auch zur Festlegung der deutschen Grenzen in Schleswig, Ostpreußen, Oberschlesien und im Saargebiet angewandt wurde, trat also ergänzend das – nach wie vor britische – eines möglichst austarierten Gleichgewichts der europäischen Festlandsmächte hinzu, womit der Frieden besonders sicher gemacht, innereuropäischer Festlandimperialismus besonders wirksam unterbunden werden sollte.

Aus diesem antiimperialistischen Gleichgewichtskonzept fielen die finanziellen, handelspolitischen und militärischen Bestimmungen des Versailler Vertrags wie auch der Modus seines Zustandekommens deutlich heraus. Entgegen Jahrhunderte langer europäischer Tradition war das Deutsche Reich als Hauptbetroffener dieses ihm aufgezwungenen ‚Vertrags' von den Friedensverhandlungen ausgeschlossen und so der einseitigen Interessenverfolgung der Siegermächte ausgeliefert. Dieses diskriminierende, gerade nach der Demokratisierung der deutschen Verfassung das nationale Selbstbestimmungsrecht der Deutschen in wichtigen Existenzfragen negierende Verfahren wurde letztlich mit dem zweifelhaften Kriegsschuldparagraphen dieses Diktatfriedens zu rechtfertigen gesucht, der so als Basis für die militärische Entmachtung und finanzielle, anfangs auch wirtschaftspolitische Unterjochung Deutschlands herhalten musste.
Erscheinen die militärischen Bestimmungen des Versailler Diktats auch im Nachhinein noch verständlich, besonders wenn man den hohen Blutzoll bedenkt, den vor allem Frankreich während des Kriegs hatte entrichten müssen, so stellte die Kombination von immensen Reparationsforderungen an das durch die Kriegskosten hoch verschuldete Reich, der Beschlagnahmung deutscher Auslandsguthaben und diskriminierenden Außenhandelsbestimmungen, die den Siegermächten für fünf Jahre einseitiges Meistbegünstigungsrecht gegenüber Deutschland einräumten, eine wirtschafts- und finanzpolitisch unablösbare Hypothek dar, da es der deutschen Exportwirtschaft damit unmöglich gemacht wurde, die in Devisen aufzubringenden Reparationsgelder über eine aktive Handelsbilanz mit den Empfängern überhaupt erst zu verdienen. Die wirtschaftliche und soziale Destruktion der deutschen Gesellschaft, die das Ergebnis solcher Bestimmungen sein musste und bis zum Anlaufen US-amerikanischer Kredite seit 1924 auch war, stand somit in eindeutigem Gegensatz zur antiimperialistischen Gleichgewichts- und Friedenspolitik der USA.

## 10. Das ‚Zeitalter des Imperialismus'

Entsprechend hart waren die Auseinandersetzungen gerade in der Reparationsfrage zwischen der französischen und der amerikanischen Delegation, welch letztere – mitbedingt durch Wilsons Erkrankung und sein offen bekundetes Desinteresse an wirtschaftlichen Fragen – den französischen Forderungen weitgehend nachgab.[85] Auf diese Weise wurde das in den territorialen Bestimmungen der Pariser Vorortverträge im Wesentlichen verwirklichte nationalstaatliche Gleichgewichtskonzept in den militär-, finanz- und wirtschaftspolitischen Bereichen durch einen friedensvertraglich abgesicherten und damit formellen Imperialismus der Siegermächte konterkariert, der den zweiten Weltkrieg als Wiederholung des Ersten eindeutig vorprogrammierte.

Die USA, obwohl prinzipiell in Opposition zum formellen Imperialismus stehend, wurden in diesen circulus vitiosus auch dadurch hineingezogen, dass sie ihre den europäischen Verbündeten gewährten Kriegskredite am elegantesten durch deren Finanzierung mit deutschen Reparationszahlungen glaubten konsolidieren zu können: Die Erstattung der den Ententemächten im Krieg ausgeliehenen Energiemengen durch das besiegte Deutschland erschien den amerikanischen Unterhändlern zweifellos auch deshalb besonders vorteilhaft, weil damit der deutschen Wirtschaftsmacht als energietechnisch leistungsfähigstem Konkurrenten der US-Wirtschaft ein kräftiger Rückschlag versetzt wurde.

Nicht nur in diesem wirtschaftsimperialistischen Schönheitsfehler traten die Eigeninteressen der mit ihrer 14-Punkte-Programmatik scheinbar so antiimperialistischen USA hervor, die den formellen Imperialismus auch deshalb leicht ablehnen konnten, weil sie als führende Wirtschaftsmacht der Erde an einer wettbewerbshindernden Revierbildung der unterlegenen Konkurrenten nur Hindernisse für den eigenen Export sehen konnten. Das außenpolitische Hauptziel der USA lag daher in der schon für China proklamierten Politik der ‚offenen Tür', also einer Beseitigung formeller imperialistischer Austauschbeschränkungen, wie sie die von der überragenden neuen Weltwirtschaftsmacht überholten europäischen Industrienationen zum Eigenschutz aufgerichtet hatten.[86] Die USA zielten damit auf ein neues Zeitalter des informellen Imperialismus, also die Eröffnung globaler Austauschchancen für die privaten Energieumsetzer ihres nunmehr auch politisch führenden Industriesystems. Mit diesem in die Pariser Vorortverträge – was jedenfalls den formell-territorialen Imperialismus angeht – im wesentlichen eingebauten Friedenskonzept sowie der Gründung des Völkerbundes zu dessen Pflege und Bewahrung wurde somit eine entscheidende Wende vom überwiegend kolonialpolitisch formellen zum ökonomisch-informellen Imperialismus vollzogen.

## II. Verifizierung

Das „Zeitalter des Imperialismus", eine Phase neuartigen, nämlich wirtschaftlichen Konkurrenzkampfes zwischen ebenfalls zumeist neuen Industrienationen, lässt sich als Versuchsphase begreifen, in der diese mehr und mehr von der Öffentlichkeit und den Parlamenten gesteuerten Staaten erlittene oder drohende Energieverluste durch Verbesserung ihrer Austauschbilanz mit anderen Gesellschaften auszugleichen suchten und zunächst nicht mehr durch kriegerische Erweiterung des eigenen Territoriums mit nutzbarem Land. Dies deshalb, weil das mit seinem Welthandels- und Industriesystem so erfolgreiche Britannien den Agrargesellschaften Europas und Nordamerikas, schließlich auch Japans nicht nur vorgeführt hatte, dass man mit umfangreichem Handel und erfindungsreicher Energietechnik sehr viel schneller und kräftesparender wohlhabend, ja reich werden kann als mit Kriegen und Landwirtschaft. So hatten die Briten mit dem Export ihrer erstaunlich preiswerten und guten Textilien, später auch Eisenwaren, Maschinen und Lokomotiven die Agrargesellschaften, die gierig nach diesen Wunderwerken griffen, dazu gezwungen, fleißig, effektiv und erfindungsreich zu arbeiten, um dergleichen kaufen und nutzen zu können, was nur möglich war durch eigene Industrialisierung, also technikgestützte Befleißigung großer Bevölkerungsgruppen. Durch solchen in etwa gleichzeitigen Versuch mehrerer zumeist europäischer Nationen musste zwischen diesen (und dem Vorreiter Britannien) ein industrieller und merkantiler Wettbewerb entstehen, dem man bei auftretenden Absatzkrisen auf europäischen Märkten durch Eröffnung neuer und vermeintlich gewinnreicher Handelsbeziehungen mit überseeischen Völkern auszuweichen suchte. Auch dabei entstand ein vielseitiger, zu Handels- und Kolonialprotektionismus führender Konkurrenzkampf mit der Folge des Ersten Weltkriegs, insgesamt also das „Zeitalter des Imperialismus".

Die energetische Betrachtung dieses imperialistischen Zeitalters bestätigt unsere These, der zufolge historische Innovationen wie in diesem Fall ein gleichzeitiger global operierender Imperialismus konkurrierender Nationen in deren erlittenem oder befürchtetem Energiemangel seine Ursache hatte. Dieser durch unterschiedlich rasche und erfolgreiche Industrialisierung und Nationalstaatsbildung zu entsprechend verschiedenem Energiepotenzial führende dynamische Entwicklungsprozess ließ zunächst in Europa, wo sich eine Mehrzahl neuer Industrienationen Konkurrenz machten, für jede die Lage eines militärisch oder ökonomisch bedrohlichen Energiemangels in der Auseinandersetzung oder Konkurrenz mit anderen akut oder mindestens absehbar werden. Um dem zu entkommen, suchten alle, wiederum in Konkurrenz zueinander, nationale Verstärkung im Aufbau eines Übersee-

## 10. Das ‚Zeitalter des Imperialismus'

imperiums zunächst territorialer, dann handelspolitische Art, was beides, auch wegen der gegenseitigen Konkurrenz, im toten Rennen endete. Als entscheidend in diesem Wettbewerb um das größte nationale Energiepotenzial erwies sich schließlich die Innovations- und Leistungsfähigkeit der jeweiligen nationalen Wirtschaft. Und da hierbei das unter Bismarck geeinte Deutsche Reich mit seinen innovativen elektrotechnischen, chemischen, Maschinenbau- und Schwerindustrien ökonomisch nach vorne stieß, schlossen sich die übrigen Industrienationen Europas zu einem Einkreisungsbündnis gegen das mit seinem Energiepotenzial sogar Großbritannien Konkurrenz machende Deutschland zusammen, woraus der für alle Europäer äußerst verlustreiche Erste Weltkrieg entstand. Die dabei von allen beteiligten Nationen erlittenen Energieverluste[87] führten international zur Abwendung vom Kolonialismus, zudem bei den im Krieg besiegten und durch rigorose Friedensbedingungen von besonders hohen und bleibenden Energieverlusten betroffenen Staaten zu deren auch verfassungsmäßiger Abwendung von hergebrachter Monarchie zu verschiedenen Varianten demokratischer Staatsform. In beiden Fällen, der Abwendung vom Kolonialismus wie der vom Monarchismus waren – wiederum unserer Grundthese entsprechend – Energieverluste der betroffenen Gesellschaften die auslösenden Momente für den entschiedenen historischen Wandel.

**Anmerkungen**

[1] Schöllgen, Gregor: Das Zeitalter des Imperialismus, 4. überarbeitete und erweiterte Aufl., München 2000, XI
[2] Schieder, Theodor: Propyläen Geschichte Europas Bd. 5: Staatensystem als Vormacht der Welt, Frankfurt/M 1982, 252f.
[3] A.a.O. 251
[4] Mommsen, Wolfgang: Imperialismus. Seine geistigen, politischen und wirtschaftlichen Grundlagen, Hamburg 1977, 37f.
[5] Hobsbawm, Eric J.: The Age of Empire 1875– 1914 (1987), dt. Ausgabe: Das Imperiale Zeitalter 1875-1914, Frankfurt/M 1989, 56f.; 66f.; Rubinstein, W.D.: Capitalism, Culture, and Decline in Britain 1750 – 1990, London 1993, 8f.
[6] Gall, Lothar: Bismarck. Der weiße Revolutionär, Frankfurt/M 1980, 621
[7] zitiert nach: Alter, P. (Hg.), Der Imperialismus. Grundlagen, Probleme, Theorien, Stuttgart 1979, 26
[8] A.a.O. 22
[9] Schmidt, Gustav: Der europäische Imperialismus, München 1989, 34f.
[10] zitiert nach Mommsen (Anm. 4), 619
[11] A.a.O. 621f.
[12] Schmidt (Anm. 9), 65
[13] Schöllgen (Anm. 1), 50f.; 56

II. Verifizierung

[14] Schmidt (Anm. 9), 125f.
[15] Schöllgen (Anm. 1), 21f.
[16] Münkler, Herfried: Imperien. Die Logik der Weltherrschaft – vom Alten Rom bis zu den Vereinigten Staaten, Berlin 2005, 56
[17] Schöllgen (Anm. 1), 28
[18] Mitchell, B.R.: European Historical Statistics 1750– 1970, London 1975, 489ff.
[19] Wehler, Hans-Ulrich: Bismarck und der Imperialismus (1969) München 1976, 279; 312-315; 342ff.; 394-398
[20] A.a.O. 342
[21] Baumgart, Wolfgang: Deutschland im Zeitalter des Imperialismus (1890 – 1914) (1972), 2. erg. Aufl. Frankfurt/M 1976, 35ff.; Schieder (Anm. 2), 303
[22] Schieder (Anm. 2), 265
[23] Wehler (Anm. 19), 391; 341f.
[24] A.a.O. 290; 301f.; 328
[25] Grebing, Helga: Geschichte der deutschen Arbeiterbewegung, (1966), 10. Aufl. 1980, 91; Schieder (Anm. 2), 210-218
[26] Curtin, Philip D.: The World and the West. The European Chalenge and the Overseas Response in the Age of Empire, Cambridge 2000, 169
[27] Hall, John Whitney: Das Japanische Kaiserreich (1868) Frankfurt/M 1976, 294f.
[28] Mitchell (Anm. 18), 340
[29] Scheibert, Peter: Das Petrinische Kaiserreich, in: Russland, Fischer Weltgeschichte Bd. 31, Frankfurt/M, 1978, 246
[30] Romanow, B.A.: Russlands ‚friedliche Durchdringung' der Mandschurei, in: Wehler, H.-U. (Hg.): Imperialismus, Düsseldorf 1979, 351f.
[31] A.a.O. 353f.
[32] A.a.O. 375f.
[33] A.a.O. 358
[34] Rönnefarth, H.K.G. (Hg.): Konferenzen und Verträge, Teil II, Bd. 3: Neuere Zeit, Würzburg 1958, 384f.
[35] Schöllgen (Anm. 1), 60
[36] Jeffreys-Jones, Rhodri: Soziale Folgen der Industrialisierung, Imperialismus und der Erste Weltkrieg, in: Die Vereinigten Staaten von Amerika, Fischer Weltgeschichte Bd. 30, Frankfurt/M 1977, 236; Historic Statistics of the USA, 1957, 537ff.
[37] Jeffreys-Jones (Anm. 36), 253ff.
[38] Wehler, Hans-Ulrich: Der Aufstieg des amerikanischen Imperialismus, Göttingen 1974, 37ff.
[39] Avery, Donald H./ Steinisch, Irmgard: Der amerikanische Imperialismus, in: Adams, W.P. u.a. (Hg.): Die Vereinigten Staaten von Amerika, Bd.1, Frankfurt/M 1992, 142
[40] Richter, Werner: Geschichte der Vereinigten Staaten, Frankfurt/M 1966, 119f.
[41] Bemis, S.F.: A Diplomatic History of the United States, New York, 3. Aufl. 1951, 508ff.
[42] Franke, Herbert/ Trauzettel, Rolf: Das chinesische Kaiserreich, Frankfurt/M 1968/76, 333f.; Franke, Wolfgang: Das Jahrhundert der chinesischen Revolution, München 1980, 81-85
[43] Rönnefarth (Anm. 34), 402f.
[44] A.a.O. 416f.

[45] Langer, William L.: The Diplomacy of Imperialism 1890-1902 (1935), Reprint der 2. Ausg. von 1951, New York 1972
[46] A.a.O. 605ff.; Schöllgen (Anm. 1), 54-56
[47] Langer (Anm. 45), 537ff.
[48] Baumgart (Anm. 21), 80
[49] Ziebura, G.: Interne Faktoren des französischen Hochimperialismus 1871 – 1914 Versuch einer gesamtgesellschaftlichen Analyse, in: Mommsen, W.J.: Der Imperialismus. Seine geistigen, politischen und wirtschaftlichen Grundlagen, Hamburg 1977, 105
[50] Schieder (Anm. 2), 303
[51] Ziebura (Anm. 49), 111
[52] Ebd.
[53] Schieder (Anm. 2), 259
[54] Mommsen, Wolfgang (Hg.): Der moderne Imperialismus, Stuttgart 1971
[55] Münkler (Anm. 16), 36
[56] Rönnefarth (Anm. 34), 416f.
[57] Killick, J.R.: Die industrielle Revolution in den Vereinigten Staaten, In: Adams, W.P. (Hg.): Die Vereinigten Staaten von Amerika, Frankfurt/M 1977, 126f.; Mommsen (Anm. 4), 34f.; Williams, Glyn and Ramsden, John: Ruling Britannia. A political history of Britain 1688-1988, London 1990
[58] Robbins, Keith: Great Britain. Identities, Institutions and the Idea of Britishness, London 1998, 225
[59] Heyck, Thomas William: A History of the Peoples of the British Isles, London 2002, 438
[60] Rönnefarth (Anm. 34), 438
[61] A.a.O, 425 und ders. Teil II, Bd. 4, 9
[62] Winkler, Heinrich August: Der lange Weg nach Westen. Deutsche Geschichte vom Ende des Alten Reiches bis zum Untergang der Weimarer Republik (2000), vierte durchges. Aufl. München 2002, Bd. I, 311
[63] Rönnefarth (Anm. 34), 427ff.
[64] Kluxen, Kurt, Geschichte Englands, Stuttgart 1976, 710
[65] van Laak, Dirk: Über alles in der Welt. Deutscher Imperialismus im 19. und 20. Jahrhundert, München 2005, 95
[66] Heyck (Anm. 59), 438
[67] Schieder (Anm. 2), 328
[68] van Laak (Anm. 65), 94
[69] Zechlin, Egmont: Zum Kriegsausbruch 1914. Die Kontroverse, in: Geschichte in Wissenschaft und Unterricht (GWU) 1984/4, 219
[70] Fischer, Fritz: Griff nach der Weltmacht. Die Kriegszielpolitik des kaiserlichen Deutschland, Düsseldorf 1964, 117f.
[71] Nipperdey, Thomas: Deutsche Geschichte 1866 – 1918, Bd. II, Machtstaat vor der Demokratie, München 1992, 803-806
[72] Fischer (Anm. 70), 716f.; 114
[73] Schieder (Anm. 2), 354
[74] Zimmermann, L. (Hg.): Der Imperialismus, seine geistigen, wirtschaftlichen und politischen Zielsetzungen, Stuttgart 1967, 21
[75] Schieder (Anm. 2), 355f.

II. Verifizierung

[76] A.a.O. 356f.
[77] Mommsen (Anm. 4), 253f.
[78] A.a.O. 261f.
[79] A.a.O. 248f. (Alliierte Wirtschaftskonferenz von 1916)
[80] A.a.O. 264 (14-Punkte-Programm)
[81] Fischer (Anm. 70), 797
[82] Schieder (Anm. 73) ebd.
[83] Rosenfeld, Günter: Sowjet-Russland und Deutschland 1917 – 1922 (1960), Berlin/Ost 1984, 1f.
[84] Angermann, Erich: Die Vereinigten Staaten von Amerika seit 1917, München 1978, 40f.
[85] A.a.O. 42f.
[86] A.a.O. 55f.
[87] van Laak (Anm. 65), 106

## 11. Entstehung, Funktionieren und Scheitern des ‚Dritten Reichs'

Die Entstehung des Nationalsozialismus und des von dieser politischen Bewegung geschaffenen ‚Dritten Reichs' muss, wenn unsere Auffassung von der Herausbildung neuer historischer Phänomene durch erlittenen schwerwiegenden Energiemangel Allgemeingültigkeit beanspruchen darf, aus der Veränderung der grenzüberschreitenden Energieaustauschverhältnisse erklärbar sein, von denen das Deutsche Reich im Gefolge des Ersten Weltkriegs betroffen wurde. – Das für Deutschland (und in abgestufter Weise auch andere zumeist europäische Staaten) grundstürzend Neue des Außenverhältnisses zu anderen Mächten ist im Wesentlichen auf zwei Tatsachen zurückzuführen, nämlich die Etablierung der bolschewistischen Herrschaft in Russland und den Aufstieg der USA zur nun auch politisch führenden Macht des Westens. Daraus ergab sich für das Europa westlich des neuen Sowjetstaats als das bis dahin politisch dominierende Zentrum des Globus eine grundlegend neue Mittelposition, die genauer als Zweifrontenstellung zu bezeichnen ist, weil die beiden neuen Weltmächte – jede auf ihre noch zu beschreibende Art – Europa und insbesondere Deutschland als dessen potenzielles Kraftzentrum nunmehr dem je eigenen Energieaustauschsystem dienstbar zu machen suchten.[1]

*A) Die beiden neuen Weltmächte*

Die USA hatten, wie bereits gesagt, den Rang der führenden Industrienation der Erde schon im letzten Drittel des 19. Jahrhunderts erreicht. Der Erste Weltkrieg gab ihnen darüber hinaus Gelegenheit, auch die politische Führungsrolle an sich zu reißen, indem sie aus der Position des lachenden Dritten den Kampf der sich gegenseitig zermürbenden europäischen Nationen so entschieden, wie es ihren eignen Interessen entsprach, nämlich gegen das Deutsche Reich als ihren wirtschaftlichen Hauptkonkurrenten. Dieser in der Geschichtsschreibung meist unterbelichtete Motivationszusammenhang lässt sich, abgesehen von der Tatsache, dass Deutschland etwa seit der Jahrhundertwende die nach den USA dynamischste Industrienation war[2], besonders anschaulich am Vergleich der beiderseitigen Exporterfolge auf wichtigen europäischen Märkten der Vorkriegszeit nachweisen. Hatte der US-amerikanische Export zwischen 1900 und 1913 hier auch teilweise recht beachtliche Erfolge erzielt, so wurden diese von den gleichzeitigen deutschen Exportsteigerungen doch weit in den Schatten gestellt, wie die folgende (nach B.R. Mitchell[3] berechnete) Übersicht zeigt:

## II. Verifizierung

Wertsteigerungen des Exports zwischen 1900 und 1913 in Prozent
aus                    Deutschland      den USA

| nach Großbritannien | 158 | 2 |
|---|---|---|
| „ Frankreich | 150 | 75 |
| „ Italien | 202 | 131 |
| „ den Niederlanden | 193 | 56 |
| „ Belgien | 135 | 57 |

Der Erste Weltkrieg bot den USA nun die überaus günstige Gelegenheit, ihre gegenüber Deutschland relative Exportschwäche in den wichtigen Industrieländern Westeuropas auszugleichen, nachdem die deutsche Konkurrenz dort erst einmal verschwunden war. Der US-Export nach Großbritannien, der in der Vorkriegszeit bedenklich stagniert hatte, schnellte nun von 597 Mio (1913) auf 2061 Mio Dollars (1918), mithin um 345 % in die Höhe, der nach Frankreich im gleichen Zeitraum von 146 Mio auf 961 Mio Dollars, also um 638 %, während der gesamte US-Export nach Europa von 1479 Mio auf 3859 Mio Dollars mithin um 261 % wuchs, obwohl die Mittelmächte während dieses Zeitraums als Importeure amerikanischer Waren ausgefallen waren.[4] Als nach Kriegsende auch deren Märkte für den amerikanischen Warenstrom offen standen, erreichte der US-Export nach Europa im Jahr 1919 einen Spitzenwert von 5188 Mio Dollars, der zwar in den Zwanziger Jahren auf einen Jahresdurchschnitt von ca. 2300 Mio Dollars absank, was aber gegenüber den entsprechenden Ziffern der Vorkriegszeit (1900 – 1913) immer noch eine Steigerung um ca. 100 % bedeutete.[5]

Der deutsche Export nach West- und Südeuropa, der nach den spektakulären Steigerungen der Vorkriegszeit im Krieg praktisch auf Null gefallen war, vermochte auch nach Kriegsende seine frühere Stärke nicht wiederzuerlangen, was zum einen auf die wirtschaftlichen Bestimmungen des Versailler Vertrags, außerdem auf die, wie gezeigt, im Krieg erheblich verstärkte Marktposition der USA, aber auch auf die in Deutschland im Gefolge des Stinnes-Legien-Pakts zur Verhinderung einer dortigen Revolution überproportional gestiegenen Lohn- und damit Produktionskosten zurückging.

Der teilweisen Verdrängung des deutschen Exports aus den wichtigen Märkten West- und Südeuropas sowie dem gleichzeitigen Eindringen des US-amerikanischen Exports nach Deutschland selbst entsprach die beherrschende Stellung, welche die USA nach dem Ersten Weltkrieg als Finanzzentrum der kapitalistischen Welt einnahmen.[6] Während die europäischen Länder einen erheblichen Teil ihrer Außenstände durch Kriegskosten ver-

## 11. Entstehung, Funktionieren und Scheitern des ‚Dritten Reichs'

braucht, durch Verstaatlichung der auf russischem Boden befindlichen ausländischen Banken, Industrie- und Verkehrsbetriebe im Gefolge der Oktoberrevolution oder durch Konfiskationen aufgrund der Friedensverträge verloren hatten, wurden die USA – sogar abgesehen von ihren den Ententemächten gewährten Kriegskrediten – durch den Krieg vom Schuldner- zum Gläubigerland, in dem auf den Krieg folgenden Jahrzehnt sogar – anstelle von Großbritannien – zum Hauptgläubigerland der Erde.[7]
Abgesehen von der wirtschaftlich-finanziellen Machtposition, welche die USA seit dem Ersten Weltkrieg einnahmen, spielten sie auch als militärisch kriegsentscheidender Partner der Siegermächte sowohl bei der Festlegung der Friedensbedingungen (vgl. II.10) als auch bei deren Vollstreckung, was insbesondere die deutschen Reparationsleistungen betraf, die entscheidende Rolle. Sie stellten, nachdem sie die europäischen Industrienationen wirtschaftlich, finanzpolitisch und eben auch militärisch übertroffen hatten, bei aller regierungsamtlichen Zurückhaltung auf Grund ihres gewaltigen Energiepotenzials auch außenpolitisch die stärkste Macht des Globus dar.

Ein in vielem entgegengesetztes Bild bot demgegenüber die andere der beiden neuen Weltmächte, das seit November 1917 von den Bolschewiki beherrschte Russland. Als erste der am Krieg beteiligten Großmächte und noch dazu als Mitglied der am Ende siegreichen Entente von dem umzingelten Deutschland geschlagen und im Frieden von Brest-Litowsk riesiger Gebiete beraubt, die es nur durch den Sieg seiner ehemaligen Kriegsverbündeten im wesentlichen zurück erhielt, war das allein nach seinen riesigen geographischen Dimensionen, seinen Bodenschätzen, seiner Bevölkerungszahl und seinen sich aus diesen Faktoren ergebenden industriellen Entwicklungsmöglichkeiten große Land in einen mehrjährigen und mehrfrontigen Bürgerkrieg verwickelt, in dessen Verlauf es vom ehemaligen Satteliten Polen erneut großer Gebiete beraubt wurde und in eine katastrophale Wirtschaftskrise geriet, die erst 1926 einigermaßen überwunden werden konnte. Außen-, finanz- und wirtschaftspolitisch jahrelang fast vollständig isoliert, kontrastierte das Sowjetrussland der Nachkriegszeit also mit allen landläufigen Vorstellungen von ‚Weltmacht'.
Zu einer solchen wurde der neue Sowjetstaat auch nur, weil er in den wichtigen europäischen Industrieländern eine kaum quantifizierbare, potenziell aber große Zahl von Verbündeten besaß, nämlich die Industriearbeiter und weitere für die marxistische Revolutionslehre empfängliche Bevölkerungsgruppen, die in Sowjetrussland den Wegbereiter für eine bessere menschheitliche Zukunft sahen oder für eine solche Sicht gewonnen werden konnten. Diese potentiellen ‚Revolutionstruppen' stellten zwar in keinem Staat

## II. Verifizierung

der Erde eine Wähler- oder gar Bevölkerungsmehrheit dar, dennoch erschienen sie den Anhängern der etablierten Staatsordnung als außerordentlich bedrohlich, seitdem es in Russland einer Minderheit entschlossener Marxisten gelungen war, eine radikale Umwälzung der dortigen Staats- und Gesellschaftsordnung durchzusetzen. Die Furcht der Etablierten vor einer Ausweitung der von führenden Bolschewiki proklamierten Weltrevolution auf das je eigene oder auch nur irgend ein anderes Land in Europa wurde durch das teils öffentliche, teils offensichtliche Zusammenspiel zwischen den Bolschewiki und der zu diesem weltrevolutionären Zweck im März 1919 gegründeten Komintern (Kommunistische Internationale) einerseits, den von dort Ermunterung, Anleitung, finanzielle und andere Unterstützung empfangenden sozialistischen Parteien aller Industrieländer andererseits immer wieder aufs Neue erregt.

Gleich zu Beginn ihrer Regierungstätigkeit hatte die neue Sowjetregierung unter Lenin mit dem in II.10 bereits genannten „Dekret über den Frieden" vom 8.November 1917 diese Politik der grenzüberschreitenden Solidarisierung mit den „durch den Krieg erschöpften, gepeinigten und gemarterten Klassen der Arbeiter und der Werktätigen aller kriegführenden Länder" sofort veröffentlichen und telegraphisch verbreiten lassen.[8] Sie hatte damit – wiewohl zugleich im kalkulierten Eigeninteresse einer geschlagenen Macht handelnd – die „kapitalistischen" Regierungen vor ihren kriegsmüden Völkern mit vorgeblich gutem Beispiel bloßgestellt.

Wie stark dieser propagandistische Druck wirkte, zeigen die baldigen Reaktionen des britischen Premierministers Lloyd George und des amerikanischen Präsidenten Wilson, die im Januar 1918 ihrerseits Friedensprogramme veröffentlichten, um die populäre Rolle des allgemeinen Friedensverkünders nicht dem ideologischen Hauptgegner zu überlassen. Sogar inhaltlich wurde etwa Wilsons 14-Punkte-Programm von dem Propaganda-Vorstoß der Sowjetregierung bestimmt, die am 15. November 1917 – zusammen mit den zur Vorbereitung des Krieges von der zaristischen Regierung mit den Ententemächten gegen die Mittelmächte abgeschlossenen Geheimverträgen – eine Erklärung über die Abschaffung der Geheimdiplomatie veröffentlichte, was zu einem entsprechenden Programmpunkt bei Wilson führte. Auch die sowjetische Forderung nach einem Frieden ohne Annexionen hat, wie im vorigen Kapitel bereits gesagt, Wilson – gegen die Interessenlage seiner Verbündeten – offensichtlich dazu bewogen, den entsprechenden Grundsatz unter seine 14 Punkte aufzunehmen.

Aber nicht nur diese auffällige Reaktion der beiden führenden Industriemächte des westlichen Lagers auf die Sowjetpropaganda dokumentiert die heimliche Macht des neuen Sowjetstaats. Diese wurde gerade von seinen

Gegnern auch dadurch anerkannt, dass sie alles unternahmen, um seinen Auf- und Ausbau zu verhindern. Zu diesem Zweck waren die Alliierten sogar zu einer begrenzten Zusammenarbeit mit dem von ihnen so lange bekämpften Deutschen Reich bereit, indem sie bei den Waffenstillstandsverhandlungen den Vorschlag des deutschen Verhandlungsführers Erzberger akzeptierten, demzufolge die noch in Russland stehenden deutschen Truppen vorerst nicht zurückgezogen werden sollten, um die Ausbreitung der bolschewistischen Revolution nach West- und Südrussland zu verhindern.[9]

Aber auch direkt wandten sich die Alliierten gegen die Sowjetmacht, indem sie über die Barents-See, das Schwarze und das Japanische Meer den gegen die Rote Armee kämpfenden antibolschewistischen ‚Weißen' mit Truppen und Nachschublieferungen zu Hilfe kamen. Dass diese militärischen Interventionen letztlich erfolglos blieben, ist zu einem erheblichen Teil wiederum auf die grenzüberschreitende Suggestivkraft der Oktober-Revolutionäre zurückzuführen. Die Interventionsversuche der Westmächte wurden nämlich durch politische Protestaktionen und Demonstrationen von Arbeitern und an der Intervention beteiligten Truppenteilen konterkariert, was die damit in der eigenen Gesellschaft drohende Revolutionsgefahr so akut erscheinen ließ, dass man die eigenen gegen den Marxismus durchaus nicht immunen Truppen lieber aus Russland zurückzog.

Um zu diesen Vorgängen wenig bekannte Einzelheiten zu nennen, sei auf Folgendes hingewiesen: Als jene Intervention in Gang gesetzt wurde, meuterte die Garnison von Toulouse gegen die Wiederaufnahme des Kriegs, und der Pariser Eisenbahnerverband beschloss die Abfertigung von Militärtransporten zu sabotieren, um militärische Aktionen gegen die sozialistischen Revolutionen in Russland, Deutschland und Ungarn zu verhindern; Truppen der französischen Interventionsarmee hissten bei ihrem Transport durch das Schwarze Meer die rote Fahne der marxistischen Revolutionäre. Ebenso wurde auf der britischen Flotte gegen einen antisowjetischen Einsatz demonstriert und die Regierung durch ein im Januar 1919 gebildetes Arbeiterkomitee „Hände weg von Sowjetrussland" vor militärischer Intervention gewarnt.[10] Solche Vorgänge trugen offensichtlich dazu bei, dass sich die Siegermächte auf der Pariser Friedenskonferenz bei der Erörterung der ‚russischen Frage' auf eine Änderung der Interventionstaktik zugunsten indirekter Unterstützung der russischen ‚Weißen' einigten.

Die Hilfe ihrer sozialistischen ‚Verbündeten' in den kapitalistischen Ländern kam der Sowjetrepublik auch bei ihrer zweiten schweren Krise zugute, nämlich der durch Bürgerkrieg, Wirtschaftschaos und die Dürre des Frühjahrs 1921 bedingten Hungerkatastrophe, die Lenin zu einem am 6. August dieses Jahres in der „Prawda" veröffentlichten und in sozialistischen Zei-

## II. Verifizierung

tungen des Westens verbreiteten Hilferuf an „das internationale Proletariat" veranlasste.[11] Darin wurde – propagandistisch geschickt – das russische Versorgungsdesaster mit den Schwierigkeiten des Vorreiters im Kampf gegen den Kapitalismus begründet, um den Adressaten des Aufrufs den Geschmack am bolschewistischen Revolutionsvorbild nicht durch Eingeständnis des traurigen Nachspiels zu versalzen.

Der Aufruf war auch insofern erfolgreich, als er in zehn europäischen Staaten die Bildung marxistisch inspirierter Hilfskomitees bewirkte, die unter Clara Zetkins Leitung der „Internationalen Arbeiterhilfe" zusammengefasst wurden und – abgesehen vom Erfolg selbst organisierter Spendenaktionen – die öffentliche Hilfsbereitschaft und über diese dann auch die Regierungen westlicher Länder zu weiteren Hilfeleistungen anregten.[12]

Dies alles referieren wir deshalb relativ detailliert (wenngleich nur in exemplarischer Auswahl), um deutlich werden zu lassen, wie die lediglich ideologisch-propagandistische Verbindung der krisengeschüttelten Sowjetrepublik mit ihren ausländischen Parteigängern, also ihr zunächst nur informativer Energieaustausch eine durchaus wirksame Überlebenshilfe darstellte und dass der junge Sowjetstaat durch seine in den Häusern der Gegner sitzenden Verbündeten trotz aller wirtschaftlichen, innen- und außenpolitischen Schwäche zu einer ernstzunehmenden und ernstgenommenen Großmacht neuer Art geworden war. Ihr Weltmachtstatus begründete sich, kurz gesagt, auf den Anspruch und die Tatsache, dass der Sowjetstaat zum Zentrum der marxistisch verstandenen proletarischen Weltrevolution geworden war, auf die in allen Industriestaaten des Globus die einen hofften, während die anderen sie fürchteten.

Der revolutionäre Führungsanspruch der Sowjetmacht, institutionalisiert in der bereits erwähnten Komintern mit Sitz in Moskau, brachte nun aber die in der Praxis schwierige Aufgabe mit sich, die proletarische Klientel in den kapitalistischen Ländern bei Revolutionsversuchen zu unterstützen, ohne die dadurch angegriffene jeweilige Staatsmacht zu rigiden Gegenmaßnahmen herauszufordern, was für den Fortgang der Weltrevolution ebenso gefährlich werden konnte wie für den Fortbestand und die Entwicklung des russischen Sowjetstaats selbst. – Wie diese Aufgabe in dem aus bolschewistischer Sicht revolutionsreifen und für die Weltrevolution strategisch besonders wichtigen Deutschland angegangen wurde, soll im Folgenden gezeigt werden.

## 11. Entstehung, Funktionieren und Scheitern des ‚Dritten Reichs'

### a) Die Versuche des Sowjetstaats, Deutschland in das eigene Energieaustauschsystem einzubeziehen, und die dabei erzielten Erfolge

Einen ersten internationalen Erfolg erzielte die bolschewistische Propaganda und Agitation mit dem Leninschen „Dekret über den Frieden", das in Deutschland die linkssozialistische Spartakusgruppe zur Organisation eines Massenstreiks inspirierte, als die deutsch-sowjetischen Friedensverhandlungen in Bresk-Litowsk an den überzogenen deutschen Forderungen zu scheitern drohten und die Wiederaufnahme der Kriegshandlungen an der Ostfront erwartet werden musste. Der anfängliche Erfolg der Ende Januar 1918 in Gang kommenden revolutionären Streikbewegung, an der sich mehr als eine Million Arbeiter in etwa 20 deutschen Industriezentren beteiligten, ließ unter deutschen wie russischen Marxisten vorschnelle Hoffnungen auf den Fortgang der Weltrevolution ins Kraut schießen. Aber auch unter den nüchterner Urteilenden wurde die deutsche Streikbewegung der in Österreich-Ungarn ein allerdings begrenzterer Streik vorangegangen war, als Zeichen realer Solidarität des internationalen Industrieproletariats gewertet, besonders weil die bei den Friedensverhandlungen in die Enge getriebene Sowjetregierung durch die Streikbewegung auf Seiten ihrer Verhandlungsgegner wenigstens kurzfristig entlastet wurde.[13]

Wiederum in Deutschland versuchten linksradikale Revolutionäre in der Folge für den Anschluss an die bolschewistische Revolution zu werben. So erhob der marxistische Literaturhistoriker Franz Mehring in einer am 31. Mai 1918 beginnenden Artikelserie der „Leipziger Volkszeitung" mit der Überschrift „Die Bolschewiki und wir" die russischen Revolutionäre ebenso zu Vorbildern für die deutsche Linke wie der USPD-Redner Ernst Däumig auf einer Versammlung seiner Partei am 1. August 1918 in der Berliner Brunnenstraße, wo er u.a. sagte: „Wir sind nicht nur Zuschauer der Ereignisse in Russland, sondern nehmen mit ganzer Inbrunst daran teil. Wir wollen an den Vorgängen lernen und sie dann nutzbringend bei den kommenden Kämpfen zur Erlösung der Menschheit aus den Klauen des Kapitalismus anwenden."[14] In gleichem Sinn beschloss die Reichskonferenz der Spartakisten am 7. Oktober desselben Jahres, sich nicht nur mit Worten, sondern auch durch Taten mit der russischen Revolution zu solidarisieren, wofür ein konkretes Revolutionsprogramm verabschiedet wurde.[15]

Eine neue Möglichkeit revolutionärer Kooperation zwischen russischen und deutschen Marxisten ergab sich durch die in Bresk-Litowsk vereinbarte Aufnahme diplomatischer Beziehungen zwischen Deutschland und Sowjetrussland. Seit Eröffnung der sowjetischen Botschaft in Berlin im April 1918 gingen dort deutsche Linkssozialisten ein und aus. Auch wenn sich

## II. Verifizierung

kein konkreter Zusammenhang zwischen den Aktivitäten der sowjetischen Botschaft und dem Ausbruch der November-Revolution in Deutschland nachweisen lässt, wirkte die offizielle diplomatische Verbindung zum revolutionären Russland doch zweifellos ermutigend, wenn nicht stimulierend auf die deutschen Revolutionäre. Dies fand am 16. Oktober 1918 sichtbaren Ausdruck in einem Marsch von etwa 1000 Teilnehmern einer von Mitgliedern der USPD organisierten Demonstration, die zur Sowjetbotschaft zogen und dort Hochrufe auf die Oktoberrevolution ausbrachten. Der somit naheliegende Verdacht aktiver revolutionärer Konspiration gegen die deutsche Staatsordnung führte am 6. November 1918, also nach Beginn der Novemberrevolution zur Ausweisung des sowjetischen Botschaftspersonals und zum Abbruch der diplomatischen Beziehungen.[16]

Die vielfältigen Solidaritäts- und Gefolgschaftsbekundungen deutscher Marxisten gegenüber den bolschewistischen Revolutionären wurden von der anderen Seite, insbesondere auch von Lenin selbst in der lebhaften Hoffnung erwidert und zum Teil erst hervorgerufen, die erstrebte Weltrevolution werde sich von Russland ausgehend zügig in den kapitalistischen Staaten fortsetzen, deren System im Imperialismus und dem Ersten Weltkrieg seinen Scheitelpunkt erreicht habe und nunmehr Staat für Staat zusammenbrechen werde. So gab Lenin in einem Brief an Clara Zetkin vom 27. Juni 1918 seiner Freude über die Anerkennung der Bolschewiki durch Mehring und andere Spartakisten Ausdruck und ermunterte in einem weiteren Brief vom 18. Oktober den Spartakusbund als ganzen, im Sinne seines Revolutionsprogramms den Kampf gegen den „Weltimperialismus" aufzunehmen.[17] Ein bereits breiteres bolschewistisches Echo fand die im Zuge der Kriegsrechtslockerung erfolgte Entlassung Liebknechts aus dem Zuchthaus, wo er seit 1916 aufgrund eines Kriegsgerichtsurteils wegen versuchten Landesverrats einsaß und der zu seiner Freilassung am 23. Oktober 1918 vom Zentralkomitee der Bolschewiki beglückwünscht sowie am folgenden Tag in der „Prawda" und durch eine große Demonstration Moskauer Arbeiter als „deutscher Lenin" gefeiert wurde. Den Höhepunkt demonstrativer Zuwendung zu den deutschen Genossen löste natürlich die deutsche Novemberrevolution bei den Bolschewisten aus. Neben großen Kundgebungen in Moskau und vielen anderen Städten Russlands am 10. und 11. November 1918 fanden zahlreiche, durch ein Rundtelegramm Lenins initiierte Versammlungen auf Partei-, Sowjet- oder Betriebsebene statt, die sich direkt oder über den Rat der Volkskommissare in Glückwunschadressen an Liebknecht mit den deutschen Revolutionären solidarisierten.[18] Ein entsprechendes Glückwunschtelegramm ging auch vom gerade tagenden VI. Allrussischen Sowjetkongress aus, dessen Zentralexekutivkomitee

## 11. Entstehung, Funktionieren und Scheitern des ‚Dritten Reichs'

überdies die Entsendung von zwei Getreidezügen nach Deutschland beschloss, um die blockadebedingt schlechte Versorgungslage der deutschen Arbeiter zu verbessern[19] und, wie man diesen Beschluss interpretieren darf, einen handfesten Beweis für die Solidarität der revolutionären Proletarier in ihrem Kampf gegen die Blockadepolitik der kapitalistischen Staaten des Westens zu liefern.

Dieser Versuch, den bislang nur informativen Energieaustausch zwischen dem russischen Sowjetsystem und seinen deutschen Parteigängern durch Nahrungsenergie anzureichern oder gar, wie Liebknecht bei seiner Proklamation einer deutschen Räterepublik am 9. November forderte, durch Wiedereröffnung der russischen Botschaft in Berlin auf staatlicher Ebene neu zu etablieren, wurde nun allerdings sowohl von der provisorischen Ebert-Regierung als auch von den Alliierten, insbesondere den USA zurückgewiesen, die ihrerseits für den Fall einer Bolschewisierung Deutschlands mit militärischer Intervention drohten.[20] Diese Drohung stellte eine Reaktion auf das seit dem Ausbruch der Novemberrevolution immer offensichtlicher werdende Zusammenspiel zwischen der Sowjetregierung und der deutschen revolutionären Linken dar: Während einen Tag nach Liebknecht auch der Berliner Arbeiter- und Soldatenrat die sofortige Wiederaufnahme diplomatischer Beziehungen zwischen der neuen Regierung Ebert und der russischen Sowjetrepublik forderte, am 7. Dezember erneut eine große Demonstration vor dem Berliner Gebäude der ausgewiesenen sowjetischen Botschaft für dasselbe Ziel stattfand und eine sowjetische Delegation für den am 16. Dezember beginnenden Reichsrätekongress eingeladen wurde, startete die Sowjetregierung eine ganze Reihe von Versuchen, die diplomatischen Beziehungen mit der aus SPD- und USPD-Führern gebildeten Ebert-Regierung herzustellen, der sie gleichwohl mit revolutionären Funksprüchen an die deutschen Arbeiter-, Soldaten- und Matrosenräte in den Rücken fiel. Die antirevolutionäre Ebert-Regierung suchte daraufhin jeglichen Personenaustausch zwischen der Sowjetrepublik und den deutschen Revolutionären zu unterbinden. Nicht nur die zum Reichsrätekongress geladene Abordnung, sondern auch eine fünfköpfige sowjetische Rot-Kreuz-Delegation, die sich um die Belange der russischen Kriegsgefangenen in deutschem Gewahrsam kümmern sollte, wurden deshalb an der deutschen Grenze zurückgewiesen.[21] Diese Quarantänepolitik wurde russischerseits zunächst dadurch unterlaufen, dass das bolschewistische Zentralkomitee Karl Radek, eines der zum Reichsrätekongress entsandten Delegationsmitglieder anwies, sich illegal nach Berlin durchzuschlagen. Nachdem dies gelangen war, wirkte Radek um die Jahreswende 1918/19 an der Gründung

## II. Verifizierung

der KPD mit, die fortan den wichtigsten Brückenkopf der Sowjetrepublik in Deutschland bildete.[22]
Eine enge Verbindung der KPD mit der KPdSU als der staatstragenden Partei der Sowjetrepublik war schon dadurch gegeben, dass seit Gründung der Komintern beide Parteien nicht etwa selbständig, sondern lediglich Sektionen dieser internationalen Organisation waren, die ihrerseits die politischen Leitlinien der nationalen Tochterparteien bestimmte und bei innerparteilichen Querelen als letzte Berufungsinstanz fungierte.[23] Zwar gab es statutenmäßig und anfangs auch de facto ein relativ partnerschaftliches Verhältnis zwischen den verschiedenen zur Komintern gehörenden nationalen Sektionen, aber mit der Stabilisierung der bolschewistischen Herrschaft in Russland gewannen Lenin und seine Partei eine so überragende Autorität im Kreis der kommunistischen Parteien, dass seit etwa 1922 von einer zunehmenden Führungsrolle der Bolschewiki gesprochen werden muss.[24] Diese verstärkte sich mit dem Scheitern der außerrussischen Revolutionsversuche und dem Erstarken des Sowjetstaats seit Mitte der 1920er Jahre. Seitdem bestimmten das sowjetrussische Staatsinteresse, aber auch Führungskämpfe innerhalb der KPdSU die strategischen Konzeptionen, die den außerrussischen Sektionen der Komintern aufgezwungen wurden.
So gab diese noch im Oktober 1923 detaillierte Anweisungen und Hilfen für die Revolutionierung der krisengeschüttelten Weimarer Republik, verurteilte aber bereits im Januar 1924 die folgsame KPD-Führung unter Brandler und Thalheimer wegen ihrer damaligen von Moskau vorgegebenen Politik, weil dort inzwischen der Kampf um die Nachfolge des schwer erkrankten Lenin begonnen hatte, in dem Stalin zusammen mit dem Komintern-Vorsitzenden Sinowjew den gemeinsamen Gegner Trotzki von der gleich diesem zur Volksfronttaktik neigenden KPD-Führung zu isolieren suchte.[25]
Als die nach dem misslungenen Aufstandsversuch im November 1923 zeitweise verbotene KPD entgegen dem Stalin-Sinowjew-Konzept nach ‚links', also zur weltrevolutionären Strategie Trotzkis tendierte und auf ihrem IX. Parteitag im April 1924 eine ‚linke' Führung wählte, wurde deren Protagonistin Ruth Fischer auf dem zwei Monate später stattfindenden V. Weltkongress der Komintern mit geschickter Umarmungstaktik auf den ‚rechten' Weg gebracht, indem man sie in das Exekutivkomitee der Komintern wählte und sie so auf deren neue Losung, nämlich die ‚Bolschewisierung' aller kommunistischer Parteien festlegte.[26]
Freilich wurde der neue Leitbegriff der Bolschewisierung in seiner Anwendung auf die KPD von den Linken dieser Partei deutlich anders interpretiert – nämlich immer noch im trotzkistisch-weltrevolutionären Sinne – als ihn

## 11. Entstehung, Funktionieren und Scheitern des ‚Dritten Reichs'

die auf absolute Unterordnung der anderen Parteien unter das sowjetrussische Staatsinteresse bedachte Komintern-Führung gemeint hatte. Deshalb sah sich deren Vorsitzender Sinowjew veranlasst, verstärkten Druck im Sinne einer Rechtswendung der KPD auszuüben, die u.a. beim zweiten Wahlgang der Reichspräsidentenwahl von 1925 für den Sozialdemokraten Braun stimmen sollte, um Hindenburgs Wahl zu verhindern. Als Sinowjew mit solchen Ratschlägen nicht durchdrang, sandte er im Juli 1925 zugleich einen Brief und einen Abgesandten der Komintern an den X. Parteitag der KPD mit Ermahnungen, rechte und linke ‚Abweichungen' zu unterlassen und die Bolschewisierung der Partei fortzusetzen. Nachdem seine konkreteren Forderungen nach Erweiterung des ZK um moskauhörige Genossen wie Walter Ulbricht und nach Einrichtung einer Gewerkschaftsabteilung beim ZK wiederum ignoriert wurden, entschied die Sowjet-Führung den damit ausgebrochenen Konflikt dann doch für sich, indem sie nacheinander zwei KPD-Delegationen nach Moskau zitierte, die – u.a. mit dem Entzug der KPdSU-Subventionen für die deutsche Schwesterpartei unter Druck gesetzt – einem ‚offenen Brief' der Komintern an alle KPD-Mitglieder zustimmen mussten. In diesem Anfang September 1925 in der gesamten kommunistischen Presse veröffentlichten Brief wurden die ‚ultralinke' Ruth Fischer-Maslow-Führung heftig kritisiert und die Komintern-Forderungen an die KPD so präzisiert, dass für diese eine politische und organisatorische Wende unausweichich wurde.[27]

Personelle Konsequenzen dieser massiven Moskauer Interventionen ergaben sich zunächst für die Parteiführung, wo Ruth Fischer von Ernst Thälmann abgelöst wurde. Dem folgte eine bis in die unteren Gliederungen der KPD reichende ‚Säuberung', also Ausschließung aller ‚Ultralinken', die sich allerdings bis 1927 hinzog. Die wichtigste organisatorische Folge der Moskauer Interventionen lag in der Neugliederung der Parteibasis in ‚Betriebszellen', wodurch die Gewerkschaftsarbeit der Partei gestärkt werden sollte. Dies schien der Moskauer Führung wohl deshalb nötig, weil man so der im Gefolge der Dawes-Plan-Politik der USA zunehmenden Integration Deutschlands in das kapitalistische System der Westmächte am ehesten glaubte entgegenwirken zu können. Außerdem bedeutete dies eine strukturelle Angleichung an die KPdSU, die nun eindeutig zur Mutterpartei der KPD geworden war.

Deren zunehmende Bedeutung als deutschlandpolitisches Instrument der Sowjetunion lässt sich u.a. daran ablesen, dass im März 1926 beim Exekutiv-Komitee der Kommunistischen Internationale (EKKI) eine ‚Deutsche Kommission' gebildet wurde, deren Vorsitz Stalin übernahm. Dieser zeigte sich in den Kommissionssitzungen gut über die KPD-Interna informiert

## II. Verifizierung

und betrieb in der Folge eine zielbewusste ‚Stalinisierung' der deutschen Satelliten-Partei. Dazu gehörte die Durchsetzung des Kurses der ‚Konzentration', womit ein Zusammengehen der ‚Linken' unter Ernst Thälmann mit den Vertretern der ‚Mitte' unter Ernst Mayer verstanden wurde, weiterhin ein statutenwidriges Geheimabkommen zwischen der russischen und der deutschen Delegation auf dem 9. erweiterten EKKI-Plenum im Februar 1928, wobei der „Kampf gegen die rechte Gefahr in der Partei" vereinbart und somit eine neue politische Wende eingeleitet wurde. Stalin, der dieses Abkommen betrieben hatte, ging es auch dabei wieder um die Gleichschaltung von KPD und KPdSU, in der bereits sein Kampf gegen die ‚Rechten' Bucharin, Rykow und Tomski begonnen hatte. Wieder wurde, um den neuen Kurs durchzusetzen, mit dem Mittel des ‚offenen Briefs' operiert, den das Präsidium des EKKI im Dezember 1928 herausgab und in dem die ‚rechte Gefahr' in der KPD beschworen wurde. Dies löste dort eine neue Säuberungswelle aus, der innerhalb weniger Wochen etwa 6000 ‚Rechte' weichen mussten.[28]

Tempo und Intensität dieser weiteren von Moskau diktierten Kehrtwendung sind symptomatisch für die immer enger werdende Abhängigkeit der KPD vom politischen Kalkül Stalins. Der enge Schulterschluss, mit dem sich die deutschen Kommunisten dem sowjetischen Staatsinteresse unterwarfen, kam sehr direkt auf ihrem XII. Parteitag im Juni 1929 zum Ausdruck, auf dem die von Moskau suggerierte Gefahr eines neuen Interventionskriegs der Westmächte zum Anlass pathetischer Solidaritätsbekundungen mit Sowjetrussland wurde. So formulierte etwa Willi Münzenberg in einer Parteitagsrede: „Auch heute erklären wir: keine Vaterlandsverteidigung eines imperialistischen Landes!, aber ergänzen die Forderung mit dem Zusatz: Verteidigung unseres Vaterlandes, der Sowjetunion!"[29]

Die Assimilierung der KPD an die sowjetrussische Führungsmacht zeigt sich, abgesehen vom Inhalt der Parteitagsreden und -bekundungen auch an dessen Struktur: „Der XII. Parteitag war nicht mehr Diskussionsforum um die Parteilinie oder eine Arbeitstagung, sondern Schauveranstaltung mit Akklamationen, er bot ein für stalinistische Parteitage typisches Bild." (H.Weber) Dem entsprach auch die 1929 entstandene Organisationsstruktur der KPD. Diese war gekennzeichnet durch den sogenannten ‚demokratischen Zentralismus', die Verlagerung von politischen Entscheidungen von Parteitagen an die Parteispitze, also Politbüro und ZK-Sekretariat, außerdem durch die Lenkung der Partei mit Hilfe des ‚Apparats' aus besoldeten Funktionären und schließlich durch die Einrichtung der Betriebszellen. Die aufwendige Herrschaft des Apparats war nur mit Subventionen der KPdSU aufrecht zu erhalten, die nach Schätzungen ein Drittel der Parteieinnahmen

## 11. Entstehung, Funktionieren und Scheitern des ‚Dritten Reichs'

ausmachten. Aus dieser finanziellen Abhängigkeit erklärt sich zu einem guten Teil die politische und organisatorische Angleichung der KPD an die KPdSU.[30]

Durch vielfachen informatorischen, personellen und schließlich auch finanziellen Energieaustausch zwischen diesen beiden über die Komintern miteinander verbundenen Parteien war so innerhalb Deutschlands ein sowjetisch beherrschtes Subsystem entstanden, dessen Mitglieder sich nicht nur institutionell, sondern, wie es das zitierte Münzenberg-Wort zeigt, auch emotional mit der Sowjetunion solidarisiert und gleichzeitig dem deutschen Gesellschaftssystem entfremdet hatten. Bedenkt man, dass dieses sowjetrussische Satellitensystem auf deutschem Boden in der Weimarer Zeit – bei allerdings großer Fluktuation – bis zu 400 000 eingeschriebene Mitglieder hatte und bis zu 16,9 % der Wähler für sich zu gewinnen verstand (November 1932), womit es die drittstärkste Fraktion im Reichstag besaß, wenn man weiter in Rechnung stellt, dass die stalinisierte KPD als revolutionäre Partei mit vielen aktiven, oft fanatisierten Mitgliedern gerade in den wichtigsten deutschen Industriezentren, nämlich dem Ruhrgebiet, Berlin und im Raum Halle-Merseburg mindestens zeitweise die Mehrheit der Arbeiter hinter sich hatte[31], dann dürfte deutlich werden, dass der revolutionären Sowjetunion mit der KPD ein für den Bestand des damals ohnehin sehr labilen deutschen Gesellschaftssystems äußerst wirksamer ‚Türöffner' zur Verfügung stand.

Diese Tatsache – und dies scheint wichtig für den Erfolg der nationalsozialistischen Bewegung – war den deutschen Zeitgenossen nur allzu bewusst, die zum einen über die bolschewistische Oktoberrevolution und deren Folgen recht gut informiert waren, zum anderen durch wiederholte Revolutionsversuche der deutschen Kommunisten mehrfach mit der Möglichkeit einer Revolutionierung des deutschen Gesellschaftssystems konfrontiert wurden. Entsprechende Hoffnungen oder Befürchtungen – je nach politischer Einstellung – mussten sich schon aus der frappierenden Parallelität der revolutionären Vorgänge in Russland und Deutschland ergeben. Die Matrosenmeutereien bei Wilhelmshaven und in Kiel, die das Auslaufen der deutschen Hochseeflotte und damit eine Fortsetzung des Krieges verhindert, außerdem den Rücktritt des Kaisers bewirkt zu haben schienen, fanden für den über die Hintergründe (etwa das Ludendorffsche Waffenstillstandsersuchen und den deutsch-amerikanischen Notenwechsel in gleicher Sache) nicht informierten Zeitgenossen genaue Entsprechungen in der von den Bolschewiki sabotierten Kriegführung und der Absetzung des Zaren vom Vorjahr. Ähnliche Parallelen waren zwischen der seit November 1918

## II. Verifizierung

in Deutschland sich ausbreitenden Rätebewegung und dem russischen Sowjetsystem zu beobachten. Und wenn der in Berlin tagende Reichsrätekongress im Dezember gegen eine revolutionäre Minderheit für einen liberaldemokratischen Weg zu einer neuen Verfassung votierte, so schienen sich auch in einer solchen Entscheidung die Mehrheitsverhältnisse im Allrussischen Sowjet vom Sommer 1917 zu wiederholen, wo die Bolschewiki gegenüber Menschewisten und Sozialrevolutionären ebenfalls in der Minderheit geblieben, gleichwohl mit der Oktoberrevolution am Ende siegreich geblieben waren. Entsprechend musste der ‚Spartakusaufstand' vom Januar 1918 als eine genaue Nachahmung der russischen Revolution erscheinen, als die er auch gemeint war. So gewiss die Initiatoren dieses Aufstands, zu denen Rosa Luxemburg als Lenin-Kritikerin bezeichnenderweise Abstand hielt, die Chancen ihres Revolutionsversuchs – eben wegen jener Parallelen zur russischen Entwicklung von 1917/18 – falsch einschätzten, so sicher ist auch, dass die Überreaktion ihrer sozialdemokratischen Gegner, welche in dem Bündnis mit der kaiserlichen Armee ihren Ausdruck fand, auf die Furcht vor der revolutionären Macht des Bolschewismus zurückzuführen ist.[32] Und wenn das Bündnis zwischen Mehrheitssozialdemokratie und kaiserlicher Armee auch die rasche Niederschlagung des linken Revolutionsversuchs ermöglicht hatte, so schienen gerade die darauf folgenden Streiks, Unruhen und Aufstände, die in der Bergarbeiterbewegung des Ruhrgebiets und den Gründungsversuchen der Münchener und Bremer Räterepubliken im Frühjahr 1919 ihre Höhepunkte fanden, denen Recht zu geben, die die Ausstrahlungskraft des bolschewistischen Russland auf die deutsche Gesellschaft eher überschätzten.

Die Furcht vor einer kommunistisch inspirierten Revolution wurde auch durch die Niederschlagung jener sozialistischen Versuche, der Weimarer Verfassungsgebung durch ein *fait accompli* zuvorzukommen, nicht überwunden, zumal der Bolschewismus seit Gründung der KPD über einen festen Brückenkopf in Deutschland verfügte, von dem bei jeder sich bietenden Gelegenheit ein neuer Revolutionsversuch ausgehen konnte. Die revolutionären Aktivitäten der Kommunisten während des Krisenjahrs 1923 in Sachsen, Thüringen und Hamburg, die Straßenkämpfe, in die ihr Rotfrontkämpferbund gegen Ende der Weimarer Zeit systematisch von den Nationalsozialisten verwickelt wurde, und zuletzt noch die Brandstiftung im Reichstagsgebäude, die – wohl tatsächlich von einem Kommunisten begangen – jedenfalls der deutschen Öffentlichkeit als Fanal für einen kommunistischen Aufstand glaubhaft gemacht wurde, hielten eine solche Revolutionsfurcht wach, die damit einen wichtigen innen- wie außenpolitischen Faktor der Weimarer Republik darstellte.

## 11. Entstehung, Funktionieren und Scheitern des ‚Dritten Reichs'

Trotz solcher natürlich auch bei allen deutschen Regierungen der Zwischenkriegszeit vorhandenen Befürchtungen gelang es der Sowjetrepublik bereits 1921, in regierungsamtliche Verhandlungen mit dem Deutschen Reich einzutreten, im April 1922 erneut diplomatische Beziehungen mit diesem aufzunehmen und im Oktober 1925 zu einem komplexen Verkehrs-, Wirtschafts- und Handelsabkommen zu gelangen, das die Chancen der von Stalin zielbewusst betriebenen Einbeziehung des deutschen in das sowjetrussische Energieaustauschsystem wesentlich erhöhte. Der schon von Lenin verfolgte Plan, Deutschland als die für den Fortgang der sozialistischen Weltrevolution in Europa wichtigste Macht an das Sowjetsystem anzuschließen, wurde also nun zangenartig sowohl über die Komintern als auch durch regierungsamtliche Austauschregelungen verfolgt.

Dass die sowjetische Seite dabei gegenüber den antikommunistischen Regierungen der Weimarer Republik überhaupt Erfolge erzielen konnte, ist auf die verzweifelte Zweifrontenstellung des im Krieg besiegten und durch das Versailler Diktat energetisch zusätzlich zurückgeworfenen Deutschland zurückzuführen, dessen Regierungen geradezu gezwungen waren, die beiderseitigen Gegner in klassischer Schaukelpolitik gegeneinander auszuspielen, um zu überleben. Dies zeigte sich bereits im Frühjahr 1921, in dem das Deutsche Reich mit der astronomischen Reparationsforderung der Westmächte in Höhe von 226 Milliarden Goldmark konfrontiert wurde und kurz darauf erleben musste, dass Großbritannien die antisowjetische Blockadepolitik der Westmächte durch ein Handelsabkommen mit dem Sowjetstaat unterlief, das die durch das Versailler Diktat in Westeuropa ohnehin minimierten deutschen Exportchancen auch für den vielversprechenden russischen Markt zu vermindern drohte. In dem damit gegebenen Dilemma sah sich die Reichsregierung vom Deutschen Außenhandelsverband und dem Hansabund gedrängt, die deutsch-sowjetischen Handelsbeziehungen in Gang zu bringen, ohne durch entsprechende regierungsamtliche Übereinkünfte zugleich das politisch so gefährlich erscheinende Sowjetregime anzuerkennen.

Den Ausweg aus dieser schwierigen Lage eröffnete das „Vorläufige Abkommen zwischen dem Deutschen Reich und der Russischen Föderativen Sowjetrepublik über die Erweiterung des Tätigkeitsgebietes der beiderseitigen Delegationen für Kriegsgefangenenfürsorge", das auf eine Angliederung von Handelsvertretungen an die dadurch zu botschaftsähnlichen Missionen aufgewerteten ‚Delegationen' hinauslief.[33] Schon der umständliche, verschleiernde Titel des ‚Vorläufigen Abkommens' vom 6. Mai 1921 lässt die Vorbehalte und Befürchtungen der deutschen Regierung selbst gegenüber einem solchen Abkommens-Provisorium erkennen, zu dem sie sich –

## II. Verifizierung

einen Tag nach dem ‚Londoner Ultimatum' der Alliierten, mit dem diese die deutsche Anerkennung der Reparationsforderungen erzwangen – nur bereit fand, um der Erpressungspolitik der Westmächte die Drohung eines deutsch-sowjetischen Zusammengehens entgegensetzen zu können. In der Folge nutzte die Sowjetregierung geschickt und zielbewusst die vor allem von Frankreich betriebene antideutsche Repressionspolitik, um die eigenen Austauschbeziehungen mit dem Deutschen Reich zu verbessern. In schachmeisterlicher Vorbereitung eines weiteren politischen Zuges auf diesem Weg übersandte die Sowjetregierung am 28. Oktober 1921 eine Note an die westlichen Siegermächte, in der sie unter der Bedingung der eigenen Anerkennung, eines endgültigen Friedensvertrags und fairer Kreditgewährung ihrerseits die Anerkennung der russischen Vorkriegsschulden gegenüber dem Ausland in Aussicht stellte und eine Konferenz zur Klärung dieser Fragen vorschlug.[34]

Der geschickt gewählte Zeitpunkt dieser Note, die bezeichnenderweise das Deutsche Reich als Adressaten überging, um es der Sowjetrepublik gegenüber in Zugzwang zu bringen, folgte acht Tage nach der für alle westlich orientierten ‚Erfüllungspolitiker' niederschmetternden deutsch-polnischen Grenzfestlegung in Oberschlesien durch den Obersten Rat der Alliierten. Nach einer 60 %igen Mehrheitsentscheidung der dortigen Bevölkerung für den Verbleib beim Deutschen Reich wurde nämlich das Abstimmungsgebiet so geteilt, dass das wegen seiner Kohlegruben und Eisenhütten wirtschaftlich wertvolle oberschlesische Industriegebiet fast vollständig an Polen fiel.[35] Diese die Unversöhnlichkeit der Westmächte Deutschland gegenüber aufs Neue dokumentierende Entscheidung trieb die deutsche Regierung wiederum dem Sowjetstaat zu, was etwa in der – von Frankreich als Provokation reklamierten – Berufung des russlandfreundlichen ehemaligen Botschafters von Maltzahn zum Leiter der Ostabteilung im Auswärtigen Amt seinen Ausdruck fand und wohl vor allem durch die erwähnte, Deutschland übergehende sowjetrussische Note bewirkt worden war.[36]

Diese Note war in ihrer Adressatenauswahl nämlich dazu angetan, der Reichsregierung mit einer völligen Isolierung von allen Großmächten einschließlich der Sowjetunion für den Fall zu drohen, dass letztere sich über Deutschland hinweg mit den Westmächten über normale politische und wirtschaftliche Beziehungen einigen würde. Entsprechende deutsche Befürchtungen wurden durch wiederholte Drohungen Frankreichs noch verstärkt, den Artikel 116 des Versailler Vertrags ins Spiel zu bringen, der Russland die Möglichkeit eigener Reparationsforderungen Deutschland gegenüber freistellte, sofern die Ententemächte dem zustimmen würden. Damit wurde dem Sowjetstaat zugleich eine Patentlösung zur Abwälzung der russischen Vorkriegsschulden auf das Deutsche Reich angeboten, die verlockend genug erscheinen musste, um die deutsche Regierung in ernsthafte Furcht vor neuen Lasten und völliger Isolierung zu treiben. Dem gemäß trat Reichskanzler Wirth im Januar 1922 in zwei Sitzungen des Reichstagsausschusses für Auswärtige Angelegenheiten für eine „freie Verständigung mit Rußland" ein, die „nicht zum Nachteil Rußlands", sondern zu dessen „Wiederaufbau" dienen müsse, denn „Es wäre das größte Unglück, wenn Rußland in den Ring von Versailles gegen uns einbezogen würde, wie es Frankreich eifrig erstrebt".[37]

Diese neue Einkreisungsfurcht der deutschen Regierung wurde auf der Konferenz von Genua, auf der – entsprechend den russischen und französischen Vorschlägen – eine Einigung der Alliierten mit der Sowjetrepublik auf Kosten Deutschlands bevorzustehen schien, dermaßen verstärkt, dass die deutsche Delegation zur Abwehr dieser Gefahr den von der Sowjetregierung seit langem angestrebten Vertrag über Aufnahme voller diplomatischer Beziehungen und Intensivierung des Handelsaustauschs mit Deutschland auf der Grundlage gegenseitiger Meistbegünstigung abschloss, in dem beide Seiten auf Reparations- oder sonstige Wiedergutmachungsleistungen verzichteten. Mit diesem in Rapallo, also jenseits des eigentlichen Verhandlungsorts Genua und während der österlichen Verhandlungspause, am Ostersonntag, dem 16. April 1922 hinter dem Rücken der übrigen Verhandlungsteilnehmer abgeschlossenen Vertrag hatte die Sowjetregierung ihr Ziel erreicht, das für ihre Revolutionsstrategie, aber auch wirtschaftlich so wichtige Deutschland nunmehr außer über die Komintern auch über die Königsstraße zwischenstaatlicher Diplomatie und offizieller Wirtschaftbeziehungen an das eigene Energieaustauschsystem anzuschließen, was die Aussicht auf revolutionäre Assimilierung des deutschen Systems erheblich zu verbessern schien.[38] Diese Hoffnung kam in Demonstrationen deutscher ‚Werktätiger' zugunsten der deutsch-sowjetischen Freundschaft aus Anlass des Rapallo-Vertrags ebenso unverhüllt zum Ausdruck wie in dem darauf antwortenden Grußtelegramm des Petrograder Sowjet, der darin äußerte, der Rapallo-Vertrag werde vor allem dann Bedeutung erlangen, wenn in Deutschland erst eine ‚Arbeiterregierung' bestehe.[39]
Solche Hoffnungen sollten sich allerdings als trügerisch erweisen. Zum einen schon deshalb, weil der mit dem Rapallo-Vertrag eröffnete zwischenstaatliche Austauschkanal letztlich zur Stabilisierung nicht nur des sowjetrussischen, sondern auch des deutschen Staats beitrug und dessen über die Komintern betriebene Revolutionierung infolgedessen erschwerte. Dieser Zusammenhang trat immer dann besonders deutlich zutage, wenn die deut-

## II. Verifizierung

sche Regierung in schwierigen Verhandlungssituationen mit den Westmächten die ‚russische Karte' spielte und dadurch günstigere, der Stabilisierung des eigenen Systems dienliche Abschlüsse erzielte. Dies gilt für die Intensivierung der langwierigen deutsch-russischen Gespräche über einen gemeinsamen Handelsvertrag zur Zeit der Locarno-Verhandlungen ebenso wie für das deutsche Eingehen auf die russischen Vorschläge für einen gemeinsamen Neutralitätsvertrag zu einem Zeitpunkt, da die Aufnahme Deutschlands in den Völkerbundsrat auf Schwierigkeiten stieß.[40] In solchen Fällen bewährte sich also das Prinzip deutscher Schaukelpolitik.

Wandte sich dadurch die von der sowjetrussischen Führung mit soviel strategischem Aufwand betriebene Rapallo-Politik, was die Revolutionierung Deutschlands betrifft, letztlich gegen den Urheber, blieb auch der darauf zurückgehende deutsch-russische Handelsvertrag vom Oktober 1925 für die wirtschaftpolitischen Zielsetzungen der Sowjetrepublik weitgehend erfolglos. Zwar wurde aufgrund deutscher Kredite eine Steigerung des deutsch-russischen Handelsverkehrs erzielt, dessen Umfang aber so bescheiden blieb, dass er noch 1928 nur 3,1 % des deutschen Gesamtaußenhandels ausmachte[41], und das, obwohl das industrietechnisch voll entwickelte Deutschland und das rohstoffreiche Russland ideale Tauschpartner hätten sein können. Das Haupthindernis für eine bessere Entwicklung des ökonomischen Energieaustauschs zwischen beiden Staaten waren die sowjetrussischen Befürchtungen vor einer wirtschaftsimperialistischen Unterjochung des eigenen Systems durch die energietechnisch überlegen Marktwirtschaften des Westens, also auch Deutschlands. Diese gewiss nicht unberechtigte Furcht zeigte sich in der kompromisslosen Aufrechterhaltung des sowjetstaatlichen Außenhandelsmonopols[42], das einer dynamischen Entwicklung des grenzüberschreitenden Warenverkehrs naturgemäß im Wege stand. In keinem Fall konnte aber die Sowjetunion, die 1928 für Deutschland als Einfuhrland an zehnter und als Ausfuhrland an zwölfter Stelle stand[43], auch nur die geringste Hoffnung hegen, den deutschen Austauschpartner in wirtschaftliche Abhängigkeit oder gar zur Angleichung an das eigene System zu zwingen. Gerade in dieser Hinsicht hatten die USA ihrer polaren Gegenmacht in Deutschland längst den Rang abgelaufen.

Bevor wir diesen Vorgang näher beleuchten, soll noch ein kurzer Blick auf die kulturellen Einwirkungen des revolutionären Marxismus auf die Weimarer Szene geworfen werden. Hier beherrschte in den ersten Nachkriegsjahren der Expressionismus das Feld der Künste. Diese schon vor dem Krieg entwickelte, aber erst danach und vor allem in Deutschland zu vollem Durchbruch gelangende Kunstrichtung fand ihren gemeinsamen Nen-

## 11. Entstehung, Funktionieren und Scheitern des ‚Dritten Reichs'

ner in dem möglichst radikalen Bruch mit der Tradition. In ihren aufs Grelle, Schockierende und Pathetische, also auf Breitenwirkung angelegten Ausdrucksformen war die expressionistische Kunst demonstrativ, in ihrer bewussten Abkehr vom elitären ‚Elfenbeinturm' und dem Ästhetizismus der Vorkriegszeit proletarisch, in ihren Inhalten revolutionär. Letzteres trat in Bekenntnissen „zu einer ‚Religion des Sozialismus' (Kurt Eisner), einer kommunistischen ‚Liebesgemeinde' (Gustav Landauer), einem ‚Kommunismus des Herzens' (Leonhard Frank), einer ‚Mischung von Marx und Gebet' (Ernst Bloch) oder einem ‚Kommunismus der Liebe' (Heinrich Vogeler)" offen zutage.[44] Auch die Unterstützung der Novemberrevolution durch Expressionisten aller Richtungen, die sich in der ‚Novembergruppe' und dem ‚Arbeitsrat für Kunst' organisierten und sich selbst als ‚Revolutionäre im Geist' bezeichneten[45], rechtfertigt eine solche Einordnung. Wenngleich schon in den zitierten Schlagworten, mehr noch in Dichtungen und Bildwerken expressionistischer Künstler visionär utopische Elemente den Ton angeben, so bildete doch die letztlich politische Forderung nach einer herrschaftsfreien sozialistisch-kommunistischen Verbrüderung der Menschheit als allein adäquate Antwort auf den völkermordenden Weltkrieg die gemeinsame Stoßrichtung der expressionistischen Bewegung. Diese ließ sich zwar nur in einigen Vertretern – etwa dem späteren DDR-Kulturminister Johannes R. Becher – vom moskauhörigen Marxismus vereinnahmen, konnte aber doch tendenziell als kultureller Brückenkopf des Sowjetkommunismus in Deutschland gelten und so zu einem politischen Wirkungsfaktor werden.

Suchen wir die – im Fall des Expressionismus allerdings nicht gesteuerten – Bemühungen des weitgehend mittellosen revolutionären Sowjetstaats mit dem in ‚Versailles' großer Energiepotentiale beraubten deutschen Gesellschaftssystem auf ihre wesentlichen Beweggründe zurückzuführen, so lässt sich Folgendes feststellen: Sowohl im kulturellen wie im parteipolitischen oder zwischenstaatlichen Bereich der Beziehungen handelte es sich um die revolutionäre Methode der Solidarisierung von Schwachen, also Energiebedürftigen, die sich damit gegen die Starken, die Sieger oder im Krieg Davongekommenen und über reichliches Energiepotenzial Verfügenden zu verbünden suchen, um ihre eigene Energiebilanz zu verbessern.
So waren es die sensibelsten und leidgeprüftesten Intellektuellen und Künstler, deren traditionell humanistisch-christliches Weltverständnis in den Materialschlachten des Weltkriegs zerbrochen war und die sich in der expressionistischen Bewegung über oft große individuelle und künstlerische Unterschiede hinweg zusammentaten, um die fürchterliche Entzwei-

II. Verifizierung

ung der Menschheit mit den Mitteln der Kunst zu überwinden. Es waren die bis gegen Ende des Kriegs in beiden Staaten isolierten und diffamierten Marxisten, die sich in der bolschewistischen russischen bzw. kommunistischen deutschen Partei zusammenschlossen und – wie dargelegt – über die Komintern untereinander und mit anderen kommunistischen Parteien solidarisierten. Und es waren mit den im Krieg geschlagenen und anschließend wie Aussätzige behandelten, in schwere innere Krisen geratenen Staaten der Sowjet- und der Weimarer Republik wiederum die ‚schwächsten Glieder', die sich aus der Not der Isolierung in den beschriebenen Kontaktaufnahmen, Abmachungen und Verträgen mit dem Ziel eigener Stärkung wenigstens ansatzweise zusammentaten.

In all diesen Fällen bildeten Ingangsetzung und systematische Intensivierung des Energieaustauschs mit Hilfe der Demonstration, der Information und der gegenseitigen Hilfeleistung, andererseits die mit gleichen Mitteln betriebene zumindest partielle Abgrenzung gegenüber den ‚imperialistischen Mächten' die für Systeme mit gravierendem Energiemangel effektivsten, ja überhaupt mobilisierbaren Mittel der Eigenstabilisierung. Der demonstrative Stil expressionistischer Kunst, die programmatische Gruppenbildung ihrer Vertreter, deren provokative Abgrenzung von überkommenen Stilbildungen und künstlerischem Establishment zeigten dies ebenso deutlich wie die erwähnten Massendemonstrationen von Arbeitern oder Teilen der Interventionstruppen zugunsten des jungen Sowjetstaats oder umgekehrt sowjetrussischer Arbeiter und Organisationen zugunsten der deutschen Novemberrevolutionäre. Auch die deutsch-russischen Staatsverträge, vor allem der Rapallo-Vertrag, besaßen, wie wir sahen, Demonstrationscharakter: Mit ihnen sollte den Westmächten gezeigt werden, dass auch geschlagene und vorerst schwache Staaten in einer Solidargemeinschaft zu einer gefährlichen Gegenmacht werden können. Wie wirksam diese Drohgebärde war, bewies u.a. die erfolgreiche Außenpolitik Stresemanns, die für Deutschland unmittelbar nach Abschluss des in Rapallo verabredeten deutsch-russischen Handelsvertrags von 1925 in Verhandlungen mit den Westmächten bereits 1925/6 den Status einer politisch gleichberechtigten Großmacht zurück gewann.

Aber auch die Demonstrationen westlicher Arbeitermassen für die gefährdete Sowjetrepublik erwiesen sich als wirksam. Der demonstrative französische Eisenbahnerstreik etwa oder das Hissen der roten Fahne auf Kriegsschiffen der Entente behinderten deren antibolschewistische Interventionsversuche insofern, als dadurch die Loyalität der für die Kriegführung nötigen Arbeitskräfte und Soldaten zumindest in Frage gestellt, der Kriegserfolg und die innenpolitische Ordnung der Interventionsmächte aufs pre-

kärste gefährdet erschien. Auch der grenzüberschreitende Informationsaustausch zwischen den Bolschewiki und den außerrussischen Kommunisten erwies sich als mindestens psychosozialer Machtgewinn der vorher Machtlosen, wie etwa das Grußtelegramm der gerade gegründeten KPD an die Sowjetregierung verdeutlicht, in dem es heißt: „Das Bewußtsein, dass bei Euch alle Herzen für uns schlagen, gibt uns in unserem Kampf Kraft und Stärke."[46]
Demonstrativer Austausch von Energie in Form von Solidarität signalisierenden Informationen, das zeigt ein solches Adressatenzitat besonders deutlich, übermittelt psychische Energie, die für Aktionen sonst Unbemittelter notwendig, aber eben auch nur ein Notbehelf ist. Schnell vollziehbar, kann ein solcher informativer Energieaustausch solidarische Menschenmassen mobilisieren, aber nicht sättigen und mit Munition versorgen. Ihre größtmögliche Wirkung erzielt eine durch demonstrativ-solidarischen Informationsaustausch gebildete Gruppe deshalb in kurzfristiger Aktion oder in der Verweigerung des traditionellen Austauschs mit anderen gesellschaftszugehörigen Gruppen wie etwa beim Streik. Gerade eine solche Austauschverweigerung der neu verbündeten Schwachen gegenüber ihren herkömmlichen Austauschpartnern kann für diese so lebensbedrohlich werden, dass sie erpressbar werden.
Dieses revolutionäre Kalkül – und das übersahen wohl die sowjetrussischen ‚Rapallo-Politiker' – gilt aber nur für existenznotwendige Subsysteme in deren Auseinandersetzung mit dem eigenen ‚Muttersystem', in aller Regel also nur innenpolitisch. Wenn sich dagegen aus einer größeren Zahl austauschfähiger und -williger Staaten zwei, deren gegenseitiger Energieaustausch nach dem Kriege überdies recht gering war und der auch nach den bahnbrechenden Verträgen von 1922 und 1925 nur einen bescheidenen Umfang erreichte, in einem Zweibund den anderen den Rücken zu kehren schienen, so wurden diese dadurch keineswegs erpressbar, weil ihnen genügend alternative Austauschpartner zur Verfügung standen.
Zwar zeigte sich insbesondere die chauvinistische Regierung Poincaré über den Rapallo-Vertrag verärgert, weil damit die nach 1882/94 so wirksame Ost-West-Umklammerung Deutschlands auch in der neuen Version des 1921 geschlossenen französisch-polnischen Bündnisses konterkariert schien, aber im Übrigen sollte sich zeigen, dass die Fesselung durch ‚Versailles' und der dadurch mitbedingte Kapitalmangel das Deutsche Reich fest an den Westen banden, ‚Rapallo' der Sowjetunion wohl die nun auch von den übrigen europäischen Staaten bald gewährte diplomatische Anerkennung brachte, aber keineswegs die erhoffte Einfallstraße für die marxistische Revolutionierung des deutschen Gesellschaftssystems. Diese blieb

## II. Verifizierung

abhängig von der Wirksamkeit der KPD, die, wie wir sahen, nach ihrer Stalinisierung als folgsames Instrument der Sowjetunion funktionierte, aber gerade wegen der von Konsolidierungswünschen und Interventionsfurcht geprägten Politik Stalins seit dem Herbst 1923 nicht mehr offensiv eingesetzt wurde.
Freilich war diese defensive Haltung der Sowjetregierung wie der KPD nicht vorauszusehen gewesen, und so kam es, dass die ‚rote Gefahr' sowohl innerhalb Deutschlands wie auch seitens der Westmächte überschätzt wurde, was einerseits die NSDAP begünstigte, wie noch zu zeigen sein wird, und andererseits die US-amerikanische Stabilisierungspolitik motivierte, die wesentlich von der Furcht vor einer Bolschewisierung Deutschlands bestimmt war.[47]

b) Die Versuche der USA, Deutschland in das eigene Energieaustauschsystem einzubeziehen, und die dabei erzielten Erfolge

Die USA hatten sich nach der Ablehnung des Versailler Vertrags und eines Beitritts zum Völkerbund durch die republikanische Senatsmehrheit nur scheinbar von Europa ab- und einem erneuten Isolationismus zugewandt. In Wirklichkeit versuchte gerade die auf Wilson folgende Harding-Administration „heimische Schutzpolitik und ‚open-door-policy' kombinierend, ein informelles Wirtschaftssystem unter amerikanischer Herrschaft aufzubauen, in das Deutschland als Glied und Partner eingefügt werden sollte, um von hier aus gleichzeitig die andern europäischen Staaten zur Übernahme der Regeln der Politik der Offenen Tür zu bringen." (W.Link)[48] Ein solches Freihandelssystem globaler Ausdehnung, das die USA in Fortsetzung ihres überwiegend informellen Imperialismus der Vorkriegszeit wie auch ihrer Kriegszielpolitik, gleichzeitig aber auch aus den Erfahrungen eines nach 1919 zunächst einbrechenden Europa-Geschäfts mit der Folge einer internen Wirtschaftskrise von 1920/21 zur Stabilisierung ihres internen Systems aufzubauen suchten[49], vertrug sich selbstverständlich nicht mit bolschewistischer Staats- und Planwirtschaft, deren Ausdehnung auf Deutschland und das übrige Europa schon aus diesem Grunde verhindert werden musste. Die Harding-Administration als Vertreterin des *big business* suchte ihre Ziele also unter weitgehender Vermeidung staatspolitischer Mittel zu verfolgen (was unter diplomatiegeschichtlich orientierten Historikern zur Fehleinschätzung der amerikanischen Nachkriegspolitik als ‚isolationistisch' geführt hat), blieb aber, indem sie die wirtschaftlich-finanzielle Machtposition der USA als führendes Industrie- und Gläubiger-

## 11. Entstehung, Funktionieren und Scheitern des ‚Dritten Reichs'

land der Erde wirkungsvoll nutzte, durchaus in der europäischen Politik präsent. Dies war bereits bei der Konterkarierung des sowjetischen Getreideangebots an das deutsche Proletariat durch schnellere und umfassendere Lieferungen der USA der Fall, für die sich Herbert Hoover – zunächst als Ernährungskommissar unter Wilson, dann als Handelsminister unter Harding – mit dem Ziel amerikanischer Exportsteigerung und europäischer Stabilisierung erfolgreich eingesetzt hatte. Diese zweite Wirkungsabsicht wurde der deutschen Regierung gegenüber sogar offen ausgesprochen, wenn es in der Note des Außenministers Lansing vom 8.11.1918 hieß, dass rasche Hilfe seitens der USA von der „Respektierung der bestehenden Regierungsgewalt und der Erhaltung der öffentlichen Ordnung" abhänge.[50] Dass diese amerikanische Politik des Winkens mit der Speckseite zur innenpolitischen Stabilisierung Deutschlands tatsächlich beitragen konnte, zeigt etwa die Tatsache, dass Ebert jene amerikanische Bedingung unter anderem als Argument gegen die Radikalisierung der Revolution benutzte.[51]

Nach der deutsch-amerikanischen Entfremdung, die beim Bekanntwerden der Friedensbedingungen entstand, deren Tolerierung durch den Wilson der ‚Vierzehn Punkte' man in Deutschland vielfach als Verrat empfand und bezeichnete, brachten der deutsch-amerikanische Separatfrieden von 1921 und der Handelsvertrag, den beide Staaten 1923 abschlossen, eine erneute Annäherung beider Systeme mit sich, die deutscherseits vor allem auf der Hoffnung beruhte, mit Hilfe der USA, die dem durch ‚Versailles' und den Völkerbund tendenziell gegen Deutschland aufgebauten Sicherheitssystem ja ferngeblieben waren, dessen Revision erreichen zu können.[52]

Wenn dies immerhin teilweise gelang, dann deshalb, weil die nachwilsonsche Europapolitik für die USA die Position eines möglichst neutralen Schiedsrichters gegenüber den europäischen Mächten anstrebte, der die alte britische Gleichgewichtspolitik – nur über den Atlantik hinweg und mit Großbritannien als neuer, durch die Regeln des Versailler Vertrags gebundener Spielfigur – fortzuführen suchte, was zugleich eine Verhinderung westeuropäischer Hegemonialpolitik gegenüber Deutschland bedeutete.[53]

Eine solche Gleichgewichtspolitik schloss andererseits aber auch eine Parteinahme der USA zugunsten Deutschlands aus, was auf Seiten der Reichsregierung und der im Prinzip amerikafreundlichen Parteien der ‚Weimarer Koalition' immer wieder auch zu Enttäuschungen, bei den extremen Flügelparteien zu offenem Antiamerikanismus führte.[54] Die Ambivalenz des deutsch-amerikanischen Verhältnisses selbst während der durch US-Kredite ermöglichten ‚Stabilisierungsphase' der Weimarer Republik war aber auch dadurch bedingt, dass die für die beiderseitigen Beziehungen ent-

## II. Verifizierung

scheidenden *linkage groups* in den USA, nämlich die als Sachverständige zu Handelsverträgen, Reparationsverhandlungen, privatwirtschaftlicher Kooperation und Kreditvergabe herangezogenen Wirtschafts- und Finanzfachleute die deutsche Volkswirtschaft selbst unmittelbar nach dem verlorenen Krieg nicht nur als ergiebigen Waren- und Kapitalexportmarkt der US-Wirtschaft, sondern zugleich als deren potenten und bei zu rascher Erholung gefährlichen Konkurrenten betrachteten und behandelten.[55]

Dass die US-amerikanische Deutschlandpolitik von dieser ambivalenten Einschätzung ihres Objekts geprägt war, trat bereits bei der Aushandlung des deutsch-amerikanischen Separatfriedens zutage, der durch den Rücktritt der USA vom Versailler Friedensvertrag überfällig geworden war. Die USA, die zur Stabilisierung ihres bis Ende 1919 hochgeschnellten und dann einbrechenden Europa-Exports die Übernahme der die Siegermächte einseitig begünstigenden handelspolitischen Bedingungen des Versailler Vertrags in den Separatfrieden mit Deutschland wünschten, kamen mit diesem Vorhaben voll zum Erfolg, nachdem die Harding-Administration der deutschen Regierung einen separaten Handelsvertrag in Aussicht gestellt hatte, mit dessen Abschluss sie sich dann aber viel Zeit ließ, um dem eigenen Handel für die Nutzung der einseitigen Meistbegünstigung möglichst ausgiebige Gelegenheit zu verschaffen.[56] Der deutsche Wunsch nach einem gleiche Austauschbedingungen herstellenden Handelsvertrag wurde seitens der USA überdies als Druckmittel bei der gegenseitigen Schuldentilgung benutzt, für deren Abwicklung die deutsche Seite in einem Abkommen vom August 1922 einer Kommission mit amerikanischer Mehrheit zustimmen musste, die bis zum Ende der Weimarer Republik im Amt blieb.[57]

Aber auch dieses Entgegenkommen der deutschen Seite wurde von der US-Regierung nicht durch eine Beschleunigung der Handelsvertragsverhandlungen honoriert. Zwar begannen sich die USA bei den Verhandlungen über die im Versailler Vertrag weitgehend offen gelassene Reparationsfrage zugunsten Deutschlands zu engagieren, was aber nicht als Gegenleistung für das genannte deutsche Entgegenkommen, sondern als Verfolgung eigener wirtschaftlicher Vorteile zu werten ist. Bei der Harding-Administration wie bei der von Hoover angeführten Kongress-Opposition bestand nämlich Einigkeit darüber, dass das Reparationsproblem die tiefere Ursache für die 1920 in den USA eingetretene Wirtschaftskrise sei, weil als Folge überhöhter französischer Reparationsforderungen gegenüber Deutschland dessen staatliche Finanzmisere, Inflation und Wechselkursverluste die amerikanischen Exporte in den aufnahmefähigen deutschen Markt behinderten, die deutsche Exportwirtschaft dagegen stärken mussten.[58]

## 11. Entstehung, Funktionieren und Scheitern des ‚Dritten Reichs'

Da die US-Regierung, wie erwähnt, in die Position des neutralen Schiedsrichters über die europäischen Angelegenheiten gelangen wollte, griff sie auch in der für das eigene Land so wichtigen Reparationsfrage nicht direkt ein, sondern trat nach einigem taktischen Hin und Her erst Ende 1922 mit dem Vorschlag zur Bildung eines Expertenkomitees zur Lösung dieses Problems hervor. Ihr Vorschlag wurde nach dem Scheitern der französischen Reparationspolitik der ‚Produktiven Pfänder' im sogenannten Ruhrkampf und der gemeinsamen amerikanisch-britischen Ablehnung einer weitergehenden französischen Sanktionspolitik schließlich auch von Frankreich akzeptiert und dann so verwirklicht, dass die USA bei der Bildung der Expertengremien ihre finanz- und wirtschaftspolitische Vormachtstellung gegenüber Europa im Allgemeinen und Deutschland im Besonderen voll zur Geltung bringen konnten.

So wurden die amerikanischen Finanzexperten Charles G. Dawes und Owen D.Young an die Spitze der Reparationskommission berufen, während der Amerikaner Parker Gilbert zum Generalagenten für den Transfer der deutschen Reparationen in die Empfängerländer bestellt wurde, womit die USA nicht nur „zum Schiedsrichter in der wichtigsten europäischen Frage" geworden waren, sondern auch noch eine für die deutsche Finanz- und Währungspolitik entscheidende Schlüsselposition besetzt hielten.[59] Die Gilbert unterstellten Expertengremien kontrollierten vor allem die Reichsbank und über diese den Diskontsatz, mit dem der deutsche Kapitalmarktzins auf etwa doppelter Höhe des amerikanischen gehalten wurde.[60] Damit waren hohe Zinsgewinne nach Deutschland vergebener amerikanischer Anleihen sichergestellt. Die wirtschafts- und finanzpolitische Stellung der USA in Deutschland verstärkte sich im Vollzug des 1924 beschlossenen Dawes-Plans noch dadurch, dass die zur Stabilisierung der deutschen Wirtschaft und Währung begebene ‚Dawes-Anleihe' in den USA aufgelegt wurde und – befördert durch das hohe deutsche Zinsniveau – eine große Zahl weiterer Anleihen initiierte, durch die Deutschland in eine gravierende Abhängigkeit von den amerikanischen Geldgebern geriet. So gingen in den Jahren 1924 bis 1930 allein 135 in den USA aufgelegte langfristige Anleihen im Gesamtvolumen von gut 1,4 Milliarden Dollars nach Deutschland. Diese machten etwa zwei Drittel der langfristigen deutschen Auslandsanleihen aus. Hinzu kam gleichzeitig eine große Anzahl kurzfristiger amerikanischer Anleihen im Gesamtumfang von und 156 Millionen Dollars, zu denen statistisch nicht erfasste Dollarkredite und Kapitalbeteiligungen an deutschen Unternehmen hinzuzudenken sind. Wenn auch diese für damalige Zeiten riesigen Kapitalströme, weil von privaten Geldgebern aufgebracht, nicht direkt als staatliches Lenkungsinstrumentarium gegenüber

## II. Verifizierung

Deutschland eingesetzt werden konnten, ergab sich durch sie doch eine enge Abhängigkeit des deutschen Wirtschaftslebens vom amerikanischen Kapital und also Energiepotenzial. Dies zeigten bereits Schwankungen des Kapitalzuflusses in den Jahren 1925 bis 1928 mit entsprechenden Konjunkturwellen innerhalb der deutschen Wirtschaft, bis die schockartige Reduzierung des amerikanischen Kapitalstroms von rund 290 Millionen der Jahre 1926 – 1928 auf nur noch 42 Millionen im Jahre 1929 das Wirtschafts- und Gesellschaftssystem der Weimarer Republik in seine tödliche Krise stürzte.[61]

In all dem tritt unzweideutig die das deutsche Gesellschaftssystem beherrschende Stellung der USA hervor. Wenn diese Tatsache in der allgemeinen Geschichtsschreibung zur Weimarer Republik zumeist unterbelichtet blieb, dann zweifellos deshalb, weil die US-Hegemonie überwiegend auf privatkapitalistische Initiative oder diffus kulturell-zivilisatorische Einwirkung zurückging. Das Verhältnis der mächtigsten Industrienation des Globus gegenüber dem geschlagenen und von seinen europäischen Gegnern friedensvertraglich gefesselten Deutschland war also das eines informellen und dadurch relativ schwer nachweisbaren Imperialismus, der das doppelte Ziel verfolgte, Deutschland als gefährlichen Konkurrenten auszuschalten und zugleich als gewinnbringenden Kapital- und Absatzmarkt zu nutzen.

Der Weg zu diesen Zielen wurde, wie wir sahen, durch die Verzögerung des – erst 1923 gleiche Austauschbedingungen bringenden – Handelsvertrags, eine ungleich besetzte Schuldenkommission und die Lancierung eines amerikanischen Reparationsagenten immerhin regierungsseitig geöffnet. Der Handelsvertrag, der die für den überlegenen Partner immer günstige gegenseitige Meistbegünstigung vorsah, sowie die von den Dawes-Plan-Unterhändlern durchgesetzte Rückkehr Deutschlands zum Gold-Dollar-Standard bereiteten dem US-amerikanischen Wirtschaftsimperialismus beste Voraussetzungen. Diese wurden zum einen durch die Erzielung hoher Kapitalrenditen im Rahmen der besprochenen Kreditvergabe an das damalige Hochzinsgebiet Deutschland genutzt, zum zweiten durch die teilweise mit solchen Krediten finanzierten und dadurch gesteigerten amerikanischen Deutschland-Exporte, zum dritten durch eine große Zahl privatwirtschaftlicher Kapitalbeteiligungen an und von Kooperationsverträgen mit deutschen Unternehmen sowie schließlich durch die Errichtung von Verkaufsorganisationen, Agenturen und Zweigwerken US-amerikanischer Firmen auf deutschem Boden.[62]

Ohne dass hier die ganze Fülle von Beispielen wirtschaftlicher Penetration des deutschen Industriesystems durch US-amerikanische Unternehmen ausgebreitet werden kann, sollen doch wenigstens einige Globalangaben Umfang, Tendenzen und Schwerpunkte dieses Prozesses vor Augen führen. – Was zunächst den US-Warenexport nach Deutschland betrifft, der, wie erwähnt, Exporteinbußen in anderen europäischen Märkten ausgleichen und so die US-Konjunktur stabilisieren sollte, so gelang hier eine 440 %ige Steigerung von 93 Millionen Dollars in 1919 auf 410 Millionen Dollars in 1929, wobei auch der amerikanische Handelsbilanzüberschuss aus dem Warenverkehr mit Deutschland von 82 (1919) auf 155 Millionen Dollars (1929) fast verdoppelt wurde.[63] Da Deutschland, wie gesagt, sich im gleichen Zeitraum zunehmend bei den USA verschuldete, musste es nicht nur für den wachsenden Kapitaldienst, sondern auch zum Ausgleich des wachsenden Handelbilanzdefizits zunehmende Geldsummen an US-Banken und Firmen transferieren, also steigende Mengen an Energie in Geldform an die USA abtreten, was nichts anderes bedeutete als deren wachsende Herrschaft über das deutsche System.

Für Kapitalbeteiligungen und Kooperationsverträge wählten US-amerikanische Firmen zielbewusst solche Wirtschaftssektoren und Unternehmen aus, die besonders leistungsstark waren wie vor allem die der Chemie (IG Farben, Bayer, Schering), der Optik (Carl Zeiss), der Hartmetallproduktion (Krupp), der Schifffahrt (Hapag), der Elektrotechnik (AEG, Siemens) und der Banken (Deutsche Bank).[64] Auch wenn sich dazu noch keine umfassende Kosten-Nutzen-Relation aufmachen lässt, kann zumindest gesagt werden, dass die vielfältigen deutsch-amerikanischen Unternehmensverflechtungen der Stabilisierung des kapitalistischen Wirtschaftssystems in Deutschland dienten, was angesichts der sowjetrussischen Gegenmacht, die gerade das Gegenteil anstrebte, als politischer Erfolg der USA gewertet werden muss. Die Auswahl gerade besonders leistungsfähiger deutscher Branchen und Unternehmen für Beteiligungen oder Kooperationen lässt außerdem den Schluss zu, dass hierdurch die auf dem Weltmarkt für die US-Wirtschaft gefährlichen deutschen Konkurrenten damit an die Leine genommen werden sollten.

Besonders aggressiv stellt sich der Aufbau von US-amerikanischen Verkaufsorganisationen, Agenturen und Zweigwerken im Deutschland der Weimarer Zeit dar. 1930 verfügten nicht weniger als 1150 amerikanische Firmen über ständige Vertretungen in Deutschland, wobei der Handel mit Lebensmitteln (200), Automobilteilen und -zubehör (146), Maschinen und Ausrüstungen (144) sowie Werkzeugmaschinen (128) durch besonders viele Firmen vertreten war. – Was US-Produktionsaktivitäten in Deutschland betrifft, so hatten 79 amerikanische Unternehmen Zweigwerke in Deutschland errichtet, wobei der Kraftwerkzeugbau (7), die Nahrungsmittelverarbeitung (7), die chemische Industrie (5), der Maschinenbau (9), die Eisen-

## II. Verifizierung

und Stahlwarenproduktion (8) und die Mineraliengewinnung (7) Schwerpunkte bildeten.[65] Das weitaus größte finanzielle Engagement erfolgte dabei im Bereich der Automobilindustrie. Ford mit Zweigwerken in Berlin und Köln, General Motors mit solchen in Hamburg und Berlin sowie der Übernahme der Adam Opel AG in Rüsselsheim und Chrysler mit einem Montage- und Zweigwerk in Berlin sind dabei nur die bekanntesten Beispiele. Insgesamt investierte die amerikanische Automobilindustrie durch ihre neun größten Unternehmen bis 1930 in Deutschland gut 211 Millionen Mark und beherrschte damit eindeutig den deutschen Kraftfahrzeugmarkt. Die US-amerikanische Handels- und Produktionsoffensive, motiviert durch die im Vergleich zu den USA relativ niedrigen deutschen Lohnkosten und Steuerbelastungen, die für den europäischen Gesamtmarkt günstige Zentrallage Deutschlands, vor allem aber die Aufnahmefähigkeit des deutschen Marktes selbst, waren so handgreiflich, dass sie bei den durch die amerikanische Konkurrenz negativ betroffenen deutschen Firmen und über diese auch bei der nationalen ‚Rechten' und schließlich der NSDAP Furcht vor ‚Überfremdung' und Aggressivität gegen den US-Kapitalismus erzeugte.[66]

Das Eindringen des US-amerikanischen Energieumsatzsystems in das deutsche zeigte sich auch in einer kennzeichnenden kulturellen Wende. Hatte in den ersten Jahren der Weimarer Republik, wie wir sahen, der Expressionismus als vorherrschende Kunstrichtung die Revolutionsneigung der Gesellschaft signalisiert, so vollzog sich in unübersehbarem Gleichtakt mit dem Einsetzen der US-amerikanischen ‚Stabilisierungspolitik' seit dem Jahre 1923 eine kulturelle Orientierung am neuen Partner ‚Amerika'. Vermittelt durch die in Deutschland tätigen US-Wirtschaftsunternehmen wurden deren moderne Geschäfts-, Verkaufs- und Fertigungsmethoden unter dem Namen wichtiger Protagonisten als ‚Taylorismus', ‚Fordismus' oder global als ‚Amerikanismus' mit großem Erfolg publizistisch propagiert und praktisch übernommen.[67] Und dies nicht nur in Bewunderung und Nachahmung der offensichtlich leistungsfähigsten Wirtschaftsmacht der Erde, sondern auch, weil man im *American way of life* einen ‚dritten – und damit gerade für Deutschland zukunftweisenden – Weg' zwischen Kommunismus und Kapitalismus meinte entdeckt zu haben. So sah der spätere Nationalsozialist Gottl-Ottlilienfeld in seinem 1924 erschienenen Buch „Fordismus" im modernen Kapitalismus Fordscher Prägung die Möglichkeit, den „unheimlich leuchtenden roten Sozialismus" in einen „weißen Sozialismus der reinen tatfrohen Gesinnung" zu verwandeln, der nicht auf eigensüchtigen Profit, sondern auf „Dienst am Ganzen" ausgerichtet sei.[68] Auch wenn es an kritischen Stimmen gegenüber Henry Fords Antisemitismus, seinem

## 11. Entstehung, Funktionieren und Scheitern des ‚Dritten Reichs'

Arbeitsfrontkonzept und seiner spitzfindigen Unterscheidung zwischen ‚schaffendem' und ‚raffendem' Kapital nicht fehlte, so überwog in der öffentlichen Meinung doch eindeutig die Hinwendung zum Amerikanismus und dessen Favorisierung des Technischen, Maschinellen und Durchorganisierten, der Erfinder und Ingenieure als den „eigentlichen Wegbereitern der Humanität", seinem kollektiven Arbeitsethos sowie seiner Wertschätzung von Sport, Leistungsfähigkeit und Jugend.[69]

Dieser Neuorientierung im Bereich beruflicher und gesellschaftlicher Ethik entsprach in der Kunst die Hinwendung zum Stil der ‚Neuen Sachlichkeit'. Dieser artikulierte weniger das Wünschbare und schon gar nicht das Utopische, wie es vielfach der Expressionismus getan hatte, sondern dokumentierte oder gestaltete das Gegebene, Naheliegende und Sichtbare. Insofern ist es leicht erklärlich, dass vor allem Architektur, Kunsthandwerk und Design der Neuen Sachlichkeit entsprechend wirkten, sind sie doch Bindeglieder zwischen künstlerischem Gestaltungswillen und den Gegebenheiten menschlicher Grundbedürfnisse. Die 1923 von Walter Gropius organisierte ‚Bauhaus'-Ausstellung brachte dies mit ihrem Motto „Kunst und Technik – eine neue Einheit" programmatisch zum Ausdruck. Einfache, zweckmäßige, dennoch schöne Formgebung bei gleichzeitiger Verwendung neuer ‚industrieller' Materialien wie Stahl, Beton und Glas waren kennzeichnend für den architektonischen Stil der Neuen Sachlichkeit, der sich über den staatlich geförderten Wohnungsbau der mittzwanziger Jahre in der Gestaltung ganzer Siedlungen und Trabantenstädte öffentliche Geltung verschaffte.[70]
Der neue Stil griff auch auf andere Künste wie Malerei oder Literatur über, wirkte epochemachend aber nur da, wo er diese mit der neuen Industrietechnik verbinden konnte wie vor allem in Film und Rundfunk. Diese neuen Medien wurden Träger einer Massenkultur, die in Filmen wie „Die freudlose Gasse" von G.W. Pabst, „Berlin, die Symphonie einer Großstadt" von W.R. Ruttmann, Fritz Langs „Metropolis" oder J.v. Sternbergs „Der blaue Engel" ebensolche Höhepunkte erfuhr wie in vielen Rundfunksendungen mit Autorenlesungen, Hörspielen oder Konzertübertragungen. Vor allem in dem neuen und faszinierenden Medium Film trat zugleich der kulturelle Doppeleinfluss hervor, dem die Weimarer Gesellschaft unterworfen war, insofern einerseits ‚Russenfilme' wie Eisensteins „Panzerkreuzer Potemkin", andererseits die Erzeugnisse der Hollywood-Filmindustrie, insbesondere Charlie Chaplins Meisterwerke große Resonanz in deutschen Lichtspielhäusern fanden.[71]

## II. Verifizierung

Der Aufbau der wirtschaftlichen, finanziellen und kulturellen Machtstellung, welche die USA im deutschen Gesellschaftssystem der mittleren zwanziger Jahre aufbauten, war – und das unterschied sie von der revolutionären russischen – seitens der Reichregierungen der ‚Stresemann-Ära' nicht nur geduldet, sondern sogar gefördert worden, weil diese, wie gesagt, über eine starke deutsch-amerikanische Zweierbindung eine Revision des Versailler Vertrags zu erreichen hofften. Insbesondere Stresemann selbst verfolgte diese Politik und erzielte mit ihr auch ansehnliche Erfolge.[72] So war es amerikanischen Vermittlungsbemühungen zu verdanken, dass mit dem Dawes-Plan die repressionspolitische Belastung der Reparationsfrage abgebaut und diese fortan vorwiegend als finanztechnisch-wirtschaftliches Problem behandelt wurde.[73] Damit war das Eigeninteresse der Reparationsempfänger an der wirtschaftlich-politischen Stabilisierung der Weimarer Republik institutionalisiert und eine Basis für die Emanzipation Deutschlands zum gleichberechtigten Mitglied der westlichen Staatenwelt geschaffen, wie sie dann in den Locarno-Verträgen von 1925 und Deutschlands Aufnahme in den Völkerbund (1926) manifest wurde. Auch in wirtschaftlicher, sozialer und innenpolitischer Hinsicht hatte die Ära Stresemann eine deutliche Wendung zum Besseren gebracht, so dass sie – allerdings vorwiegend in Hinblick auf die bunte Fülle kultureller Hervorbringungen – in der halb poetischen Wendung von den ‚goldenen zwanziger Jahren' geradezu verklärt werden konnte. Da diese Phase der relativen Stabilisierung politisch in erster Linie von den ‚bürgerlichen' Parteien DDP, Zentrum und DVP verantwortet wurde, die – zeitweise von der BVP, der SPD oder der DNVP unterstützt – alle neun Kabinette der Stresemann-Ära trugen, lässt sich sagen, dass diese Parteien der Mitte das politische Subsystem der Weimarer Republik darstellten, das sich – entsprechend dem oben genannten Kalkül – den US-amerikanischen Interessen unterworfen hatte. Dies fand gegen Ende der Stabilisierungsphase noch einmal besonders prägnanten Ausdruck in dem von Stresemann betriebenen Beitritt Deutschlands zum Kellogg-Pakt im August 1928, der ‚oberhalb' des Völkerbundes „amerikanische Schiedsrichterinteressen" zur Geltung brachte, wie der damalige Staatssekretär v. Schubert formulierte.[74] Ebenso in der 1928 erfolgenden deutschen Zustimmung zu den Young-Plan-Verhandlungen, die von amerikanischer Seite angeregt worden waren, um über die Privatisierung der Reparationsschulden in Form von Schuldverschreibungen die politische Verantwortung für die Reparationszahlungen loszuwerden, welche die USA mit dem Reparationsagenten Parker Gilbert trugen und die es ihnen erschwerte, die so vorteilhafte Schiedsrichterrolle im europäischen Kräftespiel ungehindert spielen zu können.[75]

## 11. Entstehung, Funktionieren und Scheitern des ‚Dritten Reichs'

Gerade der Young-Plan mit seinem die deutschen Reparationszahlungen bis in die 1980er Jahre erstreckenden Raten-Kalender wurde deshalb nicht zufällig zum Hauptangriffspunkt der nationalen Rechten gegen die ‚Erfüllungspolitik' der bürgerlichen Mitte. Der für die Ingangsetzung eines Volksbegehrens gegen den Young-Plan gebildete ‚Reichsausschuß', der von der DNVP, dem ‚Stahlhelm'-Frontkämpferverband und der NSDAP getragen wurde, stellte gleichzeitig ein „Gesetz gegen die Versklavung des deutschen Volkes" zur Abstimmung, das u.a. ‚Erfüllungspolitikern' Zuchthausstrafen androhte. Auch wenn dieser Gesetzentwurf in dem plebiszitären Legislaturverfahren, das die Weimarer Verfassung zuließ, kläglich scheiterte, traf er mit der gewiss demagogisch überzeichneten Parole von der Versklavung des deutschen Volkes doch den wunden Punkt der Stresemannschen Revisionspolitik, der mit Ausbruch der Weltwirtschaftskrise zur klaffenden Wunde wurde. Zeigte diese durch die nahezu schlagartige Reduzierung des Kapitalzuflusses aus den USA nach Deutschland übertragene Krise mit den für das deutsche Wirtschaftsleben, den deutschen Arbeitsmarkt, die Staatsfinanzen, ja das politische System von Weimar überhaupt verheerenden Folgen doch unwiderleglich zweierlei: Erstens, dass die Unterwerfung unter den amerikanischen Wirtschaftsimperialismus für Deutschland nur eine vergängliche Scheinblüte erzeugt hatte, und zweitens, dass es der amerikanischen Hegemonialmacht dabei nicht um die wirkliche Sanierung des deutschen Systems gegangen war, das sie nun so erbarmungslos fallen ließ, sondern nur um die eigene Bereicherung. Den Propagandaparolen der Young-Plan-Gegner Hitler und Hugenberg wurden damit nachträglich die Beweise geliefert, die mit dem Anwachsen der Arbeitslosigkeit, dem Verfall der staatlichen Ordnung und der Verarmung großer Teile der Bevölkerung zunehmendes Gewicht erhielten.

Unterziehen wir das deutsch-amerikanische Verhältnis während der sogenannten Stabilisierungsphase der Weimarer Republik einer energetischen Analyse, dann ergibt sich Folgendes: Das durch erhebliche Gebiets- und Bevölkerungsverluste im Ersten Weltkrieg, die folgende Handelsdiskriminierung und gewaltige Reparationsleistungen schwer und nachhaltig getroffene deutsche Energieumsatzsystem wurde vorübergehend dadurch stabilisiert, dass private Geldgeber vor allem der USA das benötigte Kapital ausliehen oder investierten, und zwar nach rein ökonomischen Renditegesichtspunkten an renommierte Unternehmen und Kommunen, die die erwünschte Verzinsung des Kapitaleinsatzes gewährleisteten.[76] Das leicht austauschbare Energie-Äquivalent Geld wurde also in solche Subsysteme eingespeist, die einen raschen und zugleich sicheren Energiegewinn ver-

## II. Verifizierung

sprachen und denen eine entsprechende Energiemenge in Form von Zinsen seitens der amerikanischen Gläubiger entzogen wurde. Dieser bei jedem Kreditgeschäft übliche Mechanismus, mit dem der Gläubiger auf Kosten des Schuldners Energie gewinnt, verschaffte dem US-System dadurch zusätzliche Energiegewinne, dass es seit der Verschuldung der alten europäischen Kreditgeber Großbritannien und Frankreich nahezu eine Monopolstellung auf dem internationalen Geldmarkt einnahm, die es ihm erlaubte, über die Kreditgewährung an deutsche Subsysteme handels- und wirtschaftspolitische Vorteile im Sinne einer auf Deutschland gerichteten *open-door-policy* zu erzwingen.[77] Die mit dem Handelsvertrag von 1923 und dem Dawes-Plan nach Deutschland hinein geöffnete Tür ermöglichte den USA – schon wegen der, wie gesagt, durch die Siegermächte manipulierten, die deutsche Produktion verteuernden Hochzinspolitik und dem gegen die Revolutionsgefahr gerichteten relativ hohen deutschen Lohnniveau – die Erzielung eines hohen Handelsbilanzüberschusses aus dem beiderseitigen Warenverkehr, der immer den Gewinn von Geld, also von Energie-Äquivalenten auf Kosten des Handelspartners bedeutet. Der in Form von deutschen Zinszahlungen in die USA sich für Deutschland ergebende Energieverlust konnte somit nicht durch deutsche Energiegewinne aus Handelsüberschüssen im beiderseitigen Warenverkehr ausgeglichen werden[78], was ein partnerschaftlich ‚gleiches' Austauschverhältnis begründet hätte, vielmehr wurden dem deutschen System auf der Kapital- wie der Handelsschiene zunehmende Energiemengen entzogen. Dass diese für jedes Energieumsatzsystem gefährliche Situation weitgehend unbemerkt blieb und sogar als ‚Stabilisierung' missverstanden werden konnte, lag nicht etwa an der Kompensierung der aus dem Verkehr mit den USA resultierenden Energieverluste durch entsprechende Austauschgewinne mit Drittländern, sondern an der Kaschierung der Verluste durch immer neue, zu etwa zwei Dritteln aus den USA kommende Auslandskredite.[79] Die so verdeckten deutschen Energieverluste wurden deshalb erst mit dem schlagartigen Rückgang der amerikanischen Kreditgewährung im Jahre 1929 sichtbar, in dem die Energieverluste erstmals keinen künstlichen Ausgleich mehr erfuhren. Damit war für das Weimarer System die latent auch während der ‚Stabilisierungsphase' gegebene Revolutionsgefahr akut geworden, die wir immer wieder bei Gesellschaften mit gefährlichen Energiemangellagen gefunden haben.

Die unmittelbare Übertragung der US-amerikanischen Finanz- und Wirtschaftskrise von 1929ff. auf das deutsche System lässt erkennen, wie weitgehend dieses bereits in das amerikanische integriert war oder, anders gesagt, dass die deutsche Gesellschaft zu wesentlichen Teilen bereits als Sub-

## 11. Entstehung, Funktionieren und Scheitern des ‚Dritten Reichs'

system des US-amerikanischen funktionierte. Da die US-amerikanische Hegemonialstellung allerdings im Wesentlichen über die Kreditgewährung aufgebaut worden war, musste sie mit deren Rückgang Schaden nehmen. Das zeigte sich zuerst am politischen System des Parlamentarismus, das während der Waffenstillstands- und Friedensverhandlungen auf Druck Wilsons in Deutschland eingeführt[80] und von den Parteien der Mitte aufrechterhalten worden war, nun aber, nach Ausbruch der mit der Krise sich verschärfenden Verteilungskämpfe im März 1930 dem Hindenburg-Brüningschen Präsidialsystem wich. Auch der Stimmenrückgang der Parteien der Mitte (DVP, Zentrum, DDP) als den wichtigsten politischen Interessenvertretungen des amerikanischen Kapitalismus in Deutschland von 27,7 % (1928) auf 20,1 % (September 1930) und weiter auf 14,7 % (Juli 1932) signalisierte die Schwächung der US-amerikanischen Position in Deutschland als Folge der sich ausbreitenden Wirtschafts- und Sozialkrise. Entsprechendes gilt für den von amerikanischen Krediten besonders abhängigen Finanzsektor, in dem zunächst die Großbanken als Kreditvermittler in Schwierigkeiten gerieten.[81] Wenn angesichts der immer dramatischer werdenden Finanzkrise der amerikanische Präsident Hoover im Juni 1931 ein einjähriges Moratorium für die Reparationszahlungen und den Schuldendienst für die alliierten Kriegsanleihen verkündete, so musste er damit, „wenn auch widerwillig die Tatsache anerkennen, dass ein finanzieller und wirtschaftlicher Zusammenbruch Deutschlands verheerende Konsequenzen nicht nur für die unmittelbar betroffenen amerikanischen Privatgläubiger und Industrieunternehmen haben würde, sondern für die USA insgesamt." (E.Kolb)[82] Deren finanzpolitische Hegemonialstellung gegenüber Deutschland und den europäischen Schuldnerländern konnte aber auch durch das Hoover-Moratorium nicht stabilisiert werden, da die Wirtschaftskrise weitere Länder erfasst und nichts von ihrer Schärfe verloren hatte, als das Moratoriumsjahr zu Ende ging. Vielmehr sahen sich die USA und die Reparationsgläubiger im Juli 1932 auf der Konferenz von Lausanne gezwungen, die Reparationsverpflichtungen Deutschlands ebenso wie die Kriegsschulden der Ententemächte de facto zu annullieren, um der Krise Einhalt zu gebieten.

Die finanzpolitische Herrschaft der Westmächte über Deutschland war damit beendet. Dies gilt aber natürlich nicht hinsichtlich der privatwirtschaftlich aufgenommenen Auslandskredite deutscher Unternehmen und Kommunen oder für ausländische Direktinvestitionen in Deutschland. Der über solche Regelungen während der ‚Stabilisierungsphase' in Gang gebrachte Energieaustausch, der – wie dargelegt – vor allem amerikanische Energiegewinne sicherstellte, blieb zunächst ebenso bestehen wie die vielfältige

II. Verifizierung

Firmenkooperation und der zivilisatorisch-kulturelle Einfluss des amerikanischen Systems. Dieser hatte mit der Rationalisierungsbewegung des von Frederick W. Taylor entwickelten ‚wissenschaftlichen Managements' und der technisch gestützten Rationalisierung von Produktionsprozessen unter dem Begriff des ‚Fordismus' gerade mit amerikanischen Tochterunternehmen Einzug in Deutschland gehalten, war unter dem amerikanischen Konkurrenzdruck auch in deutschen Unternehmen zur Notwendigkeit geworden und hatte dem deutschen Industriesystem als ganzem in den fünf ‚goldenen Jahren' eine Produktivitätssteigerung von 25 % verschafft. Die damals für die deutsche Energiebilanz noch entscheidende Kohleförderung des Ruhrbergbaus konnte durch Ausstattung der Kohlehauer mit Abbauhämmern und dem Einsatz von Förderbändern für die abgebaute Kohle von 255 Tonnen in 1925 auf 386 Tonnen in 1932 pro Kopf und Jahr gesteigert, die Produktivität des Ruhrbergbaus insgesamt im genannten Zeitraum um 35 % gesteigert werden.[83] Die organisatorische Rationalisierung von Produktionsvorgängen nach den Prinzipien des Taylorismus führte außerdem zu einer engeren Verzahnung von Firmenleitung, Management und Arbeitern der Endproduktion und schien dadurch eine Überwindung des Klassenkampfes anzubahnen, was die NSDAP mit ihrem Konzept der ‚Betriebsgemeinschaft' als leistungsfähiger Einzelzelle der ‚Volksgemeinschaft' aufnahm und weiterzuführen suchte.[84] Der deutsche Industriesektor hatte also durch den intensiven Energieaustausch mit dem US-amerikanischen System während der ‚Stabilisierungsphase' eine erhebliche Produktivitätssteigerung erfahren, die sich wegen der einbrechenden Weltwirtschaftskrise allerdings erst mit einer dem NS-Regime zugute kommenden Verzögerung in entsprechendem Energiegewinn auszahlte.

*B) Die NSDAP als Reintegrationsmittel*
*des zerfallenden deutschen Gesellschaftssystems*

Die riesigen Kriegsverluste des deutschen Energiepotenzials, zu denen die Millionen Gefallener und dauerhaft behinderter Veteranen des Krieges, die Abtrennung wichtiger Industriegebiete in Elsass-Lothringen, an der Saar und in Oberschlesien mit 10 % der Bevölkerung, 80 % der Eisenerz-, 26 % der Steinkohlelager, 40 % der Hochöfen und 19 % der Stahl- und Eisenproduktion des Kaiserreichs ebenso gehören wie die Enteignung des deutschen Auslandseigentums und des Großteils der Handelsflotte, Reparationslasten, von denen allein in Geldform ca. 53 Milliarden gezahlt wurden[85], und die im Versailler Diktat festgelegten ungleichen Handelsbedingungen mit den Siegermächten – all diese Verluste konnten weder durch die Inflationspolitik der frühen zwanziger Jahre noch durch die amerikanischen Finanzspritzen, die, wie gesagt, weitere Zinslasten mit sich brachten, kompensiert, sondern nur verschleiert und auf die lange Bank geschoben werden. Deren Ende war mit dem Einbruch der Weltwirtschaftskrise im Herbst 1929 erreicht, führte mit Bankenzusammenbrüchen, Unternehmensinsolvenzen, hochschnellender Arbeitslosigkeit und Massenverelendung jedermann das Ausmaß der kriegsbedingten deutschen Energieverluste vor Augen und machte Deutschland zum Paradefall eines unter akutem Energiemangel leidenden Systems, das nur durch entschiedene Erneuerung vor dem Auseinanderbrechen gerettet werden konnte.

Die revolutionäre Situation, die damit gegeben war, hätte der marxistischen Theorie zufolge eindeutig und ausschließlich der KPD zugute kommen müssen. Die infolge rasch sich ausbreitender Massenarbeitslosigkeit und der von Brüning als erstem Krisenkanzler eisern betriebenen Sparpolitik in der gesamten Arbeitnehmerschaft grassierende Verelendung, die nun – im Gegensatz zu 1918/19 – von einer inzwischen straff organisierten Klassenkampfpartei leicht zur revolutionären Aktion hätte genutzt werden können, verhalf der KPD zwar zu Stimmengewinnen bei den Wahlen der Jahre 1930 – 1932, aber nicht zum revolutionären Durchbruch. Die schwere Erschütterung des kapitalistischen Systems durch die Weltwirtschaftskrise führte zwar in der Weimarer Republik als dem von den beiden neuen Weltmächten am härtesten umkämpften Staat der Erde vielmehr zum Sieg des Nationalsozialismus, der sich zwar auch als revolutionär bezeichnete, von seinen linken Gegnern und Kritikern aber als reaktionär oder rechtsradikal eingestuft wurde[86] und – bis in die Gegenwart – so eingestuft wird. Weshalb diese zwielichtige, schon dem Namen nach zwischen ‚rechten' (nationalistischen) und ‚linken' (sozialistischen) Positionen oszillierende Partei der wohlorganisierten, von der Sowjetunion massiv unterstützten und im Aufwind befindlichen KPD so eindeutig den Rang ablaufen konnte, wie es die Ereignisse dann zeigten, bleibt eine für marxistisch orientierte Historiker letztlich nicht beantwortbare Frage. Aber auch die ‚bürgerliche' Geschichtsschreibung tut sich schwer, wenn es um den Versuch geht, das Phänomen des Nationalsozialismus und – beim Blick über Deutschland hinaus – des Faschismus in einem bündigen Erklärungsmodell zu erfassen.[87] Wie bei der Janusköpfigkeit des Nationalsozialismus nicht weiter verwunderlich, sah jedes der beiden Lager in dem von ihnen gleichermaßen verurteilten Phänomen die Inkarnation der jeweiligen Gegenmacht. Die marxistische Propaganda und Geschichtsschreibung bewertete die Hitler-Bewegung dementsprechend als Hilfstruppe oder ‚Agenten' des Kapitalismus, wäh-

## II. Verifizierung

rend in der bürgerlichen Historiographie die Totalitarismus-Theorie vorherrscht, der zufolge der Nationalsozialismus eine „antidemokratische Revolution gegen den liberal-demokratischen Verfassungsstaat" und in seiner staatlichen Verwirklichung ein Pendant der stalinistischen Diktatur über die Sowjetunion gewesen sei.[88] Auch H.-U. Wehlers Erklärungsversuch des Nationalsozialismus als „Hitlers charismatische Herrschaft über eine radikalnationalistische Massenbewegung"[89] erfasst mit dem von Max Weber entliehenen Begriff von der ‚charismatischen Herrschaft' und dem von Wehler weit ausgefächerten Begriff des Nationalismus eher äußere Erscheinungsmerkmale der NS-Bewegung als deren Kern und Wurzeln.

Diese zu ermitteln wird bei relativ zeitnahen, die Gegenwart noch mitprägenden historischen Ereignissen und Erscheinungen immer schwierig sein, weil die geschichtliche Interpretation der jüngeren Vergangenheit unauflöslich mit dem Selbstverständnis, und das heißt: der politischen Ideologie und Meinungsbildung gegenwärtiger Politik und Geschichtsbetrachtung verwoben ist. Gerade deshalb scheint es sinnvoll, das an weiter zurückliegenden geschichtlichen Erscheinungen und Vorgängen und dabei insbesondere der Entstehung neuartiger historischer Gebilde erprobte energetische Erklärungsmodell auch auf den Nationalsozialismus und das von ihm geschaffene ‚Dritte Reich' anzuwenden.

Nach dem, was die bisherige Untersuchung über die Herausbildung neuer gesellschaftlicher Energieumsatzsysteme ergeben hat, und unter Berücksichtigung dessen, was wir über die Doppelherrschaft der beiden neuen Weltmächte im Deutschland der Weimarer Zeit gezeigt haben, ergibt sich eine eindeutige These zur Deutung des Nationalsozialismus: Er ist zu verstehen als die gesellschaftliche Bewegung, die das im verlustreichen Ersten Weltkrieg besiegte, danach von antagonistischen Außenmächten zu erheblichen Teilen beherrschte, von existenzgefährdenden Energieverlusten betroffene und von bürgerkriegsähnlichen Spaltungstendenzen bedrohte deutsche Gesellschaftssystem durch Reintegration der antagonistischen Subsysteme zu sanieren suchte. Wenn sie bei diesem Versuch erfolgreich sein wollte, musste diese Bewegung – vorausgesetzt unsere Deutung ist stimmig – eine Teilanpassung sowohl an das sowjetrussische als auch an das US-amerikanische Hegemonialsystem vollziehen, um als Bindemittel oder ‚Sammlungsbewegung' für die an die Hegemonialsysteme angeglichenen deutschen Subsysteme, also vor allem die marxistisch orientierte, in der KPD organisierte Arbeiterschaft und den von USA-Kapital abhängigen Teil der deutschen Industriewirtschaft tauglich zu werden. Damit würde sich die Tatsache ideologisch bedingter kontroverser Interpretationen des

## 11. Entstehung, Funktionieren und Scheitern des ‚Dritten Reichs'

Nationalsozialismus, die beide mit handfesten Belegen aufwarten können, auf einfache Weise erklären. Soweit es nicht um seine Deutung, sondern um das Phänomen selbst geht, müssen außer den genannten zweifellos noch weitere Faktoren seiner Genese Berücksichtigung finden. So die Tatsache, dass neben den beiden neuen durch Fremdherrschaft errichteten Subsystemen im Deutschland der Weimarer Zeit auch ältere weiterhin bestanden wie insbesondere die römisch-katholische Kirche mit der Zentrumspartei als ihrer politischen Vertretung und die SPD mit den freien Gewerkschaften als den deutschen Sektionen der 1889 gegründeten II. Sozialistischen Internationale. Allerdings ist hier sofort hinzuzufügen, dass Zentrum wie SPD nicht etwa in diesen von außen gesteuerten, also fremdherrschaftlichen Funktionen aufgingen. So haben wir das Zentrum in seiner Koalition mit den liberalen Parteien auch als Teil des Brückenkopfs der amerikanischen ‚Stabilisierungspolitik' kennen gelernt, während die SPD, die sich zeitweilig ebenfalls in diese Funktion einspannen ließ, ihre internationalistischen Verpflichtungen schon seit der Vorkriegszeit nicht allzu ernst nahm. Ihr eigentlicher Aufgabenbereich wurde zunehmend – und gleichlaufend mit dem der Freien Gewerkschaften – die auf Deutschland beschränkte Sozialpolitik.[90] Immerhin vertrat sie aber hier seit ihrer Wiedervereinigung mit der USPD im Jahr 1922 einen neu belebten Klassenkampfstandpunkt, was sie in scharfen Gegensatz zur ‚Sammlungsabsicht' der NSDAP bringen musste.[91]
Deren ambivalente Mehrfach-Aufgabe bestand demnach in der Gewinnung sowohl der stalinistisch wie der sozialdemokratisch orientierten Arbeiter als auch der kapitalistisch agierenden Unternehmer und Selbständigen für eine klassenkampffreie ‚Volksgemeinschaft', außerdem der Katholiken für eine Ordnung, die eine Bestandsgarantie ihrer Kirche vertraglich garantierte, was die religionspolitische Funktion der Zentrums-Partei entbehrlich machen sollte. Eine solche mehrseitige Integrationsaufgabe verlangte eine entsprechend mehrseitige Anpassung an die zu integrierenden Subsysteme, was der NSDAP unweigerlich ein mehrdeutiges politisches Profil verleihen musste, dessen Unklarheit nur durch eine sich betont markant gebende Führerfigur kompensiert werden konnte.

Um eine solche Annahme zu begründen, muss zunächst die Entwicklung der NSDAP wenigstens grob skizziert werden. Anfangs auf das nachrevolutionäre München und dessen nähere Umgebung beschränkt, besaß diese Partei eine außerordentlich heterogene, schwerpunktmäßig dem unteren Mittelstand zugehörige oder durch Kriegsfolgen dorthin abgesackte, zudem recht jugendliche Mitgliederbasis mit einem Durchschnittsalter von 31 Jah-

## II. Verifizierung

ren sowie ein diffuses, bereits 1920 festgeschriebenes, danach nie mehr geändertes Parteiprogramm. Da die heterogene Mitgliederschar teils aus gewerbetreibenden Selbständigen, teils aus Soldaten, kleinen Angestellten und Beamten, jungen Akademikern und Studenten bestand, deren wirtschafts- und sozialpolitische Forderungen deutlich kontrastierten, bildeten sich schon früh zwei gegensätzliche Parteiflügel heraus, nämlich ein um die ersten Sport- und SA-Gruppierungen zentrierter aktivistisch-revolutionärer und ein mittelständisch-reaktionärer.[92]

Der Gegensatz dieser beiden Flügel wurde nach dem misslungenen Putschversuch Hitlers vom 8./9. November 1923 sowohl regionalisiert als auch institutionalisiert, weil Hitler, zunächst durch seine Landsberger Haft kaltgestellt, noch nach seiner Entlassung in den meisten Reichsländern für längere Zeit einem Redeverbot unterstand, dessentwegen er den Wiederaufbau der nach dem Putschversuch zunächst verbotenen Partei dem hierbei besonders erfolgreichen Gregor Strasser überlassen musste, der – stark beeinflusst von einem Bruder Otto, aber auch von der klassenkämpferisch orientierten Partei-Klientel der norddeutschen Industriezentren – dabei die ‚linken' Parteipositionen etablierte.[93] So bezog die im September 1925 gegründete, von Gregor Strasser und Goebbels geführte ‚Arbeitsgemeinschaft der nord- und westdeutschen Gaue der NSDAP' (AG) mit ihrem innerparteilichen Organ, den ‚Nationalsozialistischen Briefen' eine gegenüber dem von Hitler nach seiner Haft eingeschlagenen Legalitätskurs deutliche Frontstellung, indem sie die sozialistischen Forderungen des Parteiprogramms gegen den Widerstand der Münchener Parteizentrale zu präzisieren und zu propagieren suchte.[94] Auch wenn Hitler, der seit 1925 die Unterstützung der Großindustrie für seine Partei erreichen und deshalb die sozialistische Propaganda der ‚Arbeitsgemeinschaft' abstellen wollte, letztere im Sommer 1926 auflösen konnte, vermochte er damit die oppositionelle Linke nicht zum Schweigen zu bringen. Die Gebrüder Strasser bauten nämlich seit dem Frühjahr 1926 mit dem Berliner ‚Kampfverlag' einen nationalsozialistischen Pressekonzern auf, der Anfang 1930 drei Tageszeitungen, drei Wochenzeitungen, die erwähnten NS-Briefe sowie zahlreiche Propaganda-Broschüren herausgab, womit das Erscheinungsbild der NSDAP in Nord-, West- und Mitteldeutschland bestimmt und neben der dortigen Mitgliedschaft auch die SA in ihren politischen Überzeugungen geprägt wurde.[95]

Zu ausgesprochenen Kontroversen zwischen der Kampfverlags-Presse und der des Münchner Eher-Verlags mit dem „Völkischen Beobachter" als dem Sprachrohr der Parteizentrale kam es zunächst anlässlich der vom Reichstag zu entscheidenden Frage der Enteignung deutscher Fürstenhäuser, dann wegen der Etablierung parteieigener Arbeitervertretungen – der kommunis-

## 11. Entstehung, Funktionieren und Scheitern des ‚Dritten Reichs'

tischem Vorbild entsprechenden ‚Nationalsozialistischen Betriebszellen-Organisation' (NSBO) – weiter in der Frage einer Beteiligung an dem ‚Reichsausschuß' für das Volksbegehren gegen den Young-Plan und anlässlich der Regierungsbildungen in Thüringen (1929) und Sachsen (1930). Immer spielte hier die Strasser-Presse den sozialistisch-linksradikalen Part, indem sie für die Fürstenenteignung, eine parteieigene Gewerkschaftsorganisation, aber gegen die Kooperation mit den ‚reaktionären' Gruppierungen der DNVP und des Stahlhelm im ‚Reichsausschuß' und ebenso gegen eine Beteilung der NSDAP an bürgerlichen Koalitionsregierungen votierte und damit die jeweils federführenden Parteigremien wie auch Hitler in arge Verlegenheit brachte.

Aber nicht nur anlässlich tagespolitischer Entscheidungen gab es Differenzen zwischen dem Strasser-Flügel und der Münchner Parteileitung, sondern auch im programmatischen Bereich. Innerhalb einer betont antikapitalistischen Identifizierung mit Arbeitnehmerinteressen wandte sich die nationalsozialistische Linke in einem von Gregor Strasser initiierten Änderungsentwurf für das Parteiprogramm ebenso gegen den Wirtschaftsimperialismus der Westmächte wie den von Rosenberg und Hitler propagierten Festlandimperialismus zur Eroberung von ‚Lebensraum im Osten'. Dabei plädierte sie für eine „freundliche Haltung gegenüber der UdSSR", die ‚Versailles' nicht zu verantworten habe und – ebenso wie Italien und eben die NSDAP – den Weg eines nationalen Sozialismus gehe.[96] Diesen politischen Grundpositionen entsprach das Verdikt der Linken über den „Theater-, Film- und Funkmorast" der Weimarer Republik bei gleichzeitigem Eintreten für den Expressionismus als der „Kunstform des Sozialismus"[97], der bekanntlich von Hitler als ‚entartete Kunst' diffamiert und später liquidiert wurde.[98] – Deutlich unterschieden von der Position der Münchner Zentrale war auch die Haltung des norddeutschen linken Parteiflügels gegenüber dem Katholizismus. Während man in München – vorwiegend wohl aus taktischen Erwägungen – um ein gutes Verhältnis zur katholischen Kirche bemüht war, wurde diese in den NS-Briefen wegen ihres ‚Ultramontanismus', ihres Strebens nach einer ‚Theokratie' über Deutschland heftig angegriffen.[99]

Auch gegenüber den anderen Parteien der Weimarer Republik bezog der Strasser-Flügel eine deutlich andere Position als die Leitung der NSDAP. Sah diese ihren Hauptgegner in der KPD, neben der die Parteien der Mitte meist pauschal als ‚Systemparteien' abgetan wurden, oder ging sie im erwähnten Reichsausschuß zur Bekämpfung des Young-Plans, in der Oktober 1931 zum Sturz des Kabinetts Brüning gebildeten ‚Harzburger Front' sowie schließlich in den ersten beiden Hitler-Regierungen immer wieder taktische

## II. Verifizierung

Bündnisse mit der nationalen Rechten ein, lehnte die Linke alle diese Verbindungen mit ‚bürgerlichen' Gruppierungen ab. Dem entsprachen die scharfen Angriffe der Kampfverlags-Presse auf die Zentrums-Partei als politischer Interessenvertretung der katholischen Kirche sowie die ‚verbürgerlichte' ‚sozialpazifistische' SPD wegen ihres angeblichen Verrats an Volk und Arbeiterschaft – Angriffe, die in kennzeichnendem Kontrast zu der nur halbherzigen KPD-Kritik des linken NSDAP-Flügels standen, der sich vom Marxismus zwar grundsätzlich abgrenzte, aber in der KPD doch einen möglichen „Bundesgenossen gegen Weimar, Versailles und Wallstreet" erblickte.[100]

Ein solches Kalkül des linken NSDAP-Flügels eröffnet das Verständnis für dessen Funktion innerhalb der gesamtparteilichen Integrationsaufgabe: Da diese darin bestand, durch Sammlung der untereinander entfremdeten deutschen Subsysteme eine neue ‚Volksgemeinschaft' herzustellen, musste die ‚Bewegung' – deren Bezeichnung als ‚Partei' die NS-Propaganda folgerichtig vermied – notwendigerweise ein Organ ausbilden, das geeignet war, die politisch von der Sowjetunion beherrschten Mitglieder und Wähler der KPD für das deutsche Gesamtsystem zurück zu gewinnen. Mit anderen Worten: Ohne ihren linken Flügel hätte die NSDAP ihren Anspruch, mehr als Partei, also bloßer Teil des politischen Spektrums der Weimarer Republik zu sein, von vornherein verwirkt, sie wäre, wie eine ideologisch belastete Geschichtsschreibung und Publizistik das bis in die Gegenwart gegen die Tatsache dieses linken Parteiflügels behauptet, eben eine bloße Rechtspartei geblieben. Funktional gesehen, diente gerade der ausgeprägte linke Flügel der Hitlerschen Sammlungsbewegung zur Kompensation der scharf antimarxistischen Propaganda und Agitation seitens der Parteizentrale, die damit Gefahr lief, als arbeiterfeindlich zu gelten und damit in der Weimarer Gesellschaft niemals mehrheitsfähig zu werden.

Die innere Widersprüchlichkeit, die gerade während der ‚Kampfzeit' die NSDAP prägte und besonders in Artikeln der Strasser-Presse zutage trat[101], war durch die Tatsache bedingt, dass die NSDAP die marxistischen Klassenkampforganisationen als Faktum grenzüberschreitender Fremdherrschaft vor allem der Sowjetunion ausschalten, zugleich aber die darin organisierten Menschen für sich gewinnen wollte. Bei diesem ‚Kampf um den deutschen Arbeiter' war der linke NSDAP-Flügel gewissermaßen Propaganda-Abteilung und Auffangbecken für die dem Marxismus abgeworbenen Konvertiten, während die Parteizentrale überwiegend die Zerschlagung der KPD und des Rotfrontkämpferbundes betrieb. Die selbstverständlich

## 11. Entstehung, Funktionieren und Scheitern des ‚Dritten Reichs'

äußerst schwierige Aufgabe der Ausgrenzung sowjetrussisch-bolschewistischer Herrschaft über gleichzeitig von ihr gelenkte deutsche Wählergruppen konnte gar nicht anders als auf dem Wege reibungsvoller Arbeitsteilung zwischen antagonistischen Flügeln der NSDAP angegangen und zu immerhin ausreichenden Erfolgen geführt werden. Man kann auch sagen: Nur eine gleichzeitig antikapitalistische und antimarxistische Gruppierung kam für eine solche Aufgabe überhaupt in Betracht. Denn nur dadurch, dass die Kampfverlags-Presse vom Volksentscheid über die Fürstenenteignung im Jahre 1926 an „bei jedem Arbeitskampf, bei jedem Protest gegen Teuerungen und gegen den Abbau der Sozialleistungen [...] in einer Front mit den Marxisten" stand (R.Kühnl)[102], konnte die NSDAP in den Jahren 1926 – 1930 zwischen 35 % und 42 % Arbeiter unter ihrer Anhängerschaft verbuchen[103], obwohl sie dauernd gegen die traditionellen Arbeiterparteien und Gewerkschaften ankämpfte, was ihr ohne den linken Flügel das Image absoluter Arbeiterfeindlichkeit hätte eintragen müssen.

Diese Annahme wird gestützt durch die Veränderung eben jenes Arbeiteranteils in der NSDAP-Anhängerschaft seit 1925. Lag er in diesem Jahr, in dem die Neugründung der Partei erfolgte, bei 32 %, so stieg er mit der Etablierung des linken Flügels und der Kampfverlags-Presse bereits 1926 auf über 40 %, erreichte 1927 einen Spitzenwert von 42,6 %, um bis 1929 auf 38,7 % zurückzufallen. Lässt sich dies aus der Hitlerschen Kooperation mit der nationalen Rechten im mehrfach genannten ‚Reichsausschuß' erklären, so der weitere Rückgang des Arbeiteranteils im Jahre 1930 auf nur mehr 35,1 % mit der spektakulären Sezession der Otto-Strasser-Gruppe und der Auflösung des Kampfverlags, was in der Öffentlichkeit als Ausscheiden des linken Flügels aus der NSDAP verstanden werden musste.[104]

Dass dies gleichwohl eine Fehleinschätzung war, sollte der weitere Aufstieg Gregor Strassers innerhalb der Partei zeigen, der nicht etwa – wie bei Goebbels – mit Anpassung an die Position Hitlers erreicht wurde, sondern durch den Aufbau einer innerparteilichen Hausmacht. Diese wuchs dem führenden Mitglied der Reichstagsfraktion (seit 1924), dem tatkräftigen Reichsorganisationsleiter (seit 1928) und Gründer der NSBO auf Reichsebene (Januar 1931) wie von selber zu. Durch die von ihm konsequent betriebene Zentralisierung des Parteiapparats, der Lenkung sämtlicher im Reich agierender NS-Parlamentsfraktionen sowie der politisch-ideologischen Gleichschaltung der NS-Presse und -Propaganda war Gregor Strasser seit 1932 „praktisch zum ‚Generalsekretär' der Partei geworden" (U.Kissenkoetter), um den sich ein Personenkult entwickelte, der innerparteilich dem Hitler-Mythos zunehmend nahe kam.[105] Eine für die Partei entscheidende Schlüsselstellung fiel Gregor Strasser auch dadurch zu, dass er in der

## II. Verifizierung

seit 1930 sich verschärfenden Wirtschafts- und Sozialkrise der einzige führende Nationalsozialist war, der nicht einfach auf den Zusammenbruch des Weimarer ‚Systems' spekulierte, sondern – ausgehend von der in der Norddeutschen Arbeitsgemeinschaft entwickelten Konzeption eines nationalen Sozialismus – ein konkretes Programm zur Überwindung von Arbeitslosigkeit und Wirtschaftskrise entwarf, das er am 10. Mai 1932 in einer Reichstagsrede der Öffentlichkeit präsentierte. Dieses Programm, das staatlich kreditierte Arbeitsbeschaffungsprogramme, Verstaatlichung von Monopolen, staatliche Aufsicht über Aktiengesellschaften, Investitionen und Preise vorsah, außerdem das Recht auf Arbeit sowie den Ausbau der sozialen Sicherung für die Arbeitnehmer proklamierte, fand soviel öffentliche Aufmerksamkeit und Zustimmung, dass nicht nur der große nationalsozialistische Wahlerfolg vom 31.7.1932 zu einem guten Teil darauf zurückgeführt werden muss, sondern dass Gregor Strasser dadurch zum Ansprechpartner für die leitenden Staatsmänner der Republik wurde, welche die Krise mit Hilfe des linken Flügels der NSDAP zu bewältigen hofften. Entsprechende Koalitionsüberlegungen, die Strasser in Kontakten mit den Reichskanzlern Brüning und danach vor allem mit von Schleicher verfolgte, wurden im engsten Führungskreis der Partei, nachdem Hitler schon eingelenkt zu haben schien, dann aber doch abgeblockt, was Gregor Strasser, der nach der Wahlniederlage der NSDAP vom November 1932 in einer Regierungsbeteiligung den letzten Weg der Partei zur Macht gesehen hatte, zum Rücktritt von allen seinen Parteiämtern veranlasste.[106]

Dass es darüber nicht zur Spaltung der Partei kam, ist letztlich nur auf Strassers unbedingte Loyalität Hitler und der ‚Bewegung' gegenüber zurückzuführen, nicht aber auf fehlende Anhängerschaft für seine Person und sein Programm. Der linke Flügel der NSDAP war seit Strassers Resignation zwar ohne Kopf und nach der von Hitler sofort vorgenommenen Umbildung des Parteiapparates auch ohne Organisation, lebte aber doch in einer größeren Zahl von Gauführern, Reichtagsabgeordneten, Parteifunktionären und vor allem in der SA fort, deren Führungscorps bis zu seiner Zerschlagung am 30. Juni 1934 wie Strasser auf das Ziel einer sozialistischen Revolution im nationalen Rahmen hinarbeitete.[107]

Dass Gregor Strasser in die Liquidierungsaktion gegen die SA-Führung einbezogen wurde, obwohl er sich seit seinem Rücktritt politisch völlig passiv verhalten hatte, sollte im Nachhinein noch dokumentieren, wie stark Hitler die potentielle Stellung seines ehemaligen Rivalen und damit den linken Parteiflügel noch nach weitgehend erreichter ‚Machtergreifung' einschätzte und offenbar fürchtete.

## 11. Entstehung, Funktionieren und Scheitern des ‚Dritten Reichs'

Die Ausbootung Gregor Strassers ließ den Anteil der Arbeiter an der NSDAP-Anhängerschaft, der sich nach der ‚Otto-Strasser-Krise' wieder leicht – von 35,1 auf 35,9 % – erhöht hatte, im Jahr 1933 auf den im gesamten Beobachtungszeitraum niedrigsten Wert von 30,7 % absinken. Erst im Gefolge der noch zu erörternden Arbeitsbeschaffungs- und Sozialpolitik im Rahmen der ‚Deutschen Arbeitsfront' konnte dieser Anteil wieder langsam gesteigert werden, bis er mitten im Kriege (1942 – 1944) erstmalig wieder Werte über der 40 %-Marke erreichte.[108]
Auch wenn die Exaktheit solcher Zahlenwerte im einzelnen bestritten werden kann, zeigt doch ihre deutliche mit dem Erscheinungsbild der ‚Linken' in der NSDAP korrespondierende Veränderung, wie wichtig dieser Flügel für die Einbeziehung von Teilen der Arbeiterschaft in die NS-Bewegung gewesen ist. Dabei darf allerdings nicht übersehen werden, dass der damalige Anteil der Arbeiter an der Gesamtbevölkerung mit gut 54 % erheblich höher lag als in der Anhängerschaft der NSDAP, die insofern ihrem Namen als ‚Arbeiterpartei' keineswegs gerecht wurde.

Mäßig blieben auf der anderen Seite aber auch die Erfolge, die Hitler und Göring bei dem Versuch erzielten, die Großindustrie für die eigene Partei zu gewinnen. Gerade die Unternehmensleitungen der leistungsfähigen Exportindustrien versagten sich verständlicherweise Hitlers letztlich autarkistischem Wirtschaftsprogramm, das zunächst nur für die schon damals auf dem Weltmarkt kaum noch konkurrenzfähige Montanindustrie von Interesse sein konnte. So ist es kein Zufall, dass mit Fritz Thyssen und Emil Kirdorf Großunternehmer gerade und nur dieses Industriezweigs früh auf Hitler und seine Bewegung aufmerksam wurden und ihr mit Spenden und Werbung im Kreis deutscher Industrieller zu Hilfe kamen.[109] Aber weder erfolgten solche Hilfen regelmäßig – beispielsweise trat Kirdorf nach einem Jahr der Mitgliedschaft in der NSDAP, verschreckt durch die Strasser-Presse, wieder aus – noch einseitig. Selbst Fritz Thyssen, der treueste unter den großindustriellen Nazi-Anhängern, ließ gleichzeitig anderen Parteien Spenden zukommen.[110] Auch der Umfang der aus deutschen Wirtschaftsquellen an die NSDAP fließenden Spenden ist eher bescheiden anzusetzen. Darauf lässt außer den zeitgleichen Ermittlungen der Brüning-Regierung vor allem die geringe Zahl von Hitler-Sympathisanten unter den Großindustriellen noch nach dem spektakulären Wahlerfolg der Nationalsozialisten vom 31. Juli 1932 Rückschlüsse zu.[111] Die Gründe für diese auffällige Zurückhaltung selbst der krisengeschüttelten deutschen Industrie gegenüber Hitler, der in Reden vor Industriellen-Vereinigungen durchaus Eindruck zu machen verstand, sind in der zu dieser Zeit noch starken Position

## II. Verifizierung

Gregor Strassers zu suchen, dessen in vielem sozialistisches Wirtschaftsprogramm die Unternehmer naturgemäß verschrecken musste. Soweit sie sich dennoch zu Spenden an die NSDAP bereit fanden, geschah dies, um „die ‚Bewegung' in den Bahnen der Vernunft zu halten", wie August Heinrichsbauer, Beauftragter für Öffentlichkeitsarbeit im Dienst der deutschen Schwerindustrie, formulierte[112], also zur Beeinflussung der Partei im Sinne privatwirtschaftlich-industrieller Interessen.

Erst nach der Reichstagswahl vom 6. November 1932, die den Kommunisten elf zusätzliche Mandate eingebracht hatte, erschien die NSDAP als deren entschiedenster Gegner einer zunehmenden Zahl von Großindustriellen – jedenfalls in einer Koalition mit der konservativen DNVP – als brauchbares Mittel politischer und wirtschaftlicher Stabilisierung.[113] Allerdings blieb auch jetzt die Zahl von 20 Petenten, die sich in einer Bittschrift an den Reichspräsidenten von Hindenburg für eine Hitler-Regierung verwandten, weit unter der eines etwa gleichzeitig zustande gekommenen Wahlaufrufs zugunsten einer Hindenburg-Papen-Regierung mit mehreren hundert Unterschriften namhafter Persönlichkeiten.[114]

Die Erfolge Hitlers und seiner Verbindungsleute zur ‚Wirtschaft', nämlich Hermann Görings, des Fabrikanten Wilhelm Keppler und der Wirtschaftsjournalisten Walther Funk und Otto Dietrich bei ihren vielfältigen Versuchen, die finanzielle und politische Unterstützung von Industriellen für die NSDAP zu gewinnen, blieben aufs Ganze gesehen also ähnlich bescheiden wie die des Strasser-Flügels in dessen ‚Kampf um den deutschen Arbeiter'. Erfolge und Misserfolge der NSDAP bei der Werbung um diese beiden antagonistischen Gruppen bedingten sich naturgemäß gegenseitig: So wie Göring Hitler gegenüber die Tatsache beklagte, dass jedesmal, wenn er einen Industriellen oder Grafen für die Partei gewonnen habe, die Partei-Linken durch einen sozialistischen Zeitungsartikel oder eine Demonstration vor einer Fabrik alles wieder verderben würden[115], so reduzierte sich, wie wir gesehen haben, umgekehrt der Arbeiterzuspruch für die Nationalsozialisten, sobald diese ihren linken Flügel stutzten oder sich den konservativen Rechtsgruppierungen näherten.

Das unentschiedene Schwanken – auch Hitlers selbst – zwischen Großindustrie und Arbeiterschaft, das lange Zeit wie ein unüberwindbares Handicap der NSDAP wirkte, erhielt der Partei andererseits Bündnismöglichkeiten nach beiden Seiten und eröffnete ihr darüber hinaus ein demographisch wachsendes Wählerpotenzial zwischen jenen beiden ‚Klassen'. Dieses bestand aus dem sogenannten Mittelstand und der ins Wahlalter einrückenden jungen Generation. Man hat errechnet, dass die NSDAP ihren Wahlerfolg vom 31. Juli 1932, bei dem sie 37,4 % der Stimmen errang, um nunmehr

## 11. Entstehung, Funktionieren und Scheitern des ‚Dritten Reichs'

mit 230 Sitzen vor der SPD (133) und der KPD (89) die weitaus stärkste Reichstagsfraktion zu stellen, zu etwa 30 % Erstwählern mit einem hohen Anteil Jugendlicher verdankte.[116] Das von Anfang an niedrige Durchschnittsalter der Mitglieder dieser neuen und neuartigen Partei, außerdem deren Dynamik, Aktionismus sowie ihre phantasiebeflügelnde und den Idealismus herausfordernde Propaganda, schließlich der an die Jugendbewegung anknüpfende bündische Charakter der SA und Hitlerjugend sind wohl die wichtigsten Gründe dafür, dass eine von drückender Arbeits- und Aussichtslosigkeit belastete junge Generation vorwiegend der NSDAP zuströmte.

Was die Gewinnung von Altwählern aus anderen Parteien betrifft, war die Hitler-Bewegung besonders im mittelständischen Potenzial von DNVP, DVP, DDP, Wirtschaftspartei und Bauernparteien erfolgreich, deren Stimmenanteil von 39 % bei der Reichstagswahl von 1928 auf 10 % bei der vom Juli 1932 zusammenschmolz, während der der NSDAP gleichzeitig von 2,6 auf die besagten 37,4 % hochschnellte. Als Hauptgrund für diese dramatische Wählerwanderung sind die mit einbrechender Wirtschaftskrise verschärften Verteilungskämpfe ermittelt worden, in denen sich etwa der vorwiegend aus Handwerkern und Kleinkaufleuten bestehende gewerbliche Mittelstand zunehmend von sozialistischen Parteien und Gewerkschaften einerseits, großunternehmerischem Kapitalismus andererseits eingekreist, außerdem wie vorher schon von verschiedenen Koalitionsregierungen so nunmehr vom Hindenburg-Brüningschen Präsidialkabinett enttäuscht und im Stich gelassen fühlte.[117] Eine ähnliche Entfremdung gegenüber dem Weimarer Staat war im Gefolge der Brüningschen Sparmaßnahmen bei großen Teilen der Beamtenschaft eingetreten, die bis zu drei Gehaltskürzungen hatten hinnehmen müssen und dadurch sozial regelrecht deklassiert wurden.[118] Zu den vom Weimarer System Enttäuschten gehörten weiterhin große Teile der neuen Gruppe von (Verwaltungs-)Angestellten, die in bewusster Abgrenzung gegenüber den Arbeitern zunächst politische Interessenvertretung bei der DNVP gesucht hatten, mit dem Einbrechen der Wirtschaftskrise und zunehmender Gefahr von Arbeitslosigkeit und sozialem Absturz in großer Zahl zur NSDAP abwanderten, weil sie sich – ähnlich wie der gewerbliche Mittelstand – in einer „doppelten Frontstellung gegenüber den proletarischen Massen" einerseits, „gegen Unternehmer und Kapital" andererseits gestellt sahen (J.Kocka)[119], einer Lage, in der sie von der zugleich antimarxistischen und antikapitalistischen Hitler-Partei den besten Schutz gegen bedrohlichen sozialen Absturz und letztlich existenziellen Energiemangel erwarten konnten. – Nur relativ Entsprechendes gilt für die bereits während der ‚Stabilisierungsphase' durch billige überseeische Ag-

## II. Verifizierung

rarimporte betroffenen norddeutschen Landwirte, deren agrarprotektionistische Forderungen nach Einbruch der Krise von der Regierung Brüning schon deshalb nicht berücksichtig werden konnten, weil ein damit gegebener Anstieg der Lebensmittelpreise mit der Brüningschen Deflationspolitik unvereinbar gewesen wäre.[120] Die heftigen Frustrationen, die sich – vor dem Hintergrund der für die Landwirtschaft besonders guten Zeiten des Krieges und der Inflation – aus diesem Absturz der Erträge und also relativ heftigen Einkommensverlusten ergaben, führten zu einer raschen Radikalisierung nicht nur der geradezu revolutionären ‚Landvolkbewegung' Schleswig-Holsteins, sondern auch des größten agrarischen Interessenverbands, des Reichslandbundes, wodurch das Überwechseln traditionell konservativer bäuerlicher Wähler von der reaktionären DNVP zur revolutionären NSDAP stark begünstigt wurde.[121]

Alle aufgeführten Gruppen, die man zusammenfassend als „Mitte" (Lipset), „Mittelstand" (Winkler) oder „*lower-middle-class*" (Kater) bezeichnet hat, machten, soviel ist sicher, mit ihrer durch die Wirtschafts- und Gesellschaftskrise der frühen dreißiger Jahre, letztlich also durch die von ihnen als besonders gefährlich erlebten persönlichen Energieverluste in Form von rückläufigen oder ausbleibenden Geldeinnahmen motivierte Zuwendung zur NSDAP deren Wahlerfolge und damit das ‚Dritte Reich' erst möglich. Die Hitler-Partei, die, wie wir sahen, mit ihren beiden Flügeln gegen den Kapitalismus wie den Marxismus Front gemacht, die Rapallo-Politik gegenüber der Sowjetunion ebenso wie die ‚Erfüllungspolitik' gegenüber den Westmächten bekämpft und eine Befreiung Deutschlands von allen fremdherrschaftlichen, dem deutschen Gesellschaftssystem massive Energieverluste zufügenden Bindungen propagiert hatte, musste so in der Wirtschafts- und Sozialkrise, in welcher die globalen Energieverluste auf den einzelnen Staatsbürger der Weimarer Republik durchschlugen, geradezu zwangsläufig zum geeigneten Anwalt des Mittelstands werden.

Ein politisches Bündnis mit der NSDAP lag darüber hinaus für die aus dem Kaiserreich stammenden alten Eliten nahe, die sich vorwiegend in der DNVP organisiert hatten: die Großagrarier, Schwerindustriellen sowie die dienstälteren und deshalb meist ranghöheren Beamten der staatlichen Verwaltung, der Justiz und der Reichswehr. Diese Eliten hatten, wie in II.9 gezeigt, das Deutsche Reich, das sie maßgeblich beherrschten, schon während der Kaiserzeit in einer ähnlichen Zweifrontenstellung zwischen westlichem Liberalismus und östlichem Absolutismus bedrängt gesehen, den nunmehr – wenn auch in weit gefährlicherer und gewandelter Form – das deutsche System auszuhalten hatte und welche Zweifrontengefahr die Hitler-Partei

## 11. Entstehung, Funktionieren und Scheitern des ‚Dritten Reichs'

am offensivsten und radikalsten zu bekämpfen suchte. Von daher ergab sich eine gewisse deutschlandpolitische Übereinstimmung zwischen DNVP und NSDAP. Andererseits bildeten ein ausgesprochener Standesdünkel auf der einen, der sozialistische Flügel und Programmteil auf der anderen Seite starke Hinderungen für ein dauerhaftes Zusammengehen beider Parteien, so dass die Beziehungen zwischen den alten Eliten und der NSDAP – abgesehen von den bereits genannten kurzlebigen Aktionsgemeinschaften im Rahmen des ‚Reichsausschusses' und der ‚Harzburger Front' – eher von Rivalität um die Führung des deutschen Systems geprägt waren, dessen schwere Krise sie aber schließlich unter dem gemeinsamen Oberziel der Staatsrettung zusammenzwang.

Vereinfacht gesagt ergab sich ein solcher Zwang, weil den Nationalsozialisten sowohl ein breiter Rückhalt in den Machtapparaten des Staats als auch genügend sachkompetentes Personal fehlte, um Reichswehr, Staatsverwaltung und Justiz unter Verdrängung der alten Eliten zu erobern, während diesen die Unterstützung durch die Massen abging, was im Schrumpfen der DNVP-Wahlergebnisse ebenso unmissverständlich zutage trat wie in der 1932 zur Abwehr Hitlers organisierten Wahlhilfe von Zentrum und SPD für den ohne solche Unterstützung von der falschen Seite chancenlosen Hindenburg als dem Kandidaten jener alten Führungselite. Dass sich insbesondere die SPD, die bei der Reichspräsidentenwahl von 1925 noch scharf gegen Hindenburg Front gemacht hatte, nunmehr für eine solch schiefe Wahlkoalition zur Verfügung stellte, lag an der Machtballung, die dem Amt des Reichspräsidenten im Verlauf der Krise zugewachsen war und die deshalb selbst um den Preis politischen Gesichtsverlustes gegen den Zugriff Hitlers verteidigt werden sollte.

Das Parlament als verfassungsmäßiges Machtzentrum der Weimarer Republik hatte nämlich unter dem Druck der staatlichen Finanzkrise seine Kompetenzen der Regierungsbildung und Gesetzgebung weitestgehend zugunsten des Reichspräsidenten aufgegeben.[122] Zwar nicht offiziell oder gar auf dem Wege eines verfassungsändernden Reichstagsbeschlusses, sondern durch die Weigerung der großen demokratischen Parteien, insbesondere der SPD, in einer Situation rückläufiger Staatseinnahmen und wachsenden Bedarfs an Staatsmitteln für die Ankurbelung der Wirtschaft und die Subventionierung der mit dem Hochschnellen der Arbeitslosigkeit auf schließlich über 6 Millionen Betroffene finanziell völlig überforderten Arbeitslosenversicherung Regierungsverantwortung zu übernehmen.

Dieser politische Attentismus der demokratischen Parteien folgte seinerseits aus der Tatsache, dass die rückläufigen Staatshaushalte, die bei allgemeinem Kapitalmangel im Inland und ausbleibenden Auslandsanleihen

## II. Verifizierung

auch nicht im Wege des *deficit spending* erhöht werden konnten, sondern im Gegenteil bis 1931 durch die Reparationszahlungen zusätzlich belastet worden waren, jede Regierung in die unpopuläre, ja im parlamentarischen System selbstmörderische Situation brachte, alle Interessengruppen einschließlich der eigenen Anhänger enttäuschen, wenn nicht verprellen zu müssen. Die klare Erkenntnis der Weimarer Parteien, dass eine Regierungsbeteiligung oder auch nur -unterstützung sie mit Sicherheit Mitglieder und Stimmen kosten würde, zeitigte außerdem die für jedes parlamentarische System tödliche Folge zunehmender exekutiver Gesetzgebung per Notverordnungsrecht (5 Fälle in 1930, 44 Fälle in 1931, 66 Fälle in 1932) sowie einer gegenläufig abnehmenden Zahl von Reichstagssitzungen (94 in 1930, 42 in 1931, 13 (!) in 1932)[123]. Dass die demokratischen Parteien dieser Entwicklung nicht durch Fahrlässigkeit, sondern unter dem Druck eigener und das Gesamtsystem bedrohender Existenzgefährdung Vorschub leisteten, zeigt das Beispiel einer Notverordnungsaufhebung durch das Parlament am 16. Juli 1930: Die von Brüning zur Deckung des Staatshaushalts für notwendig gehaltene Notverordnung wurde nämlich nach der vom Reichspräsidenten verfügten Auflösung des widerstrebenden Reichstags in sogar verschärfter Form erneut erlassen, und die nunmehr notwendig gewordene Reichstagswahl vom 14. September 1930 erbrachte für die demokratischen Parteien eine katastrophale Niederlage, den Kommunisten und vor allem den Nationalsozialisten dagegen sensationelle Erfolge. Diese überaus harte Bestrafung ließ die demokratischen Parteien verständlicherweise von jeder weiteren Blockierung der Notverordnungspraxis Abstand nehmen, was – wie die genannten Zahlen belegen – eine schleichende Aushöhlung des Parlamentarismus zugunsten einer sich zugleich etablierenden Präsidialdiktatur bedeutete.

Diese von der Weimarer Verfassung zwar ermöglichte, aber erst durch die schwere Wirtschafts-, Sozial- und Fiskalkrise bewirkte Machtverschiebung bestätigt aufs Neue unsere Annahme eines Kausalzusammenhangs zwischen bedrohlichem Mangel an gesamtgesellschaftlich verfügbarer Energie einerseits und dadurch bewirkter Systemänderung andererseits: Die Finanzkrise, in die der Weimarer Staat 1930 geriet, machte die dem Parlament zugedachte Rolle des obersten Regulators des gesamtgesellschaftlichen Energieeinsatzes immer weniger spielbar und erzwang damit eine Veränderung der Verfassungswirklichkeit, die wegen der antagonistisch einander gegenüber stehenden Parteien des Weimarer Systems parlamentarisch – also durch Zweidrittel-Mehrheitsbeschluss des Reichstags – nicht vollzogen werden konnte und deshalb im Rahmen, aber gegen den demokratischen Geist der Verfassung, nämlich als verkappte Präsidialdiktatur

## 11. Entstehung, Funktionieren und Scheitern des ‚Dritten Reichs'

und schließlich auf scheinlegale Weise durch die nationalsozialistische Machtergreifung exekutiert wurde. Für die Hitler-Bewegung brachte die Machtkonzentration in der Staatsspitze die taktische Zielsetzung mit sich, alternativ zur Parlamentsmehrheit das Amt des Reichspräsidenten für den eigenen Protagonisten zu gewinnen und, nachdem beides im Jahr1932 misslungen war, sich mit den alten Eliten und insbesondere mit Hindenburg als deren symbolischem wie institutionellem Oberhaupt zu verbünden. Obwohl dieser sich bis zuletzt gegen ein solches Bündnis mit dem „böhmischen Gefreiten" sträubte, blieb ihm schließlich doch keine andere Wahl, als Hitler, den Parteiführer der stärksten Reichstagsfraktion, zum ‚Präsidial-Kanzler' zu berufen, nachdem auch die Reichstagswahl vom 6. November 1932 keine parlamentarische Regierungsbildung ermöglicht hatte, außerdem die Staatsstreichpläne des Hindenburg-Intimus v. Papen zur Errichtung einer parlaments- und parteienunabhängigen Regierung angesichts der starken Kampfverbände von NSDAP und KPD dem Reichswehrführer Schleicher zu riskant erschienen, und dessen Versuch, eine eigene Regierung auf Reichswehr, Gewerkschaften und den linken Flügel der NSDP zu stützen, wie wir sahen, an Gregor Strassers Resignation gescheitert war.

Nicht Intrigen im Umkreis des Reichspräsidenten oder Unzulänglichkeiten des greisen Hindenburg selbst führten somit das Ende der Weimarer Republik herbei, sondern die Unmöglichkeit, die politische Krise anders zu beheben als durch das Bündnis der alten Eliten mit dem von Hitler und seiner Partei mobilisierten nationalistisch eingestellten überwiegend kleinbürgerlichen Mittelstand, also des alten mit dem neuen deutschen Nationalismus. Hatte jener, wie in II.9 gezeigt, in der Verbindung von liberalem Großbürgertum mit konservativem Landadel seine wirksamste politische Formation gefunden, so der neue in der des illiberalen Kleinbürgertums mit den Elementen jener alten Koalition, die nach Bildung des ersten Hitler-Kabinetts mit Symbolfiguren wie den Adligen v. Papen, v. Neurath, v. Blomberg, v. Eltz-Rübenach und dem Grafen Schwerin (für konservative, wenn nicht reaktionäre Staatsführung), mit Hugenberg (für die Interessen des Großbürgertums) und dem ‚Stahlhelm'-Führer Seldte (für preußische Staats- und Militärtradition) deutlich repräsentiert waren und mit ihrer zahlenmäßigen Überlegenheit gegenüber den – Hitler eingeschlossen – nur drei nationalsozialistischen Kabinettsmitgliedern Mäßigung und Solidität der Regierung zu gewährleisten schienen.

Die Integrationsfähigkeit der NSDAP für wichtige Wählergruppen wie den Mittelstand, die Jugend, für Teile der Arbeiterschaft und der Industrie wurde so ergänzt durch ihre Bündnisfähigkeit mit der staatspolitisch gleichge-

## II. Verifizierung

richteten konservativen Rechten.[124] Zu einem guten Teil aufgrund dieser ihrer vielseitigen Integrations- und Bündnisfähigkeit war die Hitler-Bewegung mit einbrechender Krise zur stärksten deutschen Partei geworden, auch wenn sie in freien Wahlen niemals die absolute Mehrheit für sich gewinnen konnte. Immerhin gelang ihr nach Jahren der demokratisch fragwürdigen Präsidialdiktatur mit der Wahl vom 5. März 1933 im Bündnis mit der DNVP die Bildung einer verfassungsmäßig einwandfreien Mehrheitsregierung, die ihrem Führer und Reichskanzler Hitler eine weitgehende Unabhängigkeit vom Reichspräsidenten verschaffte und sie zur entscheidenden politischen Kraft in Deutschland werden ließ.

Haben wir bislang die Funktion der NSDAP als Sammlungsbewegung im Wesentlichen auf ihre doppelte Frontstellung (und Integrationsfähigkeit) gegenüber westlichem Kapitalismus und östlichem Marxismus, schließlich ihre Bündnisfähigkeit mit den alten Eliten zurückgeführt, so ergibt sich die naheliegende Frage, wie diese Partei mit ihrem diffusen Programm, ihrem „Schwanken zwischen sozialistischen und wirtschaftskonservativen Parolen" (Bracher), und den beschriebenen, bis zur Mordaktion der Röhm-Affäre führenden internen Gegensätzen zwischen linkem und rechtem Flügel nicht nur die eigene Einheit wahren, sondern die eines politisch extrem zersplitterten Volks zumindest formal und funktionell wieder herstellen konnte.

Wie wir das bereits bei der Herausbildung des italienischen und dann des deutschen Nationalstaats im 19. Jahrhundert beobachten konnten, stellt die Entstehung eines integrierenden informatorischen Energieaustauschs die erste Stufe eines neuen Zusammenschlusses vorher durch Fremdherrschaft getrennter Bevölkerungsgruppen gleicher Sprache, bewohnter Region und überlieferter Kultur dar. Dieses Etappenziel auf dem Weg zu einer neuen ‚Volksgemeinschaft' verfolgten die Nationalsozialisten konsequent durch die propagandistische Verbreitung ihrer politischen Weltanschauung, mit der sie das deutsche Volk zu durchtränken suchten. Gerade auf diesem Gebiet war Hitler mit seinem demagogischen Talent und seiner umfangreichen Programmschrift „Mein Kampf" die konkurrenzlose Autorität der Partei, die in ihm und seinem Denken letztlich ihre Einheit fand.[125]

Kern der Hitlerschen Weltanschauung war die von verschiedenen Denkern des 19. Jahrhunderts vorgeprägte auf den Darwinismus zurückgehende Rassenlehre, die der ‚Führer' mit einem ebenfalls traditionsreichen Antisemitismus und Nationalismus verband. Im Mittelpunkt des Kampfes zwischen den verschiedenen Menschenrassen um die Weltherrschaft – für ihn der Leitgedanke seines Geschichtsverständnisses – stand der der kulturschaffenden, allein kulturschöpferisch fähigen Arier gegen die kulturzer-

## 11. Entstehung, Funktionieren und Scheitern des ‚Dritten Reichs'

setzenden Juden. Da Hitler weiterhin glaubte, der arische ‚Rassekern' habe sich im deutschen Volk noch am reinsten erhalten, sah er die internationale Verschwörung des ‚Weltjudentums' auf Deutschland gerichtet: „So ist der Jude heute der große Hetzer zur restlosen Zerstörung Deutschlands."[126] Über Deutschland hinaus glaubte Hitler auch die anderen Kulturstaaten insbesondere Europas durch ‚den Juden' bedroht: „Er sieht die heutigen europäischen Staaten bereits als willenlose Werkzeuge seiner Faust, sei es auf dem Umweg einer sogenannten westlichen Demokratie oder in der Form einer direkten Beherrschung durch russischen Bolschewismus."[127] Diese demokratisch-marxistische Doppelstrategie des internationalen Judentums meinte Hitler auch als Ursache der deutschen Niederlage im Ersten Weltkrieg ausmachen zu können, die er in Übernahme der ‚Dolchstoßlegende' durch die marxistisch inspirierte Novemberrevolution herbeigeführt und im plutokratischen Komplott von ‚Versailles' vollendet sah.[128]
An dieser Erklärung für die weltgeschichtliche und insbesondere die Deutschland betreffende Gefahrenlage, die sich in ähnlicher Form übrigens bereits 1919 bei Mussolini findet[129], hielt Hitler bis zum Ende seines Lebens fest, worin schon ihre große Bedeutung für seine politische und propagandistische Strategie zutage tritt.[130] Diese ihre Bedeutung erklärt sich weiter aus der Tatsache, dass ein sowohl den Bolschewismus wie westlichen Demokratismus als Angriffswaffen des Judentums interpretierender Antisemitismus besonders geeignet war, die Zweifrontenstellung zu vereinfachen, in der sich das von den beiden neuen Weltmächten an den Rand des Zerfalls getriebene Deutschland in den Krisenlagen der Weimarer Zeit tatsächlich befand. Wenn das ‚internationale Weltjudentum' einerseits als Urheber des Marxismus und der auf seiner ideologischen Grundlage errichteten Diktatur in Sowjetrussland, andererseits als Drahtzieher des westlichen Kapitalismus und der von ihm erzeugten Wirtschaftskrise glaubhaft gemacht wurde, wenn damit alle linkssozialistischen wie liberaldemokratischen Parteien und Organisationen in Deutschland als Stoßtrupps oder Agenten eben dieses Judentums verächtlich gemacht werden konnten, dann hatte die NS-Propaganda zugleich die Übermacht der neuen Hegemonialmächte mit ihren in Deutschland etablierten Subsystemen gleichsam durch ein umgekehrtes Fernrohr zu einer Bevölkerungsminderheit verkleinert, dann erschien der zwar raffinierte und darum gefährliche Feind doch auch überwindbar.
Die komplexen, für den betroffenen durchschnittlichen Zeitgenossen kaum durchschaubaren Beherrschungstechniken der neuen Weltmächte, die wir oben nur in ihren wesentlichsten Zügen nachzeichnen konnten, wurden durch den propagandistischen Antisemitismus der Nationalsozialisten au-

## II. Verifizierung

ßerdem personifiziert und damit für jedermann feindbildfähig. Ein gemeinsames Feindbild ist aber wiederum, wie uns vielfache geschichtliche und politische Erfahrung lehrt, das wirksamste Integrationsmittel für auseinander strebende Gesellschaften. Die ‚Vereinheitlichung' der mindestens zwei Gefahrenquellen für den Fortbestand des deutschen Staates in den Scheinkonkretisierungen „der Jude" oder „das Judentum" war somit zweifellos ein massenpsychologisch äußerst effektives Mittel zur Formierung und Mobilisierung einer kampfbereiten ‚Volksgemeinschaft'.
Natürlich konnte dieses propagandistische Konstrukt nur dann Wirkung erzielen, wenn die Personifizierung des angeblichen deutschen Hauptfeindes einigermaßen plausibel gemacht wurde. Dies wiederum war auf der Basis des seit der vorangehenden Weltwirtschaftskrise von 1873ff. umgehenden gesamteuropäischen Antisemitismus nicht schwierig, vor allem, weil die nationalsozialistischen Propagandisten darauf hinweisen konnten, dass führende Vertreter sowohl der marxistischen Bewegung – so vor allen Marx selbst – wie des internationalen Kapitalismus – so viele bekannte Bankiers – tatsächlich Juden waren.
Eine weitere Steigerung ihrer Überzeugungskraft erfuhr der Hitlersche Antisemitismus auch dadurch, dass er – ‚das Judentum' als personifiziertes Symbol für jede Form von Internationalismus einmal akzeptiert – eine für die Überlebensstrategie des deutschen Systems plausible Handlungsanleitung enthielt, wenn er den grenzüberschreitenden Internationalismus von westlichem Kapital und östlichem Marxismus, der den Bestand des deutschen Staates sichtlich gefährdete, mit jener Verketzerung abzubrechen beschwor und zur nationalen Pflicht erhob.
Vor allem aber war die antisemitische Propaganda auch für den ‚kleinen Mann' auf der Straße praktikabel, den sie durch Meidung jüdischer Geschäfte oder den auch körperlichen Kampf gegen angeblich vom Judentum gelenkte Partei-Organisationen handelnd für die Rettung und Befreiung Deutschlands tätig zu werden einlud, wo andere Parteien ohne erkennbare Änderung der Dinge immer wieder nur seine Wählerstimme wollten. Eine solche auch in Umzügen und Aufmärschen organisierte Aktivierung der Massen, die durch propagandistische Identifizierung des zu bekämpfenden Feindes erst möglich wurde, war für viele von der Hoffnungs- und Beschäftigungslosigkeit der Krise gebeutelte Menschen schon ein Wert an sich.
Hatten sie aber einmal den Schritt in die nationalsozialistische Front gegen das Judentum getan, so war der Solidarisierungseffekt durch Uniformierung, den ritualisierten Hitlergruß und spektakuläre Großveranstaltungen angesichts des vorgeblich im eigenen Lande stehenden Feindes besonders

## 11. Entstehung, Funktionieren und Scheitern des ‚Dritten Reichs'

stark: Grundlage für den überraschenden Zusammenhalt der in sich antagonistischen Bewegung und ihre auch andere Gruppen erfassende Integrationskraft.

Das in diesem Zusammenhang viel genannte Sündenbock-Phänomen lässt gerade durch seine Ubiquität die dahinter stehende Gesetzmäßigkeit erkennen: In Situationen akuter gesellschaftlicher Energieverluste tut die Masse der besonders davon Betroffenen sich immer wieder zusammen, um durch Ausgrenzung, Isolierung, Bekämpfung, zuletzt sogar Tötung einer greifbaren Symbolfigur den vorgeblichen Übeltäter in einer Ersatzhandlung unschädlich zu machen, weil die eigentliche Ursache des Unglücks unerkannt bleibt. Objektiv betrachtet ein Akt der Hilflosigkeit, zeigt diese immer wiederkehrende Verhaltensweise zugleich den reflexartigen gesellschaftlichen Reaktionszwang auf Energieverluste in seinen wesentlichen Momenten: der aggressiven Solidarisierung der Betroffenen und dem Drang nach Ausschaltung des vermeintlichen Schadenbringers.

Auch wenn es sich bei diesem nur um eine Symbolfigur handelt, muss sie als solche durch wenigstens ein unveränderliches Merkmal von den übrigen Gesellschaftsmitgliedern unterschieden sein – wie etwa die Hexe durch ihre Hässlichkeit oder ihr rotes Haar – , damit die erforderliche Isolierung des Sündenbocks überhaupt möglich wird. Von hier aus ist die Funktion des Rassismus als Grundlage des nationalsozialistischen Antisemitismus erst verstehbar: Nur wenn ‚der Jude' als solcher unveränderlich, also durch seine erblichen ‚Rassemerkmale' bedingt, in jedem Fall als Jude identifizierbar blieb, war er, der sich seinem Schicksal nun nicht mehr durch Konversion zum Christentum entziehen konnte, als unverkennbarer Sündenbock verwendbar.

Dasselbe legte noch ein anderer Zusammenhang nahe. War ‚der Jude' schon der einzige propagandistisch brauchbare gemeinsame Nenner für die Zweifrontengefahr, der das deutschen System ausgesetzt war, so war seine Ausgrenzung mit dem im Zeitalter der bürgerlichen Revolutionen entwickelten Nation-Begriff nicht mehr möglich, weil darin ja vor allem die kommunikative Energie-Austauschfähigkeit einer Bevölkerung ihren Ausdruck fand (vgl. II.8). Gerade die Kommunikationsfähigkeit war nun aber den im Zuge der bürgerlichen Nationbildung emanzipierten und in das kulturelle Leben Deutschlands voll integrierten Juden keinesfalls abzusprechen. Folglich musste die beabsichtigte Ausgrenzung der deutsch-jüdischen von der übrigen Wohnbevölkerung Deutschlands mit einem neuen Kriterium vorgenommen werden, wofür sich aus dem oben genannten Grund der sozialdarwinistische Rassebegriff anbot.

## II. Verifizierung

Dieser besaß propagandistisch den weiteren Vorzug, dass er die Solidarisierung des vom Übergewicht zweier Weltmächte bedrohten deutschen Volks mit anderen ‚arischen Brudervölkern' ermöglichte, ohne die der von Hitler bereits früh ins Auge gefasste Kampf um die Weltherrschaft völlig aussichtslos gewesen wäre.
Dabei ist ein solcher auf die Eroberung von ‚Lebensraum im Osten' gerichteter Weltherrschaftsplan nicht einfach als Ausfluss Hitlerscher Willkür und eines ihm nachgesagten Größenwahns misszuverstehen. War er doch die unumgängliche Konsequenz, sollte die Spaltung Deutschlands als Ergebnis zweiseitiger Fremdbeherrschung seitens der neuen Weltmächte verhindert werden. Dass diese Gefahr bestand und von Hitler – anders als die Möglichkeit ihrer Überwindung – realistisch eingeschätzt wurde, hat die mehr als vierzigjährige Teilung Deutschlands als Folge des bipolaren Weltkonflikts inzwischen bewiesen. Ihre Verhinderung schien demnach nur dadurch erreichbar, dass Deutschland sich an die Stelle zumindest einer der beiden um Europa kämpfenden Weltmächte setzte, was nach geographischer und machtpolitischer Lage nur die Sowjetunion sein konnte.

Der rassistische Antisemitismus Hitlers, das muss bei all seiner moralischen wie menschenrechtlichen Verwerflichkeit zugestanden werden, konnte in seiner die deutsche Doppelfront kaschierenden und einen energetisch gesteigerten Nationalismus hervorbringenden Wirksamkeit als allein geeignetes Propaganda-Konstrukt erscheinen, mit dem das politisch gespaltene deutsche Volk zur Verteidigung seiner Einheit noch einmal zusammengeführt werden konnte. Dass die Hitlersche Weltanschauung dabei die Realisierungsmöglichkeit dieses Konzepts falsch einschätzte, war die eigentliche Ursache für das Scheitern der daraus abgeleiteten Politik. Dennoch erscheint sie angesichts der Zwanghaftigkeit gesellschaftlicher Reaktionen auf existenzbedrohende Energieverluste zugleich als unvermeidbar. Bot sie doch den Deutschen mit der Ausgrenzung ‚des Judentums', die bis ins vierte Kriegsjahr 1942 hinein als – allerdings vom Ausland vielfach abgewiesene – Auswanderung vorgestellt und praktiziert werden konnte, eine scheinbar einfache, also energiesparende Möglichkeit, die schweren Energieverluste der auf den Ersten Weltkrieg folgenden Zeit zu beenden, sie sogar in einem von Fremdherrschaft befreiten ‚Großgermanischen Reich' in Gewinne umzukehren.
Natürlich ist sofort einzuräumen, dass ein noch so verführerisches ideologisches Konstrukt allein nicht ausreicht, politisch disparate Massen zu einen. Dazu bedarf es vor allem seiner wirksamen Propagierung. Die Geschichtsschreibung ist sich darüber einig, dass Hitler selbst der wirkungsvollste

## 11. Entstehung, Funktionieren und Scheitern des ‚Dritten Reichs'

Verkünder seiner politischen Weltanschauung war, die er in unzähligen Reden und Gesprächen oft bis in die späte Nacht hinein nicht müde wurde, emphatisch, man könnte auch sagen: expressionistisch, zu vertreten. Diese ans Krankhafte grenzende Besessenheit, anderen seine politischen Konzeptionen einzureden, ist mit Schockerlebnissen des jungen Hitler erklärt worden. Danach waren es der qualvolle Tod seiner krebskranken, von einem jüdischen Arzt behandelten Mutter, außerdem die vorübergehende Erblindung des jungen Hitler selbst, die er infolge einer Gelbkreuz-Gasvergiftung als Meldegänger im Ersten Weltkrieg erlitt, zusammen mit der kurz darauf erfolgenden Novemberrevolution sowie der scheinbar durch diese bedingten Kapitulation Deutschlands, die bei dem im Lazarett einer Hypnose-Behandlung unterzogenen Kriegsversehrten zu einer Doppel-Identifikation mit seiner Mutter und dem deutschen Volk geführt hätten. Daraus sei der traumatisch bedingte Drang Hitlers entstanden, beide zusammen mit der eigenen Schmach am Judentum als dem vermeintlichen Verursacher jener unechten, heimtückisch manipulierten Niederlagen zu rächen.[131]
Wie dem im Einzelnen auch sei, die suggestive, tief erregte, oft hypnotische Art seiner Ansprachen, mit der Hitler immer wieder tatkräftige und vorher durchaus selbständige Männer, einflussreiche Frauen und ganze politische Gruppierungen wie Julius Streicher mit seinen Nürnberger Anhängern, Webers ‚Bund Oberland' oder Heiss' ‚Reichsflagge' für seine Sache zu begeistern und in seine Gefolgschaft einzureihen verstand[132], ist ohne die Annahme eines aus tief reichenden Schockerlebnissen gespeisten Sendungsbewusstseins nicht zu erklären. Besonders die Identifizierung mit dem – wie er es sah – auf hinterhältige Weise von den ‚jüdischen Novemberverbrechern' in die Knie gezwungenen deutschen Volk, das damit ebenso in eine unechte Niederlage hineingestoßen worden war wie er selbst durch die vorübergehende Gelbkreuz-Vergiftung, führte ihn offenbar zu der inneren Berufung, diese Scheinniederlagen als „Diener des deutschen Volkes im Kampf um die Zukunft unseres deutschen Volkes gegen die Todfeinde unseres Volkes, gegen die jüdische Blut- und Rassenvergiftung" zu rächen.[133]
Oberhalb der traumatischen Ebene, also für den ‚vernünftigen Hitler' waren die jüdischen „Todfeinde" zweifellos eher propagandistisch geeignete Sündenböcke in einer komplexen Gefahrenkonstellation, die der junge Weltkriegsteilnehmer bereits 1915 rational zu umschreiben verstand, wenn er in einem Brief aus dem Feld die Hoffnung äußerte, „dass durch den Strom von Blut der hier Tag für Tag fließt gegen eine internationale Welt von Feinden nicht nur Deutschlands Feinde im Äußeren zerschmettert werden, sondern dass auch unser innerer Internationalismuß [sic !] zerbricht".[134]

## II. Verifizierung

Auch die durchaus nicht konsequente Judenpolitik des Dritten Reichs[135] sowie die Tatsache, dass im Gegensatz zu den wilden auch öffentlich geäußerten Rache- und Vergiftungsdrohungen, die Hitler in den frühen 1920er Jahren gegen die Juden richtete, bislang kein entsprechender Tötungsbefehl des Diktators aus der Zeit seiner Herrschaft aufgefunden werden konnte, lassen die These zu, dass Hitler selbst zwischen unbewussten, nach Schuldzuweisung suchenden Krisenängsten und rationaler Ursachenanalyse schwankte und beides je nach eigener psychischer Befindlichkeit oder entsprechend der jeweiligen Zweckmäßigkeit ins Spiel brachte. In diesem Sinne Vermittler zwischen verschiedenen Reaktionsweisen auf eine Krise, die er als eigene durchlebte und deren Erfahrung er in „geradezu mystischer Kommunikation mit seinen Zuhörern an das politische Bewusstsein vieler Deutscher weitergab" (E.Nolte)[136], kann Hitler durchaus als psychosoziales Zentrum des deutschen Selbstbehauptungswillens gegenüber drohender Fremdbeherrschung begriffen werden. Dies wird auch durch seine vielfach bezeugte Fähigkeit belegt, durch rhetorisches Abtasten seiner Zuhörer deren Empfindungen und geheime Gedanken über ihre Reaktionen auf seine Worte aufzunehmen, zu bündeln und – natürlich in seiner Interpretation – zu artikulieren.[137]

Damit berühren wir die Frage, wie es einem einzelnen, zunächst mittellosen, isolierten Unbekannten gelingen konnte, durch bloßes Reden politische Macht zu gewinnen und schließlich den größten Krieg der bisherigen Menschheitsgeschichte auszulösen. – Wir greifen zur Beantwortung dieser Frage zunächst auf die Erkenntnisse zurück, die Sigmund Freud Anfang der 1920er Jahre über die Psychologie der Massen entwickelt hat. Im Anschluss an entsprechende Untersuchungen des Franzosen Le Bon und des Briten Mc Dougall ging Freud dabei der Frage nach, wie der von beiden übereinstimmend festgestellte Schwund individueller Bewusstheit bei den Mitgliedern einer Menschenmasse, deren Suggestibilität durch den Führer sowie die gegenseitige Ansteckung mit gemeinsamen Emotionen und Handlungen zu erklären seien. Er gelangte dabei zu dem Ergebnis, dass die in einer Masse vereinigten Individuen einen Führer mit ihrem ‚Ichideal' besetzt „und sich infolgedessen in ihrem Ich miteinander identifiziert haben".[138] Dadurch sei auf dem Wege der Regression das atavistische Gebilde der ‚Urhorde' wiedererstanden, die von dem ambivalenten Verhältnis zwischen dem übermächtigen ‚Urvater' und den von ihm gleichzeitig beherrschten und beschützten ‚Hordenkindern' geprägt sei. Mit den Mitteln der Hypnose und der Suggestion könne dieses archaische Verhältnis jederzeit wieder aktualisiert und so die aktuelle in eine ‚primäre Masse' zurückverwandelt werden. Dabei sei zur Wiederbelebung der Urhorde und ihres

## 11. Entstehung, Funktionieren und Scheitern des ‚Dritten Reichs'

ambivalenten Innenverhältnisses zweierlei wichtig, nämlich zum einen die Gewissheit jedes der ‚Massenindividuen', vom Führer ebenso geliebt zu werden wie alle anderen, und zum zweiten die Furcht vor dem Führer als der „übermächtigen und gefährlichen Persönlichkeit, gegen die man sich nur passiv-masochistisch einstellen konnte, an die man seinen Willen verlieren mußte und mit der allein zu sein, ‚ihr unter die Augen zu treten' ein bedenkliches Wagnis schien."[139]

Bis in Einzelheiten hinein lässt sich diese Analyse, die bemerkenswerter Weise vor Hitlers Aufstieg und ohne Kenntnis seiner Person entstand, an dessen Verhältnis zu seiner Gefolgschaft verifizieren: Vielfach bezeugt sind nicht nur die Suggestivität seiner Auftritte und Reden, seine bewusst angewandte (wohl als Patient im Lazarett erlernte) Hypnose gegenüber Gesprächspartnern, deren Furcht, ihm unter die Augen zu treten' und ihm zu widersprechen[140], sondern auch seine libidinöse Zuwendung zur Masse der Zuhörer in Form „seiner triebhaften rhetorischen Selbstentladungen" (J.C. Fest)[141], seiner Ehelosigkeit, die ihn als Traumpartner aller ihm anhängenden Mädchen und Frauen, aber auch als Vater des ganzen Volkes freistellte, eine sozialpsychologische Position, die er auch mit demonstrativer Kinder- und Tierliebe signalisierte. Die Proklamationen sozialer Gleichheit und Gemeinschaft der ‚Arbeiter der Stirn und der Faust' hatten ebenfalls die Funktion, den ‚Bruderneid' innerhalb der ihm zuhörenden Menschen verschiedener Berufsgruppen und ‚Klassen' umzuwandeln in „eine positiv betonte Bindung von der Natur einer Identifizierung" (Freud)[142]. Hitler war sich solcher Zusammenhänge offenbar recht deutlich bewusst, wenn er in einer Rede am 4. September 1932 sagte: „Ich habe der Masse meinen Willen jahrelang eingeimpft, nun hat sie ihren eigenen Willen. Dieser Wille, dieses ganze Denken ist ihr zu eigen. Selbst wenn ich heute anders wollte, ich könnte nicht, weil die Masse nicht mehr wollte. Wir sind auf Gedeih und Verderb miteinander verbunden."[143]

Hitlers Bedeutung für die Zusammenführung des in konträre Subsysteme aufgesplitterten deutschen Volks zu neuer politischer und sozialer Einigkeit lag demzufolge in seiner Fähigkeit, die Rolle des ‚Hordenvaters' besonders glaubhaft zu spielen, durch die er den ‚Bruderneid' der Intereressengruppen und Individuen des Weimarer ‚Systems' in das Zusammengehörigkeitsgefühl einer neuen ‚Volksgemeinschaft' umzuwandeln vermochte. Die Entstehung seiner schließlichen Machtfülle entpuppt sich damit wiederum als Ergebnis eines Energieaustauschprozesses, der zunächst vorwiegend auf der Ebene informativer und emotionaler Signalgebung vor sich ging: Hitler als sein Zentrum verstand es, Ängste und Aggressionen seiner Zuhörer aus

## II. Verifizierung

deren Reaktionen auf seine anfangs tastenden Reden aufzunehmen, um sie anschließend in emotional gesteigerten Tiraden propagandistisch umzuwandeln in Hassgefühle auf ‚das Judentum' und dessen angebliche Erscheinungsformen, andererseits mit ruhigen Worten in gläubiges Vertrauen sich selbst gegenüber, was beides als Ferment neuen Gemeinschaftsgefühls eine wenigstens psychosoziale Einheit der ‚Volksgenossen' hervorbrachte. Hitler als deren Stifter vermittelte mit dem Gefühl der Einheit – artikuliert etwa in der Parole ‚Ein Reich, ein Volk, ein Führer' – zugleich das der Stärke: ‚Einigkeit macht stark'. Da diese neu entstandene, zunächst mehr empfundene, in Aufmärschen, Großveranstaltungen und Wahlkampf-Gewaltaktionen der Hitler-Bewegung zunehmend aber auch sicht- und fühlbare Macht mit dem ‚Führer' als ihrem Mittelpunkt stand und fiel, ist es keine blutleere Konstruktion, wenn wir sagen: Hitlers Macht beruhte auf seiner Funktion als psychosoziales Kommunikationszentrum zunehmender Teile des deutschen Volks, die durch den von ihm vermittelten Austausch emotionaler Signale zu einer von ihm steuerbaren Masse geworden waren, deren psychische und physische Energiereserven sein Machtpotenzial darstellten.
Die nach Freud in einem solchen Vermassungsvorgang kennzeichnende gesellschaftliche Regression tritt in den atavistischen Zügen der NS-Bewegung, so dem Rückgriff auf mittelalterliche Erscheinungen wie den Runenzeichen des Hakenkreuzes und des SS-Emblems, auf germanische Ethik und Mythologie und Begriffe wie ‚Gefolgschaft' und ‚Ordensburgen', vor allem auch in der Gewalttätigkeit der SA-Verbände und dem Führerkult deutlich zutage.[144] Sowohl Freud als auch die meisten Historiker lassen aber die Frage offen, wodurch eine solche gesellschaftliche Regression ausgelöst werden und vor allem, welche Funktion dieser merkwürdige Rückfall einer neuzeitlichen Industriegesellschaft in Verhaltens- und Sozialisationsweisen früherer geschichtlicher Epochen haben kann.

Joachim C. Fest gibt in seiner Hitler-Biographie immerhin eine Antwort auf die erste Teilfrage, wenn er die „Unwiderstehlichkeit" der Hitler-Reden damit erklärt, „dass sie in den von der anhaltenden Not entnervten, auf wenige elementare Bedürfnisse reduzierten, eben ‚triebhaft' reagierenden Massen ein gleichgestimmtes Publikum fanden."[145] Danach war also die aktuelle Not im Gefolge der damaligen Finanz-, Wirtschafts- und Sozialkrise eine entscheidende Voraussetzung für jenes urtümlich triebhafte Massenverhalten. Ein solcher Zusammenhang wird nicht nur durch das zeitliche Zusammenfallen der genannten Krisenerscheinungen mit den entscheidenden NS-Wahlerfolgen nahegelegt, sondern auch durch die Überlegung, dass der Überlebenskampf der Urhorde zweifellos sehr viel härter

## 11. Entstehung, Funktionieren und Scheitern des ‚Dritten Reichs'

und gewalttätiger war als der hochzivilisierter Großgesellschaften, es sei denn, diese geraten in eine schwere Existenzkrise. Ist dies der Fall wie im Deutschland zur Zeit der damaligen Weltwirtschaftskrise, dann lässt der wieder urzeitlich hart gewordene Existenzkampf offenbar auch urzeitliche Verhaltens- und Gesellungsformen aus dem kollektiven Unbewussten der gefährdeten Menschen virulent werden. Der Vernichtungsfeldzug gegen den verwandten Beutekonkurrenten, dessen steinzeitliche Spuren wir in II.1 analysiert haben, kann dann ebenso zum Handlungsmuster neuzeitlicher Gesellschaften werden wie die Unterwerfung unter den Willen eines suggestiv ‚Heil' verkündenden Anführers.

Nun verschafft eine solche Parallelisierung gewiss noch kein volles Verständnis gesellschaftlicher Regression, zumal diese sich in einer gegenüber steinzeitlichen oder auch mittelalterlichen Verhältnissen vollkommen gewandelten Welt vollzog. Worauf, so ist also weiter zu fragen, beruhen letztlich Mechanismus und Wirkung der auf Hitler zentrierten Vermassung vieler Deutscher? – Bei tiefgreifender Hilflosigkeit, Not und Desorientierung, wir sagen zusammenfassend: bei zusammenbrechendem Energieaustausch zwischen vorher dicht vergesellschafteten Individuen und Gruppen aller Art besteht ein elementares Bedürfnis nach Überwindung der Mangellage auf möglichst energiesparende Weise, und das heißt, wie mehrfach am Beispiel ganzer Gesellschaften gezeigt, durch die Nachahmung dessen, der die gleiche Lage erfolgreich überstanden hat.

Als ein solches Vorbild wusste nun Hitler aufzutreten, wenn er sich in seinen Reden immer wieder als Aufsteiger aus kleinsten Verhältnissen, als „einfachen Arbeiter", verwundeten Frontsoldaten, Arbeitslosen, dann aber entschlossenen, verbissenen, ja fanatischen Kämpfer für das Wohl des deutschen Volkes beschrieb. Wenn er gleichzeitig seinen dadurch erreichten sozialen Aufstieg durch Benutzung teurer Mercedes-Limousinen und schließlich sogar eines Flugzeugs, vor allem aber als Führer einer wachsenden Volksbewegung präsentierte und sich den notleidenden Menschen, wie eine Hamburger Lehrerin 1932 formulierte, „als den Helfer, Erretter, als den Erlöser aus übergroßer Not" darzustellen wusste[146], dann musste sein Vorbild suggestiv wirken, die Übertragung des ‚Ichideals' vieler notleidender Individuen auf den ‚Hordenvater' Hitler gelingen.

Damit gewann, wie in den Worten der Hamburger Lehrerin unmissverständlich zum Ausdruck kommt, das Hitler-Bild seiner Anhänger religiöse Qualität. Dies zeigte sich nicht nur in Einzeläußerungen begeisterter Nationalsozialisten, sondern auch im Hitler-Gruß, in Riten, Festen und Verlautbarungen der ‚Bewegung' und ihrer führenden Vertreter. So war das „Heil Hitler" als die im öffentlichen Verkehr des Dritten Reichs schließlich vor-

## II. Verifizierung

geschriebene Form der Begrüßung bereits mit religiöser Heilserwartung an denjenigen erfüllt, dem man damit das umfassend Gute des ‚Heils' wünschte und von dem man sich zugleich die Heilung des notleidenden, an innerer Zerrissenheit leidenden deutschen Volks erhoffte.[147] Dieser Heilserwartung entsprach der sogenannte Hitler-Kult, der sich vor allem in spektakulär inszenierten Massenveranstaltungen auf den Nürnberger Reichsparteitagen entfaltete, zu denen lokale NS-Gruppierungen aus dem ganzen Reich wallfahrtsähnlich zusammenströmten, um dort ihre Fahnen und Standarten von Hitler durch Berührung mit der ‚Blutfahne' weihen zu lassen, die an die ‚Märtyrer' des Hitler-Putsches von 1923 erinnerte. Die so geheiligten ‚Banner' der lokalen NS-Organisationen besaßen den Rang und die Kraft von Reliquien und verpflichteten die jeweilige ‚Gefolgschaft' zu Treue und Opfermut im Dienst für den Führer und die Bewegung.[148] Dazu wurde auch die Hitlerjugend frühzeitig erzogen, der seit 1936 zum ‚Führergeburtstag' am 20. April alle Zehnjährigen in einer reichsweiten Feier beizutreten hatten, deren zentrale Festveranstaltung auf der seinerzeit vom Deutschen Orden errichteten westpreußischen Marienburg landesweit im Rundfunk übertragen wurde. Zusammen mit elf weiteren feierlichen Großveranstaltungen imitierte das ‚Feierjahr' des Dritten Reichs im Übrigen das christliche Kirchenjahr und stellte sich auch dadurch als religiöser Konkurrent des Christentums dar.[149]

Auch der Begriff des ‚Dritten Reiches', vielfach nur als Nachfolgebezeichnung des Hitler- auf das Heilige Römische Kaiser- und das Bismarckreich missverstanden, war von seinem Schöpfer, dem Dichter und Mitbegründer der NSDAP Dietrich Eckart, der ihn im Anschluss an die Johannes-Apokalypse entwickelt hatte, vor allem religiös gemeint. Eckart sah im Dritten Reich einen Zustand der Erlösung des deutschen Volks von allen politischen Konflikten als Ergebnis des Entscheidungskampfes zwischen Gott und Satan, der im menschlich-politischen Raum als Kampf des mit Gott eng verbundenen deutschen Volkes gegen die dem Satan zugeordneten Juden in Erscheinung tritt und nur durch deren Vernichtung als Endlösung aller politischen Konflikte beendet werden kann.[150] Auch Hitler, in dieser Hinsicht stark von Eckart beeinflusst, sah sich, wie eine Mehrzahl seiner dokumentierten Äußerungen belegt, in einer engen Beziehung zu Gott, dem er seine politischen Erfolge letztlich zu verdanken habe. Es ist allerdings nicht der gütige christliche Gott, den Hitler vor Augen hat, sondern die unpersönliche Macht der ‚Vorsehung', als deren Beauftragten er sich begriff. So in einer Rede am 7. September 1932, wo es heißt: „Ich habe auch die Überzeugung und das sichere Gefühl, dass mir nichts zustoßen kann, weil ich weiß, dass ich von der Vorsehung zur Erfüllung meiner Aufgaben be-

## 11. Entstehung, Funktionieren und Scheitern des ‚Dritten Reichs'

stimmt bin."[151] Dementsprechend verstand er auch seine psychologisch-politische Wirkung auf die Menschen als eine religiöse. In einer Rede vom 25. März 1938 erklärte er seinen politischen Erfolg mit den Worten:

> „Es ist das Ergebnis des Wunders des Glaubens: Denn nur der Glaube hat diese Berge versetzen können. Ich bin einst im Glauben an dieses Volk ausgezogen und habe diesen unermeßlichen Kampf begonnen, im Glauben an mich sind erst Tausende, dann Hunderttausende und endlich Millionen mir nachgefolgt."[152]

Das zweite Zitat zeigt allerdings auch, dass Hitlers Religiosität nicht wirklich transzendental, sondern im Kern innerweltlich war. Denn bei aller Anlehnung an Bibelworte verrät es, dass sein unerschütterlicher Glaube nicht einem Gott, sondern dem deutschen Volk galt, das ihm in wachsender Zahl mit dem Glauben an ihn, den Führer geantwortet hat. Es handelte sich also um einen beide Seiten mit neuer Energie in Form politischer Macht versorgenden Austausch wechselseitiger Erwartungen auf Hilfe beim gemeinsamen Weg aus dem Elend. Wir bezeichnen diese Art politischer oder säkularer Religiosität gleichwohl nicht als Pseudoreligion, zumal wir – besonders in II.3 – unsere Auffassung von Religion jeder Art als psychosoziale Energietechnik entwickelt haben, die in extremen Notlagen, also sonst nicht behebbarem Energiemangel verschiedenster Form sozialen Gruppen die Möglichkeit verschafft, sich mit Hoffnung und ritueller Zuwendung zu einem Hilfespender wenigstens psychisch zu stabilisieren oder, wie die NS-Bewegung zeigt, zu politischer Macht und dann sogar raschem wirtschaftlichen und militärischen Wiedererstarken zu gelangen.

Die Streitfrage, ob der die NS-Bewegung und damit das Dritte Reich hervorbringende säkular-religiöse Austauschprozess zwischen Führer und massenhafter Gefolgschaft ohne die Person Hitler überhaupt zustande gekommen wäre, erweist sich unter massenpsychologischer Perspektive als Aporie: Wegweisender Führer, und ihn durch Beifall und Gefolgschaft bestärkende Masse bedingen sich gegenseitig, machen, wie Freud gezeigt hat, erst gemeinsam die Masse aus.[153] Wir können dem gemäß sagen, dass jede hilfsbedürftige, orientierungslose Masse sich einen wegweisenden Führer schafft, der erst durch ihre Hilfsbedürftigkeit zum Führer wird, wodurch sich beide gewissermaßen gegenseitig am Schopf aus dem Sumpf ihrer Nöte ziehen: Der Führer erhält die ihm zunächst fehlende massenhafte Unterstützung durch Zustimmung, Wählerstimmen, aber auch physischen Energieeinsatz seiner Anhänger bei Wahlkämpfen, Arbeitseinsatz und schließlich im Krieg, während die zunächst notleidende Menschenmenge durch wegweisende Führung und Lenkung seitens des Führers mit Zuversicht, Arbeit, Einkommen, Versorgung und zunächst auch politischen Erfolgen

II. Verifizierung

dafür entlohnt wird. Dabei ist das zum Führer erkorene Individuum selbstverständlich nicht beliebig austauschbar. Es muss die aktuellen Leiden und Nöte der Menge zumindest in seinem Werdegang repräsentativ verkörpern sowie einen Ausweg aus der Krise überzeugungsstark vorleben und suggerieren können. Unter denen, die für eine solche Aufgabe in Frage kamen, konnte im liberalen politischen Wettbewerb der Weimarer Republik dasjenige Individuum weitgehend ungehindert ausgelesen werden, das für ihre Lösung am geeignetsten schien – in diesem Fall offensichtlich Hitler. Dessen Besetzung mit den ‚Ichidealen' der massenhaften Gefolgschaftsmitglieder, die ihm damit ihr Selbstbewusstsein, ihren Willen und ihr Gewissen in politischen Dingen überlassen hatten, verschaffte Hitler ihre prinzipiell unbeschränkte Führung. So basierte seine Macht auf der Bereitschaft der vielen, die letzten Energiereserven, die sie besaßen, seinem Willen gemäß einzusetzen. Da diese Energiereserven bei den ‚kleinen Leuten', die ganz überwiegend Hitlers Gefolgschaft in der ‚Kampfzeit' bildeten, zumeist in nichts anderem als ihren körperlichen und geistig-psychischen Fähigkeiten bestanden, die ‚Bewegung', wie wir sahen, die Struktur einer Urhorde aufwies und ‚das Judentum' als gemeinsamer Todfeind vorgegeben wurde, erhielt die von Hitler gelenkte Masse zwangsläufig die Struktur eines Kampfverbandes, der vorwiegend mit persönlichem Einsatz seiner Mitglieder zum Ziel zu gelangen suchte. Symptomatisch für diesen Sachverhalt ist etwa Hitlers Neujahrsaufruf an die NSDAP vom 1.1.1932, in dem es heißt:

> „Das zwölfte Jahr des Kampfes unserer Bewegung ist zu Ende. Dank der übergroßen Treue aller Mitkämpfer, dank ihrem Arbeits- und Opfersinn ist es gelungen, auch in diesem Jahr den Siegesmarsch der Nationalsozialistischen Deutschen Arbeiterpartei weiter fortzusetzen."[154]

Dass eine solche auf die persönliche Arbeits- und Einsatzbereitschaft ihrer Mitglieder gegründete und von ihrem Führer zielbewusst in kämpferische Auseinandersetzung gelenkte Masse zur beherrschenden politischen Kraft der krisengeschüttelten Republik wurde, lässt sich aus dem Prinzip ökonomischer Überlebensstrategie, das wir bei der Herausbildung neuer Gesellschaftsformen immer wieder am Werk sahen, leicht ableiten. Denn zur Mobilisierung disponibler Energie stand innerhalb des mit dem Bankrott ringenden Weimarer Staats, einer kapitalarmen Wirtschaft und grassierender Arbeitslosigkeit als Manövriermasse fast ausschließlich ungenutzte Arbeitskraft einer unterbeschäftigten Bevölkerung zur Verfügung. So war es im Sinne der Systemerhaltung die energetisch effektivste Lösung, den gestörten innergesellschaftlichen Energieaustausch dadurch zu vermehren,

## 11. Entstehung, Funktionieren und Scheitern des ‚Dritten Reichs'

dass man unterbeschäftigte Massen wenigsten zu propagandistischer Parteiarbeit in Bewegung setzte, wenn auch zunächst nur im symbolisch gemeinten Sinn des waffenlosen Aufmarsches gegen den angeblichen Feind des deutschen Volkes. Mit Vertiefung der Krise wurde aus solchen Propagandamärschen, in denen der Partei immerhin schon formale militärische Disziplin vermittelt wurde, bei den sich häufenden Wahlkämpfen zunehmend physischer Kampf vor allem bei Auseinandersetzungen mit anderen halb militärischen Einheiten vor allem der KPD und der SPD, also dem Rotfrontkämpferbund oder dem Reichsbanner Schwarz-Rot-Gold. Indem Hitler schließlich die Auflösung dieser gegnerischen ‚Klassenkampforganisationen' erreichte und damit zweifellos innergesellschaftliche Schranken niederlegte, bewirkte er eine Vermehrung des innergesellschaftlichen Energieaustauschs und entsprechenden Energiegewinn, was, global betrachtet, die im Vergleich zu anderen von der Wirtschaftskrise betroffenen Ländern wesentlich raschere Erholung im Hitler-Reich ermöglichte.

Da die Hitler verfügbaren Energiereserven, wie gesagt, im wesentlichen personengebunden waren, ließen sie sich nicht beliebig lange speichern und für die ‚Bewegung' verfügbar halten, was eine rastlose Fortsetzung des Marsches erforderlich machte, wenn sie als aktuelle politische Macht wirksam bleiben sollten. Dem entsprachen Aufrufe des Führers an seine Anhänger wie der folgende aus der ersten ‚Adolf-Hitler-Schallplatte' vom Juli 1932: „Wir Nationalsozialisten marschieren in jede Wahl hinein mit dem einzigen Bekenntnis, am nächsten Tag die Arbeit wieder erneut aufzunehmen für die Reorganisation unseres Volkskörpers."[155] Da die in kämpferische Bewegung versetzte Masse der Anhängerschaft auf Trapp gehalten werden musste, um ihr Energiepotenzial jederzeit zur Verfügung zu haben, blieb auch die Politik des Dritten Reichs, das im Vergleich zu seinen Gegnern stets zu geringe Energiereserven besaß, an das innere Bewegungsgesetz rastlosen Vorwärtsmarschierens gebunden. Die geringe Speicherfähigkeit psychischer und physischer Energie im menschlichen Körper sowie der Mangel an anderen Energiereserven des durch Krieg und Wirtschaftskrise ausgepowerten deutschen Systems bieten also die eigentliche Erklärung für die Rastlosigkeit und Aggressivität der Politik Hitlers. Wenn er letztere während der Weimarer ‚Kampfzeit' durch Symbolisierung noch halbwegs zügelte, dann, seinen glaubhaften Aussagen im vertrauten Kreis zufolge, „um die Kanzlerschaft zu erhalten, ohne damit den Widerspruch der Reichswehr herauszufordern, die er über kurz oder lang dringendst würde brauchen müssen." Denn – so Hitler im Mai 1942 über seine nach wie vor maßgebliche Auffassung – „der kürzeste Weg" zur „Lösung der uns berührenden Probleme" sei der „mit dem Schwert".[156]

II. Verifizierung

Zur ideologischen Doppelstrategie der NS-Parteiflügel, zum rassistischen Antisemitismus als wirksamem Bindemittel dieser antagonistischen Stoßrichtungen und zu Hitlers massenpsychologisch-religiöser Wirksamkeit trat als weiteres Moment der nationalsozialistischen Integrationskraft die Synthese gegensätzlicher politischer Kulturen.
Einen solchen Gegensatz lassen bereits Anspruch und Form der Parteiprogrammatik erkennen: Entsprach das NSDAP-Programm von 1920 mit seinen nationalistischen und mittelstandsfreundlichen Thesen im Prinzip dem anderer auf bestimmte gesellschaftliche Interessen gerichteter demokratischer Parteien, so erhob Hitlers ‚Mein-Kampf'-Programmatik, hierin dem Marxismus verwandt, den Anspruch einer wissenschaftlich fundierten Weltanschauung von globaler Bedeutung. In einem durch dieselbe Diskrepanz bedingten Spannungsbogen standen auf der einen Seite der bis zu religiöser Inbrunst gesteigerte Hitler-Kult, in dem der ‚Führer', wie erläutert, für viele Deutsche die Qualität eines geradezu göttlichen Erlösers gewann, auf der anderen Seite der seit 1925 praktizierte Legalitätskurs, innerhalb dessen sich Hitler um Ämter begrenzter Kompetenz innerhalb einer liberalen Staatsordnung bewarb, so wie demokratische Politiker dies vor und zugleich mit ihm auch getan hatten und taten.
Dem entsprach die Beteiligung der NSDAP an demokratischen Wahlen und an der Bildung ‚bürgerlicher' Koalitionsregierungen in den Ländern (Thüringen, Braunschweig, Mecklenburg-Strelitz, Sachsen-Anhalt, Oldenburg und Mecklenburg-Schwerin) wie schließlich auch im Reich (mit der DNVP). Die demokratische Kultur der Reichstagswahlen wurde schließlich sogar fortgeführt, als sie nach Auflösung aller anderen Parteien ihren Sinn verloren hatte und im Reichstag – wie schon vor den Wahlen feststand – ausschließlich nationalsozialistische Abgeordnete saßen. Diesen z.T. also bis ins ‚Dritte Reich' tradierten demokratischen Kulturelementen der NS-Bewegung standen seit der ‚Kampfzeit' gewaltsame, alle demokratischen Regeln außer Acht lassende Auseinandersetzungen vor allem mit der KPD und deren Organisationen gegenüber. Von diesen hatte besonders die SA klassenkämpferische Tiraden gegen ‚Bonzen' und ‚Kapitalisten', die Partei als ganze das kommunistische Fahnenrot für die Hakenkreuzflagge sowie kommunistischen Agitprop in paramilitärischen Massenaufmärschen und bemannten Lastwagenkolonnen übernommen.[157] Dies gilt sogar für Organisation und Führungsstrukturen der NSDAP. Ausgehend von Berlin, wo der Neuköllner Propagandaleiter Reinhold Muchow mit dem Aufbau eines NS-Zellen-, Straßen- und Sektionssystems begonnen hatte, wurde dieses nach kommunistischem Vorbild entwickelte Organisationsmuster in den Jahren 1928 bis 1933 auf das gesamte Reichsgebiet ausgedehnt. Auch die Natio-

## 11. Entstehung, Funktionieren und Scheitern des ‚Dritten Reichs'

nalsozialistische Betriebszellen-Organisation (NSBO), ebenfalls von Muchow in Berlin aus der Taufe gehoben und seit 1931, wie wir sahen, unter Gregor Strassers Schirmherrschaft von dort ebenfalls reichsweit verbreitet, folgte kommunistischem Vorbild[158], nachdem die NSDAP zuvor – wie andere Parteien des liberal-demokratischen Lagers – überhaupt keine Gewerkschaftsorganisation und relativ selbständige, nicht weiter untergliederte Ortsgruppen besessen hatte.

Eine entsprechende Wandlung von liberal-demokratischen zu kommunistischen Gepflogenheiten durchliefen auch die Auswahl der Parteiführer, die innerparteiliche Meinungsbildung und die Herrschaftsstruktur der ‚Bewegung'. Wurden zunächst alle Funktionsträger – wie auch Hitler selbst – durch demokratische Mehrheitsentscheidung gewählt, so drängte bezeichnender Weise der ‚linke' Gregor Strasser als Reichsorganisationsleiter auf eine zunehmende Hierarchisierung der Partei, was wiederum als eine strukturelle Angleichung an die KPD, in diesem Fall an deren von der russischen Schwesterpartei übernommenen ‚demokratischen Zentralismus' einzuordnen ist. Strassers ‚Richtlinien für die Untergliederungen der NSDAP' vom 15. September 1928 hielten nur für die Ortgruppen-Ebene an der Wahl des jeweiligen ‚Führers' fest, die jedoch, abweichend vom liberal-demokratischen Ritus, weder geheim noch durch numerisch exakten Mehrheitsentscheid, sondern „durch Zuruf" erfolgen sollte.[159] Alle übrigen Parteifunktionen wurden seitdem durch Ernennung von oben besetzt und kontrolliert, was – wiederum eine Parallele zur KPD – auch mit der zunehmenden Einstellung von hauptamtlichen Parteifunktionären zusammenhing. Der Wandel der NSDAP von einem durchaus demokratisch strukturierten Verband zu einer mehr und mehr auf die oberste Parteileitung ausgerichteten Gefolgschaft war auch im Selbstverständnis der Führung so deutlich, dass die einzig wesentliche Änderung in den seit 1930 erscheinenden Auflagen von „Mein Kampf" den Fortfall des zuvor dort proklamierten Führerwahlprinzips betraf.[160] Auch die durch Strassers Organisationsreform bewirkte direkte Unterstellung der Gauleiter unter die Reichsleitung, die nach Strassers Resignation von Hitler wieder rückgängig gemacht wurde, bedeutete eine zeitweilige Annäherung an die Apparate-Herrschaft der KPD.

Umgekehrt entsprach der von Hitler favorisierte, die Eigeninitiative und den Wettbewerb der verschiedenen Gauleiter wie sonstiger Parteiinstanzen und -organisationen herausfordernde Führungsstil durchaus liberalen Prinzipien. Wie weit diesen Raum gewährt wurde, zeigt sich etwa in der organisatorischen Verselbständigung der SA von der NSDAP, die der damalige oberste SA-Führer Pfeffer v. Salomon 1928 durchsetzte und die so weit ging, dass SA-Mitglieder nicht einmal der NSDAP angehören mussten.[161]

## II. Verifizierung

Auch die langmütige Toleranz, mit der Hitler den oft unbequemen linken Flügel gewähren ließ, oder die Tatsache, dass die demonstrative Solidarisierung von SA-Einheiten und Gauleitern mit dem ausgebooteten Gregor Strasser ohne Maßregelung blieb[162], zeigen liberale Elemente der Hitlerschen Parteiführung, die allerdings mit der erwähnten Mordaktion gegen SA und Gegenspieler wie Gregor Strasser urplötzlich ins krasse Gegenteil umschlagen konnte.

Zwischen der strategischen Doppelanpassung der NSDAP an die politische Kultur der liberalen Parteien wie an die der KPD lag die von der SPD übernommene Angliederung parteieigener Interessenverbände. Nicht nur die Hitlerjugend, die der ‚Sozialistischen Arbeiterjugend' entsprach, oder die Bemühungen um eine eigene Gewerkschaftsorganisation sowie der ebenfalls der SPD entlehnte ‚Bund der Heimatfreunde (Nationalsozialistischer Wanderbund)' wären hier zu nennen, sondern auch der von Walther Darré aufgebaute ‚Agrarpolitische Apparat', der ‚Bund nationalsozialistischer Juristen', die ‚NS-Kampfbünde' ‚für deutsche Kultur' und ‚für den gewerblichen Mittelstand' dienten dem Zweck, der NSDAP den Charakter einer vielgliedrigen Volkspartei zu verschaffen.[163]

In halbem Gegensatz dazu stand wiederum das Bemühen insbesondere Görings, unter Nutzung gesellschaftlicher Verbindungen Honoratioren – nach Möglichkeit aus Unternehmer- oder Adelskreisen – für die Partei zu gewinnen, wobei man sogar bis in die kaiserliche Familie vordrang.[164] Dieser Methode eher großbürgerlich-konservativer Parteien sind auch Hitlers Vorträge vor Unternehmervereinigungen zuzuordnen. Und wenn die SA, schließlich auch die NSDAP zunehmend das Gesicht militärischer Organisationen annahmen und besonders bei Massenveranstaltungen mit Aufmärschen, Uniformzwang, Fahnenweihen, Vereidigungen auf die Person des Führers usf. bewusst militärische und obrigkeitsstaatliche Riten pflegten, dann wurden damit Anleihen beim einflussreichen Frontsoldatenbund des ‚Stahlhelm', bei der Reichswehr, dem vornehmlich in preußischer Staatstradition stehenden Adel, also im Umkreis konservativer, wo nicht reaktionärer, gleichwohl angesehener Organisationen und Personengruppen gemacht.[165]

Auch die propagandistischen Mittel, mit denen die NSDAP agierte, entstammten verschiedenen Welten. Waren die grelle Ekstatik der führenden Parteiredner wie insbesondere die des Propagandaministers Goebbels, das Pathos, das selbst der durchschnittliche Ortgruppenvorsitzende zu reproduzieren hatte, ebenso eindeutig vom Expressionismus geprägt wie Hitlers Erlöser-Gestus und der kulturrevolutionäre Erneuerungsanspruch der Gesamtpartei, entstammten andererseits die technischen Mittel der NS-Wahl-

## 11. Entstehung, Funktionieren und Scheitern des ‚Dritten Reichs'

kampfführung wie Flugblätter, parteieigene Zeitungen, Schallplatten, Autos und 1932 sogar das Flugzeug, mit dem Hitler im Wahlkampf von einem Veranstaltungsort zum anderen geflogen wurde, vor allem in ihrem massiven, am amerikanischen Vorbild geschulten Einsatz dem Technik-Trend der Neuen Sachlichkeit, die wir als Ergebnis kultureller Anpassung des deutschen Systems an die USA kennen gelernt haben. Auch die von Hitler und seiner Bewegung favorisierte und über die Reichskulturkammer schließlich erzwungene Engführung der deutschen Kunst und Literatur auf einen Stil zwischen Realismus und Pathetik entsprach dieser Doppelanpassung an Sachlichkeit und Expressionismus.

Die Art und Weise, in der sich die NSDAP organisierte und wie sie agierte, war ein Konglomerat von Anleihen aus den verschiedenen politischen Lagern und Kulturen der Weimarer Republik. Die Partei folgte mit dieser multilateralen, vor allem die beiden durch US-amerikanische bzw. sowjetrussische Fremdherrschaft gebildeten innerdeutschen Subsysteme berücksichtigenden Anpassung an verschiedene politische Kulturen konsequent ihrem Sammlungsziel, das nur zu erreichen war, wenn die von anderen Parteien abgesprungenen Neumitglieder wenigstens einen Teil der alten politischen Heimat in der Hitler-Bewegung wiederfanden. Die Reintegration des politisch extrem – in zeitweilig 32 Parteien – zersplitterten, als Austauschpartner beider antagonistischen neuen Weltmächte um seinen Zusammenhalt ringenden deutschen Staats war, soweit wir sehen, gar nicht anders zu erreichen als durch eine solche Mehrfachanpassung. Hitler selbst war dieser Zusammenhang offensichtlich bewusst, wenn er im Januar 1934 in einem Interview mit Hanns Johst, allerdings deutlich idealisierend, sagte: „Der Nationalsozialismus nimmt aus jedem der zwei Lager die reine Idee für sich. Aus dem Lager der bürgerlichen Tradition: die nationale Entschlossenheit, und aus dem Materialismus der marxistischen Lehre: den lebendigen, schöpferischen Sozialismus."[166] Um ihre durchschlagende Wirksamkeit zu erreichen, brauchte diese aus antagonistischen Elementen bestehende Partei allerdings bei all ihrer Vielseitigkeit, wie schon bemerkt, eine das Ganze zusammenhaltende markante Führungsfigur, die dem NS-‚Gemischtwarenladen' ein unverwechselbares Gesicht gab und deshalb nicht zufällig auch als Hitler-Bewegung firmierte.

Wenn in der überaus liberalen, jeder Partei ihre Chance lassenden Weimarer Republik die NSDAP als die vielseitigste, anpassungsfähigste und deshalb wirkungsvollste Integrationspartei während der existentiellen Staatskrise die relativ meisten Wähler gewinnen und schließlich die alleinige politische Macht erringen konnte, dann erweist sich für uns an diesem Beispiel aufs Neue, dass Gesellschaften Energie-Umsatzsysteme sind, die, falls

II. Verifizierung

von übermächtigen Konkurrenten zwar nicht ausgelöscht, aber durch bedrohliche Energieverluste ausgepowert, sich zur Abwehr weiteren grenzüberschreitenden Energieentzugs und der Gefahr des Auseinanderfallens in einem aus noch so heterogenen Subsystemen gebildeten neuartigen Umsatzsystem zusammenzuschließen suchen. Dieser nunmehr an einer ganzen Reihe von historischen Beispielen aufgewiesene Regenerationsmechanismus, der aus energetischer Sicht dem Ziel folgt, den zwischen antagonistischen Gruppen einer Gesellschaft gestörten innergesellschaftlichen Energieaustausch und -gewinn wieder in Gang zu setzen, erscheint uns nach dem Gesagten der entscheidende Grund für den Erfolg des Nationalsozialismus, zunächst also für dessen Wahlerfolge, die Berufung Hitlers zum Reichskanzler und die darauf folgende Errichtung des Dritten Reichs. Anders formuliert sind die dem deutschen Gesellschaftssystem im Ersten Weltkrieg und der Weimarer Zeit widerfahrenen, seine Existenz gefährdenden Energieverluste als eigentliche Ursache für den Aufstieg des Nationalsozialismus und also die Entstehung des Dritten Reichs zu verstehen.

*C) Bau- und Funktionsprinzipien des Dritten Reichs*

Die Gefahr der Spaltung der deutschen Gesellschaft in zwei den neuen Weltmächten angeschlossene Subsysteme konnte durch bloß propagandistische, suggestiv-massenpsychologische oder parteitaktische Bemühungen einer Sammlungspartei wie der NSDAP allerdings nicht auf Dauer und grundlegend beseitigt werden. Sie war wegen ihrer außenpolitischen Bedingtheit endgültig – und eine solche Lösung schien das seit dem Ersten Weltkrieg andauernde deutsche Dilemma zu fordern – nur durch Beendigung des zweiseitigen Energieentzugs seitens der beiden neuen Weltmächte zu bannen. Dies hatte Hitler mindestens instinktiv schon früh erkannt und in „Mein Kampf" zu der Doktrin von der Eroberung „neuen Lebensraumes im Osten" konkretisiert.[167] Dieses Konzept entsprach tatsächlich den Bedingungen für den Fortbestand des deutschen Staats. Erstens verhieß es die Zerschlagung des bolschewistischen Systems mit seinen Klassenkampforganisationen auf deutschem Boden, und zweitens schien es mit der Gewinnung von riesigen landwirtschaftlich kultivierten Flächen und reichen Bodenschätzen die wirtschaftliche Unabhängigkeit vom angelsächsisch beherrschten Weltmarkt zu gewährleisten, was die Beendigung weiterer Energieverluste durch Handelsbilanzdefizite und Kapitaldienste vor allem im Verkehr mit den USA versprach. Dieses unbestreitbar situationsangemessene, in sich stimmige, allerdings die Risiken und Kräfteverhältnisse für seine Verwirklichung falsch einschätzende Konzept bildete die Grundlage für Aufbau und Politik des Dritten Reichs, wie im Folgenden zu zeigen sein wird.

a) Neutralisierung des Klassenkampfs in Deutschland

Der Kampf gegen das Gesamtsystem des Sowjetbolschewismus war, wie bereits erwähnt, von Hitler und seiner Partei schon in der Weimarer Zeit begonnen worden, wo KPD und Rotfrontkämpferbund in jedem der zahlreichen Wahlkämpfe als Hauptgegner nicht nur propagandistisch, sondern oft genug auch mit nackter Gewalt bekämpft worden waren. Dieser innenpolitische Feldzug wurde nach der nationalsozialsozialistischen ‚Machtergreifung' bei erster sich bietender Gelegenheit, nämlich nach dem den Kommunisten zur Last gelegten Brandanschlag auf das Reichstagsgebäude erheblich verschärft. Mit der Handhabe der ‚Reichstagsbrandverordnung' vom 28.2.1933, die Hitler beim Reichspräsidenten zur Abwehr des angeblich drohenden kommunistischen Revolutionsversuchs erwirkte, konnte die KPD mit den ihr angeschlossenen Organisationen nunmehr legal und unter Einsatz staatlicher Sicherheitskräfte weitgehend zerschlagen werden. Dem kam einerseits Bedeutung für das Ergebnis der knapp eine Woche auf die Reichstagsbrandverordnung folgenden Reichstagswahl zu, in der die NSDAP – nunmehr ausgestattet mit dem Nimbus eines letzten Bollwerks gegen die kommunistische Gefahr – 43,9 % der Stimmen erringen und gemeinsam mit der DNVP eine – gemessen an Weimarer Verhältnissen – unkomplizierte Mehrheitsregierung bilden konnte. Außerdem gelang es Göring als dem mit der Wahrnehmung der Aufgaben des preußischen Innenministers beauftragten Reichsminister, in Preußen eine aus SA- und Stahlhelm-Mitgliedern rekrutierte ‚Hilfspolizei' in den Kampf gegen den ‚Marxismus' zu führen, dem die ordentlichen Polizeikräfte angeblich nicht gewachsen waren. Diese Hilfspolizei konnte nun die Verfolgung kommunistischer, aber auch sozialdemokratischer Parteifunktionäre scheinbar legal, in Wirklichkeit aber nach parteilichen Anordnungen und Maßstäben durchführen und politische Gegner unter Umgehung des Rechtsweges in ‚wilde Konzentrationslager' verschleppen, ggf. dort malträtieren oder ermorden.[168]
Damit war in einem ersten Schritt der deutsche „Doppelstaat" geschaffen, der nach Ernst Fraenkels zeitgenössischer Analyse durch das Nebeneinander von fortbestehendem „Rechtsstaat" und sich ausbreitendem „Maßnahmenstaat" gekennzeichnet war, durch den insbesondere Juden und politisch Oppositionelle zunehmend außerhalb des Rechts gestellt wurden.[169] Der Feldzug gegen die linke Opposition und damit der Ausbau des „Maßnahmenstaates" fand seine Fortsetzung auf dem Schauplatz der Arbeitnehmer-

## II. Verifizierung

organisationen, und zwar in Form von Übergriffen der SA, SS und NSBO auf Büros, Häuser und Funktionäre der der SPD nahestehenden Freien Gewerkschaften, in der oft gewaltsamen Auswechslung politisch unliebsamer Betriebsräte durch SA- und NSBO-Schlägertrupps und schließlich durch die endgültige Liquidierung der Freien Gewerkschaften in der bekannten Aktion vom 2. Mai 1933.[170]

Als Auffangbecken für die sozialistische Arbeitnehmerschaft, aber auch die nichtsozialistischen Gewerkschaften, von denen als letzte die christlichen Ende Juni 1933 zur Auflösung gezwungen worden waren, wurde bereits am 6. Mai desselben Jahres, ganze vier Tage nach dem Coup gegen die Freien Gewerkschaften, die fortan von dem Nationalsozialisten Robert Ley geführte ‚Deutsche Arbeitsfront' (DAF) ins Leben gerufen, über deren Aufbau und offizielle Funktion im Übrigen noch gar keine Klarheit bestand.[171]

Auch die per Gesetz vom 19. Mai 1933 geschaffene staatliche Einrichtung der ‚Treuhänder der Arbeit', die an die Stelle der Tarifparteien traten, um „die Bedingungen für den Abschluß von Arbeitsverträgen" zu regeln, sollte den verunsicherten Arbeitnehmern das Gefühl vermitteln, dass die neue Regierung sie nicht schutzlos der Arbeitgeberwillkür ausliefern werde. Dies war auch keineswegs die Absicht der NS-Führung. So hatte sich Hitler persönlich beim Gründungskongress der DAF als „ehrlichen Makler" zwischen „allen Seiten" bezeichnet, um das anfängliche Misstrauen auf Arbeitgeber- wie auf Arbeitnehmerseite zu zerstreuen.[172] Dass dies keine leeren Worte waren, zeigte ein zwischen Ley, dem Reichsarbeitsminister Seldte, Reichswirtschaftsminister Schmitt und dem Beauftragten des Führers für Wirtschaftsfragen Keppler getroffenes Abkommen über die Aufgaben und Stellung der DAF vom November 1933. Hierbei wurde deren Grundfunktion zur Ausschaltung des Klassenkampfes festgelegt. Dieses Ziel sollte durch eine Einheitsmitgliedschaft von Arbeitgebern und Arbeitnehmern in der DAF erreicht werden, die aber als bloße Dachorganisation nicht etwa direkte Zuständigkeit für die Regelung von Arbeitsbedingungen und Löhnen erhielt, sondern zunächst nur dem Klassenkampf die organisatorische Basis entzog.

Demselben Ziel einer möglichst konfliktfreien Zusammenarbeit aller im Wirtschaftsleben tätigen Deutschen diente die Festlegung der Sozialverfassung des Dritten Reichs im „Gesetz zur Ordnung der nationalen Arbeit" vom 20. Januar 1934. Dieses verlagerte die Bewältigung von Interessengegensätzen zwischen Arbeitnehmern und -gebern in den innerbetrieblichen Bereich, um so eine weitere Sicherung gegen das Wiederaufkommen mächtiger Interessen- oder gar Klassenkampforganisationen aufzurichten. Die durch das neue Gesetz konstituierte „Betriebsgemeinschaft" band den Unternehmer als

## 11. Entstehung, Funktionieren und Scheitern des ‚Dritten Reichs'

„Betriebsführer" mit der „Gefolgschaft" seiner Arbeiter und Angestellten in einer atavistischen Gemeinschaftsethik aneinander, die von einem aus dem Kreis der Arbeitnehmer gebildeten „Vertrauensrat" besonders zu pflegen war. Dessen Tätigkeit sollte einerseits „die Verbesserung der Arbeitsleistung", andererseits aber auch „der Gestaltung und Durchführung der allgemeinen Arbeitsbedingungen" und schließlich „der Stärkung der Verbundenheit aller Betriebsangehörigen untereinander und mit dem Betriebe und dem Wohle aller Glieder der Gemeinschaft dienen".[173]

Dieses geradezu weltfremd idealistisch anmutende Konzept einer harmonischen Sozialverfassung Wirklichkeit werden zu lassen, war die zentrale Aufgabe der DAF. Mit den Worten der „Verordnung über Wesen und Ziel der Deutschen Arbeitsfront" vom 24. Oktober 1934 bedeutete das „die Bildung einer wirklichen Volks- und Leistungsgemeinschaft aller Deutschen". Da hierfür keine staatlichen Zwangmittel in Anspruch genommen werden konnten, war die DAF im Wesentlichen auf Propagierung und Ästhetisierung ihres Anliegens angewiesen. Das in diesem Sinn tätige DAF-Amt ‚Schönheit der Arbeit' sah seine spezielle Aufgabe in der Vermenschlichung der Arbeitsverhältnisse, besonders auch des in entsprechenden Schulungsveranstaltungen thematisierten persönlichen Verhältnisses zwischen ‚Betriebsführer' und den Mitgliedern seiner ‚Betriebsgefolgschaft'. Das zwischen beiden Seiten angestrebte Vertrauensverhältnis wurde zudem durch Propagierung sogenannter ‚Werkscharen' zu fördern gesucht.

Die Werkschar, ein „uniformierter politischer Stoßtrupp im Betrieb", dem nach Möglichkeit der Betriebsführer als einfaches Mitglied und damit als „Kamerad" angehören sollte, hatte sich vor allem der innerbetrieblichen Propaganda- und Schulungsarbeit zu widmen, aber auch Freizeitaktivitäten, Sport- und Feierabendveranstaltungen zu organisieren. Die damit angestrebte Beseitigung des innerbetrieblichen Klassenkampfes von Grund auf sowie die Stärkung der betrieblichen Leistungsfähigkeit wurde gegen Ende der 1930er Jahre, um den steigenden Anforderungen der Rüstungsindustrie nachzukommen, zusätzlich durch die seitens der DAF vorgenommene Auszeichnung ‚nationalsozialistischer Musterbetriebe' gefördert, also durch die Inszenierung eines gigantischen zwischenbetrieblichen Wettbewerbs, in dem neben ökonomischer Effektivität vor allem soziale Leistungen, Einrichtungen und die Ausgestaltung der Arbeitsplätze bewertet wurden.[174]

Die erwähnten Regelungen und Maßnahmen zur Formierung und Aktivierung der ‚Betriebsgemeinschaften' veranschaulichen auf besonders illustrative Weise, wie es der Nationalsozialsozialismus verstand, durch Gesetze, Propaganda und Organisation, schließlich durch Erzeugung eines systeminternen Wettbewerbs kämpferisch ausgerichtete Produktionsgemeinschaften

## II. Verifizierung

zu erzeugen, die mikroskopische Analogien des Gesamtsystems Drittes Reich darstellten: nämlich unter besonderer Pflege der Binnenbeziehungen, also eines komplexen sozialen und kulturellen Informations- und Dienstleistungsaustauschs zunehmend geeinte, gleichwohl von einem ‚Führer' gelenkte Personenverbände, die auf kämpferische Auseinandersetzung mit Konkurrenten ausgerichtet waren. Durch all diese Maßnahmen gelang in den meisten Branchen sowohl eine beträchtliche wertmäßige Verbesserung der zusätzlichen betrieblichen Sozialleistungen als auch der betrieblichen Ertragslage.[175]

Der zur gesamtwirtschaftlichen Leistungssteigerung dabei erzeugte Wettstreit zwischen deutschen Betrieben musste, damit die Einheit des Ganzen gewahrt blieb, durch überwölbende Aktivitäten relativiert werden. Dazu diente, was die DAF anbelangt, bereits seit November 1933 die überbetriebliche Freizeitorganisation ‚Kraft durch Freude' (KdF), die auf der Basis einer von ihr betriebenen Verlängerung des bezahlten Urlaubs den ersten neuzeitlichen Massentourismus ins Leben rief, der allein schon durch seine Zahlen beeindruckt. Zwischen 1934 und 1938 stieg die Zahl der Teilnehmer an KdF-Schiffsreisen, die teilweise bis ins Mittelmeer führten, von 2,3 auf 10,3 Millionen p.a. Daneben spielte die Aktivierung der Massen für eine Teilnahme an kulturellen Veranstaltungen aller Art eine womöglich noch wichtigere Rolle. Für den Besuch von Sinfoniekonzerten, Theateraufführungen usf. oder die Mitwirkung an Volkssportaktivitäten konnten im Jahre 1934 bereits 9,1 Millionen, 1939 schließlich 54,6 Millionen Teilnehmer gewonnen werden.[176] Die ebenfalls von der KdF-Organisation betriebene Entwicklung eines ‚Volkswagens' eröffnete selbst dem einfachen Arbeiter die Perspektive sichtbarer Statuserhöhung und individueller Mobilität. Auch wenn das Volkswagen-Projekt, bedingt durch den frühen Kriegsausbruch im Dritten Reich nicht mehr verwirklicht werden konnte, trug die massenhafte Verbreitung von Statussymbolen, wie sie Urlaubsreisen, Besuche anspruchsvoller kultureller Veranstaltungen und selbst sportliche Betätigung damals noch darstellten, zweifellos zum Abbau gesellschaftlicher Standes- und Klassenunterschiede bei, will man diese nicht bloß orthodox marxistisch verstanden wissen.

Eine interne Befriedung der deutschen Gesellschaft bewirkte neben den überwiegend kulturellen Bemühungen der DAF vor allem aber der rasche Abbau der Massenarbeitslosigkeit, die das brisanteste Krisen-Symptom des deutschen Gesellschaftssystems darstellte. Bei der Bewältigung dieses Problems lassen sich im wesentlichen sechs Elemente unterscheiden. Die zeitlich ersten beiden bestanden in relativ konventionellen Konjunkturförderungsprogrammen, von denen das erste, noch von der Regierung Schleicher beschlossen und von der Regierung Hitler bloß weitergeführt, öffentliche Aufträge vor allem für landwirtschaftliche Meliorationen, Gebäude- und Straßenbau im Umfang von schließlich 600 Millionen Mark vorsah. Das zweite sogenannte Reinhardt-Programm, von Hitler am 1.6.1933 verkündet, sah durch Schatzanweisungen finanzierte öffentliche Baumaßnahmen im Rahmen des Autobahn-, Straßen- und Wasserwegebaus sowie der Errichtung von öffentlichen Gebäuden und Einrichtungen vor, außerdem die Bezuschussung bestimmter privater Bautätigkeiten und Steuernachlässe bei gewerblicher Beschaffung von Geräten und Maschinen deutscher Herkunft.[177] Ein drittes Maßnahmenbündel zielte auf eine Entlastung des Arbeitsmarktes. Vor allem suchte man die vorhandenen Arbeitsplätze an Familienväter zu vergeben, indem Frauen durch Gewährung von Ehestandsdarlehen sowie den Wegfall von Steuer- und Versicherungszahlungen für Hausgehilfinnen vom gewerblichen Arbeitsmarkt abgezogen sowie die Einstellung lediger Arbeiter unter 25 Jahren durch behördliche Überprüfung wenigstens bürokratisch erschwert wurden.[178] Eine NS-Kampagne gegen Doppelverdiener zielte in die gleiche Richtung. Eine weitere Entlastung des Arbeitsmarktes erreichte man durch Erleichterung der Kurzarbeit sowie eine Verordnung der Regierung, den beschränkten Maschineneinsatz bei Erdarbeiten betreffend, die vor allem im Zusammenhang mit der Forcierung des Autobahnbaus eine stark arbeitsplatzvermehrende Wirkung entfaltete.[179] Als viertes Element, das für die Bekämpfung der Arbeitslosigkeit Bedeutung erlangte, ist der geschlossene Einsatz der NSDAP auf diesem Feld zu nennen. Nach Hitlers entsprechender Proklamation vom 31. August 1933 auf dem Nürnberger Reichsparteitag begann eine „Welle öffentlicher Aufrufe, Aktionen, Spendensammlungen zur Beschaffung und Finanzierung neuer Arbeitsplätze." (Broszat)[180] Selbst wenn die unmittelbare Wirkung solcher überwiegend propagandistischen Aktivitäten eher gering zu veranschlagen ist, ging von ihnen, ähnlich wie von den Maßnahmen zur Unterdrückung des organisierten Klassenkampfes ein Klima neuer Zuversicht und „ein verstärktes Bewußtsein volksgemeinschaftlicher Solidarität" aus, das für Investitions- und Beschäftigungsentscheidungen in Wirtschaft und öffentlichem Dienst eine zahlenmäßig nicht belegbare, aber zweifellos psychologisch positive Wirkung entfaltete. Als ebenso spezifisch nationalsozialistisch wie diese propagandistische Stimmungshebung sind die beiden letzten hier zu nennenden Maßnahmen einer aktiven Beschäftigungspolitik zu bezeichnen, die zum überraschend schnellen Abbau der Arbeitslosigkeit beitrugen, nämlich die dem Hitlerschen Konzept zur Rettung Deutschlands entsprechende Autarkie- und Rüstungspolitik. Dabei verfolgte erstere zunächst das Ziel, die verlustreichen Austauschbeziehungen vor

## II. Verifizierung

allem mit den Westmächten auf ein existenznotwendiges Maß zurückzuführen und im Sinne deutscher Chancenverbesserung umzugestalten. Dem dienten bereits 1933 Zollerhöhungen für Agrar- und Rohstoffimporte, Produktionsauflagen, die die Verwendung heimischer Roh- und Ersatzstoffe förderten, und eine teilweise Umleitung von Devisen-Zinszahlungen auf ausländische Sperrkonten, die zum Einkauf ausländischer Waren verfügbar blieben, was für das betreffende Ausland eine Nötigung zum Import deutscher Waren mit sich brachte. Die Gründung einer Reichsstelle für Devisenbewirtschaftung, die verschärfte Bestimmungen hinsichtlich der Devisenzuteilung für Rohstoffimporte durchzusetzen hatte, sollte gleichfalls die deutsche Handelbilanz verbessern und die deutsche Devisenknappheit mildern.[181] Solche Einzelmaßnahmen mündeten 1934 in den ‚Neuen Plan' des seit Juli dieses Jahres amtierenden Reichswirtschaftsministers und gleichzeitigen Reichsbankpräsidenten Schacht, der eine Bilateralisierung des gesamten deutschen Außenhandels mit devisenfreiem Verrechnungsverkehr, Importbeschränkungen auf volkswirtschaftlich notwendige Warengruppen zudem begrenzter Menge mit einer durch partielle Abwertungen und tendenzielle Verlagerung des deutschen Handelsaustauschs von Westeuropa und Nordamerika nach Südost-Europa und Südamerika verknüpfte.[182] Der Neue Plan Schachts folgte damit zielbewusst dem Prinzip der Verminderung deutscher Energieverluste beim Handelsverkehr mit den Siegermächten.

Funktional eng verbunden mit der Autarkisierung Deutschlands von den Westmächten als seinen bisherigen, aufgrund der bestehenden Verpflichtungen und Verträge ihm im ungleichen Austausch überlegenen Haupthandelpartnern war der ebenfalls von Schacht als Generalbevollmächtigtem gelenkte Aufbau einer deutschen Rüstungswirtschaft, mit der die militärpolitische Degradierung Deutschlands zu einer dritt- wenn nicht viertrangigen Macht durch den Versailler Diktatfrieden revidiert werden sollte. Diese Rüstungswirtschaft musste, da selbstverständlich gegen den Willen der Siegermächte aufgebaut, von deren Zulieferungen unabhängig, also in diesem Sinn ebenfalls autark sein. Deshalb schloss die deutsche Rüstungspolitik den – übrigens schon seit 1930 vom Heereswaffenamt geforderten – „Ausbau der heimischen wehrwirtschaftlichen Rohstoffproduktion" ein, was über die Entwicklung ganz neuer Industrien wie der synthetischen Treibstofferzeugung aus Braunkohle, einer deutschen Zellwollfabrikation, später der Produktion von synthetischem Gummi und einer forcierten Erzförderung eine große Zahl neuer Arbeitsplätze schuf.[183]

Gleiches gilt für die Rüstungsindustrie als solche, die zu einem erheblichen Teil durch Schachts dubioses Mefo-Wechsel-System finanziert wurde. Von

## 11. Entstehung, Funktionieren und Scheitern des ‚Dritten Reichs'

der Reichsbank ausgegebene Wechsel der sogenannten Metallurgischen Forschungs-GmbH (Mefo), die mit diesen Wechseln umfangreiche Rüstungsaufträge kreditierte, sollten – bei fünfjähriger Laufzeit – jederzeit bei der Reichsbank eingelöst werden können. Von einem in den Jahren 1934 – 1938 aufgelaufenen Gesamtbetrag von 12 Milliarden RM Mefo-Wechselschulden zahlte das Reich jedoch nur 1,5 Milliarden zurück und fand die Gläubiger im Übrigen mit Steuergutscheinen und Schatzanweisungen ab.[184] Auch eine Kreditinstituten und Versicherungen auferlegte Verpflichtung, ihre Rücklagen vorzugsweise in Reichsanleihen anzulegen, welche bis März 1939 einen Umfang von fast 17 Milliarden RM erreichten, sowie die zunehmende Geldschöpfung der Reichsbank stellten weitgehend ungedeckte Wechsel auf die Zukunft dar, in der die Reichsführung durch dann erhoffte Eroberungen mit entsprechendem Beutegewinn die immensen Schulden, die 1939 mit 42,6 Milliarden RM die Reichseinnahmen dieser Jahre in Höhe von 23,1 Milliarden RM fast um das Doppelte überstiegen, hoffte tilgen zu können.[185] Der entscheidende Anteil der durch solch spekulative Finanzierung in Schwung gebrachten Rüstungswirtschaft an der raschen Reduzierung und 1936 im Deutschen Reich überwundenen Arbeitslosigkeit[186] ist nicht zu bezweifeln, zumal wenn man den unter militärstrategischen Gesichtspunkten betriebenen Autobahnbau und die Entwicklung der kriegswirtschaftlichen Roh- und Ersatzstoffproduktion in die Betrachtung einbezieht. Die Lösung des sozialpolitisch drängendsten Problems der Arbeitslosigkeit, die bei Hitlers Regierungsantritt mehr als sechs Millionen Menschen betroffen hatte, beseitigte endgültig die Gefahr eines erneuten Klassenkampfes, zumal das von der nationalsozialistischen Propaganda zusätzlich genährte Gefühl des allgemeinen wirtschaftlichen und sozialen Aufstiegs gerade unter den wieder zu Arbeit und Lohn gekommenen Menschen für Unzufriedenheit wenig Raum ließ.

Führen wir die wichtigsten sozialpolitischen Maßnahmen zum Aufbau des Dritten Reichs auf ihr leitendes Prinzip zurück, können wir eine eindeutige Fortsetzung der nationalsozialistischen Sammlungs- und Integrationspolitik während der ‚Kampfzeit' feststellen. Sowohl die Zerschlagung der marxistisch inspirierten Klassenkampforganisationen und die Zusammenführung der Arbeitgeber- und Arbeitnehmer-Organisationen in der DAF als auch die Verlagerung der Tarifauseinandersetzungen in den Einzelbetrieb bzw. die staatliche Instanz der Treuhänder der Arbeit, ganz besonders die Pflege der inner- wie überbetrieblichen Pflege der Gemeinschaftsethik durch die DAF und deren KdF-Organisation sowie der Abbau der Massenarbeitslosigkeit hatten die Überwindung des innergesellschaftlichen Klassenkampfes zum Ziel und, aufs Ganze gesehen, auch zum Ergebnis. Kennzeichnend

## II. Verifizierung

für die dabei entstehende neue Gesellschaftsformation war – ganz ähnlich wie wir das für die NSDAP selbst schon beobachtet haben – die zugleich vom westlich-kapitalistischen wie dem sowjetrussischen System geprägte Doppelanpassung. Diese tritt im systemtypischen Neben- und Miteinander so gegensätzlicher Erscheinungen wie revolutionär-illegaler Zerschlagung oder Auflösung konkurrierender Parteien und Gewerkschaften bei gleichzeitigem Fortbestehen rechtsstaatlicher Gerichtsbarkeit ebenso hervor wie in dem aus der kapitalistischen Gesellschaftsordnung übernommenen Gegenüber von Arbeitgeberorganisationen, zunächst zusammengefasst im ‚Reichsstand der deutschen Industrie', und der NSBO als ihrem gewerkschaftlichen Pendant innerhalb der wiederum ‚klassenlosen' DAF. Auch die dem Kapitalismus verhaftete funktionale Unterscheidung von Betriebsführer und Betriebsgefolgschaft im Gesetz zur Ordnung der Nationalen Arbeit und deren bewusster Negierung im Werkscharkonzept der DAF, die damit eine sozialistisch-klassenlose Betriebsgemeinschaft erzeugen wollte, befanden sich in diesem polaren Spannungsverhältnis gegensätzlicher Gesellschaftstypen, das weiterhin im Konkurrenzkampf nationalsozialistischer Musterbetriebe in Erscheinung trat, die doch gleichzeitig einer verschworenen Volksgemeinschaft angehörten, in welcher zwischenbetriebliche Unterschiede der Lohnhöhe oder Sozialausstattung in den kulturellen Massenveranstaltungen der KdF wieder ‚sozialistisch' aufgefangen wurden. Dieses systemtypische Gegen- und Miteinander wichtiger Subsysteme des Dritten Reichs trat auch im Bereich der Industrie- und speziell der Rüstungswirtschaft hervor, wo staatliche Planvorgaben immer wieder durch unternehmerische Eigeninitiative und vor allem Innovationen konterkariert oder überholt wurden, wie das insbesondere in der Flugzeugindustrie der Fall war und zu so bemerkenswerten Entwicklungen wie dem Düsenflugzeug, der Kohlehydrierung oder der Kunststofferzeugung führte.[187]

Energetisch gesehen handelte es sich bei der Neutralisierung des Klassenkampfes im Dritten Reich um die Zusammenführung gegensätzlicher Subsysteme, zwischen denen seit Einbruch der Weltwirtschaftskrise im Zeichen verschärfter Verteilungskämpfe gewinnbringender Energieaustausch in gefährlichem Ausmaß zusammengebrochen war. Erst die Beseitigung der die deutsche Gesamtgesellschaft zerteilenden politisch-organisatorischen, aber auch standesmäßig-kulturellen Austauschschranken in der nationalsozialistischen ‚Revolution' mit teilweise gewaltsamer Beseitigung vor allem der Organisationsschranken führte zu einer entsprechend raschen Vermehrung des internen Energieaustauschs, die sich im Abbau der Arbeitslosigkeit ebenso spiegelte wie in der Verdopplung der Industrieproduktion im Zeitraum der Jahre 1933 – 1939.[188]

Dieser den Zusammenhalt des deutschen Staats stärkende Wiederbelebungserfolg, der unsere Grundthese von der Verursachung neuartiger geschichtlicher Erscheinungen wie hier des Dritten Reichs durch akuten Energiemangel der betroffenen Gesellschaft ein weiteres Mal bestätigt, beruhte allerdings auf einer den Eroberungskrieg als ‚Endlösung' der deutschen Existenzkrise einkalkulierenden ‚Spekulationsblase'. Denn der mit den genannten fragwürdigen Kapitalbeschaffungsmaßnahmen Schachts und seiner noch bedenkenloseren Nachfolger in Reichsbank und Wirtschaftministerium kreditierte gewaltige Rüstungsaufwand war nur mit einem in den Sternen stehenden Erfolg bei der Eroberung von ‚Lebensraum im Osten' zu finanzieren.[189]

b) Zusammenführung der politischen Gewalten des Reichs
zur Erfassung der gesamten nationalen Energiereserven

Entsprechend dem nationalsozialistischen Sammlungskonzept zur Einigung und Stärkung der deutschen Nation musste nach der Neutralisierung des innergesellschaftlichen Klassenkampfes vor allem die Ausschaltung innenpolitischer Auseinandersetzung zum wesentlichen Inhalt der „nationalsozialistischen Revolution" werden. Dieser Begriff, sowohl von Hitler und seinen Paladinen wie von kompetenten Historikern der ‚Machtergreifung' verwendet, ist deshalb in Anführungszeichen zu setzen, weil der von den Nationalsozialisten betriebene Umbau des Weimarer Staats überwiegend im Rahmen der geltenden Verfassung, also legal vonstatten ging, was dem traditionellen Verständnis des politischen Revolutionsbegriffs zweifellos widerspricht.

Legal waren zunächst die ersten beiden seitens der Hitler-Regierung beim Reichspräsidenten Hindenburg erwirkten Notverordnungen „Zum Schutz des deutschen Volkes" vom 4. Februar und die bereits genannte „Reichstagsbrandverordnung" vom 28. Februar 1933, die der Regierung wichtige Handhaben zur Ausschaltung vor allem der marxistischen Klassenkampfparteien boten. Dies auch deshalb, weil der mit der Wahrnehmung der Aufgaben des preußischen Ministerpräsidenten beauftragte Reichsminister Göring als Chef der preußischen Polizei die praktische Anwendung der beiden Notverordnungen im nationalsozialistischen Sinn handhaben und so – gegen die KPD, in zweiter Linie aber auch die SPD – besonders scharf vorgehen konnte.[190] So wurden in Preußen als dem weitaus größten und durch die Zugehörigkeit der Reichshauptstadt Berlin auch politisch wichtigsten Reichsland unmittelbar nach Erlass der Reichstagsbrandverordnung Tausende von KPD-Funktionären verhaftet, die kommunistische Parteiorgani-

## II. Verifizierung

sation de facto zerschlagen und der SPD-Wahlkampf für die Wahl am 5. März 1933 erheblich behindert.[191] Der mit der Aufhebung wichtiger Grundrechte durch die Reichstagsbrandverordnung geschaffene Ausnahmezustand, der im Dritten Reich nie wieder aufgehoben wurde, bedeutete so eine gesetzlich gedeckte, aber – was insbesondere seine in Preußen unter Göring praktizierte Ausnutzung für nationalsozialistischen Terror gegen die Linksparteien betraf – auch revolutionäre Form politischer Machtballung bei der Exekutive, genauer bei Göring als dem politische Macht von Reichsregierung, preußischer Regierung und NSDAP bei diesem zweiten Schritt der ‚Machtergreifung' wirkungsvoll verbindenden ‚Revolutionär'.

Göring wurde maßgebend nicht nur für den Kampf gegen die linken Parteiorganisationen, sondern auch für die ‚Säuberung' öffentlicher Einrichtungen und insbesondere der staatlichen Bürokratien von Amtsinhabern linker Couleur, jüdischer Religionszugehörigkeit oder einfach antinazistischer Einstellung. Die nach dem Wahlsieg der Hitler-Regierung vom 5. März in Gang kommende, teils von der Reichsregierung, teils durch die vom Wahlerfolg berauschte NS-Parteibasis bewirkte ‚Gleichschaltung' öffentlicher Institutionen betraf sowohl die Länderregierungen wie Regierungspräsidenten (in Preußen auch Oberpräsidenten), Gewerkschafter, Zeitungsredakteure oder Bankbeamte, vor allem und zuerst aber die Polizeien der Länder. Diese wurden in den noch nicht von Nationalsozialisten regierten Reichsländern nach dem in Preußen erprobten Modell Reichskommissaren unterstellt, was angesichts der bereits zerschlagenen Parteiorganisation der KPD mit der Reichstagsbrandverordnung nicht zu rechtfertigen war und insofern einen eindeutigen Verfassungsbruch darstellte. Dennoch wagte sich den entsprechenden Verfügungen des Reichsinnenministers Frick kaum jemand entgegen zu stellen, weil die zu Reichskommissaren berufenen heimischen NS-Größen von der revolutionär agierenden Parteibasis getragen wurden, die zögernden Landesregierungen dagegen durch SA-Massenaufmärsche, also durch Androhung physischer Gewalt in den Landeshauptstädten und Regierungsvierteln aufs Höchste verunsichert waren. Außer Preußen, wo seit Papens Staatsstreich vom Sommer 1932 bereits eine Reichskommissariatsregierung bestand, sowie in Hamburg, Württemberg und Hessen, wo kurz nach der Reichstagswahl vom 5. März neue, nunmehr nationalsozialistische Regierungen legal gewählt worden waren, erzwangen die von Frick eingesetzten Reichskommissare den Rücktritt der Landesregierungen, an deren Stelle nationalsozialistische oder deutschnationale Kommissare für die verschiedenen Ressorts traten. Auf diese überwiegend außerlegale, somit revolutionäre Weise wurden sämtliche Regierungen des Reichs in der auf die Reichstagswahl vom 5. März folgenden Woche ‚gleichgeschaltet', mithin alle außerhalb der ‚nationalen Erneuerungsbewegung' stehenden Minister ausgebootet. Dasselbe Schicksal traf die preußischen Oberpräsidenten, die zumeist durch NS-Gauleiter oder SA-Gruppenführer, seltener durch deutschnationale Honoratioren ersetzt wurden.[192] Andere politische Beamte wie Regierungspräsidenten, Polizeipräsidenten oder Landräte waren, soweit oppositionellen Parteien zugehörig, in Preußen schon während des Februar in den zwangsweisen Ruhestand versetzt worden, die meisten SPD-Beamten auch unterer Ränge verloren dort im Lauf des März ihre Posten. Um die vor allem in Preußen sehr weit gehende und oft willkürlich gehandhabte Entlassung politisch ‚unzuverlässiger' Beamter zu regeln, erließ die Reichsregierung am 7. April 1933 das „Gesetz zur Wiederherstellung des Berufsbeamtentums", das die Entlassung jüdischer bzw. die Zwangspensionierung oder Degradierung nicht ganz gesinnungstreuer Beamten legalisierte. Auch bei der Anwendung dieses Gesetzes ging man in dem seit dem 10. April unter Görings kommissarischer Regierung stehenden Preußen besonders scharf vor. Auf 28 % der Beamten des höheren Dienstes, soweit in der inneren Verwaltung tätig, wurde das Gesetz dort angewandt, während in den übrigen Ländern nur 9,5 % davon betroffen waren. Sehr viel weniger rigoros verfuhr man begreiflicherweise mit den Beamten des mittleren und unteren Dienstes, von denen in Preußen nur 3,5 %, in den übrigen Ländern immerhin 5,5 % diesen Teil der ‚Gleichschaltung' unmittelbar zu spüren bekamen.[193] Da unter dem Druck der Märzereignisse viele opportunistisch gesonnene Beamte der NSDAP beigetreten waren und – häufiger als die meist unqualifizierten ‚alten Kämpfer' der Partei – in die bei der ‚Säuberung' frei gewordenen Stellen einrückten, ergab sich bereits in den ersten Monaten des Dritten Reichs ein fühlbarer Beamtenschub zugunsten der Nationalsozialisten. Dieser erreichte allerdings mit voller Wucht nur die Ränge der politischen Beamten, wobei hier auch Deutschnationale profitierten, während er die mittleren und unteren Stufen der Ämterhierarchien noch kaum berührte. Immerhin befanden sich alle entscheidenden Lenkungsfunktionen für die staatlichen Bürokratien nach den nationalsozialistischen ‚Säuberungsaktionen' vom Frühjahr 1933 in der Hand von Anhängern der Hitler-Regierung. Auch dieser rasante und radikale Vorgang kann nur als revolutionär bezeichnet werden.

Um Entsprechendes auch im Bereich der Legislative zu erreichen, suchte Hitler zunächst mit dem berüchtigten ‚Ermächtigungsgesetz' vom 24. März 1933 die Reichstagsopposition kaltzustellen. Das verfassungsändernde Gesetz, für dessen Zustandekommen die Hitler-Regierung wegen der erforderlichen Zwei-Drittel-Mehrheit auf einen Teil eben dieser Reichstagsopposition angewiesen war, wurde mit der für den Nationalsozialismus typischen

## II. Verifizierung

Mischung von Propaganda, Täuschung und Terror durchgesetzt. Die für den Abstimmungserfolg besonders wichtige Zentrumsfraktion ließ sich durch im Kern leere Versprechungen Hitlers und dessen rhetorische Hofierung der beiden christlichen Konfessionen zur Zustimmung bewegen, während die kleineren Parteien, eingeschüchtert von den drohend an Ausgängen und auf den Rängen des Sitzungsgebäudes postierten SA- und SS-Männern, ihr ‚Ja-Wort' gaben. Das alleinige Gegenvotum der SPD-Fraktion – die 81 KPD-Abgeordneten waren bereits verhaftet oder untergetaucht – blieb damit wirkungslos. Die Regierung erhielt mit diesem Gesetz das Legislativrecht und konnte fortan sogar verfassungsändernde Gesetze beschließen, sofern dadurch weder die Rechte des Reichspräsidenten noch die Institutionen des Reichstags und des Reichsrats berührt wurden. Der Reichstag konnte zwar nach wie vor zu gesetzgeberischen Akten einberufen werden, doch bestimmte darüber wiederum die Reichsregierung, womit das Parlament zur Attrappe geworden, die parlamentarische Opposition auf Reichsebene de facto ausgeschaltet war.

Dasselbe Schicksal traf die meisten oppositionellen Landtagsfraktionen im Gefolge des ersten ‚Gleichschaltungsgesetzes' vom 31. März 1933, das zum einen die Umbildung der Länderparlamente nach dem Ergebnis der Reichstagswahl vorschrieb, zum andern den Länderregierungen eine unbeschränkte Gesetzgebung ohne Beteiligung der Landtage anheim stellte. Entsprechende Ermächtigungsgesetze, von den meisten nationalsozialistischen Länderregierungen eingebracht, wurden in den Monaten April bis Juni 1933 verabschiedet, die parlamentarische Opposition der betreffenden Länder ebenso wie die auf Reichsebene kaltgestellt.[194]

Es lag in der Konsequenz einer solchen Entmachtung der politischen Opposition, dass deren parteiorganisatorische Basis zerbröckelte, soweit es sich um ‚links' stehende Parteien und Organisationen handelte, auch durch Maßnahmen der neuen Machthaber erdrückt wurde. Dabei verzichtete die Hitler-Regierung selbst im Fall der KPD auf offizielle Verbote oder Auflösungsdekrete, die juristisch schwer begründbar gewesen wären, hielt vielmehr an der Methode parlamentarischer Ausschaltung und polizeilicher Maßnahmen fest. So wurde im ersten Gleichschaltungsgesetz die Kassierung sämtlicher KPD-Mandate bis in die Kommunalparlamente hinunter verfügt, während die polizeiliche und hilfspolizeiliche Jagd auf kommunistische Funktionäre ihren Fortgang nahm.

Die SPD, nach ihrem Votum gegen das Ermächtigungsgesetz unter heftigen propagandistischen Beschuss der NS-Presse geraten, bot dem Regime einen weiteren Angriffspunkt, als ein Teil ihres Vorstandes nach Prag emigrierte, um von dort aus über den „Neuen Vorwärts" wenigstens eine

unzensierte Presseopposition aufrecht erhalten zu können. Damit war in den Augen der ‚nationalen Regierung' der Tatbestand des Landesverrats gegeben, was sie zu einem Betätigungsverbot gegen die SPD innerhalb des Reichs veranlasste. In polizeilichen Durchführungsverordnungen wurden dem entsprechend nun auch sämtliche SPD-Mandate kassiert, SPD-Mitglieder als ‚staatsfeindlich' eingestuft und Vermögensgegenstände der Partei und der ihr angeschlossenen Organisationen beschlagnahmt.[195]
Während angesichts dieser Entwicklungen die inzwischen ohnehin bedeutungslos gewordenen beiden liberalen Parteien, die Staatspartei (DDP) und die Deutsche Volkspartei (DVP) Ende Juni 1933 ihre Selbstauflösung beschlossen, wurde die DNVP in die NSDAP überführt, nachdem sich ihr Vorsitzender Hugenberg durch eigenmächtiges und ungeschicktes Taktieren auf der Londoner Weltwirtschaftskonferenz als Wirtschaftsminister des Reichskabinetts um jeden Kredit gebracht hatte und am 26. Juni zurückgetreten war. Die Übernahme der DNVP-Mitglieder bedeutete zu diesem Zeitpunkt insofern eine besonderes Entgegenkommen der NSDAP gegenüber dem Koalitionspartner, als inzwischen für die Hitler-Partei eine Aufnahmesperre verfügt worden war, um eine Überschwemmung der ‚alten Kämpfer' durch opportunistische Parteiwechsler zu unterbinden.
Wurde die Bayrische Volkspartei durch eine gegen ihre Funktionäre gerichtete Verhaftungsaktion der von Himmler aufgebauten Bayrischen Politischen Polizei zur Selbstauflösung getrieben, so folgte ihr das ebenfalls durch Verhaftungen bedrängte Zentrum einen Tag später, am 6. Juli 1933 mit einem ebensolchen Beschluss, nachdem der Vatikan in den noch laufenden Konkordatsverhandlungen mit der Reichsregierung zu erkennen gegeben hatte, dass ihm der die Bestandssicherung der katholischen Kirche in Deutschland garantierende Konkordatsabschluss wichtiger sei als die Existenz der Zentrumspartei.[196]

Um diese Erfolge bei der Beseitigung jeglicher parteipolitischer Opposition festzuschreiben, erließ die Reichsregierung am 14. Juli das „Gesetz gegen die Neubildung von Parteien", womit die NSDAP jeder politischen Konkurrenz dauerhaft enthoben und das Dritte Reich zum Einparteistaat geworden war. Wenn Hitler sein Kabinett am selben Tag auch das „Gesetz über Volksabstimmungen" beschließen ließ, bekundet sich darin gleichwohl seine Absicht, als Parteivorsitzender und ‚Führer' der einzig in Deutschland verbliebenen Partei nicht allein über alle politische Macht im Reich verfügen zu wollen, sondern das deutsche Volk von Fall zu Fall in Plebisziten daran teilhaben zu lassen.

## II. Verifizierung

Dass dies ein lediglich scheinbar demokratisches Zugeständnis war, zeigte schon das erste dem neuen Gesetz folgende Plebiszit vom 12. November 1933, in dem das Volk um seine Zustimmung zu dem bereits vollzogenen Austritt des Reichs aus dem Völkerbund ersucht, die Abstimmung zudem mit einer Reichstagswahl verbunden wurde, bei der nicht etwa über eine Einheitsliste der NSDAP, sondern über die „Liste des Führers" abzustimmen war. Der überwältigende, natürlich auch auf terroristische Einschüchterung der Bevölkerung während der vorangehenden Monate, vielleicht auch auf Wahlmanipulation zurückgehende Abstimmungserfolg – 95 % der Stimmberechtigten befürworteten angeblich den Völkerbundsaustritt, 92 % votierten für die „Liste des Führers" – verschaffte Hitler eine auch vom Ausland zu respektierende Rückendeckung für seine offensiv gegen das System von Versailles gerichtete Außenpolitik und mit dem nunmehr rein nationalsozialistischen Reichstag ein gefügiges Instrument, mit dem er auch über die konservative Kabinettsmehrheit und Ministerialbürokratie oder die Einschränkungen des Ermächtigungsgesetzes hinweg verfassungsändernde Gesetze verfügen konnte. In letzterem Sinn geschah dies bereits am 30. Januar 1934, als der Reichstag das „Gesetz über den Neuaufbau des Reiches" verabschiedete, das die Auflösung der Länderparlamente und den Übergang der Hoheitsrechte der Länder auf das Reich bestimmte. Dadurch wurde weiter die Auflösung des vom Ermächtigungsgesetz noch geschützten Reichsrats durch einfaches Regierungsgesetz vom 14. Februar 1933 ermöglicht.[197]

Auf diese Weise war auch der traditionelle deutsche Föderalismus, jedenfalls in seiner verfassungsrechtlichen Dimension beseitigt, die vertikale politische Gewaltenteilung zugunsten eines potenziell unbegrenzten staatlichen Zentralismus aufgehoben. Demselben Ziel hatte auch schon das „Zweite Gesetz zur Gleichschaltung der Länder mit dem Reich" vom 7. April 1933 gedient, das die Einsetzung von ‚Reichsstatthaltern' als Stellvertretern des Reichspräsidenten auf Länderebene vorsah und ihnen u.a. die Aufgabe übertrug, für die Durchsetzung der Politik der Reichsregierung in den Ländern zu sorgen. War die Einrichtung der Reichsstatthalter, deren Stellen fast durchweg mit mächtigen NS-Gauleitern besetzt waren, einerseits gewiss ein Mittel, um die im April 1933 noch ungehemmte Parteirevolution der NS-Basis zu bremsen, so hätte auch ein nach der Verfassung mögliches Eingreifen der Reichswehr auf Weisung des Reichspräsidenten gegen die oft illegalen Terrormethoden der SA und SS zu einem die endgültige Machtergreifung verhindernden Konflikt mit ihnen führen können. Entsprechender Sorgen wurde Hitler dann aber mit dem Tod Hindenburgs am 2. August 1934 enthoben, der ihm den Zugriff auf die letzte von ihm noch nicht beherrschte staatliche Machtposition freigab. Das bereits an Hindenburgs Todestag erlassene „Gesetz über das Oberhaupt des Deutschen Reiches" vereinigte das Amt des deutschen Reichskanzlers mit dem des Reichspräsidenten, was für Hitler vor allem wegen dessen verfassungsmäßigem Oberbefehl über die Wehrmacht wichtig war, die er sofort auf sich persönlich vereidigen ließ.

Mit der Zusammenführung der wichtigsten Staatsämter in seiner Hand und der Ausschaltung jeder parteipolitischen Opposition aus den staatlichen Institutionen hatten Hitler und seine Bewegung die verfassungsmäßig möglichen Vorkehrungen gegen ein Auseinanderbrechen des deutschen Staats in antagonistische, von den neuen Weltmächten beherrschte Teilsysteme wohl unüberbietbar vollendet. Bemerkenswert an dem in nur eineinhalb Jahren ohne größere Verluste an Menschenleben oder Sachgütern bewältigten Umbau des Weimarer Staats ist vor allem die relative Leichtigkeit, fast möchte man sagen Eleganz, mit der er vollzogen wurde. Trotz des ausgebildeten Parteien- und Verbändewesens der Weimarer Republik traf die „braune Revolution" (Schoenbaum) auf keinerlei organisierten Widerstand, vielmehr kapitulierten die meisten oppositionellen Parteien, wie wir gesehen haben, auf recht klägliche Weise, und selbst die paramilitärischen Kampforganisationen der zuerst und am schärften attackierten Linksparteien, also der Rotfrontkämpferbund und das Reichsbanner Schwarz-Rot-Gold ergaben sich schließlich widerstandslos. Auch der SA- und SS-Terror bieten dafür keine zureichende Erklärung, denn die mindestens ebenso rabiaten Revolutionsgruppierungen der Jakobiner oder der Bolschewisten hatten zu ihrer Zeit – anders als die Nationalsozialisten – jahrelangen offenen Widerstand im eigenen Land zu bekämpfen, bevor sie die Macht im Staat errungen hatten.

Eine Erklärung für die Reibungslosigkeit der nationalsozialistischen Revolution ist zweifellos in ihrer Oberflächlichkeit zu suchen, also in der Tatsache, dass sie die Institutionen des Staats, der großen Kirchen und der Wirtschaft bestehen ließ und, was den Staat betraf, nur dessen Führung vereinnahmte. Dies ermöglichte auch eine zumeist im Rahmen der Verfassung bleibende und dennoch deren Funktionsprinzipien völlig verändernde Umgestaltung des Staatswesens. Diese viel berufene Scheinlegalität der nationalsozialistischen Machtergreifung nahm einerseits einem möglichen Widerstand der verfassungstreuen Parteien viel Wind aus den Segeln, während sie gleichzeitig den Revolutionären die sukzessive Indienstnahme staatlicher Machtmittel für ihren Kampf gegen die politischen Gegner ermöglichte. So konnte gleich zu Beginn des neuen Regimes die durch den Reichs-

## II. Verifizierung

tagsbrand scheinbar als akut staatsfeindlich entlarvte KPD mit Hilfe des reichspräsidialen Notverordnungsrechts und der Polizei bekämpft werden, unter deren Deckmantel die NS-Organisationen gewissermaßen nur subsidiär tätig zu werden brauchten, um den Gegner zu erledigen. Mit dem stupenden Erfolg dieser Taktik war zugleich ein Exempel statuiert, das den verbleibenden Oppositionsparteien offensichtlich den Schneid abkaufte.
Energetisch betrachtet agierte die NS-Bewegung also äußerst effektiv, wenn sie ihr revolutionäres Ziel nicht in frontalem Anrennen gegen den verachteten Staat, sondern unter Nutzung von dessen Machtmitteln anstrebte. Dies war für sie auch wohl der einzig erfolgversprechende Weg zum Erfolg, zumal sie sich zu Beginn ihres Kampfes um die Staatsmacht gegenüber ihren politischen Opponenten eindeutig in der Minderheit befand und als Sammelbecken der Jugend und der begrenzten Schicht des unteren Mittelstands eine Okkupierung der staatlichen Bürokratien und Regierungsämter personell gar nicht hätte bewältigen können. Ihre Taktik des zugleich weitgehend legalen und revolutionären Vorgehens entsprang mithin einer geschickten Anpassung an Umstände und eigene Möglichkeiten. Sie bedeutete zugleich eine Übernahme sowohl demokratisch-rechtsstaatlicher wie bolschewistisch-revolutionärer Methoden, wie wir dies schon für die Partei selbst während ihrer ‚Kampfzeit' beobachten konnten.
Diese Kombination staatsverändernder Mittel aus den beiden in Deutschland aufeinandertreffenden Hegemonialsystemen wurde in ihrer Effektivität noch dadurch erhöht, dass sie in äußerster „Konzentration auf eine als vordringlich empfundene Aufgabe" angewandt wurden. (H.Mommsen)[198]
So richtete sich der Kampf um die gesamte Staatsmacht zunächst nur gegen die schon in der ‚Kampfzeit' als parteipolitischer Hauptgegner ausgemachte KPD, die, wie gesagt, unter Einsatz sowohl staatlicher als auch parteilicher Machtmittel zerschlagen wurde, bevor man sukzessive die anderen gegnerischen Parteien unter Druck setzte und zerstörte. Ähnlich hatte man in der schlagartigen Aktion vom 2. Mai 1933 zunähst nur die besonders gefährlich scheinenden, weil der SPD nahestehenden und mitgliederstarken Freien Gewerkschaften liquidiert, während man die schwächeren Christlichen und Hirsch-Dunckerschen erst im Juni zur Aufgabe zwang. Solch zeitlich gestaffelte Konzentration aller der NSDAP zur Verfügung stehenden Energien zur Lösung einer begrenzten, meist aggressiven Aufgabe, wie sie später in der sogenannten Blitzkriegsstrategie besonders dramatisch hervortrat, ergänzte somit die rechtsstaatlich-revolutionäre Doppelstrategie der nationalsozialistischen Machtergreifung.

## 11. Entstehung, Funktionieren und Scheitern des ‚Dritten Reichs'

Unterziehen wir diese charakteristische Verhaltens- und Vorhegensweise der Hitler-Bewegung und schließlich des Dritten Reichs einer energetischen Analyse, so erklärt sie sich aus der verzweifelten Unterlegenheit an Energiereserven gegenüber den neuen Weltmächten mit ihren in Deutschland etablierten Subsystemen. Beiden war am wirksamsten mit *der* Energietechnik beizukommen, mit der das weit unterlegene deutsche bzw. nationalsozialistische System durch geballte, blitzartig ins Ziel gebrachte Entladung seines begrenzten Energiepotenzials auch überlegenen Gegnern empfindliche Niederlagen beizubringen vermochte. Die Sammlung und der Einsatz der für diese Art aggressiver Verteidigung benötigten Energiemengen auf staatlicher Ebene konnte am wirksamsten aus einer Position innerstaatlicher Machtvollkommenheit und unter Verwendung solcher gesetzlichen wie terroristisch-propagandistischen Mittel bewerkstelligt werden, wie sie Hitler seit seiner persönlichen Machtergreifung zur Verfügung standen: Die Stellung zwischen Partei und Staat, die zunächst nur durch die Person des ‚Führers und Reichskanzlers' miteinander verbunden waren, verschaffte diesem nicht nur die Möglichkeit, beide gegeneinander auszutarieren, um seine Machtstellung unangefochten behaupten zu können, sondern musste ihn darüber hinaus zum entscheidenden Energieaustauschzentrum des Gesamtsystems werden lassen, wie wir das in ähnlicher Konstellation auch bei Bismarck haben beobachten können. In beiden Fällen war es die Schaltstelle zwischen dem traditionellen Staat als der Gesamtheit der im geschichtlichen Prozess zu Institutionen und Gesetzen geronnenen gesellschaftlichen Energieaustauschregelungen, die der aktuellen politischen Situation nicht mehr gewachsen waren, und den deshalb auf Veränderung jenes Austauschreglements drängenden gesellschaftlichen Gruppen, die den zwischen beiden vermittelnden Reichskanzlern ihre Machtfülle verschaffte. Dass beide – ebenso wie die deutschen Reformer des frühen 19. Jahrhunderts – „zwischen Reform und Revolution" (R.Koselleck) taktierten, um das zersplitterte deutsche System durch Zusammenfassung seiner Kräfte vor drohender Fremdherrschaft zu bewahren, ist auf dessen geopolitisch schwierige Mittellage zurückzuführen, durch die es im Zeichen der von West oder Ost zugreifenden Revolutionen immer wieder von gegensetzlichen Systemen überfremdet, energetisch geschwächt und dadurch gezwungen wurde, sich in doppelter Anpassung gegenüber beiden Seiten zu behaupten.

Waren also Aufgabenstellung, Funktion und Strategie für Deutschlandpolitiker wie Stein, List, Bismarck oder Hitler durchaus ähnlich, so unterschieden sich die zwischen Deutschland und seinen Hegemonialmächten von Fall zu Fall bestehenden Energiepotenziale ganz erheblich. Vermochte

II. Verifizierung

nämlich der Deutsche Bund im ‚Gleichgewicht der Mächte' immerhin zu bestehen und erwies sich das Bismarckreich dank seiner dynamischen Industrialisierung seinen Gegnern gegenüber sogar als überlegen, so blieb das deutsche Energiepotential zur Zeit Hitlers hinter denen der beiden neuen Weltmächte so weit zurück, dass fürs erste nur eine totale Mobilisierung aller seiner Kräfte, auf Dauer nur eine gewaltige territoriale Expansion nach Osten eine Chance zur Selbstbehauptung eines souveränen Deutschland zu bieten schienen. Gerade die für den Eroberungskrieg nötige Erfassung und Konzentrierung aller deutschen Energiereserven erforderte deshalb im Fall des Dritten Reichs extreme, und das heißt auch terroristische Maßnahmen, in denen sich dieser Einigungs- und Selbstbehauptungsversuch von seinen Vorgängern deutlich unterscheidet.

Methoden und Institutionen dieses nationalsozialistischen Versuchs, zunächst den internen Energieumsatz entscheidend zu vermehren, um das deutsche Energiepotential für jenen Selbstbehauptungskampf revolutionär zu vergrößern, sind im vorigen Abschnitt über die Neutralisierung des innergesellschaftlichen Klassenkampfs in einer ihrer gesellschaftspolitischen Facetten bereits angesprochen worden, müssen aber, was ihre staatspolitische Dimension angeht, mit der Erörterung des Verhältnisses zwischen dem ‚Führer', den staatlichen Institutionen und der NSDAP im Folgenden ergänzt werden.

### c) Der ‚Trialismus' des Führerstaats

Martin Broszat hat in seinem bereits mehrfach zitierten grundlegenden Werk über den „Staat Hitlers" die aus jenem Institutionenverhältnis entspringende Grundstruktur des Dritten Reichs treffend als „Trialismus" gekennzeichnet.[199] Dieser ergab sich, genetisch betrachtet, aus der Eindämmung der ‚nationalsozialistischen Revolution', kurz nachdem die ersten entscheidenden Schritte zur tatsächlichen Machtergreifung getan worden waren. So verkündete Hitler in seiner Ansprache vor den in Berlin versammelten Reichsstatthaltern am 6. Juli 1933, man müsse „den freigewordenen Strom der Revolution in das sichere Bett der Evolution lenken" und sich hüten, „wie Narren zu handeln und alles umzustürzen".[200] Wenn er sich mit diesem Anliegen gerade an die Reichsstatthalter wandte, dann deshalb, weil diese, wie oben dargelegt, unter anderem gerade zu dem Zweck eingesetzt worden waren, die Eigenmächtigkeit der nationalsozialistischen Länderregierungen im Sinne der Reichsregierung zu zügeln. Göring, der sich schon im April gegen das ausufernde Kommissarwesen gewandt hatte und hinter allzu revolutionären NS-Aktionen sogar „getarnte bolschewistische Elemente" sah, ging in Preußen mit konkreten Maßnahmen zur Beendigung der NS-Revolution voran: Seit Juni 1933 führte man dort die zahlreichen wilden Schutzhaftlager in einige staatlich anerkannte Konzentrationslager über und baute gleichzeitig die SA- und SS-Hilfspolizei ab, deren offizielle Auflösung am 15. August 1933 verkündet wurde. Eine am 1. August errichtete ‚Zentralstaatsanwaltschaft' hatte – nach einer zuvor verkündeten Amnestie für revolutionäre Straftaten von NS-Mitgliedern – dergleichen von nun an strafrechtlich zu verfolgen.[201]

Eine so scharfe Kehrtwendung von revolutionären zu rechtsstaatlichen Maßnahmen konnte allerdings nicht in allen Ländern durchgesetzt werden. Namentlich in Bayern scheiterte der dortige Reichsstatthalter v.Epp bei dem Versuch, gegen die von Himmler und der SS beherrschte Bayrische Politische Polizei oder auch gegen Röhms SA-Sonderkommissare die NS-Revolution zu stoppen. Röhm gelang es gegenüber solchen Versuchen sogar, Ende Oktober 1933 ‚SA-Sonderbevollmächtigte' im preußischen Staatsministerium bei den dortigen Oberpräsidenten, Regierungspräsidenten und Landräten als Parteiaufsicht über die staatliche Verwaltung zu installieren und so der Beendigung der NS-Revolution entgegenzuwirken. Allerdings wissen wir bereits, welchen Preis er für sein hartnäckiges Festhalten am Ziel einer ‚zweiten Revolution' zahlen musste: Die sogenannte ‚Röhm-Affäre' mit der nachträglich für rechtens erklärten Ermordung Röhms, einer Reihe hoher SA-Führer, Gregor Strassers und Schleichers macht unmissverständlich klar, wie wichtig es Hitler war, den Staat in seinen weiterhin nutzbaren Einrichtungen wie besonders der Reichswehr vor dem linksrevolutionären Zugriff einer eigensüchtigen Parteiklientel zu bewahren.

Das Ergebnis der frühzeitig gestoppten, aber, wie wir sahen, in den Anfängen äußerst erfolgreichen NS-Revolution war ein Neben-, oft auch Gegeneinander von Staats- und Parteiinstanzen, das nach den Maßstäben einer rechtsstaatlichen Verwaltung eine systematische Neuordnung verlangt hätte. Zum Fürsprecher einer solchen machte sich insbesondere Reichsinnenminister Frick, auf dessen Initiative auch das „Gesetz über den Neuaufbau des Reiches" vom 30.1.1934 zustande kam, das, wie bereits erwähnt, die Länder der Reichsregierung unterstellte. Der Mangel an Durchführungsverordnungen dieses ohnehin sehr lapidar formulierten Gesetzes ließ jedoch seine praktische Wirkung weit hinter seiner verfassungsrechtlichen Bedeutung zurückbleiben. Selbst in dem einen Punkt, in dem es konkret wurde, nämlich der Unterstellung der Reichsstatthalter unter die Dienstaufsicht des Reichsinnenministers, vermochte es wegen unklarer Äußerungen Hitlers über die definitive Stellung der Reichsstatthalter deren dienstrecht-

## II. Verifizierung

lich bindende Einordnung in die Reichsverwaltung nicht zu bewirken. Bei Meinungsunterschieden zwischen einem Reichsstatthalter und dem ressortmäßig zuständigen Reichsminister etwa über Fragen der Landesgesetzgebung behielt sich Hitler dann ein persönliches Entscheidungsrecht vor, wenn es „um Fragen besonderer politischer Bedeutung" ging.[202] Damit konnte die im Gesetz verfügte Dienstaufsicht des Reichsinnenministers von den Reichstatthaltern gerade in wichtigen Angelegenheiten umgangen und also außer Kraft gesetzt werden. Auch wenn sich die im Neuaufbaugesetz beabsichtigte Zentralisierung der Reichsverwaltung in den Jahren 1934 bis 1938 zunehmend verwirklichen ließ, – insbesondere gilt dies für die Kompetenzen des Reichsjustiz- und des Reichsministeriums für Volksaufklärung und Propaganda – so blieb die von Frick erstrebte Reichsreform mit verwaltungsmäßiger Neugliederung und Vereinheitlichung des gesamten Reichsgebiets doch Stückwerk. Die Gründe dafür lagen bei Hitler, der sich zwar im März 1934 vor den Reichsstatthaltern selbst noch für ein „einheitliches Reich mit einheitlicher Verwaltung" ausgesprochen hatte, damit die nötige „enorme Kraftentfaltung des Volkes sichergestellt" werden könne[203], der aber letztlich entsprechende Gesetze oder Durchführungsverordnungen hinhielt, blockierte oder durch nachträgliche Auslegungen verwässerte, weil er die mit einer Zentralisierung und Vereinheitlichung wachsende Unabhängigkeit der – wie er wusste – politisch noch längst nicht gleichgeschalteten Staatsbürokratie ebenso fürchtete wie seine gegenüber einem geschlossenen Apparat abnehmenden Eingriffsmöglichkeiten.[204] Deshalb blieb in dem genannten Zeitraum die Machtfrage zwischen der Reichsregierung und den unter oft starkem Einfluss der NS-Partikulargewalten stehenden nachgeordneten Behörden ungeregelt und dem jeweiligen Durchsetzungsvermögen überlassen. Letzteres hing wiederum entscheidend von der persönlichen Beziehung des betreffenden Amtsträgers zu Hitler ab, weil bei schwerer wiegenden Konflikten dessen Entscheidung eingeholt wurde und den Ausschlag gab. So profitierte Hitler selbst von der unentschiedenen Konkurrenzsituation zwischen Partei und Staat, weil dadurch seine Schiedsrichterposition aufrecht erhalten, seine damit gegebene Regulierungsfunktion für wichtige Fragen des gesamtgesellschaftlichen Energieaustauschs, traditionell gesprochen also seine Machtstellung stabilisiert wurde.[205]

d) Die ‚Sondergewalten' als zunehmend wirksame Machtmittel Hitlers

Das letztlich ungeregelte Nebeneinander von Partei und Staat, das auch durch das „Gesetz zur Sicherung der Einheit von Partei und Staat" vom

1.12.1933 „bloß deklamatorisch", nicht aber verfassungsrechtlich überwunden wurde[206], verschaffte Hitler einen weiteren strategischen Vorteil. Die trialistische Systemstruktur eröffnete ihm nämlich die Möglichkeit, zwischen beiden öffentlichen Gewalten ihm persönlich unterstellte Institutionen ins Leben zu rufen, die, mit einem wichtigen Sonderauftrag versehen, zugleich die Machtmittel von Partei und Staat in Anspruch nehmen konnten, ohne sich deren Kompetenzabgrenzungen oder internen, etwa verwaltungsrechtlichen oder bürokratischen Regelungen unterwerfen zu müssen. Sie waren so in der Lage, die zur Lösung ihrer Aufgabe nötigen Energiepotenziale und -umsetzer auf sowohl rechtsstaatliche wie revolutionär-terroristische Weise zu mobilisieren und zielbewusst zu organisieren. Es versteht sich fast von selbst, dass diese in ihrer zielgerichteten Energieballung typisch nationalsozialistischen Sondergewalten eine spektakuläre Wirkung entfalteten und deshalb zu Lieblingsinstrumenten Hitlers wurden, der sich, je mehr er sie einsetzte, zunehmend aus seinen Tätigkeiten als Regierungschef und Parteiführer zurückzog.[207]

Die Gründung der neuen Institutionen erfolgte durch persönliche Berufung eines von Hitler als kompetent und durchsetzungsfähig eingeschätzten ‚Sonderbeauftragten' und dessen Ausstattung mit den für seine Aufgabe als förderlich erachteten Kompetenzen. Ein frühes Beispiel eines solchen mit einer wichtigen gesamtgesellschaftlichen Aufgabe Betrauten war der Straßenbauexperte Dr. Fritz Todt, der am 30.6.1933 zum ‚Generalinspekteur für das deutsche Straßenwesen' ernannt wurde, womit ihm Zuständigkeiten des Reichsverkehrsministeriums übertragen und – trotz der Einsprüche des Reichsinnen- wie des Reichsfinanzministeriums gegen die neue, systemfremde Behörde – auch belassen wurden, damit diese, wie Hitler seine Bestätigung begründete, „die lebendige Kraft bleibe, die die ihr zugewiesenen Arbeiten forttreibt."[208] Die etatmäßig der Reichskanzlei unterstellte neue Institution, die den Status einer ‚Obersten Reichsbehörde' erhielt, wiewohl ihr Leiter kein Minister war, „stellte eine eigenartige Mischung von Behörde und wirtschaftlichem Management dar" (Broszat).[209] Speziell mit dem Autobahnbau beauftragt, dem Hitler eine große Bedeutung zugleich für die Beseitigung der Arbeitslosigkeit, die Integration der verschiedenen Reichsregionen sowie eine flexible Kriegführung zuschrieb, erhielt Todt alle erforderlichen Bedingungen für eine möglichst effektive Durchführung seines Auftrags.[210] Dadurch, dass er auf diese Weise zahlreiche Autobahnbaustellen und -arbeitslager sowie die privaten Kontraktfirmen zu einem riesigen Bauunternehmen zusammenfassen konnte, entstand eine energetisch äußerst effektive Fusion staatlicher Zwangs- und Finanzmittel (für den Erwerb des Baulandes, Entlohnung der schließlich 250 000 Arbeitskräfte und

## II. Verifizierung

Bezahlung der beteiligten Baufirmen sowie der für den teuren Betonplattenbau verwendeten Materialien), zuvor brachliegender Arbeitskraft und privatwirtschaftlicher Produktionsmittel unter politischem Auftrag des Führers, die als diktatorisch verfügte Synthese staatlicher Planung und kapitalistischer Produktionsmethoden bezeichnet werden kann.
Sie erwies sich als derart erfolgreich – durch Einsparung von Arbeitslosenunterstützung für die beim Autobahnbau wieder Beschäftigten sowie erhöhte Einnahmen an Einkommen- und Treibstoffsteuern finanzierte sich das Projekt in Hitlers Sicht zudem von selbst[211] –, dass Todt zusätzlich zum Straßenbau maßgebliche Aufträge innerhalb des 1936 anlaufenden Baus des ‚Westwalls' erhielt, weil die zunächst allein damit beauftragten Pionier- und Infanterieeinheiten des Heeres Hitler zu langsam vorankamen.[212] Im Juni 1938, zu einem Zeitpunkt also, da die beginnende Expansionspolitik Hitlers seine Befürchtungen hinsichtlich eines französischen militärischen Eingreifens verstärkt hatte, wurden zur Beschleunigung des Westwallbaus zwei Verordnungen zur ‚Sicherung des Kräftebedarfs für Aufgaben von besonderer staatspolitischer Bedeutung' erlassen, die der sich nun herausbildenden ‚Organisation Todt' (OT) die Dienstverpflichtung von Arbeitskräften und Baufirmen ermöglichte. Als zusätzliche Kompetenzerweiterungen ergaben sich Todts Ernennungen zum ‚Generalbevollmächtigten für die Regelung der Bauwirtschaft' im Rahmen der – noch zu erörternden – Vierjahresplan-Organisation (1938) und schließlich die zum ‚Reichsminister für Bewaffnung und Munition' (1940). Die dem neuen Ministerium zugeordnete OT entwickelte sich zu einer „zunehmend im militärischen Auftrag stehenden Bautruppe mit besonderen, den einzelnen Heeresgruppen zugeteilten OT-Einsatzkommandos und OT-Bauleitungen, denen schließlich auch die Bauformationen der Wehrmacht unterstellt wurden." Die Kompetenz-Bündelung, durch die sie „die Organisation umfangreicher Zweige und Firmen der privaten Bauwirtschaft [...] mit den Befugnissen der staatlichen Lenkung der Arbeits- und Dienstpflicht auf dem Bausektor verklammerte, befreite die OT von zahlreichen Hemmnissen rechtlicher und verwaltungsmäßiger Natur, verschaffte ihr starke Flexibilität, Mobilität und Effektivität." Die schließlich „zu einer der bedeutendsten Sonderorganisationen des Hitler-Staates" entwickelte OT wurde so „zum typischen Organ der führerunmittelbaren, außerordentlichen Sonderexekutive" (Broszat).[213]
Struktur und Funktionsweise des Dritten Reichs treten in der OT als einer seiner kennzeichnenden Organisationen besonders deutlich hervor: Die Beseitigung vorher bestehender Energieaustauschgrenzen zwischen Arbeitnehmer-Organisationen, privatwirtschaftlichen Unternehmen und staatlichen Organen durch deren Zusammenfassung in einem nicht auf rechtliche

## 11. Entstehung, Funktionieren und Scheitern des ‚Dritten Reichs'

Absicherung des Einzelnen, sondern raschen Energieumsatz zur Bewältigung einer bestimmten Aufgabe ausgerichteten System ermöglichte explosionsartige, Anhänger wie Gegner des Systems in Bann schlagende Leistungen, also Energieentfaltung mit entsprechender Steigerung des dabei produzierten Energiepotenzials. Dabei erfolgte, was für die Stellung der Sondergewalten zwischen Partei und Staat von Bedeutung ist, die Versorgung der OT mit den für ihre Arbeit nötigen Energiereserven und -umsetzern seitens ebendieser beiden öffentlichen Gewalten. Stellte der Staat neben den Finanzmitteln und Bauverwaltungen schließlich auch die Bauformationen der Wehrmacht sowie für den Arbeitseinsatz bestimmte Kriegsgefangene und ‚Fremdarbeiter' zur Verfügung, so trug die Partei, hier vertreten durch die SS, mit der Abkommandierung von zwangsverpflichteten Juden und KZ-Häftlingen ebenfalls zur Behebung des im Krieg wachsenden Arbeitskräftemangels bei[214], sie sorgte überdies mit ihrer furchteinflößenden Allgegenwart für die bei der Massenhaftigkeit des Arbeitskräfteeinsatzes besonders notwendige Disziplinierung und Überwachung.

Ein anderes Beispiel für die das Dritte Reich in seiner inneren Wirkungsweise kennzeichnenden Sondergewalten stellt die ‚Vierjahresplan-Organisation' (Vj.PO) dar, die schon in ihrem Namen an das sowjetrussische Vorbild der Stalinschen ‚Fünfjahrespläne' erinnert. Sie wurde am 18. Oktober 1936 durch die Beauftragung Görings ins Leben gerufen, der durch planmäßigen Ausbau der inländischen Rohstoffbasis sowohl die notorische deutsche Devisenknappheit überwinden als auch die Voraussetzungen für eine weitgehend autarke deutsche Kriegswirtschaft schaffen sollte.[215] Kennzeichnenderweise entwickelte sich die Vj.PO nun aber nicht zu einem umfassenden planwirtschaftlichen System, sondern „blieb [...] ein heterogenes Bündel von einzelnen Programmen und Maßnahmen" (D. Petzina).[216] Für diese zeichneten einzelne ‚Geschäftsgruppen' verantwortlich, die die Erzeugung von Roh- und Werkstoffen, Rohstoffverteilung, den Arbeitseinsatz, die landwirtschaftliche Erzeugung, die Preisüberwachung und Devisenangelegenheiten ressortmäßig auf das Globalziel wirtschaftlicher Autarkie des Deutschen Reichs auszurichten hatten.[217] Dem pragmatischen Charakter der Organisation entsprach es, wenn bei der Ernennung der Geschäftsgruppenleiter und der ‚Generalbevollmächtigten' für bestimmte Schwerpunkte der Vierjahresplanproduktion keine normativen, sondern Effektivitätsgesichtspunkte den Ausschlag gaben und Göring nebeneinander Staatssekretäre, Offiziere, Industrielle und Parteifunktionäre je nach vermuteter Eignung berief.[218] Dadurch wurden wiederum Teile der staatlichen

## II. Verifizierung

Bürokratie, so der Ministerien für Wirtschaft, Landwirtschaft, Arbeit und Verkehr, NS-Organisationen (für Altmaterialsammlungen) und privatwirtschaftliche Industriebetriebe wie vor allem die IG-Farben für die Vierjahresplan-Aktivitäten ein- und teilweise zusammengespannt.
Solche Kombinationen fanden ihre Entsprechung in der Doppelfunktion wichtiger Bevollmächtigter der Vj.PO wie der des IG-Farben Vorstandsmitglieds Carl Krauch, der nach mäßigen Erfolgen der Organisation in den kriegswirtschaftlich wichtigen Bereichen der Pulver-, Sprengstoff-, Treibstoff-, Aluminium-, Buna- und Eisenproduktion im August 1938 zum ‚Generalbevollmächtigten für Chemie' ernannt wurde, gleichwohl seinen IG-Farben-Vorstandsposten beibehielt und 1940 zum Aufsichtsratsvorsitzenden dieses Unternehmens aufstieg.[219] Er „verband mithin bis 1945 in seiner Person die Leitung der wichtigsten staatlichen Lenkungsbehörde der chemischen Produktion mit der führenden Stellung in der IG-Farben, dem weitaus bedeutendsten monopolartigen Unternehmen der chemischen Industrie in Deutschland." Die in Krauchs „Funktion und seinem Stab gegebene Personalunion von privater und staatlicher Wirtschaftsführung [stellte eine] für die Wirtschaftslenkung des Dritten Reiches [...] in zunehmendem Maße charakteristische Form dar." (Broszat)[220]
Der staatlich-privatwirtschaftliche Doppelcharakter betraf bei den zur Förderung der inländischen Eisenerzeugung gegründeten ‚Hermann-Göring-Werken' darüber hinaus sogar die Eigentumsverhältnisse, da deren Eigenkapital teilweise vom Staat, teilweise von den dazu gedrängten Unternehmen der Schwerindustrie aufgebracht wurde. Die Geschäftsleitung lag bei Paul Pleiger, einem nationalsozialistischen Industriellen, der die Aktivitäten des Unternehmens über dessen eigentliche Zweckbestimmung hinaus auf den Maschinen- und Schifffahrtssektor ausweitete, um die zunächst dürftigen Gewinnchancen des Konzerns zu verbessern, womit auch hier wiederum staatlich-politische mit privat-kapitalistischen Funktionen und Interessen verschmolzen.[221]

Ähnliches lässt sich über die Rüstungs- und Kriegswirtschaft als Ganzes sagen, die nach Todts Unfalltod im Februar 1942 im Wesentlichen von Hitlers Lieblingsarchitekten Albert Speer und seiner ‚Zentralen Planung' gelenkt wurde, ohne dass deshalb das private Unternehmertum angetastet worden wäre.[222] Vielmehr wurde dieses in die Zuteilung von Devisen, Rohstoffen, Arbeitskräften usf. seitens des Kriegsministeriums in der Weise eingeschaltet, dass selbstverwaltungsartige ‚Ausschüsse' der verschiedenen Industriezweige deren Ressourcenbedarf bei den Prüfern des Planungsamtes anzumelden und die branchenweisen Zuteilungen nach ökonomischen

Gesichtspunkten auf die einzelnen Unternehmen zu verteilen hatte.²²³ Daraus ergab sich das scheinbare Paradox, dass Speers schließlich für alle Wirtschaftsbereiche zuständiges Rüstungsministerium „entgegen herkömmlichen Vorstellungen von ‚Planwirtschaft' die Einflußmöglichkeiten der Industrie nicht verringerte, sondern sie gegenüber der bürokratischen Gängelung der Wehrmachtsstäbe sogar verstärkt hat." (Petzina)²²⁴ Die Effektivität dieses gemischten Systems, das durch eine dynamische Kooperation zwischen staatlicher Bürokratie, führerunmittelbaren Sondergewalten und privaten Wirtschaftsunternehmen gekennzeichnet war, trat in der Verdreifachung der von den Weltmärkten zunehmend abgeschnittenen, zudem durch die alliierte Luftherrschaft und Bombardierung bedrängten deutschen Rüstungsproduktion zwischen 1941 und 1943/4 unwiderleglich zutage.²²⁵ Gewiss sind solche Erfolge der deutschen Rüstungswirtschaft – bei übrigens tragbarer Konsumeinschränkung für die Zivilbevölkerung – nicht allein mit Organisationsformen zu erklären, sondern müssen zu einem guten Teil auf die Beutepolitik der Vj.PO in den besetzten Ostgebieten sowie die Requirierung von Fremdarbeitern und die Dienstverpflichtung deutscher Frauen für die Arbeit in Rüstungsbetrieben zurückgeführt werden. Aber auch deren Mobilisierung war Kennzeichen eines Systems, das – angesichts einer strukturellen Überlegenheit seiner vielen und viel größeren Gegner – stets an einem akuten Mangel an Energie litt und dementsprechend, wie unsere Grundthese besagt, durch neue Formen der Staats- und Wirtschaftslenkung bzw. -organisation diesen Mangel zu kompensieren versuchte.

So wurden auch für die Zwecke der Mobilisierung von privatem Energiepotenzial neue Sondergewalten geschaffen wie im besetzten Polen die ‚Haupttreuhandstelle Ost' zur Sicherstellung von jüdischen und polnischen Eigentumswerten und -rechten sowie die ‚Dienststelle des Generalmajors Bührmann' für die von Nahrungsmitteln und Rohstoffvorräten.²²⁶ Die wirtschaftliche Ausbeutung der in der Sowjetunion besetzten Gebiete übertrug Göring der ‚Organisation Oldenburg', aus der sich später der ‚Wirtschaftsführungsstab Ost' und als dessen Exekutive der ‚Wirtschaftsstab Ost' entwickelten, in dem die Vj.PO direkt, das Heer über den Quartiermeister und die Reichsregierung durch das neu gebildete ‚Ostministerium' vertreten waren. Soweit nicht bloße Requirierungsmaßnahmen anstanden, sondern die kriegswirtschaftliche Nutzung vorhandener Industriekapazitäten zu organisieren war, wurde wiederum ein gemischtes System von Monopolgesellschaften des Reichs und der Treuhandverwaltung russischer Betriebe durch deutsche Privatfirmen eingeführt, das der beschriebenen Struktur der deutschen Kriegswirtschaft entsprach: „Kaum anderswo zeigte sich so offen die

## II. Verifizierung

Vierjahresplanallianz von Staatsführung und Industrie, die hier einen Raubzug zur Vergrößerung sowohl des Kriegspotentials wie der industriellen Profite begann." (Petzina)[227]

Nicht nur organisatorisch, sondern auch produktionstechnisch wurde das deutsche Gesellschaftssystem durch seine bereits im Ersten Weltkrieg erfahrene und später von Hitler bewusst angesteuerte Isolierung vom überseeischen Weltmarkt auf den Weg akute Mangellagen überwindender Innovationen gedrängt. So kompensierte das von Fritz Haber und Carl Bosch entwickelte Hochdrucksyntheseverfahren zur Herstellung von synthetischem Ammoniak, der in Deutschland für die Produktion sowohl von Sprengstoff wie für Stickstoffdünger gebraucht wurde, schon im Ersten Weltkrieg den Ausfall von Chile-Salpeter-Importen durch die Seeblockade der Westmächte. Aufbauend auf den Kenntnissen und Produktionsanlagen der katalytischen Hochdrucksynthese entwickelte die IG Farben ein Verfahren zur Kohlehydrierung, mit dem aus Braunkohle Benzin gewonnen werden konnte.[228] Damit wurde seit 1927 im kohlereichen, aber ölarmen Deutschland ein zwar kostspieliges, aber bei ausbleibenden Mineralölimporten notwendiges Ersatzprodukt gewonnen, das insbesondere für Hitlers Konzept der Eroberung eines autarken Festlandsimperiums mit stark motorisierten Kampfeinheiten größte Bedeutung gewann. Dem entsprechend wurde die IG Farben bereits Ende 1933 im sogenannten Benzinvertrag vom Reich zum Ausbau ihres Werks in Leuna auf eine jährliche Produktionskapazität von 350 000 Litern verpflichtet, wobei der Staat einen fünfprozentigen Unternehmensgewinn auf das investierte Kapital garantierte. Im folgenden Jahr wurden darüber hinaus zehn führende Braunkohleunternehmen zum Beitritt in die unter gleichen Bedingungen neu gegründete Braunkohlenbenzin AG (Brabag) gezwungen, womit neue und größere Kohlehydrierungskapazitäten geschaffen wurden.[229] Deren Benzinproduktion wurde von 1933 bis 1943 zwar von 108 000 t auf 3 709 000 t und damit um gut das 34fache gesteigert, vermochte den Bedarf aber nur zu etwa 45 % zu decken.[230]

Wirtschaftlicher und deshalb dauerhafter war die synthetische Erzeugung von Kautschuk für die Reifenproduktion, mit der die Abhängigkeit von Naturkautschuk-Importen aus Übersee beseitigt wurde. Wiederum war es die IG Farben, die nach früheren Anätzen der Firma Bayer bis 1935 ein Verfahren entwickelte, mit dem ein Reifenwerkstoff hergestellt werden konnte, der die Abriebfestigkeit von Naturkautschuk sogar übertraf. In vier großen Kautschuk-Fabriken konnte der deutsche Kriegsbedarf auf diese Weise weitgehend gedeckt werden.[231]

## 11. Entstehung, Funktionieren und Scheitern des ‚Dritten Reichs'

Weitere für die Kriegführung nicht ganz so wichtige chemische Ersatzstoffe waren die wieder von der IG Farben entwickelte Seidenkunstfaser ‚Perlon', die für die Fallschirmproduktion benötigt wurde, und das schon in den Zwanziger Jahren hergestellte ‚Plexiglas', das als bruchsicherer und leichter Glasersatz besonders im Flugzeugbau Verwendung fand.[232]
Einen weiteren Schwerpunkt kriegstechnischer Innovationen bildete die deutsche Flugzeugindustrie, deren Expansion vom Dritten Reich massiv gefördert, aber vor allem von privatem Erfinder- und Unternehmergeist auf immer neue Ebenen gehoben wurde. So hatte Hugo Junkers in seiner Dessauer Flugzeugfabrik Anfang der Dreißiger Jahre das erste Ganzmetallflugzeug entwickelt, während Ernst Heinkel 1939 das weltweit erste Düsenflugzeug starten ließ.[233] Von hier aus lag es nahe, der systematischen Bombardierung deutscher Städte durch die britischen Bomberflotten, denen die deutsche Luftabwehr nicht gewachsen war, die Fortentwicklung des Düsenflugzeugs in Form der Flügelbombe als Vergeltungswaffe ‚V1' entgegenzusetzen. Als diese wegen zu geringer Geschwindigkeit zunehmend von britischen Abfangjägern im Flug abgeschossen wurde, entwickelte das deutsche Raketenzentrum in Peenemünde unter Werner von Brauns Leitung die erste leistungsfähige Fernrakete ‚V2', die allerdings wegen zu geringer Zielgenauigkeit und ihrer bloß konventionellen Sprengstoffladung militärisch bedeutungslos blieb.[234] Ähnliches gilt für die Entwicklung erster elektromagnetisch gesteuerter Rechenmaschinen, der späteren Computer, die von dem bei den Henschel Flugzeugwerken beschäftigten Ingenieur Konrad Zuse zu erster brauchbarer Verwendungsfähigkeit geführt wurden, als er einen Relaisrechner zur Berechnung aerodynamischer Formung von Flugbomben konstruierte.[235]

Alle diese Neuerungen, die – abgesehen von dem noch immer unwirtschaftlich teuren ‚Kohlebenzin' und der Raketentechnik – auch im Konsumsektor der Nachkriegszeit ihre Nützlichkeit erwiesen haben, sind – wiederum unserer Grundthese entsprechend – aus drohenden oder akuten energetischen Mangellagen vor allem des Kriegsbedarfs hervorgegangen, deren Überwindung mit hergebrachten Mitteln entweder unmöglich oder nur mit außergewöhnlichen Aufwendungen, mithin weit größerem Energieaufwand für das deutsche Gesellschaftssystem realisierbar gewesen wäre. Sie stellten für dieses, stellen aber eben auch für die weiterhin sie nutzende Nachwelt eine erhebliche Energieersparnis und also zivilisatorischen Fortschritt dar, der auf seine Weise dazu beitrug, die Menschheitsgeschichte voranzutreiben.

## II. Verifizierung

Da die Beschaffung von Arbeitskräften wegen der immer weitere Kreise der männlichen Berufstätigen erfassenden Rekrutierung für die Wehrmacht zu einem akuten Problem wurde, beschritt man auch hier den Weg der Beauftragung eines ‚Generalbevollmächtigten für den Arbeitseinsatz'. Der thüringische Gauleiter und Reichsstatthalter Sauckel, den Hitler im März 1942 für dieses Amt berief, schaffte mit mobilen Einsatzkommandos aus Mitarbeitern der Arbeitsämter unter Mithilfe der Polizei die von Speers Planungsamt angeforderten Arbeitskräfte herbei, indem er unter Verdrängung der staatlichen Arbeitseinsatzverwaltungen vor allem das besetzte Ausland nach Arbeitskräften durchkämmen und diese zwangsweise der deutschen Rüstungsindustrie zuführen ließ.[236] Die unter Sauckel bis 1944 auf eine Zahl von 5,3 Millionen gebrachten Fremdarbeiter, die schließlich zusammen mit den 1,8 Millionen ebenfalls im Arbeitseinsatz befindlichen Kriegsgefangenen damit ein Viertel der in Deutschland Beschäftigten ausmachten, wurden von SS und Polizei scharf überwacht und in ihrer Lebensführung eingeschränkt, um sie nicht zu einem politischen Risiko werden zu lassen.[237] So arbeiteten auch bei der Nutzung ausländischer Arbeitskraft staatliche Organe, die Parteiformation der SS und die Privatwirtschaft, bei der die Fremdarbeiter überwiegend beschäftigt waren, in energetisch effektiver Weise zusammen.

Aus all dem ergibt sich, dass mit steigenden Anforderungen an die deutsche Rüstungsindustrie immer neue, meist führerunmittelbare Sondergewalten geschaffen wurden, die, gerade weil sie außerhalb der Verfassung und staatsbürokratischer Verwaltungsvorschriften standen, besonders für die festlandsimperialistische Beutepolitik des Dritten Reichs geeignet waren. Wenn der deutsche Festlandsimperialismus in einer durch die Partei vermittelten und überwachten Kooperation von staatlichen und privatwirtschaftlichen Subsystemen sein Funktionsprinzip fand, dann stellt dies, wie gerechter Weise auch bemerkt werden muss, eine genaue Entsprechung allgemein üblicher überseeimperialistischer Praktiken schon des 19. Jahrhunderts dar (vgl. II.10). Zwar hatte sich die dort praktizierte Kombination privater Handels- und Explorationsinteressen mit staatlicher Schutzmacht in der Beutepolitik des Dritten Reichs zu intensiver, vom ‚Führer' gelenkter Kooperation verdichtet, dennoch war es in beiden Fällen die gesamtgesellschaftliche Strategie staatlich-privatwirtschaftlichen Ausgreifens auf externe Energiereserven und -umsatzpotenziale, mit der die von aufkommenden Konkurrenten bedrohten ‚Imperialismusgeber' ihren Bestand zu retten suchten. Ein gravierender, wenngleich nicht prinzipieller Unterschied zwischen dem deutschen Festlandsimperialismus des 20. und dem üblichen

## 11. Entstehung, Funktionieren und Scheitern des ‚Dritten Reichs'

Überseeimperialismus des 19. Jahrhunderts besteht allerdings in dem Ausmaß nationaler Energiemengen, die jeweils eingesetzt wurden. Handelte es ich beim Überseeimperialismus durchweg um eine relativ marginale, mehr vorsorgende Politik mit durchweg geringem militärischen Engagement, so führte der deutsche Festlandsimperialismus wegen der strukturellen energetischen Überlegenheit seiner Gegner zu einem schließlich überwiegenden Einsatz aller verfügbaren Energiereserven und -umsetzer wie insbesondere der Großteile von Wehrmacht, Waffen-SS, SS-Einsatzgruppen und der diese versorgenden Rüstungsindustrie und Sondergewalten für den ‚Ostkrieg'.

Für alle unter Sonderrecht stehenden Organisationen, die durch Zusammenspannung vorher getrennter Subsysteme einen besonders hohen Grad an Energieaustauschgewinnen erzielten, ist – wie für das Dritte Reich als ganzes – eine relativ kurze Lebensdauer kennzeichnend. Wurde Görings Vj.PO bei nominellem Fortbestand doch faktisch seit 1942 von Speers System der ‚Zentralen Planung' aufgezehrt, so begann sich dieses durch Verselbständigung einzelner seiner Teile wie der von Hitler mit dem „Jäger-Programm" zur raschen Steigerung der Jagdflugzeugproduktion beauftragten Gruppe unter Karl Otto Saur seit 1944 aufzulösen.[238] Wichtig erscheint unserer Betrachtungsweise weiterhin die Tatsache, dass die von Hitler eingesetzten Sondergewalten in ihrer Strategie der ‚Sammlung' von Teilsystemen und der damit bewirkten massenhaften Mobilisierung von Arbeitskräften und also -energie zur Erzielung spektakulärer Erfolge im Kampf gegen die ‚Feinde des deutschen Volkes' eine konsequente Realisierung der Hitlerschen Volksgemeinschaftsideologie unter dem Slogan „Einigkeit macht stark" darstellten.

Die energetische Analyse der Sondergewalten und ihrer Wirkungsweise trifft damit zugleich das Wesen der Hitler-Diktatur: Durch translegal herbeigeführten Energieaustausch zwischen vorher getrennten Subsystemen wie staatlicher Verwaltung, Partei und Privatwirtschaft konnte ein jeweils spektakulärer ‚Kurzschlusseffekt' erzielt werden, also eine enorme Energieumsatzsteigerung mit den von der politischen Führung gewünschten außergewöhnlichen Erträgen. Dabei zeigte sich zugleich der von uns schon mehrfach beobachtete Zusammenhang zwischen akutem Energiemangel eines Gesellschaftssystems und der Beseitigung interner Energieaustauschschranken mit dem Ziel gesteigerten Energieumsatzes und -gewinns zur Überwindung eben jenes Mangels. Auch für die bei solchen Systemveränderungen immer wieder beobachtete Angleichung an überlegene Konkurrenzgesellschaften stellen die Sondergewalten des Dritten Reichs weitere

II. Verifizierung

Beispiele dar: Die in ihnen unter Führung des Diktators vollzogene Synthese staats- und privatwirtschaftlicher Organisations- und Produktionsmethoden sind als gleichzeitige Doppelanpassung an die beiden Deutschland bedrängenden Systeme des westlichen Kapitalismus und der bolschewistischen Planwirtschaft zu verstehen, wie wir sie oben auch bei der Herausbildung der NSDAP und des Dritten Reichs als Ganzem haben beobachten können.

Wenn die aus solcher Synthese antagonistischer Subsysteme hervorgegangenen Sondergewalten schlagartige Energieumsatzsteigerungen, aber nur eine kurze Lebensdauer erreichten, dann erklärt sich dies wie die physikalischen Erscheinungen eines Blitzes: Die plötzliche Beseitigung einer Energieaustauschschranke zwischen gegenpoligen Systemen hat in jedem dieser Fälle einen plötzlichen, vorwiegend zerstörerischen Austauschstoß zur Folge, der aber rasch ‚verglüht', zum einen, weil die zur Verfügung stehenden Energiepotenziale durch den kurzfristig gewaltigen Energieumsatz rasch verbraucht sind, zum andern, weil andere energiehungrige Subsysteme zu parasitärer Beteiligung an dem stark vermehrten Energieumsatz angeregt werden, wie wir das bei der gegenseitigen Unterwanderung und Auflösung von Sondergewalten des Dritten Reichs haben sehen können.

### f) Das Zusammenwirken von Partei und Staat in den Bereichen von Terrormaßnahmen und Propaganda

Dem skizzierten Entwicklungsmuster der zellenartig auseinander hervorgehenden und mit bestehenden Institutionen fusionierenden Sondergewalten des Dritten Reichs folgten auch die NS-Parteiorganisationen als dessen eigentliche Bannerträger. So war die SA als propagandistisch-terroristische Hilfsorganisation der Partei entstanden, erlangte dieser gegenüber aber sowohl organisatorisch wie politisch eine weitgehend autonome Stellung.[239] Durch die Ausbildung von Sondereinheiten wie der Motor-, Reiter-, Flieger- und Marine-SA, durch ihre zahlenmäßige Stärke und schließlich ihre erwähnte als ‚Hilfspolizei' vollzogene Anbindung an die staatlichen Ordnungskräfte gewann die eigentliche Trägerin der ‚NS-Revolution' ein solches Eigengewicht, dass Hitler sich gezwungen sah, sie in der ‚Röhm-Affäre' gewaltsam zu entmachten. Damit wurde der Weg für die SS frei gemacht, die, zunächst dem obersten SA-Führer unterstellt, durch ihre entscheidende Beteiligung an der Ausschaltung der alten SA-Führungsspitze um Röhm, durch aktive Kooperation mit staatlichen Institutionen und durch den Aufbau wichtiger neuer Sonderorganisationen zur machtvollsten NS-Organisation aufstieg.

## 11. Entstehung, Funktionieren und Scheitern des ‚Dritten Reichs'

Die erste Unterorganisation der zunächst auf die persönliche Sicherung Hitlers und anderer hoher Parteiführer beschränkten ‚Schutzstaffel' (SS) unter ihrem Reichsführer Himmler war der im August 1931 von dem ehemaligen Reichswehr-Nachrichtenoffizier Heydrich aufgebaute ‚Sicherheitsdienst' (SD), der in Konkurrenz zu anderen Geheimdiensten der Partei das nachrichtendienstliche Monopol innerhalb der NSDAP erlangte.[240] Eine weitere, dem partei-elitären Charakter der SS entsprechende Aufgabe sicherte Himmler seiner Organisation im Jahr 1932 mit der Errichtung eines ‚Rasseamtes', woraus später ihre führende Rolle auf dem Gebiet der Rasse- und Siedlungspolitik erwuchs. Weitere wichtige SS-Sonderorganisationen waren die seit Ende 1933 zur Bewachung der Konzentrationslager aufgestellten ‚Totenkopfverbände' sowie die 1936 erstmals formierte ‚SS-Verfügungstruppe', die später sogenannte Waffen-SS.[241]
Mit den Totenkopfverbänden gewann Himmler die Verfügungsgewalt über die Konzentrationslager (KZ), deren Häftlinge er, ausgehend vom ‚Dachauer Modell', als Arbeitskräfte zur Versorgung des jeweiligen Lagers, dann aber auch der SS und der Polizei, schließlich für allgemeine Staatszwecke produktiv zu nutzen suchte.[242] Nach kleinen Anfängen in Handwerksbetrieben des KZ Dachau wurden daraus in einigen Himmler besonders am Herzen liegenden Bereichen größere Wirtschaftsunternehmen, die in zwei Fällen sogar eine wichtige reichsweite Marktstellung erlangten. Zum einen war dies der Nordland Verlag, der vor allem Schriften zur Verbreitung des Ideenguts der SS, also vor allem Himmlers verlegte und der 1944 immerhin drittgrößter Verlag im Reich wurde. Das andere war ein Mineralwasser-Konzern, mit dem Himmler das Ziel verfolgte, den schon damals verbreiteten Alkoholismus mit dem Angebot von Mineralwässern und Fruchtsäften zu bekämpfen, deren Preis unter dem von Bier und billigen Weinen lag. Dieser Konzern hatte 1944 im Reich einen Marktanteil von 75 % erobert.[243]
Die 1938 gegründeten Deutschen Erd- und Steinwerke GmbH (DESt) als erstes mit KZ-Häftlingen betriebenes Großunternehmen der SS war eindeutig darauf angelegt, Hitlers Lieblingsarchitekten Albert Speer in einer Zeit zunehmenden Arbeitskräftemangels die für die begonnenen oder geplanten Repräsentationsbauten, die Hitler sich wünschte, benötigten Baustoffe in entsprechender Qualität und Menge pünktlich zu liefern. Zu diesem Zweck ließ Himmler, inzwischen Chef der Deutschen Polizei, die Gestapo in der letzten Aprilwoche 1938 – gleichzeitig mit der Gründung der DESt – eine Razzia gegen ‚Arbeitsscheue' durchführen, mit der ca. 2000 ‚Arbeitskräfte' in das KZ Buchenwald verschleppt wurden.[244] Die ausgreifende Systematik dieses Projekts zeigt sich in der ebenfalls noch 1938 erfolgenden Gründung

## II. Verifizierung

zweier neuer KZ in Mauthausen (nahe Linz) und Flossenbürg (unweit Nürnberg), in deren Nähe Steinbrüche angepachtet werden konnten[245], von wo aus die im Bau befindlichen Reichsparteitagsgebäude in Nürnberg und die in Hitlers Heimatstadt Linz geplanten Bauten verkehrsgünstig mit Steinmaterial beliefert werden konnten. Die Schlauheit der Nutznießer des Gesamtprojekts zeigt sich in ganzer Nacktheit, wenn man erfährt, dass als Gründer der DESt zwei SS-Sturmbannführer als – angebliche – Privatleute firmierten, damit die finanzielle Unabhängigkeit von der Partei gewahrt blieb, während – wiederum dem Namen nach – Speer, in Wirklichkeit die öffentliche Hand, den Löwenanteil der Finanzierung des Unternehmens als Vorschusszahlung auf künftige Lieferungen vorfinanzierte, Himmler mit den KZ-Häftlingen billigste Arbeitskräfte zur Verfügung stellte und seine Vertrauensstellung bei Hitler, dessen Bauleidenschaft so wirksam Vorschub geleistet wurde, erheblich absichern konnte.[246]

Solche Liebedienerei des ‚getreuen' Himmler, der die Visionen seines Herrn und Meisters Adolf Hitler auch hier in vorauseilendem Gehorsam zu realisieren suchte und damit seine eigene Machtstellung im Dritten Reich systematisch erweiterte, zeigte sich auch in der von seinem SS-Gruppenführer Pohl in den besetzten Ostgebieten durchgeführten Beschlagnahmung von Ziegeleien, die – als verlängerter Arm der DESt – für die dort anzusiedelnden Südtiroler und Baltendeutschen preiswertes Baumaterial liefern und so die deutsche ‚Ostsiedlung' beschleunigen sollten.[247]

In gleichem Sinn wurden die aus den Dachauer Selbstversorgungs-Werkstätten hervorgegangenen Deutschen Ausrüstungswerke (DAW) der SS gegründet, die zunächst die rasch wachsenden Verbände der SS-Verfügungstruppe und der SS-Totenkopfverbände mit benötigter Ausrüstung und sogar Lebensmitteln versorgen sollten,[248] aber nach auftretenden technischen und organisatorischen Schwierigkeiten auf den einen Sektor der Holzmöbelproduktion zurückgeführt wurden, womit der entsprechende Bedarf in KZ- und SS-Verwaltungsstellen und vor allem der deutschen Ostsiedler an einfachen ‚Siedlermöbeln' durch die in den DAW Anfang 1944 beschäftigten 16 000 Häftlinge gedeckt werden sollte[249].

Was solchen Sonderorganisationen und Unternehmen der SS im Gegensatz zu der vor allem im Krieg stark an Bedeutung verlierenden ‚Allgemeinen SS' ihre wachsende Macht verschaffte, war neben der engen Bindung an die Person Hitlers und dessen Ideologie ihr Zusammengehen mit staatlichen Institutionen. Dieses begann schon im März 1933 während der ‚NS-Revolution', die von Heißspornen der NSDAP und SA als Ablösung der ‚Bonzen' in Staat und Wirtschaft missverstanden worden war. Himmler,

## 11. Entstehung, Funktionieren und Scheitern des ‚Dritten Reichs'

seit Januar 1929 ‚Reichsführer SS', und Heydrich nutzten die dadurch ausgelöste Verunsicherung, indem sie – wie bereits erwähnt – zunächst in Bayern, dann in den übrigen Reichsländern die Politischen Polizeien der SS unterstellten und personell mit dem SD verklammerten.[250] Obwohl Hitler in anderen Bereichen die Usurpation staatlicher Institutionen durch Parteigliederungen unterband, um die fachliche Kompetenz der erfahrenen Staatsdiener für seine Politik nutzen zu können, machte er im Fall der Politischen und später auch der übrigen Polizeien eine wichtige Ausnahme, indem er Himmler im Juni 1936 zum ‚Chef der deutschen Polizei' ernannte, womit die institutionelle Verklammerung der Parteigliederung SS mit der staatlichen Polizei vervollständigt wurde.[251] Der Grund für die Ausnahmestellung, die Himmler damit zugestanden wurde, lag zweifellos in dessen absoluter Loyalität Hitler gegenüber, der mit dem ihm direkt unterstellten ‚Reichsführer SS' und eben Chef der Deutschen Polizei die innergesellschaftliche Überwachung der Normen sozusagen doppelt lenken und überwachen, damit also den internen Energieaustausch des Deutschen Reichs wirksam regulieren konnte. Die so gewonnene Stärkung seiner Führerstellung wurde durch die Zusammenfassung von Ordnungs- und Sicherheitsorganen des Staates und der Partei noch dadurch erhöht, dass die SS als nur ideologischen Richtlinien verpflichteter Partner der staatlichen Polizeien dabei insbesondere die ‚Geheime Staatspolizei' (Gestapo) unberechenbar, weil nicht allein staatlichen Normen verpflichtet, und damit für fast jeden Menschen im Reich fürchterlich werden ließ.[252]

Diese den Himmlerschen Terror allgegenwärtig machende Verquickung parteilicher und staatlicher Herrschaftsfunktionen wurde durch die systematisch betriebene Gleichschaltung von SS-Dienstgraden und polizeilichen Beamtenrängen, durch die institutionelle Zusammenfassung von Gestapo, Kriminalpolizei und SD im ‚Reichssicherheitshauptamt', im Kriege zudem durch die Rekrutierung Tausender von Polizeibeamten für SS-Polizeidivisionen und Einsatzgruppen im besetzten Ausland zunehmend erweitert und in ihrer Wirkung verstärkt. Die damit ebenfalls gestärkte Machtstellung Himmlers, zugleich aber die Auszehrung des Rechtsstaats durch dessen Inanspruchnahme seitens der Sonder- und Parteigewalten fand ihren formalen Ausdruck darin, dass der immer wieder für eine geordnete Reichsverwaltung eintretende Innenminister Frick im August 1943 von dem ihm bis dahin als Staatssekretär unterstellten Himmler abgelöst wurde.[253]

Eine andere Form der Kooperation zwischen SS und Staat, nämlich das Zusammenwirken bewaffneter SS-Einheiten – insbesondere der SS-Leibstandarte Adolf Hitler – mit der Reichswehr zur erwähnten Niederwerfung des angeblich drohenden ‚Röhm-Putsches' fand trotz späteren gegenseitigen

## II. Verifizierung

Misstrauens ihre Fortsetzung bei der militärischen Besetzung des Rheinlands, Österreichs, der Tschechoslowakei und – nach Ausbruch des Krieges – in dem von der Heeresleitung für Wehrmachtsteile wie die Waffen-SS gelenkten Fronteinsatz. Die schließlich auf 38 Divisionen angewachsene Waffen-SS galt lange Zeit (bis zu ihrer durch hohe Verluste bedingten Auszehrung) sogar als Elite des deutschen Heeres, mithin als Teil der Wehrmacht, auch wenn ein Führererlass der Vorkriegszeit (vom August 1938) ihre Selbständigkeit erklärt hatte.[254] Aber nicht nur im Fronteinsatz, sondern auch bei den gegen Funktionäre der KPdSU, Juden und Zigeuner gerichteten ‚Säuberungsaktionen' im Rücken des nach Osten vorstoßenden deutschen Heeres gab es eine vielfältige, wenn auch von einigen Militärbefehlshabern kritisierte Kooperation zwischen der Wehrmacht und den SS-Einsatzgruppen, welche die Hegemonie der SS in den besetzten Ostgebieten begründete und ihr die Federführung bei der ‚Endlösung der Judenfrage', also der Massenvernichtung von Millionen von Juden verschaffte.[255]

Was wir bei der Entwicklung der anderen Sondergewalten des Dritten Reichs beobachten konnten, trifft also auch auf die NSDAP-Gliederungen zu, dass nämlich nur enge Kooperation mit älteren bewährten Subsystemen wie hier den staatlichen Einrichtungen der Polizei oder Wehrmacht zu tatsächlicher Macht verhalf, die – wie die Gegenbeispiele der SA oder der Allgemeinen SS zeigen – auch nur dann erhalten oder erweitert werden konnte, wenn „in einem Prozeß permanenter Zellteilung in immer neue ‚unmittelbare' Führerverhältnisse und entsprechende Sonderungsbestrebungen ihrer Einzelglieder" die für das Wachstum von Organisationen im NS-Staat allein erfolgreiche Methode verfolgt wurde (Broszat).[256]
Das mit den immer zahlreicher werdenden Sondergewalten zunehmende Konkurrenzgerangel zwischen diesen und mit den traditionellen Machtapparaten brachte einen dauernden Zwang zu Dynamik, Aktivität und Zielsuche mit sich, der im Fall des SD, der SS-Einsatzgruppen und der SS-Totenkopfverbände zu furchtbar perfektionistischer Realisierung propagandistischer Phrasen wie der von der ‚Endlösung der Judenfrage' motivierte, ohne dass dergleichen von der Führung langfristig und konkret geplant gewesen wäre.[257] Die erzeugte Steigerung des Terrors, der manchen Beobachtern so kennzeichnend erschien, dass sie das Gesamtsystem als „SS-Staat" bezeichneten[258], ermöglichte einen den rechtsstaatlichen Schutz des einzelnen Staatsbürgers immer weitergehend durchbrechenden Zugriff auf die letzten persönlichen Energiereserven der an verschiedenen Fronten kämpfenden Männer, der in Munitionsfabriken eingesetzten Frauen, in der Flugabwehr

## 11. Entstehung, Funktionieren und Scheitern des ‚Dritten Reichs'

und verschiedenen Hilfsdiensten tätigen Jugendlichen und den bis auf die letzten Wert-, ja Gebrauchsgegenstände ausgeplünderten Juden.

War es der in parteilich-staatlicher Kooperation immer perfekter betriebene Terror, der den Zugang zu bis dahin rechtsstaatlich geschützten persönlichen Energiepotentialen gewaltsam öffnete, so die Propaganda, mit der dasselbe Ziel auf gewaltlose Weise verfolgt wurde. Hitler selbst als Zentralfigur des Dritten Reichs war vor allem anderen Propagandist. Entsprechend stellte er 1942 in vertrautem Kreise fest: „Mein ganzes Leben war nichts als ein ständiges Überreden."[259], womit er, im Wesentlichen zutreffend, seine eigentliche Leistung in der rednerischen Motivierung und Lenkung anderer, also in der Propagierung seiner politischen Zielvorstellungen sah. Dass er es darin zur Meisterschaft brachte, ist vielfach bezeugt, dass er Propaganda aber nicht nur in öffentlichen Reden, sondern auch im Dialog mit ausländischen Diplomaten oder Staatsmännern und in Geheimreden vor wichtigen Führungsgremien des Reichs als wirkungsvolles politisches Instrument gebrauchte, wurde dagegen oft weniger beachtet.

Neben seinen bereits erwähnten Reden vor den Reichsstatthaltern wären hier insbesondere die vor der Generalität anzuführen, mit denen er das für die Durchsetzung seiner aggressiven Außenpolitik unverzichtbare Machtmittel der Reichswehr und späteren Wehrmacht für sich gewinnen und in seinem Sinne zu lenken verstand. Ersteres gilt etwa für die Rede im Haus des Generals von Hammerstein-Equord am 3. Februar 1933, in der er vor den versammelten Generälen und Admirälen der durch die Versailler Friedensbestimmungen auf 115 000 Mann reduzierten Reichswehr deren Eigenständigkeit gegenüber der zahlenmäßig bereits weit stärkeren und die militärische Führung beanspruchenden SA, außerdem Aufrüstung und Wiedereinführung der allgemeinen Wehrpflicht zusagte, was der deprimierten Reichswehrführung wie Musik in den Ohren geklungen haben muss. Als auch nach der Entmachtung der SA das gegenseitige Misstrauen zwischen Partei und Wehrmacht weiterschwelte, griff Hitler wiederum zu dem Mittel propagandistischer Einflussnahme, indem er am 3. Januar 1935 vor den Spitzen von Partei und Wehrmacht eine hochdramatische Rede hielt, in der er sogar damit drohte, sich eine Kugel durch den Kopf zu schießen, wenn beide Machtträger untereinander keine Einigkeit bewahren sollten.[260] Und als gegen den Plan eines militärischen Angriffs auf die Tschechoslowakei eine von General Ludwig Beck angeführte Opposition ranghoher Generäle antrat, überwand Hitler wiederum durch Reden vor den höheren Befehlshabern des Heeres am 15. und 17. August 1938 auch diesen Widerstand.[261]

## II. Verifizierung

Wenn Hitler, seit dem Tode Hindenburgs am 2. August 1934 Oberster Befehlshaber der Wehrmacht, die, wie gesagt, gleichzeitig auf seine Person vereidigt worden war, anders als Stalin die Wehrmachtführung lieber propagandistisch als terroristisch handhabte, findet dies seine Erklärung in der von ihm immer wieder bekundeten Überzeugung, dass nur eine ‚geschlossene Volksgemeinschaft' den von ihm vorgezeichneten Weg zu neuer Stärke und Freiheit des Deutschen Reichs zurücklegen könne. Einigkeit war aber, wie er richtig erkannte, gegenüber wichtigen Machtträgern des Reichs nicht durch Gewalt und Konfrontation, sondern – mit Rücksicht auf das nach dem Ersten Weltkrieg und der Wirtschaftkrise durchaus beschränkte staatliche Energiepotenzial – nur durch Überzeugung oder wenigstens Überredung zu erreichen. In diesem Sinne wandte er sich noch 1942 in vertrautem Kreis ganz grundsätzlich gegen vorschnelle Polizeimaßnahmen und plädierte dafür, „mehr durch Erziehung zu wirken." Schließlich habe „die NSDAP ja auch nicht durch Bedrohung mit der Polizei, sondern durch Aufklärung und Erziehung das Volk gewonnen."[262] Auch wenn Hitler sich hier, wie so oft, sehr undifferenziert äußerte – man hätte ihm beispielsweise den Einsatz der SA und der ‚Hilfspolizei' gegen die Linksparteien vor der entscheidenden Wahl am 5. März 1933 entgegenhalten können – traf er doch im Groben die Wahrheit: Weder die Wahlerfolge der NSDAP am Ende der Weimarer Zeit noch die gewaltige Leistungssteigerung der deutschen Wirtschaft nach der Machtergreifung oder die militärischen Erfolge während der ersten drei Kriegsjahre sind ohne die immer wieder Einheit und Geschlossenheit der Deutschen beschwörende und zumindest offenen Zwiespalt verhindernde NS-Propaganda, die in Hitler ihr wirksamstes Zentrum hatte, erklärbar.

Der hohe Stellenwert, den die Propaganda auch im institutionellen Herrschaftssystem des Dritten Reichs besaß, zeigt sich etwa in der Tatsache, dass das erste unter Hitlers Kanzlerschaft neu etablierte Reichsministerium das für „Volksaufklärung und Propaganda" war, mit dessen Leitung der nach Hitler zweifellos wirkungsvollste Parteiredner Goebbels bereits am 13. März 1933 betraut wurde, der als NS-Reichspropaganda- und Gauleiter von Berlin damit – in kennzeichnender Parallele zu Himmler – wichtige Partei- und Staatsämter in Personalunion verband. Die Bedeutung des Propagandaministeriums, die schon durch diese Tatsache gegeben war, wurde noch durch den raschen Ausbau der neuen Behörde auf schließlich 17 Abteilungen mit drei Staatssekretären und die bei den Gauleitungen eingerichteten ‚Reichspropagandaämter' gesteigert, vor allem aber durch die im September 1933 gegründete ‚Reichskulturkammer', als deren Präsident Goebbels das gesamte kulturelle Leben des Deutschen Reichs den Zielen seiner Propagandapolitik dienstbar zu machen verstand.[263] Durch öffentliche Bücherverbrennungen ‚undeutschen Schrifttums', Aufführungsverbote für Werke jüdischer oder regimefeindlicher Dichter und Komponisten sowie durch Berufsverbote für alle nicht in die zuständige Einzelkammer (für Theater, Musik, Bildende Künste, Film, Rundfunk, Presse oder Schrifttum) aufgenommenen Kulturschaffenden wurde eine rigorose Engführung des kulturellen Lebens herbeigeführt, um die gewünschte kulturelle Einheit der deutschen Nation zu erreichen.[264] Diese Einheit war für Hitler insbesondere im Bereich aktueller politischer Fragen eine durch wirkungsvolle Presselenkung zu schaffende unentbehrliche Voraussetzung für die Bewältigung der großen dem deutschen Volk zugemuteten Aufgaben. Dem entsprechend erklärte er – wiederum im Kreis seiner Tischrunde – ‚dass „ein Staat, der seine Presse einheitlich über die Fülle der Schriftleiter dirigiere und so fest in der Hand habe, über die gewaltigste Macht verfüge, die man sich überhaupt vorstellen könne."[265]

Der Bedeutung, die Hitler mit solchen Bemerkungen der Presselenkung zumaß, entsprach es, wenn diese – wie das für andere wichtige Aufgabenbereiche des Dritten Reichs gezeigt wurde – über miteinander konkurrierende Persönlichkeiten und die ihnen unterstellten Organisationen gleichzeitig erfolgte, deren Kompetenzen sich teilweise überschnitten und durchdrangen.[266] Goebbels, der durch die genannte Personalunion des NS-Propagandaleiters, Propagandaministers und Kulturkammerpräsidenten eine besonders starke Position einnahm, gewann dadurch den vorherrschenden Einfluss vor allem auf die personelle Besetzung der in Deutschland tätigen Redaktionen sowie den allgemeinen Inhalt der deutschen Zeitungen und Zeitschriften.[267] – Max Amann, der als früher Mitarbeiter Hitlers bereits 1921 zum Direktor des parteieigenen Franz Eher Verlags ernannt worden war und als solcher den „Völkischen Beobachter" zum führenden NS-Blatt machte, hatte schon vor 1933 sämtliche nationalsozialistischen Verlage in Deutschland zusammengefasst. Nach der Machtergreifung verfolgte er als ‚Reichsleiter für die Presse der NSDAP' das weitere Ziel, alle deutschen Zeitungsverlage in den Besitz der Partei zu bringen, ein Vorhaben, das er 1943 zu über 80 % verwirklicht hatte.[268] Als Ausgangspunkt seiner entsprechenden Bemühungen dienten ihm seit dem Herbst 1933 neben seinem Parteiamt das des Präsidenten der Reichspressekammer sowie Bestimmungen des Kulturkammergesetzes, die es ihm erlaubten, insbesondere Verlagsunternehmen jüdischer oder anonymer Eigentümer zu enteignen, andere wegen ihres vorgeblich skandalösen Inhalts oder mangelnder Rentabilität zu schließen und über scheinbar neutrale Holding-Gesellschaften durch

## II. Verifizierung

den ‚Reichstreuhänder' Winkler für die NSDAP aufzukaufen. Mit solchen und ähnlichen Mitteln gelang es Amann, „eine jede verlegerische Regung im nationalsozialistischen Deutschland in die Politik seines allumfassenden Pressekonzerns einmünden [zu] lassen."(Abel)[269] – Neben Goebbels und Amann gewann der ehemals deutschnationale Redakteur Otto Dietrich, der bereits 1931 von Hitler zum ‚Reichspressechef der NSDAP' ernannt worden war, für die Presselenkung des Dritten Reichs zunehmend an Gewicht. Nach der Machtergreifung als NS-Pressechef in den Rang eines ‚Reichsleiters' erhoben und somit von gleichem Parteirang wie Goebbels und Amann, war er diesen als zeitweiliger Vizepräsident der Reichspressekammer bzw. als Staatssekretär im Propagandaministerium zwar unterstellt, konnte aber seit 1937 als von Hitler direkt beauftragter ‚Pressechef der Reichsregierung' einen eigenen Machtbereich aufbauen. Dank seiner führerunmittelbaren Stellung gelang es ihm nämlich, über die täglich im Propagandaministerium stattfindenden Pressekonferenzen sowie über die ‚Reichspressestelle der NSDAP' und als Parteipressechef bestimmenden Einfluss auf den Nachrichteninhalt der deutschen Zeitungen zu gewinnen.[270]

In den dabei auftretenden Reibereien und Konflikten mit Goebbels konnte sich Dietrich dank seiner besonderen Vertrauensstellung bei Hitler, den er während des Krieges zumeist im Führerhauptquartier mit Nachrichten versorgte, meist durchsetzen. Ein entscheidendes Mittel war dabei die 1940 eingeführte ‚Tagesparole', die Dietrich zur Verhinderung von Abwandlungen seiner Anweisungen den bei der Reichspressekonferenz anwesenden Zeitungsvertretern wortwörtlich diktieren ließ. Bei der Tagesparole handelte es sich um eine verbindliche Richtlinie für Hervorhebung oder Unterdrückung politischer Nachrichten und Themen, die Tendenz der Darstellung und die Aufmachung der entsprechenden Artikel. Gewann dabei, wie gesagt, Dietrich den bestimmenden Einfluss, so konnte sich Goebbels stärker bei der Gestaltung der ‚Vertraulichen Informationen' durchsetzen, die entgegen Dietrichs Auffassung seitens der Presse ebenfalls als rechtsverbindlich betrachtet wurden und die über die Tagesparole hinausgehende Informationen und Hinweise der verschiedenen Reichsbehörden enthielten.[271]

Die Konkurrenzsituation, in der sich Goebbels und Dietrich bei der Presselenkung gegenüberstanden, wurde noch kompliziert durch Amanns Einwirkungsversuche als Chef des immer mehr Zeitungen umfassenden parteieigenen Pressekonzerns. Seinem anfänglichen Einfluss auf die Zeitungsredaktionen vermochten die in dieser Hinsicht einigen Goebbels und Dietrich allerdings mit dem ‚Schriftleitergesetz' vom 4. Oktober 1933 bereits frühzeitig entgegenzuwirken, das die Journalisten und Redakteure aus der Abhängig-

keit vom Verleger weitgehend löste, indem es sie zu Trägern einer öffentlichen Aufgabe machte und sie als solche vor allem anderen der nationalsozialistischen Weltanschauung verpflichtete.[272] Dennoch blieb Amanns Stellung innerhalb des Pressewesens des Dritten Reichs schon dadurch beträchtlich, dass die praktisch fortbestehende enge Zusammenarbeit von Verlagen und Redaktionen auch durch das Schriftleitergesetz nicht einfach beseitigt werden konnte.[273]
Die Pressepolitik des Dritten Reichs zeichnete sich damit durch eine besonders komplizierte Verschachtelung von Kompetenzen der hier führenden drei Persönlichkeiten aus, die – und darin liegt die Besonderheit des auch sonst für das System typischen „Ämterchaos" – alle drei sowohl staatliche als auch Parteiämter bekleideten. Offenbar wollte Hitler die von ihm – wie wir sahen – als besonders wichtig eingeschätzte Presselenkung nur erprobten und zweifach autorisierten Vertrauensleuten überlassen, die sich gegenseitig kontrollieren und zu bestmöglicher Wirksamkeit treiben sollten. Das Ergebnis der auf diese von mehreren Seiten und mit verschiedenen Mitteln bewirkten Gängelung der deutschen Presse war dementsprechend, auch wenn die Rangeleien zwischen Goebbels und Dietrich bisweilen zu Ungereimtheiten und Widersprüchlichkeiten in der Nachrichtenpolitik führten, doch insgesamt so erfolgreich, dass sogar Goebbels, auch wenn er selbst tatkräftig an der Dressur der Zeitungsredaktionen mitgewirkt hatte, schließlich über die Gefügigkeit der deutschen Presse entsetzt war.[274] Für Hitler lag aber gerade darin das gewünschte Ergebnis, denn der Wert der Presse als einer geistig „operativen Waffe" lag für ihn vor allem in deren Lenkbarkeit. In diesem Sinne äußerte er im Anschluss an seine Bemerkung über die machtverleihende Wirkung einer gut dirigierten Presse: „Manchmal mussten wir im Verlauf von 3 Tagen die Richtung der politischen Darstellung in unseren Zeitungen schlagartig verlassen und eine Wendung von 180 Grad vornehmen."[275] Als Beispiel führte Hitler nach den Aufzeichnungen Dr. Pickers, eines seiner Tischgenossen in der Zeit von März bis Juli 1942, die deutsche Nachrichtenpolitik anlässlich des Hitler-Stalin-Pakts und des Einmarsches der Wehrmacht in die Sowjetunion an, also zweier außenpolitischer Kehrtwendungen, die der deutschen Bevölkerung publizistisch als notwendig hätten vor Augen geführt werden müssen, sollte die Solidarität des Volks mit der Führung als Voraussetzung gemeinsamer Leistungen nicht zu Bruch gehen. Dem entsprechend sagte Hitler in der Wiedergabe Pickers wenige Tage später: „Ebenso wie man die größten operativen Erfolge durch den geschlossenen sprunghaften Einsatz der Luftwaffe erreiche, müsse man auch bei der Gestaltung des Lebens des deut-

II. Verifizierung

schen Volkes überall dort, wo Höchstleistungen zu vollbringen seien, die ganze Kraft der Nation geschlossen einbringen."[276]

Die propagandistisch bewirkte Gesinnungseinheit und -lenkung der Deutschen, das machen seine diesbezüglichen Äußerungen deutlich, sah Hitler als unabdingbare Voraussetzung für seine Strategie des überraschenden, konzentrierten Kräfte- also Energieeinsatzes zur Erzielung spektakulärer und damit wieder propagandaträchtiger Erfolge. Schon in den Wahlkundgebungen der nationalsozialistischen Kampfzeit mit ihren geballten Aufmärschen von Parteiformationen, bei den Nürnberger Reichsparteitagen mit schließlich 1 ½ Millionen Teilnehmern, dann mit gewaltigen Bauten wie dem Olympiastadion, der Reichskanzlei, den Nürnberger Parteitagsgebäuden oder den Autobahnen, in der überfallartigen Außenpolitik und schließlich der Blitzkriegsstrategie scheint immer wieder dasselbe Handlungsmuster durch, dessen energetische Interpretation durch Hitlers Formulierungen geradezu aufgedrängt wird.

„Wo Höchstleistungen zu vollbringen seien", so hatte er gesagt, „[müsse man] die ganze Kraft der Nation geschlossen einsetzen." Punktuelle Zusammenführung des gesamtgesellschaftlich verfügbaren Energiepotenzials und dessen möglichst rasche, schlagartige Umsetzung in kinetische Zerstörungskraft, so ließe sich dieser Satz übertragen, war also das energetische Funktionsprinzip des Dritten Reichs, das sich aber nur durchhalten ließ, solange die propagandistisch, aber auch terroristisch gesteuerte Engführung des Denkens und Wollens jene Mobilisierung und Sammlung der Kräfte ermöglichte. Wenn dabei, wie an mehreren Beispielen exemplarisch gezeigt, staatliche Behörden und Parteiorganisationen aufs Engste zusammenwirkten und, bisweilen ausgehend von entsprechender Personalunion ihrer Führer, zunehmend miteinander verschmolzen, dann geschah dies, um die – allerdings nachlassende – Stabilität staatlicher Energieaustauschbegrenzungen, also Normen, mit der Dynamik revolutionärer Energieaustauschvermehrung wirkungsvoll zu kombinieren. Dass sich damit die schon mehrfach festgestellte Doppelanpassung an westlich-rechtsstaatliche und sowjetrussisch-revolutionäre Energieumsatzprinzipien auch im Kernbereich nationalsozialistischer Herrschaft ergab, sollte kaum noch betont werden müssen. Gleiches gilt für den Hinweis, dass die rechtsstaatlich-revolutionäre Doppelstrategie der Kräftekonzentration mit anschließend plötzlichem und damit tendenziell aggressivem Energieumsatz notwendig war, um bei dem fortdauernd relativen Mangel an staatlich verfügbaren Energiereserven im Gefolge von ‚Versailles' und der Weltwirtschaftskrise sowie gegenüber den beiden neuen Weltmächten überhaupt Erfolge bei der Stabilisierung des deutschen Systems erzielen zu können. Ebenso notwendig musste die erfolgreiche Sammlung und Umsetzung aller Energiereserven aber zu deren fast vollständiger Aufzehrung in der letzten großen Synthese des ‚totalen Krieges' führen. Da nämlich die leistungsfähigen Subsysteme des Staats, der Partei, der Privatwirtschaft und der übrigen Gesellschaft im Laufe des Kriegs durch führerunmittelbare Sondergewalten oft mehrmals miteinander kurzgeschlossen und dabei ihres Energiepotenzials weitgehend beraubt worden waren, so dass sich durch neue Synthesen bestehender Institutionen keine nennenswerten Energieumsatzsteigerungen mehr erzielen ließen, blieb gegen Ende nur noch die Sammlung der allerletzten in der bis dahin nicht ‚erfassten' Zivilbevölkerung verstreuten Energiereserven mit Hilfe der Propaganda. Dieser systeminternen Logik entsprach es, wenn gerade der Propagandaminister Goebbels unmittelbar nach der die Wende des Kriegs anzeigenden Stalingrad-Niederlage zum ‚Beauftragten für den totalen Kriegseinsatz' ernannt wurde und, nachdem er in seiner berühmt-berüchtigten Sportpalast-Rede vom 18. Februar 1943 seine Fähigkeit bewiesen hatte, eine schon sichtbar unter Kriegsfolgen leidende Volksmasse zur frenetischen Bejahung des ‚totalen Krieges' zu bewegen, nach längerer Bedeutungslosigkeit „zuletzt zum wichtigsten Minister Hitlers wurde". (Broszat)[277]

Die Propaganda als die kostengünstigste Methode zur Mobilisierung und Lenkung von gesellschaftlichen Energiereserven gelangte so immer dann zu besonderer Geltung, wenn die energetische Unterlegenheit des Systems gegenüber seinen Konkurrenten besonders offenkundig war, also in Zeiten eklatanten staatlichen Energiemangels zu Anfang und gegen Ende des Dritten Reichs. Wie sie zu seiner Errichtung eine in ‚Hitler-Jugend' und ‚Bund deutscher Mädel', SA und SS, berufsständischen Parteiorganisationen und NSBO, NS-Frauenbund und Agrarpolitischem Apparat, mit Aufmärschen und Fahnenweihen, mit rhetorischem Pathos und demonstrativer Geschlossenheit eine jugendliche Volksbewegung in Gang gesetzt und zu erstaunlichen Leistungen motiviert hatte, so vermochte sie am Ende mit dem letzten Aufgebot von verhärmten Munitionsarbeiterinnen und Ausgebombten, kindlichen Flak-Helfern, an der Front eingesetzten Hitler-Jungen und kriegsuntauglichen ‚Volkssturm'-Männern statt des verheißenen ‚Endsieges' jedoch nur noch ein makabres „Endspiel" zu inszenieren.

Der letztliche Misserfolg in dem Bemühen, durch immer wieder neue Zusammenführung von staatlichen, parteilichen und gesellschaftlichen Subsystemen und dadurch ausgelösten Energieaustausch- und -gewinnstößen die Autonomie des deutschen Gesamtsystems gegenüber den Hegemonialansprüchen der beiden neuen Weltmächte wiederherzustellen, sollte den

II. Verifizierung

um wissenschaftliche Erkenntnis bemühten Historiker dennoch nicht zu wohlfeilen Moralurteilen verleiten, die legitimierungsbedürftigen Politikern zu überlassen sind, sondern zu der Einsicht verhelfen, dass die Mechanismen gesellschaftlicher Selbstbehauptung, die wir in ganz verschiedenen Systemen verschiedener historischer Epochen immer wieder am Werke sahen, deswegen nicht immer erfolgreich sein müssen. Gerade bei einer zunächst erfolgreichen Gegenwehr gegen Hegemonialmächte, die bei diesen auch wiederum unvorhergesehene Energieumsatzsteigerungen bewirkt, ist dieser Fall gegeben, wie das deutsche Beispiel zeigt: Die zweiseitige, seitens der USA und der Sowjetunion vorgetragene Fremdherrschaft über das Deutsche Reich konnte so durch den nationalsozialistischen Systemrettungs- und Befreiungsversuch nur kurzzeitig zurückgedrängt werden, setzte sich aber nach der deutschen Kriegsniederlage mit der Teilung Deutschlands in zwei den Hegemonialmächten unterworfene Teilstaaten bis zum Zusammenbruch der Sowjetunion für fast ein halbes Jahrhundert durch.

### g) Hitlers Stellung und Funktion im Dritten Reich

Obwohl in der vorangegangenen Beschreibung des Dritten Reichs die Rolle, die Hitler darin spielte, bereits in etwa deutlich geworden sein dürfte, scheint es doch sinnvoll, Stellung und Funktion des im Zentrum des Systems stehenden Mannes noch einmal im Zusammenhang darzustellen. Dies auch deshalb, weil in der Forschung zum Dritten Reich gerade über Hitlers Führerstellung im nationalsozialistischen Herrschaftssystem die breite Kontroverse zwischen „Intentionalisten" und „Funktionalisten" auch durch die Max Webersche Formel von der ‚charismatischen Herrschaft', mit der Hans-Ulrich Wehler das Phänomen Hitler einzufangen sucht[278], noch grundsätzlicher zu überwinden ist. Zwar betont Wehler zu Recht, darin über Weber hinausgehend, dass „Die Grundvoraussetzung für den Aufstieg des Charismatikers [...] eine existenzielle Krise" der ihn tragenden Gesellschaft ist, und weiterhin, dass „Der Charismatiker und seine Gesellschaft, die nach ihm verlangt, ihn trägt, ihn mit ihrer Loyalität bestätigt,[...] in einer so unauflöslichen Wechselwirkung stehen, dass der Charismatiker ohne die Berücksichtigung dieses gesellschaftlichen Kontextes ebenso wenig realistisch beurteilt, wie das Verhalten der Gesellschaft ohne die Einwirkung des Charismatikers angemessen verstanden werden kann."[279] Diese beiden Feststellungen, die mit unserer Analyse des Dritten Reichs voll übereinstimmen, können durch die energetische Betrachtungsweise allerdings noch durchsichtiger und damit verständlicher gemacht werden, wenn, wie oben geschehen, die „existenzielle Krise" der Weimarer Gesellschaft

## 11. Entstehung, Funktionieren und Scheitern des ‚Dritten Reichs'

als im wesentlichen monetärer und politischer Energiemangel und jene „unauflösliche Wechselwirkung" als ritualisierter Energieaustausch zwischen Führer und Gefolgschaft verstanden werden, wobei letzterer beiden Austauschpartnern, dem Führer wie der ihm Beifall und Gefolgschaft spendenden Volksmasse, Energiegewinn in psychischer, dann auch politischer und physischer Münze einbrachte, wie wir das z.B. beim merkantilen Warenaustausch in anderen energetischen ‚Münzsorten' schon kennen gelernt haben. Beim eklatanten Mangel an monetärer Energie in Folge von Kriegsverlusten, Reparationszahlungen, privatwirtschaftlichen Kapitaldiensten an US-amerikanische Kreditgeber und schließlich der einbrechenden Weltwirtschaftskrise, politischer durch extreme Zerrissenheit in kontroverse Parteienvielfalt und Lenkung der KPD durch die Sowjetunion blieb der Weimarer Gesellschaft und einem ebenfalls mittellosen Mann wie Hitler keine andere Energiegewinnmöglichkeit als der Austausch informatorisch-psychischer Potentiale, bei dem der bis zum Fanatismus willensstarke ‚Charismatiker' Hitler seine politischen Zielvorstellungen und Verheißungen gegen begeisterte Zustimmung und politische Unterstützung einer zuvor orientierungslosen Masse tauschte – zum beiderseitigen Gewinn an Zuversicht und Tatkraft, mithin beiderseitigem Energiegewinn. Da Energie, wie die Physik lehrt, in verschieden Formen existiert und wirksam werden kann, ist dies auch im Bereich gesellschaftlicher Vorgänge gegeben, wo psychische Entschlossenheit schnell in physische Tatkraft umgewandelt werden kann, die dann wiederum wirtschaftliche, politische und militärische Energie zu generieren und zu mobilisieren in der Lage ist. Gerade für einen solchen kettenartigen Prozess gesellschaftlichen Energieumsatzes und -gewinns ist das Dritte Reich ein besonders anschauliches Beispiel.
Ein solches energetisches Verständnis der damals vielen Zeitgenossen wie ein Wunder erscheinenden Regeneration des ausgepowerten deutschen Gesellschaftssystems erübrigt die Auseinandersetzung darüber, ob – im Sinne der Intentionalisten – Hitler mit seinen Absichten und dem von ihm selbst immer wieder beschworenen Willen als entscheidend für die Ausgestaltung und Lenkung des ‚Führerstaates' anzusehen ist oder – im Sinne der Funktionalisten – der Kranz von Umständen und Gegebenheiten, die Hitlers Führungsmöglichkeiten bestimmt und eingeschränkt, ihn selbst nur als deren Funktionär hätten agieren lassen.

Wir haben bereits oben bei der Beschreibung Hitlers als eines soziopsychischen Mediums einer atavistisch reagierenden Masse Deklassierter eine etwa zwischen diesen Positionen angesiedelte Auffassung vertreten, indem wir im Anschluss an die Freudsche Tiefenpsychologie eine gegenseitige

## II. Verifizierung

Bedingtheit von Masse und Führer annahmen. Auch die Hitlersche Ideologie, wegen ihrer Wirkungsmächtigkeit von manchen Historikern als Beleg für die selbstbestimmte Wirkungsmacht Hitlers verwendet, haben wir aus dem Zusammenfallen persönlicher und gesellschaftlicher Krise nach Ende des Ersten Weltkriegs und als eine deren Ausweglosigkeit kaschierende und dadurch konsensfähige Handlungsanleitung gedeutet, mithin als einen Versuch zugleich individueller und gesellschaftlicher Krisenbewältigung. Auch Hitlers politische Taktik, zwischen Revoluzzertum und Legalitätskurs pendelnd und sich den jeweiligen Möglichkeiten anpassend, kann wegen dieser ihrer äußeren Bedingtheit nicht als autonome Politik gewertet werden, sondern nur als Vollzug einer flexiblen Energieaustauschvermittlung mit dem Ziel eines raschen gesellschaftlichen Energiegewinns.

Die sich im Beifall und Zulauf einer wachsenden Masse bestätigende Funktion Hitlers als eines zwischen marxistischen und bürgerlichen, liberalen und konservativen Positionen stehenden und diese zusammenführenden Vermittlers blieb auch nach der Machtergreifung bestehen, konnte sogar durch eine erweiterte Palette von Mitteln und Gelegenheiten, die dem nunmehrigen Reichskanzler und bald auch Reichspräsidenten zur Verfügung standen, beträchtlich vergrößert werden. So hielt der leitende Staatsmann Hitler noch lange an dem erprobten Instrument der die Zuhörer überrollenden, auch wohl mitreißenden und viele überzeugenden Propagandarede fest, um – das staatlich Rundfunkmonopol nutzend – eine bald flächendeckend mit ‚Volksempfängern' ausgestattete Nation über alle Unterschiede hinweg zur emotionalen Volksgemeinschaft zusammenzurufen. Er konnte dies erfolgreiche Mittel aber nunmehr auch unter Ausschluss der Öffentlichkeit, wie gesagt, da einsetzen, wo es galt, Interessengegensätze zwischen wichtigen Machtgruppen des Systems, etwa Partei und Reichswehr, vermittelnd zu neutralisieren.

Staatsrechtlich vermochte Hitler seine austauschvermittelnde Funktion dadurch zur Geltung zu bringen, dass er als Inhaber der höchsten Staatsämter und als Vorsitzender der seit Juli 1933 einzigen und mit dem 92prozentigen Reichstagswahlergebnis vom 12. November 1933 – wenigstens formal – so gut wie die ganze deutsche Bevölkerung vertretenden Partei Staat und Gesellschaft als ‚Führer und Reichskanzler' miteinander verband. Diese Stellung eines Vermittlers zwischen vorher entfremdeten Subsystemen wurde durch Hitler und ihn vertretende Sonderbeauftragte darüber hinaus immer dann aktualisiert und zugleich verbreitet, wenn innerhalb des Systems ein Missstand zu beheben oder eine große Aufgabe zu lösen war, also immer dort, wo fehlender oder schleppender Energieumsatz wie etwa anfangs auf dem Arbeitsmarkt, beim Straßen- oder Westwallbau und später in der Rüstungswirtschaft möglichst rasch gesteigert werden musste, um das Gesamtsystem bedrohende Gefahren abzuwenden. Die Kurzschließung von Energiereserven und -umsetzern durch immer neue Sondergewalten als den durchgreifendsten Herrschaftsinstrumenten des ‚Führers' erfolgte somit aus Gründen systemerhaltender Notwendigkeit und mit dem Effekt der Stabilisierung des Dritten Reichs wie der Stellung seines obersten Repräsentanten. So wie das deutsche Gesellschaftssystem in seiner geschilderten vom Zerfall bedrohten Lage auf Hitler als Auslöser immer neuer Energieaustausch- und den Zusammenhalt stärkenden Energiegewinnstöße angewiesen war, so der Führer in seiner anfänglich sozialen Isolation und psychischen Deformation auf eine Gesellschaft, die dem psychopathischen Einzelgänger erfüllende Identifizierungs- und Austauschmöglichkeiten bot: Die gegenseitige Bedingtheit von Führer und Volk tritt auch in dieser gegenseitigen Abhängigkeit wieder zutage und lässt den Streit zwischen Intentionalisten und Funktionalisten gegenstandslos werden.

Auch aus der Tatsache, dass Hitler sich aus seinen Tätigkeiten als Regierungschef und Parteiführer zunehmend zurückzog und mit der Schaffung immer neuer Sondergewalten sowohl Staat und Partei erodieren als auch zugunsten eines wachsenden ‚Ämterchaos' mehr und mehr aus der politischen Führung verdrängen ließ, darf nicht der Schluss gezogen werden, damit habe sich der ‚Diktator' selbst entmachtet. Auch wenn er im Dschungel dynamischer Kompetenzstreitigkeiten staatlicher, parteieigener und führerunmittelbarer Instanzen den Überblick verlor und bisweilen undurchführbare Verfügungen erließ[280], schadete dies seiner Machtstellung nicht, weil ihm die dadurch ausgelösten Zuständigkeitsrangeleien unter den betroffenen Instanzen die Möglichkeit schiedsrichterlicher Entscheidung und damit neuer Machtausübung verschaffte. Dies auch deshalb, weil Führerentscheidungen stets diejenigen unter den rivalisierenden Paladinen begünstigten, die sich bei Hitler Zutritt und Gehör zu verschaffen, also seine Gunst zu sichern wussten. Da dies wiederum entscheidend vom Erfolg des jeweiligen Bittstellers bei der Lösung der ihm aufgetragenen Aufgabe, Begünstigung also vom Erfolg abhing, bewahrte das Gesamtsystem trotz solcher an den Spätabsolutismus erinnernden Günstlingswirtschaft lange Zeit ein hohes Maß an Effektivität, was wiederum der Autorität des Führers zugute kam.

In einem die festen Regeln eines institutionalisierten Energieaustausches zunehmend außer Kraft setzenden und insoweit revolutionären System blieb Hitler durch seine normsetzenden Erlasse zugleich der ruhende Pol, ohne den tatsächlich das Chaos hereingebrochen wäre, das manche Histori-

## II. Verifizierung

ker bereits für die Zeit seiner Herrschaft meinten feststellen zu können.[281] Solche Historiker ließen die einfache Tatsache außer Acht, dass ein chaotisches und das heißt, funktionsuntüchtiges System niemals in der Lage gewesen wäre, sich im Krieg gut fünf Jahre lang gegen die damals mächtigsten Staaten der Erde zu behaupten.

Die dauernd veränderten Zuständigkeitsgrenzen zwischen konkurrierenden Subsystemen des Dritten Reichs, die, wie wir sahen, auch einem um geordnete Verwaltungsverhältnisse bemühten Nationalsozialisten wie dem Reichsinnenminister Frick Kopfzerbrechen bereiteten, waren eben auch Ausdruck einer ungewöhnlichen Anpassungsfähigkeit des Systems, die wiederum ohne die zentrale Verfügungsgewalt des Protagonisten nicht möglich gewesen wäre: Nur weil alle Machtträger unterhalb Hitlers bis zum Schluss disponibel blieben – selbst so alte und erfolgreiche Mitstreiter wie Frick, Göring, oder Goebbels erlebten während des Krieges erhebliche Machteinbußen, die Goebbels, wie gesagt, dann sogar noch wieder wettmachen konnte – war auch jeder ‚alte Kämpfer' zu dauernder Anspannung seiner Kräfte gezwungen und konnte jederzeit durch einen tüchtigeren verdrängt oder auch dahin versetzt werden, wo sich seine speziellen Fähigkeiten erfolgversprechender verwenden ließen als am alten Platz. Die aus den zunehmenden Energieverlusten des kriegsgeschundenen Reichs resultierende Notwendigkeit zur Bestellung immer neuer Sondergewalten und -beauftragter ließ so die Herrschaftsstruktur des Systems immer flüssiger werden, was die Stellung des Diktators nur umso mehr stabilisierte, weil ohne seine Dispositionsgewalt die Anpassungsfähigkeit und damit die Überlebenschance des Gesamtsystems sofort erloschen wären. Aus der verbreiteten, mindestens instinktiven Erkenntnis dieser Tatsache erklärt sich auch die bis zu seinem Selbstmord andauernde Autorität Hitlers in dem militärisch längst geschlagenen Reich.[282]

Bestand also eine der Hauptfunktionen des Führers in der von ihm bewirkten katalysatorischen Auslösung immer neuer Energieaustausch-‚Kurzschlüsse' zwischen vorher getrennten Subsystemen des Deutschen Reichs sowie später der besetzten und angegliederten Gebiets- und Bevölkerungspotentiale, ergab sich eine zweite in der Ausrichtung und Lenkung der dabei gewonnenen Energie auf – wie wir sahen – meist eng begrenzte Ziele. Diese in den Sonderbeauftragungen enthaltenen Zielvorgaben für die Verwendung der gesellschaftlichen Energiepotentiale blieb für das Gesamtsystem seit Kriegsbeginn im wesentlichen der Wehrmacht vorbehalten, deren oberste Befehlsgewalt Hitler mit dem Tode Hindenburgs zugefallen war. Er nahm sie nach der Ablösung der konservativen, einem imperialistischen Angriffskrieg ablehnend gegenüberstehenden Wehrmachtsführung Blomberg/Fritsch seit dem 4. Februar 1938 aber nicht nur symbolisch, sondern mit „oberster Kommandogewalt" wahr.[283] Damit war ihm neben der globalen Entscheidungsbefugnis über den militärischen Einsatz der Wehrmacht auch die Möglichkeit gegeben, über das ihm direkt unterstehende Oberkommando der Wehrmacht (OKW) die gesamte Kriegführung von deren Gesamtstrategie bis zum Einsatz einzelner Divisionen, von Rüstungsprogrammen bis zum Grußverhalten der Soldaten festzulegen. Mit Hilfe des OKW, seinem militärischen Stab, konnte Hitler so die für die Zwecke der Kriegführung in jahrelangen Rüstungsanstrengungen angesammelten Energiepotentiale wiederum sehr rasch und geballt umsetzen lassen, um mit der von ihm bevorzugten ‚Blitzkriegsstrategie' auch gegen das weit überlegene Gesamtpotential der deutschen Kriegsgegner anfangs spektakuläre Erfolge zu erringen. Da er also die Position eines ‚obersten Feldherrn' aus dem Bewusstsein der Unterlegenheit des deutschen Systems bezog, mit dem er sich, wie wir sahen, traumatisch identifiziert hatte, darf auch sie nicht als Beweis für eine angeblich souveräne Machtstellung Hitlers missverstanden werden. Die Bündelung von Ämtern und Kompetenzen, durch die er in die Lage versetzt wurde, gewachsene Energieaustauschkanäle in Staat und Gesellschaft zur Erzeugung und Lenkung kurzschlussartiger Energiestöße zu durchbrechen, ist im Hinblick auf das Gesamtsystem vielmehr als dessen sozusagen verzweifelte Notwehrreaktion auf die Gefahr seiner Spaltung durch die überlegenen Weltmächte in Ost und West zu begreifen.

*D) Abkopplung des Dritten Reichs vom verlustbringenden Energieaustausch mit den Hegemonialmächten*

a) Bekämpfung des internen Internationalismus

Die Beendigung von verlustbringenden und damit den Bestand des Deutschen Reichs gefährdenden Austauschbeziehungen mit den neuen Weltmächten hatte, der anfänglichen außenpolitischen Ohnmacht des Dritten Reichs entsprechend, mit internen Maßnahmen begonnen. So bedeutete die Zerschlagung der KPD sowie die Ausschaltung der liberaldemokratischen Parteien nichts anderes als die Beseitigung politischer Brückenköpfe der Hegemonialmächte in Deutschland, was deren Möglichkeiten, die für sie gewinnbringenden Austauschbeziehungen mit dem Deutschen Reich zu stabilisieren, naturgemäß verschlechterte.
Im Bereich des monetären und ökonomischen Warenaustauschs beendeten Schachts Neuer Plan und die seit der Machtergreifung durchgeführten Maßnahmen einer restriktiven Devisenbewirtschaftung ebenso wie die Ver-

## II. Verifizierung

lagerung der deutschen Außenhandelsbeziehungen von Westeuropa und Nordamerika nach Südosteuropa und Südamerika, schließlich die autarkistische Wehrwirtschaftspolitik der Vierjahresplan-Organisation die permanenten Handelsbilanzdefizite der Weimarer Zeit, wenngleich die forcierte Aufrüstung weitere Devisenverluste der Reichsbank zur Folge hatte.[284] Da die Rüstungsaufwendungen seitens des Regimes aber als Zukunftsinvestitionen zur Verwirklichung einer einträglichen Beutepolitik kalkuliert waren, kann immerhin von einer Beseitigung der strukturellen Energieverluste der Weimarer Republik in der Zeit zwischen der Machtergreifung und der Peripetie des Krieges gesprochen werden. In jedem Fall zielte die Politik des NS-Regimes auf die in einem „europäischen Kontinentalimperium" fundierte wirtschaftliche Autarkie eines ‚großgermanischen Reiches' gegenüber den angelsächsischen Welthandelsmächten, insbesondere den „USA als weltpolitische(m) Hauptgegner" (A. Hillgruber).[285]

Als weiterer innenpolitischer Ansatz zur endgültigen und grundlegenden Beendigung verlustreichen Energieaustauschs mit anderen Gesellschaften ist die Ausschaltung der Juden aus dem Leben des Dritten Reichs zu bewerten. Dies gilt zweifelsfrei für deren Einschätzung durch Hitler, der ihnen die Rolle von Drahtziehern des westlichen Kapitalismus wie des östlichen Sozialismus zuwies und sie damit für die den Deutschen seit dem Ersten Weltkrieg zugefügten Schäden verantwortlich machte; es gilt aber auch oberhalb der nationalsozialistischen Ideologie insofern, als die Juden als Mitglieder einer über alle wichtigen Staaten des Globus verstreuten Glaubensgemeinschaft zumal vor der Neugründung des Staates Israel internationale Austauschbeziehungen nicht nur personifizierten, sondern auch praktizierten. Ihre im Folgenden skizzierte, bis zur physischen Vernichtung getriebene Ausschließung aus der Gesellschaft des Dritten Reichs offenbart damit dessen Funktionsprinzip der konsequenten Abschottung gegen jeden als bedrohlich empfundenen, von Hitler als ‚Internationalismus' kritisierten grenzüberschreitenden Energieaustausch auf besonders drastische Weise.
Bereits im Rahmen der auf die Reichstagswahl vom 5. März 1933 folgenden ‚Parteirevolution' kam es zu verschiedenartigen, durch lokale NS-Funktionäre in Gang gebrachte Gewaltaktionen gegen jüdische Geschäftseinrichtungen und einzelne Synagogen sowie zur ‚Säuberung' öffentlicher Einrichtungen wie Gerichten, Behörden oder Hochschulen von jüdischem Personal.[286] Waren diese ersten judenfeindlichen Aktionen offensichtlich noch vom Grad des persönlichen Antisemitismus lokaler oder auch regionaler Partei- und SA-Führer bestimmt und dem entsprechend ungeregelt und verschiedenartig, so handelte es sich bei dem von der Parteileitung am

## 11. Entstehung, Funktionieren und Scheitern des ‚Dritten Reichs'

1. April 1933 ausgerufenen Boykott gegen „jüdische Geschäfte, jüdische Waren, jüdische Ärzte und jüdische Rechtsanwälte" um eine reichseinheitliche Maßnahme, die als Antwort auf die angebliche Verunglimpfung des Regines durch die jüdische Auslandspresse deklariert wurde.[287]
Die, wie man feststellen musste, geringe Popularität solcher antisemitischen Parteiaktionen, auch wohl Rücksichtnahme auf das Ausland sowie die Wendung Hitlers und Görings gegen den Fortgang der Parteirevolution führten dann zur Strategie einer mehr verdeckten, sukzessiven, administrativ und gesetzgeberisch betriebenen Verdrängung der Juden aus dem gesellschaftlichen Leben des Dritten Reichs. Als erste Maßnahme dieser Art ist das nicht nur gegen linke ‚Parteibuchbeamte', sondern auch Juden gerichtete „Gesetz zur Wiederherstellung des Berufsbeamtentums" vom 7. April 1933 zu nennen, demzufolge sogar Beamte, die nur ein jüdisches Großelternteil hatten, in den Ruhestand zu versetzen waren. Vom Reichspräsidenten Hindenburg durchgesetzte Ausnahmeregelungen für jüdische Kriegsveteranen, im ersten Grade mit Kriegsgefallenen Verwandte oder bereits seit der Vorkriegszeit im Staatsdienst stehende Juden blieben nur bis zur Verkündigung der ‚Nürnberger Gesetze', also knapp zweieinhalb Jahre in Kraft.[288]
In Durchführungsverordnungen zum ‚Berufsbeamtengesetz' oder anderen Verfügungen und Verordnungen der zuständigen Ministerien wurden in der Folge auch jüdische Arbeiter und Angestellte des Öffentlichen Dienstes sowie Angehörige freier Berufe wie insbesondere Honorarprofessoren, Privatdozenten, Notare, Steuerberater sowie Rechts- und Patentanwälte den für die Beamten geltenden Bestimmungen unterworfen. ‚Nichtarischen' Ärzten wurde bereits im April 1933 die Krankenkassenzulassung entzogen, was ihre ‚arischen' Standesgenossen zu der später auch durchgesetzten Forderung nach dem „Ausschluß aller Juden von der ärztlichen Behandlung deutscher Volksgenossen" ermutigte. Prüfungsordnungen für Juristen und Apotheker blockierten seit Juli bzw. Dezember 1934 allen Juden den Zugang zu diesen Berufen.[289]
Gingen solche Bestimmungen, wie es die zitierte Forderung aus dem „Berliner Ärzteblatt" zeigt, überwiegend wohl auf die Initiative ‚gleichgeschalteter' Interessenverbände zurück, die ihre Klientel in einer von Wirtschaftskrise und Akademikerschwemme gekennzeichneten Zeit durch Ausbootung der jüdischen Konkurrenz meinten entlasten zu müssen, waren andere antisemitische Bestimmungen eindeutig ideologisch motiviert. Das gilt etwa für das ‚Kulturkammergesetz' vom 29. September 1933, aufgrund dessen Juden zu den eine kulturelle Berufsausübung ermöglichenden Einzelkammern nicht zuzulassen waren, lediglich in dem vom Propagandami-

## II. Verifizierung

nisterium besonders überwachten ‚Reichsverband jüdischer Kulturbünde' eine künstlerische Ghetto-Existenz fristen durften. Von zeitungsberuflicher Tätigkeit wurden durch das ‚Schriftleitergesetz' vom 4. Oktober 1933 außer Juden sogar mit einer Jüdin verheiratete ‚Arier' ausgeschlossen[290], ein Beleg dafür, wie sehr die Nationalsozialisten eine Beeinflussung der veröffentlichten Meinung durch das ‚Judentum' fürchteten.

Durch ‚rassenhygienische' Gesichtspunkte waren schließlich das ‚Reichserbhofgesetz' vom 29. September 1933 sowie das ‚Blutschutzgesetz' vom 15.September 1935 bestimmt, die eine weitere Vermischung jüdischen und ‚arischen' ‚Blutes' verhindern, ja diesem zu verloren gegangener ‚Reinheit' zurückverhelfen sollten. Letzterem Zweck sollte offensichtlich die Bestimmung des Reichserbhofgesetzes dienen, die aus dem darin als „Blutquelle des deutschen Volkes" bezeichneten „Bauerntum" alle diejenigen ausschloss, die in ihrem bis zum Jahre 1800 zurückreichenden Stammbaum auch nur einen Juden hatten. Dem gegenüber stellte das ‚Blutschutzgesetz' Eheschließung, Geschlechtsverkehr zwischen ‚Ariern' und Juden, ja selbst die Beschäftigung weiblicher Haushaltshilfen „deutschen und artverwandten Blutes unter 45 Jahren" durch Juden unter Zuchthaus- bzw. Gefängnisstrafen und erklärte gegen das Gesetz geschlossene ‚Mischehen' für nichtig. Begründet wurden diese Bestimmungen mit der rassistischen „Erkenntnis, daß die Reinheit des deutschen Blutes die Voraussetzung für den Fortbestand des deutschen Volkes ist."[291]

Die Ausschließung der Juden aus der Gesellschaft des Dritten Reichs wurde noch dadurch verallgemeinert, dass ihnen das ‚Reichsbürgergesetz' – ebenso wie das ‚Blutschutzgesetz' am 15. September 1935 auf dem Nürnberger Reichsparteitag der NSDAP beschlossen und verkündet – die politischen Rechte (Wahlrecht und Bekleidung eines öffentlichen Amtes) entzog und sie damit zu Staatsangehörigen zweiter Klasse machte. Mit gleicher Tendenz war im Wehrgesetz vom 21. Mai 1935 ‚arische' Abstammung zur Voraussetzung für die Einberufung zum Wehrdienst gemacht worden. Neben solche gesetzgeberischen Maßnahmen traten mancherorts administrative Diskriminierungen der Juden, denen etwa durch Stadtverwaltungen der Zutritt zu öffentlichen Anlagen und Einrichtungen wie Bädern, Sportplätzen, Verkehrsmitteln oder Märkten untersagt wurde.[292]

Nachdem solche ungesetzlichen Maßnahmen mit Rücksicht auf die Olympischen Spiele des Jahres 1936, deren Verlegung aus Deutschland wegen der dortigen antisemitischen Umtriebe in der Auslandspresse bereits gefordert wurde, teilweise zurückgenommen werden mussten, setzte seit 1937 ein umso dichterer Hagel von diskriminierenden Vorschriften gegen jüdische Berufstätige, Erbberechtigte, Steuerzahler, Beihilfeberechtigte, Schüler, Studenten, Börsenbesucher, Vormünder und andere ein, die hier nicht einmal vollständig aufgezählt werden können. Nach Überwindung der Wirtschaftskrise und Erreichung der Vollbeschäftigung fiel auch die lange Zeit geübte Rücksichtnahme gegenüber jüdischen Unternehmern. Bei der ‚Arisierung' ihrer Betriebe spielte die nationalsozialistische Enteignungspolitik im angeschlossenen Österreich eine Vorreiterrolle. Dort waren NS-Kommissare an die Stelle jüdischer Geschäftsinhaber und Unternehmer gerückt, um den ‚Einsatz' jüdischen Vermögens im Interesse der Vierjahresplan-Organisation ‚sicherzustellen'. Im gleichen Sinne betrieb Göring als Beauftragter des Vierjahresplans seit dem Frühjahr 1938 die Registrierung jüdischer Vermögenswerte und Gewerbebetriebe sowie die Ausschließung der Juden aus der Immobilien- und Kapitalvermittlung und -verwaltung.[293]

Der erste große Zugriff auf jüdisches Kapital und Betriebsvermögen auch des ‚Altreichs' erfolgte dann im Zusammenhang mit der vom Berliner Volksmund bitter-ironisch so benannten ‚Reichskristallnacht' (neuerdings: ‚Pogromnacht'), die, mit dem Attentat eines 17jährigen Juden auf einen Angehörigen der deutschen Botschaft in Paris nur notdürftig begründet, gleichzeitig zwei nationalsozialistischen Zielen diente: Die Zerstörung von etwa 7000 jüdischen Ladengeschäften durch SA-Leute in Zivil (um spontane Volkswut vorzutäuschen) sollte zum einen deutsche Ladenbesitzer, also einen wichtigen Teil der alten nationalsozialistischen Mittelstandsklientel, für den bis dahin im Dritten Reich kaum etwas getan worden war, von wirtschaftlicher Konkurrenz entlasten.[294] Dies konnte besonders dadurch erreicht werden, dass die durch den November-Pogrom Geschädigten die ihnen zugefügten Schäden auf eigene Kosten beheben mussten, während der Staat die ihnen zustehenden Versicherungs-Zahlungen beschlagnahmte und außerdem die Gesamtheit aller deutschen Juden mit einer Geldbuße von 1,25 Milliarden Reichsmark belastete, wodurch natürlich eine große Zahl jüdischer Ladenbesitzer zur Geschäftsaufgabe gebracht wurde. – Das zweite mit dem Pogrom verfolgte Ziel lag in der Gewinnung von jüdischem Kapital für die Zwecke der Aufrüstung, was schon aus der Tatsache hervorgeht, dass jene unverschämte Bußgeldforderung und Haftbarmachung der Geschädigten von Göring als dem Beauftragten für den Vierjahresplan verordnet wurde. Die Verfolgung dieses Ziels geht auch aus der vorübergehenden Verbringung von etwa 30 000 wohlhabenden Juden in Konzentrationslager hervor, die damit zur Auswanderung gedrängt werden sollten, wobei ein Transfer ihres Vermögens schon wegen der rigiden Devisenbestimmungen des Dritten Reichs unmöglich war. Die bis weit in den Krieg hinein von Göring geförderte Auswanderung von Juden folgte so weniger

## II. Verifizierung

humanitären als vielmehr fiskalischen Gesichtspunkten einer rassistisch begründeten Beutepolitik.[295]
Dem entsprach eine seit Ende 1938 ergehende Fülle von Verordnungen, die offensichtlich das Ziel verfolgten, den im Reich verbliebenen Juden ihre Vermögenswerte und auch Einkommens- und Fortbildungsmöglichkeiten zu nehmen oder wenigstens zu schmälern. So wurde im Dezember 1938 die Schließung und spätere Zwangsveräußerung in jüdischem Besitz befindlicher Betriebe und Grundstücke, im Februar 1939 die Ablieferung aller Pretiosen (außer Eheringen!), nach Kriegsbeginn auch die der Rundfunkgeräte verordnet. Etwa gleichzeitig schloss man die Juden vom Besuch deutscher Schulen, Universitäten, kultureller Veranstaltungen und öffentlicher Einrichtungen aus und beengte ihre Bewegungsfreiheit durch Juden-Sperrgebiete, den Entzug von Führerscheinen und Zulassungspapieren für Kraftwagen sowie bei Kriegsbeginn eingeführte nächtliche Ausgangssperren. Berufsverbote im medizinischen Bereich, Arbeitszwangsverpflichtungen, 1940 auch der Entzug von Kleiderkarten und Fernsprechanschlüssen vollenden das Bild einer teils schikanösen, aufs Ganze gesehen aber doch systematisch betriebenen Ausbeutung und Isolierung der Juden, denen damit auch jede Möglichkeit zu erneuter ‚Bereicherung' am ‚deutschen Volksvermögen' genommen wurde.[296]
Diese gegen die Juden nicht nur des Deutschen Reichs, sondern auch der angegliederten, besetzten oder verbündeten Staaten gerichtete Ausbeutungs- und Isolierungspolitik erreichte schließlich mit der am 1. September 1941 erfolgenden Einführung des ‚Judensterns' im Reichsgebiet und im ‚Protektorat Böhmen und Mähren' sowie den im Oktober desselben Jahres anlaufenden großen Deportationen von Juden in das ‚Generalgouvernement' Polen eine weitere Zuspitzung, zumal die Deportierten (und zunächst in polnische Ghettos Verschleppten) mit der deutschen Staatsangehörigkeit zugleich ihr gesamtes Vermögen verloren, das an das Reich fiel.[297]

Die Koordinierung aller Maßnahmen zur Ausbeutung, Verdrängung und schließlich Vernichtung der Juden innerhalb des NS-Imperiums hatte die SS bereits frühzeitig an sich gezogen und schließlich in der berüchtigten ‚Wannseekonferenz' vom 20. Januar 1942 gegenüber den zu beteiligenden Reichsbehörden als geschlossenes Konzept durchgesetzt, das die Vernichtung der Juden durch Arbeitseinsatz oder – zum Zeitpunkt der Konferenz noch in Entwicklung befindliche – Tötungsmaschinerien vorsah.[298] Von dieser Regelung wurden aus taktischen Gründen lediglich über 65jährige, kriegsversehrte oder mit hohen Kriegsauszeichnungen versehene, schließlich auch einflussreiche oder weithin bekannte Juden ausgenommen, die

## 11. Entstehung, Funktionieren und Scheitern des ‚Dritten Reichs'

stattdessen in das ‚Vorzugslager' Theresienstadt im ‚Protektorat' verbracht wurden, nicht ohne dass die SS sich im bezeichnenden Vorgriff gegenüber dem Reich mit Hilfe eines sogenannten ‚Heimeinkaufvertrages' die Vermögenswerte dieser Personengruppe zu sichern wusste.[299] Die zunächst noch nicht deportierten Juden – in der Rüstungsindustrie tätige jüdische Fachkräfte mit ihren Familienangehörigen waren durch eine Verfügung Görings zunächst ausgenommen – hatten eine seit Herbst 1941 wieder zunehmende Zahl diskriminierender Verordnungen und Maßnahmen zu ertragen. Dazu gehörten weitgehende Ausschließung von öffentlichen Verkehrsmitteln, Fernsprechern, Wäldern und Grünanlagen, das Verbot, Zeitungen, Zeitschriften oder Bücher zu erwerben, der Entzug von Lebensmittelkarten für Tabakwaren, Bier, Fleisch, Fleischwaren, Weizenerzeugnisse und Vollmilch, die Ablieferungspflicht für Pelz- und Wollsachen, später für „alle entbehrlichen Kleidungsstücke", elektrische und optische Geräte, Fahrräder, Schreibmaschinen und Ähnliches. Selbst die arbeitsrechtlichen Bestimmungen für die – zumeist in der Rüstungsindustrie das Regime tatkräftig unterstützenden – jüdischen Beschäftigten wurden im Oktober 1941 einschneidend verschlechtert, sodass ihnen Kinder- und Familienzulagen, Lohnfortzahlung im Krankheitsfall oder für sonst bezahlte Feiertage, ja sogar die üblichen Kündigungsfristen gestrichen wurden.[300] Auch der allgemeine Rechtsschutz der Juden, soweit er überhaupt noch bestand, wurde Schritt für Schritt abgebaut, bis er schließlich durch die ‚Dreizehnte [!] Verordnung zum Reichsbürgergesetz' vom 1. Juli 1943 ganz zum Erliegen kam. Die Verordnung beseitigte nämlich jegliche ordentliche Strafgerichtsbarkeit für Juden, indem sie diese einer SS-gesteuerten Polizeijustiz überantwortete und gleichzeitig das Reich zum Rechtsnachfolger für das Vermögen verstorbener Juden erklärte.[301] Die Versklavung und Beraubung der noch im Reich befindlichen Juden hatte damit ihren Höhepunkt gefunden. Dass sie für die nach Polen deportierten, dort in Arbeitslagern zugrunde gerichteten und schließlich in den Vernichtungsmaschinerien von Auschwitz, Chelmno, Belzec, Majdanek und Treblinka umgebrachten und dabei noch ihrer letzten Habseligkeiten, ja ihrer Haare und Goldzähne beraubten Juden und Zigeuner millionenfach bis zur letzten Perfektion getrieben wurde, reflektiert noch einmal in letzter Brutalität zwei Funktionsprinzipien des Dritten Reichs, nämlich die Requirierung aller für die Kriegführung mobilisierbaren Energiereserven und die endgültige Abschottung gegen einen in Juden und Zigeunern personifizierten Internationalismus.

II. Verifizierung

b) Die Außenpolitik des Dritten Reichs

Auch die Außenpolitik des Dritten Reichs war von Anfang an auf das Ziel fixiert, die fremdherrschaftliche Hegemonie über Deutschland, also verlustbringende Austauschbeziehungen mit dem Ausland zu beenden. Dies musste bei der geopolitischen Lage des Reichs im Überschneidungsbereich des US-amerikanischen mit dem sowjetrussischen Imperialismus, die beide, wie wir gesehen haben, in Deutschland bereits Fuß gefasst hatten, in letzter Konsequenz zu einem Kampf gegen eben diese beiden Weltmächte führen, also zu einem Kampf um die Weltherrschaft. Diese von Hitler frühzeitig erkannte und als Rassenkampf der ‚Arier' gegen das ‚Judentum' für deutsche Ohren verharmlosend interpretierte Konsequenz führte ihn zu dem Konzept der ‚Eroberung neuen Lebensraums im Osten', der mit seinem vermeintlich „unerschöpflichen Reservoire an Rohstoffen und Lebensmitteln" „die Autarkie eines blockadefesten ‚Großraums' in Kontinentaleuropa unter deutscher Herrschaft" gewährleisten sollte. (Hillgruber)[302] Eine so weitgespannte Zielsetzung durfte sich das außenpolitisch zunächst weitgehend isolierte und damit ohnmächtige Dritte Reich natürlich nicht anmerken lassen, wollte es seine Revisionschancen gegenüber den Garantiemächten von ‚Versailles' und der Sowjetunion bewahren. So verfolgte die nationalsozialistische Außenpolitik einen der internen Machtergreifung entsprechenden Kurs der propagandistisch flankierten und legitimierten kleinen Schritte, mit denen zunächst die ‚Fesseln' von Versailles abgeworfen werden sollten.

Natürlich ließen sich die auswärtigen Mächte nicht allein durch Hitlers Friedensreden und die entsprechend gelenkte deutsche Presse täuschen. Verwirrend war für sie aber, dass Hitler selbst nach Erringung der gesamten innenpolitischen Macht den aus der DNVP kommenden konservativen Reichsaußenminister v. Neurath im Amt ließ und das Auswärtige Amt von nationalsozialistischer Infiltration lange verschonte.[303] Diese vertrauenweckende Personalpolitik innerhalb des AA wurde in ihrer Wirkung auch nicht dadurch gestört, dass Hitler wie für innenpolitische Aufgaben so auch in der Außenpolitik Sonderbeauftragte wie Alfred Rosenberg, v. Ribbentrop, E.W. Bohle, Theo Habicht u.a. an der staatlichen Diplomatie vorbei tätig werden ließ, weil die mit unkonventionellen, manchmal sogar revolutionären Mitteln vorgehenden Beauftragten zunächst so erfolglos blieben, dass sie im Ausland offenbar nicht ernst genommen wurden.[304] Am verwirrendsten für die diplomatischen Kontrahenten war aber wohl die Taktik gezielter Überraschungscoups, mit denen die doktrinären Grundli-

## 11. Entstehung, Funktionieren und Scheitern des ‚Dritten Reichs'

nien der Hitlerschen Außenpolitik in flexibler Anpassung an die jeweilige Konstellation immer wieder verwischt wurden. Gleich die ersten außenpolitischen Aktivitäten der Hitler-Regierung sind Musterbeispiele für diese Verwirrtaktik. Denn obwohl, wie gesagt, letztlich gegen die osteuropäischen Staaten gerichtet, zeigte die Außenpolitik des Dritten Reichs durch die am 5. Mai 1933 vollzogene Ratifizierung des 1926 mit der Sowjetunion abgeschlossenen ‚Berliner Vertrags' sowie mit dem geradezu sensationellen deutsch-polnischen Nichtangriffsabkommen vom 26. Januar 1934 gerade nach Osten hin eine scheinbar freundliche und friedfertige Haltung. Die vielfach wiederholten bündnispolitischen Bemühungen gegenüber England und Italien sowie das erkennbare Streben nach einem entspannten Verhältnis zu Frankreich und den USA[305] schienen ebenfalls eine in der staatspolitischen Verantwortung erfolgte außenpolitische Abkehr Hitlers von den militanten Parolen der ‚Kampfzeit' zu bezeugen.
Seine durch Propaganda, Mehrgleisigkeit ihres Apparats und Überraschungseffekte undurchschaubar gemachte Außenpolitik sollte zunächst das Misstrauen des Auslandes gegenüber dem Dritten Reich abbauen, internationalen Sanktionen gegen die deutsche ‚Wehrhaftmachung' vorbeugen sowie die von Frankreich mit Hilfe der ‚kleinen Entente' gegen das Reich aufgebaute Zweifrontenstellung aufbrechen, die Hitler nach den Erfahrungen des Ersten Weltkriegs besonders in Hinblick auf den geplanten Ostkrieg fürchten musste. Die Larve seines scheinbaren außenpolitischen Wohlverhaltens sowie lautstarke Rechtfertigungskampagnen erlaubten ihm so die sanktionsfreien Durchbrechungen der Versailler Friedensordnung mit der am 16. März 1935 verkündeten Wiedereinführung der Allgemeinen Wehrpflicht für das Reich und dem am 6. März 1936 erfolgenden Einmarsch deutscher Truppen in das entmilitarisierte Rheinland. Die nationalsozialistische Außenpolitik erreichte in dieser Phase sogar die indirekte Anerkennung der ebenfalls mit ‚Versailles' kollidierenden deutschen Aufrüstung durch England, das dem Reich in einem bilateralen Flottenabkommen vom 18. Juni 1935 eine Verstärkung seiner Seestreitkräfte bis auf 35 % (bei U-Booten 45 %) der britischen zugestand.

Das Stillhalten der Garantiemächte der Versailler Ordnung ist allerdings nicht allein auf die Verschleierungstaktik der Hitlerschen Außenpolitik zurückzuführen, sondern auch auf die Bewegungen, die von den anderen faschistischen oder halbfaschistischen Staaten der damaligen weltpolitischen Szene ausgingen. Gemeint sind Japan, Italien und Spanien, also Gesellschaftssysteme, die ebenso wie Deutschland seit dem 19. Jahrhundert unter

## II. Verifizierung

direkter Einwirkung des angelsächsischen Kapitalismus industrialisiert und etappenweise demokratisiert worden waren, in denen aber auch marxistisch inspirierte Klassenkampforganisationen erhebliche politische Machtstellungen errungen hatten, kurz: Staaten, die zugleich vom USA-zentrierten Kapitalismus und vom sowjetrussisch gelenkten Marxismus teilweise beherrscht wurden, wogegen sie ihre nationale Existenz mit Hilfe einer autarkistisch-imperialistischen Machtpolitik zu bewahren suchten.

Das durch seine engen Wirtschaftsbeziehungen zu den USA von der dort 1929 ausbrechenden Weltwirtschaftskrise ebenso wie die Industriestaaten der westlichen Hemisphäre hart getroffene Japan hatte in Anknüpfung an sein früheres imperialistisches Ausgreifen auf den ostasiatischen Kontinent (II.10) seit 1931 eine Militärherrschaft über die Mandschurei errichtet, um deren Bodenschätze für die eigene Industrie nutzbar zu machen und so die interne Wirtschafts- und Sozialkrise beheben zu können.[306] Dieser zunächst von Wirtschaftskreisen und Armee gegen den heftigen Widerstand der Linksparteien und an den rasch wechselnden Regierungen vorbei unternommene Neoimperialismus wurde seit dem Frühjahr 1936 auch in seinen weiter ausgreifenden Plänen amtliche Regierungspolitik, als das neu gebildete Kabinett Hirota „die Schaffung einer ‚gesonderten antikommunistischen, projapanischen und promandschurischen Zone' in Nordchina als Teil der ‚wesentlichen Voraussetzungen' für das Bestehen Japans als Nation" forderte (J.W.Hall).[307] Dieser auch gegen die traditionelle ‚Open-Door'-Handelspolitik der USA und britische Wirtschaftsinteressen gerichtete japanische Imperialismus lenkte die Aufmerksamkeit der angelsächsischen Mächte zu einem guten Teil von Europa ab und eröffnete der nationalsozialistischen Außen- und Militärpolitik entsprechend größeren Spielraum.

In ähnlicher Weise wirkte sich seit Oktober 1935 der ebenfalls imperialistische Vorstoß des faschistischen Italien auf Abessinien aus. Er knüpfte – wie die japanische und die spätere deutsche Eroberungspolitik – an frühere imperialistische Versuche an, die seinerzeit aber in der Schlacht bei Adua gescheitert waren. Der gegen die Völkerbundsakte und das geltende Völkerrecht nunmehr von Armee- und faschistischen Parteieinheiten gemeinsam durchgeführte Eroberungskrieg gegen das Völkerbundsmitglied Äthiopien[308] kam der NS-Außenpolitik noch unmittelbarer zugute als der japanische Neoimperialismus, da England und Frankreich als die wichtigsten Garanten der Völkerbundsordnung deren eklatante Verletzung durch Handelssanktionen gegen Italien ahnden mussten, was Hitler die Möglichkeit gab, dieses Mitglied des westlichen Sicherheitspakts aus der antideutschen Front herauszusprengen. Nicht ohne gleichzeitig den abessinischen Negus mit Waffen zu beliefern, um den für ihn so vorteilhaften Konflikt in die

## 11. Entstehung, Funktionieren und Scheitern des ‚Dritten Reichs'

Länge zu ziehen[309], ließ er die wegen des Völkerbund-Handelsembargos der italienischen Kriegswirtschaft fehlenden Rohstoffe wie insbesondere Kohle dem neuen Verbündeten von Deutschland aus zuführen und begründete so die Abhängigkeit Italiens vom Reich. Diese zahlte sich für die nationalsozialistische Österreich-Politik bereits Anfang Januar 1936 aus, als Mussolini dem deutschen Botschafter in Rom sein Einverständnis mit einer Hegemonialstellung des Deutschen Reichs gegenüber Hitlers Herkunftsland signalisierte, dessen Unabhängigkeit als Pufferstaat er gegenüber nationalsozialistischen Umsturz- und Angliederungsversuchen bis dahin argwöhnisch verteidigt hatte.[310] Damit war die Bahn für den komplikationslosen ‚Anschluß' Österreichs an das Reich im März 1938 frei gemacht.

Die an Bismarcks Meerengenpolitik erinnernde Strategie Hitlers, die in dieser Phase darauf abzielte, durch das Schüren peripherer Konflikte die außenpolitische Aufmerksamkeit der Großmächte von Deutschland abzulenken, ließ sich durch Unterstützung des Generals Franco im Spanischen Bürgerkrieg (seit Juli 1936) fortsetzen und verstärken. In Hitlers Augen wichtigstes Motiv für sein spanisches Engagement war aber die Befürchtung, die im Juni 1936 zustande gekommene französische Volksfrontregierung könne bei einer Niederlage der Franco-Rebellen ein spanisches Pendant erhalten, womit die seit dem französisch-sowjetischen Beistandspakt vom 2. Mai 1935 erneuerte Zweifrontenstellung Deutschlands im Sinne einer Vergrößerung der ‚sozialistischen Zange' durch ein von ‚Linken' regiertes Spanien in Hinblick auf den geplanten Ostfeldzug zusätzlich belastet worden wäre.[311]

Für die nationalsozialistische Außenpolitik, die im Frühjahr 1936 mit der Besetzung des Rheinlands die engsten Beschränkungen der Versailler Ordnung durchbrochen hatte, ergab sich somit im Frühsommer desselben Jahres die Gefahr einer erneuten, diesmal ideologisch bestimmten Fesselung oder Einkreisung. Unter diesem Aspekt ist es nicht verwunderlich, dass Hitler um die gleiche Zeit den bis dahin zur Schau getragenen konservativ-revisonistischen Stil seiner Außenpolitik zu ändern begann. Dies zeigte sich zum einen in der Ende August 1936 erfolgenden Beauftragung Görings mit dem Vierjahresplan, durch den „Die deutsche Armee [...] in vier Jahren einsatzfähig, die deutsche Wirtschaft in vier Jahren kriegsfähig" gemacht werden sollten[312], zum anderen in der Einbeziehung bisher isolierter Sondergewalten in die offizielle deutsche Außenpolitik, womit diese nun eindeutig die für das Dritte Reich typische Doppelgestalt erhielt.

Dies trat erstmalig bei dem deutschen Engagement im Spanischen Bürgerkrieg hervor, das ohne Beteiligung des Auswärtigen Amts begonnen und

## II. Verifizierung

zunehmend von Göring in dessen Funktionen als Reichsluftfahrtminister und Vierjahresplanbeauftragtem in Konkurrenz zur ‚Außenorganisation' der NSDAP (AO) sowie zu den Kriegs-, Außen- und Propagandaministerien organisiert und gelenkt wurde.[313]

Um den spanischen Konflikt im Sinne seiner Aufgaben optimal nutzen zu können, baute Göring über seinen ‚Sonderstab W' die ‚Legion Condor' auf, die das neue deutsche Kriegsmaterial unter Ernstfallbedingungen erproben sollte. Entsprechendes galt für die halbstaatliche Transport- und Handelsgesellschaft HISMA-ROWAK, die den Warenverkehr zwischen Deutschland und Franco-Spanien monopolisierte, um die für die deutsche Kriegswirtschaft wichtigen spanischen Rohstofflieferungen zu gewährleisten. Dies gelang auch insoweit, als Deutschland während des Spanischen Bürgerkriegs (1936 – 1939) die USA und Großbritannien als Hauptempfänger spanischer Exporte überholen und geradezu deklassieren konnte, wenngleich die absoluten Liefermengen kriegsbedingt schließlich stagnierten.[314]

Für unseren Zusammenhang ist aber vor allem die Tatsache wichtig, dass sich bei dem deutschen Eingreifen in den Spanischen Bürgerkrieg die aus einem Sonderauftrag – hier der Forcierung der Aufrüstung im Rahmen des Vierjahresplans – abgeleitete Zusammenfassung zunächst „rivalisierender Machtgruppen"[315] zur Erreichung wichtiger Ziele unter zentraler Führungsgewalt wiederholt, die wir als kennzeichnende Herrschafts- und Leistungssteigerungsmethode im Innern des Dritten Reichs bereits mehrfach kennen gelernt haben.

Zu einer ähnlichen Fusionierung zunächst getrennter außenpolitischer Instrumente kam es fast gleichzeitig, als v. Ribbentrop, Leiter der nach ihm benannten ‚Dienststelle', die als außenpolitischer Arbeitsstab Hitlers dessen direkter Weisung unterstand, im August 1936 zum deutschen Botschafter in London ernannt wurde und damit seine bis dahin inoffiziellen Englandkontakte mit den regierungsamtlichen Kompetenzen des Auswärtigen Amtes kombinieren konnte, um so auf das von Hitler sehnlichst gewünschte deutsch-englische Bündnis hinzuarbeiten.[316]

Trotz der Übernahme dieses offiziellen diplomatischen Amtes wurde Ribbentrop weiter für wichtig scheinende außenpolitische Missionen außerhalb des Auswärtigen Dienstes eingesetzt. Seine erste in dieser Rolle gelöste Aufgabe waren Aushandlung, Formulierung und Abschluss des deutsch-japanischen ‚Antikominternpakts' vom 25. November 1936, der in seinem veröffentlichten Teil eine – weitere Staaten einladende – Übereinkunft zu gemeinsamer Abwehr und Bekämpfung der Komintern-Aktivitäten vorsah, mit den angefügten Geheimklauseln aber bereits ein antisowjetisches Neutralitätsbündnis darstellte.[317]

## 11. Entstehung, Funktionieren und Scheitern des ‚Dritten Reichs'

Dieser Wendung gegen den ideologischen Hauptgegner entsprach es, wenn die genannten außenpolitischen Aktivitäten des Sommers und Herbstes 1936 auf dem NSDAP-Parteitag desselben Jahres sowie in der anschließenden Pressekampagne mit großer propagandistischer Schärfe als notwendige Abwehrmaßnahmen gegen die Ausbreitung des angeblich jüdischen Bolschewismus gerechtfertigt wurden, dem das Deutsche Reich zur ‚Rettung der europäischen Kultur' entgegentreten müsse.[318] Mit diesen Versuchen zur Gewinnung außenpolitischer Rückenfreiheit für den geplanten Ostkrieg durch ideologische Solidarisierung mit den antikommunistischen Westmächten gewann nun auch das Propagandaministerium einen deutlich höheren Stellenwert unter den revolutionären Instrumenten der NS-Außenpolitik.

Deren auch darin zum Ausdruck kommender Stilwandel ist als ein durch den Frontenwechsel bedingter Anpassungsvorgang an den neuen Hauptgegner zu verstehen: Entsprach der vom konservativen AA unter v. Neurath gepflegte diplomatische Stil der Jahre 1933 bis 1938 den außenpolitischen Apparaten der Westmächte, deren Deutschland direkt betreffende Hegemonie man damit erfolgreich abzubauen verstand, so verlangte die revolutionäre sowjetische Außenpolitik, in der Regierungs- und Parteiinstanzen sowie die Komintern in wechselvollem Spiel zusammenwirkten, offenbar ein ähnlich strukturiertes Gegeninstrumentarium. Das Dritte Reich stellt sich auch unter diesem Gesichtspunkt als Produkt des in ihm zentrierten Ost-West-Gegensatzes oder genauer: als versuchte Synthese verfassungsmäßig-rechtsstaatlicher mit revolutionär-diktatorischen Herrschaftsmethoden dar, die es für den politischen Energieaustausch mit den dominierenden Flankenmächten beide bereithalten musste, um situations- und gegnergerecht reagieren zu können.

Die durch das Beistandspaktsystem der UdSSR – außer mit Frankreich war 1935 von dieser auch mit der Tschechoslowakei ein entsprechender Vertrag abgeschlossen worden – gegen das Deutsche Reich aufgespannte Zange suchte Hitler im Osten durch die erwähnte Gegenklammer des Antikominternpakts mit dem alten Russlandgegner Japan, später außerdem durch die Annexion der als ‚Flugzeugmutterschiff' gefährlich nach Deutschland hineinragenden Tschechoslowakei, im Westen durch eine Kombination von antifranzösischer Grenzsicherung, dem ‚Westwall', und drei Frankreich isolierenden Gegenbündnissen mit Italien, Spanien und Großbritannien unwirksam zu machen.

Es ist vielfach dargestellt worden, dass dieses Konzept zur Befreiung aus der erneuten Zweifrontenstellung des Deutschen Reichs nur sehr unvollständig verwirklicht werden konnte, weil sich insbesondere die britische Regierung

## II. Verifizierung

einem umfassenden Bündnis mit Deutschland versagte, worauf Hitler – ähnlich wie die wilhelminische Außenpolitik vor dem Ersten Weltkrieg – Großbritannien mit Druck glaubte den eigenen Wünschen gefügig machen zu können.[319] Die dies zum Ausdruck bringende Ungeduld der deutschen England-Politik, die auf eine Abgrenzung der beiderseitigen Interessensphären – nämlich eines deutschen Kontinentalimperiums und eines britischen Kolonialreichs in Übersee – mit dem Effekt deutscher Rückenfreiheit für den Ostfeldzug abzielte, wurde insbesondere durch Roosevelts ‚Quarantäne-Rede' vom 5. Oktober 1937 ausgelöst, die eine Reaktivierung der US-amerikanischen Regierungspolitik gegenüber dem sich bildenden Bündnis der aggressiven faschistischen Staaten in Aussicht stellte.[320] Seinerseits ausgelöst durch die Ausweitung der japanischen Eroberungspolitik in China, durch die amerikanische Wirtschaftsinteressen verletzt wurden, sowie durch wachsende handelspolitische Differenzen mit Deutschland, das nicht nur in Teilen Europas (Spanien, Italien und Südosteuropa), sondern vor allem in Südamerika einen den US-amerikanischen Handel schädigenden Verdrängungswettbewerb begonnen hatte, um seine Devisenlage zu verbessern und rüstungswichtige Rohstoffe zu erhalten, weckte das weltpolitische Signal der Roosevelt-Rede bei Hitler die Befürchtung, seine kontinentalen Eroberungspläne könnten durch ein frühzeitiges militärisches Eingreifen der USA vereitelt werden.

Da die Rüstung der Westmächte nach dem Ersten Weltkrieg im Vertrauen auf die neue Friedensordnung der Pariser Vorortverträge und des Völkerbundes weitgehend abgebaut, ihre Waffensysteme dem entsprechend veraltet waren, sah Hitler, der die deutsche Aufrüstung seit 1933 zielstrebig forciert hatte, nun erst recht die einzige Erfolgschance für seine ‚Lebensraum'-Politik in einer außenpolitischen Flucht nach vorne, also einer den gegnerischen Großmächten zuvorkommenden Beschleunigung des deutschen Kontinentalimperialismus.[321] Untrügliche Zeugnisse für den Zeitdruck, unter dem Hitler seine Außenpolitik nunmehr sah, waren die unmittelbar der Quarantäne-Rede folgenden Verstärkungen des Antikominternpakts durch die Festlegung des AA auf eine Pro-Japan-Politik am 18. Oktober 1937 und die Aufnahme Italiens in dieses Bündnis einen Tag nach der Geheimrede Hitlers vor dem Reichsaußenminister und den Oberbefehlshabern der drei Wehrmachtsteile am 5. November, in der diese auf eine militärische Lösung der ‚Raumfrage' eingestellt wurden. Bis Anfang 1938 erfolgten außerdem die Auswechslung der eine aktive Kriegspolitik ablehnenden Führungsspitzen der Wirtschaftspolitik, wo Reichswirtschaftsminister Schacht durch Göring, der Wehrmacht, wo, wie gesagt, das konservative Gespann Blomberg/Fritsch

## 11. Entstehung, Funktionieren und Scheitern des ‚Dritten Reichs'

gegen das gefügigere Brauchitsch/Keitel abgelöst wurden, und des Außenministeriums, wo Ribbentrop an die Stelle v. Neuraths trat. Auch der von Hitler persönlich unternommene Versuch, im Zusammentreffen mit dem britischen Außenminister Lord Halifax am 19. November 1937 noch zu einer deutsch-britischen Bündnis-Vereinbarung zu gelangen, um die im Ersten Weltkrieg für Deutschland so verhängnisvolle See-Blockade zu vermeiden, ist als Zeichen außenpolitischer Hektik zu bewerten. Ebenso natürlich die 1938 einsetzende Expansionspolitik des Dritten Reichs, die in regelmäßig auf Frühjahr und Spätsommer/Herbst verteilten Doppelschlägen durchgeführt, offensichtlich einem gedrängten Zeitplan folgte, der für jedes Jahr mindestens zwei Vorstöße der Wehrmacht auf ganz verschiedene Länder vorsah. So erfolgte 1938 nicht nur der im März vollzogene ‚Anschluß' Österreichs, sondern im Oktober auch der des Sudetengebiets, 1939 – wiederum im März – die Okkupierung der ‚Resttschechei', im September/Oktober der Angriff auf Polen und dessen teilweise Ein- und Angliederung in bzw. an das Reich. Waren die Besetzungsaktionen bzw. Feldzüge des folgenden Jahres gegen Dänemark und Norwegen, die Benelux-Länder und Frankreich wiederum auf die Frühjahrsmonate April und Mai gelegt, so der England-Angriff der deutschen Luftwaffe auf den August. Diesem Rhythmus entsprechend wurden 1941 die Vorstöße nach Bulgarien bzw. Ägypten erneut auf den für solche Aktionen besonders bevorzugten März terminiert, während der ebenfalls für das Frühjahr dieses Jahres geplante Angriff auf die Sowjetunion auf den 22. Juni verschoben werden musste, weil ein Militärputsch in Jugoslawien zu dessen Anlehnung an die Sowjetunion geführt hatte und der italienische Einmarsch nach Griechenland stecken geblieben war, sodass Hitler zur Schließung der dadurch noch offenen Südflanke den – im April stattfindenden – Balkanfeldzug vorziehen musste. Dass schon diese an sich geringe Zeitverzögerung des Angriffs auf die Sowjetunion wegen des frühen Einbruchs des russischen Winters im Oktober 1941 bereits die Vorentscheidung für die deutsche Niederlage mitbedingt hat, lässt die Zeitnot der Hitlerschen Außen- und Kriegspolitik ebenso aufscheinen wie die Umstellung der deutschen Rüstung von der Land- auf die Seekriegsführung ganze drei Wochen nach Beginn des Russlandfeldzugs, den man voreilig bereits Anfang Juli meinte für sich entschieden zu haben.[322]

Die seit 1937 immer direkter von Hitler persönlich gelenkte Außen- und dann Kriegspolitik wurde also zunehmend von der Erkenntnis bestimmt, dass schon die ansatzweise Durchbrechung der bolschewistischen Einkreisung Deutschlands durch dessen Erfolge in der Spanien- und der Antiko-

## II. Verifizierung

minternpakt-Politik sowie die zunächst spektakulären Schlachtensiege im Russlandfeldzug die alte verhängnisvolle west-östliche Doppelfront gegen das Reich wieder aufleben lassen werde, was eine rasche Vorbereitung auf einen Seekrieg gegen die angelsächsischen Mächte erforderliche mache. Diese Erkenntnis führte nun im Innern des Dritten Reichs zu dem bereits dargestellten verschärften Vorgehen gegen die Juden als den vermeintlichen Drahtziehern des internationalen antideutschen Komplotts. Der unmittelbare Zusammenhang zwischen außenpolitischer Bedrängnis und militantem Antisemitismus des Dritten Reichs war von Hitler selbst bereits in seiner Rede vor dem ‚Großdeutschen Reichstag' am 30. Januar 1939 artikuliert worden, in der er die Juden für die deutschfeindliche Politik der übrigen Großmächte verantwortlich machte und für den Fall eines neuen Weltkriegs „die Vernichtung der jüdischen Rasse in Europa" androhte.[323] Die Bedingtheit antisemitischer Maßnahmen durch die außenpolitische Lage des Reichs ist dann insbesondere für die Kriegszeit zu beobachten, in der sich immer dann eine Verschärfung antijüdischen Vorgehens abzeichnete, wenn die politisch-militärische Einkreisung Deutschlands verdichtet wurde wie insbesondere durch den Beginn des Kriegs gegen die USA am 11.12.1941, dem die Wannsee-Konferenz zur Inangriffnahme der ‚Endlösung der Judenfrage' folgte, kurz nachdem der von Hitler als jüdisch eingestufte amerikanische Präsident Roosevelt die „Zerschmetterung des deutschen Militarismus" als Kriegsziel der USA verkündet hatte.[324]

Der nationalsozialistische Antisemitismus stellt sich auch aus dieser Perspektive als propagandistische Kaschierung der außenpolitischen Einkreisung und zeitweiligen Beherrschung Deutschlands durch die neuen Weltmächte dar, als ein mit schwer abschätzbaren Elementen der Selbsttäuschung durchsetztes Konstrukt, das den durch die Tatsache einer unentrinnbaren Zwickmühle immer unerreichbarer werdenden ‚Endsieg' mit der Vernichtung der europäischen Juden glaubte doch noch irgendwie erringen zu können.

Die nationalsozialistische Außenpolitik muss daher als der letztlich missglückte Versuch gewertet werden, auf der Basis einer psychopatischen Selbsttäuschung über die wahren Gründe der deutschen Niederlage im Ersten Weltkrieg mit einer Strategie (selbst)betrügerischer Propaganda, überraschender Wendungen und flexibler Anpassung der außenpolitischen Instrumente an die des jeweiligen Gegners und schließlich einen immer mörderischer werdenden Antisemitismus die Grundtatsachen der weltpolitischen Machtverhältnisse überspielen zu können.

Dem entsprach die sogenannte Blitzkriegsstrategie als einzig erfolgversprechendes Mittel zur Erringung wenigstens zeitweiliger Erfolge gegen die

Doppelfront übermächtiger Gegner.³²⁵ Die ökonomische Behinderung der deutschen Rüstung durch Kapital- und Devisenknappheit, ihre sozialpolitische Einengung durch die Auflage, den gerade erst oberflächlich hergestellten inneren Frieden nicht durch rüstungsbedingte Konsumeinschränkung der Bevölkerung zu gefährden, sowie die außenpolitischen Rücksichten gegenüber den misstrauischen europäischen Nachbarn schlossen eine – vom Wehrwirtschaftsstab dringend gewünschte – auf breiter wirtschaftlicher Basis aufbauende, systematische ‚Tiefenrüstung' aus, die zudem mit der unumgänglichen Folge langfristiger Waffentypen-Festlegung die Flexibilität der Hitlerschen Kriegspolitik behindert hätte.³²⁶

So war das Dritte Reich in seiner expansiven Phase auf eine Strategie der blitzartigen Überfälle und Feldzüge gegen jeweils einen oder doch wenige rasch besiegbare Gegner festgelegt, weil nur auf diese Weise die Wiederholung des Ersten Weltkriegs mit seiner das deutsche Energiepotenzial letztlich erdrückenden Zweifrontenstellung des Reichs vermeidbar schien. Dass dieser – wie wir gesehen haben – auch innenpolitisch systemtypische Kunstgriff des konzentrierten Energieumsatzes als Ergebnis der ‚Kurzschließung' vorher getrennter Subsysteme dem entsprechend nur kurzfristige Erfolge zeitigte, ohne die schon im Ersten Weltkrieg gegebene Machtkonstellation nachhaltig verändern zu können, zeigen Verlauf und Ausgang des Zweiten Weltkriegs nur allzu deutlich.

Die spektakulären Anfangserfolge der deutschen Seite konnten eben deshalb nicht stabilisiert werden, weil es nicht gelang, die angelsächsischen Großmächte solange aus dem Krieg herauszuhalten, bis der von Hitler anvisierte kontinentaleuropäische ‚Lebensraum' für das deutsche Volk in autarker Stabilität abgesichert war. Dies hatte sich, wie gesagt, in Roosevelts Quarantänerede und der britischen Bündnisverweigerung bereits 1937 angekündigt und den Imperialismus des Dritten Reichs zu hektischer Eile getrieben. Es wurde mit der britischen Kriegserklärung vom 3. September 1939 und der Entscheidung der USA für die militärische Unterstützung Großbritanniens sowie das Two-Ocean-Flottenprogramm beider Seemächte vom Juni/Juli 1940 zur unumstößlichen Tatsache, durch welche die deutsche Führung zu der erwähnten voreiligen Umstellung ihrer Rüstung getrieben wurde, bevor man den russischen Gegner wirklich geschlagen hatte. Und wenn Hitler unmittelbar nach dem Scheitern des geplanten Blitzkriegs gegen die Sowjetunion den USA den Krieg erklärte, um damit Japan nach dessen gegen die amerikanische Pazifikflotte in Pearl Harbour gerichteter Kriegseröffnung an die deutsche Politik zu binden, dann hatte er damit zugleich die Unmöglichkeit anerkannt, den Kampf des Dritten Reichs gegen seine beiden Hauptgegner im Nacheinander eines neuen Schlieffen-

## II. Verifizierung

Plans abwickeln zu können. Außerdem war nun der im Innern nur noch mit Propaganda und Terror, an der Front mit tradierter militärischer Disziplin fortgeführte Verzweiflungskampf gegen eine übermächtige Koalition eröffnet, der in immer totalerer Erfassung und Zusammenführung aller dem Regime erreichbaren Subsysteme und deren Energiereserven, zugleich in der Verwirklichung der den Juden für den Fall des Weltkriegs angedrohten Vernichtung das nationalsozialistische System zur letzten Realisierung seiner radikal-revolutionären Prinzipien gelangen, das Dritte Reich am Endpunkt seiner Entwicklung zugleich scheitern ließ.

### D) Zusammenfassung

Die durch Kriegsverluste, Verschuldung und die Bestimmungen des Versailler Friedensdiktats herbeigeführte Verteidigungsunfähigkeit des Deutschen Reichs, das den USA während der Vorkriegszeit die Intensivierung ökonomischer Austauschbeziehungen mit Europa zunehmend erschwert hatte, nutzten diese nach dem Ersten Weltkrieg, um den störenden Konkurrenten in finanzielle und ökonomische Abhängigkeit zu bringen, d.h. durch Reparationsforderungen, Kapitalkredite und -investitionen sowie die Regulierung und Überwachung des deutschen Finanzsystems ökonomisch zu beherrschen. Diese auf der politischen Bühne als Dawes- bzw. Young-Plan in Erscheinung tretenden US-amerikanischen – ungleichen – Austauschaktivitäten stellten zugleich eine Antwort auf vorher schon seitens des revolutionären Sowjetstaats eingeleitete propagandistisch-ideologische Energieaustauschbeziehungen mit Deutschland dar, die auf dringend benötigten Energiegewinn des anfangs militärisch durch die ‚Weißen' und Interventionstruppen der westlichen Alliierten bedrängten, finanziell wie ökonomisch notleidenden und außenpolitisch isolierten Sowjet-Systems hinzielten.
Sowohl diese sowjetrussischen wie die US-amerikanischen Energieaustauschbeziehungen mit dem geschlagenen und energetisch stark geschwächten Deutschen Reich[327] erbrachten den beiden neuen Weltmächten erhebliche Erfolge, die in Energiegewinnen (Reparationen, Kreditzinsen, Erträgen amerikanischer Tochterunternehmen in Deutschland sowie Handelsbilanzgewinnen für die USA, Spenden und Diplomatische Anerkennung als wichtiges politisches Ausfallstor aus drohender Totalisolierung für die junge Sowjetunion) außerdem in der Etablierung wirtschaftlicher, politischer und kultureller Subsysteme (Tochterfirmen, Verkaufsagenturen, Parteien, diplomatische Vertretungen, kulturelle Stile und deren Vertreter) als Austausch sichernden Brückenköpfen im mitteleuropäi-

## 11. Entstehung, Funktionieren und Scheitern des ‚Dritten Reichs'

schen Überschneidungsbereich des beiderseitigen Hegemonialstrebens ihren konkreten Ausdruck fanden. Die aus dieser Doppelhegemonie über Deutschland und andere von beiden Weltmächten beherrschten Staaten wie vor allem Italien, Spanien und Japan sich ergebenden internen Folgen traten in Form schwerer politischer, kultureller und sozio-ökonomischer Krisen, also interner Energieumsatz-Zusammenbrüche in Erscheinung, den ersten Anzeichen jeder Systemspaltung. Für die betroffenen Systeme notwendige, weil existenzerhaltende Gegenreaktion einer mit allen Mitteln unternommenen ‚Wiedervereinigung' ihrer nach ‚Ost' und ‚West' auseinander strebenden Subsysteme war in der deutschen, am heftigsten umkämpften, potentiell stärksten dieser bilateral dominierten Gesellschaften dementsprechend am extremsten: Der Nationalsozialismus als ihre Erscheinungsform funktionierte ähnlich wie, aber radikaler als der italienische Faschismus, die spanische Franco- oder die japanische Militärdiktatur, nämlich als Medium der Wiederzusammenführung einer kapitalistisch organisierten und rechtsstaatlich verfassten Wirtschaft und bürgerlichen Teilgesellschaft mit dem weitgehend sozialistisch organisierten und marxistisch inspirierten Proletariat im Gehege konservativ-nationaler Herrschaftseliten. Diese Vermittlerrolle konnte die von einem seinerseits als sozialpsychologisches Medium funktionierenden Führer gelenkte Bewegung nur deshalb spielen, weil sie in Programm, Personal und Stil die heterogensten Elemente vereinte und so nach allen Seiten integrationsfähig war. Insbesondere durch die Doppelanpassung an die liberal-demokratische Weimarer Ordnung einerseits, kommunistische Kampfmethoden andererseits wurde sie in die Lage versetzt, die beiden besonders unvereinbaren Lager des Liberalismus und des Kommunismus sowohl erfolgreich zu bekämpfen als auch schließlich weitgehend in das Dritte Reich zu integrieren.

Dessen Aufbau erfolgte wiederum mit einer kennzeichnenden Doppelstrategie zugleich legaler und revolutionär-terroristischer Vorgehensweise gegen die politischen Brückenköpfe der Hegemonialmächte, also die KPD und die bürgerlich-liberalen Parteien sowie die zugehörigen ‚Klassenkampforganisationen', die in der Deutschen Arbeitsfront zusammengeführt und so neutralisiert wurden. Weitere Momente der Abkopplung des neuen Systems vom verlustbringenden Energieaustausch mit den Hegemonialmächten waren die Maßnahmen zur Devisenbewirtschaftung und zur Aktivierung der deutschen Handelsbilanz im ökonomischen, der Austritt aus dem Völkerbund und die Demontage von ‚Versailles' im politischen Bereich. Aus der Sicht des Nationalsozialismus gehörte dazu auch die zunehmende Ausschließung der Juden – als der den systemschädlichen Internati-

## II. Verifizierung

onalismus verkörpernden Sündenböcke des Regimes – aus immer mehr Lebensbereichen der deutschen Gesellschaft.

Die verschiedenen Verfahren zur Beendigung des für das deutsche System verlustbringenden Energieaustauschs mit seinen Hegemonialmächten bewirkten mittelbar oder sogar unmittelbar zugleich eine Vermehrung des internen Energieumsatzes mit entsprechendem Wohlstandsgewinn. So beseitigte die Auflösung der Parteien mit der dadurch bewirkten Beendigung öffentlicher politischer Opposition die für die Weimarer Zeit geradezu kennzeichnende Behinderung der jeweiligen Regierung durch die in kontroverse Parteien zersplitterten Parlamente und ermöglichte beispielsweise die rasche Überwindung der Wirtschaftkrise und Massenarbeitslosigkeit, also eine spektakuläre Vermehrung des internen Energieaustauschs im sozialökonomischen Bereich. In gleicher zudem Energie sparenden Weise wirkte die zunehmende Beseitigung der Gewaltenteilung infolge des Ermächtigungsgesetzes, der Gleichschaltung und schließlichen Auflösung der Reichsländer als politischer Einheiten sowie der Usurpierung polizeilicher und richterlicher Funktionen durch die SS. Auch die Beendigung des institutionalisierten Klassenkampfes durch die Zusammenführung von Arbeitnehmer- und Arbeitgeberorganisationen in der DAF und die Einrichtung der Treuhänder der Arbeit begünstigte eine von Arbeitskämpfen jeder Art befreite wirtschaftliche Aufwärtsentwicklung. Und wenn durch KdF-Aktivitäten oder das Werkschar-Konzept der DAF kulturelle und Standesgrenzen mindestens durchlöchert wurden, so bedeutete auch das eine immerhin teilweise Beseitigung innergesellschaftlich ständischer Austauschbeschränkungen der Vergangenheit mit dem Effekt vermehrten gesellschaftlichen Energieaustauschs und -gewinns. Gleiches gilt für die institutionelle Verbindung von ‚Partei' und Staat in entscheidenden Führern wie Hitler, Himmler, Göring und Goebbels sowie im Rahmen der Sondergewalten, die auch private gesellschaftliche Gruppen umfassten und von traditionellen Austauschbeschränkungen zwischen staatlichen, parteipolitischen und privaten Subsystemen befreit wurden, damit sie unbehindert von gesetzlichen, bürokratischen und politischen Vorschriften und Rücksichten agieren konnten. Dieser Wegfall tradierter Austauschbeschränkungen bedeutete zugleich eine für das Dritte Reich kennzeichnende Verschmelzung von Methoden der sowjetrussischen Eineparteidiktatur mit Elementen der Staats- und Wirtschaftsordnung westlicher Demokratien.

Die Beseitigung vorher bestehender Energieaustauschschranken erbrachte im Verein mit der Mobilisierung so gut wie aller gesellschaftlichen und individuellen Energiereserven durch Propaganda und Terror eine dramatische Vermehrung des innergesellschaftlichen Energieumsatzes, der in der raschen Steigerung des Bruttoinlandsprodukts und der Beseitigung der Massenarbeitslosigkeit inmitten einer sonst kränkelnden Weltwirtschaft, außerdem in spektakulären außenpolitischen Erfolgen und dem zeitweiligen Aufstieg des Dritten Reichs zur europäischen Hegemonialmacht seinen messbaren Ausdruck fand. Die Umstrukturierung des deutschen Gesellschaftssystems im Sinne der Kombination kapitalistisch-rechtsstaatlicher und sozialistisch-revolutionärer Austauschprinzipien erwies sich also als äußerst effektiv. Da sie aber von vornherein auf eine dauerhafte Befreiung von der Fremdbeherrschung durch die neuen Weltmächte ausgerichtet war, konnte sie sich endgültig nur in der Niederwerfung der Sowjetunion als dem schwächeren und damals militärtechnisch allein erreichbaren der beiden Gegenspieler bewähren, dessen Überwältigung zudem eine Autarkie gewährende Erweiterung des deutschen ‚Lebensraums' ermöglicht hätte. Die doppelbödige und wendige Außenpolitik Hitlers, mit der dieses Ziel zwar zeitweise verschleiert, aber niemals aufgegeben wurde, stand unter dem dauernden Druck der Tatsache, dass die angelsächsischen Mächte nicht bereit waren, Hitler-Deutschland die Errichtung eines autarken Festlandsimperiums zuzugestehen. Die dem drohenden Zweifrontenkrieg in einer Flucht nach vorn voraneilende Blitzkriegsstrategie des Dritten Reichs war deshalb gescheitert, als der jahreszeitlich zu spät begonnene Russlandfeldzug im frühen Wintereinbruch des Jahres 1941 stecken blieb und Hitler zur Konterkarierung der faktisch schon bestehenden Zweifrontenstellung Japan an die deutsche Politik zu binden suchte, indem er den USA den Krieg erklärte.

Der absurde Versuch, den gegen die damit hergestellte Koalition der beiden Weltmächte nicht mehr zu gewinnenden Krieg mit der Vernichtung der europäischen Juden doch noch irgendwie siegreich zu beenden, entlarvte das nationalsozialistische Konzept zur Rettung des Deutschen Reichs als schreckliche Fehlkalkulation, die nur als psychopathische Verdrängung der besseren Einsicht in die deutsche Unterlegenheit gegenüber den Hegemonialmächten zu begreifen ist, zumal die zunächst schwache Sowjetunion unter Stalins Diktatur zu einer schwerindustriell und militärisch das Dritte Reich schon während des Krieges überholenden Großmacht geworden war.[328]

Das schließliche Scheitern des Nationalsozialismus, der die deutsche Spaltung hatte verhindern wollen, musste eben diese zur Folge haben. Sie wurde manifest im vier Jahrzehnte langen Neben- wo nicht Gegeneinander der amerikanisch dominierten Bundesrepublik und der Deutschen Demokratischen Republik als dem mitteleuropäischen Bannerträger der Sowjetunion. Wenn sie 1989/90 überwunden werden konnte, dann nur infolge des im

## II. Verifizierung

‚Kalten Krieg' gegen die USA erlittenen finanziell-ökonomischen Zusammenbruchs der Sowjetunion.

Im Rahmen unserer geschichtstheoretischen Betrachtung stellt das Dritte Reich somit das interessante Beispiel einer versuchten, aber gescheiterten Systemrettung dar. Interesse kann es nicht nur deshalb beanspruchen, weil der nationalsozialistische Sanierungsversuch den bislang größten und furchtbarsten Krieg der Menschheitsgeschichte verursacht hat, sondern auch deshalb, weil er dabei den Prinzipien folgte, die sich im Verlauf unserer Untersuchung meist als erfolgreiche Strategie zur Rettung bedrohter Gesellschaften erwiesen haben, nämlich der Beendigung verlustbringenden grenzüberschreitenden und gleichzeitiger Steigerung des innergesellschaftlichen Energieaustauschs zur Erzielung gesamtgesellschaftlicher Energiepotenziale, die vorteilhaftere Energieaustauschverhältnisse mit der natürlichen oder gesellschaftlichen Umwelt ermöglichen sollen. Auch die Nachahmung gesellschaftlicher Energietechnik überlegener Gegner wurde vom Nationalsozialismus geradezu schulmäßig geleistet und erbrachte dem entsprechend kaum für möglich gehaltene Energiegewinne. Woran es aber fehlte, war die nüchterne Einschätzung der Energiereserven auf Seiten der Gegenmächte, die bei etwa gleichem Techniknivau nach Bevölkerungszahlen, Kulturbodenflächen und Bodenschätzen nicht nur das Deutschen Reich, sondern den gesamten Antikominternpakt so weit übertrafen, dass auch dessen – von jenem abstrusen Antisemitismus abgesehen – situationsgerechte Reaktionen die Übermacht der neuen Weltmächte bei weitem nicht kompensieren konnten.

Als neuartiges historisches Phänomen von erheblicher historischer Bedeutung bestätigt das Dritte Reich trotz seines Scheiterns ein weiteres Mal unsere Grundthese, der zufolge akuter Energiemangel davon betroffener Gesellschaften als Ursache solcher auch fragwürdigen Innovationen und damit geschichtlichen Fortganges auszumachen sind: Das Deutsche Reich war durch die im Ersten Weltkrieg und das Versailler Diktat in Form von Bevölkerungs-, Gebiets- und Verlusten an wichtigen Bodenschätzen, durch Reparationsleistungen, Streichung aller Auslandsguthaben und –besitzungen, ungleiche Handelsbedingungen, seine erzwungene Abrüstung, den politischen Energieentzug seitens der neuen Weltmächte und die 1929 einbrechende Weltwirtschaftskrise von ganz ungewöhnlich einschneidenden Energieverlusten getroffen worden, deren existenznotwendige Kompensierung die Entwicklung und Erprobung der ganz neuartigen und zunächst außerordentlich erfolgreichen Kombination liberal-kapitalistischer und sozialistisch-terroristischer Energieaustauschmethoden einer faschistischen Dik-

11. Entstehung, Funktionieren und Scheitern des ‚Dritten Reichs'

tatur erzwang, die – wie der Zweite Weltkrieg ausweist – gewaltige Energien zu mobilisieren vermochte, wegen uneinholbarer energetischer Überlegenheit der Gegner gleichwohl scheiterte. Immerhin lässt sich sagen, dass die marktwirtschaftlich-sozialistische Doppelstruktur des Dritten Reichs in der befriedeten Bundesrepublik mit deren sozialer Marktwirtschaft ein strukturell ähnliches, aber durch die Kriegsniederlage geläutertes Erbe hinterlassen hat.

## Anmerkungen

[1] Link, Werner: Die amerikanische Stabilitätspolitik in Deutschland, Düsseldorf 1970, 14; Rosenfeld, Günter: Sowjetrussland und Deutschland 1917-1922, Köln 1984, 128-132
[2] Kennedy, Paul: The Rise and Fall of the Great Powers (1987), dt. Ausg.: Aufstieg und Fall der großen Mächte. Ökonomischer Wandel und militärischer Konflikt von 1500 bis 2000, Frankfurt/M 1989, 323f.
[3] Mitchell, B.R.: European Historical Statistics 1750 – 1970, London 1975, 494ff.
[4] Zahlen nach U.S. Bureau of the Census, 1960, 550
[4] Ebd.
[5] Pohl, Karl Heinz: Weimars Wirtschaft und die Außenpolitik der Republik 1924 – 1926, Düsseldorf 1979, 16f.; Borchardt, Knut: Wirtschaftliche Ursachen des Scheiterns der Weimarer Republik, in: Erdmann, K.D./ Schulze, H.(Hg.): Weimar. Selbstpreisgabe einer Demokratie, Düsseldorf 1980, 231ff.
[6] Link (Anm. 1), 58f. ; Kennedy (Anm. 2), 309-313
[7] Aldcroft, D.H.: From Versailles to Wallstreet 1919-1929, Berkeley 1977, 240f.; Heideking, Jürgen/ Mauch, Christof: Geschichte der USA, 6. überarb. u. erw. Aufl. Tübingen 2008, 229
[8] Zitate nach Rosenfeld (Anm. 1), 1f.
[9] Rosenfeld (Anm. 1), 184
[10] A.a.O. 158
[11] A.a.O. 337
[12] A.a.O. 338ff.
[13] Winkler, Heinrich August: Der lange Weg nach Westen. Deutsche Geschichte vom Ende des Alten Reiches bis zum Untergang der Weimarer Republik, Bd. I, 4. durchges.Aufl. 2002, 358f.
[14] Rosenfeld (Anm. 1), 135
[15] A.a.O. 136f.
[16] A.a.O. 135
[17] A.a.O. 136-138
[18] A.a.O. 140f.
[19] A.a.O. 144
[20] A.a.O. 166f.
[21] A.a.O. 151ff.
[22] A.a.O. 153

II. Verifizierung

[23] Weber, Hermann: Die Wandlung des deutschen Kommunismus, Bd. 1, Frankfurt/M 1969, 11
[24] A.a.O. 33f.
[25] A.a.O. 51; 56
[26] A.a.O. 81f.
[27] A.a.O. 120ff.
[28] A.a.O. 144f.; 191; 220
[29] A.a.O. 227f.
[30] Weber, Hermann: Hauptfeind Sozialdemokratie. Strategie und Taktik der KPD. 1929 – 1933, Düsseldorf 1982, 94f.
[31] Weber (Anm. 24), 27
[32] Grebing, Helga: Geschichte der deutschen Arbeiterbewegung (1966), München 1980, 151
[33] Rosenfeld (Anm. 1), 334
[34] A.a.O. 355
[35] Kolb, Eberhard: Die Weimarer Republik, München 1984, 44f.
[36] Rosenfeld (Anm. 1), 359
[37] zitiert nach Rosenfeld ebd.
[38] Hildermeier, Manfred: Die Sowjetunion 1917 – 1991, München 2001, 33
[39] Rosenfeld (Anm. 1), 397f.
[40] Rosenfeld, Günter: Sowjetrussland und Deutschland 1922 – 1933, Köln 1984, 153; 171
[41] A.a.O. 226f.
[42] A.a.O. 92; 149
[43] A.a.O. 228
[44] Hermand, J./ Trommler, F.: Die Kultur der Weimarer Republik, München 1978, 36
[45] Gay, P: Weimar Culture. The Outsider as Insider, New York 1968, dt. Ausg.: Die Republik der Außenseiter. Geist und Kultur der Weimarer Zeit 1918 – 1933, Frankfurt/M 1970, 141f.
[46] Rosenfeld (Anm. 1), 154
[47] Link, Werner (Anm. 1), 76 et passim; Schwabe, K.: Die USA, Deutschland und der Ausgang des Ersten Weltkrieges, in: Knapp, M. u.a. (Hg.): Die USA und Deutschland 1918 – 1975, München 1978, 23f.
[48] Link, Werner: Die Beziehungen zwischen der Weimarer Republik und den USA, in: Knapp, M. u.a.(Hg.): Die USA und Deutschland 1918 – 1975, München 1978, 63
[49] Link (Anm. 1), 36ff.
[50] Schwabe (Anm. 48), 24
[51] A.a.O. 27
[52] Link (Anm. 48), 65
[53] Link (Anm. 1), 578; Rühl, Lothar: Das Reich des Guten. Machtpolitik und globale Strategie Amerikas, Stuttgart 2005, 79
[54] Schwabe (Anm. 48), 60; Besier, Gerhard/ Lindemann, Gerhard: Im Namen der Freiheit. Die amerikanische Mission, Göttingen 2006, 147
[55] Link (Anm. 1), 599
[56] A.a.O. 89ff.
[57] A.a.O. 103

[58] A.a.O. 106f.
[59] Link (Anm. 48), 75; Heideking/ Mauch (Anm. 7), 247
[60] Wehler, Hans Ulrich: Deutsche Gesellschaftsgeschichte, Bd. 4 Vom Beginn des Ersten Weltkrieges bis zur Gründung der beiden deutschen Staaten, München 2003, 253
[61] A.a.O. 83f.
[62] Link (Anm. 48), 86ff.
[63] U.S. Bureau of the Census, 1960, 550
[64] Link (Anm. 48), 86ff.
[65] A.a.O. 93
[66] A.a.O. 95f.
[67] Gassert, Philipp: Amerika im Dritten Reich. Ideologie, Propaganda und Volksmeinung 1933 – 1945, Stuttgart 1997, 51f.; 59
[68] Hermand (Anm. 44), 54
[69] A.a.O. 60; 79ff.
[70] Kolb (Anm. 35), 99f.
[71] A.a.O. 104
[72] Pohl, Karl Heinz: Weimars Wirtschaft und die Außenpolitik der Republik 1924 – 1926, Düsseldorf 1979, 14 et passim
[73] Kolb (Anm. 35), 64
[74] zitiert nach Link (Anm. 48), 82
[75] A.a.O. 98ff.
[76] Link (Anm. 48), 83
[77] Link (Anm. 1), 598
[78] Jaeger, H.: Geschichte der amerikanischen Wirtschaft im 20. Jahrhundert, Wiesbaden 1973, 68
[79] Aldcroft, D.H.: From Versailles to Wallstreet 1919 –1929, Berkeley 1977, 256; Wehler (Anm. 60), 253f.
[80] Schwabe (Anm. 47), 214ff.
[81] Kindleberger, Charles P.: Die Weltwirtschaftskrise 1929 – 1939, München 1979, 160
[82] Kolb (Anm. 35), 129f.
[83] Wehler (Anm. 60), 256
[84] A.a.O. 257
[85] Wehler (Anm. 60), 241
[86] Hildebrand, Klaus: Das Dritte Reich, München 1980, 124
[87] A.a.O. 127ff.; Wehler (Anm. 60), 542-580
[88] Hildebrand (Anm. 86), 127f.
[89] Wehler (Anm. 60), 542 ff.
[90] Grebing (Anm. 32), 136f.; 181
[91] Winkler (Anm. 13), 416; 447
[92] Schoenbaum, David: Hitler's Social Revolution. Class and Status in Nazi Germany 1933 – 1939 (1968), dt. Ausgabe: Die braune Revolution. Eine Sozialgeschichte des Dritten Reiches, München 1980, 45f.; 48f.
[93] Kühnl, Reinhard: Die nationalsozialistische Linke 1925 – 1930, Meisenheim 1966, 10ff.
[94] A.a.O. 23f.
[95] A.a.O. 213

II. Verifizierung

[96] A.a.O. 54; 119
[97] A.a.O. 101; 106
[98] Kashapova, Dina: Kunst, Diskurs und Nationalsozialismus, Tübingen 2006, 305
[99] Kühnl (Anm. 93), 102
[100] A.a.O. 196
[101] A.a.O. 194
[102] A.a.O. 192
[103] Kater, M.H.: The Nazi Party. A Social Profile of Members and Leaders, 1919 – 1945, Cambridge (Mass.), 1983, 244f.
[104] A.a.O. 247
[105] Kissenkoetter, Ulrich: Gregor Straßer und die NSDAP, Stuttgart 1978, 77
[106] A.a.O. 83; 112f.; 166ff.
[107] A.a.O.182ff.
[108] Kater (Anm. 103), 250f.
[109] Pohl (Anm. 72), 75f.; 125f.
[110] A.a.O. 76
[111] Schulz, Gerhard: Aufstieg des Nationalsozialismus: Krise und Revolution in Deutschland, Frankfurt/M 1975, 738
[112] Pool, J.& S.: Who financed Hitler?, New York 1978, dt. Ausg.: Hitlers Wegbereiter zur Macht, Bern 1979, 332
[113] Broszat, Martin: Die Machtergreifung. Der Aufstieg der NSDAP und die Zerstörung der Weimarer Republik, München 1984, 158
[114] Schulz (Anm. 111), 743
[115] Pool (Anm. 112), 237
[116] Broszat (Anm. 113), 116
[117] Winkler, Heinrich August: Mittelstand, Demokratie und Nationalsozialismus. Die politische Entwicklung von Handwerk und Kleinhandel in der Weimarer Republik, Köln 1972, 66ff.
[118] Morsey, R.: Beamtenschaft und Verwaltung zwischen Republik und ‚Neuem Staat', in: Erdmann, K.D./ Schulze, H. (Hg.): Weimar. Selbstpreisgabe einer Demokratie, Düsseldorf 1980, 160
[119] Kocka, Jürgen: Zur Problematik der deutschen Angestellten 1914 – 1933, in: Mommsen, H./ Petzina, D./ Weisbrod, D. (Hg.): Industrielles System und politische Entwicklung in der Weimarer Republik, Kronberg/Düsseldorf 1977, 807
[120] Koops, T.P.: Zielkonflikte der Agrar- und Wirtschaftspolitik in der Ära Brüning, a.a.O. 852f.
[121] Schulz (Anm. 111), 620f.
[122] Kolb (Anm. 35), 124
[123] A.a.O. 128
[124] Messerschmidt, Manfred: Nationalsozialismus und Stalinismus: Modernisierung oder Regression? In: Faulenbach, B./ Stadelmaier, M. (Hg.): Diktatur und Emanzipation. Zur russischen und deutschen Entwicklung 1917 – 1991, Hamburg 1992, 92
[125] Kershaw, Ian: Hitler. 1889 –1936: Hubris (1998), dt. Ausgabe: Hitler 1889 – 1936, Stuttgart 1998, 378f.; 386 et passim
[126] Hitler, Adolf: Mein Kampf (1925), München 1936, 703
[127] A.a.O. 722f.

[128] Binion, Rudolph.: Hitler among the Germans, New York 1976, dt. Ausg.: „...dass ihr mich gefunden habt", Stuttgart 1978, 44
[129] Nolte, Ernst: Der Faschismus in seiner Epoche (1963), München 1979, 236
[130] Fest, Joachim C.: Hitler. Eine Biographie, Frankfurt/M 1973, 1017
[131] Binion (Anm. 128), 28-41
[132] Bullock, Alan: Hitler. A Study in Tyranny, London 1952, dt. Ausg.: Hitler. Eine Studie über Tyrannei, Düsseldorf 1960, 79; 97
[133] Zitiert nach Binion (Anm. 128), 44
[134] A.a.O. 40
[135] Broszat, Martin: Der Staat Hitlers, München 1969, 739ff.
[136] Nolte (Anm. 129), 496
[137] Fest (Anm. 130), 456f.
[138] Freud, Sigmund: Massenpsychologie und Ich-Analyse (1922), Stuttgart 1976, 55
[139] A.a.O. 67
[140] Fest (Anm. 130), 453f.; 710f.; Kershaw (Anm. 125), 432f.
[141] Fest, a.a.O. 448
[142] Freud (Anm. 138), 60
[143] Zitiert nach: Syring, Enrico: Das nationalsozialistische Deutschland 1933 – 1945. Führertum und Gefolgschaft, Bonn 1997, 41
[144] Doucet, F.W.: Im Banne des Mythos. Die Psychologie des Dritten Reiches, Esslingen 1976, 232; Kershaw (Anm. 125), 462; 379
[145] Fest (Anm. 130), 448
[146] zitiert nach Fest, ebd. 458
[147] Bärsch, Claus-Ekkehard: Die politische Religion des Nationalsozialismus, München 2002, 146
[148] Caron, Jean-Christoph: Von der Wallfahrt nach Nürnberg zum lokalen Reliquienkult, in: Freitag, W. (Hg.): Das Dritte Reich im Fest. Führermythos, Feierlaune und Verweigerung in Westfalen 1933- 1945, Bielefeld 1997, 221-223
[149] Müller-Kipp, Gisela: „Der Führer braucht mich". Der Bund Deutscher Mädel (BDM): Lebenserinnerungen und Erinnerungsdiskurs, Weinheim/München 2007, 20f.
[150] Bärsch (Anm. 147), 93-96
[151] Zitiert nach Bärsch, a.a.O. 293
[152] Ebd.
[153] Freud (Anm. 138), 68
[154] Zitiert nach Domarus, M. (Hg.): Hitler, Reden und Proklamationen 1932 – 1945, 2 Bd.e, München 1965, Bd. 1, 59f.
[155] A.a.O. 117
[156] Picker, H. (Hg.): Hitlers Tischgespräche im Führerhauptquartier 1941 – 1942, Stuttgart 1965, 364
[157] Nolte (Anm. 129), 448
[158] Schulz (Anm. 111), 412f.
[159] A.a.O. 487
[160] Broszat (Anm. 113), 88
[161] Schulz (Anm. 111), 487
[162] Kissenkoetter (Anm. 105), 174f.
[163] Broszat (Anm. 113), 118

## II. Verifizierung

[164] A.a.O. 127
[165] Shirer, William L.: The Rise and Fall of the Third Reich (1960), dt. Ausg. Aufstieg und Fall des Dritten Reiches, München 1963, Bd. 1, 111
[166] Zitiert nach Schoenbaum (Anm. 92), 91
[167] Hitler (Anm. 126), 738f.
[168] Wilhelm, Friedrich: Die Polizei im NS-Staat. Die Geschichte ihrer Organisation im Überblick, Paderborn 1997, 47f.
[169] Fraenkel, Ernst: Der Doppelstaat (1940), Frankfurt/M 1974, 30 et passim
[170] Mason, T.W. (Hg): Arbeiterklasse und Volksgemeinschaft. Dokumente und Materialien zur deutschen Arbeiterpolitik 1933 – 1939, Opladen 1975, 21
[171] A.a.O. 30f.
[172] A.a.O. 40
[173] Zitiert nach Mason (Anm. 170), 41
[174] A.a.O. 89f.; 125f.
[175] Hachtmann, Rüdiger: Industriearbeit im ‚Dritten Reich' , Göttingen 1989, 260-268
[176] A.a.O. 85
[177] Broszat (Anm. 135), 176f.
[178] Mason (Anm. 170), 51ff.
[179] Irving, David: The War Path. Hitlers Germany 1933 – 1939, London 1978, dt. Ausg. Hitlers Weg zum Krieg, München 1979, 70
[180] Broszat (Anm. 135), 178;
[181] A.a.O. 179f.
[182] Petzina, Dietmar: Autarkiepolitik im Dritten Reich. Der nationalsozialistische Vierjahresplan, Stuttgart 1968,18
[183] Broszat (Anm. 135), 224f.
[184] Aleff, Ernst: Mobilmachung, in: ders. (Hg.): Das Dritte Reich, Hannover 1976, 124
[185] Ebd.
[186] Abelshauser, Werner: Modernisierung oder institutionelle Revolution? Koordinaten einer Ortsbestimmung des „Dritten Reiches" in der deutschen Wirtschaftsgeschichte des 20. Jahrhunderts, in: ders. / Hesse, J.-O./ Plumpe, W. (Hg.): Wirtschaftsordnung, Staat und Unternehmen. Neue Forschungen zur Wirtschaftsgeschichte des Nationalsozialismus, Essen 2003, 25
[187] Tooze, Adam: The Wages of Destruction. The Making and Breaking of the Nazi Economy, London 2006, dt.Ausg.: Ökonomie der Zerstörung. Die Geschichte der Wirtschaft im Nationalsozialismus, München 2007, 159-162; 162-166; 144-150
[188] A.a.O. 913
[189] A.a.O. 27; 346-350; 454-457
[190] Broszat (Anm. 135), 93f.
[191] A.a.O. 100ff.
[192] A.a.O. 135-141
[193] Tormin, W.: Die Machtergreifung, in: Aleff (Anm. 184), 33
[194] Broszat (Anm. 135), 117
[195] A.a.O. 119f.
[196] A.a.O. 125f.
[197] A.a.O. 127f.

## 11. Entstehung, Funktionieren und Scheitern des ‚Dritten Reichs'

[198] Mommsen, Hans: Hitlers Stellung im nationalsozialistischen Herrschaftssystem, in: Hirschfeld, G./ Kettenacker, L. (Hg.): Der „Führerstaat": Mythos und Realität. Studien zur Struktur und Politik des Dritten Reiches, Stuttgart 1981, 53
[199] Broszat (Anm. 135), 246
[200] A.a.O. 259
[201] A.a.O. 259f.
[202] A.a.O. 153; ähnlich: Kershaw, Jan: ‚The Nazi-Dictatorship'. Problems and Perspectives of Interpretation, London 1985, dt. Ausg.: Der NS-Staat. Geschichtliche Interpretationen und Kontroversen im Überblick, Hamburg 1988, 145f.
[203] zitiert nach Broszat (Anm. 135), 152
[204] A.a.O. 160
[205] Kershaw (Anm. 202), 150-152, Syring (Anm. 143), 82
[206] Broszat (Anm. 135), 263
[207] A.a.O. 255f.; 349f.; Syring (Anm. 143), 83f.; Wehler (Anm. 60), 623
[208] Broszat (Anm. 135), 329
[209] A.a.O. 331
[210] Ebd.
[211] Picker (Anm. 156), 442
[212] Irving (Anm. 179), 230f.
[213] Broszat (Anm. 135) 332
[214] Ebd.; Schulte, Jan Erik: Zwangsarbeit und Vernichtung: Das Wirtschaftsimperium der SS. Oswald Pohl und das SS -Wirtschafts- und Verwaltungshauptamt 1933 – 1945, Paderborn 2001, 367
[215] Petzina, Dietmar: Autarkiepolitik im Dritten Reich. Der nationalsozialistische Vierjahresplan, Stuttgart 1968, 46f.; Tooze (Anm. 187), 266f.
[216] Petzina (Anm. 215), 197
[217] A.a.O. 59ff.
[218] A.a.O. 78ff.
[219] A.a.O. 117f.
[220] Broszat (Anm. 135), 373f. ; ähnlich: Petzina (Anm. 215), 125; Tooze (Anm. 187), 510ff.
[221] A.a.O. 375f.; Tooze., a.a.O., 278-282
[222] Petzina (Anm. 215), 149
[223] Millward, A.S.: Der Zweite Weltkrieg. Krieg, Wirtschaft und Gesellschaft 1939 – 1945, München 1977, 374
[224] Petzina (Anm. 215), 149
[225] Broszat (Anm. 135), 377; Tooze (Anm. 187), 918
[226] Petzina (Anm. 215), 140f.
[227] A.a.O. 143
[228] Braun, Hans Joachim: Konstruktion, Destruktion und der Ausbau technischer Systeme zwischen 1914 und 1945, in: ders. u. Kaiser, W.: Energiewirtschaft, Automatisierung, Information seit 1914, in: König, W. (Hg.) Propyläen Technikgeschichte (1990 – 1992), Berlin 1999, 31-33
[229] Tooze (Anm. 187), 148-150
[230] Braun/Kaiser (Anm. 228), 34
[231] A.a.O. 35-38

II. Verifizierung

[232] A.a.O. 41
[233] Tooze (Anm. 187), 158-160
[234] Braun (Anm. 228), 190f.
[235] Kaiser, Walter: Von der Nachrichtenübermittlung zur Telekommunikation, in: Braun, H-J./ Kaiser, W. (Hg.): Energiewirtschaft, Automatisierung, Information seit 1914., Propyläen Technikgeschichte Bd. 5, Berlin 1999, 336-358
[236] Broszat (Anm. 135), 378
[237] Zipfel, Friedrich: Krieg und Zusammenbruch, in: Aleff, E. (Hg.): Das Dritte Reich, Hannover 1976, 211
[238] Broszat (Anm. 135), 376
[239] A.a.O. 58
[240] A.a.O. 60
[241] Stein, G.H.: The Waffen-SS. Hitler's Elite Garde at War 1939 – 1945, New York 1966, dt. Ausg.: Geschichte der Waffen-SS, Düsseldorf 1978, XVI f.; Wegner, Bernd: Hitlers Politische Soldaten: Die Waffen-SS 1933 – 1945 (1982), 5. erw. Aufl. Paderborn 1997, 97f.
[242] Kaienburg, Hermann: Die Wirtschaft der SS, Berlin 2003, 114-129; 137f.; 1009f.; 1017f.
[243] A.a.O. 1087
[244] Schulte, Jan Erik: Zwangsarbeit und Vernichtung: Das Wirtschaftsimperium der SS. Oswald Pohl und das SS-Wirtschafts-Verwaltungshauptamt 1933 – 1945, Paderborn 2001, 114
[245] A.a.O. 118f.
[246] A.a.O. 111-117
[247] A.a.O. 138-147
[248] Wegner (Anm. 241), 103f.
[249] A.a.O. 127-130
[250] Broszat (Anm. 135), 268f.
[251] Wilhelm, Friedrich: Die Polizei im NS-Staat. Die Geschichte ihrer Organisation im Überblick, Paderborn 1997, 74f.
[252] Dörner, Bernward: ‚Heimtücke': Das Gesetz als Waffe. Kontrolle, Abschreckung und Verfolgung in Deutschland 1933 – 1945, Paderborn 1998, 49-65
[253] Wilhelm (Anm. 251), 179f.
[254] Wegner (Anm. 241), 84f.; 273-283; 112-117
[255] Krausnick, Helmut u. Wilhelm, Hans-Heinrich: Die Truppe des Weltanschauungskrieges. Die Einsatzgruppen der Sicherheitspolizei und des SD 1938 – 1942, Stuttgart 1981; Krausnick, Helmut: Judenverfolgung, in: Broszat, M./ Jacobsen, H.-A./ Krausnick, H.: Konzentrationslager, Kommissarbefehl, Judenverfolgung, Freiburg i.Br. 1965, 392
[256] Broszat (Anm. 135), 345
[257] A.a.O. 436f.
[258] Kogon, Eugen: Der SS-Staat (1948); passim auch Broszat, Buchheim, Jakobsen, Krausnick
[259] Picker (Anm. 156), 156
[260] Irving (Anm. 179), 107
[261] A.a.O. 240f.

## 11. Entstehung, Funktionieren und Scheitern des ‚Dritten Reichs'

[262] Picker (Anm. 156), 406
[263] Donner, Wolf: Propaganda und Film im „Dritten Reich", Berlin 1995, 14f.
[264] A.a.O. 15-23
[265] Picker (Anm. 156), 343f.
[266] Abel, Klaus-Dieter: Presselenkung im NS-Staat, Berlin 1968, 1
[267] A.a.O. 5
[268] Ebd. u. 6
[269] A.a.O. 9
[270] A.a.O. 10-13
[271] A.a.O. 42ff.; 52f.
[272] A.a.O. 30f.
[273] A.a.O. 16
[274] A.a.O. 60f.
[275] Picker (Anm. 156), 343f.
[276] A.a.O. 358
[277] Broszat (Anm. 135), 388
[278] Wehler (Anm. 60), 551-580
[279] A.a.O. 553; 552
[280] Broszat (Anm. 135), 249f.; 321f.
[281] Überblick bei: Hildebrand, Klaus: Das Dritte Reich, 2. Aufl., München 1980, 162ff.
[282] Mommsen (Anm. 198), 46
[283] Absolon, R.: Die Wehrmacht im Dritten Reich, Bd. III; Boppard 1975, 197f.
[284] Aleff (Anm. 184), 125
[285] Hillgruber, Andreas: Zum Forschungsstand über die Geschichte des Nationalsozialismus, in: Auswärtiges Amt – Informationsdienst für Auslandsvertretungen – 240 – 312.73. Beilage zum Blauen Dienst VII/Nr. 23. Nr. 87, 9
[286] Krausnick (Anm. 255), 311f.
[287] A.a.O. 313
[288] A.a.O. 316
[289] A.a.O. 317
[290] A.a.O. 319
[291] Kühnl, Reinhard: (Hg.): Der deutsche Faschismus in Quellen und Dokumenten, Köln 1979, 270
[292] Krausnick (Anm. 254), 321
[293] A.a.O. 332
[294] v. Saldern, A.: Mittelstand im ‚Dritten Reich': Handwerker, Einzelhändler, Bauern, Frankfurt/M 1979, 238f.
[295] Krausnick (Anm. 254), 341ff.
[296] A.a.O. 337
[297] A.a.O. 382
[298] A.a.O. 394
[299] A.a.O. 399ff.
[300] A.a.O. 386
[301] A.a.O. 390

## II. Verifizierung

[302] Hillgruber, Andreas: Die ‚Endlösung' und das deutsche Ostimperium als Kernstück des rassenideologischen Programms des Nationalsozialismus, in: Funke, M. (Hg.): Hitler, Deutschland und die Mächte, Düsseldorf 1977, 101
[303] Jacobsen, H.-A.: Zur Struktur der NS-Außenpolitik 1933 – 1945, in: Funke, M. (Hg.): Hitler, Deutschland und die Mächte, Düsseldorf 1977, 138
[304] Hildebrand (Anm. 86), 19; 22
[305] A.a.O. 20
[306] Akamatsu, Paul: Japan und Korea vom Ersten Weltkrieg bis zum Jahre 1937, in: Bianco, L. ( Hg.): Das moderne Asien, Frankfurt/M 1977, 60f.
[307] Hall, John Whitney: Das Japanische Kaiserreich, Frankfurt/M 1976, 330
[308] Nolte, Ernst: Die faschistischen Bewegungen, München 1966, 125ff.
[309] Hildebrand (Anm. 86), 28
[310] A.a.O. 27
[311] A.a.O. 29f.
[312] A.a.O. 30
[313] Schieder, Wolfgang: Spanischer Bürgerkrieg und Vierjahresplan. Zur Struktur nationalsozialistischer Außenpolitik (1976), hier in: Michalka, W. (Hg.): Nationalsozialistische Außenpolitik, Darmstadt 1978, 339f.
[314] A.a.O. 342-352
[315] A.a.O. 338
[316] Jacobsen (Anm. 303), 162ff.
[317] Hildebrand (Anm. 86), 28f.
[318] Mc Murry, D. S.: Deutschland und die Sowjetunion 1933 – 1936, Köln 1979, 392-394
[319] Hillgruber, Andreas: Deutschlands Rolle in der Vorgeschichte der beiden Weltkriege, Göttingen 1967, 20f.
[320] Angermann, Erich: Die Vereinigten Staaten von Amerika seit 1917, München 1978, 211
[321] Carr, William: Rüstung, Wirtschaft und Politik am Vorabend des Zweiten Weltkrieges, in: Michalka (Anm. 313), 39
[322] Hillgruber (Anm. 319), 515
[323] Domarus (Anm. 154), 1058
[324] Hildebrand (Anm. 86), 230
[325] Milward, A.S.: Der Zweite Weltkrieg. Krieg, Wirtschaft und Gesellschaft 1939 – 1945, München 1977, 455f.
[326] A.a.O. 462f.
[327] Wehler (Anm. 60), 241-252
[328] Kennedy (Anm. 2), 496, 530

## III. Schlussbetrachtung

Die vorstehende Untersuchung wichtiger Epochen des bislang erfolgreichsten Stranges der Menschheitsgeschichte ergab, dass deren Subjekte, menschliche Individuen wie Gesellschaften, wegen permanenter Energieverluste an die Umwelt gezwungen waren, diese möglichst energiesparend und trotzdem dauerhaft auszugleichen. Für das biologische Mängelwesen Mensch war dies von Anfang an und fortdauernd nur mit Hilfe einer energetischen Doppelstrategie von Energiegewinn verschaffendem Austausch mit seinesgleichen und der Nutzung von Umweltenergie für eigene Zwecke möglich. Dabei ergab es sich von der Sache her und bestätigt durch die vorstehenden historischen Befunde, dass neue und besonders wirksame Energiegewinntechniken durchweg in geschichtlichen Lagen akuten Energiemangels entwickelt wurden, um jenen lebensbedrohlichen Mangel zu beheben.

Dieser tritt in seiner elementarsten, aber bis in die Gegenwart vorkommenden Form als Nahrungsenergiemangel, also Hungersnot in Erscheinung, kann aber auch als fehlende Wehr-, Wirtschafts-, Geistes- oder psychische Kraft zur Bewältigung von Notlagen verschiedener Art für die betroffene Gesellschaft existenzbedrohlich werden. Die dauerhafte Überwindung solcher Notlagen durch neue Energietechniken, das haben wir in Teil II zu zeigen versucht, ermöglichte der jeweils betroffenen Gesellschaft und ihren Nachfolgern das Überleben, womit jeweils eine neue kulturell-zivilisatorische – wir sagen genauer: energietechnische Epoche der Menschheitsgeschichte eröffnet wurde. Deren ‚Fortschritt' besteht demnach aus der Erfindung und Verbreitung von erfolgeichen Energietechniken zur Abwendung immer wieder neuartigen – durch Klimaänderung, Konkurrenten oder den spezifischen Energieverbrauch der Menschen selbst – verursachten Energiemangel.

So ließ sich der Beginn der Menschheitsgeschichte vor 2 ½ Millionen Jahren auf die klimatisch bedingte Verdrängung unserer vormenschlichen Vorfahren aus dem zurückweichenden Urwald auf die ostmittelafrikanische Steppe zurückführen, in der sie sich als biologisch an den neuen Lebensraum gar nicht Angepasste nur mit erstem Waffen- und Werkzeuggebrauch die für sie überlebenswichtige Nahrungsenergie beschaffen konnten (II.1).

Ebenfalls klimatisch bedingt ist die frühmenschliche Instrumentalisierung des Feuers zur Zeit erneuter Klimaabkühlung vor 400 000 Jahren. Diese ließ den größer und intelligenter gewordenen *homo erectus* zu diesem auch für ihn nicht ungefährlichen Mittel greifen, um eigene Energieverluste an die kälter gewordene Umwelt am wärmenden Feuer zu vermindern, dieses au-

III. Schlussbetrachtung

ßerdem als Schreckensmittel bei der Treibjagd auf große und gefährliche Tiere zu verwenden und deren Fleisch durch Braten leichter genießbar und haltbarer zu machen. Die auf diese Weise instrumentalisierte, zuvor in Biomasse gespeicherte und durch deren Entzündung freigesetzte Umweltenergie ließ den Menschen selbst gegenüber Großwild wie Elefanten und Raubtieren zum Herrn der Steppe werden, verlieh ihm also übermenschliche Kräfte, versorgte ihn mit Nahrungs- und Wärmeenergie, verbesserte mithin seine Energiebilanz so entscheidend und nachhaltig, dass er sich in der Folge auch über die kühlen und kalten Regionen des Globus ausbreiten konnte.

Bedenken wir, dass die Beherrschung des Feuers seit etwa 12 000 v.Chr. dem Menschen auch die Keramik-Herstellung und seit etwa 8000 v.Chr. ebenso die Metallgewinnung und -verarbeitung ermöglichte[1], außerdem bis heute für Heiz-, Rodungs-, Abfallvernichtungs- und Energiegewinnungszwecke nutzbar gemacht wird, ist die andauernde Bedeutung dieser der Menschheit eine Fülle von Energiespar- und Gewinnmöglichkeiten verschaffenden Technik nicht zu bezweifeln.

Eine weitere epochale Neuerung menschheitlicher Energietechnik sehen wir in der Überwindung tierartiger Horden-Gesellung durch die totemistische Clanbildung auf Seiten des vor etwa 40 000 Jahren aus Afrika in den euro-asiatischen Raum eingewanderten *homo sapiens sapiens.* Dieser im Vergleich zum dort schon längst einheimisch gewordenen Neandertaler feingliedrigere und zweifellos physisch schwächere, aber handwerklich geschicktere Mensch konnte sich im lange währenden Konkurrenzkampf mit dem körperlich besser an das kühle Europa angepassten Rivalen einerseits durch vielfältigere Werkzeug- und Waffentechnik, vor allem aber wohl durch religiös gefestigte Clanbildung mit exogamer Eheregelung und totemistischem Tötungsverbot aller Clanmitglieder durchsetzen, weil diese, zu friedlicher Partnersuche bei anderen Clans gezwungen, mit denen auch sonstiger Austausch gepflegt wurde, gemeinsam größere Stämme bildeten, die den Horden der Neandertaler zahlenmäßig überlegen waren. Hier war es also doppelter Energiemangel der Einwanderer gegenüber stärkeren und angepassteren Einheimischen und eigener körperlicher Unangepasstheit an das kältere europäische Klima, was zu entsprechend vielfältigeren energetischen Innovationen im primär technischen, aber auch gesellschaftlich normativen und religiös künstlerischen Bereich nötigte, um die Existenz der Zuwanderer und schließlich sogar deren ‚Sieg' über die Neandertaler zu ermöglichen. Der totemistischen Sozialisation vor allem Jugendlicher dienten dabei vermutlich nicht nur im Großraum der Pyrenäen die bekannten Höhlenmalereien, sondern, wie Fragmente steinzeitlicher Flöten in schwäbischen Höhlen zeigen, auch musikalisches Zeremoniell.[2] Künstlerisch ge-

## III. Schlussbetrachtung

stützter religiöser Kult diente somit offensichtlich schon damals der gesellschaftlichen Stabilisierung und Vergrößerung, damit entsprechendem Energiegewinn in der Auseinandersetzung mit kälterem Klima und stärkeren Ureinwohnern.

Der Totemismus als religiös gestützter Beginn ‚künstlicher' Gesellschaftsbildung unter den nach Europa zugewanderten ‚modernen Menschen' institutionalisierte zudem, wie gesagt, geregelten Tauschverkehr zwischen verschiedenen Totem-Clans und damit reziproken Energiegewinn als neues gewaltfreies und dadurch besonders effektives Mittel zur Verbesserung menschlicher Energiebilanz, das sich bis heute Wohlstand mehrend und erhaltend bewährt hat (I, II.1).

Die Entwicklung einer weiteren für die gesamte Menschheit seitdem unverzichtbaren Energietechnik war nur auf dieser Basis möglich, nämlich die der Pflanzen- und Tierdomestikation in der sogenannten Neolithischen Revolution. Auch diese ging, was jedenfalls ihren frühesten Ansatz im Bereich des ‚Fruchtbaren Halbmonds' an den Randgebirgen Mesopotamiens betrifft, aus einer energetischen Notlage dort lebender Jäger und Sammler hervor, denen das Jagdwild ausging und die über die umgebenden hohen Gebirgszüge bzw. das Mittelmeer nicht auf andere Jagdreviere ausweichen konnten. So waren sie mehr und mehr auf Pflanzennahrung angewiesen, wobei sich bestimmte Wildgrassamen als besonders nahrhaft und haltbar erwiesen. Deren Anbau und Züchtung nach dem Prinzip der Ertragssteigerung begründete vor ca. 11000 Jahren die Landwirtschaftskultur, die etwa 1000 bis 1500 Jahre später durch Domestizierung von Ziegen, Schafen und Rindern ergänzt wurde. Besonders letztere halfen die Energiebilanz der schwer arbeitenden Landwirte nicht nur durch Milch- und Fleischerträge, sondern vor allem durch Arbeitsleistung bei der Feldbestellung und bei Transportarbeiten zu verbessern. Die bäuerliche Energiebilanz blieb trotzdem weitaus schlechter als die erfolgreicher Großwildjäger[3], welche allerdings mit ihren inzwischen perfektionierten Jagdwaffen und -methoden auch anderwärts die Beutetiere auszurotten begannen und in ihrer großen Mehrheit schließlich ebenfalls zum mühsamen Nahrungserwerb des Bauern gezwungen waren – ein erstes Beispiel dafür, dass Menschen mit einer allzu erfolgreichen Energietechnik ihre natürliche Umwelt derart deformierten, dass sie auf eine andere, für sie zunächst weniger effektive Überlebenstechnik umsteigen mussten.

Diese machte mit notwendig werdenden Schutzbauten für Mensch, Tier und Vorräte vor Wetter und Feinden, mit Kanälen für die Bewässerung der Felder, mit Keramik für die Zubereitung und Aufbewahrung von Körner-

III. Schlussbetrachtung

nahrung und mit Metallspitzen und -schneiden für wirksame Verteidigungswaffen und Ackergeräte weitere bis heute aktuelle Energietechniken erforderlich, die zur Abwendung drohenden Energiemangels in der bäuerlichen Agrargesellschaft entwickelt wurden (II.1).

Für die an den Hanglagen des Fruchtbaren Halbmonds entstandene und zunächst etablierte Landwirtschaft ergab sich allerdings immer wieder das Problem mittelfristig erodierter Ackerböden, die bei geringem, lediglich dem Eigenbedarf dienenden Viehbestand nur ungenügend gedüngt wurden und infolgedessen tendenziell sinkende Ernteerträge erbrachten. Damit entstand eine neue Mangellage an Nahrungsenergie, die dauerhaft nur durch Verlagerung der Ackerwirtschaft in die mesopotamischen Schwemmland-Ebenen behoben werden konnte, deren Böden von jährlicher Frühjahrsüberflutung mit Ablagerung von Sedimenten dauerhaft fruchtbar gehalten wurden. Dort ergaben sich für die siedelnden Bauern allerdings neue Schwierigkeiten. Zum einen mussten Dämme und Hochbauten gegen die Frühjahrshochwasser errichtet werden, ohne dass man im Schwemmland dafür nötiges Bauholz, Steinmaterial und Metall für Werkzeuge vorfand. All dies konnte nur durch Handel beschafft werden, wobei die Schwemmlandsiedler neben Korn und vielleicht Käse als haltbaren Nahrungsmitteln Textilien aus der Wolle ihrer Schafe und vor allem Keramik aus dem reichlich vorhandenen Ton gegen die benötigten Materialien eintauschen mussten. Die neue Mangellage, die in Hinblick auf die einzudämmende Übermacht der Frühjahrsfluten durchaus eine wiederum energetische war, erzwang also den eigenen Bedarf übersteigende Produktion von Verbrauchsgütern und organisierten Handel mit Waren, die zum Teil (Bauholz, Steine, Erz) nur per Floß oder Schiff auf den Flüssen Mesopotamiens weiträumig transportiert werden konnten. Die Ausdehnung dieses Handels ist noch heute an den charakteristisch gestalteten und bemalten Keramik-Funden nachzuweisen, die als damalige ‚Exportschlager' bestimmter Produktionszentren wie dem von *Hassuna* die etwa 6500 v. Chr. beginnende Entwicklung professioneller Produktion belegen. Diese konnte in der fortgeschrittenen *Halaf-Kultur,* wie deren dünnwandige und kreisrunde Keramik beweist, um das Drehprinzip der Töpferscheibe und letztlich des Rades bereichert werden, das auch Über-Land-Transport vereinfachte. Mit dem weiträumigen Handel solcher Keramik-Zentren begann organisierter zwischengesellschaftlicher Warenhandel mit reziproken Energiegewinnen für die beteiligten Gesellschaften durch deren fleißige (‚industrielle') Produktion und Nutzung massenhaft ausgetauschter Waren. Mit der Erfindung des Rades gelang der Einstieg in das Grundprinzip aller späteren Rotationstechnik (II.2).

# III. Schlussbetrachtung

Die dadurch erzielten Wohlstandsgewinne waren im Mündungsbereich des Euphrat noch erheblich zu steigern, weil man mit dort (oder im Persischen Golf) erfundenen Segelschiffen die Windenergie für den Vortrieb auch großer Lastensegler über weite Distanzen nutzen und so Handel selbst mit den Anrainern des Golfs, dessen südlichem Handelszentrum Bahrain und sogar der Industal-Kultur betreiben konnte. Die zentrale Position zwischen diesen Regionen und dem inzwischen vielfach besiedelten Bereich des Fruchtbaren Halbmonds sowie der anatolischen Region mit ihren Erz- und Halbedelsteinvorkommen erwies sich als so gewinnbringend, dass seit dem 6. vorchristlichen Jahrtausend am mündungsnahen Euphratufer zwischen Eridu und Ur eine ganze Kette von Handelsstädten entstand, aus denen letztlich die sumerische Hochkultur hervorging
Diese stach besonders hervor durch die aus den Bedürfnissen des Handels, aber auch von Opferregistrierung beim jeweiligen Stadttempel entwickelte Keilschrift, die zunächst vor allem zur Beglaubigung von Waren- und Opferablieferung, also als Quittungsbeleg benötigt, dann aber zu einem – allerdings sehr zahlreiche Schriftzeichen benötigenden – Kommunikationssystem ausgebaut wurde, mit dem schließlich auch Gesetze und Dichtungen festgehalten werden konnten. Ein weiteres wichtiges Merkmal der sumerischen Hochkultur war die aus dem Totemismus fortentwickelte Religion einer Stadtgottheit, in deren hoch und also flutsicher angelegtem und gebautem Tempel die erwähnten Opfergaben v.a. in Form von Getreide abzuliefern waren, womit dessen vorzeitiger Konsum verhindert und Vorräte für Notzeiten, vor allem gegen Hochwasserüberflutung sichergestellt wurden. Religiöse Riten und Gebote sicherten – wie schon der Totemismus – zudem den inneren Frieden mit der psychischen Fiktion einer mächtigen, alles sehenden und Gebotsübertretungen bestrafenden Gottheit auf energetisch äußerst effektive Weise. Die Priesterschaft als Exekutive der jeweiligen Stadtgottheit hatte so als stabilisierende Instanz der jeweiligen Stadtgesellschaft zunächst deren Führung inne, bis Raubüberfälle nomadisierender Steppen- und Bergvölker oder Konflikte mit konkurrierenden Städten die Notwendigkeit militärischen Außenschutzes durch ein säkulares Heerkönigtum mit sich brachten. Damit begann dort eine religiös-säkulare Doppelherrschaft mit deren – für die Austauschfreiheit der Untertanen energetisch vorteilhafter – gegenseitiger Machtbeschränkung beider Herrschaftsinstanzen, wie sie insbesondere für die Entwicklung Griechenlands und Europas wichtig werden sollte.

Verschärfte Konkurrenzkämpfe zwischen mesopotamischen Städten um Gebietsansprüche, Wasser- und Handelsrechte führten zunehmend zur Ein-

## III. Schlussbetrachtung

verleibung des schwächeren Nachbarn durch den stärkeren und seit dem beginnenden dritten vorchristlichen Jahrtausend schließlich zu weiträumigen Reichsbildungen mit Gesetzeskodex, vereinheitlichter Währung, gleichen Maßen und Gewichten, also genereller Normierung wichtiger Energieaustauschakte sowie entwickelter Reichsbürokratie mit dem Ziel, die gewalttätig zusammengefügten Gesellschaften durch vermehrten Energieaustausch dauerhaft und energiesparend zusammenzuhalten. Die militärische Unterwerfung anderer Gesellschaften hatte – zum Ausgleich der in jedem Krieg hohen Energieverluste – außerdem die bis zur sogenannten Industriellen Revolution äußerst effektive Energiegewinntechnik der Sklaverei hervorgebracht, die zunächst wohl vor allem in staatlich oder tempelseitig betriebenen Produktionsbetrieben praktiziert wurde (II.2).

Die Entwicklung von flächenstaatlicher Reichsbildung, wie sie sich zuerst in Mesopotamien vollzog, darf nicht einfach der Machtgier ruhmsüchtiger Herrscher zugeschrieben werden, zumal sie vor allem auf die dauernden Gefahren katastrophaler Überschwemmungen oder Angriffe beutehungriger Raubvölker zurückging, also auf die Furcht vor immer wieder dem jeweiligen Herrscher und seinen Untertanen drohenden Energieverlusten, denen man mit schierer Zahl und Größe am ehesten glaubte vorbeugen zu können. Daraus ergaben sich allerdings neue Probleme wie Usurpationsversuche von Provinzstatthaltern und fehlende Loyalität der Untertanen mit dem ihnen zumeist nur vom Hörensagen bekannten ‚König'. Um dem zu begegnen, suchte dieser – vermutlich über reisende Barden – mit dichterischer Verherrlichung seiner Taten und öffentliche Aufstellung von steinernen oder bronzenen Portraitskulpturen seiner selbst auch in fernen Provinzen seines Reichs präsent zu sein, quasi göttliche Qualität zu erlangen und die Menschen an sich zu binden. Innerhalb dieses Herrscherkults entstand wohl erstmals um Realität und zugleich Idealisierung bemühte kunstvolle Darstellung des Menschen in Wortkunst- und Bildwerk (II.2).

All diese Techniken und Bemühungen um Zusammenhalt und Stabilität großer terrestrischer Reiche blieben wegen der dort nur mangelhaften Verkehrs- und Kommunikationsmöglichkeiten längerfristig erfolglos. Nur wo diese wasser- und windgestützt funktionierten wie am Nil und im Mittelmeerraum, blieben damals große Reiche wie das ägyptische und das römische über lange Zeiträume erhalten.

Im Osten des Mittelmeers gelang dem griechischen Seefahrervolk unter Nutzung des Seeverkehrs zwar keine politische, dafür kulturell ausgreifende und dauerhafte Hegemonie, die bis ins 20. Jahrhundert als unübertroffene Hochkultur gewertet wurde. Auch diese war aus strukturellem Ener-

## III. Schlussbetrachtung

giemangel einer Bevölkerung entstanden, die auf felsigen Inseln und in schmalen Gebirgstälern nur bei ausreichenden Frühjahrsniederschlägen vom Ertrag ihrer Landwirtschaft leben konnte, nach schlechten Ernten aber immer wieder gezwungen war, zur Reduzierung des Nahrungsverbrauchs junge Männer zu expatriieren, die sich an der Küste von Schwarzem oder Mittelmeer in Kolonien neue Lebensbasen aufbauen mussten. Diese besonders in der Zeit von etwa 730 bis 580 v.Chr. auf nahezu 1000 Kolonien anwachsende Expansion des griechischen Volkes, das über Seehandel, Verwandtschafts- und kultische Bindungen miteinander verbunden blieb, war so in der Lage, kulturelle, wirtschaftliche und technische Errungenschaften des gesamten Mittelmeerraums zu sammeln und energetisch effektiv zu kombinieren. So entstand ein vielgliedriges Gesellschaftssystem, das nur partiell und zeitweise durch politische Bündnisse, wesentlich stärker und dauerhafter durch vielfältige Austauschbeziehungen, eine vielgestaltige Gottheitenreligion, die Epen und Sprache Homers und eine ritualisierte Wettbewerbskultur in religiös überwölbten sportlichen, musikalisch-tänzerischen und dichterischen Disziplinen zusammengehalten wurde, einem Wettbewerb, der zwischen den verschiedenen *Poleis* auch beim Bau von immer größeren kunstvoll gestalteten Steintempeln und deren Ausstattung mit Skulpturen und Weihgaben wie auch beim Bau sonstiger öffentlicher Einrichtungen wie steinerner Straßen, Plätze, Wasserleitungen, Brunnen, Stoen und Theater ausgetragen wurde. In dieser multidisziplinären Wettbewerbskultur kam es zu einer Vielzahl von künstlerischen Spitzenleistungen, außerdem zu Neuschöpfungen wie dem genannten Theater, der Darstellung des natürlich bewegten nackten männlichen und weiblichen Menschen als Verbildlichung von Gottheiten in freistehender Großplastik und auf Wandgemälden, zur Ausbildung einer wissenschaftlichen Philosophie sowie – im politischen Raum – der Demokratie. All diese und auch wirtschaftliche Errungenschaften wie Münzgeldverkehr und (Tempel-)Bankwesen, eine vielfältige Handwerkskunst vor allem in Keramik- und Metallwarenproduktion erklären sich energetisch als Ergebnis eines vielseitigen Kampfes um Sieg und Ruhm, bei dem sich der einzelne stets durch die Vielzahl leistungsfähiger Mitbewerber von einer Niederlage, also eigenem Energiemangel bedroht fühlen musste und dadurch zu ständiger Leistungssteigerung angetrieben wurde (II.3).

Von dieser reichen, bis in die Neuzeit für Europa maßgebenden Hochkultur profitierte vor allem das römische Gemeinwesen, das vermutlich – ähnlich wie die meisten griechischen Kolonien – aus einer expatriierten Jungmännergruppe hervorging und über etruskische, z.T. auch großgriechische

## III. Schlussbetrachtung

Vermittlung frühzeitig griechisches Heerwesen, aufs Festland übertragene Koloniebildung, griechischen Handels- und Münzverkehr übernahm und damit die anfängliche Außenseiterposition und Notlage überwinden konnte. Als besonders wirksam für die Erzeugung einer stabilen Kampfmoral des römischen Heeres erwies sich die rituelle Institutionalisierung des *bellum iustum,* der die römische Seite immer als die ungerecht angegriffene und damit energetisch geschädigte definierte und propagierte, womit beim römischen Volk und Heer entsprechende Gegenkräfte geweckt und wirksam wurden. Das Festhalten an solchen defensiven Ritualen und Regelungen wie der täglichen Lagerbefestigung in Feindesland, mit denen die Römer letztlich immer erfolgreich blieben, ließ bei ihnen die zunächst wiederum griechisches Vorbild und Alphabet nutzende öffentlich ausgestellte Rechtesammlung des Zwölftafelgesetzes wichtig werden, die im Lauf der Zeit kasuistisch ausgebaut und systematisiert wurde, um den austauschbedingten Zusammenhalt des immer größer werdenden Reichs zu gewährleisten. Dessen Stabilität ergab sich, was den größten Teil Italiens betraf, auch aus dem Verzicht gewaltsamer Beherrschung besiegter Stämme oder Stadtstaaten, die vielmehr als Bundesgenossen innenpolitische Souveränität behielten und nur im Kriegsfall den Römern beizustehen hatten. Rom sparte so Besatzungs- und Verwaltungskosten, verfügte in Kriegszeiten aber über das zusätzliche Energiepotenzial der Truppen Verbündeter, die selbst nur mit römischer Zustimmung Kriege beginnen durften.

Wenn die römische Politik – immer wieder durch wirkliche oder vorgebliche Rechtsverletzungen von Gegenmächten zum *bellum iustum* motiviert – bei der Unterwerfung außeritalischer Provinzen mit deren militärischer Beherrschung einen anderen Weg einschlug, dann war der nur deshalb lange Zeit erfolgreich, weil das über die Kriege gegen Karthago zur Seemacht gewordene Imperium seine zentrale Lage im Mittelmeer nutzen konnte, um die zumeist an dessen Ufern liegenden Provinzen über energetisch effektiven und raschen Seeverkehr jederzeit kontrollieren und beherrschen zu können. Als man aber begann, mittelmeerferne Regionen zu Provinzen zu machen, für deren militärische Beherrschung sich wegen der harten und klimatisch völlig ungewohnten Lebensbedingungen kaum noch römische Staatsbürger bereit fanden, verlagerte sich das militärische Energiepotenzial des Reichs zunehmend auf die seine Grenzen bewachenden germanischen und parthischen Söldner und Hilfstruppen. Nachdem diese gelernt hatten, beliebte und guten Sold versprechende Feldherren zu Kaisern zu wählen und so das Imperium finanziell zu erodieren und politisch zu beherrschen, waren dessen Teilung in das von germanischen Einfällen beson-

## III. Schlussbetrachtung

ders betroffene ‚lateinische' West- und das um Konstantinopel gruppierte griechischsprachige Ostreich die erste schwerwiegende Folge, die sich auch mit der Erhebung des seit Beginn der Notzeiten im Reich verbreiteten Christentums zur Staatsreligion nicht mehr verhindern ließ. Der Untergang des Westens durch gewaltsames massenhaftes Eindringen der um Teilhabe am erhofften römischen Wohlstand, also eine optimierte eigene Energiebilanz kämpfenden Germanen war danach nicht mehr aufzuhalten (II.4).

Der daraus mit der sogenannten Völkerwanderung folgende Zivilisationsbruch wurde u.a. durch das rasche Vordringen muslimischer Reiterheere in die von Germanen besetzten römischen Provinzen Nordafrikas, der iberischen Halbinsel und des südlichen Gallien deutlich, der einen eklatanten Mangel an organisierter Wehr-Energie auf Seiten der dortigen germanischen ‚Reiche' offenbarte. Erst mit dem lehnsrechtlich organisierten Aufbau einer fränkischen Panzerreiter-Armee gelang es, den muslimischen Eroberungszug im südlichen Frankreich zu stoppen und das christliche Europa nach weiteren Einbußen durch Normannen- und Ungarneinfälle mit dem Ausbau von Lehnswesen, Pferdezucht und Rüstungshandwerk militärisch zu stärken. Der entsprechende Energiegewinn wurde in den Kreuzzügen wirksam, in denen sich das christliche Abendland mit immerhin beachtlichen Erfolgen erstmals politisch und militärisch zusammentat, um die heiligen Stätten seiner Religion vor dem Zugriff der ‚Heiden' zu schützen.

Der damit geschaffene Zugang zum Orient eröffnete zugleich einen lebhaften Handel zwischen Asien und Europa, das dadurch energietechnisch wichtige Erfindungen des Ostens erlangte, wie v.a. den Kompass, das zum Kreuzen geeignete Dreieckssegel, das Schießpulver und das Papier, die mit den aus der griechisch-römischen Hochkultur geretteten Kenntnissen und Errungenschaften zu wirksamen Energietechniken wie einer zuverlässigen Hochseenavigation, leistungsfähigen Schusswaffen und einer explodierenden wissenschaftlichen Buchkultur weiterentwickelt wurden – den unverzichtbaren Voraussetzungen für die Erkundung und Beherrschung überseeischer Völker und Gebiete und damit der führenden Stellung Europas auf dem Globus. Diese konnte gegenüber dem im Mittelmeerraum gegen das christliche Abendland vordringenden Osmanischen Reich damit wissenschaftlich, technisch und militärisch, durch die künstlerische Synthese der wiederbelebten Antike mit dem Christentum in der Renaissance auch sozialpsychologisch erfolgreich verteidigt werden (II.5).

Mit der durch den Asien- und nun auch zunehmenden Kolonialhandel verstärkten Kommerzialisierung und Monetarisierung der europäischen Ge-

## III. Schlussbetrachtung

sellschaften wurde deren feudalistische Struktur in den festländischen Flächenstaaten zur absolutistischen Staatsform hin verändert, indem die im zerbröckelnden Lehnssystem zunehmend entmachteten Monarchen über das Mittel parlamentarischer Mitbestimmung und -finanzierung der Staatspolitik durch den ‚Dritten Stand' reich gewordener Stadtbürger nunmehr in die Lage versetzt wurden, einen mit Gehaltzahlungen zu anhaltender Loyalität gezwungenen Beamtenapparat aufzubauen, über den alle wichtigen Energieaustauschakte der Gesellschaft im Sinne des Monarchen überwacht und geregelt werden konnten.

In selbständigen Handels- und Industriezentren wie den Niederlanden, England sowie italienischen und deutschen Stadtstaaten führte dagegen der vielfältige gleiche und gewaltfreie Energieaustausch zu tendenziell republikanischen Herrschaftsformen. Diese Zweiteilung Europas hatte mit der Reformation, die in ihrem antipäpstlichen Gemeindeprinzip der letztgenannten Gesellschaftsform entsprach, auch religiöse Folgen, die zu langwierigen Kriegen und in den betroffenen Gesellschaften zu anhaltenden internen Spannungen führten, wodurch die letztlich produktive Vielgliedrigkeit Europas erhalten blieb (II.6).

Der britische Staat, der – wie die anderen reformatorischen Systeme – dem extensiven renaissancepäpstlichen Energieentzug durch Geldzahlungen an Rom mit einer wesentlich ‚kostengünstigeren' Form des Christentums entkommen war, zudem, bedingt durch langwierige Kriege jenseits des Kanals schon früh ein parlamentarisches System entwickelt hatte, konnte sich aufgrund des effektiven Zusammenwirkens von *King and property* gegenüber den geographisch günstiger gelegenen Kolonialmächten Europas schließlich durchsetzen und insbesondere den alten Konkurrenten Frankreich weitgehend aus Indien und Nordamerika verdrängen. Danach waren die britischen Textilhändler bei der weltweiten Vermarktung indischer Baumwolltextilien allerdings so erfolgreich, dass sie die heimische Wollindustrie empfindlich zu schädigen begannen. Die britischen Textilhandwerker suchten sich daraufhin mit arbeitsparenden Verarbeitungsgeräten gegen die klimatisch begünstigten indischen Konkurrenten zur Wehr zu setzen, was allerdings erst gelang, als ihre schwergängigen Geräte von Watts Dampfmaschine zu voller Wirksamkeit gebracht wurden. Mit der so entwickelten Technik, chemisch in Kohle gespeicherte Sonnenenergie für produktive Arbeitsleistungen des Menschen zu mobilisieren, war das ‚Maschinenzeitalter' ebenso eröffnet wie der Weg zur Hegemonialstellung Großbritanniens in Europa und schließlich auf dem Globus (II.7).

## III. Schlussbetrachtung

Die europäische Hegemonie, die Großbritannien durch seinen maschinell verbilligten Warenexport in den europäischen Kontinent erlangte, indem es den dortigen Gesellschaften mit formal gleichem, aber energetisch ungleichem Warentausch permanent Energie entzog, was sich dort in verbreitetem Pauperismus, in Britannien dagegen in wachsendem Wohlstand niederschlug, bewirkte in Europa eine Reihe von Revolutionswellen, mit denen die von Armut und Geschäftsrückgang betroffenen Gesellschaftsgruppen konstitutionelle und gesellschaftliche Angleichungen an das britische Vorbild erzwangen. Dabei ergaben sich zwischen erfolgreich industrialisierten Festlandnationen und Britannien zunehmend energetische Konkurrenzkämpfe, deren Gesamt als Evolution immer effektiverer Energieumsatzsysteme zu verstehen ist.

Dieser in der zweiten Hälfte des 19. Jahrhunderts auf außereuropäische Gesellschaften übergreifende Vorgang führte auch bei diesen im Zuge zunehmender Arbeitsteilung, Maschinisierung und einheitlicher Regelung wichtiger Austauschvorgänge zur Bildung von Nationalstaaten, in denen Bevölkerungen gleicher Sprache, Kultur und Wohngebiete zu austauschintensiven und damit machtvollen gesellschaftlichen Einheiten zusammengeschlossen wurden (II.8, 9).

Diese suchten, durch gegenseitige Konkurrenz in wirtschaftliche Krisenlagen getrieben, dem britischen Vorbild folgend, zunächst überseeische ‚Imperien' aufzubauen, dann das bevölkerungsreiche China auszubeuten, was beides bei der zunehmenden Zahl von imperialistischen Konkurrenten mehr zu gegenseitiger Blockierung als zu nennenswerten Erfolgen und deshalb zum politischen Zusammengehen der schwächeren gegen die aus interner Innovationskraft in den Bereichen Schwerindustrie, Elektrotechnik, Chemie und Kraftfahrzeugbau an die Spitze der Industrienationen stürmenden Amerikaner und Deutschen führte. Aus geopolitischen und historischen Gründen wurden dabei nicht die USA, sondern das Deutsche Reich zunächst kolonialpolitisch, dann zunehmend durch militärische Absprachen der Konkurrenten ‚eingekreist', was zu dessen Befeiungsversuch im Ersten Weltkrieg führte, der deswegen misslang, weil sich die USA mit ihrem gewaltigen Energiepotenzial schließlich auch gegen ihren wirtschaftlich stärksten Konkurrenten stellten (II.10).

Die im Versailler Friedensdiktat der Siegermächte versuchte dauerhafte Schwächung des geschlagenen Deutschland durch finanzielle, militärische, territoriale und wirtschaftliche Beschneidung seiner Energiepotenziale ließ dort die Gegenreaktion einer alle Kräfte der deutschen Nation zusammen-

III. Schlussbetrachtung

fassenden faschistischen Führerdiktatur entstehen, welche den einzigen Ausweg aus der fortbestehenden Einkreisung und politischen Spaltung durch gegenläufige Vereinnahmungsversuche seitens der kapitalistischen USA und der sozialistischen Sowjetunion in der kriegerischen Begründung eines eurasischen Festlandimperiums unter ‚germanischer' Führung sah. Da die auf Seiten der angegriffenen europäischen Flügelmächte stehenden USA aufgrund des hohen Standards deutscher Wissenschafts- und Waffentechnik mit einer deutschen Kernwaffe rechneten, was auf Seiten der Alliierten zu einem militärischen Energiedefizit geführt hätte, setzte man dem die forcierte Entwicklung einer eigenen Atombombe entgegen, womit eine neue revolutionäre Energietechnik geschaffen wurde.

Die Energiegewinnung durch Atomkernspaltung, seit dem erschreckenden Einsatz von zwei amerikanischen Atombomben auf die japanischen Städte Hiroshima und Nagasaki bislang nur für friedliche Zwecke genutzt, hat – zusammen mit den zuvor schon entwickelten Energietechniken – die Menschheit nach dem Zweiten Weltkrieg so reichlich mit nutzbarer Energie versorgt, dass – ähnlich wie im Gefolge der Wattschen Wärme-Kraft-Maschine – dadurch vielen Menschen neue Existenzmöglichkeiten geschaffen wurden, mithin eine zweite Bevölkerungsexplosion erfolgte. Diese hat mit der weltweit um sich greifenden Technisierung des menschlichen Lebens den menschheitlichen Energiebedarf dermaßen steigen lassen, dass seit 1973 immer wieder Befürchtungen hinsichtlich ausreichender Versorgung sogenannte Energiekrisen mit entsprechenden Preissteigerungen für Energieträger aufkamen. Diese Furcht vor einem weltweiten Energiemangel hat – unserer Grundthese entsprechend – inzwischen eine Reihe regenerativer Energietechniken entstehen lassen, mit denen dem Verbrauch der fossilen Energieträger, der Furcht vor Risiken atomarer Energieerzeugung und vor schädigenden Auswirkungen beider Techniken auf die natürliche Umwelt begegnet wird.

Dieser Überblick über den in die europäisch-westliche Kultur und Zivilisation führenden Strang der Menschheitsgeschichte zeigt zunächst, dass die jeweils neue Energietechniken hervorrufenden Energiekrisen der Vergangenheit auf drei verschiedene Ursachen zurückgingen, nämlich auf Klimaveränderung, spezifischen Energieverbrauch durch Menschen oder ungleichen zwischengesellschaftlichen Energieaustausch. Manchmal traten diese Ursachen einzeln auf wie die arktische Eiszeit vor 2 ½ Millionen sowie die erneute Klimaabkühlung vor gut 400 000 Jahren, der übermäßige spezifische Energieverbrauch durch Großwildjäger und heutige Industriegesellschaften

III. Schlussbetrachtung

oder die britische Überschwemmung des noch unentwickelten Festlandeuropa im frühen 19. Jahrhundert mit maschinell erzeugten Billigwaren. Besonders einschneidend waren solche Ursachen, wenn sie zu zweit, sich wechselseitig verstärkend, zugleich auftraten wie für den *homo sapiens,* der zugleich das kühle Klima Europas und die Konkurrenz des Neandertalers durch energietechnische Innovationen kompensieren musste oder für die europäischen Festlandstaaten im Jahr 1848, in welchem vorangehende schlechte Ernten, also klimatisch bedingter Nahrungsmangel von der genannten britischen Handelskonkurrenz verschärft wurde, die viele Menschen auf dem Kontinent ‚brotlos' machte. Dass solche „Doppelkrisen" (Wehler) besonders viele und tiefgreifende Innovationen im technischen, kulturellen und politisch-gesellschaftlichen Bereich bewirkt haben, bestätigt unsere Grundthese auch in gradueller Hinsicht.

Im historischen Verlauf ist außerdem zu registrieren, dass in der Frühzeit der Menschheitsgeschichte Klimaabkühlungen als Ursache menschlichen Energiemangels dominierten, während später vorwiegend ungleiche zwischengesellschaftliche Konkurrenz solche Mangellagen hervorrief. Dies ist auch durchaus plausibel, da zum einen die späteren Menschen mit Hilfe der energietechnischen Erfindungen ihrer Vorfahren wie Beherrschung des Feuers, Entwicklung von Kleidung und Schutzbauten sich gegen Klimaänderungen zu helfen wussten, zum anderen die dichtere Besiedlung des Globus durch immer mehr Menschen zunehmende Konkurrenz zwischen diesen hervorbringen musste. Wenn dabei energetisch überlegene Gesellschaften schwächere zunächst meist militärisch, später auch ökonomisch oder politisch ‚besiegten', kam es bei letzteren immer zu energetischen Mangellagen, weil der Sieger seine in den Konkurrenzkampf investierte Energie zur Eigenstabilisierung stets verzinst sehen will. Die verschiedenen Formen dieser ‚Zinsbarmachung' der Besiegten, das zeigen die Beispiele in Teil II.2-11, reichen von Kriegsbeute, Versklavung und Tributen/Reparationen bis zu ökonomischem oder politischem Energieentzug durch ungleiche Handelsbedingungen, Währungsmanipulation, besonders profitable Kreditgewährung, Aufbau von ökonomischen und politischen Subsystemen im unterworfenen System zu dessen Bindung und Lenkung zu möglichst dauerhafter energetischer Stärkung des Siegers. Diese im Lauf der Geschichte zunehmend verfeinerten, teilweise fast unsichtbar gemachten Mittel des Energietransfers im ungleichen zwischengesellschaftlichen Austausch zugunsten der Hegemonialmacht ist dennoch keine dauerhafte Einbahnstraße, weil jener vom Sieger beim Unterlegenen erzeugte Energiemangel bei diesem unweigerlich Innovationen verschiedenster Art hervorruft, die auf Überwindung jenes Energiemangels hinarbeiten. Der schließliche Nieder-

## III. Schlussbetrachtung

gang scheinbar unerschütterlicher Großmächte beweist den Erfolg der zunächst Unterworfenen, hier an den Beispielen des römischen Imperiums und des britischen Empire gezeigt, der heutigen Welt durch den Zusammenbruch des Sowjetimperiums sowie der zunehmenden kreditären – und damit energetischen – Abhängigkeit der USA von ihrer chinesischen Gegenmacht vor Augen geführt.

Der Überblick über die durch Energiemangel hervorgerufenen menschheitlich wichtigen, weil weit verbreiteten und langlebigen Innovationen zeigt außerdem, dass diese, obwohl durchweg auf den scheinbar schmalen Zweck der Überwindung eines Energiemangels gerichtet, ein außerordentlich breites Spektrum von Religion und Kunst, gesellschaftlicher Organisation und deren reformerischer oder revolutionärer Veränderung bis hin zu Kriegs-, Verkehrs-, Wirtschafts- und Geldwesen sowie technischen Erfindungen aller Art einschließen. Traditionell mit den Begriffen Kultur oder Zivilisation zusammengefasst, sind sie, da letztlich, wie diese Arbeit zeigen will, sämtlich auf jenen einen Zweck der Überwindung von Energiemangel ausgerichtet, deshalb sachgerecht eher mit dem Begriff der Energietechnik(en) zu benennen.

Der Überblick lässt außerdem erkennen, dass die wichtigen energietechnischen Innovationen der bisherigen Menschheitsgeschichte durch eine erstaunliche Dauerhaftigkeit ausgezeichnet sind. Selbst die ersten Errungenschaften des Werkzeug- und Waffengebrauchs, der Instrumentalisierung des Feuers sowie des innerfamiliären Inzest- und Ehetabus haben sich bis in die Gegenwart in voller Stärke und Verbreitung erhalten.

Dies scheint nicht für die Religion zu gelten, deren Normierungskraft für innergesellschaftlichen Austausch jedenfalls in modernen Industriestaaten zunehmend an deren Gesetzgebung und Normenkontrolle übergegangen ist. Das Wiedererstarken des Islam nicht nur im Iran, im übrigen Vorderasien und im nördlichen Afrika, ebenso sein unübersehbares Vordringen mit einer Vielzahl von Moscheen und Kopftuch tragenden jungen Frauen nach Europa bezeugt dagegen selbst in weitgehend säkularisierten Gesellschaften die Dauerhaftigkeit von Religion als sozialpsychologischer Energietechnik größter Effizienz für alle Isolierten, Bedrängten, Verarmten, also von Energiemangel besonders Betroffenen. Die Ausbreitung des Islam nach Europa wiederholt im Übrigen einen entsprechenden Vorgang im spätrömischen Reich, in dem sich mit Zugewanderten östliche Religionen wie der Mithraskult und das Christentum ausbreiteten, bis letzteres mit dem gekreuzigten Jesus von Nazareth als überzeugendster Identifikationsfigur

## III. Schlussbetrachtung

für Leidende und Unterdrückte in der tiefen Krise des Reichs sogar die hergebrachte griechisch-römische Götterwelt verdrängen konnte. Die Dauerhaftigkeit auch anderer psychosozialer Entlastungstechniken wie der Musik, der bildenden Künste und der Dichtung mit ihrer – ähnlich der Religion, in die sie oft eingebunden sind – ebenfalls Gesellschaft bildenden, stabilisierenden oder auch produktiv verändernden Kraft muss in einer Zeit vielfachster kultureller Darbietungen und Aktivitäten nicht weiter nachgewiesen werden.

Dasselbe gilt für Energietechniken wie die Landwirtschaft, die Produktion von Keramik und Kleidung und deren durch drehbare Geräte wie Spindel oder Töpferscheibe erleichterte und verbesserte Herstellung sowie das Rad als deren vielseitig verwendbaren Abkömmling.

Selbst scheinbar vom Gang der Entwicklung überholte Energietechniken wie der Wind- oder Fließwasserantrieb für Boote oder Mühlen lebt entweder im Bootssport weiter oder in der Stromgewinnung über Turbinen bzw. Windräder wieder auf.

Diese Dauerhaftigkeit erfolgreicher energietechnischer Innovationen verbietet es auch, einzelne Geschichtsepochen im Sinne von Zeitabschnitten nur mit der an ihrem Beginn stehenden energetischen Innovation zu benennen, wie es zeitweise mit Begriffen wie Maschinen- oder Atomzeitalter geschehen ist, weil eben die früher entwickelten Energietechniken durch die neue nicht beseitigt wurden, sondern nach wie vor an der Deckung menschlichen Energiebedarfs oder dessen Minimierung beteiligt sind, sodass Benennungen nach dem zitierten Muster völlig einseitig und oberflächlich wären.

Wenn man die Menschheitsgeschichte nach wichtigen energietechnischen Innovationen gliedern will, was bei deren grundlegender Bedeutung für ihren Fortgang zweifellos sachgerecht wäre, dann muss dabei bedacht werden, dass sie in einem Stufenbau immer wieder neuer Energietechniken aufgeschichtet wurde, die den vorher entwickelten hinzugefügt worden sind, weil ein neuartiger Energiemangel mit den alten nicht zu beheben war und zu seiner Überwindung eine neue Energietechnik verlangte. Die Bezeichnung einzelner dieser Stufen müsste also eigentlich alle darunter liegenden mit der jeweils für sie maßgeblichen Energietechnik mitbenennen. Da dies bei späteren Geschichtsepochen zu unaussprechlichen Begriffsungetümen führen würde, muss eine andere Gliederungsmöglichkeit für den Gesamtkomplex Menschheitsgeschichte versucht werden.

## III. Schlussbetrachtung

Sie könnte in einem Gliederungsprinzip bestehen, das unter den energetischen Innovationen der Menschheitsgeschichte nur jene berücksichtigt, die den sie nutzenden Menschen erheblichen Energiegewinn aus der außermenschlichen Umwelt verschafft haben. Dies waren in dem auf die europäische Kultur zulaufenden Strang der Menschheitsgeschichte die Feuer-, die Agrar-, die Wind- und Fließwasser-, die Mühlen-, die Schieß- und Sprengpulver-, die von fossilen Energieträgern angetriebene Wärme-Kraft- und Elektro- sowie die Atomtechnik, gegenwärtig sind es zudem die regenerativen Energietechniken. Insgesamt wurden und werden durch all diese Innovationen gewaltige Energiemengen in den Dienst der Menschheit gestellt, deren schubweise, explosionsartige Vermehrung sich aus energetisch besonders erfolgreichen Innovationen wie der Feuerbeherrschung, der von fossiler Energie gespeisten Maschinen- und Motoren- und der für Stromerzeugung eingesetzten Atomtechnik erklärt.

Neben diesen spektakulären, im Fall der Agrar- und der Maschinentechnik schon länger als Revolution bezeichneten Innovationen, die man, diesem Sprachgebrauch folgend, sämtlich als energetische Revolutionen benennen sollte, dürfen allerdings die weniger auffälligen, Energie sparenden, menschliche Gesellschaften bildenden und zusammenhaltenden Innovationen eines vielfältigen Energieaustauschs nicht vergessen werden, die kontinuierlich menschlichen Energieaufwand vermindern helfen, um zu bewahren und zu unterstützen, was jene energetischen Revolutionen ermöglicht haben.

Bei deren historischem Auftreten ist der – mit einer Ausnahme – zunehmend kürzer werdende Abstand zwischen ihnen auffällig, also das steigende Tempo energietechnischen Fortschritts, das zweifellos auf die erwähnte dichter werdende Besiedlung des Globus und die damit zunehmende zwischengesellschaftliche Konkurrenz zurückgeht, welche seit der frühen Neuzeit besonders im vielgliedrigen Europa und den USA als dessen transatlantischer Tochterrepublik zu entsprechend häufigen Innovationen nötigte. Jene Beschleunigung der Abfolge energetischer Revolutionen sei an folgender Zahlenreihe verdeutlicht: Von der ersten mit Sicherheit nachgewiesenen Beherrschung des Feuers durch Menschen vor deutlich mehr als 400 000 Jahren bis zur neolithischen Agrarrevolution um etwa 8000 v.Chr. vergingen rund 400 000 Jahre, von letzterer bis zur energetischen Nutzung von Wind und Fließwasser mit Flößen, Last- und Segelbooten in der vorsumerischen Ubaid-Kultur im 6. vorchristlichen Jahrtausend weitere 3500 Jahre. Von da bis zur ersten Nutzung der Fließwasserkraft zum Antrieb von Mühlen im kleinasiatischen Königreich Pontos seit etwa 100 v.Chr. verging – bedingt durch den Sprung der Entwicklung vom mesopotamischen in den

## III. Schlussbetrachtung

kleinasiatischen Kulturbereich sowie die Verbreitung der Sklaverei – einmalig ein längerer Zeitraum von etwa 4400 Jahren. Bis zur energetisch wirksamen Nutzung des Schießpulvers im Europa des frühen 14. Jahrhunderts brauchte es knapp 1500 Jahre. Von da an bis zur maschinellen Nutzung fossiler Energieträger im 18.Jahrhundert dauerte es weitere rund 500 Jahre, bis zur Entwicklung der Kerntechnik Mitte des 20. Jahrhunderts gerade noch 200 Jahre, während in dieser Zählung die vorerst letzte energetische Revolution der technischen Nutzung regenerativer Energien schon nach rund 50 Jahren folgte.

Diese geradezu dramatische Beschleunigung des energietechnischen Fortschritts in der auf die europäisch-westliche Zivilisation zulaufenden Menschheitsgeschichte, welcher durch ebendort entwickelte Energieaustauschtechniken wie Buchdruck, Eisenbahn. Motorschiff, Automobil, Flugzeug, Elektrotechnik, Telegraph, Telefon, Funk, Radio, Fernsehen, Computer und Internet unterstützt und beschleunigt worden ist, scheint in ihrer kaum noch steigerungsfähigen Innovationenfolge auf ein absehbares Ende des energietechnischen Stufenbaus hinzudeuten.

Dass auch dessen Erbe, ein ungeheures Bevölkerungswachstum der Menschheit, nicht unproblematisch ist, zeigen die grassierenden Schäden in Tier- und Pflanzenwelt, in den Gewässern und der Atmosphäre der Erde, die an die Lage der steinzeitlichen Großwildjäger gemahnt, die sich mit zu erfolgreichen Jagdmethoden um ihre eigene Nahrungsgrundlage brachten und deshalb das mühsame Leben von Ackerbauern beginnen mussten. Die den Globus umspannende Kommunikationstechnik lässt außerdem die krasse Spaltung der Menschheit in arm und reich, ‚entwickelt' und ‚unterentwickelt' gerade den Bedürftigen in aller Welt deutlich zu Bewusstsein kommen. Die Menschheit gerät damit in die doppelte Gefahr, ihre natürliche Lebenswelt unbewohnbar zu machen, außerdem durch jene Spaltung in arm und reich zwei schon gegenwärtig anlaufende Invasionen armer Afrikaner und Asiaten ins reiche Europa und armer Latinos in die reichen USA zu befördern, die in ein bis zwei Jahrhunderten durchaus die Dimension und Auswirkungen der germanischen Völkerwanderung ins Imperium Romanum erreichen könnten. Eine solche Unterwanderung und vermutliche Zerstörung der Innovationszentren wirksamer Energietechniken in den Gesellschaften des Westens dürfte die gesamte Menschheit auf ein energietechnisch niedriges Niveau zurückwerfen, von dem aus die übrig gebliebenen ‚Trümmer' unserer Zivilisation – dies bleibt als schwacher Trost – irgendwann und irgendwo zum allmählichen Aufbau einer neuen Hochkultur dienen könnten.

III. Schlussbetrachtung

**Anmerkungen**

[1] Burenhult, Göran: Die Verbreitung über die Erde, in: ders. (Hg.): Die Frühgeschichte der Menschheit. Menschen der Urzeit von den Anfängen bis zur Bronzezeit, Köln 2004, 137 bzw. Palmquist, Lennart: Der Grosse Übergang, ebd. 240

[2] Abb. eines besonders großen und schönen 35000 Jahre alten Flötenfragments in der FAZ vom 26.6.2009, S.33

[3] Sieferle, Rolf Peter: Rückblick auf die Natur, München 1997, 34

## IV. Bibliographie

Abel, Karl-Dietrich: Presselenkung im NS-Staat, Berlin 1968
Ders.: Agrarkrisen und Agrarkonjunktur, 2. Aufl., Hamburg 1966
Ders.: Geschichte der deutschen Landwirtschaft vom frühen Mittelalter bis zum 19. Jahrhundert, 2. Aufl., Stuttgart 1967
Ders.: Massenarmut und Hungerkrisen im vorindustriellen Europa, Hamburg 1974
Abelshauser, Werner: Modernisierung oder institutionelle Revolution? Koordinaten einer Ortsbestimmung des „Dritten Reiches" in der deutschen Wirtschaftsgeschichte des 20. Jahrhunderts, in: ders./ Hesse, J.-O./ Plumpe, W. (Hg.): Wirtschaftsordnung, Staat und Unternehmen. Neue Forschungen zur Wirtschaftsgeschichte des Nationalsozialismus, Essen 2003
Absolon, Rudolf: Die Wehrmacht im Dritten Reich, Bd. III, Boppard 1975, Bd. IV, Boppard 1979
Adams, W. P. (Hg.): Die Vereinigten Staaten von Amerika, Frankfurt/M 1977
Adams, W.P./ Czempiel, E-O./ Ostendorf, B./ Shell, K.L. /Spahn, P.B. /Zöller, M. (Hg.): Die Vereinigten Staaten von Amerika, 2 Bd.e, 2. Aufl., Frankfurt/M 1992
Aimé-Martin, L. (Hg.): Fenelon, F., Oevres, Bd. 3, Paris 1861
Akamatsu, Paul, Japan und Korea im Ersten Weltkrieg bis zum Jahre 1937, in: Bianco, L. (Hg.): Das moderne Asien, Frankfurt/M 1977
Albers, D. (Hg.): Der europäische Absolutismus, Stuttgart 1966
Aldcroft, Derek H.: From Versailles to Wallstreet 1919–1929, Berkeley 1977
Aleff, Eberhard: Das Dritte Reich, Hannover 1976
Alföldi, Andreas: Die Struktur des voretruskischen Römerstaates, Heidelberg 1974
Alter, P. (Hg.): Der Imperialismus, Stuttgart 1979
Angelow, Jürgen: Der Deutsche Bund, Darmstadt 2003
Angermann, Erich: Die Vereinigten Staaten von Amerika seit 1917, München 1978
Armstrong, James A./ Zettler, Richard L./ Zarins, Juris: Cities of Eden, Time-Life US-Edition, dt. Ausg.: Die blühenden Städte der Sumerer, Köln 2001
Ashley, M.: The Age of Absolutism 1648 – 1775, London 1974, dt. Ausg.: Das Zeitalter des Absolutismus, Berlin 1978
Avery, Donald H./ Steinisch, Irmgard: Der amerikanische Imperialismus, in: Adams, W.P. u.a. (Hg.): Die Vereinigten Staaten von Amerika, Bd. 1, Frankfurt/M 1992
Avery, Donald H./ Steinisch, Irmgard: Industrialisierung, Urbanisierung und Politischer Wandel der Gesellschaft, in: Adams, W.P./ Czempiel, E.-O./ Ostendorf, B./ Shell, K.L./ Spahn, B.P./ Zöller, M.: Die Vereinigten Staaten von Amerika, Bd. 1, Bonn 1992

Balla, Bálint: Knappheit als Ursprung sozialen Handelns, Hamburg 2005
Barraclough, Geoffrey: The Times Atlas of World History, London 1978, dt. Ausg.: Knaurs großer historischer Weltatlas, München 1979
Bärsch, Claus-Ekkehard: Die politische Religion des Nationalsozialismus, München 2002
Baumgart, Wolfgang: Deutschland im Zeitalter des Imperialismus (1890 – 1914) (1972), 2. erg. Aufl., Frankfurt/M 1976

## IV. Bibliographie

Bemis, Samuel Flagg: A Diplomatic History of the United States, New York, 3. Aufl., 1951
Benecke, Norbert: Der Mensch und seine Haustiere, Köln 2001
Bergeron, Louis/ Furet, Francois/ Koselleck, Reinhart: Das Zeitalter der europäischen Revolution 1780 – 1848, Frankfurt/M 1969
Bernecker, Walther L. und Pietschmann, Horst: Geschichte Spaniens, 2. überarbeitete und erweiterte Aufl., Stuttgart 1997
Besier, Gerhard/ Lindemann, Gerhard: Im Namen der Freiheit. Die amerikanische Mission, Göttingen 2006
Beuckmann, Ulrich: Der Götterkult, in: Die Welt der Hellenen, hrsg. v. Armin Müller, Münster 1995
Beumann, Helmut: Die Ottonen, Stuttgart 1987
Binion, Rudolph: Hitler among the Germans, New York 1976, dt. Ausg.: „dass ihr mich gefunden habt", Stuttgart 1978
Blanning, T.C.W.: The Culture of Power and the Power of Culture. Old Regime Europe 1660 – 1789, Oxford 2002, dt. Ausg.: ders.: Das Alte Europa, Darmstadt 2006
Bleicken, Jochen: Die Verfassung der Römischen Republik, 7. überarb. Aufl., Paderborn 1995
Ders.: Geschichte der Römischen Republik, München 1982
Ders.: Die athenische Demokratie, 4. Aufl., Paderborn 1995
Ders.: Die Verfassung der Römischen Republik, 8. Aufl., Paderborn 1995
Blume, Horst-Dieter: Archaische Literatur, in: Müller, Armin (Hg.): Die Welt der Hellenen, Münster 1995
Bögenhold, Dieter: Moderne amerikanische Soziologie, Stuttgart 2000
Böhme, Helmut: Preußische Bankpolitik 1848 – 1853, in: ders., Probleme der Reichsgründungszeit 1948 – 1879, Köln 1972
Boldt, Werner: Die Anfänge des deutschen Parteiwesens, Paderborn 1971
Bolte, K.M./ Neidhardt, F./ Holzer, H.(Hg.): Deutsche Gesellschaft im Wandel, 2 Bde., Oplanden 1970
Borchardt, Knut: Wirtschaftliche Ursachen des Scheiterns der Weimarer Republik, in: Erdmann, K.D./ Schulze, H. (Hg.): Weimar. Selbstpreisgabe einer Demokratie, Düsseldorf 1980
Börner, Karl-Heinz: Bourgeoisie und Neue Ära in Preußen, in: Bleiber, H. u.a. (Hg.): Bourgeoisie und bürgerliche Umwälzung in Deutschland 1789 – 1871, Berlin/ Ost 1977
Bosl, Karl: Europa im Mittelalter. Weltgeschichte eines Jahrtausends, Bayreuth 1975
Bracher, Karl Dietrich: Die Auflösung der Weimarer Republik, Königstein 1978
Brandes, Jörg-Dieter: Korsaren Christi. Johanniter und Malteser, Stuttgart 2000
Brandt, Peter u.a.(Hg.): Preußen. Zur Sozialgeschichte eines Staates. Eine Darstellung in Quellen, Hamburg 1981

IV. Bibliographie

Braun, Hans Joachim: Konstruktion, Destruktion und der Ausbau technischer Systeme zwischen 1914 und 1945, in: ders. u. Kaiser, W.: Energiewirtschaft, Automatisierung, Information seit 1914, in: König, W. (Hg.) Propyläen Technikgeschichte (1990 – 1992), Berlin 1999
Braunberger, Gerald: Die vergebliche Suche nach dem sagenhaften Reich des Goldes, FAZ vom 19.10.2008
Bredekamp, Horst: Galilei der Künstler, Berlin 2007
Broszat, Martin: Der Staat Hitlers, München 1969
Ders.: Die Machtergreifung. Der Aufstieg der NSDAP und die Zerstörung der Weimarer Republik, München 1984
Ders./ Jacobsen, A./ Krausnick. H.: Konzentrationslager, Kommissarbefehl, Judenverfolgung, Freiburg 1965
Buchheim, Christoph: Industrielle Revolutionen. Langfristige Wirtschaftsentwicklung in Großbritannien, Europa und Übersee, München 1994
Buchholz, Ernst-Wolfgang: Raum und Bevölkerung in der Weltgeschichte, Würzburg 1966
Bühler, J. (Hg.): Die Kultur des Mittelalters, Stuttgart 1954
Bullock, Alan: Hitler. A Study in Tyranny, London 1952, dt. Ausg.; Hitler. Eine Studie über Tyrannei, Düsseldorf 1960
Burckhard, Jakob: Die Kultur der Renaissance in Italien, Berlin 1941
Burenhult, Göran: Dem Homo Sapiens entgegen, in: Menschen der Urzeit. Die Frühgeschichte der Menschheit von den Anfängen bis zur Bronzezeit, Köln 2004
Burenhult, Göran: Die Verbreitung über die Erde, in: ders. s.o.
Burke, Peter: Culture and Society in Renaissance Italy, London 1974, dt. Ausg.: Die Renaissance in Italien. Sozialgeschichte einer Kultur zwischen Tradition und Erfindung, Berlin 1984
Burkert, Walter: Zwölf Sprachen, vier Schriften und keine Identität, in: FAZ vom 17.1.2008
Burleigh, Michael: Die Zeit des Nationalsozialismus. Eine Gesamtdarstellung, Frankfurt/M 2000
Bußmann, Walter: Vom Hl. Römischen Reich deutscher Nation zur Gründung des Deutschen Reiches, in: ders. (Hg.): Europa von der Französischen Revolution zu den nationalstaatlichen Bewegungen des 19. Jahrhunderts, Stuttgart 1981

Campbell, Brian: Power without Limit: ‚The Romans always win', in: Army and Power in the Ancient World, ed. by Chaniotis, Angelos and Ducrey, Pierre, Stuttgart 2002
Capelle, Wilhelm: Die Vorsokratiker, Stuttgart 1968
Caron, Jean-Christoph: Von der Wallfahrt nach Nürnberg zum lokalen Reliquienkult, in: Freitag, W. (Hg.): Das Dritte Reich im Fest. Führermythos, Feierlaune und Verweigerung in Westfalen 1933 – 1945, Bielefeld 1997
Carr, William: Rüstung, Wirtschaft und Politik am Vorabend des Zweiten Weltkrieges, in: Michalka, W. (Hg.): Nationalsozialistische Außenpolitik, Darmstadt 1978
Carrier, Martin: Nikolaus Kopernikus, München 2001
Cartledge, Paul (Hg.): Kulturgeschichte Griechenlands in der Antike, Stuttgart 2000
Cipolla, Carlo M.: The Economic History of World Population, 1962, dt. Ausg.: Wirtschaftsgeschichte der Weltbevölkerung, München 1967

## IV. Bibliographie

Cornell, Tim J.: The Beginnings of Rome. Italy and Rome from the Bronze Age to the Punic Wars (c. 1000 – 264 BC), London 1995
Correspondence des Controleurs Généraux des Finances avec les Intendants de Provinces, Bd. I, Paris 1874
Crawford, Hamet: Sumer and the Sumerians, Cambridge 1991
Crawford, Michael: The Roman Republic, London 1981, dt. Ausg., Die römische Republik, Frankfurt/M 1984
Curtin, Philip D.: The World and the West. The European Challenge and the Overseas Response in the Age of Empire, Cambridge 2000

Dahlheim, Werner: Die Antike. Griechenland und Rom von den Anfängen bis zur Expansion des Islam, 4. Aufl. Paderborn 1995
Dante Alighieri: Divina Comedia, ins Deutsche übersetzt von Karl Vossler, Stuttgart 1977
Darby, Henry Clifford: A new historical Geography of England, Cambridge University Press 1973
Darwin, Charles: On the origin of species by means of natural selection (1859), dt. Ausg.: Die Entstehung der Arten durch natürliche Zuchtwahl, Stuttgart 1976
Degn, Christian: Die Schimmelmanns im atlantischen Dreieckshandel, Neumünster 1974
Depping, G.B. (Hg.): Collection des Dokuments inédits sur Histoire de France Ser. I, Nr. 28, Paris 1850
Diamond, Jared: Collapse. How Societies Choose to Fail or Succeed, New York 2005
Dinzelbacher, Peter: Mönchtum und Kultur, in: ders. u. Hogg, J. L. (Hg.): Kulturgeschichte der christlichen Orden in Einzeldarstellungen, Stuttgart 1997
Domarus, M. (Hg.): Hitler, Reden und Proklamationen 1932 – 1945, 2 Bde., München 1965
Donner, Wolf: Propaganda und Film im „Dritten Reich", Berlin 1995
Dörner, Bernward: ‚Heimtücke': Das Gesetz als Waffe. Kontrolle, Abschreckung und Verfolgung in Deutschland 1933 – 1945, Paderborn 1998
Doucet, F.W.: Im Banne des Mythos. Die Psychologie des Dritten Reiches, Esslingen 1976
Droege, Georg: Deutsche Wirtschafts- und Sozialgeschichte, Frankfurt/M 1979
Droste, Dietrich: Psychologie der Lyrik, in: www.neue-germanistik.de (2005)
Duchhardt, Heinz: Das Zeitalter des Absolutismus, München 1989
Dutt, Romesh C.: Economic History of India, London 1956

Eberl, Immo: Die Zisterzienser. Geschichte eines europäischen Ordens, Ostfildern 2007
Eder, Birgitta: Argolis, Lakonien, Messenien. Vom Ende der mykenischen Palastzeit bis zur Einwanderung der Dorier, Wien 1998
Edzard, Dietz Otto: Geschichte Mesopotamiens. Von den Sumerern bis zu Alexander dem Großen, München 2004
Erdrich, Michael: Römische Germanienpolitik in der mittleren Kaiserzeit, in: Die Römer zwischen Alpen und Nordmeer, hrsg. v. L.Wamser, Düsseldorf 2000

## IV. Bibliographie

Ernesti, Jörg: Drei Bischöfe – ein Reformwille. Ein neuer Blick auf Ferdinand von Fürstenberg (1626 – 83) und sein Verhältnis zu Christoph Bernhard von Galen und Niels Stensen, in: Westfalen, Hefte für Geschichte, Kunst und Volkskunde, Bd. 83, Münster 2008
Etges, Andreas: Wirtschaftnationalismus. USA und Deutschland im Vergleich (1815 – 1914), Frankfurt/M 1999
Eyck, Erich: Bismarck und das Deutsche Reich, 3 Bde., (1941/44) München 1975

Faure, Paul: Kreta. Das Leben im Reich des Minos, Stuttgart 1976
Faust, Ulrich: Benediktiner, in: Dinzelbacher, P./. Hogg, J. L. (Hg.): Kulturgeschichte der christlichen Orden in Einzeldarstellungen, Stuttgart 1997
Favier, Jean: De l'or et des épices (1987), dt. Ausg.: Gold und Gewürze. Der Aufstieg des Kaufmanns im Mittelalter, Hamburg, 1992
Favier, Jean: Le temps des principautés de l'anmil a 1515, Paris 1984, dt. Ausg.: Frankreich im Zeitalter der Lehnsherrschaft 1000 – 1515, Stuttgart 1989
Favreau-Lilie, Marie-Luise: Durchreisende und Zuwanderer. Zur Rolle der Italiener in den Kreuzfahrerstaaten, in: Hans Eberhard Mayer (Hg.): Die Kreuzfahrerstaaten als multikulturelle Gesellschaft, München 1997
Fay, Bernard: Louis XVI ou la fin d'un monde, Paris 1955, dt. Ausg.: Ludwig XVI. oder das Ende einer Welt, München 1956
Fehr, Benedikt: Lucas Cranach – der Unternehmer, FAZ vom 29.12.2007
Fehrenbach, Ernst: Vom Ancien Régime zum Wiener Kongreß, München 1981
Fellmeth, Ulrich: Brot und Politik. Ernährung, Tafelluxus und Hunger im antiken Rom, Stuttgart 2001
Ders.: Pecunia non olet. Die Wirtschaft der antiken Welt, Darmstadt 2008
Fest, Joachim C.: Hitler. Eine Biographie, Frankfurt/M 1973
Fieldhouse, David K.: Die Kolonialreiche seit dem 18. Jahrhundert, Frankfurt/M (1965) 1977
Fischer, Fritz: Griff nach der Weltmacht. Die Kriegszielpolitik des kaiserlichen Deutschland, Düsseldorf 1964
Forsdyke, Sarah: Exile, Ostracism, and Democracy. The Politics of Expulsion in Ancient Greece, Princeton 2005
Fraenkel, Ernst: Der Doppelstaat (1940), Frankfurt/M 1974
Frank, Karl Suso: Geschichte des christlichen Mönchtums, 5. verb. u. erg. Aufl., Darmstadt 1993
Franke, Herbert/ Trauzettel, Rolf: Das chinesische Kaiserreich, Frankfurt/M 1968/76
Franke, Wolfgang: Das Jahrhundert der chinesischen Revolution, München 1980
Franz, G. (Hg.): Quellen zur Geschichte des deutschen Bauernstandes im Mittelalter, Darmstadt 1967
Freeman, Charles: The Greek Achievement. The Foundation of the Western World, London/New York 1999
Freud: Der Mann Moses und die monotheistische Religion (1939), Frankfurt/M 1975
Ders.: Der Moses des Michelangelo (1914), in: ders. Studienausgabe Bd. X, Bildende Kunst und Literatur, Frfankfurt/M 1969
Ders.: Eine Kindheitserinnerung des Leonardo da Vinci (1910), in: ders.: Studienausgabe Bd. X, Bildende Kunst und Literatur, Frfankfurt/M 1969

## IV. Bibliographie

Ders.: Massenpsychologie und Ich-Analyse (1922), Stuttgart 1976, 55
Ders.: Totem und Tabu (1914), Frankfurt/M 2005

Gall, Lothar: Bismarck. Der weiße Revolutionär, Frankfurt/M 1980
Gassert, Philipp: Amerika im Dritten Reich. Ideologie, Propaganda und Volksmeinung 1933 – 1945, Stuttgart 1997
Gates, Charles: Ancient Cities, New York 2004
Gay, Peter: Weimar Culture. The Outsider as Insider, New York 1968, dt. Ausg.: Die Republik der Außenseiter. Geist und Kultur der Weimarer Zeit 1918 – 1933, Frankfurt/M 1970
Gehlen, Arnold: Urmensch und Spätkultur, Frankfurt/M 1975
Gehrke, H.-J./ Schneider, H. (Hg.): Geschichte der Antike, Stuttgart 2000
Gerth, Hans H.: Bürgerliche Intelligenz um 1800 (1935), Göttingen 1976
Goethe, Wolfgang, Werke in 14 Bd.en., hrsg. E. Trunz, 8. Aufl., Hamburg 1966
Goette, J.W. (Hg.): Die Industrielle Revolution, Stuttgart 1979
Gramley, Hedda: Propheten des deutschen Nationalismus. Theologen, Historiker und Nationalökonomen (1848 – 1880), Frankfurt/M 2001
Grebing, Helga: Geschichte der deutschen Arbeiterbewegung (1966), München 1980
Gregor von Tours: Historiae Francorum libri X, dt. Ausg.: Zehn Bücher, übers. von R. Buchner, o.O. 1955
Guggenbühl, G./ Huber, C. (Hg.): Quellen zur allgemeinen Geschichte, Bd. III, Zürich 1965

Haan, Heiner/ Niedhart, Gottfried: Geschichte Englands vom 16. bis zum 18. Jahrhundert, München 1993
Haarmann, Harald: Geschichte der Schrift, München 2002
Ders.: Geschichte der Sintflut. Auf den Spurender frühen Zivilisationen, München 2003
Habermas, Jürgen: Theorie des kommunikativen Handelns (1981), 2 Bd.e Frankfurt/M 1988
Hachtmann, Rüdiger: Industriearbeit im ‚Dritten Reich', Göttingen 1989
Hägermann, Dieter: Technik im frühen Mittelalter zwischen 500 und 1000, in: Propyläen Technikgeschichte, Bd. 1 Berlin 1997
Haider, Peter W.: Kontakte zwischen Griechen und Ägyptern, in: Rollinger, R./ Ulf, C. (Hg.): Griechische Archaik. Interne Entwicklungen – Externe Impulse, Berlin 2004
Hall, John Whitney: Das Japanische Kaiserreich, Frankfurt/M (1968) 1976
Haupt, H.G. (Hg.): Sozialökonomische und politische Voraussetzungen der Julirevolution 1830, Göttingen 1971
Hauser, Albert: Sozialgeschichte der Kunst und Literatur, München (1953) 1972
Heideking, Jürgen/ Mauch, Christof: Geschichte der USA, 6. überarb. u. erw. Aufl. Tübingen 2008
Henning, Friedrich-Wilhelm: Die Industrialisierung in Deutschland 1800 bis 1914, Paderborn 1978
Hermand, J./ Trommler, F.: Die Kultur der Weimarer Republik, München 1978
Herz, Peter: Die römische Kaiserzeit (30 v.Chr. – 284 n.Chr.), in: Geschichte der Antike, hrsg. von Hans-Joachim Gehrke und Helmuth Schneider, Stuttgart 2000
Heurgon, Jacques: Trois etudes sur le *ver sacrum* (Coll. Latom. 26) 1957

IV. Bibliographie

Heyck, Thomas William: A History of the Peoples of the British Isles, London 2002
Hildebrand, Klaus: Das Dritte Reich, 2. Aufl., München 1980
Hildermeier, Manfred: Die Sowjetunion 1917 – 1991, München 2001
Hill, Thomas: Könige, Fürsten und Klöster, Frankfurt/M 1992
Hillgruber, Andreas: Deutschlands Rolle in der Vorgeschichte der beiden Weltkriege, Göttingen 1967
Ders.: Die ‚Endlösung' und das deutsche Ostimperium als Kernstück des rassenideologischen Programms des Nationalsozialismus, in: Funke, M. (Hg.): Hitler, Deutschland und die Mächte, Düsseldorf 1977
Ders.: Zum Forschungsstand über die Geschichte des Nationalsozialismus, in: Auswärtiges Amt – Informationsdienst für Auslandsvertretungen – 240 – 312.73. Beilage zum Blauen Dienst VII/Nr. 23. Nr. 87.
Hiltbrunner, Otto: Kleines Lexikon der Antike, 6. neu bearb. Aufl., Tübingen 1995
Historic Statistics of the USA, 1957
Hitler, Adolf: Mein Kampf (1925), München 1936
Hobsbawm, Eric J.: Industry and Empire. An Economic History of Britain since 1750. dt. Ausg.: Industrie und Empire I. Frankfurt/M, 8. Aufl. 1979
Ders.: The Age of Capital, London 1975, dt. Ausg.: Die Blütezeit des Kapitals, Frankfurt/M 1980
Homer, Ilias und Odyssee in der Übersetzung von Johann Heinrich Voss, Stuttgart 1951
Houben, Hubert: Die Wirtschaftsführung der Niederlassungen des Deutschen Ordens in Süditalien und auf Sizilien, in: Die Ritterorden in der europäischen Wirtschaft des Mittelalters, Torun 2003
Hubatsch, Walther: Das Zeitalter des Absolutismus. 1600 – 1789, Braunschweig 1962
Huber, E.R. (Hg.): Dokumente zur deutschen Verfassungsgeschichte, Bd. I, 2. Aufl., Stuttgart 1961
Huber, Ernst Rudolf: Deutsche Verfassungsgeschichte seit 1789, Bd. III: Bismarck und das Reich, Stuttgart (1963) 1969
Huntington, Samuel P.: The Clash of Civilisations, New York 1996

Irving, David: The War Path. Hitlers Germany 1933 – 1939, London 1978, dt. Ausg. Hitlers Weg zum Krieg, München 1979
Iserloh, Erwin: Geschichte und Theologie der Reformation im Grundriß, 4. Aufl., Paderborn 1998

Jacobsen, Hans-Adolf.: Zur Struktur der NS-Außenpolitik 1933 – 1945, in: Funke, M. (Hg.): Hitler, Deutschland und die Mächte, Düsseldorf 1977
Jaeger, H.: Geschichte der amerikanischen Wirtschaft im 20. Jahrhundert, Wiesbaden 1973
Jankrift, Kay Peter: Das Mittelalter. Ein Jahrtausend in 12 Kapiteln, Ostfildern 2004
Jay, Peter: The Wealth of Man, London 2000, dt. Ausg.: Das Streben nach Wohlstand. Eine Wirtschaftsgeschichte des Menschen, Düsseldorf 2006
Jeffreys-Jones, Rhodri: Soziale Folgen der Industrialisierung, Imperialismus und der Erste Weltkrieg, in: Die Vereinigten Staaten von Amerika, Fischer Weltgeschichte Bd. 30, Frankfurt/M 1977

IV. Bibliographie

Kaienburg, Hermann: Die Wirtschaft der SS, Berlin 2003
Kashapova, Dina: Kunst, Diskurs und Nationalsozialismus, Tübingen 2006
Kater, M.H.: The Nazi Party. A Social Profile of Members and Leaders, 1919 – 1945, Cambridge (Mass.), 1983
Kellenbenz, Hans: Deutsche Wirtschaftsgeschichte, Bd. II, München 1981
Kennedy, Paul: The Rise and Fall of the Great Powers (1987), dt. Ausg.: Aufstieg und Fall der großen Mächte. Ökonomischer Wandel und militärischer Konflikt von 1500 bis 2000, Frankfurt/M 1989
Keppie, Lawrence: The Making of the Roman Army. From Republic to Empire, London 1987
Kerényi, Karl: Antike Religion, München 1978
Kershaw, Ian: 'The Nazi-Dictatorship'. Problems and Perspectives of Interpretation, London 1985, dt. Ausg.: Der NS-Staat. Geschichtliche Interpretationen und Kontroversen im Überblick, Hamburg 1988
Ders.: Hitler. 1889 – 1936: Hubris (1998), dt. Ausg.: Hitler 1889 – 1936, Stuttgart 1998
Ders.: Hitler. 1936 –1945: Nemesis (2000), dt. Ausg.: Hitler 1936 – 1945, Stuttgart 1998
Keutgen, F. (Hg.): Urkunden zur städtischen Verfassungsgeschichte, Berlin 1901
Killick, John R.: Die industrielle Revolution in den Vereinigten Staaten, in: Adams, W.P. (Hg.): Die Vereinigten Staaten von Amerika, Frankfurt/M 1977
Kindleberger, Charles P.: Die Weltwirtschaftskrise 1929 – 1939, München 1979
Kintzinger, Martin: Wissen wird Macht. Bildung im Mittelalter, Ostfildern 2003
Kissenkoetter, Ulrich: Gregor Straßer und die NSDAP, Stuttgart 1978
Klein, Thoralf: Geschichte Chinas von 1800 bis zur Gegenwart, Paderborn 2007
Kluxen, Kurt: Englische Verfassungsgeschichte. Mittelalter. Darmstadt 1987
Ders.: Geschichte Englands, Stuttgart 1976
Ders.: Geschichte und Problematik des Parlamentarismus, Frankfurt/M, 1983
Kocka, Jürgen: Zur Problematik der deutschen Angestellten 1914 – 1933, in: Mommsen, H./ Petzina, D./ Weisbrod, D. (Hg.): Industrielles System und politische Entwicklung in der Weimarer Republik, Kronberg/Düsseldorf 1977
Kogon, Eugen: Der SS-Staat. Das System der deutschen Konzentrationslager (1948), 5. Aufl., München 1974
Kolb, Eberhard: Die Weimarer Republik, München 1984
Kolb, Frank: Die Stadt im Imperium Romanum, in: Wege zur Stadt. Formen urbanen Lebens in der alten Welt, hrsg. von Harry Falk, Bremen 2005
Köllmann, W. (Hg.): Die Industrielle Revolution. Quellen zur Sozialgeschichte Großbritanniens und Deutschlands im 19. Jahrhundert, Stuttgart 1968
Konetzke, Richard: Geschichte des spanischen und portugiesischen Volkes, Leipzig 1939.
Koops, T.P.: Zielkonflikte der Agrar- und Wirtschaftspolitik in der Ära Brüning, in: Mommsen, H./ Petzina, D./ Weisbrod, D. (Hg.): Industrielles System und politische Entwicklung in der Weimarer Republik, Kronberg/Düsseldorf 1977
Kortüm, Hans-Henning: Menschen und Mentalitäten. Einführung in die Vorstellungswelten des Mittelalters, Berlin 1996
Koselleck, Reinhart: Preußen zwischen Reform und Revolution (1967), Stuttgart 1975
Kostial, Michaela: Kriegerisches Rom? Zur Frage von Unvermeidbarkeit und Normalität militärischer Konflikte in der römischen Republik. Stuttgart 1995

Kramer, Samuel N.: Die Wiege der Kultur, Time-Life 1969
Krausnick, Helmut/ Wilhelm, Hans-Heinrich: Die Truppe des Weltanschauungskrieges. Die Einsatzgruppen der Sicherheitspolizei und des SD 1938 – 1942, Stuttgart 1981
Krausnick, Helmut: Judenverfolgung, in: Broszat, M./ Jacobsen, H.-A./ Krausnick, H.: Konzentrationslager, Kommissarbefehl, Judenverfolgung, Freiburg i.Br. 1965
Krieger, Karl-Friedrich: Geschichte Englands von den Anfängen bis zum 15. Jahrhundert, München 1990
Ders.: König, Reich und Reichsreform im Spätmittelalter, München 1992
Kuckenburg, Martin: Als der Mensch zum Schöpfer wurde. An den Wurzeln der Kultur, Stuttgart 2001
Kuczynski, Jürgen: Geschichte des Alltags des deutschen Volkes, Studien 3, 1810 – 1870, Köln 1981
Kuhn, Axel: Freiheit, Gleichheit, Brüderlichkeit. Debatten um die Französische Revolution in Deutschland, Hannover 1989
Kühnel, Harry: Integrative Aspekte der Pilgerfahrten, in: Seibt, F./ Eberhard, W. (Hg.): Europa 1500. Integrationsprozesse im Widerstreit: Staaten, Regionen, Personenverbände, Christenheit, Stuttgart 1987
Kühnl, R. (Hg.): Der deutsche Faschismus in Quellen und Dokumenten, Köln 1979
Kühnl, Reinhard: Die nationalsozialistische Linke 1925 – 1930, Meisenheim 1966
Kunisch, Johannes: Absolutismus, Göttingen 1986

Lautemann, M./ Schlenke, M. (Hg.): Geschichte in Quellen, Bd. II u. III, München 1966 u. 1970
Le Goff, Jacques: Kultur des europäischen Mittelalters, dt. Ausg. München 1970
Ders.: L'Europe est-elle née au Moyen Age? Paris 2003, dt. Ausg.: Die Geburt Europas im Mittelalter, München 2004
Lebrun, P. (Hg.): XVII siécle, Paris 1969
Leonard, Jonathan N./ Dyson, Robert H.: Die ersten Ackerbauer, Time-Life International 1975
Leonard, Mark: Why Europe will run the 21th Century (2005), dt. Ausg.: Warum Europa die Zukunft gehört, München 2006
Levy-Leboyer, Maurice: La croissance economique de la France au XIXe siecle, in: Annales E.S.C., Bd. 23 (1968)
Lévy-Strauss, Claude: Strukturale Anthropologie, Frankfurt/M 1972
Licht, Hans: Sittengeschichte Griechenlands, Stuttgart 1965
Lill, Rudolf: Geschichte Italiens vom 16. Jahrhundert bis zu den Anfängen des Faschismus, Darmstadt 1980
Link, Werner: Die amerikanische Stabilitätspolitik in Deutschland, Düsseldorf 1970
Ders.: Die Beziehungen zwischen der Weimarer Republik und den USA, in: Knapp, M. u.a. (Hg.): Die USA und Deutschland 1918 – 1975, München 1978
Liselotte von der Pfalz: Briefe, München 1960
List, Friedrich: Das deutsche Eisenbahnsystem III (1841), in: ders.: Schriften, Reden, Briefe, Bd. III, Berlin 1929
Lock, Peter: The Routledge Companion of the Crusades, New York 2006
Lopez, Robert S.: Hard Times and Investment in Culture, in: Annales E.S.C., 1952

## IV. Bibliographie

Ludwig, Karl-Heinz: Technik im hohen Mittelalter zwischen 1000 und 1350/1400, in: Propyläen Technikgeschichte, Bd. 2, Berlin 1997
Luh, Jürgen: Kriegskunst in Europa 1650 – 1800, Köln 2004
Luhmann, Niklas: Die Gesellschaft der Gesellschaft, Frankfurt/M 1997
Luther, Martin: Sermon von den guten Werken (1520), u.a. in: Fischer Bücherei, Hamburg 1955
Mager, Wolfgang: Frankreich vom Ancien Régime zur Moderne, Stuttgart 1980
Malettke, Klaus: Ludwig XIV. von Frankreich, Göttingen 1994
Manchester, William: The Arms of Krupp, dt. Ausg.: Krupp, Chronik einer Familie, München 1978
Mann, Michael: Geschichte Indiens vom 18. bis zum 21. Jahrhundert, Paderborn 2005
Marcuse, Herbert: Kultur und Gesellschaft, Frankfurt/M 1965
Martines, Lauro: Power and Imagination. City-States in Renaissance Italy, Baltimore (1979) 1990
Mason, T.W. (Hg): Arbeiterklasse und Volksgemeinschaft. Dokumente und Materialien zur deutschen Arbeiterpolitik 1933 – 1939, Opladen 1975
Mayer, Karl J.: Napoleons Soldaten. Alltag in der Grande Armée, Darmstadt 2008
Mc Murry, Dean Scott: Deutschland und die Sowjetunion 1933 – 1936, Köln 1979
Meier, Christian: Athen. Ein Neubeginn der Weltgeschichte, München 1993
Messerschmidt, Manfred: Nationalsozialismus und Stalinismus: Modernisierung oder Regression? In: Faulenbach, B./ Stadelmaier, M. (Hg.): Diktatur und Emanzipation. Zur russischen und deutschen Entwicklung 1917 – 1991, Hamburg 1992
Meyer, H./ Langenbeck, W. (Hg.): Grundzüge der Geschichte, Bd. II: Vom Zeitalter der Aufklärung bis zur Gegenwart, Frankfurt/M. 1966
Meyn, M./ Mimler, M./ Partenheimer-Bein, A./ Schmitt, E. (Hg.): in: Schmitt, Eberhard (Hg.): Dokumente zur Geschichte der europäischen Expansion, Bd. 2: Die großen Entdeckungen, München 1984
Michelangelo: Briefe, Gedichte, Gespräche, ausgewählt, eingeleitet und übersetzt v. Heinrich Koch, Frankfurt/M, 1957
Millward, Alan S.: Der Zweite Weltkrieg. Krieg, Wirtschaft und Gesellschaft 1939 – 1945, München 1977
Mitchell, B.R./ Dean, P.: Abstract of British Historical Statistics, Cambridge 1962
Ders., European Historical Statistics 1750 – 1970, London 1975
Mommsen, Hans: Hitlers Stellung im nationalsozialistischen Herrschaftssystem, in: Hirschfeld, G./ Kettenacker, L. (Hg.): Der „Führerstaat": Mythos und Realität. Studien zur Struktur und Politik des Dritten Reiches, Stuttgart 1981
Mommsen, W.J. (Hg.): Imperialismus. Seine geistigen, politischen und wirtschaftlichen Grundlagen, Hamburg 1977
Moraw, Peter: Das Reich im mittelalterlichen Europa, in: Heilig. Römisch. Deutsch. Das Reich im mittelalterlichen Europa, Dresden 2006
Morris, Desmond: Der nackte Affe, München 1968
Morsey, Rudolf: Beamtenschaft und Verwaltung zwischen Republik und ‚Neuem Staat', in: Erdmann, K.D./ Schulze, H.(Hg.): Weimar. Selbstpreisgabe einer Demokratie, Düsseldorf 1980
Müller, Armin (Hg.): Die Welt der Hellenen, Münster 1995
Müller, Frank Lorenz: Die Revolution von 1848/49, 2. überarb. Aufl., Darmstadt 2006

## IV. Bibliographie

Müller-Kipp, Gisela: „Der Führer braucht mich". Der Bund Deutscher Mädel (BDM): Lebenserinnerungen und Erinnerungsdiskurs, Weinheim/München 2007
Müller-Mertens, Eckhard: Der Ausbau des feudalen Herrschaftssystems und die Entstehung des römisch-deutschen Kaiserreiches, in: Deutsche Geschichte, Bd. 1, Köln 1982
Münkler, Herfried: Imperien. Die Logik der Weltherrschaft – vom Alten Rom bis zu den Vereinigten Staaten, Berlin 2005
Murray, Oswyn: Das frühe Griechenland, München 1982
Neesen, Ludwig: Demiurgoi und Artifices. Studien zur Stellung freier Handwerker in antiken Städten, Frankfurt/M 1989
Neher, M. (Hg.): Der Imperialismus. Das Deutsche Reich und seine europäischen Nachbarn im Zeitalter der imperialen Expansion (1880 – 1914), Würzburg 1974
Neiske, Franz: Europa im frühen Mittelalter 500 – 1050. Eine Kultur- und Mentalitätsgeschichte, Darmstadt 2007
Nipperdey, Thomas: Deutsche Geschichte 1800 – 1866, Bd. I, München 1983
Ders.: Deutsche Geschichte 1866 – 1918, Bd. II, Machtstaat vor der Demokratie, München 1992
Ders.: Verein als soziale Struktur in Deutschland im späten 18. und frühen 19. Jahrhundert. Eine Fallstudie zur Modernisierung, in: ders. (Hg.): Gesellschaft, Kultur, Theorie, Göttingen 1976
Nolte, Ernst: Der Faschismus in seiner Epoche (1963), München 1979
Ders.: Die faschistischen Bewegungen, München 1966

Ogilvie, Robert M.: Early Rome and the Etruscans, dt. Ausg.: Das frühe Rom und die Etrusker, München 1983

Palmquist, Lennart: Der große Übergang, in: Burenhult, Göran: Dem Homo Sapiens entgegen, in: Menschen der Urzeit. Die Frühgeschichte der Menschheit von den Anfängen bis zur Bronzezeit, Köln 2004
Papenfuß, Dietrich/ Strocka, Volker Michael (Hg.): Gab es das griechische Wunder? Griechenland zwischen dem Ende des 6. und der Mitte des 5. Jahrhunderts v.Chr., Mainz 2001
Patterson, John: Military organisation and social change in the later Roman Republic, in: War and Society in the Roman World, ed. by John Rich and Graham Shipley, London/New York, 1993
Patzek, Barbara: Griechischer Logos und das intellektuelle Handwerk des Vorderen Orients, in: Griechische Archaik. Interne Entwicklungen – Externe Impulse, hrsg. von Robert Rollinger und Christoph Ulf, Berlin 2004
Paulinyi, Akos: Die industrielle Revolution, in: Troitzsch, U./ Weber, W. (Hg.): Die Technik von den Anfängen bis zur Gegenwart, Stuttgart 1987
Peddie, John: The Roman War Machine, Phoenix Mill 1994
Pepy, Samuel, Diary, London 1825, dt. Ausg.: Samuel Pepys Tagebuch, Stuttgart 1980
Petrarca: Dichtungen, Briefe, Schriften, hg. v. Eppelsheimer, H.W., Frankfurt/M 1956
Petzina, Dietmar: Autarkiepolitik im Dritten Reich. Der nationalsozialistische Vierjahresplan, Stuttgart 1968
Picker, Henry, Hitlers Tischgespräche im Führerhauptquartier 1941 – 1942, Stuttgart 1965

Planert, Ute: Der Mythos vom Befreiungskrieg. Frankreichs Kriege und der deutsche Süden: Alltag – Wahrnehmung – Deutung 1792 – 1841, Paderborn 2007

Pleticha/ Schönberger: Die Römer. Ein enzyklopädisches Sachbuch zur frühen Geschichte Europas, Gütersloh 1980

PloS Biologys (DOL 101371/ journal. Pbio. 0030380) v. Sept. 2005

Pohl, Karl Heinz: Weimars Wirtschaft und die Außenpolitik der Republik 1924 – 1926, Düsseldorf 1979

Pöls, W.(Hg.): Deutsche Sozialgeschichte, Dokumente und Skizzen, Bd. I: 1815 – 1870, München 1973

Pomeroy, Sarah B./ Burstein, Stanley M./ Donlan, Walter/ Roberts, Jennifer Tolbert: Ancient Greece. A Political, Social, and Cultural History, NewYork/Oxford 1999

Pool, James & Suzanna: Who financed Hitler? New York 1978, dt. Ausg.: Hitlers Wegbereiter zur Macht, Bern 1979

Price, Roger: The Economic Modernisation of France, London 1975

Prideaux, Tom/ Smith, Philip E.L./ Klein, Richard: Der Cro-Magnon-Mensch (1973), dt. Ausg. Time-Life International 1975

Probst, Ernst: Deutschland in der Steinzeit, München 1999

Purcell, Nicholas: Rome and the management of water: environment, culture and power, in: Human landscapes in Classical Antiquity, ed. by Graham Shipley and John Salmon, London/New York 1996

Rabe, Horst: Reich und Glaubensspaltung. Deutschland 1500 – 1600, München 1989

Ramb, B.-T./ Tietzel, M. (Hg.): Ökonomische Verhaltenstheorie, München 1993

Ranke, Leopold v.: Deutsche Geschichte im Zeitalter der Reformation, Hamburg 1957

Reinhard, Wolfgang: Geschichte der europäischen Expansion, Bd. 2, Die Neue Welt, Stuttgart 1985

Ders.: Lebensformen Europas. Eine historische Kulturanthropologie, München 2004

Ribbat, Ernst: Die Romantik. Wirkungen der Revolution und neue Formen literarischer Autonomie, in: Zmegac, V. (Hg.): Geschichte der deutschen Literatur vom 18. Jahrhundert bis zur Gegenwart, Bd. I/2 1700 – 1848, Königstein 1979

Richter, Werner: Geschichte der Vereinigten Staaten, Frankfurt/M 1966

Ritter, Gerhard: Die Neugestaltung Deutschlands und Europas im 16. Jahrhundert, Berlin 1950

Robbins, Keith: Great Britain. Identities, Institutions an the Idea of Britishness, London 1998

Robinson, Eric W.: The First Democracies: Early Popular Government outside Athens, Stuttgart 1997

Röhrich, Wilfried: Die Macht der Religionen. Glaubenskonflikte in der Weltpolitik, München 2004

Rollefson, Gary O.: 'Ain Ghasal: Die größte bekannte neolithische Siedlung, in: Burenhult, Göran: Dem Homo Sapiens entgegen, in: Menschen der Urzeit. Die Frühgeschichte der Menschheit von den Anfängen bis zur Bronzezeit, Köln 2004

Rollinger, Robert/ Ulf, Christoph (Hg.): Griechische Archaik. Interne Entwicklungen – Externe Impulse, Berlin 2004

Romanow, B.A.: Russlands ‚friedliche Durchdringung' der Mandschurei, in: Wehler, H.-U. (Hg.): Imperialismus, Düsseldorf 1979

Rönnefarth, H.K.G. (Hg.): Konferenzen und Verträge, Teil II, Bd. 3: Neuere Zeit, Würzburg 1958.
Rosenberg, Hans: Die zoll- und handelspolitischen Auswirkungen der Weltwirtschaftskrise von 1857 – 1859, in: ders.: Machteliten und Wirtschaftskonjunkturen. Studien zur neueren deutschen Sozial- und Wirtschaftsgeschichte, Göttingen 1978
Rosenfeld, Günter: Sowjetrussland und Deutschland 1922 – 1933, Köln 1984
Roshwald, Aviel: The Endurance of Nationalism, Cambride 2006
Rostovtzeff, Michael: Social and economic History of the Roman Empire, Oxford 1957
Ders.: The History of the Ancient World, dt. Ausg.: Geschichte der alten Welt, Bd. II, Rom, Bremen 1970
Rowley-Conwy, Peter: Abu Hureyra: Die ersten Bauern der Welt, in: Burenhult, Göran: Dem Homo Sapiens entgegen, in: Menschen der Urzeit. Die Frühgeschichte der Menschheit von den Anfängen bis zur Bronzezeit, Köln 2004
Ders.: Gewaltiger Jäger oder unbedeutender Aassammler?, in: s.o.
Rübberdt, Rudolf: Geschichte der Industrialisierung, München 1972
Rubinstein, William D.: Capitalism, Culture, and Decline in Britain 1750 – 1990, London 1993
Rühl, Lothar: Das Reich des Guten. Machtpolitik und globale Strategie Amerikas, Stuttgart 2005

Safranski, Rüdiger: Romantik. Eine deutsche Affäre, München 2007
Samons II, Loren J.: Empire of the Owl. Athenian Imperial Finance, Stuttgart 2000
Scheibert, Peter: Das Petrinische Kaiserreich, in: Russland, Fischer Weltgeschichte Bd. 31, Frankfurt/M, 1978
Schieder, Theodor: Propyläen Geschichte Europas Bd. 5: Staatensystem als Vormacht der Welt, Frankfurt/M 1982
Schieder, Wolfgang: Spanischer Bürgerkrieg und Vierjahresplan. Zur Struktur nationalsozialistischer Außenpolitik (1976), hier in: Michalka, W. (Hg.): Nationalsozialistische Außenpolitik, Darmstadt 1978
Schleich, Thomas: Philosophische Gesellschaften (sociétés de pensée), aufklärerische Kirchenkritik und die Ursprünge der Französischen Revolution, in: Maier, H./ Schmitt, E. (Hg.): Wie eine Revolution entsteht. Die Französische Revolution als Kommunikationsereignis, 2. Aufl., Paderborn 1990
Schmale, Wolfgang: Geschichte Frankreichs, Stuttgart 2000
Schmidt, Gustav: Der europäische Imperialismus, München 1989
Schmidtchen, Volker: Technik im Übergang vom Mittelalter zur Neuzeit zwischen 1350 und 1600, in: König, W. (Hg.): Propyläen Technikgeschichte Bd. 2, Berlin 1997
Schnabel, Fritz: Deutsche Geschichte im neunzehnten Jahrhundert (1929/37), Bd. 5: Die Erfahrungswissenschaften, Freiburg 1965
Schneider, Helmuth: Die Gaben des Prometheus. Technik im antiken Mittelmeerraum zwischen 750 v.Chr. und 500 n.Chr., in: Propyläen Technikgeschichte. Landbau und Handwerk, Berlin 1997
Schneider, Helmuth: Rom von den Anfängen bis zum Ende der Republik (6. Jh. bis 30 v.Chr.), in: Geschichte der Antike, hrsg. von Hans-Joachim Gehrke und Helmuth Schneider, Stuttgart 2000

## IV. Bibliographie

Schoenbaum, David: Hitler's Social Revolution. Class and Status in Nazi Germany 1933 – 1939 (1968), dt. Ausg.: Die braune Revolution. Eine Sozialgeschichte des Dritten Reiches, München 1980

Schoeps, Hans-Joachim: Preußen. Geschichte eines Staates, Frankfurt/M 1995

Schöllgen, Gregor: Das Zeitalter des Imperialismus, 4. überarbeitete und erweiterte Aufl., München 2000

Schramm, Gottfried: Fünf Wegscheiden der Weltgeschichte, Göttingen 2004

Schrenk, Friedemann: Die ersten Exilanten, in: FAZ v. 13.6.2003

Schröder, Hans-Christoph: Englische Geschichte, 5. aktualisierte Aufl. München 2006

Schulte, Jan Erik: Zwangsarbeit und Vernichtung: Das Wirtschaftsimperium der SS. Oswald Pohl und das SS-Wirtschafts-Verwaltungshauptamt 1933 – 1945, Paderborn 2001

Schulz, Gerhard: Aufstieg des Nationalsozialismus: Krise und Revolution in Deutschland, Frankfurt/M 1975

Schulze, Hagen: Der Weg zum Nationalstaat. Die deutsche Nationalbewegung vom 18. Jahrhundert bis zur Reichsgründung, München 1986

Schwabe, Klaus: Die USA, Deutschland und der Ausgang des Ersten Weltkrieges, in: Knapp, M. u.a. (Hg.): Die USA und Deutschland 1918 – 1975, München 1978

Schweitzer, C.C. (Hg.): Die deutsche Nation, Aussagen von Bismarck bis Honecker, Köln 1976

Seibt, Ferdinand: Europa 1500 – Integration im Widerstreit, in: ders. u. Eberhard, W. (Hg.): Europa 1500, Stuttgart 1987

Ders.: Die Begründung Europas. Ein Zwischenbericht über die letzten tausend Jahre, Frankfurt/Main 2002

Shakespeare, William: Werke in der Übersetzung von Schlegel/Tieck, hrsg. von L.L. Schücking, München (Knaur Nachf.) o.J.

Shirer, William L.: The Rise and Fall of the Third Reich (1960), dt. Ausg.: Aufstieg und Fall des Dritten Reiches, 2 Bd.e, München 1963.

Sieferle, Rolf Peter: Rückblick auf die Natur. Eine Geschichte des Menschen und seiner Umwelt, München 1997

Siemann, Wolfram: 1848/49 in Deutschland und Europa. Ereignis – Bewältigung – Erinnerung, Paderborn 2008

Siewing, Rolf: Evolution, Stuttgart 1979

Simmel, Georg: Philosophie des Geldes (1900), in: ders.: Philosophische Kultur, Frankfurt/M 2008

Smith, Adam: An Inquiry into the Nature and Causes of the Wealth of Nations (1776), dt. Ausg.: Der Wohlstand der Nationen. Eine Untersuchung seiner Natur und seiner Ursachen, München 1978

Smith, Vernon: Kein Wohlstand ohne Handel. Die Globalisierung entspringt dem Streben der Menschheit nach Verbesserung der eigenen Lage, FAZ vom 8.7.2006

Snodgrass, Anthony M.: The Dark Age of Greece, Edinburgh 2000

Sprandel, Rolf: Verfassung und Gesellschaft im Mittelalter, Paderborn 1978

Spufford, Peter: Power and Profit. The Merchant in medieval Europe, London 2002, dt. Ausg.: Handel, Macht und Reichtum . Kaufleute im Mittelalter, Darmstadt 2004

Stadler, Peter: Cavour. Italiens liberaler Staatsgründer, München 2001

Starke, D. (Hg.): Herrschaft und Genossenschaft im Mittelalter, Stuttgart 1972

Stein, W. (Hg.): Akten zur Geschichte der Verfassung und Verwaltung der Stadt Köln im 14. und 15. Jahrhundert, Bd. II, Bonn 1895
Stützer, Herbert Alexander: Malerei der italienischen Renaissance, Köln 2004
Syring, Enrico: Das nationalsozialistische Deutschland 1933 – 1945. Führertum und Gefolgschaft, Bonn 1997

Tanner, J.R. (Hg.): Constitutional Documents of the Reign of James I, Cambridge 1960
Tausend, Klaus: Amphiktyonie und Symmachie. Formen zwischenstaatlicher Beziehungen im archaischen Griechenland, Stuttgart 1992
Taylor, Alan J.P.: Bismarck. The Man and the Statesman, London 1955, dt. Ausg.: Bismarck, Mensch und Staatsmann, München 1962
Temperley, Howard: Regionalismus, Sklaverei, Bürgerkrieg und die Wiedereingliederung des Südens, in: Adams, W.P. (Hg.): Die Vereinigten Staaten von Amerika, Frankfurt/M 1977
ten Brink, Candida: Die Begründung der Marktwirtschaft in der Römischen Republik, Bern 1995
Tennstedt, Fritz: Sozialgeschichte und Sozialpolitik in Deutschland, Göttingen 1981
Teuteberg, Hans Jürgen: Zur Frage des Wandels der deutschen Volksernährung durch die Industrialisierung, in: Braun, R. u.a. (Hg.): Gesellschaft in der Industriellen Revolution, Köln 1973
Thamer, Hans-Ulrich: Die Französische Revolution, München 2006
Thieme, Hartmut: Altpaläolithische Holzgeräte aus Schöningen, Lkr. Helmstedt. Bedeutsame Funde zur Kulturentwicklung des frühen Menschen. In: Germania 77/1999
Tooze, Adam: The Wages of Destruction. The Making and Breaking of the Nazi Economy, London 2006, dt. Ausg.: Ökonomie der Zerstörung. Die Geschichte der Wirtschaft im Nationalsozialismus, München 2007
Tormin, Walter: Die Machtergreifung, in: Aleff, E. (Hg.): Das Dritte Reich, Hannover 1970
Treue, Wilhelm: Wirtschaftsgeschichte der Neuzeit, Stuttgart 1962
Ders. (Hg.): Quellen zur Geschichte der industriellen Revolution, Göttingen 1966
Ders.: Gesellschaft, Wirtschaft, Technik Deutschlands im 19. Jahrhundert, in: Gebhardt, B., Handbuch der deutschen Geschichte, Bd. 17, München 1976
Trevelyan, George M.: History of England, 2 Bd.e (1926), dt. Ausg.: Geschichte Englands, München 1947

U.S. Bureau of the Census, Historical Statistics of the United States. Colonial Times to 1957, Washington D.C. 1960
U.S. Bureau of the Census, 1960

v. Aretin, K.O. (Hg.): Der aufgeklärte Absolutismus, Köln 1974
v. Müller, Achatz/ Ludwig, K.-H.: Die Technik des Mittelalters, in: Troitsch, U./ Weber, H. (Hg.): Die Technik von den Anfängen bis zur Gegenwart, Braunschweig 1987
v. Rauchhaupt, Ulf: Sexuelle Energie aus der Eiszeithöhle, FAZ vom 14.5.2009
van Dülmen, Richard: Historische Anthropologie, 2. Aufl., Köln 2001

## IV. Bibliographie

van Laak, Dirk: Über alles in der Welt. Deutscher Imperialismus im 19. und 20. Jahrhundert, München 2005

Verley, Patrick: Der liberale Kapitalismus auf seinem Höhepunkt, in: Palmade, G. (Hg.): Das bürgerliche Zeitalter, Frankfurt/M 1977

Verlinden C./ Schmitt, E. (Hg.): Die mittelalterlichen Ursprünge der europäischen Expansion, in: Schmitt, Eberhard (Hg.): Dokumente zur Geschichte der europäischen Expansion, Bd. 2: Die großen Entdeckungen, München 1984

Vogler, Günter: Absolutistische Herrschaft und ständische Gesellschaft, Stuttgart 1996

Ders.: Reformation, Fürstenmacht und Volksbewegung vom Ende des Bauernkrieges bis zum Augsburger Religionsfrieden, in: Deutsche Geschichte in zwölf Bänden, Bd. 3, Köln 1983

von Beyme, Klaus: Die parlamentarischen Regierungssysteme in Europa, 3. Aufl., München 1973

von Ditfurth, Hoimar: Der Geist fiel nicht vom Himmel. Die Evolution unseres Bewusstseins, Hamburg 1976

von Saldern, Adeheid: Mittelstand im ‚Dritten Reich': Handwerker, Einzelhändler, Bauern, Frankfurt/M 1979

Vones, Ludwig: Finanzsystem und Herrschaftskrise: Die Kronen Kastilien und Aragón in der zweiten Hälfte des 15. Jahrhunderts., in: Seibt, F./ Eberhard, W. (Hg.): Europa 1500. Integrationsprozesse im Widerstreit: Staaten, Regionen, Personenverbände, Christenheit, Stuttgart 1987

Weber, Carl W.: Athen. Aufstieg und Größe des antiken Stadtstaates, Düsseldorf 1979

Weber, Hermann: Die Wandlung des deutschen Kommunismus, Bd. 1, Frankfurt/M 1969

Ders.: Hauptfeind Sozialdemokratie. Strategie und Taktik der KPD. 1929 – 1933, Düsseldorf 1982

Weber, Max: Protestantismus und kapitalistischer Geist, in: ders.: Soziologie. Weltgeschichtliche Analysen. Politik (1905), Stuttgart 1956

Ders.: Wirtschaft und Gesellschaft. Grundriss der verstehenden Soziologie, Frankfurt/M 2005

Wegner, Bernd: Hitlers Politische Soldaten: Die Waffen-SS 1933 – 1945 (1982), 5. erw. Aufl. Paderborn 1997

Wegner, Max: Olympia, in: Die Welt der Hellenen, hrsg. v. Armin Müller, Münster 1995

Wehler, Hans-Ulrich: Bismarck und der Imperialismus (1969) München 1976

Ders.: Deutsche Gesellschaftsgeschichte Bd. 2, Von der Reformära bis zur industriellen und politischen ‚Deutschen Doppelrevolution' 1815 – 1845/49, München 1989

Ders.: Deutsche Gesellschaftsgeschichte Bd. 3. Von der ‚Deutschen Doppelrevolution' bis zum Beginn des Ersten Weltkrieges 1849 – 1914, München 1995

Ders.: Deutsche Gesellschaftsgeschichte Bd. 4, Vom Beginn des Ersten Weltkrieges bis zur Gründung der beiden deutschen Staaten, München 2003

Weigand, W. (Hg.): Der Hof Ludwigs XIV. nach den Denkwürdigkeiten des Herzogs von Saint-Simon, Berlin 1925

Weis, Eberhardt: Der Durchbruch des Bürgertums 1776 – 1847, Frankfurt/M 1978

Wells, Colin: The Roman Empire, dt. Ausgabe: Das römische Reich, München 1985

Welwei, Karl-Wilhelm: Piraterie und Sklavenhandel in der frühen römischen Republik, in: Fünfzig Jahre Forschungen zur antiken Sklaverei an der Mainzer Akademie 1950 – 2000, Stuttgart 2001
Ders.: Die griechische Frühzeit, München 2002
Wende, Peter: Gross-Britannien 1500 – 2000, München 2001
White, W./ Cambell, B.C./ Howell, C.: The First Men (1973); dt. Ausg.: Die ersten Menschen, Time Life International 1973
Widukind von Corvey, Rerum gestarum Saxonicarum libri III, Geschichtsschreiber der deutschen Vorzeit, Bd. 30
Wilhelm, Friedrich: Die Polizei im NS-Staat. Die Geschichte ihrer Organisation im Überblick, Paderborn 1997
Williams, Glynn/ Ramsden, John: Ruling Britannia. A political history of Britain 1688 – 1988, London/New York 2002
Willms, Johannes: Napoleon, München 2005
Winkler, Heinrich August: Mittelstand, Demokratie und Nationalsozialismus. Die politische Entwicklung von Handwerk und Kleinhandel in der Weimarer Republik, Köln 1972
Ders.: Der lange Weg nach Westen. Deutsche Geschichte vom Ende des Alten Reiches bis zum Untergang der Weimarer Republik, Bd. I, 4. durchges. Aufl., München 2002
Wischermann, Clemens/ Nieberding, Anne: Die institutionelle Revolution, Stuttgart 2004

Yalichev, Serge: Mercenaries of the Ancient World, London 1997

Zechlin, Egmont: Die deutsche Einheitsbewegung (1967), Frankfurt/M 1977
Ders.: Zum Kriegsausbruch 1914. Die Kontroverse, in: Geschichte in Wissenschaft und Unterricht (GWU) 1984/4
Zeise, Rolf: Die Rolle des Zollvereins in den politischen Konzeptionen der deutschen Bourgeoisie von 1859 bis 1866, in: Bleiber u.a. (Hg.): Bourgeoisie und bürgerliche Umwälzung in Deutschland 1789 – 1871, Berlin (Ost) 1977
Ziebura, Gerhard: Interne Faktoren des französischen Hochimperialismus 1871 – 1914 Versuch einer gesamtgesellschaftlichen Analyse, in: Mommsen, W.J. (Hg.): Der Imperialismus. Seine geistigen, politischen und wirtschaftlichen Grundlagen, Hamburg 1977
Ders.: Frankreich von der Großen Revolution bis zum Sturz Napoleons III. 1789 – 1870, in: Bussmann, W. (Hg.): Europa von der Französischen Revolution zu den nationalstaatlichen Bewegungen des 19. Jahrhunderts, Stuttgart 1981
Zimmerman, L. (Hg.): Der Imperialismus, seine geistigen, wirtschaftlichen und politischen Zielsetzungen, Stuttgart 1967
Zipfel, Friedrich: Krieg und Zusammenbruch, in: Aleff, E. (Hg.): Das Dritte Reich, Hannover 1976
Zschoch, Hellmut: Die Christenheit im Hoch- und Spätmittelalter, Göttingern 2004

# V. Register

Abendland vi, 212f., 217f., 219, 240f.
Ablasshandel 258f., 390
Absolutismus vi, 98, 261, 266ff., 272, 274f. 277f., 280f., 283ff., 290, 294, 308f., 311f., 315, 322, 325, 335, 348, 360-362, 374, 386, 390, 404, 413, 542, 609, 663, 666, 669, 671, 677
Achilles 114, 116, 119f, 141
*ager publicus* 173, 175, 181
Aischylos 133
Akademismus 278
Aktienbank 403
Aktiengesellschaft 295, 353, 403, 405, 434, 538
Alexander d.Gr. 106
Alexander I., russ. Zar 326
Alfred d.Gr., engl.Kg. 286
allgemeine Wehrpflicht 324f., 327, 599, 619
Al-Mina, Faktorei 113
Alphabet 167, 652
*American Federation of Labour* 462
Amerikanismus 524f.
*Ancien Régime* 284, 312, 319, 348, 363, 400, 667, 672
Angelsachsen 32, 286f.
Annaten 243, 256ff., 268f.
*Anti-Corn-Law League*
*Antologia* 375
Aquaedukte 177
Araber 202ff., 207
Arbeitsteilung 29, 66f., 80, 82, 91, 207, 217, 238ff., 356, 472, 537, 655
archaische Adelskultur 114
archimedische Schraube 179
Aristophanes 134
Aristoteles 4, 134, 139f., 152, 230
Armen- und Sozialfürsorge 338, 353, 406
Asketentum 212
Athen 124-128, 130, 132f. 138f., 142-149, 152f.
athletische Wettkämpfe 114f., 117f., 129, 131

Augustus 174, 176, 180, 182-185, 191, 241
Auspizien 165
Austausch 9-15, 18-37, 40ff. 48f., 56f., 84, 90ff., 95, 104, 109, 112, 135ff., 150, 156, 162, 167, 169, 188, 194, 202, 207, 224f. 243, 258, 282, 305, 332f., 337, 375, 406, 434, 448ff., 461, 470ff. 479ff., 517, 554, 557, 570, 628, 645f., 657f.
Austauschbilanz 492
Austauschpartner 12, 20,22,32-37, 194, 447, 449f., 466, 470f. 474, 479f., 514, 517, 563, 607
Austauschsystem 18, 162, 193, 343f., 362, 368, 378, 401, 445, 471, 497, 503, 511, 513, 518
*Australopithecus* 45
Automobilbau 452

Banken 29f., 244, 344f., 364, 369ff., 379, 385, 403ff., 415, 444, 472, 499, 523, 529, 531
Bankgeschäft 262, 403
Bankiers 25, 137, 224, 238, 243, 263, 267, 449, 548
Barchent 239
Bauernbefreiung 322, 352, 370, 386
Baumwollverarbeitung 27, 239, 297, 301
*bellum iustum* 165, 652
Bernhard von Clairveaux 222
Berufsheer 185, 320, 411
Betriebszellen-Organisation (NSBO) 535, 537, 561, 566, 572, 605
Bethmann Hollweg 482, 485
Beuth, Peter 395
Bismarck, Otto v. 442
Boccaccio 242
Bonifaz VIII. 291f.
Bosnien und Herzegowina 478, 482f.
Bossuet, Jacques Bénigne 268f., 278
Boxer(-aufstand/-krieg) 464f., 467
Braun, Werner von 591

681

Brückenbau 177, 470
Brüning, Heinrich 529, 531, 535, 538ff.,
 541f., 544, 636, 670
Buchdruck 215, 232, 661
Buchkultur 215, 653
Bundesgenossen 34, 163, 172, 175, 409,
 535, 652
Bürger 57, 125, 132, 137, 142-147, 150,
 158f., 162f., 167ff., 172, 189, 192,
 226ff., 262, 264, 268f., 314, 316, 318,
 324-329, 352-359, 371, 396, 413
Bürgerkrieg 174, 182-185, 191, 296, 318,
 368-372, 438, 475, 499, 501, 532, 621f.,
 642f., 675, 677

Caesar 1, 174, 182ff., 190
Calvin 26, 293
*Carboneria* 375
Cassiodor 209, 213ff., 230
*casus necessitatis* 289
Cavour, Graf Camillo 351, 379ff., 407,
 420, 439, 676
Champagne 222, 224, 237
Chemie 5, 425, 523, 588, 655
Chlodwig 200ff.
Christentum 179, 190
Cicero 168, 171, 180, 216
Clausewitz, Carl v. 427
Cluny 217
Code Napoleon 320, 326
*Codex Hammurapi* 91, 93
Colbert, Jean-Baptiste 270ff., 277ff.
Cranach, Lucas 228f., 253, 667
*Cro-Magnon-Mensch* 56, 68
Cromwell, Oliver 296, 319

Dampfmaschine 41, 179, 298ff., 303,
 339, 346, 394, 401, 654
Danegeld 286f.
Dante Alighieri 241f., 255
Danton, Georges 318
Darby, Abraham 299
Dawes-Plan 507, 521f., 526, 528
Dekurionen 189
Delphi 118, 128, 138, 146l
Demokratie 13, 15, 140, 144, 147, 149f.,
 153

Demokratisierung 159, 174, 287, 325,
 490
Deutsche Arbeitsfront (DAF) 566-572
Deutsche Burschenschaft 384, 387, 388ff.
Deutscher Bund 439, 582, 663
Deutscher Orden 222, 253, 669
Dichtung 21, 43, 98ff., 102, 104, 119,
 135f., 179, 242f., 255, 304f., 330f., 363,
 375, 387, 392f., 515, 649, 659, 673
Dienstleistungen 10, 12, 14, 22, 24f., 40,
 67, 74, 90, 92, 96, 162, 169, 188, 256,
 262, 282, 291, 364, 412, 455
Diokletian 188f., 190
Dionysien 132f, 145
Dionysos 110, 127, 133, 152
Disconto-Gesellschaft 403
DNVP (Deutschnationale Volkspartei)
 526, 535, 540ff., 546, 560, 565, 577,
 618
Domesday-Book 209
Domestizierung 58, 61, 64, 72f., 212
Dominions 445, 473
Dreieckssegel 27, 233, 653
Dreifelderwirtschaft 208f.
Düsenflugzeug 572, 591

*East India Company* (EIC) 295f.
Edward I., engl. Kg. 266, 289, 291f.
Eisenbahnbau 339f., 352f., 357, 378f.,
 401
Eisenerz, -waren 208, 446, 492, 530, 588
Elektro- und Kommunikationstechnik 452
Elfenbeinschnitzereien 110
Elisabeth I., engl.Kg.in 209, 304
El-Ubaid 78f.
Empire 34, 152, 195ff., 297, 303, 307,
 330, 448, 451, 473, 493f., 658, 666,
 669f., 675, 678
Emser Depesche 417, 436
*enclosing* 294
Energie
 – Energetische Revolution vi, 297,
  300, 303, 305, 660f.
 – Energieaufwand 6, 19, 20, 26, 28, 32,
  36, 39, 48, 56, 75, 78, 88f., 109, 163,
  178, 180, 201, 207, 300, 328f., 333,
  457, 470, 591, 660

- Energieaustausch v, vii, viii, 21-37, 41, 48f., 91, 104, 150, 162, 194, 202, 224, 316, 324, 327, 343, 349f., 353, 358f., 361, 378, 382, 386f., 392, 394, 401, 404f., 410, 414ff., 430f., 433, 438, 449, 455, 458, 470ff., 481, 483f., 497, 502f., 505, 509, 511, 513f., 516ff., 529, 530, 546, 553, 555, 558f., 564, 572, 581, 584, 586, 593f., 597, 604f., 607-612, 623, 628ff., 632, 650, 654, 660f.
- Energiebilanz v, 19f., 26, 29, 33, 37, 39f., 48, 63, 66f., 84, 86, 88, 90f., 96, 121, 150, 162, 169, 171, 193, 209, 212, 232, 281, 302, 316, 432, 469, 484, 515, 530, 646f., 653
- Energieeinsparung(en) 20, 28, 207, 233, 245, 292, 470f.
- Energiegewinn vi, 6, 20-37, 40ff., 53, 64, 66, 80, 91ff., 96, 104, 146, 162, 169, 172, 177, 194, 207ff., 237, 368, 271, 280, 323, 327ff., 233, 344, 350, 358, 371, 397, 402, 410, 414f., 432, 434, 445, 448, 451, 455, 457, 470f., 475, 479ff., 527ff., 559, 607ff., 628, 632, 645ff., 650, 653, 656, 660
- Energiemangel vi, 27ff., 31, 35, 37, 39, 42, 45, 47, 73ff., 84, 137, 144, 156, 159, 164, 213, 221f., 227, 230, 232, 234, 236, 263, 277, 297ff., 302, 311, 313, 315, 317, 319, 324, 327ff., 340, 343, 344, 347, 350, 354, 355ff., 368, 373, 382, 403, 414, 424, 438, 492, 497, 516, 528, 531, 541, 557, 573, 593, 605, 607, 632, 645ff., 651, 656ff.
- Energiepotenzial 150, 515, 581f., 599, 610f.
- Energietechnik(en) vi, 27, 29, 35f., 39ff., 50f., 58, 65, 67, 70f., 76, 96, 105f., 131, 150, 164, 167, 172, 207, 213, 243, 268, 274, 280, 299f., 305, 327, 346, 471, 492, 557, 581, 632, 645-48, 653, 656, 658-661
- Energieumsatzsystem(e) v, 35, 136, 198, 334, 349, 356, 359, 397, 402, 420, 443, 453, 455, 484, 524, 527f., 532, 655
- Energieverlust vi, 8, 27, 30, 33f., 37, 51, 53, 63, 77, 83f., 86, 91ff., 96, 89, 103f., 125, 168, 232, 259, 261, 265ff., 277, 281, 286, 321, 325, 327-330, 336, 343, 345f., 359, 361, 383f., 389, 393, 404, 407, 444, 446, 453, 457f., 466, 470, 479f., 492f., 528, 531f., 542, 549f., 564, 570, 610, 612, 632, 645, 650

englische Exportoffensive 346
*Entente cordiale* 476, 478
Eridu 78-81, 107, 649
Ermächtigungsgesetz 575f., 578, 630
Etrusker 157f., 168, 170f., 177, 195, 673
Eurich, westgot. Kg. 200
Expressionismus 514f., 524f., 535, 562f.

Faschoda 451, 468, 475
Februarrevolution 346, 349, 354
Fénelon, François 268, 277
Ferdinand VII., Kg. von Spanien 334f.
Ferdinand von Aragon 235, 265
Ferry, Jules-François 446f.
Feudalismus 241, 261, 291, 309, 316, 322, 337
Feudallasten 313
Feuerwaffen 41, 233f., 236, 366
Film 525, 535, 601, 641, 666,
*foederati* 185, 191ff., 199
Fordismus 524, 530,
Friedrich I., dt. Kg. 219
Friedrich II, preuß. Kg. 224
Friedrich VII., dän. Kg. 421
Friedrich Wilhelm IV., preuß. Kg. 254, 439, 668
Fruchtbarer Halbmond 58ff., 62, 65, 69ff. 73, 647ff.

Gaius Gracchus 174
Gallikanismus 257, 27
Garibaldi, Giuseppe 376, 380f.,
Gastfreundschaft 114, 116f.
Gastgeschenke 114, 123
Geheime Staatspolizei (Gestapo) 595, 597
Geld 6, 10f., 19-26, 30, 94f., 101, 114, 125, 141, 143, 160, 184, 185, 187f., 190, 192, 204, 223ff., 227, 234-236,

240, 243, 245, 254, 256-66, 269-277, 286f., 289-292, 296, 305f., 311, 316, 320, 328f., 341, 344, 347, 350, 404f., 412f. 471f., 490, 521, 523, 527f., 530, 543, 571, 615, 651, 654, 658, 676
Generalstände 312, 334
Germanen 312, 334
Geschworene 287, 292, 303
Getreidemühle 209
Getreideproduktion 87
Gewerbefreiheit 323, 385
Gewölbebautechnik 177
Gilgamesch 82, 98f., 118f., 122
*Giovine Italia* 375
Glasmanufaktur 237
Gneisenau, August Neidhardt v. 324
Goebbels, Joseph 534, 537, 562, 600-603, 605, 610, 630
Goethe, Johann Wolfgang v. 16, 21, 43, 330ff., 356, 668
Göring, Hermann 540, 562, 565, 573ff., 582, 587ff., 593, 610, 613, 615, 617, 621f., 624, 630
Grafschaften 204, 210, 286f.
*Great Depression*/Große Depression 445f., 448ff., 452, 454, 457, 466, 469
Gregor VII. 217f.
griechische Großplastik 121, 123, 651
Gropius, Walter 525
Grundherren 208, 225, 227, 265, 313, 318
Gutenberg, Johannes 231f.

Habsburgermonarchie 36, 356f., 379, 384, 398, 425ff., 478, 481ff., 486ff.
Habsburgerreich 267, 355, 357, 377, 380, 402
Halaf-Kultur 66, 71, 73f., 84, 648
Handelshäuser 24, 254, 262
Handelsverkehr 24, 64, 70, 80, 137, 168, 188, 221, 225, 237, 514, 570
Hardenberg, Friedrich v. 323, 352, 386
Harding, Warren G. 518ff.
Harkort, Friedrich 395f.
Hassuna-Kultur 70, 73f.
Heerbann 204, 214
Heerlager 164

Hegemonie vi, 35f., 261, 320, 326f., 332, 341, 348, 360, 381, 384, 388, 408, 424, 437, 462, 485ff., 522, 598, 618, 623, 629, 650, 655
Heilige Allianz 335, 337, 384
Heimarbeit 295, 385, 400
Heinkel, Ernst 591
Heinrich der Seefahrer 235
Heinrich IV., dt. Kg. 217, 283
Heinrich VIII., engl Kg. 292
Herakleitos (Heraklit) 136
Herodot 138, 145, 147, 149
Hesiods *Theogonie* 126, 131
Himmler, Heinrich 577, 583, 595ff., 600, 630
Hindenburg, Paul v. 507, 529, 540f., 543, 555, 578f., 600, 610, 613
Hitler, Adolf viii, 319, 361, 527, 531f., 534-542, 543, 545-587, 590-643, 667-679
Hoesch, Eberhard 395
Höhlenmalerei(en) 52f., 55, 646
Homer 113, 129, 138, 243, 304, 669
homerische Epen 109, 114, 116, 118ff., 123, 128, 134f., 140, 144, 170
Homo sapiens sapiens 51, 58f., 60, 68, 646, 657, 665, 673ff.
Hoover, Herbert C. 519f., 529
Hopliten-Phalanx 137, 143, 157, 169f., 194
Hugenberg, Alfred E. C. A. 527, 545, 577
Hugenotten 199, 270f., 281
Hungerkrisen 384, 440, 663

IG-Farben 588
Ilias 99, 113, 118f., 141, 160, 169
Imperium..169, 172, 186-197, 199f., 373, 446, 473, 493, 590, 612, 616, 624, 631, 639f., 642f., 652, 656, 658, 661, 669f., 676
Industrie 24, 29, 261, 306f., 337, 348, 372, 385, 395f., 403, 443, 446, 450, 465, 499, 518, 523, 539, 545, 572, 588f., 590, 620, 669
Industriebetriebe 238, 269, 588
Industrielle Revolution 85, 307, 438, 440, 495, 665, 668, 670, 673

Inflation 25, 187, 520, 531, 542
Informationen 10, 20, 22, 25f., 28, 40, 77
   90f., 180, 230, 232, 333, 235, 280, 282,
   324, 333, 349, 353, 397, 404, 406, 414,
   455, 457, 471, 515f., 602, 639, 665
Innovation(en) 52f., 68, 73, 78, 86f., 176,
   221, 227, 230, 234, 317, 327, 395, 400,
   414, 452, 492f., 572, 590f., 632, 646,
   655, 657ff., 660f.
Innozenz III. 218, 220, 288
Inquisition 265f., 295, 335
Intendanten 270, 272f., 279
Investitur der Bischöfe 206, 217, 269
Investiturstreit 217, 257
Isabella von Kastilien 235, 265
Ivo von Chartres 206, 217

Jahn, ‚Turnvater' 387f.
Jakobiner 317, 579
Jerusalem 206, 218f., 222f., 237
Jesus Christus 11, 179, 245, 247, 658
Jefferson, Thomas 314
Johann ‚Ohneland', engl. Kg. 288
Johanniter 220, 222, 253, 664,
Joseph II., dt. Kaiser 308
Julirevolution 338-342, 344, 346f.
Junkers, Hugo 398, 591

Kanalisation 170, 178
Kanonen 233ff., 457
Kapitularien 204
Kap-Kairo-Linie 467, 487
Karavelle 233
Karl d.Gr. 201, 204, 214
Karl I., engl. Kg. 284, 290, 293
Katharina II., russ. Zarin 308
Keilschrift 77, 79, 89, 97, 107, 649
Kellogg-Pakt 526
Keramik (-industrie) 27f., 66ff., 70f., 73,
   77, 79f., 82-87, 110, 113f., 120f., 145,
   168, 170, 188, 646ff., 651, 659
Kernkraft 41
Kleisthenes 146-149
Klerus 202, 205, 217, 242, 256f., 263,
   265, 267, 269f., 291f., 309, 310f., 316,
   341
Klienten 173, 182, 189, 191

Klimaveränderung 60, 656
Klöster 207ff., 211-217, 226, 244, 253,
   259, 261, 293f., 313, 369
Knossos 110

Kodifizierung 170, 382
Kohlehydrierung 572, 590
Kolonialherrschaft 34, 232, 445
Kolonisation 118, 136ff., 236, 304
Kolumbus 232, 234f., 265
Komödie 134, 170, 242
Königgrätz 426, 428, 434
Königsboten 204
Konservatismus 337, 339, 342, 350ff.,
   356, 377, 397, 411f., 415f., 425, 427,
   474
Konstantin, röm.Kaiser 190
Konvent 318, 321
Konzentrationslager 565, 583, 595, 615,
   640, 665
*Koren* 122
Korinth 24, 118, 120, 145
*Kouroi* 122
Kraft durch Freude (KdF)-Organisation
   568, 571f., 630
Kreditgenossenschaften 404
Kreuzfahrerstaaten 206, 219-223, 253,
   667
Kreuzzugsbewegung 221, 223, 237, 282
Krimkrieg 371ff., 379, 459,
Krupp, Friedrich u. Alfred 395, 440, 523,
   672
Kulturkampf 382, 385, 417
Kummet 210
Kunst 6, 22, 31, 39, 98, 103, 108, 118,
   120f., 140, 172, 228, 243ff., 247, 251,
   255f., 278, 282, 285, 332, 388, 390,
   399, 515f., 525, 535, 563, 636, 658,
   667, 668, 670
Kunststofferzeugung 572
Kuppelbauten 178
Kutsche 87, 211, 277
Kyrene, gr. Kolonie 137f., 150,

Lafayette, Marquis de 314
Landwirtschaft 59, 65f., 70, 79, 88, 139,
   154f., 163, 169, 180, 210, 214, 216,

685

294ff., 323, 328. 338, 379, 386, 400f., 405, 448, 492, 552, 564, 587f., 647f., 648, 651, 659, 663
Lastensegler 80, 649
Lastkarren 85
Latein 33, 89, 170f. 191, 213ff., 220, 233, 653
Legion Condor 622
Lehen 204f., 236, 261ff., 275, 569
Lehnswesen 203f., 206f., 261, 267, 276, 653
Lehrbücher 90, 180, 216
Leinenproduktion 239
Leonardo da Vinci 246, 255, 667
*lettres de cachets* 276
Levante 89, 112ff., 120, 220, 224
*levée en masse* 318, 327, 413
Liberalisierung 327, 336, 357
Liberalismus 4, 350f., 381f., 408f., 452, 629
Lincoln, Abraham 369
List, Friedrich 397, 399, 426
Locke, John 303, 308
Londoner Protokolle 421ff.
Louis-Philippe, frz. Kg. 339
Ludwig VII., frz. Kg. 219
Ludwig XIV., frz. Kg. vi, 268f., 271, 274f., 277, 279f., 284, 360, 672
*Luperkalien* 155
Luther, Martin 26, 228f., 232, 246, 256, 258ff., 283, 388, 390, 672
Luxemburgkrise 418
Lyrik 21, 68, 134ff., 142, 146, 170, 392, 666

Machtergreifung 538, 545, 565, 573f., 578-582, 600-603, 608, 611f., 618, 636, 638, 665, 677
Maschinenbau 300, 402, 493, 423
Magna Charta 288, 291
Mahan, Alfred Thayer 463, 467
Mandschurei 459f., 462, 464f., 476, 494, 620, 674
Manufakturen 29, 32, 93, 109f., 228, 237f., 273, 400, 403
Marienkult 242, 246f.
Marius, röm. Feldherr 181-184

Mauerbau 226f.
Mazarin, Jules 268
Mazzini, Guiseppe 375f.
'Märzforderungen' 354
Medici 243f., 262
Meerengen 336, 421, 460, 477, 482, 486, 488, 621
Meiji-Ära 367
Menschen- und Bürgerrechte 313
Merkantilismus 271f., 278
Mesopotamien 65f., 71, 88, 92, 106, 112f, 140, 152, 647f., 650, 666
Metternich, Fürst v. 379, 384, 389, 392, 409, 427
Michelangelo 245, 248ff., 255, 667, 672
Milizkrieger 143, 157, 159f., 164, 181f.
Milizsystem, -heer 36, 163, 181, 184, 303
Minoer 34, 109f.
Mir-Gemeinde 372
Missernten vi, 93, 338, 345f., 357, 406
Mittelstand 137, 140, 533, 540ff., 545, 560, 562, 580, 615, 636, 641, 678f.
*Moderati* 375f.
Moltke, Helmuth v. 400. 426f., 449,
Monetarisierung 204, 241, 290f. 653
Montesquieu, Baron de 281, 308f.
*mule machine* 298
Münzprägung 94, 170
Musik 22, 39, 57, 98, 100, 213, 216, 332, 393, 599, 601, 646, 651, 659
Musketen 234
Mussolini, Benito 547, 621
Mykene 110ff.
Mysterien 133

Napoleon 34, 105, 305, 320-327, 330, 332, 334-337, 340, 348, 363, 373
Napoleon III. 379ff., 418f., 426, 428f., 435f.
Naramsin, Kg. v. Akkad 101ff., 105ff.
Nation
– Nationalgefühl 264
– Nationalismus vii, viii, 332, 349ff., 360, 365ff., 373, 377f., 393, 409, 415, 428, 438, 445, 452, 479, 532, 546f., 548, 550, 611f., 617, 667f.
– nationalliberale Bewegung 408

– Nationalstaaten 7, 24, 350, 356, 366-441, 444f., 448ff., 470, 474, 477, 487, 489, 655
– Nationalverein 88, 407, 409f.
– Nationalversammlung 311-316, 334, 347, 354f., 388f.,489
Navigationsakte 296
Neandertaler 51ff., 56, 58, 646, 657
Necker, Jacques 309f., 312
Neolithische Revolution 58
Newcomen, Thomas 299
Norddeutscher Bund vii, 418ff., 430, 433ff., 437
Normandie 208, 287, 290
Notverordnung (-srecht) 544, 573, 580
NSDAP viii, 518, 524, 527, 530, 533-546, 556, 558, 560-565, 569, 572, 574f., 577f., 580, 582, 594ff., 598, 600ff., 614, 623, 636, 665, 670

Oberhaus 315, 341f.
Odyssee 116, 118, 128, 170, 669
Odysseus 114-117, 141f.
Oktavian 172, 174, 182
Olympische Spiele 117f., 120, 614
Opferritus, -ritual 104, 129, 131f.
Optimaten 175, 181f.
*opus caementicum* 177
Ordonannce-Kompanien 277
Organisation Todt (OT) 586f.
Orientwaren 220, 224, 236, 240
Otto I., dt. Kg. 205

Palastherrscher 111
Palastkultur 110, 112, 137, 140
Palatin 154ff., 195
Panama-Kanal 464, 473
*Panathenäen* 145
Papier 27f., 30, 210, 231, 233, 239, 316, 320, 403, 616, 653
Papstresidenz Avignon 241, 257, 268
Papsttum 206, 217f., 244, 257, 259, 268, 373, 375f., 379
Parfüm 110, 120, 237, 240
Parlamente 263, 279, 289, 344, 357f., 449, 456, 492, 576, 578, 630
Patrizier 25, 173, 181

Patronat 158, 173, 175, 265, 269
Paulskirche(-nversammlung) 354ff., 407
Pauperismus 34, 328, 346, 349, 359, 385, 400, 655
Peisistratos 147ff., 157
Penelope 115
Pestepidemien 187f., 241-244, 247, 324
Petrarca 241, 245, 255, 273
Pferde, -wagen 49, 68, 111, 137, 177, 207, 210f., 234, 653
Pfründen(-kumulation) 257, 269
Philosophie 136, 172, 180, 332, 651
Piraterie 109, 111, 113, 121, 168, 196, 679
Pithekussai, gr. Kolonie 113, 138
Plato 139, 171, 180, 243
Plebejer 158f., 161, 167, 173, 175, 181
Poitiers, Schlacht bei 203
Polis 123, 125, 132-135, 137, 139, 142-145, 147, 149, 153
Popularen 182
Präsidialdiktatur 544, 546
Praxiteles 123, 152
Preußen 36, 194, 224, 308, 317, 321-327, 330, 351-355, 357, 359, 362, 364, 371f., 380, 383ff., 391, 395ff., 398f., 401, 403, 406ff., 410f., 415, 418, 421-4232, 435f., 440, 490, 565, 573ff., 583, 664, 670, 676
*Princeps* 182, 184f.
*Progressives* 463
Proletarier 174, 181f., 182f., 347, 386, 474, 503f., 505, 519, 629
Protektorate 445, 450, 453ff., 463f., 466-471, 473ff., 486f., 489, 616f.
Puritaner 293
Pylos 110, 116, 128

Quirinal 156

Räderpflug 209
Raffael 245-248, 250
Rapallo-Vertrag 513, 516f.
Rechtssicherheit 202
Rechtswesen 6, 92, 168, 381, 391
*Reconquista* 36, 206, 219, 233, 235, 264f.

Reformation(-sbewegung) vi, 256, 258-261, 281, 283, 361, 388, 390, 654, 669, 674, 678
Reformkonzilien 257
*Regalien* 262, 265, 269
Reichsdeputationshauptschluss 325
Religion(en) 1, 6, 13ff., 22, 25, 42, 54f., 68, 75, 92, 104-110, 126, 128ff., 131, 154, 172, 190, 200, 212, 218, 244246, 251, 281, 283, 320, 326, 336, 367f., 373, 385, 515, 533, 557, 574, 637, 649, 651, 653, 658f., 663, 667, 670, 678
Renaissance vi, 4, 35, 195, 201, 235, 241ff., 245ff., 248, 251, 255-258, 282, 284, 453, 653f., 665, 672, 677
Reparationen 521, 628, 657
Reparationskommission 521
Restauration 202, 330, 335ff., 339, 387f., 389f., 411
Revolution(en) vi, 22, 33f., 41, 51f., 55, 58, 60, 66, 69, 85, 98, 174, 256, 277, 293, 297. 300, 303, 305, 309-318, 320, 323, 327f., 334, 335f., 337, 341, 343, 346, 348, 350, 353-366, 368, 376-384, 391, 400f., 406, 406, 411, 413, 420, 427, 438-441, 456, 494f., 498, 498, 501, 503f., 510, 519, 532, 538, 572f., 579, 581ff., 594, 635f. 638, 647, 650, 660, 663ff., 668ff, 670ff.
reziproker Tauschgewinn 22f., 57, 84
Rhetorik 171, 213, 216
Richard I., engl. Kg. 219
Richelieu 268, 279
Ritter
– Ritterorden 220, 222, 224, 253, 265, 283, 669
– Rittertum 221
Robespierre, Maximilien de 318f.
Roheisenproduktion 208, 401f.
Rollsiegel 64, 81f., 84, 86, 101, 103
Romantik 334, 388, 391, 440, 674f.
romantische Kunst 332
römisches Recht 229
römisch-katholische Kirche 206, 217f., 270, 293, 326, 533
Roosevelt, Theodore 463ff., 624, 626f.
Rundfunk 525f., 566, 601, 608, 616

Rüstungsindustrie 207, 209, 567, 570, 592f., 617
SA (Sturm-Abteilung) 534, 538, 541, 554, 560f., 566, 474ff., 578f., 583, 594, 596, 598ff., 605, 612, 615
Säkularisation des Kirchenguts 323
Saladin 219, 291
Salzgewinnung 168
Samarra-Kultur 66, 70ff., 76ff.
Sarajewo 482f.
Sarazenen 202
Schießpulver 41, 653
Schildgeld 290
Schiller, Friedrich 331f., 388f., 409
Schisma 244, 257, 292
Schliemann, Heinrich 110
Scholastik 216, 230
Schöpfrad 179
Schraubenpressen 179
Schrift(-entwicklung) 77, 88-91, 106f., 112, 118, 170, 668
Schuldknechtschaft 96, 159f., 163
Schulgi, Kg. v. Ur III 93, 97
Schutzzoll(-system) 273, 398, 444, 466,
Seehandel 80, 304, 651
Seidenproduktion 239
Selbstbestimmung 348, 488ff.
*Selfgovernment* 34, 286
Semstwo-Organisation 372
Senat 154, 156, 158, 173ff., 178, 183-186
Septimius Severus 188f.
Shakespeare, William 304f., 309, 330, 676
Shimonoseki, Frieden von 459ff., 470
Sieben freie Künste 213f., 216, 230
simonistischer Ämterkauf 257
Sklaven 40, 96, 109, 112f., 133, 139f., 160, 170, 172, 176, 191, 201, 210, 301f., 369-372
Sklaverei 32, 40, 93, 95f., 116, 139f., 146, 160, 196, 249, 369f., 438, 650, 661, 677, 679
Soldatenkaiser 187
Söldner 36, 121, 124, 135f., 145, 150, 163, 183f., 191, 234, 261f., 265, 290f., 652

Solon 133, 138, 142-148, 157, 159, 641, 663
Sonderbundkrieg 351
Sophokles 134
Sozialimperialismus 452, 474
Sozialismus 515, 524, 535, 538, 563f., 612
Spekulation 29f., 304
*spinning jenny* 298
Stadtgründungen 161, 221, 226f.
Stadtherr 225f., 228
Stadtmauern 83
Stahlklingen 240
Stein, Freiherr vom und zum 322f., 388
Straßenbau 176f., 189, 339, 569, 586
Strasser, Gregor 534-540, 561f.
Stresemann, Gustav 526
Suezkanal 450, 473

*taille* 266, 269, 274
Taiping-Aufstand 366f., 372
Tarquinius 157ff.
Tauschobjekt(e) 19f., 22, 40, 115, 471
Tauschpartner 19, 23, 26, 32, 34, 40, 67, 94, 207, 329, 344, 470, 472, 514
Taylorismus 524, 530
Telegraphen 348, 371, 415, 426, 436, 449, 475, 500, 661
Tempel 40, 71, 74-82, 87ff., 92-100, 102, 104, 107, 122, 124-127, 129, 132, 136, 145f., 166, 168, 170f., 178, 200, 222, 276, 381, 649, 650f.
Tempelschatz 76f., 93, 125f.
Templer-Orden 222
Terrorherrschaft 318f., 576f., 579, 597, 599, 628, 630
Tetrarchie 189f.
Textilindustrie vi, 29, 86, 294, 297, 318, 398, 407
Thales von Milet 136
Theater 22, 134, 169, 535, 601, 651
Theoderich 199f.
Theologie 213, 216, 230, 283, 669
Thermen 169, 178, 189, 200
Thomas von Aquin 230
Tiberius Gracchus 175
Tieropfer 81f., 111, 127f.

Tilsiter Frieden 324f., 385
Töpferscheibe 71, 84ff.
Totemismus 55f., 67, 107, 647, 649
totemistische Clanbildung 27, 646
Totemtier 55, 57, 76, 111, 155
Tragödie 133f., 330f.
Transsibirische Eisenbahn 460
Triumph 99
Überseehandel 112, 272, 294, 300, 302, 450
Umweltenergie 40f., 210, 645f.
Universalbank 403, 415
Universität 229ff., 324, 327, 388, 415, 616,
Unterhaus 341ff.
Ur 24, 64, 74, 79, 81, 85ff., 91f., 93-102, 104, 108, 649
Ur-Namma, Kg.v. Ur 91ff., 95ff.
Uruk 24, 78, 81-87, 97f., 101ff., 107

Vasenmalerei 120, 123
Vasallen 202, 205, 225f., 236, 261, 263, 265, 276, 287ff., 291
Venusfigurinen 53ff., 62
*ver sacrum* 155f., 195, 668
Verdi, Guiseppe 378
Vereinswesen 333, 387f.
Versailles 27, 271, 275f., 280, 311f., 315, 438, 513, 515, 517, 519, 535, 547, 578, 604, 618f., 629, 633, 635, 663
Versicherungsgesellschaft 364, 404f.
Victor Emanuel, ital. Kg. 378, 381
Viehzucht 58f., 62, 79, 160
Vierjahresplan-Organisation (Vj.PO) 587ff., 593
Völkerbund 488f., 491, 514, 518f., 526, 578, 620f., 624, 629
Völkerwanderung v, 198f., 200f., 653, 661
Volksgemeinschaft 530, 533, 536, 546, 548, 533, 569, 572, 593, 600, 608, 638, 672
Volksheer 318, 320f., 327, 337, 409, 413
Volkstribunen 158f., 161, 175, 241
Waffen-SS 593, 595, 598, 640, 678
Wagenrad 84, 86
Wartburgfest 387-390

689

Wasserbautechnik 170
Wassermühle 178, 209, 298
*water frame* 298
Watt, James 298f.
Weltwirtschaftskrise 2, 361, 370, 407, 438, 441, 454, 527, 530f., 548, 555, 572, 604, 607, 620, 632, 635, 670, 675
Wylif, John 292
Wiener Kongress 323f., 340, 373, 384
Wilhelm I., preuß. Kg., dt. Kaiser 414, 416, 436f., 438
Wilhelm von Humboldt 323
Wilhelm von Oranien 293
Wilson 487ff., 491, 500, 518f., 529
Windmühle 210, 299
Wohlstand 24, 26, 29.ff., 35, 37, 40, 43, 60, 67, 69, 83, 87, 94f., 137f., 142, 172, 176f., 188, 190, 193, 199ff., 207, 217, 237, 293, 307, 329, 344, 358, 474, 477, 630, 647, 649, 653, 669, 676

Wollhandel 294
Wolltuche 237Xenophanes 135f.

Young-Plan 526f., 535, 628

Zikkurat 79, 93, 97, 104, 107
Zivilisation 4, 42, 47, 61, 69, 106, 157, 201, 209ff., 237, 371, 447, 653, 656, 658, 661, 668
Zollverein 340, 377, 397ff., 407f., 432f., 441, 679
Zuckermühle 221
Zündnadelgewehr 430
Zuse, Konrad 591
Zwölftafelgesetzgebung 168

**Mythos – Helden – Symbole**
Legitimation, Selbst- und Fremdwahrnehmung
in der Geschichte der Naturwissenschaften, der Medizin und der Technik
Hg. von Siegfried Bodenmann/Susan Splinter
2009, 301 Seiten, Paperback, Euro 46,90/CHF 74,50, ISBN 978-3-89975-162-8

Wer hat nicht schon von einer dieser Legenden gehört? Archimedes, aus der Badewanne stürzend und völlig nackt, ruft den verdutzten Einwohnern von Syrakus ein lautes Heureka zu. Isaac Newton wird vom Geistesblitz getroffen, als er den Fall eines Apfels wahrnimmt, und entwickelt daraufhin seine Gravitationslehre. Der mittelmäßige Schüler Albert Einstein löst später mit verblüffender Leichtigkeit das Rätsel des Universums in einer kreideweißen Formel auf dem schwarzen Brett: $E = mc^2$. Diese Mythen sind fester Bestandteil unseres kollektiven Gedächtnisses. Sie begegnen uns in den Medien, in populärwissenschaftlichen Studien und in den Lehrbüchern.

Die zwölf Beiträge dieses Bandes sind ihnen gewidmet. Sie untersuchen ihre Herausbildung sowie ihre Funktion im wissenschaftlichen Prozess und präsentieren uns wichtige Experimente der Physik, die Technikwunder Fernsehen und Automobil, unsere aller „Urmutter" Lucy, oder *A Beautiful Mind* Held John Nash in einem neuen Licht. Der Band bietet darüber hinaus und zum ersten Mal eine Kategorisierung der Mythen in den Naturwissenschaften, die es zu überprüfen und zu erweitern gilt.

**Die Entwicklung der Krankenpflege zur staatlich anerkannten Tätigkeit im 19. und frühen 20. Jahrhundert**
Das Zusammenwirken von Modernisierungsbestrebungen, ärztlicher Dominanz, konfessioneller Selbstbehauptung und Vorgaben preußischer Regierungspolitik
Von Christoph Schweikardt
2008, 340 Seiten, Paperback, Euro 34,90/CHF 61,00, ISBN 978-3-89975-132-1

Einen Schwerpunkt dieser Arbeit bilden die Macht- und Interessenkonstellationen, die den gesetzgeberischen Entscheidungsprozessen im Kaiserreich zugrunde lagen und in das staatliche preußische Krankenpflegeexamen von 1907 mündeten. Den berufspolitisch engagierten Pflegenden stand aufgrund ihrer organisatorischen Zersplitterung, der stark ausgeprägten weltanschaulichen und sozialen Gegensätze innerhalb der Pflege sowie geringem politischem Einfluß ein erdrückendes Übergewicht gegenüber.

**Ihr Wissenschaftsverlag. Kompetent und unabhängig.**

Martin Meidenbauer »

Verlagsbuchhandlung GmbH & Co. KG
Erhardtstr. 8 • 80469 München
Tel. (089) 20 23 86 -03 • Fax -04
info@m-verlag.net • www.m-verlag.net